煤炭科学研究总院建院60周年 技术丛书

宁 宇/主编

第七卷

矿用产品与煤炭质量测试技术与装备

李学来 等/编著

科学出版社
北京

内 容 简 介

本书为“煤炭科学研究总院建院60周年技术丛书”第七卷《矿用产品与煤炭质量测试技术与装备》，全书共分十八篇73章，全面介绍了煤炭科学研究总院在矿用产品及煤炭质量分析测试技术方面的成果，详细阐述了测试方法及原理，以及相关主要测试装备的技术参数、结构组成、特点及工作原理等，具有较强的理论和实用价值。

本书可供煤炭检测管理人员和技术人员，以及从事相关教学、科研人员参考使用。

图书在版编目(CIP)数据

矿用产品与煤炭质量测试技术与装备 / 李学来等编著. —北京：科学出版社，2018

（煤炭科学研究总院建院60周年技术丛书 · 第七卷）

ISBN 978-7-03-058122-8

Ⅰ. ①矿…　Ⅱ. ①李…　Ⅲ. ①采煤设备-质量检查　Ⅳ. ①TD421.6

中国版本图书馆CIP数据核字（2018）第135197号

责任编辑：李　雪 / 责任校对：王　瑞

责任印制：徐晓晨 / 封面设计：黄华斌

科学出版社出版

北京东黄城根北街16号

邮政编码：100717

http://www.sciencep.com

北京中石油彩色印刷有限责任公司 印刷

科学出版社发行　各地新华书店经销

*

2018年1月第　一　版　开本：787×1092　1/16

2019年9月第二次印刷　印张：45 3/4

字数：1 068 000

定价：455.00元

（如有印装质量问题，我社负责调换）

Foreword 丛书序

煤炭科学研究总院是我国煤炭行业唯一的综合性科学研究和技术开发机构，从事煤炭建设、生产和利用重大关键技术及相关应用基础理论研究。

煤炭科学研究总院于1954年9月筹建，1957年5月17日正式建院，先后隶属于燃料工业部、煤炭工业部、燃料化学工业部、中国统配煤矿总公司、国家煤炭工业局、中央大型企业工作委员会、国务院国有资产监督管理委员会和中国煤炭科工集团有限公司。建院60年来，在煤炭地质勘查、矿山测量、矿井建设、煤炭开采、采掘机械与自动化、煤矿信息化、煤矿安全、洁净煤技术、煤矿环境保护、煤炭经济研究等各个研究领域开展了大量研究工作，取得了丰硕的科技成果。在新中国煤炭行业发展的各个阶段都实时地向煤矿提供新技术、新装备，促进了煤炭行业的技术进步。煤炭科学研究总院还承担了非煤矿山、隧道工程、基础设施和城市地铁等地下工程的特殊施工技术服务和工程承包，将煤炭行业的工程技术服务于其他行业。

在60年的发展历程中，煤炭科学研究总院在煤炭地质勘查领域，主持了我国第一次煤田预测工作，牵头完成了第三次全国煤田预测成果汇总，基本厘清了我国煤炭资源的数量和时空分布规律，研究并提出了我国煤层气的资源储量，煤与煤层气综合勘查技术，为煤与煤层气资源开发提供了支撑；研究并制定了中国煤炭分类等一批重要的国家和行业技术标准，开发了基于煤岩学的炼焦配煤技术，查明了煤炭液化用煤资源分布，并提出液化用煤方案；在地球物理勘探技术方面，开发了井下直流电法、无线电坑道透视、地质雷达、槽波地震、瑞利波等多种物探技术与装备，超前探测距离达到200m；在钻探技术方面，研制了地面车载钻机、井下水平定向钻机、井下智能控制钻进装备等各类钻探装备，井下钻机水平定向钻孔深度达1881m，在有煤与瓦斯突出危险的区域实现无人自动化钻孔施工。

在矿井建设领域，煤炭科学研究总院开发了冻结、注浆和钻井为主的特殊凿井技术，为我国矿井施工技术奠定了基础；发展了冻结、注浆和凿井平行作业技术，形成了表土层钻井与基岩段注浆的平行作业工艺；研制了钻井直径13m的竖井钻机、钻井直径5m的反井钻机等钻进技术与装备；为我国煤矿井筒一次凿井深度达到1342m，最大井筒净直径10.5m，最大掘砌荒径14.6m，最大冻结深度950m，冻结表土层厚度754m，最大钻井深度660m，钻井成井最大直径8.3m，最大注浆深度为1078m，反井钻井直径5.5m、深度560m等高难度工程提供了技术支撑。

在煤炭开采领域，煤炭科学研究总院的研究成果支撑了我国煤矿从炮采、普通机械化开采、高档普采到综合机械化开采的数次跨越与发展；实现了从缓倾斜到急倾斜煤层采煤方法的变革，建设了我国第一个水力化采煤工作面；引领了采煤工作面支护从摩擦式金属支柱和铰接顶梁取代传统的木支柱开始到单体液压支柱逐步取代摩擦式金属支柱，发展为液压支架的四个不同发展阶段的支护技术与装备的变革；开发了厚及特厚煤层大采高综采和综放开采工艺，使采煤工作面年产量达1000万t。针对我国各矿区煤层的特殊埋藏条件，煤炭科学研究总院研究了各类水体下、建（构）筑下、铁路下、承压水体上和主要井巷下压覆煤炭资源的开采方法和采动覆岩移动等基础科学问题和规律，形成了具有中国特色的“三下一上”特殊采煤技术体系。在巷道支护技术方面，煤炭科学研究总院从初期研究钢筋混凝土支架、型钢棚式支架取代支护，适应大变形的松软破碎围岩的U型钢支架的研制，到提出高预应力锚杆一次支护理论，开发了巷道围岩地质力学测试技术、高强度锚杆（索）支护技术、注浆加固支护技术、定向水力压裂技术、支护工程质量检测等技术与装备，引领了不同阶段巷道围岩控制技术的变革，支撑了从被动支护到主动支护再到多种技术协同控制支护技术的跨越与发展，在千米（1300m）深井巷道、大断面全煤巷道、强动压影响巷道和冲击地压巷道等支护困难的巷道工程中成功得到应用，解决了复杂困难条件下巷道的支护难题。

在综掘装备领域，煤炭科学研究总院的研究工作引领和支撑了悬臂式掘进机由小型到大型、从单一到多样化、由简单到智能化的数次发展跨越，已经具备了截割功率30～450kW，机重为5～154t系列悬臂式掘进机的开发能力；根据煤矿生产实现安全高效的需求，研制成功国内首台可实现掘进、支护一体化带轨道式锚杆钻臂系统的大断面煤巷掘进机，在神东矿区创造了月进尺3080m的世界单巷进尺新纪录；为适应回收煤柱及不规则块段煤炭开采，成功研制国内首套以连续采煤机为龙头的短壁机械成套装备，该装备也可用于煤巷掘进施工。

在综采工作面装备领域，为适应各类不同条件煤矿的需要，煤炭科学研究总院开发了0.8～1.3m薄煤层综采装备、年产1000万t大采高综采成套装备、适应20m特厚煤层综采放顶煤工作面的成套装备；成功开发了满足厚度0.8～8.0m、倾角0°～55°煤层一次采全高需要的采煤装备；采煤机总装机功率突破3000kW，刮板输送机装机功率达到2×1200kW，液压支架最大支护高度达8m，带式输送机的最大功率达到3780kW、单机长度6200m、运量达到3500t/h。与液压支架配套的电液控制系统、智能集成供液系统、综采自动化控制系统和乳化液泵站的创新发展也促进了综采工作面成套技术变革，煤炭科学研究总院将煤矿综采工作面成套装备与矿井生产综合自动化技术相结合，成功开发了我国首套综采工作面成套装备智能控制系统，实现了在采煤工作面顺槽监控中心和地面调度中心对综采工作面设备“一键”启停，构建了工作面“有人巡视、无人操作”的自动化采煤新模式。

在煤矿安全技术领域，煤炭科学研究总院针对我国煤矿五大自然灾害的特点，开发了有针对性的系列防治技术和装备，为提高煤矿安全生产保障能力提供了强有力的支撑；针对瓦斯灾害防治，研发了适应煤炭生产发展所需要的本煤层瓦斯抽采、邻近层卸压瓦斯抽采、综合抽采、采动区井上下联合抽采瓦斯等多种抽采工艺与装备；在研究煤与瓦斯突出发生机理的基础上，研发了多种保护层开采技术，发明了水力冲孔防突技术，突出预警系统、深孔煤层瓦斯含量测定技术；提出了两个“四位一体”综合防突技术体系，为国家制定《防治煤与瓦斯突出规定》奠定了技术基础。在研究煤自然发火机理的基础上，建立了煤自然发火倾向性色谱吸氧鉴定方法，开发了基于变压吸附和膜分离原理的制氮机组及氮气防灭火技术，研发了井下红外光谱束管监测系统；揭示了冲击地压“三因素”发生机理，开发成功微震/地音监测系统、应力在线监测系统和基于地震波CT探测的冲击地压危险性原位探测技术。研制了智能式顶板监测系统，实现了顶板灾害在线监测和实时报警。研发了煤层注水防尘技术、喷雾降尘技术、通风除尘技术及配套装备，以及针对防止煤尘爆炸的自动抑爆技术和被动式隔爆水棚、岩粉棚技术。随着采掘机械化程度的不断提高、产尘强度增大的实际情况，研发了采煤机含尘气流控制及喷雾降尘技术、采煤机尘源跟踪高压喷雾降尘技术，机掘工作面通风除尘系统，还研发了免维护感应式粉尘浓度传感器，实现了作业场所粉尘浓度的实时连续监测。煤炭科学研究总院的研究成果引领和支撑了安全监控技术的四个发展阶段，促进了安全监控系统的升级换代，使安全监控系统向功能多样化、集成化、智能化及监控预警一体化方向发展，研发成功红外光谱吸收式甲烷传感器、光谱吸收式光纤气体传感器、红外激光气体传感器、超声涡街风速传感器、风向传感器、一氧化碳传感器、氧气传感器等各类测定井下环境参数的传感器，使安全监控系统的监控功能更加完备；安全监控系统在通信协议、传输、数据库、抗电磁干扰能力、可靠性等各个环节实现了升级换代，研发出KJ95N、KJ90N、KJ83N（A）、KJF2000N等功能更完善的安全监控系统；针对安全生产监管的要求，研发了KJ69J、KJ236（A）、KJ251、KJ405T等人员定位管理系统，为煤矿提高安全保障能力提供了重要的技术支撑。

在煤炭清洁利用领域，煤炭科学研究总院对涵盖选煤全过程的分选工艺、技术装备及选煤厂自动化控制技术进行了全方位的研究，建成了我国第一个重介质选煤车间，研发了双供介无压给料三产品重介质旋流器、振荡浮选技术与装备、复合式干法分选机等高效煤炭洗选装备；开发了卧式振动离心机、香蕉筛、跳汰机、加压过滤机、机械搅拌式浮选机、分级破碎机、磁选机等煤炭洗选设备，使我国年处理能力400万t的选煤成套设备实现了国产化，基本满足了不同特性和不同用途的原煤洗选生产的需要。

在煤炭转化领域，煤炭科学研究总院研制了ϕ1.6m的水煤气两段炉，适合特殊煤种的移动床液态连续排渣气化炉；完成了云南先锋、黑龙江依兰、神东上湾不同煤种的三个煤炭直接液化工艺的可行性研究；成功开发了煤炭直接液化纳米级高分散铁基催化剂，已应用于神华108万t/a煤炭直接液化示范工程。开发了煤焦油加氢技术、煤油共炼技术和新一代煤炭直接液化技术及其催化剂；还开发了新型40kg试验焦炉、煤岩自动测试系统，焦炭反应性及反应后强度测定仪等装置，并在国内外、焦化行业得到推广应用。成功开发了4～35t/h的系列高效煤粉工业锅炉，平均热效率达92%以上，已经在11个省（市）共计建成200余套高效煤粉工业锅炉。开发了三代高浓度水煤浆技术，煤浆浓度达到68%～71%，为煤炭清洁利用提供了重要的技术途径。

在矿区及煤化工过程水处理与利用领域，煤炭科学研究总院开发了矿井水净化处理、矿井水深度处理、矿井水井下处理、煤矿生活污水处理、煤化工废水脱酚处理、煤化工废水生物强化脱氮、高盐废水处理和水处理自动控制等技术和成套装备；实现了矿区废水处理与利用，变废水为资源，为矿区节能减排、发展循环经济提供技术支撑。

在矿山开采沉陷区土地复垦与生态修复领域，煤炭科学研究总院开发了采煤沉陷区复垦土壤剖面构建技术、农业景观与湿地生态构建技术、湿地水资源保护与维系技术、湿地生境与植被景观构建技术，初步形成完整的矿山生态修复技术体系。

在煤矿用产品质量和安全性检测检验领域，煤炭科学研究总院在开展科学研究的同时，高度重视实验能力的建设，建成了30000kN、高度7m的液压支架试验台，5000kW机械传动试验台，直径3.4m、长度8m的防爆试验槽，断面7.2m^2、长度700m（带斜巷）的地下大型瓦斯煤尘爆炸试验巷道，工作断面1m^{2}的低速风洞、摩擦火花大型试验装置，1.2m×0.8m×0.8m、瓦斯压力6MPa的煤与瓦斯突出模拟实验系统，10kV煤矿供电设备检测试验系统，10m法半电波暗室与5m法全电波暗室、矿用电气设备电磁兼容实验室等服务于煤炭各领域的实验研究。

为了充分发挥这些实验室的潜力，国家质量监督检验检疫总局批准在煤炭科学研究总院系统内建立了7个国家级产品质量监督检验中心和1个国家矿山安全计量站，承担对煤炭行业矿用产品质量进行检测检验和甲烷浓度、风速和粉尘浓度的量值传递工作。煤炭工业部也在此基础上建立了11个行业产品质量监督检验中心，承担行业对煤矿用产品质量进行监督检测检验。经国家安全生产监督管理总局批准，利用这些检测检验能力成立10个国家安全生产甲级检测检验中心，承担对煤矿用产品安全性能进行的监督检测检验。在煤炭科学研究总院系统内已形成了从井下地质勘探、采掘、安全到煤质、煤炭加工利用整个产业链中主要环节的矿用设备的质量和煤炭质量的测试技术体系，以及矿用设备安全性能测试技术系统，成为国家和行业检测检验的重要力量和依托。

经过60年的积累，煤炭科学研究总院已经形成了涵盖煤炭行业所有专业技术领域的科技创新体系，针对我国煤炭开发利用的科技难题和前沿技术，努力拼搏，奋勇攻关，引领了煤炭工业的屡次技术革命。截至2016年底，煤炭科学研究总院共取得科技成果6500余项；获得国家和省部级科技进步奖、发明奖1500余项，其中获国家级奖236项，占煤炭行业获奖的60%左右；获得各种专利2443项；承担了煤炭行业70%的国家科技计划项目。

光阴荏苒，岁月匆匆，2017年迎来了煤炭科学研究总院60周年华诞。为全面、系统地总结煤炭科学研究总院在科技研发、成果转化等方面取得的成绩，展示煤炭科学研究总院在促进行业科技创新、推动行业科技进步中的作用，2016年3月启动了“煤炭科学研究总院建院60周年技术丛书”（以下简称“技术丛书”）编制工作。煤炭科学研究总院所属17家二级单位、300多人共同参与，按照“定位明确、特色突出、重在实用”的编写原则，收集汇总了煤炭科学研究总院在各专业领域取得的新技术、新工艺、新装备，经历了多次专家论证和修改，历时一年多完成“技术丛书”的整理编著工作。

“技术丛书”共七卷，分别为《煤田地质勘探与矿井地质保障技术》《矿井建设技术》《煤矿开采技术》《煤矿安全技术》《煤矿掘采运支装备》《煤炭清洁利用与环境保护技术》

《矿用产品与煤炭质量测试技术与装备》。

第一卷《煤田地质勘探与矿井地质保障技术》由煤炭科学研究总院西安研究院张群研究员牵头，从地质勘查、地球物理勘探、钻探、煤层气勘探与资源评价等方面系统总结了煤炭科学研究总院在煤田地质勘探与矿井地质保障技术方面的科技成果。

第二卷《矿井建设技术》由煤炭科学研究总院建井分院刘志强研究员牵头，系统阐述了煤炭科学研究总院在煤矿建井过程中的冻结技术、注浆技术、钻井技术、立井掘进技术、巷道掘进与加固技术和建井安全等方面的科技成果。

第三卷《煤矿开采技术》由煤炭科学研究总院开采分院康红普院士牵头，从井工开采、巷道掘进与支护、特殊开采、露天开采等方面系统总结开采技术成果。

第四卷《煤矿安全技术》由煤炭科学研究总院重庆研究院文光才研究员牵头，系统总结了在煤矿生产中矿井通风、瓦斯灾害、火灾、水害、冲击地压、顶板灾害、粉尘等防治、应急救援、热害防治、监测监控技术等方面的科技成果。

第五卷《煤矿掘采运支装备》由煤炭科学研究总院太原研究院王步康研究员牵头，整理总结了煤炭科学研究总院在综合机械化掘进、矿井主运输与提升、短壁开采、无轨辅助运输、综采工作面智能控制、数字矿山与信息化等方面的科技成果。

第六卷《煤炭清洁利用与环境保护技术》由煤炭科学研究总院煤化工分院曲思建研究员牵头，系统总结了煤炭科学研究总院在煤炭洗选、煤炭清洁转化、煤炭清洁高效燃烧、现代煤质评价、煤基炭材料、煤矿区煤层气利用、煤化工废水处理、采煤沉陷区土地复垦生态修复等方面的技术成果。

第七卷《矿用产品与煤炭质量测试技术与装备》由中国煤炭科工集团科技发展部李学来研究员牵头，全面介绍了煤炭科学研究总院在矿用产品及煤炭质量分析测试技术与测试装备开发方面的最新技术成果。

“技术丛书”是煤炭科学研究总院历代科技工作者长期艰苦探索、潜心钻研、无私奉献的心血和智慧的结晶，力争科学、系统、实用地展示煤炭科学研究总院各个历史阶段所取得的技术成果。通过系统总结，鞭策我们更加务实、努力拼搏，在创新驱动发展中为煤炭行业做出更大贡献。相关单位的领导、院士、专家学者为此丛书的编写与审稿付出了大量的心血，在此，向他们表示崇高的敬意和衷心的感谢！

由于“技术丛书”涉及众多研究领域，限于编者水平，书中难免存在疏漏、偏颇之处，敬请有关专家和广大读者批评指正。

2017年5月18日

Preface 前言

测试技术是实验科学的一部分，是进行各种科学实验研究和生产过程参数测量不可缺少的手段。科学发展的历史表明，科学上很多新的发现和突破都是以测试为基础的，拥有技术领先的测试技术及装备已成为衡量一个行业科技发展水平的重要标志。

我国90%以上的煤矿都是井工矿，矿井环境高温、高湿，存在瓦斯等有害危险气体。因此，煤矿用的设备、材料和采用的技术都必须具有可靠性、安全性和环保性。判定矿用设备和材料可靠性、安全性及各种性能的测试技术及相关的测试装备的开发和研究就成为煤炭科学研究的重要一环。煤炭科学研究总院针对行业的需求，开展了矿用设备、煤炭质量的测试技术研究和测试设备的研制。通过六十年来的不断发展和积累，已经形成了煤炭生产建设整个产业链中主要环节的矿用设备的测试技术体系，保证了科学研究对各种参数测试的需求，研发的30000kN液压支架测试平台及测试技术为工作阻力26000kN的大采高液压支架的研制和在井下可靠运行提供了强有力的保证。建设的世界上唯一有斜巷、断面7.2m^2、900m长的瓦斯煤尘爆炸试验巷道，为隔爆水棚的研究创造了实际规模的瓦斯煤尘爆炸试验条件。矿用输送带、矿用管材、风筒等非金属聚合物有害物质分析测试系统检测有机类有害物质含量精度达百万分之一等级，对非金属聚合物制品燃烧后释放有毒有害物质和气体进行精确检测，这些性能技术指标的确定和测试，对产品在煤矿井下安全使用提供保障。

煤炭科学研究总院矿用产品及煤炭质量测试技术及装备经历了从无到有、不断发展壮大的过程，其建设资金主要来自以下三个方面。

第一方面：从煤炭科学研究总院建院到2002年，每年都有数量不等的中央基本建设（非经营性）投资、国家科学仪器设备改造升级专项资金用于矿用产品及煤炭质量测试技术及装备的能力提升；同时，从1999年煤炭科学研究总院改制到2013年，伴随着煤炭工业“黄金十年”的快速发展，煤炭科学研究总院各单位对矿用产品及煤炭质量测试技术与装备的研发和建设投入规模不断加大。在政府大力支持与企业的努力下，煤科总院逐步建设并形成了涵盖煤田与矿井地质、矿压和回采工艺、矿井建设、采掘机械、安全技术、煤化学、选煤及综合利用、煤矿自动化和矿井通讯监控、计算机应用、煤矿环境保护、爆破技术和煤炭质量分析技术等领域较为完善的矿用产品及煤炭质量检测检验体系，为国家安全生产、国际合作、国家及省部级项目试验研究及测试、标准制修订及对外技术服务、技术咨询提供了强有力的技术支撑。

第二方面：在原国家计划委员会、国家经济贸易委员会、国家进出口管理委员会和煤炭工业部的大力支持下，1980年立项，中央投资850万美元，采用引进关键技术及仪器（设备）与国产配套建设相结合的方式，历时10年，建成了具有20世纪80年代国际先进水平的、由10个测试系统（29个实验室）组成的煤矿采掘设备测试中心，其测试能力基本覆盖了煤矿主要采掘机械，在测试能力、主要参数、测试项目及测试精度上都达到了国际同类装置的水平。

第三方面："十二五"以来，煤炭科学研究总院迎来了测试能力建设的又一个高峰期。2014年国家发展和改革委员会批准立项的矿用新装备新材料安全准入分析验证中心实验室建设项目，总投资11亿元，建设12个矿用新装备新材料安全准入分析验证中心实验室和1个矿用产品安全标志综合管理系统。截至目前，煤炭科学研究总院建成了一批国际先进、国内领先的试验装置和平台，如30000kN、高度达7m的液压支架试验台，5000kW机械传动试验台，直径3.4m长6m防爆试验槽，10kV煤矿供用电设备检测试验系统，10m法半电波暗室与3m法全电波暗室矿用电气设备电磁兼容实验室，风道直径2400mm矿用通风及隔抑爆设备实验室，1.2m×0.8m×0.8m、瓦斯压力为6MPa的应力主导型瓦斯突出模拟实验系统等，为我国矿用产品安全准入分析验证、技术标准及规范规程制订、修订、国家重大技术攻关项目试验研究与性能测试、国内外煤炭贸易、煤炭清洁利用、国家安全生产及矿用产品进出口质量把关发挥强有力的作用，使我国矿用产品及煤炭质量测试技术与装备的整体技术水平步入世界先进行列。

自20世纪80年代起，在煤炭科学研究总院相对完善和雄厚的测试能力基础上，经国家质检总局批准，成立了煤炭行业全部7个国家级产品质量监督检验中心和1个国家矿山安全计量站，与原煤炭工业部批准的11个行业级产品质量监督检验中心组成了支撑煤炭工业矿用产品质检的核心体系；经国家安全生产监督管理总局批准，成立了10个国家安全生产甲级检测检验中心，为矿用产品安全性能测试提供支撑；经国家能源局批准，成立了煤炭行业全部7个国家能源技术装备评定中心，负责行业技术装备质量的评定工作。国家安全生产监督管理总局、国家煤矿安全监察局建立了矿用产品安全标志制度，通过检测检验实现了对矿用产品进入煤矿井下的安全准入，保证了矿井安全生产。

本书是煤炭科学研究总院北京分院、重庆分院、西安分院等相关研究院所员工的智慧结晶。本书共分18篇，包括煤矿凿岩机具与反井钻机、采煤机械、掘进机、支护设备、通风防尘设备、防隔爆设备、运输设备、排水设备、监控通信设备、供配电设备、爆破器材、电缆及非金属制品、矿山救援救护设备及防爆电气设备的测试技术、方法和设备，电磁兼容测试技术，煤炭及生物质燃料检测技术，矿山安全计量技术，矿用产品安全标志认证技术与规范，共计73章，由李学来担任主编。第一篇凿岩机具与反井钻机测试技术由7章组成，由刘金国、李耀武统稿；第二篇采煤机测试技术及装备由4章组成，由吴海华、章伯超、陈荣君统稿；第三篇悬臂式掘进机测试技术由3章组成，由裴均晔、宋岩、金江统稿；第四篇 支护设备测试技术由10章组成，由王晓东、刘欣科、丁全录统稿。第五篇通风防尘设备测试技术由2章组成，由孔令刚、巨广刚、邓鹏统稿；第六篇隔抑爆设备测试技术由两章组成，由司荣军、樊小涛统稿；第七篇运输设备测试技术由4章组成，由奚丽峰、李瑶瑶、金江统稿；第八篇煤矿排水设备测试技术由两章组成，由郭玉朋、安连红统稿；第九篇煤矿监控、通信设备测试技术由7章组成，由梁宏、陈海舰、王小松统稿；第十篇 井下供配电设备测试技术由3章组成，由夏文刚、王彩燕、吕志文统稿；第十一篇煤矿许用爆破器材测试技术由3章组成，由宋家良、翟廷海统稿；第十二篇煤矿用电缆及非金属聚合物制品测试技术由2章组成，由胡占华、王利平统稿；第十三篇矿山救援救护设备测试技术由3章组成，由李振新、马善清、张宏福统稿；第十四篇 防爆电气设备测试技术由7章组成，由刘春富、李仲强、李冰统稿；第十五篇电磁兼容测试技术由3章组成，由辛中华、刘涛、苏珂嘉统稿；由姜金球、辛中华、赵伟统稿；第十六篇煤炭及生物质燃料检测技术由3章组成，由方全国、韩立亭、皮中原统稿；第十七篇矿山安全计量技术由4章组成，由徐三民、曹利波、付建涛统稿；第十八篇矿用产品安全标志认证由4章组成，由杨大明、臧梦、林俊统稿。

感谢北京分院、上海分院、重庆分院、沈阳分院、太原分院、常州分院、爆破所、唐山分院、西安分院、安标国家矿用产品安全标志中心 、全体员工为矿用产品与煤炭质量测试技术发展及本书的撰写做出的努力，感谢煤炭科学研究总院领导的支持和帮助，感谢申宝宏研究员给予的指导，对在编写过程中提供资料，给予各种指导帮助的同志，一并表示感谢。

由于编写时间仓促及编者的水平所限，书中不足之处，恳请读者批评指正。

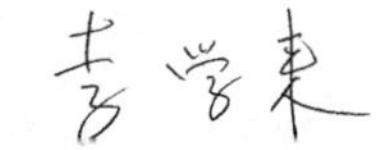

2017年10月8日

Contents **目 录**

第二篇 采煤机测试技术及装备

第三篇 悬臂式掘进机测试技术

第四篇 支护设备测试技术

第五篇　通风除尘设备测试技术

第六篇　隔抑爆设备测试技术

第七篇 运输设备测试技术

第八篇　煤矿排水设备测试技术

第九篇　煤矿监控、通信设备测试技术

第十篇 井下供配电设备测试技术

第十一篇　煤矿许用爆破器材测试技术

第十二篇　煤矿用电缆及非金属聚合物制品测试技术

第十三篇 矿山救援救护设备测试技术

第十四篇 防爆电气设备测试技术

第十五篇 电磁兼容测试技术

第十六篇 煤炭及生物质燃料检测技术

第十七篇　矿山安全计量技术

第十八篇　矿用产品安全标志认证

第一篇 凿岩机具与反井钻机测试技术

凿岩机具是巷道凿钻孔设备和机具的统称，主要用于巷道水平爆破孔、锚杆（锚索）支护孔、水与瓦斯抽放孔等凿钻孔作业，产品有凿岩机、钻机、钻车三大类，以及配套的钎钻具、空气动力装置等。凿岩机具产品类型多样、结构组成复杂，按动力类型有气动、液压、电动、内燃等形式，按结构类型有手持、支腿、架柱、钻车、机载等形式，按凿钻孔方式有冲击与回转、冲击、回转、振动等形式。反井钻机用于地面与巷道之间或不同水平巷道间的立井、通风井等立井施工。

我国煤矿巷道掘进和支护普遍采用钻爆法破岩，锚杆和锚索支护；立井施工多采用凿井法。随着煤炭产量大幅提升，巷道掘进和支护工程量、多水平间立井施工量等都随之大幅增加。凿岩机具已成为煤矿生产中使用量最大、涉及作业人数最多的设备，对煤矿生产的安全和高效产生巨大的影响。

凿岩机具用于不同岩石硬度条件下的凿钻孔。当岩石抗压强度在100MPa以下时，可采用回转切削岩石方式进行钻孔；当岩石抗压强度在100MPa以上时，因回转切削岩石方式钻孔效率低、钻具损耗大，需使用冲击凿岩式钻孔。凿岩机最大的特点是具备冲击和回转结构，冲击机构产生冲击力破碎岩石，回转机构产生回转扭矩切削岩石，实现冲击破碎-回转切削的凿钻孔。冲击性能和回转性能及二者的匹配关系是影响凿岩机凿钻岩效率的关键因素。

凿岩机具产品种类多、结构复杂。有钻车类全机械化设备，也有手持类半机械化机具，产品性能涉及防爆、防火、机械安全、冲击能、转矩、转速等安全和使用性能。凿岩机具测试技术侧重于冲击性能、回转性能、凿钻岩性能测试。测试项目有冲击频率、冲击能、转矩、转速、推进力、凿钻孔速度、钎钻具齿形和耐磨等指标。测试设备有冲击测试装置、回转测试装置、岩石钻进测试装置、钎钻具抗扭测试装置、钎钻具抗剪切和耐磨测试装置等，以及冲击频率计、冲击位移和速度仪、转矩和转速仪、测力计、凿钻孔速度仪、硬度计等测试仪表。冲击性能测试方法有光电位移－速度法、冲击应力波法，回转性能测量方法采用测功法，推进力、凿钻孔速度采用测力计、速度计直接测试。

20世纪中期，随着凿岩机具广泛应用，德国埃森采矿研究中心、法国Secoma公司、瑞典Atlas Copco公司等研究机构和生产企业开展凿岩机具产品开发及测试技术研究，研制出光电位移－速度法、冲击应力波法等关键测试方法，制订了ISO2787《回转式和冲击式气动工具　性能试验》、EN791《钻机　安全性》等国际和地区标准，形成了较完备的凿岩机具测试技术。

我国煤炭、水电、矿山冶金行业大量使用凿岩机具产品，也先后开展凿岩机具产品研发和测试技术的研究。煤炭科学研究总院（以下简称煤科总院）于20世纪60年代开展凿岩机具产品研发和测试技术研究，建立了凿岩机具实验室，研制出1000J冲击性能、30000N·m回转性能、50m^3/min空压机排气性能等测试装置。凿岩机具冲击性能测试方法采用国内测试精度最高的光电位移－速度法进行测试。在凿岩机具实验室的基础上，先后成立了煤炭行业凿岩机具产品质量监督检验中心、国家安全生产甲级检验机构，业务范围涵盖安全准入分析验证、检测与测试、国家和煤炭行业标准制修订、测试仪器与设备的开发等。起草、制定了GB/T20704《岩石钻孔　干式钻杆和钻头　连接尺寸》、MT/T198《煤矿用液压凿岩机通用技术条件》、MT/T199《煤矿用液压钻车通用技术条件》、MT52《煤矿用支架式电钻》、MT/T688《煤矿用锚杆钻机通用技术条件》、MT/T905《煤矿锚杆钻机用回转钻杆》等50余个标准，覆盖所有凿岩机具产品，形成了凿岩机具标准体系，为凿岩机具产品质量检验及安全标志准入验证提供了技术依据。

凿岩机具测试技术以性能测试为主，安全性能测试多侧重防爆要求，对机械安全性能测试要求较少。随着强化产品安全性、弱化产品使用性的管理方向转变，借鉴EN791《钻机　安全性》等国际标准，凿岩机具测试技术将强化转矩、抗冲击强度等力学性能，以及粉尘、废气排放、噪声与振动等职业健康要求，使凿岩机具产品更加安全、可靠地服务于煤矿生产。

本篇详细介绍凿岩机与钻车、锚杆钻机、反井钻机、钎具与钻具、空气压缩机等矿用产品的性能和安全性测试技术及相关装备。

第1章 凿岩机与钻车测试技术

煤矿井巷施工普遍采用钻爆法，凿岩机与钻车是钻爆法的关键装备。我国煤矿地域分布广，地质条件差异大，岩石抗压强度最低为30MPa，最高达150MPa。为了提高井巷硬岩施工效率，解决钻机在中硬岩层钻孔效率低的难题，在20世纪中期，凿岩机开始应用于我国煤矿。凿岩机是在钻机结构基础上加入冲击机构，由冲击机构实现冲击破岩功能，回转机构实现回转切削功能，这种凿钻孔方式大大提高了中硬岩层井巷施工效率。从凿岩机的结构、组成可以看出，凿岩机的冲击性能和回转性能是影响凿钻孔效率的关键因素。冲击性能中有冲击频率、冲击能、冲击行程等指标，回转性能有转矩、转速等指标，这些性能指标及相互的匹配关系是影响凿岩机在不同岩石类型、不同硬度岩石中凿钻孔效率的关键因素。凿岩机产品执行标准主要有MT/T198《煤矿用液压凿岩机通用技术条件》、MT/T903《煤矿用气动凿岩机通用技术条件》等标准，主要测试方法有光电位移-速度法、冲击应力波法、回转测功法等。测试设备有冲击测试装置、回转测试装置，以及冲击频率计、冲击位移和速度仪、转矩和转速仪、凿钻孔速度仪等测试仪表。

本章主要阐述各种类型凿岩机和钻车的测试项目、测试方法和原理、工况模拟，及相关主要测试装备的技术参数、结构组成及特点、工作原理等。

1.1 测试方法及原理

凿岩机与钻车测试是在实验室内部模拟凿岩机与钻车的实际工况进行的。一般情况下，凿岩机冲击性能、回转性能、钻车行走性能及整机稳定性能通过工况模拟试验台进行测试，凿岩机与钻车凿岩性能、噪声性能测试通过在不同硬度的岩石上进行实际作业来完成。

1.1.1 测试项目

凿岩机与钻车检验主要包括常规检验项目（制造质量、外观、机重、尺寸、温度、耐压及密封性能等）和主要检验项目（冲击性能、回转性能、凿岩性能、噪声性能等），其中常规检验项目可通过目测或通用试验方法进行测试，主要检验项目则需通过专用方法和试验台进行测试。

1.1.2 测试方法

1. 冲击性能测试

凿岩机与钻车的冲击性能主要包含冲击能、冲击频率两项指标。其中冲击能可采用光电速度法、应力波法或受冲腔法进行测定，但以光电速度法精度较高；冲击频率的测量，由冲击机构工作液压力变化频率采样，或由反映冲击脉冲数的钎杆应力波峰值变化频率、机体振动变化频率采样进行。冲击频率的测量值以凿岩机凿岩、冲击器破岩状态下的测量值为准。

1）光电速度法

光电速度法是一种末速度法测试冲击能的方法，是通过测定凿岩机冲击活塞冲击运动的末速度，然后按照式（1.1）确定冲击能。

$$e=\frac{1}{2}mv^2 \tag{1.1}$$

式中，e 为凿岩机冲击能，J；m 为冲击活塞质量，kg；v 为冲击活塞运动末速度，m/s。

同时，可根据一定时间段的速度波形分析其冲击频率。其测试流程见图 1.1。

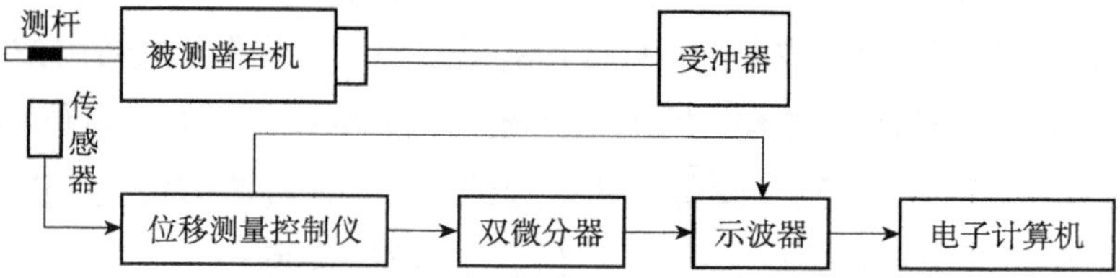

图1.1　光电速度法验证冲击性能测试流程

该方法适用于测试液压凿岩设备、气动凿岩设备等，是目前国内测试精度最高的冲击能测试方法，且测量数据为凿岩设备本身具有的冲击能，对比性强。但由于末速度法受外部环境（光线、磁场等）影响较大，工作效率较低等，造成该方法只在部分实验室、企业应用。

2）应力波法

采用应力波法测试冲击性能，即凿岩机在测试过程中，高速运动的活塞对钎杆施加冲击能量，这一能量通过钎杆传递给吸能装置。通过粘贴于钎杆上同一位置、不同方位的 3 组应变片，将凿岩机作用在钎杆上的应变量通过高速应变仪即时显示在计算机终端上。其测试流程见图 1.2。

用不少于 30 个的积分点，即可用积分法得到入射波能量，按式（1.2）计算。

$$e=\frac{a\cdot c}{E}\sum_{j}R_j^2\cdot\Delta t \tag{1.2}$$

式中，e 为冲击能量，J；a 为粘贴有应变片的杆的截面面积，m^2；c 为钎杆中的声速，m/s；E 为杨氏模量，N/m^2；R_j 为第 j 个积分点的应力振幅；j 为积分点的个数；Δt 为每个间隔的应力持续时间，s。

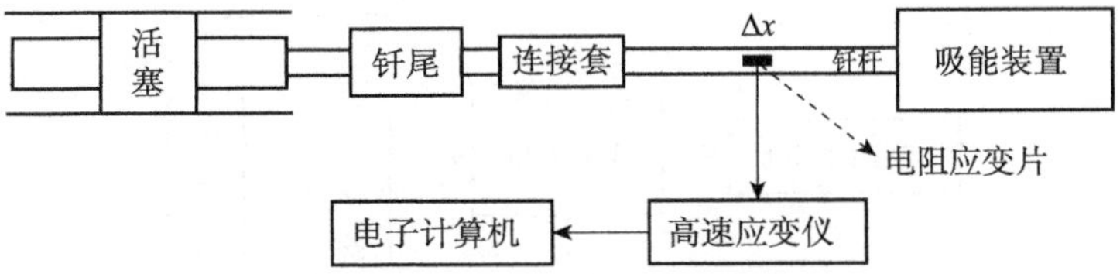

图1.2　应力波法验证冲击性能测试流程

Δx：冲击状态下钎杆变形量

由于应变片粘贴的不一致性，因此实际的应变片系数同所应用的值不一定相同，所以需要对该系数进行标定。其中一种方法是自由落锤试验。

在自由落锤试验中，用一根具有导向装置的落锤自由下落冲击钎杆，落锤截面均匀，同钎杆的截面相似或稍大一些。记录下全部的入射波，按式（1.3）计算。

$$R=\rho\cdot c\cdot\frac{1}{1+\gamma} \tag{1.3}$$

式中，R 为应力振幅，N/m^2；ρ 为钎杆材料密度，kg/m^3；c 为冲击点落锤速度，m/s；γ 为钎杆与落锤的横截面面积比。

应力波法主要适用于气动凿岩机械，该方法操作方便、效率高，在我国使用较为普遍。应力波法在实际使用过程中主要存在以下问题：

（1）该方法测量精度估计在 ±10%，对于产品性能检测精度偏低。

（2）应变片粘贴及连接线的引出需专业人员操作，而在试验过程中，由于凿岩机械的高频振动，应变片极易松动或脱落，直接影响试验结果。

（3）由于应力波法测试的是作用于钎杆上的冲击能，既不是凿岩机械活塞本身冲击钎尾时所具有的能量，也不是钎头作用于岩石的能量，对用户来说，其数据的可信度较低，并且还存在着能量传递损耗，造成此方法测得的冲击能比其他方法测试结果偏低。据研究，相对于末速度法，其测试结果偏低 15% 以上。

3）受冲腔法

受冲腔法是利用凿岩机械工作时产生的冲击能作用于受冲腔，引起安装于受冲腔活塞上的测杆位移量变化（受冲腔内部压力需保持恒定），或引起受冲腔内部的压力变化，通过位移量或压力波动与冲击能的对应关系换算即可得出对应的冲击能，其对应关系可通过落锤法进行校正，但需注意的是受冲腔内的油量、温度应保持稳定。其测试流程见图 1.3。

冲击能与受冲腔内部压力波动信号的关系可根据弹性力学得出，其关系见式（1.4）。

$$e=\frac{1}{2}\cdot\frac{\left(P-P_0\right)^2}{K_{\mathrm{h}}}\cdot\eta \tag{1.4}$$

式中，e 为冲击能，J；P 为受冲器内部油液脉冲值，MPa；P_0 为受冲器内部油液初始压力，MPa；K_{h} 为受冲器弹性系数；η 为试验装置冲击能传递效率。

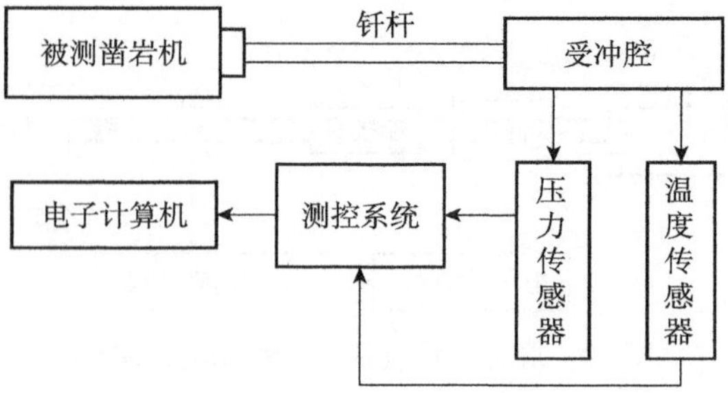

图1.3　受冲腔法测试冲击性能测试流程

由于受受冲腔加工质量、密封效果等因素影响，受冲器弹性系数会有所变化，因此需对其进行校准，同时应考虑试验装置冲击能传递效率影响。冲击能标定系数见式（1.5），该系数可通过自由落锤法或标准器法进行校准。

$$A_E = \frac{1}{2} \cdot \frac{\eta}{K_h} = \frac{e}{(P - P_0)^2} \tag{1.5}$$

式中，A_E 为冲击能标定系数。

受冲腔法适用于液压凿岩机械、气动凿岩机械等的测试，该方法操作简单，精度介于末速度法和应力波法之间。但在试验过程中，受冲腔需要承受凿岩机械的高频往复冲击，内部油液温度急速提升，对试验结果影响大，需加设油温稳定装置；并且密封件易损坏，需定期更换。

2. 回转性能测试

回转性能主要包含回转转矩、回转数。该项目测试根据产品结构与冲击性能同时测试或单独测试，内回转式凿岩机需同时进行冲击性能、回转性能的测试，而外回转式凿岩机冲击性能、回转性能则需分别单独测试。

凿岩机回转机构的转矩转速测量，可通过转矩转速传感器或在测试轴上粘贴应变片的传感系统，在保持转数一定的前提下进行测量。

3. 凿岩性能测试

凿岩性能测试是通过激光位移传感器采集凿岩机的钻进速度参数，五点位噪声传感器采集凿岩机钻进噪声参数，并通过串联在凿岩机冲击、回转油路中的压力、流量及温度传感器采集凿岩机凿孔时液（气）压系统参数，经信号转换装置显示在计算机测控界面，自动测量及存储。

1.2　测试装备

北京院建有先进的凿岩机光电速度法冲击性能试验台、应力波法冲击性能试验台、受冲腔法冲击性能试验台、凿岩试验台。北京院检测中心是国内唯一能针对不同结构的凿岩设备，分别采用光电速度法、应力波法、受冲腔法进行冲击性能测试的单位，同时能实现凿岩机和液压钻车的全性能测试。

1.2.1　光电速度法冲击性能试验台

该试验台适用于液压凿岩机、气动凿岩机械等，能够实现凿岩机械冲击能、冲击频率、转矩、转速等主要性能的测试，并可监控压力、流量、温度等试验条件。

1. 试验台参数

冲击能为 0 ～ 1000J、冲击频率为 0 ～ 200Hz、冲击能校准能力为 0 ～ 1200J。

2. 试验台结构及特点

光电速度法冲击性能试验台主要由运行台架、受冲系统、回转测量系统、冷却系统等组成，具体结构见图 1.4。运行台架主要由安装平台、左右平移装置、前后推进装置组成，受冲系统主要由受冲器、冷却水套及相应工装组成，回转测量系统主要由回转引出装置、转矩转速传感器、负载调节装置等组成，冷却系统主要由水泵、水箱组成。

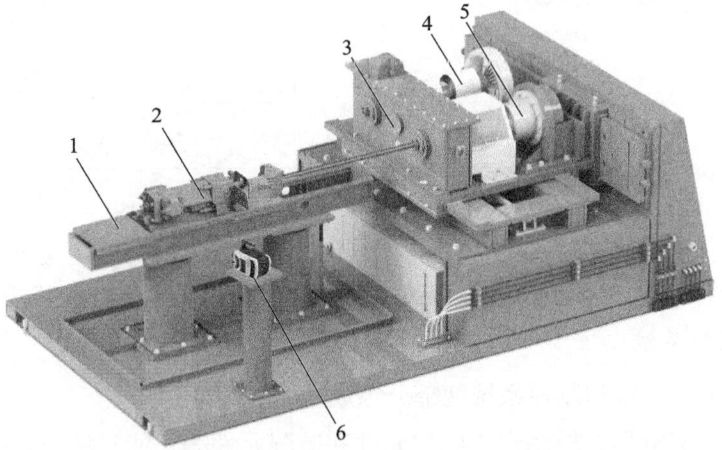

图1.4　光电速度法冲击性能试验台

1. 运行台架；2. 凿岩机；3. 减速装置；4. 回转测量系统；5. 受冲器；6. 光电仪

试验时，被试件安装于运行台架上，通过运行台架中的左右平移缸、导向式升降缸、推进缸进行左右、上下、前后移动，使被试件通过钎杆与受冲器对中、同时回转性能通过回转引出装置与转矩转速传感器连接；受冲器吸收产生的冲击能量，通过安装于光电法冲击性能试验台架外的高速摄像仪采集被试件活塞位移、速度信号，进而计算冲击能；回转性能通过负载调节装置加载、转矩转速仪采集信号测试转矩、转速；试验台通过冷却系统控制受冲器、磁粉制动器的温度。

该试验台采用高速摄像仪采集信号，能有效分析被试件的冲击性能，对冲击活塞各个阶段的冲击速度、冲击能、冲击频率均能采集分析；试验台功能齐全，具备左右平移、前后推进、上下升降、回转性能引出等功能，能分别对被试件的冲击性能、回转性能进行单独测试，且可通过回转性能引出机构实现被试件冲击性能、回转性能的同时测试。

3. 试验台液压控制系统

液压系统是光电法冲击性能试验台的动力源，包括泵站、控制系统、管路系统，其原理见图 1.5。该系统使用 3 套泵装置，分别给液压凿岩机冲击、回转、试验台推进机构、受冲器提供动力。控制系统均采用电液控制，并设有油箱加热、冷却、温度报警、液位报警、急停等功能。

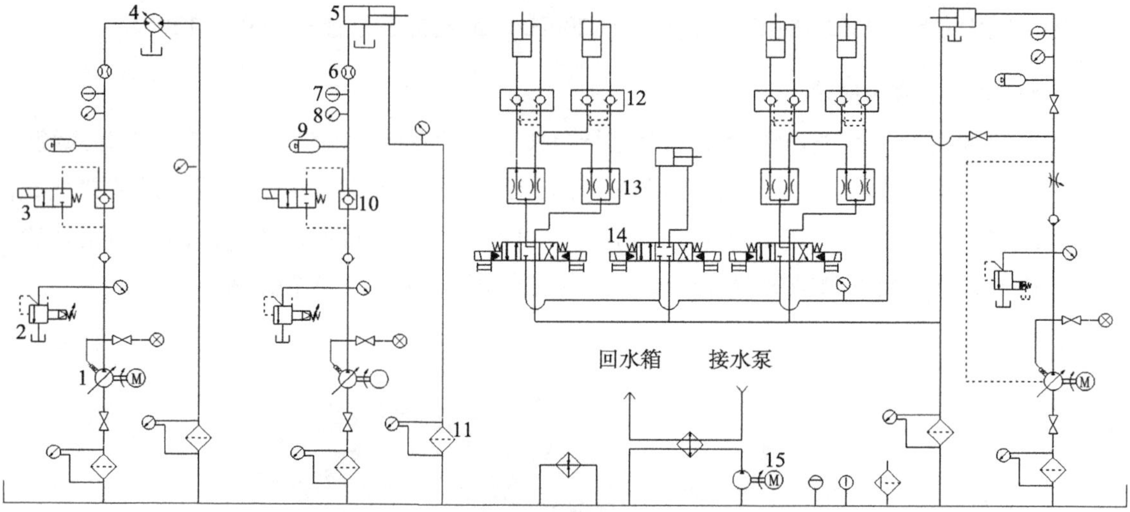

图1.5 光电速度法冲击性能试验台液压原理图

1. 比例变量泵；2. 比例溢流阀；3. 电磁球阀；4. 马达；5. 油缸；6. 流量计；7. 温度计；8. 压力计；9. 蓄能器；10. 液控单向阀；11. 过滤器；12. 液压锁；13. 分流集流阀；14. 电磁换向阀；15. 循环泵组

4. 试验台测控系统

测控系统由电控系统和测控系统两部分组成。

电控系统包括配电柜、控制台、电控元件和监测元件等，能对液压系统、乳化液系统、试验台辅助系统及被试件的工况进行现场控制和监测及控制室计算机界面控制和监测；在紧急情况下，现场控制优先于计算机界面控制，并可在泵站、试验现场、控制室对液压系统进行急停。电控系统流程见图 1.6。

测控系统可实现凿岩机工作压力、流量、冲击能、冲击频率、推进力、转矩、转速等指标的自动采集，同时实现对被试件的加载、工作条件调节等，并自动生成原始记录；在试验现场、控制室均可实现数据采集，远端通过网络界面可监测到测试界面。测控系统流程见图 1.7。

光电速度法冲击能试验台测试数据可通过两种处理方式实现。一是通过计算机进行数据处理，由计算机进行数据采集、分析处理、生成电子版原始记录、检验报告，并可由打印机输出纸质版原始记录、检验报告；二是人工直读，在测试系统出现故障时，试验员可通过测试系统数字式指示仪表直接读取试验结果。

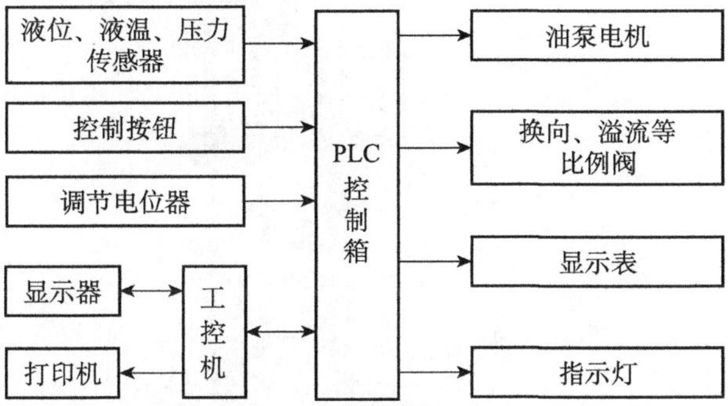

图1.6 电控系统流程

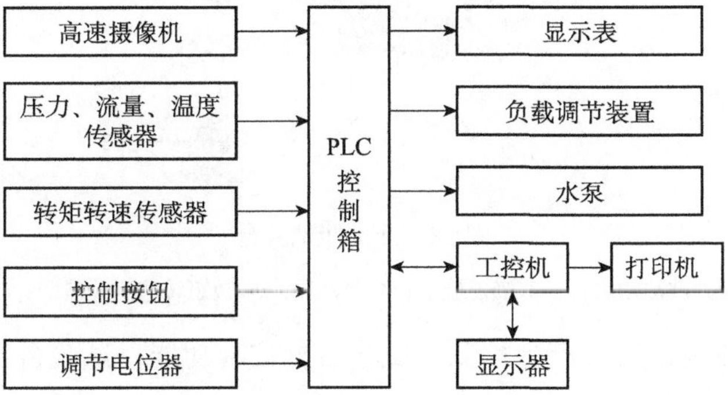

图1.7 测控系统流程

1.2.2 应力波法冲击性能试验台

应力波法冲击性能试验台适用于气动凿岩机械，能够实现凿岩机械冲击能、冲击频率等主要性能的测试，并可监控压力、耗气量、温度等试验条件。

1. 试验台参数

冲击能为 0 ～ 500J、冲击频率为 0 ～ 150Hz、冲击能校准能力为 0 ～ 600J。

2. 试验台结构及特点

应力波法冲击性能试验台主要由立式台架、吸能装置、压紧装置、校准装置等组成，校准装置主要由升降电机、减速箱、电吸盘、导向管等组成，具体结构见图 1.8 右半部分。

试验时，通过压紧气缸将被试件安装于立式冲击试验台架上，被试件通过钎杆与吸能装置连接，其产生的冲击能量被吸能装置吸收，通过采集粘贴于钎杆上应变片的应力振幅间接测试冲击能。

试验装置校准时，通过卷缆装置控制落锤升降、电吸盘控制落锤释放，落锤沿透明亚克力管垂直落在吸能装置上，通过比对落锤产生的势能与应力波法冲击性能试验装置的测试结果进行校准。

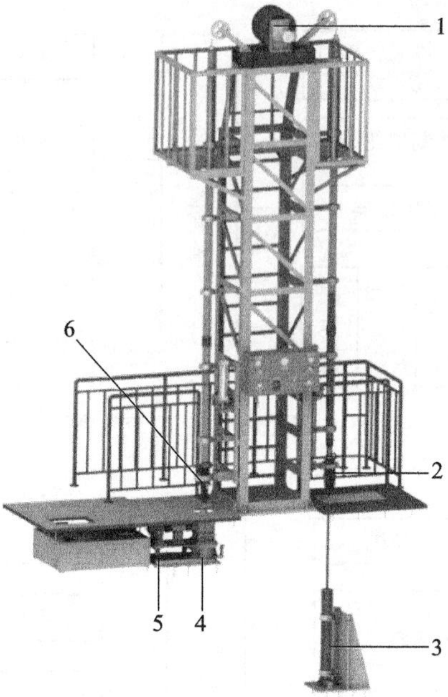

图1.8　冲击能试验台

1. 校准装置；2. 应力波法凿岩机；3. 吸能装置；4. 受冲器；5. 转矩转速测量装置；6. 受冲腔法凿岩机

该试验台功能齐全，具备产品检测、试验台自校准功能，试验台自校准功能能够实现校准落锤的自动升降、自由释放、外径导向等，提高了校准精度；试验台具有国内齐全的吸能机构，分别填充钢球、橡胶、沥青，能有效分析不同填充材料的反射效率，减少吸能机构对冲击能测试的影响；试验台与受冲腔法冲击性能试验台共用台架、校准落锤升降机构，测试装置分置于台架两侧，有效的节约试验台占用空间。

1.2.3　受冲腔法冲击性能试验台

受冲腔法冲击性能试验台适用于冲击能较小的液压、气动凿岩机械，能够实现凿岩机械冲击能、冲击频率、转矩、转速等主要性能的测试，并可监控压力、耗气量、温度等试验条件。

1. 试验台参数

冲击能为 0 ～ 200J、冲击频率为 0 ～ 80Hz、冲击能校准能力为 0 ～ 600J。

2. 试验台结构

受冲腔法冲击性能试验台主要由立式台架、受冲装置、回转性能测量装置、压紧装置、校准装置、冷却系统等组成；其中回转性能测量装置主要由转矩转速传感器、负载调节装置及相关附件组成；校准装置主要由升降电机、减速箱、电吸盘、导向管等组成；冷却系统主要由水泵、水箱组成。该试验台与应力波法冲击性能试验装置共用立式台架，具体结构见图 1.8 左半部分。

试验时，通过压紧气缸将被试件安装于立式冲击试验台架上，被试件通过钎杆与受冲装置连接，其产生的冲击能量被受冲装置吸收，通过采集受冲腔内部压力波动间接测试冲击能；同时被试件通过伞齿轮变向机构将垂直方向的转矩、转速转换为水平方向，通过负载调节装置加载、转矩转速仪测量被试件的转矩、转速。

1.2.4　凿岩试验台

凿岩试验台采用四连杆升降机构设计，模拟凿岩机井下实际工况，通过凿岩机运行平台上下升降，岩石运行平台左右平移，实现岩石全断面钻进，并首次采用激光位移传感器测量凿孔速度。该试验台配合气动参数测量模块、液体参数测量模块及噪声测量模块可实现凿岩机工作状态全参数测量。

1. 试验台参数

岩石硬度为 100 ～ 150MPa、单次钻深为 1800mm。

2. 试验台结构及特点

凿岩试验台主要由可调节凿岩机运行平台、可调节岩石运行平台组成。其中可调节凿岩机运行平台由凿岩机安装托盘、推进器、导轨、推进油缸、钢丝绳倍速机构、扶钎器、四连杆升降机构等组成。可调节岩石运行平台由岩石承载框架结构件、双头平移油缸、平移燕尾槽、岩石后顶紧缸及岩石上顶紧缸等组成。具体结构见图 1.9。

图1.9　凿岩试验台

1. 可调节岩石台架；2. 可调节运行台架；3. 凿岩机

该试验台能实现凿岩机钻进参数全项目测量，实时监测钻进速度、钻进推进力、钻进噪声、冲击、回转系统压力、流量、温度等性能参数，并通过 PLC 系统实现软件控制及参数、报告输出；试验台能实现全断面钻进，台架可四方位调节，单次钻深可达 1800mm。

（本章主要执笔人：北京院李耀武，林瑞波，荆建宽）

第2章 锚杆钻机测试技术

锚杆钻机是锚杆、锚索支护工艺中的关键设备，用于钻进锚杆孔和安装锚杆，是我国煤矿使用量最大、涉及作业人员最多的井巷施工设备。锚杆钻机的种类较多，有用于顶板的支腿式锚杆钻机、侧帮的帮锚杆钻机等不同钻孔方位钻机，以及锚杆钻车、机载锚杆钻机等不同结构产品。其钻孔原理是通过高速旋转切削岩石方式作业，工作转速为200～500r/min，转矩为50～300N·m，适用岩石抗压强度100MPa以下的巷道。该产品由回转马达、支腿、控制阀、操作臂等部件组成；回转马达提供回转输出，支腿提供钻孔所需的推力。从锚杆钻机的钻孔原理和结构组成可以看出，其回转特性、推进特性，以及二者的匹配关系是影响钻孔效率的关键因素。锚杆钻机主要执行标准有MT/T688《煤矿用锚杆钻机通用技术条件》、MT/T974《煤矿用单体液压锚杆钻机》等，主要技术指标包括转矩、转速、推力等。回转性能测试采用回转测功法，即利用转矩转速传感器直接测试；支腿推力采用标准测力计进行测试，测试设备包括回转性能测试装置、岩石钻进性能测试装置，以及转矩转速仪、测力计、噪声仪、凿钻孔速度仪等测试仪表。

本章主要阐述气动（液压）锚杆钻机的测试项目、测试方法及原理，以及主要测试装备的技术参数、结构组成及特点。

2.1 测试方法及原理

锚杆钻机测试是在实验室通过模拟其实际工作状况进行的。一般情况下，锚杆钻机的回转性能测试在工况模拟试验台进行，钻进性能、噪声性能测试通过在不同硬度的人工岩样上进行钻孔作业完成。

2.1.1 测试项目

锚杆钻机检验项目主要包括额定压力、空载转速、额定转矩、额定转速、超载转矩、最大输出功率、密封性、推进力、钻孔速度、噪声、额定流量（耗气量）、安全性能、可靠性等。

2.1.2　测试方法

1. 回转性能

转矩、转速的测量是利用负载调节装置施加负载，通过串接在钻机与负载调节装置之间的转矩转速传感器测量转矩、转速值，负载调节装置有磁粉制动器、加载液压泵、加载电动机、机械制动器等多种形式。试验时将负载调节装置加载至钻机额定工况，利用转矩转速传感器采集锚杆钻机的转矩、转速参数；同时采集钻机工作压力、耗气量（流量）、温度等工作条件参数；通过计算机实现试验数据的采集、分析、存储、输出。

气动锚杆钻机的额定转矩、最大负荷转矩、动力失速转矩、动力启动转矩以及回转转速的测试在专用试验台上进行。转矩、转速、耗气量等可在一次连续调节锚杆钻机主轴载荷的过程中测量，也可以采用单独调节产品载荷的方法进行测量。气动锚杆钻机测试流程如图 2.1 所示，测试装置主要由压缩空气动力源、负载调节装置、传感器等组成。

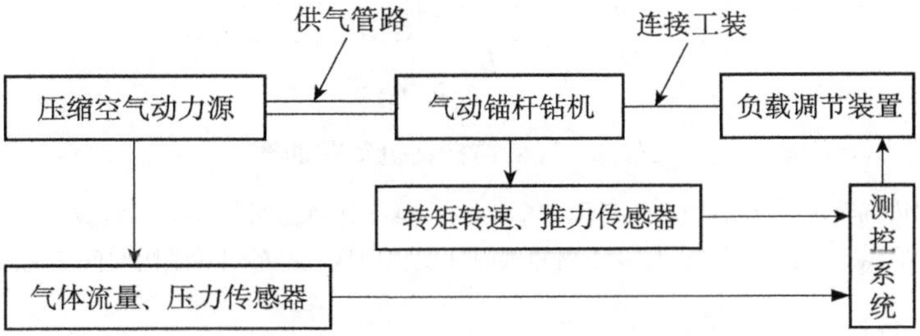

图2.1　气动锚杆钻机测试流程

额定转矩的测试通过在钻机空载转速状态下对其主轴逐渐加载，在保持供气压力稳定的状况下，使主轴转速匀速下降直至停止，记录钻机输出功率最高点对应的转矩及转速为额定转矩、额定转速。气动锚杆钻机转矩、转速、功率特性曲线如图 2.2 所示。钻机输出功率可通过测控系统直接采集或根据实测转矩、转速按式（2.1）计算得出。

$$P=0.1047\times N\times M\times 10^{-3} \tag{2.1}$$

式中，P 为输出功率，kW；N 为实测转速，r/min；M 为实测转矩，N · m。

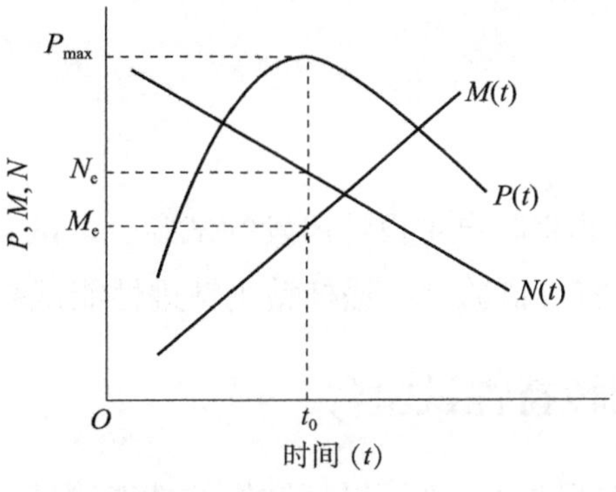

图2.2　气动锚杆钻机转矩、转速、功率特性曲线

P_{max}最大功率；M_e额定输出转矩；N_e额定输出转速；M（t）转矩随时间的变化曲线；P（t）功率随时间的变化曲线；N（t）转速随时间的变化曲线

气动锚杆钻机负荷转矩测试时，其负荷曲线如图 2.3 所示。在钻机额定转速状态下对其主轴逐渐加载，使主轴转速匀速下降，当钻机转速下降至最低匀速、连续运转状态时（若继续对主轴加载，将破坏其匀速、连续运转状态），测定钻机最大负荷转矩。在钻机额定转速状态下对其主轴转矩加载，当钻机转速逐渐下降到零（在下降至零速以前，往往经过非匀速、非连续运转过程）并维持 5s 以上时，转矩为动力失速转矩。在钻机加载并处于失速状态下（主轴停止转动）逐渐减少载荷，钻机开始启动时测得的转矩为动力启动转矩。

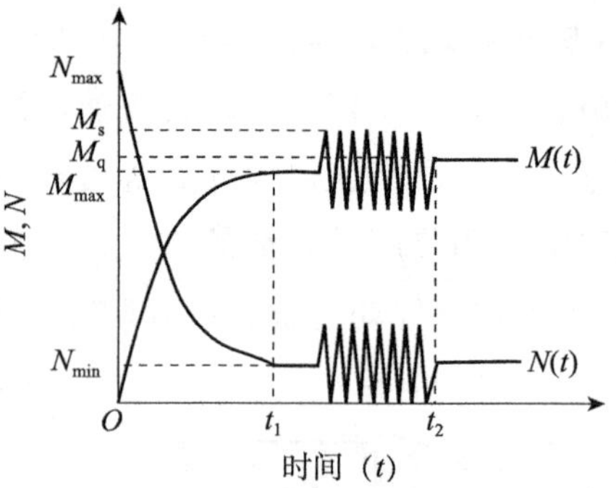

图2.3　气动锚杆钻机负荷曲线

M_{max}最大负载转矩；M_s静力失速转矩；M_q动力启动转矩；N_{max}空载转速；N_{min}最低匀速转速；t_1时间点1；t_2时间点2；$M(t)$ 转矩随时间变化曲线；$N(t)$ 转速随时间变化曲线

2. *岩石钻进性能*

在抗压强度为 40 ～ 60MPa 的岩石或人工岩样上，采用人工操作进行钻孔的方法进行测试。每次钻孔深度应不少于 0.5m，钻孔数量不少于 3 个；用激光测距传感器、时间计数器分别测量孔深、时间，计算单孔钻孔速度后，以各试验孔的钻孔速度算术平均值为钻孔速度测量值。在钻进性能试验时，应在额定条件下进行并使推进力处于最佳钻进状态。钻进速度按式（2.2）计算。

$$V=S/t\times 60 \tag{2.2}$$

式中，V 为钻进速度，mm/min；S 为钻孔深度，mm；t 为钻孔时间，s。

2.2　测试装备

锚杆钻机测试装备是由北京院自主设计研发的试验台。试验场地位于北京院采育基地，试验装置包括锚杆钻机回转特性试验台、锚杆钻机钻进性能试验台等。

2.2.1　锚杆钻机回转特性试验台

该试验台适用于气动锚杆钻机、液压锚杆钻机的性能测试，结构见图 2.4。在锚杆钻机测试过程中，提供制动力矩、转矩转速信号、推力信号；同时承受回转反力矩、支腿推力。

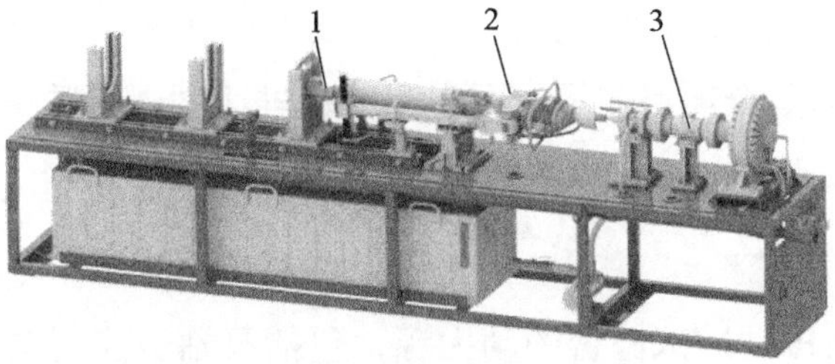

图2.4　锚杆钻机回转特性试验台

1. 推力测量装置；2. 锚杆钻机；3. 转矩转速测量装置

1. 试验台参数

测量转矩为 0 ～ 500N · m；转速为 0 ～ 1000r/min；推进力为 0 ～ 30kN；外形尺寸为4000mm×800mm×1600mm。

2. 试验台结构及特点

试验台架包括主体框架（底板、框架、防护降噪箱体）、转矩转速测量装置（负载调节装置、转矩转速传感器、调高机构等）、支腿推力测量装置（测力仪、挡板及其托架等）、冷却装置（水泵、水箱）等。

该试验台能实现试验过程自动控制，自动判定额定转矩、失速转矩、启动转矩等参数，通过测量的转矩参数反馈调控负载调节装置加载；回转－推力隔离机构能够实现回转、推进力在同一工位完成测试，避免了二次装卡。

2.2.2　钻进试验台

采用可升降结构调节钻进岩石的高度，通过阀门控制器远程控制钻机马达转速及支腿推进力；采用激光位移传感器、时间计数器测量凿孔速度，兼具钻孔方向检测功能。该试验台配合气动参数测量模块、液体参数测量模块、噪声测量模块，实现锚杆钻机工况的全参数测量。

1. 试验台参数

单次钻深为 1200 mm；钻进断面尺寸为 1500mm×1200 mm；运行平台台架升降范围为2500 ～ 3200mm。

2. 试验台结构及特点

试验台主要由岩石安装台架、岩石顶紧油缸、台架升降调节油缸、台架升降调节导向柱、锚杆钻机安装工装、辅助泵站、岩石等组成。岩石安装在岩石安装台架上，由岩石顶紧缸固定；通过液压缸与导向柱调节岩石安装台架升降，以适应不同工作高度的锚杆钻机。锚杆钻机钻进性能试验台见图 2.5。

该试验台能够进行四方位调节，适应不同钻机工作高度，实现全断面钻进，单次钻深1200mm；可实现钻进参数全项目测量，同步测试钻进速度、钻进噪声、回转系统压力、流量、温度等。

3. 液压控制系统

液压系统是锚杆钻机钻进试验台的动力源，包括泵站、控制系统、管路等，其原理见图 2.6。该系统液压泵通过电液控制方式为升降缸提供动力，并设有油箱加热、冷却、温度报警、液位报警、急停等功能。

图2.5　锚杆钻机钻进性能试验台

1. 岩石；2. 可调节台架；3. 锚杆钻机；4. 液压泵站

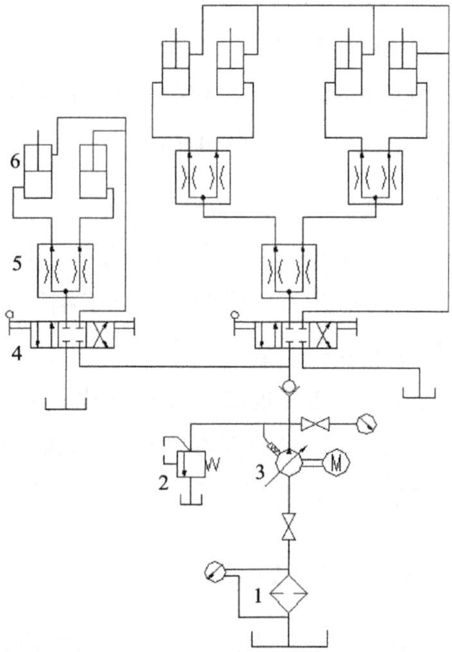

图2.6　钻进试验台液压原理图

1.过滤器；2.比例溢流阀；3.比例变量泵；4.手动换向阀；5.分流集流阀；6.油缸

（本章主要执笔人：北京院林瑞波，龚斌，陈文超）

第 3 章
反井钻机测试技术

反井钻机用于矿山竖井、斜井、通风井等立井施工，是立井施工的关键装备。反井施工法首先向下钻进 270 ～ 380mm 导孔，直到穿透平巷隧道顶部，导孔完成后在下方安装 0.75 ～ 5.0m 直径的刀盘，通过导孔中钻杆向上提拉、旋转完成反向施工作业。反井施工较传统凿井方法具有效率高、井壁光滑、围岩破坏小等优点。适用于抗压强度 150MPa 以下岩石条件，钻井深度可达 600m。反井钻机结构主要包括动力头、机架、推进与提升机构、泵站、钻具等；动力头提供回转动力，推进 / 提升机构提供向下推力和向上提升力，泵站提供液压动力。从产品的工作原理和组成可以看出，反井钻机的回转性能、推进 / 提升性能，以及二者的匹配关系是影响其钻井施工效率的关键因素。反井钻机执行 MT/T213《煤矿用反井钻机通用技术条件》、MT/T664《煤矿用反井钻机钻杆》等标准；主要测试方法包括动态回转性能测量法、静态扭力法等。测试设备包括回转性能测试装置，测试仪表有转矩转速仪、测力计、噪声仪等。

本章主要阐述反井钻机的测试项目、测试方法及原理，以及主要测试装备的技术参数、结构组成及特点。

3.1　测试方法及原理

反井钻机测试是在实验室通过模拟矿山井下的工作状况进行的，在额定工况下考核其回转转矩、推 / 拉力、噪声等性能。

3.1.1　测试项目

检验项目主要包括基本要求、安全性能、运转性能、耐压及密封性能、噪声性能、传动性能等。

3.1.2　测试方法

1. 输出转矩测试

转矩的测试方法有动态回转性能测量法、静态扭力法等。动态回转性能测量法，即利用转矩转速传感器直接测量反井钻机转矩。当反井钻机主轴转矩超过动态回转性能测量法试验装置量程时，可采用静态扭力法测量，即通过扭力与力臂的乘积计算得出。

1）动态回转性能测量法

该方法测试精度可达 ±1%，适用于主轴转矩 30000N · m 以下低转矩反井钻机，以及其他结构形式的大功率回转钻机测试。其原理是利用负载调节装置给反井钻机施加负载，通过串接在钻机与负载调节装置之间的传感器直接测量试验参数。模拟负载由负载调节装置产生，负载调节装置选用磁粉制动器，具有激磁电流和传递转矩基本呈线性关系的特点，如图 3.1 所示。试验时，将磁粉制动器加载至钻机额定工况，利用转矩转速传感器采集反井钻机的转矩、转速性能参数。

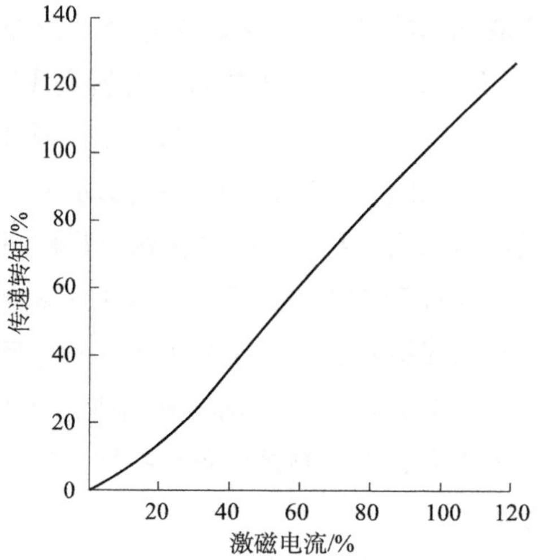

图3.1　激磁电流与传递转矩关系

2）静态扭力法

该方法测试精度适中、满足标准要求，适用于所有规格的反井钻机。其原理是直接利用测力传感器测量作用于力臂垂直方法的作用力，并测量作用点至回转中心的力臂长度。力信号直接采集至测试系统，在测试系统人机交互界面录入力臂长度，按式（3.1）计算出转矩值：

$$M=F\times L \quad (3.1)$$

式中，F 为作用力，kN；L 为作用点至回转中心的力臂长度，m。

2. 推 / 拉力测试

推 / 拉力的测试采用标准测力计法，即采用标准测力计直接测量，精度可达 ±0.5%。利用专用工装将标准测力计与反井钻机主轴连接，直接进行测定。

3.2　测试装备

反井钻机测试装备是北京院自行设计研发的试验台，位于北京院采育基地，试验装置包括大功率钻机回转特性试验台、静态扭力法反井钻机测试装置等。

大功率钻机回转特性试验台适用于主轴转矩不大于 30000N·m 钻机的性能测试，精度可达 ±1%。通过负载调节装置实现转矩无级加载，由转矩转速传感器直接采集测量转矩、转速参数，相比于静态扭力法，具有试验精度高的优点。

1. 试验台参数

该试验装置最大试验能力为转矩 30000N·m、推 / 拉力为 1000kN。外形尺寸为 3000mm×1800mm×1800mm。

2. 试验台结构及特点

该试验台由机械台架（箱体、导向、可升降平台）、转矩转速测量装置（负载调节装置、转矩转速传感器、万向节联轴器等）、推 / 拉力测量装置（台架、调高机构、拉压力传感器）、液压参数测量模块、冷却装置（水泵、水箱）等组成，其具体结构见图 3.2。

图3.2　大功率钻机回转特性试验台

1. 可调节台架；2. 负载调节装置；3. 转矩转速传感器

该试验台采用转矩转速传感器测量回转特性参数，试验精度达到 ±1%；应用自控元件实现模拟负载的远程自动控制；该试验台不仅可实现对反井钻机的测试，同时可实现对其他形式大功率回转钻机的测试。

（本章主要执笔人：北京院龚斌，许海龙，李耀武）

第4章 钎具与钻具测试技术

钎具与钻具是井巷掘进与支护施工中配套使用的工具，主要有钎（钻）杆、钎（钻）头、连接套等。用于传递凿岩机的冲击输出、钻机的回转输出，完成破碎和切割岩石。钎具与钻具的类型较多，钎头类型有十字形、一字形、柱齿形等，钻头类型有两翼、三翼等，直径为 ϕ25 ～ 260mm；钎杆和钻杆有圆形、六方形、三棱形等，直径为 ϕ18 ～ 89mm。钎具与钻具的多种形式用以适应不同的岩石硬度、岩石类型、孔径的需求。钎头、钻头的结构由胎体、合金头（片）组成。钎杆和钻杆由杆体和连接螺纹组成。从钎具和钻具的结构、工作原理可以看出，抗冲击性能、回转性能、耐磨性能、合金头（片）焊接强度是影响凿钻孔效率、使用寿命的关键因素。钎具与钻具执行标准有 MT/T905《煤矿锚杆钻机用回转钻杆》、MT/T984《煤矿用金刚石复合片锚杆钻头》、GB/T6481《凿岩用锥体连接中空六角形钎杆》等标准，技术指标有抗扭矩、合金焊接强度、表面硬度、磨耗比、抗推力、抗弯矩等。主要测试方法有回转测功法、抗推工况模拟法、磨耗比法、光电摆锤释放法、脱碳厚度金相法等。测试设备有抗扭抗弯抗推一体测试装置、金刚石复合片磨耗比测试装置、冲击韧性测试装置、脱碳层测试装置、抗剪切测试装置，以及转矩转速仪、测力仪、光学显微镜、数显高度仪等。

本章主要阐述钎具与钻具的测试项目、测试方法及原理、工况模拟，及相关主要测试装备的技术参数、结构组成及特点、工作原理等。

4.1 测试方法及原理

钎具与钻具的测试通过专用工装将钎具与钻具先后安装在抗扭抗弯抗推一体测试装置、金刚石复合片磨耗比测试装置、冲击韧性测试装置、脱碳层测试装置、抗剪切测试装置等专用检测设备上，通过施加相应载荷来模拟钎具与钻具作业中不同工况，以考核钎具与钻具的抗扭、抗推、抗弯、抗剪切及冲击韧性等性能。

4.1.1 测试项目

钎具与钻具的主要测试项目包括抗扭性能、抗弯性能、抗推性能、抗剪切性能、磨耗比、冲击韧性、表面硬度、脱碳层、使用寿命、表面缺陷等。

4.1.2　测试方法

1. 抗扭抗弯抗推测试

抗扭测试时采用专用工装固定在测试装置上，一端通过液压马达输出液压动力，另一端通过负载调节装置施加规定的模拟载荷，在一定的转速条件下运转一定时间，观察钎具与钻具是否出现变形及其他异常。抗弯测试时固定一端，另一端根据钎具与钻具的不同长度施加不同的弯矩，达到规定的弯矩情况下保持一定时间，释放载荷后，采用专用仪表测量钎具与钻具的变形量是否满足要求。抗推测试时通过调节液压泵站压力使油缸对钎具与钻具施加规定的推力，保持一定的时间，然后检测钎具与钻具的变形量。钎具与钻具抗扭抗弯抗推测试流程如图 4.1 所示。

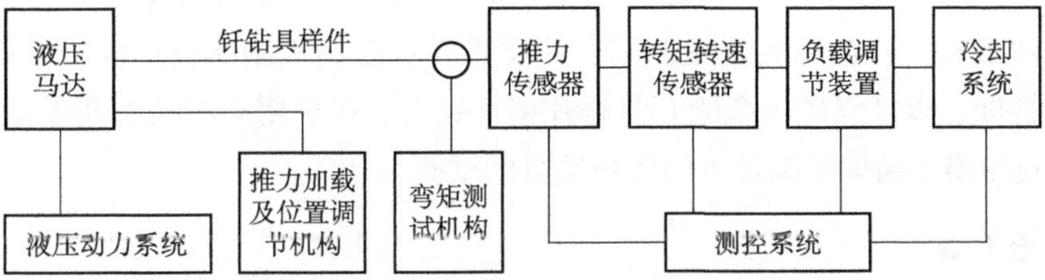

图4.1　抗扭抗弯抗推测试流程

2. 其他性能测试

（1）金刚石复合片经清洗、除尘和烘干后与 80 号粒度的陶瓷结合剂碳化硅砂轮在金刚石复合片磨耗比测试装置上相互磨削，然后计算砂轮磨损量与金刚石复合片磨耗量的比值。金刚石复合片磨耗比测试流程如图 4.2 所示。

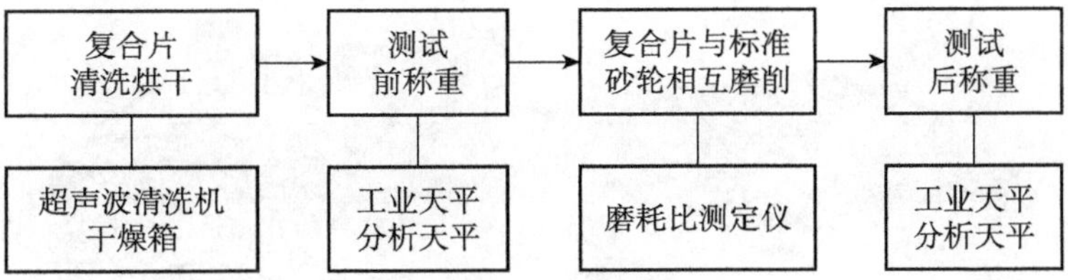

图4.2　磨耗比测试流程

（2）试验样块及夏比缺口制备完成后置于小型摆锤式冲击试验机两支座之间，通过光电控制释放摆锤打击试样来测得试样吸收的能量。试验机摆锤处于不同的摆角所具有的势能不同，摆角由高精度光电编码器及 PLC 自动控制。冲击韧性测试流程如图 4.3 所示。

（3）钻头抗剪切性能测试时通过专用工装将钻头固定在试验机上，采用伺服泵控制技术，将伺服电机与油泵直连，通过闭环控制功能，实现对钻头抗剪切性能测试的加载，通

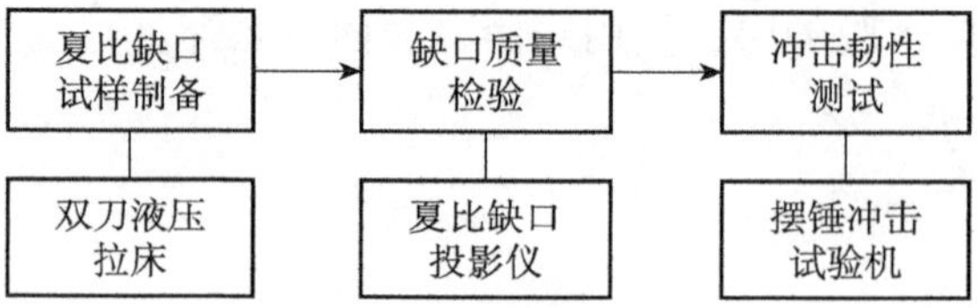

图4.3　冲击韧性测试流程

过微机记录钻头破坏前的载荷峰值，抗剪切强度即为载荷峰值与焊接面积的比值。

4.2　测试装备

北京院建有的钎具与钻具测试装置包括抗扭抗弯抗推一体测试装置、金刚石复合片磨耗比测试装置、冲击韧性测试装置、脱碳层测试装置、抗剪切测试装置、硬度试验台等。设备功能齐全，自动化程度高，满足钎具与钻具相关标准的测试要求。

抗扭抗弯抗推一体测试装置主要用于测试煤矿锚杆钻机用回转钻杆、煤钻杆的抗扭、抗推和抗弯性能，以及煤矿用金刚石复合片锚杆钻头、煤矿用岩石钻头和煤钻头的抗扭性能，同时通过更换工装能够满足不同规格钻具的试验。

1. 试验台参数

转矩为 1000N·m，弯矩为 1000N·m，推力为 50kN，适应钻杆长度为 500 ～ 2000mm。

2. 试验台结构及特点

该试验台主要包括转矩试验机构、弯矩试验机构、推力试验机构、台架主体、液压系统、测控系统、冷却机构等，其具体结构见图 4.4。

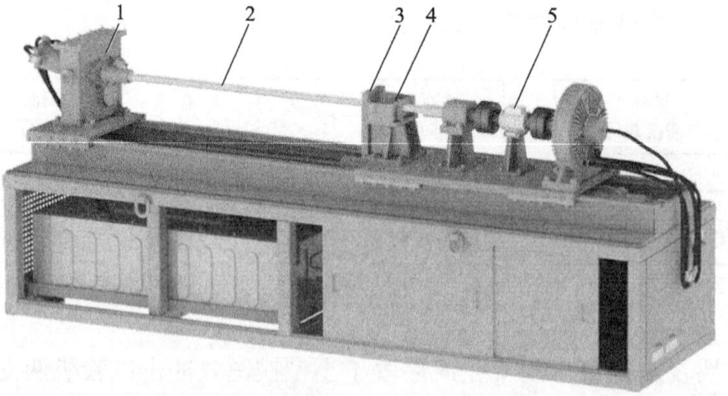

图4.4　抗扭抗弯抗推一体测试装置

1. 加载装置；2. 钻杆；3. 弯矩试验机构；4. 推力试验机构；5. 转矩转速测量装置

转矩试验机构包括液压马达、减速箱、负载调节装置、转矩转速仪、止推机构、连接工装等；弯矩试验机构包括弯矩试验工装、加载部件、测试仪表等；推力试验机构包括液压油缸、测力仪、支座及工装等；台架主体包括框架、滑轨、面板、防护罩、起吊及固定部件；测控系统包括工控机、PLC、人机交互界面等。

该装置能够同台实现钻具的抗扭、抗弯和抗推试验，减少拆卸次数，效率高；测试精度高，可靠性强。

3. 试验台液压系统

该装置液压系统用于为液压马达、推力油缸和调节油缸提供液压动力，主要包括液压泵站、液压马达、油缸、控制阀组等，液压泵站提供液压动力，压力为31.5MPa，流量为60L/min。其原理见图4.5。

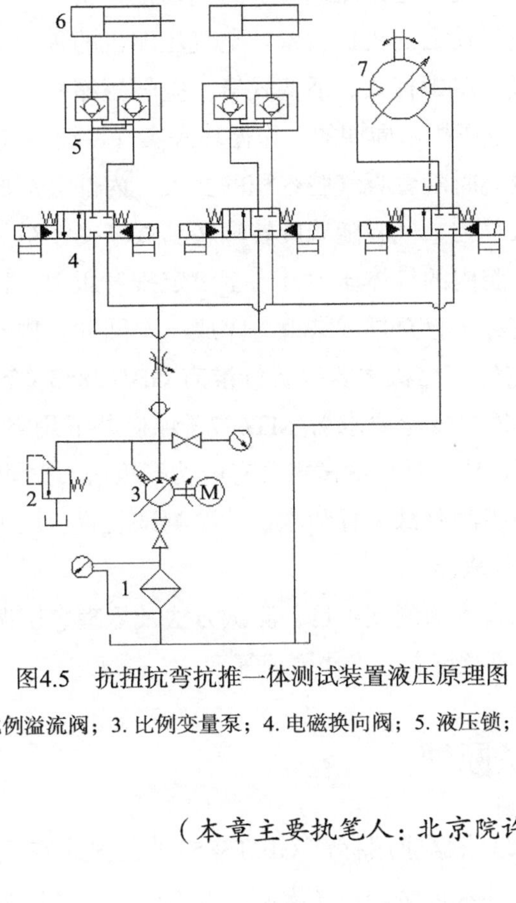

图4.5 抗扭抗弯抗推一体测试装置液压原理图

1. 过滤器；2. 比例溢流阀；3. 比例变量泵；4. 电磁换向阀；5. 液压锁；6. 油缸；7. 马达

（本章主要执笔人：北京院许海龙，荆建宽，马通通）

第5章 空气压缩机测试技术

空气压缩机（简称空压机）是为煤矿井下的气动锚杆钻机、气动凿岩机、混凝土喷射机等施工设备提供压缩空气动力的机械设备。空气压缩机的种类很多，煤矿井下使用的空气压缩机主要有双螺杆式、单螺杆式、活塞式等。空气压缩机由压缩机头、电动机、油气桶、换热器等部件组成。空压机由周期的工作循环来实现持续供气，每个工作循环分吸气、压缩、排气三个过程。吸气时随着吸气腔容积的变大，内部会形成一定的真空，常温常压的空气在压差作用下进入气腔；气腔随着旋转轴转动逐渐变至最大后进入压缩过程，气腔容积逐渐变小，封闭在气腔内的气体压力升高至设定排气压力，排气过程开始，排气时压力不变，气腔容积逐渐变小，直至排气结束，完成一个循环。排气量、排气压力是空气压缩机的主要性能指标。空气压缩机主要执行标准有GB/T3853《容积式压缩机验收试验》，GB22207《容积式空气压缩机安全要求》，MT687《煤矿井下用空气压缩机》。排气量测试方法主要有喷嘴法、流量计法，噪声测试主要有声功率级法，振动测试主要有振动烈度法。空压机主要测试装备有喷嘴法测试装置和流量计法测试装置、压力与温度测量装置，以及噪声与振动分析仪等测试仪表。

本章主要阐述空压机设备的测试项目、测试方法及原理、工况模拟，及相关主要测试装备的技术参数、结构组成及特点、工作原理等。

5.1 测试方法及原理

空气压缩机的测试是依据通用标准GB/T3853《容积式空气压缩机验收试验》（eqv ISO1217：1996），结合专用标准MT687《煤矿井下用空气压缩机》、GB/T15487《容积式压缩机流量测量方法》、GB/T7777《容积式压缩机机械振动测量与评价》、GB/T4980《容积式压缩机噪声的测定》等测定排气量、排气温度、排气压力、振动、噪声等参数，进而考核其性能。

5.1.1 测试项目

空压机测试项目主要包括排气量、灵敏度、噪声、振动、输入功率等。

5.1.2　测试方法

1. 排气量试验

空气压缩机的排气量是指单位时间内空气压缩机最末一级气缸排出的气体，换算到第一级进口状态的压力和温度时的气体容积值。它是衡量空气压缩机运行是否正常的一个重要指标。国内对压缩机流量测量通常采用ASME喷嘴法、流量计法、风速表法三种方法。

1）ASME喷嘴法

ASME喷嘴法是以伯努利方程和流体连续性方程为依据，根据节流原理，当流体流经标准喷嘴时，在其前后产生压差，此差压值与该流量的平方成正比，通过测量喷嘴前后差压值、喷嘴前温度、喷嘴直径、进气温度、进气压力等参数计算获得，通过喷嘴的空压机排气量 Q_0 按式（5.1）计算，若压缩机吸气压力等于试验处大气压力时，则按式（5.2）计算。

$$Q_0 = 18.82Cd^2 \frac{T_{x_1}}{P_{x_1}} \sqrt{\frac{\Delta P P_0}{T_1}} \tag{5.1}$$

$$Q_0 = 18.82Cd^2 T_{x_1} \sqrt{\frac{\Delta P}{P_0 \cdot T_1}} \tag{5.2}$$

式中，T_{x_1} 为 x_1 级吸气温度，下角标数字表示级别，K；T_1 为喷嘴前气体温度，K；P_0 为试验处大气压力，Pa；ΔP 为喷嘴前后压力差，mmH_2O；C 为喷嘴系数；d 为测得的喷嘴直径，mm。

若将式（5.2）中的压力单位改为帕，喷嘴直径单位改为米，则式（5. 2）前的常数改写为18.82即可。同样，式（5.1）前的常数也改为18.82。计入冷凝水后的排气量按式（5.3）计算。

$$Q_1 = Q_0 + \frac{W_S}{\rho_{S_1}} \cdot \frac{P_{S_1}}{P_{X_1}} \tag{5.3}$$

式中，Q_1 为计入冷凝水的压缩机排气量，m^3/min；W_S 为压缩机级气口与喷嘴间收集到的单位时间内冷凝水量，g/min；ρ_{S_1} 为Ⅰ级吸气温度下的饱和水蒸气密度，kg/m^3；P_{S_1} 为Ⅰ级吸气温度下的饱和水蒸气压力，Pa；P_{X_1} 为Ⅰ级吸气压力，Pa。

转速修正后的排气量按式（5.4）计算。

$$Q = Q_1 = \frac{[n]}{n} \tag{5.4}$$

式中，[n] 为压缩机的额定（规定）转速，r/min；n 为压缩机试验时的转速，r/min。

2）流量计法

在总排气管上安装流量计，直接读出空压机容积流量。

3）风速表法

用风速表测量空压机进气管中气流速度，根据流经截面积，计算空气压缩机的进气量。

2. 输入功率试验

电动机输入功率测试，可参考电动机功率测试方法。主要采用测量输入电压和电流的方法。过去常用两瓦特法，随着电子仪表的逐渐普及，三相电功率测试仪广泛应用于测量电动机的输入功率。

电动机输入功率减去总损耗即为电动机的输出功率，按式（5.5）计算。

$$P_0=P_1-P_2 \tag{5.5}$$

式中，P_0 为电动机输出功率，kW；P_1 为电动机输入功率，kW；P_2 为电动机总损耗，kW。

轴功率按式（5.6）计算。

$$P=P_0\eta_c \tag{5.6}$$

式中，P 为空气压缩机轴功率，kW；η_c 为传动效率，直连传动 $\eta_c=1$，皮带传动 $\eta_c=0.97$。

3. 灵敏度

灵敏度主要测试空压机温度、断水、断油等保护装置的动作灵敏性，即空压机出现非正常运转时，能否在设定条件内停机。主要包括温度保护、断水保护、断油保护。

温度保护试验时，将感温元件从空压机中取出并将感温部位置于可调温的油浴池里，启动空压机，给油浴池加热使油温缓慢升高并搅匀。用分度值不大于0.5℃的棒式温度计或同等精度的其他测温仪器测量油温，检验超温停机温度。断水保护试验时，将换热器的进水阀门逐渐调低，用精度不低于2.0级的压力表测量水压（压力控制式）或流量计测量水流量（流量控制式），检验断水停机压力或流量。断油保护试验时，将设置在进油管路的阀门逐渐调小，用精度不低于0.5级的压力表测量油压，检验停机油压。

4. 噪声试验

空压机噪声测试测量采用声功率法，测试步骤主要分为测点布置、测量和数据处理。

1）测点布置

布点前需要确定基准体和测量表面，基准体应取一个恰好包络被测压缩机组并位于反射平面上的最小矩形六面体作为基准体，测量表面为一个位于反射平面上的与基准体相似的矩形六面体表面（不包括反射平面）。各面与基准体对应面平行且相距1m。所有测点都应位于按上述方法确定的测量表面上，测点分基本测点和附加测点，见图5.1。

2）测量

传声器应正对被测声源方向，声级计应采用“慢”时间计权特性测量。当声级计指针摆动不大于 ±3dB 时，取测量时的最大和最小声压级的平均值。

3）平均声压级和声功率级的计算

表面声压级按式（5.7）计算。

$$\overline{L}_\mathrm{P}=10\lg\left(\frac{1}{N}\sum_{i=1}^{N}10^{0.1L_{\mathrm{P}i}}\right) \tag{5.7}$$

式中，$\overline{L}_P$ 为测量表面平均 A 计权声压级或倍频程声压级，dB（基准值为 20×10^{-6}Pa）；L_{Pi} 为修正后的第 i 点的 A 计权声压级或倍频程声压级，dB（基准值为 20×10^{-6}Pa）；N 为测点总数。

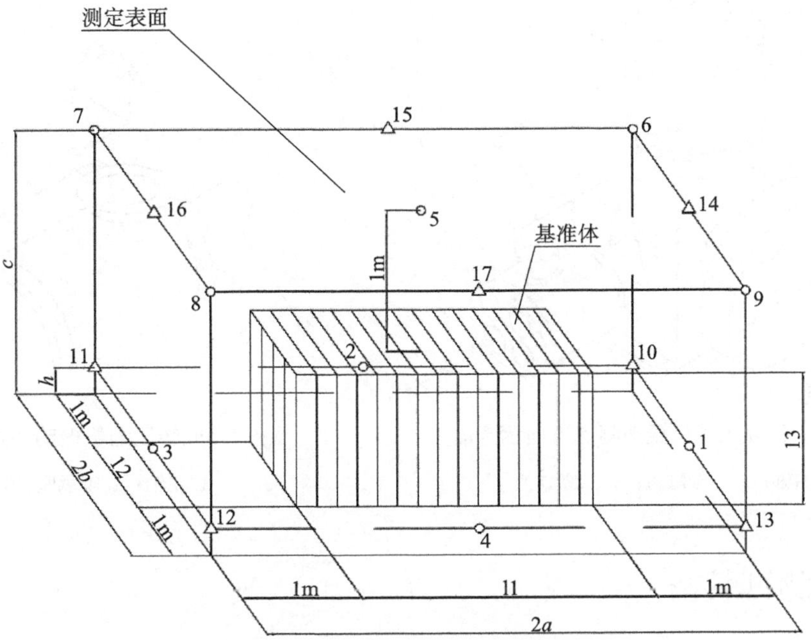

图5.1　噪声测点布置图

○为基本测点（1～9）；△为附加测点（10～17）

声功率级按式（5.8）计算。

$$L_W=(\overline{L}_P-K)+10\lg(S/S_0) \tag{5.8}$$

式中，L_W 为 A 计权声功率级或倍频程声功率级，dB（基准值为 1×10^{-12}W）；$\overline{L}_P$ 为测量表面平均 A 计权声压级或倍频程声压级，dB（基准值为 20×10^{-6}Pa）；K 为环境修正值，dB；S 为测量表面积，m^2；S_0 为基准面积，取 $1m^2$。

5. 振动试验

GB/T7777 规定用振动速度有效值表征空压机的振动烈度。测量振动时，运行环境应保证外界的振动不会影响测量空压机机械振动的精度。测量往复空压机时，振动测点位于每只气缸的缸盖上，以三个互相垂直的方向进行测量，三个方向分别为往复方向（x 方向），曲轴轴线方向（z 方向）和垂直于前两个方向的 y 方向，如图 5.2 所示。

测量回转压缩机，振动测点位于每只转子两端轴承位置，以三个互相垂直的方向进行测量，三个方向分别为转子主轴线方向（z 方向），水平方向（x 方向）和垂直于前两个方向的 y 方向，如图 5. 3 所示。

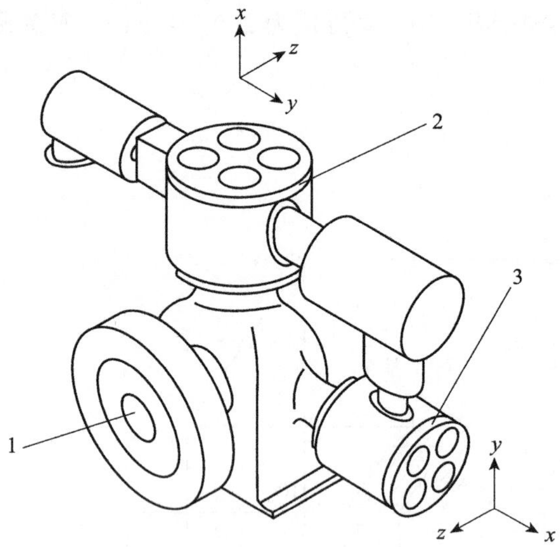

图5.2 往复压缩机振动测点方向示意图

1. 曲轴；2. 一级缸盖；3. 二级缸盖

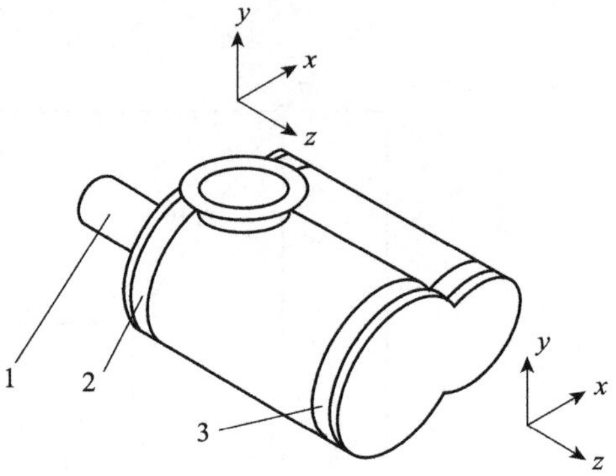

图5.3 回转压缩机振动测点方向示意图

1. 主轴；2. 轴承座；3. 轴承座

5.2 测试装备

空气压缩机测试装备是北京院依据煤矿井下用空气压缩机运行特点设计的试验台，包含喷嘴法排气量试验装置、噪声试验台架、安全保护试验台等。可对矿用空压机进行排气量、噪声、振动及安全保护装置等进行试验。其中喷嘴法排气量试验装置是煤科院根据煤矿井下用空气压缩机运行特点设计的试验装置，可对矿用空压机进行排气量测试。

5.2.1 试验台参数

试验台主要技术参数见表 5.1。

表5.1 试验台技术参数

参数	指标
排气压力 / MPa	0 ～ 2
验证排气量范围 /（m^3/min）	3 ～ 50
长 × 宽 × 高 /（mm×mm×mm）	4700×1200×1800

5.2.2 试验装置结构

喷嘴法排气量试验装置主要由压力调节阀、低压箱、喷嘴、差压计（差压传感器）和温度计（温度传感器）等部分组成。主体结构为箱式结构，两低压箱上下布置，配合使用不同喷嘴，可用于不同排量的空压机排气量测试。试验装置总体结构如图 5.4 所示。

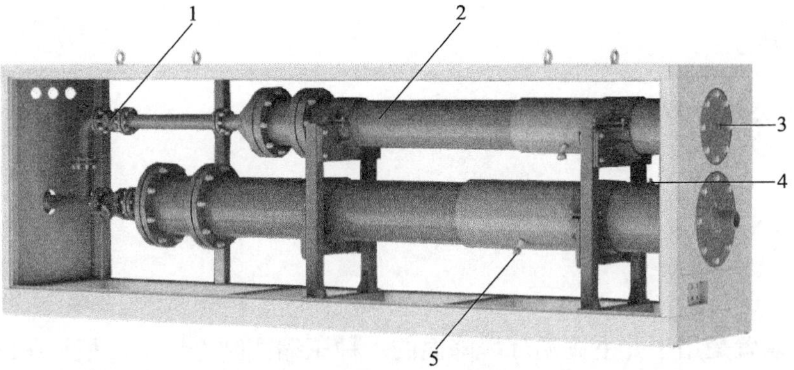

图5.4　喷嘴法排气量试验台

1. 压力调节阀；2. 低压箱；3. 喷嘴；4. 压差计；5. 温度计

5.2.3　试验台测试系统

空压机试验台测试系统由被测参数传感器（温度、压力）、采集板卡、工控机及通信电缆组成。通过各自传感器测出的模拟量进入采集卡通道完成模数转换，再由工控软件实现数据的读取及检验报告的生成，排气量测试系统流程如图 5. 5 所示。

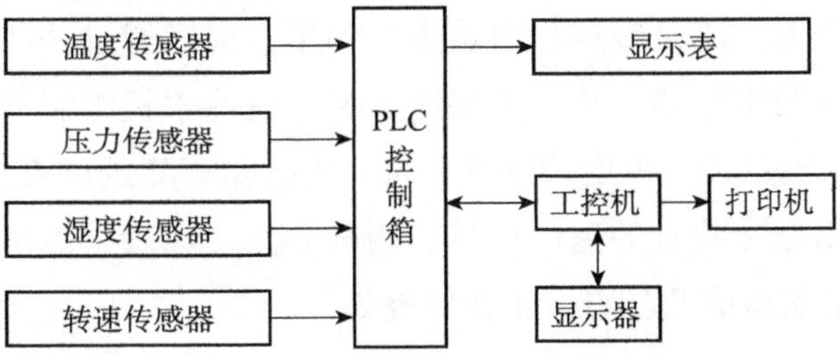

图5.5　排气量测试系统流程

试验装置能实现温度、压力等参数实时测量，具有静压测量、读数稳定及结构简单、测量精度高、不确定度低、造价低、测量范围广等特点。

（本章主要执笔人：北京院孙志林，李耀武，许日成）

第6章 矿用制冷装置测试技术

矿用制冷装置是用于井下高温环境降温的一种压缩式制冷设备。根据压缩机结构不同，分为活塞式、螺杆式、涡旋式、离心式等；根据冷冻介质不同，分为冷水型和冷风型；根据布置方式不同，分为集中型和分体型。制冷装置主要由制冷压缩机、蒸发器、冷凝器、膨胀阀组成，液体制冷剂在蒸发器中吸收热量（制冷）之后，汽化成低温低压的蒸汽被压缩机吸入，压缩成高压高温的蒸汽后排入冷凝器，在冷凝器放热（制热）冷凝为高压液体，再经节流阀节流为低压低温的制冷剂再次进入蒸发器吸热汽化，进行循环制冷。制冷装置主要标准有GB/T10870《容积式和离心式冷水（热泵）机组性能试验方法》、GB/T19409《水源热泵机组》等。制冷量是制冷装置的主要性能指标，制冷量大小直接影响井下环境降温效果，由于制冷量参数不能直接测得，必须依据一定的试验方法，模拟出相应的工况环境，对相关的温度、压力、流量等过程参量进行测量，最后通过公式计算获得。制冷量测试方法主要有载冷剂法及空气焓差法。主要测试装备有冷水机组制冷量测试装置，冷风机组制冷量测试装置及水流量计、温度传感器、压力传感器等测试仪表。

本章主要阐述矿用制冷装置的测试项目、测试方法及原理、工况模拟，及相关主要测试装备的技术参数、结构组成及特点、工作原理等。

6.1 测试方法及原理

矿用制冷装置测试主要依据GB/T10870《容积式和离心式冷水（热泵）机组性能试验方法》、GB/T19409《水源热泵机组》、ARI550/590《蒸汽压缩循环冷水（热泵）机组》等标准，通过建立不同工况来测试制冷量等参数。

6.1.1 测试项目

制冷装置测试项目主要包括制冷量、输入功率、性能系数（COP）、最大负荷运行、部分负荷性能、变工况性能等。

6.1.2　测试方法

1. 制冷量试验

对冷风机组，其制冷量采用空气焓差法进行试验；对冷水机组用载冷剂法进行试验，热平衡法进行校核。

制冷量测试原理就是建立被试制冷装置在规定工况下持续运行的工况条件（规定的蒸发器进出口温度及规定的冷凝器进出口温度）。主要是创造冷水和冷却水的温度环境，被测试的机组安装在系统中，通过自动调节或人工手动调节保证冷水进口温度，冷水出口温度、冷却水进口温度、冷却水出口温度保持在需要的数值。其波动的范围符合标准的要求，让系统在此状态下稳定运行 45 ～ 60min，中间均匀地记录数据，最终以记录数据的总平均值计算出被试装置的制冷量、性能系数等重要性能指标。

试验装置有冷冻水（蒸发器侧）与冷却水（冷凝器侧）两套管路系统，既相对独立又相互联系。其控制原理为冷冻水侧的水泵通过变频调节被测试机组冷冻水的额定流量，冷却水侧的水泵通过变频调节被测试机组冷却水的额定流量，把被测试机组冷凝器侧的热水通过变频水泵送到蒸发器侧（混水器中）进行兑水换热，把蒸发器产生的冷量全部平衡掉。兑水量的多少可以通过调节冷水的进水温度进行调节。同时蒸发器侧的冷水送到冷凝器侧，也会平衡大部分冷凝器侧所产生的热量，冷凝器多余的热量（压缩机做功产生的热量）通过冷却塔散去。

制冷量测量应在机组试验工况稳定 1h 后进行。在测量开始前运行压力、温度、流量和液面做微小的调节。测量开始后不允许对机组做任何调节。稳态试验时，每 5min 取一组数据，每一个数据点的采集周期不应超过 10s，至少采集 3 组数据作为测试报告的原始记录。

1）液体载冷剂法

液体载冷剂法的测试原理是根据进、出室外侧热交换器的水温变化和水流量确定制冷（热）量。

机组净制冷量按式（6.1）计算。

$$Q_n=q_m C(t_1-t_2)+Q_c \tag{6.1}$$

式中，Q_n 为机组净制冷量，W；q_m 为冷冻水质量流量，kg/s；C 为平均温度下水的比热容，J/（kg・℃）；t_1 为冷冻水进口温度，℃；t_2 为冷冻水出口温度，℃；Q_c 为环境空气传入干式蒸发器冷冻水侧热量的修正值，W。

2）机组热平衡法

机组热平衡法的测试原理和液体载冷剂法类似，但所测量的是冷却水侧的制冷（热）量。机组净制冷量按式（6.2）计算：

$$Q_n=Q_{\mathrm{I}}+Q_{\mathrm{II}}-P-Q_c \tag{6.2}$$

机组净制热量按式（6.3）计算：

$$Q_h=Cq_{mw}(t_{w1}-t_{w2})-Q_{Ⅱ}+P+Q_c \quad (6.3)$$

式中，Q_n 为机组净制冷量，W；Q_h 为机组净制热量，W；$Q_Ⅰ$ 为排给冷却水［指流经冷凝器（热泵制热量时为蒸发器）、油冷却器、压缩机气缸冷却水路等的冷却水］总热量，W；$Q_Ⅱ$ 为冷凝器以及压缩机至冷凝器段的辅助设备（主要指油分离器、油冷却器，其他管道可忽略不计）向环境空气放出（吸收）的总热量（应分别计算），W；q_{mw} 为冷却水（冷水）总质量流量，kg/s；t_{w1} 为冷却水（冷水）进口温度，℃；t_{w2} 为冷却水（冷水）出口温度，℃；P 为水冷式机组的压缩机电动机、油泵电动机、电加热器等的输入功率，W；Q_c 为环境空气传入满液式蒸发器热量的修正项，W。

$Q_Ⅰ$ 按式（6.4）计算：

$$Q_Ⅰ=Cq_{mw}(t_{w2}-t_{w1}) \quad (6.4)$$

式中，C 为平均温度下水的比热容，J/（kg·℃）；

$Q_Ⅱ$ 按式（6.5）计算：

$$Q_Ⅱ=KA(t_r-t_a) \quad (6.5)$$

式中，K 为上述辅助设备外表面与环境空气间的传热系数，W/（m^2·℃）；A 为上述辅助设备外表面积，m_2；t_r 为上述辅助设备外表面的平均温度（冷凝器为制冷剂饱和温度，油冷却器为壳程介质进、出口温度的平均值），℃；t_a 为环境空气温度，℃。

2. 输入功率试验

在测试制冷量的同时测试机组输入功率，输入功率测试方法见电动机测试方法，水冷式不包括水泵的功率。

3. 制冷系统密封性能试验

试验制冷系统密封性能试验可采用如下试验方法之一进行试验：

（1）制冷系统注入干燥空气或氮气进行气密性试验；试验压力应不低于制冷系统工作压力，采用发泡水检漏，应无气泡。

（2）制冷系统在正常的制冷剂充灌量下，使用电子卤素检漏仪进行检漏。

4. 最大负荷运行试验

将机组的能量调节置于最大制冷量位置，在额定电压和额定频率下运行，达到稳定状态后再运行 1h。然后断开电源使压缩机停机 2 ～ 6min，再重新接通电源启动压缩机。

6.2 测试装备

制冷量试验台是北京院根据煤矿井下用制冷装置运行特点设计的试验台，可对矿用制冷装置、井下救生舱用空调系统进行最大负荷、额定负荷及部分工况性能进行试验。

6.2.1　试验台参数

试验台主要参数见表 6.1。

表6.1　试验台技术参数

参数	指标
热交换能力 /kW	500
验证制冷量范围 / kW	≤ 500
冷却水进 / 出口温度 /℃	30/35
冷冻水进 / 出口温度 /℃	25/20
冷冻水流量 / (m^3/h)	≤ 85
冷却水流量 / (m^3/h)	≤ 113

6.2.2　试验台结构及特点

试验装置由水系统（循环水泵、混水器、冷却塔、流量计、过滤器）、自动控制系统（流量调节阀、变频电机）、数据采集和处理系统组成。

水系统由包括冷冻水循环和冷却水循环两个管道流程组成。冷冻水进、出水管路与被试蒸发器的出、进口相连，冷却水进、出水管路与被试冷凝器的出、进口相连，经过冷凝器的冷却水经过阀门，一分为二,一部分进入混水容器，平衡蒸发器出来的冷水冷量，另一部分经冷却塔散热后回到水池。经过蒸发器的冷冻水后一分为二,一部分在混水容器中与冷凝器路的热水进行兑水换热后进入蒸发器，另一部分回到水池。试验台水系统流程如图 6.1 所示，制冷装置试验装置如图 6. 2 所示。

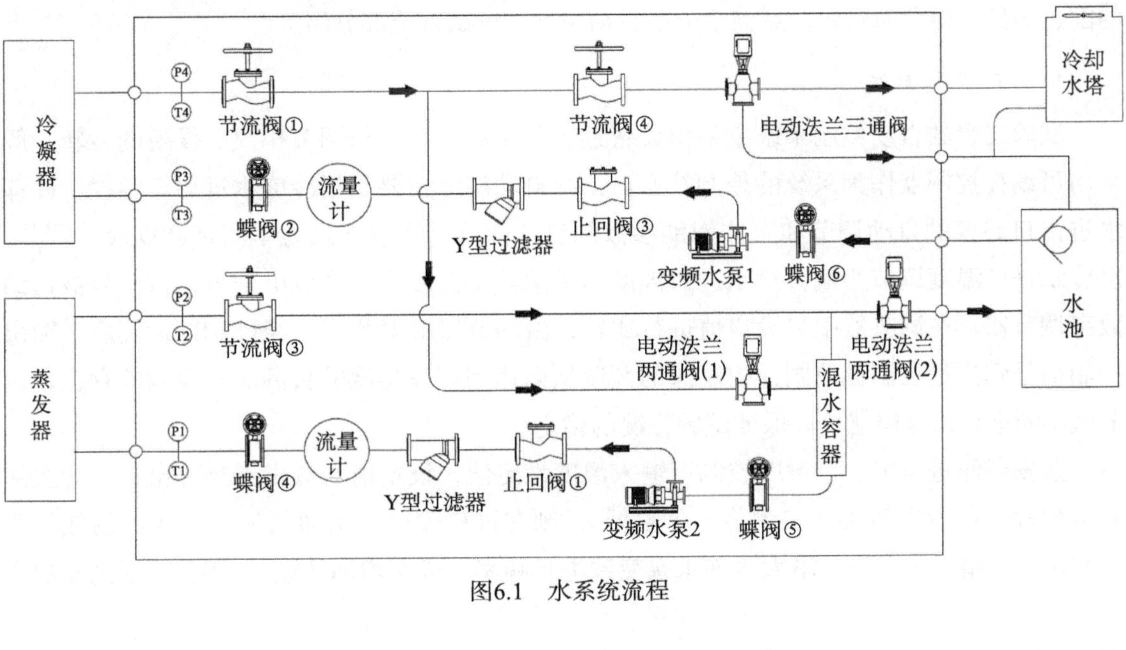

图6.1　水系统流程

图6.2　制冷装置试验装置

1. 循环水泵；2. 变频电机；3. 混水器；4. 流量调节装置；5. 流量计；6. 过滤器

制冷装置试验装置可对不同型号的制冷装置进行进出水温度、水流量、制冷量、输入功率和能效比等主要参数进行有效的检测。装置采用西门子流量调节阀及变频水泵，具有自动调节冷却水、冷冻水流量，制冷装置进、出水温度，冷冻水进、出水温度功能；被试制冷装置的冷水和冷却水在管路中和水箱中充分混合实现冷量平衡，具有体积小、工况温度调节范围大、节能环保等特点。

6.2.3　测控系统

制冷量试验分主要试验和校核试验，并严格规定了被测参数的偏差范围，同时对测量参数的精度有较高的要求。因此整个测试系统工况的稳定性、控制精度、动态响应速度和抗干扰能力等均成为装置的关键所在。系统调节控制方案的优化、电路结构的设计、元器件的配置等都变得尤为重要，测控系统由自动控制、测试系统部分组成。

1. 自动控制系统

试验装置的自动控制系统主要由设备运转控制和工况自动调节构成。设备的运转一般采用可编程控制器作为系统的控制核心。工况自动调节主要是指冷冻水进出口温度，冷却水进出口温度的自动调节和一些辅助参数的自动调节。调节方式为单回路 PID 反馈调节。以冷水进口温度调节为例：冷水进口温度由传感器将温度值转换成电信号，该信号被送到数字调节器，在调节器中与设定值进行比较，由调节器根据此偏差经过 PID 运算后，输出控制信号到流量控制调节阀，控制阀的开度从而达到调节温度的目的。只要偏差存在，调节就不断进行，这样就可以保证试验工况的稳定。

蒸发器侧进（出）口温度控制：输入温度设定值，设定值与蒸发器进（出）口侧实测温度比较，若设定值大于实测值（水温低），则在进口侧增大两通阀流入混水器的热水量或在出口侧增大水流量（增大冷冻水泵变频电机频率，进而增加转速），逐步实现蒸发器进

（出）口侧实测温度与设定温度在偏差范围内，若设定值小于实测值，则反之，蒸发器侧进口温度控制流程如图 6.3 所示。

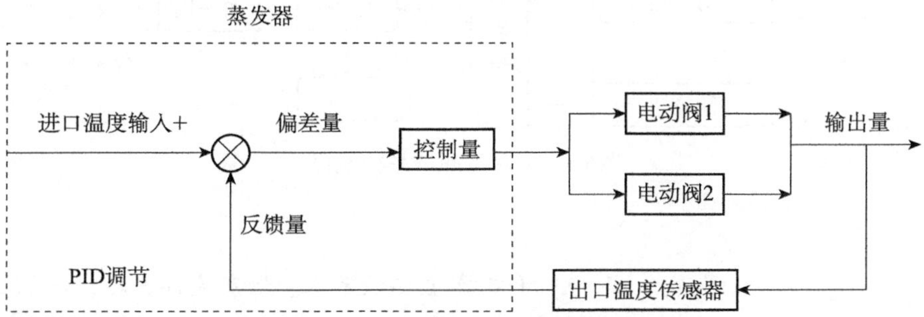

图6.3 蒸发器进口温度控制流程

冷凝器进（出）口侧温度控制：输入温度设定值，设定值与冷凝器进（出）口侧实测温度比较，若设定值大于实测值（水温低），则在进口侧减小三通阀进入冷却塔的热水量或在出口侧减小水流量（减小冷却水泵变频电机频率，进而减少转速），逐步实现冷凝器进口侧实测温度与设定温度在偏差范围内，若设定值小于实测值，则反之，冷凝器出口侧温度控制流程如图 6.4 所示。

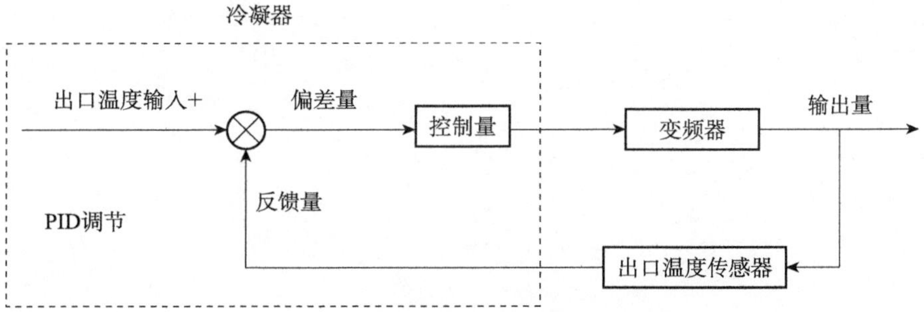

图6.4 冷凝器出口侧温度控制流程

2. 测试系统

测试系统采用研华 PCI 板卡，共 32 通道，各温度、压力、流量等测点的信号经过传感器转换成标准的电流信号，送至采集板卡，数据采集板卡的转换精度为 0.05%，可以确保采集的信号的准确性。计算机和数据采集板卡之间 ISA 插槽通信，该通信模式通信速度快，稳定可靠，测试系统流程如图 6. 5 所示。

数据处理采用三维力控组态软件自带的数据处理系统，可对传感器采集的数据进行实时处理、分析，并完成数据存储，统计数据处理，报警处理、数据服务请求处理等。

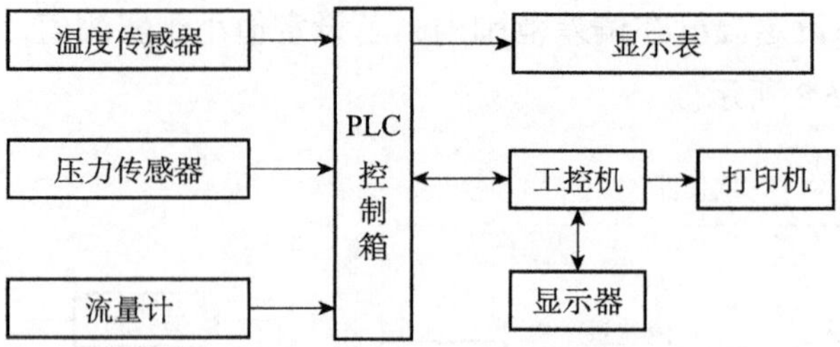

图6.5　制冷量测试系统流程

（本章主要执笔人：北京院孙志林，李耀武，陶鑫）

第 7 章 煤矿坑道钻机测试技术

7.1 测试技术

煤矿井下勘探钻机测试依据标准为 MT/T 790《煤矿坑道勘探用钻机》(以下简称“790 标准”),“790 标准”用于煤矿井下坑道勘探为主要用途的钻机设计、研发、生产与试验。测试项目包括基本要求、安全性能、空载运转性能、负载运转性能、过载性能、温升、整机效率、噪声等 8 项。“基本要求”与“安全性”项主要是对钻机整体状态和安全性能的要求,并对其相关证件进行核查;“空载运转性能”主要是测试员对钻机冷却系统、各操作机构、各运动机构、卡盘和夹持器的卡瓦等关键动作机构、液压系统总成耐压和密封性能进行目测或手动试验。“负载运转性能”项目测试钻机在回转工况与给进起拔工况下的负载性能。“过载性能”项目测试钻机在回转工况与给进起拔工况下的过载性能。“温升”项目测试关键部门如油箱、油泵、油马达、变速箱外壳在高速挡在额定输入功率下连续运转的温升状况。“整机效率”项目测试钻机在额定输入功率下运转的效率。“噪声”项目测试钻机在额定功率高速下运转的噪声状况。此处重点介绍与上述性能试验相关的测试装备。

7.2 测试装备

1. 回转性能与给进起拔性能试验台组成

图 7.1 为钻机性能检测系统组成框图。主要包括负载性能测试平台、钻机运行状态采集系统、测量控制系统、基础配套系统。其中,负载测试平台主要包括回转性能测试台、给进 / 起拔性能测试台、立轴提升能力试验台等专用试验设备,钻机运行状态采集系统主要检测钻机运转工况下油温升、整机噪声等状态参数,测量控制系统控制整个检测系统,检测、接收、显示、处理、回放、存储测试数据,钻机固定安装平台主要用于安装、固定被测钻机,基础配套系统主要包括动力配电系统、循环水冷却系统、试验台工位器具与工装等。

2. 测试原理

回转加载测试时,用被测钻机回转器夹持的试验钻杆与试验台回转加载装置连接起来,

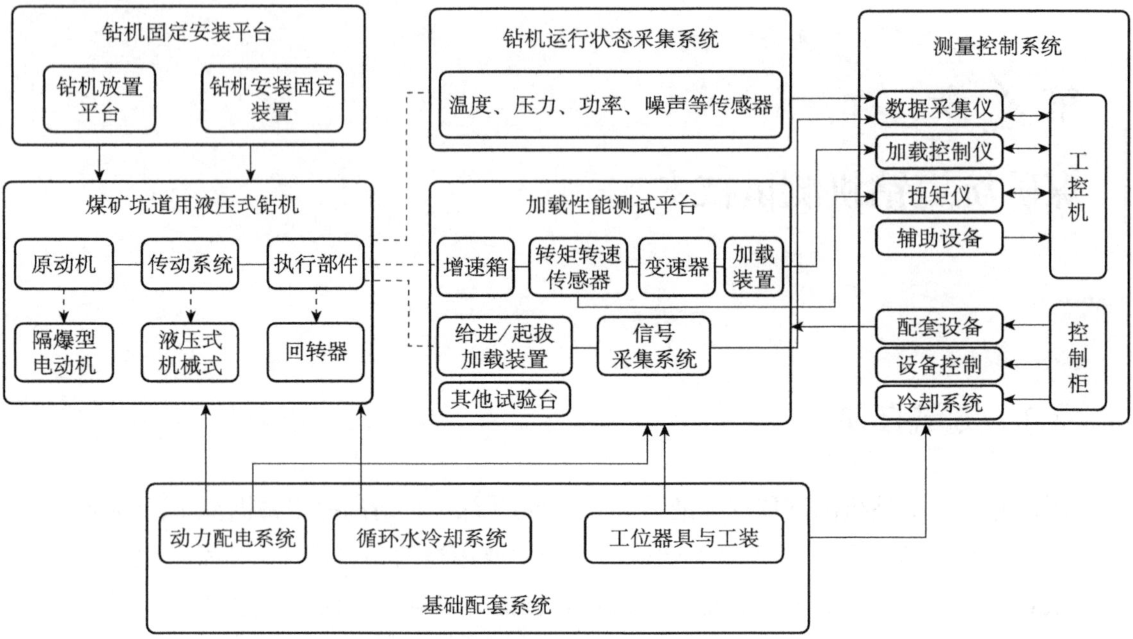

图7.1　钻机整机性能检测系统组成框图

在停止给进的状态下，利用回转加载装置在运转动态中由低到高逐渐加载，加载的功能由制动器实现，用转矩转速传感器配套扭矩仪测量钻机在不同功率、不同负载下输出的转速、扭矩、整机效率等参数，用状态监控系统获取液压系统压力、关键零部件温升、噪声、流量等状态参数，其中压力传感器配套数据采集仪监测液压系统的工作压力，液压系统额定压力值来自被测钻机的企业标准。用功率传感器配套数据采集仪测量电动机的输入功率。

给进 / 起拔测试时，首先将钻机回转器主轴夹持的钻杆连接在给进 / 起拔加载装置上，在停止回转的状态下，利用给进 / 起拔加载装置由低到高逐渐加载，用拉压力传感器配套数据采集仪测量给进机构在移动状态下的给进力和起拔力。用压力传感器配套数据采集仪监测液压系统的工作压力，液压系统额定压力值来自被测钻机的企业标准。整个试验过程中，动力配电系统为试验台和被测钻机提供动力。

3. 回转性能测试试验台

回转性能测试试验台主要用于测试钻机负载运转性能、过载运转性能测试项目回转工况中的性能参数，包括主轴输出转矩、主轴输出转速、液压系统工作压力、输入功率、输出功率、整机效率等参数和温升、噪声、流量等钻机运行状态参数。图 7.2 为回转性能试验台的组成框图，试验台主要由降矩升速箱、转矩转速传感器、变速箱、加载装置等关键部件组成，并配套测功机静校装置、扭矩仪、测控仪、联轴器、传感器支架、增速箱支撑、防护系统套件等辅助工装与设备。

降矩升速箱、变速箱用来匹配被测钻机转矩与转矩转速传感器和加载装置的测量覆盖范围，提升试验台的测试覆盖能力，转矩转速传感器用来检测钻机转矩、转速，将数据实

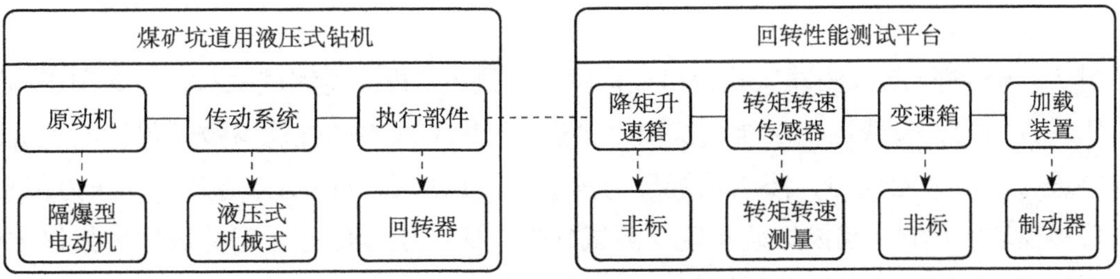

图7.2 回转性能试验台的组成框图

时传输给操作室的扭矩仪，加载装置主要用来模拟回转负载，在回转测试的过程中对钻机进行动态抱载，加载可以从小到大控制。根据加载装置的不同，有几种不同的匹配方式。目前加载装置的核心部件主要有测功机、制动器与液压马达等。

图 7.3 为 30000N · m 煤矿坑道勘探用钻机试验台。该试验台适用于煤矿坑道勘探用钻机、煤矿井下安全工程钻机、探放水钻机等。能够实现转矩、转速、功率、系统压力等主要性能的测试，并可监控流量、温度、噪声等状态参数。

（1）试验台参数

测试转矩 0 ～ 30000N · m，测试功率 0 ～ 220kW，过载能力 20%。测试液压系统压力 0 ～ 40MPa。

（2）试验台结构及特点

试验台由连接及防护装置、转矩 / 转速测量装置、增速装置、加载装置、承载平台、安装平台、升降装置等部件组成。转矩 / 转速测量装置配置高精度的转矩转速传感器，实现钻机大扭矩测试工况下转速的高精度测试，增速装置可实现远程自动调档，承载平台可实现自动升降，加载装置采用交流电力测功机，可实现电能源的自动回馈电网，有很好的节能性与加载特性。

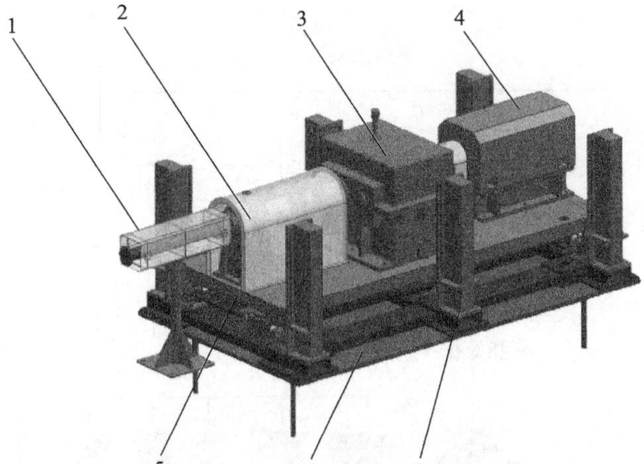

图7.3 30000N · m煤矿坑道勘探用钻机试验台

1. 连接及防护装置；2. 转矩/转速测量装置；3. 增速装置；4. 加载装置；5. 承载平台；6. 安装平台；7. 升降装置

4. 给进 / 起拔性能测试试验台

图 7.4 为给进 / 起拔测试试验台组成框图。给进 / 起拔性能测试试验台主要用于测试钻机负载运转性能、过载运转性能测试项目给进 / 起拔工况中的性能参数，包括给进机构的最大给进力、最大起拔力、液压系统压力等参数。试验台由拉压力传感器、压力传感器、数据采集模块、给进 / 起拔加载装置、测试软件组成。压力传感器配套数据采集仪主要用于监测给进 / 起拔测试时液压系统压力，拉压力传感器配套数据采集仪主要检测钻机给进机构的给进力和起拔力。

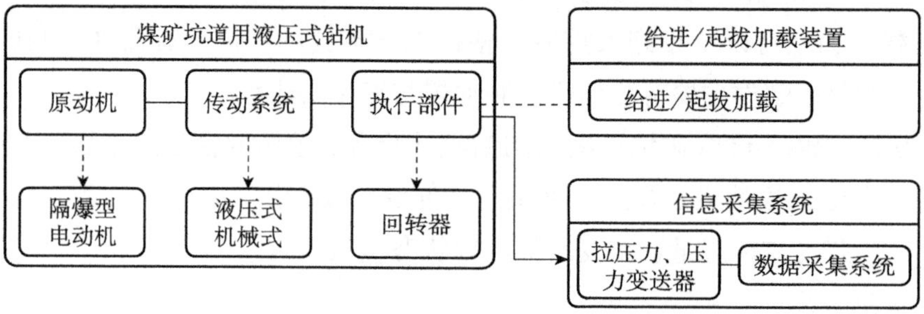

图7.4 给进/起拔性能测试试验台组成框图

5. 测试系统

图 7.5 为钻机整机性能实验室测控系统流程图。测控系统由硬件部分与软件部分组成。

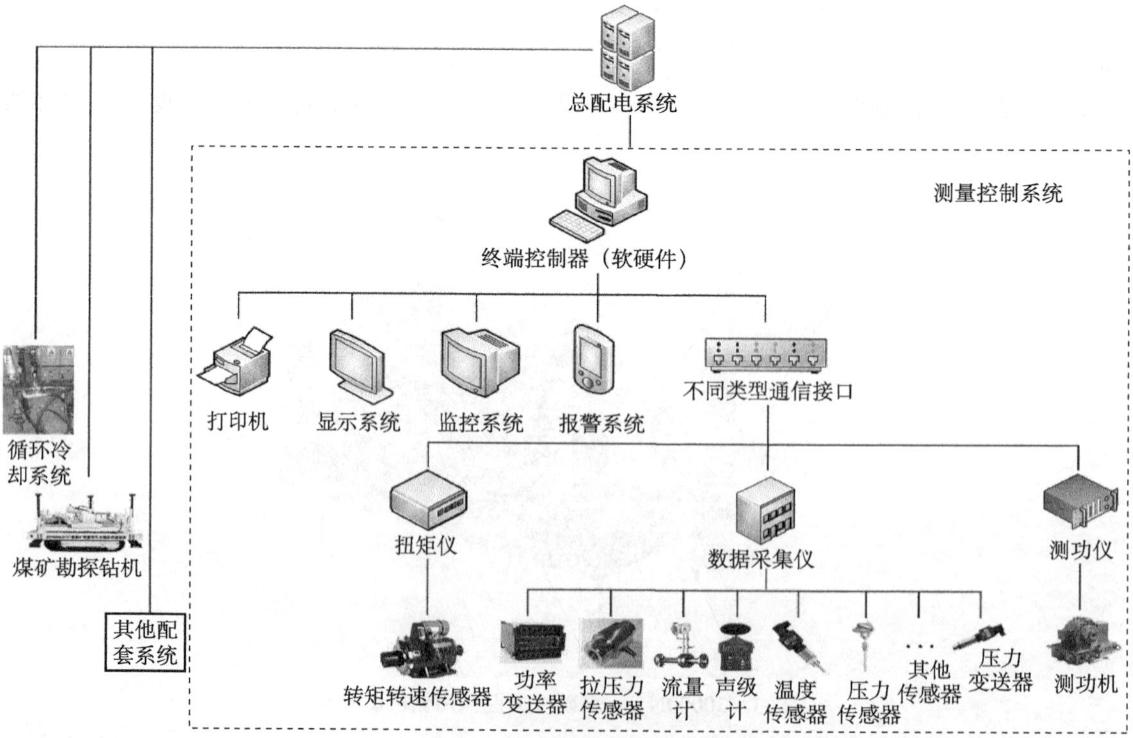

图7.5 钻机整机性能检测系统测控系统流程

硬件部分由终端控制器、显示系统、监控系统、报警系统、扭矩仪、测控仪、数据采集仪、传感器/变送器、动力配电系统及配电控制系统组成。终端控制器与显示系统、监控系统、报警系统实现双向数据传递，通过通信接口与扭矩仪、数据采集仪信息传递，扭矩仪是转矩转速传感器的上位机，测控仪控制测功机或制动器，数据采集仪通过有线电缆接收各类传感器在现场采集的钻机状态参数，上传到终端控制器，传感器/变送器包括温度传感器、压力传感器、转矩转速传感器、拉压力传感器、流量计、声级计等。软件主要有硬件配置、系统标定、参数配置、系统自检、数据采集、数据分析、系统帮助、数据库、自动判定、信息输出等功能。硬件与软件系统组成测控系统可实现远程控制，远程自动加载和手动加载，加载变速箱实现远程自动换挡，计算机自动采集、处理、显示数据和打印报表，自动生成检测报告，根据标准库自动判定，室内外双屏显示与良好的语音交互系统等功能。

（本章主要执笔人：西安院燕南飞，孙辉；重庆院秦玉兵）

第二篇　采煤机测试技术及装备

采煤机是煤矿采煤工作面的核心装备，主要由行走部、截割部、破碎机构、装煤机构、摇臂调高系统、冷却喷雾降尘系统、电气系统等部分组成，是集机、电、液传动与控制技术为一体的大型装备。采煤机截割部及螺旋滚筒主要实现煤炭的割煤和装煤，而行走部则实现采煤机在工作面的往复移动。由于采煤工作面环境恶劣，采煤机出现故障将导致整个采煤工作的中断，因此其产品质量对实现安全生产具有重要的意义。

为保证采煤机在井下正常工作，需要对采煤机的技术性能和可靠性加以考核。因此，采煤机的相关实验室试验提供了必要的验证手段。

采煤机整机测试是在机器切割模拟煤壁过程中，通过测试系统提供的一系列的测试数据，来判断所制造的产品与设计要求的吻合性。英国、德国、苏联等都曾先后建立过规模较大的地面试验场。实践证明，这是验证产品可靠性和开发新技术的有效手段。

采煤机部件测试的重点是加载试验。通过各种加载设备，配以检测仪器来对部件完成性能测试。国际通行的加载设备主要有水力测功机、电涡流加载器、水冷制动器、液压马达、磁粉制动器、发电机发电电阻能耗加载等能耗型加载器，以及发电机反馈电网等节能型加载方式。利用各类传感器完成测试数据的采集，通过计算机集成控制系统完成所有项目的测试。

20世纪60年代，英国MRDE研究所建成了世界上第一套采煤机加载试验装置。德国采煤机制造企业艾科霍夫公司建有目前国际上加载能力最大的5000kW加载试验系统。

为了保证采煤机关键部件（截割部、行走部、螺旋滚筒、制动器等）的安全性和可靠性，上海院于1982年从联邦德国、美国、荷兰等国引进了400kW电反馈加载试验装置、300kW水冷制动加载试验装置、50kN · m液压加载试验装置、100tMTS-810材料试验系统等测试装备，建成了针对煤矿机电产品进行试验的测试中心，创建了采煤机整机、旋转和金属材料等具有80年代国际先进水平的采煤机械测试试验室。与此同时，在充分积累设计、生产、试验经验的基础上，制定了一系列采煤机行业标准，如MT/T 81—1984《滚筒采煤机　型式检验规范》、MT/T 82—84《滚筒采煤机　出厂检验规范》、MT/T 321—1993《采煤机螺旋滚筒》等。采煤机相关标准及测试装备的建立对我国采煤机技术水平的提高，对采煤机截割、牵引等相关部件的质量控制起到了有效的促进作用。

随着滚筒采煤机技术的发展和滚筒采煤机设计和制造水平的提升，国内外用户对采煤机产品需求的提高，上海院对相关标准及时进行了修订，相继发布了MT/T 81—1998《滚筒采煤机　型式检验规范》、MT/T 82—1998《滚筒采煤机 出厂检验规范》、MT/T 321—2004《采煤机螺旋滚筒》等相关煤炭行业标准。2006年，在总结20多年的采煤机测试经验基础上，结合国外先进的加载技术和方法的特点，自主研发了1500kW低速大扭矩传动装置加载试验系统，加载扭矩达到830kN·m。目前又建设了5000kW能级电气与非电气安全验证试验室，为超大功率采煤机的试验测试提供了手段。

本篇详细介绍采煤机整机以及截割部、行走部、螺旋滚筒、制动器等关键部件的测试技术及相关装备。

第 8 章 采煤机整机测试技术

采煤机需适应薄煤层、中厚煤层、厚煤层、大倾角煤层及特殊煤层等不同的开采条件，工作环境恶劣且需长时间在交变载荷、冲击载荷、振动等工况条件下工作，如果出现设备故障，有重大安全隐患，将导致整个采煤工作的中断，造成巨大的经济损失。常规的采煤机整机测试可分为静态测试、空载测试、负载测试三大部分，通过对整机测试结果的分析，作出对采煤机整机的综合评价，以确保采煤机能达到安全生产及设计要求。

本章主要阐述采煤机整机测试技术原理和主要测试装备，重点分析截割模拟煤壁试验方法。采煤机整机测试能直观反映各组成部分的协同配合，以及模拟采煤机实际工作中的性能和可靠性。由于采煤机整机测试成本较高的原因，目前除个别新机型的研发仍选择了截割模拟煤壁试验，其他大多数以煤矿井下工业应用试验代替该测试试验项目。

8.1 采煤机整机测试技术原理

通过在地面模拟煤矿井下实际工况，应用先进测试手段，针对采煤机整机的装配质量、截割性能、行走机构、截割机构、破碎机构、装煤机构、液压系统、摇臂调高系统、冷却喷雾降尘等与安全有关的性能进行检测，以全面掌握采煤机工作过程中的主要参数，为综合评价采煤机的安全性能和技术状况提供依据。

8.1.1 采煤机整机主要测试项目

采煤机整机测试主要包含两部分内容：常规试验、模拟煤壁试验。常规试验项目包括空运转试验（包括各电机功率测试、截割滚筒转速测试、破碎滚筒转速测试等试验）、空载跑合试验（包括噪声、最大工作牵引速度、最大调动速度、温升、密封性能等试验）、操作系统试验（包括操作手把、按钮、旋钮、预告信号、显示信息、延时启动时间测定等试验）、喷雾降尘系统试验、摇臂调高系统试验（包括截割高度、下切深度、摇臂升降时间、安全阀开启压力、16h 下降量检测等试验）、破碎滚筒升降系统试验（包括最高位置、最低位置、16h 下降量检测等试验）、空载行走试验（包括直线行走试验、倾斜行走试验、最大牵引力试验、爬坡性能、制动性能等试验）等项目。

8.1.2 采煤机整机主要测试方法

1. 常规试验

常规试验主要采用通用测试技术和检测仪表及设备，检测采煤机各机构、系统的动作、功率、压力、流量、温度、速度、转速、振动、密封、保护性能、冷却及降尘性能等运行参数，记录数据。

2. 模拟煤壁试验

用于采煤机整机测试的模拟煤壁，其材料配比均由各国根据自己的具体情况配制。如原西德采用 Mege1 泥灰岩和水泥配制不同硬度的模拟煤壁，英国是用煤、炉渣和水泥配制的。我国采煤机整机试验煤壁用煤和水泥，先后经过 83 种不同的配比、制作了 665 块试样，经测定和科学分析，在经过四块小型模拟煤壁切割试验验证基础上研制成了长 70m、最大采高 4m 的采煤机整机试验模拟煤壁，切割后的碎料可重复利用。并在此试验基础上，得到了按不同配比制作符合不同硬度要求的模拟煤壁的试验方法。

采煤机整机安装在直线铺设于模拟煤壁侧的输送机（包括机头、机尾、过渡槽和两侧附挂装置）上。模拟煤壁依据设计要求的硬度或截割阻抗，以及试验要求的外形尺寸制备。中厚煤层和厚煤层采煤机按最大截割高度，薄煤层采煤机按最小截割高度进行试验。按设计要求给采煤机和输送机供电、供喷雾降尘用水和冷却水，各油池按规定的油质和油量加油。通过试验测试系统对采煤机整机运行状况进行检测，测录各电动机功率、牵引机构拉压力、液压力、位移、加速度、扭矩、滚筒转速、破碎滚筒转速和牵引速度等基本参数，对采煤机的技术性能进行全面的综合评价。通过试验积累基础性科学实验数据，作为发展采煤机械的理论基础。

通过煤和水泥等的配比混合，浇注模拟煤壁模拟井下的实际工况，进行采煤机整机地面测试，以及地面模拟井下急倾斜工况测试，可以把问题尽可能地暴露在地面，以减少井下工业性试验过程中由于各种故障使工作面停产带来的损失。

该测试大部分在改变牵引速度的情况下进行，主要测试采煤机各种牵引速度下电机平均功率、牵引力、行走部主油路系统压力差、前后滚筒调高油缸压力、整机、摇臂及机身的振动、装煤效率、采煤机恒功率控制、调速特性、滚筒轴向力、采煤机比能和稳定性。

8.2 采煤机整机模拟煤壁测试装备

该测试装备由供电系统、测录系统（含数据采集分析处理系统）、运输排料系统和模拟煤壁浇注系统等组成，并配置了推移、灭尘、吊装等辅助设备。测试系统由各种传感器、放大器、滤波器、转换器、乘法器、积分器、变送器、数字式显示器、记录设备等组成。记录方式有紫外线记录仪（18 通道）、磁带记录仪（14 通道）和 X-Y 记录仪等，最大测录距离为 500m。

测试系统被测物理量最多为 14 个，输出均为模拟量，测试信号经放大、滤波后，并行送往计算机、紫外线记录仪和磁带记录仪保存。磁带记录仪中的测量数据可以回放到紫外线记录仪，也可以有选择地回放到 X-Y 记录仪中。前者用于分析各被测量与时间变化的关系；后者用于分析两种变量之间的函数关系。测量数据的处理由计算机及其外围设备完成。

测试参数的数据处理，采煤机在变换牵引速度情况下切割模拟煤壁，并在整个过程中由计算机系统及时地采集数据，同时将这些数据存入存储介质，随后计算机即对这些数据进行处理，打印出计算结果，并由绘图仪绘出所需曲线。

采煤机整机试验室可同时安置 4 个试验台位，模拟煤壁体积最大为：长 70m、宽 10m、高 4m，可试最大采煤机截割功率为 2×500kW。模拟煤壁最大搅拌生产率为 $20m^3/h$。试验对象：滚筒采煤机（包括有链、无链牵引及电牵引）、刨煤机、截割滚筒及刀具等。

采煤机整机测试，先后完成了 MG300-W 型滚筒式采煤机、交流变频调速 MG344-PWD 型薄煤层强力爬底板采煤机、采煤机关键技术研究课题：HⅡ-26 型薄煤层滑行刨煤机的研制、EL-100 型半煤岩巷掘进机测试及电控设计等多个国家重点项目的测试工作，为我国成功研制的第一台 MG200/500-QWD 型大倾角电牵引采煤机，在试验室搭建的达到 55°最大工作角度的大倾角采煤机试验台位上完成了空载运行、坡道制动等系列试验。

采煤机整机截割模拟煤壁试验可获得在煤矿井下工业性试验中所得不到的技术数据和经验，可应用到煤矿采掘机械的研发中。如 2015 年中煤科工集团上海有限公司根据“全断面矩形掘进机研制”课题的需要，在天地常熟煤机公司试制浇注了尺寸（宽 × 高 × 厚）为 6000mm×3000mm×2100mm，煤质硬度 f 为 3 ～ 4 的模拟试验煤壁。经试验，模拟煤壁的性能参数及全断面矩形掘进机的试验截割效果，均达到了模拟煤壁试验大纲的要求。

（本章主要执笔人：上海院周志春，李季，张亦凡）

第9章 采煤机截割部测试技术

随着我国综采机械化水平的不断提高，国内现有采煤机截割部单个截割摇臂的功率一般为75～1000kW，且有向更大单机功率发展的趋势。截割部是采煤机的重要工作部件，主要由截割电机、摇臂减速箱、螺旋滚筒、内外喷雾装置和冷却系统等关键部件组成。采煤机左、右截割部分别由一个截割电机驱动，经多级齿轮减速后驱动螺旋滚筒旋转。当采煤机沿工作面行走时，借助滚筒上的螺旋叶片及截齿，完成截煤和装煤。作为采煤机的重要部件，其性能直接影响采煤机整机的使用。采煤机螺旋滚筒也朝大直径、大截深方向不断发展。目前，截割滚筒最大直径已达4.5m、截深超过1m。截割滚筒是采煤机最终实现落煤、装煤的关键执行机构。国内截割滚筒设计能力已接近国际同行的技术水平，但由于在元部件制造工艺、整体焊接技术方面落后，造成滚筒稳定性差、使用寿命低。截割滚筒结构、参数的设计合理性及制造质量直接影响采煤机的生产效率、能耗、使用寿命及产生的粉尘浓度等各项指标。对截割滚筒基本要求是截煤比能耗低，即采出的煤块度大、粉尘少、装煤效果好、截割阻力能比较均衡地作用在滚筒上，以提高采煤机工作平稳性和可靠性。因此，截割滚筒测试技术是保证其生产质量、性能指标的关键技术手段。

本章对采煤机截割部中的截割传动和截割滚筒测试技术的原理、测试设备进行介绍。

9.1 采煤机截割传动测试技术

9.1.1 采煤机截割部测试技术原理

采煤机截割部测试主要是通过模拟井下截煤时对滚筒的切割阻力，从而对截割部内的齿轮、轴、轴承等进行的强度、耐磨和可靠性考核。截割部测试包括轻载跑合试验、温升试验、耐久性试验、超载试验、试验后检查等项目，通过加载试验系统对截割部进行加载测试，测量截割部驱动电机功率，同时通过温度传感器采集截割部各点温度来进行考核。通用测试技术原理见图9.1。

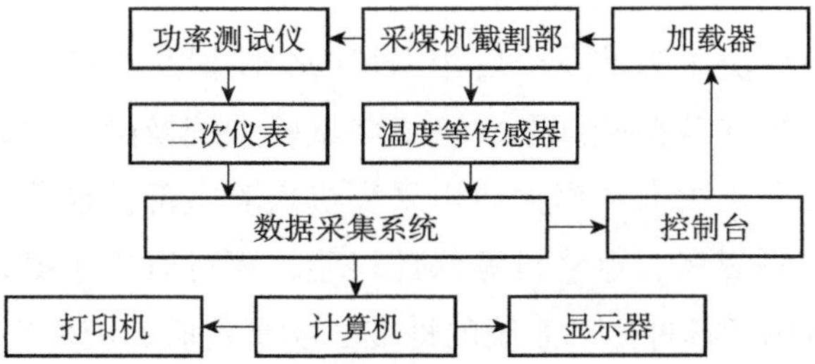

图9.1　采煤机截割部测试系统

被试件安装在专用试验台架上，轻载跑合试验观察运转情况，各部位温升情况；温升试验时测录截割部油温；超载试验时测量截割部能否承受125%额定功率的超载能力。

9.1.2　采煤机截割部主要测试装备

采煤机截割部外形各异，主要包括电动机和传动装置，因此截割部测试方式基本相同。采煤机截割部主要测试装备包括加载器、试验控制台、各类传感器、二次仪表等（功率测试仪、温度测试仪等），各种记录仪（多点记录仪、专用记录仪）。

国内采煤机械单个截割部功率为75～1000kW，功率范围跨度相当大，因此部件试验台就要求按功率大小选用合适的试验台。

采用模拟负载对采煤机械部件加载，测试温度、温升等技术参数，要求模拟负载稳定性好，传感器精度达到检验标准要求。模拟负载一般有水冷制动器、水力测功机、电涡流测功机、直流发电机电阻能耗、磁粉制动器等能量消耗形式和直流发电机、变频电机反馈电网等节能形式；从加载速度来分，水冷制动器是低速加载，其余加载方式都是高速加载。为便于客户单部件送检，无需配对的增速部件，加之上海中心30余年的经验，水冷制动器可控性、稳定性特别好，适应大扭矩低速加载。因此采煤机截割部试验台基本采用水冷制动器这种低速加载形式。下面着重介绍此类试验形式，并按功率大小分为1500kW低速大扭矩传动装置加载试验系统、300kW水冷制动加载试验系统。

5000kW低速大扭矩传动装置加载试验系统详见第七篇第30章30.4.2节“制动装置主要测试装备”中的介绍。

1. 1500kW低速大扭矩传动装置加载试验系统

1500kW低速大扭矩传动装置加载试验系统主要用于300kW及以上被试件的加载试验，加载扭矩可以扩展到830kN·m，加载功率可以扩展到1800kW。该系统采用了美国EATON公司的大扭矩加载器，电压等级分为660V、1140V、3300V、6000V，控制系统由监控级、控制级、现场级构成，并形成以太网、现场工业通信网。现场级由温度、压力、流量、速度传感器、电压、电流互感器、记录仪、电量测量仪等组成，主要完成数据采集和存储功能；控制级由PLC、数字式PID调节器组成，主要完成控制功能；监控级由工业控制计算机组成，主要完成过程数据计算、人机对话、数据存储、显示功能。该加载试验系统通过组合，实际上解决了当前及今后相当长一个阶段从小到大各种采煤机部件以及类似的低速大扭矩传动装置加载检验问题。该加载试验系统及网络化数据采集控制系统，处于国内领先地位，填补了国内大功率大扭矩采煤机实验室部件加载的空白。此外，该加载试验系统不仅可以用在采煤机、运输机等部件检验，还可以用于提升机减速器检验，再配上变速驱动装置，则可用于各种传动系统的性能、质量检验，应用广泛。

1500kW 低速大扭矩传动装置加载试验系统如图 9. 2 所示。

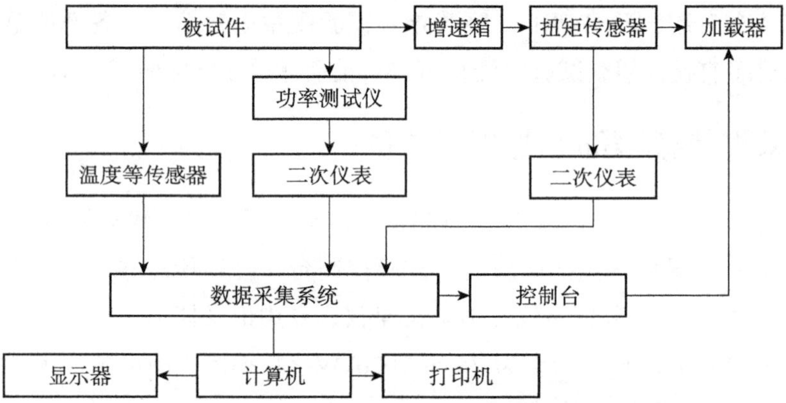

图9.2　1500kW低速大扭矩传动装置加载试验系统

1）主要技术参数

加载器型号：436WCB2，额定转矩 239.6kN · m，额定加载转速 475r/min，最大热容量 1939kW，额定加载气压 10.3 bar（1bar=10^5Pa）。

增速箱：输入功率为 1000kW，允许超载功率为 1250kW，输入转速为 20 r/min，输出转速为 90 r/min，传动比为 4.5，额定输出转矩为 110kN · m。

2）气动系统

1500kW 低速大扭矩传动装置 436WCB2 型加载器利用气压加载，气动系统见图 9.3。

3）冷却系统

1500kW 低速大扭矩传动装置试验系统中被试件、制动器都需要冷却，冷却循环系统见图 9.4。

4）测控系统

1500kW 低速大扭矩传动装置控制系统由监控级、控制级、现场级构成，并形成以太网、现场工业通信网。现场级由温度、压力、流量、速度传感器、电压、电流互感器，记录仪、电量测量仪组成；主要完成数据采集和存储功能；控制级由 PLC、数字式 PID 调节器组成，主要完成控制功能；监控级由工业控制计算机组成，主要完成过程数据计算、人机对话、数据存储、显示功能，1500kW 低速大扭矩传动装置测控系统见图 9.5（图中被试件包括截割电动机和传动装置）。

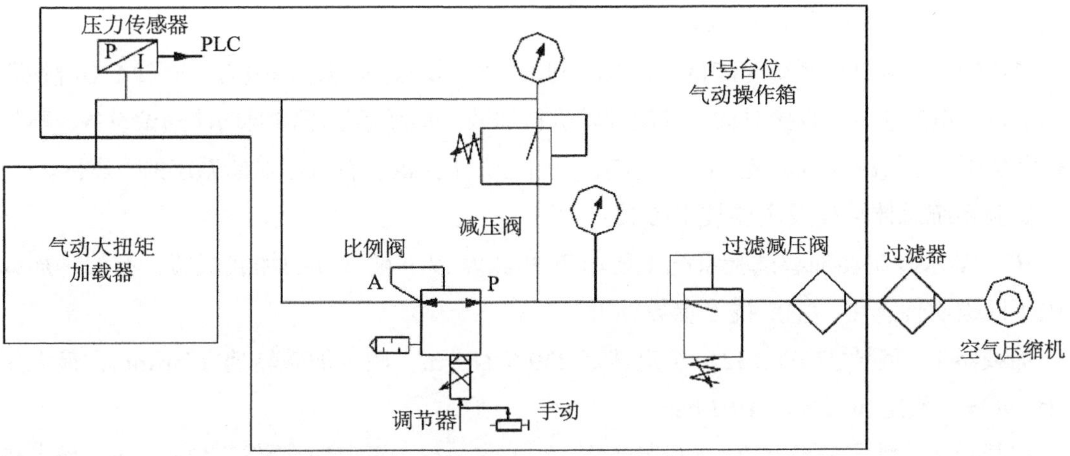

图9.3　1500kW低速大扭矩传动装置气动系统

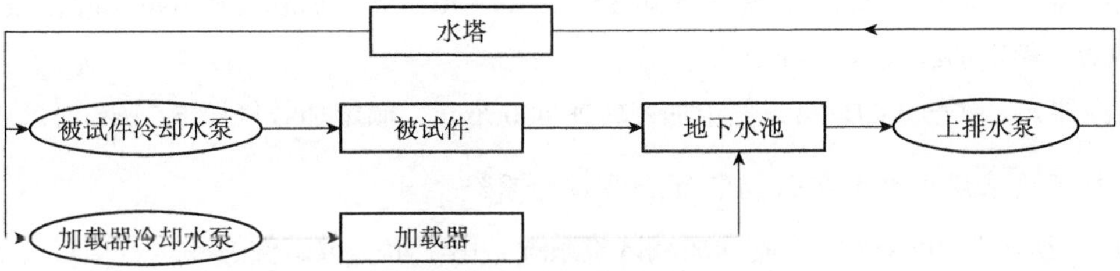

图9.4　1500kW低速大扭矩传动装置冷却循环系统

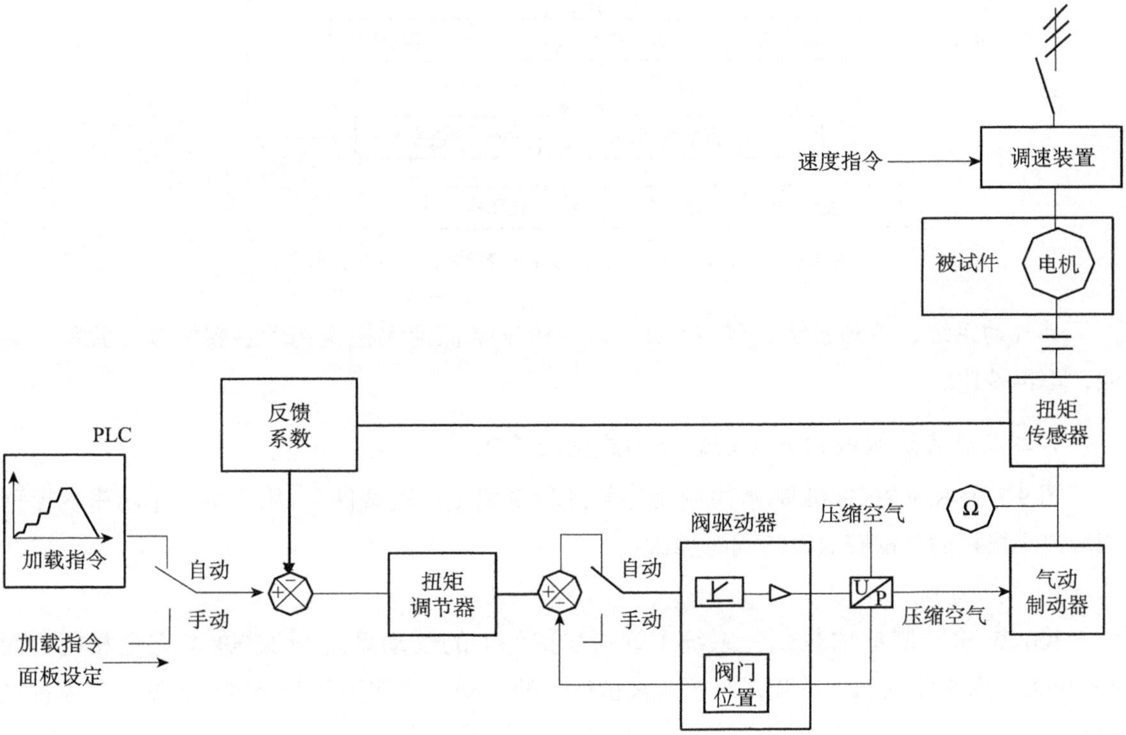

图9.5　1500kW低速大扭矩传动装置测控系统

2. 300kW 水冷制动加载试验系统

水冷制动加载试验系统为能量消耗式，利用水冷制动器模拟截割阻力，通过 1 对挠性联轴器和 1 台扭矩传感器，直接对截割部滚筒轴进行加载。加载系统不需要增速陪试设备，不仅节约投资费用，还可减少试验装置的传动链，更符合井下工况，提高了试验系统的可靠性。

试验系统总体结构及主要技术参数：

300kW 水冷制动加载试验系统主要用于 300kW 以下被试件的加载试验，有四种加载器可供不同被试件选用，主要技术参数如下。

加载器 1：型号 436WCB2，额定转矩 239.6kN · m，额定加载转速 475r/min，最大热容量 1939kW，额定加载气压 10.3 bar。

加载器 2：型号 336WCB2，额定转矩 181.1kN · m，额定加载转速 475r/min，最大热容量 1454kW，额定加载气压 10.3 bar。

加载器 3：型号 CSM336，额定转矩 152.13kN · m，额定加载转速 640r/min，最大热容量 615kW，额定加载气压 5.5 bar。

加载器 4：型号 WCB424，额定加载转速 600r/min，额定加载气压 5.5 bar。

3. 双滚筒采煤机截割部传动装置加载试验系统

图 9.6 所示为 300kW 水冷制动加载试验系统，用于单一被试件加载。

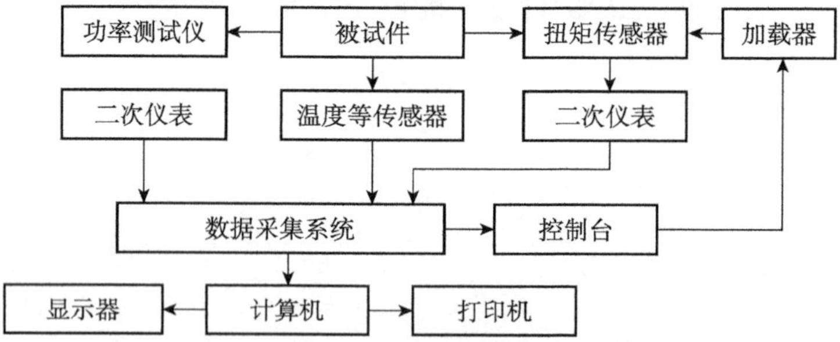

图9.6　300kW水冷制动加载试验系统（单一被试件）

其气动系统、冷却系统、测控系统，与 1500kW 低速大扭矩传动装置加载试验系统类似，不再赘述。

4. 四滚筒采煤机截割部传动装置加载试验系统

图 9.7 所示为 2×300kW 水冷制动加载试验系统（双被试件），用于中、小功率双摇臂四滚筒采煤机的单摇臂双滚筒同时加载。

1）气动系统

300kW 水冷制动加载试验系统（单一被试件）的气动系统与 1500kW 完全相同，而 2×300kW 水冷制动加载试验系统（双被试件）的气动系统使用了两套气动系统，其原理见图 9.8。

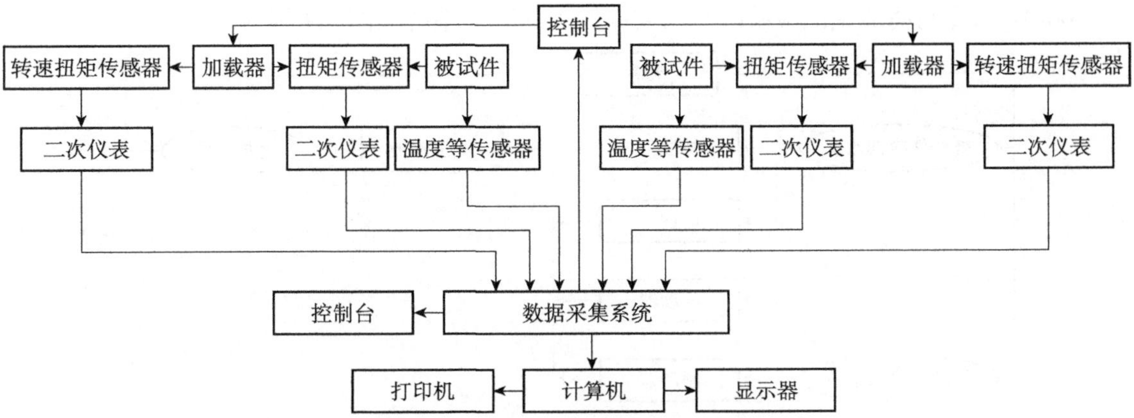

图9.7　2×300kW水冷制动加载试验系统（双被试件）

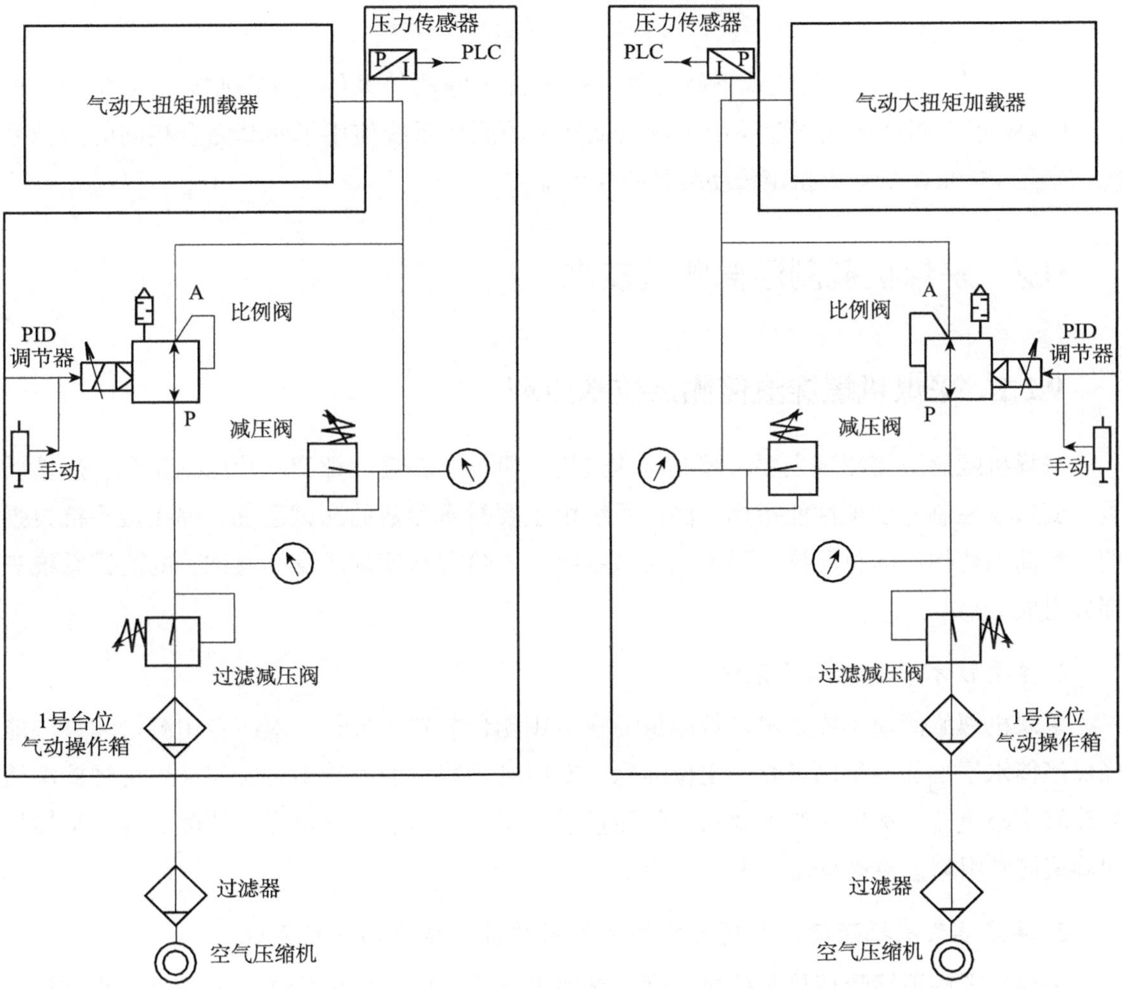

图9.8　2×300kW水冷制动加载试验系统（双被试件）气动系统

2）冷却系统

300kW 水冷制动加载试验系统（单一被试件）的冷却系统与 1500kW 完全相同，而

2×300kW 水冷制动加载试验系统（双被试件）的冷却系统如图 9.9 所示。

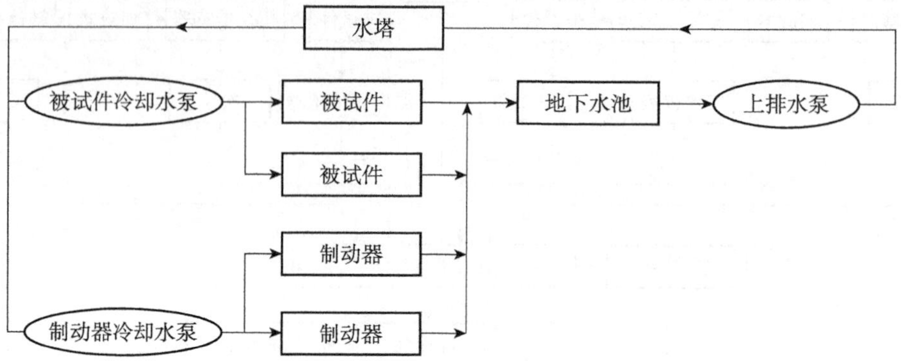

图9.9　2×300kW水冷制动加载试验系统（双被试件）冷却系统

3）测控系统

300kW 水冷制动加载试验系统（单一被试件）的测控系统与 1500kW 完全相同，而 2×300kW 水冷制动加载试验系统（双被试件）的测控系统使用了两套完全相同的测控系统，参见 1500kW 低速大扭矩传动装置测控系统。

9.2 采煤机截割滚筒测试技术

9.2.1 采煤机螺旋滚筒测试技术原理

采煤机螺旋滚筒测试主要考核其材质选用、机加工精度、螺旋叶片压制质量、焊接质量、变形量控制等多项性能指标；测试系统由主要技术参数的测试系统、焊接接头抗拉强度、滚筒主要构件的材质抗拉强度的测试系统、内喷雾水路耐压及畅通试验的测试系统三部分组成。

1. 主要技术参数的测试系统

采煤机螺旋滚筒主要技术参数测量需在专用测量装置上进行。滚筒专用测量装置应能确保滚筒水平摆放、稳固可靠、定位准确，专用测量装置的回转中心应与采煤机螺旋滚筒的旋转中心重合，测定滚筒主要尺寸的测量装置量程合适、数据可靠、精度准确。采煤机螺旋滚筒专用测量装置原理如图 9.10 所示。

2. 焊接接头抗拉强度、滚筒主要构件的材质抗拉强度的测试系统

采煤机螺旋滚筒焊接接头抗拉强度、滚筒主要构件的材质抗拉强度试验由万能材料试验机完成。

采煤机螺旋滚筒内喷雾水路耐压及畅通试验由电动试压泵提供满足设计要求的水压及流量。

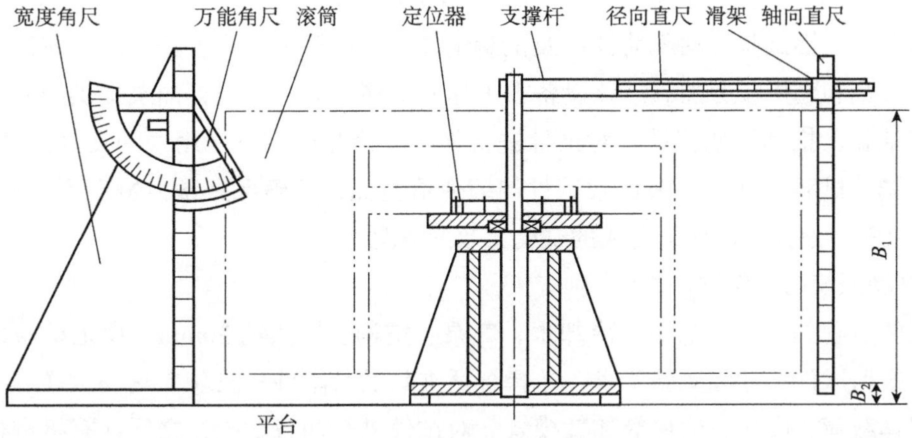

图9.10　采煤机螺旋滚筒专用测量装置

9.2.2　采煤机螺旋滚筒主要测试装备

1. 采煤机螺旋滚筒专用测量装置

采煤机螺旋滚筒专用测量装置是放置滚筒和测定滚筒主要尺寸的测试装置，主要由底座平台、滚筒旋转固定定位架、可移动测量基准立柱、可垂直行走的测量平台、标准测量齿等组成，可适用于各种不同规格型号的采煤机螺旋滚筒进行测试检查。

采煤机螺旋滚筒专用测量装置在使用前应对底座平台进行调校，确保平台及滚筒旋转固定定位架处于水平状态。滚筒旋转固定定位架通过等径、等高的四个圆柱体，对采煤机螺旋滚筒实施精确定位及固定。可移动测量基准立柱根据被测螺旋滚筒的直径确定安装位置，并进行调校确保立柱各面处于垂直状态。调整可垂直行走的测量平台上行走机构的调整螺丝，确保测量平台行走平稳、无晃动间隙。根据螺旋滚筒图纸上的截齿、齿靴设计尺寸，挑选标准测量齿，即可对螺旋滚筒进行各项尺寸测量。测量时自下而上移动可垂直行走的测量平台，将测量尺齿尖对准螺旋滚筒上安装的标准测量齿齿尖，依次读取可移动测量基准立柱、可垂直行走的测量平台上分别安装的标准尺上的数值，即可得到滚筒径向跳动、截线距，经计算可得到滚筒直径、截割宽度等数值。同理，将测量尺齿尖对准螺旋滚筒上安装的叶片，依次读取可移动测量基准立柱、可垂直行走的测量平台上分别安装的标准尺上的数值，经计算即可得到叶片螺旋升角数值。齿座定位角的测量也应专用测量装置，用数字坡度仪进行测量。

2. MTS-810 材料试验系统

1）试验系统的工作原理

MTS-810 电液伺服材料试验系统可在载荷、应变、位移 3 种闭环控制方式下模拟正弦波、方波、斜波、随机载荷波形等动态波形，同时记录仪同步记录循环周次及试验曲线。

通过电液伺服调节阀控制油缸伸缩，把载荷直接作用到被试件上，大大减少了传动环节，极大地提高了此类试验的动载荷性能及试验精度。在计算机等设备控制下，该机可以实现动态程序加裁和随机疲劳加载。该设备在工作时下横梁固定不动，油泵提供的高压油经过油阀进入油缸，推动活塞移动，对试件进行加载。该测试设备采用气动夹具夹紧被试件，夹紧力可调，试验时夹具可根据被试件伸缩变形情况，在确保夹紧力恒定不变的情况下，自动收缩夹头。避免了因夹具造成的试验无效的情况。

2）试验系统的工作过程

试验的过程是：打开电源、冷却水、气泵、空调、预热约 30min，设定试验条件及各类保护，根据试件尺寸和实验要求，选择合适夹具及其附件，安装夹具和试样，根据试验的要求选择载荷、应变、位移等加载模式，对试件进行加载试验，之后计算机进行自动数据采集，在计算机自动数据采集仪检验模块中反映出载荷－时间曲线图，试样断裂后，计算机自动数据采集结束，保存自动采集的数据，关闭送油阀，并停止油缸工作，关闭所有控制电源，取下断裂后的试样。

3）试验系统的技术参数

试验系统的技术参数见表 9.1。

表9.1　试验系统技术参数

序号	技术参数	范围或等级
1	最大试验力 / kN	1000
2	准确度等级 / 级	0.6
3	活塞行程 / mm	（−75 ～ +75）
4	最大允差 /%	±0.6
5	液压站电机功率 / kW	75
6	循环疲劳频率 / Hz	0.00001 ～ 999

MTS-810 材料试验系统还可应用于采煤机齿轮单齿弯曲疲劳强度测试。采煤机在井下运行，工况是极其复杂的，它不是恒载，作用到采煤机齿轮上的工作应力是随载荷变化的变应力。为了检验和提高齿轮的性能，必须对齿轮进行弯曲强度的测试。通过该试验系统进行疲劳寿命分析，可发现不同材料、不同热处理工艺及加工工艺对疲劳寿命的影响，为改进提供依据。其性能达到国内先进水平。

（本章主要执笔人：上海院金丽莉，王国键，刘露露）

第10章 采煤机行走部测试技术

随着我国经济的高速增长，高产高效矿井建设成为了发展的主导方向。由于综采机械化设备不断更新，采煤机的牵引速度也有较大提高。行走部驱动采煤机行走，随着研发技术的不断进步，采煤机从液压牵引逐步发展到电牵引，并由早期的直流变频发展到现在的交流变频调速牵引，也有少数机型采用了开关磁阻调速牵引。行走部主要由牵引电机、牵引减速箱、行走箱和冷却系统等关键部件组成。采煤机一般采用双牵引形式，左右牵引传动部对称，且各自独立，作为采煤机的重要部件，其性能直接影响采煤机整机的使用。

本章对采煤机行走部的测试技术做总体介绍，并对国内采煤机牵引部测试技术的原理、测试设备进行阐述。

10.1　采煤机行走部测试技术原理

采煤机行走部包括机械传动装置和调速系统两部分，调速系统有液压调速和电气调速两种形式，液压牵引采煤机行走部机械传动装置和液压调速系统两部分合一进行试验，而电牵引采煤机的电气调速系统（电控箱）有相应行业标准，试验独立进行，主要测试牵引特性、恒截割功率自动调速特性、阶跃载荷、保护性能、冲击性能、牵引特性复测等项目。

除极个别小功率采煤机是单牵引以外，绝大部分采煤机都采用双牵引。根据MT/T81—1998第4.3条规定：“当送试产品装有结构性能和工况条件都完全相同的2件（或2件以上）部件时，允许任抽1件试验。”由于液压牵引采煤机存在主泵全排量的问题必须双行走部一起试验，因此行走部试验有单个行走部试验和两个行走部一起试验两种可能。单行走部测试系统见本书第9章图9.6；双行走部测试系统见本书第9章图9.7。

10.2　采煤机行走部主要测试装备

采煤机行走部主要测试装备包括供电驱动系统、加载器及辅助设备、供水冷却系统、试验控制系统、各类传感器、二次仪表、记录仪等。

10.2.1 供电驱动系统

采煤机行走部试验自带驱动电机，因此供电驱动系统主要是供电，采煤机行走部电机电压等级一般有 380V、660V、1140V，单行走部功率为 20 ～ 150kW。

10.2.2 加载器及辅助设备

采煤机行走部试验加载器采用液压马达、水冷制动器。

1. 50kN · m 大扭矩液压马达加载系统

采用大扭矩液压马达加载系统，额定牵引力 360kN。测试范围大，可对采煤机的各种行走部进行试验，省去大油箱，减少油耗，精简管路系统，提高了试验的可靠性，测试精度高。

1）液压马达及齿轮箱技术参数

GB2000 型低速液压马达：排量为 4.31L/r，额定工作压力为 207bar，最高转速可达 125r/min；

G110 齿轮箱：速比为 7 ：1，额定扭矩为 94.4kN · m。

2）液压马达供油系统

供油液压系统由泵站和阀组两部分组成，分别见图 10.1 和图 10.2。

2. 水冷制动器加载

1）水冷制动器技术参数

336WCB2 水冷制动器：额定转矩为 181.1kN · m，额定加载转速为 475r/min，最大热容量为 1454kW，额定加载气压为 10.3 bar。

CSM336 水冷制动器：额定转矩为 152.13kN · m，额定加载转速为 640r/min，最大热容量为 615kW，额定加载气压为 5.5 bar。

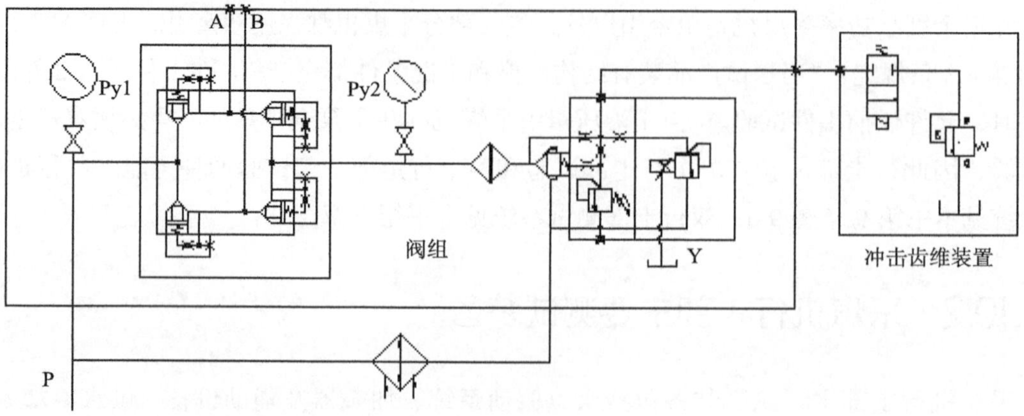

图10.1 泵站

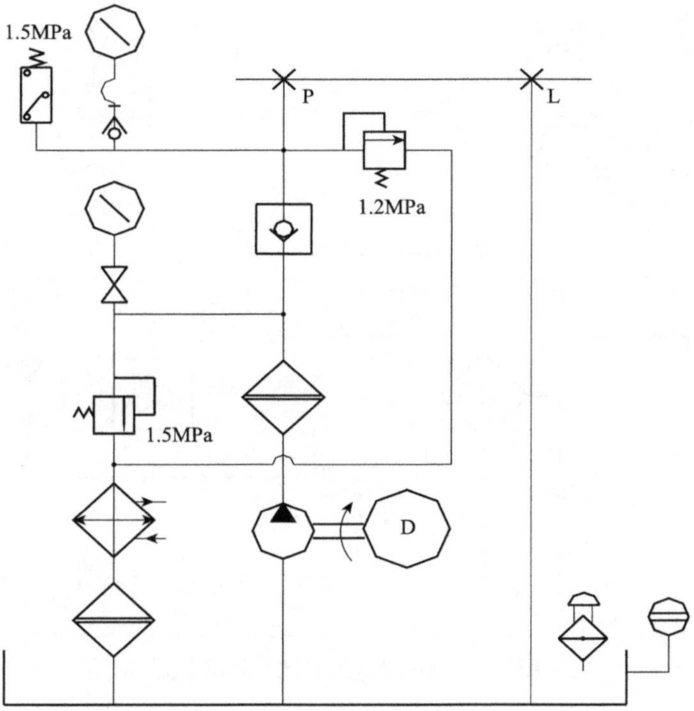

图10.2 阀组

2）水冷制动器供气系统

单行走部试验水冷制动器供气系统见本书第 9 章图 9.3，双行走部试验水冷制动器供气系统见本书第 9 章图 9.8。

10.2.3 冷却供水系统

根据 MT/T81—1998 的要求，试验过程中被试件需要提供冷却水。另外，无论是液压加载系统还是水冷制动器加载系统都需要冷却，单行走部试验冷却供水系统见本书第 9 章图 9.4、双行走部试验冷却供水系统见本书第 9 章图 9.9。

10.2.4 试验控制系统

试验控制系统由监控级、控制级、现场级构成，并形成以太网、现场工业通信网，现场级由温度、压力、流量、速度传感器、电压、电流互感器，记录仪、电量测量仪组成，主要完成数据采集和存储功能；控制级由 PLC、数字式 PID 调节器组成，主要完成控制功能；监控级由工业控制计算机组成，主要完成过程数据计算、人机对话、数据存储、显示功能；试验控制系统包括配电、测试、控制（本地、远程）、数据处理等，液压马达加载试验测控系统见图 10.3，水冷制动器加载试验测控系统见本书第 9 章图 9.3。

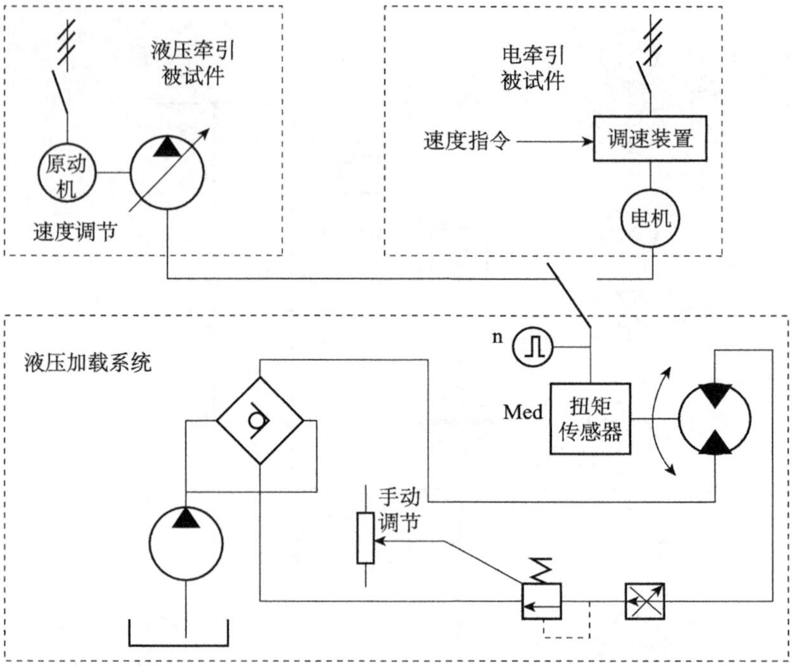

图10.3　液压马达加载试验测控系统

根据 MT/T81—1998 的要求，行走部试验测试参数包括牵引力、牵引速度、运行时间等。根据加载原理及加载方法，转化为输出力矩、输出转速、输入功率、运行时间、加载压力、油池温度等参数的测量，因此要用到扭矩传感器、转速传感器、功率测试仪、压力传感器、温度传感器及相应的各类二次仪表，各种记录仪有 X-Y 记录仪、多点记录仪、专用记录仪等，仪器及二次仪表精度应满足 MT/T81—1998 要求。

（本章主要执笔人：上海院张晓君，牛永峰，杨帆）

第 11 章 采煤机用制动器测试技术

采煤机用制动器是采煤机安全制动装置，是采煤机的重要组成部分，其安全性和可靠性必须得到保证。在设计、制造和使用时，必须按照国家采煤机用制动器的标准进行试验和检测。在国外，德国的制动器产量大、品种多，基本代表了制动器行业的先进水平。在国内，制动器试验机主要用于汽车制动的检测，而用于采煤机用制动器的试验装置普遍存在控制方法相对落后，试验项目不够齐全等问题。该采煤机用制动器测试装置在试验项目、控制精度、数据采集和处理方面性能突出，满足现有标准的试验要求。为生产和科研提供良好的试验平台。

本章从采煤机用制动器测试技术原理和主要测试装备两个方面对当前采煤机用制动器测试技术加以介绍。引用 MT 1149—2011 中的条款，对制动器试验装置的测试原理进行说明，重点阐述采煤机用制动器模拟加载试验装置。装置主要由动制动加载系统、静转矩加载系统和数据采集和计算机控制系统组成。

11.1 采煤机用制动器测试技术原理

采煤机用制动装置测试装备是测试制动器各技术参数是否达到技术要求，制动过程各项指标是否符合标准要求的装置。

制动器测试在专门的试验装置上进行，制动器试验台是测定和分析制动器性能及质量的试验装置。一般由驱动设备、惯量模拟装置、测量装置、制动器、加载装置组成。测试系统如图 11.1 所示。

测试原理是通过试验装置模拟采煤机制动器的工况来验证制动器技术参数是否达到设计要求，制动过程及制动后是否符合标准要求，并对采煤机制动器的综合性能做出判定。

11.2 采煤机用制动器主要测试装备

制动器主要测试装备按照模拟负载的加载方式，可分为动制动转矩测试装备、静制动转矩测试装备和测控系统。

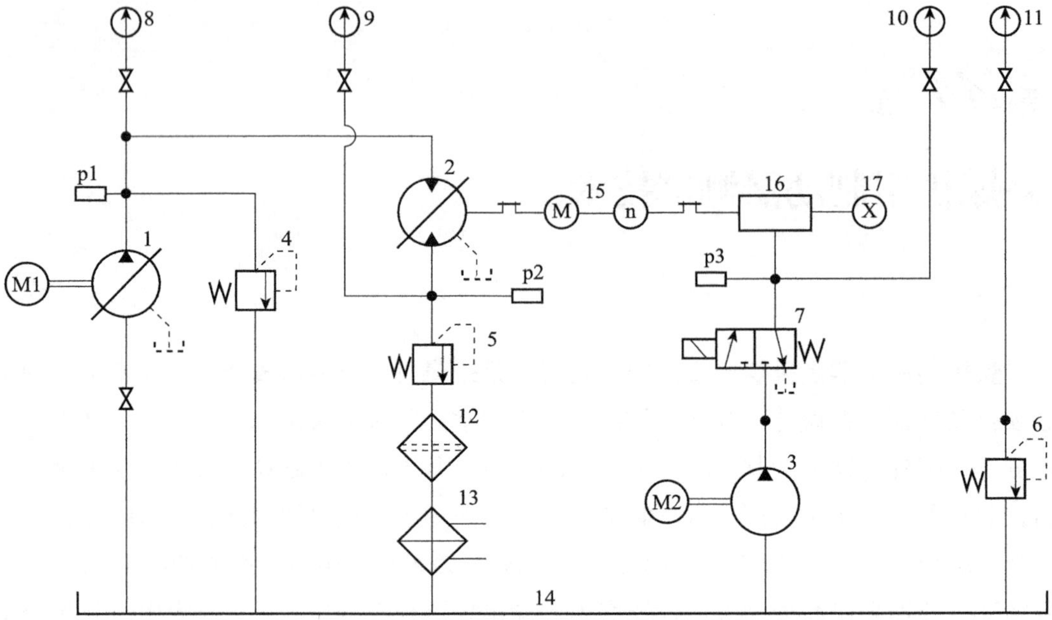

图11.1　制动器专用试验台的试验系统

1. 变量泵；2. 液压马达；3. 控制油泵；4. 高压溢流阀；5、6. 低压溢流阀；7. 二位三通电磁阀；8. 高压表；9、10、11. 低压表；12. 精滤器；13. 冷却器；14. 油箱；15. 转矩转速仪；16. 被试制动器；17. 位移传感器；p1、p2、p3. 压力传感器；M1、M2.电动机

11.2.1　动制动转矩测试装备

1. 试验台的工作原理

由于采煤机制动器属于安全制动，制动力由弹簧提供，制动扭矩基本恒定，可将其看作一个传递扭矩的装置。安装在驱动轴上，采用旋转的方式，模拟采煤机的实际制动过程，通过力传感器、速度传感器、温度传感器和位移传感器检测盘式制动器的制动力矩、制动转速、摩擦片温度和摩擦片磨损量，从而得到制动器摩擦和磨损性能的数据，分析制动器的安全性和可靠性。试验时通过电动机提供动力，联轴器连接飞轮和试验台主轴，实现扭矩的传递。惯性飞轮组由主轴、固定飞轮、活动飞轮组成，能完成整个试验台惯量的配比。制动装置模拟实际工作中的采煤机制动过程，检测装置测量出试验要求测的各个数据。制动装置试验台如图 11. 2 所示。

2. 试验台的工作过程

试验台通过机械惯量模拟的加载方式模拟采煤机的制动过程，要求驱动电机转速可调，采用制动控制系统来完成制动器的开闸、合闸。试验的过程是：按照要求调整好将要加载的扭矩，安装好被测制动器，确保温度和位移传感器安装合适后，接通二位三通电磁阀，使制动器松闸，启动驱动电机，将主轴转速调整到所设定的值，再打开数据采集装置，同时关闭驱动电机，关闭二位三通电磁阀使制动器合闸，开始数据采集，在确定速度为零

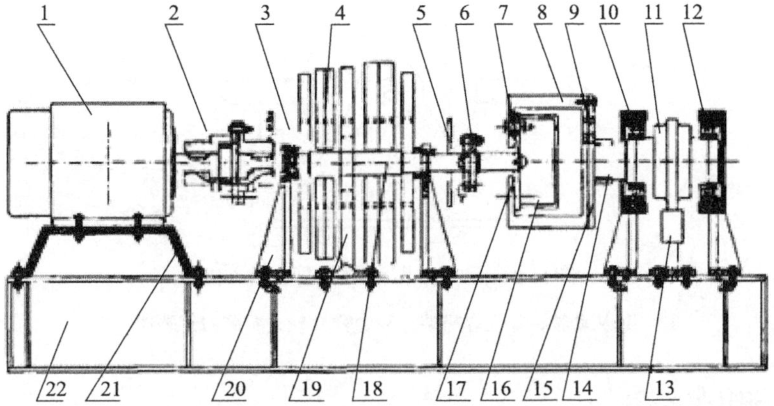

图11.2　制动器试验台台架

1. 驱动电机；2. 联轴器；3. 锁紧挡圈；4. 惯性飞轮组；5. 速度编码盘；6. 连接法兰一；7. 连接齿轮键；8. 制动器检测箱；9. 位移传感器安装孔；10. 摆动轴支撑架；11. 平衡力臂；12. 支撑轴承；13. 力传感器；14. 摆动轴；15. 连接法兰二；16. 制动器；17. 温度传感器；18. 主轴；19. 动飞轮支撑架；20. 主动轴支撑架；21. 电机支架；22. 机架

的情况下，完成制动器的一次试验，随后将存储的采集数据发送到上位机，测得制动力矩、制动转速、摩擦片温度和摩擦片磨损量，从而得到制动器摩擦和磨损性能的数据，分析制动器的安全性和可靠性由上位机对数据进行处理，并打印结果。

3. 试验台的技术参数

试验台的技术参数见表 11.1。

表11.1　试验台主要技术指标

序号	技术指标	数值
1	驱动电机功率 / kW	200
2	液压站电机功率 / kW	7.5
3	最大转速 / （r/min）	1500
4	最大扭矩 / （N · m）	1000
5	温度 /℃	0 ～ 500
6	制动时间 /s	0 ～ 15

11.2.2　静制动转矩测试装备

摩擦片浸 N320 号齿轮油后，将制动器套在固定架上，端部按工作实际尺寸安装端盖并加操作杠杆。花键套上安装试验用力臂杠杆，长度可以调节，用平衡力矩的大小来测量静扭矩。用测力器测量制动器打滑前的力，乘以所对应的力臂长度就是制动器静制动力矩，其值应符合规定值。试验装置如图 11.3 所示。

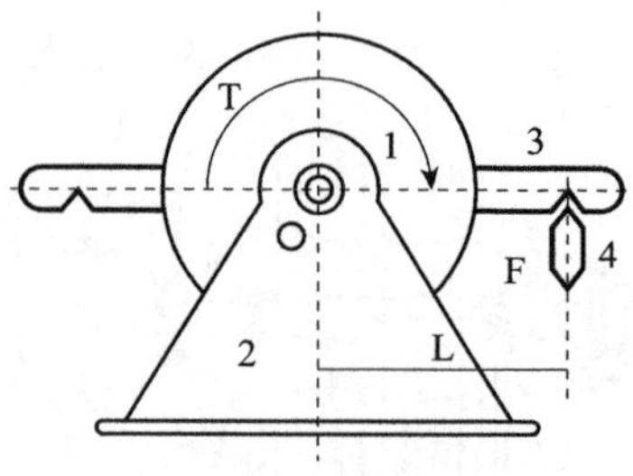

图11.3 平衡力臂法测量静力矩装置

1. 从动轴；2. 支撑机架；3. 力臂杠杆；4. 测力传感器

11.2.3 测控系统

测控系统由测控单片机、上位机、驱动电机、液压系统、转速测量电路、信号采集电路和数据存储卡组成。

试验台测控系统硬件电路选用单片机作为主控芯片，采用实时处理的方式，主要负责转速、压力、温度和位移的数据采集、控制驱动电动机的通电与断电，以及实现与上位机的通信，SD 存储芯片用来储存采集到的转速、转矩、时间等数据。试验台测控系统原理如图 11.4 所示。

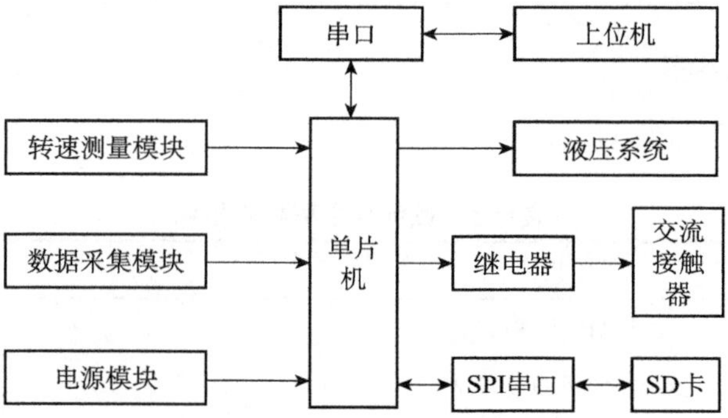

图11.4 试验台测控系统框图

电机调速部分主要由单片机、变频器、通信模块、液晶显示器和键盘组成。单片机通过串口远程控制变频器，键盘用来设定参数，液晶显示器主要用来显示设定的参数和主轴的实时转速。测控系统与系统硬件配套使用，能够记录试验数据、绘制试验曲线、生成试验报表，最终达到各被试件的行业标准试验要求。

（本章主要执笔人：上海院王金利，苗强，傅晓刚）

第三篇 悬臂式掘进机测试技术

悬臂式掘进机是一种以机械方式破落煤岩的巷道掘进设备，由截割、装运、行走几大主体及电液控制、综合除尘等功能系统组成，能在巷道掘进过程中实现自移、截割、装载、运输一体化。

在煤矿及非煤矿山生产中，掘进工序起着开山引路的作用，因此掘进设备的正常、可靠运行，关系到煤炭开采能否正常进行。

“掘进机”的概念，源自1870年英吉利海峡的施工设备。1949年，在匈牙利诞生了第一台具有现代意义的悬臂式掘进机，并应用于煤矿巷道的掘进作业。随后各国开始投入掘进机技术的研究，掘进机的制造水平也得到了很大的提升。英国、德国、美国、日本、瑞典等国都有比较有影响力的悬臂式掘进机制造公司。

我国从20世纪60年代中期开始研制悬臂式掘进机，经历了技术与产品的引进、消化、吸收，积累了悬臂式掘进机生产制造的初步经验。经过50余年的发展，我国的悬臂式掘进机产业已进入到完全自主开发、规模生产的阶段。由太原院研制的EBH450型悬臂式掘进机，其截割功率达到450kW，是目前国际上截割功率最大的产品。

以往在进行悬臂式掘进机设计时，其基本参数大多通过对原有数据的分析、计算，加上过往的经验来确定，缺乏试验数据的支撑。因此对制造、应用过程中出现的问题，缺乏有效的应对措施。随着现代工业技术的发展与进步，通过对产品进行测试，从而获得具体数据，用于支撑设计与制造已经成为可能。

设立于太原院的“国家煤矿掘进机械质量监督检验中心”于1985年6月成立，建有美国MTS公司生产的2500kN液压伺服脉动材料试验机、6000kN材料试验机、4MW传动试验系统、非金属材料试验装置、胶管试验台、液压油缸综合性能试验台、悬臂式掘进机整机试验场、截齿刀具截割性能试验台、载荷为2000kg的160 kN推力振动试验台，能够满足对悬臂式掘进机的整机及重要元部件的检测和研究。在设计、制造、应用经验及数据研究积累的基础上，制定了 MT/T238.3—2006《悬臂式掘进机第 3 部分：通用技术条件》、MT/T 291.1—1998《悬臂式掘进机　传动齿轮箱检验规范》等与悬臂式掘进机相关的标准 50 余项。

随着悬臂式掘进机产品的不断更新，技术的不断发展，原有试验能力已经不能与之匹配。2011 年太原院新建了专业的截割试验台和掘进机整机性能试验场。截割试验台能够对悬臂式掘进机截割轨迹、截齿受力等进行深度测试研究。整机试验场建有硬度 f 为 6 ～ 10 的人工岩壁和长 33m、宽 6m 的模拟巷道，可进行悬臂式掘进机在模拟工况条件下的行走性能试验、截割性能试验、除尘降尘性能试验的测试等，是我国目前规模最大、功能最全的整机性能试验场。

本篇重点介绍悬臂式掘进机整机及关键元部件的测试技术及相关测试装备。

第12章 悬臂式掘进机整机测试技术

悬臂式掘进机目前已成为国内煤矿巷道机械化施工的首选装备。由于悬臂式掘进机工作环境恶劣且需要长时间在交变载荷、冲击载荷、振动等条件下工作，极易引发设备故障，有极大的安全隐患。常规的悬臂式掘进机整机测试可分为静态测试、空载测试、负载测试三大部分，通过对测试结果的符合性分析，作出对整机的综合评价，以确保悬臂式掘进机能够满足安全生产和设计质量的要求。

本章主要阐述悬臂式掘进机整机及主要工作部的测试项目和方法、技术要求、测试原理，介绍主要测试装备的结构组成、工作原理、技术参数和主要技术特点。

12.1 悬臂式掘进机整机测试项目和方法

通过在地面上模拟井下工况，综合应用现代测试试验手段，针对悬臂式掘进机的整机截割性能、装配质量、截割机构、装运机构、行走机构、液压系统、电气系统、喷雾降尘及振动等关系到安全性能的方面进行检测，可以全面掌握掘进机工作过程中的主要参数，从而全面评价掘进机的技术状况和可靠性参数。

12.1.1 测试项目

常规的悬臂式掘进机整机性能检测的项目有：掘进机外形尺寸、掘进机质量、掘进机重心、掘进机调整尺寸、掘进机装配质量、空载试验前检查、截割机构空载试验、装运机构空载试验（包括各位置空载功率、铲板灵活性试验、悬臂与装运机构安全试验、耙爪堵转试验）、行走机构空载试验（包括驱动装置的空载功率、行驶试验、转向试验、行走功率测定、通过转弯半径测定、最大牵引力试验、爬坡试验、制动试验）、液压系统空载试验（包括油泵外壳温度及空载功率、耐压试验、油缸空载压力、密封性能试验）、电气系统空载试验（绝缘温升、空载电流）、除尘喷雾系统耐压及喷雾效果试验、密封性能检查、空载噪声测定、空载振动测定、开切试验（测录截割机构驱动装置功率、行走机构驱动装置功率）、截割试验（测录截割功率在全过程变化情况）、截割性能试验（测录截割功率、牵引速度、压力的变化情况、电耗、实际生产量和时间）、装运能力试验（测录装运驱动装置功率，计算装运能力）、负载噪声测定、负载振动测定（负载状态下，测录各位置处的振幅及频率）、温升测定、截齿损耗测定、试验观察及综合性评述、综合试验结果。

12.1.2 主要检测项目及方法

1. 空载试验

截割机构空载运转，包括截割电机、回转、升降油缸的空载动作，检测各部分振动、压力流量、应变、电参数、温度等数据；装运机构空载运转，检测全部数据；行走机构空载运转，掘进机后支撑与铲板将掘进机撑起，检测液压数据；截割机构、装运机构、行走机构同时空载运行，记录数据。

2. 行走性能试验

行驶试验，在沙石路面与混凝土路面上以最大速度前进、后退各 25m，检测行驶过程中速度与功率；转向试验，原地转向 90° ，左右各转 3 次，测定转弯半径；在模拟巷道混凝土路面上向前开动掘进机直至打滑，记录 3 次，测出最大牵引力。

12.2 悬臂式掘进机装运部的测试项目及方法

掘进机装运部是制约掘进机能否实现高产高效及机械自动化的关键部件之一。它主要由装载机构和刮板输送机两部分组成（图 12.1），其中关键部件有：链环、刮板、减速器、链轮、液压马达等。任何一个部件发生故障都会影响整机效能的发挥，因此，必须严格控制和检测这些重要部件的制造质量和产品的最终质量。

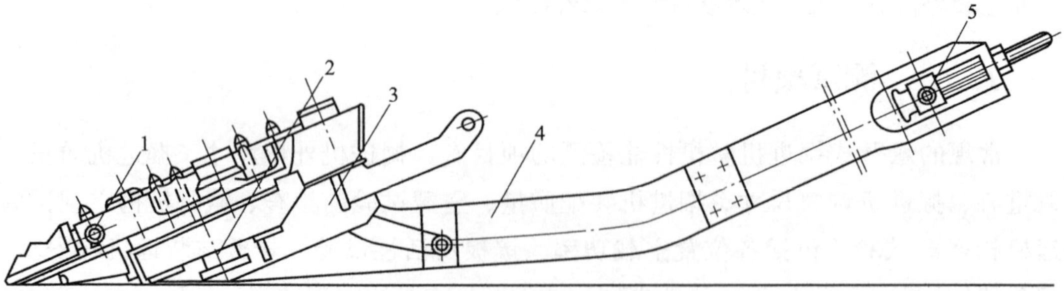

图12.1 掘进机装运部

1. 装载耙；2. 减速器；3. 铲板；4. 刮板输送机；5. 张紧装置

在实际的生产和使用中，掘进机装运部主要部件常见的损坏形式为链环强力断裂和疲劳断裂（图 12.2）、刮板变形和断裂、链轮齿的磨损和断裂（图 12.3）。

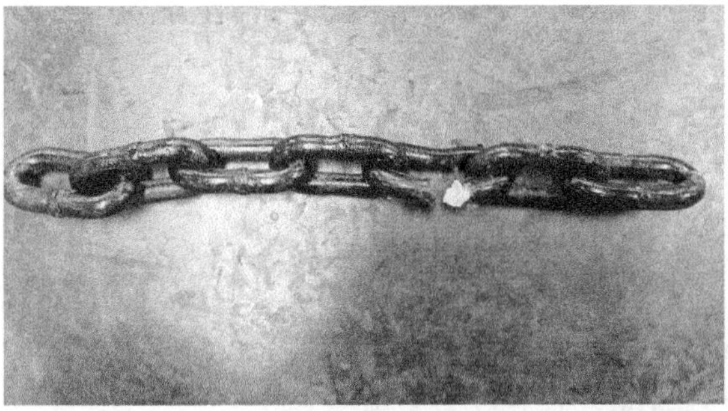
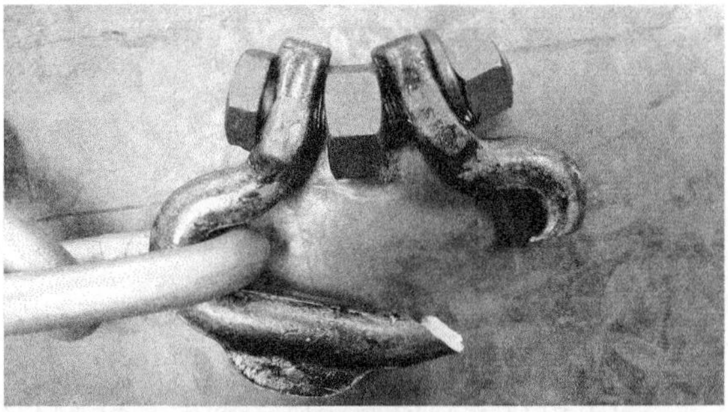

图12.2　链环损坏形式

图12.3　链轮齿损坏

12.2.1　掘进机装运部减速器类产品测试项目及方法

测试项目和测试方法见 12.3 节行走部减速器内容。

12.2.2　链环类产品测试项目及方法

1. 测试项目

项目包括外观质量、尺寸检验、静拉伸强度、疲劳强度、弯曲挠度、缺口冲击值等。

2. 测试方法

（1）圆环链产品，见 GB/T 12718 标准。

（2）紧凑链产品，见 MT/T 929 标准。

（3）开口式连接环产品，见 MT/T 71 标准。

（4）扁平接链环产品，见 MT/T 99 标准。

12.2.3　刮板类产品测试项目及方法

1. 测试项目

项目包括表面质量、尺寸、力－挠度。

2. 检验方法

（1）中双链刮板输送机用刮板，见 MT/T 323—2005 表 1、表 2 及表 5 规定。

（2）边双链刮板输送机用刮板，见 MT/T 72—1998 表 1 及表 5 规定。

（3）中心单链刮板输送机用刮板，见 MT/T 152—1997 表 1、表 2 及表 4 规定。

12.2.4　链轮类产品测试项目及方法

1. 测试项目

项目包括表面质量检查、几何尺寸检查、链窝及齿形表面硬度检查。

2. 测试方法

（1）GB/T 24503《矿用圆环链驱动链轮》。

（2）MT/T 465《矿用刮板输送机驱动链轮检验规范》。

（3）MT 231《矿用刮板输送机驱动链轮》。

链轮的测试方法按照相关标准所规定的条款执行。

12.3　悬臂式掘进机行走部测试项目及方法

悬臂式掘进机行走部作为实现整机的前进、后退及转弯，并承载整机的荷重的重要机构，是悬臂式掘进机实现机械自动化，高产、高效、安全生产的重要部件。其中关键部件有掘进机用传动齿轮箱、履带架、链轮、履带板及其销轴和液压马达等。它们的质量对掘进机产品能否正常工作有着非常重要的作用，一旦出现质量问题，有可能导致安全生产事故的发生，其最常见的故障形式如下。

第一，悬臂式掘进机用传动齿轮箱故障。悬臂式掘进机用传动齿轮箱故障主要发生在啮合齿轮轮齿部分，其常见损坏形式有轮齿折断、齿面点蚀、齿面磨损、齿面胶合和齿面塑性变形五种。

第二，履带板损坏形式。履带板断裂主要有两方面的原因：一是发生断裂的履带板的材质不合格；二是热处理操作不当所致。由于存在块状未熔铁素体，而块状未熔铁素体的产生则是由于热处理时加热温度偏低和保温时间过短，其中主要的原因是保温时间过短造成的。

基于以上关键部件的故障情况，可以看出，掘进机用传动齿轮箱、履带板及其销轴等部件是制约掘进机行走部乃至整机能否发挥最大性能的关键部件。因此，对上述产品进行检验是不可缺少的，只有通过完善的检测手段，保证这些部件的质量才能保证整机的质量。

目前主要针对掘进机用传动齿轮箱类、履带板类进行安全性能检测，其余的关键部件采用其他领域的测试手段加以控制。

12.3.1　掘进机用传动齿轮箱类产品测试项目及方法

1. 测试项目

测试项目包括：空载试验、效率试验、噪声试验、超载试验、温升试验、耐久性试验和堵转试验。

2. 测试内容、试验方法和要求

项目、方法和要求见表12.1中的规定。

表12.1　测试项目、方法和要求

序号	试验项目	试验内容与方法	要求
1	空载试验	（1）各齿轮箱均不允许采用附加冷却措施 （2）截割机构齿轮箱、装运机构齿轮箱、液压泵分配器齿轮箱，在水平位置正向连续运转2h （3）各行走机构齿轮箱在水平位置,先后进行正、反向连续运转各1h （4）设有高、低两档转速或采用双速电动机驱动时，应按高档转速进行试验	（1）运转平稳、无异声 （2）测录油温并绘制温升曲线 （3）各密封处、接合处不允许有渗漏现象 （4）各连接件、紧固件均不允许有松动 （5）测录各机构齿轮箱的空载功率 （6）空载试验后齿轮箱需换新油
2	效率试验	（1）截割机构、装运机构各齿轮箱，均应分别按额定载荷的5%、50%、75%、100%、125%逐级加载，对应时间分别为60min、60 min、80min、90min、100min，设有高、低两档转速或采用双速电动机时，应按上述工况和时间按高档转速进行试验 （2）行走机构齿轮箱应按本表序号2下（1）条给定的工况和时间，分别进行正、反向试验，对设有高、低两档转速的，应按高档转速进行试验 （3）各齿轮箱均允许采用附加冷却，油温应控制在80℃以下	（1）额定载荷下机械效率应符合标准中的规定，并记录 （2）绘制载荷-效率曲线图，即：载荷为空载，额定载荷的25%、50%、75%、100%、125%工况下相应的机械效率
3	噪声试验	噪声试验当负荷在100%额定载荷试验时，按标准中5.5条的规定方法测试	测录各齿轮箱噪声值： 截割机械≤85 dB（A） 装运机构≤80 dB（A） 行走机构≤80 dB（A） 液压泵分配器≤85 dB（A）
4	超载试验	超载试验在最大额定输出扭矩工况下超载25%，连续运转10 min	（1）运转正常 （2）必要时开盖检查，不允许有断齿、齿面拉毛、压痕、胶合、点蚀等现象
5	温升试验	（1）不管是连续制还是间断周期制设计的齿轮箱，均应在最高转速下进行试验 （2）对连续工作制设计的齿轮箱应在额定载荷下连续运转至油池温度达到热平衡 （3）对间断周期制设计的齿轮箱和液压泵分配器齿轮箱在额定载荷下运转应不少于2h	（1）记录油温变化，从40℃开始记录，间隔时间为15 min，最后达到热平衡的最高温度不得超过95℃ （2）各密封处不得有渗漏油现象 （3）对（3）项试验温升不得超过70℃，最高温度不得超过95℃

续表

序号	试验项目	试验内容与方法	要求
6	耐久性试验	在最大额定输出扭矩工况下试验： （1）截割机构、装动机构的齿轮箱，连续运转； A级：1200h B级：1000h 必要时运转300h后开盖检查 （2）行走机构齿轮箱正、反向连续运转； A级：各500h B级：各400h 必要时，运转200h后开盖检查 （3）各齿轮箱均允许采用附加冷却措施，油温宜控制在（75±5）℃	（1）运转正常 （2）运转有异常现象或声响时，进行拆检 （3）耐久性试验前应换新油
7	堵转试验	切割机构、装运机构、行走机构齿轮箱在耐久性试验之后，分别进行正方向的堵转试验 （1）在最大额定轴出扭矩工况下试验 （2）将输出轴的制动轮制动后，开动电动机（系原齿轮箱配制的电动机）进行堵转，在出轴不同转角位置共进行3次	（1）试验后全面拆检，各主要零件不许有损坏；测量齿轮的磨损情况，不允许有失效 （2）齿轮轮齿失效判别按附录A表A1规定 （3）将记录表进行全面整理，并提出检验报告

根据检测要求，掘进机用传动齿轮箱的试验装置应满足检验项目的要求，各种传感器、互感器、传输线、测量仪表、记录仪表和计量工具，均应有检验合格证，并定期标定。主要检测仪器的要求见表12.2。

表12.2　检测要求

序号	设备名称	量程	精度
1	转矩转速传感器	0～10000N·m	±0.5%
2	温度传感器	-50～150℃	±0.5%±1℃
3	声级计	40～130dB（A）	±1dB（A）
4	游标卡尺	0～2000mm	0.02mm
5	功率显示仪表	—	±1%

12.3.2　履带板类产品测试项目及方法

悬臂式掘进机行走部履带链用履带板见图12.4。

1. 测试项目

项目包括外形尺寸、外观质量、产品重量、拉力试验。

2. 测试方法

测试内容、方法和要求见表12.3。

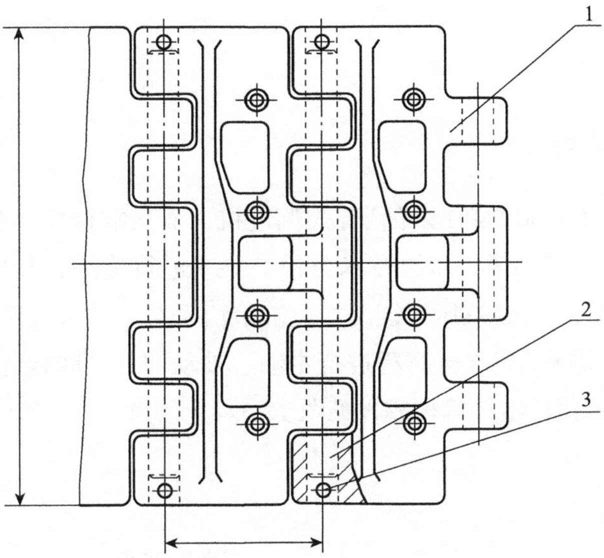

图12.4 由整体式履带板组成的履带链

1. 整体式履带板；2. 销轴；3. 弹性圆柱销

表12.3 试验项目内容、方法和要求

序号	试验项目	试验内容和方法	要求
1	外形尺寸	按标准 MT/T 579—1996 要求的尺寸进行测量	符合标准中表 1 ～表 4 及施工图规定的尺寸及偏差要求
2	外观质量	5 倍放大镜目测检查	符合标准中 5.5 条规定
3	产品重量	使用经过标定的衡器	误差 ±5%
4	拉力试验	将 n 块履带板及 n 个销轴（$n>4$）组成一段履带链，在材料拉力试验机上进行拉力试验，试验拉力为履带链工作拉力的 2 倍	不得有明显裂痕、弯曲不得断裂

12.4 悬臂式掘进机用液压油缸的测试项目及方法

液压油缸是悬臂式掘进机主要的工作执行机构，是悬臂式掘进机支撑、截割部上下左右摆动、张紧等动作的关键元件。常规的检测是在空载情况下和两头加载的检测，并不能体现液压油缸在某一个工作位置的实际情况和使用性能。因此，对于液压油缸的检测必须实现能够在全行程的（主动、被动）动态加载才具有实际的意义，尤其对于大修后的设备检测更重要。

12.4.1 测试项目

液压油缸常规测试项目有试运行、最低启动压力、最低稳定速度试验、耐压试验、内泄漏试验、外泄漏试验、负载效率试验、全行程检查、外观检查，以及全行程的（主动、被动）动态加载。

12.4.2 测试方法

常规的检测项目按照 MT 291.2《悬臂式掘进机 液压缸检验规范》、GB/T 15622《液压缸试验方法》、JB/T 10205《液压缸技术条件》要求进行检测。全行程的（主动、被动）动态加载是利用试验台的两套液压系统（加载缸液压系统、被试缸液压系统）将被试缸安装在试验台架上模拟实际工况在全行程进行主动、被动加载。试验台由机架、导轨、油缸固定座、滑座、油缸连接件组件等构成，见图 12.5。

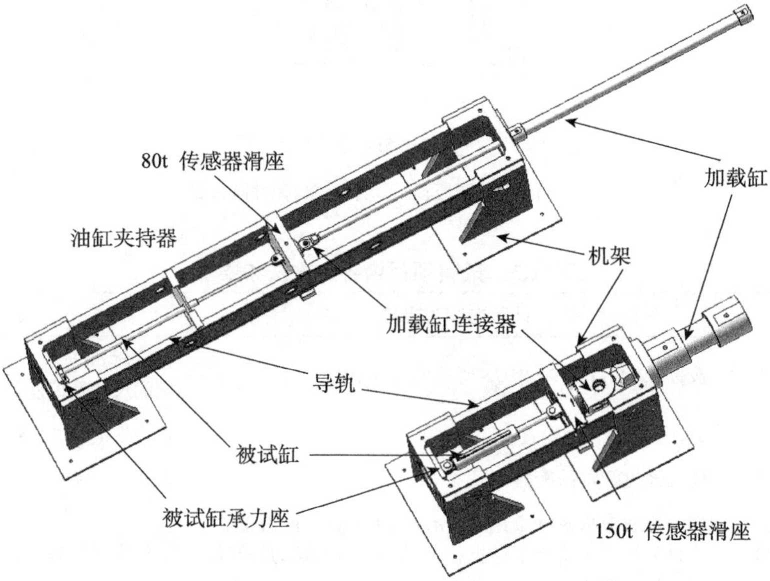

图12.5 油缸加载试验台机械总装图

12.5 悬臂式掘进机整机及主要工作部件测试装备

对于悬臂式掘进机整机及关键部件进行性能检测，是保障产品最终质量的必要手段。可以保证整机发挥最大的生产效能及安全性能，保证高产高效、安全生产的顺利进行。通常采用以下的专用设备进行检测。

12.5.1 掘进机用传动齿轮箱试验台

1. 总体结构及技术参数

在额定转速下能对 3.2MW 及其以下额定功率的减速器进行性能检验。

额定拖动功率：4MW

额定加载功率：4MW

额定转速：1490r/min

额定转矩：25000N・m

转矩测量范围：0 ～ 300000N・m

转速测量范围：0 ～ 3000r/min

温度测量范围：0 ～ 150℃

噪声测量范围：0 ～ 130dB（A）

系统转速测量精度：±0.1% FS

系统扭矩测量精度：±0.2% FS

温度量程：0 ～ 150℃

温度测量精度：±0.5% FS

2. 测控系统

测试系统由工控机、转矩转速采集装置、传感器、变送器等组成。能对减速器的转矩、转速、温度、噪声进行测量和记录。

测试系统能同时测量输入、输出两台转矩转速传感器的转矩和转速数据，转矩和转速采样频率不低于 100Hz。并能实时检测和记录 6 路温度、两路被试件冷却水压力、两路流量数据。实时测试数据显示在工控机的显示器上，并且采集的数据可根据需要拟合成各种曲线图，可将记录数据和曲线图通过打印机输出。

12.5.2 液压油缸加载试验台

对于悬臂式掘进机液压油缸进行常规性能检测和全行程动态加载测试，是保障产品最终质量的必要手段。可以保证整机发挥最大的生产效能及安全性能，保证高产高效、安全生产的顺利进行。

1. 液压油缸加载试验台的组成及功能

液压油缸加载试验台（图 12.6）主要由液压试验系统、电气控制系统、计算机测量显示系统，加载台架、安全防护系统组成。利用该试验台可进行油缸的最低启动压力测试、全行程测试、耐压压力测试、耐压拉力测试、耐压压力泄漏测试、耐压拉力泄漏测试、被动加载耐压测试、主动加载耐压测试、加载效率测试，可实现对液压油缸的动态加载，保证液压油缸在工作状态的安全性和可靠性。

2. 试验台基本操作程序

根据试验大纲的要求，试验台的操作程序按以下步骤进行：

泵启动→液压系统升压→装卡被试液压缸→被试液压缸往复运动（进行排气）→ 做空

图12.6　液压油缸加载试验台

载测试（入厂检验）→移动滑座至适当位置（不同型号的液压缸位置不同）并连接、锁紧→加载液压缸前进并连接活塞杆→对顶加载试验→被试液压缸卸载→解除连接→加载液压缸往复运动（进行排油）→系统卸压→停机结束。

3. 试验台加载台架主要的技术特征

机械系统由两套试验台架组成，即行程 0 ～ 600mm、缸径 30 ～ 200mm 一套，行程 600 ～ 2500mm、缸径 40 ～ 150mm 一套，用于油缸对顶加载，台架可按不同的连接形式及行程进行调节。

试验台加载台架参数如下：

1）行程 0 ～ 600mm

最大缸径：ϕ200mm。

最大加载力：1000kN。

台架尺寸：3000mm（长）×1200mm（宽）×1400mm（高）。

2）行程 600 ～ 2500mm

最大缸径：ϕ40 ～ 150mm。

最大加载力：600kN。

台架尺寸：6000mm（长）×1200mm（宽）×1500mm（高）。

4. 试验台液压系统的特点

液压试验系统主要由主试验液压系统和辅助液压系统等组成。

主试验液压系统主要由柱塞泵、电机、油箱、支架、电机泵组底座、集成阀块、控制阀、管路等组成，可单独完成出厂试验和形式试验的各项目。辅助试验液压系统主要由独立的油液旁路过滤系统、回油精细过滤器、加热器、冷却器及控制阀等组成，以保证试验系统油液的温度和清洁度要求。

液压原理见图 12.7。

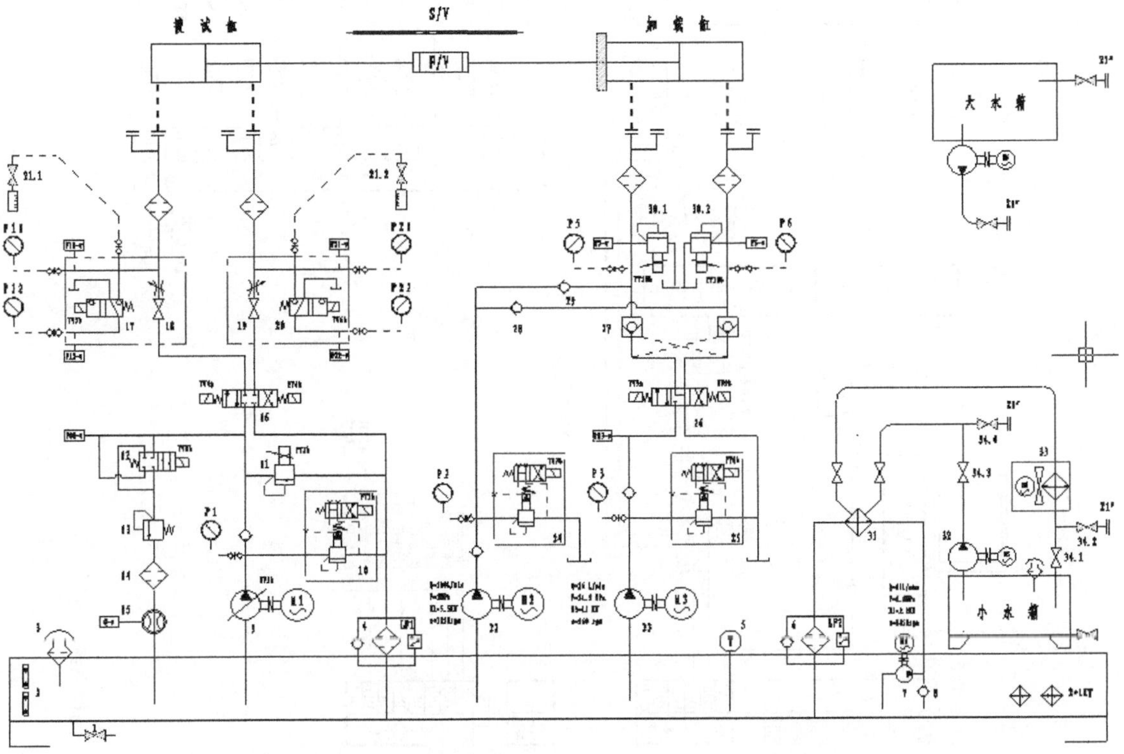

图12.7　油缸加载综合性能试验台液压系统原理

5. 试验台电气测控系统

该系统选用研华工业控制计算机为核心，配置可编程控制器（PLC）共同完成逻辑动作控制及数据采集、处理。系统按控制方式不同，可分为微机控制方式和手动控制方式两种。当选择微机测控方式时，试验台所有控制动作及数据采集处理由试验人员操作微机界面完成。当选择手动控制时，所有动作由面板操作按钮控制，数据通过仪表显示。

系统进线电压为 380V，由控制柜对 4 台 Y 系列电动机 M1（380V、30 kW）、M2（380V、5.5kW）、M3（380V、15 kW）、M4（380V、2.2 kW）供电及启停保护。主电机 M1 采用星 - 三角降压启动，其他三电机直接启动。

测控系统所用直流电源由控制柜变流器输出直流 24V、12V。控制回路和操作台的供电电压均采用交流 220V。

1）试验台测控系统原理图

测控系统原理图见图 12.8。

2）数据采集与显示

数据采集与显示部分的主要元件有传感器、信号调理转换模块、二次仪表、微机数据

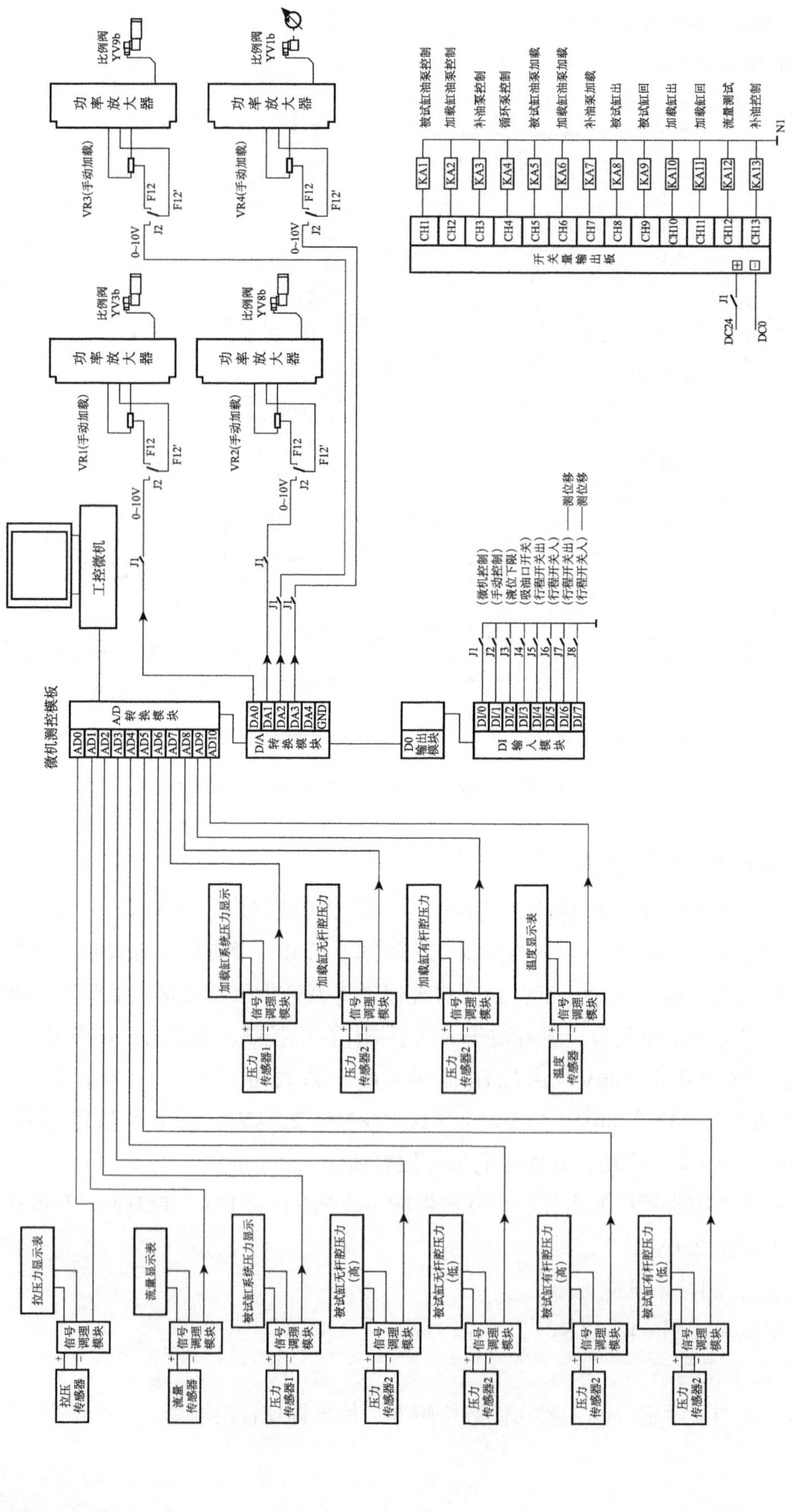

图12.8 测控系统原理图

采集模板。系统各物理量通过相应的传感器转换为 4 ～ 20mA 标准电信号。主要传感器的功能如下。

拉压传感器：对被试油缸的拉压力进行测试。

流量传感器：对油缸流量进行测试。

压力传感器：对相应测试点压力进行测试。

温度传感器：对油温工作温度进行测试。

信号调理转换模块（EKZ-1420）对各传感器输出的信号进行处理后转换为 4 ～ 20mA 电流信号和 0 ～ 5V 电压信号，分别送到相应二次仪表和微机数据采集模块。二次仪表对接收到的 4 ～ 20mA 电流信号所对应物理量进行显示，微机则通过数据采集模块对 0 ～ 5V 信号进行采集，并对数据进行处理、显示。

微机数据采集模块（PC7484）位于计算机扩展槽内，通过 DI 输入模块将微机控制、手动控制、液位下限、吸油口开关等开关量送入微机并进行编程控制。通过对行程开关的开关量采集，实现油缸动作次数的计数，并计时，求得油缸的运动速度，并在工控机屏幕上显示。

3）试验动作控制

动作控制分为微机控制和手动控制。

微机控制时，根据试验程序自动对比例阀和比例泵给定设定值，通过微机测控模板的 D/A 转换后送到功率放大器，对比例阀和比例泵设定压力值和流量值进行控制。

点击屏幕上的按钮，通过开关量输出模板给 PLC 发送动作信号，由 PLC 编程控制，从而实现对电机启停、电磁阀的控制等动作。

手动控制时，通过操作面板上调节旋钮（VR1 ～ VR4）对比例阀和比例泵的参数进行调整。通过数显仪表观察试验数据的变化。

微机控制和手动控制均能独立完成全部试验内容，但也可混合使用。动作指令均通过 PLC 编程控制，使动作控制可靠、方便。

4）测控系统

本系统使用 C++ builder 编写。油缸加载试验系统主界面（图 12.9），由三个区域组成：①显示系统实时参数；②为微机单动试验部分，可通过鼠标对试验台进行操作；③为分项试验选择部分，可根据试验需要，选择进入不同的分项试验界面。

6. 液压油缸加载试验台性能参数及技术特征

油缸最大试验行程：2500mm

油缸最小试验行程：15mm

试验油缸最大外径：≤ 350mm

试验油缸活塞最大压（拉）力：≤ 1000kN

位移传感器量程：0 ～ 3000mm

拉压传感器量程：0 ～ 1500kN

系统压力：31.5MPa

总装机功率：55 kW

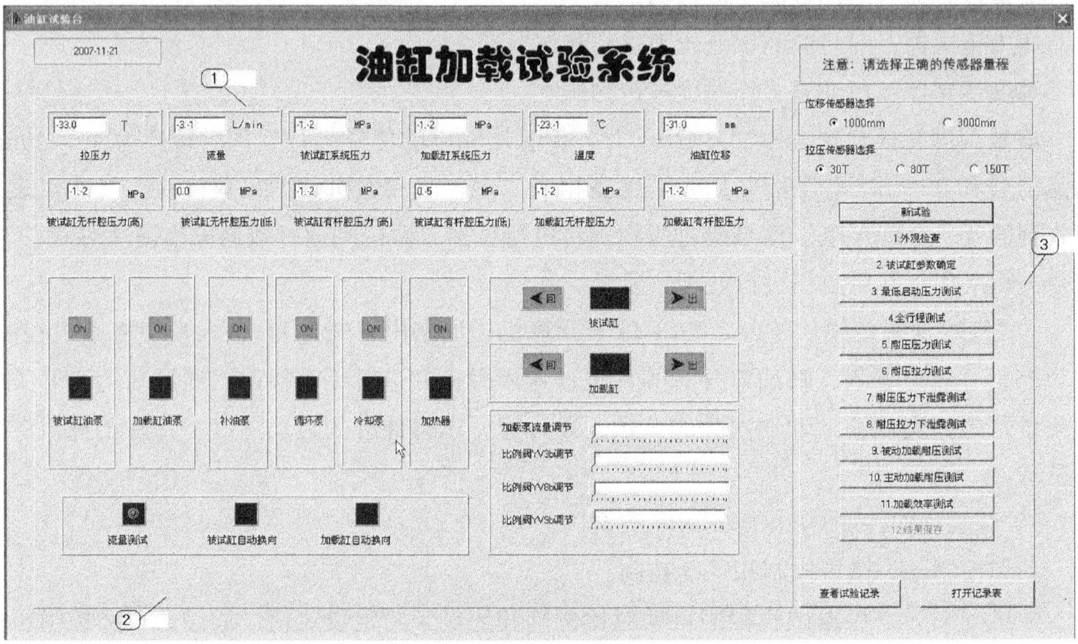

图12.9 液压油缸试验系统主界面

液压油缸加载试验台具有对在试验范围内的油缸进行试运行试验、耐压试验、内泄漏试验、外泄漏试验、全行程试验、最低启动压力试验、负载效率试验、耐久性试验等的功能，并且具有全行程范围内任意位置的主动、被动加载的功能。采用世界上先进的设计理念——虚拟样机技术，在制造前期进行了虚拟环境的装配、安装、模拟功能运行、强度校核、安全系数的调整确定等，使试验台的设计周期有效地缩短，保证了设备的安全可靠性。具有结构简单、功能齐全、自动化程度高、操作简捷方便、承载力大的特点。通过拆装、更换及灵活多变的方式及手段，满足不同结构、不同大小、不同行程等油缸的连接形式及对大多数液压油缸的检测要求。

（本章主要执笔人：太原院郭俊英，王飞，杜会峰）

第 13 章
悬臂式掘进机模拟岩壁试验测试技术

随着我国煤矿开采技术的发展和开采规模的扩张，全岩及半煤岩巷道的掘进任务比例逐年上升，掘进断面也越来越大，客观要求掘进机朝重型化、硬岩截割方向发展。同时随着采掘深度的提高围压变大，井下的地质条件更加复杂，对掘进机整机的适应性和可靠性要求也越来越高。目前主要通过截割机理研究、提高截割功率和单刀力、提高进给力等方法，提高掘进机的硬岩截割能力，带来的问题是掘进机各部件的匹配和整体性能可能出现不可预见问题。现阶段一般是通过现场工业性试验验证，存在周期长、定量性数据少，对设计反馈帮助较少。另外，当前使用的掘进机整机性能检验标准最早是参考苏联的架构和数值。虽然我国煤机工作者几次修订，对我国掘进机产业的引导和促进起到了巨大的作用，但相对目前掘进机产业的发展也稍显滞后，需要与时俱进。因此，为适应当前需求，建立新型的悬臂式掘进机整机试验测试平台，进行研究性试验，并对整机进行综合评价，保证悬臂式掘进机安全性能符合要求，无论对掘进机设计还是检验标准的提升都有着重要的意义。

本章主要阐述悬臂式掘进机在模拟条件下的行走性能试验、截割性能试验、除尘降尘性能试验的测试项目及方法、主要测试装备的结构组成、工作原理、技术参数和主要技术特点。

13.1　悬臂式掘进机模拟岩壁试验测试项目及方法

悬臂式掘进机模拟岩壁试验所有项目测试均在整机性能试验场进行，在地面上模拟井下工况，通过采用有线与无线相结合的先进测试手段，全面掌握掘进机工作过程中主要部件的参数，从而全面评价掘进机的工作状况和可靠性。其测试项目和场地规模具有较多特点，为国内掘进机试验提供了优良的试验环境。

本节重点介绍按照模拟条件法进行的行走性能试验、截割性能试验、除尘降尘性能试验。

13.1.1　行走性能试验

1. 技术要求

行走性能是掘进机调动和截割进给的关键因素，行走速度、转弯半径、最大牵引力等指标需要保证。

2. 测试方法

（1）行驶试验，在沙石路面与混凝土路面上以最大速度前进、后退各 30m，测量行驶过程中速度与功率。

（2）转向试验，原地转向 90° ，左右各转 3 次，测定转弯半径。

（3）最大牵引力试验，在模拟巷道混凝土路面上向前开动掘进机直至打滑，记录 3 次，测出最大牵引力。将掘进机铲板靠近人工岩壁，掘进机抬起悬臂，铲板中间位置用工装顶上压力传感器来测试掘进机的最大牵引力（图 13. 1）。

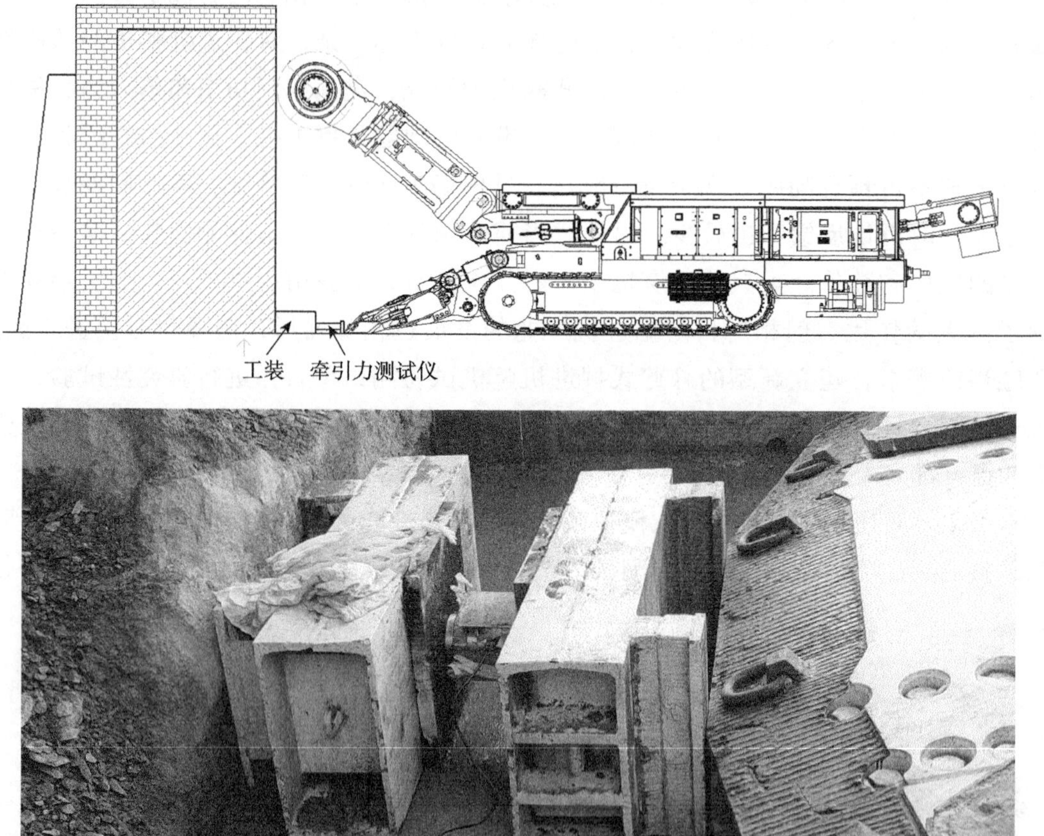

图13.1　行走牵引力试验

13.1.2　截割性能试验

1. 技术要求

截割性能决定了掘进机的使用范围和使用成本。良好的截割性能不仅包括掘进断面的大小、截割功率对岩层性质的适应性，还应该从整机表现来反映，其中最主要的是机器动力学性能。掘进机发展到目前，结构件静态力学性能基本满足，而动力学性能较少考量，应是未来发展的方向。其他方面还应对截割过程中截割参数对整体性能的影响进行测试试验。

2. 测试方法

（1）开切。人工岩壁的性能应与被试掘进机适应的截割性能相符合，开动掘进机，履带推进或截割机构伸缩，切入人工煤（岩）壁至设计的深度，如为横轴式，使悬臂左右摆动切入。主要测试的参数有电参数、振动、应力、各部位压力、流量、位移、截割头转速等。

（2）横扫。横扫截割，切深分别按等量增加，可分3～5级，每级切厚也等分3～5级，直至电动机满载。在满载时的切深和切厚状况下，横扫截割 3 ～ 5 个循环，适当加大切深或切厚，使电动机按设计要求超载。主要测试的参数有电参数、振动、应力、各部位压力、流量、位移、截割头转速等。

通过截割岩壁，以不同硬度和性质的岩石作为工作对象，由测控系统监测掘进机的各种运行参数（如振动、压力、流量、电流等），可以综合反映掘进机的几种性能。

以某型掘进机截割试验为例，图 13.2 所示为截割过程中截割电机的输出转速曲线。图 13.3 所示为截割电机电流变化曲线。图 13.4 所示为截割机构回转油缸压力曲线，其中，实线和点画线分别为油缸活塞两侧的压力，虚线为压力差。图 13.5 与图 13.6 所示分别为电控箱部位振动幅值和频谱。在测试时根据具体试验目的，可以在关键部位安装多个振动传感器，通过分析其振动特性，并结合其他数据，进一步描述掘进机截割性能和载荷特性。

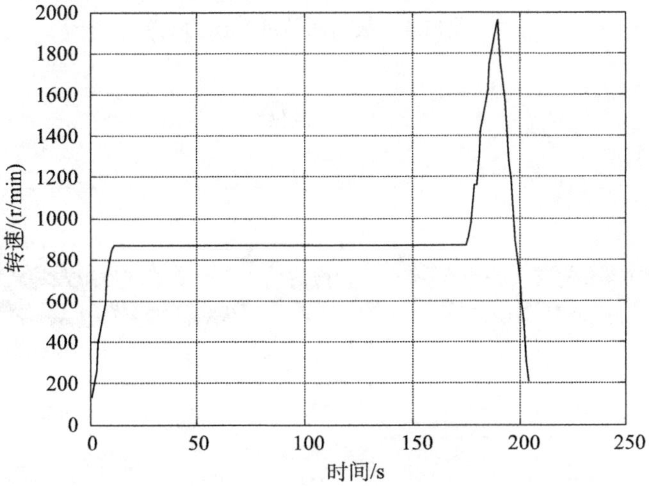

图13.2　截割电机输出转速

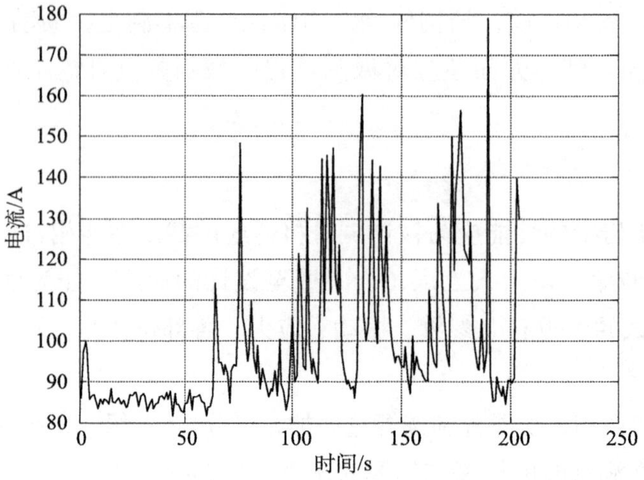

图13.3　截割电机输出电流

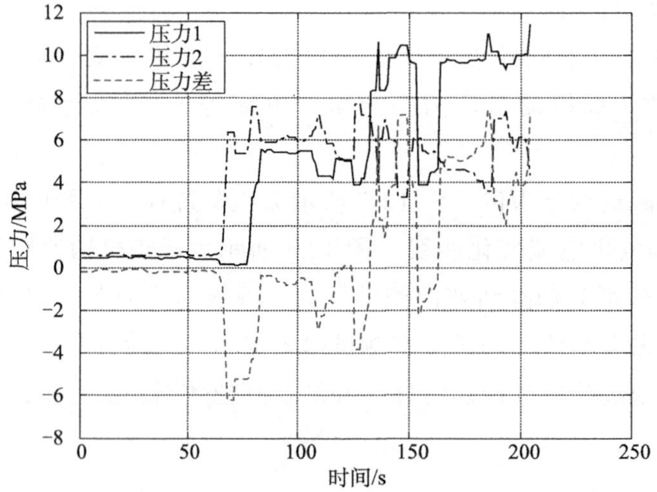

图13.4　截割回转油缸压力

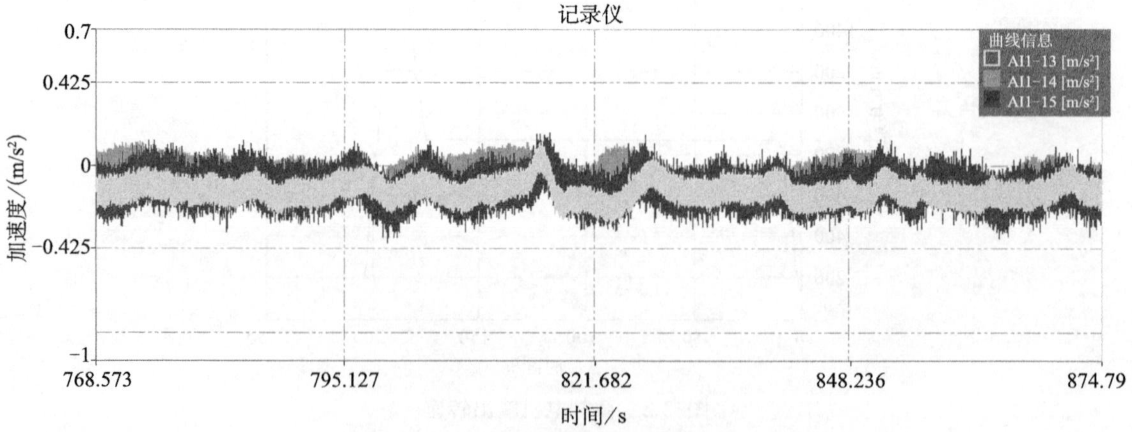

图13.5　电控箱部位振动幅值

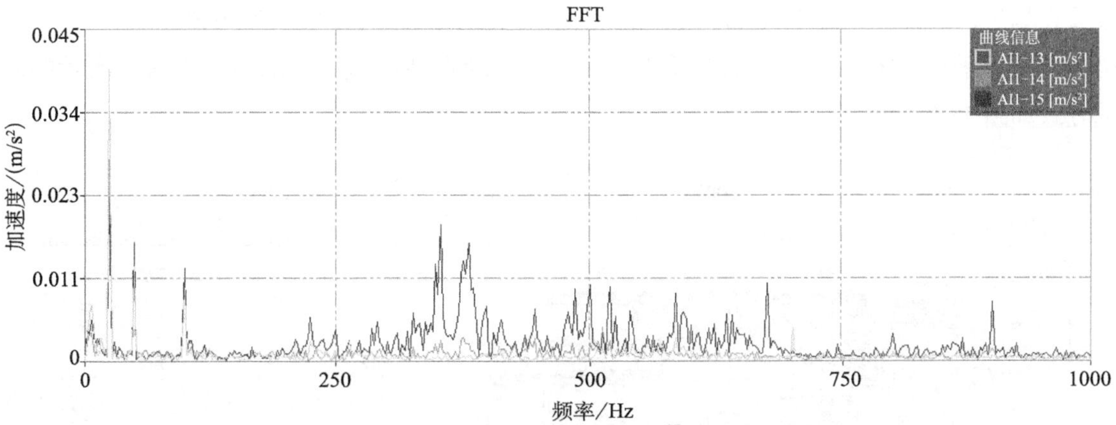

图13.6　电控箱部位振动频谱

13.1.3　除尘系统降尘效果试验

1. 技术要求

除尘系统降尘效果一般通过除尘效率、排放浓度、压力损失、漏风率等指标来表述，各类指标都有相关的标准规定测试方法。除尘系统降尘效果试验前首先必须掌握尘源设施的种类、规模、粉尘的性质及除尘器运行状态，然后按照测试方法在除尘器和巷道内布置测量仪器，在整机截割过程中记录粉尘的产生和除尘过程。

2. 测试方法

（1）风速测试方法按照 GB/T 10178—2006《工业通风机　现场性能试验》进行，按照通风机和除尘器直径确定直径上共 24 点的数据，然后取其平均值，即区域风速，从而换算出风量。

（2）依据 GB 5748—1985《作业场所空气中粉尘测定方法》，同时测定工作面和司机位置的粉尘浓度，并按照除尘器效率计算公式计算除尘器的除尘效率。

（3）测试截割过程中的粉尘浓度，并通过调整压风风量，压风风筒和抽风风筒距离工作面的长度，找到优化的巷道除尘设备布置方式，提高掘进机工作面的通风除尘效果。

图 13.7 和图 13.8 为一次除尘性能试验测试布置方案及试验结果。粉尘浓度传感器分别

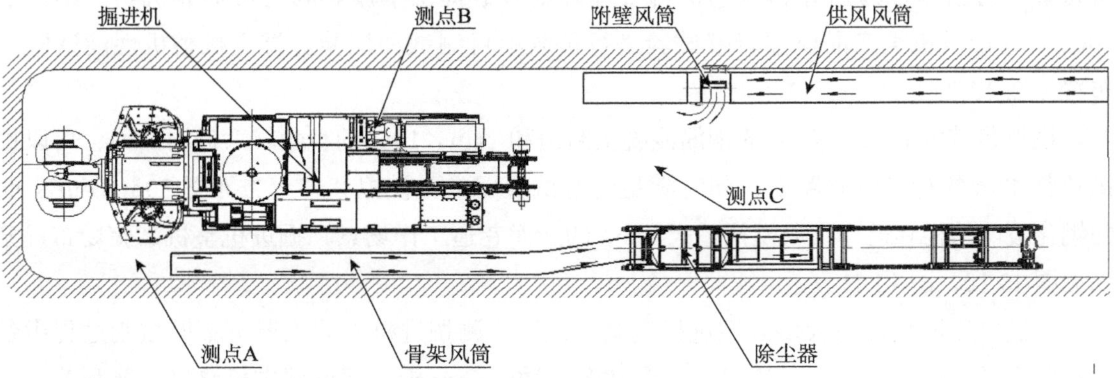

图13.7　粉尘浓度测量点分布

布置在掘进机两侧、进出风筒风口以及巷道正中位置，风速测量仪均匀布置在巷道 15 个点位上，每点采用 GB/T 10178—2006《工业通风机　现场性能试验》的测试方法。实际的测试方式如图 13.8 所示。

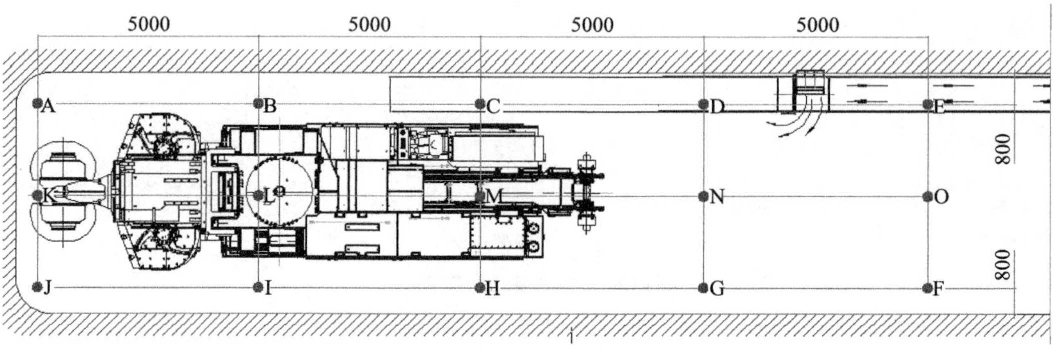

图13.8　风速测量点分布（单位：mm）

13.2　悬臂式掘进机模拟岩壁试验的主要测试系统

悬臂式掘进机模拟岩壁试验测试系统主要由试验场地和测试仪器两部分构成。

13.2.1　悬臂式掘进机试验场场地布置

悬臂式掘进机模拟岩壁试验测试在试验场按照实际工作环境等比例布置，主要包括人工岩壁、模拟巷道、待测掘进机、通风除尘设备以及水电等辅助设施。

1. 场地布置方案

试验场建有宽 6m、高 6m、厚 3.5m，硬度 f 分别为 6、8、10，高 2m 的岩石块与混凝土垒砌而成的人工岩壁，并配有冷却水系统、除尘装置、测控系统及仪器仪表、钢筋混凝土路面来模拟煤矿井下真实巷道环境。通过实测和数字仿真各类岩煤体的层理结构和强度特性，测试截割头、截割滚筒上的截齿、齿座和筒体在岩（煤）体的作用下的载荷特性，为新型截齿研究和截割机构合理确定参数提供手段。同时可对装机功率不大于 700kW 的掘进机类产品模拟岩壁试验进行负载项目测试和检验。掘进机整机性能试验场布置见图 13.9。

模拟巷道包括 33m×6m 的钢筋混凝土路面和 14m×14m 的直角转弯砂石路面，可以提供总长 47m 的行走试验路面，同时满足转弯试验需求。模拟巷道上方布置 30m×6m×6m 的钢化玻璃结构巷道，可以模拟最大 36m^2 的断面巷道工作场景，掘进机整机试验场布置分别见图 13.10、图 13.11。

巷道可以满足目前大多数掘进机测试，通过检测掘进机不同工况下不同截割过程中各部位的振动、应变、压力、流量、电参数等参数综合分析，评价掘进机整机性能和关键部

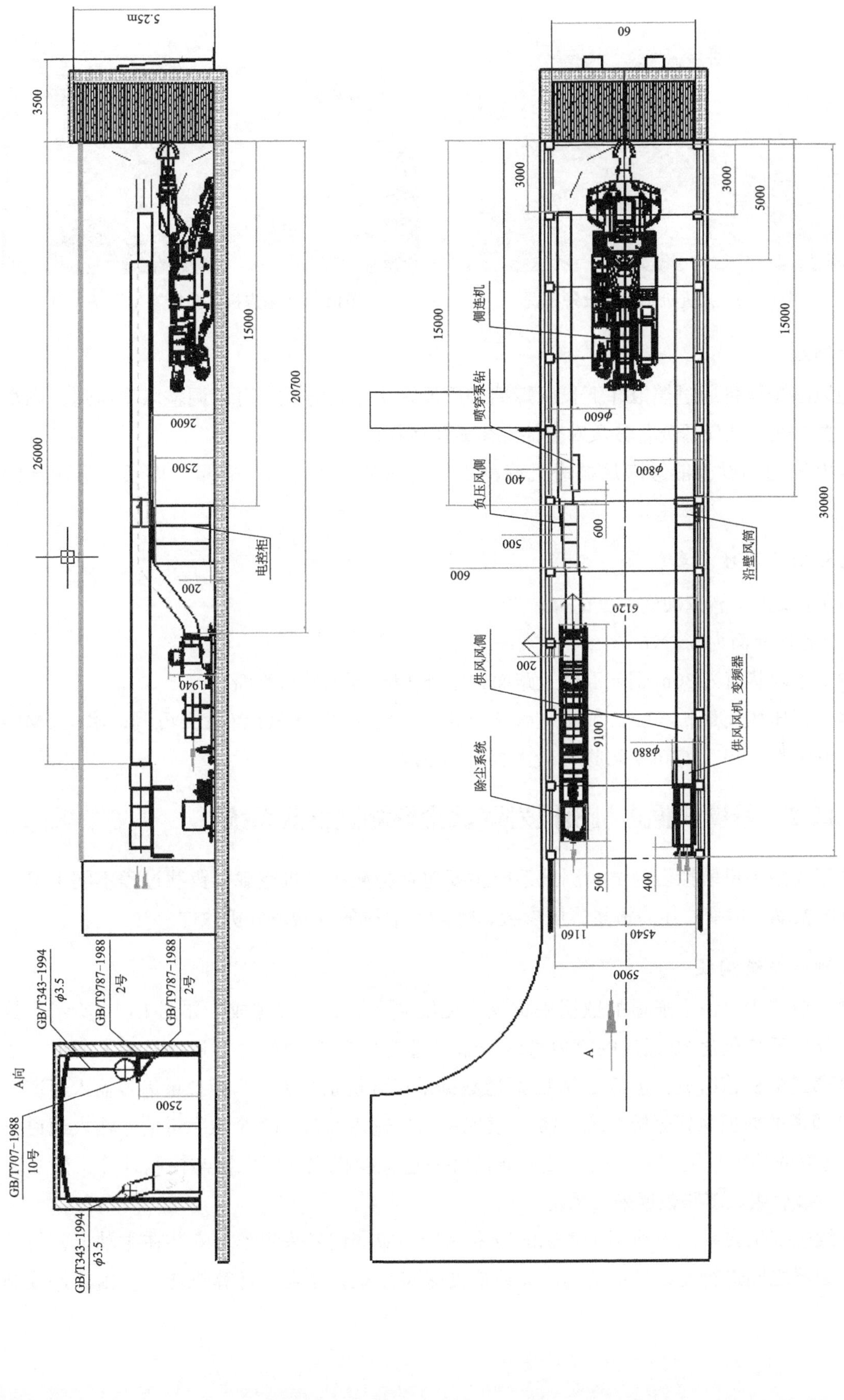

图13.9　掘进机整机性能试验场布置（单位：mm）

图13.10 掘进机试验场设备布置

图13.11 掘进机试验场除尘设备布置

件工作特性。

通风除尘设备通过模拟井下长压短抽式通风除尘布置方式，可以调整风量风速，调整风筒布置方式，从而研究各参数对整体除尘效果的影响。

水电等辅助设施能够满足掘进机截割工作所需的电压等级、容量，以及喷雾冷却的需求。

2. 场地主要技术参数

（1）主要人工岩壁硬度 f 为 6、8、10。

（2）巷道断面为 6m×6m。

（3）室内巷道为 30m 钢筋混凝土路面，室外 14m 环形砂石路面。

（4）正压风筒最长 40m，负压风筒长 30m，风机功率 2×30kW 变频可调，水压 5MPa 可调，电压 1140kV、660kV 可选，最大容量 700kW。

13.2.2 悬臂式掘进机模拟岩壁试验场测试仪器系统

悬臂式掘进机模拟岩壁试验测试系统主要包括检测掘进机空载、负载过程不同工况下各部分的振动、应变、压力流量、电参数、性能参数等的仪器及分析软件。

1. 测试系统构成

测试系统主要由多通道的数据采集仪、无线应变采集系统构成，如图 13.12 所示。数据采集分析系统包含 80 通道的模拟量信号输入通道和 12 通道的数字量信号输入通道。由 3 台 32 通道的机箱组成，包括 2 台 32 通道数据采集分析系统（均为模拟量信号输入通道）、1 台 28 通道的数据采集分析系统（16 个模拟量信号输入通道 +12 个数字量信号输入通道）。3 台多通道的数据采集仪采用网络接口通信并通过交换机组成以太网与控制计算机建立通信连接，最后组成多路数据采集系统。

无线应变采集系统单独用于主轴的应变测量。应变信号采集模块安装在主轴上，与采集仪控制器之间进行无线通信传输。无线应变采集系统控制器与计算机连接，由软件控制

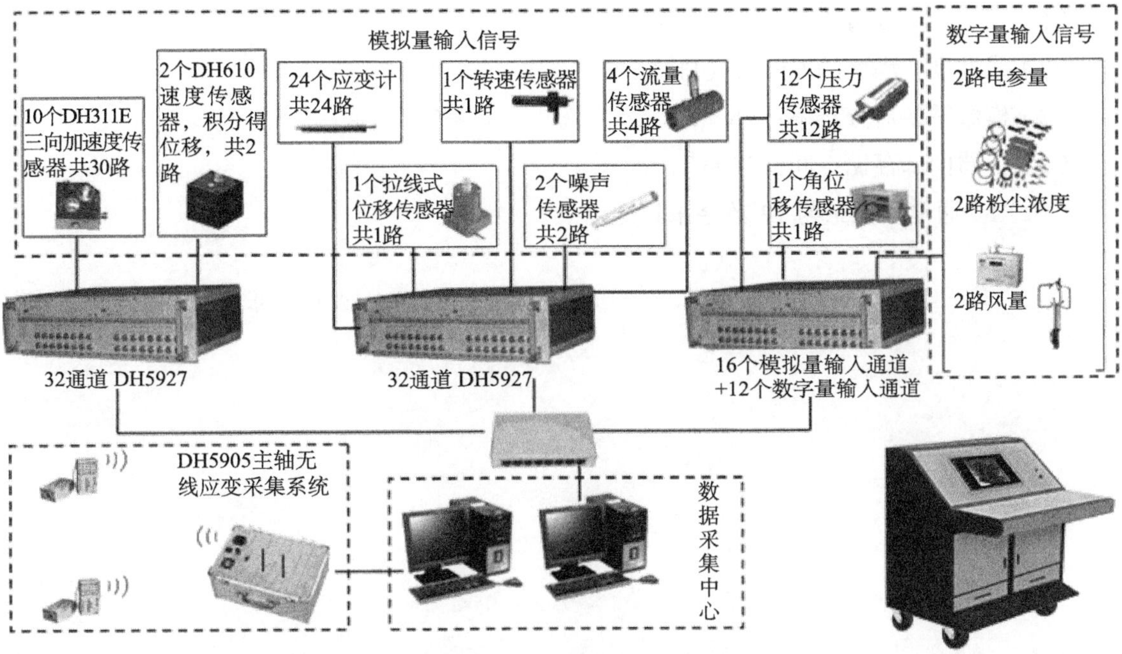

图13.12　掘进机整机性能试验场测控系统

该系统的采集与停止，并实时显示测得的应变值，既可以单独工作测量用于截割头齿座的应力变化，又可以接入多通道采集仪网络作为整体测试系统的一部分。

电参数测量仪测量截割电机实时电流、电压、功率等电参数的原理和实现方法。液压系统压力和电机的电流、功率都是随载荷变换的，可以较好地反映掘进机的截割状态。

掘进机整机性能测试系统是目前国内掘进机测试项目较完全、研究项目较全面的综合试验场。除了能够对井下掘进过程中的掘进机的截割过程进行测试研究，还可以对截割工作中的通风除尘效果进行研究。截割过程中如果没有通风除尘设施，粉尘蔓延非常严重，通过调节进风和除尘器抽风的风量风速匹配，以及调整风筒的布置，实施效果通过粉尘浓度测试仪和风速风量测试仪器测量。

整机试验场数据采集传感器主要有三向加速度传感器、速度传感器、直线位移传感器、转速传感器、角位移传感器、噪声传感器、压力传感器、流量传感器、电参数测量仪、粉尘浓度测量仪、风速测量仪等。技术参数满足掘进机整机测试要求，数据采集灵敏可靠。

2. 测试系统主要技术参数

（1）直接输入方式：GND、SIN-DC、AC、DIF-DC、ICP。

（2）可选适配器：应变适配器、电荷适配器等。

（3）最大分析频率：DC ～ 50kHz。

（4）最高采集频率：200kHz。

（5）系统准确度小于 0.5%（FS）。

（6）系统稳定度每小时小于 0.05%（FS）。

（7）线性度：满度的 0.05%（FS）。

（8）模数转换器分辨率：16 bit。

（9）仪器内部存储空间：32 GB。

（10）80 通道模拟量与 12 数字采集通道。

（本章主要执笔人：太原院张建广，樊伟，贾炎）

第14章 悬臂式掘进机截齿测试技术

悬臂式掘进机的截割部是设备体现生产效率的主要部件，而截齿是最直接的工作部件，要求它具有强度高、耐磨性好、抗冲击性能好等特点。悬臂式掘进机多工作在煤巷或半煤岩巷、甚至全岩巷的条件下，对截齿的要求很高，目前广泛使用的是镐形截齿，它的质量好坏直接关系到整机性能的优劣。

MT/T 246《采掘机械用截齿》标准要求，截齿测试主要测试截齿成品的力学性能和硬质合金头与本体的钎焊强度，从而评价截齿能否满足使用要求，但对截齿使用环境和工作参数没有作出规定，而这两方面对截齿的使用寿命和性能具有极大的影响。

本章主要从截齿常规安全性能测试和截割性能两方面阐述截齿的测试方法、技术要求、测试原理、工况模拟、测试项目及截齿测试装备的结构组成、工作原理、技术参数和主要技术特点。

14.1 截齿常规安全性能测试项目及方法

悬臂式掘进机的工作机构主要采用悬臂式结构形式，即在设备的前端伸出装有截割部的工作机构，在工作面的水平或垂直方向做上下或左右摆动，进行截煤工作。由于悬臂结构的形式伸出较长，因此工作时振动和冲击大、载荷重，对设备工作稳定性、安全性及使用性能造成了极大的影响。截齿是直接与煤岩壁作用的工作部件，利用设备的截割部提供给它的动力进行冲击截割煤岩，同时承受在工作中产生的反作用力、冲击力，工作环境极其恶劣。它的制造质量的优劣直接影响着掘进机械设备使用性能的好坏。因此，截齿必须具有以下性能特点：①要有一定强度、硬度；②具有较高的耐磨性；③材料具有高温稳定性；④结构简单，易于更换。

14.1.1 试验条件及要求

截齿安全性能测试主要依据标准 MT/T 246《采掘机械用截齿》，在实验室测试截齿的力学性能，需要对截齿样品进行取样，进行不同项目的检测，测试设备均为常规的机械材料性能检测设备。

14.1.2 测试项目及方法

截齿的常规测试项目有外观质量、基本尺寸、表面硬度、冲击韧性、钎焊缝抗剪强度、焊缝充满度和裂纹检查。

测试方法按照 MT/T 246《采掘机械用截齿》标准规定的要求进行测试。

14.2 截齿截割性能测试装备简介

截齿的截割性能测试主要在刀具截割性能试验台上进行。研究截齿刀具在截入角度与被截割对象的对应关系，分析出在最小截割力条件下悬臂式掘进机截割摆动速度与截割厚度之间的关系，对截割过程中形成的截割三向力进行记录，分析切削厚度、截割速度和刀具角度对截割阻力的影响，测试切削厚度、截割间距与截落岩石块率的关系，并记录截割过程中产生噪声、温度、刀具磨损等现象。为掘进机截割头的优化设计提供实验室基础数据，从而可以扩展掘进机的工作范围和提高其适应性。

作为悬臂式掘进机的工作机构，截割头上截齿和齿座的受力情况一直是所有研发人员最为关心的。但截割头本身的旋转以及截割过程中煤和岩石的冲撞和破坏，使设计人员无法布置测试仪器，只能通过仿真分析和公式计算来确定受力，但载荷的复杂性影响了计算的准确性。鉴于截割部与截齿在悬臂式掘进机中的重要性，针对它们的检测技术及相关检测标准，采用单刀试验台，建立合理的试验和测试方法，可以很好地对截割理论进行分析验证并取得实际应用经验和数据。

截割部截割性能试验台是目前国内最先进的截齿截割试验台，能够对井下掘进过程中的几乎所有刀具的截割过程进行实验室模拟；能够对固态试验对象进行模拟截割；能够测定截割过程中产生的截割力并记录在工控机中，同时可以在机床触摸屏上显示截割力曲线。

14.2.1 截割部截割刀具截割性能试验台

太原院建设的截割部截割性能试验台为全参数化试验过程控制，能够模拟不同截割半径、不同截割线速度、不同截割刀具角度、不同灭尘介质、不同被截割对象等多因素变量的岩石截割试验，其截割试验的适用范围更加广泛。

通过截割部截割刀具截割性能试验台的实验，可以研究截齿的截入角度与被截割对象的对应关系，分析出在最小截割力条件下掘进机截割摆动速度与截割厚度之间的关系，为掘进机截割头的优化设计提供实验室基础数据，扩展掘进机的工作范围和适应性。

1. 总体结构

截割机构试验台为适应不同截割部的测试，主要有试验台架、除尘喷雾系统、供电系统、液压泵站、测控系统等组成。具备可以调整截割头转速、截割功率，更换各种类型的截割头的能力，通过检测试验设备截割过程中的各种参量来进行研究。

截齿刀具截割性能试验台组成见图 14.1。

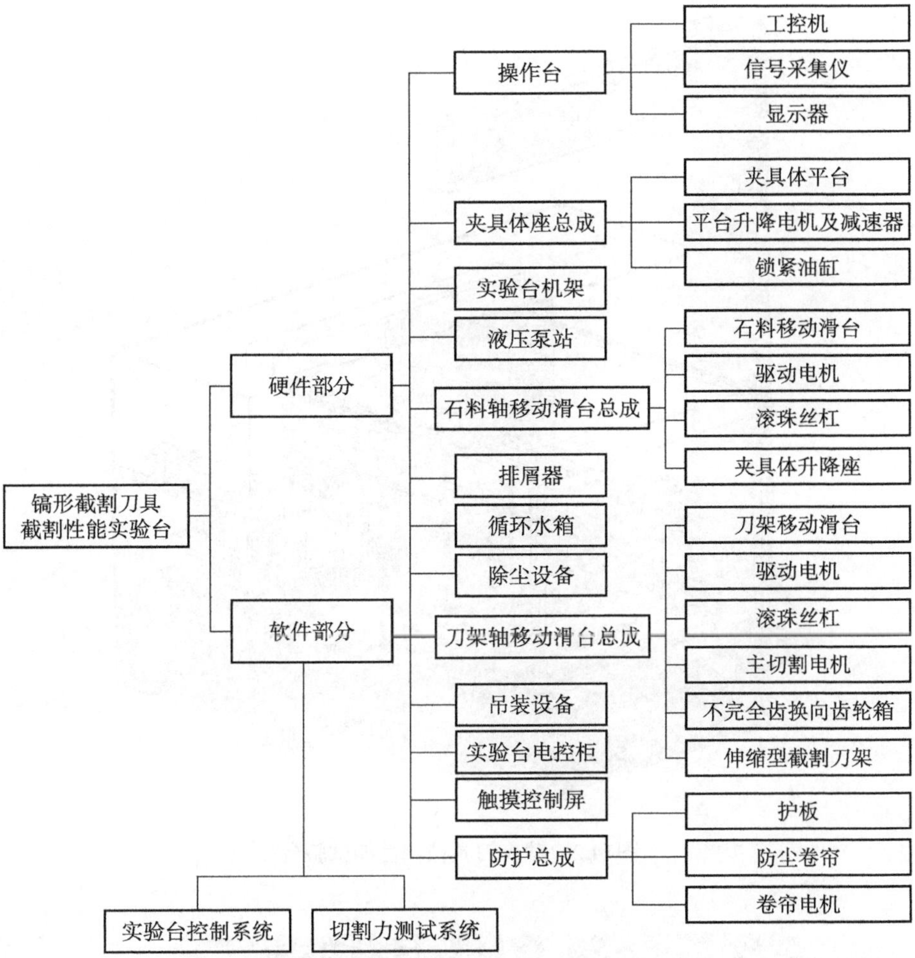

图14.1　截齿刀具截割性能试验台组成

试验台设计图及试验现场分别见图 14.2 及图 14.3。

2. 主要技术参数

（1）可实现 0 ～ 30kN 截割力调整，并留有额外的截割力储备。

（2）刀具外伸长度（回转半径）R：400 ～ 800mm。

（3）齿尖（截齿顶点）线速度 v：0 ～ 2m/s。

（4）岩石试块硬度（单向抗压强度）：≤ 130MPa。

（5）可装载岩石试块最大尺寸（长 × 宽 × 高）：1500mm×800mm×600mm。

（6）刀架的空间角度范围：①绕 X 轴角度无干涉范围（打击角）为从初始位置 转 ±15°；②绕 Y 轴角度无干涉范围（转角）为从初始位置 转 ±15°；③绕 Z 轴角度无干涉范围（倒角）为从初始位置 转 0° ～ 60°。

（7）测试系统采样频率：1kHz。

（8）传感器精度：1N。

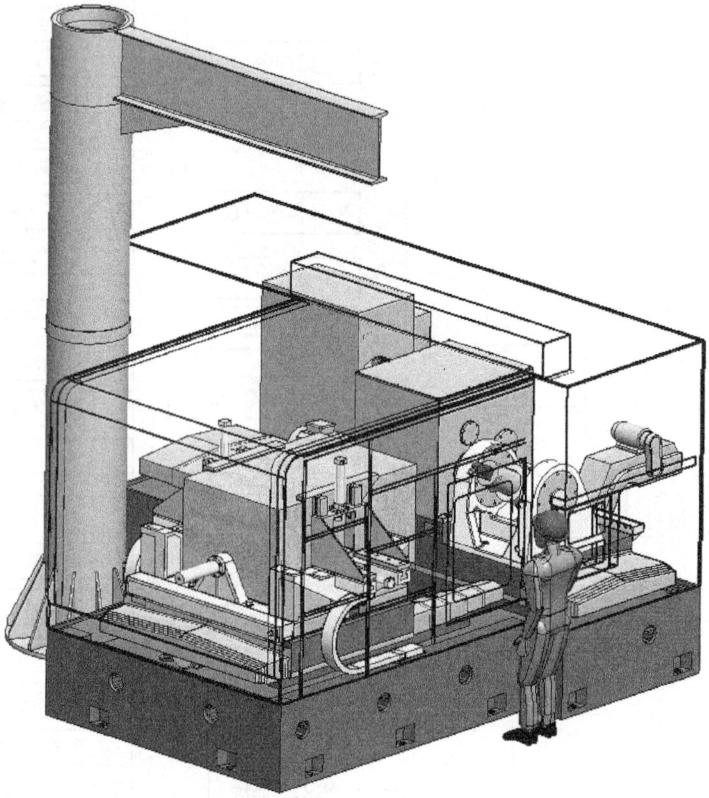

图14.2 截齿刀具截割性能试验台

图14.3 截齿刀具截割性能试验台现场

3. 测控系统

测试系统软件主要可以分为 7 个模块，与数据库相关的为刀具参数模块、材料参数模块、介质参数模块、数据存储模块和统计分析模块；与信号采集设备相关的为实验设置模块；机床数据读取模块主要控制与实验台通信的功能。测试系统能够将截割过程中采集到的应变转换成力并记录在 Access 数据库中，并能够将每一实验刀次的截割力显示出来，利用数据库中的数据对任意次截割过程的数据曲线对比，更加直观地研究不同截割参数条件下截割过程中数据的变化趋势。

针对截割实验专门开发的专用分析软件进行分析计算后，将当前截割试验中产生的截割力传送至机床触摸屏进行显示，专用分析软件还能对实验数据进行统计分析及截割过程数值模拟再现。

14.2.2　截割部截割刀具磨损试验台

截齿刀具性能试验台对刀具的破岩机理和截割参数对截割性能的影响测试效果较好，但反映截齿截割性能的截齿磨损特性需要较长时间才能实现。磨损试验台对截齿的磨损机理和影响因素进行探讨，以找到提高截齿耐磨性的方法，从而提高掘进机截割岩石的性能。

目前煤炭采掘机械装备行业还没有现成的设备和标准对截齿磨损进行研究和判断，当前主要从统计学方面对截齿的磨损规律进行分析，从磨损现象对磨损机理进行判别，没有从截齿磨损的过程进行深入分析，导致无法根据实际情况对磨损的机理进行判断并提出提高耐磨性的相应方案。截齿摩擦磨损试验平台对截齿磨损过程进行进一步研究，保证截齿磨损试验完全符合实际工作情况并可以快速达到实验目的。

截齿磨损现象可以用截齿温度的变化、质量的减少、截割力或摩擦力的大小等现象表征，需要在试验中记录或试验后测量。温度的变化代表着截齿材料内部形态的变换，其过程对材料热处理研究具有重要的价值，目前记录比较好的方法是采用红外热像仪。质量的变化可以通过精密电子天平来称量，试验前后通过称量清洗过的截齿质量，可以求得其变化值。以标准截齿的变化量作为基准，可以用相对值判断被测截齿的耐磨性和性能。同时质量的减少也意味着体积的减小。体积变化通过编制图形处理软件方式，对截齿试验前后的体积模型方式和大小进行对比，了解其结构特点对截齿性能的影响。

1. 总体结构

截齿摩擦磨损试验机（模型见图 14.4，试验机构见图 14.5）整体由三部分组成，分别为主机、电控系统和计算机系统。主机为卧式结构，由基座、主轴系统、环境腔、加载砝码、驱动电机等组成。电控设备有开关控制按钮、变频器控制显示面板，扭矩、时间、转速、转数、载荷和温度显示面板；柜内置有强电控制电路、测控电路和数据传输电路。测控试验机主轴控制通过以下方式实现：手动控制、时间控制、转速控制、转数（周期）控制、摩擦力控制。具有时间、转数报警自动停车功能。测量参数及控制对象除标准要求以外，另增加摩擦力、摩擦系数、试样温度等的测试，实现计算机全闭环控制功能。

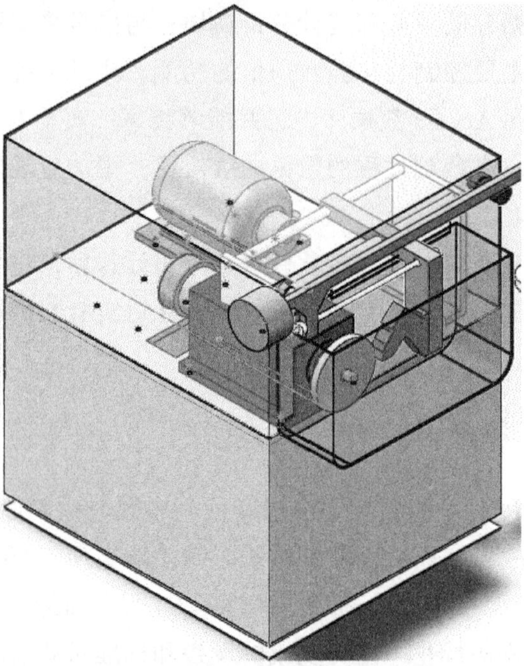

图14.4 截齿摩擦磨损试验机模型

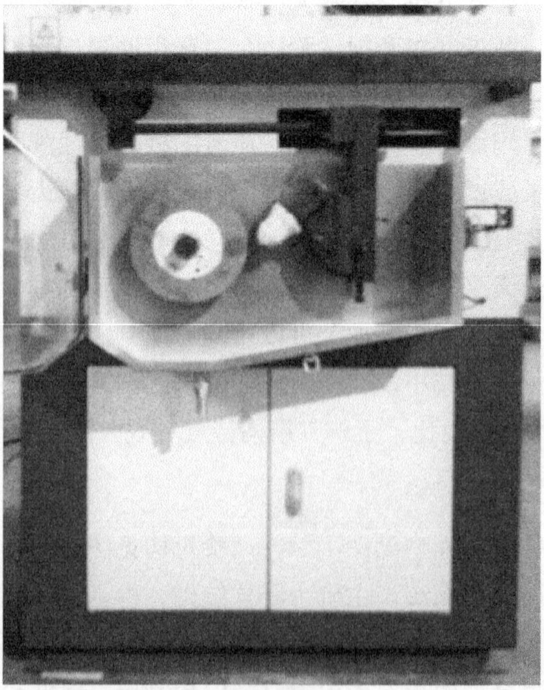

图14.5 截齿摩擦磨损试验机构

2. 主要技术参数

（1）单轴最大接触力：1000N。

（2）接触力范围：20.0 ～ 1000.0N（砝码分级调整）。

（3）接触力长时间保持时相对误差：±1%。

（4）接触力示值精度：±1%。

（5）主轴转速范围：100 ～ 1000r/min。

（6）主轴转速精度：±1r/min。

（7）主轴径向跳动范围：＜ 0.01mm。

（8）单次试验转数：1 ～ 999999 设定。

（9）砂轮规格：外径 110mm、内孔 20mm 的金刚砂轮。

（10）整机外形尺寸（长 × 宽 × 高）：1400mm×1000mm×1200mm。

3. 测量系统

对截齿磨损试验的过程以及结果通过测量仪器来记录。截齿磨损结果最直观地表现在表面材料和体积的缺失，以及质量和尺寸上的减少。测量平台中用于观测表面形貌的是相机、电子显微镜，测量质量和尺寸的是电子秤与电子高度尺。

截割或摩擦过程中，表现出来的是截齿的受力、表面温度的变化，相应的测试平台会直接记录测试过程中的力，温度使用红外测温仪记录。

测量记录仪器与截齿摩擦磨损试验机构共同构成了截齿磨损试验平台。

14.2.3 截割部截割刀具截割性能测试方法

1. 截线间距与截割深度的匹配关系测试

截线间距是沿截割头轴线方向相邻截齿齿尖的运动轨迹间的距离，用 s 表示，是截割头设计的重要指标。这一参数在截割头设计制造过程中已经确定，在掘进机破岩过程中无法调整。截割深度是截齿切入岩石的深度，用 d 表示。该参数由截割头的牵引速度确定，在掘进机破岩过程中，该参数可控。截线间距和截割深度是破碎岩石的关键因素。截线间距和截割深度与截割效果的关系如图 14.6 所示，通常用两者之比对破岩效果进行分析。

在截割深度一定的条件下，当截线间距较大时，相邻截齿中的后一截齿 B 在岩石上形成的微裂纹扩展后，仍无法达到前一截齿 A 在破岩时形成的微裂纹，导致残留岩脊，无法形成大块岩屑，造成截割比能耗稳定在较高水平。当截线间距较小时，则会使后一截齿 B 对前一截齿 A 形成的截槽进行部分重复截割，导致截齿 B 上侧向力增加，产生粉尘量增多，而破岩效果不理想。当截线间距与截割深度匹配合理时，后一截齿 B 可充分利用前一截齿 A 破岩后的截槽和形成的微裂纹对岩石进行破碎，达到降低截割比能耗的目的。

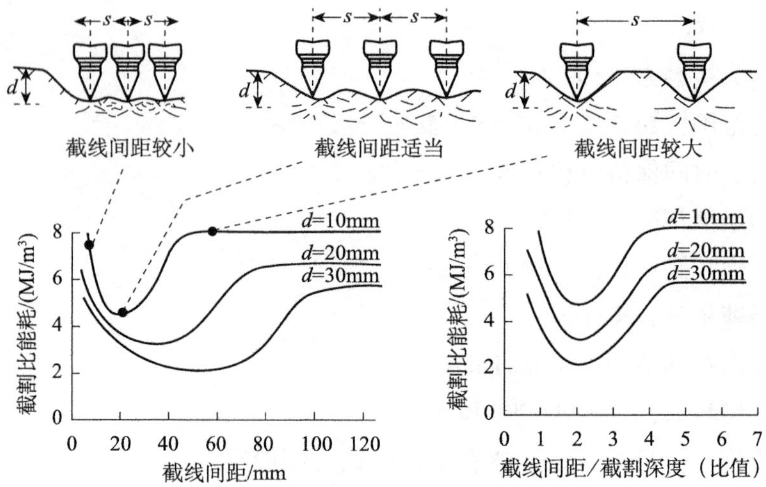

图14.6　截线间距和截割深度与截割效果的关系

通过调整单刀试验台截割间距，测量截割力，可以得到截割力和截割间距的数量关系。

2. 截割深度对截割力影响的测试

截齿以合理的截割角和截割深度对煤岩进行破碎，将作用在齿尖与运动方向相反的分力定义为切向力，用 FC 表示（如图 14.7 所示）；将背离煤岩与运动方向垂直的分力定义为法向力，用 FN 表示；按照右手法则由 FN 到 FC 的方向为侧向力，用 FS 表示。

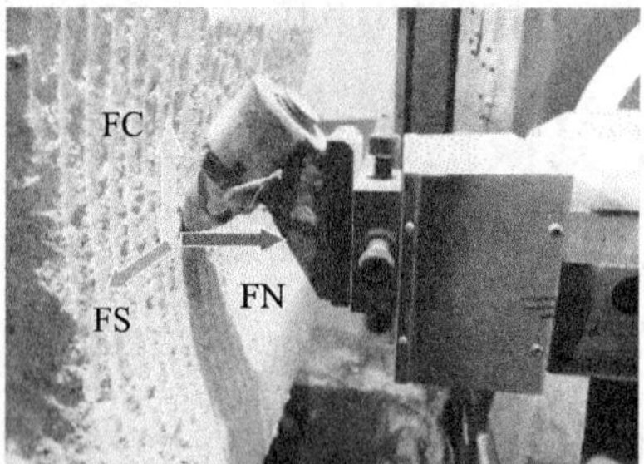

图14.7　截割力的分解及方向

在直线型截割试验中，截割深度为常数；在旋转型截割试验中，截割深度表现为半周期正弦曲线的形式。掘进机实际工作中，截割深度可认为与旋转型截割试验近似。截割力与截割深度的关系如图 14.8 所示。

通过调整单刀试验的截割深度，某个截齿得到的截割力与理论公式计算得到的结果有一定的差异（图 14.8）。

3. 截齿在空间的姿态对截割力影响的测试

截齿的空间姿态是指截齿在截割头上安装后截齿轴线的空间矢量，是提高破岩效果的重要因素之一。截齿的空间姿态受 3 个安装角度的控制（图 14.9）。截齿空间姿态合理，将会形成良好的破岩角度，能充分利用合金头几何特征对岩石进行有效破碎。

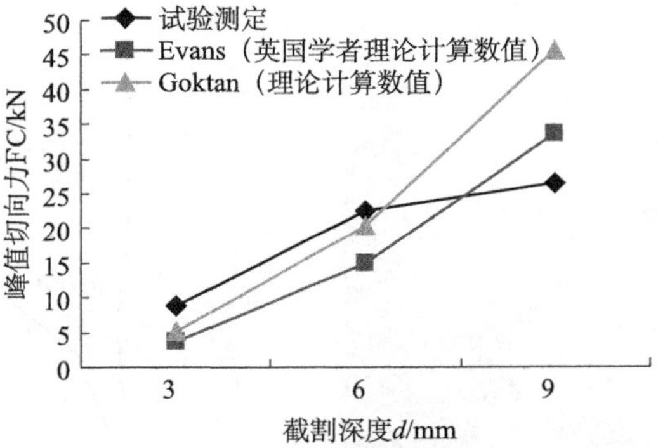

图14.8　截割力与截割深度的关系

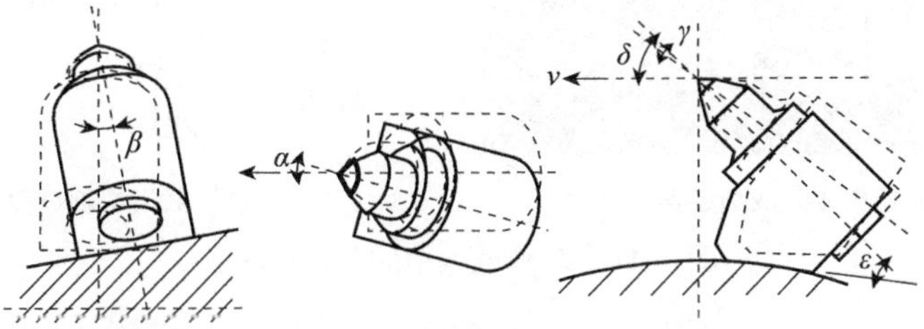

(a) 倒角　(b) 转角　(c) 仰角

图14.9　截齿空间安装角度

截齿的空间姿态即截齿的方向由 3 个空间安装角度决定，通常被称为倒角 β、转角 α 和仰角 γ。倒角 β 和仰角 γ 分别反映的是截齿的齿座底面与截割头表面纵向和横向的配合关系，转角 α 反映了截齿轴线与齿尖运动方向之间的横向夹角（从截齿顶部观察），图 14.9 中 ε 是齿座安装角，即截齿轴线与齿座底面之间的夹角，δ 表示截齿的截割打击角，即截齿轴线方向与截齿运动方向间的夹角，显然 $\delta=\varepsilon+\gamma$。

为模拟截割头上各截齿的实际工作状态，通过截割过程中的各角度参数的不同，选择多个不同安装角的试验齿座（分别见图 14.10 及图 14.11）。

图14.10　不同空间角度的试验齿座

按照不同的试验参数，选用不同的试验齿座，进行截割试验，可以得到不同空间角度的截齿的截割三向力。

(a) 截齿实际截割过程

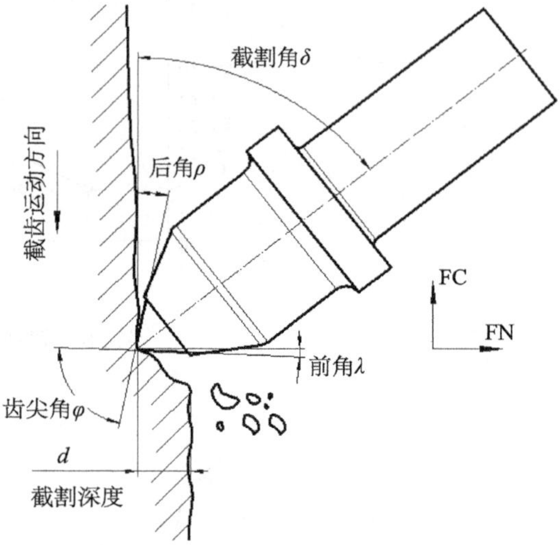

(b) 截齿截割过程图例分析

图14.11 截割过程中的各角度参数

4. 截割速度与截割效果的关系测试

截割速度是截齿齿尖破碎煤岩时的瞬时线速度。与截齿绕截割头轴线回转的半径、截割头转速及摆动速度相关。由于掘进机截割臂的摆动速度相对截割头的旋转速度较小，可忽略不计，因此对截割速度的研究可近似认为是截齿齿尖破碎煤岩时的瞬时线速度。

截齿硬质合金的损坏的主要原因在于在硬质合金在冲击条件下的热疲劳累计效应，而截割速度是产生磨损和热量的主要因素，在试验中除了进行三向截割力记录外，还采用红外测温仪记录截割中截齿温度分布。

图14.12 截割磨损试验过程

5. 截齿磨损测试

影响截齿摩擦磨损的主要因素除了截齿和磨料外，还包括摩擦速度、正压力、截齿打击角。采用摩擦磨损试验台，调整上述参数，对磨损量和磨损过程温度进行测试记录，截割磨损试验过程见图 14.12。

根据测试试验要求，采用不同截齿或者不同硬度的砂轮，通过调整摩擦速度、正压力、空间角度以及摩擦时间可以较快得到截齿的摩擦结果，包括摩擦形态（图 14.13）、损失质量并对摩擦过程中的截齿温度进行记录分析（摩擦磨损过程红外成像见图 14.14）。从而可以全面了解和评价截齿的耐磨性能和各因素影响程度，可以采取对应措施提高截齿的性能。

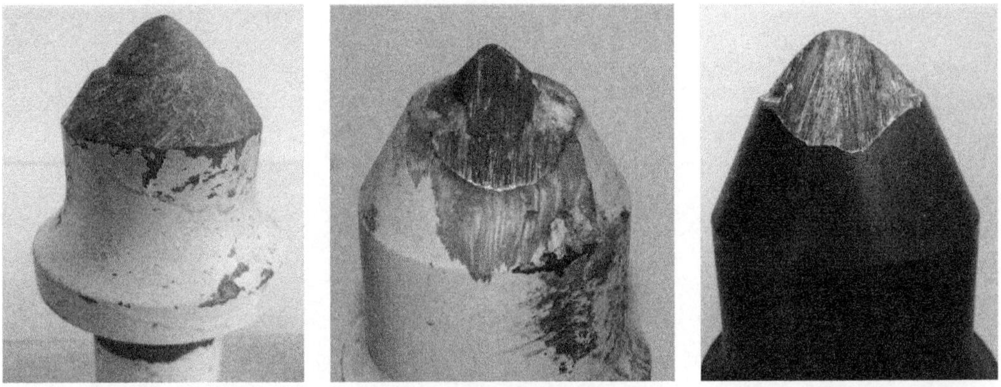

（a）氧化磨损为主　　（b）磨粒磨损为主　　（c）磨粒和氧化磨损混合

图14.13　摩擦磨损试验截齿磨损形态

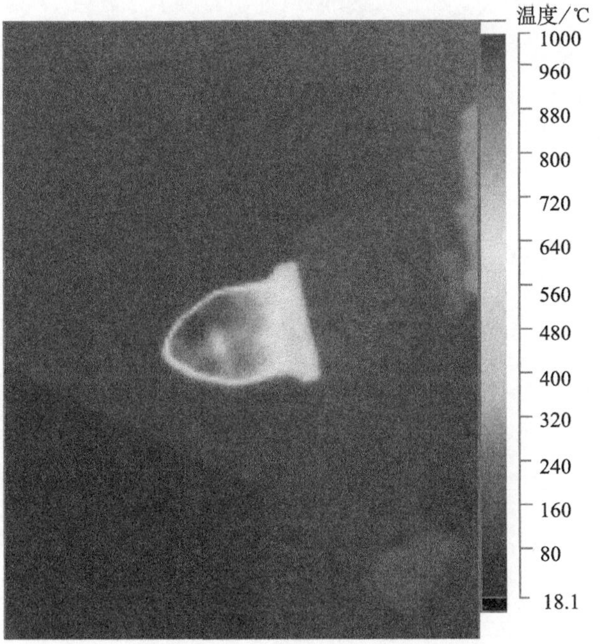

图14.14　摩擦磨损过程红外成像

（本章主要执笔人：太原院王义猛，李嘉良，孙伟）

第四篇　支护设备测试技术

煤矿支护设备是为保障采煤工作面、巷道工作空间安全的支护装置。随着技术的发展，采煤工作面支护设备已由最初的木支柱、金属摩擦支柱、单体液压支柱，发展为支护效率高、支护强度大的液压支架。液压支架以乳化液泵作为动力源、高含水液压液作为工作介质进行支撑、升降、前移等动作，实现了对整个工作面的安全防护，是目前安全高效采煤工作面的主要支护装备。巷道支护设备方面，已由木棚、钢筋混凝土棚、塑钢棚、U 型钢棚等棚式被动支护发展到锚杆支护、锚索支护、锚网支护、锚喷支护、锚梁支护等主动支护，目前锚杆（索）支护比例已占煤矿巷道支护的 80% 以上。

为了保证煤矿支护设备的安全性和可靠性，世界各主要产煤国家都制定了相关产品的标准及测试方法。在工作面支护设备方面，先后针对不同的支护设备制定了相应的产品标准和试验方法标准，满足了当时回采工作面支护设备的性能和安全要求。随着液压支护设备技术的引进、消化吸收和再创新，更先进的液压支护设备不断涌现，我国制定了第一个液压支架行业标准 MT 86—1984《液压支架型式试验规范》之后，又先后制定并实施了液压支架及元部件以及特殊支架（如大倾角液压支架、放顶煤支架等）、单体液压支柱、金属顶梁、液压支架用高含水液压液、乳化液泵站、过滤器、过滤站等三十余项国家及行业标准。2010 年我国制定的国家标准 GB 25974.1—2010《煤矿用液压支架第 1 部分：通用技术条件》，其技术要求更高、检测项目更加全面、试验方法更加科学，实现了与国际标准的接轨。在巷道支护设备方面，伴随着开采技术的发展和支护强度的不断提高，我国自 1986 年开始，先后制定和修订了锚杆、锚索、工字钢等十余项行业标准，规范了锚杆（索）、锚固剂等巷道支护设备的技术要求和试验方法。

在煤矿支护设备测试装备方面，国外起步较早。1952 年波兰建成世界上第一台液压支架试验台；20 世纪 70 年代初，英国、德国、苏联、波兰等建立起各自的液压支架试验装置；80 年代初美国在匹兹堡采矿安全研究中心建起了当时世界上规模最大、最为现代化的采矿顶板模拟器（即“液压支架试验台”）。煤科总院自 1974 年以来，先后研制了 8000kN 外加载支架试验台。6000kN 大倾角液压支架试验台和 10000kN 内加载支架试验台。在当时检测技术、装备落后背景下，这 3 台试验台为我国液压支架设计、优化及性能分析验证提供了可靠的测试平台，推进了液压支架技术的发展，代表了我国在该领域的最高技术水平。2009 年以来，根据液压支架等支护设备的技术发展状况，经过多年的技术攻关，先后研发了 30000kN 强力液压支架试验台，承载能力 20000kN（旋转角度 ±90°）大倾角液压支架试验台、26000kN 立柱全行程让缩综合性能试验台（让缩行程 6000mm）、2000L/min 大流量安全阀试验台、1000kN 卧式锚杆整体拉拔试验机等大型测试装备，煤矿支护设备测试技术及整体技术水平步入世界先进行列，其中液压支架、液压支架立柱及千斤顶等试验技术及装备达到世界领先水平。

本篇详细介绍液压支架、液压支架立柱和千斤顶、液压支架用阀、液压支架电液控制系统、液压支架软管及总成、矿用乳化液泵站、液压支架用难燃液、矿用单体液压支柱及金属顶梁和矿用锚杆（索）等矿用产品的性能和安全性测试技术及相关装备。

第 15 章

液压支架测试技术

液压支架为综采工作面主要设备之一。主要作用是支撑回采工作面顶底板，维护安全作业空间，推移工作面采运设备，保障人员和设备的安全。

本章主要阐述各种类型液压支架整架的测试方法、技术要求、测试原理、工况模拟、测试项目、判定原则和相关主要测试装备的结构组成、工作原理、技术参数和主要技术特点。

15.1　液压支架测试方法及原理

液压支架的检测检验是依据 MT 312—2000、GB 25974.1—2010 等相关标准要求，通过在支架顶梁、底座、尾梁、前梁、伸缩梁等不同位置上施加垫块，用以模拟支架在煤矿井下的不同受载工况，在内加载或外加载力作用下，使得各部件产生不同的受力效果（弯、扭、包、偏等），以考核支架整机及主要元部件的强度、刚度及疲劳寿命等。

15.1.1　测试项目

液压支架测试包括外观质量、行人通道、灭尘和防漏矸装置、液压元件防护、防片帮装置、起吊点、超前支护装置、单体支护限位座、装配性能、操作性能、密封性能、支护性能、适应性能、让缩性能、结构强度、耐久性能等。

15.1.2　主要测试方法与原理

1. 常规液压支架检测检验

1）密封性能

（1）支架放置在试验台内，试验台测试高度调整到支架最大高度减去支架行程的 1/3 处，并使立柱活塞腔内压力达到额定工作压力的 90%，稳压 5min。

（2）空载升架至立柱、前梁活塞杆全行程的 2/3，静止停放 16h，用游标卡尺测量立柱回缩量。

（3）操作换向阀，使各运动部件往复动作至极限位置 5 次，其中一次在额定供液压力下保持 5min，检查各液压元部件是否出现外渗漏。

2）支护性能

（1）将支架立柱下腔压力充至额定供液压力，切断供液，稳压 5min。

（2）缓慢地给支架加外（内）载，并使立柱、前梁或平衡千斤顶以缓慢速度加载，使安全阀溢流 2 ～ 3 次。

3）适应性能

（1）如图 15.1 所示，移架机构在收回极限位置，用卷尺测量连接头连接孔的中心抬起量 L_1 和下落量 L_2。

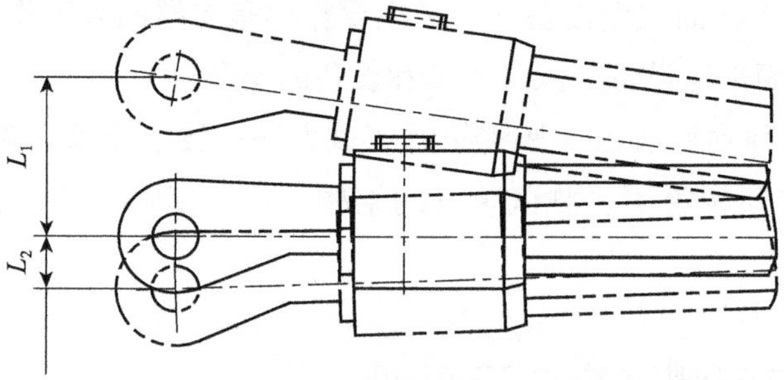

图15.1　连接头

（2）支架顶梁前端低头，后端保持在最大高度，用角度仪测量顶梁的俯角。

（3）在底座的整个面积内，放置压缩刨花板，并加上条状垫块（垫块长度等于底座长度，垫块宽度尺寸以压缩刨花板压出压痕为限，垫块厚为 30 ～ 50mm），给支架均布加载至工作阻力，保压 1min，比压值应满足设计要求。

4）让缩性能

支架放置在外加载试验台内进行试验，支架试验高度分别为调高范围的高、中、低三处，下沉量大于 100mm，下沉速度不超过 100mm/min。水平载荷限制为 0.3 倍的工作阻力。试验时，立柱和千斤顶安全阀都调到额定工作压力。

5）结构强度

掩护式和支撑掩护式支架应逐项进行主体结构件强度试验；柱窝加载按 1.3 倍额定工作压力进行试验，其余按 1.2 倍额定工作压力进行试验。

6）耐久性能

（1）一般要求。掩护式、支撑掩护式等液压支架的耐久性能试验按相应的载荷条件及相应的加载循环次数进行。加载压力分别交替为 0.25 倍（最小载荷）至 1.05 倍的额定工作压力（最大载荷）。每 500 次循环加载应检查一次，并调换一次垫块位置。对其他架型（如支撑式支架）加载试验可以部分地组合进行。

（2）主体结构件耐久性能。A 类、B 类支架主体结构件耐久性能加载次数不小于表 15.1、表 15.2 中 A 类、B 类数值。

表15.1　循环加载组合——二柱支撑掩护式支架

序号	加载方式	A类加载次数/次	B类加载次数/次
1	顶梁两端加载＋水平加载	5000	1000
2	顶梁两端加载＋水平加载	5000	1000
3	顶梁两端加载＋底座对角加载	2000	1000
4	顶梁两端加载＋底座侧边对称加载	2000	1000
5	顶梁纵向中间加载＋底座两端加载	2000	1000
6	顶梁扭转加载＋底座两端加载	2000	1000
7	顶梁扭转加载＋底座两端加载	2000	1000
8	顶梁偏心加载	2000	2000
9	底座扭转加载	1000	1000
10	底座扭转加载	1000	1000
11	顶梁对角加载＋底座对角加载	2000	1000
12	柱窝加载	1000	1000
总计		27000	13000

表15.2　循环加载组合——四柱支撑掩护式支架

序号	加载方式	A类加载次数/次	B类加载次数/次
1	顶梁两端加载＋水平加载	3000	1000
2	顶梁两端加载＋水平加载	7000	1000
3	顶梁两端加载＋底座对角加载	2000	1000
4	顶梁两端加载＋底座侧边对称加载	2000	1000
5	顶梁纵向中间加载＋底座两端加载	2000	1000
6	顶梁扭转加载＋底座两端加载	2000	1000
7	顶梁扭转加载＋底座两端加载	2000	1000
8	顶梁偏心加载	2000	2000
9	底座扭转加载	1000	1000
10	底座扭转加载	1000	1000
11	底座四角加载	2000	1000
12	顶梁横向中间加载	2000	1000
13	底座横向中间加载	2000	1000
14	柱窝加载	1000	1000
总计		31000	15000

（3）非主体结构件耐久性能试验加载方式和加载次数见表15.3。

表15.3　支架非主体结构件耐久性能试验加载方式和加载次数

序号	加载部位	加载方式	加载次数	备注
1	顶梁可活动侧护板	可活动侧护板加载	1000 次	试验压力为 1.05 倍额定工作压力
2	铰接式顶梁的前梁	前梁加偏载	左、右垫块各循环加载 500 次；共 1000 次	
3	顶梁伸缩梁	伸缩梁集中载荷及偏载	集中循环加载 500 次，偏载左、右垫块循环加载各 250 次，共 1000 次	
4	平衡千斤顶连接件	平衡千斤顶推拉加载	推、拉各 500 次，共 1000 次	试验压力为 1.2 倍额定工作压力
5	护帮板	护帮板扭转加载 可翻转护帮板集中加载	左、右垫块各循环加载 500 次，500 次；共 1500 次	
6	推移机构	推移机构偏载和垂直加载	左、右偏置加载各 500 次，垂直加载 500 次，共加载 1500 次	
7	立柱连接件	立柱连接件加载	立柱受拉 500 次	试验压力为立柱额定供液压力

2. 试验原理

1）内加载试验原理

内加载液压原理见图 15.2。

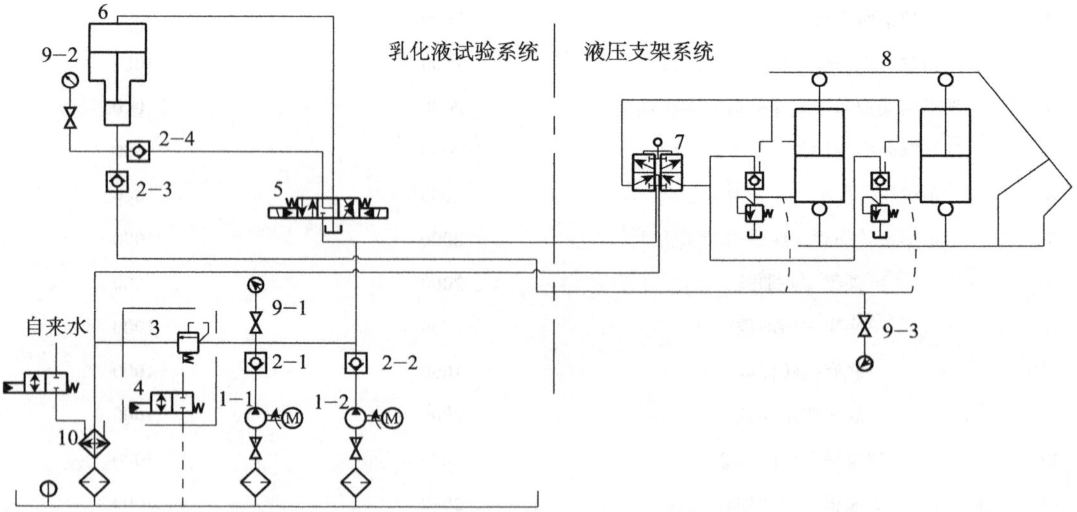

图15.2　常规液压支架整架形式检验回路

1-1和1-2. 乳化液泵；2-1～2-4. 单向阀；3. 溢流阀；4. 电磁换向阀；5. 电液控换向阀；6. 增压器；7. 被试手动换向阀；8. 被试液压支架；9-1～9-3. 压力传感器；10. 热交换器

2）外加载试验原理

外加载试验原理如图 15.3 所示。

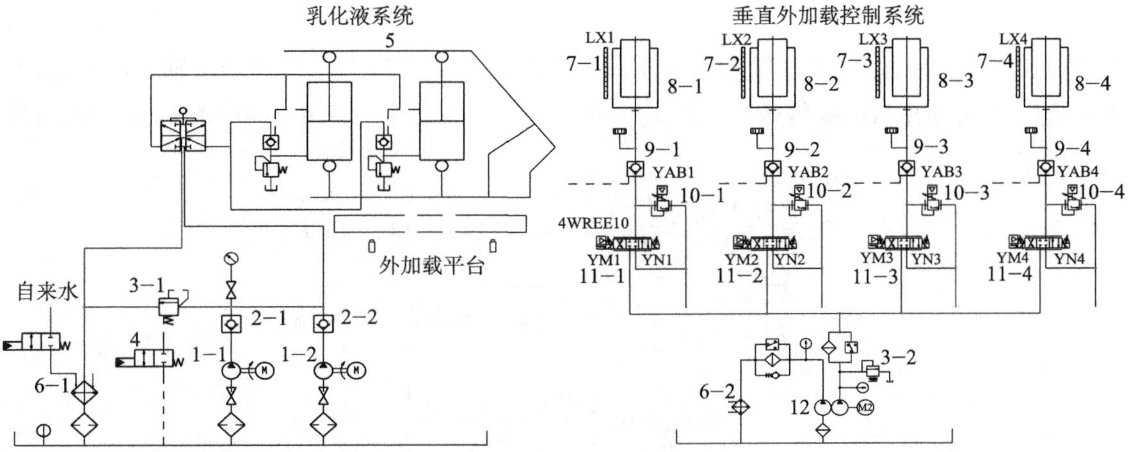

图15.3　液压支架垂直外加载检验回路

1-1和1-2. 乳化液泵；2-1和2-2. 单向阀；3-1和3-2. 溢流阀；4. 电磁换向阀；5. 被试支架；6-1和6-2. 热交换器；7-1～7-4. 位移传感器；8-1～8-4. 外加载油缸；9-1～9-4. 压力传感器；10-1～10-4. 比例压力阀；11-1～11-4. 比例流量阀；12. 油泵

3. 液压支架应力应变测试

1）力学分析

根据 GB25974.1 标准要求，分析偏载、扭转、弯曲等多种工况的理论受力状况，通过分析不同架型的受力状况构建力平衡方程组，并进行理论分析计算，确定关键受力点。

2）三维建模及仿真分析

（1）边界条件的确定。进行强度试验时，在支架的不同位置上放置垫块以模拟支架在井下的受力工况，并把垫块、立柱对支架的作用作为约束条件，进行非线性静态结构分析。

（2）结构件间接触处理。将支架结构件间的接触定义为柔性面－面接触，并通过试验分析设定接触面间的预载荷、接触刚度、动摩擦系数、静摩擦系数和最大凹陷值。

（3）液压支架的网格划分。划分网格时以四节点六自由度的板壳为主，根据结构件的具体尺寸受力状况确定划分单元尺寸，对应力集中的位置进行网格细化处理。

（4）应力应变云图分析。根据边界条件，将模型导入到专业分析软件 ANSYS 进行应力应变计算分析，得出应力应变数值云图，找出关键的受力点、确定关键受力点具体应力应变值，并与二维计算数据进行相互验证，为下一步应力应变测试提供数据支持。

3）应力应变测试

首先对应变片完整性、可靠性检查后，处理被测点处表面，然后画线、粘贴应变片并检查，最后应变片安装完成后，应做三次以上加载循环后再进行测试，以便消除机械滞后。

4）数据分析

试验选取直角应变花，在试验中，通过直角应变花的 0°、45°、90° 三个方向上的线应

变 ε_0、ε_{45}、ε_{90}，三个敏感栅分别沿 0°、45°、90° 方向布置，应用三个方向上的应变，通过平面应变分析求出主应变，然后通过主应变求出其主应力以及主应力与 x 轴之间的夹角，再根据主应力求出 Mises 等效应力。其主应变、主应力、主方向角以及 Mises 应力的计算公式如下：

$$\varepsilon_{1.2}=\frac{\varepsilon_0+\varepsilon_{90}}{2}\pm\frac{1}{2}\sqrt{\left(\varepsilon_0-\varepsilon_{90}\right)+\left(2\varepsilon_{45}-\varepsilon_0-\varepsilon_{90}\right)^2}$$

$$\sigma_{1.2}=\frac{E}{2}\left[\frac{\varepsilon_0+\varepsilon_{90}}{1-\mu}\right]\pm\sqrt{\left(\varepsilon_0-\varepsilon_{90}\right)^2+\left(2\varepsilon_{45}-\varepsilon_0-\varepsilon_{90}\right)^2}$$

$$\phi=\frac{1}{2}\tan^{-1}\left[\frac{2\varepsilon_{45}-\varepsilon_0-\varepsilon_{45}}{\varepsilon_0-\varepsilon_{90}}\right]$$

$$\sigma_s=\sqrt{\frac{1}{2}\left[\left(\sigma_1-\sigma_2\right)^2+\left(\sigma_2-\sigma_3\right)^2+\left(\sigma_3-\sigma_1\right)^2\right]}$$

式中，$\varepsilon_{1.2}$ 为主应变；$\sigma_{1.2}$ 为主应力；ϕ 为主方向角；σ_s 为 Mises 应力。

5）测试结论

汇总、统计应力应变测试数据，对数据进行分析，出具量化检验报告。为液压支架进一步优化设计提供数据支持。

15.2 液压支架主要测试装备

煤科总院北京研究院建有 30000kN 液压支架试验台、20000kN 大倾角液压支架试验台、15000kN 液压支架试验台、10000kN 液压支架试验台等，具有外加载、内加载、水平加载、侧向加载及旋转等测试功能，以及各种附件的测试能力。同时，配置了 96 通道应力应变测试装置，可对液压支架关键受力部位进行应力应变测试，量化检测结果。

15.2.1 30000kN液压支架试验台

30000kN 液压支架试验台于 2012 年正式建成并投入使用，是北京院自行设计、成功研发的国内外技术领先的标志性试验台，试验台具备自动进出架装置、自动调高系统、垂直外加载系统、水平外加载系统等功能，通过专用测试软件、数据采集处理系统、远程网络传输系统等，实现对被试件的加载测试控制。

30000kN 液压支架试验台是指可以为 30000kN 及以下工作阻力的液压支架进行全项目试验，30000kN 指的是被试支架的载荷范围。按照强度试验 1.3 倍计算，试验台有效工作载荷达到 39000kN。该试验台项目验收时，通过两台 15000kN 液压支架同时进行强度试验（目前市面没有 30000kN 工作阻力液压支架）来实际校核，且在设计时，充分考虑了偏载、瞬间过载等不确定因素，主体结构安全系数为 3.6。

1. 结构

试验台由主体框架、辅助工装、进出架平车系统组成（图 15.4）。主体框架结构采用“三梁四柱”的形式，由下平台（底梁、外加载梁及加载缸）、上平台（活动梁、水平加载梁）、顶平台及立架构成一个高度可以调节的封闭式承载框架；辅助工装主要包括护帮板工装、尾梁工装、推移机构及对中工装等。进出架平车系统主要由承载 1000kN 的运载小车、导轨及升降台、顶起油缸、车坑等组成。

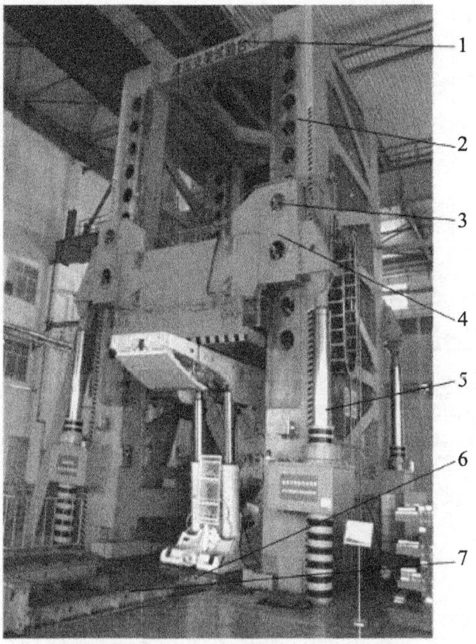

图15.4　30000kN液压支架试验台

1. 顶梁；2. 立架；3. 插拔油缸；4. 活动平台及水平加载平台；5. 调高油缸；6. 底座及垂直外加载梁；7. 自动进出架装置

2. 液压控制系统

油液控制系统（图 15.5）主要用于实现液压支架试验台的辅助动作，如平台的升降、插销、垂直及水平加载等。通过比例液压控制技术可实现四缸同步加载、四缸同步调高，同步精度达到 1mm。

3. 测控系统

30000kN 液压支架试验台专用测控系统采用虚拟仪器技术、比例控制技术、光纤以太网通信技术，构建了一套具备响应迅速、数据传输快、控制精度高等特点的远程实时控制系统。实现了对试验台所有动作、内加载功能、外加载功能、参数调节等进行远程计算机的高精度自动控制，并实现与上层信息网络检测管理平台无缝连接，使试验室远程、跨区域管理、无纸化办公成为现实。

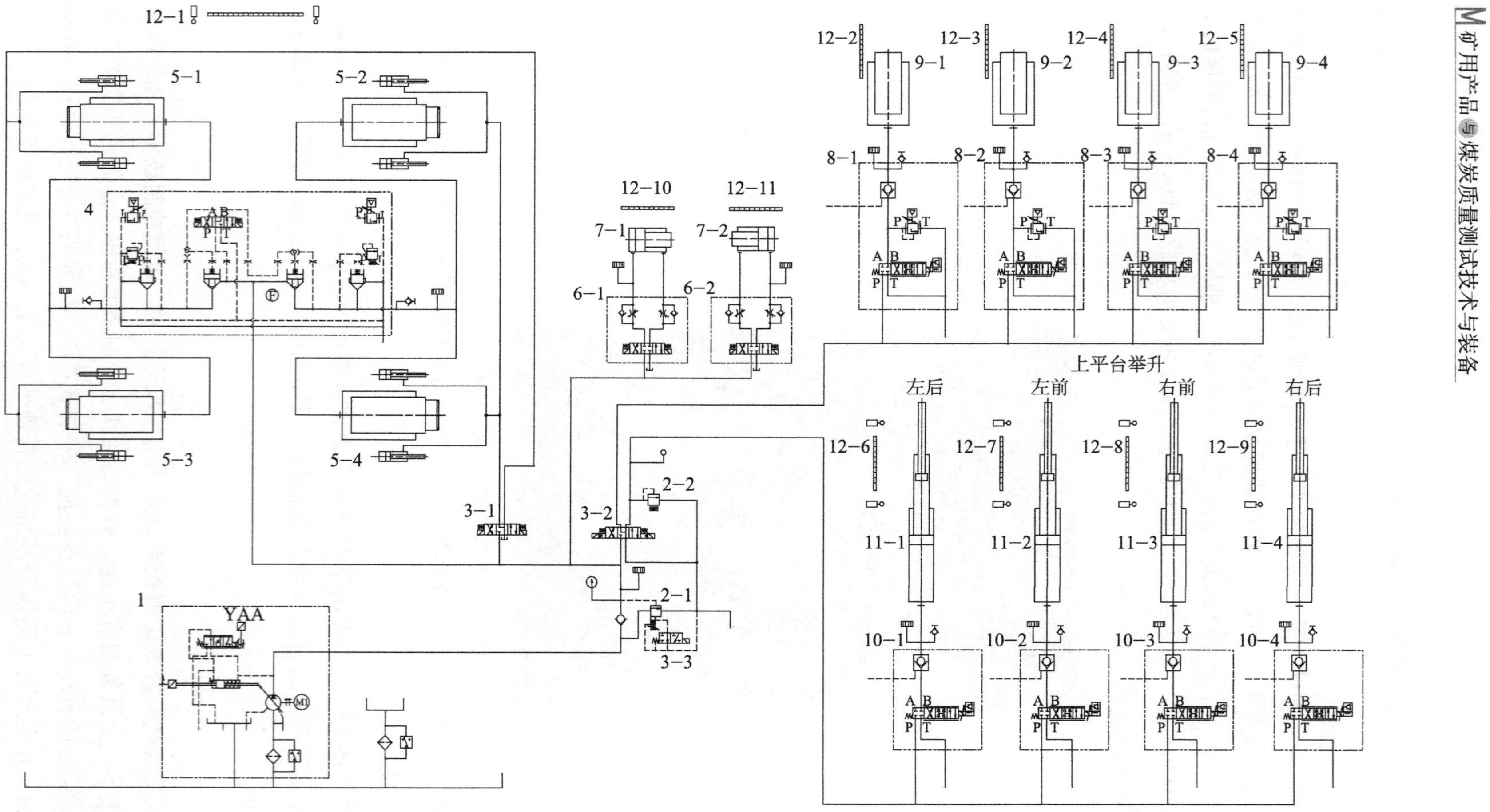

图15.5　油液控制系统原理图

1. 比例泵；2-1和2-2. 溢流阀；3-1和3-2. 电磁换向阀；4. 水平加载控制阀组；5-1～5-4. 水平加载油缸；6-1和6-2. 侧向加载控制阀组；7-1和7-2. 侧向加载油缸；8-1～8-4. 垂直外加载控制阀组；9-1～9-4. 垂直外加载油缸；10-1～10-4. 调高控制阀组；11-1～11-4. 调高油缸；12-1～12-11. 位移传感器

自行编制的30000kN支架试验台专用测控软件基于NI（美国国家仪器有限公司）开发的Labview软件开发平台，采用了图形化编程语言，强大的软件模块化功能（可直接调用）可跨平台移植，无须改动程序，用户界面友好，开发周期短，易编程，好维护。软件平台架构如图15.6所示。

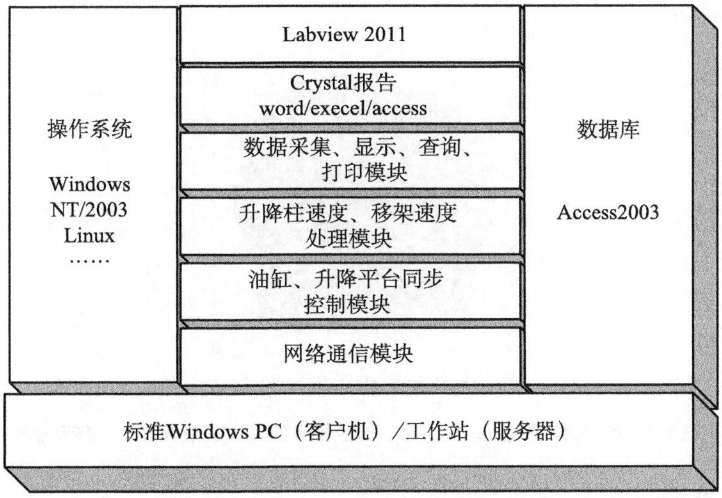

图15.6　软件平台架构

嵌入式实时控制器中采用了Labview RT模块，保证了系统的实时性，软件设计采用了模块化的思想。

4. 主要特点

（1）试验台规模大（台面尺寸达4000mm×8000mm）、承载能力大（最大垂直承载能力为39000kN）、试验高度高（最大试验高度可达7200mm）、功能齐全（内加载、外加载、水平加载、侧向加载、护帮板测试、尾梁测试等）。

（2）三维复合外加载功能（垂直方向、前后方向、左右方向，既可单独加载，又可任意组合加载。

（3）双级差值调高技术，将调高档距缩小至原来的一半。

（4）自动进出架技术，大大提高了支架试验效率。

（5）抗偏载多缸同步垂直外加载技术，确保外加载试验平稳进行。

（6）角度自动可调护帮板试验技术，有效解决护帮板的测试难题。

15.2.2　20000kN大倾角液压支架试验台

试验台于2015年设计、2016年正式建成投入使用，是国际上唯一的、具有倾角调节、内加载、外加载、水平加载、侧向加载等集成功能的试验台；可模拟煤矿实际工况、构建±90°间任意倾斜状态；可实现转速调节及角度的无级调整；回转系统采用双回转驱动技术、双级平衡技术及双级制动技术。

1. 结构组成

试验台由架体、滚圈、托辊装置、转动驱动装置、制动装置、支撑座及辅助工装组成（图 15.7）。通过支撑座和托辊支撑滚圈及架体，经电机、减速箱驱动滚圈上的齿轮旋转，由双级抱闸进行制动。

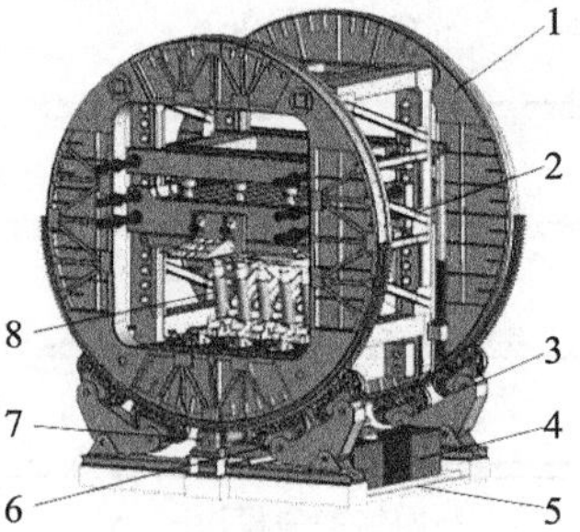

图15.7　大倾角液压支架试验台结构图

1. 滚圈；2. 架体；3. 托辊装置；4. 托辊装置；5. 泵站、阀及液箱组件；6. 支撑座；7. 转动驱动装置；8. 被试支架

2. 液压控制系统

液压控制系统主要由泵站及工作阀组组成，完成液压支架试验台的辅助动作，如上平台的升降及插销、垂直及水平加载等。

3. 测控系统

试验台主体控制、支架测试、状态监控同 30000kN 试验台。

基于安全考虑，旋转装置控制系统独立设计、安装，与试验测控系统电源互锁，可实现近地、远程的手 / 自动控制；采用变频电机控制旋转速度并实时显示、反馈至控制系统，实现角度自动调整。

15.2.3　应力应变测试系统

应力应变测试系统是以计算机为基础、智能化的应变测试分析系统。具有智能导线识别功能，具备所有通道同步自动测量导线电阻及修正功能，可实现远距离无线传输，并可根据用户自定义模版自动生成标定报告。应力应变测试系统主要技术参数见表 15.4。

表15.4　技术参数

序号	功能或性能	技术参数	序号	功能或性能	技术参数
1	测量点数 / 个	4×18	4	零漂	±3με/4h
2	最高采样速率 /kHz	1	5	采样模式	多通道同步采样
3	无线传输距离 /m	200	6	采集通道	可根据需要扩展

该系统用于构件表面应变或应力的测试和分析，根据测量方案，可完成全桥、半桥、1/4桥（120三线制自补偿）的应变应力多点高速并行采样。该设备（图15.8）有18个接口，每个接口有4个通道，共72个通道，最大可扩展到128个通道。

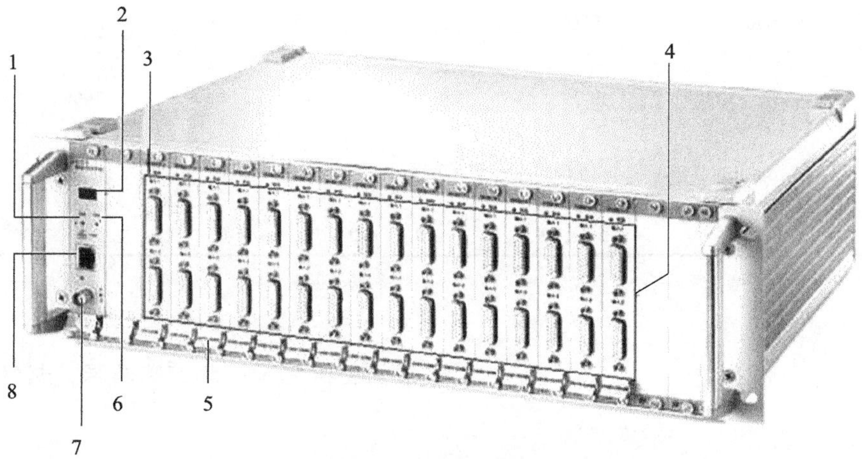

图15.8　应力应变测试装置

1. 采样状态指示灯；2. 机号显示；3. 板卡状态指示灯；4. 测量板卡测点；5. 通道号；6. 外触发信号等待指示灯；7. 外触发端子；8. 千兆以太网通讯接口

系统登录后，首先进行测试系统及应变片参数的设置，然后选择测量方式（如应变花测量方式）、进行数据采集，可以对测试界面进行重新设计，以满足多通道同时采集的可视化要求。最后进行数据后期处理、分析计算、数据统计（XY记录仪、2D图谱、3D图谱、数字表、棒图和表格等）以及报告输出及打印。

各试验台的具体功能参数见表15.5。

表15.5　试验台功能参数

功能参数	30000kN液压支架试验台	20000kN大倾角液压支架试验台	6000 kN大倾角液压支架试验台	15000kN液压支架试验台	10000kN液压支架试验台	8000kN液压支架试验台
加载方式	外加载	外加载	内加载	内加载	内加载	外加载
功能	水平加载	水平加载、旋转	旋转	—	水平加载	—
被试支架载荷/kN	30000	20000（均布载荷） 13000（集中载荷）	6000（均布载荷） 4000（集中载荷）	15000	10000	8000
台面尺寸/mm×mm	4000×8000	6000×7200	5000×6000	3400×5600	2800×4800	3400×4800
调高范围/mm×mm	2200×7600	750×5500	1100×4000	1450×6700	1490×5000	1588×4800
垂直加载载荷/kN	22000	11000	—	—	—	8000

续表

功能参数	30000kN 液压支架试验台	20000kN 大倾角液压支架试验台	6000 kN 大倾角液压支架试验台	15000kN 液压支架试验台	10000kN 液压支架试验台	8000kN 液压支架试验台
垂直加载行程 /mm	600	900	—	—	—	800
水平加载载荷 /kN	6600	6000	—	—	3000	—
水平加载行程 /mm	450	400	—	—	300	—
旋转角度 /(°)	0	0～±90	0～+70	0	0	—

（本章主要执笔人：北京院马强，赵锐，赵忠辉）

第16章 液压支架立柱、千斤顶测试技术

液压支架立柱、千斤顶是液压支架的重要部件，以乳化液为工作介质，不仅是承载部件，也是执行元件，通过其伸缩实现整架支撑、升降、前移等动作。

本章对立柱、千斤顶的测试技术及装备进行分析介绍，主要阐述液压支架立柱、千斤顶的测试方法、技术要求、测试原理、工况模拟、测试项目及判定原则，及相关主要测试装备的结构组成、工作原理、技术参数和主要技术特点。

16.1 液压支架立柱、千斤顶测试方法及要求

液压支架立柱、千斤顶测试是依据GB 25974.2—2010、MT 313—92、MT 97—92等相关标准的要求，通过在立柱、千斤顶缸底和柱头等位置上放置中心工装和偏心工装，在内加载或外加载受力作用下，用以模拟立柱、千斤顶在煤矿井下的不同受载工况（受压、地压冲击等），以考核整体及主要元部件的强度、刚度及疲劳寿命等。

16.1.1 测试项目

液压支架立柱、千斤顶测试项目主要包括密封、空载行程、最低启动压力、活塞杆腔密封性能、让压性能、中心过载性能、偏心过载性能、耐久性能、外伸限位、液压缸连接点、缸体爆破性能等。

16.1.2 主要测试项目、方法及要求

1. 密封性能

对压力腔供液，达到试验压力后闭锁，在规定时间内连续测量并记录液压缸的行程、压力并绘制图线。

2. 空载行程

在空载、运动速度不大于200mm/min的工况下，全行程往复动作3次。不应有涩滞、爬行和外渗漏。

3. 最低启动压力

立柱、千斤顶空载无背压工况下，分别对活塞腔和活塞杆腔逐渐升压至活柱瞬间启动，记录各级缸的上腔和下腔的启动压力。

4. 让压性能

1）中心让压性能

（1）压缩让压：立柱或支撑千斤顶全部外伸，将安全阀开启压力调至额定工作压力，用（10±2）mm/min 速度，进行 2 次行程 100mm 的让压试验；用（2±1）mm/min 速度，进行 2 次行程 20mm 的让压试验；多级立柱级间转换处用（10±2）mm/min 速度，进行 2 次行程 100mm 的让压试验；在 3 种试验条件下，测得的力应小于 1.1 倍的额定力，且不低于额定力。

（2）拉伸让压：受拉伸的支撑千斤顶要按压缩让压方法进行拉伸让压试验。测得的力应小于 1.1 倍的额定力，且不低于额定力。

（3）高速度让压：记录支撑千斤顶较高运动速度时中心让压过程中承载力和液压力随时间的变化。测得的力应小于 1.1 倍的额定力，且不低于额定力。

2）偏心让压性能

按图 16.1 或图 16.2 所示的偏心量，采用与中心让压相同的试验方法，记录偏心让压过

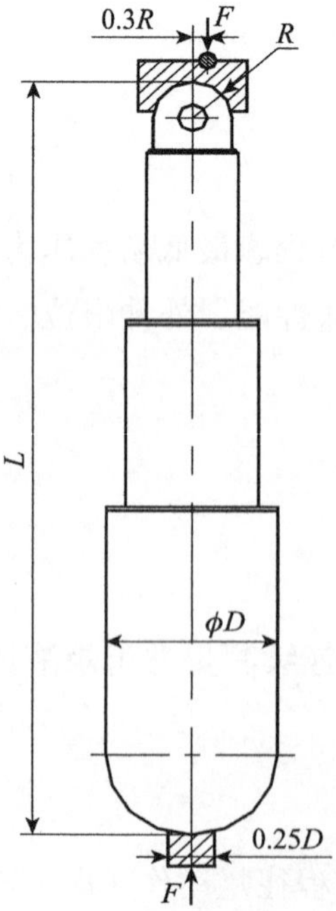

图16.1　立柱偏心加载

D. 立柱外径（mm）；*R*. 柱头半径（mm）

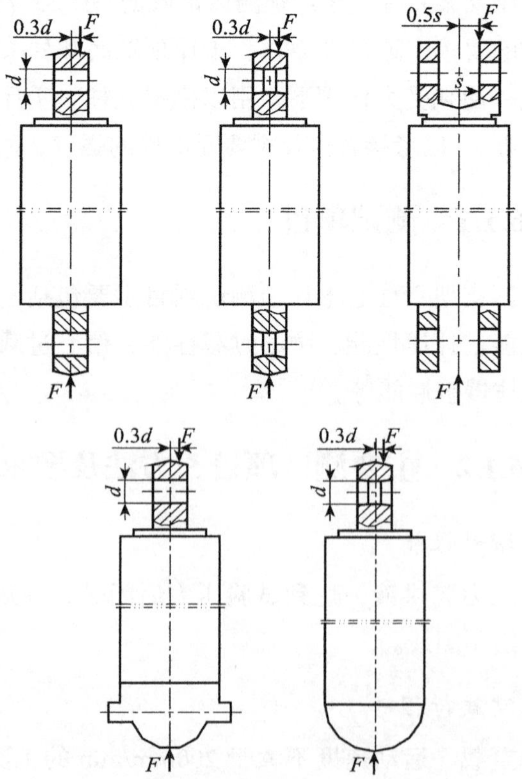

图16.2　支撑千斤顶偏心加载

d. 销轴孔的直径（mm）；*s*.耳轴间距（mm）；*F*. 外加载力（kN）

程中承载力和液压力随时间的变化。测得的力应不大于中心让压测得力中最大值的 110%，且不低于额定力。

5. 中心过载性能

（1）1.5 倍额定载荷压缩：试验用外加载或内加载均可。用 1.5 倍额定力外加压载 1 次 3min，在 3min 内做密封检查；卸载后测量缸筒扩径残余变形。

（2）1.5 倍额定载荷拉伸：采用与 1.5 倍额定载荷压缩相同的试验方法，仅是对活塞杆腔加载。试验时不应出现功能失效。

（3）全缩回 2 倍额定载荷压缩：立柱或支撑千斤顶全缩回，在外部施加 2 倍额定力 1 次 3min。

（4）动态载荷：将立柱或支撑千斤顶外伸至全长的 75%±5%，用 0.6 倍额定工作压力撑紧，并闭锁压力腔，立柱用不小于 10000kg，千斤顶用不小于 1000kg 下落冲击质量轴向冲击两次，冲击使压力腔压力达 1.5%±5% 倍额定工作压力，压力从初始值到要求的最大值的升压时间应在 30ms 内实现。冲击后进行中心压缩让压试验和密封试验，并应能满足要求。

6. 偏心过载性能

用 0.1 倍额定工作压力使立柱和支撑千斤顶全伸出，闭锁压力腔，按图 16.1 或图 16.2 所示的偏心量外加额定力 1 次 3min 做密封检查，然后卸载至 0.1 倍额定工作压力测量级间过渡处的挠度。

7. 耐久性能

1）立柱和支撑千斤顶

（1）偏心加载：将立柱或支撑千斤顶伸出至 90%±5% 的全行程，顶侧偏心量为图 16.1 或图 16.2 所示的一半，加 1.1±0.05 倍额定力，让压加载速度（100±10）mm/min，运动距离（50±2.5）mm；加压完毕，以额定供液压力对活塞杆腔加压缩回（50±2.5）mm；用额定供液压力使液压缸伸出至原位；循环 6000 次，循环完毕应能满足密封性能试验，不应出现功能失效。

（2）中心加载：将立柱或支撑千斤顶伸出至 90%±5% 的全行程，用 1.1 倍的额定工作压力中心加载；卸载 0.1 倍的额定工作压力。循环 15000 次，循环完毕应能满足密封性能试验，不应出现功能失效。

2）千斤顶

在供液压力和配套泵站额定流量下，施加额定力，全行程往复运动循环 10000 次，循环完毕应能满足密封性能试验，不应出现功能失效。

8. 外伸限位

1）千斤顶外伸限位

千斤顶空载伸出，当活塞与导向套接触时，向活塞腔加 1.25 倍额定工作压力 1 次，停留 3min，试验后不应出现功能失效。

2）立柱和支撑千斤顶外伸限位

用额定工作压力使活塞向内部挡块伸出，至活塞和内部挡块接触后停留 3min；内部挡块不应损坏；在额定工作压力的 80%±5% 和 10%±5% 之间对着内部挡块外伸 100 次，内部挡块不应损坏；支撑千斤顶向外拉出至活塞与内部挡块接触，施加 1.5 倍额定拉力 1 次 3min，支撑千斤顶试验后不应损坏。

9. 功能

将立柱和支撑千斤顶的安全阀调到额定工作压力，从全伸出开始以（10±2）mm/min 的速度外加载使其全行程缩回。测得力应不小于额定力且不大于中心让压测得力的 1.1 倍；能用 0.8 倍额定工作压力完全缩回，并能满足密封性能要求。

10. 全伸出 2 倍中心载荷

1）外加载

用 0.8 倍的额定工作压力使立柱或支撑千斤顶全部外伸，将压力腔闭锁，外加 2 倍额定力的压载 1 次 3min，在 3min 内做密封性能试验。

2）内加载

用 0.8 倍的额定工作压力使立柱和支撑千斤顶外伸至全长的 95%±3%，将其两端固定，向压力腔加 2 倍的额定工作压力，然后压力腔闭锁 1 次 3min，在 3min 内做密封性能试验。

11. 液压缸连接点

液压缸（包括其加长段）与传力部件的连接应能够承受 1.5 倍的额定力，不应出现功能失效。

12. 缸体爆破性能

将缸体两端密封，用加压泵逐渐加压直至缸体爆破，记录破坏压力。缸体爆破后，不应出现脆性破坏。

16.2 液压支架立柱、千斤顶测试装备

煤科总院北京研究院建有 26000kN 液压支架立柱试验台、6000kN 千斤顶试验台、12000kN 液压支架立柱试验台、6000kN 立柱动态过载试验台及油缸爆破试验台等，具有外加载、内加载、偏心加载、中心加载、侧向加载及动载过载等功能。

16.2.1 26000kN液压支架立柱试验台

26000kN 液压支架立柱试验台于 2014 年正式建成并投入使用（图 16.3）。该试验台实现

了被试立柱的长行程加载、被试立柱中心线位置及试验长度的自动调节；具备自动安全防护装置、自动中心校准系统、超低速慢加载系统、快速加载系统、乳化液控制系统等功能，集成化程度高；能够实现一次、连续、长行程加载位移6000mm。当被试立柱安装完毕时，通过编制的专用测试软件、数据采集处理系统、远程网络传输系统、测控闭环控制系统、良好的人机交互界面等，实现对被试件的加载测试控制，试验台具体参数见表16.1。

图16.3　26000kN立柱试验台

表16.1　各试验台参数

参数	26000kN 液压支架试验台	6000 kN 立柱动载过载试验台
加载方式	外加载 / 内加载	外加载 / 内加载
功能	蓄能冲击（待建）	蓄能冲击、侧向加载
最大推力 /kN	22000	6000
加载缸缸径 /mm	2-ϕ975	1-ϕ550/1-ϕ400
最大承载能力 /kN	26000	6000
外加载速度 /（mm/min）	2、10 ～ 100	2、10 ～ 100
外加载行程 /mm	6000	2200

1. 结构

主要结构件有主承载座、移动座、导向座（两个）、主梁（两个）及尾座。该试验台为卧式结构，总长20340mm，高5085mm。

2. 液压控制系统

该系统主要用于实现立柱试验台的加载和辅助动作，如主加载缸慢、中、快伸缩，插拔销油缸伸缩，支撑油缸伸缩，移动座顶起油缸升降等。液压系统图如图16.4所示。

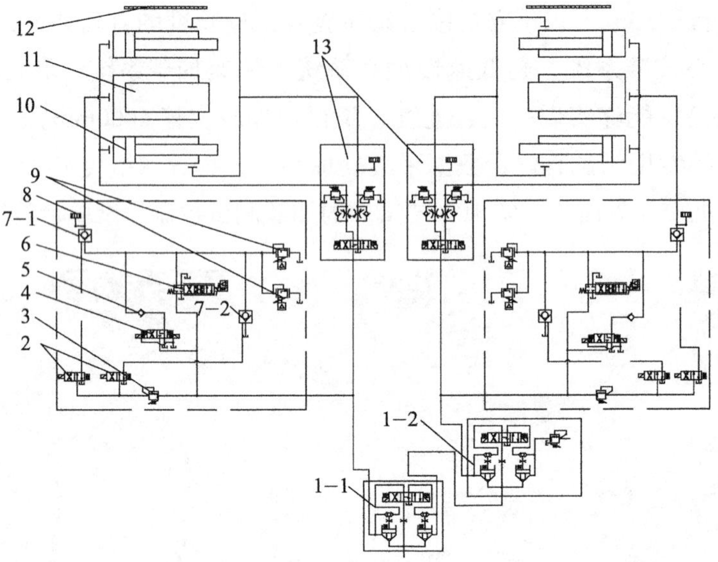

图16.4　26000kN立柱试验台液压原理图

1-1和1-2. 电磁插装阀；2. 两位两通电磁阀；3. 减压阀；4. 三位四通电磁阀；5. 单向阀；6. 比例控制阀；7-1和7-2. 液控单向阀；8. 压力传感器；9. 比例溢流阀；10. 回程缸；11. 主加载缸；12. 位移传感器；13. 集成阀块

3. 测控系统

26000kN液压支架立柱试验台专用测控系统采用虚拟仪器技术、比例伺服技术、光纤以太网通信技术，构建了一套远程响应迅速、数据传输快、控制精度高的实时控制系统，实现了对试验台所有动作、内加载功能、外加载功能、参数调节等的远程计算机自动控制，并实现与上层信息网络检测管理平台无缝连接，使试验室远程、跨区域管理、无纸化办公成为现实。

1）硬件设计

测控系统主要元件包括NI生产的PXI机箱、实时嵌入式控制器、PXI总线模拟量采集卡、PXI总线模拟量输出卡、PXI总线数字量I/O卡，0.01%高精度长行程位移传感器、压力传感器、智能显示仪表、交换机、光纤及收发器、电气控制柜、启动柜等。实现了高频响应、高精度数据采集、误码率低，实时指令传输及控制，运行稳定性高、使用寿命长。硬件组成如图16.5所示。

2）软件设计

自行编制的26000kN立柱试验台专用测控软件基于NI开发的Labview软件开发平台，采用了图形化编程语言，强大的软件模块化功能，可跨平台移植，无须改动程序，用户界面友好，开发周期短，易编程，好维护。

嵌入式实时控制器中采用了Labview RT模块，保证了系统的实时性。软件设计采用了模块化的思想。

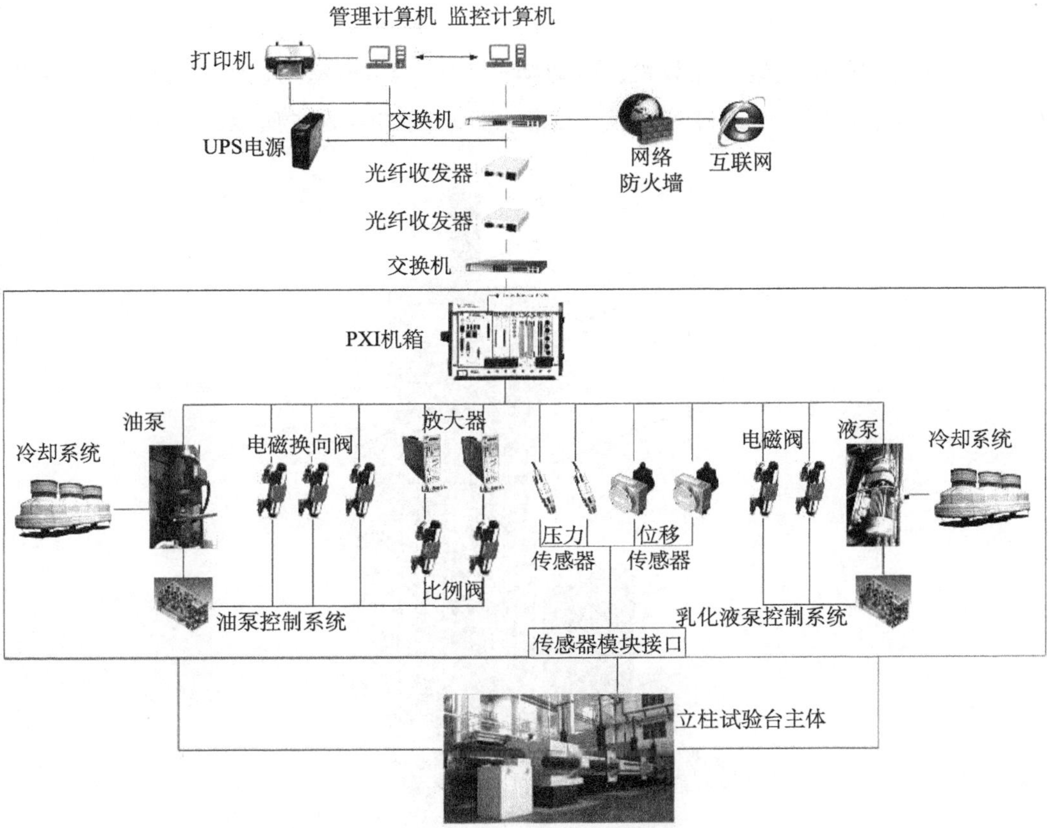

图16.5　26000kN立柱试验台硬件系统组成

4. 主要特点

（1）承载能力大，主体结构最大承载能力为26000kN；试验长度高，被试件最大试验长度可达8000mm；一次连续、不间断、长行程加载位移可达6000mm；功能最全，具有内加载、外加载、超低速慢加载（2±1）mm/min、中心自动校准、长度自动调节等多种功能。

（2）采用电液比例控制技术，选取高精度的比例阀和位移传感器组成的闭环控制系统，实现加载速度自动调整，可对立柱进行中心、偏心让压、偏心耐久性能、功能等项目。

（3）采用红外感应技术，通过被试件柱头工装与T形槽板上限位开关配合，实现中心自动校准，提高试验效率。

16.2.2　6000kN液压支架立柱动载过载试验台

试验台于2015年设计、2016年正式建成投入使用，具有蓄能冲击、内加载、外加载、偏心加载、侧向加载等集成功能，可模拟煤矿顶板瞬间来压对立柱的冲击工况。试验台具体参数见表16. 1。

1. 结构

该结构组件主要由主梁、加载梁、活动梁、底座、导向座、顶梁、工装小车、冲击缸、外加载缸、导轨、蓄能器及组件等组成。试验台外观图如图 16.6 所示。

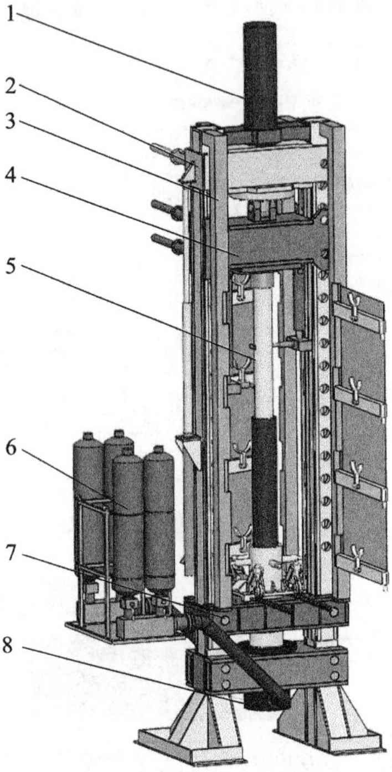

图16.6　6000kN立柱动态过载试验台结构

1. 加载缸；2. 加载梁；3. 主梁；4. 活动梁；5. 被试立柱；6. 蓄能器；7. 底座；8. 冲击缸

2. 蓄能冲击系统

本系统采用蓄能器技术、大流量开关阀技术，用于模拟顶板瞬间来压，考核立柱及安全阀的响应情况，实现了立柱动态过载性能模拟。液压原理图如图 16.7 所示。

3. 主要特点

（1）试验台功能全、集成度高，具备外加载、内加载、冲击加载、偏心加载、轴向中心加载、侧向加载等多种加载方式。

（2）外加载行程长，一次连续、不间断、全行程加载位移 2200mm。

（3）采用双级差值调高技术，缩短了调高档距，大幅提高试验台对不同液压立柱试验高度的适应性。

（4）采用样品自动进出技术，利用设计的可升降、有轨、抱紧装置，实现被试件自动夹紧、进出、定位功能，提高试验效率。

各试验台主要功能参数见表 16.1。

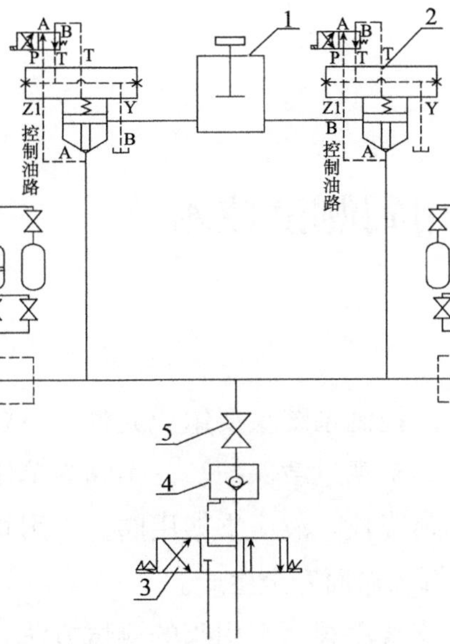

图16.7　6000kN立柱动态过载冲击液压系统原理图

1. 冲击缸；2. 插装阀；3. 电液控换向阀；4．液控单向阀；5. 截止阀；6. 气瓶用截止阀；
7. 气瓶；8. 活塞式蓄能器；9. 高压截止阀

（本章主要执笔人：北京院瞿京，杨建新，王阳阳）

第17章 液压支架用阀、三用阀测试技术

液压支架用阀为液压支架液压控制系统重要组成元件。主要用于控制支架降、移、升不同动作，保证液压支架初撑力，实现过载保护。三用阀为单体液压支柱配套件，用于控制单体支柱升柱、高压溢流及卸荷降柱。液压支架用阀、三用阀保证了液压支架及单体支柱有效支撑顶板，确保了煤矿采掘工作面安全生产。

本章主要阐述各种类型液压支架用阀、三用阀的测试方法、技术要求、测试原理、工况模拟、测试项目及判定原则，及相关主要测试装备的结构组成、工作原理、技术参数和主要技术特点。

17.1 液压支架用阀、三用阀测试方法及要求

液压支架用阀、三用阀的实验室测试是通过对被试件各接口输入不同的流量、压力，用以模拟被试产品的流体方向控制、保压及卸载能力、通断、安全溢流等不同使用工况，考核产品使用性能、耐久、密封、强度等。

17.1.1 测试项目

液压支架用阀、三用阀测试项目主要包括特性试验（小流量启溢闭特性、公称流量启溢闭特性、开启压力、关闭压力、控制压力、背压安全性、压力流量特性、冲击压力、换向性能、开关、操作力矩）、密封试验、耐久试验（应力循环、小流量溢流寿命、大流量溢流寿命）及强度试验（冲击压力安全性、撞击安全性、强度、防飞性能）、外观质量、清洁度。

17.1.2 主要测试项目、方法及要求

1. 液压支架用阀试验方法及要求

1）安全阀

a. 小流量启溢闭特性

试验液压回路如图 17.1 所示。调节液源，使系统压力能够高于被试阀工作压力的 1.2 倍以上，流量为 0.04L/min。试验时使系统压力逐渐升高至被试阀开启，溢流 3min 后，切

断供液，至压力计值稳定为止为试验全过程。将全过程的压力变化用曲线记录下来。

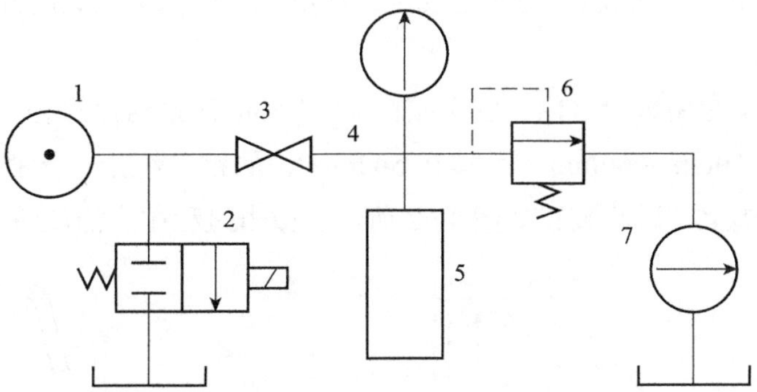

图17.1　安全阀试验原理图

1. 液源；2. 换向阀；3. 截止阀；

4. 压力计（压力传感器）；5. 稳压罐；6. 被试阀；7. 流量计（流量传感器）

b. 公称流量启溢闭特性

试验液压回路如图 17.1 所示。试验时调节液源，使系统压力能够高于被试阀工作压力的 1.5 倍以上，系统流量为被试阀的公称流量。试验时系统压力上升梯度为 120MPa/s 以上，使阀开启，公称流量溢流持续 0.5s 以上，然后迅速切断供液，至压力计值稳定为止为试验全过程。将全过程的压力变化用曲线记录下来。

c. 应力循环寿命

试验液压回路如图 17.1 所示。试验时，对被试阀加载，压力由零增加到阀的工作压力使阀溢流，然后卸载，使压力为零，为一次应力循环，进行 4000 次，A 类阀进行 5000 次。

d. 小流量溢流寿命

试验液压回路如图 17.1 所示。试验时，以 0.4L/min 的流量对被试阀加载至溢流，溢流至 5s 为一次，进行 2000 次，A 类阀进行 5000 次。

e. 大流量溢流寿命

该项主要是考核安全阀在顶板反复冲击来压时，产品的抗疲劳性能及安全溢流性能。

试验液压回路如图 17.1 所示。试验时，公称流量不大于 160L/min 的阀，以公称流量对被试阀加载至溢流；公称流量大于 160L/min 的阀，以 160L/min 的流量对被试阀加载至溢流。溢流 5s 为一次，每次之间的停顿时间应大于 5s，进行 200 次，A 类阀进行 500 次。

f. 密封性能

（1）高压密封：向被试阀供液至工作压力的 90%，切断供液，待压力计稳定后记录压力值。

（2）低压密封：向被试阀供液 2MPa 压力，切断供液，待压力计稳定后记录压力值。

g. 冲击压力安全性

将安全阀安装于专用试验台内，先使被试阀前的压力为公称压力的 60%，调节液源，使系统压力大于公称压力的1.5倍，向被试阀突然供液，使阀前的压力在25ms内达到规定的冲击压力；在25ms内，阀前压力到达规定的冲击压力前，被试阀应开启。

h. 撞击安全性

将安全阀安装于专用试验台内，安全阀在0.04L/min流量溢流过程中，用1kg的金属块（尺寸约为45mm×50mm×60mm）吊挂在500mm长的钢丝绳上，上摆45°后自由下摆，使其正好撞在被试阀上，试验装置如图17.2所示。撞击过程中启溢闭特性满足要求。

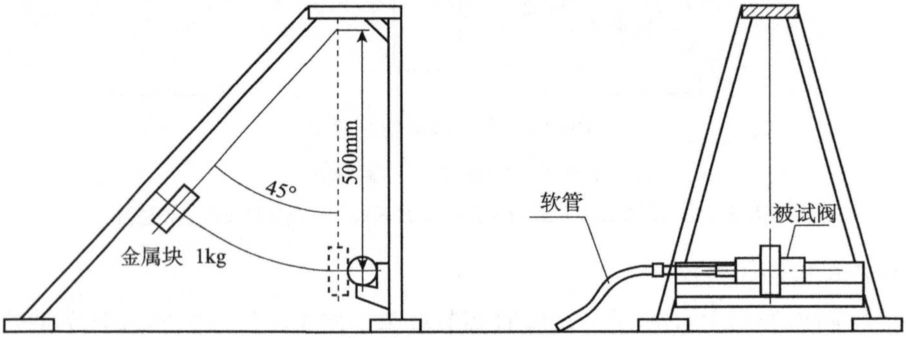

图17.2　撞击安全性试验装置

i. 强度

将被试阀调死，使之不能溢流，安装于专用试验台内，再以1.5倍公称压力对阀加载，稳压3min；无渗漏及零件损坏。

2）单向阀（液控单向阀、单向锁、双向锁）

a. 开启压力

试验液压回路如图17.3所示，调节液源1通过换向阀2-1向被试阀4供液，使压力逐渐升高至被试阀开启，记录被试阀开启瞬时压力计的最高读数。

b. 关闭压力

试验液压回路如图17.4所示，调节液源1-1压力为被试阀3的公称压力，通过换向阀2-1向被试阀3供液。当压力计5-1稳定时，迅速停止供液，被试阀3进液压力降为零，记录压力计5-1稳定后的压力值。

c. 控制压力

试验液压回路如图17.4所示。调节液源1-2压力为被试阀3公称压力，向被试阀反向供液，当压力计5-1稳定时切断供液。调节液源1-1，通过换向阀2-2向被试阀3液控口供液，压力缓慢上升到被试阀卸载，记录被试阀卸载瞬时压力计5-3数值。

d. 背压安全性

试验液压回路如图17.4所示。调节液源1-2压力为15 MPa向被试阀3反向供液，当压力计5-1稳定时切断供液。调节液源1-1，通过换向阀2-1、2-2向被试阀3的进液口和控制口同时供液，压力缓慢上升至8MPa，保持3min。

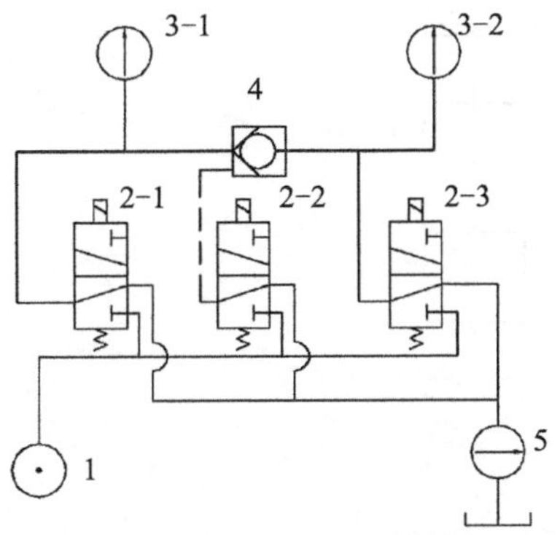

图17.3　液控单向阀试验原理图（一）

1. 泵源；2-1～2-3. 电磁换向阀；
3-1和3-2. 压力表；4. 液控单向阀；
5. 流量计

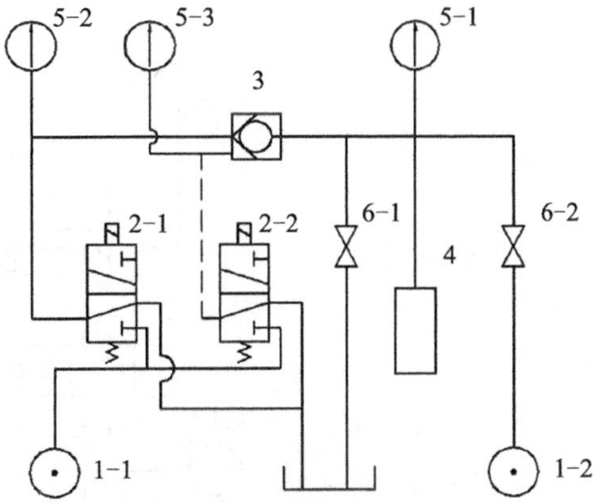

图17.4　液控单向阀试验原理图（二）

1-1和1-2. 泵源；2-1和2-2. 电磁换向阀；3. 液控单向阀；
4. 稳压罐；5-1～5-3. 压力表；6-1和6-2. 截止阀

e. 压力流量特性

试验液压回路如图 17.3 所示。

（1）进液压力损失的测定：调节液源 1，通过换向阀 2-1 向被试阀 4 供液，使通过被试阀 4 的流量变化范围包含该阀公称流量。利用差压计测得不同流量时所对应的压力损失，绘出压力流量特性曲线。

（2）回液压力损失的测定：调节液源 1，通过换向阀 2-2 向被试阀 4 液控口供液，使被试阀 4 开启并保持开启状态；再通过换向阀 2-3 向被试阀 4 反向供液，使通过被试阀 4 的流量变化范围包含该阀公称流量。利用差压计测得不同流量时所对应的压力损失，绘出压力流量特性曲线。

f. 冲击压力

试验液压回路如图 17.5 所示，调节液源 1-2 压力为被试阀 3 公称压力，向被试阀 3 供液。当压力计 4-2 达到规定值并稳定时，切断供液。然后，调节液源 1-1 压力为 31.5 MPa，迅速操作换向阀 2，使被试阀 3 卸载释放封闭腔的高压液体。用测试系统记录液压冲击曲线。

g. 耐久性能

试验液压回路如图 17.5 所示，调节液源 1-1 压力为泵的公称压力，流量为被试阀 3 公称流量，向被试阀 3 供液，定量液压缸 5 活柱升起，当通过流量达 3L 时，活柱限位，压力计 4-2 达到压力值并稳定后，停止供液，使阀关闭。再由液源 1-2 向被试阀 3 反向供液，当压力计 4-2 达到被试阀 3 公称压力时，切断供液，再使被试阀 3 卸载并向液压缸 5 上腔供液，下腔液体经被试阀 3 反向流出，其过液量为 3L。以上过程为一个工作循环，进行 15000 次工作循环，A 类阀进行 30000 次工作循环。

h. 密封性能

测试技术及方法同安全阀密封性能测试要求。

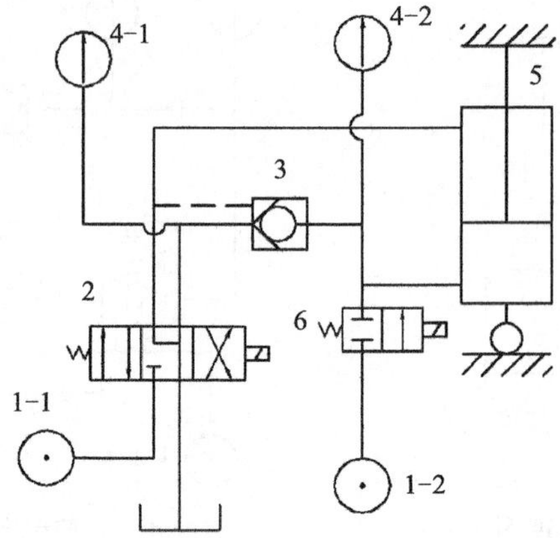

图17.5　液控单向阀试验原理图（三）

1-1和1-2. 泵源；2、6. 电磁换向阀；3. 液控单向阀；4-1和4-2. 压力表；5. 试验用立柱

i. 强度

测试技术及方法同安全阀强度测试要求。

3）换向阀

（1）换向性能。试验液压回路如图 17.6 所示。调节液源 1 的压力为 10MPa、被试阀 3 的公称压力，流量为被试阀 3 公称流量。使被试阀换向，定量油缸运动到极限位置，公称压力时应再重复做一次该工作口的换向动作；用同样的方法做另一工作口的换向试验。观察记录被试阀动作是否灵活和开启、关闭时的冲击压力。

（2）操作力矩（控制压力、启动电压）。试验液压回路如图 17.6 所示。调节液源 1 的压力和流量为被试阀的公称压力和公称流量，向被试阀供液。通过测力计操作被试阀 3 换向，记录测力计读数。对液控换向阀，记录换向时液控口的控制压力，电控换向阀则记录换向时的电压，每个阀测量 3 次。

（3）背压安全性。试验液压回路如图 17.7 所示。被试阀 3 处于中间位置，调节液源 1 分别向被试阀 3 供液 15MPa，然后调节液源 4 向被试阀 3 供液 6MPa，保压 3min。

（4）压力流量特性。试验液压回路如图 17.7 所示。测试技术及方法同单向阀压力流量特性测试要求。

（5）耐久性能。试验液压回路如图 17.8 所示。将被试阀安装于试验台内，调节液源 1 以被试阀 3 的公称流量和公称压力向其供液，定量缸 5 的容积为 3L，被试阀 3 换向至工作位，通过 3L 液体后，压力计 2-1 达到公称压力，操纵被试阀 3 返回中间位置并换向至另一工作位，通过 3L 液体后，压力计 2-2 达到公称压力，操纵被试阀 3 返回中间位置。以上为一次工作循环，进行 15000 次工作循环，A 类阀进行 30000 次工作循环。

（6）密封性能。测试技术及方法同安全阀密封性能测试要求。

（7）强度。测试技术及方法同安全阀强度测试要求。

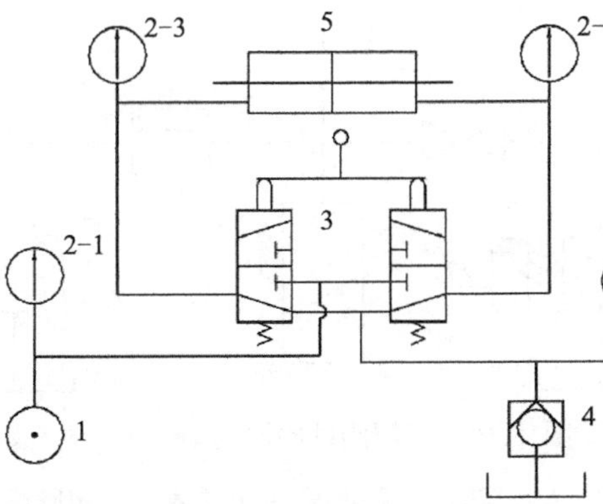

图17.6　换向阀试验原理图（一）

1. 泵源；2-1～2-4. 压力表；
3. 电磁换向阀；4. 单向阀；
5. 执行油缸

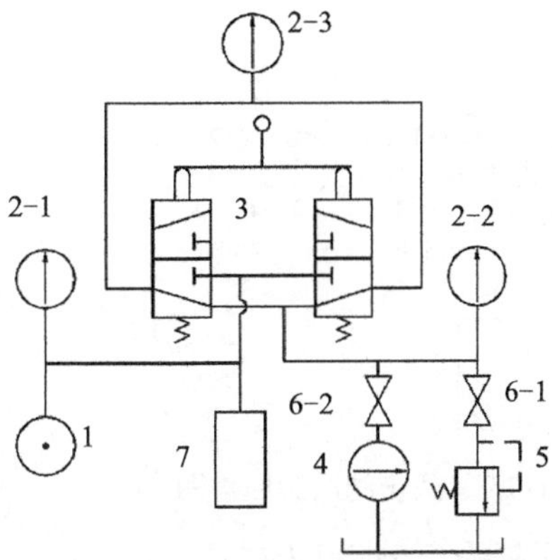

图17.7　换向阀试验原理图（二）

1. 泵液；2-1～2-3. 压力表；3. 电磁换向阀；
4. 流量计；5. 溢流阀；6-1和6-2. 截止阀；
7. 稳压罐

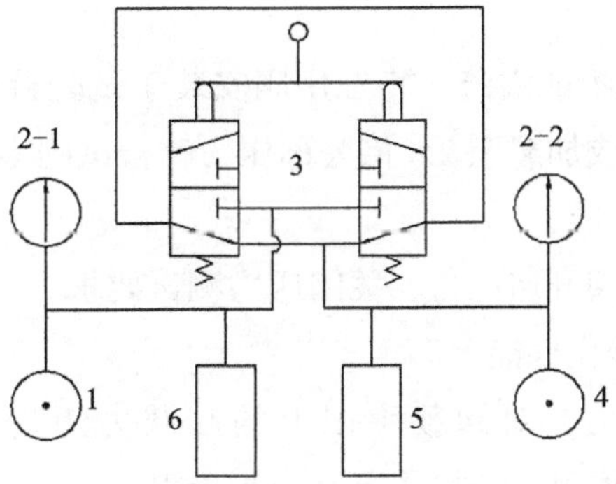

图17.8　换向阀试验原理图（三）

1、4. 泵源；2-1和2-2. 压力表；3. 电磁换向阀；5、6. 稳压罐

4）截止阀

试验液压回路如图 17.9 所示。

（1）操作力矩（控制压力）。以被试阀 3 的公称压力和公称流量向被试阀供液，用测力计分别测出被试阀 3 开启和关闭时的操作力矩（对液控截止阀则记录开启时的液控口控制压力）。

（2）压力流量特性。测试技术及方法同单向阀压力流量特性测试要求。

（3）耐久性能。以被试阀的公称压力和公称流量向被试阀供液。以开启、关闭为一次工作循环，每次开启的供液时间为 5s，进行 1500 次工作循环。

（4）密封性能。测试技术及方法同安全阀密封性能测试要求。

（5）强度。测试技术及方法同安全阀强度测试要求。

2. 三用阀试验方法、要求及原理

试验液压回路如图 17.10 所示。

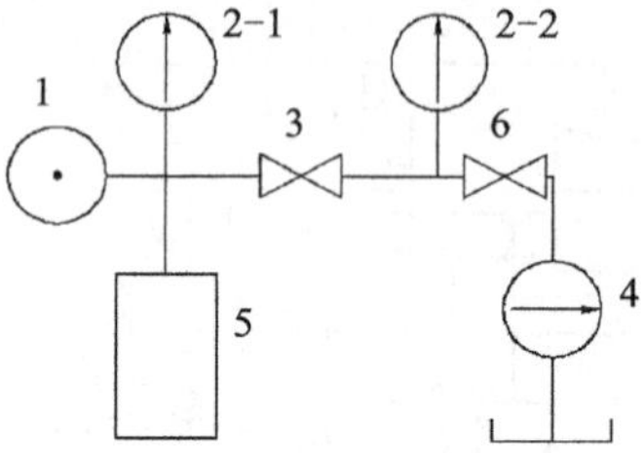

图17.9　截止阀试验原理图

1. 液源；2-1和2-2. 压力表；
3. 被试阀；4. 流量计；
5. 稳压罐；6. 截止阀

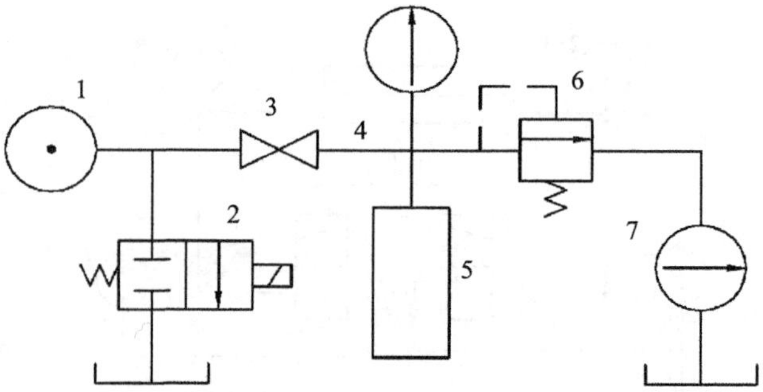

图17.10　三用阀试验原理图

1. 液源；2. 电磁阀；3. 截止阀；4. 压力表；5. 稳压罐；
6. 被试阀；7. 流量计

三用阀小流量启溢闭特性、公称流量启溢闭特性、密封性能、应力循环、小流量溢流耐久性能、公称流量溢流耐久性能、强度的测试技术及方法同安全阀测试要求。

1）防飞性能

先将被试阀调死，使之不能溢流，将三用阀安装于试验台内，再以大于2倍公称压力对阀进行加载，直至阀破坏或加载至2.5倍公称压力，被试阀零件不得飞出。

2）单向阀开启、关闭性能

测试技术及方法同单向阀开启压力、关闭压力测试要求。

3）卸载阀卸载性能、操作性能

使安全阀处于公称压力，对卸载手把上的卸载力矩进行测定，卸载力矩应小于200N · m，试阀应卸载、复位可靠，操作灵活，无卡阻。

4）耐久性能

测试技术及方法同单向阀耐久性能测试要求。

17.2　液压支架用阀、三用阀产品测试装备

煤科总院北京研究院建有1000L/min安全阀试验台、1000L/min阻力损失试验台、500L/min安全阀试验台、880L/min综合阀试验台、485L/min综合阀试验台、小流量安全阀试验台、先导阀试验台等阀类试验装置。具备冲击载荷测试、微小流量测试、超高压测试、大流量稳定输出等测试功能。

17.2.1　1000L/min安全阀试验台

1000L/min安全阀试验台于2012年正式建成并投入使用。试验台具备高压、大流量快速释放功能，可模拟煤矿井下顶板冲击来压时安全阀的实际工况。该试验台具有响应迅速、数据传输快、输出流量大等显著优点。该装置可在25ms内使被试阀开启。试验台具体参数

见表 17.1。

1. 结构

试验台由机体（含增压装置）、液压系统（包括油液系统和乳化液系统）、蓄能装置及电气测控系统等组成。

表17.1 试验台参数

序号	参数	指标
1	最大试验流量 /（L/min）	1000
2	最大输出压力 / MPa	75

2. 液压控制系统

试验台液压系统原理如图 17.11 所示。

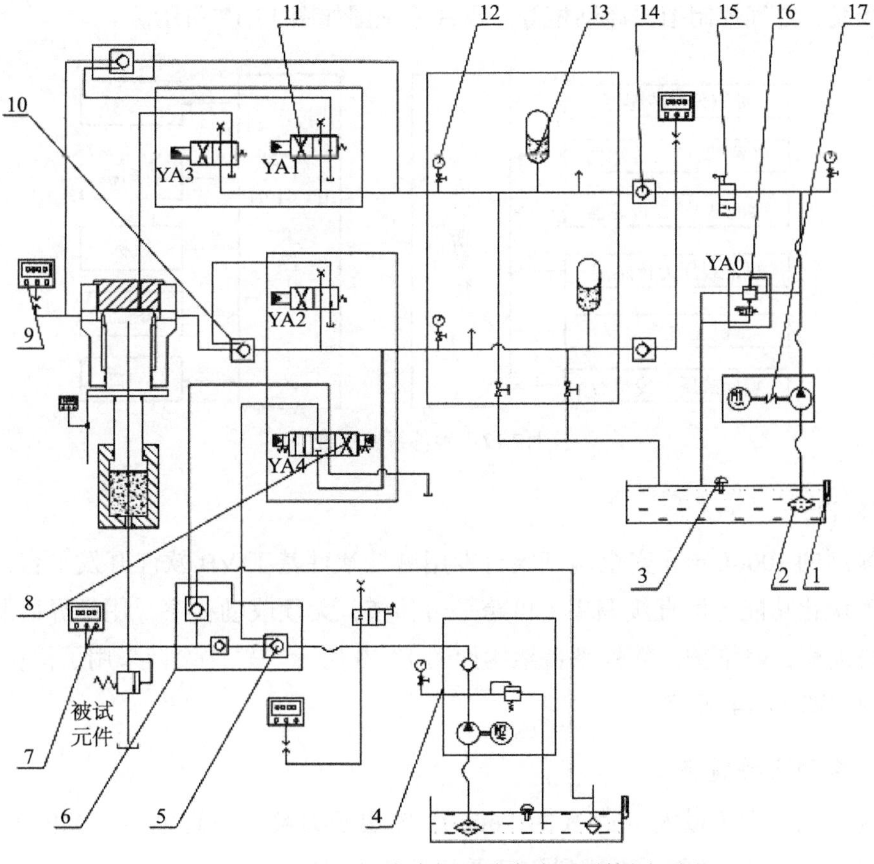

图17.11 1000L/min安全阀试验台液压系统原理图

1. 液位计；2. 过滤器；3. 液位传感器；4. 乳化液系统；5. 单向阀；6. 单向阀组；7、9. 压力传感器；8. 电磁换向阀；10. 液控单向阀；11. 电磁阀；12. 压力表；13. 蓄能器组；14. 单向阀；15. 换向阀；16. 溢流阀；17. 机油系统乳化液控制系统主要用于控制增压缸动作，建立初始试验压力。电液控换向阀、单向阀和液控单向阀组合控制增压缸下腔进液、排液和密封。油液系统主要用于实现蓄能器充液及增压装置启动。

两位四通阀（YA0）可控制蓄能器充液、排液；两位四通阀（YA1、YA2、YA3、YA4）可控制增压装置启动及复位。

3. 测控系统

该测控系统主要由硬件和软件两部分组成。设计时选用高频响、高精度、耐冲击位移传感器及压力传感器，基于 VB 软件，设计了友好的人机交互界面，实现了试验过程全自动控制，并可对试验数据进行自动采集与科学处理。测控系统具有高频响、高精度数据采集、误码率低，实时指令传输及控制，运行稳定性高、使用寿命长等特点。

1）硬件设计

硬件包括工控机、智能显示仪表、压力传感器、位移传感器、高速数据采集卡、开关电源、连接线、电气控制柜、启动柜等。硬件系统图如图 17.12 所示。

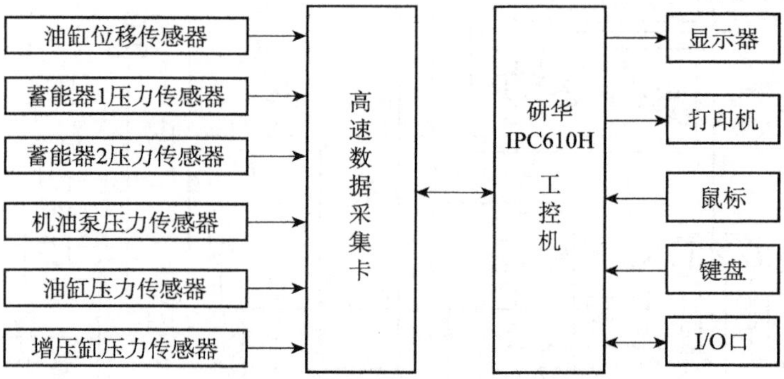

图17.12　硬件系统组成

2）软件设计

自行编制的 1000L/min 安全阀试验台专用测控软件基于 VB 软件开发平台，采用了强大的软件模块化功能（可直接调用）可跨平台移植，无须改动程序，用户界面友好，开发周期短，易编程，好维护。软件平台架构如图 17.13 所示。软件设计采用了模块化的思想。模块设计图如图 17.14 所示。

4. 试验台的主要特点

（1）输出流量大（最大可达 1000L/min），输出压力高（最高可达 75MPa），响应速度快（25ms 内可由 60% 公称压力达到开启压力）。

（2）采用了快速加载增压缸为该试验台执行元件，极大提高了控制系统的响应速度，减小了系统阻力损失。

（3）设计、制作了专用的大流量插装阀，最大流量为 4000L/min，解决了大流量输出控制的难题。

（4）设计、制作了大容积缓冲、开口回廊式收气装置，解决了试验时溢流液体喷溅的难题。

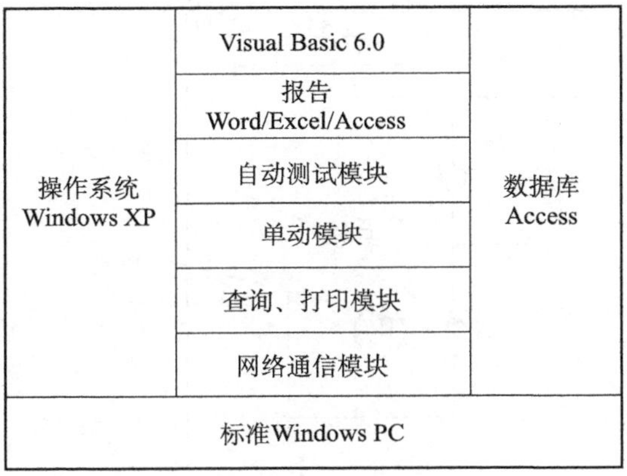

图17.13　软件平台构架图

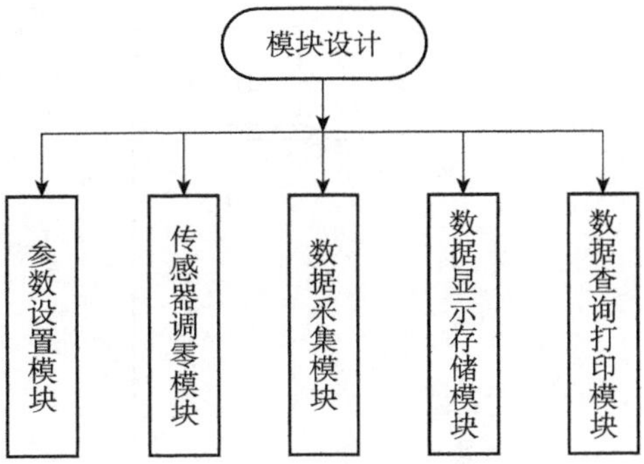

图17.14　软件模块设计图

17.2.2　1000L/min阻力损失试验台

1000L/min 阻力损失试验台于 2015 年正式建成并投入使用。最大试验流量达到 1000L/min。试验台具备低压、大流量输出功能，可模拟单向阀、换向阀、截止阀公称流量过液的实际工况。

1. 结构

阻力损失试验台主要由工作台、蓄能器储能系统、乳化液系统和计算机控制系统四部分组成。主要是通过蓄能器对增容缸瞬间释放储能压力，实现对被试产品阻力损失－流量特性等试验项目的测试。

2. 液压控制系统

该试验装置与 1000L/min 安全阀试验台共用一套蓄能器系统、泵站系统。液压原理如图 17.15 所示。

3. 主要特点

（1）试验装置利用了反向增压思路，利用高压、小流量输入，实现了低压、大流量输出。

（2）该试验装置与 1000L/min 安全阀试验台共用一套泵站系统、蓄能器系统，实现了试验装置集成化，节约了成本。

（3）试验装置乳化液箱处通过迷宫方式特殊处理，解决了大流量回液喷溅的难题。

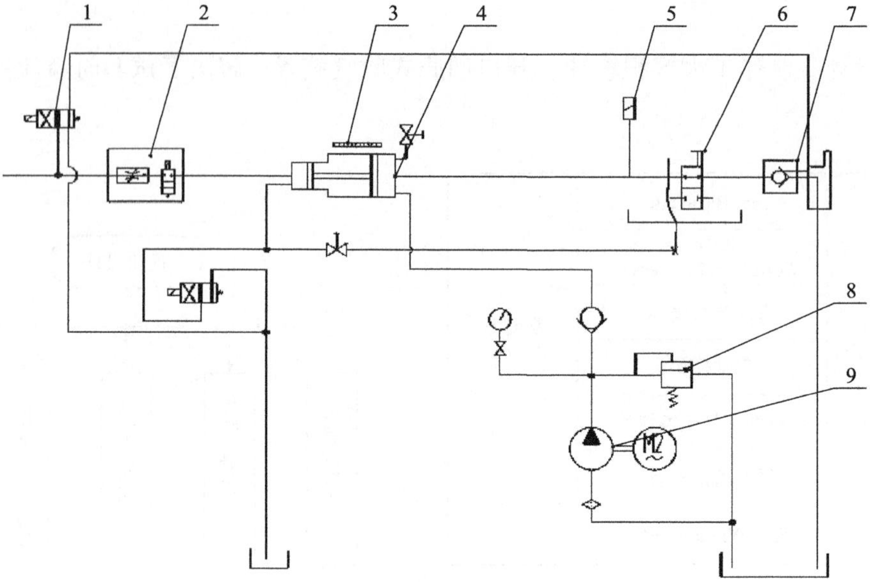

图17.15　阻力损失试验台原理图

1. 电磁阀；2. 调速阀；3. 位移传感器；4. 增压缸；

5. 压力传感器；6. 被试阀；7. 开关阀；8. 调压阀；9. 泵

17.2.3　880L/min综合阀试验台

880L/min 综合阀试验台于 2013 年正式建成并投入使用。试验台由高压泵站系统、阀控制系统、增压装置、换向机构、操作台等部分组成。

试验台具体参数见表 17.2。

表17.2　试验台参数

序号	参数	指标
1	试验流量 /（L/min）	80 ～ 880 可无级调整
2	最大输出压力 /MPa	80
3	乳化液泵站压力 / MPa	40
4	油泵站压力 /MPa	31.5
5	油液泵站流量 /（L/min）	16

1. 结构

该试验台主要由主试验台（承载立柱及其固定框架）、液压系统（包括乳化液系统和油液系统）、辅助试验机构（换向阀换向机构以及截止阀开关机构）等组成。

2. 液压控制系统

试验台液压系统如图 17.16 所示。

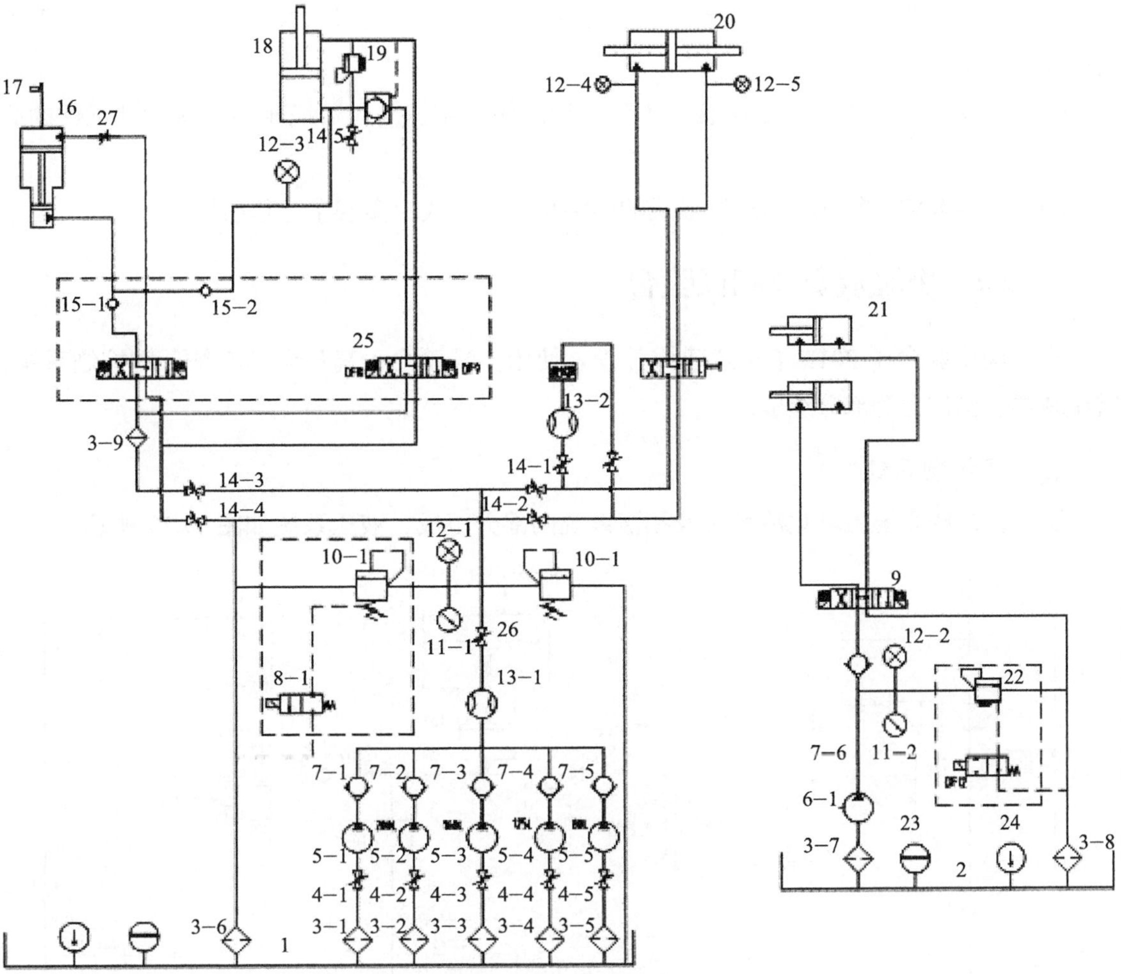

图17.16　液压系统原理图

1. 乳化液箱；2. 机油箱；3. 吸油过滤器；4. 截止阀；5. 乳化油泵；6. 机油泵；7. 直角单向阀；8. 电磁卸荷阀；9. 电磁换向阀；10. 调压阀；11. 压力表；12. 压力传感器；13. 流量计；14. 高压截止阀；15. 单向阀；16. 增压缸；17. 行程开关；18. 承载立柱；19. 安全阀；20. 定量油缸；21. 换向油缸；22. 电磁溢流阀；23. 液位计；24. 温度计；25. 电液控换向阀；26. 截止阀；27. 单向节流阀

3. 乳化液控制系统

乳化液控制系统主要为被试件提供动力源，并通过电液控换向阀控制液体流向，模拟被试产品实际使用工况，试验回路分为阻力损失－流量特性测试模块、换向阀产品测试模块、单向阀测试模块，安全阀测试模块。乳化液泵站主要由 5 台不同流量乳化液泵组成，可通过不同组合，满足不同流量被试件检验需求。

4. 油液控制系统

油液控制系统主要用来控制辅助试验机构动作，实现换向阀、截止阀换向动作。

5. 主要特点

（1）集成度高，功能齐全，采用多模块功能设计，可进行单向阀、换向阀、截止阀耐久性能、阻力损失－流量特性检验，及安全阀、三用阀应力循环检验、过滤器耐冲击等不同产品、多个项目的检验。

（2）试验装置采用了多泵组合、大流量调压阀、调速阀，可满足多种流量被试件的测试要求。

（3）采用KVM多电脑切换器形式的网络化监测形式，实现了远程监控。

17.2.4　小流量安全阀试验台

安全阀试验台于2013年正式建成并投入使用。试验台由高压泵站系统、阀控制系统、增压装置、操作台等部分组成。

1. 液压控制系统

试验台液压系统由乳化液系统及油液系统两部分组成，液压系统如图17.17所示。

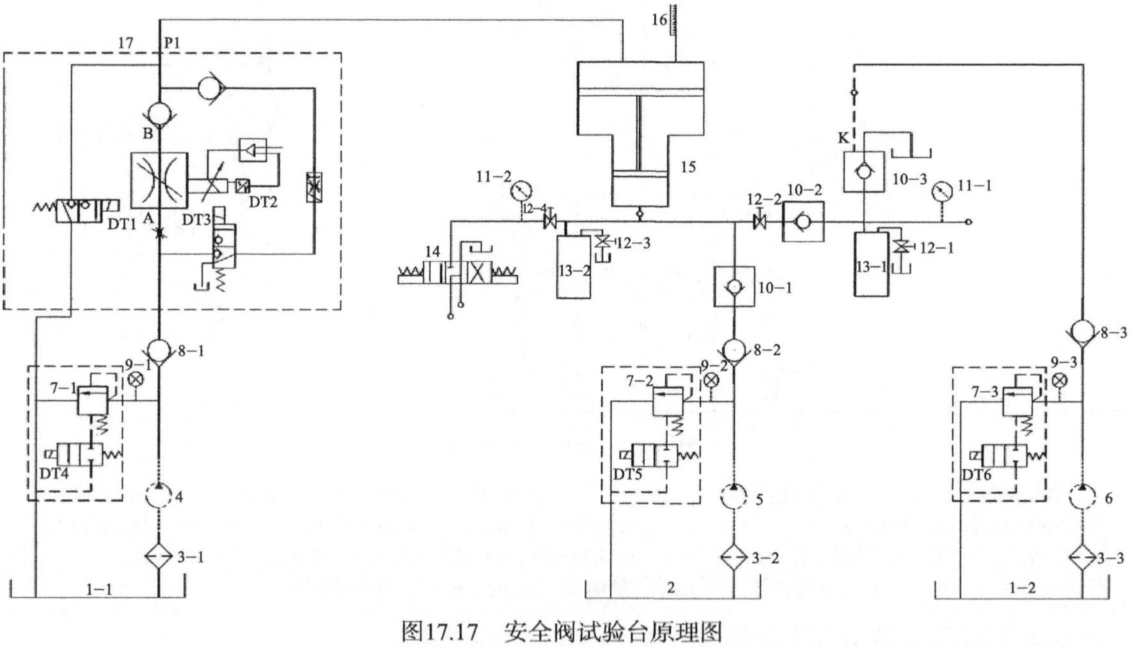

图17.17　安全阀试验台原理图

1-1和1-2. 液箱；3-1～3-3. 过滤器；4～6. 泵；7-1～7-3. 电磁溢流阀；8-1～8-3. 单向阀；9-1～9-3. 压力表；10-1～10-3. 单向阀；11-1和11-2. 压力传感器；12-1～12-4. 截止阀；13-1和13-2. 稳压罐；14. 换向阀；15. 增压缸；16. 位移传感器；17. 比例溢流阀组

其中，乳化液系统主要用于对被试件提供动力源，并使增压装置复位；机油控制系统采用了先进的比例流量阀，并通过增压装置，实现了流量输出的可调、可控。输出流量为0.04～3.15L/min。

2. 试验台特点

（1）试验台功能齐全，可按GB 25974.3—2010、EN 1804.3、MT 419—1995、MT 112.2—2008标准要求进行安全阀、三用阀小流量启溢闭特性试验、小流量溢流寿命试验；三用阀公称流量特性、公称流量溢流寿命试验；单向阀开启压力、关闭压力、控制压力试验；单向阀、换向阀背压安全性试验；所有阀类、过滤器、过滤站产品密封性能、强度性能试验。

（2）试验台可实现微小流量输出调节及精确控制，可实现标准要求的0.04L/min、0.1L/min、0.4L/min、1.0L/min、1.6L/min、2.5L/min、3.15L/min流量输出的精确控制。

（3）试验台输出压力高，最高输出压力可达100MPa，满足各类阀产品、过滤器及过滤站强度试验要求。

17.2.5 小流量电磁先导阀综合性能试验装置

小流量电磁先导阀综合性能试验装置于2013年正式建成并投入使用。可进行电磁先导阀控制电压、电流、换向性能、耐久性能、背压安全性等项目测试。

1. 结构

该装置由操作台、泵站系统、液压系统、测控系统等部分组成。

2. 液压系统

液压系统是试验装置的主体部分，主要包括泵站系统、电液换向阀、增压缸、截止阀、蓄能器、节流阀、稳压罐、安全阀等。机械主体为试验装置架，用于安装被试阀，泵站系统整个试验装置的动力源，为装置提供满足要求的试验介质，最高可达80MPa。液压系统如图17.18所示。

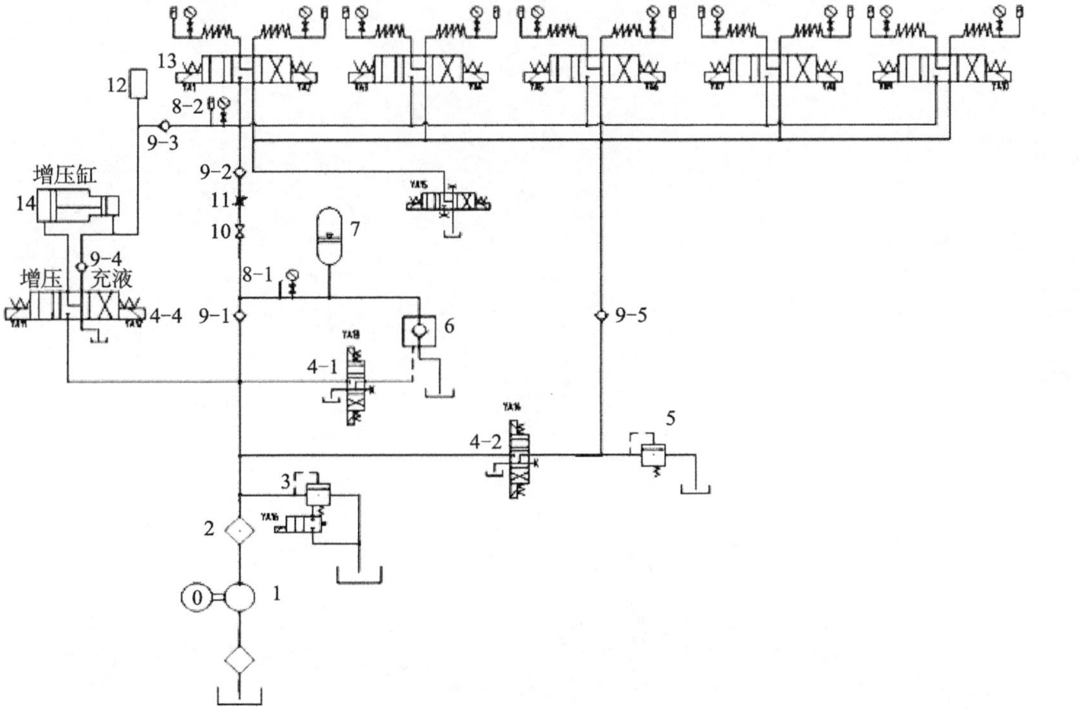

图17.18 液压系统图

1. 乳化液泵；2. 反冲洗过滤器；3. 电磁溢流阀；4-1～4-4. 电液换向阀；5. 安全阀；6. 液控单向阀；7. 蓄能器；8-1和8-2. 压力表及传感器；9-1～9-5. 单向阀；10. 截止阀；11. 节流阀；12. 稳压罐；13. 被试阀；14. 增压缸

3．主要特点

（1）该试验装置实现了电磁先导阀独立测试功能；实现了高压微小流量测试，功能齐全，可进行电磁先导阀换向性能、耐久性能、换向冲击试验。

（2）通过阀连接板的设计，解决了不同规格、接口电磁先导阀与试验装置对接的难题。

（3）通过液压系统及元件的选型设计，采用超高压泵及蓄能器同时作为系统动力源，实现了系统高压、高频、稳定输出。

（4）通过测控系统集成化设计，实现了电磁先导阀液压性能、电气性能的同台测试。

（本章主要执笔人：北京院崔述凯，赵锐）

第18章 液压支架电液控制系统测试技术

液压支架电液控制系统集监测与控制于一体，可实现综采工作面三机配套的自动控制功能。液压支架电液控制系统主要由主控制台（MCU）、远程数据传输控制单元和电液控制单元（主要包括支架控制器、电源箱、电液控制阀），信号转换元件（压力传感器、行程传感器）等部件组成。

本章主要阐述液压支架电液控制系统的测试项目、测试方法、技术要求、测试原理、工况模拟及相关主要测试装备的结构组成、工作原理、技术参数和主要技术特点等。

18.1 液压支架电液控制系统测试方法及要求

液压支架电液控制系统试验主要依据欧标、国标、行标等相关标准，在试验室内建立“煤矿井下高温、高湿、粉尘、电磁干扰等恶劣环境”的试验箱等模拟工况，通过“试验箱”内的电液控制系统及装置与实物液压支架、虚拟液压支架的连接，结合采煤机、刮板机“三机配套”模型，考核系统的性能、功能、工作稳定性、安全性、抗干扰性以及故障诊断与处理等。

18.1.1 测试项目

液压支架电液控制系统测试项目主要包括电液控制系统主要功能、环境适应能力、电源波动适应能力、工作稳定性、抗干扰性、防爆性能、结构、外观、外壳防护以及电液控制系统主要设备功能、防爆性能等。

18.1.2 主要测试项目、方法及要求

1. 环境适应能力测试

1）使用环境适应能力测试

多数矿井属于高温、高湿矿井，环境条件恶劣，因此需对电液控制系统进行“使用环境适应能力”的测试，主要考核电液控制系统在高温、低温、高湿、振动、受到冲击等环境中能否正常工作。

2）储运环境适应能力测试

我国煤炭分布所处地理环境复杂，对电液控制系统的运输、储存等要求较高，因此需对电液控制系统进行“储运环境适应能力”测试，主要考核电液控制系统在高温、低温、高湿环境中储存后以及在受到振动、冲击等影响后能否正常工作。

2. 供电电源波动适应性能测试

使用交流变压器，调节输出旋钮，控制电液控制系统供电电源为 96 ～ 139V（正常使用时，交流供电电源为 127V，电压波动为 75% ～ 110%）、频率为 50Hz，系统应能正常工作。

3. 电液控制系统主要功能测试

1）电液控制系统基本功能测试

该测试主要包括：邻架单动控制功能测试、隔架单动控制功能测试、本架程序控制功能测试、本架单动作程序控制功能测试、单架顺序程序控制功能测试、成组单动控制功能测试、成组顺序程序控制功能测试。

2）电液控制系统应具有的扩展控制功能测试

该测试主要包括：支架立柱或千斤顶压力、位移量监测测试、自动补压控制功能测试、支架姿态控制功能测试、跟机自动控制功能测试、远程控制功能测试。

3）电液控制系统应具有的安全操作功能测试

该测试主要包括：急停装置检查、单个急停功能测试、多个急停功能测试、系统急停响应时间测试、闭锁状态测试、闭锁复位测试、停止功能测试、动作停止响应时间测试、集中监控装置远程控制响应时间测试、单动手动控制灵活性测试、自动推溜动作禁区测试、成组顺序程序控制预警时间测试、报警功能测试。

4. 电源波动适应能力测试

用交流变压器控制电液控制系统供电电源分别在 96V、139V 时（频率 50Hz），对电液控制系统主要功能进行各项试验，系统的主要功能和主要技术指标应满足要求。

5. 工作稳定性测试

电液控制系统通电试验时间 7 天后，对电液控制系统主要功能进行各项试验，系统的主要功能和技术指标应满足要求。

6. 抗干扰性测试

（1）电液控制系统应能通过 GB/T 17626.3—2008 第 5 章规定的、试验等级不低于 2 级的射频电磁场辐射抗扰度试验，系统应能正常工作。

（2）电快速瞬变脉冲群抗扰度测试。对电液控制系统电源、接地、信号和控制端口进行试验等级不低于 2 级的电快速瞬变脉冲群抗扰度试验，系统应能正常工作。

（3）浪涌（冲击）抗扰度测试。对电液控制系统进行试验等级不低于 2 级的浪涌（冲击）抗扰度试验，系统应能正常工作。

7. 防爆性能测试

用于煤矿井下的设备（例如隔爆兼本安电源）应为防爆型电气设备，具体要求见丛书第十四篇“矿用防爆电气设备测试技术”。

18.2　液压支架电液控制系统测试装备

煤科总院北京研究院建有液压支架电液控制系统试验装置，可对液压支架电液控制系统在地面环境和煤矿井下低温、高温、高湿、粉尘、电磁干扰等恶劣环境下进行系统整体及元件、部件的功能、性能、可靠性、抗干扰性等的测试。

18.2.1　系统组成及工作原理

液压支架电液控制系统试验装置于 2012 年正式建成并投入使用。该试验装置建有煤矿井下极端恶劣环境（包括综采工作面温度、湿度变化以及电源波动等环境条件的模拟、综采工作面电缆破损、断裂、漏电等紧急情况的模拟）模拟装置，通过实物支架、采煤机、刮板机组成的“三机配套”模拟工况与虚拟现实、三维模拟仿真技术相结合的方式设计出容量为 300 台（套）液压支架的电液控系统测试平台。具体参数见表 18.1。

表18.1　电液控制系统试验装置参数

序号	项目	参数
1	系统容量	6 台（套）液压支架实物，294 台（套）液压支架三维仿真模型
2	煤矿井下温度环境模拟	-40 ～ 40℃，准确度等级：±2℃
3	煤矿井下湿度环境模拟	30%～ 98% R. H.；湿度偏差：1% R. H.
4	煤矿井下淋水环境模拟	滴水、淋水模式，喷孔直径：ϕ 0.4mm，水管直径：ϕ 16mm
5	煤矿井下跌落环境模拟	最大试验负载：100kg，最大加速度：150 ～ 6000m/s^2
6	运输环境模拟	最大加速度：980m/s^2
7	电源、电磁场干扰环境模拟	脉冲重复频率为 0.1kHz ～ 1MHz，脉冲群模块最高可达 5.5kV，浪涌模块最高可达 5kV
8	发生紧急情况模拟	线缆断裂、破损情况模拟
9	传输速率、误码率等通信特性检测	DPO2012 数字荧光示波器；5233C 型误码测试仪
10	测控系统精度	0.5%

液压支架电液控制系统试验装置主要包括：综采工作面液压支架、采煤机、刮板输送机“三机配套”模型；综采工作面环境条件模拟设备、紧急情况发生设备（煤矿井下恶劣

环境试验系统）；煤矿井下工作面三维仿真“三机配套”工况模型、虚拟现实测试平台；液压支架电液控制系统元件、部件检测检验装置。

1. 综采工作面液压支架、采煤机、刮板输送机“三机”试验模型

电液控制系统试验装置中采用6架实物液压支架和294台（套）液压支架三维仿真模型配合一台采煤机（实物模型）模拟井下工况，通过“三机配套”的实际动作，可测量空间尺寸、油缸位移、响应时间、预警时间、报警时间、报警声级、矿压监测等数据参数，检查各种功能，考核系统稳定性、可靠性，以及软件执行率、红外线接收/发射装置的通信可靠性、根据采煤机位置控制液压支架命令的有效性等技术指标。

2. 综采工作面环境条件模拟设备、紧急情况发生设备

1）综采工作面综合恶劣环境条件模拟系统

根据国内多数煤矿矿井工作面的极端恶劣环境，建立淋水、粉尘、振动、电磁干扰等多重恶劣条件叠加试验系统，实现温度范围为−40～40℃、湿度范围为30%～98% R. H.、振动加速度可调、电源及信号线电磁干扰等环境的叠加模拟。

2）综采工作面紧急情况发生测试

为保证不破坏被试样品原有系统的完整性，支护设备研究所自行设计开发信号监测装置，将电液控制系统中电磁驱动器和信号转换元件（压力传感器、位移传感器、倾角传感器等）信号接入该信号监测装置，保证电磁驱动器和信号转换元件信号不受影响，系统连接图如图18.1所示。

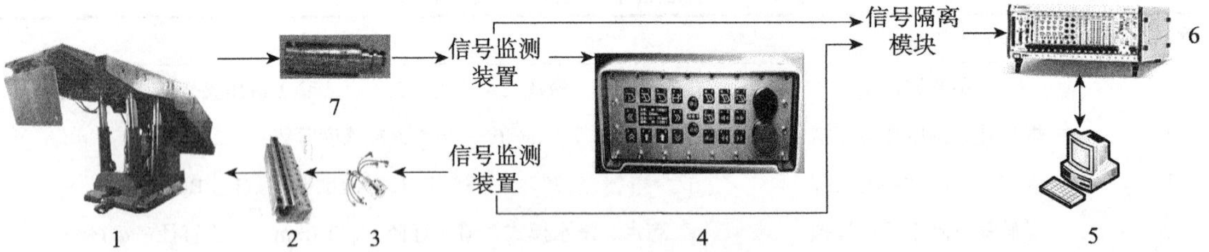

图18.1 信号监测装置连接图

1. 液压支架；2. 电液阀组；3. 电磁驱动器；4. 电液控制系统支架控制单元；5. 控制室上位机；6. 现场下位机（工控机）；7. 压力、位移、红外等传感器

通过该信号监测装置可模拟实现煤矿井下线缆断裂、漏电、控制失效等紧急情况，检测、考核紧急情况时电液控制系统的响应速度、安全性、可靠性、稳定性。

3. 煤矿井下工作面三维仿真“三机配套”工况模型、虚拟现实测试平台

测试系统最大容量可对300架支架工作面使用的电液控制系统进行测试。受试验场地限制，实验室只能构建6台支架实物作为电液控制系统的控制主体，其余294台液压支架通过三维仿真模型构建。开发人员以Solidwork、LabVIEW等软件平台，开发出工作面液

压支架模型、采煤机、刮板机三机模型，同时利用“虚拟现实－OpenGL”技术，对所建立的三机模型进行三维建模，结合 LabVIEW 测试软件中读取的被试电液控制系统发出的控制参数，进而控制虚拟三机模型中各元部件的运动方向、运动角度和运动速度等变量，从而实现煤矿井下液压支架在电液控制系统控制下的虚拟现实场景，达到利用计算机虚拟现实技术检测电液控制系统实物的目的。液压支架电液控制系统三维仿真模型的虚拟现实原理如图 18.2 所示。

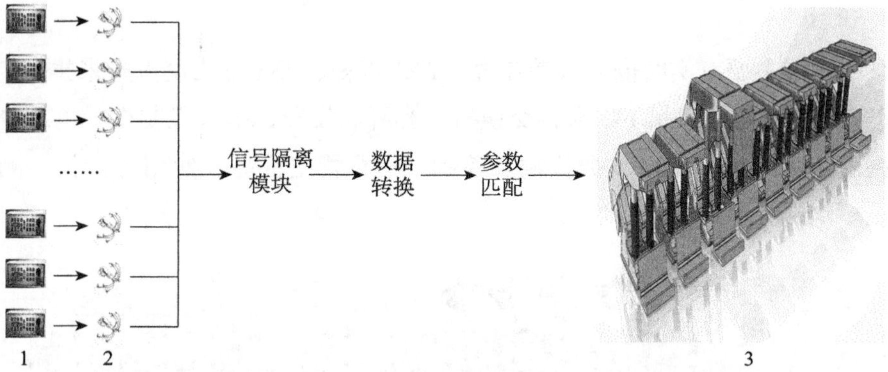

图18.2　液压支架电液控制系统三维仿真模型的虚拟现实原理图

1. 电液控制系统支架控制单元；2. 电磁驱动器；3. 虚拟支架群

4. 液压支架电液控制系统元件、部件检测检验装置

液压支架电液控制系统元件、部件试验装置主要包括供电电源、示波器、信号发生器、误码率测试仪、标准源、绝缘电阻测试仪、淋雨试验箱、振动试验台、冲击试验台、高（低）温试验箱、交变湿热试验箱、电磁兼容试验装置等。

18.2.2　液压控制系统

乳化液控制系统主要为被试支架提供动力源。

乳化液控制系统液压原理如图 18.3 所示。

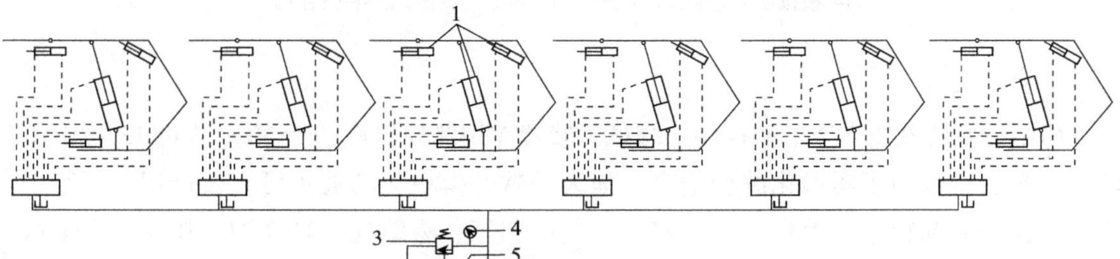

图18.3　液压原理图

1. 被试支架执行油缸；2. 过滤器；3. 溢流阀；4. 压力表；5. 电磁开关阀；6. 泵及电机

18.2.3 测控系统

液压支架电液控制系统试验装置主要由现场设备和控制室设备组成。通过光纤以太网构建实时测试系统，全面实现了液压支架电液控制系统、试验装备、监控系统的实时、远程测试及监控，并实现与上层信息网络检测管理平台无缝连接，使试验室远程、跨区域管理、无纸化办公成为现实。

1. 硬件设计

测控系统组成主要有实时嵌入式控制器、PXI 机箱、PXI 总线模拟量采集卡、PXI 总线模量输出卡、PXI 总线数字量 I/O 卡，交换机、光纤收发器、电气控制柜、电缆等。实现了高频、高精度数据采集，实时数据传输及控制，运行稳定性高、使用寿命长。测控系统工作原理图见图 18.4。

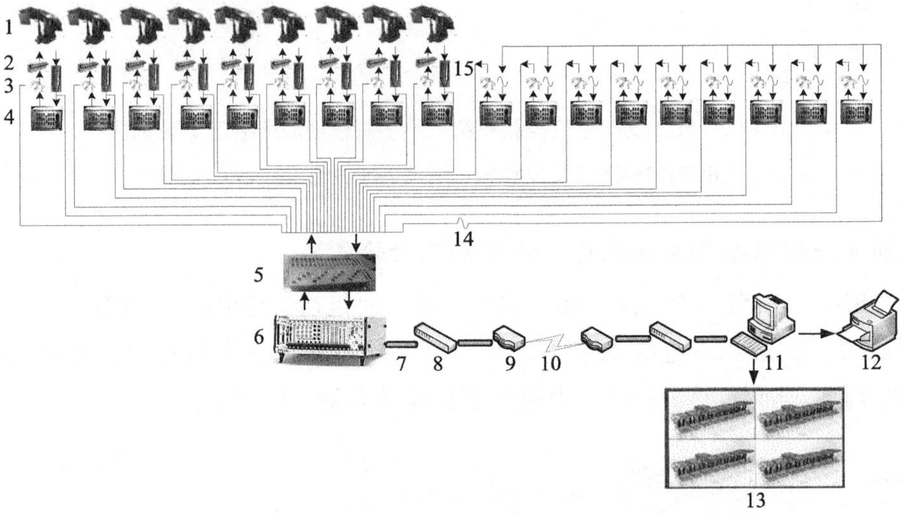

图18.4 液压支架电液控制系统整体试验装置工作原理图

1. 液压支架；2. 电液阀组；3. 电磁驱动器；4. 电液控制系统支架控制单元；5. 过渡装置；6. 现场下位机（工控机）；7. 网线；8. 交换机；9. 光纤收发器；10. 光纤；11. 控制室上位机；12. 打印机；13. 液晶显示墙；14. 模拟量（电压、电流等）；15. 压力、位移、红外等传感器

2. 软件设计

研制开发的液压支架电液控制系统试验装置专用测控软件基于 NI 开发的 LabVIEW 软件开发平台，采用了图形化编程语言，强大的软件模块化功能（可直接调用）可跨平台移植，无需改动程序，用户界面友好，开发周期短、易编程，好维护。软件平台架构如图 18.5 所示。

嵌入式实时控制器中采用了 LabVIEW RT 模块，保证了系统的实时性。软件设计采用了模块化的思想。模块设计如图 18.6 所示。

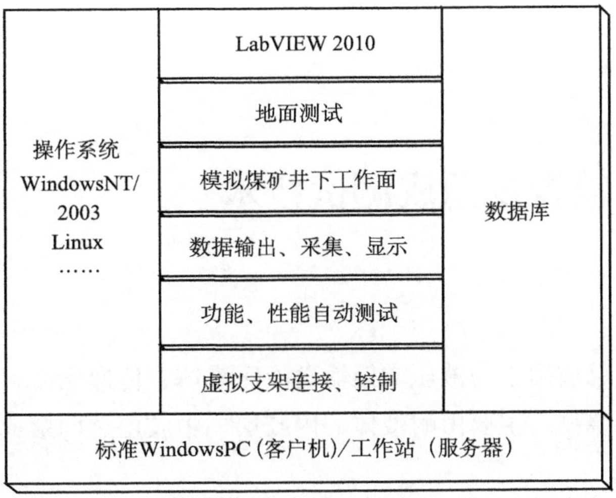

图18.5　软件平台构架图

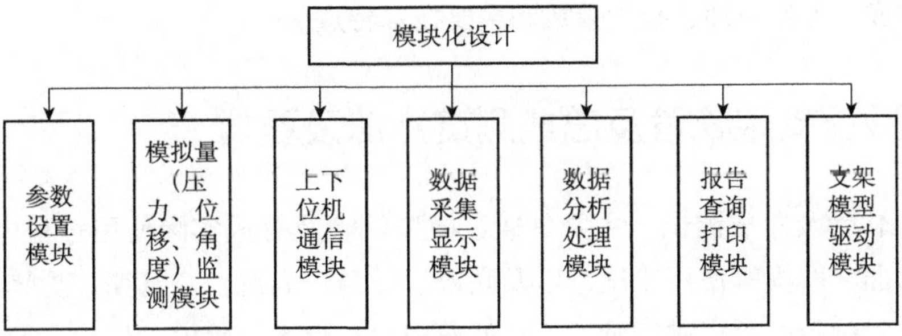

图18.6　软件模块设计图

（本章主要执笔人：北京院沙宝银，姚玉维，牛一村，赵越）

第19章 液压支架用软管及总成测试技术

液压支架软管及总成用于为液压支架输送液压流体、传递压力。液压支架软管分为两种类型：编织型和缠绕型。主要由耐液体的内胶层、中胶层、两层或4层或6层钢丝缠绕增强层、外胶层组成。

本章对液压支架软管的测试技术和装备进行了分析介绍，主要阐述液压支架软管及总成的测试方法、技术要求、测试原理、工况模拟、测试项目及判定原则，及相关主要测试装备的结构组成、工作原理、技术参数和主要技术特点。

19.1 液压支架软管及总成测试方法及要求

液压支架软管及总成测试，主要是通过模拟软管及总成实际使用过程中受到的高压、高频脉动、弯曲、磨损等使用工况，以及高温、低温、高湿、高瓦斯、灼烧、腐蚀性气体等环境工况，对软管及总成进行脉冲、高低压密封、阻燃抗静电、爆破、低温弯曲、磨损等各项性能指标考核。

19.1.1 测试项目

液压支架软管及总成测试项目主要包括密封性能试验、长度变化测定、脉冲试验、爆破试验、低温弯曲性能试验、阻燃试验、抗静电试验、外覆层耐磨损试验。

19.1.2 主要测试项目、方法及要求

1. 密封性能试验

高压密封的试验压力为软管许用工作压力，试验3次，每次5min，低压密封的试验压力为1.0MPa，试验3次，每次1min。

2. 长度变化测定

将软管组合件内空气排空后，升至最大工作压力，保压30s，然后泄压。至少在泄压30s后，在两接头中间一点，向两边各相距125mm处做两个准确的标记，记为L_0。然后重新加压至最大工作压力，保压30s。在保压状态下，测量软管两个标记之间的长度，记为

L_1。按公式 $\Delta L=\dfrac{(L_1-L_0)}{L_0}\times 100\%$ 计算，长度变化 ΔL 应不超过 −4%～+2%。

3. 脉冲试验

（1）脉冲试验频率为 0.5～1.25Hz，脉冲试验压力为最大工作压力的 133%，脉冲次数应不少于 20 万次。

（2）脉冲压力波形应符合图 19.1 所示的要求。

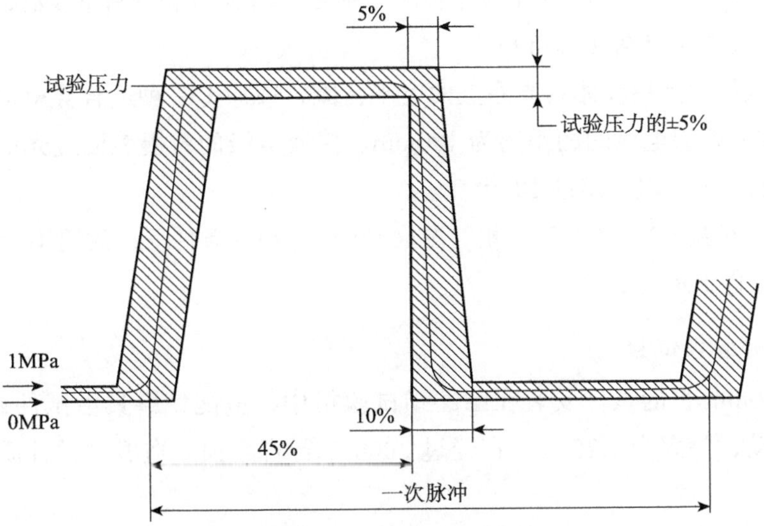

图19.1　脉冲压力波形

4. 爆破试验

将软管组合件充压至最小爆破试验压力（为最大工作压力的 4 倍），保压 1min，不应出现渗漏和其他异常现象，继续升压至爆破为止，记录爆破试验压力值。不同软管爆破试验压力的升压速率：软管爆破试验压力为 12.5～40MPa 时，升压速率为 0.35～1.17MPa/s 或在 90s 内达到爆破试验压力。软管爆破试验压力大于 40MPa 时，采用一恒定的升压速率，在 120s 内达到最终的试验压力。

5. 低温弯曲性能试验

软管组合件应在（−40±2）℃温度下平直冷冻 24h，在此温度下，沿一直径为最小弯曲半径 2 倍的圆盘上匀速弯曲，在（10±2）s 的时间内匀速地弯曲一次。软管公称内径不大于 22mm 时，弯曲 180°；软管公称内径大于 22mm 时，弯曲 90°。在弯曲后，使试件恢复到室温，再对试件以最大工作压力的 2 倍保压 5min，不应出现渗漏、龟裂及其他异常现象。

6. 阻燃试验

（1）将一根 300mm 的软管水平放置在试验箱内的试架上，软管外缘与酒精喷灯燃烧器的距离为（50±2）mm，酒精喷灯燃烧器底座与水平方向呈45° 角。

（2）火焰应调高至150～180mm，火焰温度为（960±60）℃。待火焰温度稳定时，将试件置于火焰中燃烧60s，然后移开酒精喷灯，测定被测试件的有焰燃烧或无焰燃烧时间。

7. 抗静电试验

（1）试件长度为300mm。试件的外表面用蘸有蒸馏水的干净绸布或消毒纱布清洗，再用洁净布擦干，放置在干燥处24h以上。

（2）围绕试件周围用胶体石墨涂上两个平行圈，或涂上一种适合导电的银漆，每圈宽25mm，两个胶体石墨电极间的距离为100mm。接通电极的石墨表面应光滑平坦，在电极的任何两点间的最大电阻不超过10万Ω。

（3）试件在室温（25±5）℃、相对湿度60%～70%条件下，放置不少于2h，然后在外表面干燥的条件下进行试验。

8. 外覆层耐磨损试验

取一段150mm长的试件安装在耐磨损试验机中，应能使磨具沿试件做100mm长的正弦波往复运动，频率为1.25Hz。在经过2000个行程磨损后造成的试件质量损失不应超过1g。

19.2 液压支架软管及总成测试装备

煤科总院北京研究院具有自动化程度高、科技含量高的意大利比马尔脉冲试验台、300MPa爆破试验台、低温屈挠弯曲试验台、电阻计、阻燃试验装置、密封试验台等。具有升压速率、弯曲速率自动调节等功能。

19.2.1 B1-100-KHT脉冲试验台

脉冲试验台（图19.2）于2016年正式投入使用。具备油液自动回收系统、压力报警系统、试验闭锁系统、试验数据分析系统、报表输出系统、故障自动诊断系统、软管安全固定装置等。试验间距可自动调整。测试软件采用进口PC304，具有可读性好、易操作等特点，可按照需求选择不同波形进行全自动试验。

1. 参数

试验台参数如表19.1所示。

2. 主要特点

（1）试验台测试压力大，最高可达100MPa；被试数量最多8根样品。

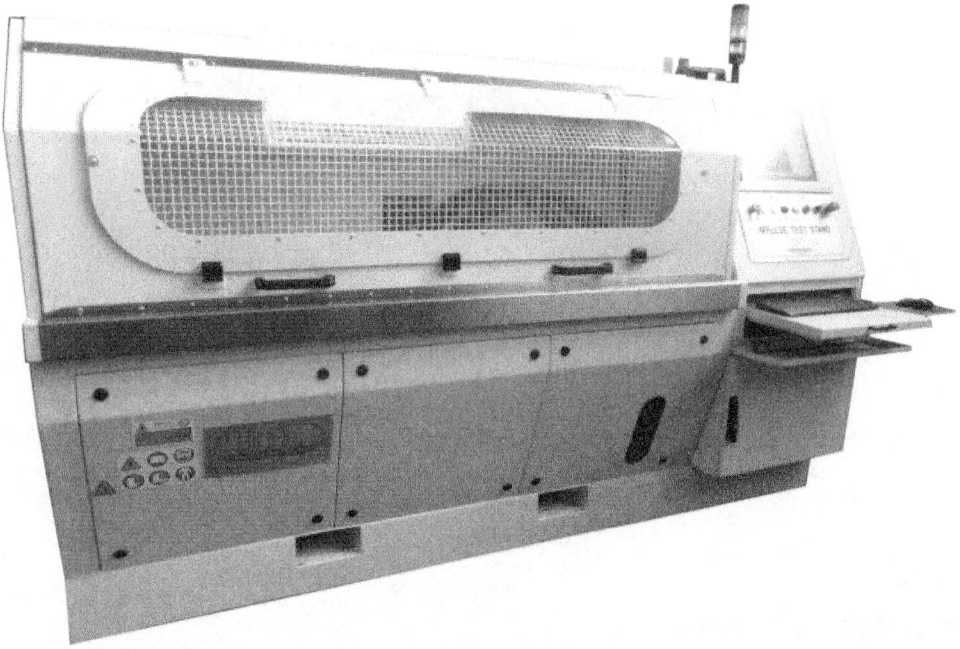

图19.2　B1-100-KHT脉冲试验台

表19.1　试验台参数

序号	参数	数值	备注
1	极限测试压力 /MPa	100	
2	最大脉冲频率 /Hz	0.035 ～ 1	任意设定
3	脉冲压力波形	平方波、峰波、普通波	
4	试验油温 /℃	20 ～ 150	自动可控
5	高温槽容量 /L	20	

（2）高温油箱的温度自动可控，并有超限、报警、停机联机装置。

（3）试验台的安全保护装置，能够记录、显示故障事件，自动判断故障点。

（4）液压系统集成化程度高，波形的振幅、周期、时间、下掩膜时间、上掩膜时间、振幅公差、梯度等参数可按不同要求自行输入。

19.2.2　低温弯曲试验台

低温弯曲试验台（图 19.3）于 2015 年正式投入使用。具有低速、大扭矩的匀速弯曲的功能；一种工装可完成多种软管弯曲测试；根据被试件管径不同，弯曲速度可自动调整；测试软件基于 Visual Basic6.0 平台开发，采用 Access 数据库存储试验数据、模块化的设计理念，可按照标准完成低温弯曲试验。

图19.3　低温弯曲试验台

1. 参数

试验台参数如表 19.2 所示。

表19.2　试验台参数

序号	参数	数值
1	被测试软管通径 /mm	6.3 ～ 76
2	弯曲时间 /s	10±2
3	弯曲角度 / (°)	90、180
4	弯曲半径 /mm	150 ～ 1200

2. 特点

（1）采用了多孔插销组合方式构建其弯曲半径，通过不同位置孔的组合形成不同弯曲半径，实现了一套工装可进行多种规格软管的试验。

（2）采用伺服电机、减速器及编码器等，将直线运动转化成匀速圆周运动，并根据位移变化量反馈自动调整动力输出，实现了低温弯曲胶管的低速、大扭矩的匀速弯曲。

（本章主要执笔人：北京院杨建新，高洋）

第20章 煤矿用乳化液泵站测试技术

乳化液泵站是用来为采煤工作面液压支架、单体液压支柱及其他用乳化液的液压装置输送高压乳化液的设备，是液压支架运行的动力源。乳化液泵站在煤矿井下工作中属于持续运行设备，能持续地为液压支架等提供稳定的高压乳化液。一旦运行不可靠或者出现故障，将造成采煤工作面停产甚至安全事故。所以在乳化液泵站设计定型和出厂前应进行严格的试验，以保证其可靠性。

本章主要阐述乳化液泵站及主要附属部件的测试项目及技术要求、测试方法、测试原理及判定原则，及相关主要测试装备的结构组成、工作原理、技术参数和主要技术特点。

20.1 煤矿用乳化液泵站测试方法及要求

乳化液泵站的测试包括泵站整机测试和乳化液泵组、卸载阀、安全阀、高压过滤器等部件的测试。通过在实验室内设置加载系统，模拟煤矿井下工况，对整机和零部件进行测试，以考核产品的稳定性和可靠性，从而避免设备在井下经常发生故障或者产品安全事故。

20.1.1 检验项目

乳化液泵及乳化液泵站检验项目主要包括空载运转、负载运转、超载运转、耐久运转、密封性、噪声、冲击磨损极限等。

20.1.2 主要测试项目、方法及技术要求

1. 乳化液泵站

1）空载运转

泵安装后启动运转，时间不少于30min，液力部分各连接处应无渗漏，无异常振动和噪声，紧固螺栓无松动。

2）负载运转

在公称流量下，压力从空载开始，按公称压力的25%、50%、75%、100%逐级进行加载，前三级运转时间不少于5min，在满载条件下，连续运转的时间不少于30min，泵站应运转平稳，振动、泄漏、声响、油温及保护装置等无异常现象。在公称压力下，泵站的额

定流量应不低于公称流量。

3）超载运转

在 1.25 倍的公称压力下，连续运转 15min，泵站液压系统应运转平稳；声响、振动、油温及保护装置等应无异常现象；各元件部件应无损坏；所有焊缝和元件、部件的各连接密封部位应无渗漏。

4）密封性

在空载运转条件下，在液箱加满水时，供液管、乳化液箱储液室及各连接部位应无渗漏；在公称压力下，泵、液箱及各元件之间的连接处应无渗漏。

5）卸载

在公称压力下，调节节流加载阀，使卸载阀在公称压力下卸载，并使卸载动作的频率调定为 5 ～ 10 次 /min，运转 3 ～ 5min，取连续的 3 ～ 5 次卸载压力的算术平均值为测量值，并计算出卸载压力偏差。卸载阀应能准确卸载，卸载压力偏移值应在 ±1.0MPa 内，恢复压力应在设计要求范围内。

6）安全阀（二级保护）

将卸载阀的卸载压力调至安全阀的开启压力以上，再调节节流加载阀，使试验压力升至安全阀开启；然后再调节节流加载阀，使试验压力降低至安全阀关闭；反复三次，取连续的三次开启压力的算术平均值为测量值，并计算出开启压力偏差。安全阀在公称压力的 110% ～ 115% 范围内，应能开启，开启压力偏差应在公称压力的 ±8% 内。

7）配液

用折光仪测量配置的乳化液浓度。供水压力为 0.2 ～ 1.0MPa 时，应能将乳化油与中性软水按 5 ∶ 95 质量比配制而成的高含水液压液，在 0 ～ 6% 的范围内进行调节。

2. 乳化液泵组

1）空载运转

泵安装后应进行空载跑合运转，运转时间不少于 0.5h，液力部分各连接处应无渗漏，无异常振动和噪声，紧固螺栓无松动。

2）负载运转

流量不小于公称流量，按公称压力的 25%、50%、75%、100% 逐级进行加载，前三级中每级的运转时间不少于 15min，在满载条件下，连续运转 3h 以上，达到油温平衡，连续两次油温记录值偏差不大于 0.5℃。

3）超载运转

泵站公称压力不大于 31.5MPa 时，超载压力为公称压力的 1.25 倍，泵站公称压力大于 31.5MPa 时，超载压力为公称压力的 1.1 倍，运转 15min，再转入空载运转 5min，反复 3 次，泵应运转平稳；振动、泄漏、声响、油温及保护装置应无异常现象。

4）耐久运转

（1）在满载条件下，累计运转 500h，在运转中因故停泵的时间扣除。

（2）试验过程中，设计需要调整的部位允许调整 3 次。

（3）试验开始每 30min 记录一次油温、液温和室温，待油温达到稳定后，则要求每小时记录一次油温、液温和室温，油温不应超过 85℃，液温不应超过 40℃。

（4）运转 150h 允许停泵换油一次，允许在 250h 后停泵检查。

（5）在累计运转（150±10）h、（300±10）h、（450±10）h 后各测量一次工作介质和油的漏损，在测量时若发现测量值超过规定值，允许对柱塞密封进行一次调整，并再进行测量，取其中的最小值为测量值。主要零件不应损坏，工作介质的外漏损量每小时不超过 0.5kg；隔离腔滑块密封处润滑油漏损量每小时不超过 0.05kg。

5）冲击

调整与泵配套的卸载阀，使其在公称压力下卸载；调整节流加载阀，使卸载阀的卸载动作频率控制在 15 ～ 25 次 /min，累计动作次数应达到 4000 次的要求（试验中允许调整泵 1 次），泵应运转平稳；振动、泄漏、声响、油温及保护装置无异常现象。如无卸载阀，该项检验可不做。

3. 安全阀

1）密封性能

阀在配用泵站的公称压力下，稳压 5min，应无渗漏。

2）开启压力

用节流加载阀调节试验压力，使阀开启，然后再调节节流加载阀，使试验压力降低至阀关闭；反复 3 次，取连续 3 次开启压力的算术平均值为测量值，并计算开启压力的偏差。

3）调压范围

将阀的弹簧力调小，阀的开启压力应能降至公称压力的 0.7 倍，然后将阀的弹簧力调大，阀的开启压力应能升至公称压力的 1.2 倍。

4）强度性能

阀在 1.5 倍开启压力的静压下，稳压 5 min，不得损坏。

5）耐久性能

阀在开启压力下的动作次数应不少于 300 次；阀芯、阀座、弹簧等主要零件不得损坏。

4. 卸载阀

1）外渗漏

调定节流加载阀，使表压维持在阀的公称压力的 80% ～ 90%，保压 5min，应无外渗漏。

2）内渗漏

用节流加载阀调定试验压力，使之与被试阀的公称压力的 80% 相等，然后在卸载回液口处测量渗漏，其内渗漏量应不大于 5mL/min。

3）公称压力卸载

调定阀的调压螺堵使阀在公称压力下卸载，然后再放松调压螺堵，反复 3 次，阀都应在公称压力下卸载。再调整节流加载阀，使卸载动作的频率调定在 5 ～ 10 次 /min，运转 3 ～ 5min，取连续的 3 ～ 5 次卸载压力和 3 ～ 5 次恢复压力的算术平均值为测量值。并计算出调定压力偏差和恢复压力偏差。阀的压力调压范围、调定压力偏差、恢复压力和恢复压力偏差、压力损失等应满足表 20.1 中的要求。

表20. 1　阀的压力调压范围、压力损失值　（单位：MPa）

公称压力	压力调压范围	调定压力偏差	恢复压力偏差	压力损失
6.3	6.3 ～ 4.0	±0.7	±0.7	≤ 0.5
10	10 ～ 6	±0.7	±0.7	≤ 0.5
16	16 ～ 10	±0.8	±0.8	≤ 0.5
25	25 ～ 16	±0.8	±0.9	≤ 0.5
31.5	31.5 ～ 20	±1.0	±1.0	≤ 0.5
40	40 ～ 25	±1.0	±1.0	≤ 0.5
50	50 ～ 30	±1.0	±1.0	≤ 0.5

注：公称恢复压力不低于75%

将阀的卸载压力调低，使其卸载压力低于表 20.1 中的压力调压范围的下限值，阀的实测压力调压范围应不低于表 20.1 中的范围。

阀在通过公称流量时，阀的压力损失 ΔP_V 按下式计算，其值应符合表 20.1 中的要求。

$$\Delta P_V = P_j - P_c$$

式中，P_j 为进口处的压力；P_c 为出口处的压力。

4）公称恢复压力

将阀调定在公称压力下卸载，调定节流加载阀。使卸载动作频率保持在 15 ～ 25 次 /min，卸载动作累计次数为 120000 次。

5）超压卸载

将阀调定在 1. 25 倍公称压力下卸载，卸载动作频率调定在 10 ～ 20 次 /min，卸载动作次数不小于 200 次，阀应能正常工作。

6）强度

阀在 1.5 倍的公称压力下，做不卸载的耐压试验，保压 5min，不得出现渗漏和损坏。

7）动特性试验

将阀调定在公称压力下卸载，在相应的恢复压力下恢复，卸载动作频率保持在 5 ～ 10 次 /min，用装在阀的出口处的压力传感器及相应的二次仪表，画出 3 ～ 6 个卸载动作循环时的压力 - 时间曲线。

8）耐久试验

将阀调定在公称压力下卸载，调定节流加载阀。使卸载动作频率保持在 15 ～ 25 次 / min，卸载动作累计 120000 次。

20.2 煤矿用乳化液泵站测试装备

太原院建有一套公称流量 2000L/min 的乳化液泵站试验系统，能满足目前国内外市场现有乳化液泵试验的试验系统。

20.2.1 参数

1. 试验系统能满足单乳化液泵组产品的参数

试验系统进行单台乳化液泵组的测试流量范围为 40 ～ 2000L/min，试验压力调节范围为 4 ～ 100MPa，单泵组电机额定功率不大于 1000kW。

2. 试验系统能满足乳化液泵站产品的参数

试验系统进行乳化液泵站的测试流量范围为 40 ～ 2000L/min，试验压力范围为 4 ～ 100MPa，单泵最大功率为 500kW，泵站以两泵一箱组成，泵站有两台泵，额定总功率不大于 1000kW。

20.2.2 构成

乳化液泵站试验系统由电力供给系统、加载系统、测控系统、乳化液箱、冷却水系统构成。如图 20.1 所示，高压动力电源为乳化液泵站的配套电动机供电，乳化液泵排出的高压乳化液进入液压系统，调节手动调压阀组调节加载阀的开口度进行压力调节，由测控系统采集处理试验数据。

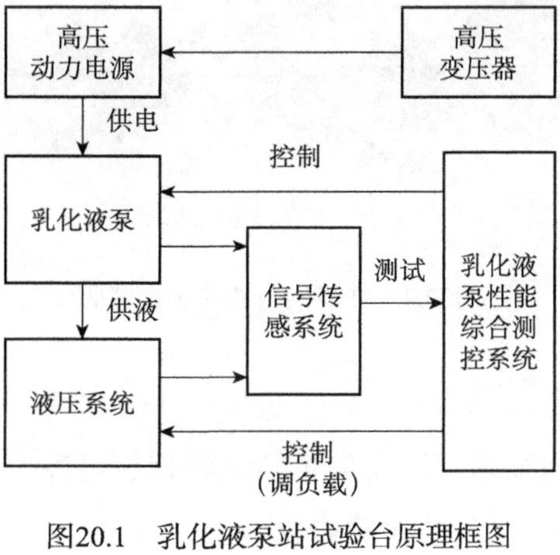

图20.1 乳化液泵站试验台原理框图

1. 加载系统

试验系统设置有 3 组液压加载阀，加载阀由一个液压泵站控制，操作手动调压阀组可实现加载和卸载的动作。在加载系统与乳化液泵的高压出口之间设置压力传感器，用于检测加载压力值。根据被试泵的不同流量设置有 3 种管径的加载阀门，由液压泵站为加载阀提供加载驱动，分别见图 20.2 和图 20.3。

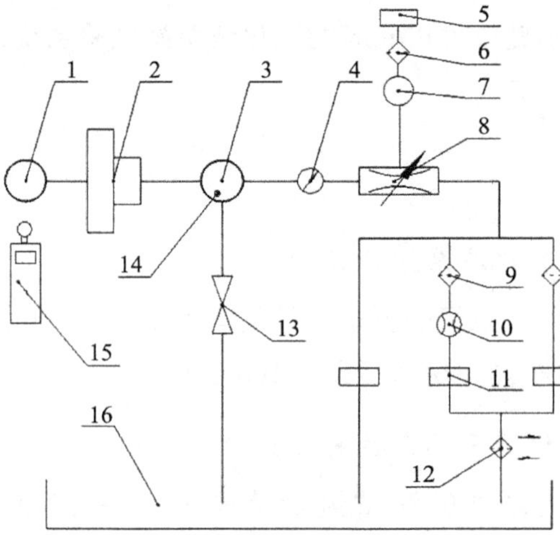

图20.2 液压系统及测控系统原理图

1. 电动机；2. 转矩转速传感器；3. 乳化液泵；4. 流量压力传感器；5. 油箱；6. 过滤器；7. 液压泵；8. 加载系统；9. 过滤器；10. 流量传感器；11. 电动球阀；12. 换热器；13. 截止阀；14. 温度传感器；15. 噪声仪；16. 液箱

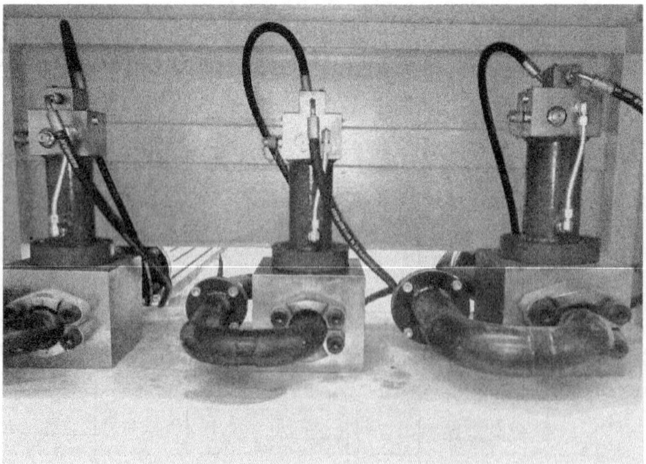

图20.3 加载柜内的三个加载阀

2. 测控系统

试验系统根据试验项目要求，需要采集转矩转速、温度、流量、压力和噪声等数值，在试验系统内设置测量各种量值的传感器。

采用转矩转速传感器测量电机输出转速和转矩；采用温度传感器测量曲轴箱内的油温、乳化液液温和室温；采用流量传感器测量乳化液泵各种工况下排出液体的流量，分四个流量测试等级；采用压力传感器测量乳化液泵排出液体的压力；采用噪声计测量乳化液泵满载运转时的噪声。

如图 20.4 所示，传感器采集的各种信号量值经过调理之后进入工控机，工控机在测控软件的控制下按规定的测试步骤进行信号的采集和处理，并形成测试结果（曲线、报表等），测试结果一方面可以打印输出，另一方面可以存储在数据库内，测控系统可以对测试结果的历史数据进行有效的管理，包括存储、查询、删除、统计等。

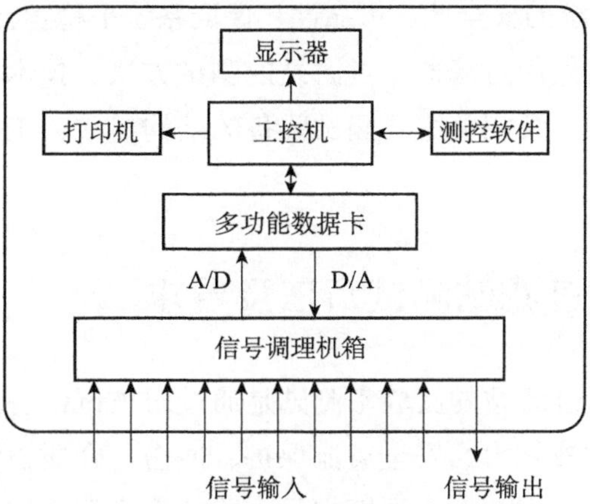

图20.4　测控系统构成框图

3. 试验系统特点

该试验系统试验能力强，能满足各种流量大小和压力高低的乳化液泵站及部件的检测要求。

自动化程度高，采用各种传感技术采集试验数据，并自动生成试验表格，绘制试验曲线。

试验精度高，用于采集各种试验数据的传感器均采用高精度仪器，能实现准确可靠的数据采集。

（本章主要执笔人：太原院刘凤雷，裴明尧）

第21章 过滤器及过滤站测试技术

液压支架用过滤器及过滤站用于保证液压系统介质清洁度，降低因杂质而造成的阀、立柱的故障率，提高了系统的安全性、可靠性，保证系统平稳运行。

本章主要阐述液压支架用过滤器、过滤站的测试方法、技术要求、测试原理、工况模拟、测试项目和判定原则，及相关主要测试装备的结构组成、工作原理、技术参数和主要技术特点。

21.1 过滤器及过滤站测试方法及要求

液压支架用过滤器、过滤站的实验室测试是通过对被试件各接口输入不同的流量、压力及污染物，用以模拟过液能力、安全溢流保护、冲击、介质被污染等不同使用工况，考核产品滤芯过滤精度、结构完整性、纳垢容量、滤芯强度等使用性能，以及整体结构的耐久、密封、强度等。

21.1.1 测试项目

液压支架用过滤器、过滤站测试项目主要包括外观质量、清洁度、高压密封、低压密封、强度、滤芯结构完整性、过滤精度、纳垢容量、滤芯强度、初始压降、滤芯抗冲击性能、反冲洗操作力、旁通阀开启特性、旁通阀关闭特性、旁通阀流量压降。

21.1.2 主要测试项目、方法及要求

过滤站为过滤器的组合使用形式，其中过滤站检测全部项目，过滤器检验前9项。

1. 密封试验

给过滤器进液口供液、加压，达到公称压力后稳压2min，不应有外渗漏；给过滤器进液口供液，达到6MPa后，稳压2min。

2. 强度试验

给过滤器进液口供液，其中公称压力小于40MPa时，试验压力为1.5倍公称压力，公称压力不小于40MPa时，试验压力为1.25倍公称压力，稳压5min。

3. 滤芯结构完整性试验

通过测量滤芯初始冒泡压力来检测滤芯结构完整性，测得滤芯的初始冒泡压力达到设计要求。

4. 过滤精度试验

滤芯过滤精度用初始过滤比标定，过滤站滤芯过滤精度应符合产品设计要求。

5. 纳垢容量试验

在规定时间、流量条件下进行纳垢容量试验，称重应满足要求，过滤站滤芯纳垢容量应符合产品设计要求。

6. 滤芯强度试验

通过添加污染物或其他方法使滤芯前后的压差上升到公称压力的 0.8 倍，持续 1min，检查滤芯的状态。

7. 初始压降试验

在被试过滤器额定流量的 10% ～ 110% 范围内，至少选取 4 个增量大致相等的流量点进行测试，记录每一个流量点的压力。在记录每一个测试点的读数时，应保持流量和压力稳定。

8. 滤芯抗冲击性能试验

以公称流量对过滤器供液，使过滤器压力在 0 到公称压力间变化，进行 10000 次试验。

9. 反冲洗操作力试验

对具有反冲洗功能的过滤器应进行反冲洗操作力试验，当过滤器在公称压力、公称流量下进行反冲洗时，用弹簧测力计、压力表或万用表测量，其反冲洗控制参数应符合产品设计要求。

10. 旁通阀特性

（1）旁通阀开启特性试验：使旁通阀进液口与试验泵相接，旁通阀出口接大气，用试验泵加压，使旁通阀开启，用压力测量装置测量其开启压力。

（2）旁通阀关闭压力试验：按旁通阀开启特性试验的方法，当旁通阀开启时，缓慢将压力值逐步降低，当旁通阀完全关闭停止溢流时，测量旁通阀进液口压力。

（3）旁通阀流量压降：使旁通阀进液口与试验泵相接，旁通阀出口接大气，用试验泵对旁通阀以其公称流量加压，测量进液口压力。

21.2　过滤器及过滤站产品主要测试装备

煤科总院北京研究院建有冒泡点试验台、过滤器多次通过试验台等过滤装置专用试验设备。具有超低压冒泡压力测试、过滤精度、纳垢容量自动化测试等功能。过滤器、过滤站其余试验项目液压支架用阀试验台均可进行，详细介绍见第 17 章第 2 节。

21.2.1 冒泡点试验台

试验台可通过测量滤芯冒泡压力的方式检测滤芯结构完整性。试验台具体参数见表 21.1。

表21.1 试验台参数

序号	参数	指标
1	循环流量 /（L/min）	15
2	输出气压范围 /MPa	0.002 ～ 0.4

1. 结构及原理

该设备由试验部分和控制部分组成。试验部分包括试验容器、储液箱、上下移动装置、滤芯安装工装、滤芯转动工装、调压系统、循环过滤系统等；控制部分包括工控机、计算机显示器、打印机及电器元件等。液压原理如图 21.1 所示。

2. 主要特点

（1）该设备容器、储箱和管路采用不锈钢制造，避免腐蚀污染试验介质。

（2）液体过滤器使用专用的乙醇过滤器，过滤精度高。

（3）试验装置自动化程度高，可自动旋转被试滤芯并调整试验位置，还可自动采集、处理微小压力信号。

21.2.2 过滤器多次通过试验台

过滤器多次通过试验台，用于对过滤器用颗粒计数法测定滤清效率和纳垢容量的测试。该试验台采用电脑控制，屏幕可显示所有试验参数，电脑自动保存所有数据并处理生成实验报告。

1. 结构及原理

试验台由机体、4 个回路（过滤器试验系统、杂质喷射循环系统、稀释系统和颗粒计数系统）、测控系统组成。

试验时，将被试件接入不同试验回路，可分别完成过滤器过滤精度和纳垢容量测试。

1）过滤器试验系统

过滤器试验系统测试流量为 20 ～ 80L/min，回路的电机采用变频电机，可以对系统需要的流量进行调节，以满足被试过滤器的测试要求。

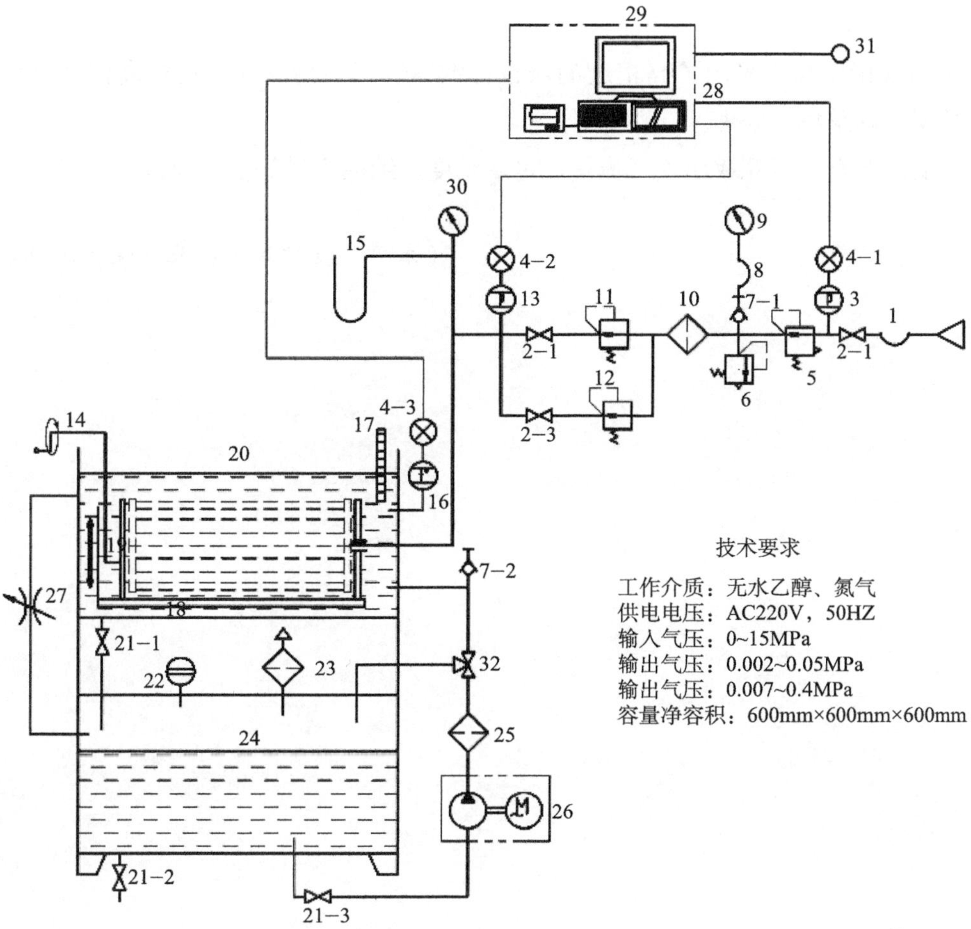

图21.1　试验台原理图

1. 进气软管；2-1～2-3. 高压球阀；3. 压力传感器；4-1～4-3. 数显表；5. 高压减压阀；6. 安全阀；7-1～7-3. 测压接头；8. 测压软管；9. 压力表；10. 气体过滤器；11. 精密减压阀；12. 精密调节阀；13. 微压传感器；14. 转动机构；15. U形管；16. 温湿度传感器；17. 标尺；18. 卧式工装；19. 立式工装；20. 容器；21-1～21-3. 球阀；22. 液位计；23. 空气过滤器；24. 储液箱；25. 过滤器；26. 循环泵；27. 节流阀；28. 工控机；29. 显示器；30. 微压表；31. 触发开关；32. 三通球阀

2）杂质喷射循环系统

循环系统主要是配合机械搅拌器使杂质在油液中混合均匀，同时可以对油温进行控制。混合均匀的油液通过喷射泵注入过滤器试验循环系统，进行过滤器循环试验。

3）稀释系统

稀释系统的主要作用是当粒子的浓度超过颗粒计数器的测量范围时，必须对被测液体进行稀释，以满足颗粒计数器的检测要求。

4）计数系统

计数系统采用两台污染度激光传感器进行在线检测，其检测数据由计算机进行采集分析处理，处理的数据可进行储存或打印输出。

2. 主要特点

（1）测量精度高，采用了高精度的颗粒计数器、压力传感器，通过高精度测控系统，实现了数据自动采集、处理。

（2）功能齐全，可完成压差－流量、过滤精度、纳垢容量等多个项目的检测。

（本章主要执笔人：北京院崔述凯，赵锐）

第22章

液压支架用难燃液测试技术

液压液在机械设备使用过程中起到能量传递、系统润滑、冷却、防锈和密封等作用，在煤矿的开采、支护、掘进和运输设备中都有广泛的应用，是煤矿机械的血液，在煤矿生产中占有不可或缺的地位。

本章主要阐述HFA类、HFC类和HFD类难燃液压液的测试项目、方法要求及相关主要测试装备的结构组成、技术参数和主要技术特点等。

22.1　难燃液压液测试方法及要求

HFA类、HFC类和HFD类三类难燃液压液的实验室测试分别依据MT 76—2011《液压支架用乳化油、浓缩液及其高含水液压液》、GB/T 21449—2008《水－乙二醇型难燃液压液》和安标字〔2011〕2号文附件1《煤矿井下用无水全合成难燃液压液通用安全要求》。

22.1.1　测试项目

检验项目有外观、气味、开口闪点、运动黏度、凝点、耐冻融性、水中分散性、pH值、稳定性、防锈性、防腐蚀性、密封材料相容性、润滑性、消泡性能、折光仪示数、水分、泡沫特性、空气释放值、剪切安定性、密度、芯式燃烧持久性、歧管燃烧试验、喷射燃烧试验、液相锈蚀性、燃点和自燃点等。

22.1.2　主要测试项目、试验方法及要求

1. 润滑性

（1）将试样与人工硬水配成试液。用溶剂汽油清洗钢球、油盒等。将钢球分别固定在四球机的上球座和油盒中，把试液倒入油盒中，放上压环，固定油盒。

（2）测定最大无卡咬负荷（P_B值）时，按预计的最大无卡咬负荷加载，主轴转速为（1450±50）r/min，加载时间10s；要求最大无卡咬负荷下的磨痕直径，不得大于相应的补偿线上的磨痕直径的5%，否则，在较低负荷下重新试验，直到确定最大无卡咬负荷为止。

（3）测定磨斑直径时，调整温度环境、主轴转速和加载力，加载打磨后测量磨斑直径。

具体参数见表 22.1。

表22.1　四球机测定磨斑直径时的各项参数

型号	主轴转速 /（r/min）	加载力 /N	加载时间 /min
HFC	1200±50	294	30
HFD	1450±50	392	60

2. 抗燃性能

1）歧管抗燃性能测试

把电加热元件安装在不锈钢管的中心，调节电压，使不锈钢管的温度维持在（704±10）℃（HFC 类）或（400±10）℃（HFD 类）。每次以 40 ～ 60s 滴 10mL 试样的速度，向不锈钢管上滴加 10mL 试样，观察试样的着火现象。

2）芯式燃烧持久性测试

将浸泡池注入约 30mm 深的试样，并浸入试验板，至少浸泡 10min 后去掉试样。再注入 15mm 深的试样。用镊子夹住试验板两端固定在试验槽的夹子上，沥干 1 ～ 5min，后在中部点火 2s。移开火焰，记录火焰持续时间。

3）喷雾燃烧持久性测试

将试液加压加热到（65±5）℃（HFC 类）或（85±5）℃（HFD 类），调节压力到（7±0.3）MPa，通过特定喷嘴形成喷射流。分别沿喷射流长度方向的 800mm、600mm、400mm、200mm 处，连续采用丙烷火焰点燃液体喷射流。喷射流燃烧后，移除火源并同时开启计时器，测量喷射流持续燃烧的时间。测定结果为移除火源后喷射流持续燃烧的最长时间（s）。

22.2　难燃液压液主要测试设备

煤科总院北京研究院自主研制了国内首台喷雾燃烧的测试设备，包括喷嘴、点火装置及燃烧室等多个关键组件。具有加热温度、喷雾压力、喷雾长度的调节功能，以及喷雾燃烧持久性的测试能力。煤科总院北京研究院运用先进的电子显微镜技术，改进了润滑剂承载能力测定仪，增加了自动测量磨斑尺寸、自动计算及数据保存等功能。

22.2.1　喷雾燃烧持久性测试设备

喷雾燃烧持久性测试设备由液压泵、电机、溢流阀、换向阀、液箱、电加热器、温度控制器、喷嘴组件、点火装置、喷射燃烧室和高压胶管等组成，如图 22.1 所示。液箱容积 13L，碳钢材质。液压泵为轴向柱塞泵，公称排量为 2.5mL/r；电机为三相异步电动机，转速 910r/min，功率为 0.75kW。喷射压力为（7±0.3）MPa。电加热器采用直棒式管状加热器，功率 1kW。高压喷嘴为丁腈橡胶材质。

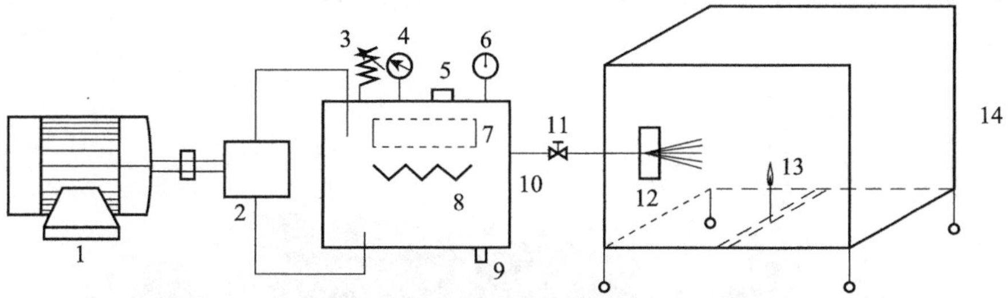

图22.1　喷射燃烧试验设备示意图

1. 电机；2. 液压泵；3. 溢流阀；4. 压力表；5. 注液口；6. 温度测量点；7. 温度控制器；
8. 电加热器；9. 排液口；10. 液箱；11. 换向阀；12. 喷嘴；13. 丙烷灯；14. 喷射燃烧室

该设备以液压系统代替了压力源，液箱内配有加热系统，使液压液（油）温度可维持在恒定温度，温度控制精度为 ±3℃。调压控制阀调节液压液（油）通过喷嘴时的压力到恒定值。实现了温度和压力的可调节性。

22.2.2　润滑剂承载能力测定器（四球机）

四球机（图 22.2）的主轴转速为（1450±50）r/min，负荷为 6～800kg，具有刚性耐振结构。四球机摩擦部件（上部钢球）的径向摆差，在离钢球最低点 3.5mm 处测得的数值不超过 0.02mm。经过对四球机的数字化改造，为经典款式的四球机配备了电子显微镜，如图 22.3 所示。MRF-M 型高精度测量显微镜，配有同轴光显微镜、试样支架、CCD 数字摄像头、计算机专用测量软件、标准标定尺，采用同轴 LED 照明，0.7 ～ 4.5 分级变倍。

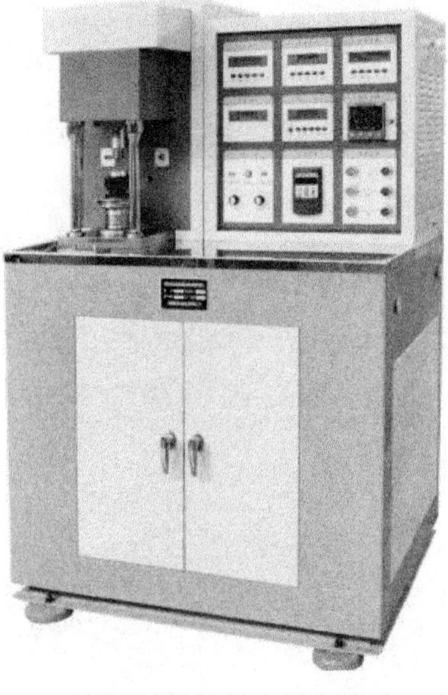

图22.2　润滑剂承载能力测定器（四球机）

数显分度值为 0.001mm。电子显微镜采用模拟信号传输模式，带有拍照功能，直接连接显示器，成像清晰，操作简单，自动测量，实现了无纸化办公。

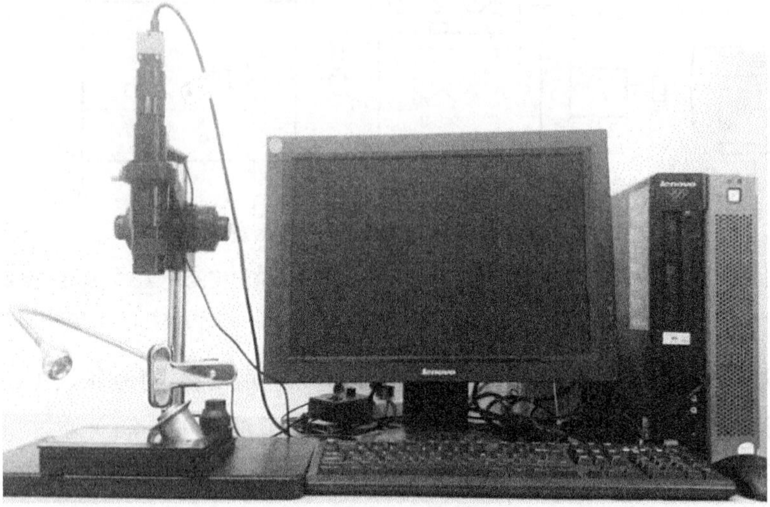

图22.3　润滑剂承载能力测定器用电子显微镜

（本章主要执笔人：北京院王萍，李婷，刘姗姗）

第23章

矿用单体液压支柱及金属顶梁测试技术

矿用单体液压支柱为高档普采工作面及巷道临时支护常用的设备，是利用液体压力产生工作阻力，并实现升柱、支撑和卸载的可缩性支柱。金属顶梁是用于煤矿高档普采工作面、位于矿用单体支柱之上顶板之下、传递顶板压力的支撑梁，是煤矿采煤工作面支护顶板用的顶梁。

本章主要阐述各种类型矿用单体液压支柱及金属顶梁的测试方法、技术要求、测试原理、测试项目和判定原则，及相关主要测试装备的结构组成、工作原理、技术参数和主要技术特点。

23.1　矿用单体液压支柱、金属顶梁测试方法及要求

矿用单体液压支柱及金属顶梁做实验室测试时，通过外加载试验台对样机的施压，以模拟顶板来压的实际工况，考核产品的强度、耐久性能、密封性能等。

23.1.1　矿用单体液压支柱

1. 测试项目

矿用单体液压支柱测试项目主要包括外观质量、装配质量、清洁度、操作性能、让压性能、密封性能、耐久性能、手摇泵耐久性能、强度、受冲击性能、油缸爆破性能、破坏性能等。

2. 主要测试项目、方法及要求

1）让压性能

使用公称流量小于 4L/ min 的三用阀，支柱用约 10％额定工作阻力撑紧，将三用阀的压力调定到支柱额定工作压力，从最大高度开始以 90 ～ 110mL/min 的溢流速度进行压缩让压检验，压缩行程为 100 mm；全程记录所测得的载荷及对应的行程和时间值。

2）密封性能

密封应在耐久性能试验的行程高度内，在刚性架上进行；高压密封压力为支柱额定工作压力的 90％～ 100％；出厂检验低压密封压力为 2MPa；形式检验低压密封压力 1MPa。

3）耐久性能

（1）外注式单体支柱的耐久性能：以加载速度为 20 ～ 25 mm / min，中心加载至支柱额定工作阻力的 110%，溢流行程为 30 ～ 40 mm 时，迅速卸载，重复 2000 次，累积行程不小于 70m。

（2）内注式支柱（手摇泵耐久性能）：用内注式支柱专用手摇把在刚性架上进行；支柱由最低高度升至最大高度，载荷由零升至额定初撑力，然后卸载为一个循环。循环 400 次后支柱应能正常工作。

4）强度性能

（1）轴向中心加载。支柱处于最大高度，加载至额定工作阻力的 1.5 倍，稳压 5 min；在上述条件下加载至额定工作阻力的 2 倍，稳压 5 min；支柱降柱缩至最小高度后，轴向中心加载至支柱额定工作阻力的 2 倍，稳压 5min。

（2）轴向同侧偏心加载。使支柱处于最大高度，在顶盖和底座中心同一侧，偏心距各为 20mm 处加载至支柱额定工作阻力，稳压 5 min。

5）受冲击性能

使支柱处于最大高度，轴向中心预加载至支柱额定工作阻力的 60%，以 15kN · m 能量冲击支柱两次。

6）油缸爆破性能

新设计支柱或改变油缸、活柱材质时，对承受液压的油缸、活柱进行爆破试验。爆破压力应大于支柱额定工作压力的 2 倍。试验后破口呈塑性变形，不应脆裂或飞出碎片。

7）破坏性能

轴向中心加载破坏试验时，使支柱处于最大高度，轴向中心加载至支柱破坏为止；偏心加载破坏试验时，使支柱处于最大高度，在顶盖和底座中心同一侧偏心距各为 20mm 处加载至支柱破坏为止，并记录破坏时的载荷。

23.1.2　金属顶梁

1. 测试项目

金属顶梁产品测试项目主要包括尺寸、外观、操作灵活性、硬度、单梁载荷、铰接部载荷等试验项目。

2. 主要测试项目、方法及要求

1）单梁载荷

（1）单梁最小载荷。将顶梁沿轴线置于两支点中央位置，百分表磁性表座置于试验机托梁平台上，表针对准并接触中央点底边，施加最小载荷。

（2）单梁最大载荷。试验机连续均匀加载至单梁最大载荷值时稳压，然后缓慢卸载至零，梁体允许有残余变形，观察焊缝是否有开裂现象。

（3）单梁反复加载载荷。在梁体上表面连续均匀加载至试验载荷，稳压后缓慢卸载至零为一次，交替进行重复试验，直至符合规定的次数为止。

（4）单梁破坏载荷。试验机连续均匀加载至载荷值不再升高时，记录载荷值后卸载至零，检查顶梁是否有脆性断裂，载荷是否达到标准要求。

2）铰接部载荷试验

（1）铰接部最小载荷。试验机连续均匀加载至铰接部最小载荷时稳压，然后缓慢卸载至零。

（2）铰接部最大载荷。试验机连续均匀加载至铰接部最大载荷值时稳压，然后缓慢卸载至零。

（3）铰接部反复加载载荷。铰接部重复加载试验，直至标准规定的次数，在规定试验次数内，顶梁应无损坏，焊缝不得开裂。

（4）铰接部破坏载荷。试验机连续均匀加载直至铰接部某一零部件损坏或载荷不再升高为止，记录载荷值，检查是否有脆性断裂，载荷值是否达到标准要求。

23.2　矿用单体液压支柱及金属顶梁测试装备

煤科总院北京研究院建有1500kN（6m）立式液压支柱试验台、2000kN（2.2m）立式液压支柱试验台、1000kN（4.5m）立式液压支柱试验台、350kN（4.5m）卧式液压支柱试验台、1000kN微机伺服压力试验机及4000kN卧式材料试验机，均具有外加载及试验空间自动调整等功能。

23.2.1　1500kN（6m）立式液压支柱试验台

1500kN（6m）立式液压支柱试验台于2013年正式建成并投入使用。试验台具备机械系统、自动控制系统、外加载系统及同步调高系统；控制系统设有手动、自动两种工作方式。试验台活动梁升降、插拔销插拔均设置了自动同步装置，并且能进行人工干预，进行微调。试验台具体参数见表23.1。

表23.1　试验台参数

序号	参数	数值	备注
1	框架承受能力 / kN	1500	—
2	试验台调高范围 / mm	2800 ~ 6000	—
3	垂直加载行程 / mm	500	—
4	加载速度 /（mm/min）	0 ~ 25	可调

1. 结构

矿用单体支柱试验台主要由底座、调高油缸座、活动梁、架体、外加载油缸、调高油缸、插拔油缸、连接杆、销轴、工装等组成，如图 23.1 所示。

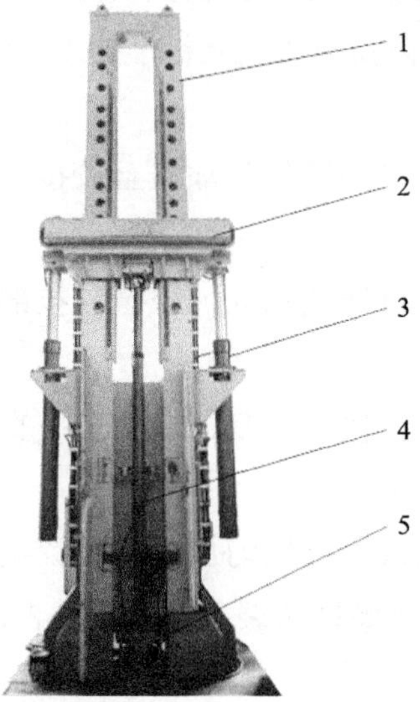

图23.1 1500kN（6m）立式液压支柱试验台结构图

1. 架体；2. 活动梁；3. 升降油缸；4. 被试件；5. 底座及外加载缸

2. 液压控制系统

液压控制系统主要由油液控制系统和乳化液控制系统组成。乳化液控制系统主要为被试件矿用单体液压支柱提供动力源；油液控制系统主要用于实现液压单体支柱试验台的外加载及辅助动作，如加载缸垂直加载、平台的升降、插拔销进出等。其液压原理如图 23.2 所示。

3. 主要特点

（1）承载能力大，被试件长度大（6m，国内最大），抗偏载能力强。

（2）采用首尾相连同步缸的同步控制技术，确保试验台同步精度高，定位准确。

（3）采用电液比例技术，确保加载速度可调、加载压力精准。

23.2.2 微机控制电液伺服材料试验机

该设备是专门用于金属顶梁产品试验的具有力、位移反馈闭环控制的微机控制电液伺服材料试验机。采用先进的微机化、全数字及图形显示的精密仪器，加载速度可根据载荷、时间、位移等多种方式进行精确控制，并可实现载荷的长时间、动态补偿、精准保持，可按不同被试产品的加载需求自行调用、组合、编辑不同的试验模块，形成不同的试验程序。试验台具体参数见表 23.2。

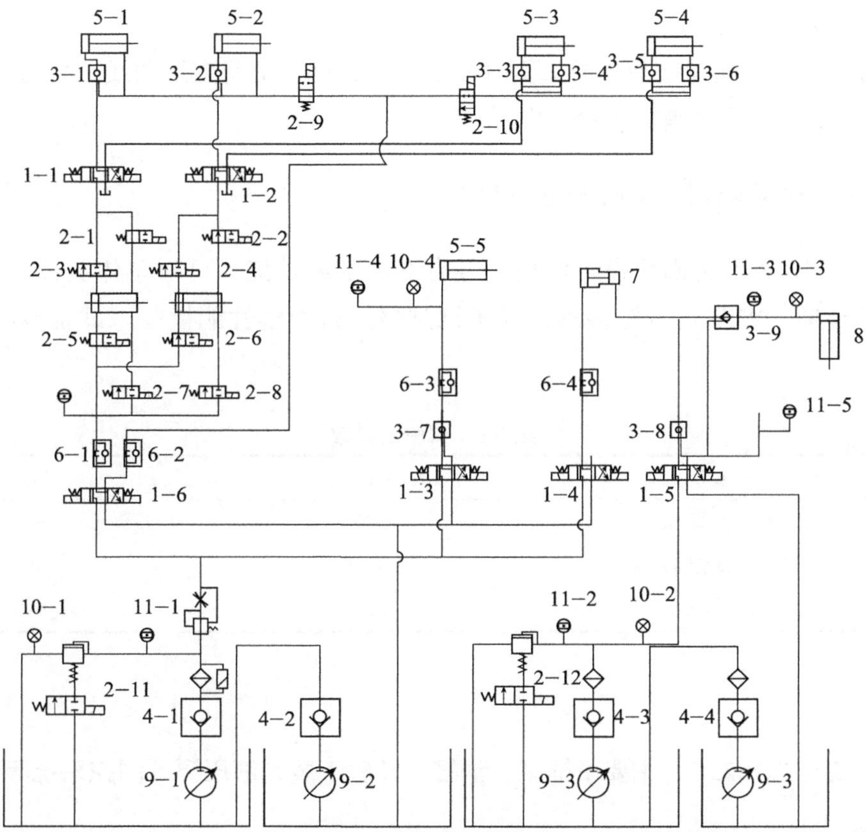

图23.2　液压系统原理图

1-1～1-4. 电磁换向阀；2-1～2-12. 二位二通阀；3-1～3-8. 液控单向阀；4-1～4-4. 单向阀；5-1～5-3. 千斤顶；6-1～6-4. 单向节流阀；7. 增压缸；8. 被试件；9-1～9-4. 油泵；10-1～10-4. 压力表；11-1～11-5. 压力传感器

表23.2　试验台参数

序号	参数	数值	备注
1	最大负荷 / kN	1000	—
2	测力范围 /%	2 ～ 100	—
3	加荷速率 / （N/s）	500 ～ 10000	—

1. 结构

试验台结构主要由主机、液压源、计算机、打印机、DCS-300 控制器等部分组成。

2. 主要特点

（1）试验台刚性好，功能强大，数据处理准确，系统操作简单，使用维护方便。

（2）动力源输出平稳、压力波动小，具有力、位移反馈闭环控制系统，加载速度可根据载荷、时间、位移等多种方式进行精确控制。

（3）可实现载荷的长时间、动态补偿、精准保持，可按不同被试产品的加载需求自行调用、组合、编辑不同的试验模块，形成不同的试验程序。

（4）自动采集、处理试验数据，实时显示试验数据、负荷变形曲线、负荷时间曲线等多种试验曲线，可自定义编辑检验报告。

23.2.3 4000kN卧式材料试验机

试验机于 2013 年建成并投入使用。具有双向加载功能，可对单体支柱、金属顶梁、输送带、圆环链、W 形钢带等多种产品不同规格进行力学性能检验。试验台的具体参数见表 23.3。

表23.3 试验台参数

序号	参数	数值	备注
1	最大负荷 / kN	4000	—
2	最大试验空间 / mm	13000	—
3	档距 / mm	500	—

1. 结构

试验机结构见图 23.3，主要由框架、油缸、试验工装、液压源、测控系统等部分组成。

图23.3 4000kN卧式材料试验机

2. 主要特点

（1）承载力大（推拉均达到 4000kN），试验空间大（最大试验空间 13000mm）。

（2）试验空间自动调整，工装自动夹紧，自动插拔销。

（3）主加载装置采用差动方式供液，实现了推拉等速、等载荷的功能需求。

（4）针对煤矿用钢丝绳芯阻燃输送带、圆环链等标准中对拉伸要求特别设计的，操作简单方便，试验空间可自动调整。

（本章主要执笔人：北京院张悦，赵岩）

第24章 矿用锚杆（索）测试技术

锚杆支护是最经济、有效的支护技术。其显著特点是提高了巷道支护效果，降低了巷道支护成本，减轻了工人劳动强度。矿用锚杆主要由杆体、锚固剂、托盘、螺母、球垫等部分组成，矿用锚索主要由钢绞线、锚具、托盘等部分组成。

本章主要阐述矿用锚杆（索）主要性能的测试方法、技术要求，及相关主要测试装备的结构组成、工作原理、技术参数和主要技术特点。

24.1 矿用锚杆（索）测试方法及要求

矿用锚杆或锚索的性能主要在实验室依据相关标准来测试。

24.1.1 测试项目

树脂锚杆金属杆体测试项目包括外观、几何尺寸、杆体直线度、杆体的拉伸力学性能、锚杆尾部螺纹－螺母组装件承载效率系数、托盘承载力、锚固力等。

树脂锚杆玻璃纤维增强塑料杆体测试项目包括外观、几何尺寸、抗拉强度、抗剪强度、扭矩、锚固力、尾部螺纹及螺母承载力、托盘承载力、抗静电性能、阻燃性能。

树脂锚固剂测试项目包括外观、尺寸、树脂胶泥稠度、固胶比、凝胶时间、抗压强度、抗拔力、锚固力、热稳定性能等。

矿用锚索测试项目包括外观、尺寸、锚具硬度、钢绞线－锚具组装件静载性能、锚索锚固抗拔力等。

矿用锚索锚具测试项目包括外观、硬度、钢绞线－锚具组装件静载性能、疲劳性能、周期荷载性能等。

24.1.2 主要测试项目、方法及技术要求

1. 锚杆尾部螺纹－螺母组装件承载效率系数

（1）从杆体尾部截取 300 ～ 400mm 带有螺纹的杆体。

（2）将配套螺母拧进杆体尾部螺纹段，外露部分大于 25mm，将万能材料试验机上钳口夹住拉力架一端、试验机下钳口夹紧锚杆尾部无螺纹一侧杆体。

（3）以 10 ～ 20kN/min 的速度逐步加载至破坏，记录尾部螺纹－螺母组装件承载力值 F_1 及破坏形式。

（4）计算螺母组装件承载效率系数 η，按下式计算。

$$\eta = \frac{F_1}{F}$$

式中，F_1 为尾部螺纹、螺母组装件承载力，kN；F 为杆体母材最大力实测平均值，kN。

2. 托盘承载力

（1）从杆体尾部截取 300 ～ 400mm 带有螺纹的杆体，配套托盘、垫片、螺母。

（2）将万能材料试验机上钳口夹住拉力架一端、试验机下钳口夹紧锚杆尾部无螺纹一侧杆体，安装方法见图 24.1。

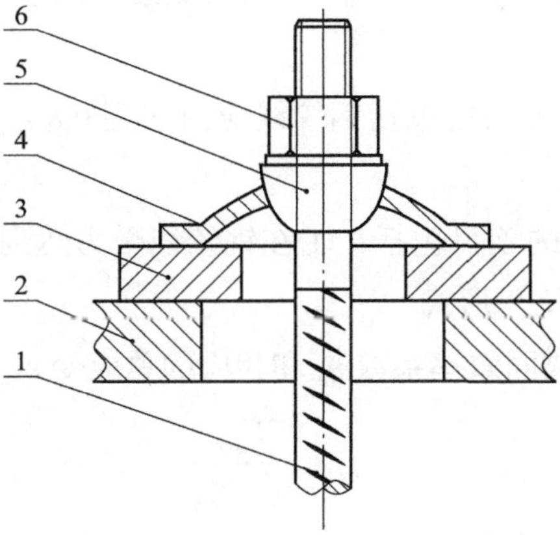

图24.1　托盘承载力试验方法示意图

1. 杆体；2. 拉力架底垫；3. 调节板（孔径60mm）；4. 托盘；5. 球垫；6. 螺母

（3）以 10 ～ 20kN/min 的速度逐步加载，托盘被拉穿前的最大力即为托盘承载力。

3. 锚固力

（1）取锚固剂 1 只，与锚固剂直径相配匹孔径的除锈钢管 1 根（长度比锚固剂长 100mm），与之配套整根杆体 1 根。

（2）测试环境温度为（22±1）℃。

（3）将模拟孔固定在试验台一端，杆体尾部固定在专用搅拌推进器上（转速不低于 300r/min，扭矩不低于 40N · m）。

（4）采用专用搅拌连接器，边旋转搅拌边推进杆体至模拟孔底，搅拌时间为：

超快型：6 ～ 15s，其他型 20 ～ 25s。

（5）将安装好的试件按表 24.1 中规定的龄期进行养护。

（6）将试件置于试验机上，按 5MPa/S 的速度加载，直至试件破坏。

表24.1　龄期

项目	型号				
	MSCKa	MSCKb	MSK	MSZ	MSM
龄期 / min	3	10	15	30	—

4. 钢绞线－锚具组装件静载性能

（1）取 1200mm 钢绞线 1 根，锚具 1 个，组装成钢绞线－锚具组装件。

（2）将组装件放入钢绞线试验机专用夹具中调好位置，保持轴向受力，受力长度不小于 800mm。

（3）钢绞线抗拉强度标准值为 f_{ptk}，初应力可取 5% ～ 10% f_{ptk}，加载速度以不超过 200MPa/min 为宜，达到 80% f_{ptk} 时，持荷不少于 10min。超过 80% f_{ptk} 后，加载速度以不超过 100MPa/min 为宜。

（4）试验过程中应测量的项目包括钢绞线应力达到 0.8 f_{ptk} 时的相对位移 Δa；试件的实测极限拉力 F_{apu}。

（5）试验过程中应观察的项目包括：①在钢绞线受力达到 0.8 f_{ptk} 时，持荷 10min 观察锚具变形；②试件的破坏部位与形式。

（6）用公式计算锚具的锚固效率系数 η_a 和相应的总应变 ε_{apu}：

$$\eta_a = \frac{F_{apu}}{\eta_p \cdot F_{pm}}$$

式中，F_{apu} 为钢绞线－锚具组装件的实测极限拉力；F_{pm} 为钢绞线的实测破断荷载平均值；η_p 为钢绞线效率系数，当钢绞线为 1 ～ 5 根时，$\eta_p = 1$。

$$\varepsilon_{apu} = \frac{L_2 - L_1 - \Delta a}{L_0} \times 100\%$$

式中，L_0 为加载前两钳口之间的相对距离；L_1 为加载前两钳口之间的初始行程；L_2 为试件破坏时两钳口之间终了行程；Δa 为钢绞线－锚具的相对位移。

5. 树脂锚固剂固胶比和凝胶时间

（1）环境温度：（22±1）℃。

（2）固化剂与胶泥比例 a：取一只锚固剂，称其质量 W，然后将其固化剂袋剖开，取出固化剂，称剩余部分锚固剂质量 W_1，则固化剂与胶泥比例为：$a=(W-W_1)/W_1 \times 100\%$。固胶比应不小于 4%。

（3）取 100g 胶泥，放入聚酯薄膜中央，按比例 a 加入固化剂，用手工尽可能快地揉搓搅拌，同时计时。然后把锚固剂捏成球形，插入温度计，观察温度和胶泥变化，从搅拌开始起至温度开始上升或者胶泥变稠的时间为凝胶时间。

6. 玻璃钢锚杆抗剪强度

（1）在杆体中间段截取 400mm 作为试件。

（2）将试件置于专用剪切专用夹具中，以 10 ～ 20kN/min 的速度剪坏。

（3）按公式计算剪切强度。

$$\sigma_{剪}=\frac{P}{2A}$$

式中，P 为剪切力，N；A 为个正剪切面积，mm^2。

7. 玻璃钢锚杆扭矩

（1）将全长杆体安装在扭矩试验台上，锚杆尾部与回转机构连接，锚头与扭矩和转速传感器连接，杆体中部加装托扶器，防止杆体产生扭曲变形。

（2）将试验台回转机构转速调至 200 ～ 300r/min，使杆体处于空负载旋转状态。

（3）调整试验台加载装置，在 8s 间使负载平稳升至规定转矩（40N · m）并运转 40s；杆体不应产生断裂、严重变形。

（4）继续加载直至杆体破坏，记录杆体破断时扭矩值。

24.2　矿用锚杆（索）测试装备

煤科总院北京研究院建有 2000kN 脉动疲劳试验机、1000kN 锚杆整体拉拔试验装置、锚杆锚固模拟安装试验台等。另外，还配有 2000kN 钢绞线试验机、1000kN 钢绞线试验机、2000kN 电液伺服材料试验机、1000kN 电液伺服材料试验机等。

24.2.1　2000kN脉动疲劳试验机

2000kN 脉动疲劳试验机可满足 GB/T14370—2015《预应力筋用锚具、夹具和连接器》对锚具疲劳和周期试验规定的要求，试验能力可以满足全部规格的矿用锚索锚具疲劳和周期荷载试验技术要求。可以实现试验力、位移、试验曲线的数据采集处理显示存储，数字显示静态试验力，动态试验力的上、下峰值，适时动态试验力、位移显示，具有试验力标定、清零、动静态测量转换等功能，具有试验力极限荷载设定，过载自动保护功能。可以实现试验次数记录和预置，适时记数，具有达到预置试验次数自动停车功能。可以实现试验数据的计算机自动测量、处理等功能。主要技术参数如下：

系统最大静态测试力：2000 kN

系统最大静态测试力精度：±1%

系统最大动态测试力：2000kN

工作频率：2 ～ 8Hz，无级可调

作动器最大工作振动幅度：单台 1000kN 作动器 15mm

作动器活塞最大行程：120mm

作动器丝杠最大伸出量：400mm

2000kN 脉动疲劳试验机主要由脉动液压源、加载框架、计算机数据采集与处理控制系统组成，如图 24.2 所示。

图24.2　2000kN疲劳试验机

24.2.2　1000kN锚杆整体拉拔试验装置

1000kN 锚杆整体拉拔试验装置可以实现对锚杆尾部螺纹、螺母、托盘及锚固段进行同步受力检测，可以完成锚索抗拔力检测，如图 24.3 所示。双向作动器施加试验力，计算机控制整个试验过程，试验数据由负荷传感器精确采集传输至计算机，系统自动分析处理及存储试验结果，打印机可直接打印所需的试验报告。主要技术参数如下：

最大试验力：1000kN

试验力测量范围：40 ～ 1000kN

试验力示值相对误差：不大于 ±1%

位移测量分辨力：0.05mm

位移示值误差：不大于 ±1%FS

最大拉伸试验空间：0 ～ 2500mm

活塞行程：0 ～ 1500mm

活塞最大移动速度：100mm/min

钢筋、钢绞线可试验直径范围：ϕ15.2 ～ ϕ30mm

1000kN 锚杆整体拉拔试验装置由主机、液压系统、控制系统三部分组成，采用卧式结构，如图 24.3 所示。

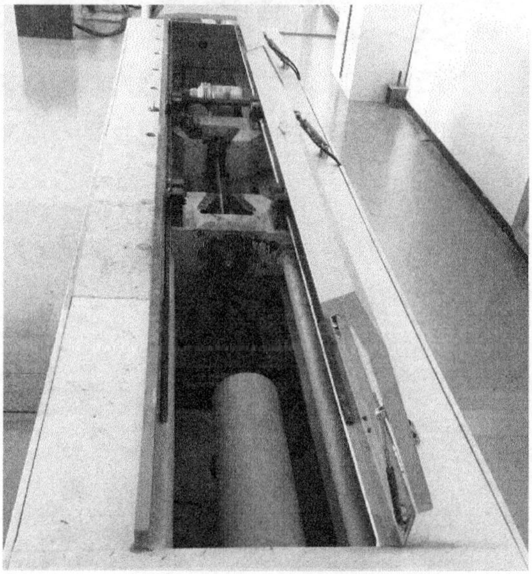

图24.3　1000kN锚杆整体拉拔试验机

24.2.3　锚杆锚固模拟安装试验台

锚杆锚固模拟安装试验台可以模拟实际工况下进行安装，并可以采集各种重要参数，包括安装转速、转矩、推进速度、推进力等，模拟不同的安装角度，可以满足 1 ～ 3m 不同长度锚杆的端部或全长锚固作业。主要技术参数如下：

安装推进速度：0 ～ 10cm/s，可调

安装转速：0 ～ 600r/min，可调

安装转矩：0 ～ 200N · m

安装最大推力：10kN

安装角度：0° ～ 90°

锚杆锚固模拟安装试验台由安装台（包括旋转、推进、翻转、固定四部分）、液压泵站、控制台三部分组成，如图 24.4 所示。

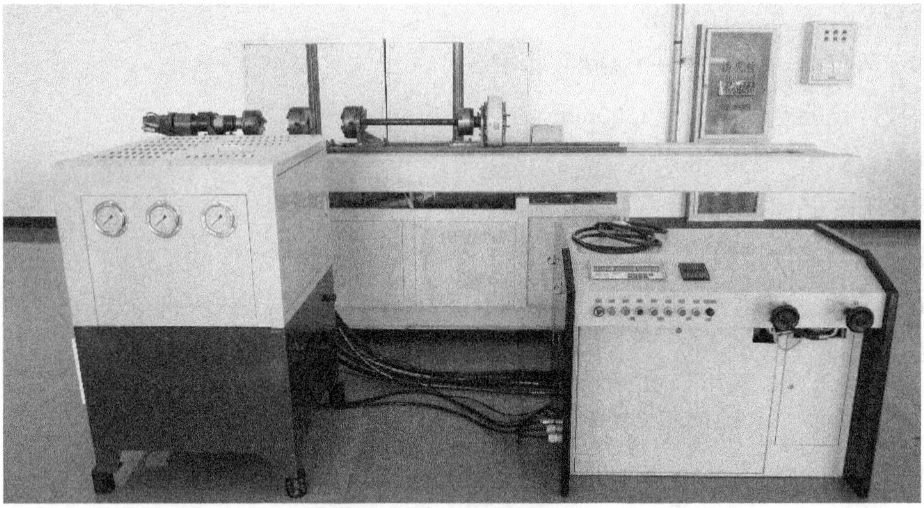

图24.4 锚杆锚固模拟安装试验台

（本章主要执笔人：北京院丁全录，张宇）

第五篇　通风除尘设备测试技术

通风设备是向矿井连续输送新鲜空气，供人员呼吸，稀释并排除矿井中有害气体和粉尘的装置。通风设备包括主通风机、局部通风机等。20世纪50年代初至70年代末，我国煤矿使用的主通风机主要是仿制苏联BY型的$70B_2$，20世纪80年代末，消化吸收苏联相关技术研发出K系列主通风机。20世纪90年代末，在K系列主通风机基础上进行技术改进，衍生出目前普遍使用的FBCDZ对旋轴流主通风机。经过近70年的发展，主通风机叶轮直径已由$70B_2$型的0.8m发展到FBCDZ型的4m。最初我国煤矿大量使用的局部通风机为JBT系列，20世纪80年代重庆院在吸收日本对旋式局部通风机的基础上，研发出目前矿井普遍使用的FBD对旋轴流局部通风机。经过近60年的发展，局部通风机叶轮直径已由JBT型的0.315m发展到FBD型的1.12m；工作方式由单一压入式发展到压入式、抽出式两种形式。除尘设备是对矿井空气中的浮游粉尘进行收集或稀释，从而降低矿井空气中粉尘含量。除尘设备主要为除尘器。从20世纪80年代湿式过滤式除尘器在国内开始应用，目前已应用湿式过滤式、湿式振弦式、风水射流、干式布袋式等多种方式的除尘器。

为了保证通风除尘设备的安全性和可靠性，我国从1995年制定MT 159—1995《矿用除尘器通用技术条件》、1990年制定MT 222—1990《煤矿用局部通风机技术条件》开始，先后制定并实施了煤矿用局部通风机、小型煤矿地面用抽出式轴流通风机、煤矿用轴流主通风机、矿用除尘器、矿井轴流式通风机、矿井局部通风机等6项国家及行业标准，规范了矿用通风机、防尘设备的技术要求和试验方法。

重庆院在20世纪80年代，研制了矿用除尘器检测装置、通风机性能测试系统，并获得国家实验室认可。同时为检验抽出式通风机叶轮与保护圈发生摩擦火花时的安全性，以及轻合金制品在煤矿井下使用的安全性，重庆院研制了金属材料摩擦火花试验装置。随着通风机、除尘器的技术发展，通风机、除尘器的风量、压力、配套功率也在不断提高。2000年以来重庆院通过对测试装置升级改造，实现了测量控制、数据处理的自动化，提高了测量准确度。除尘器性能检测装置测试能力：风量由 400m^3/min 增加到 1000m^3/min；功率由 2×15kW 增加到 2×90kW；电压等级由 380V 增加到 380V/660V/1140V。通风机性能测试系统测试能力：标准风道测试适应风机最大叶轮直径由 1600mm 提升到 2000mm，模型机测试适应风机叶轮直径范围为 2000 ～ 5000mm，风机叶轮超速试验适应风机最大叶轮直径由 800mm 提升到 2000mm；实验室测试适应风机功率由 2×110kW 增加到 2×400kW，电压等级由 380V 增加到 380V/660V/1140V。

本篇详细介绍矿用通风机、除尘器等矿用产品安全性能测试技术及相关装备。

第25章
通风机测试技术

通风机测试是对通风机气动性能、安全性能进行评价，明确通风、安全性能；为核定矿井通风能力，确定开采规模，提供通风机参数依据。

通风机按用途分为主通风机和局部通风机；按结构形式分为轴流式通风机和离心式通风机；按工作方式分为压入式通风机和抽出式通风机。轴流式通风机主要由集流器、主机、扩散器等组成；离心式通风机主要由集流器、主机、联轴器等组成。

本章主要阐述通风机测试方法，包括测试项目、测试技术及原理，主要测试装备的结构组成、工作原理、技术参数和主要技术特点。

25.1　通风机测试方法及原理

通风机测试是利用标准试验风道或直接利用安装现场的通风巷道（或管道），以模拟通风机的不同运行工况，通过外部改变试验阻力，调整通风机的流量和压力，来验证通风机的整机性能；同时对通风机的关键部件叶轮的加工质量、叶轮与保护圈安全性进行验证。

25.1.1　测试项目

主通风机的主要测试项目包括空气动力性能、叶轮平衡品质、叶片间隙、隔流腔压差、叶轮与保护圈安全性。

局部通风机的主要测试项目包括空气动力性能、叶轮超速、叶轮平衡品质、叶片间隙。抽出式局部通风机还应对隔流腔压差、叶轮与保护圈安全性项目进行测试。

25.1.2　测试技术及原理

通风机作为矿井主要通风设备，空气动力性能指标是最重要的性能指标，故通风机测试主要是对空气动力性能进行测试。

通风机空气动力性能主要包含流量、压力等参数，其测试可在试验室和安装现场进行；故试验室、安装现场空气动力性能测试技术也有所不同。两种测试技术均适用于主通风机测试，局部通风机则通常采用试验室测试技术。下面具体讲述两种空气动力性能的测试技术及原理。

1. 试验室测试技术及原理

试验室对通风机气动性能测试采用标准试验装置。根据试验装置适用的通风机实际安装方式不同，分为如下四种类型：

（1）A 型：自由进口，自由出口。

（2）B 型：自由进口，管道出口。

（3）C 型：管道进口，自由出口。

（4）D 型：管道进口，管道出口。

自由进口或自由出口表示空气直接来自无障碍的自由大气进入通风机或者离开通风机直接通向无障碍的自由大气。管道进口或管道出口分别表示空气进入或离开通风机是经过连接到通风机进口或出口的管道。

根据标准的要求，适用于一个以上装置类型的通风机将具有一个以上的标准性能特征，用户应选择最接近其应用的装置类型。矿用通风机按工作方式分为压入式和抽出式两种。压入式通风机运行时为自由进口和管道出口，抽出式通风机运行时为管道进口和自由出口；故试验室对通风机空气动力性能测试采用 B 型或 C 型标准试验装置。

流量测定是通风机气动性能中的重要指标之一。试验室用 B 型或 C 型标准试验装置中对流量的测量方式不同；选择适合的流量测量方式，是准确测量通风机流量的前提条件。以下为常见的 B 型或 C 型标准试验装置测定方式。

B 型装置：

（1）管道内 ISO 文丘里喷管。

（2）带有壁测孔的出口孔板。

（3）带有 D 和 D/2 测孔的管道内孔板。

（4）带有角测孔的管道内孔板。

C 型装置：

（1）90° 弧进口喷嘴。

（2）锥形进口。

（3）带有角测孔的进口孔板。

（4）带有壁测孔的进口孔板。

（5）带有 D 和 D/2 测孔的管道内孔板。

（6）带有角测孔的管道内孔板。

上述流量测定方式可总结为文丘里喷管、孔板、90° 弧进口喷嘴等几种方式。几种流量测定方式原理如下：

文丘里喷管测量：以文丘里管安装在充满流体的管线中为依据。文丘里管的入口部分与喉部之间存在静压差均。每当该装置与经过直接校准的装置几何相似且使用条件相同，就可以根据该压差的实测值和所掌握的流量条件确定流量。

孔板测量：以孔板安装在充满流体的管线中为依据。孔板的存在使板的上游侧与下游侧之间产生一个静压差确定流量。

喷嘴测量：以喷嘴安装在充满流体的管线中为依据。一次装置的安装使上游侧与喉部之间产生一个静压差。根据该差压得实测值和对流体特性的了解以及装置使用情况确定流量。

考虑到各种流量测定装置的加工难易程度，标准试验装置通常选择管道内 ISO 文丘里喷管、90° 弧进口喷嘴等作为流量测定装置。

通风机空气动力性能测试通过选择合适的 B 型或 C 型标准试验风道，测试大气压力、干温度、相对湿度或湿温度、标准试验风道上测点压力等参数。通风机流量参数由流量系数、膨胀系数、密度、测点压力，测点直径等参数计算，并由流量系数与雷诺数的函数关系，迭代计算出结果。通风机压力由马赫系数、管道常规损失系数、测点压力及截面动压计算出结果。测试流程见图 25.1。

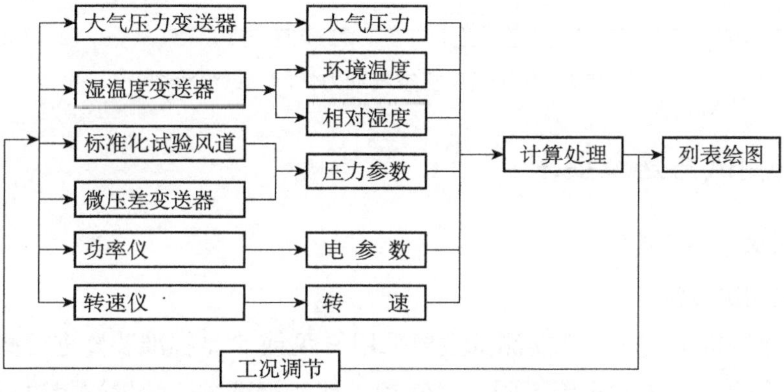

图25.1　试验室通风机空气动力性能测试流程图

2. 现场测试技术及原理

通风机现场与试验室测试技术一致，同样将通风机现场试验装置类型分为 A 型、B 型、C 型和 D 型。根据通风机安装使用情况，现场对通风机空气动力性能测试采用 B 型或 C 型试验装置。

现场管道（或巷道）某一截面的流量可由两种方法测定：测量该截面各个点上的速度，再计算出平均速度；或测量由压差装置产生的压差。速度场法测量的时间较长且需精确处理，但在许多情况下，这是唯一适用的方法。压差装置测量，即使由不同的人在不同的时间进行测量，对流量时间平均值也易获得具有良好重复性的结果，但其使用受到限制，要求管道（或巷道）有一定直线长度，并只能用于圆截面的管道（或巷道）。由于受到矿井现场安装条件的限制，通常现场对通风机流量测定采用速度场法进行。

现场对通风机压力进行测量，应采用在通风机进口和出口侧是以相对于大气压的压力进行压力测试。

现场对通风机空气动力性能进行测试，主要测试大气压力、干温度、相对湿度或湿温度、现场压力测量点压力等参数。通风机流量参数由密度、测点压力（或风速），测点直径等参数计算出结果。通风机压力由马赫系数、现场压力测量点压力及截面动压计算出结果。测试流程见图 25.2。

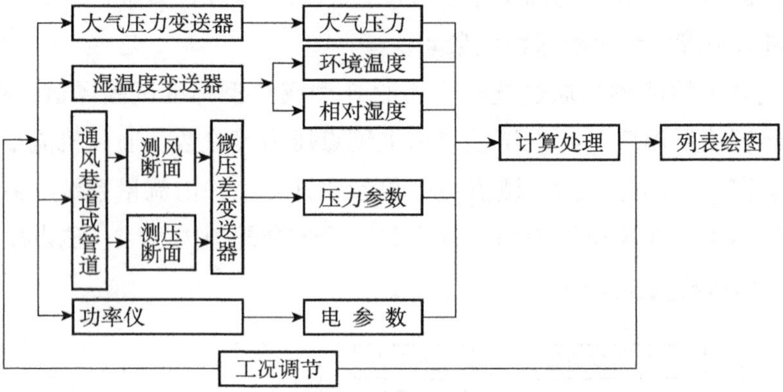

图25.2　现场通风机空气动力性能测试流程图

25.1.3　测试方法及要求

1. 空气动力性能测试

1）试验室测试方法

试验室的通风机空气动力性能测试主要采用 B 型或 C 型标准装置进行测试。由于通风机用途、结构形式、工作方式等不同，对气动力性能标准试验装置选择也不相同；B 型试验风道适用于压入式通风机测试；C 型试验风道适用于抽出式通风机测试。测试数据的采集则利用空气动力性能自动测试系统来完成。

（1）B 型标准装置。B 型标准试验风道（图 25.3）采用自由进口和管道出口的方式，常用 ISO 文丘里管来测试通风机流量。试验采集的主要参数包括出口压力、流量计上游压力、流量计差压、大气压力、通风机进口附近干温度及湿度、叶轮转速、电动机输出功率和噪声。

（2）C 型标准装置。C 型标准试验风道（图 25.4）采用管道进口和自由出口的方式，并用进口 ISO 文丘里喷嘴、90° 弧进口喷嘴或锥形进口来测试通风机的流量。试验采集的主要参数包括进口管道压力、流量计差压、大气压力、通风机进口附近干温度及湿度、叶轮转速、电动机输出功率和噪声。

2）现场测试方法

通风机空气动力性能现场测试主要是对通风机的流量、压力进行测试。流量、压力测

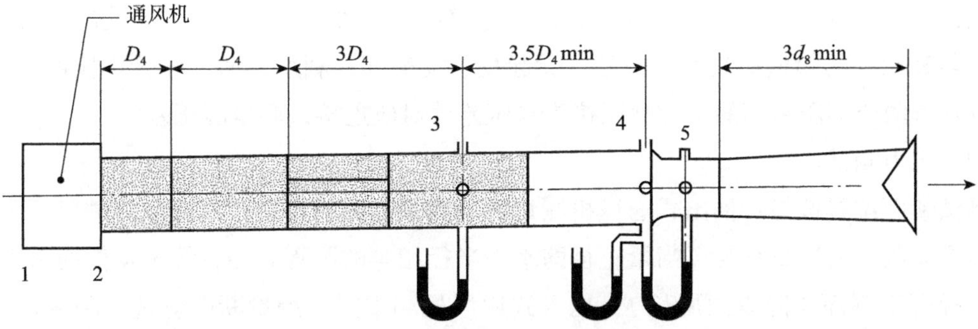

图25.3　B型标准试验风道

1. 试验通风机进口；2. 试验通风机出口；3. 出口侧风道内的压力测量截面；
4. 出口侧测量时 Δp 上游的测孔截面；5. 出口侧测量时 Δp 下游的测孔截面 d_8

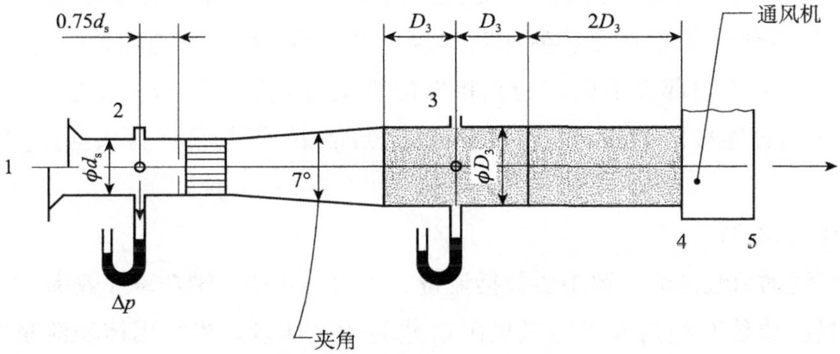

图25.4　C型标准试验风道

1. 进口侧测量时 p_u 测孔截面；2. 进口侧测量时喉道测孔截面 d_S；3. 进口侧风道内压力测量截面 D_3；
4. 试验通风机进口；5. 试验通风机出口

试断面应选择直管段，气流基本上是轴向的、对称的，且无涡流或逆流。

（1）流量测试。

测试断面位置选择：抽出式通风机测量时，测量断面应选在至少距通风机进口 1.5 倍风道水力直径处（水力直径等于 4 倍的截面积除以内周长）；压入式通风机测量时，测量断面应选在至少距通风机出口 5 倍风道水力直径处。

流量测试方法常见为：皮托管测定法、风速计测定法、静压差测定法。

皮托管测定法、风速计测定法：选择适合的流量测试断面，安装支撑架；按照切贝切夫法布置测点，安装流量测试仪器；使用皮托管测试流量时，皮托管的测头超前支撑架 100mm，其全压孔迎风正对气流，允许偏角不大于 5°；利用三通和软管分别连接皮托管的全压、静压接头，然后将皮托管的平均全压、平均静压接头与压差计对应连接，测量动压，计算通风机流量。

静压差测定法：该流量测试方法基于流体力学原理进行风量测定计算；测试过程中，两个测压断面选择在主要通风机集流器前端和一级主机叶轮前端，沿管道圆周等距分布的四个壁面测孔，焊接测压嘴或将皮托管插入流道内进行静压测量；壁面测孔应平齐内部无毛刺，与其相邻的管壁应光滑、清洁、无起皮、无突变；利用三通和软管连接四个壁面测孔，分别将两个测压断面的平均静压接头与压差计对应连接，测量静压差。

（2）压力测试。

测试断面位置选择：抽出式通风机测量时，测量断面应选在距离通风机进口至少为 1.5 倍非圆形横截面的当量直径（当量直径即水力半径相等的圆管直径，等于 4 倍的水力半径；水力半径等于截面积除以内周长）；压入式通风机测量时，测量断面应选在距离通风机出口至少 5 倍非圆形横截面的当量直径。

压力测试方常见有皮托管测定法、管壁测孔法。在气流无涡流及分散、均匀流动的条件下，沿管道圆周等距分布四个壁面测孔，矩形截面的管道四个壁测孔可开在四边的中心。皮托管测定法是将皮托管探入流道内，测头距内壁 100mm，其全压孔迎风正对气流，允许偏角不大于 5°；管壁测孔法则是将测压嘴焊接于壁面测孔位置，与内壁垂直，但不超出内壁。壁面测孔应平齐内部无毛刺，与其相邻的管壁应光滑、清洁、无起皮、无突变；然后利用三通和软管连接四个测点，将皮托管或测压嘴的平均静压接头与压力计连接，测量压力。

3）主要测试参数

通风机空气动力性能的参数主要包括流量、压力、转速、轴功率和效率。

（1）流量。单位时间内通过通风机出口截面的气体量。当采用体积流量时，用 q_V 表示，单位为 m^3/s 或 m^3/min。用质量流量时，用 q_m 表示，单位为 kg/s。体积流量与质量流量的关系按式（25.1）确定：

$$q_m = \rho q_V \tag{25.1}$$

式中，ρ 为气体密度，kg/m^3。

（2）压力。通风机出口滞止压力和进口滞止压力的差值，用 p_F 表示，单位为 Pa。

（3）转速。用 n 表示，单位为 r/min。通风机转速直接影响到流量、压力和效率。

（4）轴功率。驱动通风机所需要的功率，即单位时间内传给通风机轴的能量，用 P_b 表示，单位为 W 或 kW。

（5）效率。效率是反映所设计、制造的通风机性能优劣的指标，表示能量的利用和转换程度。对于通风机，实际气体功率 P_e 是气体经过叶轮后获得的能量，通风机轴功率 P_b 是原动机输入的功率，通风机有效效率按式（25.2）确定：

$$\eta_e = \frac{P_e}{P_b} \tag{25.2}$$

4）性能曲线

在一定的进口温度和进口压力下（通常为标准状态下），绘出不同转速时的通风机压力、效率、轴功率、噪声与流量关系的通风机性能曲线（图 25.5）。

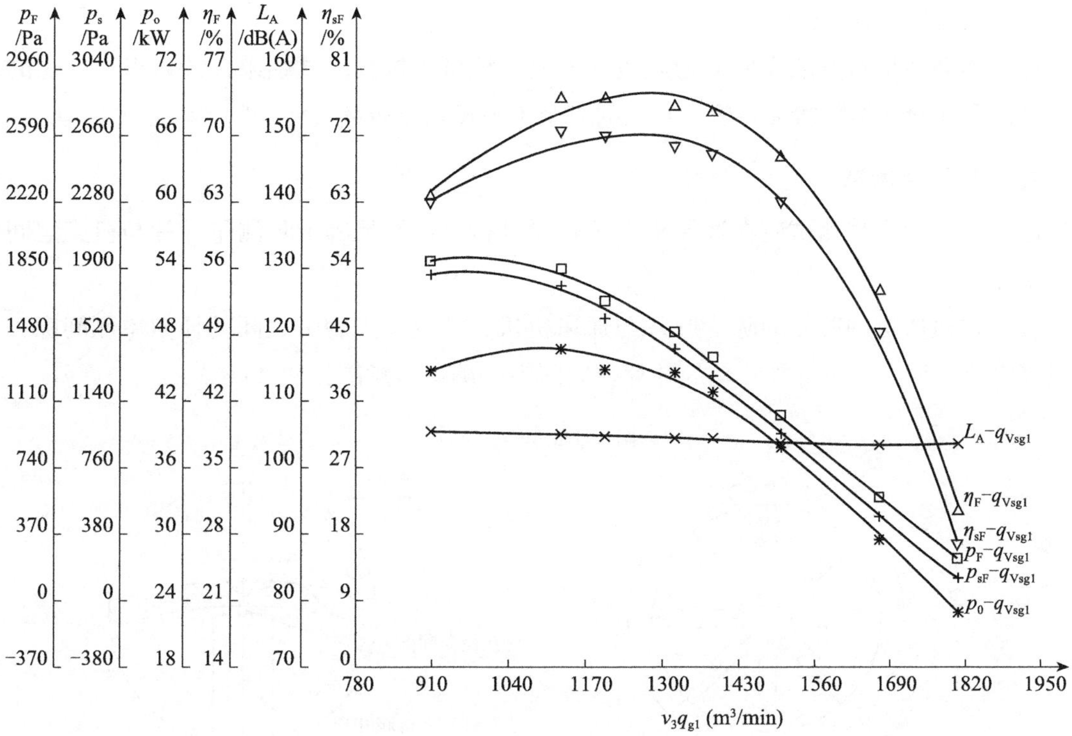

图25.5　通风机性能曲线

η_F-q_{Vsg1}为压力效率曲线；η_{sF}-q_{Vsg1}为静压效率曲线；p_o-q_{Vsg1}为电动机轴功率曲线；L_A-q_{Vsg1}为噪声曲线；p_F-q_{Vsg1}为压力曲线；p_{sF}-q_{Vsg1}为静压曲线

2. 叶轮超速试验

试验叶轮在最高工作转速 110% 的转速下运转，对比试验前、后的叶轮外观质量，轴流式通风机叶轮外径、叶片安装角，离心式通风机叶轮轮盖进口内径、叶轮的外缘直径、叶轮出口处叶片的垂直度；进而计算叶轮外径尺寸的变形量。

3. 叶轮平衡品质测试

1）平衡方式选择

当最高工作转速 $n \leqslant 1500$r/min 时，叶轮宽度 B 与叶轮直径 D 之比 $B/D \leqslant 0.2$ 时，或当最高工作转速 $n \geqslant 1500$r/min 时，叶轮宽度 B 与叶轮直径 D 之比 $B/D \leqslant 0.1$ 时，可用静平衡的方法——单面（静）平衡来校验；否则用双面（动）平衡方法校验。

2）转动速度选择

转速选择可按叶轮质量、初始不平衡量以及叶轮的拖动功率来决定。在平衡操作时应先选择可以测量的最低速度，然后校正测得的不平衡量，再用高速来检查；不得直接高速启动检查。

3）安装方式选择

为了不影响平衡精度和效率，轴流通风机叶轮应反转安装校验；离心通风机叶轮可以用纸封住进风口来进行校验。

通过动平衡机对安装完成的通风机叶轮进行测试，根据测试结果，计算得出叶轮的剩余不平衡量和允许不平衡量，检查叶轮的剩余不平衡量是否超过叶轮的允许不平衡量。

4. 叶片间隙测试

通风机叶片间隙测试应在通风机未运转时进行，用塞尺等量具测量叶片与机壳之间的径向单侧间隙。

轴流式通风机的叶片间隙为叶片与通风机机壳（或保护圈）之间的径向单侧间隙，两级或多级时，分别测量各级叶轮的叶片径向间隙。测试示意图见图 25.6。

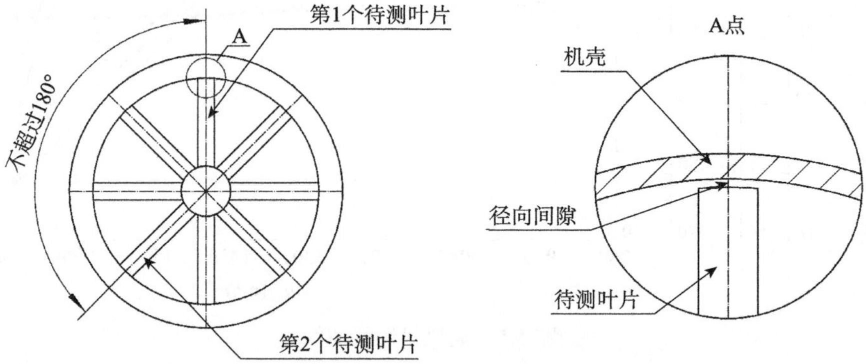

图25.6　轴流式通风机叶片间隙测试示意图

离心式通风机的叶片间隙为叶轮轮盖进口与进风口间的径向单侧间隙。测试示意图见图 25.7。

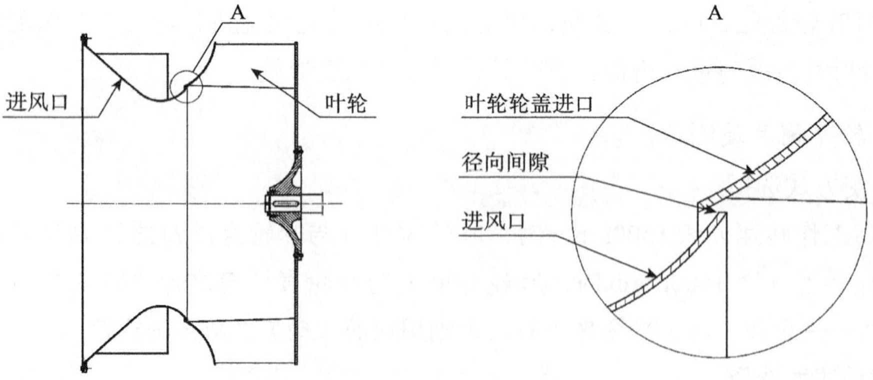

图25.7　离心式通风机叶片间隙测试示意图

5. 抽出式通风机隔流腔压差测试

在通风机自由进出气运行状态下，用皮托管和压力计测量隔流腔内气流与流道内气流的压差。

6. 叶轮与保护圈安全性

将通风机叶轮与保护圈所用材料，制作成符合标准要求的试件，用金属材料摩擦火花试验装置中高速冲击、旋转摩擦试验装置进行测试。若通风机外壳部件采用轻合金时，还需用自由落锤冲击试验装置进行测试。

25.2　通风机主要测试装备

目前通风机空气动力性能采用重庆院按照 GB/T 1236 标准研制的空气动力性能自动测试系统或便携式现场测试仪进行测试；叶轮加工质量分别采用叶轮超速试验装置和动平衡试验机进行测试；金属材料安全性（叶轮与保护圈安全性）采用金属材料摩擦火花试验装置进行测试。

25.2.1　空气动力性能自动测试系统

空气动力性能自动测试系统实现自动采集通风机空气动力性能参数试验时各工况点的数据，计算并列表各工况点的计算状态下数据和标准状态下数据，绘制空气动力性能曲线，保存并输出测试结果。

1. 总体结构

空气动力性能自动测试系统主要由测试硬件和测试软件组成。测试硬件主要包括大气压力变送器、温湿度变送器、微压差变送器、功率仪、声级计、振动速度传感器、采集模块、工控机等。自动测试系统硬件连接见图 25.8。

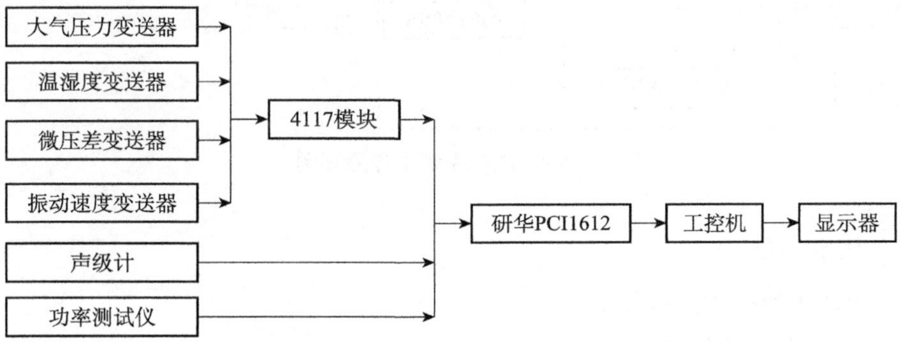

图25.8　空气动力性能自动测试系统硬件连接示意图

空气动力性能自动测试系统测试软件具有动态测试界面、静态数据界面、测试数据界面、计算数据界面、标准数据界面、曲线拟合界面、数据库界面、其他数据界面等。测试系统软件具备自动计算风量、轴功率、通风机的静压、全压、全压功率、静压功率、全压效率、静压效率、比 A 声级等参数，并绘制通风机性能曲线的功能；测试系统软件还具备存取、打印及预览等功能。

2. 工作原理

空气动力性能自动测试系统设计依据主要来源于 GB/T1236，经过输入采集量、计算应变量、转换标准量等三级运算流程，最终得到通风机测试性能曲线。

空气动力性能自动测试系统通过采集压差变送器、大气压力变送器、温湿度变送器、电参数测试模块的数据；自动传递给利用工业计算机为载体的数据处理模块，通过预先编译的计算程序指令；自动计算出通风机的风量、压力、功率、效率等参数，并绘制风机的性能曲线。测试系统工作原理见图 25.9。

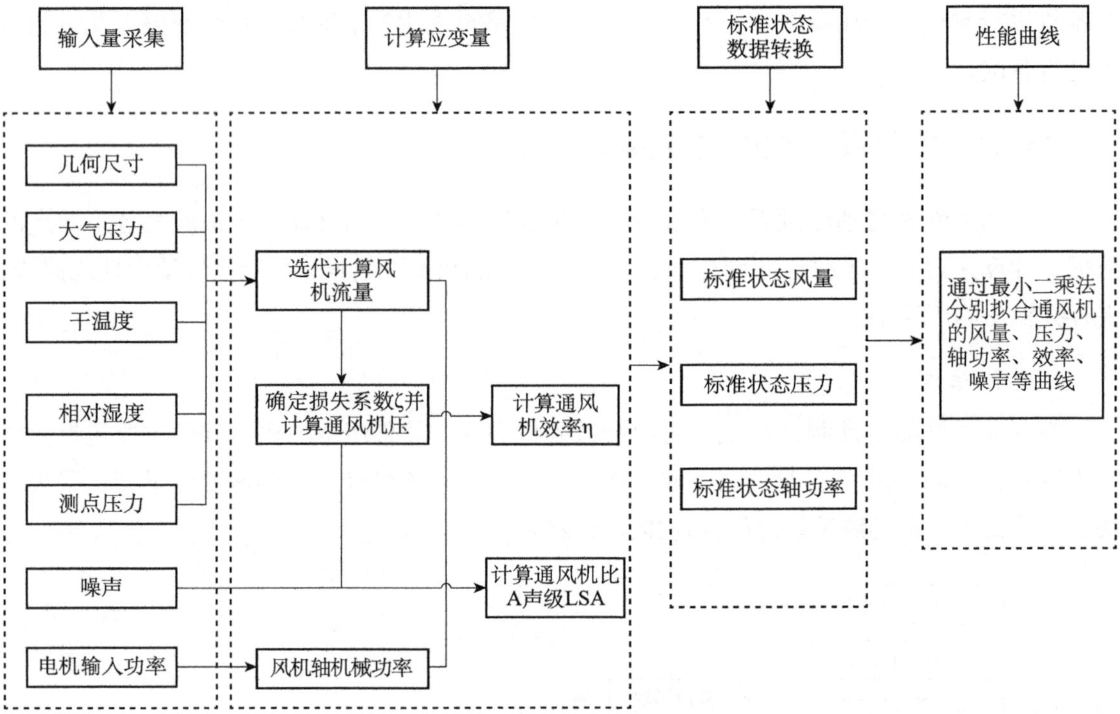

图25.9　测试系统工作原理图

3. 主要技术参数

测试系统的主要技术参数如下。

（1）压力测量范围：0 ～ 1000 Pa、0 ～ 2500Pa、0 ～ 8000Pa 、0 ～ 15000Pa，精度 ±0.075%。

（2）功率精度：±0.5%。

（3）电压测量范围：0 ～ 750V，精度 ±0.2%。

（4）电流测量范围：0 ～ 100A，0 ～ 500A，精度 ±0.2%。

（5）温度测量范围：-10 ～ 50℃，精度 ±0.3℃。

（6）相对湿度测量范围：0 ～ 98% RH，精度 ±5%。

（7）大气压力测量范围：800 ～ 1100hPa，精度 ±100Pa。

（8）噪声测量范围：35 ～ 130dB，精度 ±0.1 dB。

（9）振动测量范围：0.01 ～ 19.99cm/s，精度 ±5%。

（10）通风机电压适用范围：380V、660V、1140V（二次端测量）。

25.2.2　叶轮超速试验装置

重庆院按照 JB/T 6445 标准研制了叶轮超速试验装置。装置配有变频电动机，可以准确调节叶轮旋转速度，对通风机叶轮强度及变形量进行测试。

1. 总体结构

叶轮超速试验装置主要由试验台、调速装置、传动系统、防护装置、测试系统、变形量测试平台等组成（图 25.10）。

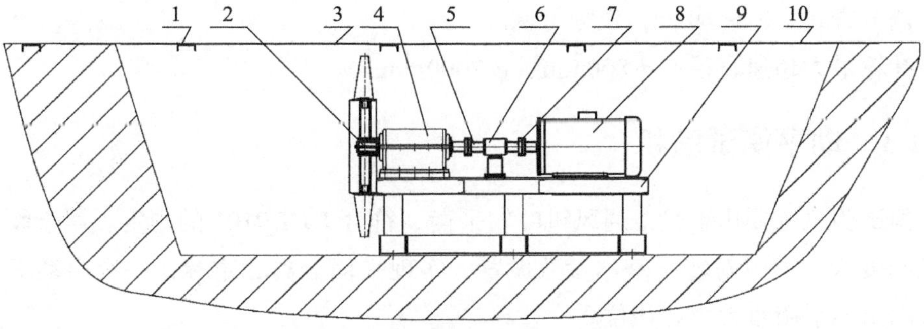

图25.10　叶轮超速试验装置示意图

1. 支撑梁；2. 标准轴；3. 盖板；4. 轴承箱；5. 联轴器；6. 转速传感器；7. 联轴器；8. 变频电动机；9. 试验台；10. 防护盖板

叶轮超速试验装置利用联轴器，将电动机、轴承箱和被测叶轮直接相连；联轴器位置安装有转速传感器，轴承箱位置安装有振动速度传感器。叶轮超速试验装置整体下沉到地面以下，且地平面配备有支撑梁和防护盖板，保障叶轮超速试验装置的安全使用。

2. 工作原理

为了控制被测叶轮的试验转速，叶轮超速试验装置配备变频电动机，并由变频电控柜直接供电。通过调节变频器的工作频率，改变电动机的运转速度，从而改变被测叶轮的试验转速，转速传感器在联轴器位置实时监控被测叶轮的试验转速，并显示在仪表盘上。如果转速示值超出试验转速范围，则通过变频调节，重新调整叶轮超速试验装置的试验转速。振动速度传感器安装在轴承箱位置，实时监控被测叶轮的振动速度，并显示在仪表盘上。一旦在试验中出现失速或振动速度超限的情况，可以及时停止叶轮超速试验装置。叶轮超速试验装置的工作流程见图 25.11。

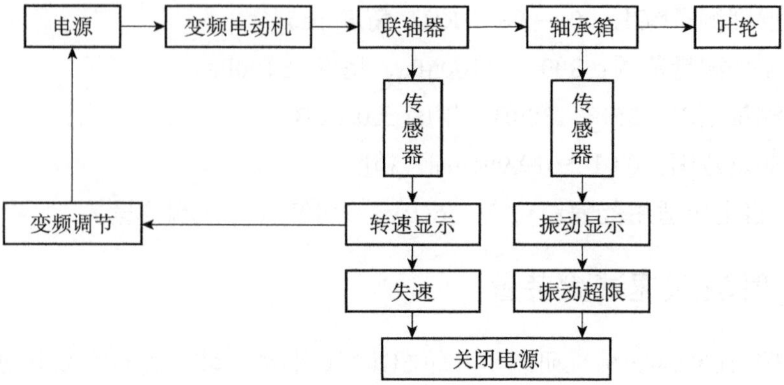

图25.11　叶轮超速试验装置工作流程

3. 主要技术参数

叶轮超速试验装置主要技术参数如下。

（1）变频电动机调速范围：0 ～ 3300r/min。

（2）调节方式：0 ～ 60Hz，变频可调。

（3）叶轮最大超速直径：ϕ 800mm、ϕ 2000mm。

25.2.3　动平衡试验机

动平衡试验机主要用于验证通风机叶轮平衡，符合 JB/T 9101 的规定。属于硬支承平衡机，摆架刚度大，通过对转子基本参数设置，实现平面分离和定标，一次启动运转后，即能正确显示出不平衡量大小和相位。

1. 总体结构

动平衡试验机由主机、电测箱、电控箱等三大部分组成。主机由机座、左右支承架、传动机构、光电头等部分组成。（图 25.12）。

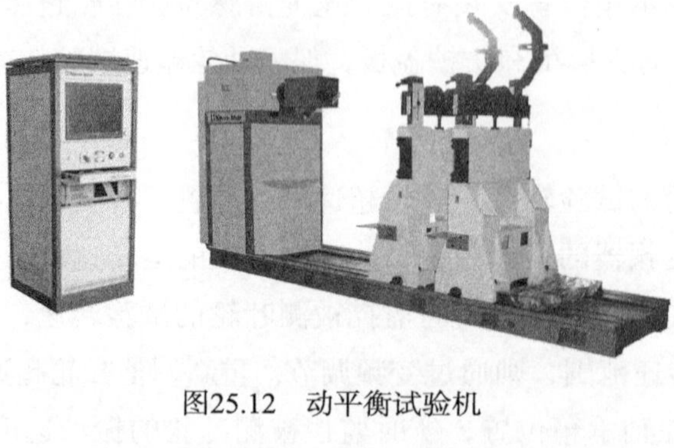

图25.12　动平衡试验机

2. 工作原理

工件在旋转时因不平衡量的存在而产生的离心力，通过支承架产生振动，安装在左右支承架上的两个传感器分别测得各支承架的振动，由光电头获得与旋转工件同频的基准信号，输入电测箱，经电测箱运算放大、滤波等处理后，由显示屏（或左、右数码管）显示转子左右两个校正面上的校正质量和相位。

3. 主要技术参数

现有动平衡试验机主要技术参数如下。

（1）转子最大外径：1250mm、2000mm。

（2）最小可达剩余不平衡量：1g · mm/kg（1千克校正平面上的质量的剩余不平衡量）。

（3）转子最大质量：160kg、300kg、1000kg。

25.2.4　金属材料摩擦火花试验装置

煤科总院重庆研究院研制的金属材料摩擦火花试验装置主要用于在爆炸性气体环境下，模拟金属材料碰撞、高速冲击、跌落、摩擦、撞击等产生摩擦火花的工况下，验证金属材料产生摩擦火花的安全性。

1. 总体结构

金属材料摩擦火花试验装置包括自由落锤冲击、高速冲击、旋转摩擦和摆锤冲击四套试验装置（图25.13～图25.16）。主要由金属材料摩擦火花试验装置、检测用仪器仪表、操

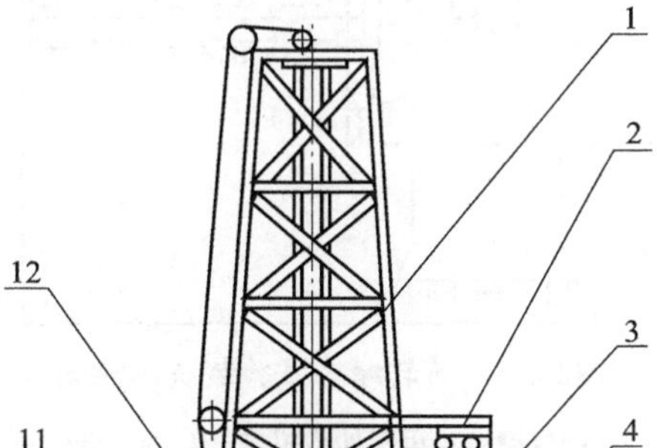

图25.13　自由落锤冲击试验装置示意图

1. 桁架；2. 链式起重机；3. 小车；4. 搅拌风扇；5. 落锤试验板；6. 火焰逸出口；7. 重锤小车；8. 爆炸槽；9. 倾斜支承台；10. 重锤和试件；11. 重锤提升装置；12. 重锤释放机构

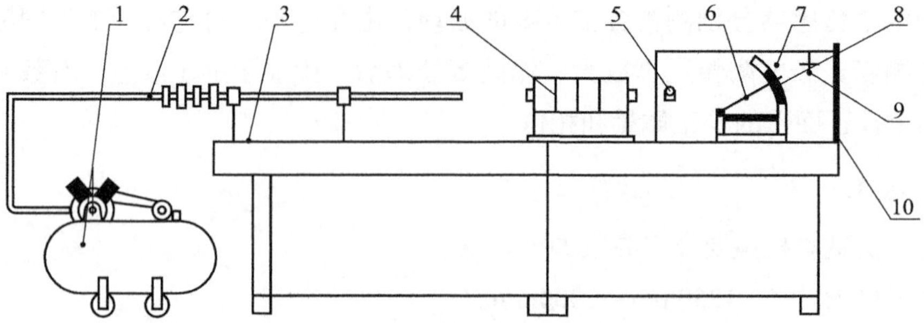

图25.14　高速冲击试验装置示意图

1. 空气压缩机；2. 弹丸发射装置；3. 工作台；4. 挡风器；5. 试验弹丸；
6. 高速冲击试验板；7. 爆炸槽；8. 倾斜支承架；9. 搅拌风扇；10. 火焰逸出口

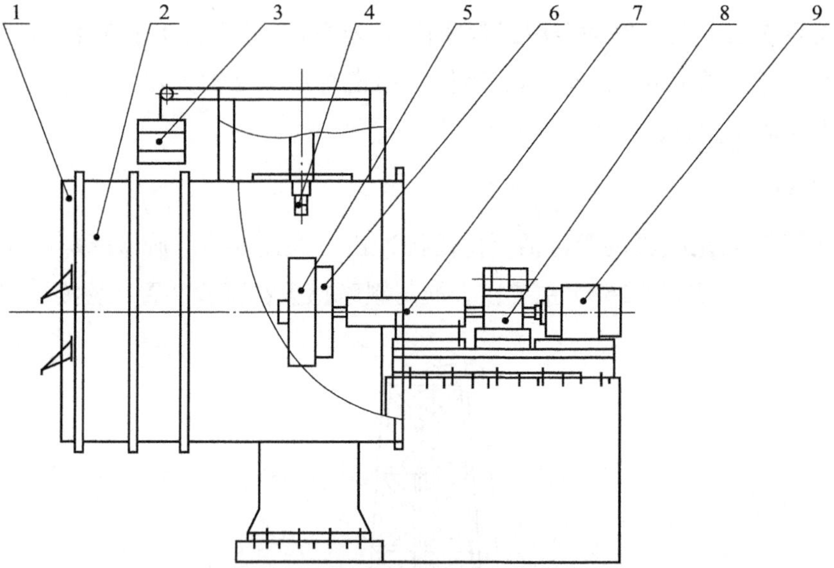

图25.15　旋转摩擦试验装置示意图

1. 火焰逸出口；2. 爆炸槽；3. 重锤加载机构；4. 固定试件；5. 旋转试件；
6. 旋转圆盘；7. 主轴；8. 转速转矩传感器；9. 电动机

作控制系统、配气系统等组成。可模拟和再现爆炸性气体环境用金属材料（如通风机叶轮与保护圈、仪器仪表、电气设备、携带式工具、壳体等）在碰撞、高速冲击、跌落、摩擦、撞击等工况下摩擦火花的产生过程，并依据是否产生摩擦火花和产生的摩擦火花引燃爆炸槽内试验气体的次数来评价火花的安全性。可用于煤矿、石油、天然气、煤气、化工、纺织行业等有爆炸性气体环境中金属摩擦火花的安全性评价。

2. 工作原理

1）自由落锤冲击试验装置的工作原理

将受试金属材料制成试验试件和试验板，在自由落锤试验装置上，根据受试材料所代表的仪器或设备所使用的材料，将安装有受试材料的重锤，在规定的高度自由下落，冲击在具有最容易产生摩擦火花的危险角度的落锤试验板上，模拟验证爆炸性气体环境、自由下落工况下受试材料间产生的摩擦火花的安全性。

2）高速冲击试验装置的工作原理

将受试金属材料按规定制作成试验弹丸和高速冲击试验板，在高速冲击试验装置上，使试验弹丸以规定的冲击速度（等于或接近实际工况条件下可能发生危险的最大值）撞击具有最容易产生摩擦火花的危险角度的高速冲击试验板，模拟验证爆炸性气体环境、高速冲击工况下受试材料摩擦火花的安全性。

3）旋转摩擦试验装置的工作原理

将受试金属材料制作成固定试件和旋转试件，在旋转摩擦试验装置上，使固定试件以规定的压紧力与具有规定旋转速度的旋转试件产生摩擦，模拟验证爆炸性气体环境、旋转摩擦工况下受试材料摩擦火花的安全性。

4）摆锤冲击试验装置工作原理

将受试金属材料按规定制作成摆擦弹丸和摆锤冲击试验板，在摆锤冲击试验装置上，使摆擦弹丸以规定的冲击速度（等于或接近实际工况条件下可能发生危险的最大值）冲击固定在移动平台上的摆锤冲击试验板，模拟验证爆炸性气体环境、冲击式机械（如钻机、凿岩机、风镐等）冲击锤打击钎尾冲击工况下受试材料间产生摩擦火花的安全性。

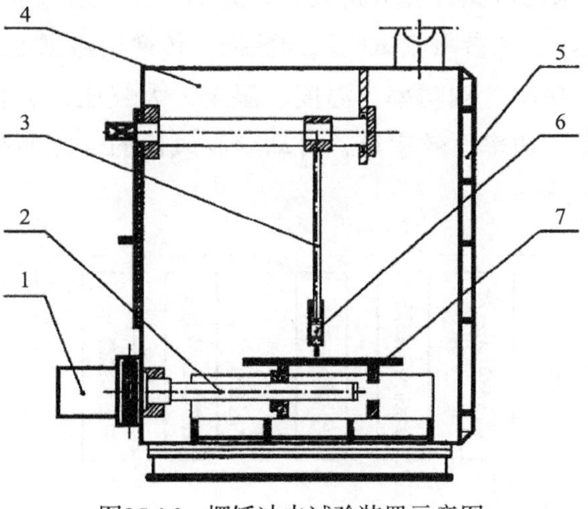

图25.16　摆锤冲击试验装置示意图

1. 电动机；2. 传动机构；3. 摆杆；4. 爆炸槽；5. 火焰逸出口；6. 摆锤加载机构；7. 移动平台

3. 主要技术参数

（1）试验气体浓度测量范围：0 ～ 20%CH_4、0 ～ 30%Q_2、0 ～ 30% H_2。

（2）落锤高度：0 ～ 6m。

（3）旋转速度：0 ～ 4000r/min。

（4）冲击速度：0 ～ 250m/s。

（5）摆动角度：±100°。

25.2.5 便携式现场测试仪

重庆院在通风机自动检测装置的基础上，结合国内的具体情况研制了一种便于携带、适应性强、数显直观、操作方便的新型通风机自动检测仪器——便携式现场测试仪；其完全满足风机标准 GB/T10178、MT421 中对流量、压力、电动机功率、通风机效率等技术指标检测要求。

1. 总体结构

便携式现场测试仪硬件主要由大气压力变送器、温湿度变送器、微压差变送器、电参数测试模块、主机、RS-485 转 USB、笔记本电脑等组成。

便携式现场测试仪具有动态测试界面、静态数据界面、测试数据界面、计算数据界面、标准数据界面、曲线拟合界面、数据库界面、其他数据界面等。测试仪软件具备自动计算风量、轴功率、通风机的静压、全压、全压功率、静压功率、全压效率、静压效率等参数，并自动绘制通风机的性能曲线的功能。

2. 工作原理

便携式现场测试仪采用数据计算分析装置为测试主件，通过采集压差变送器、大气压力变送器、温湿度变送器、电参数测试模块的数据，传递给数据处理模块，实时显示通风机的相关参数：风量、功率、轴功率、温度、湿度、大气压力、相对静压、差压；计算出通风机的风量、压力、功率、效率等，自动绘制风机的性能曲线。测试仪工作流程见图 25.17。

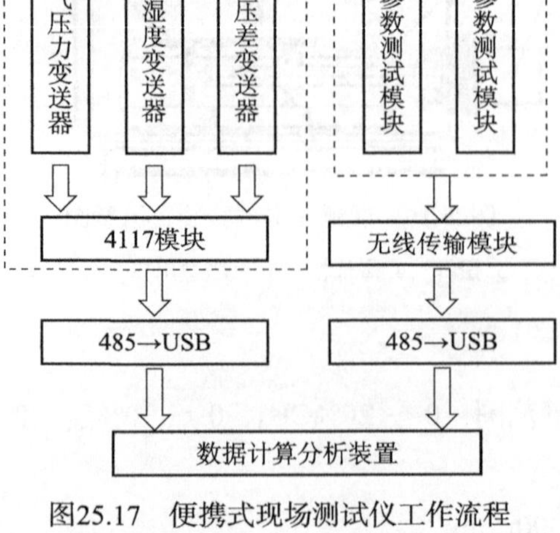

图25.17 便携式现场测试仪工作流程

便携式现场测试仪具备动压法、静压差法等多种风量测量方法，测试仪可以适用于煤矿现场各种测试条件。

测试仪采用模块化结构设计，各模块之间可通过无线或有线的方式进行数据通信。电参数模块和主机、风速参数模块和主机之间采用无线传输方式，压力参数模块、环境参数模块直接集成在主机内。

测试仪实时采集、处理、换算、显示现场数据，所有的数据都直接保存到笔记本电脑上。

采用先进的无线实时传输技术，高抗扰能力和低误码率，传输距离远。在测量时，笔记本电脑和仪器之间实时进行通信，并同时根据测量的数据进行计算、换算和显示。

3. 主要技术参数

便携式现场测试仪的主要技术参数如下。

（1）压力测量范围：0 ～ 2500Pa、0 ～ 8000Pa，精度 ±0.05%。

（2）功率精度：±0.5%。

（3）电压测量范围：0 ～ 750V，精度 ±0.2%。

（4）电流测量范围：0 ～ 500A，精度 ±0.2%。

（5）温度测量范围：-10 ～ 50℃，精度 ±0.3℃。

（6）相对湿度测量范围：0 ～ 98% RH，精度 ±5%。

（7）大气压力测量范围：800 ～ 1100hPa，精度 ±50Pa。

（8）皮托管：AFP-8A，修正系数 0.99 ～ 1.01。

（本章主要执笔人：重庆院邓鹏，巨广刚，徐三民，杨亮，杨森）

第26章 除尘器测试技术

除尘器是巷道掘进通风中捕集风流中的粉尘、降低粉尘浓度的专用设备。除尘器常用的有机载式除尘器、抽出式通风系统用除尘器。

除尘器主要由动力段和除尘器本体等组成。

本章主要阐述除尘器测试方法，包括测试项目、测试技术及原理，主要测试装备的结构组成、工作原理、技术参数和主要技术特点。

26.1 除尘器测试方法及原理

26.1.1 测试项目

除尘器的主要测试项目包括处理风量、总粉尘除尘效率、呼吸性粉尘除尘效率、漏风率、工作阻力、静压效率和液气比。

26.1.2 测试技术及原理

采用空气动力学粒径不小于74μm，其中小于10μm的占12%～15%，小于30μm的占47%～50%的煤粉；在除尘器前端连接试验管道内产生400～600mg/m^{3}的含尘气流；通过除尘器本体对含尘气流进行净化。通过测试除尘器前、后管道内粉尘浓度，计算得出除尘器的除尘效率；采用流量标准装置，通过测试除尘器所处环境参数、试验风道内压力参数配套电动机的电参数，计算得出除尘器处理风量、效率、工作阻力、漏风率等参数；采用液体流量标准装置，通过测试除尘器的耗水量，计算得出除尘器的液气比。测试流程见图26.1。

26.1.3 测试方法及要求

1. 处理风量

在标准风道上进行测试，根据除尘器进出口尺寸选择合适的风道。采集除尘器进口处的大气压、温湿度和管道入风口处的静压参数，按式（26.1）计算处理风量。

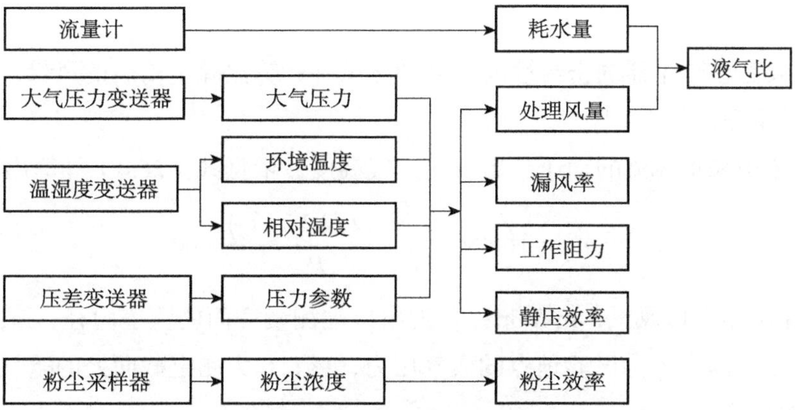

图26.1　除尘器测试流程

$$q_1' = 18.866\alpha\varepsilon d_1^2\sqrt{\frac{\Delta p\left(273.15+t_1\right)}{P_a}}\times 60 \tag{26.1}$$

式中，q_1' 为除尘器入口风量，m^3/min；d_1 为流量测量截面的管道内径，m；αε为复合系数；Δp 为风管进口 0.75d 处的相对静压，Pa；P_a 为试验地点的大气压力，Pa；t_1 为进口处温度，℃。

2. 除尘效率

1）测试条件

（1）试验用粉尘需采用煤粉。

（2）调节发尘浓度在 400 ～ 600mg/m^3 范围内。

2）粉尘采集

通常采用粉尘采样器（内置滤膜）或直读式粉尘采样装置同时采集除尘器前后的粉尘量或粉尘浓度。

3）除尘效率计算

总粉尘除尘效率按式（26.2）计算。

$$\eta = \frac{c_1 - c_2}{c_1}\times 100 \tag{26.2}$$

式中，η 为总粉尘除尘效率，%；c_1 为除尘器前端管道中的粉尘浓度，mg/m^3；c_2 为除尘器后端管道中的粉尘浓度，mg/m^3。

呼吸性粉尘除尘效率按式（26.3）计 算。

$$\eta_1 = \frac{c_1\varepsilon_1 - c_2\varepsilon_2}{c_1\varepsilon_1}\times 100 \tag{26.3}$$

式中，η_1 为呼吸性粉尘除尘效率，%；ε_1 为除尘器前端呼吸性粉尘所占质量分数，%；ε_2 为除尘器后端呼吸性粉尘所占质量分数，%。

3. 漏风率

漏风率主要考核除尘器的密封性能。分别测试并计算出除尘前后的风量。

1）出口风量测试

在出口风道中采集风流的动压、出口端大气温度，依据式（26.4）计算出口风量。

$$q'_{N_2}=18.866d_2\sqrt{\frac{P_d(273.15+t_2)}{P_a}}\times 60 \tag{26.4}$$

式中，q'_{N_2}为除尘器出口风量，m^3/min；d_2为出口端测量截面的管道内径，m；P_d为测量截面处的平均动压，Pa；P_a为试验地点的大气压力，Pa；t_2为测定截面处的空气温度，℃。

2）漏风率计算

按式（26.5）进行计算。

$$\varepsilon=\frac{q'_{N_2}-q'_{N_1}}{q'_{N_1}}\times 100 \tag{26.5}$$

式中，ε为漏风率，%；q'_{N_2}为除尘器出口风量，m^3/min；q'_{N_1}为除尘器进口风量，m^3/min；$q'_{N_1}=q_1$。

4. 工作阻力

工作阻力为气流通过除尘器时的压力损失，在前后风道中分别采集气流压力并计算其差值，差值即为除尘器的工作阻力。

5. 液气比

液气比为除尘器的耗水量和处理风量的比值。利用流量计测试除尘器的耗水量，并按式（26.6）计算液气比。

$$L=\frac{q_n}{q'}\times 100 \tag{26.6}$$

式中，L为除尘器液气比，L/m^3；q_n为除尘器耗水量，L/s；q'为除尘器处理风量，m^3/s。

26.2 除尘器性能综合试验系统

重庆院按照MT159—2005标准研制了除尘器性能综合试验系统，用于验证除尘器的气动性能和除尘性能，可实现粉尘和气动性能参数的自动采集和数据处理。

1. 总体结构

测试系统主要由发尘装置、试验风道、气动性能测试仪器、粉尘自动采集仪器、粉尘处理分析设备、喷雾粒度分析仪、计算软件和试验台组成（图26.2）。

2. 工作原理

除尘器性能综合试验系统采用工控机作为测试主机，通过压差变送器、大气压力变送

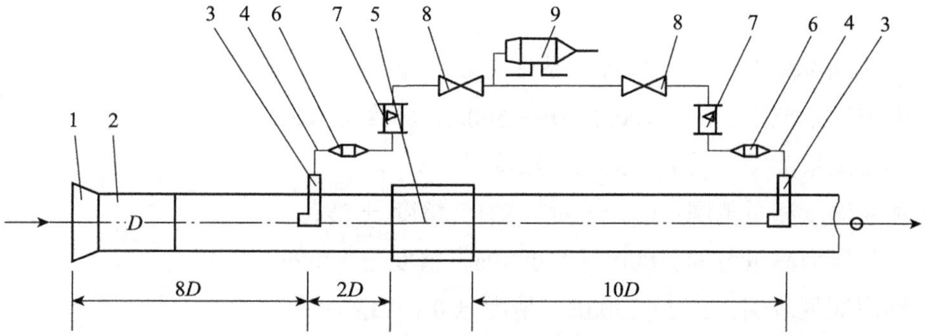

图26.2　除尘器性能综合试验系统示意图

1. 集流器；2. 管道；3. 采样管；4. 软管；5. 除尘器；6. 采样漏斗；7. 气体转子流量计；8. 调节阀；9. 抽气泵

器、温湿度变送器、功率仪、声级计、振动速度变送器、粉尘采样装置和流量计采集的压力参数、大气压力、干温度、相对湿度（或湿温度）、电参数、噪声、振动速度、粉尘量（粉尘浓度）等数据，传递给数据处理模块，实时显示除尘器的相关参数：风量、功率、轴功率、温度、湿度、大气压力、静压、差压、噪声；计算出除尘器的处理风量、静压效率、工作阻力、除尘效率等参数，并自动绘制除尘器的性能曲线。试验系统工作流程见图 26.3。

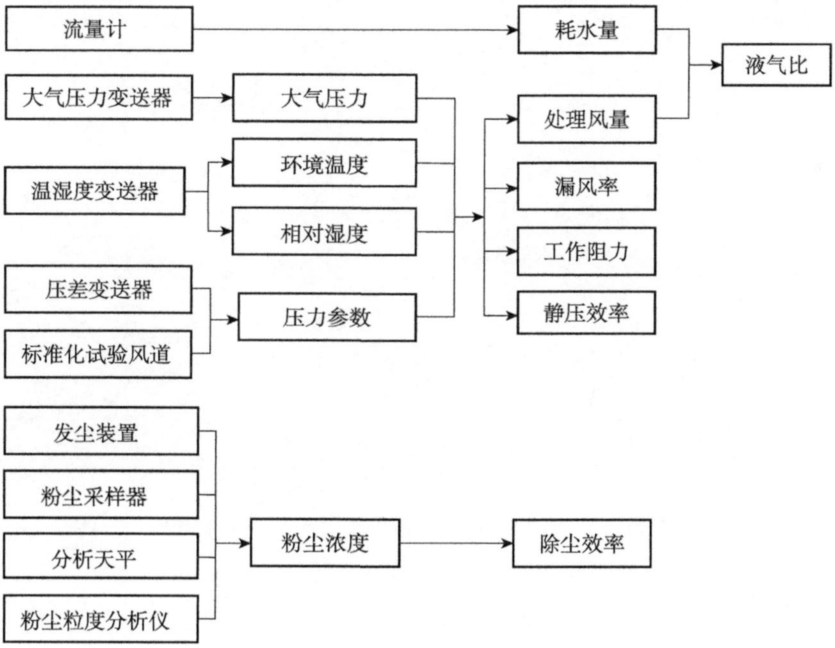

图26.3　除尘器性能综合试验系统工作流程

3. 系统主要参数

（1）压力测量范围：0 ～ 1000Pa、0 ～ 2500Pa、0 ～ 8000Pa、0 ～ 15000Pa，精度 ±0.075%。

（2）功率精度：±0.5%。

（3）电压测量范围：0 ～ 750V，精度 ±0.2%。

（4）电流测量范围：0 ～ 100A，0 ～ 500A，精度 ±0.2%。

（5）温度测量范围：-10 ～ 50℃，精度 ±0.3℃。

（6）相对湿度测量范围：0%～ 98% RH，精度 ±5%。

（7）大气压力测量范围：800 ～ 1100hPa，精度 ±100Pa。

（8）噪声测量范围：35 ～ 130dB，精度 ±0.1 dB。

（9）振动速度：0.01 ～ 19.99cm/s，精度 ±5%。

（10）发尘量：100 ～ 1000 mg/m^3。

（11）电子天平：可读性为 0.01mg；重复性为 0.02mg；线性误差为 0.03mg。

（12）粉尘粒度分析范围：量程为 0.1 ～ 300μm；准确度为小于 1%。

（本章主要执笔人：重庆院邓鹏，巨广刚，孔令刚，颜文学，彭明辉）

第六篇　隔抑爆设备测试技术

隔抑爆设备是用消焰剂扑灭爆炸火焰，阻断爆炸传播，缩小灾害范围的设备。按照使用场所的不同，隔抑爆装备分为煤矿井下用隔抑爆装备和瓦斯输送管道用隔抑爆装备。

我国隔抑爆技术及设备的研究起步于20世纪60年代，研究中遇到的最大难题是如何判定隔抑爆装备抑制爆炸的有效性。国际上公认的方法是在实际规模爆炸条件下进行实际检验。我国于1981年建成了世界上唯一带有斜巷的断面为7.2m^2、长度为896m的大型地下瓦斯煤尘爆炸试验巷道及配套的爆炸参数测试系统。通过爆炸压力、爆炸温度等参数的变化来判定隔绝或抑制瓦斯（煤尘）爆炸的效果，现已成为检验隔抑爆装置隔爆或抑爆性能的主要设施。

随着隔抑爆技术的不断发展，隔抑爆测试装备水平也在不断提升，为满足对隔抑爆设备进行全面的性能测试，新增了光学传感器检测装置，直径分别为100mm、200mm、300mm、400mm、500mm、600mm、700mm、800mm、900mm和1000mm的系列钢制试验管道等，大幅提高了隔抑爆设备的检测能力，能够对各种隔抑爆设备的隔抑爆性能及部件技术参数进行测试，提高了隔抑爆设备测试技术及装备整体水平，建立的煤用瓦斯、煤尘爆炸试验装备，也用于工业粉尘爆炸领域的隔、抑、泄爆设备的性能检测和基础研究。

为了保证隔抑爆设备的可靠性和安全性，我国制定了相关标准及测试方法。从1996年制定MT 157—1996《煤矿用隔爆水槽和隔爆水袋通用技术条件》、1997年制定MT 694—1997《煤矿用自动隔爆装置通用技术条件》开始，先后制定了《瓦斯管道自动喷粉抑爆装置通用技术条件》、《瓦斯管道输送自动阻爆装置技术条件》、《瓦斯管道输送水封阻火泄爆装置技术条件》等6项国家及行业标准，规范了隔抑爆设备的技术要求和测试方法。

本篇详细介绍煤矿井下用隔抑爆设备、瓦斯输送管道用隔抑爆设备的性能测试技术及相关装备。

第 27 章 煤矿井下用隔抑爆设备测试技术

目前，我国煤矿井下广泛使用的隔抑爆设备包括被动式隔爆水槽、隔爆水袋和自动隔抑爆装置。其中，隔爆水槽又分为硬质塑料水槽和泡沫水槽，自动抑爆装置分为机载式自动抑爆装置和巷道式自动隔爆装置。

为了确保隔抑爆装置的可靠性和有效性，我国建立了专门试验设施和装置对隔爆水槽、隔爆水袋、自动抑爆装置等隔抑爆设备的隔抑爆性能进行实际规模爆炸条件下的性能测试。

本章主要介绍煤矿井下用隔抑爆设备的测试方法、技术要求、测试项目及相关主要测试装备的结构组成、工作原理、技术参数和主要技术特点。

27.1 被动式隔爆水槽/隔爆水袋测试

27.1.1 测试项目

被动式隔爆水槽的测试项目包括规格尺寸、套合堆码静载荷、坠落、超载荷、热稳定性、抗渗漏、阻燃性能、表面电阻、水分布和隔爆性能试验共 10 项。被动式隔爆水袋的测试项目包括规格尺寸、超载荷、热稳定性、抗渗漏、阻燃性能、表面电阻、水分布和隔爆性能试验共 8 项。本节主要介绍水分布状态测试和隔爆性能的测试。

27.1.2 测试技术及原理

被动式隔爆措施是根据爆炸产生压力波超前于火焰的特点，利用压力波压力击碎水槽或使水袋脱钩，使水槽或水袋中的水依靠压力波和产生的爆风形成水雾，扑灭随后到来的火焰，防止火焰引爆后面瓦斯或煤尘，终止爆炸的传播。

根据瓦斯（煤尘）爆炸传播规律，在距爆源 40m 左右时，压力波赶上并逐渐超过火焰面；随着距离的增大，压力波超前火焰面越来越远。根据水雾试验研究，水雾喷洒在空中的存在时间一般不超过 300ms，而在距爆源 160m 处，爆炸压力与火焰之间的时间差已接近 300ms，因此被动式隔爆措施只有安装在 60 ～ 200m 处，才能有效发挥作用。

隔爆水槽 / 隔爆水袋所形成的水雾状态是影响隔爆效果的关键，水分布状态就是测试单个容器的水雾分散状态。水槽 / 水袋均为非金属制品，其自身的安全性能必须保证，其材质应具有阻燃抗静电性能，因此需进行阻燃性能和表面电阻测试。规格尺寸、抗渗漏、热稳定性等性能均是为了保证足够的水量。隔爆效果测试则是进行实际规模的瓦斯煤尘爆炸测试隔爆水槽 / 隔爆水袋的最终效果。

27.1.3 测试方法及要求

1. 水分布状态测试

水分布状态直接决定隔爆水槽棚 / 隔爆水袋棚的隔爆效果。主要是测试单个容器受到爆炸冲击时所形成的水雾分布状态，包括最佳水雾形成时间、雾面持续时间以及最佳水雾分散区域等。测试是在直径 2000mm 的地面钢制圆形试验管道进行的，采用拍摄速率不低于 500 幅 /s 的高速摄像机同步拍摄。

试件的安装示意图见图 27.1。

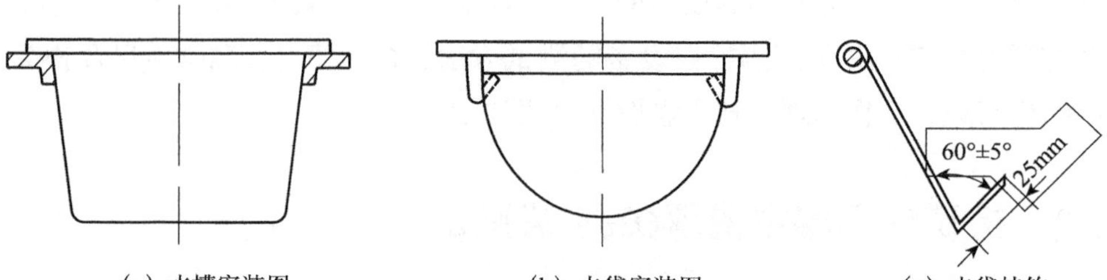

(a) 水槽安装图　　(b) 水袋安装图　　(c) 水袋挂钩

图27.1　水槽/水袋安装示意图

被测试件安装在直径2000mm管道管口内0.3m处。水槽横向嵌入安装，水袋横向吊挂，安装高度为 1.5m。在管口外 7m、偏离管道中轴线 15m 处架设高速摄影机，与爆炸同步拍摄水雾分布状态。管道封闭端设容积为 18m^3 甲烷爆炸室，甲烷浓度 7.4%～ 8.0%。用工业电雷管引火药头引爆，使水槽或水袋试件安装处的爆炸压力分别不超过 16kPa 或 12kPa。观察分析并记录试件的破碎状况以及水雾分布情况。

形成水雾的动作指标：水槽动作压力不得大于 0.016MPa，水袋动作压力不得大于 0.012MPa；水槽最佳水雾持续时间不少于 250ms，水袋最佳水雾持续时间不少于 160ms；最佳水雾长度不小于 5m，宽度不小于 3.5m，高度不小于 3m。

2. 隔爆性能测试

隔爆性能测试在大型地下试验巷道进行，采用高速动态数据采集系统采集爆炸参量。

巷道侧壁安装火焰传感器：0 ～ 40m 内每隔 10m 安装 1 个；40 ～ 398m 内每隔 20m 安装 1 个。

在主平巷距隔爆门 7m 处，用 0.14mm 厚聚氯乙烯塑料薄膜封闭巷道，构成容积为 50m^3 的甲烷爆炸室，充入甲烷含量为 8.0%～ 8.6%的空气混合气体。在巷道的 7 ～ 150m 处均匀布置试验煤尘，煤尘用量按巷道空间 150g/m^3 计算。用 220V 交流电源点燃距隔爆门

2m、高度 1.9m 处的电桥丝药头，引爆甲烷空气混合气体，使试验煤尘飞扬形成煤尘云参与爆炸。

水槽（或水袋）棚采用集中式布置，首列棚距隔爆门（爆源）100m，排间距 1.2 ～ 3m，安装高度 1.9 ～ 1.95m。水槽试件横向嵌入安装，水袋试件横向吊挂。试件在同一安装架上均匀放置。水槽（或水袋）棚每次用水量按巷道净断面面积 100L/m^2 计算。水槽水袋安装方式见图 27.1，巷道安装布置示意图如图 27.2。

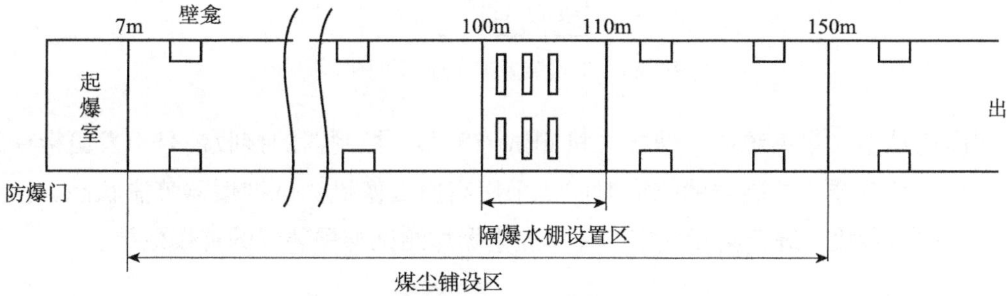

图27.2　隔爆性能试验巷道安装布置示意图

27.2　煤矿井下用自动抑爆装置测试

煤矿井下用自动抑爆装置一般由传感器、控制器、抑爆器和电源组成。测试方法：先测试传感器、控制器、抑爆器等部件，部件检验合格后再进行装置的联机检测。

27.2.1　测试项目

测试项目包括传感器响应时间、传感器触发条件、控制器响应时间、抑爆器技术参数、抑爆器安全性、环境试验、防爆性能、装置稳定性能以及装置抑爆性能等 10 余项。本节主要介绍抑爆器喷撒技术参数、抑爆器安全性和装置抑爆性能测试。

27.2.2　测试技术及原理

当发生瓦斯（煤尘）爆炸时，传感器将探测到的燃烧与爆炸火焰的光信号转变成电信号传送到控制器，控制器计算火焰到达时间，然后发出指令，驱动抑爆器内的灭火剂，从喷撒机构喷出，快速形成高浓度的灭火剂云雾，与火焰面充分接触，吸收火焰的能量，终止燃烧链，将火焰熄灭，从而终止火焰面在瓦斯（煤尘）云中的继续传播。抑爆装置抑爆原理见图 27.3。

煤矿井下用抑爆设备的测试，按照安装使用场所的不同分为机载式抑爆装置测试和巷道式抑爆装置测试，两种测试方法基本相同，仅抑爆性能测试不同。

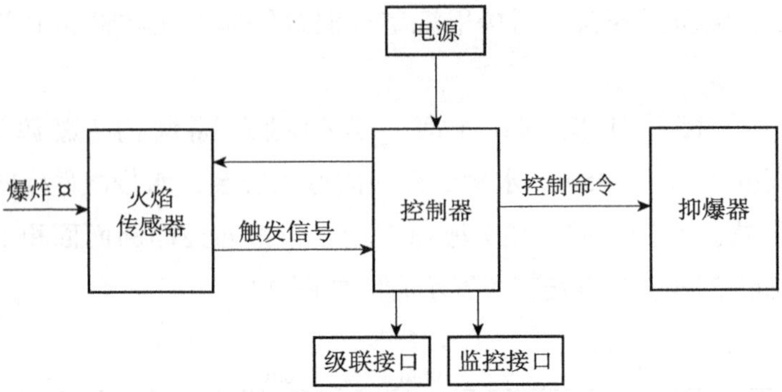

图27.3　抑爆装置抑爆原理框图

采用高速动态采集系统或高速摄像机测试传感器、控制器的接收信号、发出指令的时刻，计算得出传感器、控制器的响应时间；采用高速摄像机测试抑爆器喷撒状态，计算得出抑爆器的技术参数；进行实际规模的瓦斯煤尘爆炸测试抑爆装置的抑爆效果。

27.2.3　测试方法及要求

1. 抑爆器喷撒技术参数测试

抑爆器喷撒技术参数测试包括抑爆器的动作滞后时间、抑爆剂的成雾时间、雾面持续时间以及喷撒效率，一般采用高速摄像机同步拍摄。

测试前首先称量抑爆剂质量，并将装有抑爆剂的抑爆器安装固定良好；抑爆器处于正常工作状态，在抑爆器旁边用点火药头作为抑爆器动作时间参照点，同时触发参照点火药头和抑爆器，试验完成后称量剩余的抑爆剂质量。

用拍摄速率不小于 1000 幅 /s 的高速摄像机摄录参照点火药头触发和抑爆器喷撒过程；并按式（27.1）至式（27.4）进行结果处理。

（1）喷撒滞后时间。按式（27.1）计算。

$$t_1 = n_1 \times \Delta t \tag{27.1}$$

式中，t_1 为抑爆器喷撒滞后时间，s；n_1 为参照点火药头点火到抑爆器灭火剂喷出喷嘴的图像数，幅；Δt 为摄录图像的时间间隔，s。

（2）喷撒效率。按式（27.2）计算。

$$\eta = \frac{m_0 - m_1}{m_0} \times 100\% \tag{27.2}$$

式中，η 为抑爆器喷撒效率，%；m_0 为抑爆器充装灭火剂质量，kg；m_1 为抑爆器剩余灭火剂质量，kg。

（3）成雾时间。按式（27.3）计算。

$$t_2 = n_2 \times \Delta t \tag{27.3}$$

式中，t_2 为成雾时间，s；n_2 为干粉灭火剂从抑爆喷嘴喷撒出到干粉灭火剂形成 $8m^2$ 雾面的图像数，幅；Δt 为摄录图像的时间间隔，s。

（4）雾面持续时间。按式（27.4）计算。

$$t_3 = n_3 \times \Delta t \tag{27.4}$$

式中，t_3 为雾面持续时间，s；n_3 为抑爆器喷撒出干粉灭火剂的雾面达到 $8m^2$ 的持续时间的图像数，幅；Δt 为摄录图像的时间间隔，s。

2. 抑爆器安全性测试

抑爆器的安全性测试主要是为了确保抑爆器自身在爆炸性环境中动作时不引起瓦斯煤尘爆炸。

将未装抑爆剂而组装好的抑爆器安装在体积不小于 $10m^3$ 的封闭空间内，向封闭空间内充入体积分数为 8.0%～8.6% 的 CH_4 与空气的混合气体，触发抑爆器，观察 CH_4 和空气混合气体是否被引爆。为避免试验的偶然性，试验进行 3 次。

3. 隔抑爆性能测试

1）机载式抑爆装置抑爆性能测试

机载式抑爆装置抑爆性能试验在断面为 $10m^2$ 的半圆拱形试验巷道内进行。

试验巷道断面呈半圆拱形，圆拱半径 2.6m，长 20m，巷道两帮每隔 1m 安装一个火焰传感器；充入体积分数为 8.0%～8.6% 的 CH_4 与空气混合物，体积 $30m^3$；两只 8 号工业电雷管引火药头作为点火源。

抑爆器安装在距巷道封闭端 3～5m，传感控制器件安装在距巷道封闭端 1.5m 左右；在距巷道封闭端 3m 处，用 0.14mm 厚的聚氯乙烯塑料薄膜封闭巷道，构成甲烷爆炸室；在距巷道封闭端 0.5m、高度 1.9m 处安装点火源；点爆 CH_4 与空气混合物，用高速动态数据采集系统测试爆炸火焰到达距离。

2）巷道式抑爆装置抑爆性能测试

巷道式自动抑爆装置抑爆性能试验在大型地下试验巷道进行，巷道主平巷长 400m，净断面面积 $7.2m^2$。巷道断面呈半圆拱形，圆拱半径 1.6m。巷道两帮安装火焰传感器，0～40m 内每隔 10m 安装 1 个，40～200m 内每隔 20m 安装 1 个；充入体积分数为 8.0%～8.6% 的 CH_4 与空气混合物，体积 $50m^3$；两只 8 号工业电雷管引火药头作为点火源。

抑爆器安装在距隔爆门 25～40m 处，传感控制器件安装在其前方 10m 左右；点火源安装在距隔爆门 2m、高度 1.9m 处；在距巷道隔爆门 7m 处，用 0.14mm 聚氯乙烯塑料薄膜封闭巷道，构成甲烷爆炸室；在距隔爆门 7～50m 处的巷道两帮和底板按巷道空间 $150g/m^3$ 的用量均匀铺设煤尘，煤尘挥发分大于 40%，85% 粒径小于 0.075mm；点爆 CH_4 与空气的混合物，测试爆炸火焰到达距离。

27.3 煤矿井下用隔抑爆设备主要测试装备

煤矿井下用隔抑爆设备的测试装备主要包括大型地下试验巷道、地面试验巷道、地面圆形钢制试验管道、高速动态数据采集系统、高速摄像机等。

27.3.1 大型地下试验巷道

1966 年，我国开始立项建设瓦斯煤尘爆炸试验巷道，于 1981 年重庆院建成，并通过国家计委组织的鉴定验收。地下爆炸试验巷道是亚太地区规模最大、世界上唯一带有斜巷的大型地下爆炸试验巷道。后经过多次改造、完善，形成了能进行模拟煤矿井下实际规模的瓦斯煤尘爆炸、可燃气体（天然液化气、油气、硫化氢等）及粉尘（矿物粉尘、粮食粉尘、纺织粉尘等）爆炸特性及传播规律、隔、抑爆技术产品研发和检测的试验基地。

大型地下试验巷道全长 896m，其中主巷长 710m，拱形断面面积 7.2m^2，用钢筋混凝土浇筑，分段的承受不同爆压，最高可承受 2.5MPa 的爆炸压力。试验巷道有一斜巷，斜巷长 260m，角度 24°。巷道内有两道由液压机构控制的防爆门，并设有封膜环，可将巷道封闭成 30m^3、50m^3、100m^3、200m^3 的起爆空间；巷道内设有瓦斯循环及搅拌系统、通风系统、排水沟、推车轨道等，并可安置可视监控系统；设有挂钩，可用于安放煤尘架铺设煤尘；巷道两侧留有壁龛，用于放置试验用传感器等。大型地下试验巷道结构示意图见图 27.4。

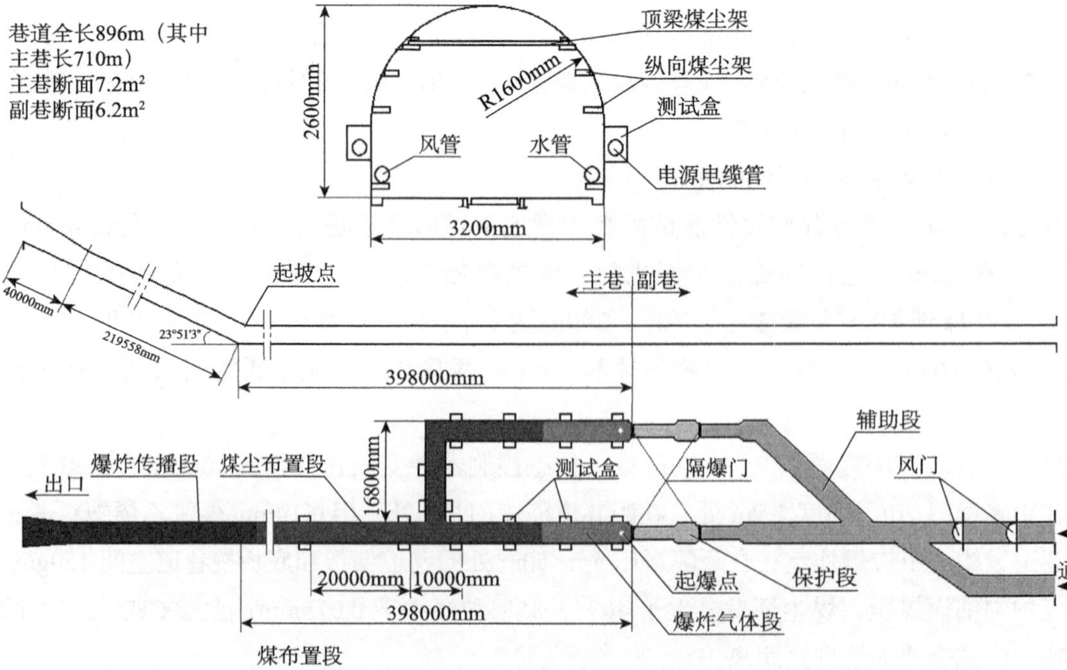

图27.4 大型地下试验巷道结构示意图

27.3.2 断面10m²地面试验巷道

该巷道模拟煤矿井下独头掘进巷道，用于进行大型气体燃烧传播试验及隔抑爆设备的检测验证等。

$10m^2$ 的拱形断面，长 20m，用 10mm 厚钢板焊接而成，地脚用混凝土浇筑，可承受 0.5MPa 的爆炸压力。巷道内铺设有轨道，两侧壁上每隔 1m 设有传感器安装孔，用于安装测试用传感器，并安装有玻璃观察窗。

27.3.3 地面圆形钢制试验管道

直径 2000mm，长 29m 的地面圆形钢制试验管道可进行气体爆炸试验，目前主要用于测试隔爆水槽、隔爆水袋的水分布状态。

管道一端封闭，一端开口，设计承压 1.5MPa，内部设置有封膜环，可将管道封闭成 $10m^3$、$18m^3$ 的爆炸空间；距管道出口端 0.3m 处设置有水槽、水袋安装架，管道两侧每隔 1m 设有传感器安装孔，用于安装测试用传感器。直径 2000mm 钢制管道见图 27.5。

图27.5 直径2000mm钢制管道

27.3.4 高速动态数据采集系统

高速动态数据采集系统由机箱、基于 PXI 总线的采集模块以及定制高速数据采集软件组成。PXI 采用了大规模门阵列设计技术、表面贴装工艺等先进手段制作而成，广泛应用于实验室、生产现场或野外对冲击、爆炸等原因引起的压力、电磁波、温度等各种动态过程进行实时数据采集，具有速度快、结构坚固紧凑、系统可靠稳定的特点。软件集控制采集、读取数据、显示波形、数据处理、存盘、打印及通信等功能于一体，操作直观、便捷。

高速动态数据采集系统原理见图 27.6。

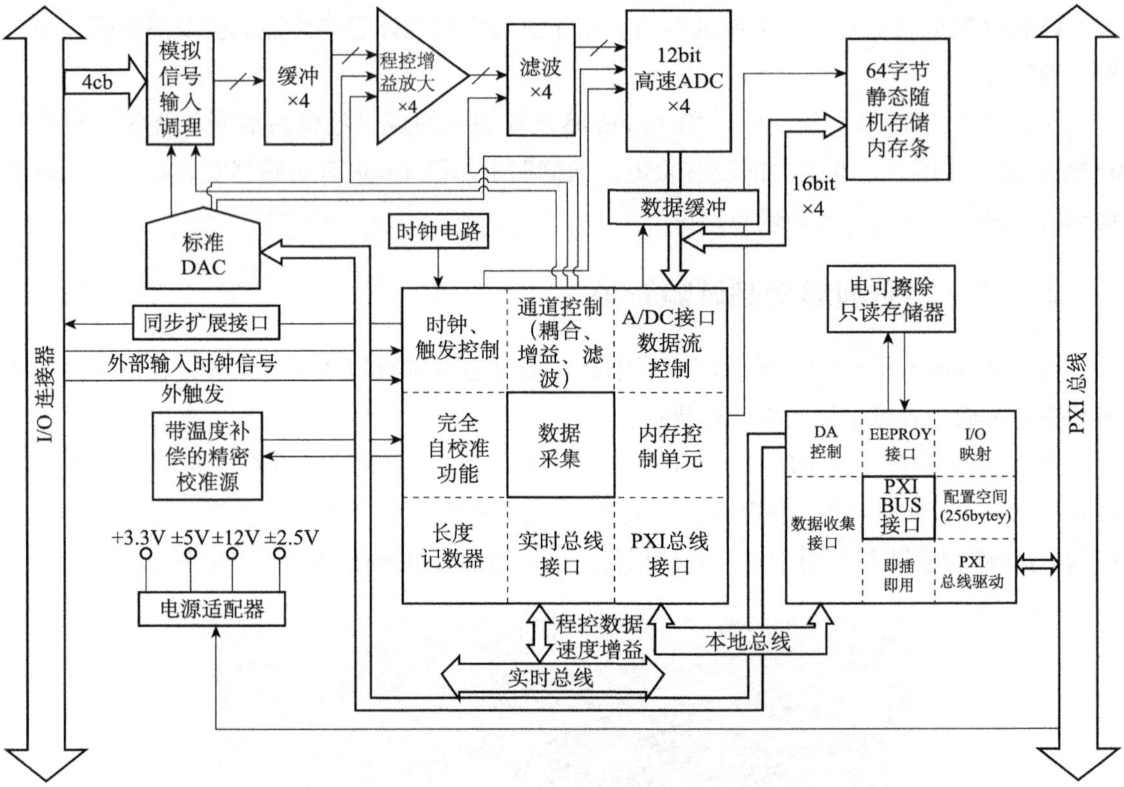

图27.6　高速动态数据采集系统原理图

主要技术参数。

（1）通道数：64 通道，可并行扩展。

（2）最高采样率：60Mzps/CH。

（3）分辨率：12 位垂直分辨率。

（4）采集板载内存：512MB。

（5）32 路热电偶输入通道；8 路内置冷端温度补偿通道；90 S/s/ 通道的采样率（高速模式）；1 S/s/ 通道的采样率（高分辨率模式）；300 Vrms CAT II 通道 - 地面接地安全隔离。

（6）16 个混合插槽，其中含 1 个高性能 PXI Express 系统定时插槽 - 每插槽高达 4GB/s 的专用带宽，12 GB/s 的系统带宽与 PXI、PXI Express、CompactPCI 和 CompactPCI Express 模块兼容。

（7）配备 2.3GHz 四核 Intel Core i7-3610QE 中央处理器，16 GB DDR3 RAM standard，500 GB 硬盘；USB 接口；Super VGA 显示卡；串、并口和以太网等外设端口。

（8）2 MS/s/ 通道下 16 路同步模拟输入，16 位分辨率；32 MS/s AI 总吞吐量 ，4 路模拟输出，3.33 MS/s，16 位分辨率，±10 V ；48 条数字 I/O 线（其中 32 条为 10 MHz 硬件定时线）；4 路 32 位计数器 / 定时器，针对 PWM、编码器、频率、事件计数。

27.3.5 高速摄像机

高速摄像机采用美国 Vision Research Inc.（简称 VRI）的 Phantom® 系列 Phantom V210 高速数字摄像机。

主要技术参数。

（1）12 位 SR-CMOS 图像传感器。

（2）传感器：1280 × 800 分辨率。

（3）感光灵敏度：2100 ISO/ASA（彩色）（ISO12232 标准）。

（4）具备 EDR 动态范围曝光控制功能。

（5）具备自动曝光功能 。

（6）基于图像的自动触发功能。

（7）全幅 1280 × 800 分辨率，速度 2190 帧 /s，最高可达 10000 帧 /s。

（8）具备前后触发功能，任意设置触发时刻。

（9）最小曝光时间：2μs。

（10）内存记忆容量 ：DRAM 16G。

（11）触发：TTL 脉冲 上升或下降沿，开关开启或关闭。

（本章主要执笔人：重庆院樊小涛，司荣军，薛少谦 ）

第28章 瓦斯输送管道用隔抑爆测试技术

瓦斯抽放及输送用隔抑爆装备主要包括自动抑爆装置、自动阻爆装置、水封阻火泄爆装置。

为了确保隔抑爆装置的可靠性和有效性，专门建立了直径100mm、200mm、300mm、400mm、500mm、600mm、700mm、800mm、900mm和1000mm的系列钢制试验管道，用于进行不同管径瓦斯输送管道用隔抑爆设备的隔抑爆性能检验测试。

本章主要介绍瓦斯输送管道用隔抑爆装备的测试方法、技术要求、测试项目及相关主要测试装备的结构组成、工作原理、技术参数和主要技术特点。

28.1 瓦斯输送管道自动抑爆装置测试

瓦斯输送管道自动抑爆装置包括自动喷粉抑爆装置和自动喷气抑爆装置。两者的结构组成基本一致，均由传感器、控制器、抑爆器、电源等组成。区别在于抑爆器的工作原理及抑爆介质不同，自动喷粉抑爆装置的抑爆介质为干粉灭火剂，抑爆器有产气式和贮压式两种；而自动喷气抑爆装置的抑爆介质一般为二氧化碳或者七氟丙烷，抑爆器一般为贮压式。但两者的测试方法相同，先测试传感器、控制器、抑爆器等部件，部件测试合格后再进行装置的联机测试。

28.1.1 测试项目

管道自动抑爆装置测试项目包括传感器响应时间、传感器触发条件、控制器响应时间、抑爆器技术参数、环境试验、防爆性能、装置正常工作性能、装置稳定性能以及装置抑爆性能等10余项。本节主要介绍装置抑爆性能测试。

28.1.2 测试技术及原理

管道内发生瓦斯爆炸时，传感器探知爆炸信号，传送给控制器，控制器发出指令给抑爆器，喷撒出抑爆剂迅速形成高浓度灭火剂云雾，阻止爆炸的继续传播。

测试采用拍摄速率不小于1000幅/s的高速摄影机拍摄抑爆器的喷撒过程，抑爆器从接收动作，到喷出灭火剂，有一定的时间滞后，即为抑爆器的喷撒滞后时间；抑爆器喷出的灭火剂，也需要维持一段喷粉时间，才能完全扑灭火焰，即抑爆器的喷撒完成时间；抑爆性能测试由于爆炸火焰伴随有冲击波，在冲击波的前冲作用下，干粉灭火剂不可能在瞬间把火焰扑灭，而允许火焰往前传播短暂的距离。经过多次试验的结果，抑爆器动作后，火焰不超过抑爆器 6m 的距离。

28.1.3 测试方法及要求

管道抑爆装置的抑爆性能测试在长度不小于 60m、设计承压不小于 2MPa 的一端封闭、一端开口的钢制管道上进行。

在管道开口端，用厚度为 0.12 ～ 0.14mm 聚氯乙烯塑料薄膜封闭管道，使全管路成为封闭空间；在距管道初始端 4.5m 处安装点火源；抑爆装置探测器安装在距点火源 5m 处，抑爆器安装在距点火源 25m 处；在抑爆器后端每隔 3m 安装一个火焰传感器，数量不少于 3 个；点爆 CH_4 与空气混合物，记录火焰到达位置。

用高速动态数据采集系统测试爆炸火焰到达位置，试验进行 6 次。抑爆性能试验见图 28.1。

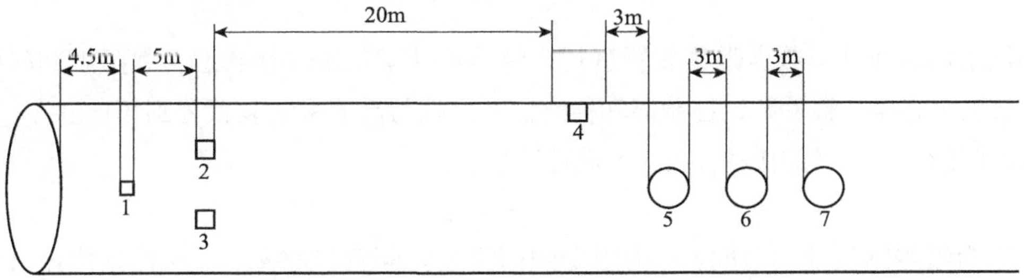

图28.1 管道自动抑爆装置抑爆性能试验示意图

1. 点火源；2、3. 自动抑爆装置传感器；4. 抑爆器；5、6、7. 测试用火焰传感器

28.2 瓦斯输送管道自动阻爆装置测试

瓦斯输送管道自动阻爆装置一般由探测部件、控制部件及阻爆阀门组成，通过探测部件检测管道内爆炸产生的冲击波信号、火焰信号，控制阻爆阀门动作，关闭阀门，阻止爆炸在管道中的传播。

28.2.1 测试项目

自动阻爆装置的测试项目包括传感控制响应时间、阻爆阀门响应时间、装置阻断时间、传感器触发条件、阻爆阀门公称压力、环境适应性、防爆性能、泄爆部件释放压力以及阻爆性能试验。一般先测试传感器、控制器、阻爆阀门等部件，部件测试合格后再进行装置的联机测试。本节主要介绍阻爆阀门响应时间测试和阻爆性能测试。

28.2.2 测试技术及原理

管道内发生瓦斯爆炸时，传感器探知爆炸信号，传送给控制器，控制器发出指令给阻爆阀门，阻爆阀门迅速推动阀芯移动，关闭阀门，切断气流，阻断爆炸的继续传播。

采用高速动态采集系统或高速摄像机测试控制器发出指令的时刻和阻爆阀门完全关断时刻，计算得出阻爆阀门的动作时间；由于阀门关闭后，爆炸火焰不能继续传播，因此阻爆阀门之后不能有爆炸火焰；而爆炸冲击波并未减弱，因此在进行管道阻爆测试时须在阻爆阀门前端设置泄爆部件，以释放爆炸冲击波。

28.2.3 测试方法及要求

1. 阻爆阀门响应时间测试

自动阻爆装置核心部件为阻爆阀门，当接收到动作指令时，快速推动阀芯移动，在极短（毫秒级）的时间内关闭阀门，切断气流，因此阻爆阀门的响应时间是整个装置的关键。

测试采用高速动态数据采集装置进行，将装置处于正常工作状态，在阻爆阀门阀芯关断位置放置传感器，触发源、控制器和传感器输出端与高速采集装置分别相连。

阻爆阀门的动作时间按式（28.1）进行计算。

$$T_1 = t_2 - t_1 \tag{28.1}$$

式中，T_1 为阻爆阀门动作时间；t_2 为阻爆阀门完全阻断管道时刻；t_1 为控制器输出启动信号时刻。

2. 阻爆性能测试

阻爆性能试验在长度不小于 60m、设计承压不小于 2MPa 的一端封闭、一端开口的钢制管道上进行，阻爆阀门直径不大于试验管道直径，必须水平安装在管道里。为保证试验安全，进行阻爆性能试验时，须在阻爆阀门前安装泄爆部件，泄爆部件的释放压力为 90 ～ 120kPa。

阻爆阀门安装在距最近传感器 30m 处，在距阻爆阀门 5m 处安装火焰传感器；3 只 8 号工业电雷管用引火药头作为点火源，安装在距封闭端 4.5m 处，传感控制器安装在距点火源 5m 处；在管道开口端，用厚度为 0.12 ～ 0.14mm 聚氯乙烯塑料薄膜封闭管道，向整个管道充满体积分数为8.0%～10.0%的 CH_4 与空气混合气体；点爆，测试爆炸火焰到达距离，试验进行 6 次。试验布置示意图见图 28. 2。

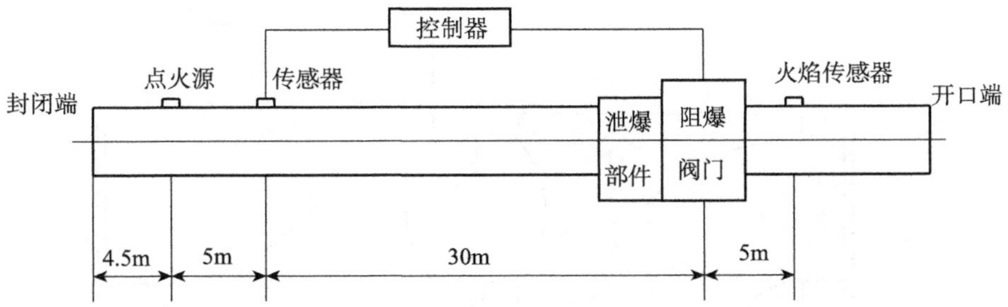

图28.2 自动阻爆装置阻爆性能试验布置示意图

28.3 泄爆装置测试

瓦斯输送管道水封阻火泄爆装置主要由桶体、水位控制器、泄爆部件等组成；可为双桶结构，也可为单桶结构。

28.3.1 测试项目

水封阻火泄爆装置测试项目包括外观、装置强度、泄爆部件释放压力、有效水封高度、压力损失、水位自动控制及泄爆阻火性能。

本节主要介绍有效水封高度测试和泄爆阻火性能测试。

28.3.2 测试技术及原理

水封阻火泄爆装置是利用爆炸产生的压力波使泄爆部件破裂，释放爆炸压力，同时密封水起到消焰、阻火的作用，防止瓦斯管道或燃烧传到进气端，达到保护进气端输送管道及附属设备的目的。

水封高度是阻火泄爆装置的重要技术参数，足够的水封高度才能起到消焰阻火效果，但是水封高度越大，阻力越大，风量越小，会影响抽采系统运行，因此在保证足够的水封高度的同时，需满足装置压力损失的要求。

28.3.3 测试方法和要求

1. 有效水封高度测试

在风速（10±0.5）m/s 情况下，用水位控制器测试水封高度，其水位传感器安装位置见图 28.3，测试结果以 3 组水位传感器实测值中最小值为水封高度值。

2. 泄爆阻火性能测试

水封阻火泄爆性能试验在长度不小于 60m、设计承压不小于 2MPa 的一端封闭、一端开口的钢制管道上进行。点火源为 3 只 8 号工业电雷管用引火药头。

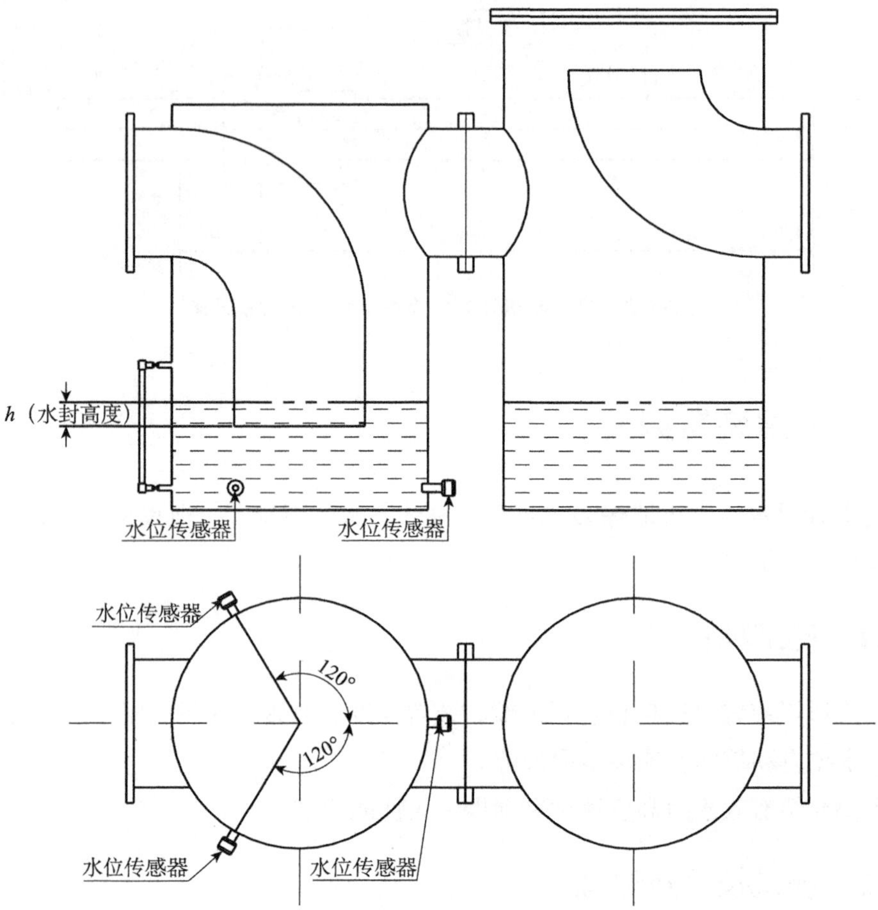

图28.3　水位传感器安设位置图

阻火泄爆装置安装在距封闭端 30 ～ 35m 处，点火源安装在距封闭端 4.5m 处，火焰传感器安装在距阻火泄爆装置 3m 处；在管道开口端，用厚度为 0.12 ～ 0.14mm 聚氯乙烯塑料薄膜封闭管道，整个管道充满体积分数为 8.0%～ 10.0%的 CH_4 与空气混合气体。

对阻火泄爆装置进行水封，水封高度为设计水封高度最低值的 2/3；点爆，观察泄爆部件是否泄爆，并监测阻火泄爆装置另一端管路中有无火焰。试验进行 6 次。

试验布置示意图见图 28.4。

28.4　管道隔抑爆设备主要测试装备

管道隔抑爆设备的主要测试装备为钢制系列气体爆炸试验管道。

隔抑爆性能是隔抑爆设备的核心，是抑制生产过程中火灾、爆炸事故的发生，削弱、隔断爆炸传播，控制事故波及范围的关键。隔抑爆设备在现场应用必须满足标准要求，进行隔抑爆性能验证。

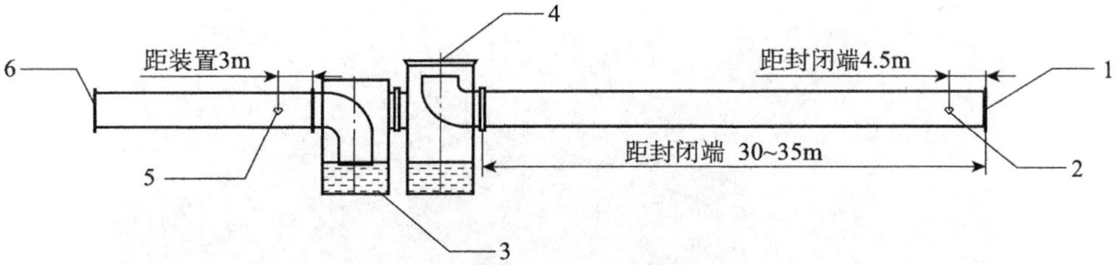

图28.4　阻火泄爆装置泄爆阻火性能试验示意图

1. 封闭端；2. 点火源；3. 阻火泄爆装置；4. 泄爆部件；5. 火焰传感器；6. 封膜

钢制系列测试管道主要包括长度、直径、承压等级各不相同的10余条管道圆形气体爆炸试验管道，用于进行各种形式的管道式自动隔抑爆设备的阻火泄爆、抑爆、阻爆等性能测试，分别为ϕ1000mm、长60m的试验管道，设计承压3.5MPa；ϕ900mm、长40m的试验管道，设计承压2.5MPa；ϕ800mm、长40m的试验管道，设计承压2.5MPa；ϕ700mm、长40m的试验管道，设计承压2.5MPa；ϕ600mm、长40m的试验管道，设计承压2.5MPa；ϕ500mm、长66m的试验管道，设计承压2.5MPa；ϕ400mm、长40m的试验管道，设计承压2.5MPa；ϕ300mm、长40m的试验管道，设计承压2.5MPa；ϕ200mm、长40m的试验管道，设计承压2.5MPa；ϕ100mm、长40m的试验管道，设计承压2.5MPa；内径100mm、外径170mm、长12m的气体标定激波管；内径220mm、外径250mm、长14m的粉尘标定激波管。

钢制系列测试管道系统一般由试验管道、配气系统、循环系统、点火装置、测试装置等组成。每一条钢制管道可独立进行瓦斯爆炸试验，也可将不同管径的管道连接成管网，模拟煤矿瓦斯输送管道进行瓦斯爆炸试验。

钢制系列管道均设置为一端封闭、一端开口，两侧每隔3m设置有安装孔，用于安装测试用传感器；1000mm管道顶端每隔6m设置有喷尘孔，可进行管道粉尘爆炸试验；设置有分叉接口和变径短管道，可进行各种形式的管道试验。

管道结构示意图见图28.5。部分钢制管道见图28.6。

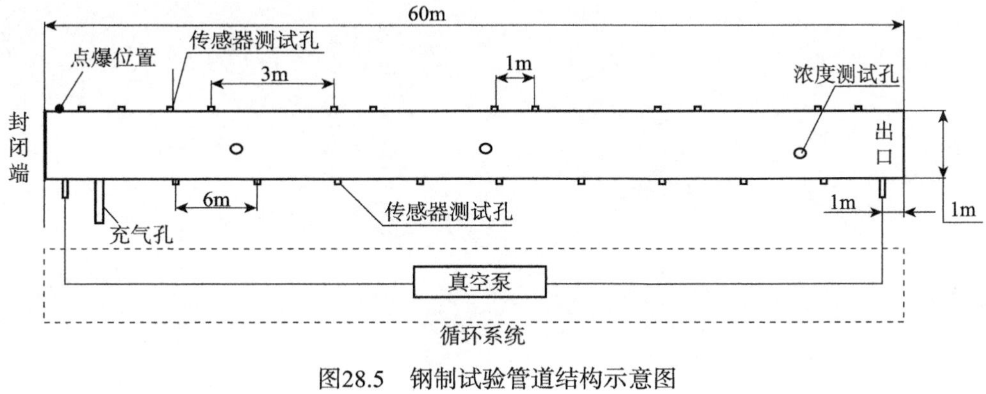

图28.5　钢制试验管道结构示意图

图28.6　部分钢制管道

（本章主要执笔人：重庆院樊小涛，黄子超，李润之）

第七篇 运输设备测试技术

煤矿运输设备用于煤矿井下设备、人员、煤炭、矸石以及其他物料的输送，是煤矿生产的重要保障之一。煤矿运输设备按其工作的区域和工作的对象可以分为主运输设备（如工作面刮板输送机、刮板转载机、破碎机、带式输送机、带式转载机等）和辅助运输设备（如无轨胶轮车、矿用绞车等）。

为了保证上述设备及主要部件运行的安全性和可靠性，世界各主要产煤国家都制定了相应的标准，并提出了相应的测试方法。在提升运输检测领域，围绕相关技术的发展，我国先后参考英国、前苏联、德国等先进采煤国家的相应标准，结合我国国情，建立了以提升运输设备产品标准为主导的标准体系。

煤科总院各检测中心先后于20世纪80年代开始建立了与提升运输设备相关的试验装置，如模拟加载试验台、运输系统试验装置、整机测试装置、减速器综合性能试验台、拉力试验机等。由于产品的不断更新完善，相应的产品标准也不断地得到修订，对运输设备提出了新的试验要求，同时也催生了新的测试方法研究和试验设备的研制。初期我国先后从德国、美国等发达国家引进了各类材料试验机、100t拉力的MTS疲劳试验机，并于20世纪80年代初建立了250kW的加载试验台、制动器试验台、刮板机试验走廊、试验井架等，为煤矿提升运输技术的研发提供了科学的试验验证手段。随后煤科总院所属各检测中心按各自专业特长，开展了测试技术的研究和创新。先后建立了托辊综合性能试验台、3000kN•m逆止器使用寿命试验台、电动滚筒试验台、2500kN液压伺服材料试验机、6000kN微机控制电液伺服卧式拉力试验机、刮板机中部槽专用试验装置、400kW矿用防爆柴油发动机防爆性能试验台、矿用绞车加载试验台、钢丝绳整绳破断拉力试验机，直到目前在建的，最大功率达到5000kW的综合传动装置试验系统，对于运输设备的关键元部件及传动设备进行安全检测起到了极大的保障作用。

本篇重点介绍刮板输送机、转载机、破碎机、带式输送机、带式转载机及其关键部件、无轨胶轮车、矿用绞车及主要部件等矿用产品的测试技术及相关装备。

第 29 章 刮板输送设备测试技术

刮板输送机、刮板转载机、破碎机承担着煤炭铲装、输送、转运、破碎煤岩料的重要任务，是煤矿井下采煤工作面的主要运输设备，它们能否安全、高效、可靠地运行，直接关系到矿井能否实现高效、安全生产。

刮板输送机、顺槽用刮板转载机、破碎机在运行中具有运行速度低、摩擦阻力大、弹性大、振动大的特点。在启动过程中是从静摩擦过渡到滑动摩擦的过程；在设备运行中整机以及关键元件、部件可能遭遇到较大的冲击载荷甚至堵转现象，因此，对设备主要性能的考核尤为重要。

本章主要介绍刮板输送机、刮板转载机、破碎机整机与关键零部件减速器、偶合器、链条、中部槽、刮板等的安全性能和可靠性的测试技术，及主要测试装备的结构组成、工作原理、技术参数和主要技术特点。

29.1 刮板输送机、刮板转载机、破碎机整机测试技术

借助互联网技术，目前对刮板输送机、刮板转载机、破碎机的测试基于互联网无线传输技术，检测现场由带无线发射模块的检测仪器、无线网络、数据终端“三位一体”的煤机检测设备将刮板输送机等产品现场采集的有效数据通过无线网络上传至云端数据库并存储，从而提高效率，减少人工记录可能造成的错误。新的测试方法和手段彻底改变了煤炭行业煤机产品原有现场检验的数据整理方式，保证了试验数据的准确性和客观性，极大地提高了检验工作的效率。通过对现有产品检测数据的积累，形成刮板输送机、刮板转载机、破碎机等多类产品的测试大数据，为后期产品改型、结构优化等技术升级做基础支撑。

本节主要介绍刮板输送机、刮板转载机、破碎机整机的测试原理及测试装备。

29.1.1 刮板输送机、刮板转载机、破碎机整机测试原理

涉及整机的测试项目较多，这里仅介绍主要整机的测试项目。

1. 平直满载平稳性测试

通过连续向循环运输系统加入煤炭，直到被试刮板输送机的电动机达到额定输入功率，

然后继续运转几个循环，使煤炭在中部槽上均匀分布，测量刮板输送机满载运转功率、电压、电流、输送量、回煤量、回煤功率、链条拉力、链条安全系数等指标。

按规定，试验前后用圆环链预张力测量器测量链条预张力。按要求检查链条紧链程度，如超过两个以上链环，应拆除多余松弛链环，并重新测量链条预张力。在电动机额定输入功率下，连续运转 1h。检查刮板输机运转平稳性。

2. 回煤功率测量

循环加载系统停止向被试刮板输送机加载，而被试刮板输送机继续运转，其上的煤炭全部脱离机头，此时链轮瞬间所记录的电动机功率，减去刮板输送机空运转功率即得回煤功率。回煤功率指标按下式计算：

$$C_S = N_S/L \tag{29.1}$$

式中，C_S 为回煤功率指标，kW/m；N_S 为输送机下链带回煤所消耗的电机功率，kW；L 为输送机铺设长度，m。

负载指标按下式计算：

$$C_m = 1000N_m/(m_1 \cdot L) \tag{29.2}$$

式中，C_m 为负载指标，kW/t；N_m 为满载功率，kW；m_1 为每米负载质量，kg/m；L 为输送机铺设长度，m。

3. 空运转链条拉力安全系数测量

在距顺槽用刮板转载机机头 15m 处，安装两个（双链）或一个（单链）拉力传感器。测量拉力前后，确定记录仪表读数的标尺，并检查零点。向前开动刮板转载机，同时测量记录链条拉力、电动机功率、转速等参数。机头拉力传感器进行至距机头链轮 5m 处，立即停止刮板转载机。

顺槽用刮板转载机的链条拉力的安全系数应等于或大于设计值。由下式得：

$$n = S_p \cdot i/S \geqslant \text{设计值} \tag{29.3}$$

式中，n 为链条安全系数；S_p 为圆环链标准中规定的破断拉力，kN；i 为顺槽用刮板转载机的链条数；S 为顺槽用刮板转载机满载弯曲扭曲工况下，链条最大拉力，kN。

29.1.2 刮板输送机、刮板转载机、破碎机主要测试装备

加载系统：由被试刮板输送机、带式输送机、刮板转载机、煤仓、皮带电子秤等组成一个矩形循环运输加载系统，如图 29.1 所示。

循环运输系统中可实现连续加载煤炭，通过煤仓调节给转载机供料，转载机转载到被试刮板输送机，由另一台转载机转载到带式输送机，皮带电子秤称重后进入煤仓，以此循环可以使被试刮板输送机的电动机达到额定输入功率，然后继续运转几个循环，使煤炭在中部槽上均匀分布，可实现井下真实模拟达到测试整机的目的。

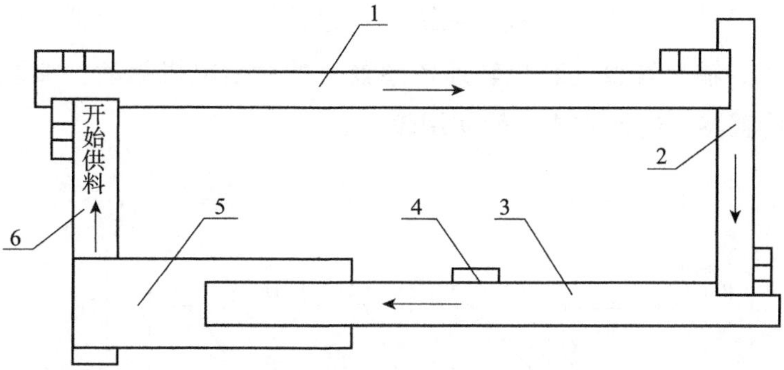

图29.1　刮板输送机循环加载系统

1. 被试刮板输送机；2. 转载机；3. 带式输送机；4. 皮带电子秤；5. 煤仓；6. 转载机

目前，整机功率测试设备可测量工频线路或整机设备所有常规电参数，对设备运行时的三相电压、三相电流、有功功率、无功功率、视在功率、功率因素、相关电量等相关参数进行采集，并且可通过各相电压、电流的监控，作三相矢量图，显示电流、电压的相位关系，实时分析，做全过程动态测量，进行节电分析，不间断准确记录测量数据，实现自动采集，全面保存记录测试数据，实现自动打印。

29.2　减速器测试技术

煤矿井下用减速器主要用于井下工作面刮板输送机和运输系统设备。工作温度为 -10 ～ +40℃，工作环境中包含有煤尘及甲烷等爆炸性气体，环境十分恶劣，条件苛刻，对于减速器的安全性能有很高的要求。它是决定设备的安全性和可靠性的关键部件，也是事故隐患之一。因此对煤矿井下用减速器进行前期检测检验和实验，测量减速器的使用性能及安全性可靠性非常重要。

本章主要介绍两种减速器：刮板输送机用减速器和带式输送机用减速器。其主要性能参数包括传动比、机械效率、油池温度和温升、噪声等。

本节主要介绍减速器的测试原理及主要测试装备。

29.2.1　减速器测试原理

1. 测试项目

刮板输送机用减速器，依据标准 MT/T148—1997 和 MT/T101—2000 测试。带式输送机用减速器，依据标准 MT/T681—1997 测试。

2. 测试原理

目前国内常用的减速器测试方法有两种：一种为背对背对拖试验系统，系统构成如图 29.2 所示。这是一种最常见的试验系统。做试验时，需要提供两台同规格的减速器，其中一台为被试机，另外一台为陪试机。系统搭建比较简单。另一种试验系统形式是直接拖动，在减速器输入、输出端直连转矩转速传感器，然后由电机驱动、加载。但是由于需要大扭矩转矩转速传感器，这种方式一般使用较少。

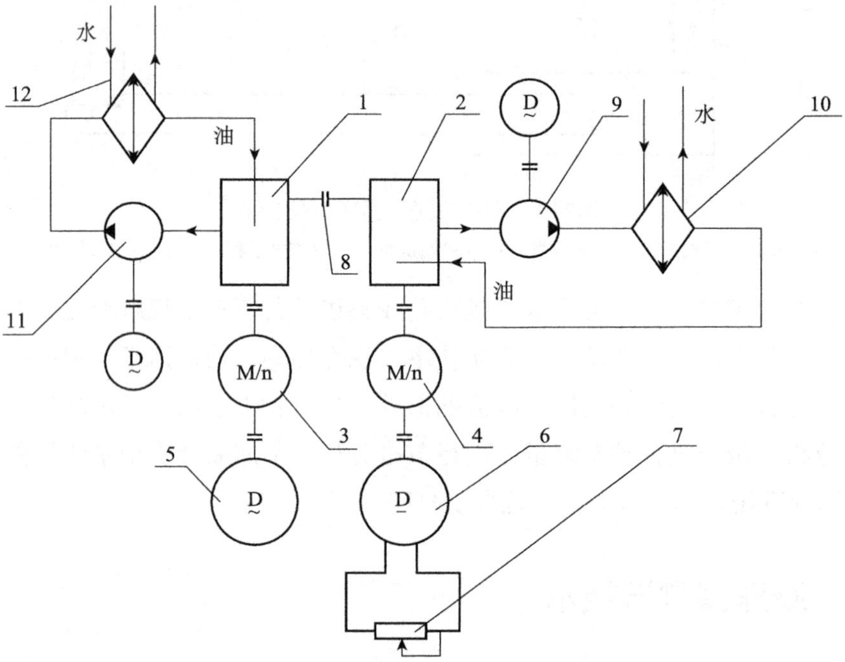

图29.2　背对背对拖系统

1. 被试机；2. 陪试机；3、4. 转矩转速传感器；5. 驱动电机；6. 直流发电机；7. 可变电阻器；
8. 减速器低速轴连接装置；9、11. 外部冷却油泵；10、12. 冷却器

3. 机械效率的计算

采用背对背对拖试验方法时，机械效率按下式计算：

$$\eta=\sqrt{\frac{P_2}{P_1}}\times 100\% \tag{29.4}$$

式中，η 为被试减速器机械效率；P_2 为被试减速器输入机械功率；P_1 为被试减速器输出机械功率。

29.2.2　减速器主要测试装备

减速器试验台主要由驱动电机、直流发电机、转矩转速传感器、温度传感器和被试减速器组成。其中，驱动电机拖动减速器至额定转速，直流发电机有加载作用，试验时可按照标准对减速器加载，转矩转速传感器采集减速器转矩和转速，温度传感器可测量减速器内油池温度，各种数据传递至二次仪表，通过数据采集系统对各种数据进行采集。减速器测试系统不仅可实现减速器启动过程的无级软启动，极大地避免减速器在启动过程中受到

的冲击，有效地保护减速器，此系统还可实现减速器载荷的自动逐级加载，同时测试仪表采用无线遥感技术，可实现油温、环境温度的无线自动采集，通过实时监控轴头温度、冷却水压力等，对试验过程中的异常数据进行分析，通过软件实时绘制减速器实际运行过程中的转矩转速曲线，分析预测减速器在传动过程中的不可控因素和冲击载荷，测试软件可自动绘制负荷 - 效率、时间 - 温度曲线，对减速器进行分析，通过数据采集界面对数据进行采集。数据采集系统界面如图 29.3 所示。

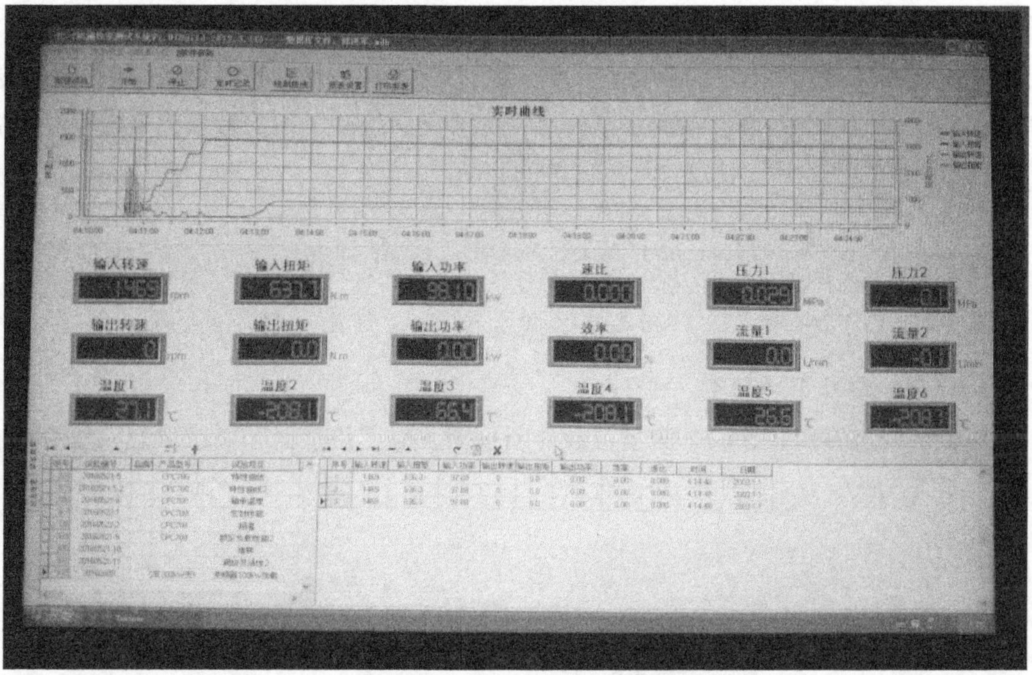

图29.3　数据采集界面

29.3　偶合器、限矩器测试技术

液力偶合器是一种用液体作为传动介质，置于原动机（电机）与工作机（或减速器）之间的液力传动元件。具有空载启动、降低启动电流，减少冲击振动、隔离扭振、过载保护、多机驱动中负载分配均匀等优点。摩擦偶合器是一种新型机械连接装置，其与液力偶合器的不同在于是用摩擦块作为传动介质。摩擦限矩器是一种新型机械连接装置，主要作用是防止因过载冲击造成设备故障，当发生过载故障时（扭矩超过设定值），摩擦限矩器便会产生分离，从而有效保护驱动机械（如电机、减速机、伺服马达）以及负载。

本节主要介绍偶合器、限矩器作为刮板输送机、转载机的主要传动部件，实现整机的柔性启动，减少负载对电机的冲击，通过对测试原理及测试装置的认识，更加了解其安全性。

29.3.1 偶合器、限矩器测试原理

调速型液力偶合器主要技术性能包括叶轮直径、额定转速、传递功率范围、额定转差率、许用最高液温、供油泵流量、最大压力、安全阀开启压力、工作介质等参数。其关键零部件为泵轮、涡轮、电动执行器等。

摩擦限矩器有干式和湿式两种，根据摩擦盘数量分为单盘和多盘形式。摩擦限矩器按照摩擦副是否浸在油液中，分为干式和湿式两种结构，摩擦限矩器依靠调整弹簧压力，进而调整摩擦片组件的传递扭矩。

液力偶合器目前采用先进的全自动采集系统，完全实时采集输入、输出的转矩、转速、功率，传动比等数据，实现包括偶合器的静平衡、密封检验、原始特性、零速工况、温度保护、压力保护、壳体强度、镁含量等参数的测试。

29.3.2 偶合器、限矩器产品主要测试装备

依据标准 MT/T208 和 MT/T100 要求，偶合器试验系统满足相应的要求。

1. 偶合器、限矩器试验台

试验台主要有转矩转速仪、测量参数显示仪表、温度传感器和显示仪表，压力传感器和记录仪表等。试验台系统如图 29.4 所示。

图29.4 偶合器、限矩器试验台

2. 偶合器特性测试技术

液力偶合器的性能可由特性参数或特性曲线来评价，如图 29.5 所示。通常，在通过设计后，精加工、制造出来的新型液力偶合器，都必须进行实验室的性能测试，以取得这些参数和曲线，作为评价该偶合器性能优劣的指标。试验方法详见前述相关内容。

3. 偶合器温度、压力监测技术

偶合器内腔工作液温度、压力参数关系到偶合器能否安全使用，是至关重要的两个参

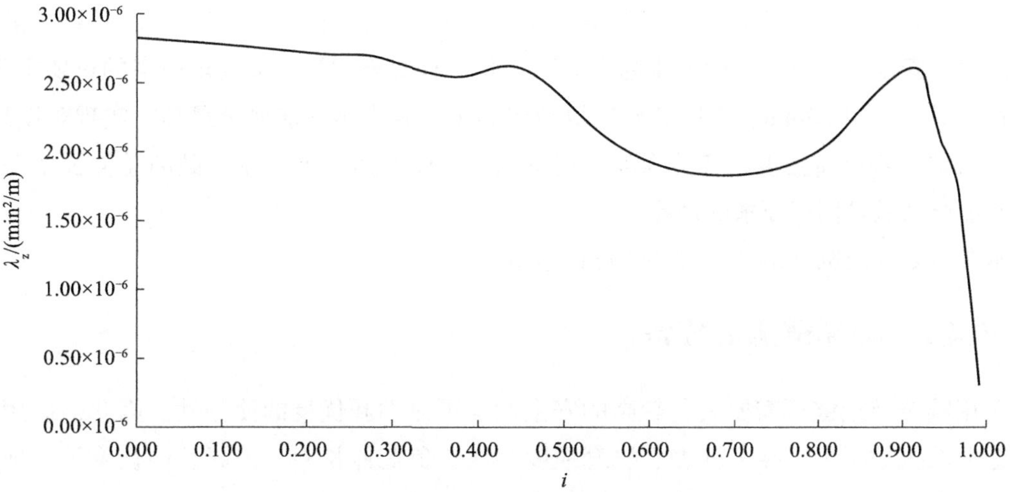

图29.5　限矩型液力偶合器特性曲线

数。无线温度、压力传感器采用无线通信技术与数字化传感器技术，运用低功耗的设计、无线传输中抑制噪声的滤波算法、抗电磁干扰外壳等的设计，具有体积小、成本低、安全可靠、功耗小、精度高且便于安装等优点，可实现偶合器内腔温度、压力等参数的实时采集、远距离传输。测试系统由传感器、MCU、和无线发射模块、无线接收模块、与上位机通信的接口电路组成。测温范围为 0 ～ 150℃，测温精度为 ±0.5℃，功耗电流小于 8mA，无线传输距离大于 25m，可以在水介质、油介质、高速旋转、高压力等恶劣环境下使用。

4. 偶合器平衡检测

机械运转时各运动构件将产生大小及方向均发生周期性变化的惯性力，这将在运动副中引起附加动压力，增加摩擦力而影响构件的强度。这些周期性变化的惯性力会使机械构件和基础产生振动，从而降低机器的工作精度、机械效率及可靠性，缩短机器的使用寿命，尤其当振动频率接近系统的固有频率时会引起共振，造成重大损失和安全事故。在偶合器的检验中，常用到的是静平衡试验，意在通过试验，合理地分配构件的质量，以消除或减少动压力对系统的影响。

5. 振动检测技术

物体或质点在其平衡位置附近做往复运动。振动的强弱用振动量来衡量，振动量可以是振动体的位移、速度或加速度。振动量如果超过允许范围，机械设备将产生较大的动载荷和噪声，从而影响其工作性能和使用寿命，严重时会导致零件、部件早期失效。调速型液力偶合器振动就属于机械振动中的一种，试验方法详见前述相关内容。

29.4　圆环链测试技术

矿用链条、接链环广泛应用于刮板输送机、转载机、刨煤机、滚筒采煤机牵引链等多种煤矿设备，在煤炭运输过程中起着举足轻重的作用。矿用链条、接链环产品结构虽不复杂，但对其安全性、可靠性的要求越来越高，是一种综合力学性能要求极高的重要零部件。链环目前最大为 ϕ60mm。在所有矿用机械产品中，其力学性能要求最高、实现难度最大，是唯一必须具备抗拉强度、疲劳强度、抗弯强度、试验负荷伸长率、破断总伸长率等五项力学性能全部满足国标要求的产品。

本节主要介绍圆环链的测试关键测试装备。

29.4.1 圆环链测试装备

矿用链条及接链环需要具备较高的安全性、可靠性和优良的使用性。因此，矿用链条及接链环的抗拉强度、疲劳强度、抗弯强度、试验负荷伸长率、破断总伸长率等五项力学性能必须满足相关标准规定的要求。

静拉伸强度试验常用的检测设备是液压万能试验机。液压万能试验机主要采用高压液压源为动力源，采用手动阀、伺服阀或比例阀作为控制元件进行控制。由高压油泵向工作油缸供油，通过活塞运动，推动工作台和横梁运动，进行试样的拉伸或压缩试验。而试验空间的调整主要是通过驱动机构使移动横梁升降来达到。

2000kN 微机控制电液伺服万能试验机和 6000kN 微机控制电液伺服卧式拉力试验机，可满足不同规格链环的试验要求。

疲劳试验常用的检测设备是液压脉动试验机。煤科总院太原研究院现有德国申克公司的 1000kN 液压脉动材料试验机和美国 MTS 公司的 2500kN 液压伺服材料试验机，可满足不同规格链环的试验要求。

主要的测试设备介绍如下。

1. 2000kN 微机控制电液伺服万能试验机

2000kN 微机控制电液伺服万能试验机为双空间拉－压试验机，由宽调速范围的电液比例伺服阀与计算机及测控单元所组成伺服控制系统，能精确地控制和测量试验全过程。可满足 ϕ38mm 规格以下链环的试验要求。

主要技术参数：最大试验力 2000kN，测量范围 2% ～ 100%，示值精度不大于 ±1%，拉伸夹头间最大距离 1000mm，工作活塞最大行程 250mm。

2. 6000kN 微机控制电液伺服卧式拉力试验机

6000kN 微机控制电液伺服卧式拉力试验机采用卧式结构，性能稳定，基础牢固，主要承检 ϕ26 ～ 60mm 链环的力学性能试验。该设备由控制器、主体、泵站组成，控制器采用软件控制，开放式构架，可以根据标准需要编制不同的程序进行控制，操作简单，性能稳定。主机较长，拉伸空间调整距离较大，能对不同长度的链条进行安装试验。其下部有轨道，四方向空间可调，由独立泵站供油，泵站采用风冷模式。主要技术参数：测量范围

120 ～ 6000kN，试验力准确度 1 级，位移测量分辨率 0.007mm，油缸活塞行程 1200mm，拉伸试验空间 8000mm（不含活塞行程）。

3. 1000kN 液压脉动材料试验机

1000kN 液压脉动材料试验机（图 29.6）由控制系统、主机、泵站等组成。主要承检 ϕ26mm 以下链环的疲劳性能试验。主要技术参数：最大静载力 ±1000kN，最大脉动负载 ±1000kN，试验频率 0.1 ～ 50Hz，示值准确度 ±1%，活塞行程 ±50mm，可试试件长度为 0 ～ 1150mm。

图29.6 1000kN液压脉动材料试验机

4. 2500kN 液压伺服材料试验机

2500kN 液压伺服材料试验机（图 29.7）由控制系统、主机、泵站及辅助设施组成。泵站采用 6 个独立的泵作动力源，可根据不同的需求各自开启，泵潜在润滑油中可有效地降低噪声。控制系统采用先进的软件编程控制，可根据不同的需要编制相应的程序。主作用油缸采用 MOOG 伺服阀控制，响应灵敏，行程 ±150mm，与十字头配合可灵活调整试验空间。设备上各种机械、电气、程序保护齐全，主要承检 ϕ26 ～ 60mm 链环的疲劳性能试验。该试验机是一种特殊的材料试验设备，具有频繁连续拉伸和压缩的功能。其作用频率和作用力的大小可以根据需要设置，可以逼真模拟其实际工作状况，是试验一般材料和专用构件基础性能的理想设备。该设备目前主要承检链环类产品的使用寿命试验。除此之外，还可用于其他材料或构件的疲劳寿命、裂纹扩展、断裂韧性性能测试，设备的安全性评价，工况模拟等多方面的研究开发。广泛应用于煤炭矿山、航空航天、建材建工、交通运输、水运船舶等行业。主要技术参数：测量范围动态最大为 2000kN，静态最大为 2500kN，试验力准确度 0.5 级，油缸活塞行程 300mm。

图29.7　2500kN液压伺服材料试验机

（本章主要执笔人：太原院常青，刘伟立，郭洪军）

第30章 带式输送设备测试技术

带式输送机是一种靠摩擦驱动、并利用具有挠性的输送带连续不停地运转来实现物料输送的运输装备。通常由机架、输送带、托辊、滚筒及驱动装置、制动器、张紧装置、装载、卸载、清扫器等装置组成。带式输送机根据其使用条件的不同分为若干种类型，其中煤矿使用最多的是可伸缩带式输送机中的绳架式和钢架式两种。

随着带式输送机设计、制造水平的提高，尤其是在长距离、大运量、高带速、大功率的大型带式输送机成为主导产品的今天，大功率回馈加载、采样无线传输、数据及检验视频实时保存、实时在线分析等，已越来越多地应用于测试实践中。

本章主要介绍带式输送机整机以及关键元件、部件的测试原理及测试装备。

30.1 带式输送机整机测试技术

带式输送机是煤矿生产环节中重要的组成部分，主要由承载的输送带根据摩擦传动原理而运动并兼作牵引机构的连续输送设备及相应的电气监控设备组成。由于其具有输送能力大、运行阻力小、能耗低、运行平稳、在运行过程中物料损失小等优点，被广泛应用于国民经济的各行各业；在煤矿井下巷道、采掘工作面等区域运送煤炭、矿石等物料。

目前，澳大利亚、美国、法国、意大利等国家在动态分析技术方面处于国际领先水平。它们各自都开发了动态分析软件，并在多台长距离、大运量带式输送机的设计中应用。智能化监控监视技术主要用于煤矿井下带式输送机的保护、监视和控制，以确保带式输送机的安全运行。整个监控系统分为智能保护系统、视频监视系统、主从控制策略、控制系统和故障诊断专家系统五个系统。

本节主要介绍带式输送机整机测试的主要性能指标以及相应的测试装备。

30.1.1 带式输送机整机测试原理

1. 整机铺设

整机性能试验时，要铺设长度要不小于100m的整机，并进行2h空负载试验运行。以后逐步从机尾落料点进行加载测试，观察整机负载运行情况并进行主参数的测试，测试项目有带速、运输量、功率、启动加速度、运行平稳性、输送带跑偏、制动装置、逆止装置、保护装置和电控装置、整机噪声、伸缩机构、张紧装置、清扫器、元部件检查等，这里介绍几个主要参数的测试。

2. 带速、启动加速度

在输送机正常运转状态下，用带速测试仪分别在整机机头、机身、机尾测定输送机带速，以确定偏差值是否在其范围内，从而反映其配置的元件、部件是否合理。启动加速度一般使用加速度测量仪、函数测力仪或者带速测量仪配合秒表进行。

3. 功率

在输送机保持正常运转状态下，用功率测试仪测定输送机空载功率以及负载功率，也可多驱动同时测量，反映多机功率平衡情况。空载功率的大小取决于转动部件的灵活性，任何卡阻都将影响整机能效。

4. 整机噪声

整机噪声的测试方法及要求应符合 GB/T 3768—1996 的规定。测定距离 d 为 1m，测试高度在减速器的中心平面上，取 4 点中的最大值。该参数能反映出整机运行平稳情况，以及决定是否需要增加劳动防护用品保护操作。

5. 联机测试

对带式输送机电控系统以及综合保护装置进行综合模拟故障测试，通过对常见故障的信号输入，检查电控及保护装置是否输出报警、停机信号，以测试其对故障的最终判定能力，从而实现对整机的保护。

30.1.2 带式输送机整机主要测试装备

1. 带式输送机综合保护装置试验台

煤矿用带式输送机保护装置是煤矿带式输送机作为安全保护的主要手段，主要应用于带式输送机的全过程监控和保护，提前预警，及时停机，保障生命财产安全。带式输送机综合保护装置试验台可以实现一系列故障的模拟，如超速、低速打滑、断带、撕裂、超温、烟雾、堆煤、跑偏、急停等信号输入，测试电控及综合保护装置是否发出报警或停机信号给主控制台，从而反映设备的可靠性、及时性和灵敏性。测试数据智能化采集，响应频率高，可达 0.01ms 精度。试验装置见图 30.1。

2. 电能综合测试仪

主要用于各类电参数测量。其通过数据实时采集反映输送机实时运转情况，通过对空载功率以及满载功率的检测，得出输送机经济性能以及运行阻力消耗的功率，同时从数据反映出是否存在卡阻或运转不灵活等现象。

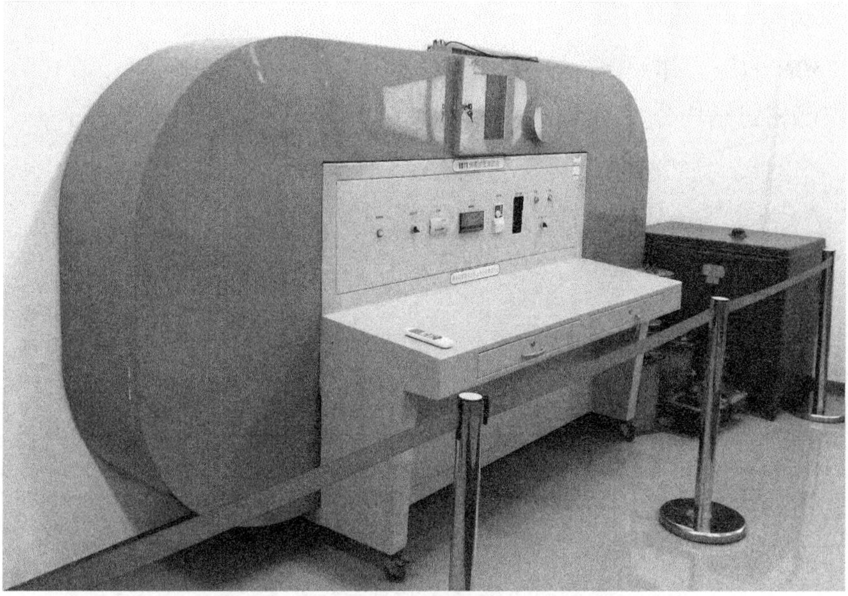

图30.1　带式输送机综合保护装置试验台

总体结构由测量采集装置、中央处理装置、数据输出系统几部分组成。测控装置中数据采集后通过主控机可以实现数据存储或与电脑联网，可现实打印或联机输出功能，数字化存档。

30.2　托辊测试技术

托辊是带式输送机的重要部件，其作用是支撑输送带和物料质量。大部分托辊由管体、轴承座、轴承、密封装置组成。

托辊种类多，用于有载段的为上托辊，用于空载段的为下托辊。按用途分类，有槽形托辊、平行托辊、调心托辊、缓冲托辊。槽形托辊一般由 2 ～ 5 个辊子组成，其数目由带宽和槽角决定。目前最常用的为三节式托辊组；调心托辊主要是在输送带发生跑偏时，能起输送带复位的作用；缓冲托辊安装在输送带受料处，起到降低物料对输送带的冲击的作用。按材质分类，有金属托辊和非金属托辊。按密封装置的密封形式分类，有非接触式密封（迷宫式密封）和接触式密封（唇口式密封）。本节主要介绍托辊测试的主要性能指标以及相应的测试装备。

30.2.1　托辊测试原理

目前，托辊主要按 MT821—2006 标准进行测试。标准要求试验项目有托辊径向跳动量、轴向窜动量、旋转阻力、轴向载荷、跌落强度、浸水密封性能、淋水密封性能、煤尘密封性能以及使用寿命。这里主要介绍关键项目。

1. 旋转阻力

托辊在 250N 的压力作用下，在外圆线速度为 2.0m/s 条件下测试，旋转阻力值按接触式密封和非接触密封结构分类。测试原理如图 30.2 所示。

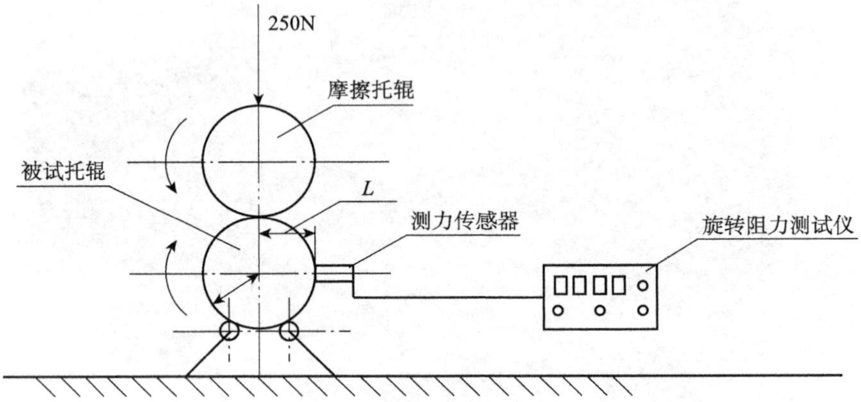

图30.2 测试原理示意图

托辊旋转阻力的测试是根据力矩平衡原理，其阻力值按下式计算：

$$F = P \times L / R \tag{30.1}$$

式中，F 为托辊旋转阻力，N；P 为旋转阻力测试仪读数，N；L 为力臂杆长度，mm；R 为被测托辊半径，mm。

将旋转阻力测试仪的测力传感器与力臂杆接触，使接触点与托辊轴线在一直线上，且与水平面平行。

2. 浸水密封性能

托辊在清水中以 1450r/min 的转速运转 24h 后，非接触式密封结构的托辊进水量不得超过 150g；接触式密封结构的托辊浸水量不得超过 5g。其结构如图 30.3 所示。

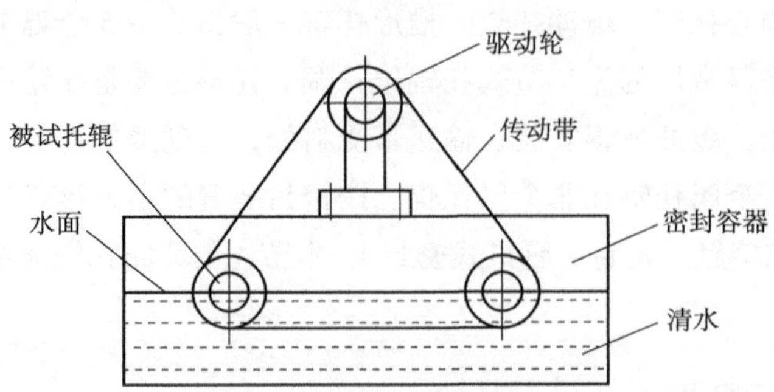

图30.3 托辊浸水结构示意图

3. 淋水密封性能

托辊安装在倾角为 30° 的淋水试验台中，以 1450r/min 的转速运转 15min 后，喷水管以 0.45L/min 的流量将清水直接喷射到旋转托辊的密封装置的开口处，水温不高于 40℃，连续运转 120h 后，非接触式密封结构的托辊进水量不得超过 250g；接触式密封结构的托辊浸水量不得超过 20g。

4. 煤尘密封性能以及使用寿命

1）煤尘密封性能

托辊安装在密封试验台内，试验台密闭且内储有粒度小于 0.635mm 的煤粉，煤粉密度为 22kg/m^3。托辊以 1450r/min 的转速，每运转 5h，停止 1h，在运转过程中，以 0.5MPa 的压缩空气持续吹拂煤粉 5s，以造成煤粉飞扬的工况条件，累计运转时间达 200h 后，要求煤尘进入轴承润滑脂中的含量不得超过 0.8%，托辊应能正常运转。

2）使用寿命

托辊实际使用寿命不得少于 20000h。现场使用时，托辊损坏率应不大于 10%。采用强化试验的方法，托辊在煤尘密封试验台内，煤粉密度为 32kg/m^3，调整负荷，使托辊承受实际使用负载的 2.25 倍的试验负载，以实际使用时 3 倍的转速运转，每运转 5h，停止 1h。托辊累计运转时间应不少于 600h，运转过程中，托辊不得堵转和损坏。

5. 非金属托辊测试

托辊的筒体和轴承座、缓冲托辊的橡胶圈等也可用塑料、尼龙、加布酚醛树脂、聚氨酯、橡胶等材料制造。但它们是绝缘材料，输送带和托辊长期摩擦而产生的静电荷不能导入大地，电荷积累到一定程度会产生火花。采用这类材料的托辊时，一定要考虑使用场合，在煤矿井下使用时，应考虑导电性能和阻燃性能。按 MT113—1995 标准方法进行试验。

30.2.2 托辊主要测试装备

1. 托辊试验室

测试装备有试验台和仪器仪表。试验台要求满足试验性能要求，仪器仪表则有精度要求。试验台主要有综合性能试验台（含托辊跑合试验台、径向圆跳动试验台、密封试验台、轴向窜动试验台、轴向载荷试验台、强化使用寿命试验台）、旋转阻力试验台、浸水密封试验台、淋水密封试验台。仪器仪表精度要求：长度测量仪准确度不得低于 0.02mm，力测量仪表准确度不得低于 1 级，表面电阻测试仪准确度不得低于 10%，秒表最小分辨率为 0.01s，且测量仪器仪表需按国家计量规定进行计量合格后，方可使用。托辊试验室见图 30.4。

2. 旋转阻力试验台

如图 30.5 所示，试验台启动电机，调节速度使托辊外圆线速度为 2.0m/s、60s，记录阻力仪表读数，取最大值。试验台技术参数：被测托辊直径 ϕ89 ～ 159mm，被测托辊长度不大于 780mm，分辨率 0.01N，使用环境温度 20 ～ 25℃。

图30.4　托辊试验室

图30.5　托辊旋转阻力试验台

3. 浸水密封试验台

1）总体结构及技术参数

通过变频调速器驱动交流电机，交流电机通过三角带带动驱动轮转动，经传动带带动被试托辊，使水面与托辊轴中心线齐平和转速下运行 24h 后，检测托辊的进水量，从而考核托辊的防水密封性能，如图 30.6 所示。

图30.6 浸水试验台示意图

技术参数：被测托辊直径：ϕ 89 mm、ϕ 108 mm、ϕ 133 mm、ϕ 159 mm、ϕ 194 mm、ϕ 219 mm；被测托辊长度：180 ~ 750mm；托辊转速：速度连续可调，依据托辊不同的安装位置和变频调速装置，可使不同直径的托辊达到标准要求的转速。

2）水系统

试验台箱体底部设置进水管和出水管道，将自来水管连接到浸水试验台箱体底部的进水管，排水管连接到排水处。

试验台箱体为密闭容器，试验前注入清水，使水面与托辊中心线相平，且水温不高于40℃，电机以 1450r/min 的转速运转，运转过程中不漏水，保持水面高度不变。

3）测控系统

托辊连续运转 24h 后，从清水中取出被测托辊，被测托辊进水量 Δm 按下式计算：

$$\Delta m = m_2 - m_1 \quad (30.2)$$

式中，Δm 为进水量，g；m_2 为浸水后托辊的质量，g；m_1 为浸水前托辊质量，g。

30.3 逆止器测试技术

上运带式输送机都需要装设逆止器。它是用来防止带式输送机因意外事故突然造成倒料堵塞机尾甚至整机下滑飞车的恶性事故的保险装置。逆止器有接触式逆止器和非接触式逆止器两种形式，并且都已形成系列。随着大运量长距离高带速倾斜式带式输送机的发展而出现的低速高载型逆止器，目前国内能生产的最大力矩为 3000kN · m 的接触式逆止器。

本节主要介绍接触式逆止器和非接触式逆止器的测试原理以及主要的测试装备。

30.3.1 逆止器测试原理

依据 JB/T9015—2011 和 MT/T1065—2008 标准，逆止器主要测试项目有空载阻力矩检验、温升检验、最小非接触式转速检验、自由运转检验、逆止性能检验、耐久性检验。

1. 空载阻力矩检测

将被测逆止器安装在试验台上，电动机通过皮带轮传动使逆止器内圈以最高转速旋转，测定防转臂支撑点处的阻力 F，由按下式计算逆止器阻力矩。

$$M=F\cdot B\cdot \sin\theta \tag{30.3}$$

式中，M 为阻力矩，N · m；F 为在与逆止器内孔中心线垂直的平面内，在防转臂支撑点测得的阻力，N；B 为防转臂支撑至逆止器内孔中心的距离，m；θ 为在测定平面内阻力 F 与防转臂支撑点至逆止器内孔中心连线的夹角。

2. 最小非接触式转速检验

将被测逆止器安装在无级调速试验台上，电机带动逆止器内圈开始旋转，逐渐提高旋转速度，测定楔块与内圈脱离接触时逆止器内圈的最低转速。

3. 耐久性检验

将被测逆止器安装在试验台上，通过泵站给油缸加压产生额定逆止力矩作用在被测逆止器上，进行 10^5 次逆止试验后，检查逆止器内圈、外圈和楔块是否有点蚀塑性变形和裂纹。

30.3.2 逆止器主要测试装备

1. 逆止器运转专用试验台

逆止器安装机架为分为左右机架两体，使用高强度螺栓固定在试验大平台上，两者之间间隙可以调节，以适应不同规格逆止器的检验。先固定一侧机架，通过微调另一侧机架完成安装。通过直流调速电机加载满足不同规格、不同转速的逆止器要求，运行过程中可保持速度恒定，可对逆止器温度进行自动检测，在逆止器的转销臂末端装有压力传感器，可进行阻力矩测试。油缸的作用力能在 200 ～ 1000kN 宽范围可调加载点，为可移动设计适应不同规格逆止器，能实现手动调试和调试完成后实现自动控制，并对油缸压力和温度进行监控和保护。电气上则可采用 PLC 来自动控制，能自动记录逆止次数、温度等参数，并具有断电保持功能（图 30.7）。

2. 逆止器耐久性试验台

逆止器最大额定力矩 3000kN · m；输入转速 50 ～ 150r/min 连续可调，并在该转速范

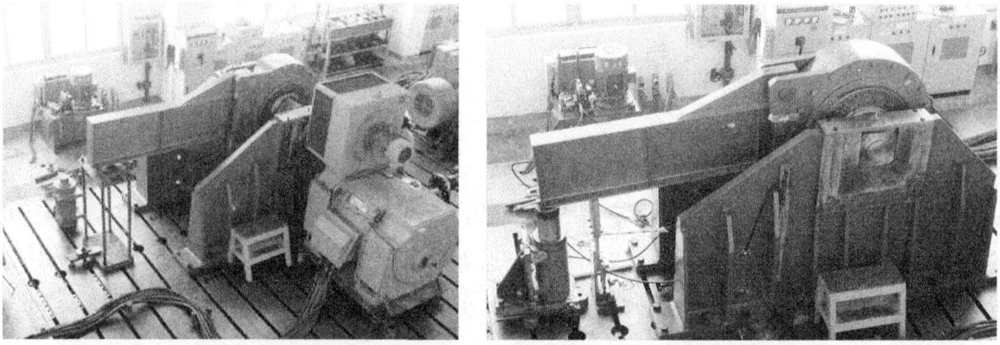

图30.7 逆止器运转、耐久性试验台

围内的任何速度可长时稳定工作；液压系统加载能力 200 ～ 1000kN 可调，对压力和温度进行监控和保护。煤科总院上海研究院研制的这套试验装置，填补了国内大扭矩逆止器性能试验在完整性方面的空白，达到国内逆止器性能检测领域的领先水平。逆止器耐久性试验台见图 30.7。

30.4 制动装置测试技术

制动装置是带式输送机的元部件，对带式输送机的安全运行具有决定性作用。在下运带式输送机中，如果制动装置与带式输送机不匹配或者制动性能不能满足要求，容易引起带式输送机超速运行甚至飞车，还容易造成皮带损伤、断带甚至机架等机械部的损坏。随着带式输送机朝着大功率、高速度方向发展，带式输送机对制动系统的要求也越来越高，为此对制动装置的安全测试尤为重要。

制动装置按照工作原理分为液力制动、机械摩擦制动和电气制动三大类。由于液力制动在低速时制动效果差，并且不具有定车功能，需要专门配置机械摩擦式制动器，相对复杂，现在煤矿井下应用已较少。电气制动一般与带式输送机的驱动系统同时设计，不再单独考核，本节重点介绍机械摩擦式制动装置及相应的测试装备。

30.4.1 制动装置测试原理

制动装置测试的主要目的是验证制动装置能否达到设计的制动力矩，制动力矩是否可控，能否满足带式输送机的制动要求，在额定制动力矩下加载许用制动时间及许用制动转速下制动后的温度是否达到标准的要求等。执行标准主要是 MT912—2002，试验方法主要依据 AQ1110—2014。制动装置的试验装置一般采用模拟负载对制动器加载测试制动器的制动力矩、制动性能等技术参数。模拟负载一般采用电动机模拟负载的方式。由于带式输送机是典型的恒扭矩负载，并且采用电动机作为模拟负载时可控性、稳定性非常好。这里主要介绍采用电动机作为模拟负载的试验方式。

1. 盘式制动装置产品测试

盘式制动装置测试系统主要由模拟负载、转矩转速传感器、温度传感器、数据采集系统、显示记录装置等组成。

该测试系统中电动机可以采用直流电动机，也可以采用交流电动机。电机控制系统根据选用的电动机可以采用直流调速装置，也可以采用变频器，从能够实现控制电动机的输出力矩为准。由于盘式制动装置一般为低速大扭矩制动装置，采用减速器进行力矩放大的模拟加载方式，扩大了力矩的测量范围。转矩转速传感器用来测量被试制动装置的转矩及转速，温度传感器用来测量制动后制动盘、制动闸衬等位置的温度。

盘式制动装置的主要试验项目为满载温升检验、制动性能检验、频繁制动检验、停电制动检验、闸衬材料检验、液压系统及其密封性能检验、制动装置动作灵活性检验、闸间隙和制动接触面积检验以及外观质量、防水措施等项目的检验。

测试系统中的传感器和数据采集系统能够满足对试验过程中相关试验参数的实时记录，并能绘制出各参数对随时间的变化曲线的要求，为试验结果的判定提供直观的依据。

2. 鼓式制动器产品测试

鼓式制动器测试系统与盘式制动装置测试系统基本相同。但由于鼓式制动器主要是高速低扭矩的制动器，与盘式制动装置不同的是一般不采用减速器进行力矩放大。其试验系统由模拟负载，转矩转速传感器、温度传感器、数据采集系统、显示记录装置等组成，其控制原理类似于盘式制动装置。

鼓式制动器的主要试验项目为制动温升性能、频繁制动检验、停电制动检验、制动衬垫、工作行程、动作性能、外观质量等项目的检验。测试系统中的传感器和数据采集系统同盘式制动装置。

3. 液力制动装置产品测试

液力制动装置的测试原理与鼓式制动器基本相同。不同的是液力制动器在低速时制动力矩较小，在测试系统模拟力矩的控制中需要做出特殊设计，其控制原理与鼓式制动器相同。

液力制动器的主要试验项目为空载试验、制动性能试验、频繁制动试验和停电制动试验等。测试系统中的传感器和数据采集系统同盘式制动装置。

30.4.2 制动装置综合试验台

制动装置测试装备是验证制动装置各技术参数是否达到技术要求，制动过程各项指标是否符合标准要求的装置。按照模拟负载的加载方式，可分为转动惯量式模拟负载测试装备和电气式模拟负载测试装备。

转动惯量式模拟负载测试装备采用转动惯量作为测试装备的模拟负载，优点是能够模拟较大的转动惯量，缺点是由于转动惯量是依靠快速运转的飞轮来实现的，模拟负载的控制较复杂，无法精确调节，调节的线性度较差，试验装备体积庞大，占地面积大。随着制动器朝着大力矩方向发展，无法满足大力矩的测试要求。

电气式模拟负载测试装备一般采用电动机控制装置控制电动机作为模拟负载。采用这种工作方式的优点是制动器的模拟负载无级可调，自动控制简便易行，可根据制动器的力矩选择不同的模拟负载电机，缺点是该测试方式模拟的是恒转矩负载，与制动器工作时的实际负载有一定的区别。由于该试验装置的可控性好，试验能力范围大，在国内得到了较广泛的应用。

目前试验装置的最大试验功率为 5000kW，能够满足现有的制动装置的试验要求。

1. 综合试验台组成

综合试验台一般由模拟负载产生装置、数据采集装置、数据传输处理装置、各式传感器、计算机处理系统、数据记录及显示系统、试验机架及各连接件等组成（图 30.8）。其测试原理是通过实验装置模拟制动器的工况来验证制动器技术参数是否达到设计要求，制动过程及制动后是否符合标准要求，并对制动器的综合性能做出判定。

图30.8 制动性能综合试验台

2. 技术参数

测试转速为 0 ～ 1500r/min，无级可调；测试功率最大试验功率 5000kW，无级可调；测试转矩最大试验扭矩 713kN · m，无级可调；采样时间最短采样 20ms。

3. 测控系统

制动系统综合性能试验台采用的是工业控制计算机测控系统。该系统由工业控制计算机、采集系统、通信系统、A/D 转换、PLC 控制器、仪表、操作台等组成。该测试系统，硬件兼容性好，软件支持丰富，能处理来自检测与传感装置的输入，并把处理结果输出到执行机构去控制测试过程，同时可对测试过程进行监督和管理。该控制系统采用美国 NI 公司的 LabVIEW 进行客户编程，它集成与满足 GPIB 、VXI 、RS-232 和 RS-485 协议的硬件及数据采集卡通信的全部功能。该测试软件与系统硬件配套使用，能够记录试验数据、绘制试验曲线、生成试验报表，最终达到各被试件的行业标准试验要求。

30.5 电动滚筒测试技术

电动滚筒是带式输送机的重要的驱动元部件，分为内置式电动滚筒和外置式电动滚筒两种。它们的主要区别在于内置式电动滚筒的电动机装在滚筒内部，外置式电动滚筒的电动机装在滚筒外部，并与滚筒刚性连接。内置式电动滚筒由于电动机装在滚筒内部，电动机散热性较差，多用在功率为 90kW 以下；外置式电动滚筒由于电动机装在滚筒外部，电动机散热性相对较好，其使用功率也要大些，通常最大功率可达到 160kW 或以上。

30.5.1 电动滚筒测试原理

电动滚筒主要依据 JB/T7330—2008《电动滚筒》标准。测试项目有外观、密封性、外圆径向圆跳动、滚筒表面线速度偏差率、空载噪声、绝缘电阻（内置式适用）、三相电流平衡度（内置式适用）、隔爆型水压试验（内置式适用）、总效率、电动机交流绕组温升（内置式适用）、减速器润滑油温升、空载启动间隔时间、清洁度、接线盒防护等级（内置式适用）、防爆型外壳试验（内置式适用）等。此外，矿用电动滚筒还应进行最高表面温度项目的测试。这里着重介绍电动机交流绕组温升及润滑油温升项目。

30.5.2 电动滚筒测试装备

160kW 电动滚筒试验装置由改向滚筒、胶带、加载装置等组成。由于滚筒输出转速很低，加载通过低速的胶带来实现，加载功率一般较小，且胶带易打滑和跑偏，在做温升等需要长时运转的测试时，由于胶带接头不正、滚筒中心线不对正等原因，容易造成胶带跑偏。胶带由于发热会自动伸长引起胶带张力下降而打滑，出现跑偏故障时，需多人配合进行调整，且有时需要停机进行调整，影响试验的连续进行。为解决这个问题，设计了四连杆机构的纠偏装置，并通过程序控制进行自动纠偏，降低了试验人员的劳动强度，延长了设备的无故障运行时间，提高了设备运行的可靠性。同时，通过液压油缸对胶带自动恒定力矩张紧，确保胶带运行时不会打滑，并能对大功率的电滚筒进行试验。见图 30.9。

测试数据使用转矩传感器及转矩转速仪、工控机进行采样、记录和保存；当松开张紧滚筒和胶带时，可以进行密封性、空载噪声（结合声级计）、空载启动间隔时间（测绕组温升，结合直流双臂电桥）等项目测试。此外，其他主要测试设备或仪器还有百分表、接触

图30.9　电动滚筒加载试验装置

式转速表、兆欧表、电流表、电子天平及烘箱等。防爆型电动滚筒的防爆性能项目还需要按照 GB3836 标准的规定进行测试。

30.6　可控启动测试技术

CST 可控启动传输装置是一个由多级齿轮减速器加上湿式离合器以及液压控制组成的系统。工作原理是利用液体的黏性（即油膜剪切力）来传递扭矩，当液压系统向环形活塞加压时，离合器的摩擦片（旋转片）和静止片相互作用，使加在齿圈上的力矩逐渐增加，当齿圈的转速以控制速率降低时，行星齿轮架由行星轮及齿圈带动开始转动，输出轴的转速与齿圈的转速成反比。摩擦片系统是一个湿式离合器的力矩传递系统，传递到输出轴上的力矩通过变化压力来控制，实现机械设备的可控软启动。

本节侧重介绍可控启动传输装置（CST）传动元部件的测试技术与装备。

30.6.1　可控启动测试原理

可控启动传输装置（CST）产品测试项目有机械传动试验（空载运行、额定负载时的效率、温升及噪声）、液压系统的密封性能检验、系统保护功能试验、电气绝缘性能试验、慢速运行试验、启动时间和停车时间等。当进行可控启动传输装置（CST）产品的机械传动试验（空载运行、额定负载时的效率、温升及噪声）项目测试时，可在 5000kW 传动部件加载试验台和测试系统上进行。采用两台被试产品背靠背连接进行加载；当进行可控启动传输装置（CST）产品的慢速运行试验、启动时间和停车时间等项目的测试时，可采用单台 CST 输出轴连接盘式制动器进行加载，并用盘式制动装置产品的测试系统进行测试。此外，其他主要测试设备或仪器还有压力表、兆欧表、秒表等常用仪器，矿用可控启动传输装置（CST）有部件涉及防爆性能项目时，还需要按照 GB3836 标准的规定进行测试。

30.6.2 可控启动主要测试装备

5000kW 传动部件加载试验台和测试系统主要由各种电压等级的变压器、各种电压开关、转接箱、变频驱动系统、驱动电机、变频发电机组、变速装置、加载电机、变频逆变加载装置、自动测量系统、控制系统、各种传感器和测试仪表、机械安装连接架、零速恒扭矩加载试验装置、高强实验平台等组成。测试能力技术参数。①被试件供电电压：1140V、3300V、6kV、10kV；②加载功率：5000kW；③系统误差：加载稳定性保证 1%；④转矩、转速、电参数等技术参数精度 ±0.2%；⑤温度、压力等技术参数精度 ±0.5%；⑥节能指标：80% 电能回收。如图 30.10 所示。

图30.10　传动部件加载试验台

由电源接入变频驱动电机，电机输出轴带动扭矩传感器与被试件，再与扭矩传感器与加载变频电机相连，变频电机发出电能通过有馈网功能的加载变频器反馈到电网。使整个系统能量形成内部循环反馈过程，通过调整加载变频器内部程序使加载电机工作在发电状态，达到加载和节能的目的。加载电机可以工作在各种转速和转矩工况，从而实现被试件在各种负载情况下的测试需求。

（本章主要执笔人：上海院陈会军，曹大远，朱泽君）

第31章
胶轮车运输设备测试技术

煤矿井下辅助运输是指除了煤炭运输以外的材料、设备及人员运输的统称。目前辅助运输主要以无轨胶轮车为主。按照动力源的不同，无轨胶轮车主要分为防爆柴油机型和防爆蓄电池型。

本章从无轨胶轮车（防爆柴油机型、防爆蓄电池型）的安全、使用性能方面，对整车的测试原理、方法及测试装置进行了阐述，并重点介绍了防爆柴油机和防爆蓄电池装置的测试原理及测试装置。

31.1　无轨胶轮车整车测试技术

无轨胶轮车整车性能测试是在其使用、维护和修理中对无轨胶轮车的技术状况进行测试和检验的一门技术。它是随着无轨胶轮车技术的发展而发展的。由于现代科学技术的进步，特别是计算机技术的进步，推动了无轨胶轮车检测技术的发展。依靠各种先进的仪器设备，对汽车进行不解体检测，而且安全、迅速、可靠。其发展远景是自动寻找故障和实现诊断，提高诊断的准确程度和以最小的劳动消耗实现更高的可靠性。

本节主要介绍无轨胶轮车整车测试原理及主要测试装备。

31.1.1　无轨胶轮车整车测试原理

无轨胶轮车检验执行煤炭行业标准MT/T989。按照标准的要求并结合企业标准要求，对防爆柴油机无轨胶轮车进行检测检验。

1. 测试要求及检测方法

1）试验设施要求

行驶、牵引、制动性能试验场地应为清洁、干燥、平坦、硬实的沥青或混凝土路面，纵向截面坡度不大于0.5%，横向截面坡度不大于3%。跑道宽度为样机宽度的2～3倍，直道区段长度不小于100 m。爬坡能力试验场地应为平坦、硬实的混凝土路面；坡度为设计最大值；坡底应有能获得规定行驶速度所需的加速距离；坡道的最短长度应超过试验样机总长的3倍；坡道上的测量区段应大于试验样机总长的1.5倍。整车试验台应具备测试整车排放、制动性能、稳定性及客厢顶部静载试验的能力。

2）无轨胶轮车的测试方法

无轨胶轮车的测试应按照 MT/T989 所规定的检测项目、测试方法进行检测。

2. 无轨胶轮车测试装置原理、设计的布局

无轨胶轮车性能检测装置包含动力性、经济性、轮重和跑合测试，其工艺布局可分单线式和双线式。单线式的项目及设备均布局在一条直线的各个工位上，各个工位的检测项目与设备布局的组合是多种形式的。因检测项目的不同或设备功能的不同，而使工位停留时间长短不一。双线式是把各检测项目及设备按几个组合工位进行排列的工艺布局方式。无轨胶轮车性能测试装置最好布置在一条线上，便于检测完成后直接驶出检测室。

31.1.2 无轨胶轮车整车主要测试装备

无轨胶轮车性能测试装置要能满足 MT/T 989 对车辆动力输出特性、车辆制动性能等试验，同时可进行多工况跑合运行检验、多工况的燃油经济性检验和多工况的废气排放检验。

1. 工位设备的组成和功能

1）综合测试工位

主要由集底盘测功和制动测试于一体的综合测试台，前后两组七轴自由滚筒台组成。自由滚筒台配合综合性能试验台测试四驱车辆的各种性能。

试验台的主要测试和试验项目：车辆动力输出特性试验；车辆制动性能试验；工况特性试验如油耗测试、排放测试、发动机防爆系统温升试验；燃油经济性试验（各挡位下油耗－速度特性曲线）；加速特性试验和传动系统特性试验；重载跑合试验（各工况下加载跑合）。

2）四驱车跑合工位

该工位由跑合台和七轴自由滚筒台组成。自由滚筒台配合跑合台进行四驱车的跑合。同样在四驱车的跑合时，可显示跑合时间、速度和距离，检查发动机及传动系统是否工作正常，有无异响、漏油、漏气、漏水等现象。

3）辅助设备

（1）尾气抽排系统。由一套带两个吸气滑车的滑轨式排气系统和一套埋管式排气系统组成。使防爆胶轮车将任何工位的尾气排到室外，保证室内具有良好的工作环境。

（2）数据采集系统。采用美国 NI 的 16 位数据采集系统。用于检测发动机转速、防爆系统温升及进排气压力；液压系统的压力、流量、油温；气动系统压力。

（3）发动机冷却风机。为了防止发动机在检测运行过程中发动机过热，并近似模拟车辆在实际运行过程中空气的流动状态。

（4）排水系统。由排水井和排水沟构成。用于将跑合和综合性能检测过程中排到台体

中和地面上的水，通过下水管道，直接排放到室外，保证台体的使用寿命。

（5）安全系留装置。防止车辆在高速行驶时，由于滚筒的卡死而飞出滚筒。

（6）检查地沟。用于检查和维修在跑合和综合性能检测过程中出现问题的车辆。

4）跑合台

跑合台是专门用于防爆胶轮车传动系统磨合的专用设备。它主要用于新车下线磨合，检查车辆存在的问题，为后续的动力性能和制动性能检测做准备。跑合台体由机架、主副滚筒、举升装置、测速装置和控制与指示装置组成。

跑合台检测时将车辆被测轮停于前后滚筒之间，由车轮驱动滚筒旋转。旋转的滚筒相当于移动的路面，由此来模拟汽车在路面上行驶的实际状态。通过滚筒端部的旋转编码器传递信号，传感器发出的脉冲信号频率随滚筒转速增高而增加，滚筒的转速与车速成正比。车轮的线速度与滚筒的线速度相等，将采集到的脉冲信号经过计算即为车辆的实际速度。

5）轮重台

轮重台主要由框架、承重台面、称重传感器和显示器组成。框架四角固定 4 只压力应变传感器，当传感器受到压力时，电阻应变片的阻值发生变化，从而输出一个与所受压力成正比的电压信号。

其主要技术指标：额定载荷 5000kg，精度 C3，最大检定分度数 3000，最小检定分度值 Emax/10000，综合误差不大于 ±0.020，温度补偿范围 -10 ～ +40℃，允许使用温度范围 -35 ～ +70℃，安全过载范围 150%FS，极限过载范围 300%FS。

31.2　防爆柴油发动机测试技术

矿用防爆柴油发动机目前在煤矿辅助运输车辆和单轨吊等设备中得到了广泛应用。其按进气方式可以分为自然吸气式和涡轮增压式；按燃油泵结构可以分为转子分配泵、机械直列泵、电喷单体泵和高压共轨喷油泵等形式。矿用防爆柴油机通常采用四冲程、水冷方式，进气系统安装有进气阻火器，排气系统安装有排气阻火器和尾气清洗箱。

矿用防爆柴油发动机测试和验证的目的是对矿用防爆柴油机的防爆性能、动力性能、排放性能及燃油经济性能进行测试和性能评价。

本节主要介绍防爆柴油发动机的测试原理及主要的测试装备。

31.2.1　防爆柴油发动机测试原理

防爆柴油发动机的防爆性能是矿用柴油机最重要的一项性能指标。为了对矿用柴油机进行各参数测试和性能评价，需要将矿用柴油机（包含柴油机本机、散热器、进气防爆系统、排气防爆系统和启动系统）安装到试验台架上进行测试，试验项目包含对矿用柴油机的防爆性能试验、动力性能试验和排放性能试验等一系列试验。试验系统包括试验台架、测控系统、数据采集系统、辅助设施等。

31.2.2 矿用防爆柴油发动机主要测试装备

矿用柴油机测试系统和装备主要由测功机及控制系统、矿用柴油机测控柜、温度、压力数据采集系统、油耗仪、尾气分析仪、烟度计、空气流量计、试验平台、隔振系统、机械传动系统和辅助系统组成。可以对 400kW 以下的矿用柴油机进行性能试验。

1. 400kW 矿用防爆柴油发动机防爆性能试验台

矿用防爆柴油发动机防爆性能试验台主要依据煤炭行业标准 MT990—2006 进行检验。检验项目主要包括整机防爆性能试验、进气系统防爆性能试验、排气系统防爆性能试验、排气温度试验和表面温度试验。

防爆柴油机防爆性能试验台主要包含防爆安全系统、安全监控和保护系统、大流量配气系统、矿用柴油发动机测控系统和辅助系统、耐压测试系统、自动保护装置测试系统等。主要技术参数：最大加载功率 400kW，最高转速 3000r/min，防爆试验仓尺寸（长 × 宽 × 高）=4m×4m×1.8m，最大配气流量 1600m^3/h。

1）防爆安全系统（防爆试验仓系统、安全监控和保护系统）

防爆试验仓采用向上定压泄爆方式，试验仓四面均为钢制结构，承压大于 1MPa，上部开口，试验时用塑料薄膜密封，试验仓（长 × 宽 × 高）为 4m×4m×1.8m 的长方体试验仓，预留有传动轴出轴口、进气口、排气口、排烟口、燃油接口、各传感器接口等。

2）安全监控和保护系统

该系统主要对试验仓及周围环境的甲烷浓度进行监测报警、对发生爆炸开始时刻的火焰、压力等参数进行监测报警并及时关断进气口、进油口等通道，切断火焰和压力波避免向易燃易爆气源和燃油源传播。

安全监控和保护系统主要由甲烷浓度监测和报警系统、火花检测报警系统、自动阻爆系统组成。

3）大流量配气系统

大流量配气系统（空气系统、甲烷系统、流量控制系统）主要是对防爆试验仓内的防爆柴油机提供一定甲烷浓度的混合气体，并根据设定甲烷和氧气浓度，对混合气体进行配比和流量控制，保证防爆柴油机在防爆试验仓内运行时，甲烷浓度控制在 7% ～ 9%，氧气浓度控制在 18% ～ 21%，试验台最大设计配气流量 1600m^3/h，采用计算机自动配气系统，具有控制精度高、响应速度快、功能稳定等优点。大流量配气系统主要包含压缩空气系统、甲烷系统和流量控制系统。压缩空气系统主要由大流量螺杆式空气压缩机、冷冻干燥箱、储气罐和精密过滤器组成。甲烷系统主要由甲烷气瓶、汇流排和甲烷浓度检测装置组成。流量控制系统主要由气体混合器、稳压阀、流量计和流量调节阀等组成（图 31.1）。

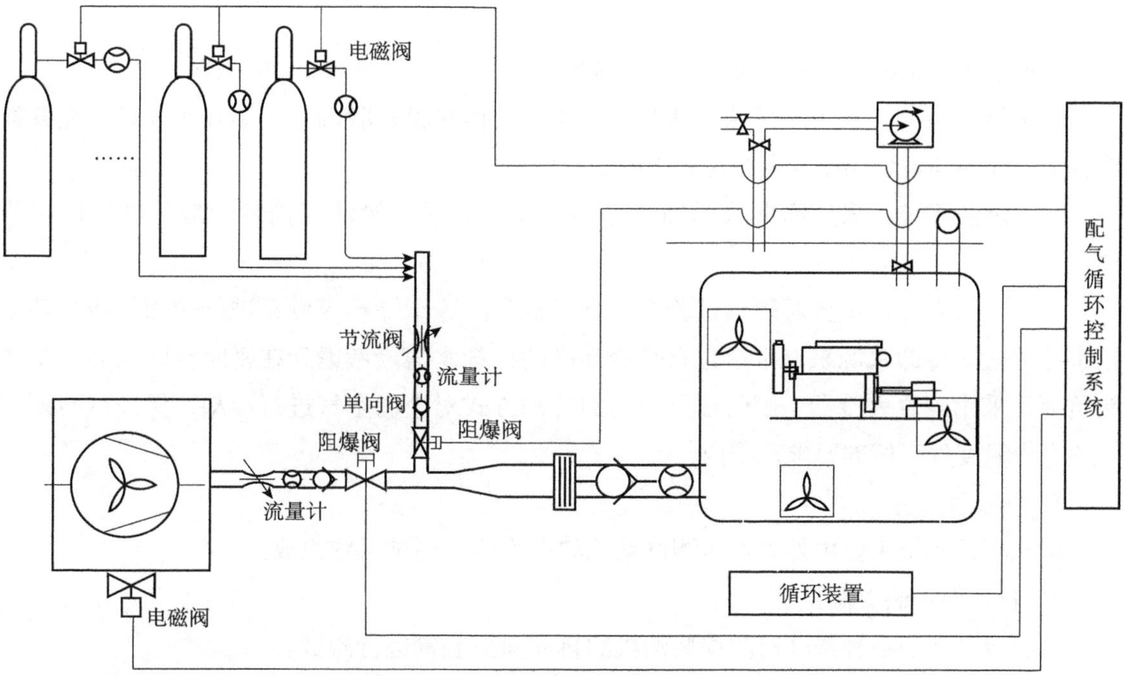

图31.1 供配气系统原理图

4）矿用柴油发动机测控系统

测控系统主要是对矿用柴油机防爆试验中的温度、压力、油耗、尾气等量进行测量并对矿用柴油机的油门和测功系统进行控制；数据采集系统采用先进的 CAN 现场总线通信协议和模块化设计技术，传输速度快，集中管理程度化高；控制系统采用闭环 PID 控制技术，控制精度高，可以实现本地控制和远程控制两种模式（图 31.2）。

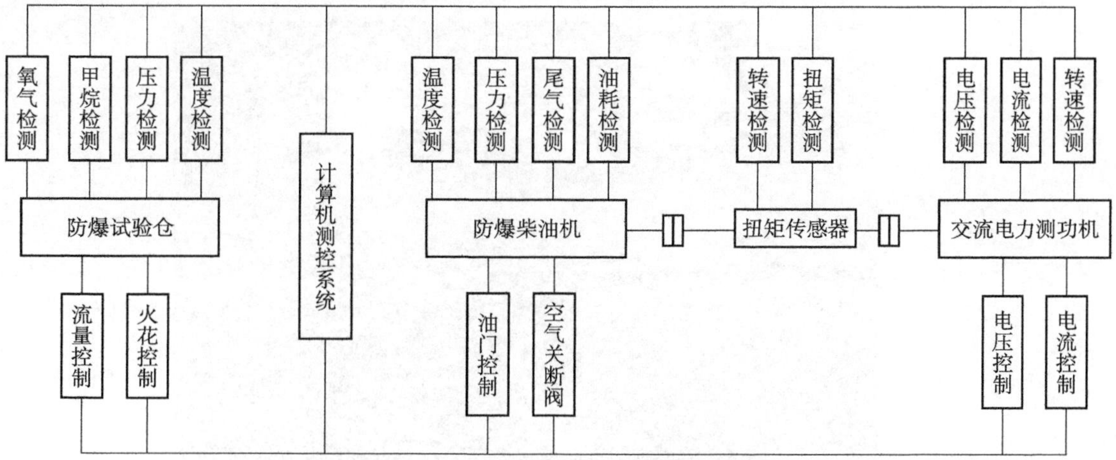

图31.2 试验台测控系统框图

测功加载系统采用采用交流测功系统，采用双 IGBT 四象限方式，控制策略采用 DTC 控制方式，可以采用西门子（ABB）变频器，谐波电流小于 5%。

5）辅助系统

它包括传动系统、燃油系统、冷却系统等。

（1）传动系统：采用高弹性联轴器、万向传动轴和膜片联轴器相结合的方式，充分补偿各个组件的同轴度误差及实验过程中的振动偏差。

（2）燃油系统：采用高置式燃油箱经油耗仪接着进入燃油温控装置最后供给矿用柴油机。

（3）冷却系统：主要对防爆试验仓、空压机和冷冻干燥箱等设备进行冷却。冷却都采用水冷方式。冷却水源来自本单位自带冷却塔的冷却水池。考虑到在密闭空间内的大功率热负荷，采用内置表冷器（配防爆风扇）的冷却方式对仓内空气进行冷却，保证试验期间试验仓内温度处于标准要求范围内。

6）耐压测试系统

耐压测试系统主要由外壳水压测试系统和爆炸压力测试系统组成。

7）自动保护装置测试系统

试验台可按照各种条件对防爆柴油机的自动保护装置进行测试。

2. 400kW 矿用柴油发动机性能试验台

1）功能、总体结构及技术参数

400kW 矿用柴油机性能试验台可以覆盖现有矿用柴油机的所有型谱，完成相关标准规定的各项性能试验，包括磨合试验、常温启动试验、怠速试验、功率试验、负荷特性试验、万有特性试验、机械损失功率试验、排放试验、噪声试验、加速性能试验、突变负荷试验、空气判断阀试验、表面温度试验、排气温度试验等。

该试验台由电气加载系统、测控系统、机械传动系统、辅助系统等组成（图 31.3）。

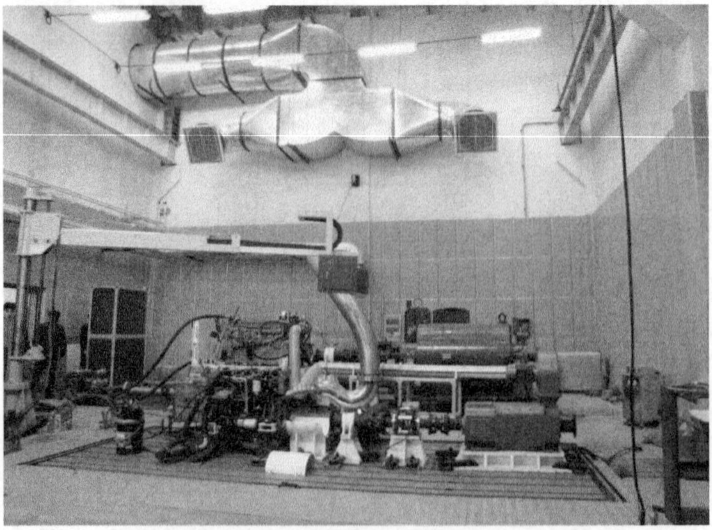

图31.3　矿用防爆柴油机性能试验台

试验台最大试验功率 400kW，最高转速 3000r/min，最大扭矩 2350N・m，最大送风量 60000m^3/h。

2）电气加载系统

本试验台电气加载系统（扭矩转速测量、电力回馈、配电系统）采用 400kW 直流电力测功机进行加载。电气加载系统主要由转速扭矩测量装置、电力回馈装置和配电系统组成。转速扭矩测量装置采用 5000N・m 相位式扭矩传感器，扭矩测量精度 0.2%。电力回馈装置主要由直流调速装置、进线电抗器出现电抗器等设备组成；配电系统由电源开关柜、隔离变压器和配电柜组成。电气加载系统可以对矿用柴油机进行加载控制，并将矿用柴油机发运转过程中输出的机械能转化为电能回馈到电网中。

3）测控系统

测控系统主要由传感器、传感器信号处理单元、A/D 转换单元、CPU 处理单元、控制单元、存储单元等组成。可以实现本地手动和远程程控两种模式下的整套实验控制。并可自动记录所有采集到的试验数据，同步生成相关曲线和报告。

（1）温度和压力测试系统。主要由温度和压力传感器、热电阻信号数据采集模块、热电偶信号数据采集模块和压力信号数据采集模块、电源模块、显示模块、CAN 通信模块等组成。所有传感器接头安装于位于矿用柴油机上方的悬臂集线器。温度、压力传感器将采集的温度压力信号，通过悬臂接线器内置线路传输到温度和压力测控系统。

（2）油耗和空气流量测试系统。油耗仪采用奥地利 AVL 公司生产的型号为 733S 的称重式油耗仪进行测量，测量范围 0 ～ 120kg/h，精度 0.1%；空气流量计采用热式空气流量计，测量测量范围 0 ～ 3600kg/h，精度 1%。油耗和空气流量测试设备测试数据通过 RS232 传输到工控机。

（3）尾气测试系统。主要由尾气分析仪和烟度计组成。尾气分析仪采用奥地利 AVL 公司生产的 AVLdigas400 五组分尾气分析仪，对矿用柴油机尾气中的 CO、NO、CO_2、CH、O_2 进行检测；烟度计采用奥地利 AVL 公司生产 Dismoke4000 不透光烟度计，对矿用柴油机的不透光度和消光系数进行检测。

（4）油门控制系统。油门控制系统主要对试验矿用柴油机的油门进行控制，控制精度为 0.1%，油门控制系统由伺服电机、位置传感器和螺杆机构组成。其具有精度高、响应快的优点。

4）机械传动系统

从防爆柴油机开始，依次连接高弹性联轴器、万向传动轴、轴承座、膜片联轴器、转速扭矩传感器和测功机。机械传动系统可以充分补偿各个组件之间的同轴度误差和试验期间的跳动。

5）辅助系统

它包括吸音降噪系统、平台隔振系统、冷却系统、燃油系统等。实验间的门采用吸隔声结构，四周墙壁采用微孔吸音板装饰，天花板上装有吸音吊板，大大降低了实验期间的噪声水平。铸铁平台下方装有隔振气囊，通入压缩空气后，能够完美地解决试验台架在实验期间产生的振动问题。实验室配有冷却水恒温系统、燃油恒温系统、机油恒温系统，可以保证水、燃油和机油温度在实验期间保持恒定，保证实验的顺利进行和实验数据具有较高的可比性。采用高置式燃油箱经油耗仪接着进入燃油温控装置最后供给矿用柴油机。

31.3 防爆型蓄电池装置测试技术

以蓄电池为动力源的无轨胶轮车，其结构与其他动力的车辆无异，但动力系统采用新型能源蓄电池供电。一般常用的蓄电池有铅酸蓄电池、镍氢蓄电池和锂离子蓄电池三种。

本节主要介绍锂离子蓄电池装置的测验原理及测试装备。

31.3.1 防爆型锂离子蓄电池装置测试原理

1. 锂离子蓄电池测试

锂离子蓄电池测试项目包括锂离子蓄电池安全性能、锂离子蓄电池模块安全性能等。

2. 锂离子蓄电池组测试

锂离子蓄电池电源包括能量存储、转换装置，由隔爆外壳、单体电池或电池组、电池管理系统等组成，有时还可包括充电系统、放电系统、显示系统、电源输入系统、电源输出系统等。

3. 电池箱隔爆性能测试

为了保证锂电池的安全性能，需要将锂电池单独放置在隔爆腔体内，电池管理系统应放置在电池腔外。为此电池箱的隔爆性能需要单独检测，方能验证防爆措施的安全有效。

31.3.2 防爆型蓄电池装置主要测试装备

1. 电池及电源测试装置

对于矿用锂离子电池的安全性能检测，主要的测试设备有电池性能评价测试系统、BMS 性能验证测试系统、单体电池的挤压设备、电池的针刺设备等。

电池性能评价测试系统具有宽广的测试平台，能对动力电池系统进行电气性能综合测试。采用国际先进的 IGBT 控制技术，放电能量高品质回馈电网，具有精度高、动态响应快、纹波小、高效节能、对电网无污染的特点。具有多个测试单元包括恒压限流充电、恒流限压充放电、恒流充放电、恒功率充放电、恒电阻充放电等，能实现电池组循环使用寿命测试、电池组容量测试、电池组充 / 放电特性测试、电池组荷电保持能力测试、电池组充放电效率测试、电池组过充承受能力测试、电池组过放承受能力测试、电池组温度特性测试、电池组单体电压特性测试等测试项目。

BMS 电池管理系统测试检测平台主要由 3 个 12 通道高精度电压模拟模块、高精度恒流源、高精度高压恒压源、高精度温度采集模块、高精度高低温箱、控制电脑、CAN 总线分析仪、开关量参数模拟模块、绝缘电阻精度测试模块、BMS 供电电源、绝缘电阻测试仪、绝缘耐压测试仪 、操作台、通信模块等组成。

2. 电池箱隔爆性能的测试设备

电池箱隔爆性能的测试设备主要有落锤冲击试验台、防尘试验箱、防水试验箱、引入装置夹紧密封试验台、隔爆试验罐、红外测温仪等。

（本章主要执笔人：太原院李海峰，杨文杰，李红梅）

第32章 绞车输送设备测试技术

绞车输送设备作为矿山运输过程中至关重要的产品，其结构合理性、性能安全性直接关系到矿山的正常生产及人员安全。因此，先进的测试技术和手段是保障绞车运输设备能否正常、安全地应用于矿山的关键。随着社会进步、科技发展，先进的测试技术广泛应用到绞车运输设备产品的测试过程中。典型的如绞车往复间断式试验系统、绞车循环连续式试验系统、闸瓦摩擦磨损试验装置、井架模拟试验、钢丝绳整绳破断拉力试验机、防坠器动负荷测试、过卷过放测试系统等测试项目，经过科研、测试人员的多方面研究、应用和改进，已经在相关领域得到广泛应用，为产品质量的提高提供了最准确有效的数据。

本章从矿用绞车、制动闸瓦（块、带）摩擦火花安全性能、防坠器、过卷过放、钢丝绳等几个绞车运输设备关键测试技术方面，对相关测试技术原理、主要测试设备进行了阐述。

32.1 矿用绞车测试技术

矿用绞车（包括调度绞车、回柱绞车、运输绞车、双速多用绞车、慢速绞车、无极绳绞车、带式输送机用张紧绞车、凿井绞车、耙斗装岩机用绞车、耙矿绞车等）目前在矿山应用广泛，其安全性能关乎煤矿以及金属非金属矿山生产安全。做好矿用绞车的安全性能检测检验，能有效避免现场出现的各类事故隐患。

通过绞车动态性能的分析研究，绞车的各项功能均通过钢丝绳来实现，采用往复间断式加载技术，利用直流电机和逆变装置模拟绞车的负载，利用直流电机和调速驱动装置模拟绞车的制动负载，从而验证绞车的启动、运行、制动等性能以及钢丝绳、绞车机架强度等。采用卧式布置，采用较高程度的自动化手段。

本节主要介绍矿用绞车的测试原理及关键测试装备。

32.1.1 矿用绞车往复间断式加载测试技术

1. 矿用绞车往复间断式加载测试技术原理

矿用绞车往复间断式加载试验台采用卧式布置，利用绞车钢丝绳与另一个钢丝绳滚筒相连，滚筒与增速箱相连，增速箱与电机相连，电机与带逆变功能的调速装置相连。当绞车启动运行时，带逆变功能的调速装置可设定为绞车所需的恒定负载；匀速运动时同样可保持所需的恒定负载；当调速装置驱动直流电机，带动试验装置钢丝绳滚筒，通过钢丝绳再带动被试绞车运行时，绞车制动，调速装置可调节设定为所需的重物质量。若制动力矩足够大，就能制动停车，若制动力矩不够，就不能制动停车，从而动态验证绞车制动力和制动过程中是否产生摩擦火花或制动器表面过热等安全可靠性，在动态试验过程中，对绞车机架强度和钢丝绳强度等均得到验证。

试验台主要用于测试绞车的负载运行能力。在负载试验中主要测试项目有加载负荷、绞车噪声、温度及温升、运行速度、电机功率等参数。其技术要求则不尽相同，主要依据产品用途及类型对各参数的要求值进行测试。

2. 矿用绞车往复间断式加载主要测试装备

1）矿用绞车往复间断式加载试验台的主要特点

（1）能用一套加载试验装置，对不同形式、不同牵引力（500kN 及以下）、不同速度（1.5m/s 及以下）的绞车进行各项安全性能的测试，并能在启动、运行和制动各种状态下进行安全性能测试。

（2）利用加载直流电机和逆变加载技术，可方便地实现按被测绞车所需的钢丝绳牵引力进行加载。加载特别是重载时可避免增减配重的麻烦，降低劳动强度，提高安全性能。同时采用卧式加载，高速运行时可随意增加运行距离，弥补了垂直提升时运行距离过短的欠缺。

（3）采用钢丝绳定动滑轮的组合，配置直流调速装置，实现各种绞车钢丝绳不同试验速度为（0 ～ 1.5m/s）的要求。

（4）该实验方法与传统的井塔配重加载试验方法相比，占用空间小，易实现，加载便捷、安全。

2）总体结构及主要技术参数

矿用绞车往复间断式加载试验台见图 32.1。

调速装置、直流电机、增速箱和钢丝绳滚筒构成了各种被试绞车所需的模拟恒定负载。

矿用绞车往复间断式加载试验台参数：绞车牵引力试验范围为 0 ～ 500kN，绳速范围为 0 ～ 1.5m/s，静张力试验范围为 0 ～ 750kN。

3. 测控系统

试验台的测控系统［配电、测试、控制（集中、自动化）、数据处理等］由控制台、拉力传感器、速度传感器、限位开关、温度传感器、绞车控制系统和直流加载控制系统、监控监测仪表、计算机测控系统等组成。

1）绞车启动和运行性能测试

通过扭矩设定仪设定直流调速装置为被试绞车所需的牵引力，启动被试绞车，绞车钢

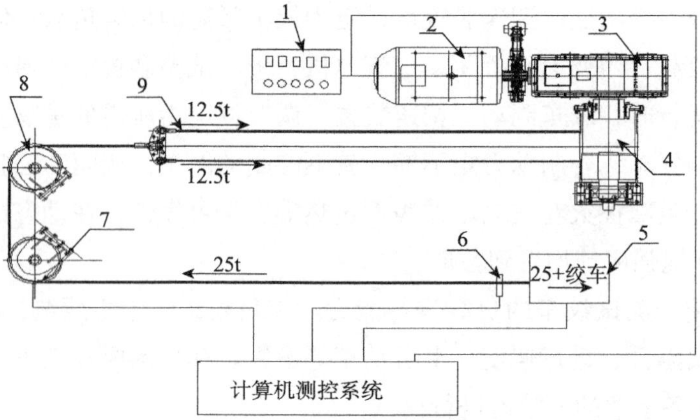

图32.1 矿用绞车往复间断式加载试验台示意图

1. 直流电机；2. 增速器；3. 钢丝绳卷筒；4. 被试绞车；5. 钢丝绳测力装置；6. 测速装置；7. 定滑轮组；8. 钢丝绳；9. 计算机测控系统

丝绳带动由直流加载系统组成的负载，到达规定位置时停车，绞车钢丝绳牵引力和速度直接由测力传感器和速度传感器经仪表和计算机测试系统测出。

2）绞车制动性能测试

如图 32.1 所示，扭矩设定仪设定直流调速装置为被试绞车所需的制动负载力矩，启动直流调速装置，使得电机转动带动滚筒，滚筒上缠绕的钢丝绳牵引绞车，速度调节到绞车额定牵引速度，然后绞车开始制动。若绞车制动力矩大于设定的制动负载力矩，则绞车制动停车，相当于绞车带动重物在空中悬停；若绞车制动力矩小于制动负载力矩，则无法制动停车，相当于绞车悬吊重物不能悬停，制动失效。

32.1.2 矿用绞车循环连续式加载测试技术

1. 矿用绞车循环连续式加载测试技术原理

矿用绞车循环连续式加载试验台采用液压马达加载方式，在绞车卷筒上卡接链轮，液压马达输出端安装有链轮，相互之间通过链条传动，调节液压马达的压力来调整施加的负载载荷。

1）绞车减速装置温升测试

在实验前用测温仪测量各点的起始温度，待检验完毕时，再次测量各点温度。

2）绞车减速装置超负荷测试

将加载器的加载载荷调至超负荷试验要求值测试。

3）绞车减速装置使用寿命测试

该测试主要考核绞车连续运转能力极限，加载装置保持满负荷加载，绞车在此工况下连续运转直至减速装置损毁或标准规定运转时间。

2. 矿用绞车循环连续式加载主要测试装备

总体结构及主要技术参数：矿用绞车循环连续式加载试验台由液压站、液压马达、链轮工装（适应不同卷筒尺寸）、调节阀、操作台组成。矿用绞车循环连续式加载试验台主要用于耙斗装岩机用绞车及耙矿绞车的试验。此试验台能满足 P150B（75kW）最大型号耙斗装岩机用绞车及 2JPB-110（110kW）最大型号耙矿绞车的负荷及超负荷试验。

1）液压系统

液压系统主要由液压站提供动力，液压马达提供加载，电液调节加载负荷大小。

2）传动加载系统

传动系统依靠链轮链条连接，加载器出轴固定安装有链轮，在绞车卷筒上的链轮通过卡接方式实现安装。根据卷筒大小，分成二剖分或三剖分结构，链轮之间通过传动链连接。

3）测控系统

测控系统主要由控制系统、计算机测控系统、数据采集装置组成。主要监控检测仪表对被测件的各类数据进行监控，通过数据采集装置中的扭矩传感器、温度传感器、功率测试仪将实时数据传输给计算机测控系统。控制系统根据功率仪读数对加载器进行调节，使之形成闭环控制达到相应的测试载荷及数据。

32.2 制动闸瓦（块、带）摩擦火花安全性能测试技术

提升运输系统是矿井生产的咽喉，制动装置作为绞车运输系统最后一个也是最关键的安全保障系统，其主要实现形式为制动器。制动多是靠摩擦副的摩擦来实现的，是一个动能转变热能的过程。用作摩擦副的摩擦材料的性能是制动器安全可靠的保证。在矿井生产过程中，制动闸瓦与制动盘（轮）频繁地进行摩擦来控制提升机及绞车的正常运行，制动闸瓦一旦失效，将导致提升机及绞车发生重大安全事故。

32.2.1 制动闸瓦（块、带）摩擦火花安全性能测试原理

制动闸瓦的摩擦系数、磨损量、最高温度、摩擦安全火花性能试验等检验项目，其主要技术原理为将试块与陪试件进行摩擦，一般采用立轴销盘式摩擦机构设计。此机构内置于防爆箱体中，当试验起始时在防爆箱内冲入一定浓度的甲烷气体，使箱内甲烷气体浓度达到易燃易爆环境要求。然后按照技术要求进行相应的摩擦试验，观察试块在试验过程中是否引发防爆箱爆响。摩擦系数则是通过计算机在摩擦过程中的扭矩传感器的反馈数据进行计算得出的。试验装置中还安放有温度传感器以测量试块温度。

32.2.2 制动闸瓦（块、带）摩擦火花安全性能主要测试装备

制动闸瓦摩擦火花安全性能主要测试装备为闸瓦摩擦磨损试验装置（图 32.2）。

图32.2　闸瓦摩擦磨损试验装置

其箱体内部结构以 MPX 2000 型摩擦磨损试验机为原型，并针对制动闸瓦的摩擦性能加以改进。其参数：最大负荷为 600N，精度为 ±1%，主轴转速为 320 ～ 8000r/min，最大摩擦力矩为 10N · m，精度为 ±1%，电机功率为 4kW（变频调速），测试温度为 -100 ～ 400℃，精度为 1 级，摩擦盘直径为 76mm，摩擦试块为 20mm×30mm×8mm，刷新率为 1 次 /s，转数时间范围为 1s ～ 9999min 。

控制系统采用 PLC 系统控制，智能系统采用美国 NT 公司的 VI 技术。系统具备曲线记录及数据处理功能，由计算机实现对各个参数的测量显示及数据处理，可实时显示时间 - 摩擦力矩曲线、时间 - 摩擦系数曲线及时间 - 温度曲线。测量数据能够自动保存和回放，可实时保存试验数据，输出打印测量数据、试验报告及曲线，并提供文本。系统能够测量并显示正压力、最大摩擦力矩、最大摩擦系数、平均摩擦力矩、平均摩擦系数、温度、转速、转数、时间等参数。

32.3　防坠器测试技术

防坠器是竖井提升单绳罐笼的一种安全装置。在提升过程中，一旦提升钢丝绳断绳或连接装置断裂时，它能自动抓住制动绳，使罐笼平稳停住，不致坠入井底。

防坠器主要有两种结构形式，以钢丝绳和缓冲木作为缓冲元件，分为绳罐道防坠器和木罐道防坠器两种。

防坠器在结构上主要由安装在罐笼上的抓捕器、井架上的缓冲器、连接器、缓冲绳、制动绳以及安装在井底水窝固定梁上的拉紧装置组成。

32.3.1 防坠器测试原理

（1）主要测试项目包括材料力学性能试验，楔子、楔背硬度试验，楔子跌落试验，楔子、楔背、楔盒壁板、主拉杆超声波及渗透探伤，驱动弹簧标定，缓冲器壁板的定位销轴孔检查，缓冲钢丝绳检查，抓捕器静负荷试验，缓冲器阻力值标定，钢丝绳连接器静负荷检验，钢丝绳连接器破断拉力检验，螺栓防松检查，销轴防锈检查，涂漆层检查，缓冲器装配检查，楔子绳槽与制动钢丝绳间隙检查，弹簧安装检查，转动件检查，脱钩试验，抓捕可靠性试验，制动减速度，空行程时间，制动稳定性，零件损坏情况检查，制动后复位情况检查。

（2）要求升降人员同时和物料的单绳提升罐笼必须装设可靠的防坠器。新安装或者大修后的防坠器必须进行脱钩试验，合格后方可使用。

32.3.2 防坠器主要测试装备

1）弹簧的强拉试验、负荷试验

在弹簧试验机上进行。试验机的准确度不低于 ±1%，最小分度值不应大于 0.1kN。强拉试验的负荷由零开始加至工作极限负荷为止，反复进行 5 次。测量在工作负荷下弹簧的长度。分别测量各载荷下弹簧的长度与规定值，进行比较判别。

2）楔子的跌落试验

在专用试验装置上进行。楔子从 1.2m 高度上自由落下，横向跌落在平台上，平台（长 × 宽 × 高）为 0.7m×0.7m×0.1m，以木材制成，上面覆盖一张 12mm 厚的钢板。观察其有无损坏。

3）缓冲器阻力值

在材料试验机或专用试验装置上进行标定。试验机的准确度不应低于 ±1%，最小分度值不应大于 2 kN。试验时，在缓冲器阻力值使用范围内，滑块位置每调整 2mm 记录 1 次相应的阻力值，一直试验到每台缓冲器所需最大制动力的 1.3 倍以上为止。

4）抓捕器的静负荷试验

在材料试验机上或专用试验装置上进行。初始载荷达 4kN 时，在楔子底部的制动钢丝绳上做好标记。试验负荷达到整台罐笼最大计算制动力的数值，承载时间不应少于 5min。然后测量制动钢丝绳与楔子之间有无相对位移。试验后应检查各零件是否变形或损坏。试验机的准确度不应低于 ±1%，最小分度值不应大于 2kN。

5）钢丝绳连接器静负荷试验

试验负荷应达到整台罐笼最大计算制动力的数值，承载时间不应少于 30 min。检查浇铸轴承合金处钢丝绳与连接器之间有无相对位移和各零件是否变形。然后继续加载直至钢丝绳破断，检查轴承合金处有无钢丝被拉出，连接器是否损坏。试验机的准确度不应低于

±1%，最小分度值不应大于 4 kN。

6）防坠器的制动减速度试验

在井架模拟试验台上进行，测试后数据按下式计算：

$$a=\frac{h}{L}\times g \tag{32.1}$$

式中，a 为制动减速度，m/s^2；h 为罐笼对制动钢丝绳的相对降落高度，m；L 为缓冲距离，m；g 为重力加速度，m/s^2。

7）空行程时间

用分度值为 0.01s 的电秒表测量。在进行零速脱钩试验时，可按下式计算：

$$t=\sqrt{\frac{2l}{g}} \tag{32.2}$$

式中，t 为空行程时间，s；l 为空行程距离，m。

8）防坠器脱钩试验

（1）防坠器的检查与调整。首先进行缓冲器阻力的调整，调整后防坠器的制动力应符合下式的要求。

$$2.5m_rg \leqslant F \leqslant 4m_kg \tag{32.3}$$

式中，F 为防坠器的制动力，N；m_r 为满载人员罐笼的质量，kg；m_k 为空罐笼质量，kg。

对两层以上的罐笼，人员与物料同在一个罐笼内提升时，调整后防坠器的制动力应符合下式的要求：

$$2m_r'g \leqslant F \leqslant 4.5m_kg \tag{32.4}$$

式中，m_r' 为人员与物料同在一个罐笼内的总质量，kg。

根据缓冲器阻力标定的结果，将每台缓冲器滑块调整到对应于 F/n 的位置上。n 为缓冲器的台数。

将驱动弹簧调至最大工作负荷下的长度。

（2）防坠器的静负荷试验。抽出主拉杆下两个连板的销轴，在驱动弹簧的作用下楔子压在制动钢丝绳上，将罐笼上提 0.4～0.8m，楔子在制动钢丝绳上滑动，然后提升绞车逆转，放松提升钢丝绳，罐笼悬挂在两制动钢丝绳上。罐笼对制动钢丝绳的相对下滑距离不应大于 40mm，楔子在制动钢丝绳上不应产生相对位移，缓冲钢丝绳不应拉出。

（3）脱钩试验。在楔形绳环（或绳卡）与主拉杆间装上脱钩器，将罐笼上提 0.4～0.8m，在制动钢丝绳和罐道上做好标记后，用脱钩器使罐笼脱离提升钢丝绳，罐笼开始下落，然后由抓捕器抓捕制动钢丝绳，在缓冲器阻力的作用下罐笼被制动停止下来。

9）防坠器的动负荷试验

采用自由降落的方法按下列程序试验：首先将罐笼 1 放在保险绳 2 上，装上脱钩器 3，然后提起罐笼到预定位置停下，做好标记，将护绳环 4 绑在罐道或井架构件上，按预定的试验速度留出闭锁绳 5 的长度，然后装上闭锁 6 等待脱钩［图 32.3（a）]。

用麻绳拉开脱钩器，罐笼开始自由降落，达到预定的自由降落高度 h_1 时，闭锁即将开启［图 32.3（b）]。

闭锁开启后，在驱动弹簧的作用下抓捕器 7 开始动作，经过不超过 0.15s 的空行程时间，抓捕器便抓住制动钢丝绳。罐笼与制动绳 8 一起下降，缓冲钢丝绳 9 被拉出一段距离，罐笼在缓冲器阻力的作用下被制动停住［图 32.3（c）]。

测量罐笼对制动钢丝绳的相对降落高 h、缓冲钢丝绳缓冲距离 L 等参数。测量完毕后放下提升钢丝绳，连接护绳环与主拉杆，使抓捕器恢复到正常提升状态准备下次试验［图 32.3（d）]。

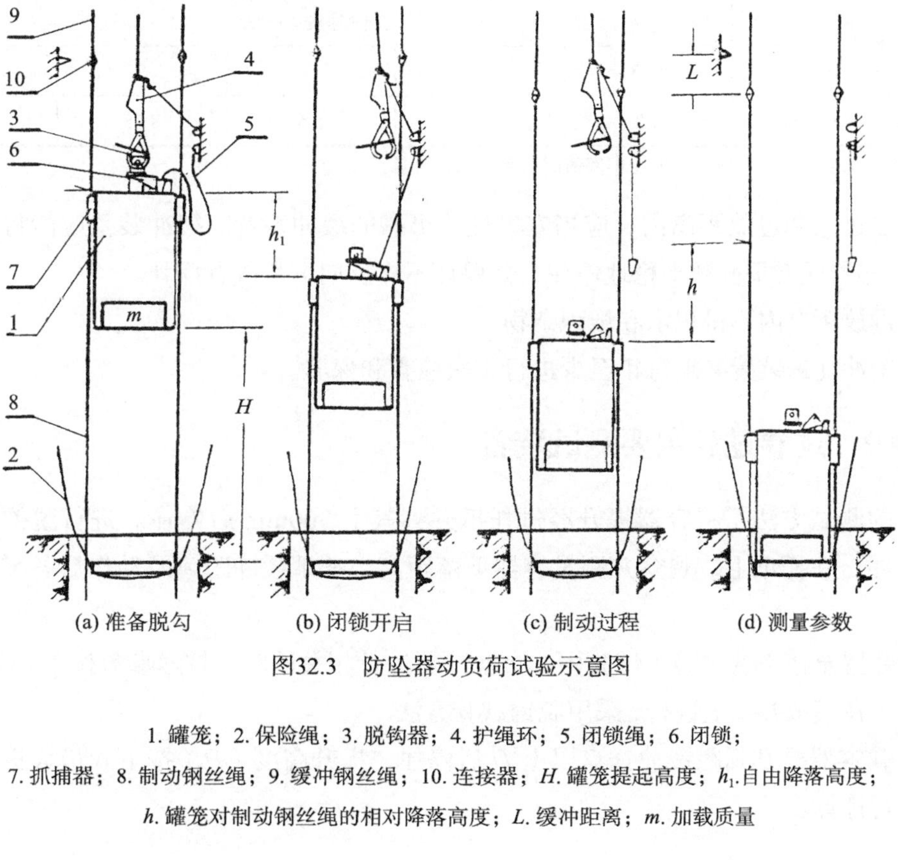

图32.3　防坠器动负荷试验示意图

1. 罐笼；2. 保险绳；3. 脱钩器；4. 护绳环；5. 闭锁绳；6. 闭锁；
7. 抓捕器；8. 制动钢丝绳；9. 缓冲钢丝绳；10. 连接器；H. 罐笼提起高度；h_1.自由降落高度；
h. 罐笼对制动钢丝绳的相对降落高度；L. 缓冲距离；m. 加载质量

32.4　过卷过放测试技术

立井提升过卷过放缓冲装置属于矿山立井提升系统的安全保护装备，立井提升过放缓冲装置主要用来解决立井提升系统中的容器过卷过放发生时蹾罐、伤害人员和井筒中的其他装备损坏等问题，既可用于缠绕式提升机，又可用于摩擦式提升机。

立井提升过卷过放缓冲装置主要由防撞梁、缓冲装置、托罐装置组成。该设备用于立井提升系统的井口过卷缓冲和井底防蹾罐缓冲。当提升容器到达井口或井底正常停车位置而仍未减速停车或减速不够时，该设备即投入使用，使上提或下放的容器以合理的减速度缓冲减速安全停车，保障人员及设备的安全，杜绝伤亡事故的发生。

本节主要介绍过卷过放的测试原理及关键测试装备。

32.4.1 过卷过放测试原理

立井提升装置的过卷和过放应当符合下列要求：

（1）罐笼和箕斗提升，过卷和过放距离不得小于表 32.1 所列的数值。

表32.1 立井提升装置的过卷和过放距离

项目	提升速度 /（m/s）				
	≤ 3	4	6	8	≥ 10
过卷和过放距离 /m	4.0	4.75	6.5	8.25	≥ 10

注：提升速度为本表中所列速度的中间值时，用插值法计算。

（2）在过卷和过放距离内，应当安设性能可靠的缓冲装置。缓冲装置应能将全速过卷（过放）的容器或者平衡锤平稳地停住，并保证不再反向下滑或者反弹。

（3）过放距离内不得积水和堆积杂物。

（4）缓冲托罐装置必须每年至少进行 1 次检查和保养。

32.4.2 过卷过放主要测试装备

主要的测试方法：将容器提升经过托爪并到其上 300mm 后停住。进行脱钩使容器自由下落，冲击在托爪上，观察并测量容器下落距离、托爪缓冲距离及动作后各零部件完好情况。

缓冲装置全速空载试验（试验用一台缓冲器进行相关试验，技术参数按 $1/n$ 取，n 为缓冲器数量）在模拟井架上进行，采用脱钩试验方法。

将空载容器提升到距缓冲托盘以上 H 后停住，提升高度（H）按下式最大提升速度自由落体进行计算。

$$H = \frac{V^2}{2g} \tag{32.5}$$

式中，H 为提升高度，m；V 为最大提升速度，m/s；g 为重力加速度，m/s^2。

脱钩使容器自由下落，冲击在缓冲器绳尾部的托盘处。观察试验过程中各部件的动作灵活性与可靠性。

缓冲装置全速满载（最大缓冲能量）试验在模拟井架上进行，采用脱钩试验方法。

32.5 钢丝绳测试技术

钢丝绳是矿山提升设备的一个重要组成部分。当提升机运转时，通过钢丝绳带动容器沿井筒运动。它对矿井提升的安全和经济运转起着重要作用。为确保钢丝绳的使用安全，应了解设备运行的安全状况，消除隐患，防止事故发生，保证设备在检验周期内连续安全运行。对钢丝绳在悬挂前和使用过程中都要进行定期的检查和试验。

本节主要介绍钢丝绳的测试原理及关键测试装备。

32.5.1 钢丝绳测试原理

1. 钢丝绳整绳测试

钢丝绳实测破断拉力应不低于相应标准中与钢丝绳公称抗拉强度相对应的钢丝绳最小破断拉力。如果钢丝绳公称直径、公称抗拉强度与相应标准中的力学性能不一致时，其钢丝绳最小破断拉力按相应标准中给出的公式计算；当经矿用产品安全标志确认的钢丝绳最小破断拉力大于计算值时，按矿用产品安全标志确认的钢丝绳最小破断拉力执行。

1）合金浇铸法

这是将试样两端捆扎后端部散开，清洗干净后，用低熔点的熔融合金浇铸，冷却至室温后，在拉力试验机上进行拉伸试验的方法。

2）树脂浇铸法

这是将试样两端捆扎后端部散开，清洗干净后，用树脂浇铸。待树脂充分固结后，在拉力试验机上进行拉伸试验的方法。

3）套管压制法

这是将试样两端装上合适的金属套管，用压力机压制牢固，然后在拉力试验机上进行拉伸试验的方法。对于纤维芯类钢丝绳，应先将套管压制段的纤维芯去掉，并用同直径的端部为锥形的钢棒填充，然后实施压套。

4）直接夹持法

这是将试样直接夹在拉力试验机夹头合适的钳口进行拉伸试验的方法。

5）测试原理

对钢丝绳试样施加拉力，拉伸至钢丝绳断裂，测定钢丝绳的实际破断拉力或者试验至规定拉力值。

2. 拆股钢丝抗拉强度测试

按照 GB/T228.1—2010 规定的方法进行试验。试验数量过多时，加载速率可以大于 GB/T228.1—2010 标准规定的值。

3. 拆股钢丝反复弯曲测试

反复弯曲试验是将试样一端固定，绕规定半径圆柱支座弯曲900mm，再沿相反方向弯曲的重复弯曲试验。

4. 拆股钢丝扭转测试

试样绕自身轴线朝一个方向均匀旋转360°，作为一次扭转至规定次数或试样断裂。

32.5.2 钢丝绳主要测试装备

1. 钢丝绳整绳破断拉力试验机

该试验机主要用于材料和零部件的静态拉伸性能试验。采用电液伺服液压加荷计算机控制整个试验过程。试验数据由负荷传感器精确采集传输至计算机，系统自动分析处理及存储试验结果，具有应力－应变、负荷－变形、负荷－位移、负荷－时间等曲线。采用全封闭式试验空间，增加了试验的整体安全性，具有负荷极限、位置极限、试验破断停机保护功能。具有力、位移、变形三个测量通道，具有力、位移、变形、应力和应变五种加载控制方式，并能在试验过程中在各种方式之间实现无冲击转换，在试验过程中有实时跟踪曲线功能。适用于金属制品、建筑结构等领域各种金属材料、钢索、链条、吊装带等的抗拉强度性能试验、破断试验。

主要技术参数：最大试验力4000kN，位移测量范围0～10m，引伸计标距测量范围2m。采用电液伺服液压加荷计算机控制整个试验过程，试验数据由负荷传感器精确采集传输至计算机，系统自动分析处理及存储试验结果，具有应力－应变、负荷－变形、负荷－位移、负荷－时间等曲线。

2. 拆股钢丝抗拉强度试验设备

LDW系列电子拉力试验机采用机械加荷、电子测量、数字连续调速，应用微型单片机进行实时控制。适用于非金属材料和金属材料的拉伸、压缩等力学性能试验。

主要技术参数：最大试验力50kN，测量精度±1%，试验速度2～200mm/min。电机通过同步带和减速装置驱动丝杠转动。丝杠转动，横梁就上下移动，通过电机转速控制横梁移动速度。负荷传感器测量试验力的大小，位移传感器测量移动量，两者的信号经过滤波放大，由A/D转换到单片机上，单片机采集处理试验数据并显示。

（本章主要执笔人：上海院王金利；沈阳院王玉成，马立爽）

第八篇 煤矿排水设备测试技术

在矿井建设和生产过程中，会产生大量的矿井水。煤矿排水设备的功能就是将这些矿井水及时地排送至地面，为井下创造安全良好的工作环境，保障煤矿井下安全生产。煤矿安全规程规定，矿井应当配备与矿井日常涌水量相匹配的排水及备用设备，确保矿井排水及时有效。当矿井发生水害事故时，排水设备及时有效发挥作用能防止或延缓淹井，保证矿工生命安全。增加被困矿工的救援机会，同时减少煤矿经济损失。

煤矿排水系统主要由矿用排水泵、电动机及相应电控设备、排水管路及管路附件组成。矿用排水泵为核心主体设备，主要分为多级离心排水泵和潜水电泵两种。其配用电动机分为 YB 系列电动机和 YBQ 系列潜水电动机两种。多级离心排水泵、潜水电泵使用比例已占排水设备的 90% 以上，目前还有风动泵、隔膜泵等。

矿用排水设备的测试技术是检测产品质量的主要手段。测试项目主要有流量、扬程、功率、耐水压性能、温度温升。依据产品标准对矿用排水设备的水力性能、电气性能和安全性能进行测试。同时为了贯彻产品技术标准，判定被检验批次的产品质量是否合格，通过测试数据对产品质量等级或缺陷的严重性程度进行评定，收集统计、分析质量数据，为产品标准制定和修订、企业技术改造提供技术支撑。

欧、美发达国家对排水设备测试技术的研究比较早，测试系统的产品已经趋于成熟。1961 年英国国立工程实验室就建立了自己的水力性能试验台。此试验台可以通过计算机自动采集、处理部分试验数据并打印试验结果。在矿用排水设备测试领域，欧、美国家也一直处于世界领先地位。其测试系统自动化程度高，测试仪器及设备先进。测试能力流量可达 2000m^3/h，测试装备功率可达 6300kW。

在国内，矿用排水设备测试技术发展相对比较缓慢。20 世纪 80 年代以前，测试手段比较落后。测试时主要通过手动来操作测试设备、记录试验数据和绘制性能曲线。测试的设备比较落后，精度较差，工作效率低。1990 年后我国测试技术初步具备了部分数据自动化采集能力，但测试设备的精度、操作与发达国家相比，还有一定差距。进入21世纪以来，随着电子技术、传感器技术、计算机技术、自动控制技术的飞跃发展，我国排水设备测试技术取得了较大的进步。智能电磁流量计、超声波流量计、激光流量计、智能电容式压力变送器、转矩转速传感器、微机扭矩仪等先进的电子装置应用于排水设备自动测试系统中，极大地提高了排水设备测试系统的自动化程度、测试精度及工作效率。在测试方面已经实现了全自动化数据采集、处理并绘制性能曲线。

随着煤炭开采深度超千米的煤矿逐渐增多，高强度快速采煤方式日渐普及，煤矿排水强度逐年增加，对排水设备检测检验能力和水平的要求越来越高。为保障煤矿排水设备稳定运行，我国在借鉴国外先进技术的基础上，投入了大量的人力、物力和财力，在技术研究、设备创新等方面进行了大量工作，使我国矿用排水设备生产、技术能力快速提高。单台排水泵已发展到流量最大1400m^3/h、扬程最大1200m、排水泵配备功率最大已达4500kW，设备供电电压等级最高10kV。同时为适应煤矿紧急排水抢险需求，新增了井上独立供电、井下固定安装的大型隔爆潜水电泵等设备。

我国先后制修订了煤矿用离心泵、煤矿用潜水电泵、煤矿用风动潜水泵、潜水电泵试验方法等多项产品标准和检测标准，技术要求不断提高、测试项目趋于全面、测试方法更加科学，实现了与国际标准的接轨。

煤科总院唐山研究院有限公司下属的国家安全生产唐山矿用泵检测检验中心，已经建成了大型矿用排水设备综合测试实验室。试验能力流量最大2000m^3/h、扬程最大2000m、功率最大已达到5000kW。

根据煤矿排水设备的技术发展状况，为了适应潜水电动机细长的特点，研发了可变容积式防爆试验槽。它分为单体移动式、单体固定式和双体组合式三种组合方式。组合式防爆槽内径为1800mm，长度为7500mm。该设备为国内首台对接式组合检测设备，可实现目前潜水电泵防爆试验全覆盖。

为了模拟潜水电泵潜水工作环境，对潜水深度超过5m的潜水电动机稳定运行进行分析验证，研制了深水潜水电动机耐水压测试系统。压力值最大可达25MPa，水压罐内部尺寸为ϕ1500mm×7000mm。此系统填补了国内深水潜水电动机耐水压性能检测的空白。

为了适应潜水电动机性能测试时周围介质必须恒温的特殊性要求，研制了水温恒定试验装置。根据最新电动机检验标准要求，研发了电力测功系统及计算软件。该系统利用节能环保技术、电回馈技术，减少了测试时的电能消耗。其综合测试能力处于全国领先水平。

本篇详细介绍了矿用多级离心排水泵、矿用潜水电泵和矿用潜水电泵用电动机等矿用排水设备的安全性能、水力性能、电气性能等主要项目的测试技术。

第 33 章 矿用排水泵测试技术

矿用排水设备担负着煤矿井下排水及水力采煤的任务，部分排水泵用于井下消防、生活给水。矿用排水泵主要用于主排水泵房、井底水窝、采区局部排水，也可用于紧急救援抢险排水。排水设备主要由排水泵、排水管路阀门、配用电机组成。

本章主要介绍矿用排水泵的测试内容与原理、测试设备与仪器、测试方法。

其他排水泵如气动潜水泵、气动隔膜泵、气动清淤泵、渣浆泵、污水泵、螺杆式排水泵等排水设备及往复式注浆泵、煤层注水泵、喷雾灭火泵等设备亦可以参照本测试技术。

33.1 矿用排水泵测试方法

矿用排水泵的测试技术比较复杂，需要按 GB/T3216—2016《回转动力泵　水力性能验收试验 1 级、2 级和 3 级》、GB/T3214—2007《水泵流量的测定方法》、GB/T12785—2014《潜水电泵　试验方法》等标准要求，准备试验设施及试验仪器，同时需要精密计算才能获得排水泵各项技术指标。

矿用多级离心式排水泵主要测试项目为流量、扬程、效率以及功率、振动、噪声、汽蚀余量等。

矿用潜水电泵主要测试项目为流量、扬程、效率以及电泵输入功率、绝缘电阻的检查、电泵气密性试验等。

以下主要介绍流量、扬程、功率以及效率、汽蚀余量、绝缘电阻的检查等测试项目的测试方法。

33.1.1 测试原理与测试系统组成

通过水循环系统（水池与进出水管路系统）、测控仪器仪表及计算合成软件、高低压配电系统、变频调速启动系统等设备与设施，建立矿用排水泵流量、扬程、功率、效率、温度温升、振动、噪声等关键测试单元，实现对矿用排水泵的性能分析验证。

矿用排水泵大多采用开式试验系统进行性能检验（测试原理图详见图 33.1 和图 33.2）。试验系统由被测排水泵、配用电机（或其他拖动设备）、转矩转速传感器（或功率表、转速表）、水池、调节阀、进水管、出水管、进口压力测量装置、出口压力测量装置、流量计等组成。

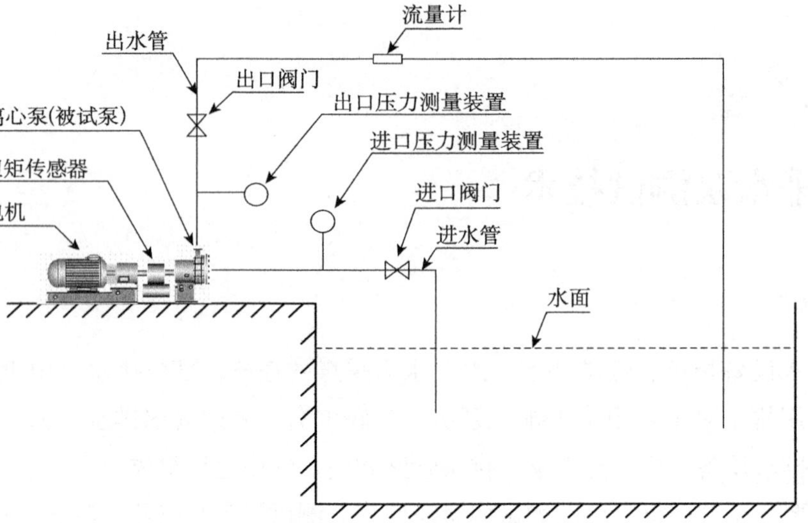

图33.1　矿用多级离心式排水泵试验系统

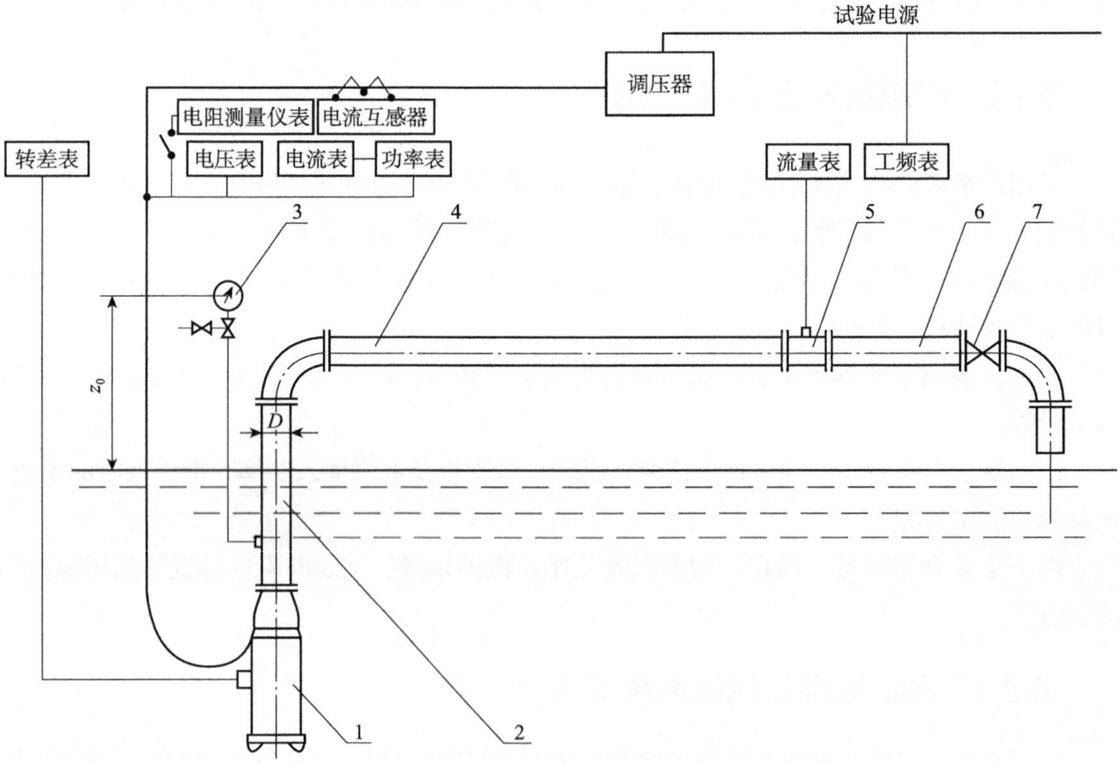

图33.2　矿用潜水电泵试验系统

1. 潜水电泵；2. 泵出口测压管段；3. 压力表；4. 流量计前直管段；5. 流量计；6. 流量计后直管段；7. 流量调节阀

利用流量、压力以及功率等测试设备对通电运转中的水泵进行相应参数的采集，可以得出流量、扬程、功率等性能参数。通过扬程、功率、与流量之间的关系，计算得出汽蚀余量和效率等其他相应质量指标，并同时获得性能特性曲线。

33.1.2　测试条件

（1）试验系统应保证通过测量截面的液体具有以下特性：轴对称的速度分布、等静压分布，无装置引起的漩涡。

（2）试验管路应符合以下要求：连接泵出口的直管段应与泵出口法兰端面垂直，管径与泵出口相等。其长度应不小于 4 倍的管径。取压孔的位置、设置形式及制造要求应符合相关规定。在管路中安装流量测量装置时，其前后直管段长度应符合各种测量装置使用的具体规定。

流量调节装置应安装在流量计的下游侧，当不能满足要求时，应在测流管线后设置背压管（一段垂直向上的管路），以确保试验管路充满液体。

（3）潜水电泵应在淹没于水中的条件下进行。对于高扬程潜水电泵，可部分淹没泵头，淹没深度应保证电泵试验过程不发生汽蚀。

（4）试验时需保证在额定电压、额定频率下进行。

（5）测试设备仪器的要求。检验仪器和设备应符合相关标准的要求。检验仪器和设备应包括流量计、压力表或压力传感器、功率表或扭矩传感器、转速表、声级计、振动仪、温度仪等。同时需具备提供稳定电压和频率的电控设备。

仪器的精度要求如下：

单相瓦特表（包括低功率因数瓦特表）的精度应不低于 0.5 级；

三相瓦特表的精度应不低于 1.0 级；

互感器的精度应不低于 0.2 级；

使用电量变送器时，其精度应不低于 ±0.5%；

测力计的精度应不低于 1.0 级；

温度计的误差应在 ±1℃以内；

涡轮流量变送器的精度应不低于 1.0 级（其他流量测量仪表应符合 GB/T3214）；

弹簧压力计精度应不低于 0.4 级（也可使用精度相当的压力传感器）。

33.1.3　测试及计算方法

1. 矿用离心泵

矿用离心泵性能检验是确定规定转速下泵的扬程、轴功率、效率与流量之间的关系。试验应从零流量开始，至少测试到大流量点流量的 115%，其间至少有 10 个不同流量点，测量点应均匀分布在整个曲线上。在测试过程中，当所测各参数稳定时，及时采集每个流量点的数据。测试与计算出的数据应整理出检验结果汇总表，并绘制成规定转速下性能曲线图，其曲线应圆滑。最后进行检验结果分析计算，确定其性能是否达到标准要求。

1）流量

流量测量采用电磁流量计或涡轮流量计直接读数测得，也可以采用孔板流量计通过差压装置的高度差计算得出。

2）扬程

扬程是通过对泵进、出口压力（采用压力表或压力变送器）的测量及对流量等参数计算所得的数据。压力测量与扬程按式（33.1）计算：

$$H=\left(Z_2-Z_1\right)+\frac{\left(P_2-P_1\right)}{\rho g}+\frac{\left(V_2^2-V_1^2\right)}{2g} \tag{33.1}$$

式中，H 为扬程；Z_1 为进口测压装置至泵基准面高度，m；Z_2 为出口测压装置至泵基准面高度，m；ρ 为介质（水）的密度，kg/m^3；g 为重力加速度，m/s^2；P_1 为泵入口表压力，MPa；P_2 为泵出口表压力，MPa；V_1 为泵入口测压点处的流速，m/s；V_2 为泵出口测压点处的流速，m/s。

3）泵输出功率

P_u（有效功率）按式（33.2）计算：

$$P_u=QH\rho g / 3.6\times10^{-6} \tag{33.2}$$

式中，Q 为流量测量值，m^3/h；H 为扬程测量值，m；g 为重力加速度，m/s^2；ρ 为介质密度，kg/m^3。

4）泵轴功率

P_a（泵轴功率）如采用转矩转速传感器，按式（33.3）计算：

$$P_a=2\pi nM / (6\times10^4) \tag{33.3}$$

式中，n 为转速，r/min；M 为转矩，N·m。

泵轴功率如采用测量电机输入功率，按式（33.4）计算：

$$P_a=P\times\eta \tag{33.4}$$

式中，P 为电机输入功率，kW；η 为电机效率，%。

输入功率可采用两瓦特表法或三瓦特表法进行测量，也可采用三相功率表测量。

5）泵效率

它是泵输出功率 P_u（有效功率）与泵轴功率 P_a 的比值。

泵效率按式（33.5）计算：

$$\eta=(P_u / P_a)\times100\% \tag{33.5}$$

6）汽蚀余量（NPSH）

在泵工作范围内，应包括小流量点、规定流量点和大流量点。对3个不同流量点进行汽蚀试验，试验时对每一个流量点在保持流量恒定条件下逐渐降低NPSH，不同的NPSH值不宜少于10个，并在试验曲线即将出现断裂的区域应有较密集的试验点。NPSH值按式（33.6）计算：

$$\mathrm{NPSH}=H_1+\frac{P_b}{\rho g}-\frac{P_V}{\rho g} \tag{33.6}$$

式中，H_1 为泵入口总水头，m；P_b 为大气压力，Pa；P_V 为汽化压力，Pa。

7）转速

采用转矩转速传感器直接测得，也可用手持数字转速表。

当被测泵的转速与规定转速不符时，则所有相关数据均应换算为以规定转速为基准的数据。其换算方法为：

换算到规定转速下的流量 $Q_0=Q(n_{sp}/n)$

换算到规定转速下的扬程 $H_0=H(n_{sp}/n)^2$

换算到规定转速下泵的输出功率 $P_{u0}=P_u(n_{sp}/n)^3$

换算到规定转速下的轴功率 $P_{a0}=P_a(n_{sp}/n)^3$

换算到规定转速下的汽蚀余量（NPSH）=NPSH $(n_{sp}/n)^2$

2. 矿用潜水电泵

1）性能测试

（1）流量的测量。与本节介绍的矿用离心泵测试方法相同。

（2）扬程的测量。潜水电泵试验时，扬程是通过对泵出口压力水头、测压截面处液流速度水头及压力表中心距水面高度这三个参数计算得出数据。计算方法与本节介绍的矿用离心泵测试方法相同。

（3）输入功率的测量。电机的输入功率测量，与本节介绍的矿用离心泵测试方法相同。

对于潜水深度小于 5m 的潜水电泵在正常工作条件下运行时，在 0.7 ～ 1.2 倍规定流量范围内，电机输入功率应不超过其输入功率限值；对于潜水深度大于 5m 的潜水电泵，在全流量范围内不得超过输入功率限值。

当电机输入功率小于或等于 150kW 时，其输入功率限值按式（33.7）计算：

$$P_{1\max}=P/\left|\eta_{\mathrm{mot}}-0.15\left(1-\eta_{\mathrm{mot}}\right)/2\sqrt{2}\right| \tag{33.7}$$

当电机输入功率大于 150kW 时，其输入功率限值按式（33.8）计算：

$$P_{1\max}=P/\left|\eta_{\mathrm{mot}}-0.1\left(1-\eta_{\mathrm{mot}}\right)/2\sqrt{2}\right| \tag{33.8}$$

式中，$P_{1\max}$ 为电动机输入功率限值，kW；P 为电动机额定功率，kW；η_{mot} 为在功率、电压、频率为额定值时，电动机效率的保证值，%。

（4）效率。电泵效率是电泵传递给液体的功率与电机输入功率比值。

2）绝缘电阻的测量

电机定子绕组对机壳的绝缘电阻采用兆欧表测量。兆欧表的选择见表 33.1。

表33.1 兆欧表的选择

被测绕组额定电压 U_N/V	绝缘电阻直流测量电压 /V
$U_N \leqslant 1000$	500
$1000 < U_N \leqslant 2500$	1000
$2500 < U_N \leqslant 5000$	2500
$5000 < U_N \leqslant 12000$	5000
$U_N > 12000$	10000

33.2 矿用排水泵测试试验台

矿用排水泵测试试验台主要包括电控启动运转系统、水循环系统、试验操作台与测控分析系统三个模块。本节主要介绍三个模块的组成与功能特点，以及该试验台的工作原理及操作方法。

33.2.1 电控启动运转系统

该系统主要包括高压电控柜、低压电控柜、变压器、调压器、变频启动设备、互感器、输入开关柜、变压器柜、功率柜、控制柜、输出变压器柜、转换柜、输出开关柜、测量接线柜、风冷系统。

该系统电压等级分为10kV、6kV、3300V、1140V、660V、380V，总配电容量5000kV·A。可直接启动4500kW的排水设备，是该启动运转系统的最大优点。

33.2.2 水循环系统

试验水池总容积近3000m^3。为保证水流稳定，其中设有阻隔墙、水流通道门等设施。验证能力流量最大2000m^3/h，扬程最大2000m。

出水管路系统共6套：DN80、DN150、DN250、DN350、DN500、DN800。承压最高20MPa；泵安装变径管路短节12个。

进水管路系统共4套：DN200、DN400、DN600、DN800。承压最高1.6MPa；泵安装变径管路短节8个。

电动调节阀共10套：ZDLM系列（DN80-6.3MPa）、ZDLM系列（DN150-6.3MPa）、ZDLM系列（DN250-6.3MPa）、ZDLM系列（DN350-6.3MPa）、DN80-30MPa、DN150-30MPa、DN250-20MPa、DN350-20MPa、DN500-15MPa、DN800-10MPa。

电磁流量计共6套：DN80、DN150、DN250、DN350、DN500、DN800，承压2MPa，前段加减压阀门减小介质流经流量计的压力。

33.2.3　试验操作台与测控分析系统

试验操作台从参数测量仪器上自动采集试验数据。信号采用一套智能数显仪表，集中显示所有的测试参数，方便直观。由微机自动测试软件实时采集各种试验数据，并对试验数据进行计算。根据各种试验类型，对排水泵性能进行试验，同时对试验结果进行绘图并打印，以方便技术存档和对试验结果进行分析。通过通信软件、计算机和各种智能仪表能够进行双向通信，可以很方便地调节仪表条件参数。灵活的人机界面、系统整体性能高，可扩展性强。

33.2.4　工作原理

测试系统由系统配电柜、变频控制柜、测试转换保护柜等强电部分和各种信号传感器、信号转换装置、智能显示仪表等弱电部分，以及净化电源、信号传感器供电部分，微机、打印机等执行部分组成。各部分之间在硬件上互相连接，在逻辑上彼此控制。从设计上符合人们的操作习惯，易用，好操作。系统集成了强电、弱电、传感器、仪器仪表、软件、水泵测试等各种技术，系统稳定性强。系统原理见图 33.3。

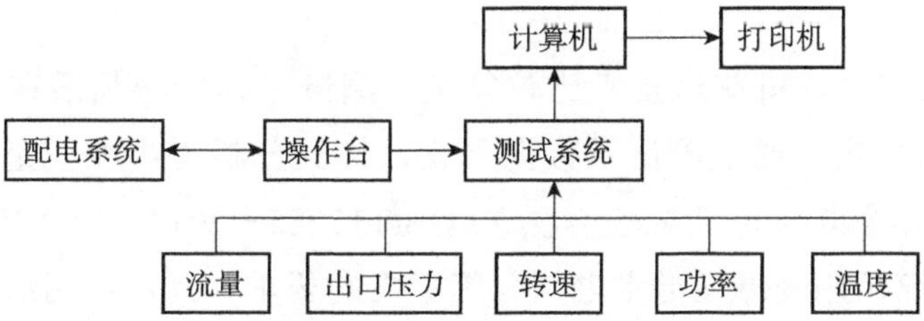

图33.3　排水泵测试系统原理

该测试系统拥有国内先进的的数字自动化采集系统，配电系统能力也处于行业领先水平。最大测试功率可达 5000kW；电网电压最高达到 10kV。

33.2.5　系统操作方法

试验开始前，首先在计算机主界面，输入产品信息。然后根据被试泵的参数范围，在主界面的参数设置区进行试验参数、量程参数的设置。试验参数设置包括额定流量、额定扬程、额定功率、泵效率、同步转速。最后根据选择的仪器仪表设置仪器仪表系数、试验管径等。

参数设置后方可进行性能试验。进入性能试验操作界面。数据实时同步采集，并保存记录，自动计算试验结果。

（本章主要执笔人：唐山院安连红，郭玉朋，张东岭）

第34章 矿用潜水电泵用电动机测试技术

矿用潜水电泵用电动机是矿用潜水电泵的配套设备，与矿用潜水电泵一起潜入水中工作。具有安装使用方便、性能可靠、效率较高等优点。

潜水电泵用电动机按用途分为矿用隔爆型潜水电动机、矿用一般型潜水电动机。潜水电泵用电动机按结构特征分为干式和充水式两种。

本章主要介绍矿用潜水电动机的测试技术，包括测试内容与原理、测试设备与仪器、测试方法。

34.1 矿用潜水电泵用电动机测试方法

矿用潜水电泵用电动机测试技术比较复杂，测试过程中必须潜在水中，同时保持被测电动机周围水温恒定。通过测试及数据采集、计算分析得出相应量值，根据标准GB/T1032—2012《三相异步电动机试验方法》、GB/T12785—2014《潜水电泵 试验方法》及MT/T671—2005《煤矿用隔爆型潜水电泵》等标准的要求，判定矿用潜水电泵用电动机的各项质量指标。

矿用潜水电泵用电动机负载、温升可以通过测功机及温度传感器直接测量，也可以通过自带负载进行测试。当试验电动机最大电流达不到额定电流值时，可以通过反转电动机来增加输出功率和电流来达到试验要求。如果电泵不允许反转或者反转也达不到要求时，可以更换大叶轮进行试验。

矿用潜水电泵用电动机主要测试项目包括绝缘电阻、冷态直流电阻、负载试验、温升试验、空载试验、堵转特性、噪声、振动、工频耐压、匝间绝缘、防护等级IPX8、电缆长度、耐湿热试验、防爆性能试验、深水潜水电动机耐水压测试等。

本节主要介绍电气性能、绝缘电阻、冷态直流电阻、工频耐压、匝间绝缘、防护等级IPX8及深水潜水电动机水压试验测试项目的测试方法。

34.1.1 测试原理及测试系统

通过自动测控仪器仪表及计算合成软件、高低压配电系统、变频调速启动系统等设备与设施，完成矿用潜水电泵用电动机的各项测试项目。利用电压、电流、转速、电阻以及功率测试设备对被测试潜水电泵用电动机进行相应参数的采集。然后通过电流、电压、电阻、转速及功率之间的关系计算得出相关结论。测试原理见图 34.1。

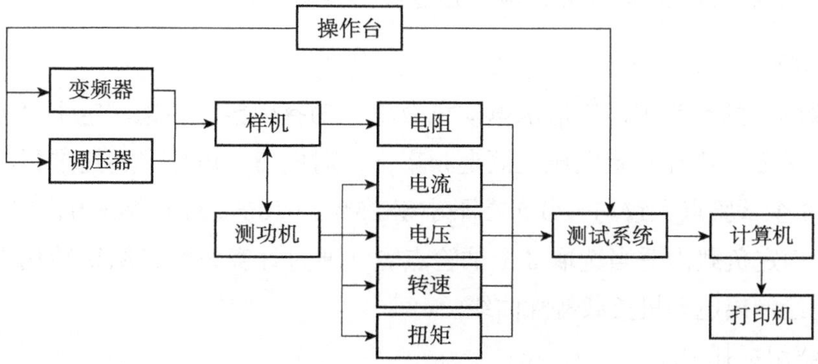

图34.1 矿用潜水电泵用电动机测试原理图

34.1.2 测试的条件

测试设备包含电气控制系统、水循环系统及参数测量仪器。仪器精度应符合如下要求。

（1）试验过程中频率的波动量应在额定频率的 ±0.3% 范围内；三相电压系统的负序分量小于正序分量的 0.5%，且零序分量的影响应消除。

（2）检验仪器应定期检定或校准，并在有效期内。具体仪器精度，除了需要用到第 2 章所介绍的仪器仪表外，还需要用到双臂电桥或数字微欧计，其准确度等级应不低于 0.2 级；单相瓦特表（包括低功率因数瓦特表）的精度应不低于 0.5 级；三相瓦特表的精度应不低于 1.0 级；互感器的精度应不低于 0.2 级；使用电量变送器时，其精度应不低于 ±0.5%；其余仪器请参照本章 33.1.2 节内容。

34.1.3 测试方法及要求

1. 绝缘电阻的测定

电机定子绕组对机壳的绝缘电阻采用兆欧表测量，应分别测量各相绕组对机壳的绝缘电阻，测量后应将绕组对地放电。兆欧表的选择见第 33 章表 33.1 所列的要求。

电机定子绕组对机壳的绝缘电阻，常温时，干式电动机应不低于 100MΩ，充水式电机应不低于 150MΩ；潜水深度为 5 ～ 70m 时整机水中浸泡 12h 后，绝缘电阻不小于 150MΩ；潜水深度大于 70m 时整机做 1.5 倍最大潜水深度水压试验，保压 12h 后，绝缘电阻不小于 200MΩ。

2. 冷态直流电阻

电机在试验前应在水池中放置一段时间，使电动机与冷却介质（水）之间温度一致。试验时电动机转子应静止不动，定子绕组的电阻应在电动机引出电缆端测量。同时用双臂电桥（或数字微欧计）测量三相直流电阻。每一线间电阻测 3 次，取平均值。每次读数与三次读数的平均值之差在平均值的 ±0.5% 之内。

电动机各相绕组直流电阻值之差应不超过最小值的 2%。

3. 负载试验

负载试验的目的是为了确定潜水电动机效率、功率因数、转速、定子电流、输入功率与输入功率的关系。应在额定电压、额定频率下，对电流、电压、转速进行测量采集，取 6 个试验点。4 个试验点大致均匀分布在不小于 25% ～ 100% 额定负载内，在大于 100% 但不超过 150% 额定负载内适当选取 2 个试验点。并通过计算将测试结果转化为基于规定温度时的数据，绘制出电动机负载特性曲线。

1）定子绕组损耗 P_{cu1}

按式（34.1）和式（34.2）计算：

$$P_{cu1}=1.5I_1^2R_{1ref} \tag{34.1}$$

$$R_{1ref}=R\ (K_a+\theta_{ref})\ /\ (K_a+\theta_0) \tag{34.2}$$

式中，I_1 为测得线电流平均值，A；R_{1ref} 为换算到规定温度时，定子绕组端电阻平均值，Ω；R 为定子绕组初始（冷）态的端电阻平均值，Ω；K_a 为常数，铜绕组为 235、铝绕组为 225（特殊规定除外）；θ_{ref} 为基准工作温度（见 GB/T12785—2014 中表 13），℃；θ_0 为定子绕组初始（冷）态的绕组温度，℃。

2）折算至基准工作温度时电动机的转差率 S_{ref}

按式（34.3）和式（34.4）计算：

$$S_{ref}=S_t\ (K_a+\theta_{ref})\ /\ (K_a+\Delta\theta+\theta_f) \tag{34.3}$$

$$S_t=\ (n_0-n)\ /n_0 \tag{34.4}$$

式中，S_t 为负载试验时实际测量的转差率；n_0 为同步转速，r/min；n 为负载试验时的实测转速，r/min；$\Delta\theta$ 为对应 I_t 时的定子绕组温升，℃；θ_f 为试验结束时电动机周围（0.5m 以内）冷却介质的温度，℃。

3）转子绕组损耗 P_{cu2}

按式（34.5）计算：

$$P_{cu2}=S_{ref}\ (P_1-P_{cu1}-P_{Fe}) \tag{34.5}$$

式中，P_1 为电机输入功率，W；P_{Fe} 为电动机额定电压时的铁耗（由空载试验求得），W。

4）电动机输出功率 P_2

按式（34.6）计算：

$$P_2=P_1-P_s-P_{cu1}-P_{cu2}-P_{fW}-P_{Fe} \tag{34.6}$$

式中，P_{fW} 为机械耗，W；P_s 为杂散耗，W。

5）电动机效率 η

按式（34.7）计算：

$$\eta=\frac{P_2}{P_1}\times 100\% \tag{34.7}$$

6）功率因数

按式（34.8）计算：

$$\cos\phi=\frac{P_1}{\sqrt{3}U_L I_L} \tag{34.8}$$

式中，U_L 为线电压，V；I_L 为定子线电流，A。

当试验电动机最大电流达不到额定电流值时，可以更换大叶轮或者采用测功机来进行试验，以达到试验要求。试验结束时，立即在引出电缆端测量定子绕组的热态直流电阻。

4. 温升试验

在额定频率、额定电压、额定功率（或铭牌电流）下，按不同结构形式和功率应运转 1.5 ～ 4h，直到使电动机达到热稳定为止。每隔 15min 记录一组数据，包括电压、电流、输入功率、频率、转速以及周围冷却介质的温度。

电动机达到热稳定后，停机测量电动机绕组直流电阻。停机开始时计时，连续记录一段时间间隔时相应的电阻值，直到电阻变化缓慢为止。测得第一点电阻值的时间不应超过表 34.1 中的规定。

表34.1　最初读数时间

额定输出功率 /kW	切断电源后到第一次读数的时间 /s
$P_N \leqslant 50$	30
$50 < P_N \leqslant 200$	90
$200 < P_N \leqslant 5000$	120

采用半对数坐标绘出电阻随时间变化曲线（图 34.2）。电阻标在对数坐标轴上，曲线外延与对数坐标轴的交点（即时间为 0 时），为断电瞬间的电阻值。如果停机后电阻值连续上

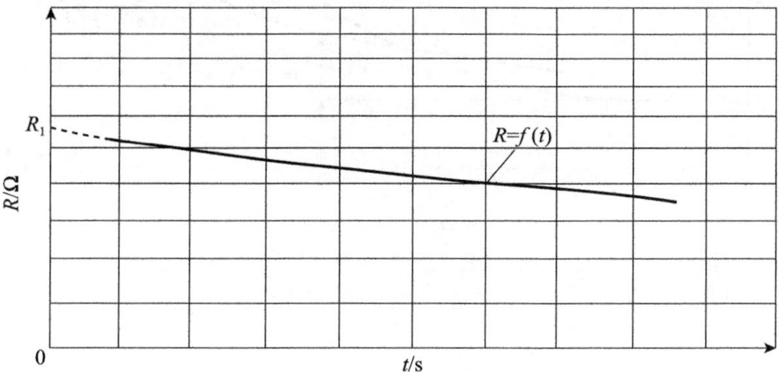

图34.2　温升曲线

升，则以取得电阻的最大值作为断电瞬间的电阻值。电动机绕组的实测平均温升按式（34.9）计算：

$$\Delta\theta=\frac{R_{\mathrm{f}}-R_{0}}{R_{0}}\left(\mathrm{K}_{\mathrm{a}}+\theta_{0}\right)+\theta_{0}-\theta_{\mathrm{f}} \tag{34.9}$$

式中，R_f 为试验结束时定子绕组指定线间电阻，Ω；R_0 为定子绕组初始（冷）态的指定线间电阻，Ω；θ_f 为试验结束时电泵周围（0.5m 以内）冷却介质的温度，℃；θ_0 为定子绕组初始（冷）态的绕组温度（即为开始试验时电泵周围的介质温度），℃；K_a 为常数，铜绕组为 235、铝绕组为 225（特殊规定除外）。

潜水电泵用电动机温升限值不得超过表 34.2 中的限值。

表34.2　电动机定子绕组的温升限值

电动机形式	绝缘材料或热分级	温升限值 /K
充水式	聚乙烯	25
	交联聚乙烯	40
干式	B 级、F 级	80

5. 空载试验

电动机不带负载潜入水中，水面应淹没机械密封或轴伸出端。试验时施加在电动机上的电压，应从 1.1 ～ 1.3 倍额定电压开始。逐步降低电压，直到电流开始回升为止。其间测得 7 ～ 11 个点，每个点均应记录电压、电流和输入功率。试验结束时，立即在引出电缆端测量定子绕组的直流电阻。通过计算并绘制空载特性曲线（图 34.3）。

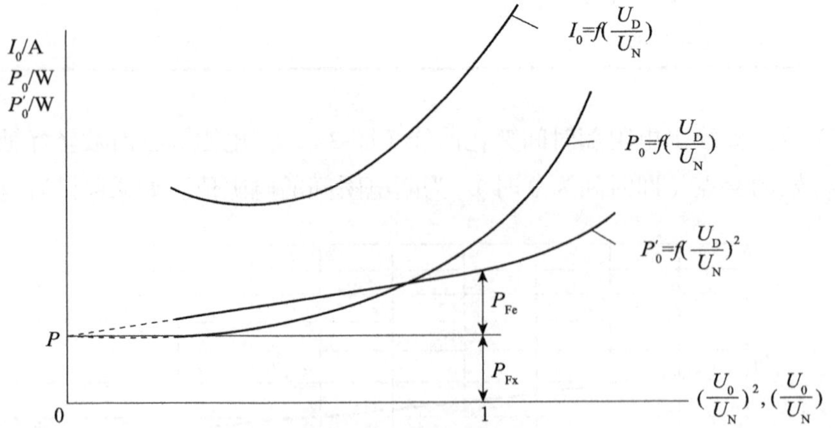

图34.3　空载特性

1）定子绕组损耗

按式（34.10）计算：

$$P_{0\mathrm{cu1}}=1.5I_0^2R_0 \tag{34.10}$$

式中，I_0 为空载试验时测得的线电流平均值，A；R_0 为空载试验时测得的定子绕组端电阻平均值，Ω。

2）铁耗与机械耗之和

按式（34.11）计算：

$$P_0' = P_{Fe} + P_{fW} = P_0 - P_{0cu1} \tag{34.11}$$

式中，P_0' 为空载试验时铁耗和机械损耗之和，W；P_0 为空载试验时测得的电动机输入功率，W。

空载试验，各相空载电流与三相平均电流值之差应不大于三相平均电流值的 10%。

6. 堵转特性

堵转试验应在电动机接近实际冷状态下进行。试验前，首先确定电动机旋转方向。试验时用具备足够强度的工具将电动机转子堵住。其间电源频率应稳定。施加于定子绕组的电压应尽可能从不低于 0.9 倍额定电压开始，逐步降低电压直到接近额定电流时为止。其间共测得 5 ～ 7 点，每点同时记录下三相电压、三项电流及输入功率，每点连续通电时间不应超过 10s。通过计算得出堵转转矩并绘制出 $\lg I_k = f(\lg U_k)$ 曲线（图 34.4），并从最大电流点延长曲线，并查取堵转电流值 I_{KN}。

堵转转矩 T_K 按式（34.12）和式（34.13）计算：

$$T_K = 9.549\frac{P_K - P_{Kcu1} - P_{Ks}}{n_0} \tag{34.12}$$

$$P_{Kcu1} = 1.5 I_K^2 R_K \tag{34.13}$$

式中，P_{Kcu1} 为堵转试验时定子绕组损耗，W；P_{Ks} 为堵转试验时杂散损耗（包括铁耗），W，一般为 $0.05P_K$，对于大、中型高压电动机为 $0.1P_K$；n_0 为同步转速，r/min；I_K 为堵转试验时实测各点电流，A；R_K 为堵转试验时实测绕组端电阻平均值，Ω；P_K 为堵转试验时实测各点输入功率，W。

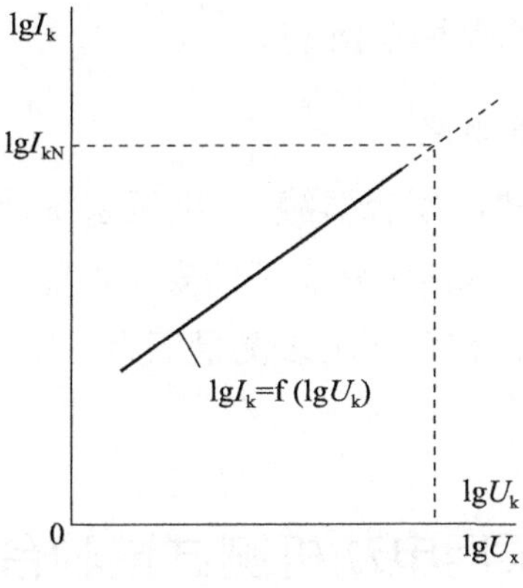

图34.4　堵转特性

电动机堵转应满足以下要求：电动机堵转性能保证值应符合 MT/T671—2005《煤矿用

隔爆型潜水电泵》相关规定的电动机堵转性能保证值的容差。

7. 工频耐压

耐电压试验应在各项试验完成后进行。施加的电压值为2倍的电动机额定电压加1000V。电动机应在静止状态下并浸泡于水中。对于充水式电动机应至少浸泡12h。试验前测量绕组的绝缘电阻。试验时电压施加在被测试绕组与机壳之间，此时不参与试验的绕组均与机壳相接。试验应从不超过试验电压全值的一半开始，然后均匀地增至试验电压全值，电压从半值增至全值的时间不少于10s。历时1min耐电压试验而不击穿。

8. 匝间绝缘

首先检验仪器外壳，确认接地。任选一相绕组（例如U相）作为参照品，另一绕组（例如V相）作为被试品，在两相绕组上交替或同时施加规定峰值的冲击电压波。比较两次衰减振荡波试验波形之间的差异情况。再依次转换V相和W相（或U相和W相）。每次转换接线的冲击电压试验时间以能在试验波形上作出正确判断为准，通常取1～3s。

若两次试验时显示的振荡波形均基本重合，则为正常无故障波形。电动机定子绕组不应发生击穿。

匝间试验电压峰值：对于额定电压为660V及以下电动机，其试验冲击电压峰值：功率为3kW及以下者为2300V、功率在3kW以上者为2600V。对于660V以上者，其试验冲击电压峰值和试验方法应符合JB/T9615.1—2000和JB/T9615.2—2000规定。

9. 防护等级IPX8

将电动机浸入水中，水面距电机顶点至少150mm，电机底部应低于水面至少1m，浸入时间至少30min。水与电机温差不高于5K。在额定电压下空载运行15min后，做50%工频耐压电压值但不小于125%额定电压值的耐电压试验，不应发生击穿。

10. 防爆性能试验

具体试验要求及方法详见本丛书第14篇。

11. 深水潜水电动机耐水压测试

通过水压试验系统（深井式高压容器罐）、供压系统及辅助配套装置等设备，分析验证潜水电动机及其配用电缆在深水潜水状态下的安全性能；试验压力为潜水深度的1.5倍，整机打压，保压12h。用精度1.6级的压力表测量压力，用兆欧表测量定子绕组对机壳绝缘电阻。

34.2 矿用潜水电泵用电动机测试试验台

矿用潜水电泵用电动机测试试验台主要包括电控启动运转系统、水循环系统、试验操作台与测控分析系统三个模块。该三个模块的功能特点已在本章中介绍。本节主要介绍矿用潜水电泵用电动机性能试验台总体结构及技术参数、深水潜水电动机耐水压测试系统、防爆性能设备的工作原理及操作方法。

34.2.1　矿用潜水电泵用电动机性能试验台总体结构及技术参数

矿用潜水电泵用电动机测试系统主要包括数字化测控系统、试验电源系统、测功机系统。测试系统从参数测试仪器上采集试验数据，在联机情况下，数据通过数字采集系统传输到计算机上，经数据处理计算后，由计算机显示和打印测试结果。总体结构见图 34.5。

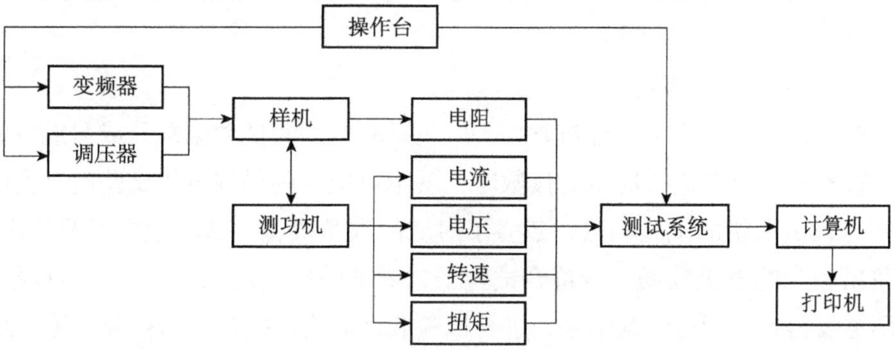

图34.5　总体结构

该系统拥有国内先进的的数字自动化采集系统。配电系统能力：最大测试功率为 5000kW；电网电压最高为 10kV；各测量信号的通断、计算机及周围设备和显示仪表的控制电压为 220V；同时配备高低压控制柜、调压器、高压变压器、大型变频调速装置、电力测功机。测试设备主要技术参数见表 34.3。

表34.3　测试设备主要技术参数

设备名称	主要技术参数
配电系统	工作电压：380V、1140V、3.3kV、6kV 或 10kV 工作频率：50Hz；功率：不大于 5000kW
电力测功机	转速范围：0 ～ 5000r/min；扭矩测量精度：±0.2%
变频调速装置	工作电压：3.3kV、6kV、10kV；功率 0 ～ 5000kW 工作频率：50Hz
高压变压器	容量：6000kV·A；电压：10kV、6kV、3kV
调压器	额定容量：3000kV·A；额定输入电压：AC 10000V；输出电压范围：AC 0 ～ 13000V；额定输出电流：133A
转速仪	不大于 3600r/min

1. 数字化测控系统

采用数字化计算机测控系统，包含计算机监控系统、试验数据采集分析系统。这套系统最核心的任务在于根据试验工艺要求，完成对试验设备的监视、控制、远程操作，并实现试验数据的采集、存储、计算、分析、处理及输出报告等功能。

要求整个系统的整体测量精度不低于 0.2 级，电量仪表的精度按 0.1 级设计，为提高运行效率，被陪试支路均配置精密测量。保证试验数据获取、采集、分析处理的客观真实性，且具备较高的试验控制、测试的自动化程度。

1）监控系统

该系统主要包括变频电源启停及其运行状况的监控功能；高 / 低压电气系统的线路及其设备的监控功能；热工（电机、水等）系统及其设备的监控功能；试验站相互关联部分所有设备的授权转移监控功能等。网络系统主要由 PLC 电气控制主站、电源子站、上位机网络系统组成。

2）试验数据采集分析系统

该系统配有试验数据采集和分析软件。电机试验时的测试数据总是或多或少的有波动。这就导致了仅对测量仪表进行简单的读数时，就不可能立刻得到电机试验的真实测量数据。系统针对相应被试电机的试验项目，建立了对应的数学模型、试验数据库及相应的连接模拟软件，将所得到的电机数据进行符合试验工艺要求的后处理工作，从而可以根据被试电机试验实际需要得到的相应试验结果，进行试验数据的曲线拟合、损耗分析等一系列工作。

系统配置目前国内最为成熟、项目最全，并且取得国家计算机软件著作权登记证书的各类电机测试分析软件，涵盖试验能力所列的所有电机种类，满足现有国家标准要求。

被试电机试验数据采集和分析软件的功能包括以下两个方面：

（1）被试电机数据的获取。试验数据采集和分析软件可通过自动采集获得试验数据。按照不同试验项目的要求，连接以太网上的测试仪表，自动设置仪表并提取测试数据，实现对被试机试验数据的自动采集功能。软件系统可以根据不同试验项目要求，按照需要从担任电机测量任务的仪表上读取相应数据类别的试验数据，并记入表单。

（2）试验数据的分析和处理。计算机软件系统可以依据相关标准要求，自动完成被试产品温度、电流、电压、功率等数据采集，辅助冷却水系统热工监测等，并将计算机从数据采集系统所采集数据导入计算机分析软件进行数据分析，完成对测试数据的自动计算和处理，并自动打印试验结果。计算机根据试验标准和电机试验工艺要求，自动完成绘制相关电机特性曲线任务。

2. 试验电源系统

1）试验电源结构

试验电源系统采用电力电子变频器、滤波器、试验变压器组成的静止试验电源系统。该电源波形质量全面达标，能满足试验站各期试验任务，安全可靠，具备较高的自动化程度，不对电网产生污染。

采用“交 - 直 - 交”的经典线路方案，整流系统、电源系统、加载系统、叠频镇定环节等均通过公共交流母线有机连接。试验过程中，能量在直流母线循环，整流系统只需提供系统损耗，节能环保。

2）试验电源系统能力

整体系统可分为独立的两套，一套可进行水泵驱动及电机叠频，另一套可单独完成电机对拖和固定陪试加载试验。

3）变频试验电源工作原理及主要参数

交流静止变频试验电源可在设备容量范围允许的条件下，按试验标准的规定与要求完成特定的试验任务。该型电源由电力电子变频装置、试验变压器、滤波器等设备组成，为被试产品试验提供需要的电压以及实际负载供电能力。

该型电源采用的公共直流母线方案，输入交流电源经整流变压器变换为匹配的低压交流，再经整流单元变换成直流，为公共直流母线供电。

连接到公共直流母线的逆变单元输出调制的变频变压电源，经正弦滤波器滤除高频成分后形成纯净的正弦波，并通过试验变压器实现等功率电压变换，为被试电机提供试验电源。电源输出组合分别满足可试验范围内各电压等级电机堵转、空载、短时升高电压、负载特性、热试验的试验要求。不同等级的电压切换依靠试验变压器和转换开关组合实现。

4）大功率试验电源的功能及特点

大功率试验电源整流单元采用多脉冲整流方式，配置停车制动装置，可以满足被试系统快速停机要求。试验过程中确保电源对电网不会产生超过相关标准规定的污染谐波。

试验电源通过试验变压器匹配，可输出各额定电压等级电机所需要试验电压。并可在对应额定电压等级的 0 ～ 1.3 倍额定值范围内连续可调。

在保证输入电压频率比值不大于变压器限制值的条件下，电源输出电压、频率的设定与调整操作相互独立，在试验过程中可根据试验的要求，通过手动或计算机自动的方式，调节或设定试验电源输出的电压或频率值。

作为试验电源模式，变频器经滤波设备以及变压器后输出正弦波，用作电机试验电源，也可以接受来自被试验发电机的电能。

试验电源输出频率为 45 ～ 60Hz，逆变器输出电压在其额定的 15% ～ 100% 范围内，其输出电压的 THDV 不大于 2.5%，HVF 小于 1%，负序分量小于正序分量的 0.5%，零序分量影响消除。频率稳定性变化小于 0.1%、频率偏差小于 0.3%，满足国家相关试验电源标准中对电源品质的要求。

电源设备装置具有相当的过载能力，满足四象限运行的工况，并具有欠压、过压、过流、过热、缺相、速断或延时等各种保护功能，确保了电源装置本身在各种故障发生时自我保护不受损坏。装置还具有输出连锁跳闸控制信号等功能，控制外部开关的分断。装置所有的保护性能均符合国家有关标准的规定，并能在操作屏上对相应故障进行显示，以便于现场人员快速查找故障和快速排除故障。

设备为模块化、冗余化结构，各模块之间具有良好的互换性和冗余性。当一个或几个模块发生故障时，其余模块仍然可以工作，使整流 / 逆变单元可在降容模式下保持长时间运行。通过增加功率模块，还可以简单实现整流 / 逆变单元的增容。

变频器的每组整流和逆变模块各配有一个以太网接口模块，具备完备的人机接口和开放的通信能力，可以与 PLC 进行快速数据交换。试验站的上位机监控系统可方便地通过相应的接口读取和设置变频电源及其相关设备的各种运行参数与报警信号。

5）试验电源用变压器的容量及组成

该试验变压器原边低压大电流、双线圈，副边线圈可自由 D/Y、串并联倒接，整个试验改变结构、线匝比、短路阻抗等均需特殊设计。

试验变压器 1 台（3000kV · A）：干式，主要用于试验电源高低压输出电压等级变换、变频电源输出阻抗匹配、电气隔离、叠频电压选择等试验台内各功能需求。变压器需设置 1.3 倍短时升高电压挡位，叠频档位、副边低压多段绕组结构，副边低压圈容量 5734kV · A，变压器实际计算容量等同于 4367kV · A 电力变压器。

试验变压器 1 台（2000kV · A）：干式，主要用于试验电源高低压输出电压等级变换、变频电源输出阻抗匹配、电气隔离、叠频电压选择等试验台内各功能需求。变压器需设置 1.3 倍短时升高电压挡位，副边低压多段绕组结构，副边低压圈容量 4530kV · A，变压器实际计算容量等同于 3265kV · A 电力变压器。

试验变压器 1 台（1000kV · A）：干式，主要用于试验电源高低压输出电压等级变换、变频电源输出阻抗匹配、电气隔离、叠频电压选择等试验台内各功能需求。变压器需设置 1.3 倍短时升高电压挡位，副边低压多段绕组结构，副边低压圈容量 2882kV · A，变压器实际计算容量等同于 1941kV · A 电力变压器。

6）陪试系统组成及能力

陪试电机用于电力系统加载，共分为四套：

（1）1 台 500kW 电机。该型电机最高运行转速 3600r/min，恒扭矩，恒功率，满足 2P/4P，60 ～ 500kW 电机负载试验。该型 500kW 电机调速范围宽，进行 400 ～ 500kW 电机负载试验或者进行 315kW 以下电机 *T-n* 曲线试验时，采用一台 500kW 陪试电机加载。

（2）1 台 400kW 电机。该型电机最高运行转速 3600r/min，恒扭矩，恒功率，满足 2P/4P，60 ～ 900kW 电机负载试验。该型 450kW 电机调速范围宽，进行 75 ～ 400kW 电机负载试验或者进行 315kW 以下电机 *T-n* 曲线试验时，采用一台 400kW 陪试电机加载。

（3）1 台 90kW 陪试机。满足 7.5 ～ 60kW 电机负载试验，该变频电机特殊设计，最高运行转速 3600r/min，恒扭矩，恒功率，调速范围可满足 2r/min，6 极电机满功率负载试验，如因转速无法匹配其他多极电机，需增配一台 8 极 90kW 陪试机。

（4）1 台 7.5kW 陪试机。满足 0.75 ～ 5.5kW 电机负载试验，该变频电机特殊设计，最高运行转速 3600r/min，恒扭矩，恒功率，调速范围可满足 2 ～ 6 极电机满功率负载试验，如因转速无法匹配其他多极电机，需增配一台 8 极 7.5kW 陪试机。

7）铸铁试验平台

铸铁试验平台：大型多极电动机试验平台由于承载的旋转部件重、转速低，考虑避开基础固有频率；1MW 级 4 极以上的高速电机试验平台由于承载的旋转部件重、转速高，考虑临界振动易与设备及工装产生共振。故针对平台结构特殊设计及安装基础承重、动静负荷、材料刚性、地勘报告、沉降系数、膨胀系数等专业核算，设计和制造了特殊铸铁试验平台。

3. 电力测功机系统

电力测功机具有国内特殊性与先进性。并选用节能环保技术，利用电回馈，减少测试中电能消耗，做到了节能环保。由于潜水电泵用电动机加载装置要保证潜水电动机在水中运转（冷却作用），且需保证电动机试验中水温恒定（减小试验过程中温度对试验影响），然而市场上测功机只针对 Y 系列电动机（有机座可在平台安装、有风扇散热，保证样品不会过热）的性能测试。该测功系统完美地解决了潜水电机负载试验时常需要更换负载部分的难题，极大地提高了工作效率。

34.2.2　深水潜水电动机耐水压测试系统

整机水压测试系统主要由深井式高压容器罐、供压系统及工频耐压装置、绝缘电阻仪、水压监测装置等辅助配套装置组成。用于模拟水压环境，对潜水深度超过 5m 的深水潜水电动机安全性能分析验证，保证设备在潜入水中至规定深度时设备能正常运行。该系统拥有国内领先技术，结构设计合理。自动压紧无须人工操作。通过时间继电器控制时间，达到一定压力后自动卸压。还配备自动数据采集系统，可以观察压力曲线。保证了在进行最高压力达到 20MPa 的水压试验时，能随时进行绝缘电阻测量。目前它是国内煤炭行业最大的潜水电机耐水压测试系统。其测试原理见图 34.6。

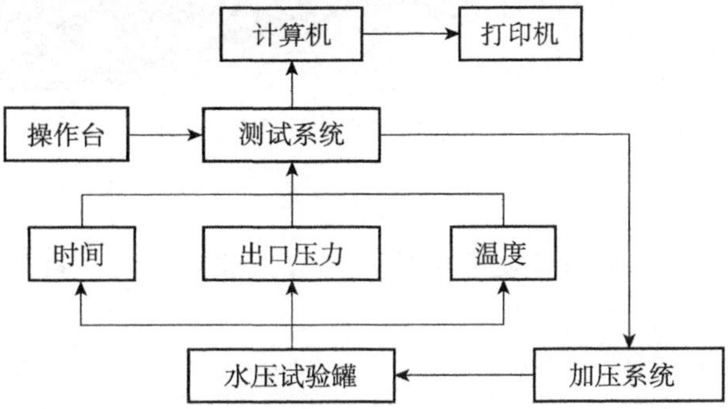

图34.6　深水潜水电动机耐水压测试原理图

该系统主要由水压试验罐、供压系统、测试系统系统三部分组成。其中水压试验罐为 ϕ 1800mm×7000mm 圆筒形压力容器，一端开口，设计压力 25MPa，有电缆出口、加压口，保证试验正常进行。

供压系统采用增压泵打压，可任意调节压力，用电脑进行控制。

34.2.3　防爆性能设备

由于潜水电泵用电动机细长的特点，研发了可变容积防爆试验槽，分为单体移动式防爆槽、单体固定式防爆槽和双体组合式防爆试验槽三种。

可变容积防爆试验槽采用全流程自动配气系统，电机在防爆槽内可实现通电旋转且全程视频监控。其槽体内径 1800mm，组合长度可达 8000mm，目前国内最大抢险电泵用电机长度在 5000mm 左右，双体组合式完全能够满足当前抢险电泵用电机的整机防爆试验。可变容积防爆试验槽获得了国家知识产权局颁发的发明专利证书（专利号：ZL 2013 2 0754357.X）。防爆试验槽见图 34.7。

图34.7　双体组合式防爆试验槽

（本章主要执笔人：唐山院郭玉朋，段海鹏，张东岭，安连红）

第九篇　煤矿监控、通信设备测试技术

煤矿监控、通信设备包含监控系统设备、通信系统设备，以及将监测、控制和通信技术相结合的信息化平台和物联网系统设备。目前，煤科总院推出采用千兆光纤以太环网作为主传输通道的KJ83N、KJ90N、KJ95N等新一代监控系统，WIFI、ZIGBEE技术以及2G/3G/4G等专网移动通信技术进入煤矿领域，通信主传输能力由最初的模拟通信发展到目前高达万兆的以太环网。随着信息化技术发展和煤矿安全生产管理要求的提升，煤矿监控、通信系统逐渐走向融合，出现集安全监控、供电监控、排水监控、人员管理、扩音广播于一体的融合系统，系统分站容量达到200台以上，传输主干网带宽达到万兆，各种传感器设备走向低功耗、智能化、无线化，各种单机设备的电磁抗干扰性能也得到明显提升。

为了保证各类监控、通信设备的安全性和可靠性，我国建立了较为完善的标准体系。20世纪80年代，煤科总院开始研究煤矿用通信、检测、控制用电工电子产品通用技术要求和试验方法。常州院负责起草了煤炭行业第一个煤矿通信、检测、控制用电工电子产品的基本试验方法标准（MT210—1990），该标准一直沿用至今。20世纪90年代，常州院完成了第一个煤矿监控系统测试方法标准（MT/T772—1998）和第一个通信系统测试方法标准（MT/T401—1995)的编制，煤科总院常州院、重庆院、抚顺院等负责起草了MT408—1995、MT443—1995、MT/T648—1997等一系列电源、传感器行业标准，明确了各种产品的测试方法。自成立以来，煤科总院相关研究机构始终致力于监控通信设备、传感器和照明设备的行业标准起草工作。

随着对测试技术的研究，煤科总院在测试装备技术方面也取得了长足发展。本篇重介绍煤矿监控系统测试技术及装备、煤矿有线通信系统测试技术及装备、煤矿无线通信测试技术及装备、矿用传感器测试技术及装备、矿用电源及电池测试技术及装备、煤矿照明器材测试技术及装备。

第35章 监控系统测试技术

煤矿安全生产监控系统是煤矿监控系统的典型代表；煤矿安全生产监控系统用来监测通风参数、瓦斯抽采（放）参数、轨道运输监控参数、胶带运输监控参数、供电监控参数、排水监控参数、火灾监控参数、矿压监控参数、煤与瓦斯突出监测参数、人员管理系统参数的采集并实现各种控制，在煤矿安全生产中发挥着重要的作用。为了保证各类煤矿安全生产监控系统及其配套设备（传输接口、分站、传感器、执行器、电源等）的安全性和可靠性，我国建立较为完善的标准体系。现有的测试技术标准有MT/T772—1998、MT/T899—2000、MT/T1008—2006等。

本章主要介绍煤矿安全生产监控系统测试技术及装备、动目标精确定位测试技术及装备、执行器测试技术及装备。

35.1 煤矿安全生产监控系统主要指标测试技术

煤矿安全生产监控系统测试依据主要有MT/T772—1998、MT/T 1004—2006。煤矿安全生产监控系统测试项目主要包括一般性检查、主要技术指标、基本功能、软件功能、传输性能、电源波动适应性、工作稳定性、抗电磁干扰能力、防爆测试等。

本章主要介绍不同巡检方式下的监控系统关键技术指标（模拟量输入传输误差、最大巡检周期、控制执行时间、传输速率）的测试方法和测试装备。

35.1.1 模拟量输入传输误差方法

（1）按图35.1模拟量误差的接入方法的要求连接设备。

（2）每类分站不少于1路，总路数不少于3路。对于树形和总线形系统，还应考虑分布在不同的试验区段。被测的每一路模拟量不得少于5个试验点，试验点应包括下限值、上限值在内，且均匀分布。

（3）每一路模拟试验方法：调节模拟量发生器的输出为下限值，逐渐平稳增加到上限值，再平稳减少到下限值。在一次循环中依次记录系统所显示的各试验点的实测值。

（4）按式（35.1）计算传输误差，取σ_i的最大值。

$$\sigma_i=\left|\frac{N_i-N_0}{N_n}\right|\times 100\% \tag{35.1}$$

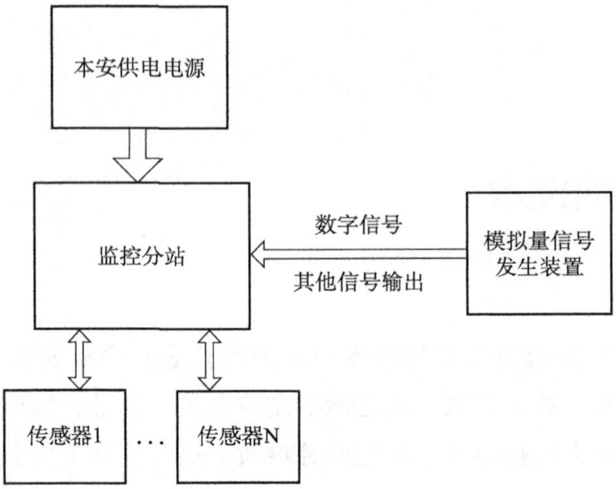

图35.1　模拟量误差的接入方法

式中，N_i 为被测试验点的实测值；N_0 为被测试验点模拟量所对应的理论值；N_n 为被测模拟量相应量程。

35.1.2　传输速率测试方法

1. 电信号传输回路

按图 35.2 传输速率的接入方法要求连接，使上位机软件下发 55H 或 AAH 字节，通过数字示波器测试系统电信号传输回路，读取最小时间刻度间隔即传输速率。电信号波形解析实例如图 35.3 所示。

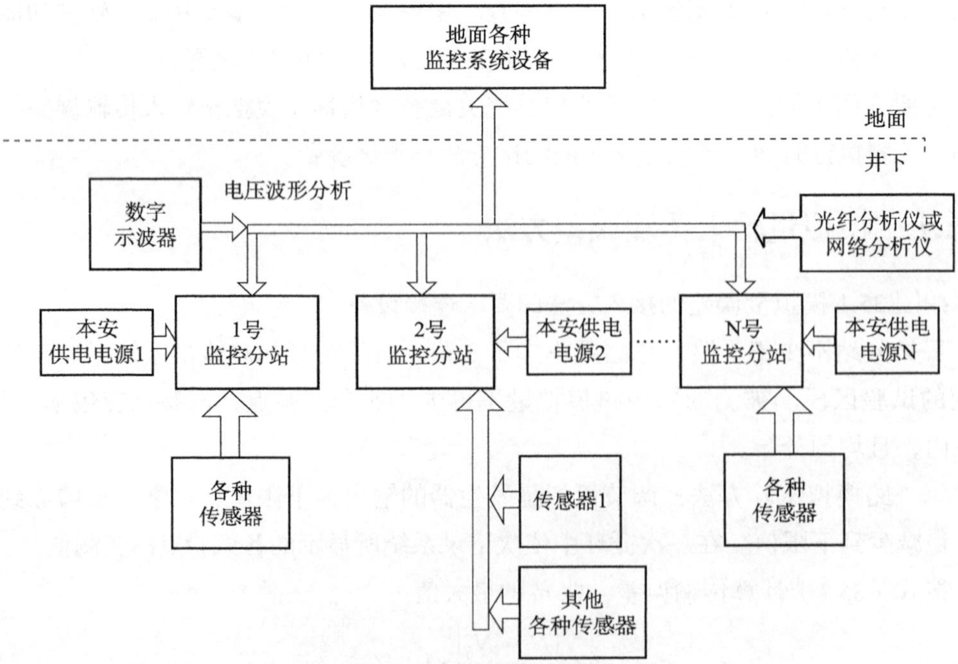

图35.2　传输速率的接入方法

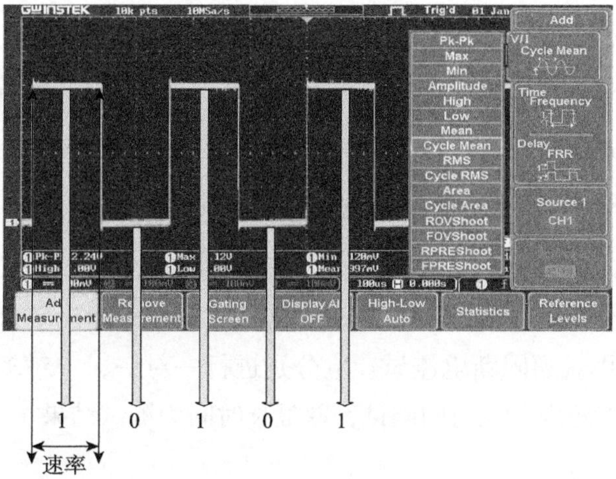

图35.3　电信号波形解析

速率等于时间间隔的倒数

2. 光信号传输回路

按图 35.2 传输速率的接入方法要求连接，使系统正常通信，通过光纤分析仪或网络分析仪测试系统光信号传输回路，读取仪器中传输速率。

35.1.3　最大巡检周期测试方法

该指标直接反映了系统报警提示的速度，并直接关系到灾难发生时的提前预警时长，对井下作业人员的安全撤离起到至关重要的作用。

煤矿安全生产监控系统巡检方式主要按照工作方式来进行分类，可分为轮巡主从式系统、其他方式巡检的系统，以及复合巡检方式的系统三大类。测试时，针对不同巡检方式系统采用不同的测试方法。

本文着重介绍轮巡主从式系统巡检周期测试。

先投入 1 台分站，分站应带足所有的输入输出量，用计时仪测得系统连续运行数次循环所需的时间 T_{k1}。用式（35.2）计算出带 1 台分站时系统的巡检时间：

$$T_1=\frac{T_{k1}}{K} \tag{35.2}$$

式中，K 为系统连续循环运行次数，不得小于 3。

在原 1 台分站的基础上再投入 1 台分站，两台分站应带足所有的输入输出量，用秒表测得系统连续运行数次循环所需的时间 T_{k2}，用式（35.3）计算出带两台分站时系统的巡检时间：

$$T_2=\frac{T_{k2}}{K} \tag{35.3}$$

最后按公式 $T=(T_2-T_1)\times$（容量 $N-1$）$+T_1$ 计算得出巡检周期。

35.1.4 控制执行时间测试方法

控制执行时间是系统性能重要指标之一。测试内容包含就地控制执行时间和风电甲烷闭锁控制时间测试、异地控制执行时间测试。

1. 就地控制执行时间及甲烷风电闭锁控制时间测试

测试 1 台分站就地控制时间，模拟量输入值超限断电，用计时仪测量从信号变化输入到控制执行器相应动作时间。要求单台分站配满所有的输入输出端口，并且与中心站正常通信，测试同时进行甲烷超限断电测试。应分别进行一对一、一对多、多对一、多对多的控制逻辑条件下的甲烷超限断电时间测试，取最长时间为测试结果。

2. 异地断电时间测试

配置异地逻辑——配置 1 台分站甲烷超限断电控制另一台分站所接入的断电器，使系统输出控制信号逻辑分别与模拟量输入值和开关量状态相互对应，用计时仪测量从信号变化输入到控制执行器显示相应动作时间。

35.1.5 模拟量采集、显示及报警功能试验方法

（1）改变传感器、模拟量发生器的模拟量输出值，在规定时间内，主机、模拟盘、图形终端、电视墙、多屏幕和远程终端等显示设备（以下简称显示设备）上应显示出相应的数据，该数据应与模拟量发生器输出值相符，其误差符合要求。

（2）制造模拟量超限或异常故障，系统应有相应的声光报警，报警信号方式及响度应符合规定。

（3）撤销超限或异常故障，相应的声光报警按各自产品标准规定的形式解除。

35.1.6 开关量采集、显示及报警功能试验

（1）改变开关量模拟器的输出状态，在规定时间内显示设备上应显示相应的状态。

（2）制造开关量故障状态或异常状态，在显示设备上应有相应的显示，并伴有声光报警，报警信号方式及响度应符合规定。

35.1.7 主要测试装备

常州院研制出用于自动测试煤矿安全生产监控系统最大巡检周期、控制执行时间的测试系统。系统底层硬件设备由各种总线信号、电流 / 电压 / 电阻开关量信号 / 模拟量信号模拟单元组成。通过模拟产生各种信号施加系统各种试验状态，自动测试判断被测系统的最大巡检周期、控制执行时间参数，完成自动验证。整个测试过程完全由计算机自动测试，原始记录由计算机生成并保存、打印，并可提供记录查询。

测试软件系统能按照AQ 6201—2006、MT/T 772—1998的要求，完成煤矿安全监控系统数据采集、风电瓦斯闭锁控制逻辑功能、模拟量误差、累计量误差、最大巡检周期、本地控制执行时间、异地控制执行时间等技术指标的自动/手动测试，并按照招标方出具的文本格式自动生成测试记录及报告。测试软件系统能按照MT/T1005—2006的要求，完成矿用分站的输入、输出、控制、模拟量误差、累计量误差、本地控制执行时间等各种技术指标、功能的自动/手动测试，并按照招标方出具的文本格式自动生成测试记录及报告。

自动验证平台主要测试指标如下：

1. 频率信号输入

（1）频率测量精度：1～20Hz误差≤±0.02Hz；20～200Hz误差≤±0.2Hz；200～2000Hz误差≤±1Hz；2000～5000Hz误差≤±5Hz；5000～10000Hz，误差≤±10Hz。

（2）幅度测量精度：0～0.5V误差≤±0.05 V；0.5～24 V误差≤±10%。

2. 电流型开关量信号输入

电流采样精度：0～5mA误差≤±0.005mA，4～20mA误差≤±0.020mA。

3. 电平型开关量信号输入

电压采样精度：0～5V误差≤±5mV，5～24V误差≤±24mV。

4. 电流型模拟量/开关量信号输出

（1）电流范围：0～5mA/4～20mA，调节最小分辨率0.002mA。

（2）输出控制精度：0～5mA误差≤±0.005mA，4～20mA误差≤±0.020mA。

（3）负载阻抗：500Ω（5mA挡）/350Ω（20mA挡）。

5. 频率型模拟量/开关量信号输出

（1）频率范围：1～10000Hz范围可调，调节最小分辨率0.1Hz。

（2）精度：1～20Hz误差≤±0.02Hz；20～200Hz误差≤±0.2Hz；200～2000Hz误差≤±1Hz；2000～5000Hz误差≤±5Hz；5000～10000Hz，误差≤±10Hz。

（3）幅度：低电平0～0.5V可调，高电平2.5～24V可调，调节分辨率0.01V，输出精度≤2%；

（4）占空比：30%、40%、50%、60%、70%范围可调，调节精度10%。

6. 电平型开关量信号输出

低电平范围：≤0.5V，高电平范围：两挡，≥3 V、≥24 V，输出阻抗50Ω（0～5V时）、1 MΩ（5～24V条件下）。

7. 计时精度：0.001s电脑自动同步计时

35.2 动目标精确定位主要功能指标测试技术

矿山井下人员管理系统能反映全部入井人员的实时和历史位置，具有携卡人员出入井时刻、重点区域出入时刻、限制区域出入时间、作业区域工作时间、入井总时间、井下和重点区域人员数量、井下人员活动路线等监测、显示、打印、储存、查询、报警、管理等功能，是矿山定员生产和应急救援的重要组成部分。在应急救援对矿山人员、设备精确位置定位的要求下，传统的区域管理人员系统已无法满足要求，逐渐被采用场强定位或测距定位等技术的精确定位系统替代。目前精确定位系统定位精度可达 5m，要求测试设备测试精度最少 1m 以下。

动目标精确定位系统测试项目主要包括一般性检查、主要技术指标、基本功能、传输性能、电源波动适应性、工作稳定性、抗电磁干扰能力、防爆测试等。

本文主要介绍监测、管理、显示等主要功能和定位精度及位置、最大位移速度、并发识别数量等关键指标的测试方法和测试装备。

35.2.1 监测、管理、显示功能试验方法

（1）最大并发数量的识别卡进出分站识别区，系统及分站应能正确识别卡号及进入时刻。

（2）最大并发数量的识别卡分别从前、后、左、右不同方向进出识别区，系统应能正确识别卡号、进出方向及时刻。

（3）在（1）和（2）的基础上，各 1/4 最大并发数量的识别卡同时从前、后、左、右不同方向进出识别区，系统应能正确识别卡号、进出方向及时刻。

（4）识别卡通过分站，系统应能正确识别、显示、打印、存储和查询等。

（5）设置超员报警、超时报警、限制区域报警，系统应能报警、显示、打印、存储和查询等。

（6）设置活动路线，系统应能报警、显示、打印、存储和查询。

（7）软件应能正确显示位置状态、报警灯信息；按部门、地域、时间、分站、人员查询，系统应能正确响应。

35.2.2 定位精度及位置测试方法

最大并发数量的样品加载在位移测距装置上，校零后按标准规定的最大位移速度前进，匀速后每隔 10ms 测试样品的测距点和速度参数，与实际位置的差值即为定位精度指标，与被测系统软件显示值相比较并输出测试记录，通过客户端上的模块，能够模拟轨道以及被测目标的实时和历史位置状态，并以此给出被测目标的运行轨迹。

35.2.3　最大位移速度和并发识别数量测试方法

（1）最大并发数量的识别卡同时通过分站识别区，测量其正确识别的最大位移速度。

（2）以最大位移速度通过分站识别区，测量在正确识别的情况下，识别卡同时通过分站识别区的最大数量。

35.2.4　主要测试装备

常州院依托自身技术优势，自主研发了国内领先的动目标精确定位测试系统。该系统由 110m 长的位移测距装置和客户端三维立体模型配合，通过动目标数据采集和分析，实现了 0.5m 内定位精度和位置测试能力、100ms 内定位分析间隔测试能力。整体测试方案见图 35.4。

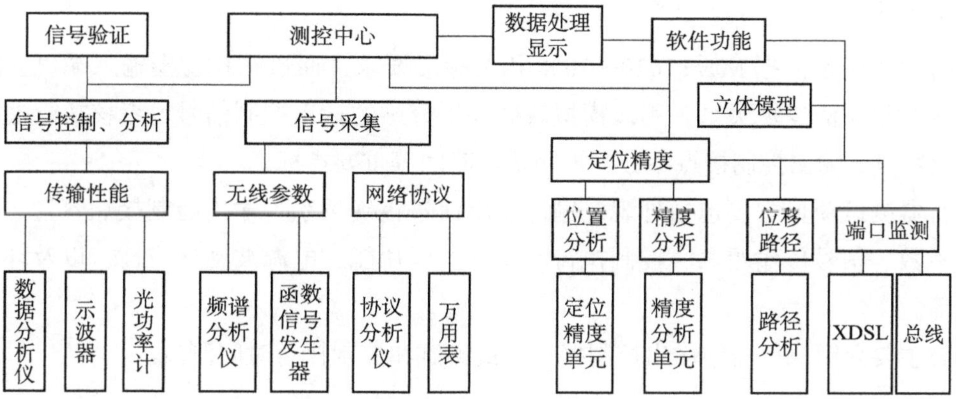

图35.4　动目标精确定位整体测试

1. 多目标快速位移路径分析单元

由 110m 长的位移测距装置组成，运行速度 0 ～ 6m/s 可调，定速误差小于 0.5m/s，装置按 10ms 的速度和主控中心进行通信，通过霍尔测距系统每 10ms 上传当次的位置信息，如果通信中断，装置制动保护系统启动，强行停止。

2. 定位精度分析单元

由 1 个定位读卡器、5 个定位标识卡和定位精度分析软件组成。接收位移测距装置的运行数据，按照时间点、当前位置和速度等参数进行分析，分析结果可通过图表直观显示，且具有分析结果存储、查询、打印等功能，分析间隔时间 20 ～ 200ms 可调。

3. 三维立体模型

可实时显示位移测距装置当前运行状态，也可再现历史测量轨迹，分析定位测距的全过程，包括每次测距点位移测距装置的速度、基准距离 A、定位分析距离 B、精度等信息，通过客户端上的 GIS 平台模块，能够模拟轨道以及被测目标的位置状态，以及被测目标的实时运行轨迹，并输出测试记录，生成测试报告。

4. 测控中心

它主要由客户端和控制中心等组成。主要功能是将采集的数据传输给客户端，以便进行数据分析，并自动生成相应格式的报表。同时要对位移测距装置进行遥控和实时检测，测控主机能满足移动测试和双机切换要求。

35.3 执行器自动测试技术

执行器是安全生产监控系统重要的执行机构。主要作用是控制馈电开关或电磁启动器等的装置。执行器的分类：①按防爆形式，可分为本质安全型、隔爆兼本质安全型、其他；②按供电电源，可分为交流供电、直流供电；③按结构，可分为独立、与电源一体化、与分站一体化。

执行器测试是依据 MT/T1079—2008 相关标准要求，通过在执行器输入端口上施加标准信号源及相应的逻辑关系，用以模拟煤矿井下分站的输出控制信号，考核执行器的输出控制接点容量、输出控制接点参数、控制执行时间等重要指标。

执行器测试项目主要包括外观、输入输出信号正确关系、输出控制接点容量、输出控制接点参数、信号传输距离、控制执行时间、主要功能、电源波动适应性，以及环境适应性试验等。

本文主要介绍执行器的输出控制接点容量测试和控制执行时间测试。

35.3.1 输出控制接点容量测试

通常，本质安全电路所使用的控制接点容量为：DC.24V/100mA；非本质安全电路所使用的控制接点容量为：AC.660V/0.3A，或 AC.380V/0.5A，或 AC.36V/3A，或 DC.60V/1A。测试时，调节模拟负载的工作电压为输出接点允许的最高工作电压，工作电流为输出接点允许的最大工作电流，由测试设备或分站输出控制信号，断电器的接点按控制设定的次数正常分断、接通模拟负载。

35.3.2 控制执行时间测试方法

测试控制执行时间，需要保证预设条件与计时开始的同步一致。

从发出控制命令时开始计时，至被测断电器输出状态变化，停止计时。测试过程的时间同步是关键技术要求。

35.3.3 主要测试装备

常州院针对执行器的各种测试需求，研制了执行器性能自动测试装置。该装置主要用于对执行器的控制执行时间、信号制、接点容量、输出控制接点参数等项目。依据 MT/T 1079—2008 规定的测试方法，以及矿用断电控制器的控制输入和输出信号类型，选择断电控制器输入（电压、电流、电阻信号）和输出（所接负载），完成信号的验证和控制执行时间的测试，并生成测试报告。

执行器性能自动测试装置测试能力及参数如下。

1. 计时精度

0.001s 电脑自动同步计时。

2. 负载测试能力

（1）直流电源：电压为 9 ～ 24V，电流为 2A（24V 时）。

（2）交流电源：DC. 60V/1 A、AC.660V/0.3A、AC.　36V/3 A。

3. 电流信号输出

（1）电流：0 ～ 5 mA/4 ～ 20 mA，调节最小分辨率 0.002 mA。

（2）最大负载阻抗：300 Ω。

（3）输出精度：0 ～ 5mA 误差≤ ±0.005mA，4 ～ 20mA 误差≤ ±0.020mA。

4. 电压型输出

（1）电压：0 ～ 24V，调节最小分辨率 0.002V。

（2）精度：0 ～ 5V 误差≤ ±5 mV，5 ～ 24V 误差≤ ±24 mV。

（3）输出阻抗：50Ω（0 ～ 5V 时）、1 MΩ（5 ～ 24V 时）。

（本章主要执笔人：常州院张鹏，陈海舰，王小松，赵可可）

第36章 有线通信系统测试技术

目前矿山有线调度通信系统，井下装机容量可达数百门，系统主传输能力也由最早的模拟通信和 1.2 ～ 10kbps 的低速总线传输发展到现在高达万兆的以太网传输等，具有语音双向无阻塞通信、组呼、全呼、选呼、自动录音、通话历史记录查询等基本功能，随着技术发展还具备了内外线多方电话会议、IP 融合通信、一键外呼直拨电话、广播联络等功能，已能满足各种煤矿有线调度通信的主要需求。相关的技术要求和测试方法标准主要有 MT/T401—1995、MT/T405—1995、GB/T15279—2002、YD/T1099—2013 等。

本章主要介绍煤矿调度通信系统及其组成设备、主干网传输测试设备的关键技术要求、测试项目、测试方法，及相关主要测试装备的结构组成和主要技术特点等。

36.1 有线调度通信系统测试技术

煤矿调度通信系统主要用于煤矿地面、井下生产调度指挥及地面辅助部门的通信联络，使调度室能够和地面、井下各生产环节的工作人员直接电话联系，是实现全矿井生产调度指挥用的通信系统，是矿山有线通信系统的重要组成部分。煤矿调度通信系统一般由调度机房系统主机设备，调度室操作平台、调度台、布线系统及终端设备五部分组成。具备环路、E1 等中继接口，支持中国 1 号、7 号、PRI 等信令，可方便扩容与组网。煤矿调度通信系统井上调度主机与井下防爆电话机之间采用电话线一对一连接，井下电话机由地面直接供电，因此是煤矿抗灾变能力最强、最稳定可靠的通信联络方式。可以满足日常通信联络与抢险救援双重任务需要。煤矿调度通信系统的关键技术要求主要是调度通话的及时可靠性、通话清晰性和双向紧急呼叫能力。

煤矿调度通信系统主要测试标准包括 MT/T401—1995、MT/T405—1995、GB/T15279—2002。测试项目有统调度功能、汇接功能、系统及组成设备主要技术要求、电源波动、工作稳定性、抗干扰性能、可靠性、防爆性能、环境适应性等。

本文主要介绍调度功能、交换汇接功能、调度机指标功能和电话机指标等关键项目的测试方法和测试装备。

36.1.1　调度功能测试

1. 无阻塞通话测试

调度能通过手机以及双工扩音对讲方式与任意自动用户和直通用户之间实现无阻塞通话，并具备任一用户呼叫调度时调度台上应有可见可闻信号；调度呼出时，用户摘机后应自动截铃。

2. 双向紧呼功能测试

调度能与任意一个、一组或者全部用户实现紧急呼叫、通话与扩音，并具备任一用户紧急呼叫调度时，调度台上应有区别于正常呼叫的可见可闻信号；调度紧急呼出时，用户摘机后应自动截铃；录音设备自动或者人工投入。

3. 调度干预的各种功能测试

局内用户相互通话及局内用户通过中继与外局用户通话时，总机台上有可见信号，并应具备监听、插入、强拆功能；调度应能向久不挂机的用户催挂。

36.1.2　交换汇接功能测试

1. 交换功能测试

（1）能以自动接续方式实现自动用户之间及自动用户和调度之间的通话。

（2）能以人工接续方式实现直通用户之间及直通用户和调度之间的通话。

（3）通过调度转接能实现直通用户与自动用户之间的通话。

2. 中继汇接

（1）通过中继线可与其他各种制式的电话交换机和其他调度电话总机连接。

（2）调度与中继用户通话过程中需暂停时，具有将中继用户保留的功能。

（3）出中继信号的首位号一般为 0，局向不少于 3 个。

（4）人工入中继时，可由总机转拨号码实现话路接续，在通话过程中通过分机拨 2 或其他方式能回叫总机。

3. 子系统汇接

具备汇接接口，通过汇接装置总机用户线应能与煤矿局部通信装置连接。

36.1.3　调度机指标功能测试

1. 适应话机号盘参数

用号盘测试仪测试直流脉冲式号盘：脉冲速率为 8 ～ 12 脉冲 /s，断续比为（1.3 ～ 2.2）：1。用号盘测试仪测试双音多频式号盘：脉冲持续时间不少于 40ms，相邻音频信号时间间隔不少于 40ms。

2. 传输衰耗、串音衰耗和杂音要求

用传输测试设备测试：传输衰耗为 2 ～ 7 dB；串音衰耗为不小于 70 dB；忙时杂音计功率电平值（加衡重网络）(dB_{mop}) 为不大于 −60；忙时非杂音计功率电平值（不加衡重网络）(dB_{mo}) 为不大于 −40。

3. 对地不平衡度

用调度测试平台测试：通话回路在 300 ～ 600Hz 频带内不平衡衰耗不小于 40dB，通话回路在 600 ～ 3400Hz 频带内不平衡衰耗不小于 46dB。

4. 铃流

铃流至少应设置正常呼叫铃流和紧急呼叫铃流两种。

5. 耦合输出本质安全参数

用耦合器测试工装测试以下参数：

（1）下井用户线最高馈电开路电压。

（2）下井用户线最大馈电（短路）电流。

（3）下井用户线最高铃流开路电压。

（4）下井用户最大铃流电流。

36.1.4 电话机指标测试

长期以来，国际上就用响度当量描述电话机及其连接的响度损失。但由于参考当量具有相加性差、重复性差、等增量等效性差的缺点，我国从 1994 年开始，引入了电话机响度评定值测试指标。响度评定值是通过引入中间参考系统修正的参考当量评定值，很大程度上克服了参考当量主观性测试的缺点。电话机响度评定值主要包括发送、接收响度和侧音屏蔽评定值。

1. 发送响度评定值

（1）将标准 0.5in（注：1in=25.4mm）声压型传声器以 90° 入射方向安放在仿真嘴唇圈前 25mm 处（MRP）。采用正弦波扫频测量，先在 1 kHz 频率点将嘴参考点的声压调到 −4.7dBPa。按 1/3 倍频程频率间隔测量各频率点的声压 P_m，使其在 200 ～ 4000Hz 范围内波动不大于 1dB（以 1kHz 为参考）。当带宽扩展到 8 kHz 时，则要求在 100 ～ 8000Hz 扩展频率范围内的波动不超出 +2 ～ −5 dB。

（2）移去传声器，将电话机手柄按 LRGP 位置固定在头形架上。保持仿真嘴的驱动声源不变，将本地电话系统输出端终接 600Ω 电阻。测量频率为 200 ～ 4000Hz，中心频率间隔为 1/3 倍频程的本地电话发送输出电压 V_j。

（3）按式（36.1）计算发送灵敏度 / 频率特性 S_{mJ}。

$$S_{mJ}=20\lg(V_j/P_m)\text{（dB，相对于 1 V/Pa）} \quad (36.1)$$

按式（36.2）计算发送响度评定值（SLR）。

$$\mathrm{SLR}=\frac{10}{m}\times\lg\sum_{i=4}^{17}10^{\frac{m}{10}(S_{mj}-W_{si})} \quad (36.2)$$

式中，W_{si} 为计算 SLR 的加权系数，不同频率的 W_{si} 见表 36.1；m 为斜率参数，m=0.175。

2. 接收响度评定值

（1）振荡器内阻为 600Ω，用 600Ω 终端测其输出正弦波电平应为 -18dBV，在 200 ～ 4000Hz 频率范围内的波动应不大于 ±0.1dB（相对于 1 kHz），输出正弦信号的谐波失真应不大于 0.5%。

（2）保持振荡器开路电平 E_j 为 -12dBV。将电话机手柄耳承耦合在 IEC-318 仿真耳上，以防止声泄漏。按 1/3 倍频程间隔，在频率为 200 ～ 4000Hz 时，测量各中心频率点的声压 P_e。

（3）按式（36.3）计算接收灵敏度 / 频率特性 S_{Je}。

$$S_{Je}=20\lg(P_e/0.5E_J)\text{（dB，相对于 1Pa/V）} \quad (36.3)$$

考虑到人耳实际收听电话时的声泄漏，应减去修正值 L_E，实际人耳测得的接收灵敏度 S_{JE} 为：$S_{JE}S_{Je}-L_E$。

按式（36.4）计算接收响度评定值：

$$\mathrm{RLR}=-\frac{10}{m}\times\lg\sum_{i=4}^{17}10^{\frac{m}{10}(S_{JE}-W_{Ri})} \quad (36.4)$$

式中，W_{Ri} 为计算 RLR 的加权系数，不同频率的 W_{Ri} 见表 36.1；m 为斜率参数，m=0.175。

表36.1 响度评定值加权系数

频带序号 I	中心频率 f	发送加权系数 W_{Si}	接收加权系数 W_{Ri}	耳承声泄漏系数 L_E
4	200	76.9	85.0	8.4
6	315	62.0	79.0	1.0
8	500	53.1	73.5	2.2
13	1600	56.7	70.4	0.1
17	4000	117.0	113.8	8.9

3. 侧音屏蔽评定值

（1）嘴参考点的声压 P_m 测量同发送响度评定值，将被测电话机手柄按照 LRGP 位置固定在测试头形架上，同时将手柄耳承耦合到 IEC-318 仿真耳上以防止声泄漏，按 1/3 倍频程间隔，在 100 ～ 8000Hz 频率范围内，测量受话器侧音输出声压 P_e。

（2）按下式计算侧音灵敏度 SmeST。

$$\text{SmeST}=20\lg\left(P_e/P_m\right)\ (\text{dB，相对于 1Pa/Pa}) \tag{36.5}$$

按下式计算侧音屏蔽评定值

$$\text{STMR}=-\frac{10}{m}\times\lg\sum_{i=1}^{20}10^{\frac{m}{10}(S_{\text{meST}}-W_{\text{Mi}})} \tag{36.6}$$

式中，W_{Mi} 为计算 STMR 的加权系数，不同频率的 W_{Mi} 见表 36.2；m 为斜率参数，m=0.225。

表36.2　侧音加权系数

频带序号 I	中心频率 f	侧音加权系数 W_{Mi}	频带序号 I	中心频率 f	侧音加权系数 W_{Mi}
1	100	110.4	11	1000	49.1
3	160	104.6	13	1600	51.0
7	400	84.8	17	4000	51.0
9	630	66.0	19	6300	50.0
10	800	57.1	20	8000	52.8

36.1.5　主要测试装备

煤矿井下是高噪声环境，煤矿机采工作面经常有超过 120dB 的噪声环境，对矿用通信终端设备抗噪声性能要求较高。为了测试矿用通信终端设备的抗噪声性能，需要在最高噪声 130dB 的环境下进行语音清晰度的测试。另外，为了测试设备产生的噪声，需要在消声室内进行设备的噪声的测试。常州院依据自身技术优势和对煤矿环境的深入了解，提出整体性能要求，非标定制完成了消声室与混响室的建立。为电话机、扩音电话、2G/3G/4G 手机测试提供了高噪声和消声环境。图 36.1 为消声室内部环境特点。

1. 测试环境

1）消声室

净空尺寸（L×W×H）：5.2 m×4.0 m×2.4 m，吸声系数大于 0.99。

图36.1　消声室内部

2）混响室

净空尺寸（L×W×H）：4.0m×3.0m×3.6m×2 间。能提供最高 130dB 的噪声环境，

能根据 SJ2467—1984《通信设备汉语言清晰度测试方法》提供语音清晰度测试。在高噪声环境和正常环境中分别进行特定报文的读 / 听对比测试，并计算其语音清晰度指标。

对调度通信类传输性能及功能、调度机主要输入输出参数、电话机号盘参数、传输参数等关键参数的综合测试，是保障调度通信系统安全可靠联络的基础。常州院经过多年的测试研究，研制出调度系统测试装置。采用更客观的响度评定方式对调度系统传输特性、号盘特性等参数进行全面的测试验证。

2. 组成及功能

1）组成

调度系统测试装置主要由交换机直流铃流发生器、模拟呼叫仪、传输分析仪、传输阻抗适配器组成。

2）功能

交换机直流铃流发生器能模拟调度交换机输出直流铃流电压、电流信号，并具有直流 / 铃流叠加输出功能，输出参数可调。模拟呼叫仪能模拟人的发声及接收装置，并对其信号进行检测分析。传输分析仪能对调度通信系统中各设备之间的传输协议进行分析验证。传输阻抗适配器能匹配调度系统的各阻抗要求，对其各设备之间的传输电缆进行仿真模拟。

3. 主要技术指标

1）交换机直流铃流发生器

（1）直流输出电压：38 ～ 70V（可调）。

（2）直流输出电流：16 ～ 62mA（可调，在 DC.60 V 状态下）。

（3）铃流输出电压：0 ～ 110V［可调，频率（25±3）Hz］。

（4）铃流输出电流：0 ～ 105mA（可调）。

（5）具有直流 / 铃流叠加输出功能，输出参数可调。

2）模拟呼叫仪

（1）信号：①电信号源输出信号频率为 100 ～ 8000Hz；频率误差为 ±1‰；电平频响为 ±0.3dB（1000Hz）；②电信号源输出阻抗为（600±6）Ω（由外置仿真盒决定）；电信号输出基准电平为（126±1）mV；电信号失真为不大于 0.3%；③声信号源输出信号频率为 100 ～ 8000Hz；声信号源扫频声压误差为 ±1dB（200 ～ 4000Hz）；声信号源失真为不大于 1.5%。

（2）回损：外负载为三元件网络，其测得的平衡回损值不小于 32dB。

（3）馈电电源：①馈电电压为 20 ～ 60V（可自定义）；②馈电电流测试为 15 ～ 120mA（实时）；③馈电源内阻为 2×200Ω（中国标准）；④馈电源短路电流为（120±5）mA（48V 时）。

（4）频谱分析精度（频率刻度线性分析）：0.05%。

（5）可提供正弦波、白噪声、方波、三角波等信号，波形频率 1μHz ～ 80MHz，幅度 0.01 ～ 10V。

3）传输分析仪

（1）测试电话机传输信号。能测试话机脉冲发号特性（脉冲个数、脉冲速率、断续比、脉宽、脉冲串间隔时间、R 键、发号导通 / 断开电阻）并显示脉冲波形。精度：时间 ±1ms；能测试话机音频发号特性（高低频率、电平、频偏、电平差、非线性失真）。精度：频率 ±0.5%，电平 ±0.5dB；具备电话机振铃测试功能（电压、频率和时间可变）；具有主叫号码显示的测试功能（FSK & DTMF）(各国参数可变)。

（2）杂音测试功能。频率范围：15Hz ～ 30MHz，其中频段 1 为平衡输入 15Hz ～ 20MHz（电话加权、广播加权）；电平测量范围为 −90 ～ +40dB（阻抗 600Ω/ ∞）；其中频段 2 为同轴输入 3.4kHz ～ 30MHz；电平测量范围为 +5 ～ +60dB（阻抗 75Ω/ ∞）。

（3）电平测试功能。输入频率范围：200Hz ～ 1.7MHz，最小分辨率 0.1Hz；频率误差为 $\pm 10^{-5} \pm 2$Hz；电平测量范围为 −70 ～ +40dB；电平测量误差为 0 dB，固有误差为 ±0.1dB，电平线性误差为 ±0.25dB。输入阻抗为不平衡，75Ω、∞；高电平输入约为 30kΩ，平衡为 600Ω、150Ω、∞。

（4）声级测试功能。时间计权（快 / 慢）；最大保持，AC 和 DC 输出；测量范围为 3 挡，35 ～ 140dB（A 和 C 频率计权），分辨率为 0.1dB。

（5）信号音测试功能。频率测量范围为 10Hz ～ 1MHz，测量误差为 ±0.1Hz；能测量脉冲持续时间和各种阶跃脉冲之间的间隔，测量范围为 0.1 ～ 10s，测量误差为 ±10ms。

（6）电压电流测试功能。能测直流电压、直流电流、交流电压、交流电流、交直流电压叠加、交直流电流叠加；电压测量范围为 0 ～ 1000V；电流测量范围为 0 ～ 10A；精度不低于 1.0 级。

（7）传输阻抗适配器基本参数要求。扫频信号为 0.2 ～ 4kHz；内阻为 2×200Ω；传输距离为 0km、3km、5km 可选或 0km、5km、10km 可选；匹配阻抗为 600Ω。

36.2 主干网传输通信测试技术

煤矿作为地形复杂、环境恶劣的封闭空间，主干网有线传输有着不可比拟的可靠性。早期煤矿只有电话线载波通信方式；进入 21 世纪，CAN、RS485 等总线传输方式在煤矿得到广泛应用；近年来，随着技术升级，以工业以太环网为主体的大规模矿山主干网，在数据传输、网络搭建方面发挥了重要作用。作为信息化技术的主要载体，主干网互联互通在井下通信、监控和应急救援方面起着基石的作用。但在目前煤矿的通信网络建设中，适用煤矿特殊地理与电磁环境的各类异构通信网络与设备自成体系，煤矿各种通信、监控系统设备的网络传输，不管是在地面还是在井下现场设备的底层数据传送，在不同系统的设备传输方式均不相同，接口和协议也大不相同，地面设备多采用以太网技术实现，井下设备之间的传输既有 RS485、CAN 等总线型低速网络又有以太网传输的高速网络，缺乏统一的管理与测试手段，重复投资与资源浪费严重，无法形成一体化的全矿井综合通信平台。常州院自主开发的总线设备验证装置能够完成工业以太环网、CAN、RS485 等各异构网络互联测试，结合目前最先进的万兆以太网测试设备，可以最大限度地满足主干网有线测试需求。

主干网传输的测试标准包括 MT/T899—2000、MT/T1081—2008、YD/T1099—2013 等，关键技术要求主要为传输协议的分析和以太网测试，主干网测试项目主要包括端口协议、端口速率和电压、数据传输特性等。本文主要介绍接口功能、协议测试、以太网传输质量等关键项目指标的测试方法和测试装备。

36.2.1　接口功能测试

接上网络分析仪主要用于对端口发送流量，观察数据接收情况，对端口功能进行验证。

36.2.2　协议测试

（1）配置端口数据，用协议分析仪分析各协议是否符合要求。

（2）配置设备端口为自动协商，配置仪表端口依次为全双工、半双工和自动协商，观察是否能正确通信。

36.2.3　以太网传输质量测试

1. 吞吐量测试

将交换机所有接口与仪表流量发生器相连，按 RFC2544 标准的不同数据帧长度（64 ～ 1518）进行吞吐量测试，测试时间 30 s，查看测试结果是否达到理论值的 95%以上。

2. 转发速率测试

将交换机所有接口与仪表流量发生器相连，按 RFC2544 标准的不同数据帧长度（64 ～ 1518）进行转发速率测试，测试时间 30 s，查看测试结果是否不同帧长度均能按理论值线性转发数据帧。

3. 时延测试

将交换机所有接口与仪表流量发生器相连，按 RFC2544 标准的不同数据帧长度（64 ～ 1518）进行时延测试测试，分别测试以端口能力的 10%发送流量的轻载时延和以端口能力的 100%发送流量的重载时延，测试时间 30s，查看时延计算值是否满足要求并计算相应的丢包率。

36.2.4 主要测试装备

1. 总线设备验证装置

矿山瓦斯监控、动目标精确定位、通信联络等节点，由于煤矿通讯的距离很远，所以总线波特率通常都是设置为 5kbps，按照 1s 周期主动上传数据，当节点数量达到 30 个节点以上时，经常有节点延迟。所以控制流量，防止无序的传输是正常总线首先要考虑的。

总线设备验证装置主要由总线信号传输测试仪、XDSL 端口测试仪、测控中心组成。支持端口协议和传输性能测试，研究各异构网络系统不同的编码、调制、功率、网络拓扑等因素对煤矿环境的影响，确保下井设备的安全性能符合规定。并利用流量分析功能，观察网络总线利用率突变的过程，对突变的数据进行报文定位，对信号差分进行分别测量，获得位宽、幅值、过冲、共模电压等常规信息。另外，还能对波形进行实时傅里叶变换（FFT），将不同频率的信号分离出来，从而实现发现干扰源的目的。

2. 以太网测试装备

随着矿山数字化建设水平的提高，千兆光纤以太网已经开始在煤矿普及，万兆以太网已开始在大中型煤矿应用，对数据传输的可靠性相关测试设备需求迫切。常州院建了最高可达万兆的以太网综合测试装备，可验证最高 10Gbps 的 LAN 和 WAN 口吞吐能力，支持端到端性能指标测试，包括标准的 RF2544 测试、10Mbps/100Mbps/1000Mbps/10000Mbps 吞吐率、数据延时及丢包率测试、背靠背测试、抖动、误码率测试，自动识别远端匹配测试设备，指定测试帧内容、大小、优先级、测试端口、持续时间、测量精度，并支持高达 9000 字节的巨型帧。最大可生成 10Gbps 的模拟流量。用户配置包括协议类型、帧大小、帧速、使用率百分比和要传输的帧数，以及流量类型（广播、多播或单播）。连接到网络后，可自动通过流量监控和主动查询发现网络中的设备，可立即按交换机、插槽和端口号码，查看网络中连接的设备，并查看设备的连接位置。

（本章主要执笔人：常州院奚强，陈海舰，梁宏）

第 37 章 无线通信系统测试技术

矿井特定的工作环境和作业流程对通信联络提出了流动性、及时性、便携性及灾害环境无人无缆传输等特殊要求，矿井无线通信系统具有通信及时、便捷和灾害环境延伸等优点，在矿井移动作业、巷道数据采集、故障巡检实传、盲区探测、灾害环境传输等方面发挥着不可替代的作用。矿井无线通信具有受限空间高衰耗、电气防爆、发射功率小、服务半径大、信道容量大、直放式带状分布、布局灵活等特点，在煤矿应用越来越广泛。相关的技术要求和测试方法标准主要有 MT/T1115—2011、MT/T1129—2011、GB/T15875—1995 等。

本章主要介绍煤矿漏泄通信系统和多基站移动通信系统及其组成设备的关键技术要求、测试项目、测试方法，及相关主要测试装备的结构组成和主要技术特点等。

37.1 煤矿漏泄通信系统测试技术

漏泄通信是煤矿使用较早的无线通信技术，采用漏泄电缆实现井下巷道内无线电波的传输，是一种比较理想的方法。泄漏电缆是一种特殊结构的同轴电缆，通过外导体上的孔或槽、网眼，把电波漏泄出来，可与收、发信机实现无线通信，传输特性与同轴电缆相近。这种通信方式可工作于数兆赫到数百兆赫的频段，具有话音清晰、抗干扰强、实时性强、通信距离远，组建方便、造价不高等优点。20 世纪 70 年代以来欧美国家发展较快，早期一般采用调幅的方式，随着抗干扰的要求越来越高，现多采用调频的方式，用于巷道局部调度通信。漏泄通信系统关键指标就是电源段和中继段的纵向、横向距离和各信道的调频调幅指标。

本节主要介绍信号场强均衡测试这一关键指标的测试方法和测试装备。调频调幅指标、双向增益、隔离度和电压驻波比一般在实验室采用漏泄系统验证装置中的综合无线电测试功能测其输入输出值并计算，本章不再展开综述。

37.1.1 信号场强均衡测试

在系统正常工作时，被测电缆平直架空，适当远离其他物体，尤其是金属物体，以保证电缆周围的场分布不产生严重畸变。选择一个中继段，保持场强计天线与漏泄同轴电缆的相对距离不变，沿漏泄同轴电缆等间距地测量出一组场强值和对应的距离值，对所测数据进行线性迭代处理，绘制出与该组数据对应的场强随距离变化的直线，所绘直线两端对应的场强值范围为中继段信号场强的变化量。按同样的方法对系统的其他中继段进行抽测，结果应大体一致。受通信方式影响，每个电源段一般不大于 8 个中继段，每个中继段一般不大于 350m，手持机要在漏泄电缆沿线 5m 的横向距离内才能可靠通信，此类指标因一直以来缺乏地面模拟条件，需要到矿山现场检验，耗时费力。

37.1.2　主要测试装备

常州院开发出一套漏泄系统验证装置。装置主要由漏泄系统发射机测试装置、漏泄系统接收机测试装置、漏泄电源段、中继段模拟测试装置、漏泄功率分配器测试设备组成。可以自动测试漏泄发射机、接收机、基地台、中继器、功率分配器参数并实现报表数据打印功能。能实验室自动测试漏泄系统相关指标，按需要自动调节衰减或增益数值，每个电源段中中继段不少于 8 个，每段纵向不小于 350m，横向不小于 5m。

37.2　多基站移动通信系统测试技术

井下无线通信的发展经历了感应通信、漏泄无线通信、小灵通无线通信、WIFI 无线通信、3G（CDMA、TD-SCDMA、WCDMA）、4G 无线通信等不同阶段。

多基站移动通信系统一般由移动台、基站、基站电源（可与基站一体化）、控制中心、调度台（可与控制中心一体化）、电缆（或光纤、泄露电缆）、接线盒、中继器（可缺省）和其他必要设备组成。矿用本质安全型防爆手机实现声音信号与无线电信号转换，具有通话、来电提示、拨号、短信等功能，部分本安防爆手机还具有图像采集功能。

多基站移动通信系统的关键技术是：移动台与移动台、移动台与固定电话之间互联互通功能，越区切换功能，系统连接方式以及无线传输协议分析等。

本章主要介绍互联互通功能、越区切换功能、非法用户禁用功能、系统通信距离、系统容量数量无线传输协议分析等关键项目的测试方法和测试装备。

37.2.1　互联互通功能测试

系统应具有移动台与移动台、移动台与固定电话之间互联互通功能。

方法：互联互通功能试验分人工接续通话试验和自动接续通话试验。

1. 人工接续通话

使移动台或固定电话主叫用户呼叫调度，检查是否可以实现如下过程：由调度代呼被叫用户（移动台或固定电话），被叫摘机，调度退出，用户间通话，挂机复原。

2. 自动接续通话

使任一用户（移动台或固定电话，主叫）呼叫另一用户（移动台或有线电话，被叫），检查是否可以实现如下过程：若被叫空闲，被叫用户话机有振铃声，主叫可听到回铃声，被叫摘机，主叫听到回铃声停止，双方可通话，挂机复原，调度终端上应有相应的用户通话指示。若被叫忙，主叫应听到忙音。

37.2.2　系统通信距离

移动台到基站天线之间的无线通信距离应不小于 10m；基站至系统控制器之间的有线通信距离应不小于 10km。

1. 基站至系统控制器距离测试

按系统连接图的要求连接设备，检查系统是否能正常工作。

2. 移动台与基站间的无线传输距离测试

设备正常时，移动台在距离基站 10m 的范围内呼叫，检查基站是否能正确识别呼叫的移动台，并接通通话；移动台逐渐远离基站直至基站不能正确识别呼叫的移动台或移动台不能正常通话为止，测量基站到移动台间的距离即为移动台到基站的传输距离。

37.2.3　系统容量

1. 基站数量

按系统连接图的规定进行连接，实际基站数与模拟基站数总和应等于系统最大基站数，运行测试软件，实际基站应能模拟最大基站数时各个基站的信号传输。

2. 移动台数量

在规定的编码内，对移动台进行任意编号设定，检查移动台能否进行正常呼叫与通话。

3. 基站内可同时通话移动台数量

在任一基站服务区内，设置基站内可同时通话移动台最大数量的移动台，检查是否能够成对相互通话。

37.2.4　无线传输协议分析

采用专用的信号分析装备在无电磁干扰测试环境对 WIFI、2G/3G/4GLTE 等传输信号的网络协议、无线射频功率、接收误码率、频谱、调制等关键参数测试技术及无线电射频参数安全性能等进行分析测量。

37.2.5 主要测试装备

为了满足无线系统通信协议和准确的功率、频率等测试需要，常州院通过多年的研究，充分发挥自身的技术优势，建成了 20m^2 双腔设置的电磁屏蔽室，在 10kHz ～ 18 GHz 频率范围内电场屏蔽效能不小于 85dB，并依托该设备建了一套多基站移动通信系统综合验证装置。主要设备组成见图 37.1。

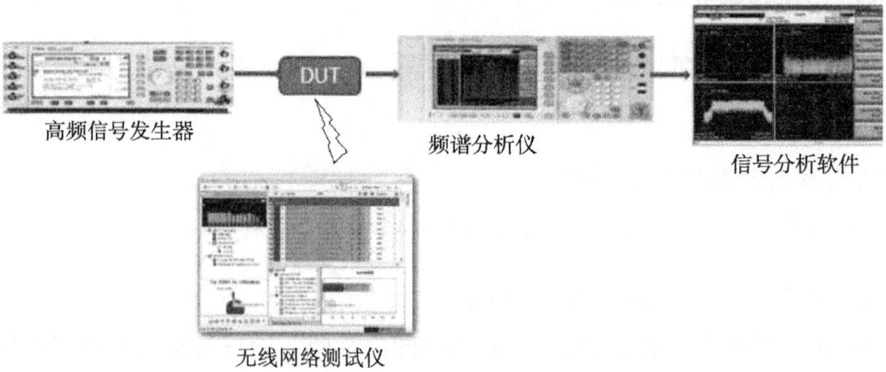

图37.1 多基站移动通信系统验证装置组成图

1. 无线网络综合测试仪

（1）无线网络综合测试仪包含 2G/3G/4G/WLAN 选件以及信号分析软件，可对各种无线传输信号的网络协议、无线射频功率、接收误码率、频谱、调制等关键参数进行分析测试。

（2）可测试协议：GSM、CDMA、CDMA2000、TD-SCDMA、WCDMA、4GLTE、WLAN。

（3）频率范围：10kHz ～ 30GHz。

（4）输出电平范围：-130 ～ +30dBm（CW，rms）。

（5）输入电平范围：≤ +35dBm（功率计，CW，rms）。

2. RFID 测试仪

（1）可对 UHF 频段 RFID 读写器射频、UHF 频段 RFID 读写器 / 标签协议及性能进行分析测试。

（2）频率范围：860 ～ 960MHz。

（3）输出频率准确度：±3.8Hz。

（4）功率测试最小步长：0.2dBm。

3. ZIGBEE 测试仪

（1）支持 ZigBee/IEEE 802.15.4 协议，能对 2.4 GHz（全球），915 MHz（美国）和 868 MHz（欧洲）各个频段 ZigBee 协议进行分析验证，根据频段的不同，采用不同的技术。

（2）输入功率：–70 ～ +23dBm。

（3）可直接在频谱模式下完成，包括邻道功率泄漏比、杂散发射、发射功率及 Power Rise/Fall 等指标。

4. 蓝牙测试仪

（1）集成频谱测量功能。

（2）软件支持 V1.2/V2.0/V2.0+EDR/V2.1/V2.1+EDR Bluetooth®RF 测试规范中所规定的 18 种 Bluetooth®RF 测试案例。

（3）EDR 选件（R&S®CBT-K55）在 R&S®CBT Bluetooth® 测试仪的基础上，增加了大量的 EDR 射频测试。

（本章主要执笔人：常州院陈海舰，奚强，梁宏）

第 38 章 传感器测试技术

传感器可分为环境监测传感器和工况监测传感器两大类。其中，矿用环境监测传感器包括气体传感器、风速传感器等监测大气环境条件参数的各类传感器；矿用工况检测传感器包括矿用烟雾传感器和各种设备运行状态传感器。现有的测试方法标准有 MT443—1995、AQ6203—2006、MT381—2007、AQ6211—2008 等。

本章着重介绍矿用气体传感器、矿用烟雾传感器，以及矿用光纤传感器的测试技术和相关测试装备。

38.1 气体传感器测试技术

气体传感器是监测矿井环境中特定气体成分（如氧气浓度、甲烷浓度、一氧化碳浓度、硫化氢、二氧化氮等）的设备。这些传感器的性能水平直接影响矿井安全生产工作的保障能力。这类产品的检验检测方法所依据的标准较为明确，如载体催化式低浓度甲烷传感器检验依据 AQ6203—2006、红外二氧化碳传感器检验依据 AQ1052—2008。

气体传感器的性能测试通常包含基本误差、响应时间、稳定性误差等参数，不同传感器的相同参数检验流程基本相同。本节主要介绍气体传感器基本误差和响应时间测试技术、压力影响测试技术、粉尘影响测试技术，以及相关测试装备。

38.1.1 基本误差和响应时间测试技术及装备

1. 基本误差和响应时间测试技术

基本误差是体现传感器测量精度的重要指标。气体传感器基本误差的测试，主要过程是使用特定的标准气样按照规定的流量通入敏感元件，将传感器的显示值（和或输出值）与标准值进行比较并计算误差。

响应时间（T_{90}）是体现传感器对目标变量的反应灵敏度的指标。测试前应必须使用标准气体将传感器归零，向传感器通入响应时间测试专用标准气样，同时开始计时，传感器显示值达到测试用气浓度值的 90%时停止计时；这个时间段即为 T_{90}。

2. 主要测试装备

通常气体传感器的基本误差测试为传统的手动操作方式，操作频次高、记录数据量大，整个测试过程中操作失误、读错、记错的概率大，且工作效率低。煤科总院常州研究院所研制的气体传感器自动测试装置，可自动完成矿用气体传感器的基本误差测试、响应时间测试，以机器代替人力后，能够减少系统误差、提高工作效率。测试装置根据标准测试方法可定时供气，对被测传感器的输出信号进行自动读取，实现自动测试、自动生成结果报告。气路系统见图 38.1。对于腐蚀性的标准气样而言，在普通的输气管路中所呈现出吸附特性，该测试装置中增加有抵消吸附效应的气路系统。

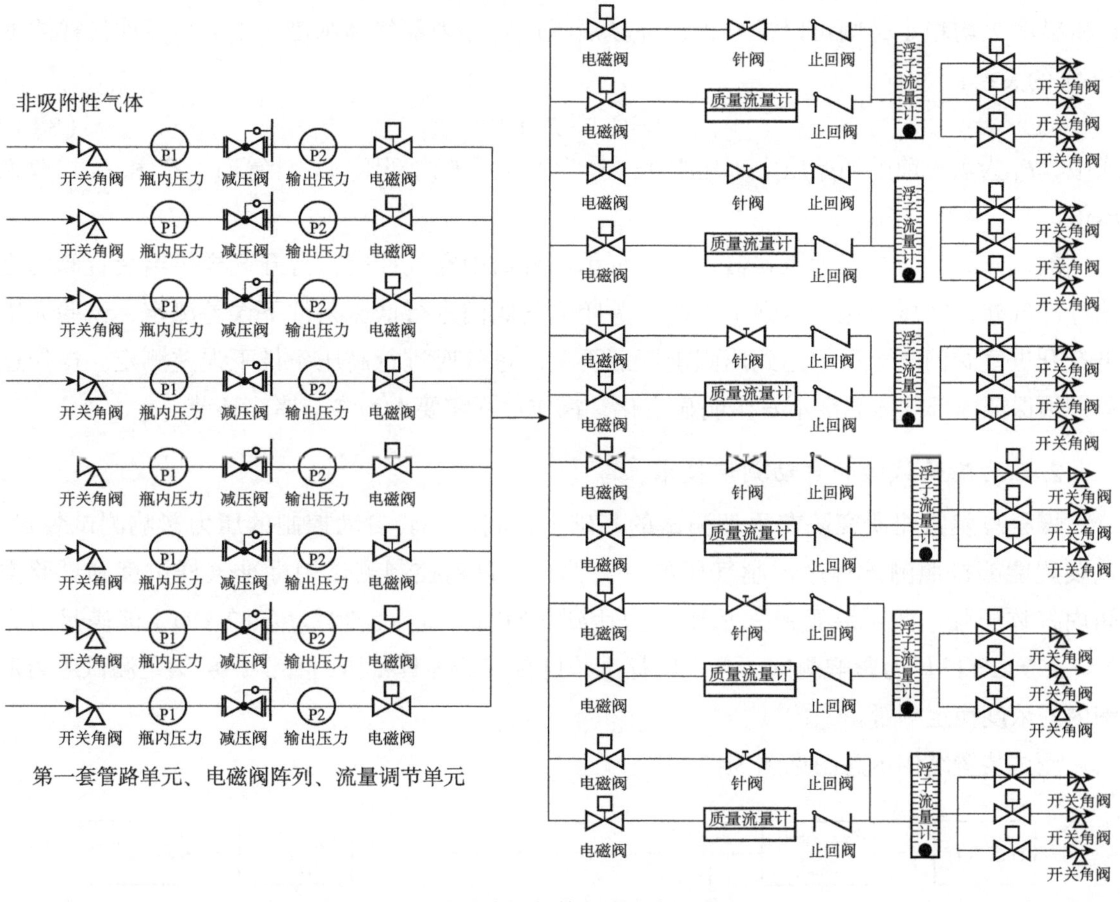

图38.1　非吸附性气体气路控制逻辑框图

气体传感器自动测试装置具有一氧化碳、氧气、硫化氢、甲烷、二氧化碳、二氧化硫矿用气体传感器的手动和自动通气测试功能，并具有流量输出实时监测功能。该装置最多可输出测点气样 10 路；吸附性气体的配气精度达到 5% F.S.，非吸附性气体的配气精度达到 2% F.S.。在供气流量方面，该装置气体流量达到 1000 mL/min，满足 6 通道同时自动给气。

38.1.2　压力影响测试技术及装备

煤矿井巷通风特性决定了某些局部会产生明显气压变化，尤其是在瓦斯抽放管道中产生明显负压；对于这类特定场合使用的气体传感器，要求其在所能使用的大气压力范围内均应保持一定的误差稳定能力。现有测试手段有手动测试和自动测试。

1. 压力影响试验的手动测试技术

将被测传感器放入密闭承压空间中，通过机械方法改变内部空间的气压来实现试验条件的施加；同时，在其中充入一定浓度的标准气样，使得样品所处气体环境中存在其所能检测的物质。结合克拉伯龙方程（即 $P \cdot V=n \cdot R \cdot T$），若能通过技术手段保证体积 V 和温度 T 均稳定，则可以推导得出充填后承压容器内部气体浓度（A_2）与标准气样浓度（A_1）的关系：

$$A_2=(P_2-P_1)/P_2 \cdot A_1 \tag{38.1}$$

式中，P_1 为填充前的初始压力（压强）；P_2 为填充后的内部压力。计算时，P_1 和 P_2 均取绝压值。

测试开始时，封闭承压容器，首先将承压容器中空气抽完，打开气样供给装置阀门充填标准气样，当压力达到压强下限时，关闭进气阀门进行低压条件下误差测定，试验完毕再打开进气阀门直至压力达到压强上限后再关闭进气阀进行高压条件下误差测定。操作过程必须保证内部气体温度不发生明显变化，操作过程需要人为参与诸多环节。

2. 压力影响试验的自动测试技术

煤科总院常州研究院在手动测试的基础上，制成一套自动控制的压力影响测试装置。该装置能够按照测试程序控制气压的正负偏离，自动控制测试用标准气样浓度和试验空间内气体压强。测试装置最大承压能力达到 2 MPa，压力控制精度 0.2 kPa，能满足压力 0 ～ 250 kPa 的压力影响测试。其中的标准浓度传感器为具备压力补偿，可满足测试压力范围内的浓度稳定测量。

测试装置结构示意图见图 38.2。

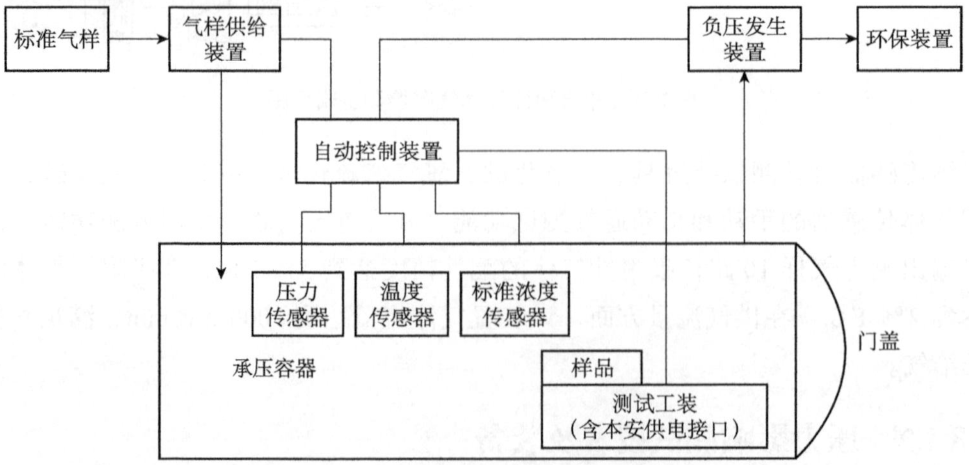

图38.2　压力影响自动测试装置示意图

38.1.3　粉尘影响测试技术及装备

煤矿生产环境中产生的煤矿粉尘极易附着在气体传感器的敏感元件部位，对传感器的正常工作产生影响。分布式光纤气体浓度检测系统均使用光学传感部件，为实现激光与测点处空气的接触，其光路中存在断点，如果断点处的空气中掺杂了粉尘，就会阻断其中细微的光路，进而影响甲烷检测精度。

煤科总院常州研究院研制的传感器粉尘影响测试装置，主要用于生成一个煤炭粉尘浓度符合标准测试方法的稳定粉尘环境，将被测传感器放置于该环境中，在经过标准试验周期后考核传感器的测量精度受煤炭粉尘影响的程度。

装置的粉尘浓度控制范围可以在 30 ～ 70mg/m^3 或 80 ～ 110mg/m^3 中进行选取；风速可在 3m/s 或 8m/s 中进行选取。测试开始后，装置将按照控制台中设定的粉尘浓度、风速以及测试周期，自动运转直至测试结束。

测试装置结构示意图见图 38.3。

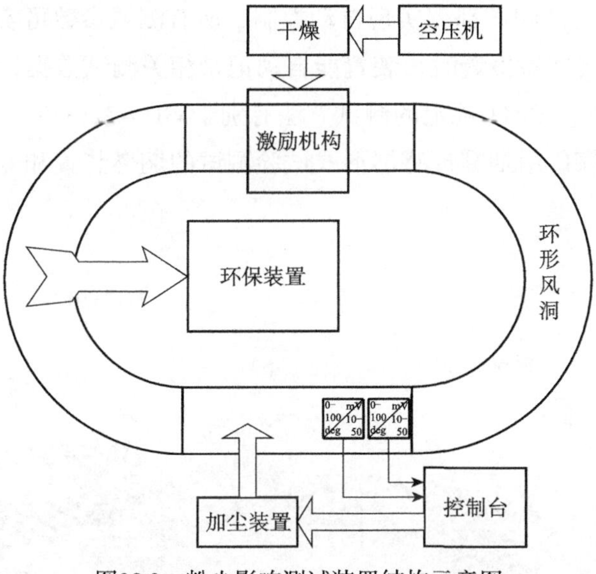

图38.3　粉尘影响测试装置结构示意图

38.2　烟雾传感器测试技术

烟雾传感器是矿井安全生产监测监控的重要设备，通过监测烟雾的浓度来实现矿井生产现场的火灾防范。在监控井下的胶带机械摩擦、电缆发热、煤层自燃等阴燃危险性较高、需要早期预防火灾事故的场合或部位。

MT382—1995 标准规定的测试方法为：烟雾浓度的量值单位为 mg/m^3，即质量体积比；烟雾浓度的测量通过称重估算法实现。从烟雾本身为烟和雾的特性而言，单纯使用质量体积比作为浓度量值可能不够全面。煤科总院对旧的测试方法进行了完善，修订了烟雾传感器行业标准 MT382—2011，将烟雾浓度量值单位确定为遮蔽度（或称减光率）单位% obs/m（或 dB/m，二者为对数函数关系），直接使用减光率测量仪即可测量。MT382—2011 中的烟雾浓度表达方式与 GB 4715—2005 相同，实现了与国家标准的对接。

烟雾传感器测试项目主要有灵敏度和响应时间、传输距离、光干扰试验、粉尘干扰试验，以及各项环境适应性试验等。本节主要介绍矿用烟雾传感器的灵敏度和响应时间测试、光干扰试验。

38.2.1 灵敏度和响应时间测试技术及装备

新的测试方法将传感器的灵敏度与响应时间合并进行测试。从烟雾传感器被放置到标准浓度（减光率）为 5% obs/m 的烟雾环境中开始计时，到传感器发出烟雾报警停止计时，这段时间即为响应时间。

常州院制成一套烟雾传感器自动测试装置，配有适用于 MT 382—2011、GB 4715—2005 的测试程序。所有的测试都需实现自动控制，所有测试参数可实时显示，并可生成曲线。测试过程中，当传感器报警时，装置能自动记录相关测试数据，并按规定要求打印输出。另外，由于 MT382—2011 规定的测试方法有别于 GB 4715—2005，煤科总院常州研究院专门研制了适用于煤矿用烟雾传感器形式试验测试的焖燃装置和专用的测试工位动作装置。装置见图 38.4。

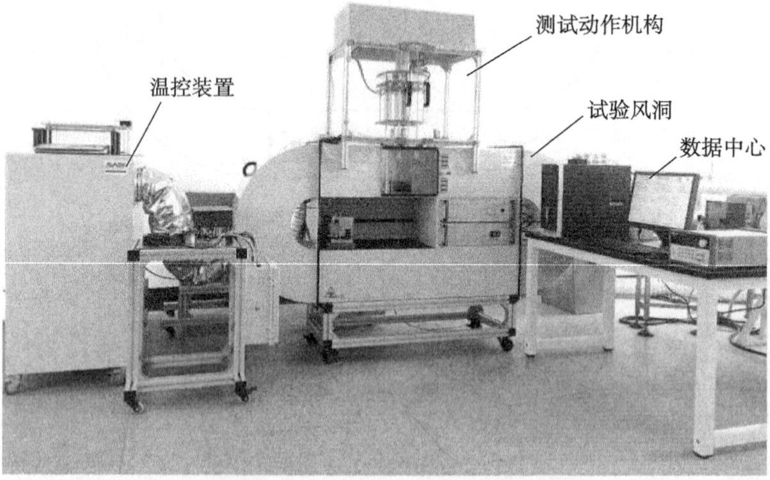

图38.4　烟雾传感器自动测试装置

烟雾传感器自动测试装置整体功能可满足阈值（灵敏度）、一致性、重复性、方位、电压波动、气流、环境光线（光干扰）、高温检验的测试。烟雾浓度测试精度可达 0.02dB/m；累计量输入传输处理误差不大于真值的 5% +0.02dB/m；风速累计量输入传输处理误差不超过 0.1 m/s± 真值的 0.5%；计时分辨率为 0.01 s。

38.2.2 光干扰测试技术及装备

为了验证光电式烟雾传感器的光学抗干扰性能，需要进行专门的试验。光干扰试验期间，传感器不会发生误动作、误报警。进行光干扰试验需要闪光装置，用于进行光干扰试验。闪光装置技术路线符合 MT382—2011 附录 A 的规定。

38.3 光纤传感器测试技术及装备

在矿用产品领域，由于分布式光纤传感技术的无电特性可以减弱防爆电气的相关约束，更受煤矿使用者的青睐。分布式光纤传感技术成为近年来的研究热点。其技术应用主要有：基于光纤后向散射光时域及频域反射技术、基于光纤瑞利散射偏振光时域反射、基于长距离光干涉技术的分布式光纤传感，以及基于非同和全同光纤布拉格光栅复用的准分布式光纤传感技术。根据光调制与解调方式的不同，有不同的测试技术。目前，应用于煤矿的分布式光纤检测设备有分布式光纤测温系统、分布式光纤甲烷监测系统、分布式光纤顶板动态监测系统、分布式光纤振动检测装置等。

对分布式光纤传感器技术所使用的激光而言，其光源所发出的光能量的强度不得大于 150mW，或其能量密度不得大于 20 mW/mm^2。由于调制方式的不同，光能量的测试手段和方法也有所不同，要求测试仪器具备测量光信号强度、事件盲区、衰减盲区、动态范围、脉冲宽度、处理脉冲宽度、采样分辨率和采样点等指标的能力。另外，由于现场传感器所使用的测量技术的不同，需要对不同的光学测量器件的光学性能进行专业测试，如激光甲烷检测探头的光谱吸收特性分析、载入光纤布拉格光栅的光学吸收图谱分析。

本节主要介绍分布式光纤传感器的光学指标测试技术及装备。压力影响测试和粉尘影响测试技术及装备已在前文介绍过相关内容。

分布式光纤传感器的光学指标主要有光能量强度、动态范围、脉冲宽度、采样分辨率等。

1. 光能量强度

光能量强度有瞬态强度与平均强度之分。如果脉冲光源的频率较高，则必须区分瞬态值与平均值，进而实现精确测量光能量强度，从而从根本上杜绝光能量超标。光斑大小直接关系到激光器输出功率的大小，通常受光器件固有特性的限制。在实际测试过程中，无法核实激光器及其光器件的具体尺寸和规格型号，必须使用专用的测量仪表对光斑大小进行专业测量。

2. 动态范围

作为光纤传感器的关键部件，激光器的发射功率和频率（波长）范围传感器系统的基础和关键参数，调制光信号的动态范围越广，则测试精度越高。

3. 脉冲宽度

激光器发射的光脉冲宽度直接影响光测量系统的测量能力范围，其所能调制的脉冲宽度范围越广，则测量精度越高。

4. 采样分辨率

采样分辨率是光测量系统的根本参数，是重要指标之一。不同原理、不同机制的光测量系统，对采样分辨率的要求也不同。

煤科总院常州研究院配备的光谱分析系统可以满足上述四种指标的测试要求。它主要由覆盖全波段范围的一系列光谱分析仪、光器件与光传输多应用测量系统组合而成。测试示例分别见图 38.5 和图 38.6。

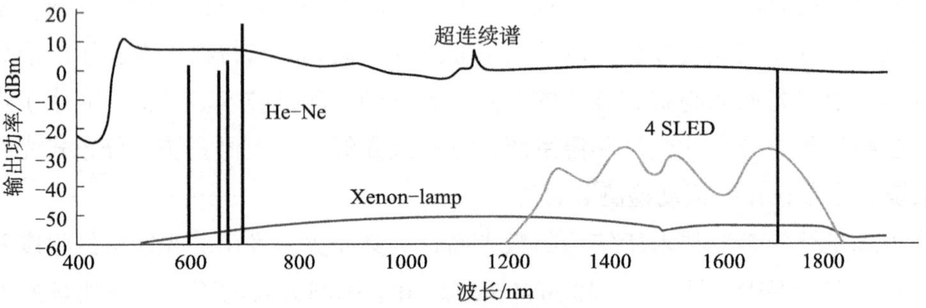

图38.5 超连续谱光源的特性分析

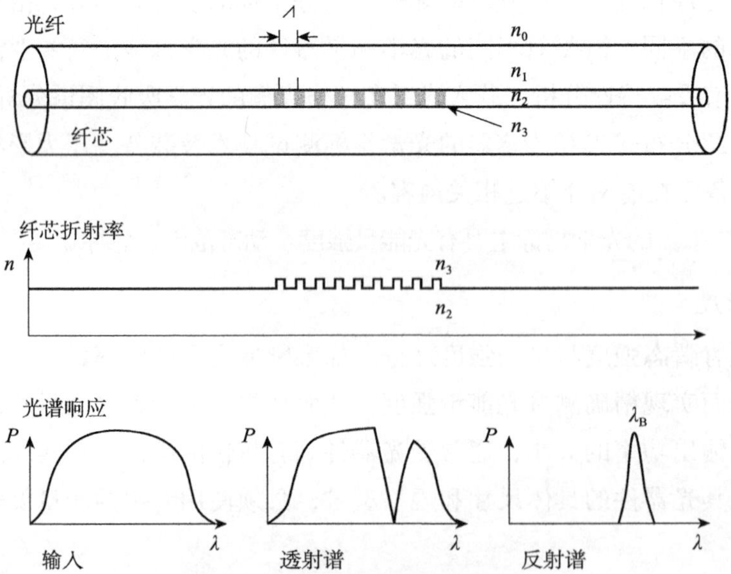

图38.6 光纤布拉格光栅的特性分析

光谱分析系统的波长测量范围为 350 ～ 2400nm；波长测量精度 0.1nm；波长分辨率

优于 0.01nm；波长重复性最小 0.005nm；功率测量范围为 −90 ～ 20dBm；功率线性度优于 0.05dB；功率精度最小 0.4dB；功率灵敏度 −90dB；测试动态范围最大 80dB；最大安全输入功率 +20dB。

（本章主要执笔人：常州院王小松，梁宏，褚卫忠）

第 39 章 电源及电源用锂离子电池测试技术

随着矿山巷道长度的增加和装备技术进步，矿用监控系统、通信系统、井下运输车辆等对防爆电源的要求越来越高，矿用电源正在朝大容量、多功能、可监测、可遥控、智能化方向发展。煤矿安全规程和矿用监控系统、通信系统等标准均规定必须要有备用电源，保证系统在外部电网停电后能正常运行 4h。根据 GB3836.2010 的技术要求，选择锂离子蓄电池作为备用电池成为当前主流。为使锂电池组能够在井下安全使用并最大限度地发挥其优越性能，必须要对锂电池安全性能进行验证。在充、放电时进行实时监控，提供具备过压、过流、温度保护和电池间能量均衡功能的锂离子电池管理系统。现有的测试技术标准有 MT/T408—1995、MT/T1078—2008、MT/T1051—2007、QC/T743—2006、GB/T31485—2015 等。

煤科总院常州研究院经过多年的技术积累，研制了一套本安电源自动测试装置。对过冲幅度和瞬态恢复时间、过压保护、过流保护、短路保护等重要安全参数进行准确测试并快速绘制曲线，直观体现输出能量变化，便于瞬态能量的计算，并为本质安全火花验证提供基础数据。

本章主要介绍矿用电源和电源用锂离子电池的关键技术要求、测试项目、测试方法，及相关主要测试装备的结构组成和主要技术特点等。

39.1 电源测试技术

矿用电源是实现交流直流变换或者电压等级转换的基础设备，其中以输出本安型电源类产品应用最广泛。它们作为煤矿井下各类系统设备不可缺少的供电设备，其本质安全性能是本质安全系统最关键环节，其性能参数和产品质量对煤矿监控、通信系统的安全性、稳定性和可靠性有着重要影响。

矿用稳压电源的关键技术在于输出的稳定性和负载特性。本文主要介绍稳态效应、保护能力、过冲幅度和瞬态恢复时间等关键项目指标的测试方法和测试装备。

39.1.1 稳态效应测试

1. 稳态源效应

稳态源效应是考核被测电源在输入电源阶跃变化时，在 $5t_\tau \sim 5t_\tau$+10s 时间内输出电压与阶跃发生前电压值的比较（t_τ 为源瞬态效应恢复时间）。具体步骤为：第一，调整负载电流为额定值，源电压为标称值，测量额定输出电压 U_o；第二，调整负载电流为零值，源电压从规定的最小值到最大值阶跃变化，测量额定电压 U_{o1}；第三，调整负载电流为额定值，重复第二步试验；最后，取其稳定输出电压的最大变化量 ΔU_o，ΔU_o 的绝对值与 U_o 之比即为源效应。

2. 稳态负载效应

稳态负载效应是考核被测电源在负载阶跃变化时，在 $5t_\tau$ ～ $5t_\tau$+10s 时间内输出电压与阶跃发生前电压值的比较（t_τ 为负载瞬态效应恢复时间）。具体步骤为：第一，测试时源电压为标称值，测出额定输出电压 U_o 和额定输出电流 I_o；第二，将源电压调至规定的最小值，负载电流由额定值阶跃至零值，测量额定电压 U_{o1}；第三，将源电压分别调至规定的标称值和最大值，重复第二步试验；最后，取其稳定输出电压的最大变化量 ΔU_o，ΔU_o 的绝对值与 U_o 之比即为负载效应。

3. 电压偏离值

电压偏离值主要考核输出电压在受到供电电压波动和负载波动的影响下的输出一致性。具体步骤为：被测电源由可调节电源供电，负载电流为零值时，源电压分别调至规定的最小值、标称值和最大值，测量相应的稳定输出电压 U_{oi}；负载电流为额定值时，源电压分别调至规定的最小值、标称值和最大值，测量相应的稳定输出电压 U_{oi}；取其稳定输出电压的最大变化量 ΔU_o（U_o 为稳定输出电压的各个测量值 U_{oi} 与标称值 U 之差）的绝对值与 U 之比，即为输出电压偏离值。

4. 周期随机偏移峰峰值

周期随机偏移峰峰值（又称“纹波”）是考核电源对整流稳压等环节引入的交流成分的抑制能力。频率范围为 20Hz ～ 10MHz，被测电源由可调节电源供电，源电压调至规定的最小值，输出电压为额定值，负载电流为额定值和零值时分别测量。测试时必须采用单一接地点，以避免构成回路和确保导线中不存在地电流。对于采用差分方式输入测试系统，应注意不要超过共模电压以及共模信号引入的误差，应增加测试设备抑制比。

39.1.2　保护能力测试

1. 过流保护

被测电源由可调节电源供电，源电压调至规定的最大值，调节模拟负载，使负载电流由小逐步变大到超过额定值，输出电流能够达到的最大值即过流保护的最大极限值。

2. 过压保护

在被测电源输出端制造过电压，超过最大极限电压时，检查过压保护能否迅速动作。

3. 短路保护

被测电源由可调节电源供电，源电压调至规定的最大值，调节模拟负载，使负载电流由小逐步变大到超过额定值，直至最终输出端短路，此时测得的输出电流即短路保护电流。在短路 2h 后，检查被测电源是否完好。短路故障消除后，检查电源是否按预定方式复位。

39.1.3　过冲幅度和瞬态恢复时间测试

1. 源瞬态效应的过冲幅度和瞬态恢复时间

被测电源由可阶跃调节电源供电，源电压从规定的最小值至最大值，再回到最小值进行阶跃变化，分别测出稳定输出电压的过冲幅度和瞬态恢复时间，测量时应注意阶跃变化，源电压不应出现上冲和下冲造成超出额定源电压的极限。

2. 负载瞬态效应的过冲幅度和瞬态恢复时间

被测电源由可调节电源供电，输出端的负载可阶跃调节；源电压为标称值，负载电流由额定值阶跃至零值或反之，测出稳定输出电压的过冲幅度和瞬态恢复时间，源电压调至规定的最小值和最大值，分别重复上述步骤，取其最大值。

3. 开机和关机的过冲幅度和瞬态恢复时间

源电压从零伏分别阶跃至规定的最小值、标称值、最大值及从规定的最大值、标称值、最小值分别阶跃至零伏，测量开机和关机稳定输出电压的过冲幅度和开机时稳定输出电压到达规定预热带所需要的时间及关机时稳定输出电压降到规定值的时间，多次重复测试，找出其中最大峰值作为过冲幅度。

39.1.4　主要测试装备

电源测试装备方面，民品行业尤其是批量生产企业普遍采用电源自动测试系统进行测试。电源自动测试系统具有测试效率高、准确性高、人为因素影响小等优点。由于煤矿供电电压等级不同于其他行业，主要包括 1140V、660V、380V、127V、36V 等电压等级，相关的测试手段和设备相对滞后，测试过程基本依靠人工使用分立仪表设备进行测试，测试过程不连续，动态瞬时特性难以把握，测试时间长，效率低，且受测试人员水平等因素影响，很难保证测试结果的准确性和一致性。

“十二五”期间，煤科总院常州研究院通过引进、吸收、改造民用电源自动测试系统，解决了矿用电源输入电压等级与民品检验行业方法不一致、输出特性和周期与随机偏移峰峰值易受电子负载影响等问题，实现对矿用电源特别是本安电源的自动测试。

1. 电源自动测试系统组成

电源自动测试系统主要由上位机、测试软件、逻辑控制器、OVP 源、高品质直流电源、可编程交流电源供应器、交直流电子负载、示波器、功率分析仪、测试工位等组成，详见图 39.1。

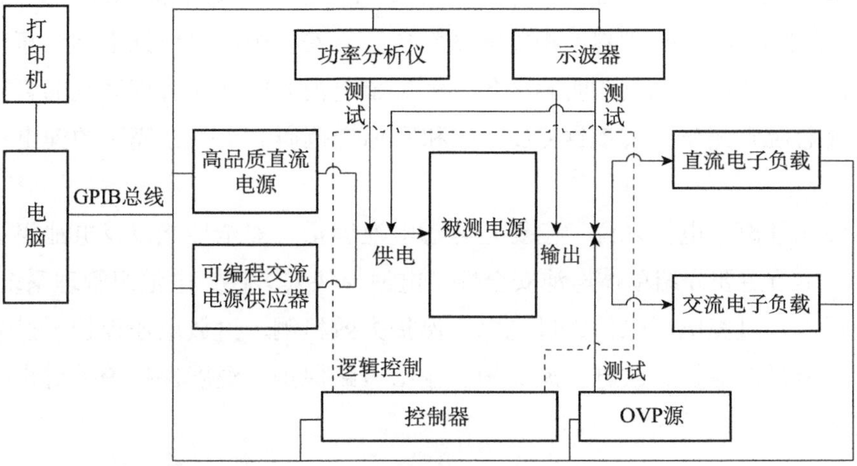

图39.1　电源自动测试系统框架图

2. 电源自动测试系统测试能力

该自动测试系统实现了民用自动化设备的行业专业化改进，提高测试效率和准确度的基础上，为安全火花试验提供基础数据，完善了矿用电气类产品安全分析验证能力。

按照矿用行业标准测试流程和测试规范，定制了以行业标准 MT/T408—1995、MT/T1078—2008、MT/T863—2000 等为基础的测试库，实现一键测试，自动出具数据报告，方便实用快捷；可以设置输入电压等级和电压的上升或下降步进、下降速率，避免了因人工测试源瞬态效应的过冲幅度和瞬态恢复时间、负载瞬态效应的过冲幅度和瞬态恢复时间、过压保护、过流保护、短路保护等重要安全参数不准确情况；可以快速绘制输出电压、电流曲线，直观体现输出能量变化，便于瞬态能量的计算与测试，为本质安全火花试验提供基础数据；选用容性小电子负载，提高示波器测试精度，保证周期与随机偏移峰峰值的偏离在标准要求范围内。

电源自动测试系统能够完成以下样品的自动测试。

（1）AC-DC 电源：交流输入 800V，3kV · A；直流输出 30V，30W，可满足 10 路 DC 输出同时测试。

（2）DC-DC 电源：直流输入 800V/10 A；直流输出 50V，500 W，最多 3 路 DC 输出。

（3）DC-AC 电源：直流输入 800 V/30A；交流输出 350V，1.8kV · A；最多 3 路 AC 输出。

（4）AC-AC 电源：交流输入 800V/30A，3kV · A；交流输出 350V，1.8kV · A；最多 3 路 AC 输出。

39.2 电源用锂离子电池安全性能测试技术及装备

在锂离子电池应用初期，限于技术水平和认识不足，曾经多次发生起火、爆炸。为此，煤科总院上海研究院率先制定了国际上第一个矿灯用锂离子蓄电池标准MT/T1051—2007《矿灯用锂离子蓄电池》，并研制了相关测试设备。后安标中心又依据电动汽车行业标准起草了矿山锂离子电池技术规范，明确了各类锂离子电池和电池组管理系统的管理规范和测试要求。煤科总院常州研究院依据QC标准和安标规范研制了一套完善的锂电池管理系统测试平台。

对于电源用锂离子电池来说，主要是考虑电池容量、安全性能以及电池组管理系统安全保护能力。本节主要介绍单体电池安全性、电池模块安全性、电池组管理系统测试项目，如参数测量误差、过充电压保护、过充电压保护失效检测、过放电压保护、过放电压保护失效检测、充电过流保护、放电过流保护、输出短路保护、温度保护等关键指标的测试方法和测试装备。

39.2.1 单体电池安全性测试

1. 充电测试

按厂家提供的专用规程进行充电。若厂家未提供充电器，在（20±5）℃条件下，蓄电池以1倍I_3（A）电流放电，至蓄电池电压达到3.0 V（或企业技术条件中规定的放电终止电压）时停止放电，静置1h，然后在（20±5）℃条件下以$1I_3$（A）恒流充电，至蓄电池电压达4.2V（或企业技术条件中规定的充电终止电压）时转恒压充电，至充电电流降至0.1 I3（A）时停止充电。充电后静置1h。

2. 过放电测试

按规定方法充好电的蓄电池在（20±5）℃下以$1I_3$（A）电流放电，直至蓄电池电压0V（如果有电子保护线路，应暂时除去放电电子保护线路）。蓄电池应不爆炸、不起火、不漏液。

3. 过充电测试

以$3I_3$（A）电流充电，至蓄电池电压达到5V或充电时间达到90min其中一个条件优先达到即停止试验，或以$9I_3$（A）电流充电，至蓄电池电压达到10V即停止试验。蓄电池应不爆炸、不起火。

4. 短路测试

将按规定方法充好电的蓄电池经外部短路10min，外部线路电阻应小于5mΩ。蓄电池应不爆炸、不起火。

5. 跌落测试

将按规定方法充好电的蓄电池在（20±5）℃下，从 1.5m 高度处自由跌落到厚度为 20mm 的硬木地板上，每个面 1 次。蓄电池应不爆炸、不起火、不漏液。

6. 加热测试

将按规定方法充好电的蓄电池置于（150±2）℃恒温箱内，并保温 120min。蓄电池应不爆炸、不起火。

7. 挤压测试

将按规定方法充好电的蓄电池按下列条件进行试验。蓄电池应不爆炸、不起火。

（1）挤压方向：垂直于蓄电池极板方向施压。

（2）挤压头面积：不小于 $20cm^2$。

（3）挤压程度：直至蓄电池壳体破裂或内部短路（蓄电池电压变为 0 V）。

8. 针刺测试

将按规定方法充好电的蓄电池用 ϕ3 ～ 8mm 的耐高温钢针、以 10 ～ 40mm/s 的速度，从垂直于蓄电池极板的方向贯穿（钢针停留在蓄电池中）。蓄电池应不爆炸、不起火。

39.2.2　电池模块安全性测试

1. 充电测试

按厂家提供的专用规程进行充电。若厂家未提供充电器，在（20±5）℃条件下，蓄电池模块以 $1I_3$（A）电流放电，至蓄电池模块电压达到 n×3.0V 或单体蓄电池电压低于 2.5V 时停止放电，然后在（20±5）℃条件下以 $1I_3$（A）恒流充电，至蓄电池模块电压达 n×4.2V 时转恒压充电，至充电电流降至 $0.1I_3$（A）时停止充电，若充电过程中有单体蓄电池电压达到 4.3V 时停止充电。充电后静置 1h。

2. 过放电测试

将按规定方法充好电的蓄电池模块在（20±5）℃下以 $1I_3$（A）电流放电（如果有电子保护线路，应暂时除去放电电子保护线路），直至某一单体蓄电池电压达到 0V 结束试验。蓄电池模块应不爆炸、不起火、不漏液。

3. 过充电测试

将按规定方法充好电的蓄电池模块按两种充电方式进行试验，蓄电池模块应不爆炸、不起火。

以 $3I_3$（A）电流充电，至某一单体蓄电池电压达到 5V 或充电时间达到 90min 其中一个条件优先达到即停止试验；以 9 I3（A）电流充电，至某一单体蓄电池电压达到 10V 即停止试验。蓄电池模块应不爆炸、不起火。

4. 短路测试

将按规定方法充好电的蓄电池模块经外部短路 10min，外部线路电阻应小于 5mΩ。蓄电池模块应不爆炸、不起火。

5. 加热测试

将按规定方法充好电的蓄电池模块置于（150±2）℃恒温箱内，并保温 120min。蓄电池模块应不爆炸、不起火。

6. 挤压测试

将按规定方法充好电的蓄电池模块按下列条件进行试验：蓄电池模块应不爆炸、不起火；挤压板一侧是平板，一侧是异形板。异形板的半圆柱形挤压头的典型直径为 75mm，挤压头间的典型间距为 30mm，挤压板外廓尺寸 300 mm×150mm。

挤压方向：垂直于蓄电池单体排列方向施压。挤压程度：挤压至蓄电池模块原始尺寸的 85%，保持 5min 后再挤压至蓄电池模块原始尺寸的 50%。

7. 针刺测试

将按规定方法充好电的蓄电池模块用 ϕ3～8mm 的耐高温钢针以 10～40mm/s 的速度，从垂直于蓄电池极板的方向至少贯穿 3 个蓄电池单体（钢针停留在蓄电池中）。蓄电池模块应符不爆炸、不起火。

39.2.3 电池组管理系统测试

1. 参数测量误差测试

（1）在充电回路中连接电流测试和能量检测设备，启动充电设备，按产品技术条件中规定充电方式充电。充电过程中不允许被测设备放电，至电源单体电池过充电压保护动作。

（2）在放电回路中连接电流测试和能量检测设备，启动放电设备，以电池组额定输出电流放电。放电过程中不允许对被测设备充电方式放电，至电源单体电池过放电压保护动作。

（3）试验过程中不少于 3 次监测各单体电池的电压、各单体电池的温度、电池组的放电电流、电池组电压，与电源显示相比较，误差应满足要求。在放电结束时，检测各单体电池电压值，最低电压值应不低于产品技术条件中的要求。

2. 单体电池过充电压保护功能

当电池充电至单体电池过充电压保护值时，电池应采取保护动作，主动断开与充电机连接。测量此时的电池输入端或受电池管理系统控制的电池组输入端与充电设备之间的通断状态。

3. 单体电池过充电压保护失效检测

将电池充电至单体电池过充电压保护动作，使该保护功能硬件失效。启动充电设备（充电电流不高于电池额定充电电流的 20%，各单体电池的电压不高于最大允许充电电压的 103%），当某只单体电池电压在 100%～103%最高允许电压范围内，观察电源是否报警或显示故障信息。

4. 单体电池过放电压保护功能

当电池充电至单体电池过充电压保护值时，电池应采取保护动作，主动断开与负载连接。测量此时的电池输出端或受电池管理系统控制的电池组输出端与负载之间的通断状态。

5. 单体电池过放电压保护失效检测

将电池放电至单体电池过放电压保护动作，使该保护功能硬件失效。启动放电设备（放电电流不高于电池额定输出电流的 20%，各单体电池的电压不低于最低放电截止电压的 97%），当任意一只单体电池电压在 97%～100%最低放电截止电压范围内，观察电池是否报警或显示故障信息。

6. 充电过流保护测试

增加充电设备的输出电流至电池组充电过流保护值的 103%，电池应实现充电过流保护，记录过流开始时间 t_{c0}，电源与充电设备断开时间 t_{c1} 以及报警或显示故障信息时间 t_{c2}。计算断开时间：$\Delta t_{c1}=t_{c1}-t_{c0}$；报警时间：$\Delta t_{c2}=t_{c2}-t_{c0}$。

7. 放电过流保护测试

充电至单体电池过充电压保护，在电池的各类输出端施加过流负载，使电池输出电流为过流保护电流值的 103%，电池应实现放电过流保护，记录过流开始时间 t_{d0}，电池与负载断开时间 t_{d1} 以及报警或显示故障信息时间 t_{d2}，计算断开时间：$\Delta t_{d1}=t_{d1}-t_{d0}$；报警时间：$\Delta t_{d2}=t_{d2}-t_{d0}$。

8. 输出短路保护测试

充电至单体电池过充电压保护，在电池的各类输出端分别施加短路负载（外部线路电阻应小于 5mΩ），使电池输出端或受电池管理系统控制的电池组输出端处于短路状态，电池应实现放电短路保护，记录短路开始时间 t_{s0}，电池与短路负载断开时间 t_{s1} 以及报警或显示故障信息时间 t_{s2}，计算断开时间：$\Delta t_{s1}=t_{s1}-t_{s0}$；报警时间：$\Delta t_{s2}=t_{s2}-t_{s0}$。

9. 温度保护功能测试

（1）将电池温度检测元件置于温箱中，从室温以不大于 3℃/min 升温速率调整温箱中的温度至低于产品企业标准所规定的单体电池最高表面温度的 5℃，电池应处于正常工作状态；以不大于 1℃/min 升温速率平稳调整温箱中的温度至电池断开与用电设备连接，记

录动作时间 t_{T0} 和动作温度 T_1。温箱停止升温，至电池报警或显示故障信息，记录时间 t_{T1}。

（2）温箱以不大于 1℃/min 速率降温，至电池与用电设备恢复连接，记录恢复时间 t_{T2} 和恢复温度 T_2，恢复温度应为单体电池最高表面温度值 ±2℃，且低于 T_1；至电源温度保护显示或报警消失，记录时间 t_{T3}。计算：

电池断开与用电设备连接与电池显示或报警的时间间隔 $\Delta t_{T1}=t_{T1}-t_{T0}$；

电池恢复与用电设备连接与电池显示或报警消失的时间间隔 $\Delta t_{T2}=t_{T3}-t_{T2}$。

39.2.4 主要测试设备

1. 安全测试系统

（1）电池性能的重要性能指标之一是电池容量。它表示在一定条件下（放电率、温度、终止电压等）电池放出的电量，即电池的容量，以安培·小时（A·h）为单位。实际容量计算：实际容量 = 放电电流 × 放电时间。矿灯标准中都规定了蓄电池容量试验的具体方法：将试验样品接入容量测试仪，先以 I10（A）放电至终止电压，然后设定充电参数：充电电流 2I10（A），充电限制电压（4.2±0.05）V［磷酸铁锂离子蓄电池（3.65±0.05）V］，充电终止电流 0.1I10（A），进行自动充电。充电完成后静置 1h，以 I10（A）放电至终止电压，计算实际容量。按照容量试验的测试方法，以及试验室对多路检测和自动记录的要求，煤科总院上海研究院研制了多通道蓄电池容量试验系统。该测试系统还能测试电池的容量、内阻、荷电保持能力、实际工况模拟等性能，可以实现恒电流、恒电压、C-Rate、Rest、恒定功率、恒定负载、电流阶梯或斜坡、电流脉冲等各种测试方法。

（2）煤科总院上海研究院研制的锂离子电池安全测试系统主要是模拟电池在误用或滥用等非正常状态下，可能发生起火、爆炸的情况。模拟的非正常状态主要包括过充电、过放电、穿刺、挤压、重物冲击、短路、从高处跌落、高温等。试验中电池起火、爆炸可能对试验人员产生伤害，因此需要试验在全封闭状态下进行。锂离子电池安全测试系统利用蓄电池容量测试系统给锂电池充电，保证电池在满荷电状态下进行相关试验，对电池进行过充电、过放电试验。利用针刺、挤压、重物冲击、短路、跌落试验装置和高低温试验箱模拟各种非正常状态，测试在此条件下锂电池的安全性能。利用红外摄像仪，可以快速记录各种试验条件下电池表面的温度分布情况和最高温度点，并通过不同色彩直观地显示出来。利用视频记录系统，可以还原电池起火、爆炸的过程以及起始点，为试验过程及原因分析提供证据。电池安全性能测试系统适用于各类锂离子电池，主要测试 100A·h 以下锂离子电池针刺、挤压、重物冲击、过冲电、强制放电、短路、热冲击等重要项目。

2. 锂电池管理系统测试平台

锂电池管理系统要求有过充电保护功能、过放电保护功能、过流保护功能、均衡充电保护功能，并要求 50ms 内完成必要的断电保护等。目前行业内仅能对管理系统的单一功能采用专门的集成电路来验证，暂无完善的电池管理系统检测手段及设备。

煤科总院煤科总院常州研究院自主研制出能满足 18 节、100A · h 以内锂离子电池管理系统检测所需要的设备，电压精度为 ±（0.1% FS+0.1% RD）mV；电流精度为 ±（0.1% FS+0.1% RD）mA；阻抗可调模拟范围为 0.01 ～ 1000MΩ。它主要由测控中心、能量回馈型充放电装置、单体电池参数测试单元、温度测试单元、保护功能监测单元、均衡充电精度检测单元组成。能对锂离子电池管理系统的所有性能进行测试，包括监测一致性、过冲 / 过放保护功能、保护失效功能分析验证等方面，从而完善了矿用锂离子电池电源的安全准入手段。

（本章主要执笔人：常州院褚卫忠，梁宏，陈海舰；上海院闵建忠）

第40章 井下照明器材测试技术

我国用于煤矿井下的照明设备主要分为两大类：矿灯和防爆灯具。其中矿灯定义为供煤矿井下人员携带使用的照明灯具，一般由灯头、电缆及安装在蓄电池槽内的蓄电池等部分构成。或将光源、蓄电池等部分安装在一个壳体内，组成无电缆线的整体式结构。煤矿用防爆灯具按照使用场所分为：巷道、硐室照明用灯具，采掘工作面用灯具，运输机械用灯具，钻车、掘进机械用灯具。按照光源分为：荧光灯具、白炽灯具、LED灯具、钠灯具、汞灯具。目前，随着技术的发展，我国煤矿目前所用的矿灯光源和蓄电池基本都采用了行业先进的LED光源和锂电池技术。现有的测试技术标准有MT1162—2011、MT/T1092—2008、MT221—2005、GB7957—2009等。

煤科总院上海研究院在照明设备测试研究方面一直走在行业前列，研制了相关测试设备。对于灯具照明性能来说，主要是测试LED光源的相关性能，而最重要的是光分布、光色性能这两项指标。

本章着重介绍矿灯LED光源光分布、光色性能的测试方法和测试装备等。

40.1 空间光分布测试

光分布性能是光源照明最主要的性能之一。LED光源具有方向性，不同的封装结构光线出射角度不一样，如果光源照明未根据LED光源特点做井下光学结构设计，会导致照射面积小、照射距离短、亮度不均匀等缺点，影响井下作业，甚至直接或间接引发事故。煤科总院上海研究院所用的分布光度测试系统，在追踪探头旋转台中同时安装高精度恒温探头、快速光谱辐射计及成像CCD相机等探测设备，通过软件可方便地选择所用的光电探测设备，实现不同的测量功能。可以测试各类灯具空间光分布、总光通量、光效等光参数测试。

40.2 光源光色性能试验

矿灯和煤矿用防爆灯具所用的LED光源，不同类型光源的色温、显色指数等光色性能差异较大，安装在灯具上可能产生照射失真、眩光、穿透粉尘性能差等问题。煤科总院上海研究院建设的光色电测试系统，采用世界领先的平场凹面光栅和低杂散光M型光学结构，具有极低杂散光、高衍射效率；配合日本 HAMAMATSU 电子冷却科学级二维 CCD 列阵探测器，以及低噪声、高灵敏度放大器，可以对光源色温、色品坐标、主波长、峰值波长、色纯度、色容差、显色指数、色比、光通量、亮度、辐射功率、光谱反射率、光谱透射率等光度、色度量等光谱参数进行分析测试，可以控制灯具光源的光色性能，满足煤矿井下的特殊环境要求。

40.3　主要测试装备

40.3.1　分布光度计

上海院装备了分布光度计，它是国际照明委员会 CIE 70 文件推荐的两种反光镜分布光度计之一。符合美国能源之星 IES LM79 标准、欧洲标准 EN 13032-2 以及 CIE-CEN/TC169/WG7 新草案。测试时被测灯具工作方向固定，安装于测量系统的光度中心，反光镜绕被测灯具旋转并将测量光束反射至光电探测器，与反光镜同步旋转的探头追踪测量光束，测量光束的光强。追踪探头的接收面始终垂直于测量光束，保证最佳的光电测量条件；与反光镜同步旋旋的消除环境杂散光的旋转光阑，仅让从反光镜反射的测量光束到达探测器，环形光阑组合，有效消除环境杂散光。

分布光度测试系统如图 40.1 所示，其测量参数主要包括：空间光强分布曲线、空间等光强曲线、任意截面上的光强分布曲线、平面等照度分布曲线、亮度限制曲线、利用系数曲线灯具效率、眩光等级、有效发光角、上射光通比、下射光通比、灯具的总光通量、有效光通量，以及电参数等。

图40.1　分布光度测试系统

40.3.2　光色电测试系统

上海院装备了光色电测试系统，它具有极宽的光谱范围，毫秒级的测量速度和实验室级的测量精度，具有内置触发和外置触发功能，可以方便地测量脉冲光源、LED 瞬态发光特性等。用于测量LED等各种光源及灯具的相对光谱功率分布、色品坐标、主波长、色纯度、峰值波长、光谱带宽、色温、显色指数（R1～R15）和Ra、总光通量、能效、辐射功率、红色比、色容差，以及电压、电流、功率、功率因数、频率、谐波等参数。

（本章主要执笔人：上海院闵建忠，刘琨，钱柄旭；常州院陈海舰）

第41章

矿用监控通信设备环境可靠性试验技术与装备

可靠性试验的目标是验证或提高产品的固有可靠性水平。这一目标涉及产品在预定环境中正常工作的能力（适应性）能维持多长时间的定量指标，因而可靠性试验不属于环境试验。在产品研制的不同阶段，环境试验和可靠性试验都可分为研制（工程）试验、鉴定试验和验收试验，但是其试验目的、试验方法和故障判据都不尽相同。MT209—1990、MT210—1990对产品的环境适应性提出了要求和试验方法，这些测试项目对应的相关设备已成为目前国内矿用设备可靠性试验的主要手段。

但随着煤炭工业不断发展，煤矿井下受限空间条件下高湿、高温、高粉尘、易燃易爆、供电条件等环境因素愈加恶劣；不断变化的井下恶劣环境对矿用设备及系统的稳定可靠性提出了新的要求。为了能够进一步测试矿用监控通信设备的安全可靠能力，煤科总院常州研究院引进了三综合试验平台，用于使用寿命试验研究和加速试验研究，研制了煤矿恶劣工况条件模拟系统装备，用于多环境条件模拟试验装备。

本章主要介绍煤科总院近年来的矿用通信、监控设备环境可靠性试验手段与装备情况。

41.1　矿用监控通信设备安全可靠性试验研究

煤矿电工电子产品大多是典型的电子产品。一般认为电子产品的失效率随时间的变化关系呈浴盆曲线；已过早期失效阶段尚未进入老化失效阶段的电子设备的失效率近似为常数，所以对煤矿安全监控系统可靠性指标的测定可以采用GB5080.7—1986介绍的方法进行试验。

矿用监控通信系统类产品的失效范围的划定，可以根据具体行业标准中的强制要求部分进行划定，标准中的可选部分和各厂家设计时扩展的功能都不宜划定在失效范围内。另外，性能指标中的统计性测量指标（比如传输误码率）可不考虑在内，因为这种失效不能在可靠性试验过程中快速判定。

考虑到已经选取试验方案中的可靠性指标下限为技术指标中规定的可靠性指标最小值，所以适当放大风险概率也是可以的。如果把风险放大到$\alpha=\beta=20\%$，则可取GB5080.7—1986中表12的5：7方案，试验时间可进一步缩短。

以煤矿安全监控系统为例，由于系统是由设备构成的，所以可以用直接测试法测定各设备（或子系统）的可靠性指标后，应用系统可靠性理论计算出系统的可靠性指标。对于煤矿安全监控系统，AQ6201—2006第5.11条规定系统的MTBF至少应为800h。为了能够开展监控通信设备安全可靠性试验研究，煤科总院常州研究院着力从如下三个方面开展了相关工作。

41.1.1 建立矿用监控通信设备可靠性检测人工模拟试验平台

煤科总院常州研究院建立了矿用电子电气产品可靠性试验的人工模拟试验综合平台（三综合试验平台），研究建立合理有序的试验规则，为可靠性试验提供合理的试验平台。利用此平台可以进行使用寿命试验、加速老化试验、环境应力筛选试验等研究性试验活动。

41.1.2 研究建立矿用监控通信设备可靠性试验模型

利用矿用电子电气产品可靠性试验的人工模拟试验综合平台（三综合试验平台），依据矿用电子电气产品实际使用环境，可以建立适当的可靠性试验模型，为矿用电子电气产品可靠性试验给出理论和试验模型。

由于各类可靠性试验的目的不同，其试验要求也不完全相同，产品出现故障前的工作时间的分布规律、所用统计抽样方案、试验结果的处理和评定方法也就有所不同。根据矿用电子电气产品的特点，需要选择不同的试验方案，才能对产品的可靠性水平进行正确评价或推断。

41.1.3 矿用监控通信设备软件可靠性测试

软件可靠性测试是在软件的预期使用环境中，为了最终评价软件系统的可靠性而运用建模、统计、试验、分析、评价等一系列手段对软件系统实施的一种测试。它是面向故障的测试，以用户将要使用的方式来进行的，每一次测试代表用户将要完成的一组操作，最终测试软件的可靠性。

通过矿用电子电气产品软件可靠性的研究，可以为目前的矿用监控系统、人员定位系统、无线通信系统等矿用系统可靠性提供模型、试验方法、结果等，最终为矿用电子电气产品提供完善的可靠性解决方案。

详细的软件应力可靠性实验思路已在本篇第一部分监控系统测试技术中做了相关介绍。

41.2 三综合试验平台

三综合试验平台（图41.1）集温度、湿度、振动功能于一体，适用于矿用电子电气产品在综合的恶劣环境下检验其各项性能指标。

三综合试验平台主要为矿用电子电气产品科研及生产单位提供温、湿度变化环境，同

图41.1　三综合试验平台

时可在试验箱内将电磁铁振动应力按规定的周期施加到试品上，供用户对整机（或部件）、电器、仪器、材料等做温湿度、振动综合应力筛选试验，以便考核试品的适应性或对试品的行为作出评价。可用于可靠性研制试验、可靠性增长试验、可靠性鉴定试验和使用寿命试验、环境应力筛选、可靠性验收试验。平台具有极宽大的温、湿度控制范围，可满足各种试验要求；大推力的振动试验台，可完成正弦振动、随机振动，满足各种振动试验要求。

该平台可满足IEC体系标准、国标以及军工标准等不同的要求。试验能力方面，温度控制范围为 −70 ～ +150℃；相对湿度控制范围为 20％～ 98％ RH；最大正弦推力超过65kN；最大随机推力超过 65kN；最大冲击推力超过 130kN；最大加速度超过 $980m/s^2$；最大速度达到 2m/s；频率控制范围为 5 ～ 2500Hz；最大位移峰峰值超过 51mm。

41.3　煤矿恶劣工况条件模拟系统

煤矿恶劣工况条件模拟系统集高粉尘、高温、高湿度以及恶劣供电条件于一体的井下工况模拟系统，可系统、整体地测试监控通信系统和设备的稳定性、可靠性。

目前国内矿用监控通信设备的分析、测试、验证均在地面条件下，将各种气候环境和供电异常等条件独立施加在样品上，以环境试验的方式逐项测试。煤科总院常州研究院建立的井下工况条件模拟系统，主要用于矿用监控通信系统及设备的可靠性模拟试验，主要包含恶劣大气环境模拟子系统和恶劣供电模拟子系统。

41.3.1　恶劣大气环境模拟子系统

恶劣大气环境模拟子系统（高温、高湿、高煤炭粉尘）将试验空间内的粉尘浓度控制与温度控制合并，形成针对煤矿井下恶劣环境试验系统。在开展可靠性试验研究时，可以将温度、湿度、煤炭粉尘浓度三个应力并结合恶劣供电条件，按照试验方案需求进行程序控制，可满足长时间的多应力试验要求。

子系统环境模拟能力为：煤炭粉尘浓度调节范围上限达到1000 mg/m^3；产生粉尘时，试验温度调节范围至少满足0～60℃的温度控制需求；不产生粉尘时，至少可满足−70～110℃的温度控制需求；试验温度调节范围满足30%～98% RH的湿度控制需求。

41.3.2 恶劣供电模拟子系统

该子系统主要由软件测试平台和测试主机构成。由主机为放置于试验空间内部的成套系统设备提供掺杂了恶劣干扰分量的交流电源，从而产生恶劣供电这一试验应力。

主机内置EFT模块和VSC模块；内置单相耦合 / 去耦网络，400VAC/DC（p-n）/16A（IEC & ANSI Cat.A& B）；符合EN / IEC 61000-4-4 Ed 3.0和EN 61000-6-1，-6-2标准；符合EN / IEC 61000-4-5 Ed 3.0和EN 61000-6-1、EN 61000-6-2标准；符合IEC 61000-4-4/5和ANSI/IEEE C62.41标准；三相3×690V/32A，1000V DC/32 A耦合；四线制7kV信号耦合与去耦。

（本章主要执笔人：常州院王小松，赵可可，梁宏）

第十篇　井下供配电设备测试技术

井下供配电设备主要是指煤矿井下为煤炭运输、采煤、掘进、通风、排水等工作中安全供电而设计制造的电气保护和控制装置。我国早期井下供配电设备主要为油浸式变压器、空气开关、检漏继电器等。随着采掘技术的发展，煤机装备的功率、功能都有了很大的提升，与之配套的供配电设备也趋于大功率、多功能、自动化、数字化。

我国的供配电设备最初主要采用苏联的技术，逐步建立了煤矿井下三相中性点不直接接地的供电系统。高压供电从6kV电压发展到10kV，低电压从380V电压发展到1140V，以及工作面实现3300V电压供电。为保证供配电设备在煤矿生产中的安全性和可靠性，世界各主要产煤国家针对煤矿井下供配电设备都制定了测试方法及相关标准。在20世纪初苏联、英国、德国等国都建立了各自的供配电设备安全性能的测试装备，我国在此基础上逐步建立了适用自身发展的供配电设备的测试手段，制定了MT/T 661《煤矿井下用电器设备通用技术条件》、GB/T 5590《矿用防爆低压真空电磁起动器》、MT 476《YBC采煤机截割部用隔爆型三相异步电动机》等50余项国家及行业供配电设备的系列标准，涵盖了煤矿井下变压器、开关电器、变频装置、电机等主要供配电设备的技术要求和试验方法。

为满足供配电设备的发展，同时满足上述标准的符合性测试，20世纪70年代初，沈阳院建立了煤矿用高低压电器性能研究与检验的专门机构，并编制了《煤矿井下供电的三大保护细则》，承担了煤矿电器真空化改造研究与检验的工作。80年代，上海院研制了与千伏级供电设备相关的测试装备，先后建立了千伏级防爆电器通断试验台、400kW防爆电机试验台、防爆开关电器保护试验台和照明电钻综合保护装置试验台等设备，对确保煤矿千伏级供配电系统改造升级发挥了重要作用，也代表了我国80～90年代煤炭行业防爆供配电设备试验能力的最高水平。

矿用防爆供配电设备多样式、多规格、技术新的发展趋势，催生了与之对应的测试技术研究和测试装备的开发。自2009年以来，沈阳院先后建立了60m³防爆电气设备安全性能环境试验装置、3.3kV 煤矿防爆电器关合、开断检验装置；上海院先后建立了 2×250kW 双机变频牵引试验装置、1140V 开关短路通断试验装置、550V 直流开关电器通断试验装置、5000kW 电机试验装置。煤科总院重庆研究院建立了低压 1140V、155kA 和高压 10kV 开关电器通断试验设施。这一系列标志性的供配电设备测试装备，使中国煤炭科工集团的矿用供配电设备检测能力达到国内领先水平。

本篇重点详细介绍矿用防爆高低压交流开关电气设备、电机与调速设备、动力变压器与无功补偿设备的测试技术及相关测试装备。

第42章 高低压开关电气设备测试技术

高低压开关电气设备已广泛用于煤矿井下采、掘、运装备的供电系统，并实现系统中过载、短路、漏电等保护，以保障供电安全。高低压开关电气设备主要含高压配电装置、高压起动器、负荷中心、馈电开关、多回路起动器、起动器、变压器综合保护装置等交流开关电器设备和机车停送电开关、自动开关、司机控制器等直流开关电器设备。

本章主要阐述高低压开关电气设备的开关通断性能、保护性能、温升、动热稳定的测试方法、技术要求、测试原理，以及相关主要测试装备的结构组成、工作原理、技术参数和主要技术特点。

42.1 低压交流开关通断试验测试技术

低压交流开关设备是煤矿井下供电系统中最重要的组成部分。分为控制和配电两大类，电压等级从36V一直到1140V使用都非常广泛。通断试验指的是低压交流开关接通和分断正常及非正常大电流的能力，符合相关标准要求的通断能力是低压交流开关的重要指标，也是井下供电安全的重要保障。

42.1.1 测试项目

通断能力试验是用来考核开关电器在非正常条件下接通和分断电路的能力，考核电路中发生各种过载和短路故障时，电路中的开关电器是否能可靠地接通负载和分断故障电流。因此，要对具有接通和分断大电流能力的电器设备进行通断能力试验，来验证这些电器的接通与分断能力是否能够满足相关标准的要求。开关电器的主要通断测试项目有额定接通与分断能力试验、极限分断能力试验、额定短路接通和分断能力试验等。

42.1.2 测试方法与技术要求

1. 测试方法

开关的接通能力主要体现在能否有效抑制和承受触头闭合过程中产生的电弧。电弧是由于触头闭合过程中动、静触头之间发生碰撞及触头系统的电动力作用而发生机械振动产生的电弧。开关的分断能力主要体现在能否有效熄灭触头分断时由于开断电路的电压和电流都大于生弧电压和生弧电流而在触头之间产生的电弧。在电弧的高温作用下会使触头金属表面熔化，在各种因素影响下金属蒸发和喷溅，加速触头的电磨损，容易导致动、静触头发生熔焊现象。而分断时电弧能量要更高，产生的高温会使触头烧损，烧毁电器的其他部件或发生相间短路。

开关设备在分断电流后于一个极的两接线端子间出现的电压称为恢复电压，这一电压可以认为由两部分组成，即瞬态恢复电压和工频恢复电压。瞬态恢复电压是在具有显著瞬态特征的时间内的恢复电压，在三相电路中是指最先断开的一极的两端间所出现的电压。工频恢复电压是瞬态电压现象消失后的恢复电压，它用有效值表示。

瞬态恢复电压用两个参数表示表示其特征，一个是过振荡系数 γ；另一个是振荡频率 f。其定义为

$$\gamma = \frac{U_{\mathrm{hfm}}}{U_{\mathrm{gm}}} \tag{42.1}$$

$$f = \frac{1}{2t_{\mathrm{m}}} \tag{42.2}$$

式中，U_{hfm} 为瞬态恢复电压的最大值；U_{gm} 为电弧电流过零瞬间电源电压瞬时值；t_{m} 为从电流过零起到 U_{hfm} 出现止所经历的时间。

通过上面的定义可知，触头间电压增长速度与电弧电流过零瞬间的电源电压 U_{gm}、过振荡频率 f 的大小有关，U_{gm}、γ 及 f 越大，触头间电压的增长速度也越快。

为了对开关电器在分断电路时应能承受的恢复电压提出合理的要求，在相关国家标准中对模拟测试负载（感性负载）电路条件的瞬态恢复电压特性作了规定，瞬态恢复电压的振荡频率（kHz）应调整为

$$f = 2000 I_{\mathrm{e}}^{0.2} U_{\mathrm{N}}^{-0.8} \pm 10\% \tag{42.3}$$

式中，I_{e} 为分断电流，A；U_{N} 为开关电器的额定工作电压，V。

而过振荡系数应调整为

$$\gamma = 1.1 \pm 0.05 \tag{42.4}$$

交流电弧的熄灭还与负载的性质有关。电路中的电感越大、电阻越小，即功率因数越低，则电弧越难熄灭；在其他条件相同时，电源电压越高，电弧电流过零瞬间的电源电压瞬时值越高，电弧电流过零后触头间电压增长速度也越快，电弧越不容易熄灭；在其他条件相同时，试验电流越大，电源供给电弧的能量越多，电弧越难熄灭。

因此，开关设备的通断能力试验采取的测试方法就是使用能够提供相关参数的电源系统，通过调整试验电压、试验电流和功率因数等参数来满足测试技术要求，通过采集试验过程中的数据进行分析和观察试验过程中的试品状态，来判断测试结果。

2. 技术要求

在 GB 14048 的系列标准中包含了各种不同低压开关设备的详细技术要求，通断能力要

求一般是根据低压开关设备的不同使用类别来确定的，例如在 GB 14048.4—2010《低压开关设备和控制设备 第 4-1 部分：接触器和电动机起动器 机电式接触器和电动机起动器（含电动机保护器）》中对于使用类别为 AC-3、AC-4 的设备接通能力（使用类别及其代号在标准中有明确规定）给出了如表 42.1 的要求。

表42.1 不同使用类别的接通与分断能力的接通条件

使用类别	接通条件					
	I/I_e	U/U_e	$\cos\theta$	通电时间	间隔时间	操作循环次数
AC-3	10	1.05	①	0.05	10	50
AC-4	12	1.05	①	0.05	10	50

I：接通电流，接通电流用直流或交流对称有效值表示，但对交流而言，接通操作时实际的电流峰值可能会高于对称峰值。

I_e：额定工作电流。

U：外施电压。

U_e：额定工作电压。

$\cos\theta$：试验电路的功率因数。

①：$I_e \leqslant 100$A，$\cos\theta = 0.45$；$I_e > 100$A，$\cos\theta = 0.35$。

42.1.3 测试装备

上海院、沈阳院、重庆院都建有交流通断试验装置。上海院交流通断试验装置最大试验电流 5kA/3630V、15kA/1254V、20kA/726V、30kA/420V，装置可与爆炸试验槽进行连接，使试品在爆炸试验槽内完成接通和分断能力试验，可用来研究防爆结构的安全间隙，装置已纳入了上海市大型公共共享服务平台。沈阳院交流通断试验装置最大试验电流 86.6kA/660V、50kA/1140V、16.7kA/3300V。重庆院通断试验装置最大试验电流 30kA/1140V、50kA/660V、80kA/380V。

通断试验装置主要由主回路、控制回路、数据采集系统构成。

1. 主回路

通断试验装置主回路主要包括冲击试验变压器、多电压切换分级开关、变压器保护配电柜、陪试开关柜、前后级可调阻抗等。通断试验主回路电路图可参见 GB 14048.1—2012《低压开关设备和控制设备　第 1 部分总则》中 8.3.3.5 条的规定。

试验装置主回路的冲击试验变压器主要用于试验回路中短路电源的产生，在短时间内形成标准要求的故障电流，实现对开关分断电流能力的考核。

电抗器按照 GB 14048.1—2012 及 IEC 标准，用无磁性材料的空芯电感线圈构成，每相有多个电抗元件串级组成，电抗值为 0.022 ～ 0.4967mH。电阻器用高温电阻合金制成，温度系数 $5\pm50\times10^{-6}$/℃，每相有多个元件串联构成，电阻调节范围为 0.00183 ～ 0.0563Ω，电阻温升不超过 300K。试验回路中通过电抗器实现所需试验电流的调节。

2. 控制回路

试验控制台用作短路试验回路的保护和控制，通过操作短路试验主回路中的断路器、试品、陪试品，实现低压侧回路的短路、关合和开断试验，并保障试验回路的电气安全。控制回路主要由操作台、控制柜等组成。控制方式随着 PLC、组态软件的发展，由开始的继电器等控制元件变成了 PLC、计算机等程序集成控制元件，操作方式由手动操作为主变为了程序自动运行为主的操作方式。控制台的控制核心采用可编程控制器，配合继电器、接触器实现主回路和试验端口的控制功能。

3. 数据采集系统

数据采集系统吸纳了各种国内外无纸记录仪的优点，采用了德国 AMO 公司研制的 SATURN 数据采集系统，主要由显示器、PCI 主机、ARM 微处理器为核心的智能通信板、主电源、外供电量变送器、信号放大器、隔离传感器等构成。系统如图 42.1 所示。

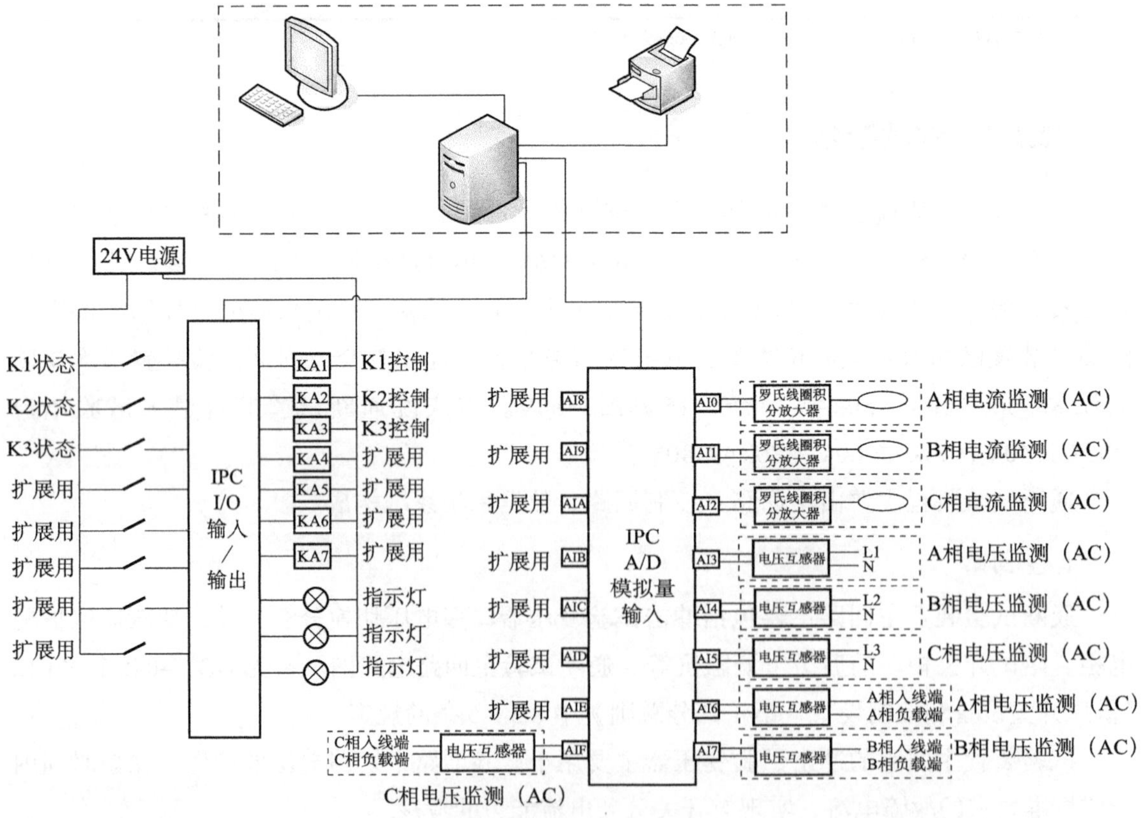

图42.1 数据采集部分系统

SATURN 数据采集系统具有机箱式主机和优良的可视化界面、便利的参数设置及数据分析能力，最高采样率 1.25MS/s，人机界面可显示实时波形，测量结果数据包括正负峰值、有效值、通电时间、允通能量、功率因数等。应用软件工具可对波形进行分析，并可将测试波形及相关测试数据存入硬盘，有打印功能。

上海院、沈阳院的交流通断试验装置分别如图 42.2、图 42.3 所示。

图42.2　上海院的交流通断试验装置

图42.3　沈阳院的交流通断试验装置

42.2　高压交流开关关合与开断试验测试技术与装备

高压开关设备是煤矿井下供电系统中不可缺少的部分，主要分为配电和控制两大类。配电类设备主要配合井下供电系统中变压器的使用，而控制类设备主要用于控制煤矿井下的高压负载设备（如高压电动机）。目前井下的高压开关设备只有 10kV、6kV、3.3kV 这三个电压等级。关合与开断能力是指高压开关设备关合和开断线路上出现异常大电流（如过载、短路电流）的能力，所以高压开关设备的关合与开断性能与井下供电系统的安全及可靠运行密不可分。

42.2.1　测试项目

测试项目包括配电类设备的额定短路开断电流试验和额定短路关合电流试验，控制类设备的关合和开断能力试验和短路电流关合和开断试验等。考核高压开关设备在故障和非故障状态下，关合与开断正常电流和故障电流，特别是短路电流的能力。

42.2.2　测试方法与技术要求

1. 测试方法

目前煤矿井下的高压开关设备的电压等级未超过 10kV，测试采用直接试验法，将高压开关设备连接到试验电网或特殊发电机上，模拟制造短路，进行关合与开断试验。试验过程中对试验电压、试验电流、功率因数、直流分量、瞬态恢复电压、工频恢复电压、燃弧时间等参数进行测量、采集及数据处理。

2. 技术要求

1）配电类设备

高压配电类设备的主要器件是高压真空断路器，为了让试验中的各技术参数条件更加接近或严酷于电路中实际发生短路的技术参数条件，高压真空断路器在进行短路关合与开断试验时应满足以下技术条件：

（1）试验电压不能低于额定电压，也不得超过额定值的10%，且各极施加的电压与平均值之差不应超过5%。

（2）电源频率应为设备的额定工作频率，允差不超过 ±8%。

（3）开断电流应不小于断路器的额定短路开断电流，但也不应超过10%。

（4）试验的功率因数（三相的平均值）不大于0.15。

（5）开断试验时触头分离时刻直流分量不应超过交流分量的20%。

2）控制类设备

高压控制类设备的主要器件是高压真空接触器。为了让试验中的各技术参数条件更加接近或严酷于实际使用时的技术参数条件，高压真空接触器在进行额定关合与开断能力试验时应满足以下技术条件：

（1）试验电压不能低于额定电压，也不得超过额定值的10%，且各极施加的电压与平均值之差不应超过5%。

（2）试验电流应根据不同的使用类别选取不同的电压、电流和功率因数值。

（3）分布在电源侧的阻抗值应不大于试验回路总阻抗值的10%。

42.2.3　测试装备

关合与开断试验装置主要由试验电源、主回路、控制单元系统、测量系统构成。煤科总院重庆研究院的高压开关关合与开断试验装置，试验电源断口处的最大容量950MV·A，最大开断电流有效值50kA，可调最小功率因数0.1，可满足额定电压等级为3.3kV、6kV、10kV的高压开关设备进行分断能力试验。

1. 试验电源

试验装置的电源可以选用电网，也可选用专用的冲击发电机组，用于为关合与开断试验提供足够大的电源容量。

试验时，由于电源需要在短时间内提供巨大的容量，利用电网作为试验电源，每次试验都会给电力系统带来一定的冲击，危害电力系统的安全运行，对周边的电网用户造成影响。因此关合与开断试验装置通常选取冲击发电机组作为试验电源。

冲击发电机组主要包括发电机、拖动电机、强迫励磁系统、水冷却和油润滑配套系统，以及相应的配电和控制设备等。发电机组框图见图 42.4。

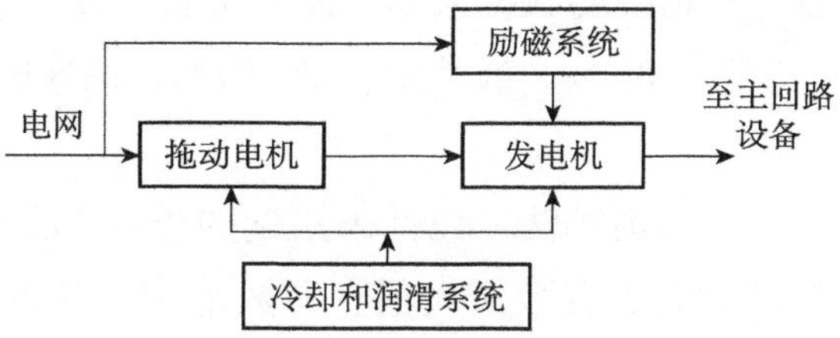

图42.4　冲击发电机组框图

2. 主回路

试验装置的主回路主要由冲击试验变压器、试验阻抗、选相合闸设备和高压保护开关柜等组成。

冲击试验变压器具备输出可变电压等级的功能，在进行关合与开断试验时，通过调节设备档位和连接方式，为开断和关合试验主回路提供不同的电压等级。通常冲击变压器选用三台单相变压器组成三相回路的方式，既可以完成单相试验，也可运行三台设备完成三相试验。为保证输出电压可在一定范围内调节，需为变压器配置分接开关；为实现变压器可输出多个电压档位，需配置电压转换开关。

试验阻抗一般由多个电抗器元件和电阻器元件组成。在进行关合与开断试验时，可根据试验要求的电流值，通过调节改变试验电抗器和电阻连接方式和投入数量，实现主回路阻抗参数的调节，并提供试验需要的电流和功率因数。

选相合闸设备具备选相合闸功能，在进行关合与开断试验时，为了能精确控制相位的同步性，设备可在指定相位合闸，提供不同起始相位的输出电压。

高压保护开关柜主要用于试验回路的保护。在试验过程中，若试品因质量等问题无法及时有效地开断电流，或出现故障或异常时，高压开关柜应可靠地断开试验主回路，主动保护主回路上的设备。

3. 控制系统

控制系统主要为关合与开断试验提供精确的自动化流程控制和保护控制。流程控制包括试验前的冲击变压器档位投切控制、互感器量程投切控制、电气互锁控制，试验过程中根据试验方案对高压开关和选相开关的合分闸时序控制等。电压和电流的控制精度不低于 0.3%，时间的控制精度不低于 ±20ms。保护控制主要用于当试验设备发生故障或人员误操作时，控制设备应及时断开主回路，以保障人身和设备安全。

4. 测量系统

测量系统主要包括电压传感器、电流采集罗氏线圈、积分器、工控机采集板卡、高速瞬态采集模块和测量分析软件等。测量系统具备数据采集和分析计算功能。用于关合与开断试验电压和电流等参数实时精确的数据采集、波形拟合，并计算和分析频率和时间等，提供测量数据，测量精度不低于0.5%，线性度不低于1%，高速瞬态采集模块的最高采样率可达100MS/s。

测量分析软件具有强大的功能算法，包括采集到的最大/最小值、峰峰值、平均值、有效值、频率、周期、标准偏差、参数最大值、参数求和、参数平均值、通电时间、焦耳积分、燃弧时间等。通过测量或分析输出的参数包括线电压、线电流、相电压、相电流、功率因数、工频恢复电压、瞬态恢复电压、飞弧电流、通电时间等。控制和测量系统见图42.5。

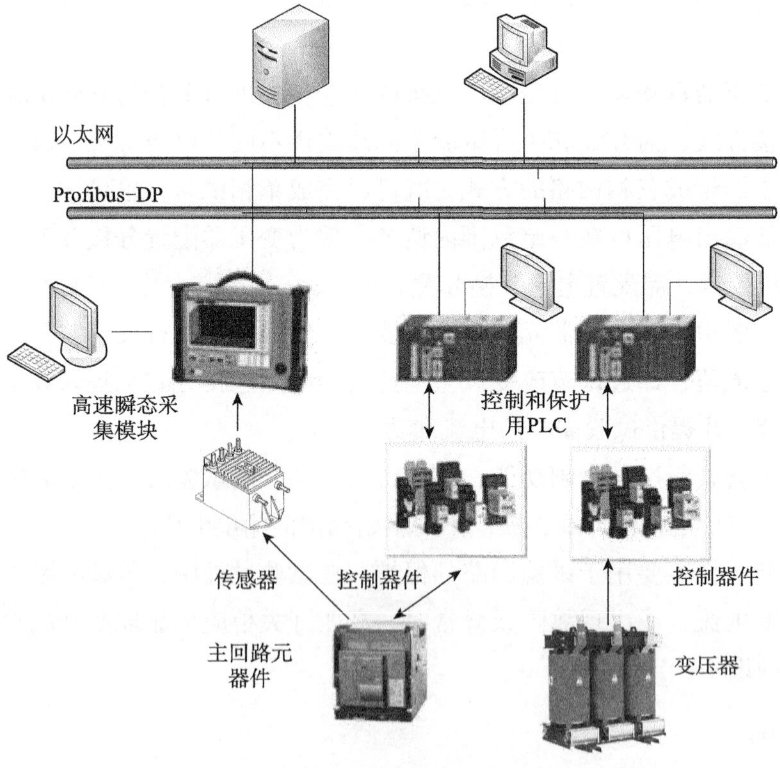

图42.5　控制和测量系统

42.3 开关电器性能测试技术

开关电器性能是防爆电气产品的重要特征，决定了设备的优劣，为了验证和保障开关电器产品在煤矿井下具有能够满足其适用范围的电气性能，产品必须进行电气性能测试。

其中温升和保护性能测试是开关电器性能测试的主要项目。

42.3.1 测试项目

1. 温升试验

温升是指电器部件的工作温度与周围空气温度之差。将温升值加上电器的最高环境温度就是它的最高工作温度，相关国家标准和行业标准中规定了高低压电器开关的温升极限和产品的最高工作温度。开关电器设备在正常运行时，长期通过工作电流，产生的能量转变为热能，使开关电器材料温度升高，如超过一定范围就会使开关电器材料的机械强度、绝缘性能下降，尤其是处于爆炸性气体环境中的开关电器设备，异常的温度升高会导致气体、煤尘燃烧甚至爆炸。开关电器温升试验的目的，就是为了测量电器的一些部件或者部位在规定的工作条件下的温升值，因此温升试验对于电器产品来说非常重要。

2. 保护性能试验

《煤矿安全规程》中规定煤矿井下防爆电器必须具备漏电、过流、接地三大保护功能。高低压开关电器根据产品特点和标准要求，具有不同的保护功能，如 JB/T8739—2015《矿用隔爆型高压配电装置》、MT871—2011《矿用防爆低压交流真空馈电开关》和 MT111—2011《矿用防爆低压交流真空电磁起动器》等标准对开关电器必须具备的保护功能作了详细的规定。开关电器的保护性能主要包括过载保护、短路保护、断相保护、漏电保护、绝缘监视等保护性能。保护性能试验的目地就是验证产品的保护功能是否符合相关国家标准和行业标准的要求。

42.3.2 测试方法与技术要求

1. 测试方法

1）过载、短路保护性能测试

过载、短路性能测试是考核开关在过载、短路状态下保护器能否及时起到保护作用的测试项目，因而是型式检验的重要项目。

过载、短路性能测试主要采用低压大电流模拟故障电流的测试方法进行，为使三相电路中各相的电流大小一致，往往采用三相变单相串联的方法输入试验电流以测试开关的过载、短路保护特性，按图 42.6 所示接线方式将主回路单相串联进行试验。测试断相保护时则采用三相试验电流输入的方法进行。

2）漏电测试

漏电测试主要通过外接漏电电阻模拟电器漏电故障，考核开关是否准确保护动作。漏电测试分为漏电闭锁试验、漏电动作试验、1kΩ 电阻动作时间测试。

漏电闭锁测试是通过外接漏电电阻模拟三相供电线路负荷侧与电动机绕组对地绝缘故

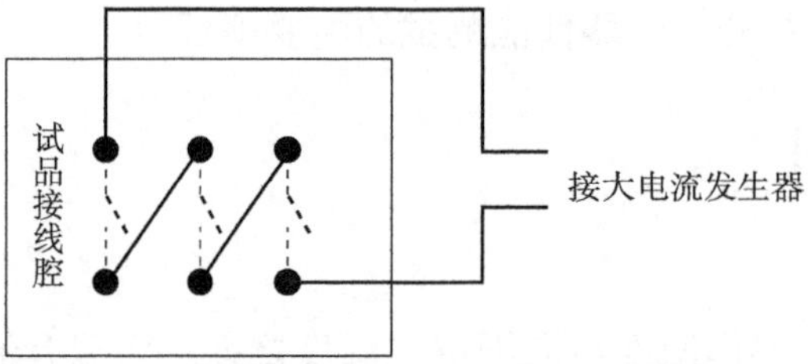

图42.6 过载图、短路保护性能试验原理图

障，当绝缘电阻值降低到规定值时，开关应准确保护闭锁。

漏电动作测试是通过外接漏电电阻模拟三相供电线路送电后线路与电动机绕组对地绝缘故障，当绝缘电阻值降低到规定值时，开关应准确保护闭锁。

1kΩ 电阻动作时间测试是通过 1kΩ 电阻模拟人体触电时，开关电器保护的动作时间，及时切断故障的能力。测试时按图 42.7 所示接线方式进行试验，每一相分别进行试验，测试设备保护动作时间。

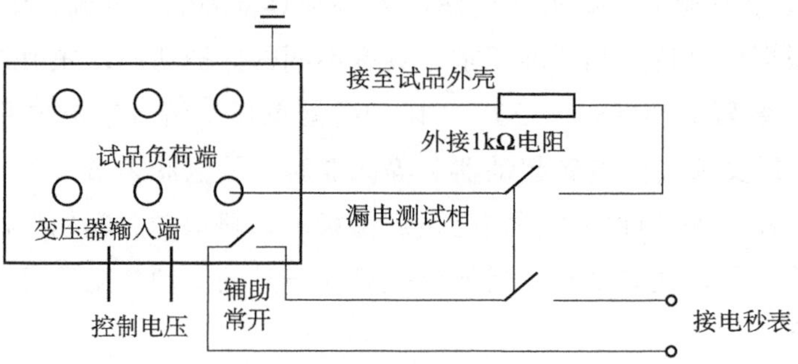

图42.7 1kΩ电阻动作时间测试原理图

2. 技术要求

各类产品的行业标准都规定有保护性能的具体技术要求。如具有较强代表性的真空电磁起动器其过载保护特性应符合 MT 111—2011 中 7.2.9 条的规定，而漏电闭锁应符合 MT 111—2011 中 7.2.12 条的规定；真空馈电开关反时限过载长延时电子脱扣器的动作特性应符合 MT 871—2011 中 7.2.4.2 条的规定。

42.3.3 测试装备

矿用高低压电器保护测试装置（以下简称测试装置）是针对矿用高、低压开关电器过载、短路、漏电等保护试验设计的试验装置。测试装置包括操作控制台、电流发生器柜、调压器柜。

上海研究院的测试装置具有四路大电流输出、基于单片机的自动稳流、三相（单相）电压输出、零序电压输出、零序电流输出、漏电电阻输出、保护动作计时、电流输出限时等功能，可用于各类高、低压防爆开关电器保护性能检测。

测试装置中采用大电流发生器和自动稳流控制。大电流发生器分为单磁路和双磁路两个控制电路。当试验电流较小时，采用单磁路进行试验；当被试品试验回路电阻较大，或试验电流较大时可采用双磁路进行试验。测试装置单相电流发生器电路组成如图 42.8 所示。为保证电流波形的正弦性，调压器 AT 选择采用自耦调压器，而不采用感应调压器，可以保证电流波形的失真度符合要求。自动稳流装置解决了由于电机和传动系统的机械惯性而产生振荡调压，难以实现稳定调节的难题，自动稳流装置的原理图如图 42.9 所示。测试装置的电流、电压、计时输出均采用数显表实现，节省了面板空间，同时直观地显示便于试验过程中的观察和记录。

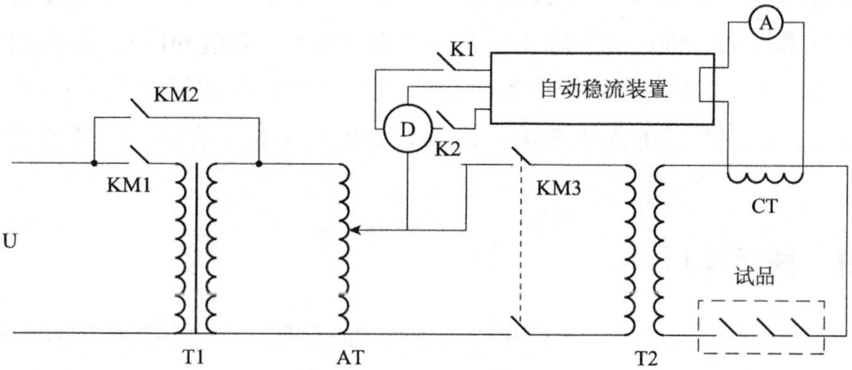

图42.8　试验装置原理图

T1. 变压器；T2. 升流变压器；AT. 电动调压器；D. 电动调压器电机；KM. 接触器；K. 继电器；CT. 电流互感器；Ⓐ. 电流表；U. 电源电压

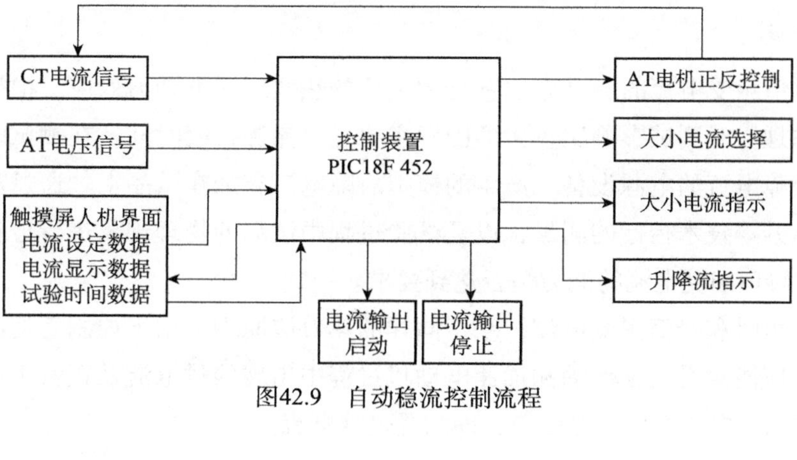

图42.9　自动稳流控制流程

42.4　动热稳定测试技术

供配电线路发生短路故障时，由于线路总阻抗减小，短路电流超过线路的额定电流很多倍，对于大容量的配电系统，短路电流可能达到几万安培。短路电流产生的巨大电动力效应和热效应会使导体变形、绝缘破坏、短路电路中的电气元件损坏。装配在线路上的电气设备在短暂时间内应能经受住短路电流的冲击，不受破坏。笼型电动机启动时，电动机的启动电流较大，一般大于6倍电动机的额定电流，用于接通和分断电动机的电气设备，应能耐受由于启动和加速电动机过程中出现的过电流及正常工作中一定时间内过载所引起的过电流产生的热效应。短时和峰值耐受电流测试就是对电器的电动稳定性和热稳定性的一种综合考核。

上海院、沈阳院都建有短时和峰值耐受电流试验装置。上海院除拥有利用开关通断试验装置可进行部分产品的额定短时和峰值耐受电流试验外，还拥有一套多磁路变压器原理的额定短时和峰值耐受电流试验台，该设备也已纳入上海市大型公共共享服务平台。其主要技术指标与特点有：输出电流有效值40kA，峰值60kA，输出时间在最大电流条件下不小于5s；测量系统使用罗氏线圈与SATURN数据采集系统；采用了PLC与组态控制技术，具有触摸屏人机界面；波形数据实时采集与存储，可进行数据分析与生成报告。

42.4.1 测试项目

短时和峰值耐受电流试验是考核开关设备和控制设备，在电路发生过载和短路故障时，能否承载故障电流所产生的热效应和电动力效应的一种模拟性试验，要求试验中被试设备既不接通试验电流也不分断试验电流。

42.4.2 测试方法和技术要求

1. 测试方法

短时和峰值耐受电流的测试方法基于大电流的热效应和电动力效应。根据热效应和电动力效应的原理，对测试影响比较大的因素主要是电流和持续时间。在测试时，需要有能够提供模拟故障电流的电源设备，产生的模拟故障电流施加在试品上，通过对试验前后的回路电阻、温升等技术指标的测量，以及试验过程中试品的物理现象进行分析，来判断试品经受短时和峰值耐受电流的能力是否达到要求。

除了额定短时和峰值耐受电流，基于同样的热效应原理，用于控制笼型电动机的高低压控制设备，应能耐受由于启动和加速电动机过程中出现的过电流及正常工作中一定时间内过载所引起的过电流产生的热效应，即耐受过载电流。

2. 技术要求

不同使用类别的产品，依据不同的标准，具体的技术要求也不相同。涉及的主要参数包括试验电压、试验电流、功率因数、持续时间、试验结果的判断等。

试验电流的交流分量原则上应该等于开关设备和控制设备的额定短时耐受电流（I_k）的交流分量。峰值电流（对于三相回路，在任一边相中的最大值）应该不小于额定峰值耐受电流（I_p）。对于三相试验，任一相中的电流与三相电流平均值的差别不应该大于10%。试验电流交流分量有效值的平均值不应该小于额定值。试验电流 I_t 施加的时间 t 原则上应该等于额定短路持续时间 t_k。试验的 $I_t^2t_t$ 不应该小于由额定短时耐受电流（I_k）和额定短路持续时间（t_k）算得的 $I_k^2t_k$。

42.4.3 测试装备

根据不同产品对试验电源的要求，目前主要使用的试验设备根据原理上的区别有以下两种。

1. 采用冲击变压器电源

这种设备的优点是具备回路阻抗（阻抗应为前级阻抗，在额定短时和峰值耐受电流试验中不应使用后级阻抗），可以根据试验需要调整试验电压及功率因数。如矿用隔爆型低压馈电开关对试验功率因数等有要求的低压配电设备，或在使用低于额定电压试验时触头有分离现象需要复试时均应使用这种试验设备进行试验。

这种设备的缺点是投入成本较大，对试验站的配电容量及场地要求较高。

2. 采用多磁路变压器电源

这种设备是基于试验电压低于试品额定电压的试验，其优点是电源能量损耗小，容易输出大电流，占用场地小，投入成本低等。

这种设备的缺点是试验电压低于试品额定电压，试验功率因数约为1且不可调，大电流试验时电流可能会有较明显的衰减。

图42.10所示为采用多磁路变压器为主电源设备的基本原理。多磁路变压器本体是由4个不等同互感磁体构成，通过PLC有选择地控制输入端的T1、T2、T3、T4各磁路变压器的投入，可切换副边的输出电压值。对于多磁路变压器的4个磁路的控制存在6种切换组合方式，4个磁路副边感应电势比为2∶1∶1∶2，可使输出端电压以1∶2∶3∶4∶5∶6的级数递增，投入组合方式见表42.2。

T2磁路的变压器在每种组合投入中都是投入的，通过其前级调压器调节本磁路的输入电压，使在每个极差范围内进行无极调压。对于未投入的磁路还应由K5、K6、K7继电器短接，否则整机便呈现高阻抗，不能保持正常输出。罗氏线圈、U_o 等构成电压电流信号采集系统。

上海院、沈阳院的短时和峰值耐受电流试验装置分别如图42.11、图42.12所示。

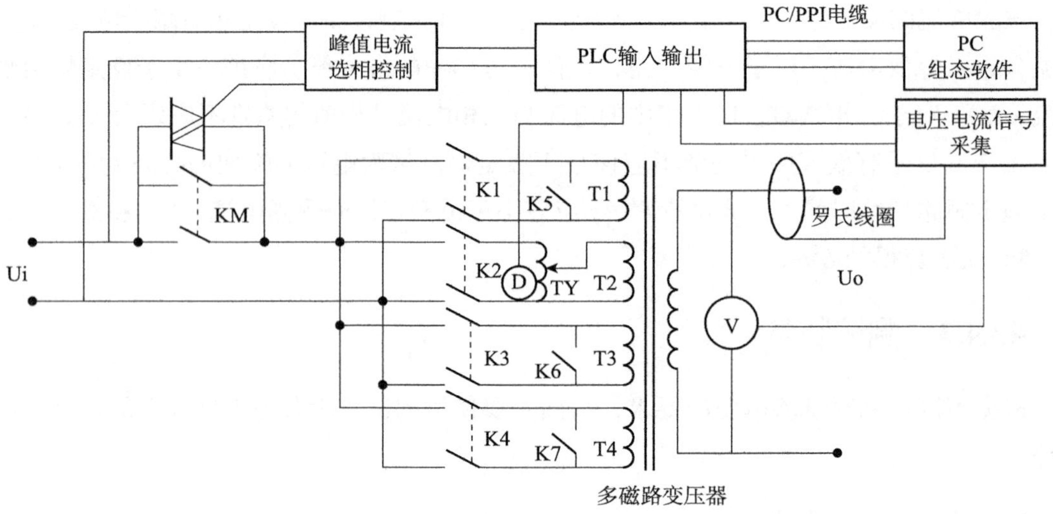

图42.10　多磁路变压器为主电源的基本原理

Ui. 电源电压；Uo. 输出端口电压；KM. 接触器；K. 继电器；TY. 调压器；Ⓥ. 电压表

表42.2　磁路投切组合

投切顺序	1	2	3	4	5	6
T1 磁路	○	○	×	×	×	×
T2 磁路	×	×	×	×	×	×
T3 磁路	○	×	○	×	○	×
T4 磁路	○	○	○	○	×	×

注：×表示该磁路投入；○表示该磁路不投入，而由开关短接

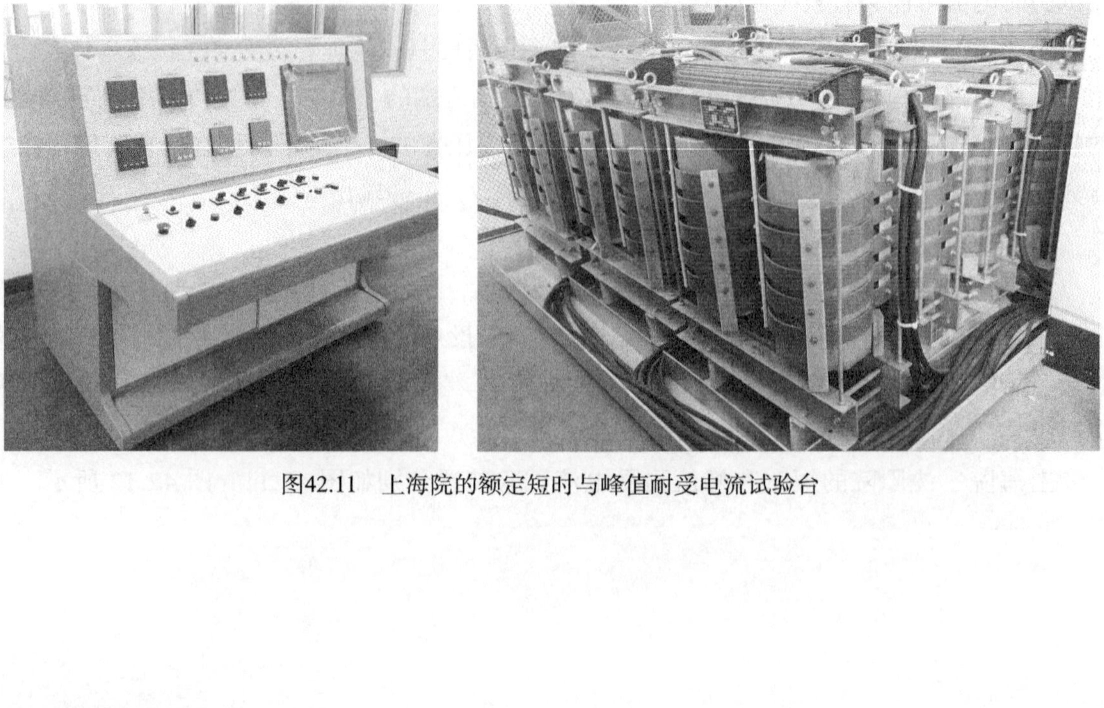

图42.11　上海院的额定短时与峰值耐受电流试验台

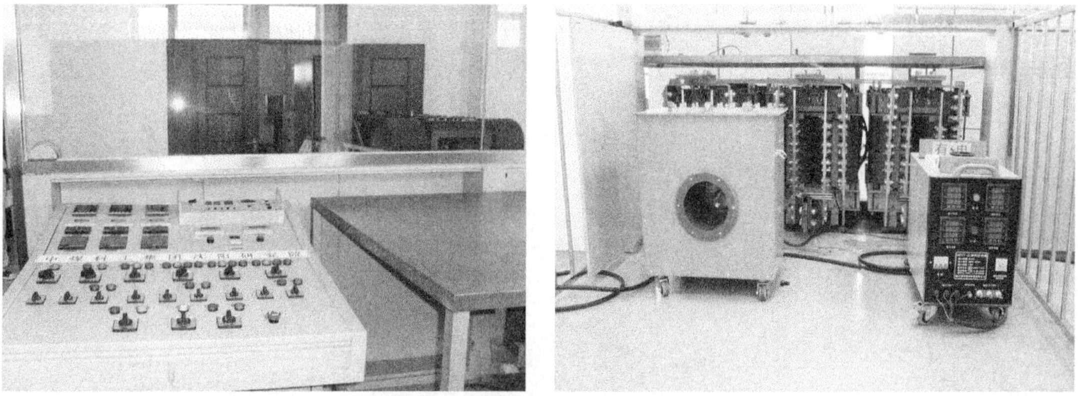

图42.12　沈阳院的额定短时与峰值耐受电流试验台

42.5　直流开关电器通断测试技术

自动开关、司机控制器、分区开关、自动停送电开关等直流开关电器已广泛应用于煤矿井下架线电机车、蓄电池机车（车辆）。矿用直流开关电器按照不同的应用需求，有多种电压等级，架线式电机车主要采用直流 550V、250V 电压供电，蓄电池式电机车或部分车辆主要采用直流 192V、24V、48V、110V 等电压供电。

大多数直流开关电器为空气开关，其通断（接通与分断）性能对电机车等车辆的安全运行至关重要。上海院拥有一套 MKZJ1-750 型直流开关通断试验装备，装置能实现最高试验电压 750V，最大试验电流 600A 直流开关通断测试；满足 550V、250V、192V、24V、48V、110V 等多电压等级测试要求；电流测量精度 ±0.5%，电压测量精度 ±0.5%；采用美国 Sigma60 波形记录仪，波形采样速率 200MS/s；友好的人机界面可方便地对燃弧时间、时间常数等参数进行分析；可进行波形的数据存储并生成试验报告，是煤科院系统中唯一具备直流开关电器通断检验的设备，填补了行业的空白，已纳入上海市大型公共共享服务平台。

42.5.1　测试项目

直流开关的通断试验主要考核直流开关在额定或最大电压下，分断故障电流的能力，且不应产生对外壳飞弧短路现象，保证电路的安全运行。通断试验主要分为最大通断能力试验、额定通断能力试验、临界分断能力试验。

42.5.2　测试方法与技术要求

1. 测试方法

直流开关在分断过程中会发生燃弧过程，电路中的电感能量不是返回到电源，而是通过空气释放到弧隙中，并且电源中供给的能量也是释放到弧隙中。直流开关触头分断时的电路如图 42.13 所示。

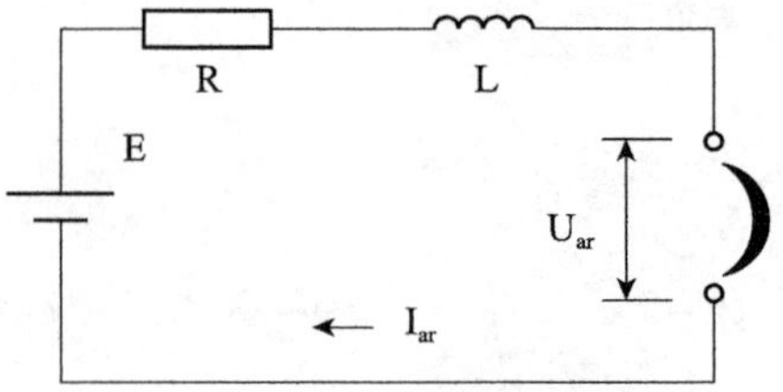

图42.13 直流电路触头分断电路

E. 电源电压；R. 负载电阻；L. 负载电感；U_{ar}. 电弧电压；I_{ar}. 电弧电流

在直流电路中，电路的电感越大（在电阻不变的情况下，即试验电路的时间常数越大），则其中储能越多，要电弧熄灭必须从弧隙散发的能量也越多，因而电弧越难熄灭。同时，试验电压越高，试验电流越大，电源供给电弧的能量也越多，则电弧也越难熄灭。因此在直流接通和分断能力试验时，在相关标准中都规定了试验电压、试验电流和时间常数等参数。

直流开关通断试验的负载电路由电阻串联空心电抗器组成，试验电路原理如图 42.14 所示。直流电源可以是发电机、蓄电池或整流电源，其电源空载的纹波系数不大于 5%。

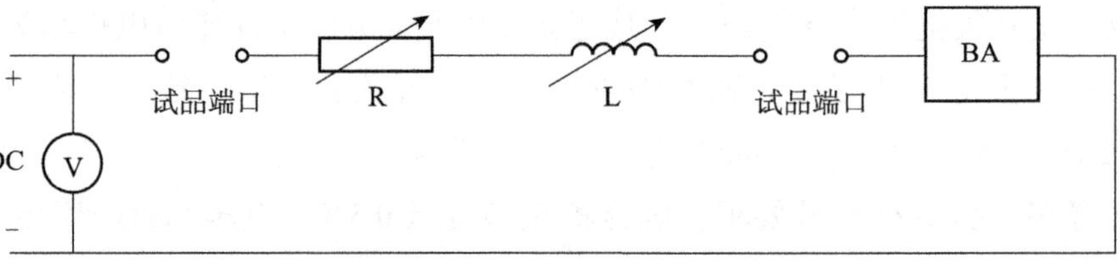

图42.14 直流通断试验电路原理

DC. 直流电源；R. 可调电阻；L. 可调电感；BA. 电流变换及记录装置

2. 技术要求

直流开关中主电路直流接触器通断能力应符合 JB/T 10774—2007《牵引电器通用技术条件》的规定。试验电流允差为 +5%，电压允差为 ±5%，时间常数为 ±15%。

直流开关的通断试验不应对试品外壳产生飞弧，通断能力时间应不大于 0.15s 或电路时间常数的 4 倍，临界分断能力的燃弧时间不大于 0.4s，且触头不应发生熔焊，试验后满足耐压试验要求。

42.5.3 测试装备

直流开关通断试验系统主要由试验主电路、控制系统、采集系统三部分组成。如图 42.15 所示。

1. 主电路

试验主电路由供电柜、多抽头变压器、整流装置、阻抗柜等部分组成。在供电柜中，考虑矿用直流开关电器多电压的特点，试验系统采用调压器调整电压后供电和直接母线电压供电的两种模式。限于调压器的供电容量和投入成本，采用调压器调整电压后供电模式可以满足低电压、小容量的直流开关电器的试验需求；而直接母线供电方式可以满足550V、250V等常规电压、大容量的直流开关电器的试验容量需求。多抽头变压器采用三相干式整流变压器，可满足直流开关电器多电压的需要，按照不同电压等级，定制不同的试验容量。整流装置采用6只大容量整流二极管组成三相桥式全波整流电路。直流电源空载电压的纹波系数应小于5%。在接通直流电路时，电流基本上按指数曲线上升。阻抗柜中的负载电路采用电阻串联空心电抗器组成。陪试接触器采用3极交流接触器并联的方式来替代直流接触器的使用，可节约系统成本。

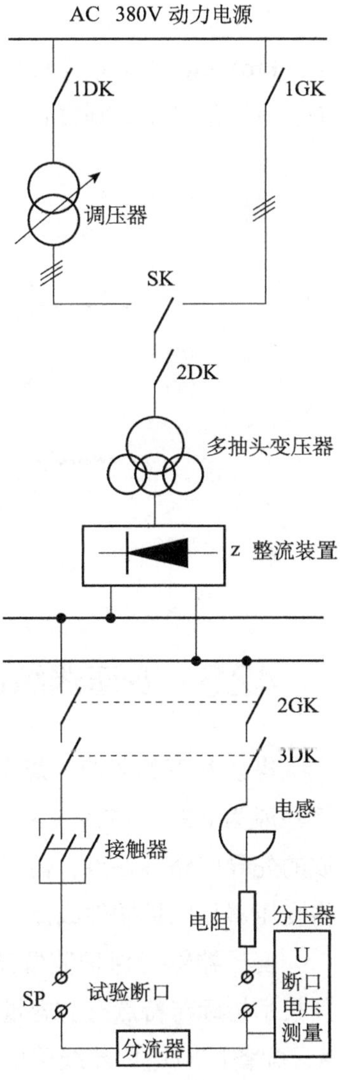

图42.15　直流通断试验系统

2. 控制系统

控制柜在系统中与操作台配合实现对试验系统中供电开关和试品的合分控制，控制系统分自动控制和手动控制。自动控制应用于直流接触器的通断、接通和分断的程序控制，进行接通与分断试验时，为满足各种试验程序要求，自动控制采用PLC编程控制主电路中各电动开关合分，及操作被试电器的动作。手动控制应用于自动开关，司控器等手动合分电器。

控制系统基于PLC和触摸屏通信实现试验线路的实时控制和合分闸指示，利用触摸屏良好的人机界面功能，在触摸屏上配置的操作菜单有试验参数设定、试验类型选择、状态监视、报警等。在每一试验类型的监控画面中，系统会显示与之相同的试验回路图，同时显示线路中开关的合分闸状态等信息。

3. 采集系统

系统采集数据时，线路中的电压信号采用桥式分压方法来测量，电流信号通过分流器转换成测量信号。直流通断试验波形直接反映被试产品通断能力性能指标，采集被试触头间电压和回路电流的瞬态波形是系统的重要指标。精度较高的波形记录仪价格都较高，为提高系统的性价比，系统采用8位的Sigma60波形记录仪。

Sigma60 波形记录仪精度可达 0.5%。波形采样率 200MS/s，记录长度可高达 10 亿个样点。ProView 软件可接收 Sigma 的数据并进行分析。报告生成功能可将数据波形、数值结果、测试信息生成到报告中。Sigma60 采集的电流电压波形如图 42.16 所示。

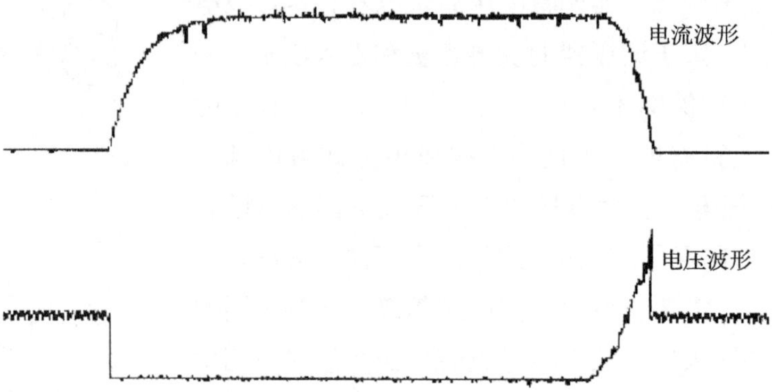

图42.16　试验电流电压波形

42.6　变压器综合保护装置测试技术

煤矿井下的照明、煤电钻等设备是经降压变压器变 127V 供电的，这种降压变压器容量一般为 2.5 ～ 15kV · A。由于这些设备的供电存在线路长、分布电容大以及采用电网载波的先导回路等特点，需要前级供电设备对线路提供过载、漏电、短路、绝缘监视等保护。将变压器与保护插件或保护器集中组装在一个设备中，就是井下用的变压器综合保护装置。

变压器综合保护装置试验装置是针对变压器综合保护装置性能测试的专用检验设备，其技术指标与特点有：容量 30kV · A，可提供电压 AC（0 ～ 3600）V，电流 AC（0 ～ 500）A；配备试验用负载线路电缆 1500m，22W 可调电阻柜，配有照明灯具等负载柜；试验装置能够满足变压器综合保护装置的过载、短路、漏电、过压、欠压等保护功能的测试，及变压器阻抗电压、空载损耗、负载损耗、空载电流比等性能指标的测试要求；试验装置具备通信及计算软件，可以将仪表检测结果实时传输到计算机中，并在软件中完成计算过程，实现数据准确、及时处理，生成表格数据。

42.6.1　测试项目

变压器综合保护装置的保护功能能否正常发挥，保护参数是否符合标准要求，是保护后级负载电路安全运行的重要保障，是该装置的重要指标。同时，变压器综合保护装置中所用的变压器承受长时间负载的温升是否符合限值要求，损耗、阻抗电压、空载电流等是否符合标准要求，也是非常重要的。这些变压器参数，不但涉及变压器的利用是否高效，还与装置能否与其他同类产品联合运行关系密切。

变压器综合保护装置的测试变压器主要测试其温升、变压器损耗、短路阻抗、电压变比、过载、漏电、短路等电气性能指标及参数。

42.6.2 测试方法与技术要求

1. 测试方法

变压器综合保护装置的电气性能测试主要分为变压器的性能指标测试、综合保护功能及温升的测试。

1）变压器的性能指标测试

变压器性能指标由空载指标和负载指标组成，包括阻抗电压、空载损耗、负载损耗、空载电流、变压比等。测试主要参考 GB 1094《电力变压器》系列、JB/T 501《电力变压器试验导则》等标准进行。

空载损耗及空载电流是变压器运行的重要参数，通过测量验证这两项指标是否在相关标准或产品技术协议允许的范围内，以检查和发现试品磁路中的局部缺陷和整体缺陷。

负载损耗是一个重要参数，它对于变压器的经济运行以及变压器本身的使用寿命，都有着极其重要的意义；而阻抗电压，决定了变压器在电力系统运行时对电网电压波动的影响，以及变压器发生出口短路事故时电动力的大小，同时短路阻抗还是决定变压器能否并联运行的一个必要条件。

测量电路的接线图可参考图 42.17。

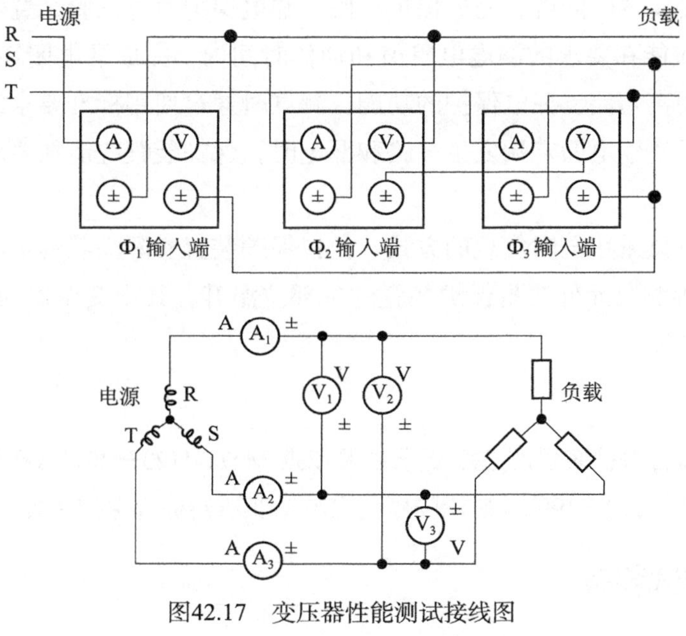

图42.17 变压器性能测试接线图

阻抗电压及负载损耗的测量，需要进行相关计算得出数据。有时为了数据的有效性，还需进行修正。依据的主要计算公式如下：

$$K_t = \frac{K+\theta}{K+t} \tag{42.5}$$

$$Z_{kt} = \frac{U_{kt}}{U_r} \times \frac{I_r}{I_k} \times 100 \tag{42.6}$$

$$P_{kt} = P \times \left(\frac{I_r}{I_k}\right)^2 \tag{42.7}$$

$$z_k = \sqrt{z_{kt}^2 + \left(\frac{P_{kt}}{10 \cdot S_r}\right)^2} \times \left(K_t^2 - 1\right) \tag{42.8}$$

$$P_k = \frac{P_{kt} + \sum I_r^2 R \times \left(K_t^2 - 1\right)}{K_t} \tag{42.9}$$

式中，K_t 为电阻温度换算系数；K 为系数，铜绕组为 235；θ 为参考温度；t 为试验时的绕组温度；Z_{kt} 为绕组温度为 t℃时的短路阻抗，%；U_{kt} 为绕组为 t℃时通过试验电流 I_k 的短路电压，V；U_r 为施加电压侧的额定电压，V；I_r 为施加电压侧的额定电流，A；P_{kt} 为 t℃时的负载损耗，W；P 为试验时采集到的负载损耗，W；z_k 为参考温度时的短路阻抗，%。P_k 为参考温度时的负载损耗，W；R 为绕组电阻，Ω。

2）综合保护功能及温升的测试

变压器综合保护装置必须具备过载、漏电、短路等的综合保护功能，同时还应满足电压波动适应范围、温升限值的要求。过载、短路通过试验装置来模拟故障电流，保护装置应能在技术要求规定的时间内，完成保护跳闸。漏电保护通过试验装置输出电阻模拟漏电过程，保护装置应能在要求的漏电电阻值和动作时间内，完成漏电闭锁及漏电动作保护。装置还应具备长距离短路、漏电保护的功能，测试时通过使用标准要求的长电缆来模拟长距离输电，在长距离输电的末端发生短路和漏电时，保护装置应能在要求的保护限值内进行保护动作。

温升限值的测试采用电阻负载的方式，模拟保护装置实际满载的情况，经过长时间运行，通过热电偶等测温元件测量保护装置的各部位温升。其中变压器的温升按标准要求，使用电阻法进行测量。

2. 技术要求

矿用变压器综合保护装置的技术要求主要依据 MT/T 1123—2011《矿用隔爆型照明信号综合保护装置》、JB 6312—1992《矿用隔爆型煤电钻变压器综合保护装置》和产品技术条件。

42.6.3 测试装备

测试装备的组成包括主回路、控制回路和数据采集处理系统。为了使测试设备功能模块条理清晰，应摆放整齐，便于控制和现场操作。

1. 主回路

主回路包括主控柜、负载柜、电缆柜、电阻柜。

主控柜是试验装置主电路，包括断路器、接触器、50kV·A 三相主调压器、一组 30KV·A/1140V 三相主变压器、一组 30kV·A/3300V 主变压器等设备。功能有提供装置电源及对外输出电源；负载柜提供 3 组单相的 127 V 灯具，作为试品负载；电缆柜是验证变压器综合保护装置的长距离输出与保护功能而配备的，内设线径 $4mm^2$ 的矿用电缆，有 150m、400m、600m、1400m、1500m 五档长度输出；电阻柜是温升试验用负载，容量 25W/380V、三相，分为 0.5kV·A/1kV·A/2kV·A/2kV·A/5kV·A/10kV·A 几个常规档位，相互之间可并联组合，满足各种容量变压器的需求。

2. 控制回路

控制回路包括操作台、控制柜。操作台采用人机交互系统，用来控制和操作试验装置、数据采集与处理、试验结果输出等；控制柜是操作台的执行机构，安装 PLC、控制板、继电器等，收集并执行操作台所发出的指令。

逻辑控制程序按测试设备输出信号和试验类别进行设计，有电压输出、电流输出、电阻输出；电压输出又分变压器性能试验、非变压器性能试验；非变压器性能试验又分为温升试验、漏电试验、负载测试等。

通过 WinCC 软件中的界面开发模块，设计了测试运行及监控界面。通过在界面上设置的按钮可以操作测试设备各级开关的启停，并通过实时通信数据库，可以在界面上动态地反映测试设备各回路的状态和相关采集数据。根据试验类别和界面复杂程度的需要，设置了主回路的主运行及监控界面，同时设置了负载试验、短路试验、报警记录、仪表数据等几个分运行及监控界面。能够准确地显示测试设备的实时状态和试验中的各仪表参数，便于控制和观察。

3. 数据采集与处理系统

数据采集与处理系统使用 PF9830 三相智能电量测试仪测量电压、电流、损耗等指标，与电流互感器、电压互感器、电阻测试仪、计时装置等共同组成信号数据采集、运算及输出系统。针对变压器性能试验设计了运算软件，运算程序基于 VB 开发，采用 ACCESS 数据库技术、RS232 串口通信技术以及工业以太网远程通信技术，实现对变压器性能的检测及对测试记录的管理。该软件运行于 Windows 操作系统，与三相智能电量测量仪（PF9830）配合，采集并存储变压器的性能参数，具有查询、计算、判断、生成报表的功能，可方便地测试变压器性能，节省人力。

（本章主要执笔人：上海院陈洪飞，孙士宏；重庆院杨文忠）

第43章 电机与调速设备测试技术

电机与调速设备是煤炭生产中电能转换为机械能并实现传动速度控制的主要设备，广泛应用于运输、牵引、风机、水泵等工作场所。我国20世纪80年代出现采煤机的变频电牵引调速控制方式，取得了良好的效果。随着电机与变频调速技术的发展，逐步解决了煤矿井下电动机的重载启动困难、对电网冲击大、调速范围窄等问题。

本章主要阐述各种矿用防爆电机和调速设备的主要测试项目及技术要求，并介绍相关主要测试装备的结构组成、工作原理、技术参数和主要技术特点。

43.1 交流电机与变频拖动测试技术

交流电机分为同步电机和异步电机，目前三相鼠笼式交流异步电动机因其结构简单、运行可靠、价格便宜、过载能力强、维护方便等原因使用最为广泛。对于变频驱动的交流异步电机，因供电谐波大、起动电流小等特点，在电机电磁设计时应考虑对非正弦电源的适应能力，加强绕组绝缘强度，减小振动噪声，使用绝缘轴承避免轴电流等要求。

43.1.1 测试项目

电机试验是利用仪器仪表及相关设备，按照相关标准的规定，对电机制造过程中形成的半成品和成品的电气性能、力学性能、安全性能及可靠性等技术指标进行检验。通过这些检验，可以全部或部分地反映出被检电机的有关性能数据。通过这些数据，可以判断被检产品是否符合设计要求、品质的优劣以及提出改进的目标和方向。

主要的测试项目有堵转转矩和电流、空载特性测试、T-n曲线、负载特性测试和温升试验等，其中堵转和空载性能为空载测试，其余几项需带载测试。

煤矿井下用防爆变频器主要考核的性能包括：启动特性试验，恒转矩和恒功率调速特性试验，制动特性试验，速度稳定精度试验，频率分辨率试验，加、减速时间试验，四象限运行试验，轻载试验，过载能力试验，电压波动性试验，保护性能试验（过电压、欠电压、过载、缺相、接地），温升试验等。

43.1.2　测试方法与技术要求

1. 测试方法

测试中电机和变频器的加载试验都是重要的测试内容，二者可使用同样的加载设备。

电机与变频拖动测试所需加载方式有很多种。常见的有共直流母线的变频对拖异步机加载方式、电磁涡流测功机加载方式、电阻消耗方式、直流负载机与直流负载机组组成的交流反馈加载方式等。共直流母线的变频对拖异步机加载方式具有经济节能、负载稳定、可控精度高等优点，但其变频供电为非正弦波形，其含有的高次谐波会影响电机试验的准确性，变频器运行时的电磁干扰也会对数据采集系统造成干扰；电磁涡流测功机加载方式和电阻消耗方式采用电磁损耗的方式将电能转化为热能消耗，对电能是一种浪费，不适用于大功率电机的加载，且其低速加载特性较差。目前使用较多的加载方式为交、直流对拖方式。

直流对拖方式为使用直流机加载，通过直流反馈机组或直流调速系统将能量反馈回电网，能提供稳定可靠的负载，通过直流电机的励磁调节能提供高精度的负载调节，且加载时电能通过反馈机组回馈电网，整个系统只消耗直流电机和反馈机组的内损，适应性强，干扰小，能满足电机和变频调速装置的各种加载性能测试要求，在四象限变频回馈未成熟使用前，是一种主要的加载方式。

交流对拖方式为通过四象限变频器拖动变频电机进行加载方式，将能量反馈到电网中，使能量在交流系统中循环利用。这种系统的特点是能耗低，控制简单，调速性能与直流相近，目前逐渐成为主流方式。

2. 技术要求

电机与变频拖动测试的形式试验结果要满足国标、行标和企标的要求。针对电机和变频器的检验要求，供电部分的电源质量应满足如下要求。

（1）试验电压的谐波电压因数（HVF）应不超过以下数值。0.03--N 设计电动机；0.02-- 未加说明的其他电动机。做热试验时，试验电源的谐波电压因数（HVF）应不超过 0.015。三相电压系统的负序分量应小于正序分量的 0.5%，且零序分量的影响应予消除。实验过程中频率的波动量应在额定频率的 ±0.3%范围内。

（2）测试仪表精度应满足的要求。①电量测量仪器的准确度等级应不低于 0.5 级（兆欧表除外）。用低不确定度实验方法测量电机效率时，为保证试验结果的准确性和重复性，仪器的准确度等级应不低于 0.2 级。②绕组的直流电阻用双臂电桥或单臂电桥，或数字式微欧计测量，准确度等级应不低于 0.2 级。③频率表的准确度等级应不低于 0.1 级。④转速测量仪的准确度应在 0.1%以内或误差在 1r/min 以内。⑤温度计的最大允许误差为 ±1℃。⑥针对变频器的测量仪表，需采用非工频电量仪表，满足对谐波的测量要求。

43.1.3 测试装备

针对电机和变频器的试验设备，主电路由供电设备、调压器、加载机组、反馈机组（或能量回馈单元）等部分组成。

1. 供电方式和设备

上海院配置了两种供电方式：一种为市电经过调压器供电，另一种为交流同步发电机组供电。目前根据不同功率等级的试验台位配备了容量分别为 400kV·A、1000kV·A、1400kV·A、1600KV·A 多个等级的调压器、变压器等供电设备，电压范围 0～10kV，频率为 50Hz。为满足国内外高效电机的检验及其他对电源质量要求较高的设备的供电需求，上海院配备了两套交流同步发电机组，发电输出容量分别达 355kV·A /1400kV·A，电压输出 0～10kV，电源频率 0～100Hz。两种电源质量均符合 GB/T 1032—2012《三相异步电动机试验方法》对电源的规定。

重庆院的测试电源为变频电源。相关参数如下：额定容量为 2×750kW；额定电压为 AC1140V；额定电流为 2×475A；输出电压为 0～AC1140V；工作频率为 1～150Hz；输出频率分辨率为不大于 0.01Hz；输出电压分辨率为不大于 0.1V。

2. 加载设备

上海院根据被试变频器和电动机功率的不同，配备了 11kW、22kW、55kW、132kW、185kW、355kW、500kW、630kW、1200kW 多个功率等级的加载机组，主要采用加载方式为直流机组回馈和交流回馈两种方式。500kW 以下采用直流机组方式，630kW、1200kW 采用交流回馈方式，能完成不同功率等级的电机和变频拖动系统的加载要求。下面分别介绍 500kW 及以下采用直流机组方式和 1200kW 采用交流回馈方式的加载系统。

1）500kW 及以下的加载系统

（1）加载系统。上海院 500kW 的加载系统如图 43.1 所示。

采用四机组形式由有两套直流调速装置（1SCR、2SCR），采用主从控制（主装置 1SCR 工作在转速调节，从装置 2SCR 工作在电流调节，由 1SCR 给 2SCR 施加电流给定值），十二脉动运行作为试验机组的驱动电源。

由于主发电机（GS1 额定容量 1600kW，cosϕ=0.8）体积较小，只能生产二档额定电压（YY 接法）的产品，因此，为了简化电源设备构成结构，通过特殊变压器（2T）变压扩展为 0.69kV、1.2kV、10.5kV 三档电压，满足了 0.66kV、1.14kV，3.3kV、6kV、10kV 各额定电压被试机（50Hz/60Hz）的电源需求，同时由于等功率输出保证了各电压等级被试电机的额定功率都能满足要求；当然，主发电机（GS1）可以不经特殊变压器（2T）供 3.3kV、6kV 被试电机试验。

调压器（TY）与特殊变压器（2T）组合作为第二试验电源，也能供所要求的被试电机（50Hz）各种额定电压。为与电网电压、主机组（No.1）输出电压相适应，调压器（TY）

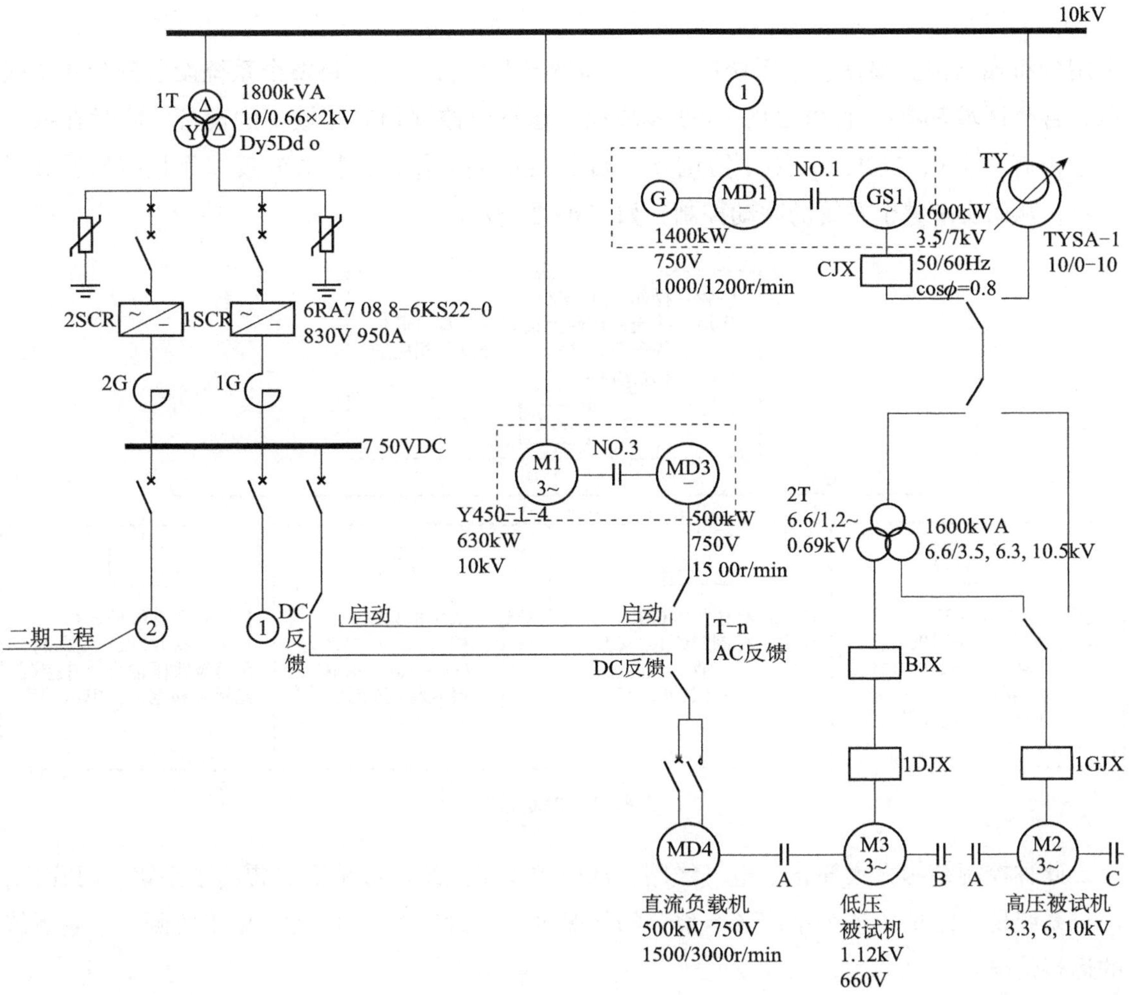

图43.1　500kW加载系统

的额定电压定为 10/10 ～ 10.5kV。

作为试验站关键设备的两套主机组（1 号、2 号）的直流驱动单元合格电机的励磁电源采用西门子直流调速装置（6RA70 系列），与光电脉冲编码器（倍加福）、电压反馈单元组成完善的自动闭环控制系统，确保试验性能与高度可靠性。鉴于 500kW 直流负载机的额定电压为 750V、为实现直流反馈，直流系统的额定值也为 750V。

直流驱动单元（1SCR、2SCR）不仅作为两套机组的直流电源，同时也用于直流回馈机组的启动，将其中的直流机启动至近额定转速时，通过高压开关柜投网的“自整步”方式完成启动，达到降低投资、减小对电网冲击的目的。

（2）辅助系统。为了满足主发电机（GS1、GS2）滑动轴承的润滑要求，系统设置了一套稀油站提供润滑油。由于现场条件限制，无法设置高位油箱，因此稀油站的电源采用不间断电源（UPS）供电，以保证在突然断电时，稀油站可以持续运行 15 ～ 30min，避免在此期间 GS1、GS2 轴承的轴瓦烧毁。

（3）控制系统。控制系统由 5 台西门子可编程控制器（PLC）S7-200 作为控制核心，采用分布式结构。根据整个系统的实际布局情况及设备功能，将整个系统设备分为 4 个区域，各个区域都有一个 PLC 的 CPU 模块独立运算、控制相应区域中的设备，同时在操作台中设有一个总的 0PLC，用于协调其余四个 PLC 的动作，并接收其反馈作相应的运算及显示，从而实现整个系统的联动控制。如图 43.2 所示。

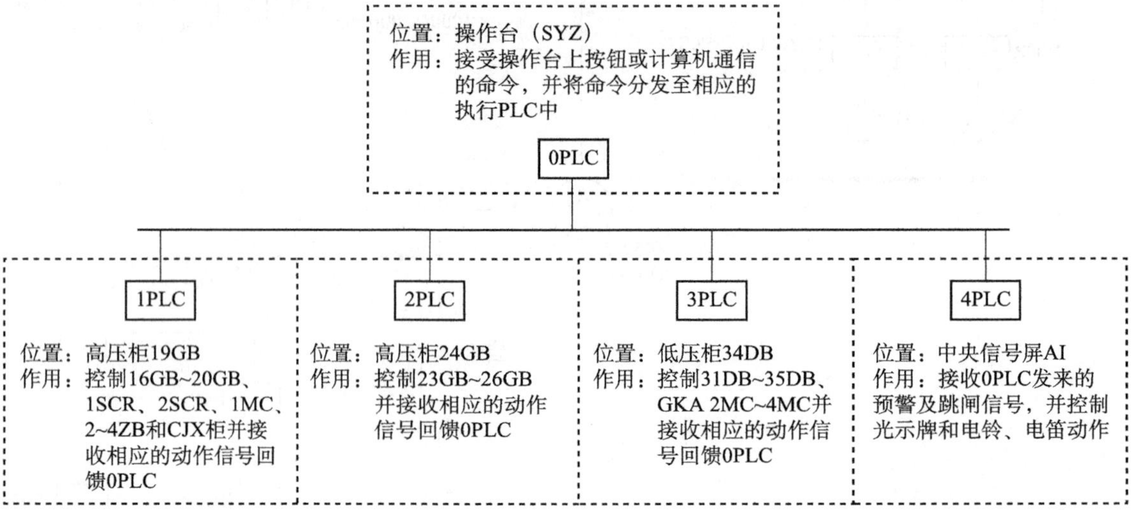

图43.2　控制系统

此种控制结构大大简化了电气线路，从而减少了系统的故障点，提高了系统的可靠性，而且系统易于维护，整个系统各个部分的状况可以实时反馈至 0PLC，便于监测、了解系统的运行情况。

（4）报警与保护。该系统具有完备的报警与保护功能，设置有中央信号屏（AI），用以实现声光结合对整个系统的不正常运行状态和故障作出预告报警或故障报警。高压系统中采用微机综合保护器对其进行保护，并与相应区域的 PLC 连接，能实时反馈至中央信号屏。其具有动作可靠、设置简便、实时性较强等优点。

2）1200kW 加载系统

上海院的功率 1200kW 的加载试验台为交流回馈系统，其工作原理如图 43.3 所示。

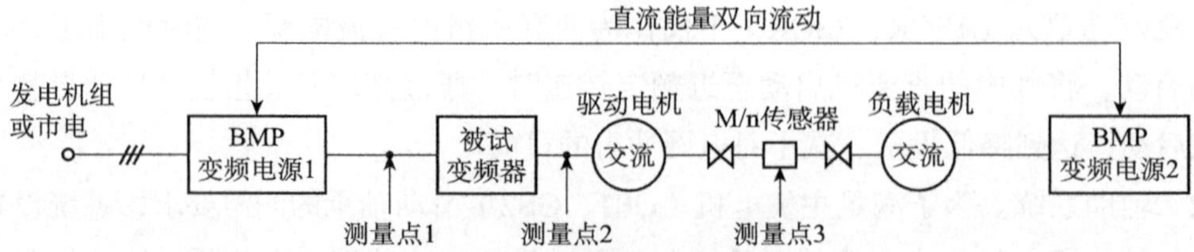

图43.3　1200kW加载试验台工作原理图

其工作原理是：将交流电机发出的交流电经变频器逆变为交流电上网，通过控制系统调节电机的上网电流来控制加载机的转速和扭矩，与测控系统配套使用，除了可以对各种旋转动力机械的转速、扭矩进行测量和控制外，还可以对温度、压力、流量、电流、电压等参数进行测量和控制。

3）5000kW 加载系统

5000kW 加载系统由数据采集装置、数据传输处理装置、传感器、计算机处理系统、数据记录及显示系统、试验机架及各连接件等组成。主要技术参数见表 43.1。

表43.1　5000kW加载系统技术参数

序号	参数	数值
1	测试转速	0 ～ 1500r/min，无级可调
2	测试功率	最大试验功率 5000kW，无级可调
3	测试转矩	最大试验扭矩 713kN · m，无级可调
4	采样时间	最短采样 20ms

3. 电动机型式试验程序

由于电动机求取效率的计算过程比较复杂，且部分模拟负载法进行的负载测试需要进行大量迭代运算，开发一款符合标准要求的试验程序能极大提高测试的效率。上海院目前使用的试验程序是在多年电机试验经验积累的基础上，经过多次升级完善后形成的。该试验程序在符合 GB/T1032《三相异步电动机试验方法》对各种电机试验方法要求的同时，还能实现变频调速装置的试验数据采集和监控。为了满足高效电机试验要求，针对高效电机的检测方法和数据处理对软件进行了完善，增加了高效电机的效率试验要求采用 GB/T1032《三相异步电动机试验方法》规定的 B 法，增强了检测范围和能力。

该试验程序主要包含数据采集、曲线拟合、数据计算处理和生产报告等主要模块，通过 232 接口和各仪器仪表通信，可实现自动采集、数据处理，输出计算单、绘制曲线、自动生成试验报告，并按建立的相应标准数据库进行对比、判断是否合格和保存数据，以备随时查询。

4. 主要测试仪表

试验结果是否准确和是否具有可重复性，与测量仪表的选择息息相关。检测时要根据不同的检测对象和检测项目选择量程合适、精度准确的测量仪表进行测试。上海院选用了非工频电量系统来完成变频器等设备的电量数据采集。非工频电量测量系统采用高精度高频率的 LEM 互感器和多台宽频高精度的福禄克 NORMA4000/5000 系列功率分析仪，可以同时测量被试变频器输入和输出侧电压、电流、功率，进行快速傅里叶变换，以及计算功率和谐波分析，满足了变频供电时的测量要求。该系统测量范围为直流至 3 MHz 带宽，采样率高达 341kHz，测量准确度可靠，可同时测量高达 40 次的电压、电流和功率谐波，用户可选的平均时间为 15 ms ～ 3600 s，适合于动态测量，基本精度达到 0.1%。

GB/T 1032—2012 中测量高效电机效率对转矩转速传感器的要求为 0.2 级，上海院为每个加载台位配备了德国 HBM 的 0.1 级转矩转速传感器。该传感器不仅测量精度高、响应速度快，且其输出为频率信号，能有效避免变频装置的电磁干扰，提高测量准确度。

温度测量采用日本横河 MV2000 温度记录仪，传感器采用 4 线 pt100，具有测量精度高，抗干扰能力强，采样率高，具备实时记录等优点。外壳最高表面温度采用福禄克热成像记录仪，可实时读取温升稳定后样品最高表面温度值，成像清晰直观。

GB/T 1032—2012 中测量高效电机效率对转矩转速传感器的要求为 0.2 级，同时为了准确地测试变频器恒转矩性能和电机转矩等加载试验的数据，上海院为每个加载台位配备了德国 HBM 的 0.1 级转矩转速传感器。该传感器不仅测量精度高、响应速度快，且其输出为频率信号，能有效避免变频装置的电磁干扰，提高测量准确度。

温度测量采用日本横河 MV2000 温度记录仪，传感器采用 4 线 pt100，具有测量精度高、抗干扰能力强、采样率高、具备实时记录等优点。外壳最高表面温度采用福禄克热成像记录仪，可实时读取温升稳定后样品最高表面温度值，成像清晰直观。

43.2 采掘运系列电机与拖动测试技术

在 20 世纪六七十年代，液压牵引采煤机风行一时，但由于井下采煤的工作环境恶劣，液压系统的工质油极易受到污染，导致液压元器件频繁损坏，采煤机运行中常发生油温升高而无法牵引的现象。液压牵引采煤机因其结构复杂、液压件要求高、稳定性差等缺点使其慢慢被电牵引采煤机所取代。在 20 世纪 90 年代初采煤机牵引开始采用电牵引方式，主要是变频电牵引。20 世纪 90 年代末变频调速开始大量应用于煤矿井下其他牵引调速场合，如输送机、掘进机和梭车、提升系统等牵引调速场合；目前井下使用牵引方式最广泛的还是交流变频电牵引，其主要优点如下：牵引特性好、可适用不同结构煤层的矿井开采、工作可靠性较高、操作界面友好。

43.2.1 测试项目

煤矿井下设备使用环境差，采掘工作面温度高、湿度大、煤尘多、供电波动大等因素都会造成采运设备损坏故障。且由于受工作面限制，采掘运设备防爆壳体空间较小，对电牵引变频器和采煤机电机、输送机电机等拖动电机的体积要求较为严苛，因此其布局一般较为紧凑。电牵引变频器大功率发热器件（功率管、限流电阻）多紧贴水冷板，直流母排正负两端大面积平行放置且间距很小，母线电容排布紧密。在这种布局下，电牵引变频器和电机的温度控制、元器件之间的电气干扰、电牵引的输出特性、保护功能都要有严格的保证条件，才能满足高产高效综采工作面安全生产、提高生产能力的需要。

43.2.2　测试方法与技术要求

1. 采掘运电机测试方法与技术要求

采掘运电机一般采用紧凑型设计，冷却方式为水冷，起动转矩要求大，工作时带载起动频繁，安装方式多样。采、掘、运电机技术指标相比于 YB 系列隔爆电机，增加了倾斜试验、断水温升试验、过载温升试验和频繁启动等电气性能要求，分别考核其在非水平安装、冷却水道堵住和短时过载等条件下，轴承、电机绕组发热的情况，其技术应满足相应的行业和国家标准要求，测试方法参照 GB/T 1032—2012《三相异步电动机试验方法》。

2. 变频电牵引测试方法与技术要求

交流变频电牵引和与普通变频器的主要区别在于：调速范围宽，其最高转速远大于工频；带载启动频繁，要求启动转矩偏大；使用场合多为四象限运行，需要加载设备能四象限加载。

变频电牵引主要的测试项目包括：温升、速度稳定精度、转速变化率、调速特性、四象限运行、电源电压波动以及过欠压、过载、缺相、漏电、电容放电等保护性能要求。

在频率提升时，为保持电机输出转矩不会降低，即磁通不变，则电机定子端电压也相应提升，保持压频比恒定。但是，在频率很低，如启动过程中，漏抗值与定子电阻相差不大，感应电动势 E_1 下降很多，无法保持磁通恒定。对于电牵引系统起动转矩要求偏大，为提高启动转矩，通常采用提高牵引变频器输出电压来进行补偿，以提高电动机在低频时的输出转矩。但是提高电压不能超过电动机的允许范围。当电压为恒定值时，则转为恒功率调速。变频电牵引的牵引调速特性如图 43.4 所示。在实际测试过程中，变频电牵引调速特性应满足恒转矩恒功率要求，其压频比应保持恒定，低频补偿电压不应过高。

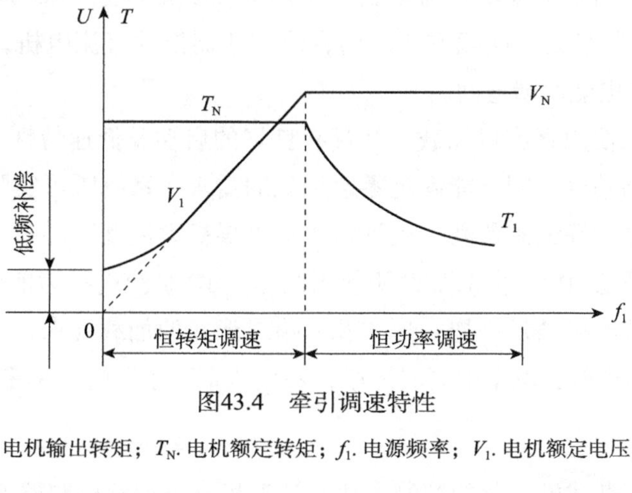

图43.4　牵引调速特性

U. 电压；T. 转矩；T_1. 电机输出转矩；T_N. 电机额定转矩；f_1. 电源频率；V_1. 电机额定电压；V_N. 电机定子端电压

交流变频电牵引技术指标应满足 GB3836 和 MT/T 1041.2—2008《采煤机电气调速装置技术条件 第 2 部分：变频调速装置》等相关标准的要求。

43.2.3 测试装备

上海院的 2×250kW 变频牵引调速加载试验系统可完成对采掘运系列电机和采煤机电牵引等设备的加载性能试验。试验系统主要包括传动系统、控制系统、数据采集和处理系统等单元，结构如图 43.5 所示。

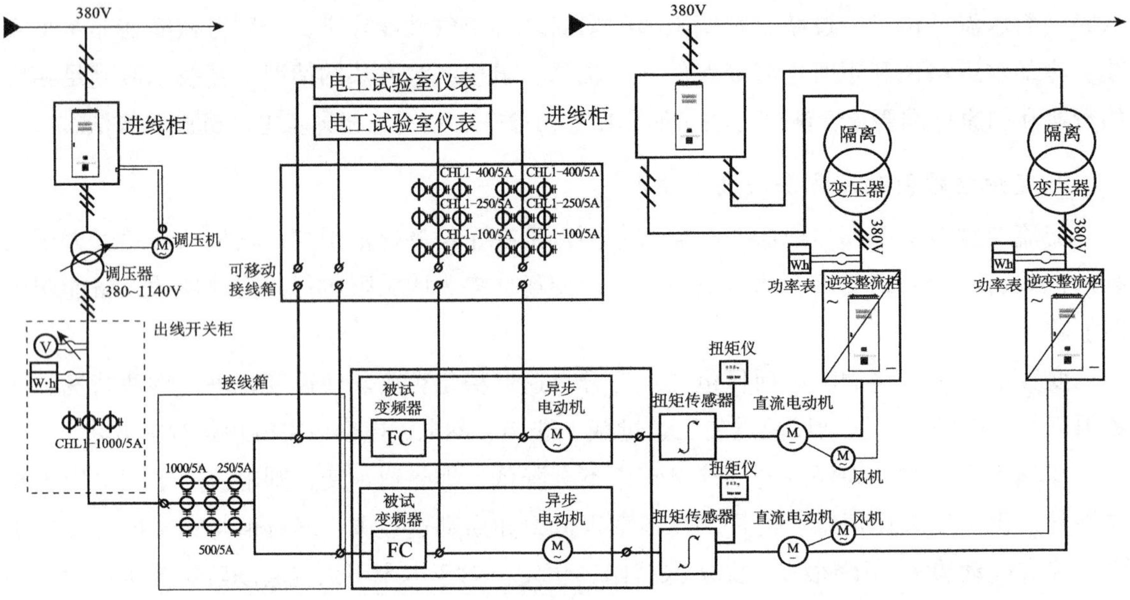

图43.5 试验系统结构

1. 传动系统

传动系统由调压器、直流电机、直流调速装置、隔离变压器等部分组成。系统加载部分由 2 套 ABB 公司的 280kW 直流电机、ABB 的 DCS800 系列 280kW 直流调速装置和 350kV · A 隔离变压器组成。加载方式采用直流调速器拖动直流电机，通过直流调速器逆变，将机械能转变为电能回馈电网。

该系统加载电机使用直流机加载，其具有良好的启动及低速特性，在 DCS800 系列四象限直流调速装置高精度控制下能满足零速加载的需求；系统既可实际模拟煤矿井下重载启动、上下爬坡、过载等工矿负载，还可以模拟采煤机大坡度采煤牵引工矿，完成牵引状态和制动状态间的平稳切换。同时加载所使用两套 ABB 直流电机为前后双轴伸设计，加载方式灵活多变。系统既可满足一拖一形式和一拖二形式的加载要求，又可通过单台直流加载电机前后轴连接实现两套电牵引同时加载，考核电牵引系统的功率平衡性能。

2. 控制系统

控制系统采用集散式模块化的控制方式，计算机与可编程控制器 PLC 及信号转换单元通过通信接口连接，对试验工况实时全程监控。试验的全过程具有机械以及传感器多重安全保护，每一步的试验过程状态都有实时动态的显现，可直观了解试验进程状况，试验完成即显现试验结果。同时试验系统采用了手动控制和计算机控制两种控制方式，通过中央控制室操作台上的选择开关实现切换。手动控制通过操作台上的按钮操作实现：开关柜的分合闸、变频器的启停以及频率的控制。计算机控制是基于 PC HMI 的操控系统来实现控制对象虚拟操控，根据实验内容进行人机界面组态软件的操控，可以代替操作台上的实际按钮控制和对试验过程及现场情况进行监控等功能。

3. 数据采集和处理系统

系统数据采集使用高精度传感器对系统试验状况进行测量，电量参数使用高精度 LEM 互感器送入 FLUKE 的 NORMAL5000 功率分析仪，机械参数使用 0.1 级德国 HBM 3000N · m 扭矩仪进行测量。根据试验要求，测试的数据包括变频器输入电压、电流、功率、输出电压、电流、功率、电动机转矩转速、电机温升等。并采用二次仪表与之配套使用，开发测试程序，通过工业控制机和二次仪表之间的通信对测试参数进行采集处理，绘制曲线及出具试验报告。同时采集系统使用了专用的通信线缆、所有通信线都施加了屏蔽措施，并可靠接地，有效增加其抗干扰能力，提高了采集系统工作稳定性。整个系统具有自动采集数据、自动生成报告、实时监控台位运行参数、故障自动报警保护等功能。

上海院的 2×250kW 变频牵引调速加载试验系统是专用于电牵引加载用途的测试装备，见图 43.6。该试验系统转速运行范围可达 0 ～ 3000r/min，1500r/min 以下输出恒定转矩，1500r/min 以上能够输出恒定功率，具备了变频器牵引和制动试验、牵引转矩特性试验的条件，还具有过载、过流和超速等保护功能。系统加载总功率高达 2×250kW，能满足目前最大装机功率约 3000kW 的采煤机牵引部加载要求。该测试装备已纳入上海市大型公共共享服务平台，完成过多台装机功率在 1500kW 以上的大型采煤机电牵引和相关电机的检测工作。

图43.6　2×250kW变频牵引调速加载试验系统

43.3　软起动器测试技术

软起动器适用于煤矿井下带式输送机、刮板输送机、斜巷提升绞车、风机、水泵等大中型驱动设备的软起动、软停止。软起动器具有启动电流小、起动速度平稳可靠、对电网冲击小，且起动曲线可根据现场实际工况调整，从而可减小起动时对带式输送机、刮板输送机的冲击力，降低对带式输送机、刮板输送机的损害，延长使用寿命。目前主要有可控硅和变频两种形式的软起动器。软起动器是否在不同负载状态下具有软起动性能，以及能否在软起动和正常运行的两个状态正常切换等性能，是检测考核的关键指标。

本段主要阐述软起动器的软起动特性的测试方法、技术要求、测试原理，及相关主要测试装备的结构组成、工作原理、技术参数和主要技术特点。

43.3.1 测试项目

软起动器是一种集电机软起动、软停车、轻载节能和多种保护功能于一体的新颖电机控制装置，国外称为 Soft Starter。目前矿用软起动器的电压等级有 380 ～ 10000V。软起动器测试主要考核软起动的起动特性，对其限电流起动模式、电压斜坡起动模式、突跳起动模式、电流斜坡起动模式、电压限流双闭环起动模式、软停机模式、自由停机模式等起动模式进行测试。

43.3.2 测试方法与技术要求

1. 测试方法

从三相交流电源接入被试软起动器，启动三相交流电机，电机输出轴通过联轴节带动扭矩传感器并与减速器器相连，通过有反馈功能的加载装置加载，通过调节恒扭矩加载装置进行加载或能量回馈，加载装置可以工作在各种转速和转矩工况，从而实现被试件在各种负载情况下的测试。测试数据采集过程及加载如图 43.7 所示。

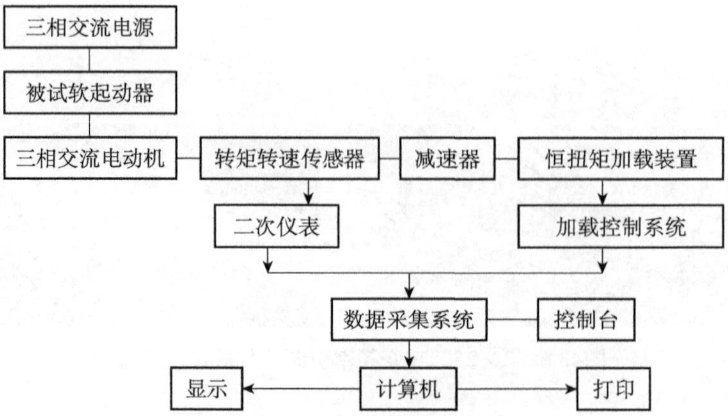

图43.7 测试数据采集及加载

2. 技术要求

低压软起动器软起动特性的要求，在 MT/T 943—2005《矿用低压交流软起动器》中做了规定，高压软起动器的软起动特性在企业标准中进行规范。

1）空载性能

当电机空载时，软起动器控制电压的幅值在 75%～110%额定电压范围内，软起动器应能平稳起动电机，当电机转速达到或超过额定转速 90%时，能可靠脱离软起动状态，接触器合闸将电源全压直接送往负载电机。软起动器起动时间在 60s 之内可调，电机加速时间不得少于 6s。

2）负载性能

当电机额定负载，软起动器控制电压为额定电压时，软起动器应能平稳起动电机。当电机转速达到或超过额定转速 90%时，能可靠脱离软起动状态，接触器合闸将电源全压直接送往负载电机。软起动器起动时间在 60s 之内可调，电机加速时间不得少于 6s，电机堵转时间不得大于 2s。

3）频繁起动

在额定负载下，1h 内起动 12 次，软起动器应能工作稳定、可靠，其晶闸管模块温升不得超过 40 K 。

43.3.3 测试装备

上海院的软起测试装备具有 3300V、6000V、10000V 电压等级下，最高 5600kW 的加载能力；1140V 电压等级下，最高 1600kW 的加载能力。测试加载转矩能够实现无级可调，采用工业控制机对加载力矩、起动转速、起动电流、堵转时间、起动时间、切换时间等进行测试，反应时间少于 1ms，并绘出实时变化曲线。测试精度达到 1%。具备适用各个电压等级的交流电动机，且满足不同功率档范围要求。转矩转速传感器，包含显示仪，能适应 5000kW 及以下对应的扭矩、转速参数，且采样频率满足各载荷工况要求，精度达到 1%。

1. 大功率可调恒转矩负载测试

为电软起动、机械软起动过程中提供恒转矩负载，最大功率 5000kW，加载力矩无级可调，起动过程中转矩恒定。扭矩大于 30000N · m；速度小于 10r/min；具有体积小、质量轻、惯量小、动作快、可调性能好、可靠性高、通用性好、结构简单、维修调整方便等特点。

恒转矩负载机械设备一般起动时不能直接起动，须配置必要的软起动装置让输送机整机慢速平稳起动，以确保胶带不致突然起动而断带，造成事故。近年来随着带式输送机朝着大功率、长距离、大运量的方向发展，起动装置的功率越来越大，其慢速起动性能，起动运行过程中温度是否超过安全值等性能，均需在试验室验证安全后，方可进入煤矿井下使用。为此，在试验室能够模拟带式输送机、刮板输送机运行时的恒转矩力学性能，对各种软起动装置进行各项性能进行检测是非常必要的。为了在试验室能实现对各种不同功率和不同形式的软起动装置进行检验，研制了一套能模拟带式输送机、刮板输送机恒扭矩负载的盘闸风冷和闸衬水冷的大功率盘式制动装置，作为各种起动装置的起动负载。该装置利用液压作为动力，通过制动闸对旋转的制动盘施加压力，从而产生恒定阻力矩的原理获得恒扭矩负载，通过液压系统调节制动闸压力的大小，可方便地调节到所需的起动力矩，起动功率连续可调并调节方便，通过特殊的水冷却流道的设计，解决了大功率起动时制动闸和制动盘过热问题，确保满足大功率软起动设备的试验需求。

2. 大电流可调控制

结合软起动试验的特性，时间短、电流大，瞬间起动电流将达到正常工作电流的6～8倍，且加载功率大，对供电电源的平稳性和电网要求较高，目前建立的电控满足被试件过载、过压、超速、起停电流大、时间长等严酷工况下安全验证要求，电压为10000V、6000V、3300V、1140V；容量为10000kV·A。

3. 数据实时采集系统和数据自动处理

集中控制系统由S7-300PLC、WINCC组态软件、高速数据采集卡和传感器等组成。为提高系统的采样速度，该系统中传感器的输出的信号一路输出到仪表显示，一路输出到系统中的数据采集卡。该系统中的数据采集卡采用美国NI公司的高速板卡，采用LABVIEW专用软件驱动支持，能够实现对数据的实时采集处理，绘制出转矩转速等参数随时间变化的实时曲线。该系统既可利用计算机进行自动控制，也可脱开计算机，进行手动操作控制。工控机进行测量时，可以按不同试验对象进行相应的数据测量和绘图。

43.4 直流牵引设备测试技术

蓄电池用或架线式电机车用变频控制器、斩波控制器、无轨胶轮车控制器等直流电源供电的设备，广泛应用于我国煤矿井下生产环节中。根据使用环境的不同，供电电压等级有48V、192V、250V、550V等，直流电源设备的调速性能普遍优于交流电源设备，且设备体积小，可直接安装在无轨胶轮车或轨道机车上，直流电机的安装维护简单，成本较低，非常适合煤矿井下高温高湿，负载较重的生产环境。下面介绍直流牵引设备的测试技术。

43.4.1 测试项目

对于井下用直流电源控制器，由于井下实际工况重载情况较多，且环境高温高湿，需要对控制器的输出特性、温升、过载能力做全面考核。考虑到许多井下用车需要搭载人员，对控制器拖动电机的驱动系统的工作稳定度也有严格的要求。同时要求控制器对过压、过流、短路、缺相等故障，也必须有完备的保护功能。对直流电动机，考核的重点是温升、转速特性、过载、过压等能力。

43.4.2　测试方法与技术要求

井下用直流电源控制器的输出特性分为恒转矩段和恒功率段。在额定工作频率以下为恒转矩段，控制器带动电机输出额定转矩，在恒转矩状态下测量控制器输入侧和输出侧的各种电量以及电机轴上的转矩和转速；在额定工作频率以上为恒功率段，控制器输出额定功率，在恒功率状态下测量控制器输入侧和输出侧的各种电量以及电机轴上的转矩和转速。温升试验则是在额定工作频率输出额定功率的状态下进行，测量试验开始时、实验过程中、试验结束时的各个元器件的温度情况。保护功能则是在模拟现场工况故障条件下进行，比如不同的电压、电流、接线状态等。

控制器在恒转矩段和恒功率段内要能长期稳定地运行，并有一定的过载能力，在 1.2 倍过载负载下至少稳定运行 5min。对于过压、欠压、过流、缺相等故障状态，要能迅速切断输出，以保护设备的安全。

转速特性试验分别在电动机正转和反转下进行，电动机从 1.2 ～ 1.5 倍额定电流开始，逐步降低电流，在降低电流的同时截取数个点，读取电压、电流、转速等数据，并绘制转速对于电流的关系曲线。典型的关系曲线如图 43.8 所示。

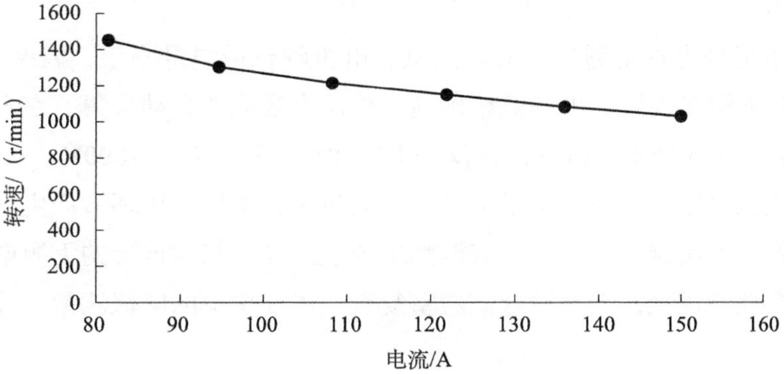

图43.8　转速对于电流的典型关系曲线

直流电动机要在额定负载额定转速下稳定运行，直至热平衡状态，且有一定的过载和过压运行能力。在各种工况下，要求电动机的电刷火花等级不得超过 1.5 级。

43.4.3　测试装备

测试系统由主回路、数据采集、加载机组组成。主回路为被试品提供大容量的稳定直流电源，数据采集系统可采集直流输入侧和交流输出侧的电压电流功率，被试品各部件的温度，电机轴端转矩转速等变量。加载机组给陪试机或直流机提供稳定且线性可调的负载。

上海院的直流电源试验装备具有 DC 40 ～ 750V 的宽幅调压，最大输出电流 DC600A，电流测量精度 ±0.2%，电压测量精度 ±0.2%，功率测量精度 ±0.2%，温度测量精度 ±0.1℃，扭矩测量精度 0.1 级，转速测量精度 ±0.1r/min，最大加载功率 500kW，挂载方式有单机挂载、双机独立挂载、双机刚性连接挂载。

1. 主回路

主回路电源由高压变压器将 10kV 降压至 380V，然后进入调压器，调压器输出供给整流装置，该装置采用三相二极管整流桥，可将三相交流电整流为直流电源，供给被试品。当被试品所需电压较低时，该系统还可在调压器和整流装置之间串入一个降压变压器，降低整流装置的电源电压，从而降低了整流装置输出的直流电压，如图 43.9 所示。通过这样一套调压措施，该实验台完全可以满足煤矿井下用的各种直流电源的驱动设备的试验要求。

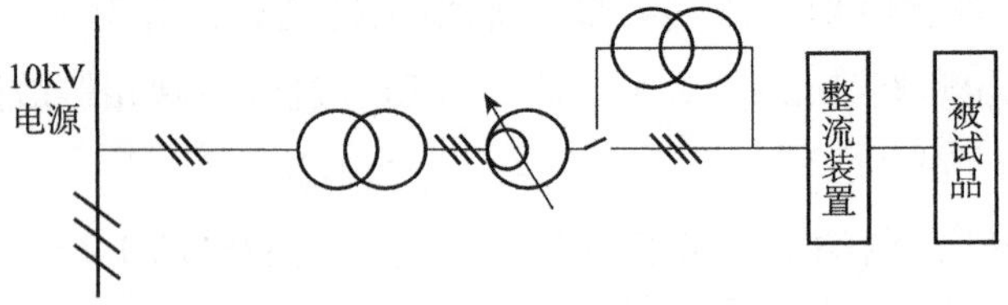

图43.9 主回路一次系统

2. 数据采集

数据采集系统分为直流测量、交流测量、电机轴机械惯量测量、温度测量四个部分，均使用业界领先的测量仪表，可高效精确地完成所有数据的自动采集。在直流电源检测环节，采用日置 PW3336 功率分析仪，该仪表电压测量量程为 0 ～ 1000V，无须通过互感器，可直接测量直流侧电压，从而避免了传统电压测量中在电压变压环节产生的误差，提高了电压测量的精度。电流测量采用日置有源型电流互感器，相对传统的无源电流互感器，其精度高，抗干扰性能优越，十分适合试验室复杂电磁环境下的电流测量，保证了电流测量值的精度。

针对控制器输出的非正弦波三相交流电，采用 Fluke Norma4000/5000 功率分析仪。传统交流功率分析仪只能测量正弦波波形的交流电。针对控制器输出的非正弦波电量，Fluke4000/5000 功率分析仪可以在各个频段精确测量电压电流功率，并可显示三相电压电流波形，从而进一步地反映出控制器输出侧的性能。

在电机输出轴端，配备了多台 HBM 扭矩仪，量程有 500N · m、1000N · m、2000N · m 等，适应各个功率等级的直流拖动系统，可实现对转矩和转速的高精度采集。

温度采集使用横河 MV2000 数据采集器，配合精度达到 0.1℃的 PT100 热电阻，可实时测量被试品各个部件的温度变化情况。

3. 加载方式

该直流电源实验台配合实验室的加载机组使用，加载原理如图 43.10 所示。

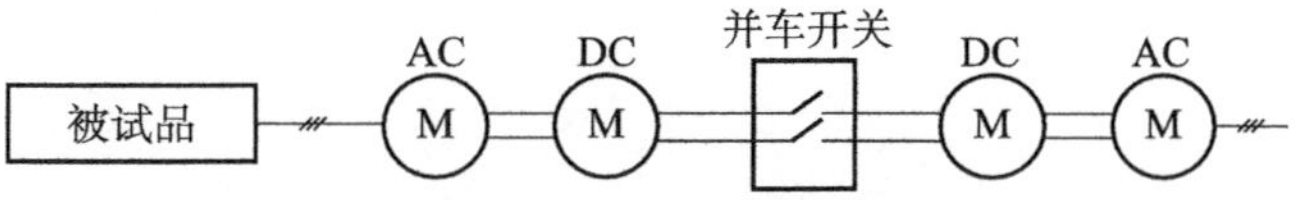

图43.10 直流试验加载原理图

AC. 交流；DC. 直流；M. 电机

该加载机组可完成机车变频控制器、无轨胶轮车控制器、直流电动机的性能试验。其加载形式灵活多变，可采取一拖二的方式进行加载，即一台控制器同时控制两台电机，对这两台电机，可以分别加载，也可以将两台电机进行刚性连接后同时加载，完美地模拟了井下控制器在实际使用时可能碰到的各种负载情况。在加载时，负载率可根据情况实时线性调整，在任何负载率下都可以保持稳定运行，且在被试品出现故障时，迅速切断负载，保护前后级设备的安全。加载机组采取电回馈的方式进行，被试品使用的电能最终通过机组回馈至电网，从而减少了能量浪费。所有机组和陪试机均采取强制风冷散热，可以适应不同转速下的大电流加载。另外，配合合适的电阻箱，可以单独进行斩波器的性能试验。

（本章主要执笔人：上海院傅林，黄文涛，林洋）

第44章 动力变压器与无功补偿装置测试技术

煤矿井下供电由地面变电站经井下动力变压器变换电压后将电力输送至各设备终端，动力变压器是井下电源的动力核心，其供电质量关系到整个矿井用电设备的正常运行情况。在安全高效的供电要求下，无功补偿装置的应用起到提高功率因数、改善电网质量、节能降耗的作用。无功补偿装置从早期的终端补偿发展到链式电源端补偿，在煤矿井下电源与治理中起到了重要的作用。

本章介绍煤矿井下干式变压器和无功补偿装置的电能损耗、温升、补偿特性等主要测试技术与装备。

44.1 矿用动力变压器性能测试技术

矿用隔爆型干式变压器的本体部分一般由铁芯和线圈组成，铁芯采用冷轧硅钢片，全斜不冲孔结构，采用三相五柱式，以降低变压器的高度，线圈以黄铜为主，多数采用美国杜邦绝缘系统，绝缘等级为H级或C级。变压器高压侧有多个分接引出，以适应电网电压的高低变化。变压器隔爆外壳通常有两种：长方形波纹结构和筒式波纹结构。具有体积小、机械强度高，有利于散热等优点，散热方式为空气自冷。

矿用隔爆型移动变电站是由矿用隔爆型移动变电站用干式变压器及矿用隔爆型移动变电站用高压真空开关（或矿用隔爆型移动变电站用高压负荷开关）、矿用隔爆型移动变电站用低压保护箱（或矿用隔爆型移动变电站用低压真空馈电开关）等部分组成的移动式成套装置。在使用时，如果低压供电发生短路、断相、超温、过载、漏电、过电压、欠电压等故障，其能切断高压侧开关实现保护，有效地保护了井下工作人员的安全。

44.1.1 测试项目

矿用变压器作为煤矿井下的配电设备，对井下供电有着极为重要的作用，因此，对于矿用变压器的试验，除了判断其各项指标是否满足国家标准的要求外，还能发现其产品结构和磁路设计是否存在缺陷。矿用变压器的电气性能型式试验，包括电压比及联结组号、空载损耗及空载电流、短路阻抗及负载损耗和温升试验等。

44.1.2　测试方法与技术要求

1. 测试方法

1）电压比及联结组号

电压比测量能验证变压器是否达到预期的电压变换效果，联结组号测试能检验绕组的绕向、绕组的联结组及线端的标志是否正确。引线装配后的电压比试验能验证分接开关与绕组的联结组号是否正确。

电压比测量时，应先计算电压比值，按铭牌电压计算，测量应分别在各分接上进行，对于有并联支路的绕组，应分别对每个支路进行测量，同时应验证联结组号与电压矢量关系是否正确。

2）空载损耗及空载电流

空载损耗及空载电流是干式变压器运行的重要参数，通过测量验证这两项指标是否在标准规定的范围内，以检查和发现试品磁路中的局部缺陷或整体缺陷。空载损耗及空载电流的测量，应从试品各绕组中的一侧绕组（一般为低压绕组）线端供给额定频率的额定电压，其余绕组开路；如果施加电压的绕组是带有分接的，则应使分接开关处于主分接的位置。空载试验按图 44.1 所示的接线进行。

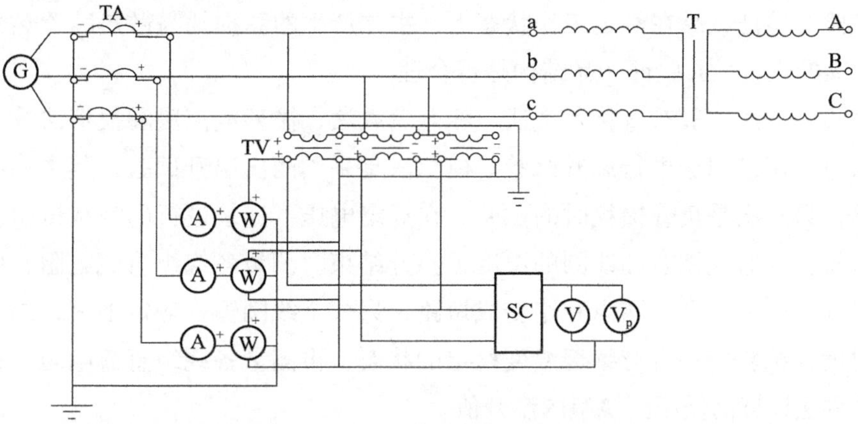

图44.1　空载损耗及空载电流测量原理图

G. 可调电源；TA. 电液互感器；TV. 电压互感器；T. 试品；A. 电流表；V. 电压表；V_p. 平均值电压表；W. 瓦特表；SC. 转换开关；a、b、c. 试品一次侧三相端口；A、B、C. 试品二次侧三相端口

3）短路阻抗及负载损耗

负载损耗是一个重要参数，对于干式变压器的经济运行和使用寿命有着重要意义；而短路阻抗决定了干式变压器在运行时对电网电压波动的影响以及发生出口短路事故时电动力的大小。通过测量，可以验证这两项指标是否在标准规定的范围内，同时还可以通过试验发现绕组设计与制造及载流回路和结构的缺陷。

短路阻抗及负载损耗的测量，应当在试品的一个绕组的线端施加额定频率，另一个绕组短路，各相处于同一个分接位置，测量应在 50%～100%额定电流下进行，为避免绕组发热对试验结果产生明显误差，试验测量应迅速进行。负载试验按图 44.2 所示的接线进行。

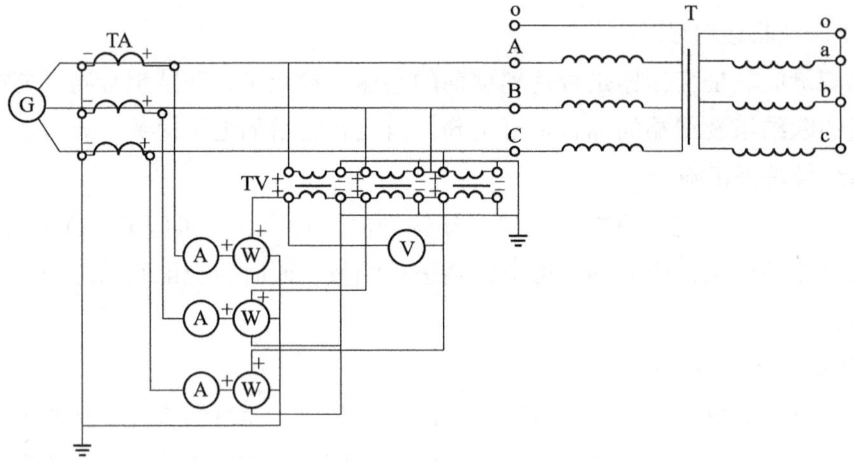

图44.2　短路阻抗及负载损耗测量原理图

G. 可调电源；T. 试品；TA. 电流互感器；TV. 电压互感器；A. 电流表；V. 电压表；W. 瓦特表；
a、b、c. 试品一次侧三相端口；A、B、C. 试品二次侧三相端口；o. 中性点

4）温升试验

温升试验是验证试品在额定工作状态下，主体产生的总损耗与散热装置热平衡的温度是否符合标准的规定，并验证产品结构是否合理。

温升试验的方法一般有直接负载法、相互负载法、循环电流法和模拟法等。对于单台干式变压器可采用模拟法进行温升试验。模拟法是采用两次温升试验，其中一次是空载损耗下的试验，另一次是负载损耗时的试验。在额定电压下连续进行的空载试验应一直持续到稳定的状态，并监视铁芯和线圈的温度，温升结束时测量各绕组直流电阻，此后，立即进行短路试验，此时一个线圈由开路变成短路，另一个线圈输入额定电流，同样监视铁芯和线圈的温度，试验应一直持续至温度稳定的状态，再测量各绕组直流电阻。最后按标准规定的计算方法计算高低压测绕组的温升值。

2. 技术要求

矿用变压器电气性能型式试验结果要满足国标 GB8286—2005《矿用隔爆型移动变电站》的要求，目前标准中只规定了额定容量为 4000kV · A 及以下变压器的技术要求。4000kV · A 以上容量变压器由企业标准规定。

44.1.3 测试装备

上海院从 1987 年起开展矿用变压器的检测，先后研制了满足不同容量大小变压器的试验台，如今的试验能力能保证 10～8000kV · A 矿用变压器的检测需求。输出侧最高可调

至6kV，输出电流最高可达800A，同时还配备有降压变压器，在进行小型、低阻抗变压器试验时，可将降压变压器串入主回路，输出电压最低可降至20V。主回路侧还备有电容组，试验时可并联投入该电容组，以补偿变压器在温升试验时发出的感性负载，从而起到降低主回路电流，节省电力消耗的作用。在电量检测环节，采用高精度功率计，配合高精度互感器，可自动采集电压、电流和功率，同时配备PLC控制器，能与功率计进行通信，以实现过压、过流、缺相等保护功能，保证变压器试验过程的安全。温度测量采用PT100铂电阻测量温度，配合自动数据采集器使用，测量精度高，数据记录为全自动进行，该数据采集器具备报警功能，当温度超限时，可通过与试验台的PLC通信，完成自动断电。

44.2　无功补偿装置测试技术

矿用防爆无功补偿装置从静止无功补偿装置发展到目前的动态无功补偿的静止无功发生器（static var generator，SVG）。与传统的TCR为代表的SVC装置相比，静止无功发生器（SVG）的调节速度更快，运行范围更宽，而且在采用多重化、多电平等PWM技术措施后，大大减少了补偿电流中载波频率谐波的含量。更重要的是，SVG使用的电抗器和电容元件远比SVC中使用的电抗器和电容元件要小，这将大大缩小装置的体积。目前，矿用无功补偿装置的电压等级有380V、660V、1140V和3300V，容量最大为5MVar。

44.2.1　测试项目

矿用无功补偿装置用于改善功率因数及电能质量，前提是装置安全、正常运行，各部件温升在允许范围内，电能质量性能良好，电磁兼容性能良好，不影响其他设备正常运行，故障时自动停机，保证不影响电路的安全运行。无功补偿装置试验设备能够完成样品的电气性能型式试验，包括连续运行范围试验、电压特性试验、稳态控制精度、阶跃响应时间、电容器放电试验、温升试验、过载能力试验、过载保护、过压保护、欠压保护、故障录波、通信故障保护、散热板过热保护、电能质量测试、骚扰电压和电磁辐射骚扰试验。

44.2.2　测试方法与技术要求

1. 测试方法

1）连续运行范围试验

连续工作状态时，分别在恒无功控制方式和恒电压控制方式下，测量无功发生器的最大容性无功功率和最大感性无功功率。

（1）恒无功控制试验。检验无功发生器在闭环恒无功控制模式下的无功发生能力。控制器仍设定为恒无功控制方式，依次增加容性无功参考值，直至输出电流达到额定；然后，在无功发生器的感性输出范围内重复上述试验。

（2）恒电压控制试验。检验无功发生器在闭环恒电压控制模式下的无功发生能力。将控制器仍设定为恒电压控制方式，依次降低目标电压参考值，使得无功发生器输出从零逐渐增加到额定感性无功电流；依次增加目标电压参考值，使得无功发生器输出从零逐渐增加到额定容性无功电流。

2）电压特性

在闭环恒电压控制方式下，采用改变参考电压 V_{ref} 来调节无功发生器的无功功率，直到获得最大感性和容性输出，根据检验结果计算得到斜率。无功发生器的斜率是在控制范围内电压变化的标幺值和电流变化标幺值之比（图 44.3）。

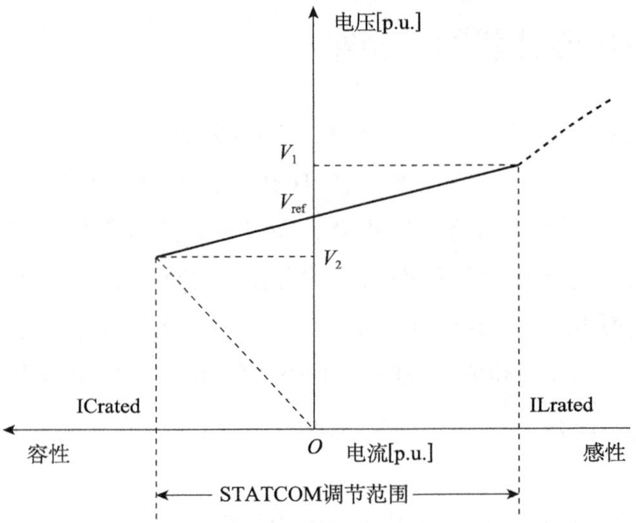

图44.3　无功发生器的斜率

图中：ICrated 为额定容性电流；ILrated 为额定感性电流；V_1 为在额定感性电流时的被控电压；V_2 为在额定容性电流时的被控电压；V_{ref} 为参考电压，用基准电压标幺值表示。

3）阶跃响应时间

在恒电压的控制方式下，采用阶跃变化参考电压值 V_{ref}，以检验无功发生器系统的动态特性。如果可能，应保留系统最小短路水平时无功发生器的响应记录。要特别说明的是，在最小短路水平时无功发生器应不失去稳定，同时，在最大短路水平时保持良好的响应特性。

在恒无功的控制方式下，采用阶跃变化参考无功值 Q_{ref}，获得在改变扰动时无功发生器的响应记录，一般可以采用 0—额定容性无功—0、0—额定感性无功—0、额定感性无功—额定容性无功—额定感性无功的阶跃响应来测量动态响应。

4）温升

额定运行工况下，分别在感性和容性负载下各运行 36h，功率模块、电抗器等部件的温升限值应不超过各部件标准的要求。

2. 技术要求

1）连续运行范围试验

在不同的控制方式下，无功发生器从最大容性无功功率到最大感性无功功率区间连续运行，不应对系统电压产生电压振荡或电流振荡，实际输出的最大容性无功功率和最大感性无功功率应不低于额定无功功率。

2）电压特性

无功发生器应具有调节系统电压的能力，在电压控制模式下，斜率应不超过 10%。

3）稳态控制精度

稳态时无功发生器实际输出无功功率与额定无功功率之间最大允许偏差应不超过 ±2.5%。

4）阶跃响应时间

在系统电压或系统无功发生突然变化时，无功发生器阶跃响应达到 95%稳态值的时间应为 5 ～ 20ms。

5）温升

额定运行工况下，分别在感性和容性负载下各运行 36h。功率模块、电抗器等部件的温升限值应不超过各部件标准的要求。

3. 测试装备

上海院的无功补偿装置试验装备，填补了矿用 SVG 无功补偿装置检测领域的空白。该无功补偿试验装置能实现 660V 和 1140V，额定容量 1MVar 以内的无功补偿装置检验，通过将无功补偿设备不同的工作模式，可以提供最大 ±1.2MVar 无功功率电源，同时采用的 PWM 交错技术，使得自身的谐波比单套 SVG 谐波更低。在实验 SVG 和待检 SVG 之间加了变压器隔离，降低了待检 SVG 故障对实验 SVG 的损坏风险。

无功补偿装置试验系统如图 44.4 所示，试验系统主要由试验主电路及配电回路、试验装置本地 SVG、实验台三部分组成。

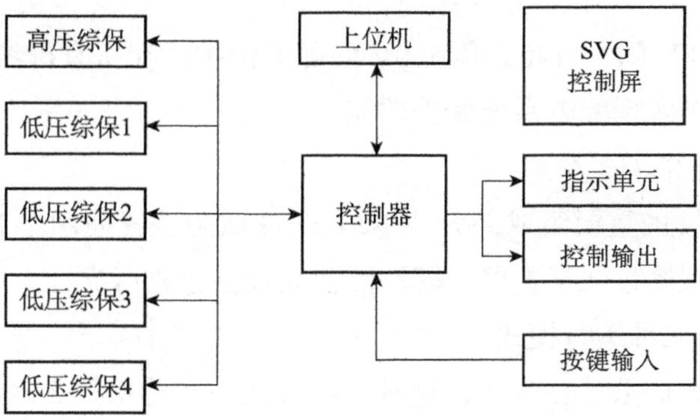

图44.4　试验装置试验台系统框图

1）主电路及配电回路

试验装置主电路原理图如图 44.5 所示。从图中可以看出，三相 10kV 电网进线经过三绕组变压器 T1 后获得 1140V 和 660V 两路出线，这样可以满足 1140V 和 660V 两种电压等级待检验设备要求。为满足最大 1MVar 负荷要求，T1 额定容量选取为 2MV · A，两个低压侧绕组均为 100%容量。

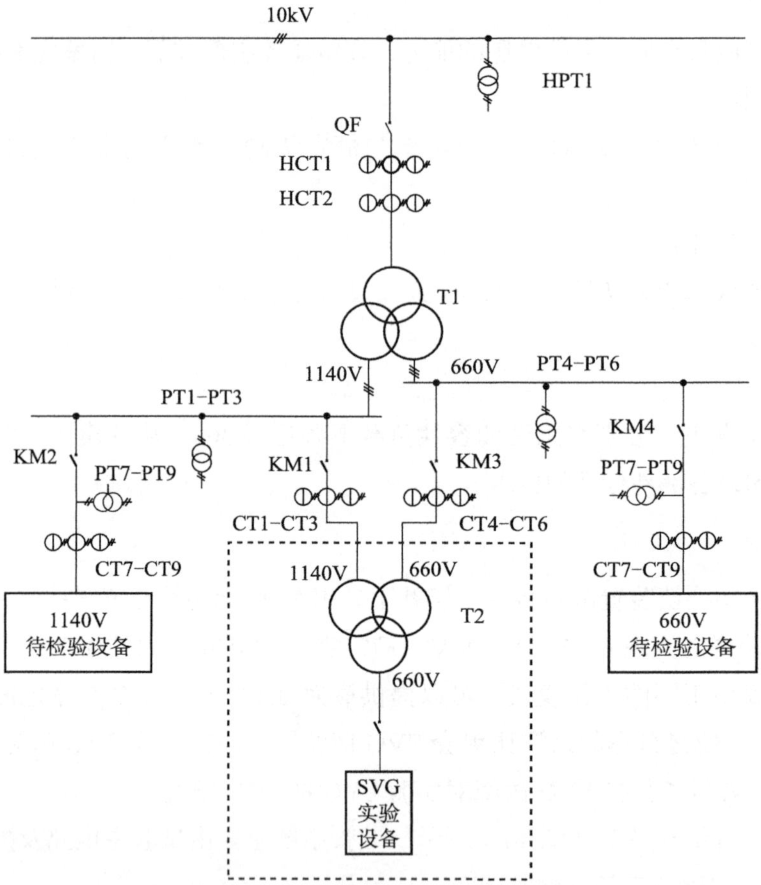

图44.5　试验装置主电路原理图

为了便于实现 10kV 侧、1140V 和 660V 的配电保护，在所有母线上全部装设电压互感器，配合综合保护装置实现配电系统保护功能。

2）试验装置本地 SVG

作为整套试验装置的重要组成部分，本地 SVG 试验装置使用了 NPV 系列 SVG。其功率单元的模块化使装置容量便于扩展，模块的独立性使整机可靠性大大提高。

本地 SVG 主要有两种运行模式：

第一种为恒定功率因数运行方式，这种运行方式下，待检的 SVG 应处于发送谐波的工作模式，而本地 SVG 要维持在操作人员设定好的一个功率因数数值内恒定运行。即为待检“发无功”，本地“消无功”。

第二种运行方式与第一种方式相反，这种方式是检验待检 SVG 设备的消除无功的能力是否达标的运行方式。即为本地“发无功”，待检“消无功”。

3）试验装置实验台

试验装置试验台是整个系统智能化监控、智能温度采集、故障保护、工作模式设定等功能实现的关键环节。试验台总体系统如图 44.4 所示。由上位机，按键输入单元，继电输出单元，显示单元，控制单元、多路综合保护通信单元组成。图 44.6 所示为上海研究院的无功补偿试验装置。

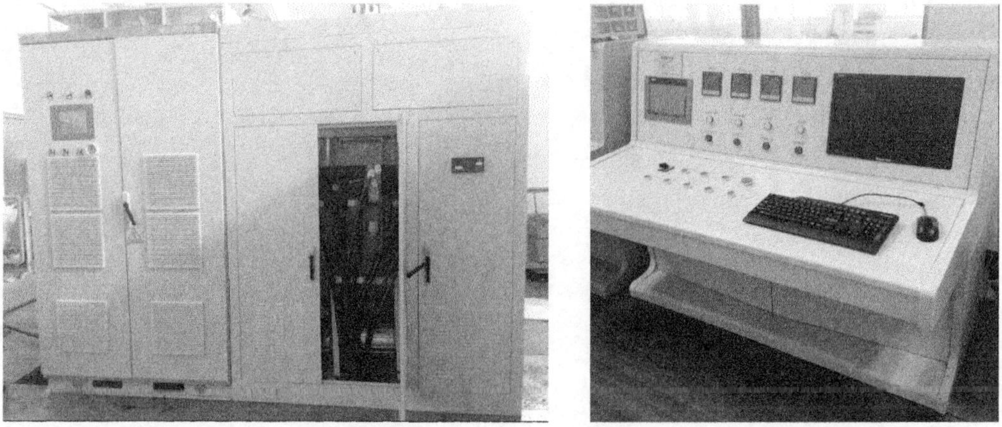

图44.6　无功补偿试验装置

（本章主要执笔人：上海院耿庆娥，谢添，龙再萌）

第十一篇　煤矿许用爆破器材测试技术

煤矿许用爆破器材是指允许在有可燃气和煤尘爆炸危险的矿井中使用的民用爆破器材，主要有煤矿许用炸药、煤矿许用电雷管和煤矿许用导爆索三大类。广泛应用于钻爆掘进、顶板围岩弱化、冲击地压防治、煤（岩）层增透以及部分矿井的采煤等煤炭开采作业场合。近几年来，为满足煤矿瓦斯综合治理及精细化爆破作业需求，相继出现了煤矿瓦斯抽采水胶药柱、煤矿许用数码电子雷管等新型爆破器材。

为保证煤矿的安全生产，煤矿许用爆破器材必须具备与煤矿爆破作业环境相适应的安全性和可靠性。世界各主要产煤国均有相应的标准及试验方法，英国在20世纪初便建立了包括炸药有毒气体、可燃气安全度等主要安全性能的检测手段。在我国，煤科总院抚顺分院最早开始研究煤矿许用爆破器材测试技术，并制定了MT 60—1982《煤矿许用炸药爆炸后有毒气体量测定方法和判定规则》、MT 61—1982《煤矿许用炸药沼气安全性等级及其检验方法》、MT 62—1982《煤矿许用电雷管沼气安全性规定及其检验方法》等标准，解决了煤矿许用爆破器材主要安全指标的评估问题。煤科总院抚顺分院和煤科总院爆破技术研究所共同制定的MT/T 934—2005《煤矿许用炸药煤尘–可燃气安全度试验方法及判定》等标准，补充完善了煤矿许用炸药安全性能的检测技术。目前，涉及煤矿许用爆破器材的国家及行业标准中，产品标准10余项，试验方法标准30余项。这些标准对规范煤矿许用爆破器材的生产、应用和测试发挥了重要作用。

在爆破器材测试装备方面，欧、美地区发达国家技术水平较为先进，英、法等国早在20世纪初就已建立了煤矿许用炸药撞击感度、可燃气安全度等安全性测试装备；美国在70年代初开始研究建立炸药有毒气体大型爆炸箱试验系统。我国起步较晚，80年代初，煤科总院抚顺分院、煤科总院爆破技术研究所先后建成了炸药可燃气安全度试验系统；1985年，上述两家单位率先共同研究建立了炸药有毒气体50L爆炸弹筒试验系统；1993年，研究建立了炸药抗爆燃性、电雷管静电感度等多项试验系统。近几年来，为适应民爆器材技术进步以及检测技术与国际接轨需要，在借鉴欧盟等先进标准及我国军标的基础上，煤科总院爆破技术研究所先后建立了一系列先进的试验装备，主要有：试验药量达 300g 的炸药做功能力弹道抛掷试验装置，试验药量达 1000g、最大装药直径达 90mm 的炸药可燃气安全度试验巷道系统，试验药量 460g 的炸药有毒气体大型爆炸箱试验系统，上述三套试验装备均为国内唯一。此外，试验药量 1000g（TNT 当量）的炸药水下爆炸能量测试系统、50g（TNT 当量）的炸药做功能力弹道臼炮法试验装置、雷管做功能力水下爆炸法测试系统、最大试验电流 5A 的雷管抗杂散电流测试系统、雷管射频感度测试系统、导爆索索芯摩擦感度试验装置等测试装备也具有国内先进水平。

本篇主要介绍煤矿许用炸药、煤矿许用雷管、煤矿许用导爆索等爆破器材产品的性能和安全性测试技术及相关装备。

第 45 章 煤矿许用炸药测试技术

煤矿许用炸药是指允许在有可燃气和煤尘爆炸危险的矿井中使用的炸药，按安全等级从低到高可分为：一级煤矿许用炸药、二级煤矿许用炸药和三级煤矿许用炸药。常用的品种有煤矿许用乳化炸药、煤矿许用水胶炸药、煤矿许用粉状乳化炸药和煤矿许用膨化硝铵炸药等。《煤矿安全规程》规定煤矿井下爆破作业必须使用煤矿许用炸药。为了防止爆破作业引起可燃气和煤尘爆炸，要求煤矿许用炸药安全等级必须与矿井的安全要求相适应。可燃气安全度、煤尘－可燃气安全度是划分煤矿许用炸药安全等级的特征指标。抗爆燃性是煤矿许用炸药专有的性能要求，它直接影响到煤矿井下爆破作业的安全。此外，有毒气体含量、炸药感度、做功能力、爆温、爆热、爆压、热安定性、微观结构、环境强化试验等性能也关系到炸药的安全应用。

本章重点介绍煤矿许用炸药产品的可燃气安全度等主要性能指标的测试原理、测试方法，以及相关主要测试装备的结构组成、技术参数和主要技术特点。

45.1 可燃气安全度测试技术

煤矿许用炸药的可燃气安全度是指炸药在矿井中爆炸时不引燃或引爆可燃气的能力，是确定炸药适用场合的重要依据。我国多数矿井空气中都含有大量可燃气，存在爆炸危险，而炸药在爆炸时会产生高温、高压的爆炸产物和火焰，易引燃或引爆可燃气。

1. 测试原理

模拟煤矿井下工况，在空气中甲烷浓度为 9% ±0.3%的试验条件下引爆炸药，观察试验介质是否被引燃，采用小样本升降法，得到炸药样品的半数引火量，以此表征炸药的可燃气安全度。

2. 试验装置结构

可燃气安全度测试装置主要由试验巷道、气体混合管路、发射臼炮、混合通风机、排烟通风机及控制系统等组成，如图 45.1 所示。

（1）试验巷道为钢制圆筒，水平放置，分爆炸室和延长室两部分，爆炸室封闭端中心开有圆孔，敞口端设有封闭装置，延长室与爆炸室敞口端相衔接。

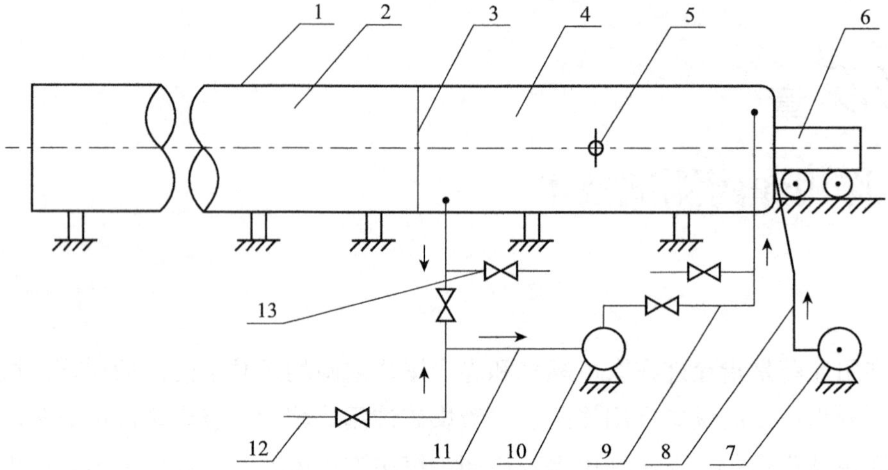

图45.1　可燃气安全度试验装置示意图

1. 试验巷道；2. 延长室；3. 封闭装置；4. 爆炸室；5. 测量孔；6. 发射臼炮；7. 排烟通风机；8. 排烟管；9. 进气管；10. 混合通风机；11. 回气管；12. 可燃气管；13. 阀门

（2）气体混合管路由进气管路、回气管路及控制阀门等组成，在进气管路和回气管路上分别安装有阀门。

（3）发射臼炮为钢制圆柱体，由内筒和外套组成，内筒突出，套有密封胶垫，中心轴向开有炮孔。

（4）混合通风机为防爆离心式，排烟通风机为防爆轴流式。

（5）控制系统包括液压系统、电气系统、参数测试系统及空调系统等。

3. 试验装置主要参数

（1）试验巷道内径 1.8m，爆炸室长度 5m、延长室长度 15m。

（2）进气管路由靠近爆炸室封闭端上部引入，回气管路由靠近爆炸室敞口端下部引出。

（3）发射臼炮内筒材料为 PNi3CrMoV 炮钢，外套材料可选用普通碳钢，臼炮的结构尺寸有两种：一是用于煤矿许用炸药可燃气安全度试验的发射臼炮，中心孔尺寸为 ϕ55mm×900mm；二是用于煤矿瓦斯抽采水胶药柱可燃气安全度试验的发射臼炮，中心孔尺寸为 ϕ100mm×1200mm。

4. 试验方法

在规定的条件下，采用小样本升降法。将爆炸室敞口端用牛皮纸或薄膜封闭，将雷管插入受试炸药一端再置于发射臼炮炮孔内，反向起爆。将发射臼炮推至爆炸室封闭端，使凸台进入封闭端圆口并压紧，开启混合风机向爆炸室充入可燃气，当甲烷浓度达到要求时停止充气，关闭有关阀门，同时打开泄压阀，连接起爆线路起爆。根据试验巷道内可燃气－空气混合气体引火结果，计算半数引火量，以此评定炸药的可燃气安全度。

45.2 煤尘-可燃气安全度测试技术

煤矿许用炸药的煤尘－可燃气安全度指炸药在矿井中爆炸时不引燃或引爆可燃气和煤尘混合物的能力，也是确定炸药适用场合的重要依据。我国大部分矿井空气中都含有可燃气和煤尘的混合物，存在爆炸危险。为了防止煤矿爆破作业引起可燃气和煤尘爆炸事故，必须测试煤矿许用炸药的煤尘－可燃气安全度。

1. 测试原理

模拟煤矿井下工况，试验介质为4%的甲烷－100g/m^{3}的煤尘与空气的混合物，引爆炸药，观察试验介质是否被引燃，采用小样本升降法，得到炸药样品的半数引火量，以此表征炸药的煤尘－可燃气安全度。

2. 试验方法

煤尘－可燃气安全度试验装置与可燃气安全度试验装置相同。将1发雷管插入20g三级煤矿许用乳化炸药药卷中，埋入1.0kg煤尘中制成煤尘包，将煤尘包悬吊在爆炸室中间偏下位置；将雷管插入试样一端，悬吊于煤尘包上方爆炸室中心位置。开启混合风机向爆炸室充入可燃气，当甲烷浓度达到要求时停止充气，关闭有关阀门，同时打开泄压阀；连接起爆线路，起爆煤尘包，0.5s后起爆炸药试样。根据试验巷道内煤尘－可燃气混合物引火结果，计算半数引火量，以此评定炸药的煤尘－可燃气安全度。

45.3 抗爆燃性测试技术

爆燃是指在炸药中自行传播的伴有发光、发热的剧烈化学反应。抗爆燃性是指炸药本身所具备的对其产生爆燃现象的抵抗能力。煤矿许用炸药发生爆燃时会产生炽热的火焰，火焰是引燃或引爆可燃气和煤尘的方式之一。

1. 测试原理

将炸药试样置于密封的钢制臼炮炮孔中，经受人为制造的高温、高压环境，然后观察试样的燃烧状态，以爆燃频数表征炸药的抗爆燃性。

2. 试验装置结构

该装置主要由爆燃臼炮、密封胶圈等组成，如图45.2所示。爆燃臼炮为钢制圆柱体，中心轴向开有炮孔，爆燃臼炮炮孔直径为（57±0.5）mm、长度（820±1）mm，炮孔的前后两端均以钢质密封塞密封，前端的密封塞中间有雷管脚线孔；密封胶圈为厚胶板，按照密封塞直径制作，密封胶圈厚度（5±0.2）mm。

3. 试验方法

将试样由前端炮孔口轻轻推入炮孔后端，将主爆药卷置于臼炮孔前端孔内，将盖板用

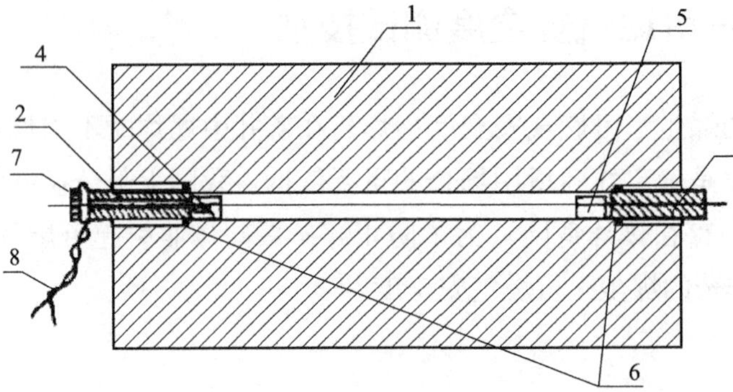

图45.2　爆燃臼炮示意图

1. 臼炮体；2. 前端密封塞；3. 后端密封塞；4. 主爆药卷；5. 受测药卷；
6. 密封胶圈；7. 盖板；8. 脚线

螺钉固定在前端密封塞的端面上，主爆药卷起爆后拧开前端密封塞上的盖板，再将前后两端密封塞拧开，取出试样，观察是否全燃，以发生爆燃的频数表征炸药的抗爆燃性。

45.4　有毒气体含量测试技术

炸药爆炸会产生有毒、有害气体，直接危害矿工的身体健康和生命安全。测试煤矿许用炸药爆炸后产生有毒、有害气体的含量，杜绝有毒气体超过限值的炸药在矿井中使用，是保障煤矿爆破作业安全的必要措施。

目前，国内有毒气体含量测试制气环节通常采用弹筒制气方法。该方法试验药量小，仅 110g，且在接近真空条件下引爆炸药试样，会破坏炸药的结构状态，与实际使用条件也有很大差别，影响测试结果的科学性。发达国家和地区均采用大型爆炸箱法制气。该方法试验药量大（可达 450g 以上），在常压自然条件下引爆炸药试样，能够更加真实地模拟炸药实际的使用环境，测试结果较贴近实际。本部分主要介绍大型爆炸箱制气方法的原理及装置。

1. 测试原理

一定量的炸药常压下在 15m^3 大型爆炸箱中爆炸，制得炸药爆炸后的气体试样，分别测定其中一氧化碳和氮氧化物的含量，再换算成标准状况下的一氧化碳体积来表示炸药爆炸后有毒气体的含量。

2. 试验装置结构

试验装置主要由爆炸室、钢炮、混合系统和电磁阀等组成，如图 45.3 所示。

3. 试验装置主要参数

爆炸箱主体为圆柱形，顶部为半球形，用耐腐蚀钢板焊接而成，净容积为 15m^3 左右；钢炮为圆柱体，其中心孔直径为 100mm。

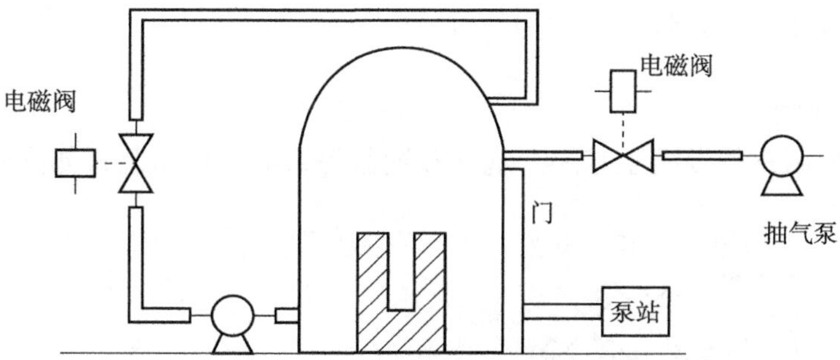

图45.3　大型爆炸箱试验装置示意图

4. 气样制备

将炸药试样装入钢炮内孔中，雷管脚线接在接线柱上；关闭密封门，引爆试样。爆炸后，开启混合系统，待爆炸室内气体冷却至室温，开启阀门，读取大气压、室温和爆炸箱内气体的压力值。抽取一定量的气体置换取气管路内的残留气体，然后取气体试样待用。

5. 气体分析

采用气体分析器及比色方法分别测定炸药爆炸后生成的一氧化碳及氮氧化物含量。

45.5　做功能力测试技术

炸药做功能力俗称威力，是指炸药爆炸产物对周围介质所作的总功。做功能力是炸药的主要爆炸性能之一，测试炸药的做功能力是保障爆破作业效果达到设计要求的必要措施。炸药做功能力测试方法主要有铅𤩽法、弹道抛掷法、威力弹道摆法和水下爆炸能量法等。本部分重点介绍弹道抛掷法、威力弹道摆法和水下爆炸能量法。

45.5.1　弹道抛掷法

弹道抛掷法是国际上广泛应用的测试工业炸药做功能力的一种方法。德国 EXAM 检验所很早便将弹道抛掷法做为工业炸药做功能力检测的标准方法。该方法具有以下优点：试验药量大（药量可达数百克），试验重现性好，测试结果准确、可靠，体现出炸药的爆破抛掷能力，比较符合爆破实际，能够比较客观地反映出工业炸药的做功特点；不需要复杂的仪器，操作简便，易于普及；不产生铅污染，环保，且测试成本低；不仅能测试具有雷管感度的炸药，而且能测定无雷管感度的工业炸药。

1. 测试原理

将待测炸药试样放在特种钢制弹道抛掷装置的钢筒内，筒上盖有一个已知质量的圆形钢盖，被测炸药试样引爆后，钢盖在炸药爆炸能量作用下按弹道轨迹抛出，测出钢盖被抛出的水平距离。在抛射角和钢盖质量一定的条件下，利用抛掷距离 L 衡量炸药的做功能力，也可将距离换算成能量 E 定量评价炸药的做功能力。

2. 试验装置结构

试验装置主要由钢筋混凝土基座、炮筒和钢盖等组成。测试装置如图 45.4 所示。

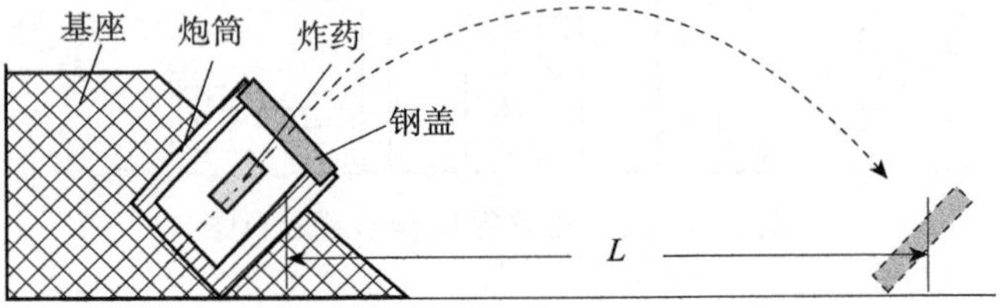

图45.4 弹道抛掷测试装置示意图

（1）钢盖。合金结构钢 42CrMo（GB/T 3077—2015《合金结构钢》）。直径 540mm，厚度 115mm，质量 200kg。

（2）钢筒。合金结构钢 42CrMo（GB/T 3077）。内径 500mm，外径 800mm，壁厚 150mm，有效容积 128L，质量 2275kg。固定在混凝土基座上，筒轴线与地平面夹角为 45°。

（3）钢底座。优质碳素结构钢 45 号钢（GB/T 699—2015《优质碳素结构钢》）。长 1100mm，宽 1100mm，高 350mm，一面中心掏有直径 800mm、深 300mm 圆形凹槽，质量 2765kg。

（4）钢筋混凝土基座。基座分地上和地下两部分。地下部分长 3000mm、宽 3000mm、高 2000mm，地上部分底部长和宽都为 3000mm、上部长和宽都为 1500mm，高 1500mm，剖面为直角梯形的棱柱体。

3. 试验方法

根据炸药种类，按测试要求称取一定量试样，将药卷固定于炮筒中央，插上 1 发 8 号工业电雷管，盖上钢盖，引出雷管脚线，起爆后测量钢盖落地点与钢盖初始中心的水平距离。

45.5.2 威力弹道摆法

威力弹道摆法又叫弹道臼炮法，是 GJB772A—1997《炸药试验方法》规定的一种测试军用炸药做功能力的标准试验方法。试验药量为 10g（TNT 当量）。工业炸药与军用炸药相比，成分组成和爆轰性能方面都存在着较大的区别，小药量试验不能客观反映工业炸药的做功特性。为此，借鉴 GJB772A—1997 规定的威力弹道摆标准试验方法，针对工业炸药的特点研究建立了测试工业炸药做功能力的威力弹道摆试验装置及试验方法，试验药量达到 50g（TNT 当量）。

威力弹道摆法测试工业炸药的做功能力具有以下优点：试验药量相对较大（可达 50gTNT 当量）；测试方法简单，不需要复杂的仪器，易于普及；不产生铅污染，环保，且测试成本低。但是测试结果不能衡量炸药爆炸的绝对做功值，只具有相对比较意义。

1. 测试原理

威力弹道摆主要由支架、摆体、射弹组成。摆体是一较重的钢制炮体，悬挂在支架上，摆体有相互连通的爆炸室和膨胀室。试验时，取一定量炸药置于爆炸室内，钢制射弹装在膨胀室内，炸药爆炸，爆炸后气体迅速膨胀，使摆体中的射弹飞出，而摆体在反作用力的作用下朝反向摆动一定角度 α，摆体重心升高一定高度 h_0，根据力学基本定律，计算出炸药爆炸传递给射弹和摆体的机械功，用其总机械能表征炸药爆炸所做的功。威力弹道摆试验示意图如图 45.5 所示。总机械能的推导公式如下：

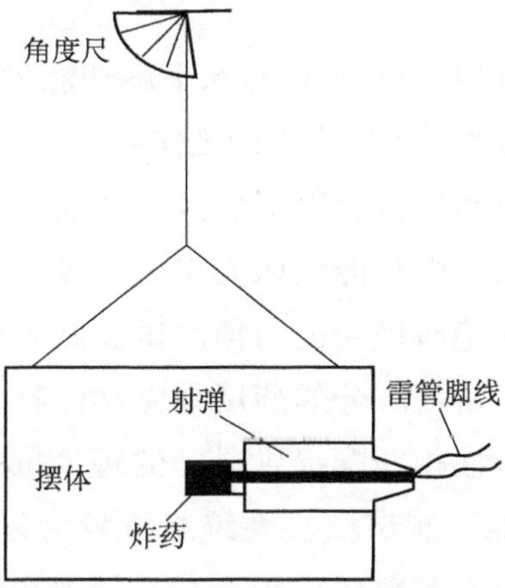

图45.5　威力弹道摆试验示意图

$$E=E_{k1}+E_{k2} \tag{45.1}$$

式中，E 为总机械能，J；E_{k1} 为摆体的动能，J；E_{k2} 为射弹的动能，J。

经推导后可得：

$$E_{k1}=\left(1+\frac{M}{m}\right)Mgl\left(1-\cos\alpha\right) \tag{45.2}$$

式中，M 为摆体的质量，kg；m 为射弹的质量，kg；g 为重力加速度，m/s^2；l 为摆体中心到悬挂支点的距离，m；α 为摆体摆动角度，(°)。

对于每一弹道摆，M、m 和 l 均为常数。令：

$$C=\left(1+\frac{M}{m}\right)Mgl \tag{45.3}$$

式中，C 为弹道摆体的结构常数。

则有：

$$E=C（1\text{-}\cos\alpha） \tag{45.4}$$

由式（45.4）可知，对于一定结构的弹道摆，C 为常数，因此由摆体偏转的角度就可求出炸药所作的功。

2. 主要试验设备

威力弹道摆，最大试验药量 50gTNT 当量；天平，量程 100g，感量 0.01g。

3. 试验方法

试验时，根据炸药种类，按测试要求称取一定量试样，按每种炸药的性质和特点制成不同密度的药卷。将制成的药卷装入爆炸室，插上工业雷管，再把射弹装入膨胀室，引出雷管脚线，起爆试样。测量射弹飞出的水平距离，读取摆体偏转的最大角度，计算试样的总机械能。平行试验两次，以其平均值作为炸药的做功能力值。

45.5.3 水下爆炸法

20 世纪 70 年代末，国外相继开展了炸药水下爆炸能量测定的研究工作，取得了许多成果，国内自 90 年代起也陆续开展了这方面的工作。

水下爆炸法测试工业炸药能量具有以下优点：试验药量可从十几克到十几千克，不仅能测试具有雷管感度的炸药，而且能测试无雷管感度的工业炸药。能量转化率高，测试结果基本上能够衡量炸药的绝对做功能力值。试验结果精确度高、重现性好，数据处理计算机化，并且能从能量的角度区分炸药爆炸做功的特征，为工程爆破选择工业炸药以达到炸药能量与爆破介质特性相匹配提供科学的理论依据，提高爆破工程质量。但该方法需要一个大型的爆炸水池，测试试验系统组成较为复杂，初期投资大、不易普及；对水下爆炸冲击波传感器的技术参数要求较高，一般国产传感器较难满足测试要求，试验成本较高。

1. 测试原理

炸药威力主要以两种形式体现，一是冲击波，二是气体膨胀作用。炸药在水中自由场爆炸时，其周围介质直接受到高温、高压、高速的爆轰波作用，强烈压缩相邻的水介质，使其压力、密度、温度突跃升高，形成初始冲击波；而炸药的爆轰产物以气泡的形式在水中产生过膨胀和过压缩的脉动过程。这样就将炸药爆炸能量在水介质中分成冲击波能和气泡能两部分。前者表征了炸药爆炸的冲击作用，后者表征了炸药爆炸的气体膨胀作用。利用置于水下的爆炸压力传感器可以测试出这两个波随时间变化的历程，经电缆传输到专用的信号存储记录、分析计算处理系统，能够得到装药的冲击波能、气泡能和总能量等参数，测试示意图如图 45.6 所示。

2. 主要试验仪器与设备

（1）爆炸水池。水池上部直径 25m，底部直径 3m，深 10m，最大试验药量不低于 1kg（TNT 当量）。

（2）水下爆炸压力传感器。灵敏度 0.015mV/kPa，分辨率 6.90kPa，量程输出 5V/10V，测量范围 6 ～ 345MPa，上升时间不超过 0.4μs。

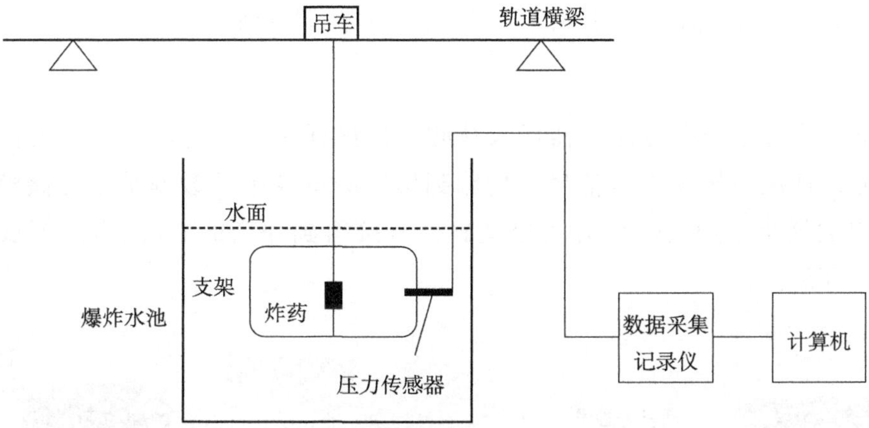

图45.6 工业炸药做功能力水下爆炸能量法测试示意图

（3）水下爆炸冲击波数据采集记录仪。8 通道同步并行，采样率不低于 10MSps/ 通道，可向下程控分档，A/D 分辨率不低于 16 位，板载缓存不低于 512M 字节 / 通道，输入信号带宽不低于 2.5MHz，量程（输入范围）±1V、±2V、±5V、±10V 四档程控，信噪比不小于 81dB。

（4）试样和传感器固定支架。钢架轨道横梁和吊车。

（5）天平。量程 1000g，感量 1.0mg。

3. *试验方法*

试验前首先要调试测试系统的稳定性和可靠性。然后，根据炸药种类，按测试要求称取一定量试样，并按炸药的性质和特点装成不同密度的药卷；把制成的药卷及水下爆炸压力传感器按测试要求固定在试样和传感器固定支架上，把雷管插入药卷，通过吊装系统将支架置于爆炸水池中，深度为水深 2/3。根据测试要求和仪器操作规程设定水下爆炸冲击波数据采集记录仪各项参数；连接好起爆线路，起爆试样，采集数据；通过专用软件分析处理数据，计算试样的冲击波能、气泡能及总能量。

45.6 爆压测试技术

炸药的爆轰压力（简称爆压）是指爆轰波反应区终了时的 CJ 面（即爆轰化学反应区的末端面）上的压力，因此又称为炸药的 CJ 爆压。由于爆轰过程的复杂性，用计算方法得到的爆压值都是作了各种假设以后的计算结果，要从理论上精确计算炸药的爆压还存在一定的困难。爆压是炸药的一个重要的爆轰性能参数，是研究爆轰波结构及各爆轰参数间相互关系的关键参数。通过实验方法测定炸药的爆压，研究炸药各爆轰参数之间的关系，进而调整炸药配方及生产工艺，精确控制炸药能量，是精细化爆破技术对炸药提出的新技术要求。炸药的爆压一直以来也是爆轰物理学研究中的一个十分重要的课题。目前，测试炸药爆压的试验方法较多，但最常用且易于普及的是锰铜压阻计法。

1. 测试原理

锰铜压阻计法是把压力传感器埋入被测炸药试样中，炸药爆炸，压力传感器接收到爆轰压力，把压力转化成电信号，传输到爆压测试仪中的数据采集存储模块，然后通过爆压测试仪及专用的爆压分析处理软件直接得到炸药的 CJ 爆压。测试系统示意图如图 45.7 所示。

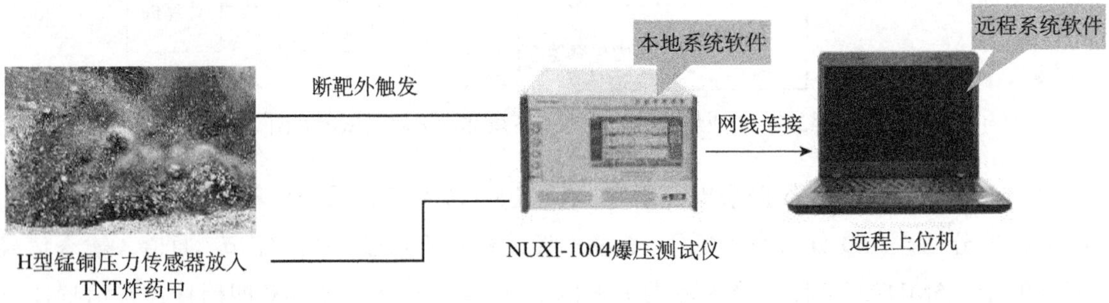

图45.7 爆压测试系统示意图

2. 主要仪器与设备

（1）爆压测试仪。采集压力范围大于 35GPa，4 通道，最高压力采样率 50Msps，同步并行采集。

（2）H 型锰铜压力传感器。压力范围 5 ～ 42GPa，测压精度不大于 5%。

（3）天平。量程 1000g，感量 1.0mg。

（4）起爆系统及其他辅助设施。

3. 试验方法

试验前，首先调试测试系统的稳定性和可靠性，并根据炸药试样品种和测试要求，按仪器操作规程设定爆压测试仪各项参数。根据炸药种类，按测试要求称取一定量试样，按炸药的性质和特点制成不同密度的药卷，无雷管感度的工业炸药可以在制成的药卷上加装 50gTNT 或其他经过标定的工业炸药作为起爆药。把制成的炸药试样放到试验场，按测试要求在试样中埋入 H 型锰铜压力传感器，并连接好信号传输线路；插入 1 发 8 号工业雷管，连接好起爆线路。起爆试样，采集数据；通过专用软件分析处理数据，计算试样的爆压。

45.7 爆温测试技术

炸药的爆温指炸药爆炸时放出的能量把爆轰产物所能加热到的最高温度。爆温也是炸药的一个重要的爆轰性能参数。炸药的爆温对煤矿爆破作业安全有一定影响，爆温高易引燃或引爆可燃气和煤尘，煤矿许用炸药的爆温通常应控制在 2000 ～ 2500℃。目前，炸药爆温测试常用光纤光谱法。

1. 测试原理

光纤光谱法是利用光电转换技术，测试瞬态高温辐射体在特定波长下，其辐亮度随时间变化的过程，然后以普朗克热辐射理论为基础，将待测光源的辐亮度与标准光源的辐亮度进行比较，从而测得待测光源温度。

测试系统主要由光纤探头、光导纤维、六通道瞬态高温计、超高速多通道瞬态采集存储示波器、计算机和起爆系统组成。光导纤维的一端插入炸药试样中，接受和传导炸药爆轰的光辐射，使用六通道瞬态高温计进行光电转换，转换后的信号用存储示波器记录，然后通过专用分析软件进行分析处理后直接得到炸药的爆温数据。试验装置示意图如图 45.8 所示。

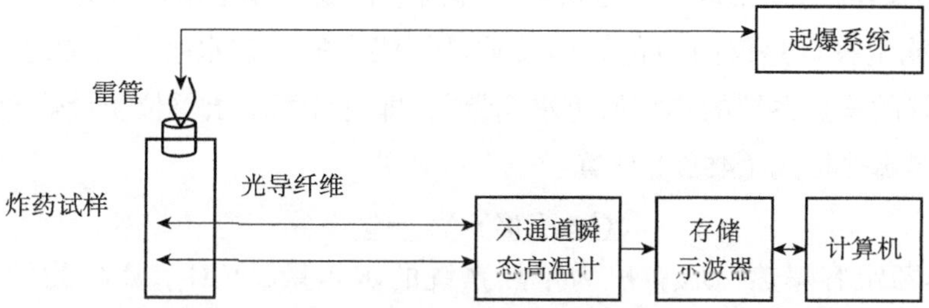

图45.8　炸药爆温测试装置示意图

2. 主要仪器与设备

（1）六通道瞬态高温计。温度测量范围 2000 ～ 6000K，黑体温度测量误差小于 5%，时间分辨力不大于 5ns。

（2）超高速多通道瞬态采集存储示波器。六通道，带宽 350MHz，实时采样速率 5GS/s。

（3）溴钨灯。光谱范围 300 ～ 2500nm，光源色温 3000 ～ 3200K，双石英透镜聚焦镜，最小光斑尺寸 3mm×8mm（75W），平行光斑直径 38mm。

（4）天平。感量 1.0mg。

（5）光纤探头与光导纤维。

（6）起爆系统及其他辅助设施。

3. 试验方法

试验前，首先调试测试系统的稳定性和可靠性，根据炸药品种及测试要求，按照仪器操作规程设定六通道瞬态高温计和存储示波器各项参数。根据炸药种类，按测试要求称取一定量试样，按炸药的性质和特点制成不同密度的药卷。在试样中埋入光纤探头，光纤探头另一端接入到六通道瞬态高温计。在试样中插入 1 发 8 号工业雷管，连接好起爆线路，起爆试样，采集数据。通过专用软件分析处理数据，计算试样的爆温。

45.8 爆热测试技术

炸药爆热指在一定条件下单位质量炸药爆炸时放出的热量，可以认为是炸药的总能量。爆热分为定容爆热和定压爆热。因为炸药爆炸极为迅速，可看作是在定容条件下进行的，因此定容爆热是衡量炸药能量的一个重要特性，它与炸药的爆速、爆温和做功能力密切相关。工业炸药大多为多组分混合物，通过理论计算方法得到炸药的爆热比较困难，计算得到的爆热都是在作了各种假设条件以后的计算结果，算出的爆热是定压爆热（焓的变化）。炸药的爆热基本上采用爆热弹法试验测定，爆热弹测出的爆热可以认为是近似的定容爆热，定容爆热和定压爆热之间还可以进行换算。

1. 测试原理

爆热弹法测炸药的爆热是将一定密度的炸药试样放入厚壁惰性外壳中，吊放在爆热弹中引爆，爆炸能量在量热仪内转化的热量被量热仪中的蒸馏水吸收，测定蒸馏水的温升，利用预先标定好的量热系统的热容值（水当量），即可计算求出单位质量炸药爆炸放出的热量。炸药的定容爆热按式（45.5）计算：

$$Q_v=(W\cdot\Delta t_{校}-Q_d)/m \tag{45.5}$$

式中，Q_v 为炸药定容爆热，J/g；W 为量热系统的水当量，J/℃；$\Delta t_{校}$为校正后的真正温升，℃；Q_d 为雷管的平均爆热，J；m 为试样的质量，g。

爆轰产物膨胀到 101.325kPa（即 1atm）时吸收的热量为

$$Q_\tau=101.8PV_b \tag{45.6}$$

式中，P 为爆轰产物的最终压力（以表压表示），MPa；V_b 为爆热弹的容积，L。

炸药的定压爆热按式（45.7）计算：

$$Q_p=(Q_v-Q_\tau)/m \tag{45.7}$$

式中，Q_p 为炸药的定压爆热，J/g；Q_τ 为爆轰产物膨胀到 101.325kPa 时吸收的热量，J。

目前广泛应用的工业炸药，如铵油炸药、水胶炸药、乳化炸药等，爆轰感度低、临界直径大，试验药量太小时，炸药爆轰不完全，所以测定这类炸药爆热需采用大容积（20L 以上）的大型爆热弹，试验药量 50～200g，试样放在厚壁惰性外壳中引爆，一般炸药直接用电雷管引爆，对爆轰感度低的炸药可加传爆药引爆。爆热测试系统主要包括爆热试验系统、温度控制系统、总控及数据处理系统等。另外，还设气体置换系统、蒸馏水灌注系统、试样称量仪器、弹体提拉系统等。通过主控计算机的数字 I/O 控制卡对各系统进行控制。爆热测试系统总体组成如图 45.9 所示。

2. 主要仪器与设备

（1）爆热测试仪：测量范围 0.3～1.8MJ；8 通道；最高采样率 250KSps；A/D 分辨率 16 位；直流精度不大于 ±0.5%。

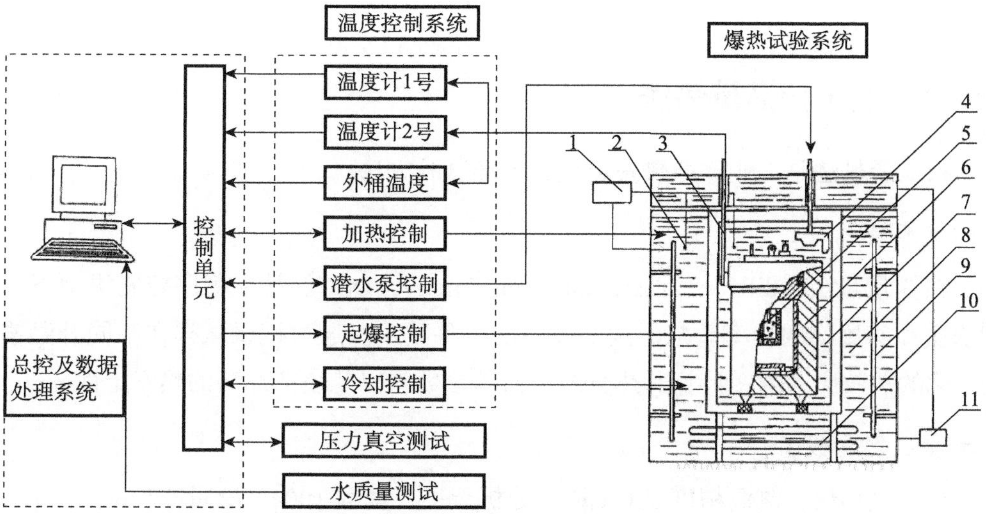

图45.9　炸药爆热测试系统示意图

1. 温度控制仪；2. 铂电阻；3. 温度计；4. 潜水泵；5. 试样；6. 爆热弹；
7. 量热桶；8. 带夹套的外桶；9. 加热极板；10. 冷却蛇管；11. 泵

（2）温度控制系统：温度测量精度不低于 1%；量热精度不低于 1%；控温温度变化小于 0.2℃ /h。

（3）总控及数据处理系统。

（4）爆热弹：试验药量 200gTNT 当量；容积 20L；爆炸动载荷不小于 90MPa；爆炸等效静载荷不小于 50MPa。

（5）天平：量程 500g，感量 1.0mg；量程 0 ～ 30kg，分度值 0.2g。

（6）起爆系统及其他辅助设施。

3. *试验方法*

调试好测试系统后，把制成的炸药试样置于爆热弹的中部，插入 1 发 8 号电雷管，将雷管引线接到爆热弹盖上的点火电极上，盖好弹盖，检查密封。把爆热弹抽真空至剩余压力不大于 665Pa（5mmHg），然后缓慢充入氮气至 1.0 ～ 1.5MPa，再次抽真空至剩余压力不大于 665Pa。然后将爆热弹吊入量热桶中，启动潜水泵注入一定量的蒸馏水。按要求盖好外桶盖，连接好各控制单元和起爆控制线路，起爆试样。通过各控制单元采集各项数据，读数完毕，将爆热弹吊出量热桶，测量爆热弹内爆炸产物的压力。最后，通过专用软件分析处理数据，计算试样的爆热。

45.9　热安定性测试技术

炸药的热安定性是指炸药在热作用下保持其化学性质不发生明显变化的能力。测试炸药的热安定性是评估其安全性能的必要手段。测试方法主要有差示扫描量热法和绝热加速量热法。

45.9.1 差示扫描量热法

差示扫描量热法是工业炸药热安定性的标准试验方法。

1. 测试原理

差示扫描量热法（differential scanning calorimetry，DSC）是在程序控制温度下，测量输入到物质和参比物的功率差与温度的关系的一种技术。通过记录试样在不同升温速率下随温度变化的热效应曲线，计算其热分解动力学参数，以此表征炸药的热安定性。

2. 主要仪器与设备

差示扫描量热仪，测温精度 ±0.1℃；分析天平，量程 100g，感量 0.1mg。

3. 试验方法

1）试样制备

粉状炸药试样，从样本中抽取总量不小于 200g 的样品，缩分至 50g，经研磨、过试验筛，混匀后置于不加干燥剂的干燥器中备用；胶状炸药，直接采用原样。

2）试验过程

开启差示扫描量热仪预热，选取合适的量程及升温速率（升温速率分别选取 2K/min、5K/min、10K/min、20K/min）。称取试样（20±0.1）mg（对放热过大或过小的药剂，可适当减小或增大试样量），置于坩埚内，加盖，再放到试样支承器中，称取与试样量相等的参比物，置于坩埚内，加盖后置于参比物支承器中。选取某一升温速率对试样加热，气氛为空气，即得到样品在该升温速率下的差示扫描量热曲线。得到炸药在上述 4 个升温速率下的差示扫描量热曲线，通过专用软件处理、分析可计算出炸药初始分解温度、活化能和 120℃下的分解速率等热动力学参数。

45.9.2 绝热加速量热法

绝热加速量热法用于测定炸药产品、半成品和原料的热化学反应参数，评估试样热安定性，也可对热化学失控反应过程及条件进行真实模拟、分析，对试样进行危险性分级。

1. 测试原理

绝热加速量热仪（accelerating rate calorimeter，ARC）基于绝热原理设计，ARC 标准量热计内腔由壁厚 2.5cm 铜质外层铸成，外层镀镍。量热计铜壁里内置 8 个加热器：顶部两个加热器，四壁四个加热器，底部两个加热器，量热计内附一个辐射加热器，三个热电偶测量不同区域的温度。ARC 首先给待测试样按设定的升温速率和加热时间进行加热，同时置于样品球内的高灵敏测温和测压传感器会监测试样内部的温度、压力变化，一旦发现试样有放热反应，则 ARC 停止对试样加热，让试样自行进行化学反应。当发现试样没有放热反应时，ARC 继续按设定的速率和时间对试样进行加热，然后监测试样的化学放热反应，直至试样化学反应完毕为止。记录试样的热效应曲线，计算其热反应动力学参数。

2. 主要仪器与设备

绝热加速量热仪，灵敏度 0.002℃ /min 或 50μW/g；球形哈氏合金高压样品测试池；分析天平，量程 100g，感量 0.1mg。

3. 试验方法

1）试样制备

粉状炸药试样，从样本中抽取总量不小于 200g 的样品，缩分至 50g，经研磨过试验筛，混匀后置于不加干燥剂的干燥器中备用；胶状炸药，直接采用原样。

2）试验过程

开启绝热加速量热仪预热。在样品池中装入称量好的样品，将样品池装入绝热加速量热仪中，并检查系统的气密性。关闭量热仪门，在计算机上运行 ARC 程序，设置起始温度、终止温度、斜率敏感度、加热幅度和等待时间等实验运行参数，保存参数文件，命名实时记录文件。启动试验，ARC 程序自动保存放热数据，即得到测试样品绝热加速量热曲线，通过专用分析软件对试验数据进行处理，可得到炸药试样从开始热分解到爆炸全过程的各项动力学参数。

45.10　微观结构测试技术

炸药的微观结构指炸药内部的微观特征，对炸药的性能影响显著。研究测试炸药微观结构与其他性能的关系，可以指导炸药的生产、储存及使用，是保障炸药安全生产与使用的必要措施。目前，炸药微观结构研究大都采用扫描电镜法（SEM）。但是，该方法需要对观测试样进行特殊处理，对炸药微观结构有一定的破坏。原子力显微镜分析（AFM）方法可以实时获得样品表面真实的结构特征，在常温常压下以及在液体环境下均可成像，实验操作中无须对样品进行任何特殊处理，就可以在微米级到纳米级的扫描范围内完成高精度表面测量，并且提供真实的三维形貌图。原子力显微镜用于工业炸药微观结构测还试刚刚起步，与扫描电镜相比具有明显优势。

1. 测试原理

原子力显微镜分析是通过探针扫描样品表面，得到样品表面的三维结构，仪器的探针由压电陶瓷驱动，在物体表面做精确的扫描。探针距样品表面的距离控制在一定的范围内进行扫描工作，最终以纳米级分辨率（可达到 0.1nm）获得样品表面的结构信息。

2. 主要仪器与设备

原子力显微镜，分辨力为0.1nm，视场范围为300μm×300μm～2mm×2mm连续可调，具有轻敲、接触和相位成像模式。

3. 试验方法

取一定量的试样放置在不锈钢圆片上并摊平，直径小于10mm，厚度小于5mm。将装有样品的不锈钢圆片固定于样品台上。在计算机上打开AFM控制软件，选择工作模式和放大倍率。调节激光调节旋钮使激光光斑汇聚在探针悬臂上，调节光敏检测器旋钮使激光光斑汇聚在光敏检测器的中心位置，若采用轻敲模式，力的大小一般设置为共振峰高度的1/2～2/3处。然后设置针尖趋进模式和扫描X轴、Y轴和Z轴的范围。对试样进行扫描，若样品不清晰，调节各参数，使图像达到最佳效果。将扫描图像文件保存到指定位置，并用图像分析软件分析各参数，如三维图像，表面粗糙度等。

（本章主要执笔人：爆破所宋家良，郑思友，李心明；沈阳院张春雨）

第 46 章 煤矿许用雷管测试技术

煤矿许用雷管是指允许在有可燃气和煤尘爆炸危险的矿井中使用的工业雷管。常用的有煤矿许用瞬发电雷管、煤矿许用延期电雷管、煤矿许用数码电子雷管等。在煤矿许用雷管产品的诸多性能指标中，可燃气安全度是煤矿许用雷管专有的性能要求，直接影响到煤矿井下爆破作业的安全。此外，脚线耐磨性能、静电感度、起爆能力、撞击感度、射频感度、抗杂散电流性能、环境强化试验等性能也关系到雷管的安全应用。

本章重点介绍煤矿许用雷管产品的可燃气安全度等主要性能指标的测试原理、测试方法，以及相关主要测试装备的结构组成、技术参数和主要技术特点。

46.1 脚线耐磨性能测试技术

脚线耐磨性能是指雷管脚线绝缘层的耐磨损能力。如雷管脚线的绝缘层磨破使芯线裸露将增加爆破网路丢炮的风险，也可能导致雷管抗静电及杂散电流性能降低而发生意外爆炸，给煤矿爆破作业安全带来极大危险。雷管在使用过程中脚线不可避免地会受到各种摩擦作用。确保其绝缘层具有一定的耐磨性能是保障爆破作业安全的必要条件之一。

1. 测试原理

给雷管脚线施加一定的作用载荷，磨损转子以一定的速度运动，模拟脚线受到磨损作用力，测定脚线绝缘层被磨穿的时间。测试仪结构如图 46.1 所示。

2. 主要仪器与设备

雷管脚线磨损测试仪，转子周长（453±2）mm，转速（9.96±0.18）r/min，砝码质量为（0.83±0.05）kg。

3. 试验方法

将长度不低于 0.7m 的试样置于固定位置上，在固定位置处用夹紧装置适当夹紧；若雷管有两根脚线，则不应将脚线分开，而应将脚线平行水平地放置在测试起始位置。将转子位置调节到起始位置，将枢杆抬起，使其距离转子中心的高度为（72±2）mm，然后用止动销或其他类似件将枢杆固定。对脚线施加（4.00±0.02）N 的负载；启动转子，当枢杆被试样抬起时，计时装置将会自动开始计时；脚线绝缘层被磨穿时，转子自动停止转动。记

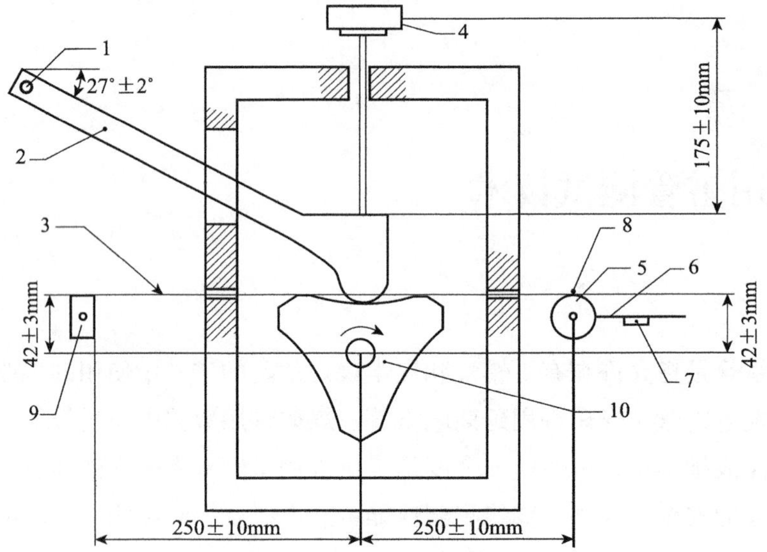

图46.1　脚线磨损测试仪结构示意图

1. 枢轴；2. 枢杆；3. 脚线；4. 重物；5. 滑轮；6. 杆；7. 重物；8. 用于固定脚线的夹紧螺丝；9. 用于固定脚线的夹紧装置；10. 转子

录从试验开始至脚线绝缘层被磨穿所经历的时间。

46.2　静电感度测试技术

静电感度指雷管在静电放电冲能作用下发生爆炸的难易程度，是衡量雷管对静电作用敏感程度的指标。静电无处不在，雷管受到静电作用也不可避免，为了保障雷管的安全使用，要求其必须具有一定的抗静电能力。测试雷管的静电感度是评估其安全性能的必要手段。

1. 测试原理

对工业雷管静电放电作用可以等效地看成充电至一定电压的电容在雷管的脚线与壳体、脚线与脚线之间的放电作用。以电容放电作用引爆电雷管发火概率为50%时所需的充电电压值或固定电压条件下的发火数来表示雷管的静电感度。

2. 主要仪器和设备

静电感度仪输出电压不小于30kV，正负极性可调；抗爆箱，内部尺寸300mm×300mm×400mm，抗爆性2g（TNT当量）。

3. 试验方法

从电阻测试合格的样品中抽取试验样品，将准备好的试验样品放入抗爆箱，取1发试样按放电形式要求将雷管接入放电线路。

（1）脚－壳放电试验时，雷管两脚线尾部短接，且接放电线路的负极，壳体靠近引火元件部位接放电线路的正极。

（2）脚－脚放电试验时，雷管两根脚线分别与放电线路的两极相连。

（3）采用固定电压法试验时，在固定某一电压值下依次对规定数量的样品试验。采用升降法试验时，依据上一发试验结果确定下一发的试验电压值，直至获得符合规定的试验数据。

4. 结果处理

采用固定电压法试验时，试验结果报出放电形式、试样总数和发火数；采用升降法试验时，计算50%发火电压和标准偏差，试验结果报出放电形式、50%发火电压和标准差。

46.3 起爆能力测试技术

雷管的起爆能力指雷管爆炸后爆炸产物对周围介质做功的能力，测试方法主要有铅板穿孔法和水下爆炸法。水下爆炸法是近几年发展起来的雷管起爆能力测试技术，具有以下优点：试验结果精确度高、重现性好，数据处理计算机化，能区分出雷管轴向和径向能量输出的分布特征，测试结果能够比较客观地衡量雷管爆炸输出的做功能力，环保，不产生铅污染。本部分介绍水下爆炸法测试技术。

1. 测试原理

雷管在水下爆炸时，爆炸冲击波峰值压力、冲击波峰值压力衰减时间常数及气泡脉动周期与雷管爆炸能力存在一定关系。通过测量雷管一定距离处的冲击波峰值压力与第一次气泡脉动周期，计算出冲击波能和气泡能，用于表征做功能力。

水下爆炸试验系统原理如图46.2所示。压力传感器的电缆接入恒流源输入端，输出端接入存储示波器，再经USB电缆接计算机。

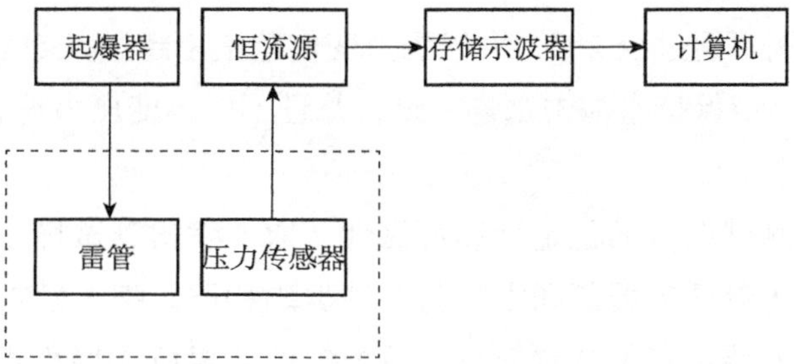

图46.2 水下爆炸法试验系统原理图

2. 主要仪器与设备

1）爆炸水池

直径不小于1.6m、高不小于1.4m、壁厚宜不小于16mm的钢制圆柱形水池，水池内壁粘贴厚度不小于 4cm 的闭孔塑料泡沫消波材料，以消除爆炸冲击波从水池内壁及底部发生的反射。

2）定位装置

用于固定压力传感器和雷管空间位置的金属定位框，为消除定位框对雷管爆炸冲击波和气泡脉动波的影响，框的内外边应为不大于 60° 的锐角，在手摇绞车或行车等装置操纵下应能升降和平移。

3）压力传感器

用于测量水中冲击波和气泡脉动波，技术性能应满足以下要求：最大测量压力 34MPa；分辨率不大于 70Pa；水中冲击波上升时间不超过 1.5μs；频率范围 2.5 Hz ～ 1MHz；非线性误差不大于 2%。

4）恒流源

提供压力传感器工作电流，技术性能应满足以下要求：恒定电流 20mA；峰值噪声不大于 0.3mV；电压增益 1 或 10；频率响应 0.05 Hz ～ 100kHz。

5）存储示波器

用于记录水中冲击波和气泡脉动波 P-t 曲线，技术性能应满足以下要求：最小采样频率不小于 10MHz；量程 2 mV/div ～ 5V/div；垂直分辨率 8 位；时间测量范围 1ns/div ～ 1s/div；存储时间不少于 60ms。

3. 试验条件与方法

1）试验条件

（1）试验场温度为 5 ～ 40℃，相对湿度 20%～ 90%，周围不应有正在运行且功率大于 200W 的电气设备，避免引起电磁感应危险或干扰试验系统。

（2）雷管主装药中心与传感器敏感元件的水平距离为（400±4）mm，且置于水下 1/2 水深，雷管距水池内壁距离应不小于 400mm、距池底距离为 1/2 水深。

（3）水温变化范围不超过 ±2℃，大气压力变化范围不超过 ±5kPa。

（4）测试过程中，应保持水池中水量一致，并且不应改变压力传感器类型。

2）试验方法

试验前首先调试测试系统的稳定性和可靠性，取 5 发雷管试样，要求其结构组成、管壳材料、质量和装药（包括起爆药和主装药）种类均相同。把 1 发雷管试样和水下爆炸压力传感器按测试要求安装在定位装置上，然后把定位装置放入爆炸水池中指定深度。设置好各项测试参数后引爆雷管，记录水下爆炸的 P-t 曲线。5 发雷管试样全部测试完毕，将试验得到的 P-t 曲线进行处理，分别计算冲击波能和气泡能。

46.4 可燃气安全度测试技术

煤矿许用雷管的可燃气安全度是指雷管在矿井中爆炸时不引燃或引爆可燃气和煤尘的能力，是确定雷管能否在矿井中安全使用的主要依据。我国多数矿井空气中都含有大量可燃气，存在爆炸危险。为了防止煤矿爆破作业引起可燃气爆炸事故，必须测试煤矿许用雷管的可燃气安全度。

1. 测试原理

将受试煤矿许用雷管置于充有规定浓度的可燃气 - 空气混合物的特定装置内引爆，以引爆混合气体的频数表征雷管的可燃气安全度。

2. 主要仪器和设备

（1）爆炸箱。由钢板卷制而成，直径 560mm、长度 1200mm。一端用钢板封闭，两侧有气体混合管道、进气口和甲烷检测口等，如图 46.3 所示。

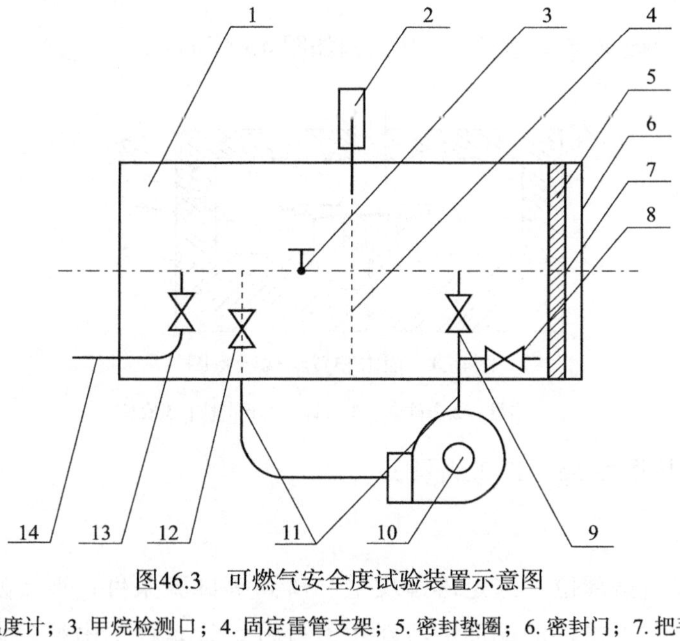

图46.3 可燃气安全度试验装置示意图

1. 爆炸箱；2. 温度计；3. 甲烷检测口；4. 固定雷管支架；5. 密封垫圈；6. 密封门；7. 把手；8. 进气阀；9. 排气阀；10. 风机；11. 气体混合管路；12. 手动阀；13. 可燃气进气阀；14. 进气口

（2）甲烷测定器。分度值应不大于 0.02%。

3. 试验方法

从电阻测试合格的样品中抽取 1 发雷管，悬挂在爆炸箱内中心支架上；将爆炸箱开口端封闭，向爆炸箱内充可燃气，直到甲烷浓度达到规定值；起爆雷管，观察和判定是否引爆混合气体。

46.5 撞击感度测试技术

撞击感度是指雷管抵抗外界机械撞击作用而不发生爆炸的能力。雷管在生产、运输、储存及使用过程中经常会受到各种机械撞击能量的作用，其撞击感度是衡量雷管安全使用与否的基本指标。

1. 测试原理

一定质量的重锤从一定高度释放，通过撞击装置的上击柱撞击雷管，观察试样是否发火，以发火频数或50%发火落高表征工业雷管的撞击感度。

2. 主要仪器和设备

（1）撞击感度仪。导轨滑动表面对铅锤线的偏离或导轨滑动表面对水平面的垂直度不大于2.0mm/m；钢砧倾斜度不大于0.2mm/m；落锤质量（2.000±0.005）kg,（5.000±0.005）kg；落锤在有效落高内应能自由下落，锤头中心对撞击装置中心的同轴度为 ϕ2.0mm；最大落高不小于1.8m。

（2）撞击装置。撞击装置为钢质，其结构如图46.4所示。

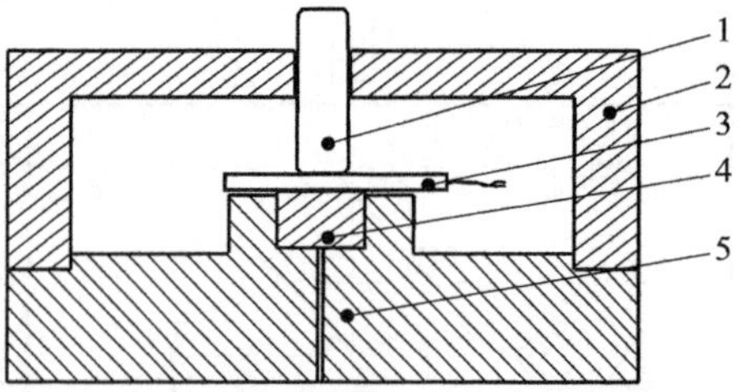

图46.4　撞击装置结构示意图

1.上击柱；2.击柱套；3.雷管；4.下击柱；5.底座

（3）抗爆箱。抗爆性5g（TNT当量）。

3. 试验方法

首先确定试样撞击部位，选定落锤质量和落高等试验条件；取1发试样，平放于底座上，将撞击部位与下击柱的端面中心对正，再将雷管紧贴下击柱的端面固定；装上击柱套，再轻轻地垂直放入上击柱；将撞击装置放到撞击感度仪的砧台上，关闭抗爆箱门。提起落锤至设定落高，再释放落锤使其自由下落，对试样进行撞击；观察试验现象，记录试验结果。

采用固定落高法试验时，在设定的落高下依次重复进行试验，直至所有雷管试样试验完毕；采用升降法试验时，根据上一发试验“发火”或“不发火”的结果确定下一发试验的落高值，依次重复试验。

46.6 射频感度测试技术

雷管的射频感度是指雷管受到外界环境电磁辐射作用时的敏感程度。通过雷管的射频感度测试，可以推算出雷管最大不发火射频功率，评估不同雷管的抗射频能力。

1. 测试原理

在屏蔽室内，用试验频率和输出功率可调的射频源，经匹配装置向雷管施加射频功率。通过基本射频感度试验，确定雷管各发火模式对不同频率的基本射频功率的发火感度；用统计射频感度试验确定雷管在敏感的频率和发火模式下或在所关心的频率和各发火模式下50%发火的射频功率及其标准偏差，外推出给定置信度和响应概率的发火和不发火的射频功率。试验系统原理如图 46.5 所示。

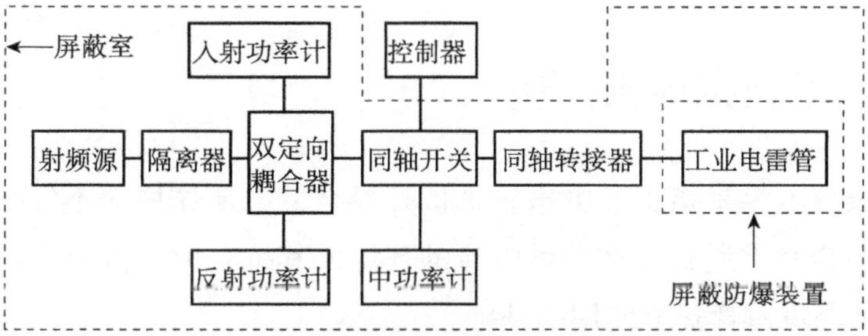

图46.5　工业电雷管射频感度试验系统原理图

2. 主要仪器与设备

（1）射频源。频率范围 300MHz ～ 18GHz。

（2）功率放大器。频率范围 300MHz ～ 20GHz，功率输送至试样端不低于 10W。

（3）入 / 反射功率计。功率 -70dBm ～ 50dBm。

（4）中功率计。频率 50MHz ～ 18GHz，双通道。

（5）电磁屏蔽间。屏蔽频率 1MHz ～ 18GHz，屏蔽效能不低于 60dB。

3. 试验方法

1）基本射频感度试验

（1）设定好各项测试参数后装入试样，启动控制器测试开关，对试样施加 10s（也可根据要求确定接通时间）设定频率及功率的射频信号，记录试样是否发火。

（2）根据在基本功率值下 10 发试样的发火数，确定试样射频感度的高低。如果出现 2 发或少于 2 发试样发火，表明试样对该试验条件的射频感度低于试样的直流发火感度，在电磁兼容性设计中可使用直流发火感度代替射频感度，该结论的风险性很小；如果出现 3 ～ 7 发试样发火，表明试样对该试验条件的射频感度与试样的直流发火感度是同级的，在电磁兼容性设计中也可用直流发火感度代替射频感度，该结论的风险性约有 11%；如果出现 8 发及以上试样发火，表明试样对该试验条件的射频感度比试样的直流发火感度高，需要用统计射频感度试验来确定其射频感度。

2）统计射频感度试验

（1）根据基本射频感度试验的结果，初步估计总体的均值和标准差，分别取为初始射频功率和试验步长。

（2）按基本射频感度试验程序对试样施加射频刺激。

（3）如试样发火，则下一发试样降低一个功率步长进行试验；如试样不发火，则下一发试样增加一个功率步长进行试验；按升降法的规定进行数据统计分析，计算试样的 50% 发火的射频功率及其标准偏差，并外推出给定置信度和响应概率的发火和不发火射频功率；需要时，可将外推出给定置信度和响应概率的发火和不发火射频功率，通过试样的射频阻抗换算出相应置信度和响应概率的发火和不发火射频电流。

46.7 抗杂散电流测试技术

工业雷管抗杂散电流是指工业电雷管抵抗外界杂散电流作用而不发生爆炸的能力。电雷管在使用过程中会经常遇到存在杂散电流的环境，其抗杂散电流能力对雷管的安全使用具有重要意义，是保障雷管安全使用的基础。

1. 测试原理

将工业电雷管可能受到的低频杂散电流干扰的影响等效为用规定持续时间和幅度的直流电脉冲对工业电雷管电桥的冲击。试验原理图如图 46.6 所示。

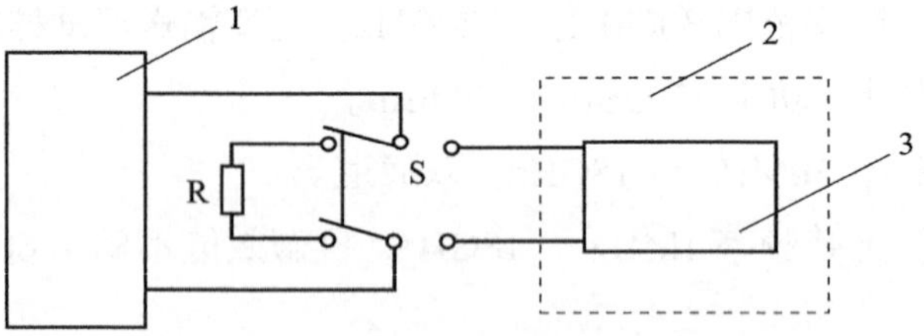

图46.6　雷管杂散电流试验原理图

1. 杂散电流测试仪；2. 多路防爆器；3. 工业电雷管；R. 模拟电阻器；S. 转换开关

2. 主要仪器与设备

1）杂散电流试验仪

输出脉冲幅度：10 ～ 5000mA，准确度 ±5 %，连续可调；输出脉冲宽度：0.1 ～ 1000ms，可调，步长 0.1ms；脉冲周期：10 ～ 5000ms，可调，步长 10ms；脉冲前沿时间：不超过 60μs；脉冲个数：1 ～ 3000 个，可调，步长 1 个；最大负载能力：10Ω。

2）电阻测量仪

量程：0.1 ～ 20Ω，测量精度不低于 ±1%，测量电流不大于 5mA 或者不超过雷管试样最大不发火电流的 10%。

3）多路防爆器

应能保证所装入的试样不殉爆，一次可对 1 ～ 20 发雷管试样进行试验。

4）模拟电阻器

电阻值 0.1 ～ 20Ω，可调。

3. 试验方法

根据雷管试样的电阻值和杂散电流试验仪允许的最大载荷能力，确定一次试验的试样数量。将所确定数量的试样串联起来接入测试电路，并用电阻测试仪测其总电阻值。调整模拟电阻值等于试样串联后的总电阻值，将转换开关置于模拟电阻器端，调节杂散电流试验仪输出脉冲幅度为 100mA 后，使其处于等待状态，再将转换开关置于试样端。按下杂散电流试验仪输出按钮，开始试验；当杂散电流试验仪面板指示脉冲个数为 2000 个后，终止试验。对试验完的试样，按产品技术条件的要求，逐发测量试样的电阻并进行功能试验。

（本章主要执笔人：爆破所翟廷海，郑思友，李心明；沈阳院郑锋）

第 47 章
煤矿许用导爆索测试技术

煤矿许用导爆索是指允许在有可燃气和煤尘爆炸危险的矿井中使用的工业导爆索，常用于炮孔内或炮孔间的传爆。煤矿井下的特殊作业环境要求导爆索产品的性能指标必须满足安全要求。可燃气安全度是煤矿许用导爆索区别于普通导爆索的特殊性能指标，直接影响到煤矿井下爆破作业的安全。此外，撞击感度、索芯摩擦感度决定了导爆索在受到外界机械作用时是否发生意外爆炸，是衡量其使用安全性的重要指标。

本章重点介绍煤矿许用导爆索产品可燃气安全度等主要性能指标的测试原理、测试方法，以及相关主要测试装备的结构组成、技术参数和主要技术特点。

47.1 可燃气安全度测试技术

煤矿许用导爆索的可燃气安全度是指导爆索在矿井中爆炸时不引燃或引爆可燃气和煤尘的能力，是确定导爆索能否在矿井中使用的重要依据。为了防止煤矿爆破作业引起可燃气爆炸事故，必须测试煤矿许用雷管的可燃气安全度。

1. 测试原理

在规定条件下，将受试导爆索置于爆炸室内引爆，根据试验巷道内可燃气－空气混合气体引火结果，以发火频数表征导爆索的可燃气安全度。

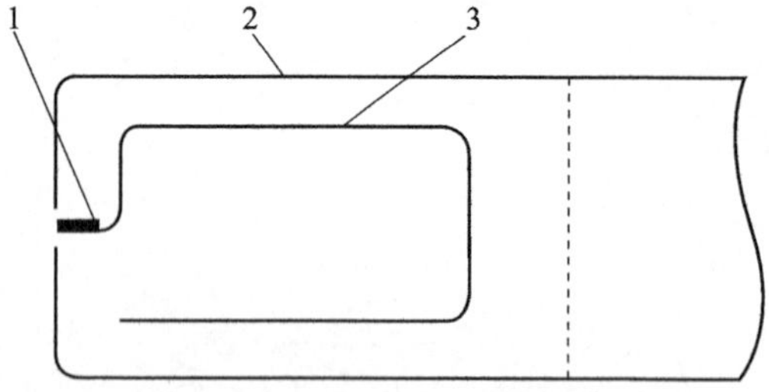

图47.1　巷道爆炸室悬吊示意图

1. 雷管；2. 巷道；3. 导爆索

2. 主要仪器和设备

主要试验装备与炸药可燃气安全度相同，可参阅本篇 45.1。

3. 试验方法

量取 10m 长导爆索，按图 47.1 所示悬吊在巷道爆炸室内。

将导爆索起爆端与电雷管捆绑固定，雷管脚线从巷道封闭端中心孔引出，爆炸室敞口端用牛皮纸或薄膜封闭，再将炮车推至爆炸室封闭端并压紧，连接起爆线路。开启混合风机向爆炸室充入可燃气，当甲烷浓度达到要求时停止充气，关闭有关阀门同时打开泄压阀，起爆观察是否引爆可燃气。重复进行直至试验结束。

47.2　撞击感度测试技术

导爆索撞击感度指导爆索抵抗外界机械撞击作用而不发生爆炸的能力。机械撞击是爆破器材从生产到使用全过程中比较常见的一种外界能量作用方式，对爆破器材的安全使用危害较大。测试导爆索的撞击感度是指导其安全使用的必要前提。

1. 测试原理

导爆索撞击感度试验原理与工业雷管撞击感度相同，所用设备也很相近。

2. 主要仪器和设备

主要仪器设备与工业雷管撞击感度试验大体一致，唯一区别在于落锤仪的砧台上配有一块直径为 60mm、厚度为 30mm 的钢质砧板。

3. 试验方法

按技术要求选定落锤质量、落高等试验条件；将试样固定在砧板上，并使其通过砧板的中心；提起落锤至规定高度，然后释放；观察试样是否发火。

47.3　索芯摩擦感度

索芯摩擦感度是指导爆索抵抗外界机械摩擦作用而不发生爆炸的能力。导爆索在使用过程中难免会受到外界机械摩擦作用，受到摩擦作用而发生意外爆炸对导爆索的安全使用是致命性的。测试索芯摩擦感度对指导导爆索的安全使用具有重要意义。

1. 测试原理

将索芯装药放置于瓷盘中，在规定载荷下将瓷柱压于试样上，瓷盘进行一定幅度的往复运动，考察试样在摩擦刺激下的发火情况，以发火频数表征其摩擦感度。

2. 主要仪器和设备

1）瓷板摩擦感度仪

瓷板位移为（10.0±0.2）mm，往复运动频率为（140±3）次 / min，其结构如图 47.2 所示。

2）砝码

质量分别为 0.28kg、0.56kg、1.12kg、1.68kg、2.24kg、3.368kg、4.48kg、6.72kg 和 10.08kg。

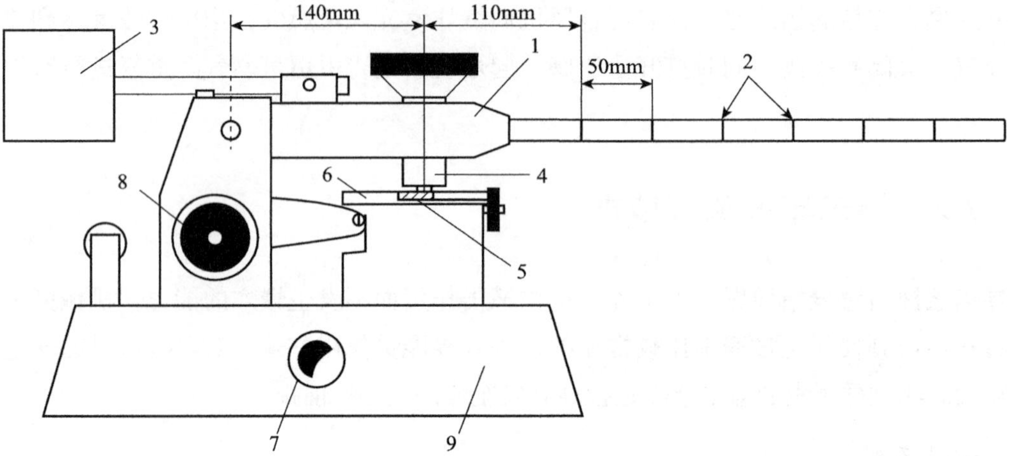

图47.2 摩擦感度仪结构

1. 回转杆；2. 槽口；3. 平衡块；4. 瓷柱手柄；5. 瓷板；6. 可移动平台；
7. 开关；8. 手轮；9. 底座

3. 试验方法

从导爆索中取出一定量的索芯装药并放到瓷板上，按要求选取一定质量的砝码悬挂在槽口上，开启电源，观察试样是否发火。根据试验结果增大或减小载荷，以 8 次试验没有发生燃烧或爆炸时所对应的负载值为测定结果。

（本章主要执笔人：爆破所翟廷海，李心明，郑思友；沈阳院张春雨）

第十二篇　煤矿用电缆及非金属聚合物制品测试技术

煤矿用非金属聚合物制品主要包含矿用输送带、矿用管材、风筒及其他非金属制品，如塑料网假顶、非金属托辊等。由于非金属聚合物制品本身具有易燃、燃烧后释放出有毒有害物质和气体的特点，且在摩擦时容易产生静电，从而给煤矿的安全生产带来极大的威胁，因此对该类产品的阻燃和抗静电性能提出较高要求是非常必要的。煤矿用电缆的绝缘和护套是由非金属聚合物材料加工混合而成，和普通电缆产品相比，为了适应煤矿特殊工况条件的需要，除了抗机械冲击、挤压和耐弯曲性能等特殊要求外，也应具有阻燃性能。这些性能技术指标的确定和测试，对产品的使用和保障煤矿的安全生产起着十分重要的作用。为此，上海院和重庆院先后研发建设了巷道丙烷燃烧、酒精喷灯燃烧、滚筒摩擦及最大滚筒直径为 1000mm 静态张力输送带接头动态耐久性能测试系统，上海院和抚顺院先后研发建设了电缆成束燃烧、单根垂直燃烧、负载条件下燃烧、35kV 局部放电、采煤机电缆弯曲性能等测试系统；另外，上海院还研发建设了最大滚筒直径为 2100mm 动态张力输送带接头动态耐久性能测试系统、3000kN 卧式拉力试验机、拖曳电缆曲绕试验台、可检测有机类有害物质含量精度达百万分之一等级的非金属聚合物制品有害物质分析等测试系统；重庆院研发建设了百米风阻测试系统，拥有一条高 2.2m、断面面积为 $6m^2$、长度 380 多米的大型通风试验巷道，为产品性能测试和研究提供手段。

本篇主要介绍煤矿用电缆和煤矿用非金属聚合物制品的测试原理、测试方法及测试装备。

第48章 煤矿用电缆产品测试技术

电缆被称为工业的“血管”和“神经”。矿用电缆应用在从煤矿井筒到工作面的各个角落，在煤矿的供配电、机电设备的电源连接、通信及监控系统中起着无可替代的作用。

MT 818—2009《煤矿用电缆》是我国矿用电缆最主要的产品标准，涵盖了移动橡套软电缆、电力电缆和通信电缆等产品，规定了产品的型号规格、技术要求和检验方法；MT/T 386—2011《煤矿用电缆阻燃性能的试验方法和判定规则》是煤矿用电缆安全性能标准，规定了矿用电缆的阻燃试验方法和要求；我国矿用电缆现在朝着低烟无卤的方向发展。

煤矿用电缆测试主要包括产品结构、绝缘护套机械物理性能、电气性能、阻燃性能、低烟无卤性能、成品机械性能等项目。其中，产品结构、绝缘护套机械物理性能、电气性能等，其测试方法和普通电缆产品一致。本章主要介绍煤矿用电缆成品机械性能、局部放电性能、阻燃性能、低烟无卤性能等的测试原理、测试方法及测试装备。

48.1 成品机械性能测试技术

48.1.1 抗机械冲击性能测试技术

井下采煤装备用的各类移动类电缆，因为接近采煤工作面，容易受到矸石、煤块等重物冲砸，因此需具备一定的抗机械冲击的能力。MT 818.1—2009《煤矿用电缆》中规定，额定电压1.9kV/3.3kV及以下的采煤机橡套软电缆和煤矿用移动橡套软电缆应具有抗机械冲击性能。MT 818.1—2009《煤矿用电缆》6.8条规定了抗机械冲击性能的试验方法和要求。

1. 测试原理

电缆的抗机械冲击性能是用机械冲击试验台来进行测试的。其原理是用从一定高度落下的冲锤，砸击放置在铁板上的电缆试样，模拟电缆受到矸石、煤块等重物冲砸的情况，然后用检漏继电器监视电缆各线芯之间的绝缘电阻，判断其绝缘是否损坏。

2. 测试设备及方法

机械冲击试验台由控制系统、冲锤、检漏继电器、冲击部分组成。冲锤质量20kg，系统最大冲程2m，检漏继电器可检测电缆绝缘受损情况并可自动报警。

冲锤可在规定高度做自由落体运动，冲程和冲击次数根据电缆动力线芯的标称截面而定，具体如下：

动力线芯标称截面 16mm²，冲程为 0.75m，冲击 2 次。

动力线芯标称截面 25 ～ 35mm²，冲程为 1.1m，冲击 2 次。

动力线芯标称截面 50 ～ 150mm²，冲程为 1.5m，冲击 3 次。

检漏继电器连接在被试电缆的各线芯上，监视各线芯之间的绝缘电阻，当任意两线芯之间的绝缘电阻低于整定值时，检漏继电器动作，切断电源并发出警报信号。经上述试验过程，检漏继电器不动作则判定电缆抗冲击试验合格。

48.1.2 抗机械挤压性能测试技术

井下采煤装备用的各类移动类电缆，不但容易受到矸石、煤块等重物冲砸，有时也会受到设备、车辆、石块等的挤压而导致电缆受损，因此需具备一定的抗机械冲击的能力。MT 818.1—2009《煤矿用电缆》中规定额定电压 1.9/3.3kV 及以下的采煤机橡套软电缆和煤矿用移动橡套软电缆应具有抗机械挤压性能；MT 818.1—2009《煤矿用电缆》6.9 条规定了抗机械挤压性能的试验方法和要求。

1. 测试原理

电缆的抗机械挤压性能是用机械挤压试验台进行测试。其原理是用一定的力挤压放置在钢轨与铁板之间的电缆试样，模拟矿井中因机械设备、车辆或矸石等硬物挤压的情况，然后用检漏继电器监视电缆各线芯之间的绝缘电阻，判断其绝缘是否损坏。

2. 测试设备及方法

试验台由控制系统、压力机、挤压模、检漏继电器等组成。压力机最大压力 50kN，并且有压力值和保压时间自动设置功能，压力值误差不超过设定值的 ±1%，挤压模由钢轨（宽度 a=70mm）和铁质上压板组成，如图 48.1 所示。

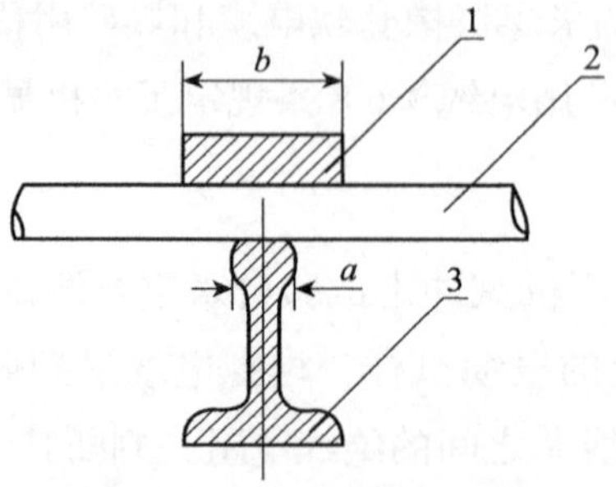

图48.1　挤压试验台挤压模

1. 铁质上压板；2. 电缆试样；3. 钢轨（43kg/m）；a. 钢轨宽度；b. 上压板宽度（$b>2a$）

试验要求不同电压等级的电缆应能承受相应的挤压力而检漏继电器应不动作。将安装在挤压模内并接入检漏继电器。启动压力机，缓缓增加压力至规定值，其中额定电压 U_0/U 为 0.38/0.66kV 的电缆，挤压力为 20kN；0.66/1.14kV 的电缆，挤压力为 30kN；1.9/3.3 kV，挤压力 40kN；并保持 1s。同一根试样应分别在 5 处试验，相邻两处间的距离约为 100mm。

检漏继电器连接在被试电缆的各线芯上，监视各线芯之间的绝缘电阻。当任意两线芯之间的绝缘电阻低于整定值时，检漏继电器动作，切断电源并发出警报信号。经上述试验，检漏继电器不动作则判定电缆抗冲击试验合格。

压力机的压力值是否能够自动设定，对整个试验是至关重要的。随着电缆逐渐被挤压的越来越紧密，到了最后，试验机微小的位移，都可能会使得压力值急剧增大而超出标准规定的压力值，从而导致试验失败。因此，标准中规定压力机需具备压力值设定功能，压力值误差不超过设定值的 ±1%。另外，虽然标准中没有明确提出要求，但压力机保压时间的自动设定功能也是非常重要的，因为标准中规定保持压力的时间只有 1s，时间非常短，人工控制时，很容易造成保压时间不够或超出的情况。

48.1.3　采煤机电缆抗弯曲性能测试技术

采煤机电缆是井下移动最频繁的电缆。它随着采煤机的往返运动而反复弯曲，良好的抗弯曲性能是其正常工作的重要保证。MT 818.1—2009《煤矿用电缆》规定额定电压 1.9/3.3kV 及以下的采煤机橡套软电缆应具有抗弯曲性能，在一定弯曲半径下，弯曲 9000 次后应不发生短路、断路。抗弯曲性能测试所用的方法和设备符合 MT 818.1—2009《煤矿用电缆》6.10 条的要求。

1. 测试原理

采煤机电缆的抗弯曲试验是在电缆弯曲试验台上进行的。其原理是模拟电缆井下来回往复运行的状态，测试其在规定的弯曲次数内是否发生线芯短路或断路的情况，依次判定其抗弯曲性能是否符合要求。

2. 测试设备及方法

试验台由牵引装置、保护链板和监控系统组成。保护链板弯曲半径分别为 150mm、200mm 及 300mm，系统可自动检测电缆是否短路、断路，可对动力线芯标称截面 16 ～ 150mm^2 的电缆进行弯曲性能测试。

20 世纪 90 年代，天津市电缆总厂的技术人员为了研发更耐弯曲的采煤机电缆，自制了一套试样在链板内来回弯曲、模拟采煤机电缆实际运行工况的设备，对电缆的弯曲性能进行考核。90 年代末，煤科总院上海分院承担了《煤矿用阻燃电缆》标准项目的研究，经反复试验和验证，认为这种试验方法基本能够模拟采煤机电缆实际运行状况，试验效果和实际运行效果基本一致。为此，通过对测试方法的进一步完善和规范，形成了 MT 818—1999《煤矿用阻燃电缆》标准中采煤机电缆抗弯曲性能的试验方法。其工作原理如图 48.2 所示。

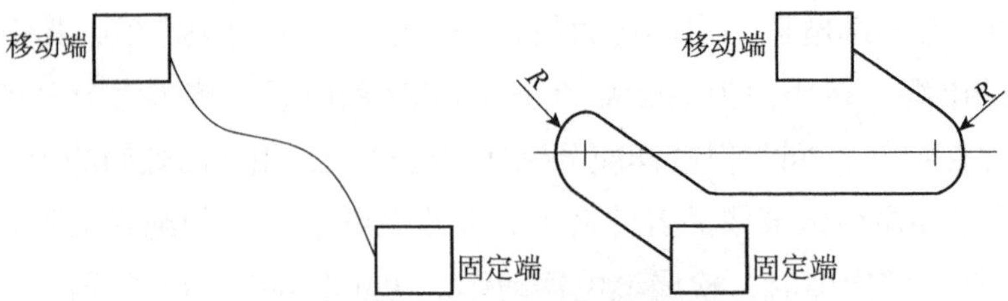

图 48.2　弯曲试验台工作原理示意图

测试时将电缆试样安装到试验台的保护链板内。保护链板分别固定在试验设备的移动端和固定端。试样的受检线芯导体应接至试验台的检测装置上，电缆两头保持固定不动，启动试验台，弯曲试样并记录弯曲次数，试样往返 1 次记为弯曲 1 次，试验机每进行一次往返过程，应使电缆受试部分形成一次由平直状态到 S 形状态的弯曲过程，电缆弯曲半径 *R* 为（200±10）mm。直至弯曲 9000 次，如果电缆试样不发生短路或断路，则判定电缆抗弯曲性能合格。

随着采煤机功率的不断扩大，使用的电缆的规格也越来越大，从原先的最大标称截面 95mm^2，增加到了 150mm^2，电缆直径显著增大，不能再用同一个弯曲半径来进行考核。MT 818—2009《煤矿用电缆》修订时，结合 MT/T 775《采煤机用拖曳式电缆夹技术条件》的规定，对试验半径进行了调整，根据规格的不同，采用不同的弯曲半径进行测试。

48.1.4　拖曳电缆曲绕性能测试技术

煤矿梭车、电铲车使用的电缆被称为拖曳电缆，也是煤矿所使用的移动最频繁的电缆品种之一。电缆需要在一定张力状态下反复曲绕，张力和曲绕的双重作用对电缆使用寿命产生很大影响。因此电缆在这种工况下的抗曲绕性能，直接决定着产品的使用寿命。

1. 测试原理

拖曳电缆抗曲绕性能测试是在拖曳电缆曲绕性能试验台上进行的。其工作原理是模拟拖曳电缆工作时经受拉伸张力和曲绕的双重作用的实际工况，电缆在一定张力状态下绕转盘做平直状态到 U 形状态的曲绕拖曳往返运动，检测电缆动力线芯和辅助线芯是否短路或断路。

2. 测试设备及方法

试验台由拖曳传动系统、液压张紧系统、电缆曲绕轮、钢缆拖曳轮、电缆测试系统、张力测量装置组成。试验台通过液压张紧系统对电缆加载张力负荷，张紧系统张力可调节，分 0 ～ 10kN 及 10 ～ 50kN 两挡，调节精度 ±3%；试验台曲绕轮外径可调范围 300 ～ 1400mm。其试验方法在国内外是首次提出，试验装备由煤科总院上海分院首创，可有效测试拖曳电缆的抗曲绕能力。

其工作原理如图 48.3 所示。曲绕轮由液压张紧装置进行位置调节和张力控制，试验加载负荷 0 ～ 50kN，曲绕轮弯曲半径 150 ～ 750 mm，共 5 档，钢缆拖曳轮为主动轮，通过电机进行正反转动，转动过程中通过摩擦力拉动钢缆，钢缆对电缆试样进行拖曳，转盘每进行一次往返旋转过程，电缆受试部分在一定张力作用下形成一次由平直状态到 U 形状态的曲绕拖曳过程。当试验过程中样品发生短路或断路时自动报警。

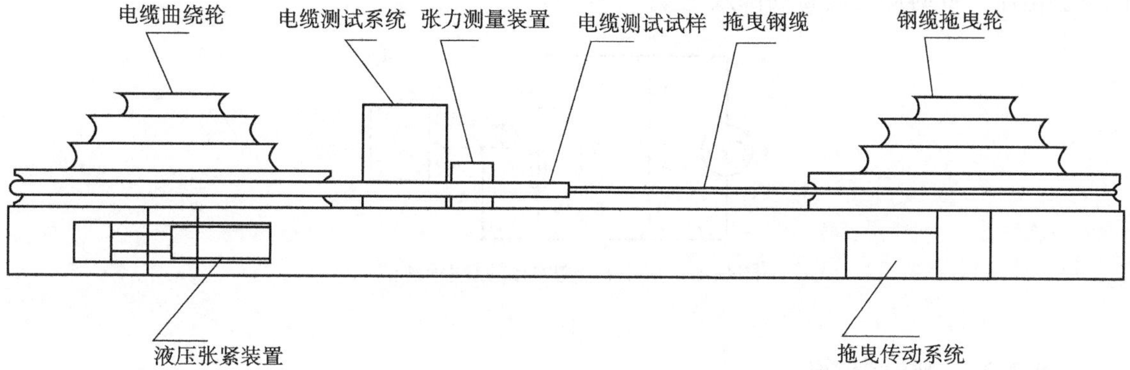

图48.3　电缆曲绕性能试验台工作原理示意图

48.2　局部放电性能测试技术

电缆局部放电是指在电场作用下，电缆绝缘的部分区域中发生的放电现象。放电产生的热量会加速绝缘的老化，也会使得电缆绝缘因内部介质击穿而造成“电老化”，从而缩短电缆的使用寿命。局部放电量指标的考核，对电压等级较高的电缆是很有必要的。电压等级越高，越容易发生放电的情况，MT818—2009《煤矿用电缆》规定 3.6/6kV 以上电压的电缆应进行局部放电测试，并要求在 1.73 倍额定电压下放电量低于一定数值，以保证电缆在持续电场下的绝缘电气安全。

48.2.1　测试原理及方法

由于绝缘材料中可能混有一些杂质，另外电缆在制造过程中也会产生一些气泡，在一定场强的作用下，在这些区域就可能会发生放电，而其他区域仍然保持绝缘的特性，这就形成了局部放电。局部放电可以发生在绝缘内部的缺陷、导体屏蔽与绝缘之间等。绝缘中发生局部放电时，引起的电、化、光、声、热等各种效应，利用这些效应有多种检测方法。目前采用最多的是高频电脉冲方法。其测试原理如图 48.4 所示。在试品 C_x 两端施加一个电压 e，当试品产生一次局部放电时，脉冲电流 i 经过耦合电容 C_k 在检测阻抗 Z_d 两端产生一个瞬时的电压变化，脉冲电压经传输、放大和显示等处理，就可以通过局部放电测试系统 M 测量局部放电的基本参量。高频电脉冲方法是对局部放电频谱中的频段（一般为数千赫至数百千赫或至数兆赫，局部放电信号能量主要集中在该段频带内）成分进行测量，以避免无线电干扰。

试验电压加在电缆的导电线芯和金属屏蔽之间，试验电压由产品标准规定，为了保证电极之间不发生闪络和局部放电，需要把电缆两端接入终端接头。进行局部放电测量时，电压应平稳地升高到试验电压的 1.2 倍，但时间不得超过 1min，此后，缓慢地下降到规定的试验电压，此时即可测量局部放电量。

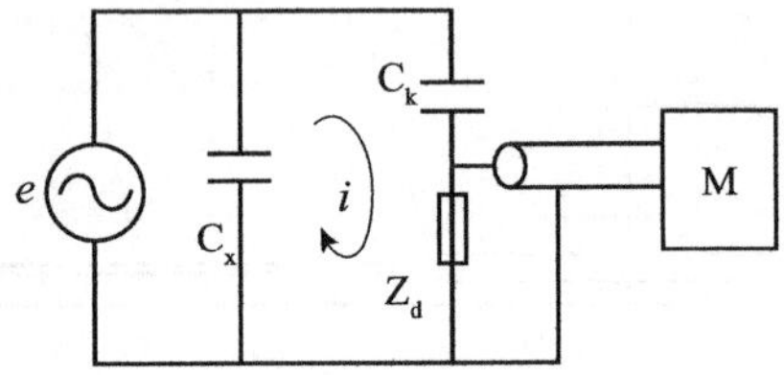

图48.4　脉冲电流法测试原理示意图

48.2.2　测试装备

局部放电系统由高压电源、高压电压表、测量回路、放电量校正器、双脉冲发生器、双屏蔽隔离变压器、线路滤波器、高压滤波器等组成，并有全屏蔽室和独立供电系统。局部放电系统采用进口测量回路、双脉冲发生器具有很高的灵敏度，可以测量放电量为 0.1pC 的微弱放电信号；局部放电系统试验电压最高 110kV，可以满足额定电压 3.6 ～ 35kV 电缆的局部放电测试，还可对电缆进行耐压试验测试。

正常情况下电缆的局部放电量是很小的，但微小的干扰都会给试验结果带来极大的影响，干扰甚至比电缆正常的放电量大得多。因此，对于这个试验来说，良好的抗干扰措施是必需的，为了减小干扰，确保试验能正常进行，必须考虑以下 4 点。

1. 独立的供电电源

由变电站至屏蔽室，应采用独立的电缆进行供电，不宜和其他设备共用，且电缆本身应该有抗干扰措施。

2. 电源的滤波系统

测试系统及照明等辅助系统都应有独立的滤波装置，减小电源带来的干扰。

3. 隔离地坪

隔离地坪内的接地宜采用单点接地系统，接地极长度宜大于 10m，接地电阻小于 1Ω 或小于变电站的接地电阻。

4. 全屏蔽室

屏蔽空间电磁干扰的全屏蔽室对试验系统来说是极其重要的。屏蔽室可采用钢板焊接或组装式屏蔽结构。如采用单层钢板焊接建造全屏蔽室，钢板应平整，焊接质量良好。应精心制作和安装屏蔽室大门，以保证大门关闭时其四周与屏蔽室接触良好。

48.3 阻燃性能测试技术

电缆的护套和绝缘材料是由非金属聚合物材料构成的，在煤矿井下这样一个半封闭空间里，一旦发生燃烧，所产生的烟雾不能消散到空中，而是随着风流扩散到下游工作面，更容易造成燃烧事故的扩大化。因此，要求电缆具有较高的阻燃性能，确保发生燃烧时，能够较快的熄灭。矿用电缆阻燃性能测试是根据 MT/T 386—2011《煤矿用电缆阻燃性能的试验方法和判定规则》标准进行的，标准中规定了单根垂直燃烧试验、负载条件下燃烧试验和成束燃烧试验三种试验方法，以判断电缆的阻燃性能。

48.3.1 单根垂直燃烧性能测试技术

电缆的敷设有很多不同的方式，对单根电线电缆来说，其垂直敷设时因为敷设方向和火焰的方向一致，最容易发生蔓延燃烧。按照 MT/T 386—2011 标准的规定，所有矿用电缆均需进行该项测试，其具体试验方法按 GB/T 18380.12—2008《电缆和光缆在火焰条件下的燃烧试验第 12 部分：单根绝缘电线电缆火焰垂直蔓延试验 1kW 预混和型火焰试验方法》标准进行。

1. 测试原理

单根垂直燃烧性能是用单根电线电缆垂直燃烧试验台进行测试的，其原理是模拟单根垂直敷设的电线电缆，在一个空气相对静止的环境下发生燃烧的情况。对不同外径的电缆在一定火焰强度下燃烧一定时间，测量火焰蔓延造成电缆炭化的长度，并以此判定电缆在这种敷设状态下的阻燃性能。

2. 测试设备及方法

单根电线电缆垂直燃烧试验台由供气系统、金属罩、燃烧箱和丙烷喷灯构成。金属罩的尺寸为高（1200±25）mm，宽（300±25）mm，深（450±25）mm，燃烧气体用纯度超过 95% 的丙烷，可对各类圆形和扁形电缆进行测试。金属罩的作用是用于悬挂试样，燃烧箱的作用是为了保证试验不受外部空气的干扰，使试验箱内的空气保持相对静止。试样需在温度为（23±5）℃、相对湿度为 50% ±20% 的环境中至少保持 16h，若试样上表面有涂料或清漆涂层时，则应将试样在（60±2）℃的条件下放置 4h，然后再进行上述处理，试验在（23±10）℃条件下进行。

取 600mm 试样一段，放在夹具上夹好。测量试样外径确定供火时间。不同直径的试样供火时间如表 48.1 所示。

试验完成后测量燃烧后的上、下炭化点到夹具起始点的距离。

丙烷喷灯火焰的强度，对这个试验是至关重要的。火焰强度是通过燃烧一个标准铜块进行测定的，用喷灯火焰的外焰燃烧标准铜块并测量铜块温度，火焰应在（45±5）s 内，能够使测温铜块温度从（100±5）℃上升到（700±3）℃。

表48.1　不同直径试样的供火时间

试样外径 /mm	供火时间 /s
$D \leqslant 25$	60
$25 < D \leqslant 25$	120
$50 < D \leqslant 75$	240
$D > 75$	480

48.3.2　负载条件下燃烧性能测试技术

电缆在工作时导体会产生一定的温度，使得电缆得绝缘、护套温度上升，这种情况下一旦遇到外火源，会更容易蔓延燃烧。按照 MT/T 386—2011 标准的规定，动力线芯标称截面 6mm^2 以上的煤矿用动力电缆需进行该项测试，标准中也规定了该试验的试验方法和判定规则。除电缆外，该试验方法也适用于矿用非金属电缆接头的测试。

1. 测试原理

负载条件下燃烧性能是在负载条件下燃烧试验台上进行的。其原理是模拟电缆带载时发生燃烧的情况，为了增加试验的严酷性，施加的电流是电缆额定工作电流的 5 倍，待电缆温度上升到一定值时，再用甲烷喷灯燃烧试样一定时间，测量火焰蔓延造成电缆炭化的长度及撤离喷灯后电缆继续燃烧的时间，并以此判定电缆带载状态下的阻燃性能。

2. 测试设备及方法

负载条件下燃烧试验台由控制系统、燃烧箱、大电流发生器、甲烷喷灯等构成。大电流发生器最大输出电流 5000A，可满足最大截面 400mm^2 电缆的测试要求。燃烧箱的作用是为了保证试验不受外部空气的干扰，使试验箱内的空气保持相对静止，大电流发生器产生试验所需的大电流。

截取长度约为 1.8m 的电缆作为试件，若为非金属电缆接头试件，则连接上相应规格的电缆并使接头位于整个试件的中部。在据试件中心约 200mm 处，轻轻剥开电缆的护套和一根动力线芯的绝缘，将测温热电偶插入动力线芯中。

将试件放置到燃烧箱内支架上，试件中心线应位于燃烧箱中部，试件两端分别从燃烧箱两侧孔伸出箱外。将插入在试件上的热电偶与电控箱的测温仪连接，以便能观察动力线芯导体的温度。

多芯电缆时，应将电缆的动力线芯串联或并联起来，接至大电流发生器的输出端，无论是并联还是串联，都应保证流过试件每根动力线芯导体的电流为导体额定电流的 5 倍。标准规定，试验时的导体额定电流按标准规定的值选取。

当导体温度升至（205±2）℃时，用甲烷喷灯的外焰，燃烧试样 60s，然后移去喷灯，同时切断通过试件的电流，测量试件持续燃烧的时间和试件燃烧后的炭化长度。

该试验方法是参考美国联邦相关法规制定的。试验装备由煤科总院上海分院于 1995 年研发成功，可有效测试电缆在过载荷情况下发生燃烧时的阻燃能力。试验时应使测温热电偶在整个试验过程中与电缆动力线芯可靠接触，以确保测温的准确性。另外，甲烷喷灯的火焰应调节到符合标准规定，并用火源的外焰燃烧试件，在温度到达 205℃之前，应将喷灯调节好，否则会因来不及调节喷灯火焰而造成试验的失败。

48.3.3 成束燃烧性能测试技术

与单根敷设的电缆相比，成束敷设的电缆一旦发生燃烧，更容易造成蔓延燃烧，而电缆在很多情况下都是成束敷设的，因此很有必要对这种状态下电缆的阻燃能力进行考核。按 MT/T 386—2011 标准的规定，除煤矿用漏泄电缆、煤矿用射频电缆等需要单独敷设的产品外，其他产品均需要进行该项测试。具体试验方法按 GB/T 18380.32—2008 ～ GB/T 18380.36—2008《电缆和光缆在火焰条件下的燃烧试验》标准进行。

1. 测试原理

成束燃烧试验是在电线电缆成束燃烧试验台上进行的。其原理是模拟电缆在一个有一定空气流量的固定空间内成束敷设时发生燃烧的情况，试验考虑的是最严格的情况——电缆垂直成束敷设。对电缆在一定火焰强度下燃烧一定时间，测量火焰蔓延造成电缆炭化的长度，并以此判定电缆在这种敷设状态下的阻燃性能。

2. 测试装备及方法

成束燃烧试验台由控制台、燃烧试验箱、引燃源、风速计、消烟除尘装置等组成。燃烧箱宽（1000±100）mm、深（2000±100）mm、高（4000±100）mm；引燃源包括一个或两个带形丙烷喷灯及其配套的流量计和文丘里混合器，带形喷灯表面为钻有 242 个直径为 1.32mm 孔的扁平金属板，孔的中心距离为 3.2mm，分 3 排交错排列，上下两排每排 81 个，中间一排 80 个；燃烧气体为标称纯度 95% 的技术级丙烷气；热球式风速计测速范围 0.05 ～ 10m/s，精确度 ± 0.5m/s。

将一定数量的电缆试样按照标准规定的间距固定在钢梯上，每根试样的长度不小于 3.5m，将钢梯悬挂在燃烧箱一侧，用标准规定的带状丙烷喷灯产生的火源燃烧试样，喷灯口与试件的距离为 75mm，依据燃烧类型设置燃烧时间，燃烧结束，待火焰自行熄灭后，测量电缆炭化长度。用风速计测量出风管道的风速，应保证试验过程中，箱内的空气流量在（5000 ± 500）L /min 内。

根据阻燃指标严酷程度的不同，成束燃烧试验由高到低分为试验 A（含 A/FR 类）、B、C、D 四种类型。这四种不同类型的试验，主要区别体现在燃烧根数和燃烧时间上（其中 A 类与 A/FR 类试样敷设方式有所区别），A 类、B 类的燃烧时间为 40min，C 类、D 类的燃烧时间为 20min。试验用试样的根数通过依据电缆非金属成分的含量比例计算，每根电缆的最小长度为 3.5m。标准规定试样的总根数应符合下列规定。

A 类或 A/FR 类：试样根数应使总体积中试样所含非金属材料为 7L/m。

B 类：试样根数应使总体积中试样所含非金属材料为 3.5L/m。

C 类：试样根数应使总体积中试样所含非金属材料为 1.5L/m。

D 类：试样根数应使总体积中试样所含非金属材料为 0.5L/m。

该试验属于大型燃烧试验，试验中会产生大量有毒有害气体和物质，为了保护环境，必须对这些物质进行处理。试验台自带的环保装置比较简单，只是通过水箱过滤使一部分固体颗粒状燃烧产生的物体沉淀下来，不能对燃烧产生的气体进行环保处理，为了满足环保要求，应该进一步采取处理措施。

48.4 烟密度及卤酸气体含量测试技术

48.4.1 烟密度测试技术

电缆在燃烧时会释放出大量的烟雾，烟雾的存在，使事故现场的人员难以看清逃生线路，从而造成事故的扩大，因此对电缆燃烧时释放出烟雾量进行考核是很有必要的。其测试方法是依据 GB/T 17651.1《电缆或光缆在特定条件下燃烧的烟密度测定　第 1 部分：试验装置标准》及 GB/T 17651.2—1998《电缆或光缆在特定条件下燃烧的烟密度测定　第 2 部分：试验步骤和要求》进行的。

1. 测试原理

烟密度试验是在一个燃烧室中进行的。烟密度测试，实际上测的是光透过烟气的比例，即透光率。从燃烧室一侧发出一束光，在室中燃烧电缆试样，在燃烧室另一侧测量燃烧前和燃烧时的光的强度，以此确定燃烧的透光率，从而考核电缆燃烧的烟密度。

2. 测试设备和方法

烟密度试验装置由燃烧室、光源、光接收装置等组成。燃烧箱尺寸为 3m × 3m × 3m；透光率测量范围（0 ～ 100）%，精度达 ±0.1%，试验过程中可实时记录温度、透光率，并全程形成曲线记录，试验结束后自动显示试验结果。

其工作原理如图 48.5 所示。在燃烧室内，通过标准火源燃烧电缆试样。光源产生的光通过燃烧室，并在光源对面的墙上看到一条直径 1.5m±0.1m 的均匀光束。光电池（安装在光束中心处）会检测来自光源的光束强度。随着试验的继续，电缆燃烧时产生的烟雾会把光电吸收掉一部分，这样到达光电池的光束强度就减弱，计算机系统通过对数据进行处理，计算出相对于初始时为 100% 的具有线性响应的透光率。火焰熄灭之后 5min 或者试验时间持续达到 40min，透光率不再减小，该透光率即为测量结果。

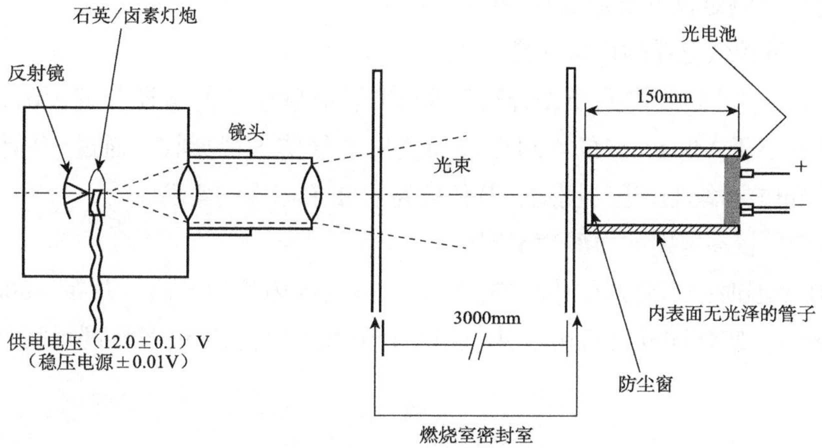

图48.5　电缆烟密度测试示意图

48.4.2　卤酸气体含量测试技术

电缆燃烧事故不仅是因为燃烧时产生烟雾，更主要的是因为电缆中含有卤素材料，燃烧时会产生卤化氢等刺激性的卤酸气体，吸入一定量的气体后，会使人窒息，从而失去逃生能力。无卤型的电缆由于燃烧时产生卤酸气体较少，使用更加安全可靠。因此，对电线电缆在燃烧时释放出卤酸气体的含量进行测试是很有意义的。其试验方法是依据 GB/T 17650.1—1998《取自电缆或光缆的材料燃烧时释出气体的试验方法　第 1 部分：卤酸气体总量的测定》或 GB/T 17650.2—1998《取自电缆或光缆的材料燃烧时释出气体的试验方法　第 2 部分：用测量 pH 值和电导率来测定气体的酸度》来进行的。

1. 测试原理

卤素含量的测试原理是让电缆护套材料在一定流速的高温空气中热解，使卤素充分释放并以卤酸气体的形式溶解于碱性溶液中，然后根据卤素含量的高低，用不同的方法对其含量进行测定。当卤酸气体的相对含量小于 5mg/g 时，依据 GB/T 17650.2—1998《取自电缆或光缆的材料燃烧时释出气体的试验方法　第 2 部分：用测量 pH 值和电导率来测定气体的酸度》规定的方法，用 pH 计和电导率仪测定 pH 值和电导率。当卤酸气体的相对含量大于 5mg/g 时，依据 GB/T 17650.1—1998《取自电缆或光缆的材料燃烧时释出气体的试验方法第 1 部分：卤酸气体总量的测定》，用化学滴定的方式，计算出电缆护套材料中的卤素含量。

2. 测试设备和方法

卤素含量测试系统是由空气压缩机、管形炉及加热装置、气体吸收装置和控制系统构成，另外对卤素含量较低的需要配备 pH 计和电导率测定仪，对卤素含量较高的，需要配备化学滴定装置，对卤酸气体的含量进行测定。管形炉最高承受温度 1300℃，pH 计测量范围 0 ～ 14.0，电导率测定仪测量范围 0~100.0mS/cm。

1）卤素含量较低电缆的卤酸含量测试

将试样通过试验装置推入预先升温至 935℃燃烧管中，使试样分解析出，用 pH 值为 5 ～ 7，电导率小于 1.0μs/mm 的水对燃烧加热后的气体进行吸收。通过 pH 计和电导率测定仪对 pH 值和电导率直接进行测定，其值应符合相关标准的要求。

2）卤素含量较高电缆的卤酸含量测试

将试样在室温时推入管形炉中加热，（40±5）min 内均匀升温，并在（800±10）℃温度下保持 20min，使试样分解析出，并使用 0.1mol/L 的氢氧化钠溶液进行吸收，采用化学法进行滴定。

（本章主要执笔人：上海院金鑫，殷宇杰，陈瑜）

第 49 章 煤矿用非金属聚合物制品测试技术

随着我国煤炭工业和非金属聚合物类材料的发展，非金属聚合物类产品广泛应用于煤矿井下。煤矿用非金属聚合物制品主要包括煤矿用输送带、煤矿用塑料与橡胶管材、煤矿用风筒及其他非金属制品，如塑料网假顶、塑料护帮网、玻璃钢制品、滚筒包胶层、电缆夹板、电缆挂钩、非金属托辊等。

煤矿用非金属聚合物制品的性能测试主要分为物理机械性能和安全性能。根据产品、使用场所和工作状态的不同，不但其物理机械性能要求各有不同，其安全性能的要求、试验方法也有所区别。

本章主要阐述煤矿用输送带的拉伸强度与其接头拉伸强度性能、输送带的接头动态耐久性能、输送带动态钢丝绳黏合抗疲劳性能；非金属聚合物管材液压性能和耐负压性能；非金属聚合物制品阻燃和抗静电性能；风筒的通风性能等的测试原理、测试装备及测试方法。

49.1　物理机械性能测试技术

49.1.1　输送带及其接头拉伸性能测试技术

输送带作为煤矿带式输送机的主要配套件，是煤矿井下煤炭运输的主要承载工具。其本体与接头的拉伸性能直接影响带式输送机的输送效率与使用，因此 MT 668、MT 830、MT 914 等输送带标准中均规定了输送带及其接头的拉伸性能要求。通过测试输送带及其接头所能承受最大拉伸力，方便输送带使用者选择合适的输送带，避免在运行过程中发生胶带或接头断裂。

1. 测试原理

输送带及其接头拉伸性能用拉力试验机进行测试。其测试原理为将输送带整体或输送带接头制成标准规定的模拟试样，经状态调节后安装在拉力试验机的夹持装置上，以标准规定的速度进行测试，记录其破坏的状态和拉断力。

2. 测试装备及方法

输送带拉伸性能测试在恒速拉伸的拉力机上进行。拉力机主要由高精度滚珠丝杠、伺服电机、液压夹具等组成。由精度传感器传回力值讯号，计算机程序实时显示测试过程及结果。拉力机最大拉力为300kN、最大拉伸行程为1750mm。

输送带接头拉伸性能测试在卧式拉力机上进行。拉力机系统主要由油压缸、行程译码器、极限开关、活动夹具、固定夹具等组成。以油压为动力，利用高压精密比例阀及计算机系统精确控制油压系统，高精度传感器传回力值讯号，由计算机程序实时显示测试过程及结果。拉力机最高拉力为3000kN，最大拉伸行程为9000mm，可测试最高强度等级为10000N/mm的阻燃输送带接头。

对于钢丝绳芯阻燃输送带拉伸性能的测试，须按照MT 668的引用标准GB/T 5754.2—2005规定的试样长度要求制备试样，试样的宽度应至少包含5根钢丝绳，试样的中间为单根钢丝绳，然后将试样的两端分别安装到拉力试验机的两个夹具上，在安装时应注意试样的夹持位置，使试样中心线与拉力试验机夹具的中心线保持一致。然后启动拉力试验机使其夹具以（100±10）mm/min的速度拉伸直至试样断裂，记录最大拉断力值和试样拉伸过程及试样断裂情况，计算其拉伸强度。

织物叠层阻燃输送带和织物整芯阻燃输送带整体拉伸性能的测试试样均采用哑铃状试样，试样的尺寸也相同。应按照MT 830和MT 914标准的要求制备试样，采用冲切方式裁切拉伸试样，在冲切纵向拉伸强度试样时应注意试样的中心线与输送带的中心线必须平行（纬向拉伸强度试样则为垂直），并距输送带边至少50mm处冲切，试样的中间宽度应为25～26mm，否则作废。试样经状态调节后拉力试验机夹具以（100±10）mm/min的速度对试样进行拉伸测试，试样的断裂应发生在试样中间100mm标距内，若试样断裂发生在标距外或在测试过程中试样与夹具间发生打滑，则该试验作废，另取试样重新测试。

输送带接头拉伸性能测试，因钢丝绳芯阻燃输送带只能采用胶接接头，而织物叠层阻燃输送带和织物整芯阻燃输送带的接头则分为机械接头和胶接接头两种，三种输送带的胶接接头拉伸性能测试方式基本类似。对于阻燃输送带胶接接头的拉伸性能测试，应按照各自相应标准的规定制作接头试样，试样的长度为试样胶接部位两端各留1000mm的原带（母带），钢丝绳芯阻燃输送带的试样宽度为（250±30）mm，织物叠层阻燃输送带和织物整芯阻燃输送带的试样宽度为（300±2）mm，并在距带边至少50mm处裁取试样，裁取的试样应尽可能反映输送带胶接接头的性能，即中间和两边各一条。测试时将制备好的试样两端分别安装到拉力试验机的两个夹具中，在安装时应注意夹持在输送带试样的原带（母带）区域并应使试样中心线与拉力试验机夹具的中心线保持一致。然后启动拉力试验机直至试样断裂，记录最大拉断力值及试样的断裂情况。

对于织物叠层阻燃输送带和织物整芯阻燃输送带的机械接头试样应按GB/T 12736标准规定制作。测试时将制备好的模具端与试样端分别安装到拉力试验机的两个夹具中，在安装时应注意使试样中心线与拉力试验机夹具的中心线保持一致。然后启动拉力试验机直至试样断裂，记录最大拉断力及试样的断裂情况。

49.1.2　输送带接头动态耐久性能测试技术

输送带在使用时是通过胶接或机械接头将输送带连接成环形后在带式输送机上运行。因此，输送带接头的动态疲劳性能关系到输送带接头的使用寿命，是输送带在带式输送机上正常运行的关键。输送带接头的动态耐久性能分为常规（静态张力）动态耐久性能和强化（动态张力）动态耐久性能两种，在 MT 668、MT 830、MT 914 等输送带标准中均规定了相应要求。

1. 输送带接头常规（静态张力）动态耐久性能测试技术

1）测试原理

输送带接头常规（静态张力）动态耐久性能测试技术原理主要是模拟输送带在煤矿带式输送机上、恒定张力状态下运行一定周期后其接头的破坏情况。

试验时将输送带试样整体连接成环形，安装于输送带接头动态耐久性能测试装置上，测定采用驱动滚筒和张紧滚筒的持续运行系统，在恒定张力状态下每个机械接头循环运行 10^5 次周转数，考核输送带接头是否发生破坏。

2）测试装备与方法

输送带接头常规动态耐久性能测试装置由安装在主体机架上的驱动电机、辊筒、液压加载系统、液压调偏系统、防护装置、计算机等组成。由煤科总院上海分院首创。测试原理如图 49.1 所示，滚筒 A 为主滚筒，滚筒 B、C、D 为从动滚筒，滚筒 D 的中心轴装在可水平移动的滑架上，滑架连接在液压系统的活塞杆上，通过滑架的水平移动可改变试样所受的张力，试样张力由液压系统和电测控制系统施加和稳定；计算机控制系统以及就地操作台进行运转控制，实现张力控制、速度调节和周转计数。测试装置的最大张力为 110kN，最大线速度为 4.5m/s。

将制备好的试样安装到测试装置上，使试样组成一个环形试样。将张力加到额定张力的 1/2，然后平稳启动滚筒，在启动后 5min 内将张力增加到试样的额定张力值，并在试验过程中保持此值。试验应不间断地进行，直至某一接头断裂，记下此接头的运转时间、编号和运转周转数。在试验过程中，应对接头的断裂形式和试件表面的损坏情况做记录。

2. 输送带接头强化（动态张力）动态耐久性能测试技术

1）测试原理

输送带接头强化动态耐久性能测试原理主要是模拟输送带在煤矿带式输送机上、其所受张力按正弦波动态变化方式的状态下运行时，其接头拉伸强度的保持情况及接头的破坏情况。

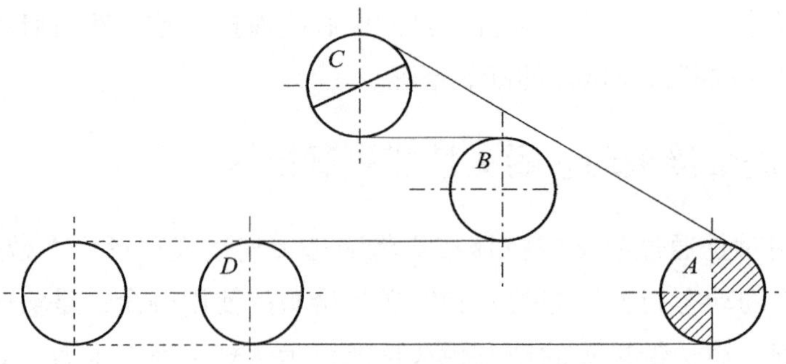

图49.1 常规动态耐久性能测试原理

试验时将输送带试样整体连接成环形，安装于输送带接头动态耐久性测试装置上，测定采用驱动滚筒和张紧滚筒的持续运行系统，在张力按正弦波的变化方式下循环运行 10^4 周转数，考核输送带接头拉伸性能保持情况及接头的破坏情况。

2）测试装备与方法

测试装置由液压泵、驱动滚筒、电动机、减速装置、张紧滚筒、主控制箱、位移传感装置和计算机系统组成。由煤科总院上海分院首创。测试装置的最大张力为 3000kN，滚筒直径为 2100mm，滚筒表面的最大线速度为 9m/s，可测试的阻燃输送带最高强度等级为 10000N/mm。

将输送带连接成环形整体带并安装在两个平行的试验台滚筒上；按试样的额定拉伸力确定试验的最大循环张力和最小循环张力；调整环形带的周转周期 TP 和张力循环周期 TF，使 TF/TP=18±1；启动试验台，启动时加速度不得大于 $0.2m/s^2$，在保持设定循环张力的条件下，使试样周转周期和张力循环周期按规定比例连续不断运行，直至试样接头断开或张力循环次数达到规定值。

49.1.3 输送带动态钢丝绳黏合抗疲劳性能测试技术

钢丝绳芯输送带在实际使用过程中，其带体所受的张力是在不断变化的，而带体内部承受张力的钢丝绳则随着张力的变化发生钢丝绳与黏合橡胶间的位移变化，这样在长期的位移变化下，钢丝绳与橡胶间会发生黏合强度降低甚至脱离的现象而导致输送带无法正常使用。因此输送带动态钢丝绳黏合抗疲劳性能是保证钢丝绳芯输送带能否正常运行的关键性能之一。在 MT 668—2008《煤矿用钢丝绳芯阻燃输送带》标准中规定了相应的要求。

1. 测试原理

对试样施加一定的循环载荷，模拟钢丝绳芯阻燃输送带在运输物料过程中的拉伸疲劳状况，测试输送带的钢丝绳与橡胶黏合的抗疲劳能力。

2. 测试装备

测试装备由液压系统、夹持装置、驱动单元和 PLC 系统组成。装备可以对试件施加循环拉伸载荷，最大拉伸载荷为 20kN，可对目前最高强度等级的钢丝绳芯阻燃输送带（强度等级为 10000N/mm）进行测试。

3. 测试方法

将试件安放在拉伸测试装置的钳夹中央，施加循环载荷，在高水平和低水平时保持暂停（见图 49.2，一个完整的周期应为 5 ～ 10s 的时间）。采用输送带中钢丝绳芯直径所对应的公称静态黏合强度的 3.6%～ 36%为循环载荷，试验中观察是否有钢丝抽出，若在 10 000 个循环周期内无钢丝绳抽出，即判定试验合格。

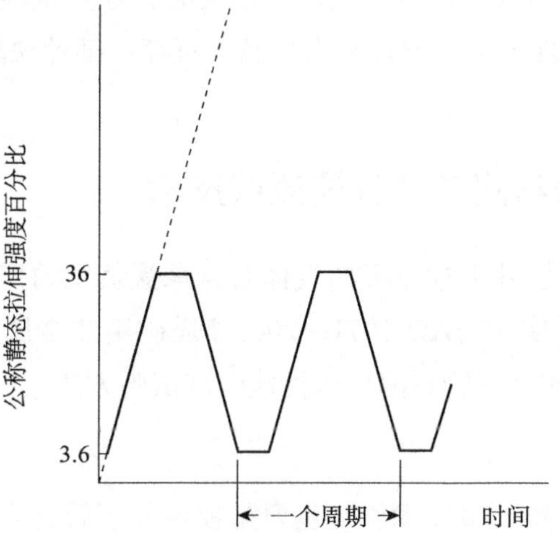

图49.2　标准循环载荷模式

49.1.4　非金属管材液压性能测试技术

非金属管材主要用于煤矿供排水、通风、喷浆等场所，使用中承受着来自水、空气或砂浆等的正压作用，可能会导致管材变形或损坏，其承压能力是保障管材正常使用的关键。在 MT 558.1、MT 558.2、MT 558.3 等标准中均规定了矿用非金属管材的耐液压性能要求。

1. 测试原理

非管材静液压性能试验技术原理主要是模拟井下管材在供排水、喷浆、通风等场合使用时，管材内部长期处于一定的高压力状态，为了验证其在使用中是否会产生形变或破坏而失效，特规定了相关的测试方法。

试验的过程为试样经状态调节后，与液压试验机的高压软管相连接，液压试验机的加压泵产生高压液体，经过高压软管输送到待测试管材中，管材在规定的恒定静液压下保持一个规定的时间或直到试样破坏。

2. 测试装备

试验系统由加压泵、主控制箱、蓄能器、恒温箱和计算机系统组成。系统最多可同时测试12路样品，最大压力20MPa，各路可独立控制试验压力、试验时间；试验管材的最大直径可达2000mm、最大长度可达4000mm；系统可以实现自动补压。当某一试样出现渗漏、破裂时，自动报警并自动关闭该路，其他各路试验继续正常进行，直到试验完成。

3. 测试方法

将密封接头安装在试样上并充满规定温度的液体，排出试样内的空气，然后将试样连接到压力装置上，把试样支撑好，以防止由于管子和接头的质量引起试样弯曲和偏移（支撑不能使试样纵向和环向受束缚力）。静液压试验时，均匀地将压力升高到测试值，保持一定的时间，当到达规定时间或试样发生破坏、渗漏时，停止试验。当破坏出现在距接头一个直径长度内时，如果有理由确认破坏是由样品本身存在某种缺陷造成的，则该试样有效，否则另取试样重新试验。

49.1.5 非金属管材耐负压性能测试技术

非金属管材应用于煤矿井下抽排瓦斯气体时，承受负压的作用，可能会导致管子蠕变或吸扁，影响管材的正常使用。AQ 1071—2009《煤矿用非金属瓦斯输送管材安全技术要求》标准的4.4条规定了非金属管材耐负压性能测试试验方法。

1. 测试原理

非金属管材耐负压性能试验技术原理主要是模拟井下管材在抽放瓦斯等场合，管内长期处于一定的高负压状态，为了验证其使用中是否会产生蠕变或被吸扁，特规定了相关的测试方法。

试验过程为试样经状态调节后，与负压试验机的软管相连接，负压试验机的真空泵抽出管材内部的空气，经过控制系统的测控后，使管材内部处于一定的负压状态，管材在规定的恒定负压状态下保持一个规定的时间或直到试样破坏。

2. 测试装备

试验系统由二级负压泵、真空罐、主控制箱、负压传感器和计算机等组成。通过负压传感器设定压力值来控制负压站的运行及停止，系统的试验路数为3路、试验压力为-0. 097MPa、负压泵极限真空度为1×10^{-7}hPa。

3. 测试方法

选择密封接头将管材密封，将密封试样与由真空泵、压力表、控制阀等组成的压力装置相连接；对密封试样施加负压并在30min内降至-0.097MPa，具体试验压力根据测试现场环境大气压进行换算。在（23±2）℃的环境下保压100h。当达到规定时间或试样发生吸扁（变形）和破坏时停止试验。如果试样在距离密封接头小于0.1倍试样长度的范围内出现破坏，则试验结果无效，应另取试样重新试验。

49.2 阻燃性能测试技术

49.2.1 酒精喷灯燃烧性能测试技术

由于非金属聚合物制品均属于易燃制品，因此这些制品用于煤矿井下时必须经过阻燃处理，并经过燃烧性能测试合格后才能用于煤矿井下。目前非金属聚合物制品主要通过酒精喷灯燃烧试验评判其阻燃性能。在 MT 113、MT 141、MT 181、MT 191、MT 558.1、MT 558.2、MT 558.3、MT 668、MT 669、MT 830、MT 914、MT 962 等标准中均规定了各类非金属聚合物制品各自的燃烧性能测试要求和相应的试验方法。

1. 测试原理

非金属聚合物制品酒精喷灯燃烧试验技术原理是用酒精喷灯燃烧试样一定时间。模拟井下发生燃烧的情况，测试火源移开后非金属聚合物制品能否在一定时间内自动熄灭，从而反映非金属聚合物制品的阻燃性能。

试样根据标准的要求制作成一定的形态，并按照要求夹持在试验装置上，使用喷灯装置，在特定的试验位置持续燃烧一定的时间，然后移开火源，考核其离火自熄灭的能力，分为有焰燃烧（火焰）和无焰燃烧（火星）两种状态。

2. 测试装备

非金属聚合物制品酒精喷灯燃烧试验装置由喷灯、软管、灯壶、支架、燃烧箱组成。通过灯体的灯座预热将灯体内的酒精汽化，产生一定高度和温度的火焰，对试样进行燃烧，测试移开灯具后样品的有焰燃烧和无焰燃烧情况。喷灯温度能够达到（960±60）℃、火焰高度 150 ～ 180mm。

3. 测试方法

1）输送带类制品

对于各类输送带，须按 MT 668、MT 669、MT 830、MT 914 等标准的规定进行酒精喷灯燃烧性能测试。测试方法是将矩形的燃烧试样插入燃烧支架，喷灯与试样的相对位置应符合图 49.3 的规定，试样水平放置于火焰中央并垂直于燃烧箱的门，其前缘与火焰外缘一致、底端离喷灯喷火口中心为 50mm，喷灯垂直放置。试验在弱光下的燃烧箱内进行，试验时试件周围的空气流动应尽量小，以不影响燃着试件的火焰为准。试样燃烧 30s 后，移走未熄灭的喷灯，用秒表测量试样的有焰燃烧时间和无焰燃烧时间。

2）塑料管材类制品

塑料类管材产品须按 MT 181 标准的规定进行酒精喷灯燃烧性能测试。塑料管材的燃烧试样为 25mm 宽的圆环（对大口径塑料管材的燃烧试样可采用圆弧形试样），垂直放置喷灯且与试样的相对位置如图 49.3 所示。试样为水平夹持，其下端面与喷灯口的距离为 50mm。

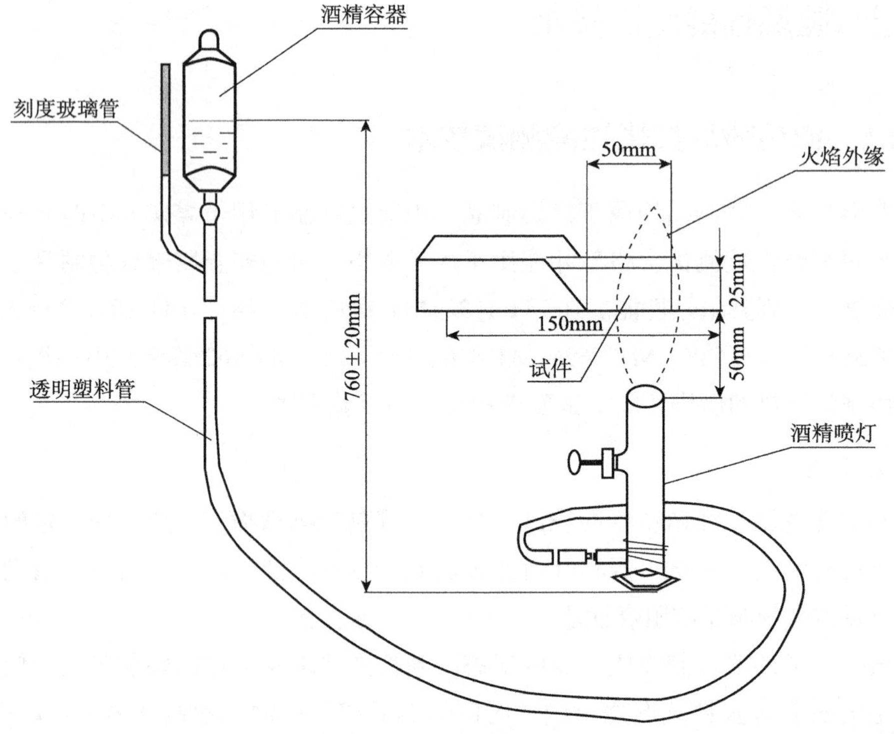

图49.3 输送带类制品酒精喷灯燃烧位置示意图

试验在弱光下的燃烧箱内进行，试验时试件周围的空气流动应尽量小，以不影响燃着试件的火焰为准。试样燃烧 30s 后，移走未熄灭的喷灯，用秒表测量试样的有焰燃烧时间和无焰燃烧时间。

3）橡胶管材类制品

橡胶类管材须按 MT191 标准的规定进行酒精喷灯燃烧性能测试。橡胶管的燃烧试样为 305mm 长的圆管，试样与喷灯的位置见图 49.4。喷灯底座与水平方向呈 45°、试样水平夹持，试样外缘与喷灯口的距离为 50mm。试验在弱光下的燃烧箱内进行，试验时试件周围的空气流动应尽量小，以不影响燃着试件的火焰为准。试样燃烧 60s 后，移走未熄灭的喷灯，用秒表测量试样的有焰燃烧时间和无焰燃烧时间。

4）除输送带类、塑料管材类、橡胶管材类制品以外的其他非金属聚合物制品

对于除输送带类、塑料管材类、橡胶管材类制品以外的其他非金属聚合物制品，酒精喷灯燃烧性能测试的试样采用图 49.5 的方式垂直吊挂，试样的下端与喷灯火口中心的水平距离和垂直距离均为 50mm（图中为塑料网假顶带与塑料护帮网的试样放置示意图，其他非金属聚合物制品则为喷灯口中心对准试样宽面的中心），喷灯采用倾斜 45° 放置，试验在弱光下的燃烧箱内进行，试验时试件周围的空气流动应尽量小，以不影响燃着试件的火焰为准。试样燃烧时间为最短不少于 5s、最长不超过 30s、以燃着试样为准（MT141 标准的最长燃烧时间为 10s，试样燃烧时应适当移动试样，以保证试样与喷灯的相对位置始终保

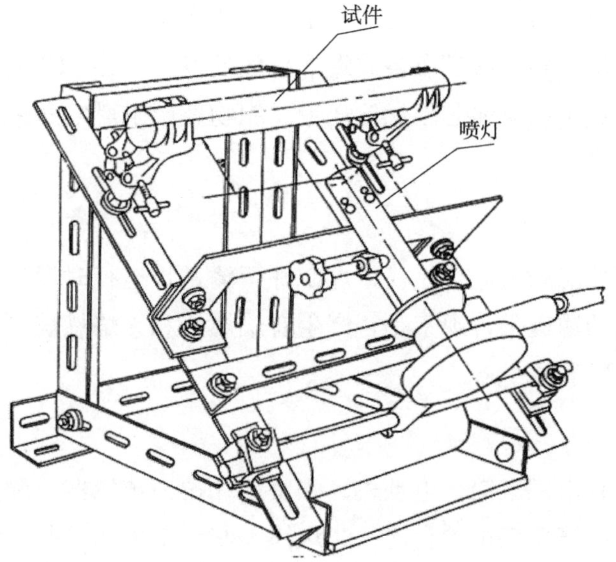

图49.4　橡胶管材类制品酒精喷灯燃烧示意图

持如图 49.5 所示的测试位置），试样燃着后，移走未熄灭的喷灯，用秒表测量试样的有焰燃烧时间和无焰燃烧时间。

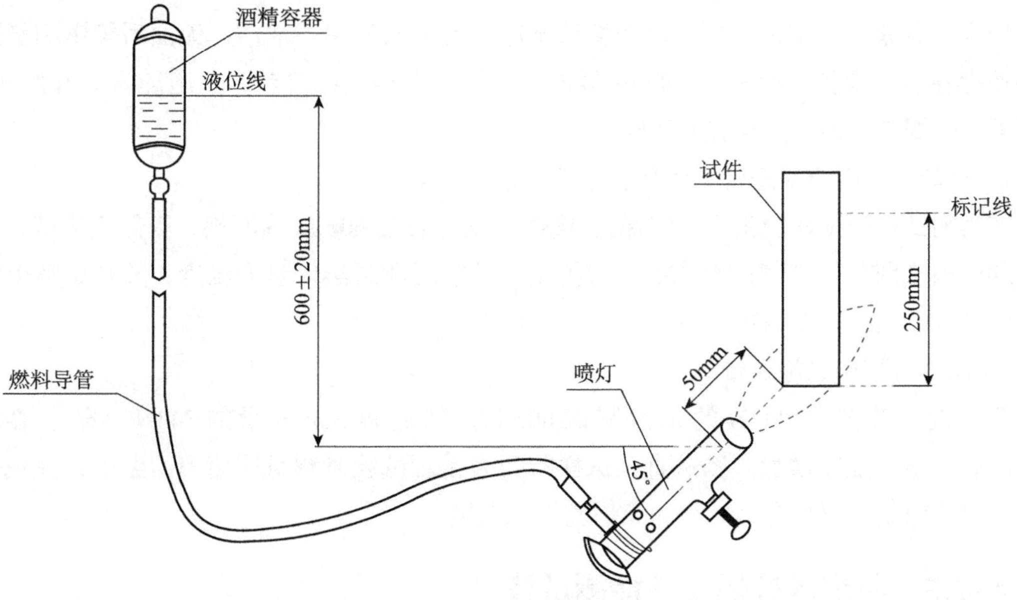

图49.5　其他非金属聚合物制品酒精喷灯燃烧示意图

49.2.2　输送带滚筒摩擦性能测试技术

输送带安装在带式输送机上，通过输送机的主动滚筒与输送带的摩擦力带动输送带运行，因此当输送带发生堵转或打滑时，滚筒在转动而输送带停止不动，这就产生了输送机滚筒摩擦输送带的状况，当摩擦生热达到一定程度或在摩擦过程中产生火星时，则会引燃或引爆煤粉与瓦斯气体，导致煤矿燃烧或爆炸事故的发生。在 MT 668、MT 830、MT 914 等输送带标准中均规定了钢丝绳芯阻燃输送带、织物叠层阻燃输送带、织物整芯阻燃输送带的滚筒摩擦性能测试要求。

1. 测试原理

输送带滚筒摩擦性能测试原理是模拟煤矿井下输送带运行时发生堵转的异常情况，用滚动的滚筒摩擦静止的输送带，观察是否产生有焰燃烧和无焰燃烧，并测量滚筒表面的温度，从而判定其耐滚筒摩擦性能。

2. 测试装备

滚筒摩擦试验装置由钢滚筒、电动机、张紧链、拉力传感器、配重、吹风机及电气控制箱等组成。试件在滚筒摩擦试验台上，绕滚筒 180°，上下边平行、水平安装，上边用夹持器固定，下边通过装有可调配重的张紧装置对试件施加拉力，最大拉力 1715N。

3. 测试方法

试验前，应清洁滚筒表面，除去锈迹或黏附物等，使其表面光亮、手感平滑；检查滚筒尺寸是否符合标准要求，滚筒温度应不超过 40℃，试验环境温度应不低于 0℃。用夹具将试样两端夹紧，并将试样的测试面擦拭干净，使之表面保持清洁，无油污等影响测试值的物质存在，待仪器、仪表经 30min 预热后，将试样装上试验台，并施加张力开始测试。测试方法根据产品的不同也有所区别。

1）钢丝绳芯阻燃输送带、织物整芯阻燃输送带

产品测试期间试样的张力始终保持 343N，试样若在 60min 内断裂，则停止测试，若试样 60min 内未断裂，则测试至 60min 时为止。试验时测量滚筒表面温度，并观察整个测试过程中是否出现有焰燃烧和无焰燃烧（火星）。

2）织物叠层阻燃输送带

测试时，先施加 343N 的张力测试 60min，然后每 30min 增加 343N，直至增加到 1715N 后，不再继续增加。测试直至试样断裂为止。试验时测量滚筒表面温度，并观察整个测试过程中是否出现有焰燃烧和无焰燃烧（火星）。

49.2.3 巷道丙烷燃烧性能测试技术

输送带在煤矿井下与电缆、导风筒合称我煤矿的“三大火龙”。因此，输送带的巷道丙烷燃烧性能将直接影响到煤矿井下燃烧的蔓延程度。在 MT 668、MT 669、MT 830、MT 914 等输送带标准中均规定了输送带的巷道丙烷燃烧性能测试要求。

1. 测试原理

输送带巷道丙烷燃烧性能测试原理是模拟阻燃输送带在巷道中的燃烧情况，用丙烷燃

烧装置燃烧输送带一定时间后，熄灭火焰，测量输送带未损坏长度、损失带长度、平均温升等指标，从而考核输送带的阻燃性能。

2. 测试装备

装置由巷道主体、巷道附属设备、丙烷燃烧器、丙烷气源、电气控制系统等组成。将样品放置在由一个外壁采用难熔材料建造的燃烧室内，抽风机安置在排风管后，使空气从巷道中通过，其中空气的流速由排气控制阀来控制。将燃烧支架放在巷道内，下部用丙烷燃烧装置进行燃烧，通过调节燃烧器的气体流量，以及燃烧一定的时间来判断样品的阻燃效果。巷道入口尺寸为460mm×460mm，长度为1676mm，巷道空气流速为（1.0±0.05）m/s，试验时的丙烷流量为（345±5）L/h、试验前后的消耗量为（565±10）g，称重的最小分度为5g。

3. 测试方法

将钢丝绳芯阻燃输送带、织物叠层阻燃输送带、织物整芯阻燃输送带的样品均裁切成1500mm长、230mm宽的试样。测试前，应对试样和丙烷气钢瓶称重，然后调整巷道内的空气流速为（1.0±0.05）m/s，记录2～5min内排出空气的温度以便得出巷道空气温度，将丙烷气流量设置为350L/h，并点燃。开启计时器，随后将丙烷气的流量调整至（345±5）L/h，计时到标准规定的时间后，停止燃烧使试验巷道与试样冷却。试验期间测量记录巷道内平均温升，试样冷却后，测量试样未损坏长度，并通过称量计算损失带长度。另外，对丙烷气钢瓶重新称量并确定试验中丙烷气的消耗量为（565±10）g，如果不到或者超出，应相应调整流量并重做试验。应注意当火焰开始蔓延并危及人或设备时，应立即中止试验，出现这种情况应视为试验不合格。

49.3 抗静电性能测试技术

非金属聚合物制品由于其本体的高绝缘性，与其他物体摩擦时易产生静电。当静电电荷能量积聚达到足以点燃煤矿井下的瓦斯气体或煤粉时，导致煤矿安全事故的发生。因此，对应用于煤矿井下的非金属聚合物制品均要求具有抗静电性能，以利于将积聚的静电电荷传导出去，使其静电电荷达不到点燃瓦斯气体或煤粉的能量，从而避免煤矿安全事故的发生。非金属聚合物制品的抗静电性能主要以其表面电阻衡量，在相关产品标准（如MT 113、MT 141、MT 181、MT 191、MT 558.1、MT 558.2、MT 558.3、MT 668、MT 830、MT 914、MT 962等）中，均规定了表面电阻（抗静电性能）的测试要求和相应的试验方法。

49.3.1 测试原理

非金属聚合物制品的抗静电性能是通过测量制品表面绝缘电阻来进行考核的。其原理是在两电极上施加一定的电压，在电极环区域之间施加一个电位差（直流电压），测定沿着试样表面的电流泄漏量，计算其表面电阻值，从而考核制品的抗静电性能。

49.3.2 试验装备

装置由高阻计、电极组成。高阻计的量程一般为 $10^3 \sim 10^{11}\Omega$，在全量程内测试误差应不大于准确值的 ±5%，测试直流电源电压为 50 ～ 500V。测试电极采用 ϕ25mm 黄铜圆柱及 ϕ150mm、厚度为 12.5mm 的同心圆环各一个作电极（非金属管材的测量电极宽为 25mm、厚度不大于 0.1mm 的铜箔），电极高度为 25mm，其中内电极的基面为圆形，最小质量为 115g，外电极的基面为环形，最小质量为 900g，两电极的基面应磨平抛光，用两根外包绝缘导线分别连接到每个电极上。

49.3.3 测试方法

1. 平板状试样

对于按 MT 113、MT 141、MT 668、MT 830、MT 914、MT 962 等标准规定须制成平面板状试样的产品，将试样放在一块稍大于试件的绝缘平板上，擦净电极基面，将其放在试样的导电胶（液）面上，外电极连接到测试仪器的接地端或低压端上，内电极接到高压端上，测量电阻，然后在试样的另一面上再重复上述试验。测试直流电源电压为 50 ～ 500V，在测试过程中高阻计的功率消耗应小于 1W。

2. 管状试样

对于管材类产品，须按 MT 181、MT 191、MT 558.1、MT 558.2、MT 558.3 等标准的规定制成管状试样，然后将两个电极紧密地附着在管状试样的外壁表面，并遍及管状试样外壁一周，两电极间相距 1000mm。如果测试管状试样内表面电阻，则将两个电极紧密地附着在管状试样内壁表面，并遍及内壁一周，两电极间相距 1000mm。

49.4 风筒通风性能测试技术

煤矿用风筒用于井下局部通风，与局部通风机配套，将风流导向所需的工作面。通风性能是风筒的主要指标，通风性能指标主要包括百米风阻、百米漏风率、耐风压性和直径膨胀（收缩）率 4 个参数。百米风阻考核风筒产生的通风阻力，是进行局部通风设备选型尤其是通风机风压选型的重要参数；百米漏风率考核风筒加工质量及所采用的涂覆布的抗渗透性，是保障工作面风量达到设计需求的重要参数；耐风压性考核风筒在通风时面对可能出现的极端风压时的状态，是风筒安全使用的重要保证。煤矿用风筒的测试要求和方法是依据 MT 164—2007《煤矿用涂覆布正压风筒》、MT 165—2007《煤矿用涂覆布负压风筒》

及 GB/T 15335—2006《风筒漏风率和风阻的测定方法》等标准进行的。

1. 测试原理

风筒通风性能测试是在一个巷道中模拟煤矿井下风筒通风的实际工况，通过试验数据和观察试验时的状态，获得风筒通风性能的技术参数。各参数测试原理如下。

1）百米风阻

风流通过风筒时，会产生能量损失，使得风流静压变化，测量风筒风流入口和风流出口的静压差，通过计算获得风筒的风阻。

2）百米漏风率

风流通过风筒时，会产生风流泄漏，从而影响风量，通过测量风筒风流入口和风流出口的风量（流量）差来获得风筒的漏风量及漏风率。

3）耐风压性

通过给风筒施加一定的风压，观察其状态，考核其在高风压下是否能保持一定的时间。

4）直径膨胀（收缩）率

通过测量风筒在标准压力工况下和高风压工况下的周长，计算两种工况下的直径变化率，获得其直径膨胀（收缩）率。

2. 测试设备和方法

风筒通风性能测试设备主要由局部通风机、风筒前测试段、风筒后测试段、风压调节装置和测控系统组成。测试设备由煤科总院重庆分院首创。其中局部通风机用以产生测试风流，风筒测试段用以布置测点，测定风流静压、动压，计算风阻和风量，风压调节装置用以调节风筒测试状态，使风筒处于期望的工况，测控系统用以采集数据并计算结果。测试装备可测试直径 300 ～ 2200mm 的风筒产品，耐风压性最高达到 12kPa，系统具备自动采集数据、计算结果的能力。

试验时连接好测试管路，开启局部通风机，通过风压调节装置调整风筒工况，使风筒前测试段静压数据达到 1200 ～ 5000Pa，开始采集风筒前后测试段的相关数据，并输入测量的风筒长度数据，通过计算机计算程序进行计算，获得百米风阻、百米漏风率，同时测量此时的风筒周长，然后再次调节风筒工况，使风筒前测试段静压数据达到预期的风压，开启计时器，观察风筒在耐压状态下保持 5min 后的状态。在此期间测量风筒在耐压状态下的周长，与前面测试的周长相比较，获得风筒直径膨胀（收缩）率。

测试时需注意测试段、过渡段的长度要足以使风流稳定，因为风流在风筒内不是绝对稳定的，数据采集时应多点同时采集，且采集的数据应为同一时段的平均值。

（本章主要执笔人：上海院袁开良，王巍，荣文波；重庆院周植鹏，李少辉）

第十三篇　矿山救援救护设备测试技术

矿山救援救护设备是指在煤矿发生灾变时对作业人员提供安全保护及救灾时为救护队员提供安全保障的专用设备，主要包括下井人员佩戴的逃生自救设备、矿山救护队员配备的抢险救灾设备、矿山井下灾变后作业人员紧急避险及逃生避难设备。

随着煤矿救护设备技术的发展，为了保证矿山救援救护设备的安全性能和防护性能，世界各主要产煤国家都制定了相关标准及测试方法。我国从 1987 年开始，先后制定并实施了煤矿用一氧化碳过滤式自救器、隔绝式化学氧自救器、隔绝式压缩氧气自救器、煤矿用自动苏生器、隔绝式正压氧气呼吸器等十余项国家及行业标准。这些标准的发布实施，规范了煤矿救护设备的技术要求和试验方法。

我国对煤矿救护设备测试技术的研究起始于 20 世纪 80 年代初，当时没有一套完整的自救器综合防护性能检验装置，随着产品技术的发展及 1987 年国家标准 GB 8159 和 GB 8160 的颁布实施，研发了仿人工呼吸机以及成套的检验装置，检测技术有了很大提高。但这套检验装置中气体分析仪采用指针显示，所有检验数据都需人工采集，存在数据采集人为误差较大、呼吸量调节不便、装置的校准所需时间长等不足。直到 2004 年，煤炭科学研究总院沈阳研究院（以下简称沈阳院）经历了多次试验，研制了新的自救器、呼吸器防护性能检验装置，该检验装置实现了计算机数据采集、数据处理，保证测试数据科学、准确，减少了人为误差，解决了呼吸量调节困难等问题，自动化程度有了很大提高。装置建成后，迅速推广到科研、检测及生产等企事业单位使用。

紧急避险及逃生避难设备测试技术主要是矿用可移动式救生舱的测试技术，我国对救生舱的测试技术的研究起步较晚，测试装备的自动化程度较低，对此，沈阳院研制了可以实现自动采集、自动控制、实时显示、储存、查询和打印等功能的救生舱检验装置，实现对救生舱舱外环境温度的控制，对救生舱舱内外环境参数的监测、采集和分析。

本章详细介绍了自救器、呼吸器、苏生器以及矿井移动救生舱等矿山救护救援设备及其相关化学药品的测试技术及装备。

第 50 章

矿山逃生自救设备测试技术

矿山逃生自救设备主要包括携带型的自救器和半固定式的自救器补给站等。自救器补给站中放置中型和大型的自救器或 40 L 压缩氧气瓶以及面罩和呼吸袋。

矿用自救器又称个人逃生器。矿工应随身携带，特别是在井下发生火灾、爆炸等事故时，由于环境缺氧和存在有毒、有害气体，必须及时佩戴。这是一种逃生、自救的呼吸保护装备。

自救器按其原理和用途，可分为过滤式自救器和隔绝式自救器。隔绝式自救器又分为隔绝式化学氧自救器和隔绝式压缩氧气自救器。

本章详细介绍隔绝式化学氧自救器和隔绝式压缩氧气自救器的标准、测试技术及相关装备。

50.1 隔绝式化学氧自救器测试技术

50.1.1 化学氧自救器防护性能测试方法

化学氧自救器防护性能是化学氧自救器最主要的检验项目，主要包括气囊中气体成分、防护时间、呼气阻力和吸气阻力等技术指标。防护性能的高低、是否符合要求是以这些技术指标来衡量的。如果呼气阻力和吸气阻力过大、吸气温度过高、气囊中氧气浓度过低或二氧化碳浓度过高，造成佩戴者呼吸困难，对佩戴者逃生自救产生不良影响。因此对化学氧自救器防护性能的测试尤为重要。

化学氧自救器防护性能测试的原理是用仿人呼吸装置对自救器的工作条件进行模拟（如模拟佩戴者在矿山井下环境中逃生自救时的呼吸量、呼吸频率、二氧化碳呼出量、消耗氧气量、呼气中的温度和湿度等参数），在模拟工作条件下，通过专用仪器仪表，在额定防护时间内对闭路呼吸系统内的氧气浓度、二氧化碳浓度、吸气温度、呼气阻力和吸气阻力、呼气温度等参数进行测试。

根据标准规定的参数标定仿人呼吸机的呼吸频率和呼吸量分别为 25 次 /min 和 30L/min；标定 CO_2 进入量和耗氧量分别为 1.35L/min 和 1.45L/min；标定红外线气体分析仪的零点和灵敏度；确定增温加湿器的温度：（37±0.5）℃ ；检查装置的气密性（正压法测定，

1960Pa 下，1min 漏气量不大于 98Pa）。

开启自救器上的初期生氧启动器，观察记录生氧情况和气囊状态；气囊鼓起时，迅速开启二氧化碳进气开关、采气泵开关、仿人呼吸机开关、点击电脑自动记录程序的确认键、秒表计时开关；除电脑自动记录有关的数据、曲线、报表之外，检验员应手工记录 1 份准备存档的原始记录，包括实验室的环境条件，每间隔 5min 检验装置显示的吸气温度、二氧化碳浓度、氧气浓度、脉动呼吸气阻力、干湿温度等，直到试验结束。试验结束时，应先关闭二氧化碳进气，再取下被测自救器，然后关闭仿人呼吸机，并点击电脑试验程序窗口的试验结束确认指令；拆下气囊，在呼吸阻力专用装置上做药罐的静态通气阻力；试验完毕，先关闭装置上的分步各开关，如采气泵、气体分析仪、测温仪表、加热器、增湿器、电脑主机等，最后关闭总开关。

在试验准备工作中，当需要暂离现场 30min 以上时，一定要开启呼吸机，或拔下加温器的电源开关，以避免加热增湿器升温过高；注意两个湿式气体流量计的水平气泡需居于圆圈内，以确保测试精度；试验所用的二氧化碳气体应选择食品用的二氧化碳，如啤酒厂出的副产品，或饮料厂向汽水中添加的二氧化碳，禁止使用工业二氧化碳，如炼油厂石油裂化分流出的二氧化碳；在试验准备工作中，应特别注意试验条件，隔绝式化学氧自救器的大功量是 74W, 即 30L/min 的呼吸量和（25±1）次 /min 的呼吸频率，此时所对应的二氧化碳进入流量为 1.35L/min, 耗氧量为 1.45L/min；静坐时所对应的呼吸量为 10L/min，呼吸频率为（10±1）次 /min，此时所对应的二氧化碳进入流量为 0.4L/min, 耗氧量为 0.4L/min。上述各参数都是在室温（20±3）℃，气压（101.3±1.34）kPa 条件下规定的，如超出规定的误差范围，则需用气态方程式进行修正。方程式：

$$\frac{p_0V_0}{T_0}=\frac{p_1V_1}{T_1} \tag{50.1}$$

式中，p_0 为（20±3）℃、（101.3±1.34）kPa 状态下的大气压力；V_0 为（20±3）℃、（101.3±1.34）kPa 状态下的气体消耗量；T_0 为（20±3）℃、（101.3±1.34）kPa 状态下的温度；p_1 为实际状态下的大气压力；V_1 为实际状态下的气体消耗量；T_1 为实际状态下的温度。

依据 MT 425—1995 标准规定的参数如下：

呼吸量，p_0=101.3kPa，V_0=30L/min，T_0=（20+273）K；

CO_2 进入量，p_0=101.3kPa，V_0=1.35L/min，T_0=（20+273）K；

耗氧量，p_0=101.3kPa，V_0=1.45L/min，T_0=（20+273）K；

将标准要求况下的呼吸量、CO_2 进入量及耗氧量等参数，分别代入参数后即可确定出所需要的呼吸量、CO_2 进入量和耗氧量。

在测试过程中，装置中的加温增湿器的温度要保持在（37±0.5）℃，当干温度超过 38 ℃时，要拔下加温器的电源开关，以免温度继续上升，直接影响吸气温度迅速升高；如出现异常情况需要停止试验时，一定要注意先关闭二氧化碳进气，然后再处理其他项目内容。

测试结束后，对试验完的化学氧自救器药罐，应进行冲水净化处理，千万不要未经处理就与碎纸、棉绒、油脂等易燃、易爆物品堆在一起，以免引起火灾。

50.1.2　化学氧自救器装药量计算

化学氧自救器生氧剂装药量的多少决定了化学氧自救器的有效防护时间，常常有生产企业为减少化学氧自救器的携带质量、降低生产成本而自行降低装药量，导致化学氧自救器质量下降。因此，自救器的实际装药量不应小于理论装药量计算值。

1. 按 CO_2 吸收率计算装药量

依据 MT 425—1995 在室温（20±3）℃时，CO_2 进入流量为 1.35 L/min，换算成 STP 状态为 1.37 L/min。KO_2 对 CO_2 吸收率约为 18%，则 KO_2 装药量按下式计算。

$$M_{KO_2}=\frac{Q_{CO_2out}\times(T+2)\times Mr_{CO_2}}{V_m\times\eta_{1CO_2}} \tag{50.2}$$

式中，M_{KO_2} 为 KO_2 装药量；Q_{CO_2out} 为标准状态下 CO_2 进入流量，即为 1.37 L/min；Mr_{CO_2} 为 CO_2 分子质量，即 44；V_m 为气体摩尔体积，即 22.4L/mol；η_{1CO_2} 为 KO_2 对 CO_2 吸收率，即 18%；T 为防护时间。

2. 按耗氧量计算装药量

依据 MT 425—1995 在室温（20±3）℃时，耗氧量为 1.45L/min，换算成 STP 状态为 1.47L/min。依据 MT 427—1995，KO_2 有效氧含量 $\eta_{O_2}\geqslant 28\%$；氧放出率 K_{O_2} 为 93%；氧利用率 r_{O_2} 取 50.3%。则 KO_2 装药量按式（50.3）计算。

$$M_{KO_2}=\frac{Q_{O_2in}\times(T+2)\times Mr_{O_2}}{V_m\times K_{O_2}\times\eta_{O_2}\times r_{O_2}} \tag{50.3}$$

式中，Q_{O_2in} 为标准状态下氧气抽出流量（耗氧量），即为 1.32L/min；Mr_{O_2} 为 O_2 相对分子质量，即 32；V_m 为气体摩尔体积，即 22.4L/mol；T 为防护时间；η_{O_2} 为 KO_2 有效氧含量，应不小于 28%；K_{O_2} 为氧放出率，一般取 93%；r_{O_2} 为氧利用率，一般取 50.3%。

氧利用率与产品具体结构有关，如果产品结构设计合理，氧利用率还可提高 5%～10%。

3. 计算结果取值

计算结果中两种理论计算装药量，选取最大值。批量生产时装药量存在偏差，其值取 ±5g。

50.1.3　ZHY-1型自救器、呼吸器防护性能检验装置

自救器、呼吸器防护性能检验装置最早是在 1993 年建立的。该检验装置自动化程度较

低，试验操作烦琐、材料消耗大、容易造成人为误差，其安全性能、精度及分辨率等技术指标远远不能满足新的国家标准要求。

2004年，煤科总院沈阳研究院研制了ZHY-1型自救器、呼吸器防护性能试验装置。

1. 检验装置组成

检验装置主要由硬件和软件两部分组成。硬件部分由试验台体、湿式气体流量计（或质量流量控制器）、人工呼吸机、红外线氧气分析仪、二氧化碳气体分析仪、温度测试仪、呼吸阻力测试仪、恒温箱、鼓泡式增温加湿器、二氧化碳供气储气瓶、呼吸器校验仪、静态下呼吸阻力测试装置（包括流量计、水柱计、供气泵）秒表以及电脑打印机等组成。软件部分由数据采集模块、数据运算比较模块、加密狗等组成，具有记录报表、彩色曲线图、流程图、超标报警、输出、储存、打印等功能。

2. 检验装置特点

具有检验隔绝式正（负）压氧气呼吸器、化学氧自救器、压缩氧气自救器等国内外所有型号的产品测试能力；增加计算机控制系统，提高测试的自动化程度，能实现连续监控监测，对试验有关数据进行处理；增设系统测试历史累计数据及相应数据曲线，可以直接查询被测产品在防护时间内各项指标参数；增设控温试验箱，以便于模拟火区现场人员佩戴呼吸器工作的实际温度条件，实现温度自动控制；增加呼吸频率和呼吸量调节功能，在试验过程中根据功量需要可变换呼吸频率和呼吸量；增加进气流量控制功能，可通过计算机软件设置CO_2进气流量，通过质量流量计实现CO_2进气流量自动控制；整体自动测试（包括防护时间、O_2浓度、CO_2透过浓度、气体流量、呼气阻力、吸阻力、吸气温度等），监测软件自动采集处理信号数据，生成测试记录、报告并进行打印。

3. 试验装置主要技术参数

（1）试验系统内自动温度控制精度：0.1℃。

（2）试验系统内自动湿度控制误差：±2% R. H。

（3）计算机系统数据自动采集精度（气体含量范围）：CO为$\pm1\times10^{-6}$；CO_2为±0.1%；O_2为±1%。

（4）试验气体流量自动调节范围：0.4～2L/min。

（5）试验系统自动呼吸频率实现范围：10次/min、15次/min、20次/min、25次/min、30次/min，5个档。

（6）试验系统自动呼吸量实现范围：10 L/min、22 L/min、28 L/min、30 L/min、35 L/min、50 L/min、78 L/min，7个参量。

4. 试验装置主要原理

ZHY-1型自救器、呼吸器防护性能试验装置的工作原理是用仿人呼吸装置模拟佩戴者在矿山井下环境中逃生自救和从事特种救灾工作时的环境温度、呼吸量、呼吸频率、二氧化碳呼出量、消耗氧气量、呼气中的温度和湿度等参数，通过系统中的专用仪器仪表监测闭路呼吸系统内的氧气浓度、二氧化碳浓度、吸气温度、干湿温度、脉动呼吸阻力、呼气温度、有效防护时间、静态下的通气阻力等参数，经数据采集处理生成曲线、数据报表并保存和打印。装置气路及呼吸系统原理见图 50.1, 防护性能试验装置原理见图 50.2。

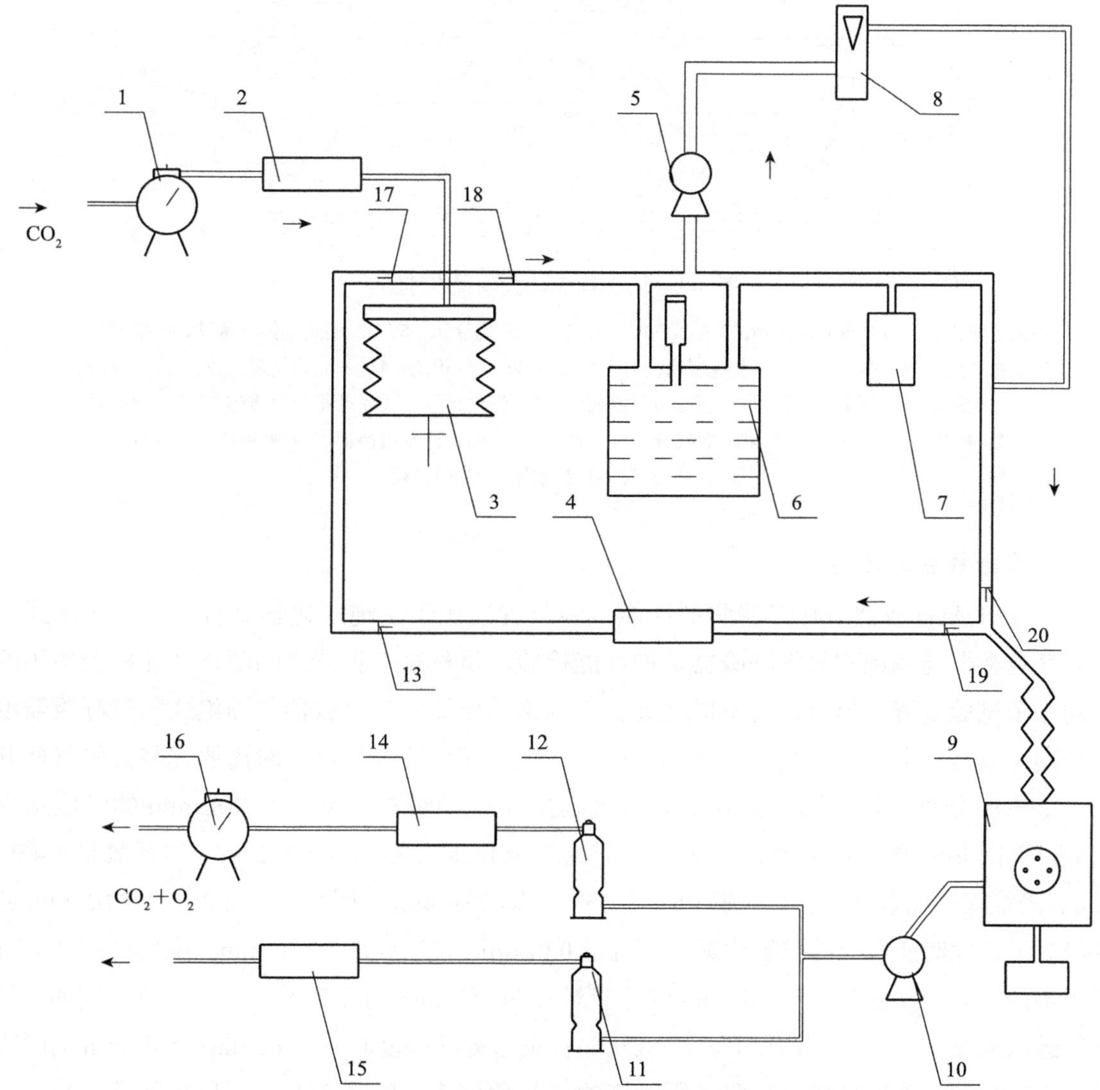

图50.1　装置气路及呼吸系统原理图

1. 湿式气体流量计；2. 流量传感器；3. 人工呼吸机；4. 降温器；5. 采气泵；6. 加温增湿器；7. 干湿温变计；8. 流量传感器；9. 被测自救器呼吸器；10. 采样气泵；11. 干燥塔；12. 干燥塔；13. 吸气阀；14. 流量传感器；15. 红外线CO_2分析仪、红外线O_2分析仪；16. 湿式气体流量计；17. 呼气阀；18. 吸气阀；19. 呼气阀；20. 吸气阀

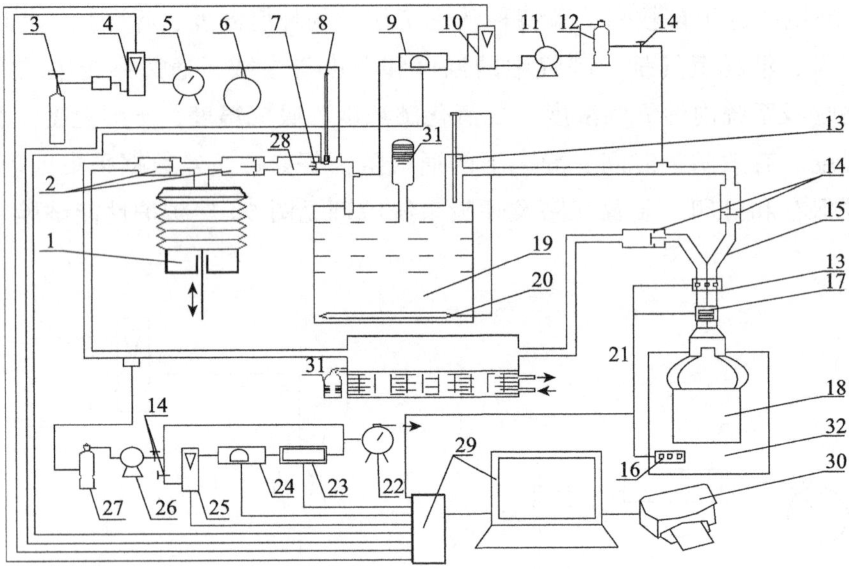

图50.2　防护性能试验装置原理图

1. 仿人呼吸机；2，14. 单向逆止阀；3. CO_2气瓶；4，10，25. 流量计；5，22. 湿式气体流量计；6. 缓冲气袋；7. 硅橡胶膜片呼气阀；8，13. 温度控制仪；9，24. 红外线CO_2分析仪；11，26. 采气泵；12，27. 干燥塔；15. 三通接头；16. 压力变送器；17. 温度指示控制仪；18. 受检自救器或呼吸器：19. 鼓泡式加温增湿器；20. 加热器；21. 热交换器；23. 氧气分析仪；28. 干、湿温度计专用接管；29. 采集器与计算机；30. 打印机；31. 补水器；32. 恒温箱

5. 试验装置的应用

ZHY-1 型自救器、呼吸器防护性能试验装置适用于隔绝式化学氧自救器、隔绝式压缩氧气自救器与隔绝式氧气呼吸器防护性能检验。虽然这三种产品的防护性能检验使用的是同一个试验装置，但也存在不同之处：①隔绝式压缩氧气自救器与隔绝式氧气呼吸器没有初期生氧启动器，而是高压氧气瓶，在准备工作完成后开始试验时需要先打开氧气瓶开关。②试验条件不同：隔绝式化学氧自救器的试验功量是 74W，即 30L/min 的呼吸量和（25±1）次 /min 的呼吸频率，此时所对应的二氧化碳进入流量 1.35L/min 和耗氧量 1.45L/min。隔绝式压缩氧气自救器试验功量是 55W，即 22L/min 的呼吸量和（20±1）次 /min 的呼吸频率，此时所对应的二氧化碳进入流量 0.9L/min 和耗氧量 1.15L/min。隔绝式正压氧气呼吸器的中等劳动强度时：28L/min 的呼吸量和 20 次 /min 的呼吸频率，此时所对应的二氧化碳进入流量 1.12L/min 和耗氧量 1.28L/min；重型劳动强度时 0 ～ 60min：50L/min 的呼吸量和 25 次 /min 的呼吸频率，此时所对应的二氧化碳进入流量 20L/min 和耗氧量 22L/min。根据标准参数标定仿人呼吸机的呼吸频率和呼吸量以及二氧化碳进入流量与耗氧量。③试验时间不同：化学氧自救器和压缩氧气自救器的检验时间都是额定防护时间增加 2min。隔绝式正压氧气呼吸器中等功量试验时防护时间为额定防护时间增加 2min，大功量试验时，检验时间为 62min。

50.2 隔绝式压缩氧气自救器测试技术

50.2.1 压缩氧气自救器防护性能测试方法

压缩氧气自救器防护性能是压缩氧气自救器最主要的检验项目，主要包括吸气中氧气浓度、吸气中二氧化碳浓度、吸气温度、通气阻力、防护时间等技术指标。防护性能的高低、是否符合要求是从这些技术指标来衡量的。如果通气阻力过大、吸气温度过高、气囊中氧气浓度过低或二氧化碳浓度过高，造成佩戴者呼吸困难，对佩戴者逃生自救产生不良影响，因此对压缩氧气自救器防护性能的测试尤为重要。

压缩氧气自救器防护性能测试的原理是用仿人呼吸装置对自救器的工作条件进行模拟（如模拟佩戴者在矿山井下环境中逃生自救时的呼吸量、呼吸频率、二氧化碳呼出量、消耗氧气量、呼气中的温度和湿度等参数），在模拟工作条件下，通过专用仪器仪表，在额定防护时间内对闭路呼吸系统内的氧气浓度、二氧化碳浓度、吸气温度、通气阻力等参数进行测试。

根据标准参数标定仿人呼吸机的呼吸频率和呼吸量为 20 次 /min 和 22L/min；标定 CO_2 进入量和耗氧量为 0.9L/min 和 1.15L/min；标定红外线气体分析仪的零点和灵敏度；确定增温加湿器的温度为（37±0.5）℃；检查装置的气密性（正压法测定，1960 Pa 下，1min 漏气量不大于 98Pa）。

打开氧气瓶开关，开启自救器上手动补给阀，观察记录生氧情况和气囊状态情况；气囊鼓起时，迅速开启二氧化碳进气开关、采气泵开关、仿人呼吸机开关、点击电脑自动记录程序的确认键、秒表计时开关，试验正式开始；除电脑自动记录有关的数据、曲线、报表之外，检验员应手工记录 1 份准备存档的原始记录，包括实验室的环境条件，每间隔 5min 检验装置显示的吸气温度、二氧化碳浓度、氧气浓度、脉动呼吸气阻力、干湿温度等，直到试验结束；试验结束时，应先关闭二氧化碳进气，再取下被测自救器，然后关闭仿人呼吸机，并点击电脑试验程序窗口的试验结束确认指令；拆下气囊，在呼吸阻力专用装置上做药罐的静态通气阻力试验；试验完毕，先关闭装置上的分步各开关，如采气泵、气体分析仪、测温仪表、加热器、增湿器、电脑主机等，最后关闭总开关。

在试验准备工作中，当需要暂离现场 30min 以上时，一定要开启呼吸机，或拔下加温器的电源开关，以避免加热增湿器升温过高，出现不良后果；注意两个湿式气体流量计的水平气泡需居于圆圈内，以确保测试精度；试验所用的二氧化碳应选择食品用的二氧化碳，如啤酒厂出的副产品，或饮料厂向汽水中添加的二氧化碳，禁止使用工业二氧化碳，如炼油厂石油裂化分流出的二氧化碳；应特别注意试验条件，隔绝式压缩氧气自救器的功量为 55W, 即 22L/min 的呼吸量和（20±1）次 /min 的呼吸频率，此时所对应的二氧化碳进入流量 0.9L/min 和耗氧量 1.15L/min。上述各参数都是在室温（20±3）℃，气压（101.3±1.34）

kPa 条件下规定的，如超出规定的误差范围，则需用气态方程式进行修正。方程式：

$$\frac{p_0V_0}{T_0}=\frac{p_1V_1}{T_1} \tag{50.4}$$

式中：p_0 为（20±3）℃、（101.3±1.34）kPa 状态下的大气压力；V_0 为（20±3）℃、（101.3±1.34）kPa 状态下的气体消耗量；T_0 为（20±3）℃、（101.3±1.34）kPa 状态下的温度；p_1 为实际状态下的大气压力；V_1 为实际状态下的气体消耗量；T_1 为实际状态下的温度。

依据 AQ 1054—2008 标准规定的参数如下：

呼吸量，p_0=101.3kPa，V_0=22L/min，T_0=（20+273）K；

CO_2 进入量，p_0=101.3kPa，V_0=0.9 L/min，T_0=（20+273）K；

耗氧量，p_0=101.3kPa，V_0=1.15L/min，T_0=（20+273）K；

将标准要求况下的呼吸量、CO_2 进入量及耗氧量等参数，分别代入参数后即可确定出所需要的呼吸量、CO_2 进入量和耗氧量。

在试验过程中，如出现异常情况需要停止试验时，一定要注意先关闭二氧化碳进气，然后再处理其他项目内容；装置中的加温增湿器的温度要保持在（37±0.5）℃，当干温度超过 38℃时，要拔下加温器的电源开关，以免温度继续上升，直接影响吸气温度迅速升高。

50.2.2 压缩氧气自救器装药量计算

压缩氧气自救器中二氧化碳吸收剂装药量决定了气囊中二氧化碳的浓度，二氧化碳浓度过高会导致佩戴者头晕甚至中毒。因此，自救器的实际装药量不应小于理论装药量计算值。

1. 按 CO_2 吸收率计算二氧化碳吸收剂量

依据 AQ 1054—2008 标准要求，在常态（20±3）℃时，CO_2 呼出量为 0.9 L/min，换算成 STP 状态为 0.92 L/min。则（$CaOH_2$）量按下式计算。

$$M_{Ca(OH)_2}=\frac{\left[Q_{Ca(OH)_2\,out}\times(T+2)\right]\times Mr_{CO_2}}{V_m\times\eta_{2CO_2}} \tag{50.5}$$

式中：$M_{Ca(OH)_2}$ 为 Ca（OH）$_2$ 装药量；$Q_{Ca(OH)_2out}$ 为标准状态下 CO_2 呼出量，即为 0.92L/min；Mr_{CO_2} 为 CO_2 分子质量，即 44；V_m 为气体摩尔体积，即 22.4L/mol；η_{2CO_2} 为 Ca（OH）$_2$ 对 CO_2 吸收率，一般取 35%。

式（50.5）为理论计算装填 Ca（OH）$_2$ 的最低量，但考虑到在实际用中的自动补和手动补，应有一定的余量。

2. 经验公式计算二氧化碳吸收剂量

经验计算公式为

$$M_{Ca(OH)_2}=\frac{Q_{0Ca(OH)_2out}\times(T+2)\times\rho_{CO_2}\times C}{\eta_{2CO_2}} \tag{50.6}$$

式中：$Q_{0Ca(OH)_2out}$为室温下CO_2呼出量，即为0.9 L/min；ρ_{CO_2}为室温下CO_2密度，取1.977g/L；C为可靠系数，一般为2.2～2.8，防护时间越长，C值越小。

3. 计算结果取值

两种装药量计算方法的计算结果中，选取最大值。批量生产时装药量存在偏差，其值取±5g。

50.2.3 常用试验装置

1. 自救器气密检查仪

自救器气密检查仪是专门检测自救器外壳气密性的一种装备。传统仪器（ZJ-Ⅰ型和ZJ-Ⅱ型）为腔体容器加一个长玻璃管，量程0～15kPa，精度9.8Pa（1mm水柱，每1mm水柱为9.8Pa），新产品采用数字式压力仪表，数显量程0～20kPa，精度为10Pa。

此试验的误差主要出现在3个方面：①装置本身的气密性，由于各部分的连接接头以及密封圈的原因，有时自救器气密检查仪本身漏气，造成不气密，漏气严重时必须维修，微漏时可以减掉初始误差以保证测量准确。②测试量程误差，GB 24502—2008，MT 425—1995标准都规定差量范围为13.34kPa下测试15s读数，但是个别地区煤矿安全监察规程要求在7.35kPa下测试15s读数，两种测试方法存在误差，前者能读出准确的漏气量，后者则不能，只是根据现象判断出漏气或不漏气。避免两者出现误差的方法是统一测试条件，如果方便、简单、实用，可采用膜盒式压力表或压力传感器代替1.5m的玻璃水柱计。③测量精度产生的误差：水柱计的分辨率为1mm水柱，即9.8Pa，存在人为读数误差。

2. 氢氧化钙性能（CO_2吸收率）检验装置

此装置主要用来测定压缩氧气自救器或呼吸器中CO_2吸收剂的吸收率。执行标准为MT 454—2008，采用双气路平衡测定，取平均值。

此试验的误差主要来源是：①测定时间；②通气流量；③精密天平测量质量；④试验环境条件影响。MT 454—2008规定测定时间为1h，通入二氧化碳（浓度100%）流量为170～180mL/min，精密天平（万分之一）测定质量，环境中的二氧化碳浓度低于0.04%，正常室温即（20±3）℃，（101.3±1.34）kPa，超出此范围，则需用气态方程进行换算。

3. 旋转冲击试验装置

此装置主要用来测定自救器外壳在携带过程中的损坏程度，它采取模拟试验的方法，利用300mm×300mm×300mm的木箱，厚度（20±2）mm，以对角线为转轴，转速为

（60±2）r/min，标准规定条件将自救器放入箱中转动 10 min，相当于三班倒工人携带 3 个月的破坏损耗量。

此装置的试验误差也产生于四个方面：①装置的转速（60±2）r/min；②旋转箱体的容积 300mm × 300mm × 300mm；③箱体的厚度，硬杂木 18 ～ 20mm；④试验时间 10min。只要切实注意到这几个方面的条件，就能够有效地减少试验误差。

（本章主要执笔人：沈阳院李振新，马云龙，郭长娜）

第51章 矿山救护抢险设备测试技术

我国的矿山救护抢险设备主要有矿山救护队使用的隔绝式压缩氧气呼吸器、自动苏生器、长管呼吸器以及轻型防热衣等。

按其气源分类，呼吸器可分为氧气呼吸器和空气呼吸器；按携带方式分类，可分为长管呼吸器和携带型呼吸器；按呼吸系统的运行方式分类，可分为开路式呼吸器和闭路式呼吸器；按其内部低压系统的压力情况分类，可分为正压呼吸器和负压呼吸器。我国呼吸器产品的自然传统分类是：空气呼吸器主要用于城市公安消防，氧气呼吸器主要用于矿山井下救护。

自动苏生器是针对处于昏迷、呼吸衰竭、麻痹或呼吸暂停的伤员或患者，实施自动、随即性救援的专用设备。自动苏生器主要分为矿用自动苏生器和医用自动苏生器两种应用形式。矿用苏生器与医用苏生器在结构及技术参数上没有明显差别，只是应用场合不同，所使用的辅助性工具不尽相同。

本章详细介绍隔绝式正压氧气呼吸器、煤矿用自动苏生器检验测试技术及相关装备。

51.1 隔绝式正压氧气呼吸器测试技术

51.1.1 正压氧气呼吸器关键部件测试方法

以呼吸舱式正压氧气呼吸器为例，从以下四方面介绍检验测试方法。

1. 面罩的气密性

当面罩内压值为（2±0.1）kPa时，连接结合处应气密。将胶塞与充气球连接，再用胶管将胶塞与水柱压力计连接，面罩的气密性测试见图51.1。将面罩戴在标准头型上，两个胶塞分别塞住面罩的呼吸口，向面罩内通入压缩空气，当面罩内压值为（2±0.1）kPa时，连同标准头型一同浸入水中，如无气泡逸出，则为气密。

2. 呼吸软管

呼吸导管的永久性变形应不大于长度的10%。呼吸软管检验原理见图51.2。把呼气软管或吸气软管用固定夹固定，使软管自然吊起，测其长度L_1；在软管下端悬挂重物加力

10 N，保持 48h，除去重物保持 6h，测其长度 L_2。计算长度永久变形率 ΔL：

$$\Delta L = \frac{(L_2 - L_1)}{L_1} \times 100\%$$

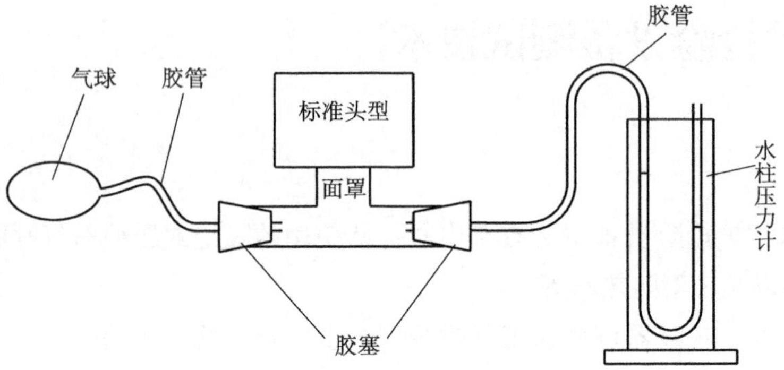

图51.1　面罩的气密性测试示意图

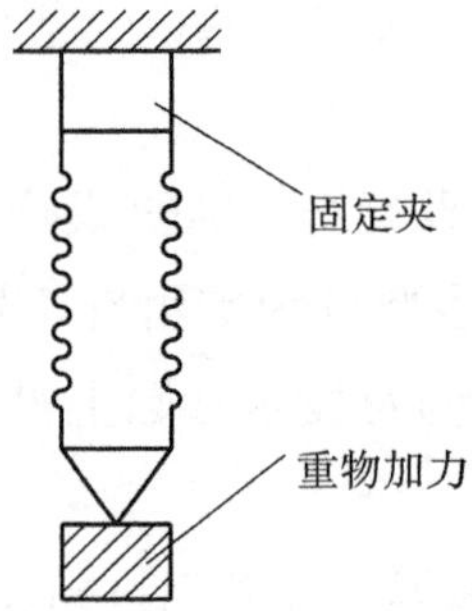

图51.2　呼吸软管检验原理图

3. 呼气阀和吸气阀的逆向漏气量

呼气阀和吸气阀的逆向漏气量应不大于 0.5L/min。按图 51.3 所示连接好逆向漏气量检测装置；打开呼吸阀专用工具，反装上呼气阀或吸气阀；打开气瓶，由气体控制阀调节流量（1.5±0.1）L/min 的稳定气流，通气压力保持在（980±10）Pa；测量并记录 1min 进入

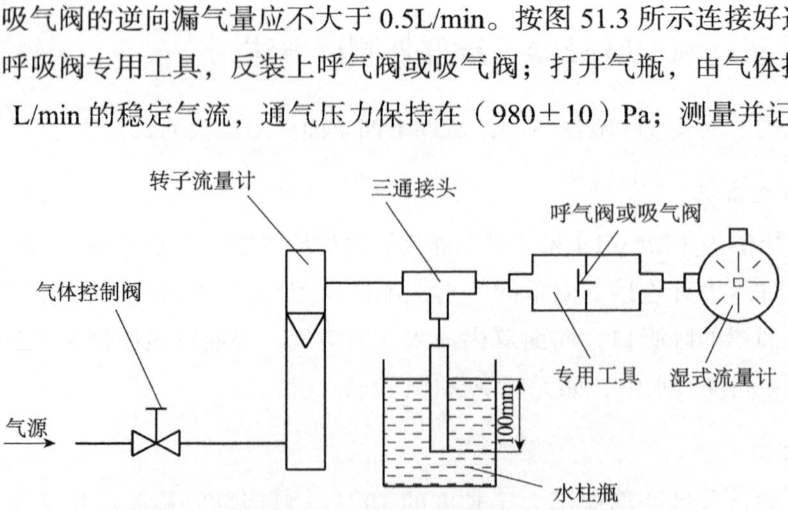

图51.3　呼气阀和吸气阀的逆向漏气量测试原理图

湿式气体流量计的漏气量。呼气阀或吸气阀的逆向漏气量测量结果不大于 0.5L/min 判定为合格，如果其值大于 0.5L/min 则不合格。

4. 呼气阀和吸气阀的通气阻力

呼气阀和吸气阀的通气阻力应不大于 30Pa。按图 51.4 所示连接好通气阻力检测装置，打开气瓶，由气体控制阀调节流量（30±2）L/min 的稳定气流通入流量计入口，记录压力计指示值 P_1，即为空白阻力；关闭气瓶阀；打开呼吸阀专用工具，装上呼气阀或吸气阀，

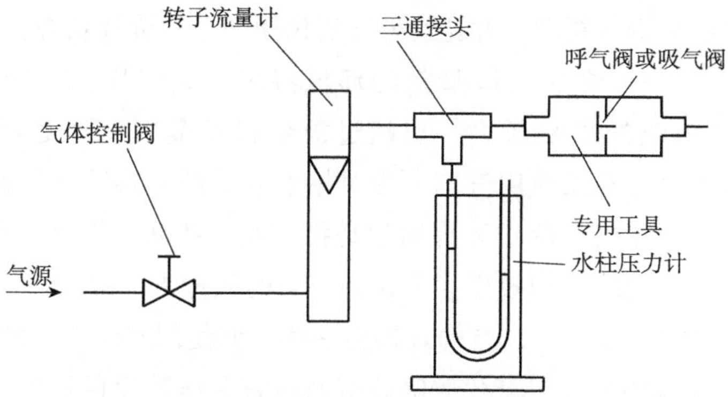

图51.4　呼气阀和吸气阀的通气阻力测试原理图

由气体控制阀调节流量（30±2）L/min 的稳定气流通入流量计入口，记录压力计指示值 P_2；通气阻力 $=P_2-P_1$，呼气阀和吸气阀的通气阻力值不大于30Pa则为合格，否则为不合格。

51.1.2　正压氧气呼吸器防护性能测试方法

正压氧气呼吸器防护性能是压缩氧气自救器最主要的检验项目，主要包括吸气中氧气浓度、吸气中二氧化碳浓度、吸气温度、呼气阻力和吸气阻力、防护时间等技术指标。防护性能的高低、是否符合要求是以这些技术指标来衡量的。如果通气阻力过大、吸气温度过高、气囊中氧气浓度过低或二氧化碳浓度过高，可造成佩戴者呼吸困难，呼吸道灼伤，严重的会造成佩戴者窒息。因此对正压氧气呼吸器防护性能的测试尤为重要。

正压氧气呼吸器防护性能测试的原理是用仿人呼吸装置对呼吸器的工作条件进行模拟（如模拟佩戴者在矿山井下环境中实施救援工作时的呼吸量、呼吸频率、二氧化碳呼出量、消耗氧气量、呼气中的温度和湿度等参数），在模拟工作条件下，通过专用仪器仪表，在额定防护时间内对闭路呼吸系统内的氧气浓度、二氧化碳浓度、吸气温度、呼气阻力和吸气阻力等参数进行测试。

标定人工呼吸机，红外分析仪，磁氧分析仪以及 CO_2 进气流量和耗气流量等，做好防护性能试验的准备工作，检查室温、气压等环境条件是否符合标准要求。当试验温度不达标时，要通过空调升温或降温，仍不能达到要求时，必须要用气态方程换算出 CO_2 进气量、呼吸量和耗氧量，以调整试验参数和条件符合标准要求和规定。打开装置

电源，给增湿器加热升温，并随时开启人工呼吸机，使气流温度均匀。当呼气温度达到（37±0.5）℃时，关闭呼吸机，把呼吸器接在试验装置上，记下两只湿式流量计的初始读数，开启呼吸器氧气瓶开关，开启人工呼吸机、计时秒表、红外线分析仪和抽气泵以及CO_2钢瓶上的供气开关，同时开启秒表计时，直到额定防护时间。每隔一段时间记录1次CO_2含量、O_2含量，干、湿球温度，吸气温度，并随时察看、调节抽O_2量和CO_2进气量，使之符合标准规定的数值，直到额定防护时间，再多做（延长）2min，然后关闭呼吸机，关闭CO_2进气和抽气泵、加热器等，记录下两只湿式流量计的最终读数，从装置上卸下呼吸器，关闭高浓CO_2钢瓶阀门，并让红外分析仪回到正常读数状态，关闭装置电源。

在试验过程中，一是要注意试验室的环境温度、大气压力，因为温度和大气压力对气体的体积和流量的影响较大。当超过极限误差范围［温度（20±3）℃，气压（101.3±1.34）kPa］时，必须使用气态方程对标准规定的各参数进行修正。二是要注意降温元件对吸气温度的影响。降温元件通常是指冰块、蓝冰、干冰、磷酸二氢钠、记忆性冷却尼龙材料等，它们的冷却效果不尽相同，有的耗量大、效果好，但在2.5h后全部耗尽，需要另换一块才能有效果，有的效果差一些，但使用时间长，能坚持到3.5～4h，因此要及时更换。三是要注意二氧化碳吸收剂对二氧化碳浓度的影响。目前，国内呼吸器所用二氧化碳吸收剂大多数都是氢氧化钙，由于产地不同，内含氧化钙纯度不同，形状不同，所设计的清静罐形状不同，吸收剂与呼气气流的接触面积也不一样，导致了呼吸阻力、特别是二氧化碳的吸收效果产生了较大的差异性。四是要注意定量供氧流量对耗氧量的影响，定量供氧流量不同导致整个额定防护时间内的耗氧量不同。国外产品的定量供氧流量较大，一般设计为1.8～2.2L/min,我国产品更符合亚洲人的呼吸需求，一般设计为1.5～1.8L/min,标准要求不小于1.4L/min。如此一来，导致一个结果：国外产品，往往氧气储量不够用，而我国产品却常常有剩余。

51.1.3 正压氧气呼吸器防护性能检验装置

正压氧气呼吸器防护性能检验装置与化学氧自救器、压缩氧气自救器防护性能检验装置相同，检验装置的结构、原理、功能等已在第1章介绍，本章不再赘述。

51.2 自动苏生器的测试技术

51.2.1 自动苏生器测试方法

1. 气密性测试

1）高压系统气密

关闭低压系统旋钮，打开氧气瓶开关，压力表示值应不低于18MPa，然后关闭氧气瓶开关，记录 1min 压力表（或压力传感器）示值的变化量。

2）低压系统气密性

关闭低压系统的出气口，开启进气口开关后，用皂沫检查低压系统各零部件接头是否冒泡；或者关闭低压系统的进气口，从出口处接双连球和水柱压力计，用双连球向系统内打气加压至 800Pa 时，停止打气并将充气管路用弹簧夹夹紧，开启秒表计时，观察 1min 内水柱压力计下降的数值。

2. 减压器测试

1）高压阀门的关闭压力测试

高压阀门的关闭压力测试原理如图 51.5 所示，先放松减压器调节帽（无流量输出为止），然后打开气源开关和低压表开关，记录低压表的示值。

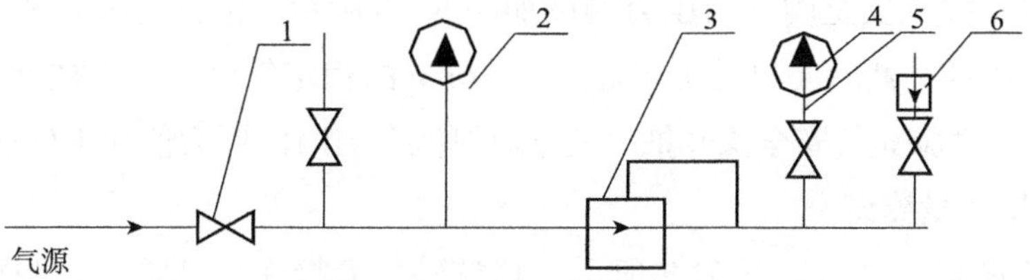

图51.5 减压器测试原理图

1. 放气开关；2. 高压表；3. 减压器；4. 低压表；5. ϕ 0.5mm定量孔；6. 流量计

2）减压器输出流量变化范围测定

如图 51.5 所示，在气瓶压力为 20MPa 时，打开流量计开关，慢慢调节减压器，使输出流量示值在 6.6L/min 以内，接着半关闭气源开关，打开放气开关进行分流，当高压表示值稳定在 2.0MPa 时，流量计示值应在 5.4L/min 以上，然后关闭气源开关使流量回零，再重新打开气源开关对流量差复检。

3）减压器出口压力可调上限测定

做完流量变化范围测定项目之后，关闭放气开关和流量计开关，按顺时针方向调整减压器，使输出流量到最大值，如果低压表示值能达到 0.5MPa 以上，则减压器出口压力符合要求，或者直接向减压器内输入 20MPa 的高压气流，关闭输出气路，记录接在减压气膛室出口处所接压力表的压力值。

3. 自动肺试验

1）自动肺充气压力和抽气压力

利用专用校验装置（水肺装置）进行测定。如图 51.6 所示。先把“水肺”注入纯净水使液面到达零位，并使各接头处保持气密，再将自动肺接在水肺装置接口上，接通自动肺气源，使自动肺进行正常的充气、抽气工作，则水肺装置的玻璃管标尺指示的液面运动状态上、下限位置数值，就是自动肺的充气压力和抽气压力值，目测读取即可。

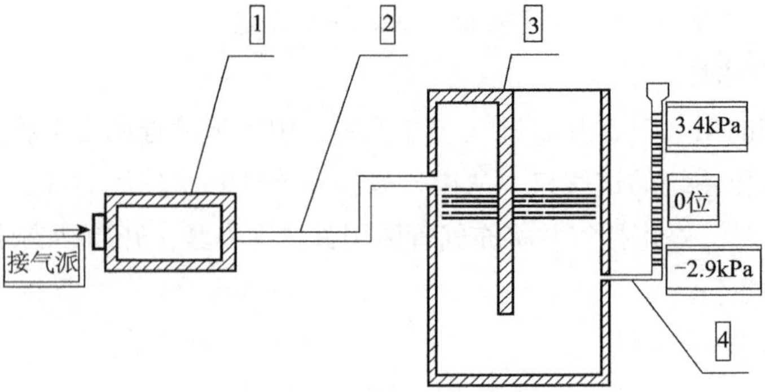

图51.6　自动肺测试原理图

1. 自动肺；2. 连接管；3. 水肺装置；4. 带标尺的玻璃管

2）自动肺充气、抽气安全阀开启压力测试

自动肺充气、抽气安全阀开启压力测试如图 51. 6 所示。把自动肺安装在固定的接口上并保持接口的气密性，然后向自动肺中通入 15L/min 的稳定气流，在水柱计（带标尺的玻璃管）上分别读取自动肺充气安全阀和抽气安全阀刚刚开启时的压力值和水柱达到的最大值。

3）自动肺换气量测试

自动肺换气量测试原理如图 51.7 所示。将校验气囊接在自动肺上，调整减压器，使给气量达到最小，自动肺刚刚能保持启动。测定每分钟动作次数等于或小于 12 次，再调整减压器使给气量达到最大，测定每分钟动作次数大于或等于 25 次。

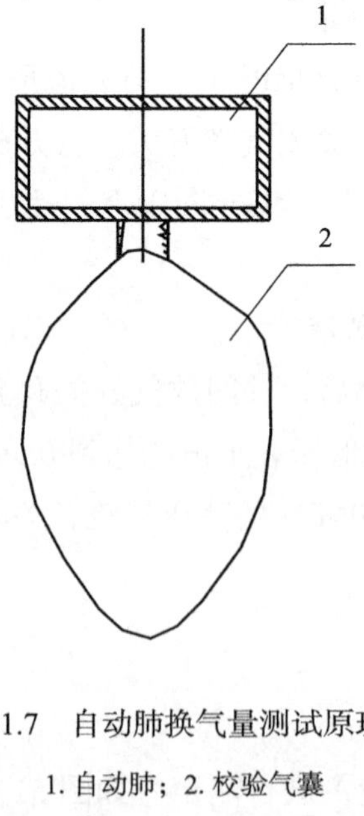

图51.7　自动肺换气量测试原理图

1. 自动肺；2. 校验气囊

4. 自主呼吸阀试验

1）空气补助阀阻力测定

自主呼吸阀测试原理图如图 51.8 所示。其方法是：打开气瓶开关，调整减压器，使输出流量为 30 L/min，将测量连接件接插在自主呼吸阀 a 端，并使阀处于直立状态，记录水柱计指示值。

2）自主呼吸阀的呼、吸气阻力测定

如图 51.8 所示，将测量连接件分别接插在自主呼吸阀的 b 端和 c 端，记录水柱计的指示值。

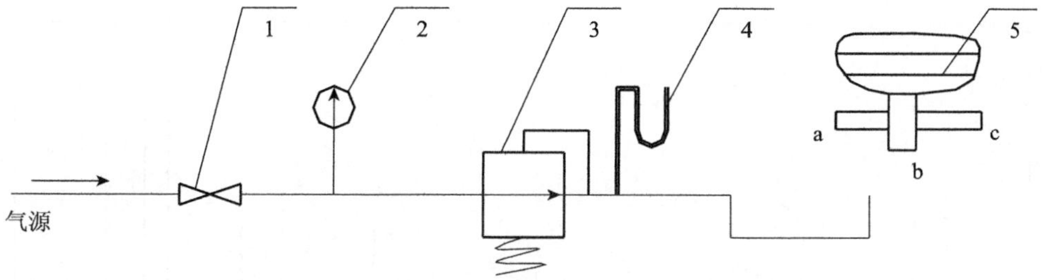

图51.8　自主呼吸阀测试原理图

1. 开关；2. 高压表；3. 减压器；4. 水柱计；5. 自主呼吸阀

3）自主呼吸阀供气量可调上限值测定

自主呼吸阀供气量测试原理如图 51.9 所示。将自主呼吸阀的空气混合比调到 80%，再将排气阀孔和储气囊接口用胶套和胶塞封堵严密，打开气瓶开关，调整减压器到最大流量位置，记录流量计指示值。

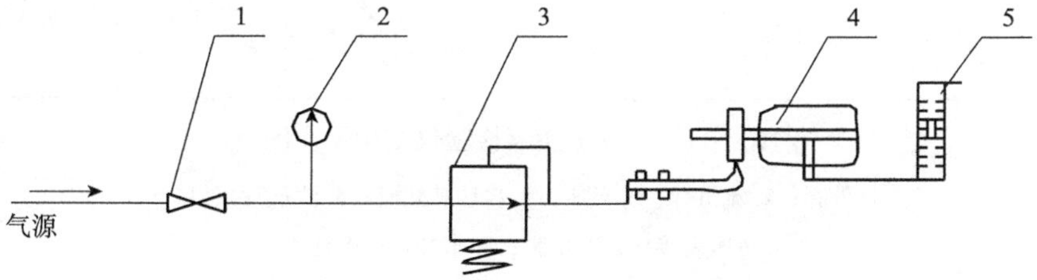

图51.9　自主呼吸阀供气量测试原理图

1. 开关；2. 高压表；3. 减压器；4. 自主呼吸阀；5. 流量计

5. 吸痰引射压力测定

吸痰引射压力试验装置如图 51.10 所示。将吸痰器吸痰导管插在检验仪负压接口上，

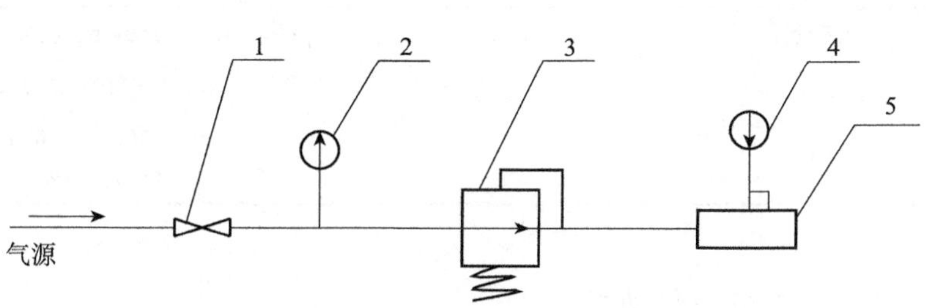

图51.10　吸痰引射压力测试原理图

1. 开关；2. 高压表；3. 减压器；4. 真空表；5. 吸痰引射器

打开苏生器引射器开关，观察真空表值，即可测出吸痰引射压力。

51.2.2 AJ1型自动苏生器检验仪

1. AJ1 型自动苏生器检验仪结构

AJ1 型自动苏生器检验仪结构见图 51.11。

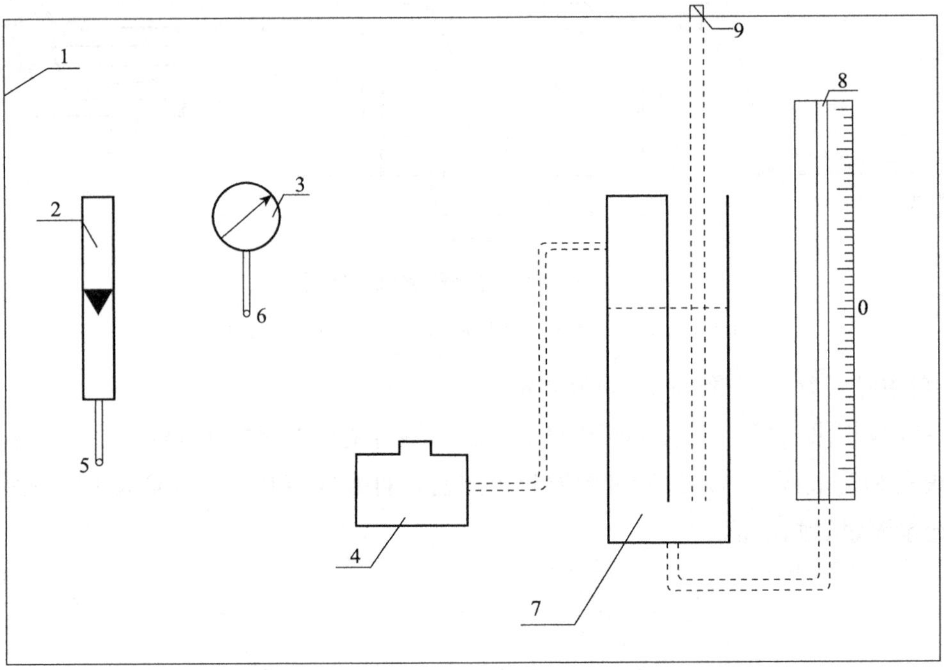

图51.11 自动苏生器检验仪结构示意图

1. 外壳；2. 流量计；3. 负压；4. 自动肺插座；5. 流量计接口；6. 负压表接口；7. 水肺；8. 水柱计；9. 注水口

2. 主要技术参数

AJ1 型自动苏生器检验仪主要技术参数见表 51.1。

表51.1 AJ1型自动苏生器检验仪主要技术参数

仪表名称	技术参数
流量计	量程：1.6 ～ 16m³/h，精度 2.5 级
真空压力表	量程：-0.1 ～ 0MPa, 精度 2.5 级
水柱计	量程：-300 ～ 350Pa -2.94 ～ 3.43kPa，精度 ±10Pa

3. AJ1 型自动苏生器检验仪功能

AJ1 型校验仪主要功能是检验自动苏生器的流量、充气压力、抽气压力以及吸痰引射压力等主要参数。

将苏生器自动肺接自动肺插座 7，用水柱计测试自动肺充气压力、抽气压力及其安全阀开启压力；将苏生器抽气管接负压表接口 9，测试吸痰引射压力；将苏生器充气管接流量计接口 8，测试自动苏生器的流量。

（本章主要执笔人：沈阳院马善清，张宏福，祁文婷）

第52章 矿山紧急避险设备测试技术

矿山紧急避险系统主要包括矿用可移动式救生舱（以下简称救生舱）、避难硐室及自救器补给站。

矿用可移动式救生舱按结构特点可分为组装式和一体式。救生舱舱体由一定数量的基本结构单元组装而成，即组装式；救生舱舱体为整体机械结构的为一体式；按额定人数可分为小型舱和中型舱，额定人数在 8 人及 8 人以下的为小型舱，额定人数在 8 人以上、16 人以下的为中型舱。救生舱内所使用的化学药品主要用途是去除舱内一氧化碳、二氧化碳等有毒有害气体和湿度，起到净化空气的作用。

本章详细介绍救生舱及其所使用的化学药品检验测试技术及相关装备。

52.1 救生舱测试技术

52.1.1 救生舱主要项目测试方法

救生舱检验测试的主要项目有：救生舱基本要求、救生舱结构和安全防护要求、氧气和空气供给系统、空气净化与温度调节系统、救生舱环境检（监）测系统、动力保障系统、生存保障系统、综合防护性能。

1. 环境监测试验

救生舱环境监测试验时，应对过渡舱内的 O_2、CO，生存舱内的 O_2、CH_4、CO_2、CO，设备舱内的 CO_2 进行检测；对生存舱内的温湿度、舱内外差压进行检测；对救生舱外的 O_2、CH_4、CO_2、CO 进行检测。

救生舱检验测试装置可以实现对救生舱内环境的监测，包括舱内氧气浓度、二氧化碳浓度、一氧化碳浓度、甲烷浓度、温湿度、内外压差、气体流量、噪声等各项参数的监测以及超限报警功能，并能记录数据、生成报表。

2. CO 处理能力试验

救生舱处理 CO 的能力应能保证在 20 min 内将 CO 浓度由 400×10^{-6} CO 降到 24×10^{-6} CO 以下。开启分析仪，进行预热 2h 以上，舱内温度（20±2）℃，湿度（50±5）% RH；关

闭救生舱舱门，先开启舱内循环风扇，然后打开 CO 气瓶开关，向救生舱内通入 CO；观察分析仪，当舱内 CO 浓度达到 400×10^{-6} CO 以上时，停止向舱内供气，并停止舱内循环风扇；开启救生舱净化系统开关，控制软件自动采集数据并记录；20 min 后，舱内 CO 浓度应不大于 24×10^{-6} CO。

3. CO_2 处理能力试验

救生舱处理 CO_2 的能力不低于 0.5 L/（min·人）。舱内温度为（20±2）℃，湿度为（50±5）% R. H；关闭救生舱舱门，打开 CO_2 气瓶开关，通入适量 CO_2 气体，当舱内浓度达到 1%时停止供气；稳定 2min 以后，再根据额定人数和 0.5L/（min·人）的处理能力要求，以 0.5（L/min）× 额定人数的流量连续通入 CO_2 气体，同时以最大流量开启净化系统；1min 后开始测试，连续测试 10min，控制软件自动采集数据并每 1min 记录 1 次 CO_2 浓度值。

4. 综合防护性能试验

综合防护性能试验通过模拟灾变环境，综合考核救生舱的设计适用条件下整体防护能力、舱内空气质量、环境参数等。采集试验数据，测量救生舱系统在额定环境条件下、额定运行时间内对救生舱系统空气供给、温度调节及有害气体处理、环境监测、动力系统、生存保障系统等功能实现的能力。采用招募自愿者的方法进行试验。额定能力试验系统见图 52.1，由保温试验室、试验数据采集系统等组成。保温试验室由电加热器（带风扇进行辅助散热）和控制器（配有数字显示的调节仪器并带有远程温度传感器）组成。具备在整个试验过程中能够连续、有效运行的能力。

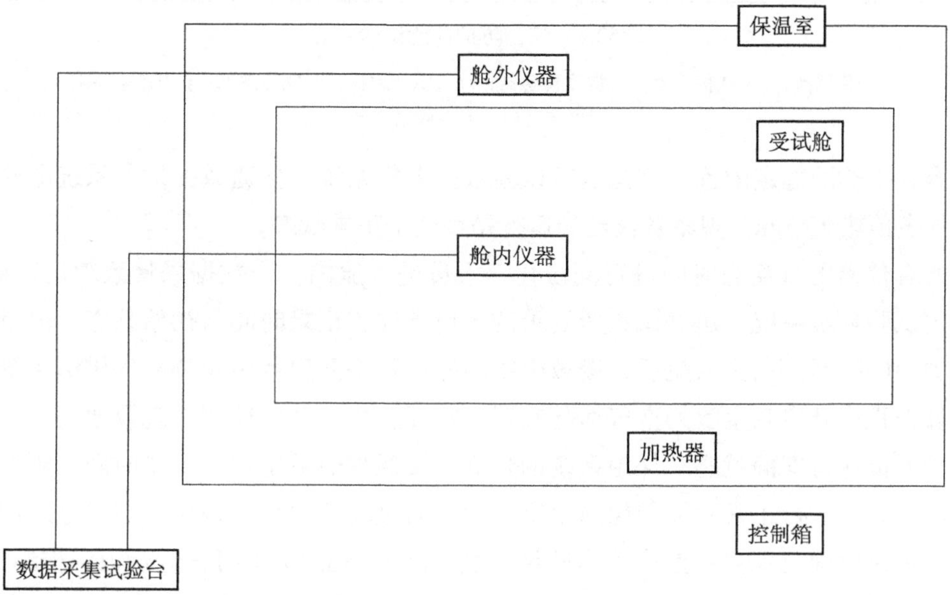

图52.1　额定能力试验系统

试验数据采集系统包括：内部数据采集仪器有气体流量计，温度计，压差表，风速表，

O_2、CO、CO_2、CH_4传感器；外部数据采集仪器有温度计。

仪器应满足本试验所规定的试验条件。在整个试验期间，所有仪表都必须能够连续运行，能够按照设定的时间间隔对测量数据进行记录。仪器参数详见以上介绍。允许使用组合仪器（测量一个或者多个参数的仪器），但是前提条件是用于试验的每一个传感器都必须能够满足指定的最小测量范围与最低准确度要求。

用于救生舱外部温度测量的传感器应置于距离救生舱外部表面大约15cm处，高低为救生舱腰线位置，两侧各放3个，综合防护性能试验系统见图52.2。

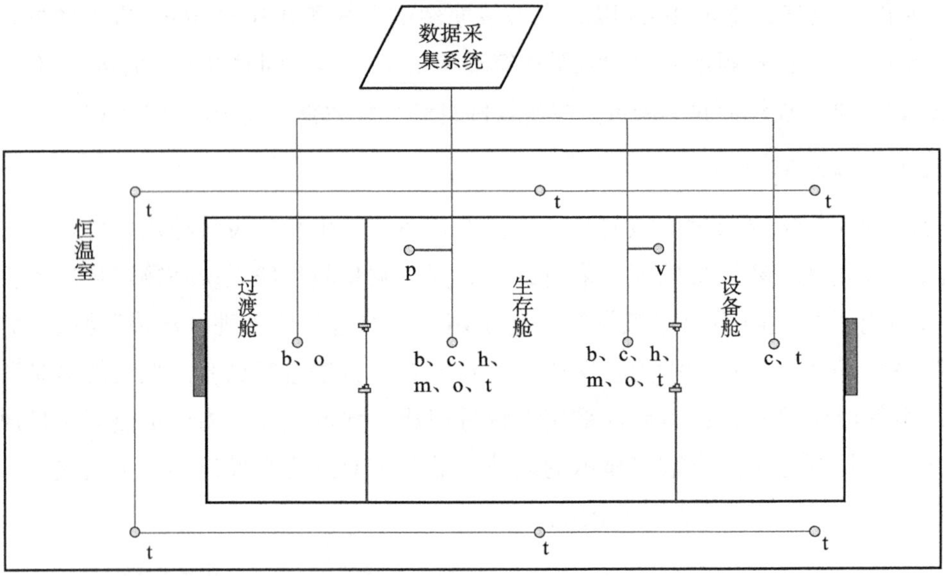

图52.2　综合防护性能试验系统

b. CO传感器；c. CO_2传感器；h. 湿度传感器；m. CH_4传感器；o. O_2传感器；p. 压差传感器；t. 温度传感器；v. 视频采集装置

核查救生舱的额定配置。首先运行试验数据采集系统。接通数据采集系统电源，对检测仪器仪表预热20 min。观察各仪器的运行是否处于正常状态，

对所有仪器的日期与时间进行同步化。人员进入舱内，当数据采集系统运行稳定后，运行额定试验环境系统，建立试验所要求的环境条件，记录时间与初始状态，记录入舱人员入舱关门的时间。人员入舱后，按救生舱的操作程序开启救生舱的氧气供给系统，按救生舱的操作程序开启救生舱的空气净化装置，打开舱内外环境监测系统及通信、照明等装备，入舱人员保持安静就座。保温系统的建立：接通加热器电源，记录时间。观察加热器运行情况，确认运行正常后关闭保温室所有门，通过相关仪表监视保温室温度及加热器运行状态，记录时间与保温室温度［当满足环境温度（55±2）℃时，进行恒温控制］。在试验过程中，舱外服务人员密切监视舱内人员的状况，随时准备救援。记录员负责操作数据采集系统，记录数据。数据采集内容有救生舱内的温度、湿度、气压、O_2、CO、CO_2、CH_4气体浓度、供氧量、空气净化剂使用量、救生舱外的温度，除另有规定外，以上各项

每 30 min 记录 1 次。必要时可调整加热器设定温度，使救生舱外部温度保持在（55±2）℃（6h）、（30±2）℃（100h）。必要时可调整舱内设备，舱内参数指标要求见表 52.1。

表52.1　舱内参数指标要求[10]

项目	O_2/%	CO/%	CO_2/%	CH_4/%	体感温 /℃	湿度 /%
指标	18.5 ～ 23	≤ 24×10^{-4}	≤ 1.0	≤ 1.0	≤ 35	≤ 85

5. 气密性试验

救生舱应具有足够的气密性，舱内气压应始终保持高于外界气压 100 ～ 500Pa，且能根据实际情况进行调节。在 500Pa 压力下，泄压速率应不大于 350Pa/h。救生舱检验测试装置通过在救生舱与外部连接的管路上设置内外微压差传感器，采集数据并与 PLC 通信，具有监测救生舱内外压差，并记录数据、绘制泄压速率表的功能。在救生舱的压风管路入口安装空气压缩机充气管，在其中一个泄压口安装微压差传感器，并密封好其他本项检测不用的接口。关闭救生舱的所有门窗等密封部件，且不应增加设计图纸以外的任何密封措施。向舱内通入与舱内空气温差不超过 1 ℃的清洁干燥空气，使舱内外压差达到 600Pa 左右；稳定 10 ～ 30min 后，在舱内外压差不小于 500Pa 的条件下，开始用秒表计时，同时读取和记录压差计显示值；每间隔 10min 记录 1 次，共持续 60min。用首次差压值减去末次差压值，即为泄压速率。

52.1.2　救生舱检验测试装置

1. 救生舱检验测试装置的组成

其组成如图 52.3 所示。

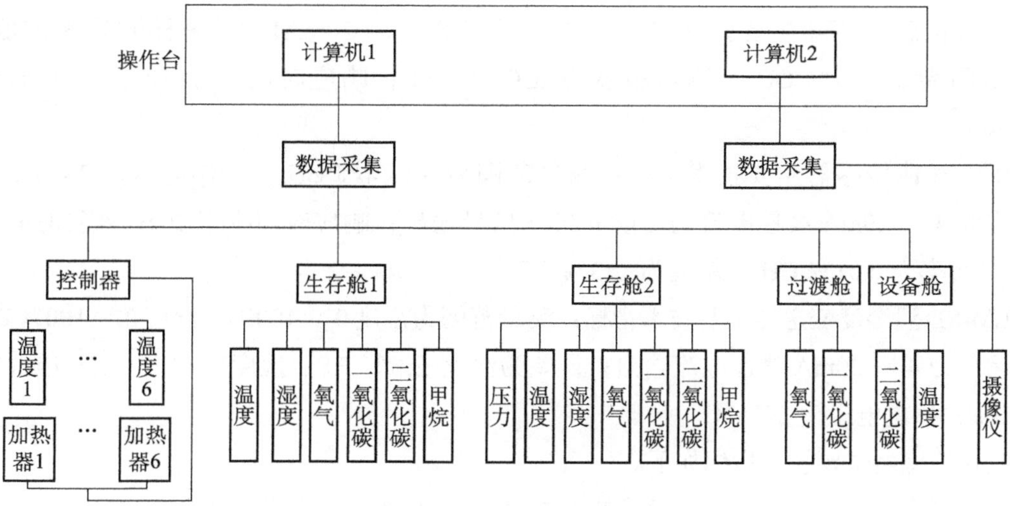

图52.3　救生舱检验测试装置组成

救生舱检验测试装置主要由试验操作台、恒温控制室加热控制系统、视频监测系统（外部）、数据采集系统、通信系统以及控制软件组成。试验操作台采用工业计算机与 PLC 配合控制方式，具有人机操作接口、控制、数据采集、试验数据存储和分析功能；由 PLC 完成试验辅助设备的逻辑控制与连锁保护。试验操作台主要由金属控制平台、监控主机、双显示屏、电源控制电路、PLC 检测控制模块、恒温控制系统模块等构成。

为保障试验人员能实时同步观测到救生舱各试验数据以及试验中舱内人员的生存状况，采用双显示屏进行显示。

试验装置的所有模拟数据采集、逻辑控制、逻辑连锁保护控制、安全保护控制以及将来功能扩展后的 I/O 点需求，均由 PLC 完成；设有软硬件连锁保护，可以自动判断设备状态是否正常和操作是否正确，以防止误操作引起的设备损坏；通过模拟量采集模块，保证各种参数高精度数据的采集；扩展试验项目需要模拟现场运行状态以及检测控制器的输出信息；通过 PLC 控制模块采集温度数据，控制固态继电器，实现恒温室温度控制。

2. 救生舱检验测试装置数据采集系统

救生舱检验测试装置数据采集系统包含 4 套传感器采集控制板，每台控制板配接有氧气、一氧化碳、二氧化碳、甲烷、温度和湿度传感器等。

氧气传感器主要技术参数：测量量程为 0 ～ 30% O_2；工作电压为 24VDC；信号输出为 4 ～ 20mA 线性电流输出或 RS485 信号输出；响应时间少于 20s；恢复时间少于 30s；分辨率为 0.1% O_2；精度为 ±3% F. S；显示模式为 LED 数码管显示。

一氧化碳传感器主要技术指标：测量量程为 0 ～ 1000×10^{-4}% CO；工作电压为 24VDC；信号输出为 4 ～ 20mA 线性电流输出或 RS485 信号输出；响应时间少于 20s；恢复时间少于 30s；分辨率为 1×10^{-6}；精度为 ±3% F. S；显示模式为 LED 数码管显示。

二氧化碳传感器主要技术指标：输出信号为 4 ～ 20mADC；采样方式为扩散式；测量范围为 0 ～ 5% CO_2；测量精度为 ±0.3% F.S；响应时间少于 30s；供电电压为 24VDC。

甲烷气体传感器主要技术指标：测量范围为 0 ～ 4% CH_4；工作电压为 24VDC；信号输出为 4 ～ 20mA 线性电流输出或 RS485 信号输出；响应时间少于 20s；恢复时间少于 30s；分辨率为 0.01% CH_4；精度为 ±3% F.S。

LM-SD 温湿度变送器主要技术指标：测量范围为温度 0 ～ 100℃、湿度 0 ～ 100% R. H；输出信号为 4 ～ 20mA 线性电流输出；误差为温度 ±3% F.S、湿度 ±5% R. H；响应时间少于 30s；供电电压为 24VDC。

其他传感器主要技术指标如下。

（1）温度一体化传感器：测量范围为温度 0 ～ 100℃，误差为 2% F. S。

（2）风速传感器：测量范围为 0 ～ 10m/s，精度等级为 1.5 级。

（3）噪声传感器：测量范围为 50 ～ 130dB（A），精度等级为 2 级。

（4）压差传感器：测量范围为 0 ～ 1000Pa，误差为 2% F. S。

（5）气体流量传感器：测量范围为 0 ～ 10L/min，精度等级为 0.5 级。

3. 救生舱检验测试装置控制软件

在控制软件平台西门子wicc组态软件上进行开发；在标准画面和用户组态画面上设定、汇集和显示有关的运行信息，供试验人员对救生舱试验工况进行监视和控制；应用软件能够监视或控制试验过程中的画面及实时试验数据；应用软件具有纯中文界面、报警处理功能；应用软件人机界面运用开放系统的图形窗口技术，友好的操作人员界面程序员可在线修改和编辑画面，带有详细的联机帮助功能；应用软件具有安全登录和密码保护功能，设计监控对应多个操作级别，对各个级别的操作都设置密码，并能记录操作人员工号、操作内容、时间等，防止非法操作，确保设备安全有序运行。

控制软件具有以下功能。

（1）恒温实验室内温度监测。恒温实验室内可布置多个温度传感器，依据标准分别监测实验室内不同位置的环境温度。试验装置可实时记录恒温试验室内各监测点温度值及平均值，当温度超过设定值时，试验装置会自动调节加热设备，并记录超限时间，为进一步对救生舱试验提供可靠的试验条件和试验数据。

温度监测曲线包括多个测量点的温度变化曲线和平均温度变化曲线，可设定各温度曲线的颜色与对应的温度值关联，显示曲线可任意放大和缩小以查看局部的温度变化，也可以通过设置标度尺观察温度超限的起止时间和持续时间。

（2）救生舱内环境监测。救生舱内环境监测内容包括氧气浓度、一氧化碳浓度、二氧化碳浓度、甲烷浓度、温度和湿度等参数及曲线。

（3）统计与报表功能。救生舱检验测试装置具有形成各类数据报表功能。报表主要包含各检测值、超限及报警统计表、救生舱试验数据汇总表以及救生舱试验结果报表等。

（4）视频监视功能。试验台配有视频监视系统，采用单独双界面显示。可以对试验过程中舱内人员的状态进行全面实时监视，以保证实验过程中舱内人员的安全。

（5）存储和打印功能。救生舱检验测试装置具有采用动态图、曲线、表格等多种形式显示测量数据。可以记录恒温试验室内的温度变化，救生舱内的环境数据变化，以及温度、环境参数的最大值、最小值及超限的起止时刻和累计时间等参数。

救生舱检验测试装置具有自动生成报表并打印功能。例如数据变化异常报表；数据测试结果汇总表等，用户可以根据需要调出任意时间段的实验数据或曲线图，可以很好地进行比较。

（6）具有管理系统支持双机互为备用工作模式，并具有手动切换功能（自动切换功能可选）。当工作主机发生故障时，备用机会自动投入工作，保证系统的正常工作。

52.2 矿山紧急避险设施用化学药品测试技术

为降低矿山紧急避险设施内一氧化碳、二氧化碳含量和相对湿度水平，往往通过在用紧急避险设施内放置化学药品采用物理吸附、化学吸收的方法来实现。矿山紧急避险设施内化学样品主要指一氧化碳、二氧化碳吸附剂以及干燥剂。

52.2.1 矿山紧急避险设施用化学药品测试方法

将称量好的一氧化碳吸附剂放入药品筛中，关闭模拟试验箱及其各进出口，向试验箱内通入定量的一氧化碳气体，并开启气体分析仪，待分析仪显示值达到试验要求的浓度（$400\times10^{-4}\%$ CO）时，关闭有害气体进气管路开关，稳定30min，观察气体分析仪，如果分析仪显示值低于或高于试验要求的浓度，则向试验箱内缓慢通入一氧化碳气体或清洁空气，如此反复通入一氧化碳气体和清洁空气，直至稳定30min后分析仪显示值达到试验要求的浓度为止。开启循环风泵，按规定流量（100L/min）向试验箱内通入循环风流，同时启动秒表开始计时，观察并每隔5min记录一次操作台上的分析仪示值，依次得出一氧化碳吸附剂处理一氧化碳能力。

二氧化碳吸附剂的试验方法与一氧化碳吸附剂的试验相似。不同之处是，通入的有害气体是二氧化碳，流量为0.5L/min，测试仪器用的是二氧化碳分析仪。最重要的技术指标是吸收二氧化碳的速率，若按MT 454—2008检验，则是二氧化碳吸收率和药剂的粉尘率等几项指标。

干燥剂试验也是使用专用试验箱，将通入有害气体的入口连接标准的鼓泡式加温增湿器，湿度达95%以上，4层组合筛上放置干燥剂，开启循环风机并计时，通过试验前后干燥剂的增重来判定祛湿效果。

降温剂试验与干燥剂试验方法相似。标准筛上放置降温剂，鼓泡式加温增湿器的功能方面控制在加温档，重点为进入气流加温，箱内空气达到一定温度然后关闭，开启循环风流，通过降温剂降温，观察记录箱内测温仪读数下降量以判定降温剂的降温效果。

一氧化碳吸附剂执行的标准是MT 869—2000，二氧化碳吸附剂执行的标准是MT 454—2008，干燥剂执行的标准是MT 868—2000。

52.2.2 矿山紧急避险设施用化学药品测试装置

根据相对原理，将硐室或可移动救生舱的实际试验条件按比例同时缩小到1/10，即$10m^3$空间缩为$1m^3$，1000L/min循环气流量缩为100L/min，14.5kg一氧化碳吸附剂缩减为1.45kg，在专用模拟试验箱中通入一氧化碳气体，然后开启循环风流，并开启秒表计时，利用红外线分析仪采样测定一氧化碳的滤除效果，依据标准相关条款判定一氧化碳吸附剂产品的质量。最重要的技术指标是吸收一氧化碳的速率和在规定时间内将一定浓度的一氧化碳气体降低到安全浓度以下的能力。

化学药品检验专用模拟试验装置主要由操作台、模拟试验箱、循环风机、组合标准筛、有害气体输入及排出等几个部分组成。专用试验箱有一个密封门和 6 个接口，每个接口上都有一个球形开关，可以随时开启或关闭。试验箱内部有 4 层标准筛，筛上平均放置被测药品，筛底有一通道连接箱外循环风流的入口，箱侧面有一出口连接箱外循环风流的出口，另外的 4 个接口分别连接红外线分析仪的进出口以及有害气体的加入口和排出口。箱外有一个循环风流发生器和一个置于水平台上的红外线分析仪。化学药品检验专用模拟试验装置结构原理见图 52.4。

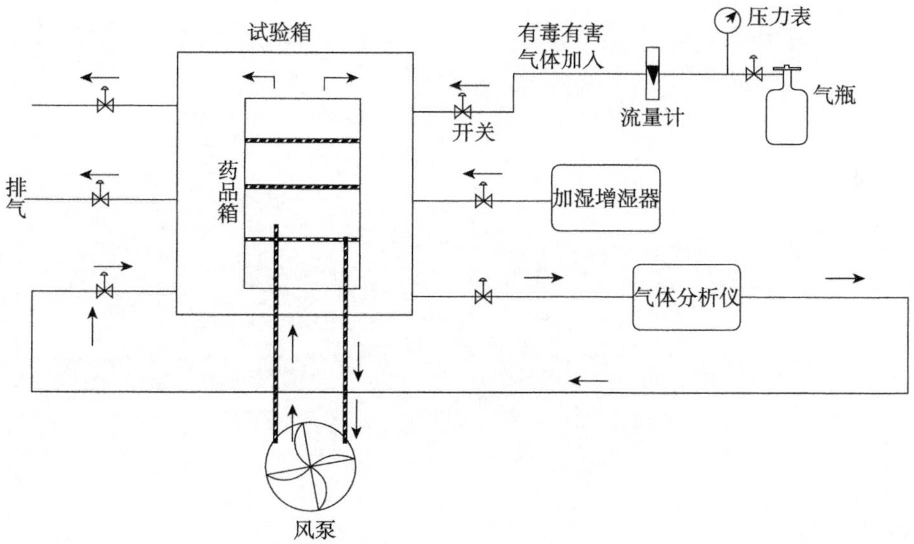

图52.4 化学药品检验专用模拟试验装置结构原理图

（本章主要执笔人：沈阳院邹晓旭，马龙，戴峻）

第十四篇　防爆电气设备测试技术

煤矿井下存在着大量的甲烷可燃性爆炸气体。当空气中甲烷的含量达到一定浓度，遇到高温大热源或具有足够能量的火花时，就有可能发生爆炸，导致矿难发生。爆炸性环境中使用的电气设备如采取防爆安全措施，可避免由电气设备引起可燃性气体发生燃烧和爆炸，保证电气设备在一定的爆炸危险环境中的安全使用和爆炸性环境的安全。

对于防爆设备能否安全使用的判定，必须经过严格的防爆测试检验。在测试检验过程中，测试的方法和手段是否符合要求，是检验结果判定的根本依据。

1800 年英国工业革命后，由于煤炭的大量使用，煤炭生产过程需要有大量的防爆设备。1850 年前后，美国、德国及英国等国均提出电气设备的防爆要求。1906 年，英国人贝林（Beyling）在研究了金属网的防爆效果并经过改进后，发明了隔爆型产品的间隙隔爆结构，建立了隔爆型电气设备防爆理论。

1920 年，国际上形成了美国 NEC 标准、德国 VDE 标准、英国 BS 标准等防爆标准体系。由于地理区域及各标准委员会的逐渐发展，目前已形成了欧盟 EN、国际电工委员会 IEC、北美等防爆标准体系。

中国防爆电气设备的测试始于 20 世纪 30 年代抚顺新屯耐爆站，煤科总院沈阳研究院（以下简称沈阳院）将抚顺新屯耐爆站正式并入，成为我国第一个防爆电气设备检验机构。

在 20 世纪 50 年代，以煤科总院为主导的我国防爆技术及其标准化研究工作逐步开展。1955 年发布了《煤矿用电气设备制造检验暂行规程》，1965 年发布了《煤矿用电气设备制造规程（试行）》，1976 年发布了《安全火花型防爆电气设备制造检验暂行规定》等。1977 年，我国防爆技术标准化工作取得了重要成果，煤科总院防爆检验机构参与起草了我国第一个防爆电气设备国家标准 GB 1336—1977《防爆电气设备制造检验规程》。

1983 年是我国防爆技术标准化发展历史上具有里程碑意义的一年。煤科总院参与起草了 GB 3836.1 ～ 4—1983《爆炸性环境用防爆电气设备》系列标准，该系列标准一直沿用至今，并随着防爆技术的发展而不断更新及扩充。

科技的不断进步，促进了防爆测试装备的不断更新和提高。我国坚持科学化、规范化、标准化的原则，煤科总院的多家防爆检验机构采用不同手段和方法，研制出多种防爆试验装备。配气技术由原来的通过限制压差范围调节的工作原理发展到基于质量流量控制的精准的二元、三元配气过程。同时，为了满足井下大型防爆设备的测试需要，不断扩大了防爆试验槽的体积。最初的防爆试验测试装备是内径仅为 0.6m 的防爆试验槽，而截至目前煤科总院已有直径达到 3.7 m 的防爆试验槽投入使用。目前我国的矿用设备的防爆测试技术和装备水平已经达到了世界领先水平。

在生产、加工、运输和存储中产生的许多粉尘是可燃性的。如果粉尘与空气混合成适当比例，当点燃时粉尘能迅速地燃烧产生巨大的爆炸压力。因此常使用防爆电气设备，并且必须采取适当的预防措施，以确保所有电气设备在粉尘环境中得到足够保护。

本篇详细介绍爆炸性环境电气设备通用测试技术、隔爆型电气设备测试技术、增安型电气设备测试技术、浇封型电气设备测试技术、本质安全型电气设备测试技术、粉尘防爆电气设备测试技术等。

第53章 爆炸性环境电气设备通用测试技术

在煤炭、石油、化工等具有爆炸危险的场所中，工艺过程产生了大量的可燃性气体，形成了爆炸性气体环境。使用防爆电气设备可避免电气设备的危险点燃源点燃可燃性气体发生燃烧和爆炸。电气设备的防爆类型包括隔爆型、增安型、本质安全型、浇封型、正压型、充砂型、无火花型等。

不同防爆形式的电气设备在选型、安装、使用及维护上都有其自身的特点，应严格按照标准的要求设计和生产。测试方法主要依据 GB 3836.1—2010《爆炸性环境 第 1 部分：设备 通用要求》。

本章主要介绍爆炸性环境电气设备通用测试技术。重点介绍力学性能试验、外壳防护试验、表面温度试验、小元件点燃试验、非金属外壳和外壳的非金属部件的相关试验、耐化学试剂试验、光老化试验、接地连续性试验等试验的测试方法及装备。

53.1 爆炸性环境电气设备通用测试原理

53.1.1 爆炸产生的主要因素

1. 爆炸三要素

具有潜在爆炸危险的环境产生爆炸必须具备有点燃源（电火花、热表面等）、爆炸性物质（可燃性气体或粉尘等）和空气（氧气）这 3 个条件。

2. 点燃源

电气设备相关的主要点燃源有电火花、高温、电气设备的热表面、电弧、无线电电磁波辐射等。非电气设备相关的主要点燃源有机械摩擦或撞击产生的火花、热表面、火焰、化学热、静电、光辐射、离子辐射、超声波、雷电、绝热压缩和冲击波、放热反应及粉尘自燃、明火等。

53.1.2 防爆电气设备的分类及分组

1. 防爆电气设备分类方法

防爆电气设备根据所使用的环境和场所的不同，可以分为三类：I 类电气设备、II 类电气设备和 III 类电气设备。

2. 爆炸性气体环境用电气设备的设备保护级别及其安全特性

所谓设备保护级别（EPL），是指基于设备在不同的煤矿甲烷、爆炸性气体和爆炸性粉尘环境下成为点燃源的可能性。

对于 I 类煤矿甲烷爆炸性环境用设备，其保护级别分为“Ma”和“Mb”两个级别。

53.2 爆炸性环境用电气设备的通用测试方法与装备

53.2.1 力学性能检查与试验

力学性能的检查与试验包括抗冲击试验、跌落试验、扭转试验等。

1. 抗冲击试验

1）抗冲击试验测试方法

抗冲击试验主要是检验防爆电气设备的部分部件的抗冲击能力，如透明件及防护网，电机的风扇罩，塑料外壳，轻合金外壳或铸铁外壳，电缆引入装置以及装有压电器件的电气设备等。冲击试验产生的损伤不应使电气设备防爆形式失效。

2）抗冲击试验测试装备

抗冲击试验测试装备主要包括量程为 0 ～ 2m 的冲击试验机，质量为 1kg 的冲击重锤、RCL 测试仪等。

2. 扭转试验

1）扭转试验测试方法

防爆电气设备中的绝缘套管，为保证其接线可靠，应在装配状态下承受扭转试验。在进行扭转试验时，导电螺栓和绝缘套管都不发生转动和破坏的情况下为试验合格。

2）扭转试验测试装备

扭转试验主要装备为扭矩传感器及测力仪。

3. 外壳防护等级（IP）试验

1）外壳防护等级（IP）试验测试方法

（1）防尘试验测试方法。防爆电气设备外壳应根据防爆形式的不同，进行相应的防护性能试验。

（2）防水试验测试方法。根据被试样品防水等级要求，进行相应的防水试验。把擦干净的样品放在检查台上，打开样品检查进水量。若样品的隔爆形式允许进水，应对样品做耐电压试验，以不足以影响设备的正常操作或破坏安全性为合格。若样品的隔爆形式不允许进水，则样品内部以没有水渍为合格。

2）外壳防护等级（IP）试验测试装备

防护试验测试设备主要包括：推拉力计，ϕ 1.0 ～ 50mm 的刚性球，防尘试验装置，真空压力表及转子流量计和防水试验装置。

煤科总院抚顺研究院按照国标 GB 3836 和 GB 4208 相关标准的要求，研制了步入式防尘试验箱，试验箱内部尺寸可达 3000mm×2700mm×2500mm，可载重 3000kg，总功率 30kW。

以 4 级防水试验装置为例，需将喷水孔布满于摆管半圆 180° 内，如图 53.1 所示。在摆管中点两边各 60° 弧段内布有喷水孔，支撑物不用打孔。被试外壳放在摆管半圆中心，摆管沿垂线两边各摆动 60°，共 120°。摆管沿垂直两边各摆动 180°，共约 360°，每次摆动（2 × 360°）约需 12 s。试验共进行 10min。

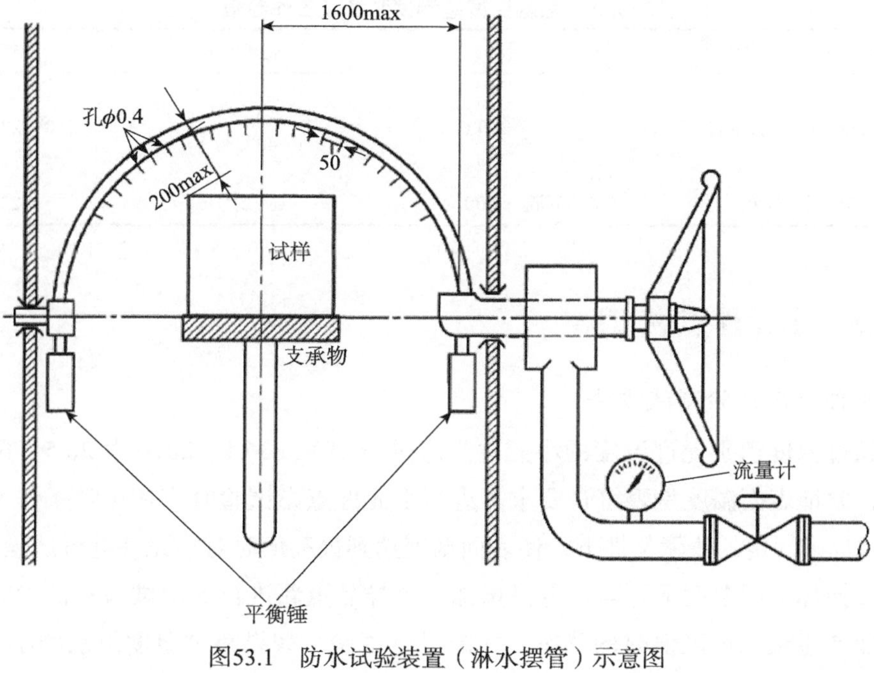

图53.1 防水试验装置（淋水摆管）示意图

53.2.2 温度试验

温度试验主要包括最高表面温度试验，玻璃的热剧变试验以及小元件点燃试验。

1. 最高表面温度试验

1）温度试验测试方法

测定最高表面温度时，施加在设备上的试验电压为额定电压的 90%～110%，并在设备处于正常工作状态时进行测定。当测量的温度变化不超过 2K/h 时，便认为被测设备达到了温度稳定的状态，此时测出的数据可作为有效数据。在测量过程中，还要考虑到设备处于不同摆放位置时对其表面温度的影响。

2）温度试验测试装备

温度试验测试装备主要包括：用以确定最高发热测试点的热成像仪，用以确定最高表面温度的红外测温仪、热电偶和温度记录仪。

2. 热剧变试验

在防爆电气设备中所使用的石英玻璃透明部件，应做承受热剧变的试验。无论是灯具类透明件还是观察窗用透明件，在试验后都不发生破裂或损坏，则视为检验合格。

3. 热剧变试验测试装备

热剧变试验测试装备见表 53.1。

表53.1 热剧变试验测试装备及工作参数

仪器设备型号及名称	量程	准确度	工作电压
RJB-01 热剧变试验装置	0 ～ 250℃	± 1.5℃ （+40℃时）	380V/220V/127V
电热鼓风干燥箱	室温～ 300℃	± 0.5℃	220V

53.2.3 小元件点燃试验

1. 小元件点燃试验测试方法

对于超过温度组别允许温度的小元件，应进行 GB 3836.1—2010 中 26.5.3 条的小元件点燃试验，验证表面温度是否符合要求。进行小元件点燃试验时应在正常条件下，或在专用防爆型式标准规定的故障条件下，使表面温度达到最高值时对小元件进行试验。

在元件损坏引起温度下降时，应另增加 5 个样品重新进行 5 次试验。试验时应使小元件工作在能产生最高温度值时的状态，才能进行试验。如果超过温度组别的小元件多于 1 个时，则试验应在所有上述元件达到最高温度时进行。

试验应持续到元件和周围部件达到热平衡或持续到元件温度平衡为止，至少持续 2h 才能结束试验。

2. 小元件点燃试验测试装备

沈阳院研发了 SCITA-1 小元件点燃试验装置。该装置严格执行 GB3836.1 标准要求，提升了安全生产检测检验水平。

该装置主要由置于恒温试验箱内的小元件点燃试验槽、气路单元、PLC 电器控制单元、试验过程显示单元、标定电路单元、试验用混合气体产配气单元及操控台等组成。小元件点燃试验装置系统结构图见图 53.2。

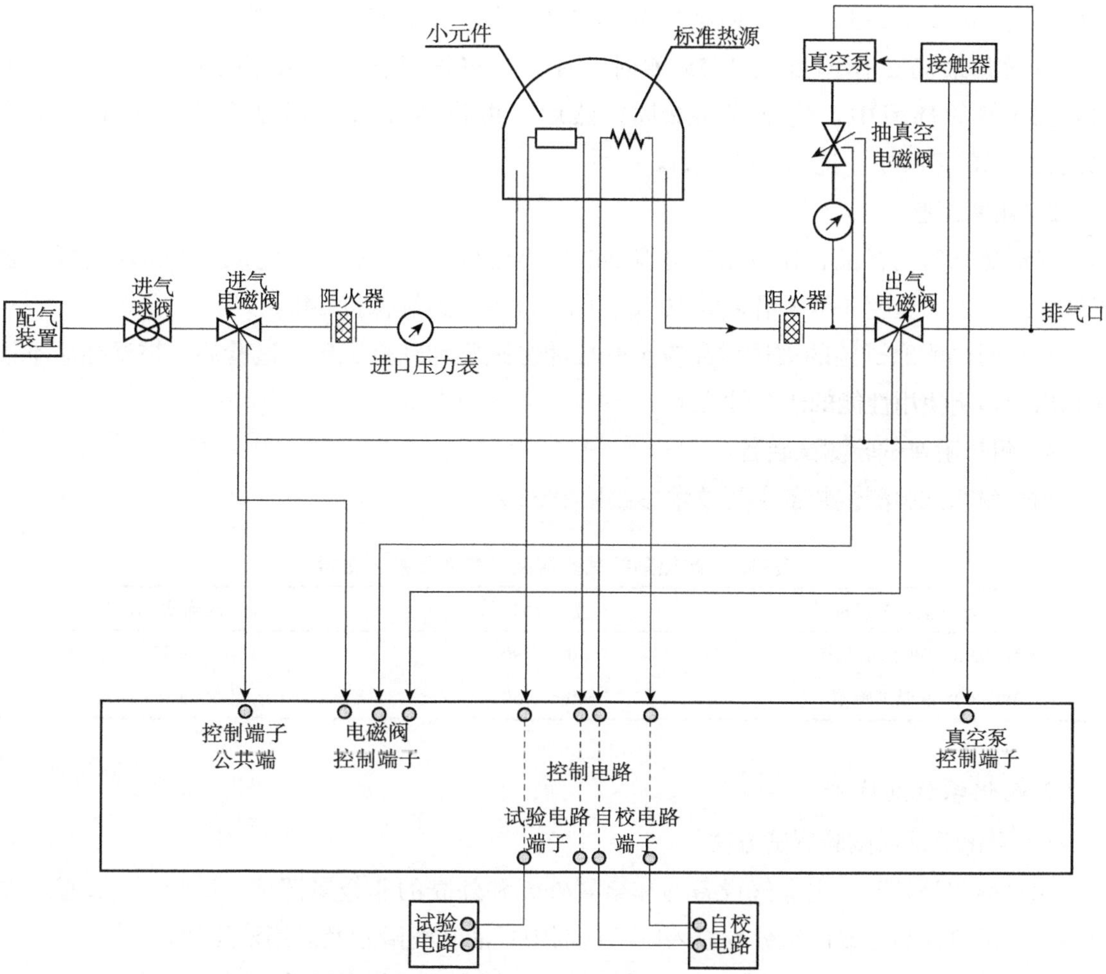

图53.2　小元件点燃试验装置系统结构

该装置采用 PLC 可编程控制器控制，全程自动化，操作简捷。试验槽可满足爆炸压力大于 1.5MPa，体积大于 250cm^3 的要求，采用先抽真空后注入爆炸性气体混合物气源的方法，试验用气量少，确保实验室环境安全；装置运行中自动监控气路系统漏气状态，试验槽进、出气管路采用阻火阻爆措施，安全可靠。

53.2.4　非金属外壳和外壳的非金属部件的相关试验

非金属外壳和外壳的非金属部件需要进行的试验包括耐热耐寒试验、耐化学试剂试验、光老化试验、摩擦起电试验、电容测试试验和接地连续性试验。

1. 耐热耐寒试验

1）耐热试验

当设备最高工作温度不高于 75 ℃时，将样品置入湿度为 90% ±5%、温度高于被试样品最高表面温度（20±2）℃，但至少为 80 ℃的环境中，连续保持 4 周。

当设备最高工作温度高于 75 ℃时，首先，将样品置于湿度为 90% ±5%、温度（95±2）℃的环境中，连续保持 2 周；然后，再将样品置于温度高于最高工作温度（20±2）℃的环境中，连续保持 2 周。

2）耐寒试验

经耐热试验的样品，在室温下静置 24h 后再进行耐寒试验。将完成上述试验的样品置于低于最低工作温度 5 ℃（最多低 10 ℃）的环境中，连续保持 24h。

经过耐热耐寒试验的被试样品应承受抗冲击试验和跌落试验。试验后，被试样品不损坏和出现影响使用性能的永久性变形。

3）耐热耐寒试验测试装备

耐热耐寒试验测试装备主要技术参数见表 53.2。

表53.2　耐热耐寒试验测试设备主要技术参数

仪器设备型号及名称	量程 /℃	准确度 /℃
SRD-03 湿热低温试验箱	−30 ～ +90	± 1
WD4005 低温试验箱	−40 ～ 150	± 3

2. 耐化学试剂试验

1）耐化学试剂试验测试方法

该试验仅适用于 I 类电气设备的非金属外壳和外壳的非金属部件。试验时，试验人员应将 4 个试验样品分成两组分别放入以下试剂中：油和润滑脂及矿用液压油。

样品放入试剂前，试验样品应该严格密封，以防止试剂在试验时进入试验样品内。两个试验样品放置在温度为（50±2）℃、符合国家标准 GB/T 1690《硫化橡胶耐液体试验方法》中规定的 2 号油中，（24±2）h；另外两个试验样品放置在温度为（50±2）℃、含水 35%（体积比）的矿用液压油中，（24±2）h。

试验结束后，试验人员从油中取出试验样品并仔细擦干样品上的油迹，并放置在试验室环境条件下 24h。存放时间结束后，试验样品应做承受抗冲击试验和跌落试验以及其他试验。如果一个或多个外壳试样未通过外壳的相关试验，则应在外壳上标志符号“X”，已表明该样品在使用时不应暴露于特殊化学剂中。

2）耐化学试剂试验测试装备

耐化学试剂试验测试装备重要技术参数见表 53.3。

表53.3　耐化学试剂试验测试设备主要技术参数

仪器设备型号及名称	量程 /℃	准确度 /℃
HH.W21.Cr600 电热恒温水箱	37 ～ 65	± 2

3. 光老化试验

1）光老化试验测试方法

当电气设备在无防光照的条件下使用时，非金属外壳和外壳的非金属部件应该进行防紫外线光照的光老化试验。

该试验应按 GB/T 1043—1993《硬质塑料简支梁冲击试验方法》和 GB/T 2571—1995《树脂浇铸体冲击试验方法》的规定，在标准尺寸为（80±2）mm ×（10±0.2）mm ×（4±0.2）mm 的 6 根试棒上进行。试棒应与实际外壳生产条件和材质相符。

试验通常应按 GB/T 16422. 2—1999《塑料实验室光源暴露试验方法　第 2 部分：氮弧灯》的规定，在一个用氙灯和模拟太阳光过滤系的曝光室中进行。样品在干燥及黑体标准温度为（65±3）℃或黑体温度为（55±3）℃的条件下，不循环曝光，时间应为 1000 ～ 1025h。

经过光照的试验样品，按照国家标准 GB/T 1043—1993《硬质塑料简支梁冲击试验方法》、GB/T 2571—1995《树脂浇铸体冲击试验方法》的规定，在六根试棒上做承受冲击弯曲强度试验。向光照面冲击的冲击弯曲强度应该为光照前的 50％以上；对于试验前不发生断裂就不能测试冲击弯曲强度的材料，试验后试样不允许断裂 3 根以上。

2）光老化试验测试装备

光老化试验测试设备主要技术参数见表 53.4。

表53.4　光老化试验测试设备主要技术参数

仪器设备型号及名称	量程	准确度
游标卡尺 /mm	0 ～ 150	0.02
TET020DF 台式氙灯曝晒机 /℃	52 ～ 68	± 2
XJ-50Z 组合式冲击试验机 /J	1、2、4、5、7.5、15、25、50	—

（本章主要执笔人：沈阳院李冰，刘春富，杨光鸽）

第54章 隔爆型电气设备测试技术

隔爆型是最常见的一种防爆形式，与其他防爆形式的设备相比，具有体积大、技术简单、研发费用低、可满足大功率用电设备需求等特点。测试方法主要依据 GB 3836.2—2010《爆炸性环境 第 2 部分：由隔爆外壳“d”保护的设备》标准。

本章主要介绍隔爆型电气设备测试原理、隔爆型电气设备的外壳耐压及内部点燃不传爆的测试项目和方法，以及目前国内较先进的防爆试验综合配气装置和引入装置密封试验的测试方法和装备。

54.1 隔爆型电气设备测试原理

作为隔爆型外壳应具备以下的 4 个特性。

（1）保护特性。保护特性指应考虑到产品的使用环境，其外壳应能够保证产品在工作时不受外界的环境因素影响。

（2）强度特性。强度特性包含两个方面：一是指隔爆外壳应能承受一定的外部冲击或是碰撞，并且应能保证在受到此类外界因素影响后，其隔爆的特性不应受到破坏；二是指隔爆外壳应能承受住隔爆外壳内部所产生的爆炸压力。

（3）不传爆特性。不传爆特性是指在外壳内部发生爆炸后，防爆外壳应能通过隔爆间隙、接长措施阻止隔爆腔体内部的火焰传播到隔爆外壳外部，进而确保隔爆外壳外部的爆炸性气体环境不被点燃。

（4）其他特性。作为隔爆外壳除了以上的 3 种重要特性外，还应具备散热、防止静电积聚、热稳定等防爆电器所要求的特性。

54.2 隔爆型电气设备测试方法与装备

54.2.1 外壳耐压及内部点燃不传爆测试方法与装备

1. 外壳耐压及内部点燃不传爆测试方法

在进行外壳耐压测试前，首先进行参考压力测定。对用于高于 −20 ℃环境温度的电气设备，试验可在常温下进行。对用于低于 -20 ℃环境温度的电气设备，参考压力应按下列方法之一确定。

（1）所有的电气设备，参考压力应在不高于最低环境温度下进行测量。

（2）对于所有的电气设备，参考压力可在一般环境温度下使用规定的试验混合物，而在提高试验混合物压力条件下进行测定。试验混合物的绝对压力为 P（单位为 kPa），应按式（54.1）进行计算：

$$P = 100\left(\frac{293}{T_{a,min}+273}\right) \tag{54.1}$$

式中，$T_{a,\ min}$ 为最低环境温度。

（3）除旋转电机（例如电动机、发电机和转速计）外的电气设备，包括内部几何结构简单，在空外壳情况下外壳容积不超过 3L，考虑不大可能出现压力重叠的设备，参考压力可在一般环境温度下使用规定的试验混合物，但参考压力按表 54.1 所列试验系数增加。

表54.1　试验系数

最低环境温度 / ℃	试验系数
≥ -20①	1.0
≥ -30	1.37
≥ -40	1.45
≥ -50	1.53
≥ -60	1.6

①：包括设计用GB3836.1—2010规定的标准环境温度范围的设备。

（4）除旋转电机（例如电动机、发电机和转速计）外的电气设备，包括内部几何结构简单，在空外壳情况下外壳容积不超过 10 L，考虑不大可能出现压力重叠的设备，参考压力可在一般环境温度下使用规定的试验混合物，但参考压力按表 54.1 所列试验系数增加。在这种可选择的情况下，过压形式试验的试验压力应增加至 4 倍参考压力。

此外，旋转电机应在静止和旋转状态下进行试验。在旋转状态下试验时，电机可靠自身的电源来驱动，也可通过辅助电动机拖动。转速应至少为电机额定转速的 90%。

过压试验有静压法和动压法两种测试方法。对于动压法，测试压力需大于 1.5 倍的参考压力。

（5）内部点燃不传爆试验。在外壳耐压试验合格之后，用同一台样机进行内部点燃的不传爆试验，其试验间隙应符合 $0.8i_C \leqslant i_E \leqslant i_C \leqslant i_r$ 的要求。各类电气设备的样品内、外爆炸性气体混合物浓度须符合表 54.2 的规定，每个空腔各进行 5 次试验，以均不传爆为合格。

表54.2 内部点燃不传爆试验气体浓度

类、级别	试验气体及混合物浓度（体积比）	试验气体浓度所对应的氧气浓度范围（体积比）
I	（58±1）% CH_4，（42±1）% H_2，（12.5±0.5）%	18.39% O_2 ～ 18.18% O_2
	（55±0.5）% H_2	9.51% O_2 ～ 9.31% O_2
IIA	（55±0.5）% H_2	9.51% O_2 ～ 9.31% O_2
IIB	（37±0.5）% H_2	13.27% O_2 ～ 13.07% O_2
IIC	（27±1.0）% H_2	15.46% O_2 ～ 15.05% O_2
	（7.5±1）% C_2H_2	19.53% O_2 ～ 19.13% O_2

2. 外壳耐压及内部点燃不传爆测试装备

1）基于质量流量控制方法的防爆试验综合配气装置

质量流量控制是一种新兴的流量控制方法。该方法具有流量控制精度高、抗振动干扰能力强等优点。该配气装置以此方法为基础，选择恰当的标准气体配置方案，设计控制算法，控制气体质量流量控制器进行气体比例的调节，从而得到符合标准要求浓度的混合气体。并基于该方法设计防爆试验配气装置。该防爆试验配气装置由煤科总院抚顺研究院研制。

（1）气体质量流量控制的基本原理。采用质量流量法来配比气体的浓度就是利用质量流量控制器的毛细管温差量热原理，即通过毛细管的流量和主管道的流量的比例关系来控制主管道气体的流量。热式质量流量控制采用的原理就是毛细管传热温差量热法。毛细管传热温差量热法基本原理见图 54.1。

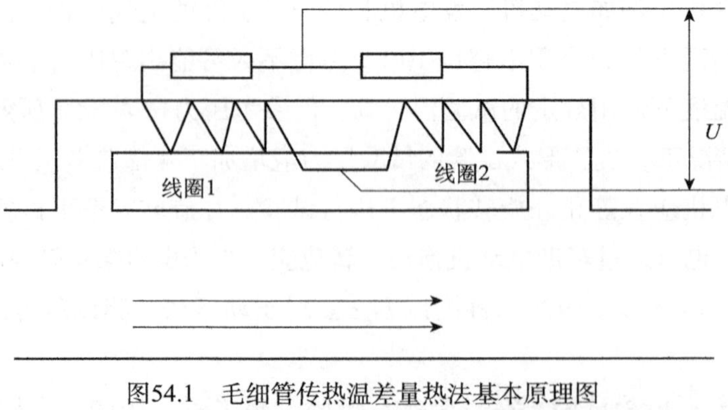

图54.1 毛细管传热温差量热法基本原理图

在气体管道一边开一个倒形的毛细管通道，并在毛细管通道上缠绕两组相同温度下阻值相同的热敏线圈，两个热敏线圈与固定阻值电阻构成测量电桥，当线圈和线圈阻值发生变化时测量电桥的输出电压也发生变化。当热敏线圈通过恒定的电流时，如果管道内没有气体流过，两线圈的温度相同，其阻值也相同，测量电桥输出电压为零。当有气体流过时，气体对热量起携带作用，使得毛细管下游处聚集热量，下游处的热敏线圈的温度高于上游处热敏线圈的温度，从而导致两个热敏线圈的电阻的变化，相应测量电桥的输出电压也发生变化。根据电桥的输出电压可以求得两个热敏电阻的温差值：

$$\Delta(t)=f(U) \tag{54.2}$$

由于供给热敏线圈的加热电流是恒定不变的，两个热敏线圈单位时间内的总发热量是恒定的。可以认为热敏线圈单位时间所发的热量由流体从上游携带到下游导致上下游温差，则流过毛细管道的气体的质量可由式（54.3）求出：

$$M_1=\frac{Q}{C\times\Delta t} \tag{54.3}$$

将式（54.2）代入式（54.3）得：

$$M_1=\frac{Q}{C\times f(U)} \tag{54.4}$$

式（54.2）～式（54.4）中，Q 为总发热量；C 为单位气体的热容量；$f(U)$ 为输出电压变化量；Δt 为温度差；M_1 为气体质量。

所以，要确定毛细管道中流过的气体质量流量，只需获得测量电桥的输出电压即可。可以根据克努曾公式求出管道每秒流过的气体质量：

$$M=\frac{\sqrt{2}\pi}{6}\sqrt{\rho}D^3 p/L \tag{54.5}$$

式中，p 为两端压力差；D 为直径；L 为长度；ρ 为气体密度。

可以求出流经管道质量流量 M_2 与毛细管质量流量 M_1 的比：

$$\frac{M_2}{M_1}=\frac{D_2^3L_1}{D_1^3L_2} \tag{54.6}$$

式中，D_1、L_1 分别为毛细管直径、长度；D_2、L_2 分别为管道直径、长度。

根据以上理论，如果要得到主管道内传输气体的质量流量，只需计算出流经毛线管道的气体质量流量即可。那么，由式（54.6）即可直接求得气体的质量流量。

（2）配气装置的原理及试验流程。质量流量控制器采用传热原理，利用毛细管传热温差量热法，即流体与热源之间热量交换关系来测量流量，其特性是温度压力补偿。放大器将传感器加热电桥测得的流量信号放大，并比较设定电压与放大后的流量监测的电压，再通过调节阀门，控制通过通道的流量，使其达到设定值。

2）可变容积防爆试验槽

可变容积防爆试验槽由煤科总院唐山研究院研制。该试验槽分为单体移动式防爆槽、单体固定式防爆槽和双体组合式防爆试验槽（图 54.2）。主要适用于大型抢险用潜水电机等超长防爆设备的检测检验。

3）超大型防爆试验槽

该试验装置由煤科总院北京研究院研制。它是一个以试验槽体为平台，配套有视频监

图54.2　双体组合式防爆试验槽

视、多点测压、配气装置、试件转运入槽装置、通断电弧点火试验装置的综合性防爆试验槽系统，下面以 ϕ3.7m 槽径的试验槽为例来介绍。

该试验装置主要包括：ϕ3.7m×10m 防爆罐体、PLC 综合控制系统、配气系统及爆炸压力测试系统等部分（图 54.3）。

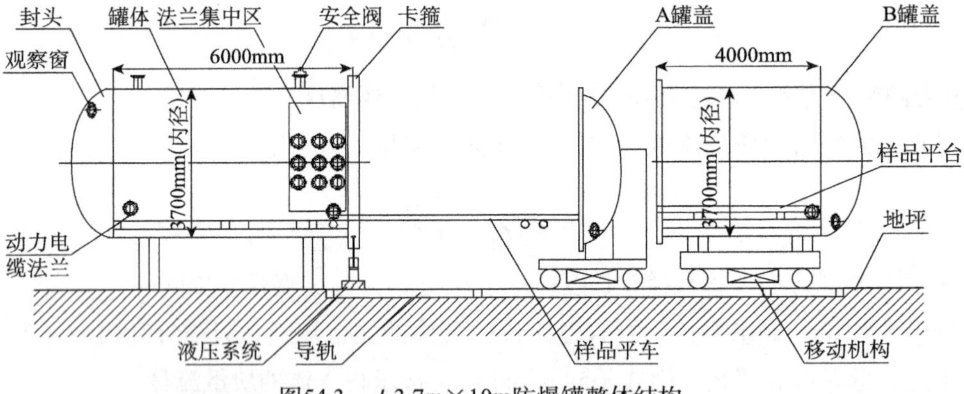

图54.3　ϕ3.7m×10m防爆罐整体结构

54.2.2　引入装置密封试验测试方法与装备

1. 引入装置密封试验测试方法

对于各种类型的电缆引入装置或导管密封装置，这些试验应使用所允许的不同尺寸的密封圈进行。在使用弹性密封圈的情况下，每种密封圈应安装在清洁、干燥、抛光的低碳钢圆形芯棒上，棒的直径等于电缆引入装置或导管密封装置的制造商规定的密封圈允许最小电缆直径。对于非圆形电缆的密封圈，每种密封圈装在清洁、干燥的电缆样品上，其周长等于电缆引入装置的制造商规定的密封圈允许最小值。对于 I 类设备，要求在 2000kPa 压力下最少保持 10 s，试验后吸水纸上没有任何泄露痕迹，则认为试验合格。

2. 引入装置密封试验测试装备

引入装置密封试验装置如图 54.4 所示。

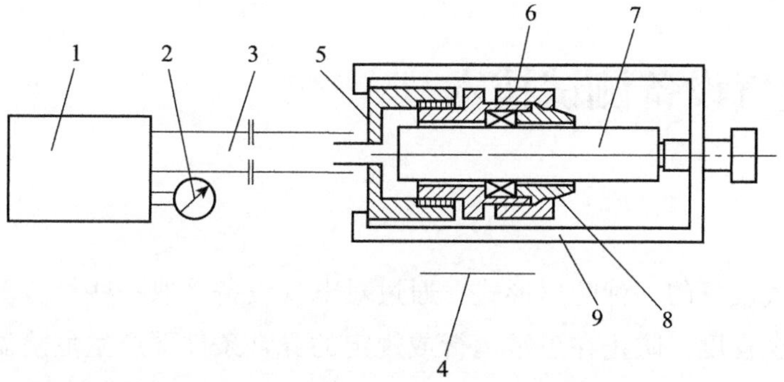

图54.4　引入装置密封试验装置

1. 液压泵；2. 压力表；3. 软管；4. 吸水纸；5. 连接器；6. 密封圈；7. 芯棒/金属护套电缆；8. 压紧元件；9. 固定夹

（本章主要执笔人：沈阳院张维斌，史若彤，刘永明；唐山院陈捷频）

第 55 章 增安型电气设备测试技术

增安型是电气设备的一种防爆形式，通过对电气设备采取一些符合基本要求的附加措施，以提高其安全程度，防止在正常运行或规定的异常条件下产生危险温度、电弧和火花的可能性。测试方法主要依据 GB 3836.3—2010《爆炸性环境 第 3 部分：由增安型“e”保护的设备》标准。

本章对增安型外壳的防爆基本理论进行简单的论述，并列举几种增安外壳的典型安全要求，介绍增安型试验的典型测试方法和技术，如防护试验、温度试验、电气间隙和爬电距离的测试方法等。

55.1 增安型电气设备测试原理

增安型电气设备是指在正常运行时不产生火花、电弧或危险温度的部件上采取适当措施，以提高安全程度的电气设备。增安型设备一般用字母“e”来表示。当设备中线路发生短路时，由于电流的迅速增大，在很短的时间内产生了大量的热量，而又不能及时地进行降温，就会大大超出设备能够承受的温度范围，从而引起火灾或者爆炸。

55.2 增安型电气设备测试方法与装备

55.2.1 外壳防护测试方法与装备

当增安壳体内部装有裸露带电零部件时，其壳体要求至少具有 IP54 的防护等级，当增安壳体内部仅装有固体电气绝缘材料时，其壳体要求至少具有 IP44 的防护等级。

当排水孔或通风孔使防护等级降低至以上规定的外壳防护等级之下时，排水孔或通风孔的详细情况，包括其位置和尺寸，应按照 GB 3836.1—2010 的规定在制造商的说明性文件中给出。带有排水孔和通风孔降低了防护等级的设备，应按照 GB 3836.1—2010 中 29.2e）规定的标志符号“X”，且降低的外壳防护等级应在防爆合格证中注明。

外壳防护的具体测试方法与装备见第 53 章 53.2.1 节力学性能检查与试验中外壳防护等级（IP）试验部分。

55.2.2　温度测试方法与装备

在增安型电气设备中，可能与可燃性气体 - 空气混合物接触的零部件的最高发热温度，是决定电气设备防爆安全性能的一个重要因素。载流零部件，尤其是一些功率元件（如绕组和电热元件）是电气设备的发热源时，其最高发热温度不应该超过增安型电气设备的极限温度。极限温度是保证增安型电气设备安全性能的一个“门槛”。

温度测试方法和装备见第 53 章 53.2.2 节温度试验中最高表面温度试验部分。

55.2.3　电气间隙和爬电距离的测试方法与装备

在增安型电气设备中，电气间隙和爬电距离是提高增安型电气设备电气性能的一项重要指标。所谓电气间隙，是指不同电位的导体之间在空气中的最短距离，与工作电压的有效值有关；所谓爬电距离，是指不同电位的导体之间在绝缘材料表面上的最短距离，不仅与工作电压的有效值有关，而且还与绝缘材料的耐起痕指数等级、表面污染程度有关。

增安型电气设备设计，必要时，设计人员可以在绝缘零件上设置凸筋或凹槽，以增加电气间隙和爬电距离。用于测量电气设备电气间隙和爬电距离的装备主要是游标卡尺和卡钳。具体测量方法如图 55.1 ～图 55.3 所示。

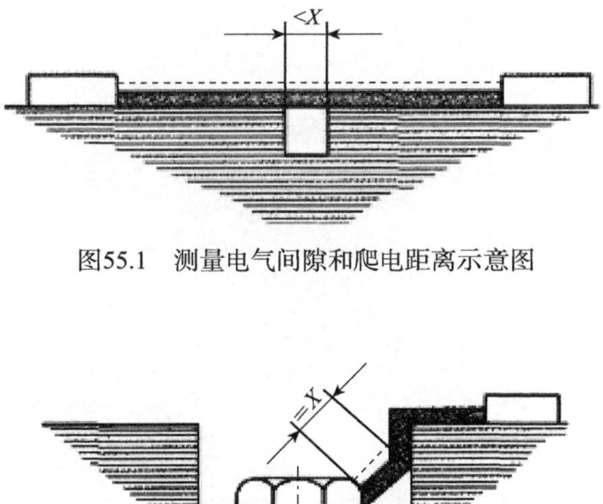

图55.1　测量电气间隙和爬电距离示意图

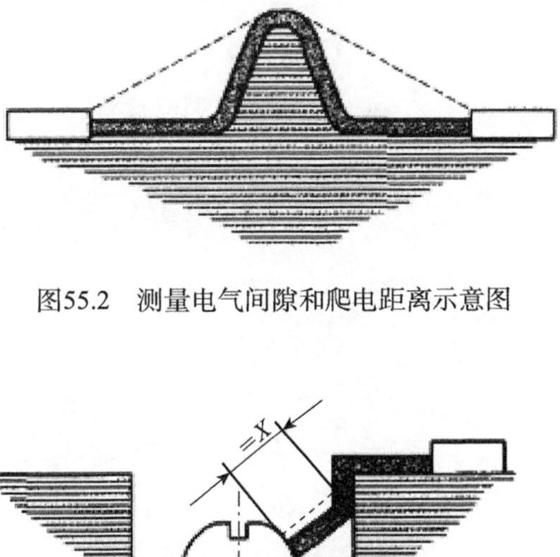

图55.2　测量电气间隙和爬电距离示意图

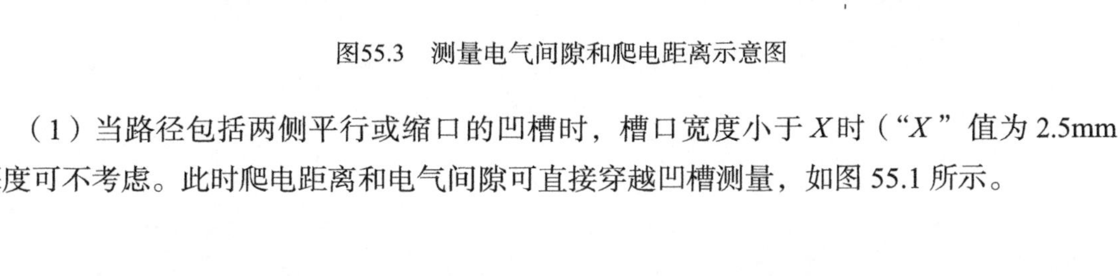

图55.3　测量电气间隙和爬电距离示意图

（1）当路径包括两侧平行或缩口的凹槽时，槽口宽度小于 X 时（“X” 值为 2.5mm），深度可不考虑。此时爬电距离和电气间隙可直接穿越凹槽测量，如图 55.1 所示。

（2）当路径包括凸筋时，电气间隙是越过凸筋顶部的最短直接空气距离，爬电距离沿凸筋轮廓测量如图 55.2 所示。

（3）当螺栓头与凹窝壁之间的间隙较小时，可不计入。在螺栓与壁间的距离等于 X 时，测量爬电距离是从螺栓至壁的长度，如图 55.3 所示。

（本章主要执笔人：沈阳院石磊，陈凡东，黄玄哲）

第 56 章 浇封型电气设备测试技术

浇封型电气设备会大幅度减小产品质量、尺寸，降低生产成本，更安全有效地隔离点燃源与爆炸性环境相接触。在设计“m”型设备时应充分考虑因温度引起化合物体积膨胀对安全性能造成的不利影响。测试方法主要依据 GB 3836.9—2014《爆炸性环境 第 9 部分：由浇封型“m”保护的设备》。

本章主要介绍浇封型电气设备测试原理、浇封型电气设备的典型测试技术、最高表面温度与复合物吸水的测试方法与装备。

56.1 浇封型电气设备测试原理

浇封型电气设备是将可能产生点燃爆炸性混合物的火花或发热的部件封入复合物中，使其在运行或安装条件下不能点燃爆炸性环境。其定义中的复合物是指固化后的热固性物质、热塑性物质、环氧树脂或弹性物质，有或无填充剂和添加剂。

56.2 浇封型电气设备测试方法与装备

56.2.1 最高表面温度试验

1. 最高表面温度试验测试方法

“m”型设备样品应承受该形式试验以确保正常运行时温度不超过标准规定的极限温度。对于“ma”和“mb”保护等级，在标准规定的故障条件下不超过最高表面温度。

对于电机，最高表面温度也可在 GB 755—2008 规定的“A 区”内最不利的实验条件下测定，但要在记录备注中进行说明。

（1）被试样品应按正常使用条件进行安装，不受阳光照射或其他热辐射的影响，且无外来气流的关闭房间内，带外壳的电器应装上外壳试验，不应有非正常的通风孔。

（2）确定大致的发热点：选用红外测温仪或热成像仪多次扫描整个样品，根据产生的热图谱，找到样品上的温度最高点，将此点作为测试的监测点。

（3）确定监测点后，选择合适的测温仪和黏结方法在最高表面温度点和邻近它的两个较高温度点上固定 3 只热电偶，保证测温精度；将热电偶连接至温度记录仪。

（4）开启记录仪监测并存储温度值，当电气设备升温速度不大于 2℃ /h，则认为已达到稳定温度，开始测量所测点温度，记录读数，确定实测最高表面温度；测定结果应按额定状态下最高环境温度进行修正。设备最高表面温度 T= 实测最高表面温度－实测时环境温度 + 产品所规定的最高表面温度（电池等热特性为非线性元件除外）。

2. 最高表面温度试验测试装备

最高表面温度试验的测试装备与通用测试要求中温度试验测试装备基本相同，在试验参数上有所区别，由于篇幅所限，这里不再赘述。

56.2.2 复合物吸水试验

1. 复合物吸水试验测试方法

选取 3 个干燥的复合物样品（参见 GB/T 1034—2008《塑料吸水性的测定》)，样品应为圆形，直径为（50±1）mm，厚度为（3±0.2）mm，在高温箱中干燥到（50±2）℃后佩戴隔热手套取出，样品应先称重，然后浸入温度为 23℃ ±2K 的水中，至少 24h，然后从水中取出擦干，再称重，增加的质量不得超过 1%。

2. 复合物吸水试验测试装备

复合物吸水试验的其他测试装备（图 56.1 和图 56.2）与通用测试要求中非金属外壳和外壳的非金属部件的测试装备基本相同，在试验参数上有所区别，由于篇幅所限，这里不再赘述。

图56.1　智能玻璃恒温水域

图56.2　精密天平

（本章主要执笔人：沈阳院鞠哲，康丽莹，王东）

第 57 章 本质安全型电气设备测试技术

本质安全型电气设备是由本质安全电路组成的电气设备，本质安全型设备与其他防爆形式的设备相比，具有结构简单、体积小、重量轻、造价低，适用范围广，制造维修方便等特点。测试方法主要依据 GB 3836.4—2010《爆炸性环境 第 4 部分：由本质安全型“i”保护的设备》标准。

本章主要介绍本质安全型电气设备测试原理及火花点燃试验、矩形电流脉冲试验等主要测试项目的测试方法与装备。

57.1 本质安全型电气设备测试原理

本质安全防爆起源于 1913 年 10 月 14 日英国威尔士的圣海德煤矿发生的爆炸事故，是英国历史上最严重的矿难。当时，爆炸原因推断是由于电铃设备产生的电火花点燃了积聚的甲烷。经历这次矿难之后，许多国家开始研究确立了“本质安全”这一概念。

本质安全电路的防爆原理就是通过限制电路的电气参数或采取保护措施，以达到削弱电流所产生的热效应及火花、电弧的放电能量，使电路系统无论在正常工作还是故障状态的火花和热效应都不能点燃爆炸性气体混合物。

57.2 本质安全电气设备测试方法与装备

只有通过 GB 3836.1—2010 和 GB 3836.4—2010 中规定的相关试验项目的电气设备，才具有本质安全防爆性能。GB 3836.1—2010 中防爆电气设备的通用测试项目在 54.1 节已做介绍，这里不再赘述。下面重点介绍本质安全电气设备的主要测试项目的测试方法与装备。

57.2.1 火花点燃试验测试方法与装备

1. 火花点燃试验测试方法

火花点燃试验是本质安全电气设备的一个主要测试项目，所有本安电路均应符合火花点燃试验，以验证电路所产生的能量在释放时能否点燃试验气体混合物。

在进行火花点燃试验时，应模拟正常工作和故障条件，根据不同要求对被试电路的试验参数施加一定的安全系数，安全系数应符合 GB 3836.4—2010 附录 A 的规定。施加安全系数是用一种更容易点燃的电路替代原电路，可以提高被试电路的可靠性。

试验时应将被试电路中可能出现开路、短路或接地故障的每一个试验点接入火花试验装置进行引燃试验。火花试验装置应将不同电路引入规定的充满特定爆炸性气体混合物，以模拟设备实际应用时所处危险环境。

2. 火花点燃试验测试装备

本质安全型电气设备的火花能量是通过火花点燃试验装置来考核的，在 GB 3836.4—2010 中对它的一些结构和参数有所规定。

煤科总院抚顺研究院在 2007 年承担国家科技支撑计划课题《重点领域安全生产检测检验关键技术与规范研究》的本质安全系统防爆安全检测关键技术与标准研究过程中，为了提高检测检验手段，根据火花点燃测试技术的需求，研制了能够自动配置试验气体混合物的火花点燃试验装置，见图 57.1。

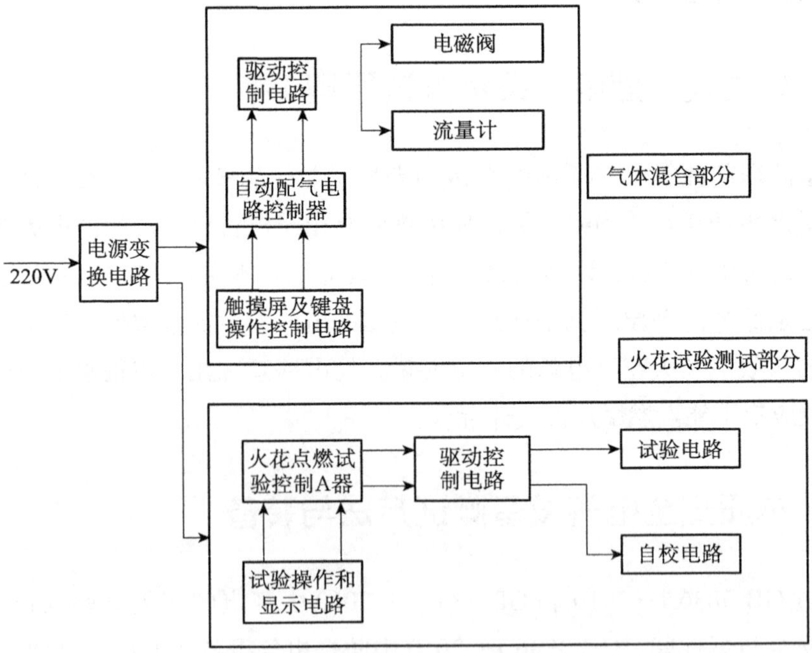

图57.1　火花点燃试验装置原理框图

火花点燃试验装置由计算机实现整个过程的自动控制，触摸屏式操作面板及键盘操作工作模式，增强了试验过程的可视性和可操作性。

火花点燃试验装置采用先进的质量流量控制方法进行混合气体的配置，气体配比浓度为 0 ～ 100％之间任意选择，配气精度能够达到 ±0.1％，实现利用气体的浓度实现试验状态所需的安全系数。同时试验装置的总电阻小于 10 mΩ，在新版标准 GB 3836.4—2010 未颁布实施时已满足 GB 3836.4—2010 中对 3 ～ 10A 试验电流的火花点燃试验的要求。

煤科总院上海研究院研制了一台具有三元配气功能的本质安全火花点燃试验装置。该装置采用实时配气方法，可以根据不同级别的本质安全电路，通过控制氢气和空气的流量比来调配不同浓度的爆炸性混合气体。该装置主要是针对ⅡC级别本质安全电路中要使用三元爆炸性混合气体的要求而研制的三元配气火花点燃试验装置，通过实时精确控制氢气、空气、氧气的流量，配制精度为 ±0.3%。

57.2.2 矩形电流脉冲试验测试技术与装备

1. 矩形电流脉冲试验测试方法

矩形电流脉冲试验的目的是为了验证安全栅或安全分流器能否承受瞬态过程的影响。每一种形式的二极管在其使用方向（齐纳二极管为齐纳方向）都应能承受重复 5 次持续时间为 50μs 或预先击穿时间的矩形电流脉冲试验，每两次脉冲间隔为 20ms。脉冲幅值由 Um 峰值除以熔断器在最低环境温度时的“冷态”电阻（加上电路中串联的可靠电阻阻值）确定。

安全栅或安全分流器应在该试验前和试验后用相同的电流测量二极管电压，测试电流应用元件制造商规定的电流。测量电压之差应不大于 5%。

2. 矩形电流脉冲试验测试装备

试验采用矩形电流脉冲发生装置进行。可自动完成安全栅或安全分流器的试验，并可打印结果。矩形电流脉冲试验装置原理框图见图 57.2。

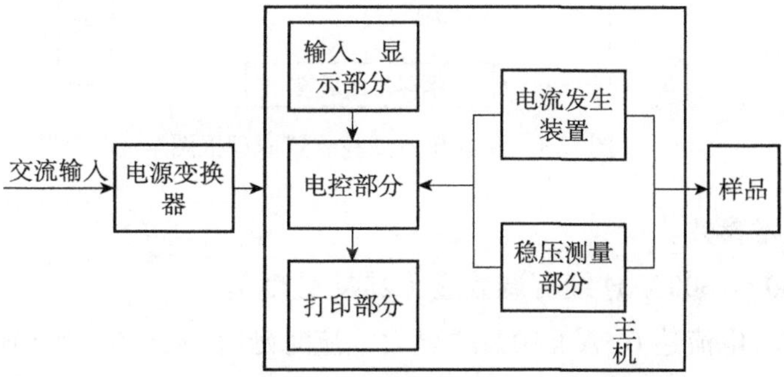

图57.2 矩形电流脉冲试验装置原理框图

57.2.3 相比电痕化指数（CTI）测试方法与装备

1. 相比电痕化指数（CTI）测试方法

GB 3836.4—2010 中表 5 对电压超过 10 V 时的印制电路板等固体绝缘材料的 CTI 即绝缘性均有要求。

试样在环境温度（23±5）℃，相对湿度 50% ±10%条件下，保持至少 24h 后进行试验，将试样水平放在试验支撑台上，调整试样相对高度和电极装置保证电极间相距（4.0±0.1）mm，夹角60°±5°，每一电极施加试样表面的力（1.00±0.05）N。以一选择的水平调节电压，试验直到100滴已经滴下后，至少25s或过流装置动作、发生持续燃烧失效发生。失效发生则降低电压重复试验，未发生则提高电压，重复试验，直至在5个试样上试验滴液的100滴滴下至少25s，试验期间未发生失效。同时，进一步提高25V电压，直至连续五个试样通过50滴试验，此时的电压值即为CTI。

2. 相比电痕化指数（CTI）测试装备

煤科总院抚顺研究院按照GB/T 4207标准要求研制了CTI测试装备。该装备具有简便、准确、可靠、实用等特点。漏电起痕试验装置如图57.3所示。

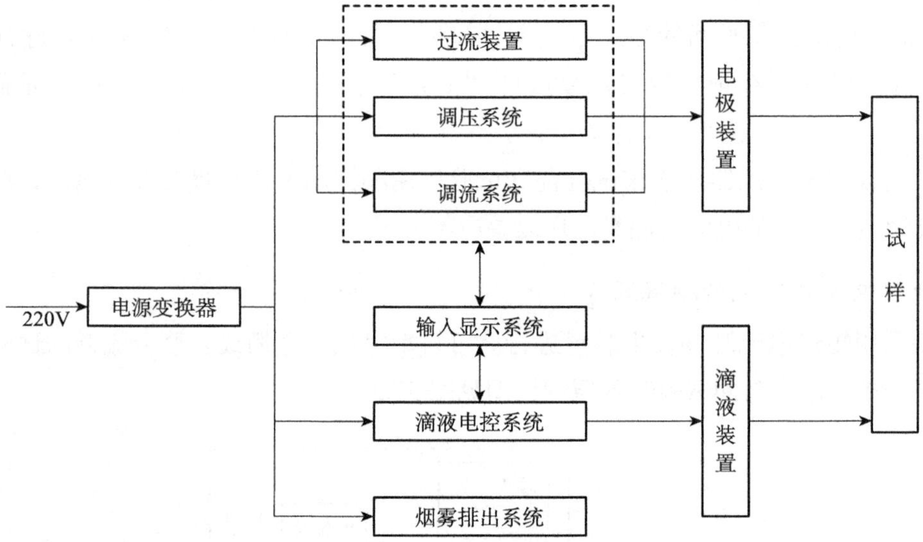

图57.3 漏电起痕试验装置原理框图

该装置主要技术参数。

试验电压：100～600 V连续可调数显（25 V分度）。

起痕判断：试验电流达0.5A±10%或更大电流时延时2s±10%后动作终止试验。

滴液系统：能自动计数（30±5）s，50滴时间为（24.5±2）min。

（本章主要执笔人：沈阳院李仲强，李者，张岩）

第 58 章 粉尘防爆电气设备测试技术

粉尘防爆测试技术广泛适用于工厂等可燃性环境，具有很高的安全性。测试方法主要依据 GB 12476.1—2013《可燃性粉尘环境用电气设备 第 1 部分：通用要求》、GB 12476.4—2010《可燃性粉尘环境用电气设备 第 4 部分：本质安全型“iD”》、GB 12476.5—2013《可燃性粉尘环境用电气设备 第 5 部分：外壳保护“tD”》、GB 12476.6—2010《可燃性粉尘环境用电气设备 第 6 部分：浇封保护型“mD”》、GB 12476.7—2010《可燃性粉尘环境用电气设备 第 7 部分：正压保护型“pD”》等标准。

本章主要介绍外壳保护型“tD”、浇封保护型“mD”、正压保护型“pD”、本质安全型“iD”粉尘电气设备的测试技术。

58.1 粉尘防爆电气设备测试原理

58.1.1 爆炸发展过程

在绝大多数情况下，粉尘爆炸都以爆燃的形式出现。当粉尘层流火焰转变成湍流火焰时，粉尘云中气体被极端压缩而使温度急剧升高。由于颗粒不可压缩性和较大惯性，在先导激波过后的点火弛豫区内气体和粉尘颗粒之间存在温度不平衡，颗粒通过与气体之间对流换热使温度升高。当温度升高至点火温度时，粉尘颗粒开始发生表面燃烧，并释放出热量，使颗粒温度迅速升至最大值，随着颗粒面氧浓度逐渐减小和燃烧速率减慢，颗粒再次通过与气体之间对流换热使两相之间温度逐渐趋于平衡，经一定点火弛豫时间后，粉尘颗粒很容易发生着火。

58.1.2 爆炸特性参数

描述粉尘 / 空气混合物爆炸的特性参数，包含粉尘点火特性参数和粉尘爆炸效应参数。

58.1.3 粉尘防爆电气分类

按照 GB 12476 或 IEC61241 系列标准的要求，可燃性粉尘环境用电气设备可以划分为外壳保护型“tD”、浇封保护型“mD”、正压保护型“pD”、本质安全型“iD”。下面对这几种形式进行简要的介绍。

58.2 外壳保护型“tD”电气设备测试技术

该种形式包括能防止所有可见的粉尘颗粒进入的尘密外壳或不完全能阻止粉尘进入但其进入量不足以影响设备安全运行的外壳。该形式的防爆设备通常规定了两种不同的防爆形式：A 型和 B 型。

外壳保护型“tD”电气设备测试项目。

1）防尘试验

A 型尘密设备应符合 IP6X 的规定，A 型防尘设备应符合 IP5X 的规定，B 型尘密设备与 B 型防尘设备应做热循环试验。

2）耐热试验

耐热试验见 53.2.2 节最高表面温度试验，B 型设备应采用它所存留的最大量粉尘覆盖作为附加条件。

58.3 浇封保护型“mD”电气设备测试技术

浇封保护型“mD”为粉尘防爆电气设备的一种防爆形式。这种形式是将可能产生点燃爆炸性环境的火花或发热部件封入复合物中，使它们在运行或安装条件下避免点燃粉尘层或粉尘云。

选择浇封材料复合物时，应考虑其在正常操作和出现允许故障时变形的情况。

浇封保护型“mD”电气设备测试技术见第 56 章。

58.4 正压保护型“pD”电气设备测试技术

正压保护型“pD”是一种粉尘防爆形式。其通过向外壳内充以保护气体，保持外壳内部高于周围环境的过压，以避免在外壳内部形成爆炸型粉尘环境。其通常所使用的保持过压的气体为空气或惰性气体（包括氮气、二氧化碳、氩气或类似气体）。

正压保护型“pD”电气设备测试技术见第 59 章。

58.5 本质安全型“iD”电气设备测试技术

本质安全型粉尘防爆技术与爆炸性气体环境的本质安全防爆技术相似，是通过限制电路在正常工作或规定的故障状态下释放的任何电能、热能或辐射能均不能点燃所处的爆炸性粉尘环境。

本质安全型粉尘防爆电气设备，必须采取措施把任何可能产生电火花的部件，或可能产生高于规定温度限值能够点燃粉尘云及粉尘层的部件，放置在一个能足以防止粉尘进入的外壳内，并且限制电路的能量，避免设备产生的电弧、火花或高温点燃可燃性粉尘。粉尘的点燃温度与粉尘的性能、粉尘存在状态、粉尘层的厚度和热源的几何形状等有关。可能堆积粉尘或可能与粉尘云接触的电气设备，表面温度必须低于粉尘的点燃温度限值。

经试验研究证明，本质安全型粉尘防爆电气设备放电火花能量的控制，粉尘云的点燃能量都远高于Ⅱ B类爆炸性气体混合物的点燃能量。因此，对于粉尘环境用电气设备（Ⅲ类），与爆炸性粉尘环境直接接触的本质安全设备电路应至少达到爆炸性气体环境Ⅱ B类设备的防点燃火花能量限值要求，并具有足够安全系数。

由于导电部件可能削弱本质安全性能，如任何类型的粉尘都可能减小可靠的爬电距离，所以设备外壳应满足GB 4208—2008所规定的至少IP 6X防护等级要求。

本质安全粉尘电气设备除火花点燃试验、外壳防护要求与爆炸性气体环境用本质安全型电气设备的要求有些差别之外，其余测试技术基本与气体环境用本质安全型电气设备要求相同，而且其测试装备也与爆炸性气体环境用设备基本相同。可以参考GB 12476系列和GB 3836系列相关标准要求。

（本章主要执笔人：沈阳院朱世安，吴北平；北京院赵伟）

第59章 爆炸性环境用其他防爆型式电气设备测试技术

随着电气设备防爆技术突飞猛进的发展，经过广泛的实践和总结，逐步形成了适用于电气设备的各种防爆技术，并形成了相关技术标准，如GB 3836.5—2004《爆炸性气体环境用电气设备　第5部分：正压外壳型“p”》，GB 3836.6—2004《爆炸性气体环境用电气设备　第6部分：油浸型“o”》，GB 3836.7—2004《爆炸性气体环境用电气设备　第7部分：充砂型“q”》和GB 3836.8—2014《爆炸性环境　第8部分：由“n”保护的设备》等。

本章主要介绍正压型、油浸型、充砂型及无火花型的防爆原理及结构以及相关的测试技术及装备。

59.1 正压型电气设备测试技术

59.1.1 正压型电气设备测试方法

1. 正压型电气设备测试原理

正压型电气设备，用符号“p”表示，就是对电气设备内充入具有一定压力的保护型气体，使它内部可能产生火花、电弧和危险温度的电气元器件处于保护性气体之中，这样，这些元器件就不会发生点燃爆炸性气体混合物的危险。

这种防爆形式按照保护水平可以分为3个保护等级：px型正压保护、py型正压保护和pz型正压保护。

正压保护实质上并不是仅指正压型电气设备，还应该包括与设备连接的保护性气体的输送管道、保护性气体的供气源以及相应的自动检测装置。它是一个系统的保护体系。

2. 正压型电气设备结构及安全要求

按照设备的结构、功能和正压保护形式的不同，可以分类为静态正压型电气设备和非静态正压型电气设备；对于非静态正压型电气设备又可以分为内含释放源的正压型电气设备和不含释放源的正压型电气设备。

3. 正压型电气设备测试项目

1）最高正压试验

正压型电气设备应该承受最高正压压力试验。试验时，试验人员应该对正压外壳（包括输送管道和连接件）施加一个试验压力：1.5 倍的最高正压或 200Pa 压力中较大的压力值。施加压力的时间为 2min。试验后，正压外壳不应发生影响其正压保护性能的永久性变形。

2）最低正压试验

试验时，试验人员应用制造商规定的最低流量对正压外壳供给保护性气体，在可能出现泄漏的部位，尤其是可能出现最低压力处测量外壳内的压力。对于旋转电机，试验应分别在停机和以最大额定转速运行这两种情况下进行。

3）泄漏试验

泄漏试验分为两种情况：非静态正压型外壳的泄漏试验和静态正压外壳的泄漏试验。

对于非静态正压型外壳试验时，试验人员应将正压外壳内的正压值调整到正压型电气设备正常运行时的最大压力值，然后封闭排气口，在进气口测定泄漏流量。

4）自动安全装置动作可靠性试验

试验时，试验人员应将设备调整到正常运行状态，然后人为调节某个自动安全装置的整定值偏离规定值，观察正压保护系统的动作情况。

59.1.2 正压型电气设备测试装备

正压型电气设备的测试装备与通用测试要求基本相同，在试验参数上有所区别。

59.2 油浸型电气设备测试技术

59.2.1 油浸型电气设备测试方法

1. 油浸型电气设备测试原理

油浸型电气设备通常用符号“o”（oil-immersion）表示。这种防爆形式的电气设备是通过将电气设备内带电元器件浸入保护油中，避免这些元器件暴露在可燃性气体中来实现防爆的。为了预防保护油发生分解，所以设备内的带电元器件不应该产生放电火花、电弧或危险温度，而且，保护油应该是绝缘的、不易燃的液体。

2. 油浸型电气设备结构及安全要求

1）保护油

这种防爆形式中使用的保护油，通常情况下，应为矿物油。

2）结构

油浸型电气设备的外壳是容纳保护油的重要容器，必须具有很好的密封性能。油浸型外壳还应该设置油位指示器。油位指示器应该能够显示最高允许保护油位、在规定的温度条件下制造商允许的填充油位和最低允许保护油位。此外，油浸型外壳还分为密封式外壳和非密封式外壳。

3. 油浸型电气设备测试项目

1）密封式外壳的过压试验和降压试验

在进行密封式外壳的过压试验时，试验人员应将泄压装置泄压口密封起来，以 1.5 倍泄压装置整定值的压力施加到已经充油到最低允许保护油位的外壳中。压力施加时间至少为 60s。

若试验期间外壳不发生有害的变形，便认为外壳通过了试验。

在进行密封式外壳的降压试验时，试验人员应使用不充油的外壳，在完全密封的情况下进行试验。压力的降低值至少相当于保护油从最高允许保护油位下降到最低允许保护油位的压力变化值。

当外壳达到降压值时，试验外壳应在试验环境中保持 24h。假若压力在 24h 后上升不超过降压值的 5%，则认为外壳通过了试验。

2）非密封式外壳的过压试验

在进行非密封式外壳的过压试验时，试验人员应该将呼吸装置密封起来，并将外壳内的保护油的油位调整到最高允许保护油位，然后向外壳施加 1.5 倍大气压力的压力值。压力施加时间至少为 60s。

若试验期间外壳不发生有害变形，便认为外壳通过了试验。

59.2.2 油浸型电气设备测试装备

油浸型电气设备的测试装备与通用测试要求基本相同，在试验参数上有所区别。

59.3 充砂型电气设备测试技术

59.3.1 充砂型电气设备测试方法

1. 充砂型电气设备测试原理

它常用符号“q”表示。它是将电气设备的电气元器件固定在设备外壳内的适当位置，用填充材料将这些元器件掩埋起来，以防止它们点燃外部的可燃性气体——空气混合物。

2. 充砂型电气设备结构及安全要求

1）填充材料

对于充砂型防爆结构选用合适的材料是至关重要的。

目前，常常选用纯净的石英砂粒或石英玻璃颗粒作为填充材料；颗粒的粒度为 0.5 ～ 1mm。

2）外壳结构

充砂型电气设备的外壳应该具有一定的机械强度，通常情况下，充砂型外壳是由薄钢板或塑料制成的。充砂型电气设备外壳的所有连接部位的最大间隙，都应该至少比所用的填充材料的最小尺寸小 0.1mm。这样可以防止填充材料发生外漏。

3. 充砂型电气设备测试项目

1）外壳机械强度试验

充砂型电气设备外壳的机械强度试验应该在设备的正常装配状态下进行，也可以在外壳内没有填充填充材料的空外壳上进行。

在试验时，试验人员应对外壳充以 0.05MPa 的过压，历时 60s。外壳上任何尺寸都不发生超过 0.5mm 的永久性变形则为合格。

2）外壳最高温度测试

充砂型电气设备外壳的最高温度试验适用于将熔断器作为限温保护装置的情况。

在试验时，试验人员应以不超过 1.7 倍熔断体额定电流的连续电流通过熔断器电路。当熔断器动作时测量此时外壳外表面和距离外壳内表面 5mm 范围内的填充材料的温度。

所测的温度不大于相应温度组别的温度值则为合格。

59.3.2 充砂型电气设备测试装备

充砂型电气设备的测试装备与通用测试要求基本相同，在试验参数上有所区别。

59.4 “n”型电气设备测试技术

59.4.1 “n”型电气设备测试方法

1. “n”型电气设备测试原理

“n”型电气设备是一种使用在爆炸性气体环境中 2 区的电气设备。

2. “n”型电气设备结构及安全要求

“n”型电气设备在正常运行工况和规定的异常情况下运行时，不应该产生操作火花、电弧或危险温度，即使产生了火花、电弧或危险温度，在自身的保护措施作用下也不能点燃它周围的爆炸性气体环境。

1）结构

（1）外壳材质。“n”型电气设备外壳的制作材料没有什么特殊之处，都是采用普通工业电气设备的材料。当采用塑料材料来制作外壳时，塑料材料的热稳定曲线 20000h 点的温度指数（TI）应该比设备外壳上最热点的温度至少高出 10 K。而且，这种塑料材料还应该进行耐热耐寒试验以及耐光老化试验。塑料外壳还应该具有防静电性能。

（2）电气连接。当“n”型电气设备的额定电压超过 750 V 时，电缆引入装置应采用浇封式电缆密封盒。此外，电缆在进入引入装置时，还应该用相应的固定方法固定起来。

2）温度限制

“n”型电气设备运行环境温度为 -20 ～ +40 ℃，并按照最高表面温度来划分温度组别。

3.“n”型电气设备测试项目

1）外壳的综合试验

“n”型电气设备的外壳应该分别进行下列试验。试验人员应按照耐热耐寒试验 - 机械强度试验 - 防护等级试验（塑料外壳），或者机械强度试验 - 防护等级试验（金属外壳）的顺序进行相应的试验。

2）引入电缆的夹紧试验

“n”型电气设备的引入电缆应该进行夹紧试验，以考核电缆引入环节的密封效果。

59.4.2 “n”型电气设备测试装备

“n”型电气设备的测试装备与通用测试要求基本相同，在试验参数上有所区别。由于篇幅所限，这里不再赘述。

（本章主要执笔人：沈阳院张宏福，王慧，潘雅楠；上海院李斌）

第十五篇　电磁兼容测试技术

电磁兼容（electromagnetic compatibility，EMC）是矿用电气设备的重要安全性能指标之一。电磁兼容是指设备或系统在其电磁环境中符合要求运行并不对其环境中的任何设备产生无法忍受的电磁干扰的能力。电磁兼容包括两个方面的要求：一方面是指设备在正常运行过程中对所在环境产生的电磁干扰不能超过一定的限值；另一方面是指设备对所在环境中存在的电磁干扰具有一定程度的抗扰度，即电磁敏感性。

随着工业电气化和微电子技术的进步，煤矿机电设备电压越来越高，功率越来越大，控制系统越来越精密，监控系统的灵敏度越来越高，通信电子系统越来越朝高频、高速、高精度、复杂化的方向发展。煤矿井下空间有限，不同种类设备同时工作形成了复杂的电磁环境。电力电子设备中非线性器件的广泛应用带来大量干扰，对井下供电电网和电磁环境等产生了不可忽视的电磁污染和高次谐波。如运输、提升及综采等大功率电气设备启停会产生浪涌、快速脉冲群、电压跌落等干扰；软启动器、变频变流设备通过供电网传导和空间辐射的方式会干扰机电控制系统、监控系统和通信系统的正常工作；工作频率越来越高的监控系统和通信系统也会对附近的设备造成干扰，井下的电磁环境不断恶化。另外，控制系统、监控系统和通信系统的电路精细化导致敏感程度增加，受到电磁干扰问题日益严重。电磁干扰严重影响井下电控系统和各类监控系统的可靠稳定工作，严重的会导致自动控制系统误操作、监控系统误报警甚至设备损坏等情况。尤其是安全监控系统受到干扰，频繁出现的“冒大数”、误报警等不稳定现象，极大地破坏了监控系统的可信度，影响到了生产的安全。行业内也制定了相关的强制标准，安全监控系统必须满足电磁兼容的要求。控制井下电磁干扰水平，适当要求矿用电气电子设备具备电磁兼容性能，对提高设备工作的可靠性、保障安全生产是很有必要的。

20 世纪 60 年代以来，美、德、英、法、日等国开始研究电磁兼容标准与规范，目前在 EMC 分析预测、设计、测量及管理等方面均达到很高水平。实验室配备了高精度的电磁干扰（EMI）和电磁敏感度（EMS）自动测量系统，可进行各种系统间的 EMC 试验，并开发出系统内和系统间的各种 EMC 计算机分析程序。我国从 20 世纪 80 年代开始重视 EMC 问题。目前与这些国家相比还有差距，尤其是管理规范和设计规范较为缺乏。煤科总院在 80 年代末开始研究电磁兼容测试技术，1990 年完成 MT209—1990、MT210—1990 煤矿通信、检测、控制用电工电子产品通用技术要求和基本试验方法的起草工作，初步确定了煤矿行业通信、检测、控制用电工电子产品的电磁兼容性要求和试验方法。但由于当时行业产品整体设计水平不高，且实验条件不完备，相关标准中电磁兼容部分实际未能有效执行。近年来国家有关部门对电磁兼容十分重视，在电磁兼容标准与规范制定实施方面有了较大进展。为监督提高产品质量，不同行业针对军用、家电、医疗、汽车电子、信息类设备等建了 EMC 实验室，引进较先进的 EMI、EMS 自动测量系统和设备，具备了 EMC 测量和试验的能力。2016 年在国家项目的支持下，煤科总院北京分院建了具备煤炭行业特色的 EMC 实验室，包括 10 米法半高电压电波暗室、3 米法全电波暗室、电气负载平台、大功率抗扰度测试系统等设备，具备最高电压 10kV、最大功率 3MW、最高频率 40GHz 产品的电磁兼容测试能力，可以满足目前行业内电气电子产品的电磁兼容测试需求。其中 10 米法半电波暗室的被测设备工作电压、功率等指标达到了国际先进水平。

本篇主要介绍电磁兼容的测试条件、电磁兼容通用测试技术以及常见矿用电气电子设备的测试方法。

第 60 章 电磁兼容通用测试条件

进行电磁兼容测试需要具备一定的环境条件，不同的试验项目要求的电磁环境条件不同。由于环境周围空间中充斥着电磁波，做电磁兼容测试首先需要给设备提供一个比较“干净”的电磁环境，以免由于环境中电磁波的存在影响到测试结果，同时也可避免试验中产生的电磁能量危及人身安全。

60.1 测试环境

EMC 辐射类测试实验要求在开阔场、半电波暗室、全电波暗室中进行。随着电子设备成倍增长，周围的电磁噪声水平不断升高，找到电磁辐射强度很低的开阔场非常不容易，大部分实验室都是在屏蔽室或电波暗室中开展 EMC 实验。屏蔽室是一个封闭的金属六面体，对电磁波起隔离作用；电波暗室在屏蔽室基础上敷设了吸波材料，又分为两种结构形式：半电波暗室是在屏蔽室的五个面上敷设吸波材料，地面是金属反射面；而全电波暗室是在屏蔽室的六个面上都敷设吸波材料。一般来说，屏蔽室用于传导发射和传导敏感度测试，半电波暗室用于辐射发射测试，全电波暗室用于辐射敏感度测试。

煤科总院北京分院建立了功能完善的电磁兼容实验室，包括一个 10 米法半电波暗室和一个 3 米法全电波暗室及测试屏蔽室等，如图 60.1 所示。由于煤矿电气设备供电的特殊性，以及功率、质量、带载等要求，需要在配备高电压供电及负载条件的大型电波暗室中进行，通信、控制等模块和小型电气电子设备可在 3 米法暗室中进行测试，传导类的测试在屏蔽室中进行。

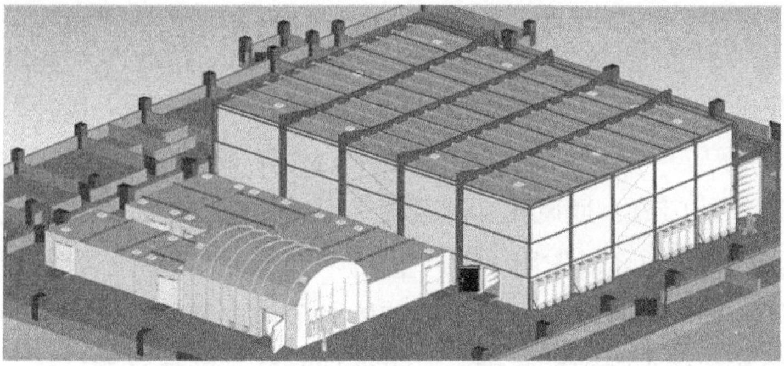

图60.1 暗室三维示意图

60.1.1 屏蔽室

屏蔽室是由金属构成的六面体封闭房间，主要的作用在于隔离室内室外的电磁波，一方面限制被测设备内部辐射的电磁能力泄漏出去，另一方面防止外来的电磁辐射干扰进入到室内，保证测试工作不受外界的电磁干扰的影响，如图 60.2 所示。

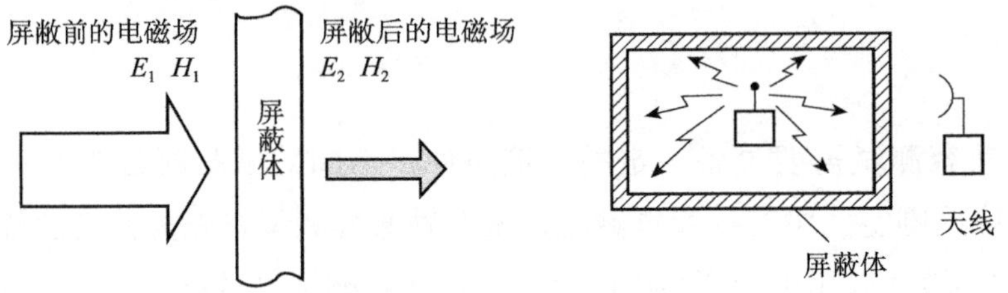

图60.2 屏蔽体屏蔽原理

电磁场屏蔽的原理主要是基于电磁波传播遇到金属屏蔽体时产生波反射和波吸收的机理。屏蔽体的有效性是用屏蔽效能来度量的。屏蔽效能定义为：在电磁场中同一地点没有屏蔽存在时的电磁场强度 E_1 与有屏蔽时的电磁场强度 E_2 的比值，它表征了屏蔽体对电磁波的衰减程度。由于屏蔽体能将电磁波的强度衰减很大，因此通常用分贝来表述屏蔽效能。屏蔽效能测试如图 60.3（a）、（b）所示，图 60.3（a）表示没有屏蔽体时天线距离为 d 的电场强度，图 60.3（b）表示有屏蔽体时再次测试电场强度，二者的比值即为屏蔽效能。屏蔽室的屏蔽效能测试按照 GB/T12190 电磁屏蔽室屏蔽效能的测量方法进行。

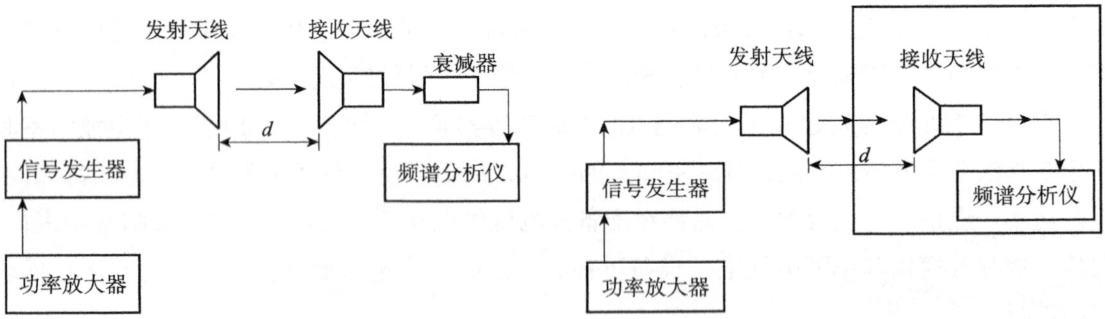

（a）无屏蔽体时　　（b）有屏蔽体时

图60.3 测试屏蔽效能示意图

屏蔽效能是电磁波频率的函数，大部分金属材料都可以提供 100dB 以上的屏蔽效能（表 60.1），但在实际应用中屏蔽室却很难达到这么高的屏蔽效能。实际的屏蔽效能如表 60.1 所示。屏蔽室的门缝、通风孔、屏蔽板之间的缝隙都会造成电磁波的泄漏。而穿过屏蔽体的线缆对屏蔽效能的降低作用更为严重。所以保证屏蔽室的屏蔽效能关键在于两点：一是要保证屏蔽体的导电连续性，即整个屏蔽体必须是连续的导电体，一般在缝隙处加导电衬垫或者簧片的方式减小缝隙的长度；二是处理好穿过屏蔽室的导体。屏蔽室中所有的电缆包括电源线、信号线或者控制线等都需要通过滤波器隔离后引入。

表60.1 暗室及屏蔽室的屏蔽效能SE

频率	屏蔽室 /dB	场
10kHz	≥ 80	磁场
100kHz	≥ 100	磁场
1MHz	≥ 100	电场 / 平面波
100 ～ 400MHz	≥ 110	电场 / 平面波
1GHz	≥ 110	微波
10GHz	≥ 100	微波
18GHz	≥ 100	微波
40GHz	≥ 90	微波

60.1.2 半电波暗室

半电波暗室用于辐射类电磁兼容测试。对于大型设备的电磁兼容测试需要在 10 米法的暗室中进行，即测试天线与被测设备距离为 10m。

1. 半电波暗室的组成结构

半电波暗室的外墙是一个由全金属结构组成的封闭六面体。这个全金属的结构就是屏蔽室，可起到屏蔽作用。在屏蔽室内部除地板外，其他面都铺设了吸波材料，如图 60.4 所示。半电波暗室中五面贴吸波材料，其测试环境是要模拟开阔试验场的传播条件，地平面

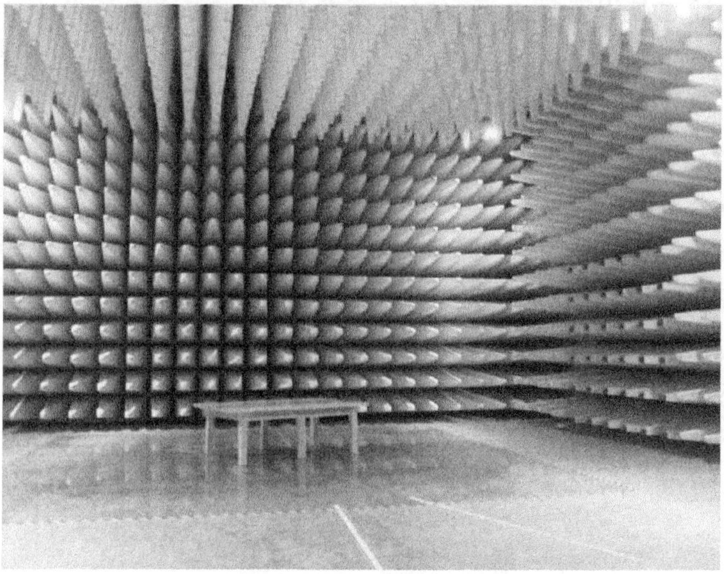

图60.4 半电波暗室内吸波材料

是电磁波唯一的反射面，墙壁和天花板对电磁波是吸收面。这样电波在暗室中传播只有直射波和地面反射波。作为室外开阔试验场地的替代场所，半电波暗室已被国内外标准所认可，成为应用广泛的 E M C 测试场所。

半暗室的墙壁和天花板都敷设了吸波材料。这种材料制成尖劈状，有助于吸收电磁波。尖劈型吸波材料的反射率与长度和暗室的工作频率有关，材料吸波性能越好，暗室的场强测量不确定度越小。

半电波暗室的地面是理想反射面，对地平面的要求是平整无凸凹，缝隙尽量小。接地线和电源线要靠墙脚布设或在地板下方走线。门、通风波导窗、监视器、照明灯、电源箱等辅助设备都应尽可能放在主反射区之外，并覆盖吸波材料。避免任何金属部件暴露在主反射区。

暗室墙壁的金属结构屏蔽了外界的电磁干扰，但除此之外，进出暗室的电源线和信号线都需经过滤波器防止电磁干扰耦合到线缆上而影响测试结果。暗室和控制室各自采用独立的供电系统，使用不同相的电源，经过各自的滤波器，以避免控制室的干扰通过电源线进入暗室内。

为减少试验场地环境对 EMI 测量结果的影响，提高测量的复现性，在试验区域内不能放置与辐射发射和辐射敏感度测试无关的物体，包括不必要的设备、电缆、桌子、椅子及储物柜等，测试时与试验无关的人员也必须在电波暗室外。这样可以尽量减少邻近物体对天线的加载效应，减小电波暗室内由于邻近物体和人员的位置变化引起的电磁波传播的多径效应。

2. 暗室的尺寸

暗室尺寸设计也是以开阔试验场的要求为依据，测试距离 R 为 3m、10m，分别对应 3 米法电波暗室和 10 米法电波暗室。由于要对半电波暗室进行归一化场地衰减的测试和评定，要求发射天线的最大高度为 2m。进行 3 米法测试时，接收天线的高度要求在 1 ～ 4m 范围内改变；如采用垂直极化天线，还应在 4m 上加天线上半部尺寸和天线端与暗室顶部吸波材料尖端间的距离 0.25m。进行 10m 法测试时，接收天线高度要求在 2 ～ 6m 范围内改变，所需测试空间高度较大。暗室的试验区域是一个椭圆形，被测设备和天线分别位于椭圆形的两个焦点上，焦点间距离为 R，其中椭圆形的短轴为$\sqrt{3}R$，长轴为 $2R$，见图 60.5。最终设计暗室的外形尺寸（长 × 宽 × 高）为 25m × 18m × 9m。

由于煤炭电气设备体积庞大、电压等级高，在 10m 暗室中设计了 7m 直径的转台，并在转台上放置了高压接口。

3. 暗室的指标参数

半电波暗室的主要性能指标以归一化场地衰减（NSA）和测试面场均匀性（FU）来

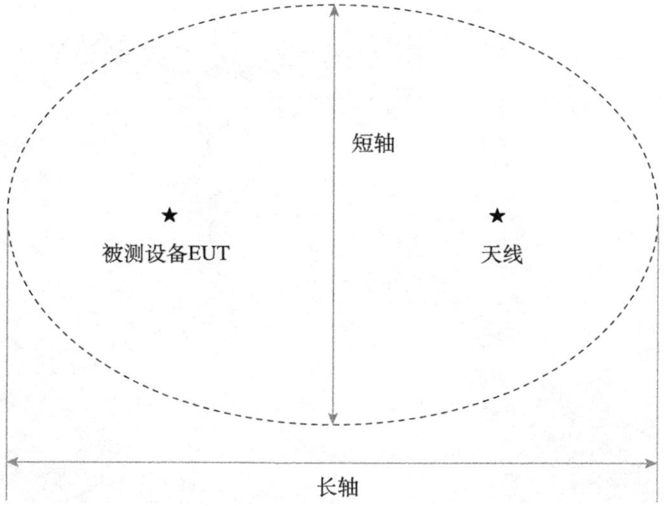

图60.5　暗室试验区域示意图

衡量。暗室在完成屏蔽壳体的建造后，按照 GB/T 12190 进行了屏蔽效能的测试。在粘贴吸波材料后，进行归一化场地衰减和测试面场均匀性的测试。在标准 CISPR16-1-4 ANSI C63.4、CISPR22 中规定了评估电波暗室性能的归一化场地衰减值和测试方法。场地衰减定义为输入到发射天线上的功率与接收天线负载上所获得的功率之比。暗室的归一化场地衰减值与理论值的偏差在 ±4dB 以内是合格场地的必要条件。在场地确认时用双锥天线或者对数周期天线进行测量，并考虑到受试设备具有一定的体积，需要对受试设备所占空间进行多点的测试，一般要包括 5 个位置、2 个高度和 2 种极化的不同组合进行测试。场面均匀性是评估被测设备放置区垂直平面的场强均匀性。最大和最小差值应小于 6dB，即认为场地的测试面场是均匀的。暗室敷设吸波材料的电波吸收性能、反射地面的平整度、地面接口板缝隙的位置和大小方向等都会影响到暗室的性能指标。

对在屏蔽试验室进行的 EMC 试验，考虑到由于被测设备（equipment under test，EUT）及辅助设备的放入，可能对电磁环境造成影响，所以正式测试前，在 EUT 断电辅助设备通电的情况下，先对电磁环境电平进行测试，测得的电磁环境电平至少要低于标准规定的极限值 6 dB。电源线上的环境传导电平应在断开 EUT 接上一个阻性负载的情况下测量，此负载应具有与 EUT 相同的额定电压。

60.1.3　全电波暗室

全电波暗室是六面贴吸波材料的屏蔽室，模拟自由空间传播环境，如图 60.6 所示。全电波暗室用于辐射抗扰度和辐射杂散的测量。全电波暗室主要的指标包括自由场归一化场地衰减（FAR）、场地电压驻波比（SVSWR）及工作频率等。

全电波暗室是内表面全部装有吸波材料的屏蔽室。用来模拟自由空间的传播环境。全电波暗室完全摒弃了平面大地干涉原理，解决了半电波暗室固有的许多缺陷。同时由于模

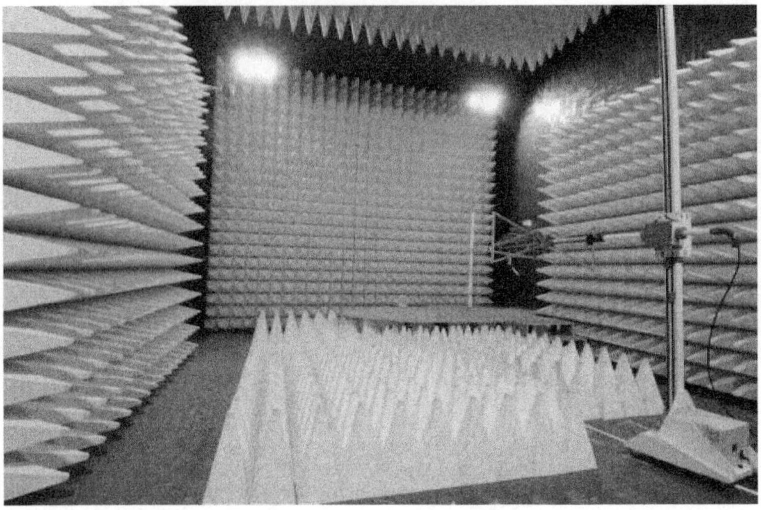

图60.6　全电波暗室内吸波材料

拟自由空间，没有反射的发生，不存在干涉模型，对水平极化、垂直极化的一致性较好。全电波暗室多应用于小设备的高频性能测试。

60.2　煤炭设备电磁兼容测试环境的特点

煤炭行业的电气设备与地面应用电气设备相比较有较大不同，其电磁兼容测试环境具备一定的特殊性。

60.2.1　对测试环境的电源负载条件要求高

煤矿电气设备电压等级多，从 127V 一直到 10kV；电气设备功率大，单体电气设备功率已经达到几兆瓦。测试地面设备的通用电磁兼容实验室的标准供电电压 380V，国内罕有达到 690V 供电电压的。这种通用的电磁兼容实验室无法满足煤炭行业电气设备的测试要求。煤科院北京分院设计的电波暗室电压最高达到 10kV，并覆盖所有煤矿设备电压等级如 6kV、3.3kV、1140V、660V 及 127V 等。为了模拟电气设备的工作状态，为被测电气设备尤其是变频类装置提供加载装置功率最大可达到 3MW。为此设计了一个高电压切换屏蔽室进行输入和输出电源的切换；利用柔性电缆和能量传递链条在转台上实现了高电压大电流的输入和输出接口，填补了国内空白，达到国际先进水平。

60.2.2　井下应用设备类型繁多

几乎地面上应用的通信、监测、自动控制等电子电气设备在井下都有应用。一方面设备尺寸重量差距大，一方面设备频率覆盖宽。北京分院的电磁兼容实验室设计考虑了兼顾各种类型设备，10 米法电波暗室配备了直径 7m 的转台、静区高达 3m、承重 20t，适用于重型矿用电气设备的测试；3 米法电波暗室的工作频率达到 40GHz，适用于各种小型无线通信设备的电磁兼容测试。

60.2.3 煤矿井下的设备质量大

为满足测试要求，10 米法电波暗室的最大承重能力达到 20t，能满足井下设备测试要求。

（本章主要执笔人：北京院辛中华，赵伟，李长坤）

第61章 电磁兼容通用测试技术

根据电磁兼容性的定义，电子产品或设备电磁兼容性能的评价测量包括两方面，其中评估产品对外界产生不良电磁干扰影响的是电磁骚扰测量，评估产品不能对外界电磁干扰过度敏感的是抗扰度试验。电磁骚扰（EMI）是指装置、设备或系统对外发出的非有用电磁信号。电磁兼容抗扰度（EMS）是指装置、设备或系统面临电磁骚扰不降低运行性能的能力。

电磁骚扰的传播形式一般有两种：一是以电流的形式沿着导体传播；二是以电磁波的形式从空间传播。前者称为传导电磁骚扰，后者称为辐射电磁骚扰。因此，根据传播形式的不同，电磁干扰发射可以分为传导发射和辐射发射，敏感度也可分为传导敏感度和辐射敏感度。根据这些特点，EMC包括四类测试项目，即辐射发射、传导发射、辐射抗扰度和传导抗扰度项目。骚扰发射是测量被测设备通过电缆或者空间向外发出的干扰。抗扰度试验则测量装置或产品防范来自线缆或空间的电磁干扰的能力。抗扰度所涉及的干扰类型可能是连续波，也可能是几种规定波形的脉冲信号。

61.1 电磁兼容传导骚扰测试

电磁兼容传导骚扰是指测量设备通过传导的方式向外发射的干扰。主要参考测试标准包括GB/T 6113.201《无线电骚扰和抗扰度测量设备和测量方法规范 第2-1部分：无线电骚扰和抗扰度测量方法 传导骚扰测量》、GB/T 6113. 202《无线电骚扰和抗扰度测量设备和测量方法规范 第2-2部分：无线电骚扰和抗扰度测量方法 骚扰功率测量》等。

电磁兼容传导骚扰测量符合性试验场地应能够将EUT的各种发射从环境噪声中区分出来，最好环境电平比标准规定的限值电平低20dB，至少要保证低6dB。此项试验可以在屏蔽室中进行测试。对于6dB的情况，有可能测得的EUT骚扰电平比实际的高（可能高达3.5dB），此时应首先将EUT放在适当的位置且不通电，测量环境电平以确定所要求环境的场地适用性。在依据限值做符合性测量时，只要环境电平和骚扰源发射电平合成的结果不超过规定的限值，就允许环境电平不满足上述6dB的要求，此时，EUT被认为满足限值要求。

61.1.1 测量方法

通常传导骚扰测量范围一般为 150kHz ～ 30MHz，特殊产品要求低频测试到 9kHz 的传导骚扰。测量方法包括使用人工电源网络或者使用电压电流探头的方法。使用人工电源网络是优选方法。

1. 使用电压探头的测量方法

为了对带有数根连接导线或可以连接数根导线的装置和系统进行测量，在那些不能用人工电源网络进行测量的导线连接端（例如，与电源分离的部分元件之间的连接线）、天线、控制线以及负载线的连接插座上的骚扰电压，必须使用高输入阻抗（500Ω，或者更大）的电压探头来测量，以便保证探头不加载到被测线上。对于上述情况，初级电源输入线必须被隔离并用 AMN 作射频端接。不使用电压探头来测量的那些导线，在布置和长度方面则必须遵守相关的 EMC 标准（例如 GB 4824 和 GB 4343. 1）中为各个设备规定的运行条件。电压探头应通过同轴电缆连接到测量接收机上，它的屏蔽层被连接到参考地和电压探头外壳。从外壳到 EUT 的带电部件不得有直接的连接。探头的地以最短路径连接到作为参考地的金属表面上。为了避免由探头的屏蔽层引入到测量点的附加容性负载，探头的探针长度应不超过 30mm。凡连接到测量接收机的屏蔽连接线布置必须使得 EUT 相对于参考地的电容不会变化。

2. 使用电流探头的测量方法

在某些设备中无法插入 AMN 时，如对固定安装的系统或者大电流的 EUT 进行测量时，可以使用符合要求的电流探头来进行骚扰测量。使用电流探头的另一个原因是：在频率范围的低端，电源阻抗变得很低，以致骚扰源成为一个电流发生器。因此就可以用电流互感器来测量这个电流，而无须中断或拆开电源的连接。用电流探头卡住全部导线的电缆以便能够直接测量骚扰电流中的共模分量。因此，可以很容易地把共模骚扰电流从差模工作电流中分离出来。如果在负载和源阻抗已知的情况下进行测量，则可以计算出骚扰电压。如果只有一根导线被包围住，那么测量的是差模和共模骚扰电流分量的叠加值，测量时需注意大电流可能造成电流探头的磁芯饱和导致数据的不真实。

61.1.2 测试装备

传导骚扰的测试设备包括 EMI 接收机、人工电源网络 LISN、电压探头、电流探头等。

1. EMI 接收机

接收干扰信号最重要的设备是 EMI 接收机。测试接收机与一般通信用的接收机有相当大的不同。通信接收机是用于再现一个已知信号，在接收这种信号时，灵敏度和速度起着重要的作用。与此相反，EMI 接收机是用来测试未知信号射频功率的幅度和频率，它可能是干扰源，也可能是信号的载波。因此，对这种仪器的测量准确度提出了很高的要求。由于在干扰测量中经常出现具有不同带宽特性的信号，所以对测试接收机的互调特性也有严格的要求。在使用时还应考虑一些特性，包括过载、线性、选择性、对脉冲的正常响应、扫频速率、信号捕捉、灵敏度、幅度准确度以及峰值检波、平均值检波和准峰值检波等。

1）测量接收机的组成

测量接收机电路框图如图 61.1 所示。一般由以下模块构成：输入衰减器、校准信号发生器、高频放大器、混频器、本地振荡器、中频放大器、检波器及输出显示等部分。

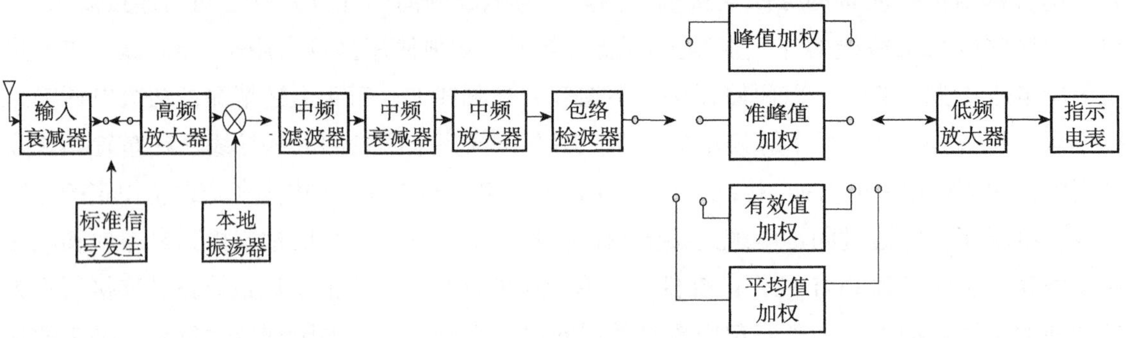

图61.1　测量接收机组成框图

2）测量接收机的工作原理

接收机测量信号时，先将仪器调谐于某个测量频率f_i，该频率经高频衰减器和高频放大器后进入混频器，与本地振荡器的频率f_1混频，产生多个混频信号。经过中频滤波器后仅得到中频信号$f_0=f_1-f_i$。中频信号经中频衰减器、中频放大器后由包络检波器进行包络检波，滤去中频，得到低频信号 A（t）。A（t）再进一步进行加权检波，根据需要选择检波器，可得到 A（t）的峰值（peak）、有效值（rms）、平均值（ave）或准峰值（QP ）。这些值经低频放大后可推动电表指示或在液晶屏显示出来。

测量接收机测量的是输出到其端口的信号电压，为得到场强或干扰电流，需借助一个换能器，在其转换系数的帮助下，将测到的端口电压变换成场强（单位为 V/m 或 dBV/m）电流（单位为 A 或 dB/A）或功率（单位为 W 或 dBm）。换能器依测量对象的不同，可以是天线、电流探头、功率吸收钳或电源阻抗稳定网络等。

3）测量接收机使用中应注意的问题

（1）防止输入端过载。输入到测量接收机端口的电压过大时，轻则会引起系统线性的改变，使测量值失真，重则会损坏仪器，烧毁选频器或衰减器。因此测量前需小心判别所测信号的幅度大小，没有把握时，接上外衰减器，以保护接收机的输入端。另外，测量接收机是不能测量直流电压的，使用时一定先确认有无直流电压存在，必要时串接隔直电容。

（2）选用合适的检波方式。依据不同的 EMC 测量标准，分别选择平均值、有效值、准峰值或峰值检波器对信号进行测量。实际干扰信号形式可分为连续波、脉冲波和随机噪声三类。连续波干扰如载波、本振、电源谐波等，属于窄带干扰准无调制的情况下，用峰值、有效值和平均值检波器均可检测出来，且测量的幅度相同。对于脉冲干扰信号，峰值检波可以很好地反映脉冲的最大值，但不反映脉冲重复频率的变化。这时，采用准峰值检波器最为合适，其加权系数随脉冲信号重复频率的变化而改变，重复频率低的脉冲信号引起的干扰小，因而加权系数小，反之加权系数大，表示脉冲信号的重复频率高。而采用平均值、有效值检波器测量脉冲信号，读数也与脉冲的重复频率有关。利用这些检波器的特性，通过比较信号在不同检波器上的响应，就可以判别所测未知信号的类型，确定干扰信号的性质。

4）测量接收机的技术指标要求

标准《GB/T 6113 无线电骚扰和抗扰度测量设备和测量方法规范》中对接收机的指标有很详细的要求，主要包括。

（1）幅度精度：±2dB。

（2）6dB 带宽：200 Hz@9–150kHz，9kHz@150kHz–30 MHz，120kHz@30–1000MHz。

（3）检波器：峰值、准峰值和平均值检波器。

（4）输入阻抗：50Ω。

（5）灵敏度：优于 -30dBuV（典型值）。

2. 阻抗稳定网络

电源阻抗稳定网络（也称入工电源网络）在给定频率范围内向被测设备提供一个稳定的阻抗，并将被测设备与电网上的高频干扰隔离开，然后将干扰电压耦合到接收机上。

电源阻抗稳定网络对每根电源线提供 3 个端口，分别为供电电源输入端。到被测设备的电源输出端和连接测量设备的干扰输出端。如图 61.2 所示。

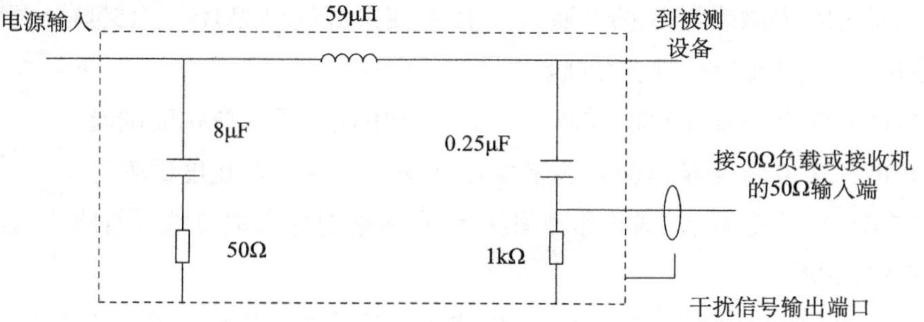

图61.2 电源阻抗稳定网络接线示意图

电源阻抗稳定网络的阻抗是指干扰信号输出端接 50Ω 负载阻抗时，在设备端测得的相对于参考地阻抗的模。当干扰输出端没有与测量接收机相连时，该输出端应接 50Ω 负载阻抗。图 61.2 为 50Ω/50μH 的 V 型电源阻抗稳定网络示意图。适用频段 0.15 ～ 30MHz（民用标准）或 0.01 ～ 10MHz（军用标准），电源阻抗稳定网络还有其他的类型，如 50Ω/50μH 等，适用于不同标准要求。除阻抗参数外，电容修正系数也是其重要参数，用于将接收机测量的端口电压，转换成被测电源线上的干扰电压。

61.2 电磁兼容传导抗扰度试验

电磁兼容传导抗扰度是指装置、设备或系统面临传导电磁骚扰不降低运行性能的能力。传导抗扰度试验主要包括以下 18 个国标规定的试验项目：

GB/T 17626.2 电磁兼容 试验和测量技术 静电放电抗扰度试验

GB/T 17626.4 电磁兼容 试验和测量技术 电快速瞬变脉冲群抗扰度试验

GB/T 17626.5 电磁兼容 试验和测量技术 浪涌（冲击）抗扰度试验

GB/T 17626.6 电磁兼容 试验和测量技术 射频场感应的传导骚扰抗扰度

GB/T 17626.8 电磁兼容 试验和测量技术 工频磁场抗扰度试验

GB/T 17626.9 电磁兼容 试验和测量技术 脉冲磁场抗扰度试验

GB/T 17626.10 电磁兼容 试验和测量技术 阻尼振荡磁场抗扰度试验

GB/T 17626.11 电磁兼容 试验和测量技术 电压暂降、短时中断和电压变化抗扰度试验

GB/T 17626.12 电磁兼容 试验和测量技术 振铃波抗扰度试验

GB/T 17626.13 电磁兼容 试验和测量技术 交流电源端口谐波、谐间波及电网信号的低频抗扰度试验

GB/T 17626.14 电磁兼容 试验和测量技术 电压波动抗扰度试验

GB/T 17626.16 电磁兼容 试验和测量技术 0 ～ 150kHz 共模传导骚扰抗扰度试验

GB/T 17626.17 电磁兼容 试验和测量技术 直流电源输入端口纹波抗扰度试验

GB/T 17626.18 电磁兼容 试验和测量技术 阻尼振荡波抗扰度试验

GB/T 17626.19 电磁兼容 试验和测量技术 交流电源端口 2kHz ～ 150kHz 频率范围内的传导差模骚扰和信号传输的抗扰度试验

GB/T 17626.27 电磁兼容 试验和测量技术 三相电压不平衡抗扰度试验

GB/T 17626.28 电磁兼容 试验和测量技术 工频频率变化抗扰度试验

GB/T 17626.29 电磁兼容 试验和测量技术 直流电源输入端口电压暂降、短时中断和电压变化的抗扰度试验

本章中着重介绍静电放电抗扰度，电快速瞬变脉冲群抗扰度，浪涌（冲击），射频场感应的传导骚扰抗扰度、工频磁场抗扰度、电压暂降、短时中断和电压变化抗扰度等常见项目的试验方法和装备。

61.2.1 静电放电抗扰度试验

1. 静电放电抗扰度试验

静电放电抗扰度试验主要考核人员或物体在接触设备时所引起的放电（直接放电），

以及人员或物体对设备邻近物体放电（间接放电）时对设备正常工作产生的影响。静电放电时可以在 0.5 ～ 20ns 时间内产生 1 ～ 50A 的放电电流，特点是电流大，持续时间短，能量小。

静电放电分为接触放电和空气放电两种类型。接触放电又分为直接放电和间接放电两种方式。接触放电是优先选择的试验方法。空气放电则用于不能使用接触放电的场合，试验方法不同，试验电压也不同。

2. 静电放电抗扰度试验设备

静电放电抗扰度试验主要由静电放电发生器（静电枪）来完成。

静电放电发生器可模拟静电放电脉冲波形。空气放电模式下，测试电压可达 30kV；接触放电模式下，测试电压可达 30kV，放电频率可达 20Hz，分辨率步长为 100V，保持时间超过 5s。可方便地更换放电网络和放电头，具有被试设备累积电荷自动泄放功能和外部触发功能，可测量环境温度和湿度，可用交流电源、直流电源、电池供电。静电枪外形如图 61.3 所示，参数见表 61.1。

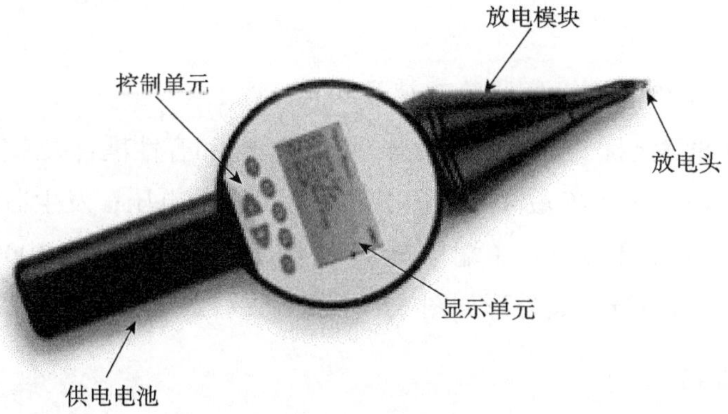

图61.3　静电枪

表61.1　静电放电发生器参数

参数	技术指标
试验电压	接触放电：0.2 ～ 30kV 接触放电：0.2 ～ 30kV
阻抗网络	150pF/330Ω
电压极性	正 / 负
电压精度	±5%
分辨率步长	100V
放电方式	单次 / 连续
放电频率	1 ～ 20Hz

续表

参数	技术指标
保持时间	大于 5s
特点	可方便地更换放电头、更换放电网络；可测量环境温度和湿度；可用交流电源、直流电源和电池供电；含用于测试和评估的标准程序；含连接计算机的光纤接口（USB 接口）

61.2.2 电快速瞬变脉冲群抗扰度试验

1. 电快速瞬变脉冲群抗扰度试验

电快速瞬变脉冲群抗扰度试验是模拟电网中众多机械开关在切换感性负载时所产生的干扰。感性负载（如继电器、接触器等）在断开时，由于开关触点间隙绝缘击穿或触点弹跳等原因，会在断开点处产生暂态骚扰。这种暂态骚扰以成群的窄脉冲形式出现，其特点是重复频率高（kHz ～ MHz 级）、上升沿陡峭（ns 级）、单个脉冲持续时间短（10 ～ 100ns 级）、电压幅值高（kV 级）。如果电感性负载多次重复开关则脉冲群就以相应的时间间隔多次重复出现。

2. 电快速瞬变脉冲群抗扰度试验测试设备

电快速瞬变脉冲群抗扰度试验主要由脉冲群发生器和容性耦合夹来完成。

脉冲群发生器 UCS 500N5 最高可输出 5.5kV 脉冲试验电压；发生器内置单相 260V/16A 耦合 / 去耦网络；脉冲波形 5/50ns（端接 50Ω 负载），5/35ns（端接 1000Ω 负载）；源阻抗 50Ω；电压极性正 / 负可选。其外形如图 61.4 所示。参数见表 61.2。

图61.4　脉冲群发生器

表61.2　脉冲群发生器参数

技术参数	数值
试验电压（高压脉冲输出端口）	200 ~ 4000V
脉冲波形（端接 50Ω 负载）	
上升时间	T_r=5ns ± 30%
脉冲宽度	T_d=50ns ± 30%
脉冲波形（端接 1000Ω 负载）	
上升时间	T_r=5ns ± 30%
脉冲宽度	T_d=35ns ± 30%
极性	正 / 负

容性耦合夹 HFK 符合 IEC 61000-4-4 标准要求，带有 1m 连接电缆，F-103（m）接头；含 100 ：1 分压器（50Ω）；含 500 ：1 分压器（1000Ω）。

61.2.3　浪涌（冲击）抗扰度试验

1. 浪涌（冲击）抗扰度试验

浪涌（冲击）是模拟自然界雷击（间接雷）以及供电线路中因大型开关切换所引起的电压变化对供电线路和通信线路的影响。浪涌呈现脉冲状，其波前时间为微秒，半峰值时间从几十微秒到几百微秒，脉冲幅度从几百伏到几万伏。浪涌（冲击）抗扰度试验规定了两种波形（1.2/50μs 和 10/700μs），幅值为 0.5 ～ 4kV，能量特别大，对 EUT 具有破坏性的影响。10/700μs（通信波）适用于长距离对称通信端口，1.2/50μs 适用于电源线端口和其他信号线端口。

2. 浪涌（冲击）抗扰度试验测试设备

浪涌（冲击）抗扰度试验主要由浪涌发生器和耦合 / 去耦网络来完成。

浪涌模拟器。最高可达 5kV 浪涌电压；内置 260V/16A 单相耦合 / 去耦网络；电压极性正 / 负可选。参数见表 61.3。

数据 / 控制线耦合 / 去耦网络。将浪涌电压耦合到信号 / 数据线上。支持通过 40Ω 电阻耦合，支持通过 0.5μF 电容耦合。

通信线耦合 / 去耦网络。适用于非屏蔽对称线（通信线），符合 IEC 61000-4-5 标准 Ed.3 要求，可通过气体放电管耦合，也可选用其他耦合元件。

高速通信线耦合 / 去耦网络。适用于高速通信线；耦合网络的操作电压 / 电流为 57V DC/1A，数据传输速率为 100MByte/s 和 1000MByte/s；浪涌测试电压可达 3kV，支持以太网供电 PoE。

表61.3 浪涌发生器参数

技术参数	数值
开路电压	（200～4000V）± 10%
开路电压波前时间	1.2μs ± 30%，10μs ± 30%
开路电压半峰值时间	50μs ± 20%，700μs ± 20%
短路电流波前时间	8μs ± 20%，5μs ± 30%
短路电流半峰值时间	20μs ± 20%，320μs ± 20%
极性	正 / 负

61.2.4 射频场感应的传导骚扰抗扰度

1. 射频场感应的传导骚扰抗扰度试验

空间电磁场（主要来自发射机，如中短波发射机、调频发射机和电视发射机等）可以在敏感设备的各种连接线上产生感应电流（或电压），作用于设备的敏感部分，对设备产生骚扰。

对于低频率（150kHz～80MHz / 230MHz）射频信号，由于其波长比 EUT 尺寸要长得多，EUT 的互连电缆（包括电源线和信号线）比 EUT 本身更容易成为天线来接收电磁场，因此射频电磁辐射抗扰度试验的低频部分采用传导的方式测量更直接。针对不同类型的电缆，有 4 种注入方式：CDN 直接容性耦合注入、电磁钳注入、电流钳注入、直接注入法。

2. 射频场感应的传导骚扰抗扰度试验测试设备

射频传导抗扰度试验主要由连续波抗扰度模拟器和耦合 / 去耦网络组成，（图 61.5）。

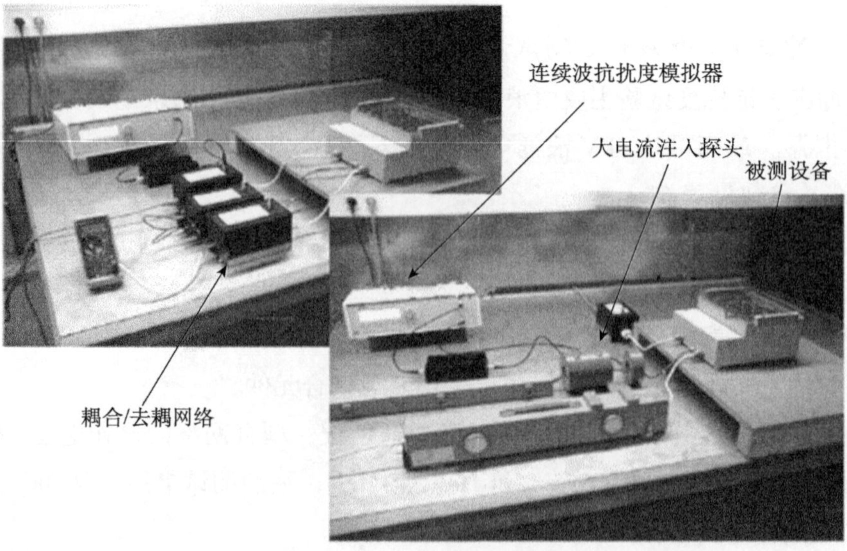

图61.5 射频场感应的传导骚扰抗扰度试验测试设备

连续波抗扰度模拟器内置大于 80WclassA 功率放大器，信号源频率范围 9kHz ~ 1GHz，具备可控制 2 个外置功率放大器的射频开关和定向耦合器，具有 3 通道功率计、控制软件、USB 和 GPIB 控制端口。

6dB 衰减器：功率 80W。

耦合 / 去耦网络 1：用于 2 线或 3 线电源线测试 16A 耦合 / 去耦网络，150kHz ~ 230MHz。

耦合 / 去耦网络 2：用于 4 线三相电源线测试 32A 耦合 / 去耦网络，150kHz ~ 80MHz，L1+L2+L3+N。

耦合 / 去耦网络 3：用于 4 线三相电源线测试 32A 耦合 / 去耦网络，150kHz ~ 80MHz，L1+L2+L3+PE。

耦合 / 去耦网络 4：用于 5 线三相电源线测试 32A 耦合 / 去耦网络，150kHz ~ 80MHz，L1+L2+L3+N+PE。

校准夹具：耦合 / 去耦网络校准夹具。

61.2.5 工频磁场抗扰度试验

1. 工频磁场抗扰度试验

工频磁场是由设备附近导体中的工频电流或附近变压器泄漏产生的骚扰，对于附近的导体产生的工频磁场，分为两种情况。

（1）正常运行条件下，产生稳定的磁场，幅值较小。

（2）故障条件下的电流，产生幅值较高，持续时间较短的磁场，可能造成保护装置，如熔断器动作。

稳定磁场试验适用于公用或工业低压配电网络或发电厂的各种形式的电气设备。

故障情况下短时磁场试验要求与稳定磁场的试验等级不同，其最高等级主要使用于安装在电力设施中的设备。

试验磁场的波形为工频的正弦波形。

2. 工频磁场抗扰度试验测试设备

工频磁场抗扰度试验主要是由脉冲群发生器器和磁场线圈来完成的。

脉冲群发生器 UCS 500N5 最高可输出 5.5kV 脉冲试验电压；发生器内置单相 260V/16A 耦合 / 去耦网络；脉冲波形 5/50ns（端接 50Ω 负载），5/35ns（端接 1000Ω 负载）；源阻抗 50Ω；电压极性正 / 负可选。

HV-COM 输出端匹配阻抗网络：18uF，符合 IEC61000-4-5 标准 Ed.3 要求。

磁场线圈 1m×1m：符合 IEC61000-4-8 标准要求，磁场强度可达连续 300 A/m，短时 1200A/m，瞬时 3000A/m。

61.2.6 电压暂降、短时中断和电压变化抗扰度试验

1. 电压暂降、短时中断和电压变化抗扰度试验

电压暂降和短时中断是由电网、电力设施的故障或负荷突然出现大的变化引起的。电压变化是由连接到电网的负荷的连续变化引起的。如果 EUT 对电源电压变化不能及时做出反应，就可能引发故障。

IEC 61000-4-11 标准适用于额定输入电流每相不超过 16A 的电气和电子设备，对于额定输入电流每相大于 16A 的测试要求，由 IEC 61000-4-34 标准规定。

电压暂降是指在电气系统某一点的电压突然下降，经历半个周期以至几秒的持续期后恢复正常。短时中断是指供电电压突然消失一段时间，一般不超过 1min。电压变化是指供电电压变得高于和低于额定电压，变化的持续时间相对于周期来说可长可短。

2. 电压暂降、短时中断和电压变化抗扰度试验测试设备

电压暂降、短时中断和电压变化抗扰度试验主要是由电源故障模拟器完成的。电压跌落抗扰度试验系统原理图见图 61.6。

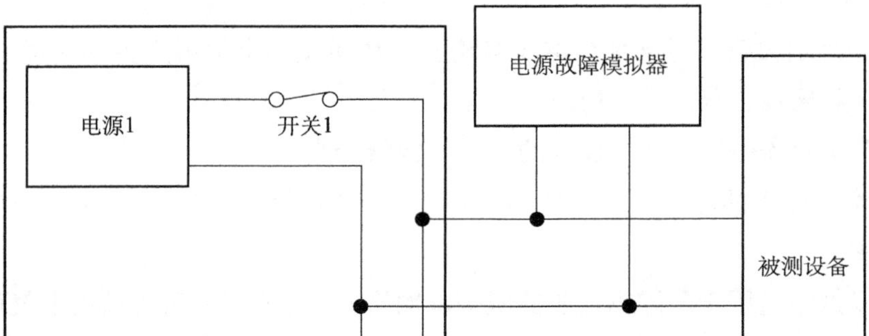

图61.6 电压跌落抗扰度试验系统原理图

电源故障模拟器：三相 3 × 690V AC（L-L）/100A。

三相自动调压器：3 ×（0～690）V AC（L-L）/100A/112kVA，可转换三角形-星形连接。

冲击电流测量组件：240V AC（L-N）/500A。

61.3 电磁兼容辐射发射测试

辐射发射测试检测被测件通过空间传播的干扰辐射场强，辐射发射测试标准可参见 CISPR22（GB9254）、CISPR11（GB4824）等标准。

61.3.1 辐射发射测试的测试方法

辐射发射测试在开阔场或半电波暗室中进行测试。由于符合要求的开阔场不易得到，现在大多在半电波暗室中测试。为减少试验场地环境对EMI测量结果的影响，提高测量的复现性，在试验区域内应清除与辐射发射和辐射敏感度无关的物体，包括不必要的设备、电缆、桌子、椅子及储物柜等，与试验无关的人员也必须在试验室外。测试基本布置如图61.7所示。

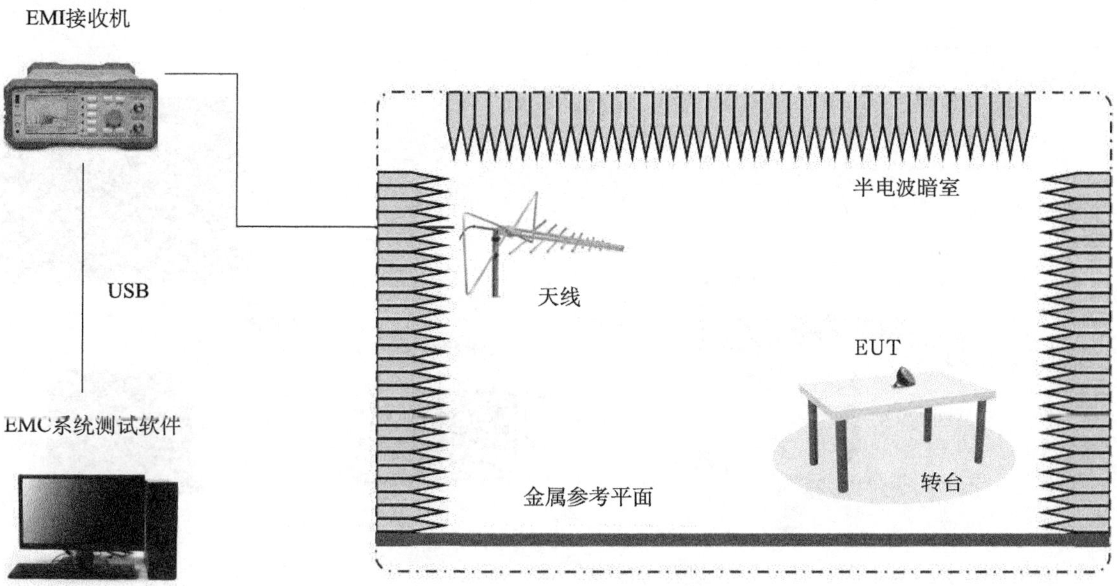

图61.7 辐射发射测试示意图

测试时，干扰信号通过测量天线接收，由同轴电缆传送到测量接收机测出干扰电压，再加上天线系数，即得到所测量的场强值。辐射发射分磁场辐射发射和电场辐射发射，两者测量的频段不同，所用天线也不相同。

1. 电场辐射发射测量

电场辐射发射是测量30MHz～18 GHz频段来自被测件及电源线和互连线的电场泄漏，测试要求在半电波暗室中进行，以排除外界电磁环境的影响。测试设备包括测量接收机、测量天线及阻抗稳定网络等。在整个测量频段，需由多副天线覆盖，不同频段需更换测量天线，可用杆天线、双锥天线、对数周期天线及双脊喇叭天线，也可用复合天线进行测量。

正式测试前，应对环境电磁场进行测量，先切断被测件电源，对所关心的频段进行扫描，检查环境电平是否在极限值以下，一般要求环境电平低于极限值6dB。

电场辐射发射测量要求发射天线距离被测件1m，发射天线中心离地面1.2m；并与相应的极限值对应，测量天线在1～4m的范围内扫描，被测件在转台上旋转，以便寻找辐射的最大场强。测试需在水平和垂直两种天线极化方向进行。

测量时，由测量软件选择符合测量标准要求的测量频段、检波方式、带宽等参数，在测量频段内从低到高扫频测量每一频点可能有的干扰信号场强大小。被测场强 E（dBμV/m）可由接收机接收的端口电压 U（dBμV）加上天线系数 AF（dB/m）得到。

2. 磁场辐射发射测试

测量 25Hz ～ 100kHz 频段来自被测件及其电线和电缆的磁场发射，采用环形磁场接收天线。测量时，将环天线平行于被测件待测面，或平行于电缆的轴线，移动环天线，记录接收机指示的最大值（图 61.8），并给出所测频点和磁场强度的测量曲线。

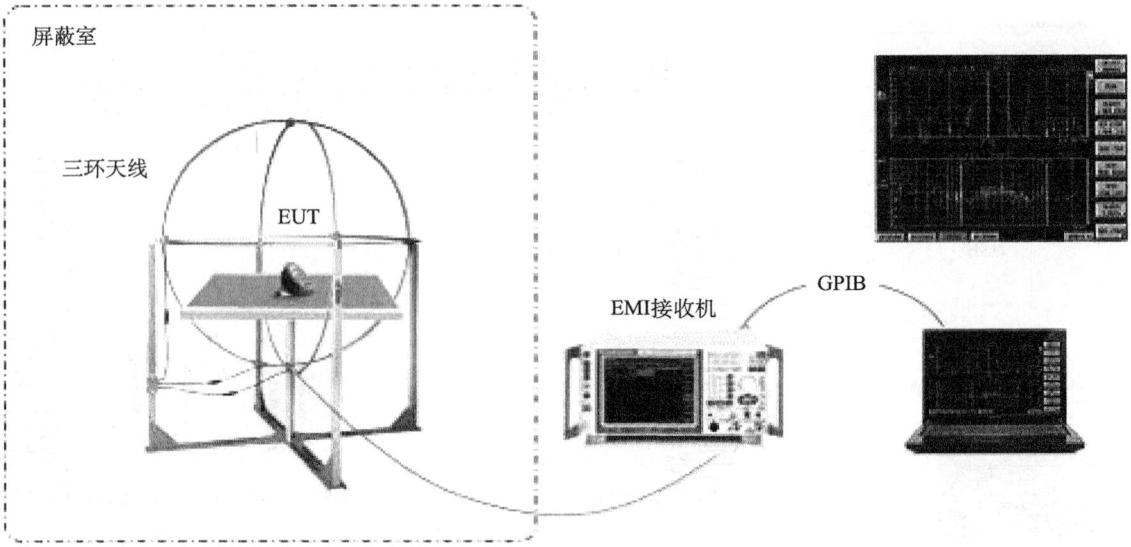

图61.8　磁场辐射发射示意图

61.3.2　辐射发射测试装备

辐射发射测试装备包括半电波暗室、EMI 接收机、各类天线、天线塔及转台等。

1. 天线

天线是把高频电磁能量通过各种形状的金属导体向空间辐射出去的装置。同样，天线也可把空间的电磁能量转化为高频能量收集起来。在辐射发射测试中，使用的是天线的接收功能。衡量天线特性的主要参数包括输入阻抗、天线系数、天线增益、天线方向图及电压驻波比等指标。在辐射发射测试中使用了磁场天线、电场天线（包括杆状天线、双锥天线、对数周期天线及双脊喇叭天线等）。

磁场天线用于接收被测试设备工作室泄漏的磁场、空间电磁环境的磁场，也可用于测量屏蔽室的磁场屏蔽效能，测量频段为 25Hz ～ 30MHz。通过预先校准的天线系数将测量设备的端口电压转换成所测量的磁场。

电场天线用于接收被测设备工作时泄漏的电场、环境电磁场，也可用于测量屏蔽室的电场屏蔽技能，测量频段为 10kHz ～ 40GHz。电磁兼容测量中通常使用宽带天线，配合测量接收机进行扫描测量。下面介绍几种常用的电场天线。

（1）杆天线：天线杆长 1m，用于 10kHz ～ 30MHz 频段的电场测量，形状为垂直的单极子天线。

（2）双锥天线：双锥天线（图 61.9）的形状与偶极子天线十分接近，它的两个振子分别为 6 根金属杆组成的圆锥形，天线通过传输线平衡变换器将 120Ω 的阻抗变为 50Ω，工作频率为 34 ～ 200MHz。双锥天线的方向图与偶极子天线类似，测量的频段比偶极子天线宽，且无须调谐，适合与接收机配合，组成自动测试系统进行扫频测量。

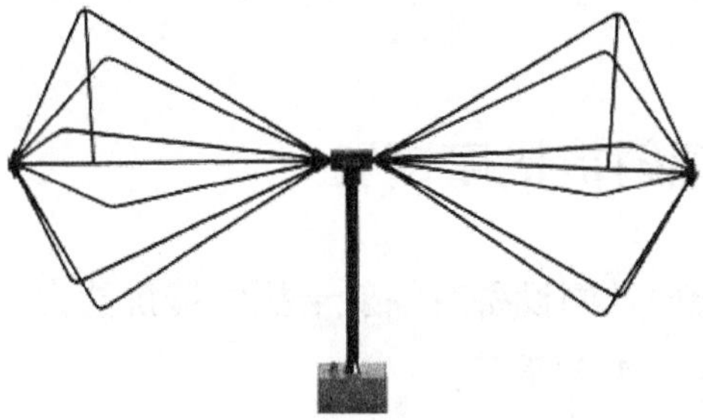

图61.9　双锥天线

（3）半波振子天线：半波振子天线是形状最简单的天线，30MHz 以上随着工作波长的缩短，使用谐振式对称振子天线进行场强测量成为可能。半波振子天线主要由一对天线振子、平衡、不平衡变换器及输出端口组成。

（4）对数周期天线：工作频率为 200 ～ 1000MHz。它上、下有两组振子，从长到短交错排列。具有高增益、低驻波比和宽频带等特点；有很强的方向性，其最大接收 / 辐射方向在锥底到锥顶的轴线方向。测量中可根据需要调节极化方向，以接收最大的发射值（图 61.10）。

图61.10　对数周期天线

（5）双脊喇叭天线：天线的上、下两块喇叭板为铝板，铝板中间位置是扩展频段用的弧形凸状条。双脊喇叭天线为线极化天线，测量时通过调整托架改变极化方向。其测量频段较宽，可用于 0.5 ～ 18GHz 辐射发射和辐射敏感度测试。

2. 天线塔与转台

用于 EMI 测量的转台由台板、传动装置与控制器组成。小暗室的转台直径一般为 1 ～ 2m，煤科院建的 10 米暗室可以承载大型装备进行试验，转台直径达到 7m，承重达到 20t。转台表面是金属的，台面也与暗室的金属地面齐平，转台上有很多电源和信号的接口，转台下方有旋转机构、复杂的绕线结构等。绕线结构可以把试验所需的电源、高压电源以及各种信号线等从转台表面的接口通过暗室滤波器连接到外面。

测试时，天线架设在可升降天线塔上，由天线杆、升降装置及控制器组成。具有完全自动化操作功能，控制简便，升降、定位精度高，其控制器可与转台共用，可以很方便地加入各种自动测试系统中。

61.4 电磁兼容辐射抗扰度试验

辐射抗扰度试验就是检验被测设备对辐射干扰的抵抗能力。辐射抗扰度参考的基础标准是 GB/T17626.3，IEC61000-4-3 等。

61.4.1 辐射抗扰度试验的测试方法

辐射抗扰度试验在全电波暗室环境内进行，地面也铺设吸波材料见图 61.11。

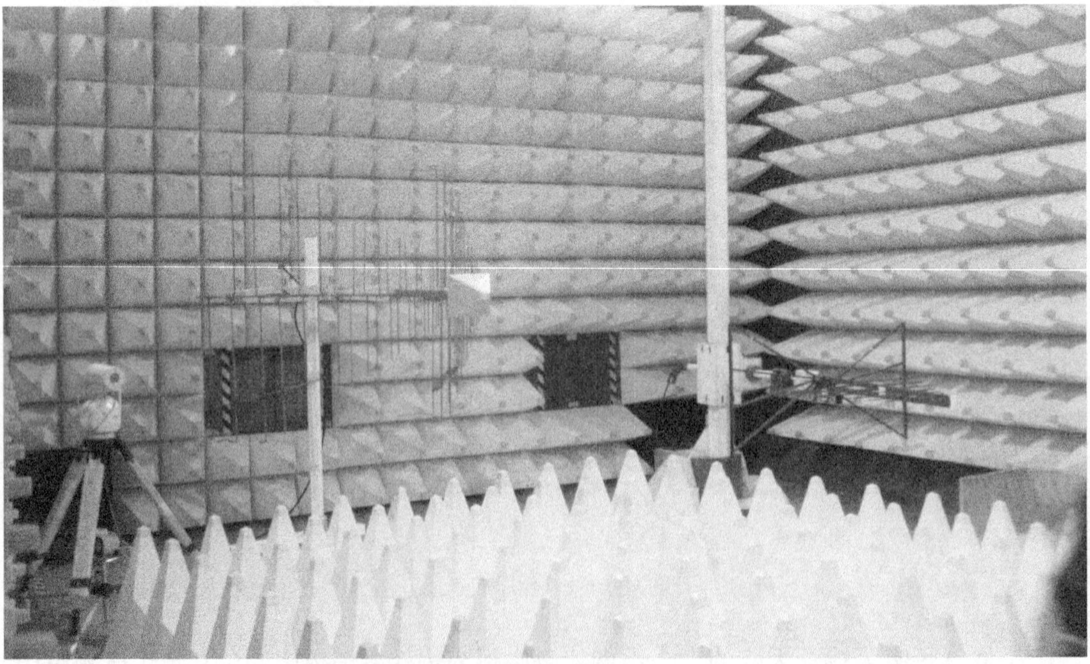

图61.11 辐射抗扰度布置

在半电波暗室中进行天线法辐射抗扰度测试时，标准规定电场发射天线距被测件3m。发射的干扰电磁场应对着被测件最敏感的部位照射，如有接缝的板面、电缆连接处、通风窗、显示面板等处。天线法辐射抗扰度测量见图61.12。

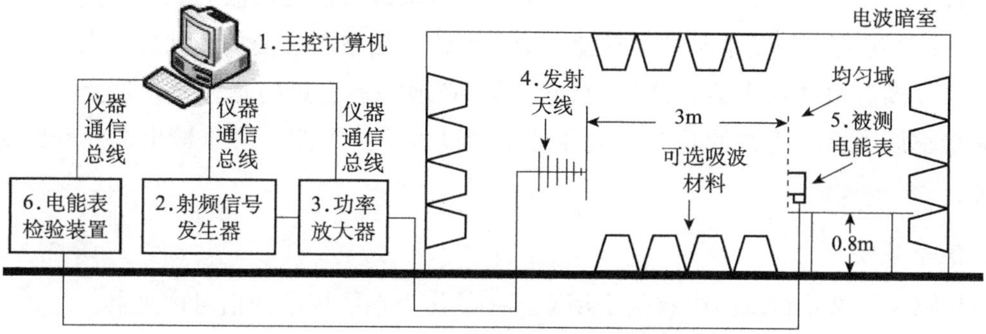

图61.12 用天线法测试辐射抗扰度

用于抗扰度测量的发射天线采用宽带天线，可承受大功率。也可以在不同的频率处采用不同的天线，一般测量25Hz～100kHz磁场辐射抗扰度采用小环天线；测量10kHz～30MHz电场辐射抗扰度用平行单元天线，30～200MHz用双锥天线，200～1000MHz用对数周期天线，1 GHz以上采用双脊喇叭或角锥喇叭天线。

辐射电磁波场强的强度由宽带功率放大器的最大输出功率和天线的效率决定，一般辐射20V/m场强，10kHz～200MHz需1000W功率的放大器，200～1000MHz需75W的。因为在低频段，发射天线的尺寸远小于工作波长，辐射效率很低，必须用大功率推动，才能达到要求的场强值。

测试通常由自动测试系统及测量软件来完成。通过软件可以控制和调节测量仪器，处理测试数据，如通过电场探头监测被测设备处的场强大小，并调节信号源使之达到标准要求的值等。试验在测量软件控制下，以一定的步长进行辐射场的频率扫描，由监测设备或视频监视器观测被测件在辐射电磁场中的工作情况。

61.4.2 辐射抗扰度试验装备

辐射抗扰度试验设备主要包括电波暗室、功率放大器、信号源、功率计、定向耦合器及发射天线等。

1. 功率放大器

在电磁敏感度测试中，功率放大器是必不可少的设备。因为对于连续波及脉冲干扰的模拟，仅靠信号源或信号发生器往往难以达到所需的信号强度。另外，宽泛的测量频段，即使有些功率源能够输出200W的功率，其覆盖的频段也很有限，且输出阻抗要求很小才能得到高的功率。所以用功率放大器来提升信号的功率是一个很好的办法，它可根需要分频段将功放增益做得很高，以达到较高的辐射场强或在线上注入较强干扰电压的目的。

电磁兼容测试用射频功放一般为 50Ω 输入输出阻抗，与传感器匹配。放大器因器件特性的限制，单台不可能覆盖全部测量频段，功率放大器的频段一般分为：200 ～ 1000MHz；1 ～ 2GHz；2 ～ 4GHz；4 ～ 8GHz。功率放大器对负载端的驻波极为敏感，负载匹配良好是得到最大输出功率的基本条件。在使用中，若输出端空载会使负载驻波极大，形成功率的全反射，极易损坏放大器。这是功放使用中必须特别注意的题，尤其是上百瓦、上千瓦的大功率放大器。现在的功率放大器输出端设置保护电路，防止输出意外开路对设备的损害。

2. 信号源

信号源在电磁兼容试验中有两个用途：一是作为系统校准的信号产生器；二是用于敏感度试验中推动功率放大器产生连续波模拟干扰信号。电磁兼容试验要求信号源能提供敏感度试验所需要的已调制或未调制的功率，输出幅度稳定，并满足以下指标要求即可。

（1）频率精度：不低于 ±2%。

（2）谐波分量：谐波和寄生输出应低于基波 30 dBc。

（3）调制方式：具备调幅、脉冲调制功能，并且对调制类型、调制度、调制频率、调制波形可选择和控制。

3. 功率计

在电磁敏感度测试中，功率计与双定向耦合器一起组成功率监测系统（图 61.13），实时测量放大器输出功率的状态，了解负载端的匹配情况，比如测量正向功率和反向功率的大小，确定输出电缆是否正确连接、功率是否加上等。

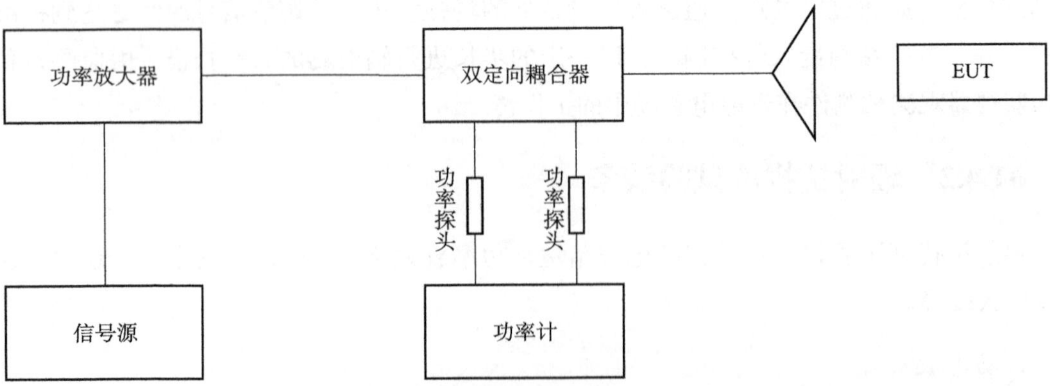

图61.13　电磁敏感度测试示意图

电磁兼容测量用功率计需根据所测功率大小选择功率头的动态范围及测量的频段。

典型功率计技术指标如下。

（1）测量频段：10kHz ～ 18GHz。

（2）功率测量范围：−70 ～ +44dBm。

（3）动态：90dB，二极管功率检波头；50dB，热敏功率检波头。

（4）测量通道：双通道。

4. 大功率定向耦合器

定向耦合器是功率测量的常用部件。它是一种无耗的三端 / 四端网络，有一个耦合端的称为单定向耦合器，有两个的则称为双定向耦合器。当输入端连接功率源，输出端接上负载时，将两个耦合端分别接功率计或频谱仪，由靠近输入端的耦合端测量前向功率，由靠近负载端的耦合端测量反向功率。小功率定向耦合器的输入、输出端是互易的。

敏感度试验用大功率定向耦合器接在功率放大器的输出端，与功率计一起组成大功率输出监测系统。其作用一是随时监测大功率输出的情况，二是了解反射功率的大小，确保放大器连接正确，负载匹配良好。定向耦合器的选择需考虑测量频段、功率容量和耦合系数。

（本章主要执笔人：北京院辛中华，刘涛，陈贺）

第 62 章

煤矿装备电磁兼容测试技术

为了使干扰能控制在一定范围，且在一定的干扰情况下设备能够正常工作并保证安全，在煤炭行业标准中，对于电气类、控制类、监测类、通信类乃至火工类电子电工产品均不同程度提出了抗扰度的试验要求和测试方法，且对高低压电器、电机、无线发射类设备还提出了传导骚扰、辐射发射、谐波等骚扰类测试要求。

本章主要介绍监测监控类设备、电气开关类设备、电气变压器类设备、变频器、无线通信类设备的电磁兼容性测试技术与装备。

62.1 监测监控类设备

煤矿监测监控类设备是灾害事故预测预警、监测与控制的基本工具，广泛应用于井下安全及各生产环节与生产过程。可实现对井下环境参数、人员及瓦斯抽（采）放、供电、运输、排水、火灾、矿山压力等进行监测监控，从而有效降低或避免灾害事故的发生，是煤矿安全生产最重要的技术保障。随着矿井规模的不断扩大及自动化程度的提高，矿井大功率设备、变频设备和无线信号源在井下的使用不断增多，矿井电磁干扰危害也随之增大，已直接影响到煤矿监测监控类设备特别是煤矿安全生产监控系统的正常工作。为了保障煤矿监测监控设备特别是安全生产监控系统的可靠性，煤炭行业制定了相关标准及测试方法，如 MT 209、MT 210、MT 899、MT/T 1004 等。

本节主要介绍煤矿安全生产监控系统的电磁兼容测试技术、试验方法、测试装备。

62.1.1 测试技术

MT/T 1004《煤矿安全生产监控系统通用技术条件》、MT/T 1113《煤矿轨道运输监控系统通用技术条件》、MT/T 1114《煤矿供电监控系统通用技术条件》、MT/T 1126《煤矿瓦斯抽采（放）监控系统通用技术条件》、MT/T 1127《煤矿工作面生产监控系统通用技术条件》、MT/T 1128《煤矿排水监控系统通用技术条件》、AQ6201《煤矿安全监控系统通用技术要求》等标准，对各类煤矿安全生产监控系统提出抗干扰性能要求和试验方法。MT/T 1004—2006 中明确规定，煤矿安全生产监控系统应能通过 GB/T 17626.3 规定的严酷等级为 2 级的射频电磁场辐射抗扰度试验；应能通过 GB/T 17626.4、GB/T 17626.5 规定的严酷等级为 2 级的电快速瞬变脉冲群抗扰度试验、浪涌（冲击）抗扰度试验（交流电源端口浪涌为 3 级）；设于地面的设备应能通过 GB/T 17626.2 规定的严酷等级为 3 级（接触放电）的静电放电抗扰度试验。

1. 煤矿安全生产监控系统电磁兼容试验单元的划分

煤矿安全生产监控系统的组成如图 62.1 所示。监控系统主要由主机、传输接口、分站、电源、避雷器、模拟量输入传感器、开关量输入传感器和控制量输出机构等组成。新型光纤环网型煤矿安全生产监控系统由环形光纤以太网、通信总站、通信分站、检测系统等部分组成。

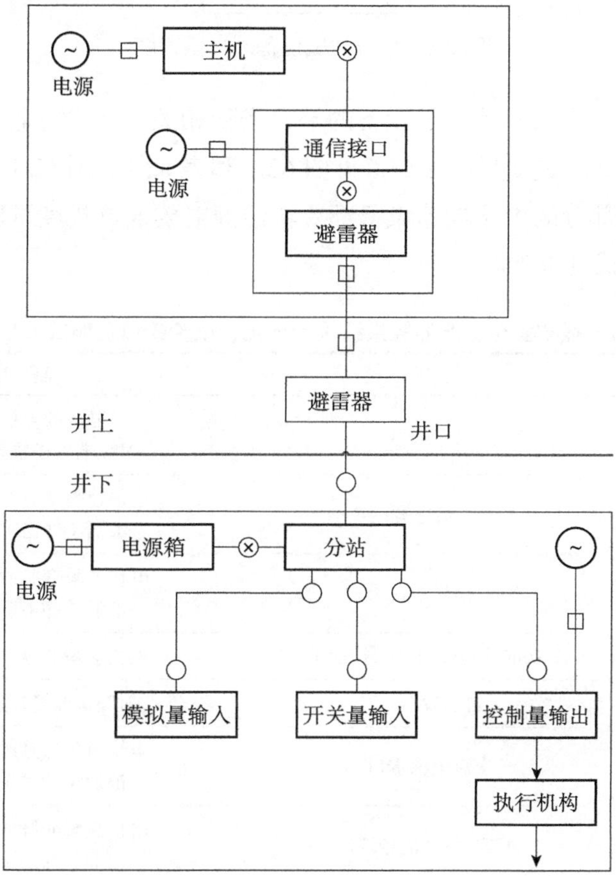

图62.1　煤矿安全生产监控系统的组成示意图

根据煤矿安全生产监控系统的组成及电磁兼容抗扰度试验对受试设备的要求，煤矿安全生产监控系统电磁兼容抗扰度试验主要分为地面组成部分和井下组成部分。煤矿安全生产监控系统抗扰度试验单元主要有主机、传输接口、分站、电源、避雷器、模拟量输入传感器、开关量输入传感器和控制量输出机构等试验模块，其中每一个试验单元的试验端口主要有：机壳端口、交流电源端口、直流电源端口、信号端口等。

2. 煤矿安全生产监控系统电磁兼容试验端口及试验项目

当对单台被试设备进行电磁兼容抗扰度试验时，被试设备的端口如图62.2所示。其中，信号端口指设备上连接有传递数据信息的导线或电缆的端口，如数据总线、通信网络和控制网络；功能接地端口指除信号、电源端口以外的，连接到大地但非安全用电的电缆端口，如工作接地、逻辑接地、屏蔽接地和信号接地等。

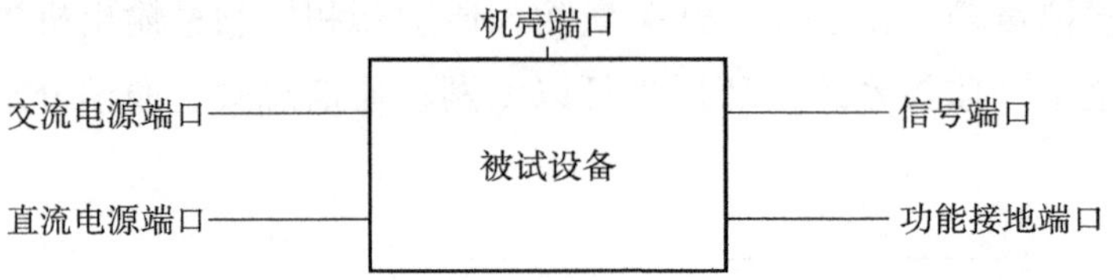

图62.2 单台被试设备端口示意图

电磁兼容传导抗扰度试验项目与设备的端口密切相关，煤矿安全生产监测监控设备试验单元、试验端口及其测试项目的对照参见图62.1和表62.1。图62.1中，煤矿安全生产监测监控系统地面组成部分的电子电器设备都要求做静电放电抗扰度试验，而井下组成部分不要求做静电放电抗扰度试验。

表62.1 煤矿安全生产监控系统试验单元、试验端口及测试项目对照

试验单元	试验端口	测试项目
煤矿安全生产监控系统地面组成部分	机壳端口	静电放电抗扰度试验 射频电磁场辐射抗扰度试验
	交/直流电源端口	电快速瞬变脉冲群抗扰度试验 浪涌（冲击）抗扰度试验
	信号端口	电快速瞬变脉冲群抗扰度试验 浪涌（冲击）抗扰度试验
	功能接地端口（保护地）	电快速瞬变脉冲群抗扰度试验
煤矿安全生产监控系统井下组成部分	机壳端口	射频电磁场辐射抗扰度实验
	交流电源端口	电快速瞬变脉冲群抗扰度试验 浪涌（冲击）抗扰度试验
	直流电源/信号端口	电快速瞬变脉冲群抗扰度试验 浪涌（冲击）抗扰度试验
	功能接地端口（保护地）	电快速瞬变脉冲群抗扰度试验

当进行射频电磁场辐射抗扰度试验时，煤矿安全生产监控系统的井上部分和井下部分都要求试验，但是要分开进行。原则是把被测设备放置在暗室转台上，配套的辅助设备（或关联设备）放置在暗室外，经过通信线路进行连接保持设备正常的工作状态。如对煤矿安全生产监控系统的井上部分做试验时，把监控系统的井上部分放在暗室内转台上，把监控系统的井下部分放到电波暗室的外面；对煤矿安全生产监控系统的井下部分做试验时，把

监控系统的井下部分放到旋转工作台上，把监控系统的井上部分放到电波暗室的外面。

62.1.2 试验方法

电磁兼容抗扰度试验方法及试验等级见表 62.2。参照 GB/T 17626（IEC 61000）的相关部分进行抗扰度试验。根据煤炭行业相关产品标准，提出煤矿安全生产监控系统的运行条件及其合格的判定。

表62.2 煤矿安全生产监控系统抗干扰试验方法标准

序号	测试项目	国家标准	IEC/EN 标准
1	静电放电抗扰度试验	GB/T 17626.2—2006	IEC 61000-4-2：2001
2	射频电磁场辐射抗扰度试验	GB/T 17626.3—2006	IEC 61000-4-3：2002
3	电快速瞬变脉冲群抗扰度试验	GB/T 17626.4—2008	IEC 61000-4-4：2004
4	浪涌（冲击）抗扰度试验	GB/T 17626.5—2008	IEC 61000-4-5：2001

煤矿安全生产监控系统的运行条件：试验在受试设备 EUT 的额定电压下进行，系统工作在行业相关产品标准规定的典型工作状态。应将受试设备 EUT 中防浪涌装置断开后进行试验，除非其内置电火花控制装置。如果受试设备 EUT 有多种控制方式，则要分别进行试验。

62.2 电气开关类设备

62.2.1 组成

开关类设备是接受和分配电能并可对线路进行控制、保护、监测的电气设备。矿用电气开关类产品，一般包括各类馈电开关、真空配电装置、电磁启动器、保护器等。以交流真空电磁启动器为例，其组成一般包括隔爆外壳、保护装置元件、电磁接触器、电缆引入装置、接地端子等。

62.2.2 试验端口

（1）信号端口：由导体或电缆传送与 EUT 相连的数据或信号等信息的端口。

（2）电源端口：由导体或电缆传送 EUT 运行所需电源的的端口。

62.2.3 试验方法

开关类设备的电磁兼容测试标准一般参照以下标准进行。

通用标准：GB14048.1—2012《低压开关和控制设备总则》；矿用产品行业标准：MT

111—2011《矿用防爆型低压交流真空电磁启动器》；MT 871—2011《矿用防爆低压交流真空馈电开关》等。

1. 抗扰度试验

现代的开关类设备一般都具有电子线路，因此受电磁骚扰影响比较明显。具体试验项目及要求如表 62.3 所示。

表62.3 抗扰度试验类型

试验的形式	方法标准	所要求的试验水平
静电放电抗扰度试验	GB/T 17626.2	8kV 空气放电 或 4kV 接触放电
射频电磁场辐射抗扰度试验	GB/T 17626.3	10V/m
电快速脉冲群抗扰度试验	GB/T 17626.4	2kV 对电源端 1kV 对信号端
浪涌抗扰度试验	GB/T 17626.5	2kV（线对地） 1kV（线对线）
射频传导抗扰度试验	GB/T 17626.6	10V
工频磁场抗扰度试验	GB/T 17626.8	30A/m
电压暂降、中断抗扰度试验	GB/T 17626.11	半个周波下降 30%；5 ～ 50 个周波下降 60%；250 个周波下降 100%
电源谐波抗扰度试验	GB/T 17626.13	

2. 发射试验

（1）高频发射试验：对这类电器，参照 GB 4824（环境 A 和 B），其发射应不超过有关产品标准规定的限制。试验只在控制电路和 / 或辅助电路包含具有超过 9kHz 基本开关频率的电子元件时进行。

（2）低频发射试验：谐波电流发射试验，参照 GB 17625.1 进行。电压变化、电压波动和闪烁，参照 GB 17625.2 进行。

62.3 电气变压器类设备

62.3.1 组成

矿用隔爆型变压器包括矿用隔爆外壳变压器主体、高压侧进线端高压头和低压侧出线端的低压头。

62.3.2 试验端口

试验端口包括：外壳端口、信号端口、交流电源端口、直流电源端口（如有）等。在一些情况下，不同的端口可能被合并在一起。

62.3.3 试验方法

试验方法主要参照标准 GB/T 21419—2013《变压器、电抗器、电源装置及其组合的安全 电磁兼容（EMC）要求》。

1. 抗扰度试验

（1）静电放电：按 IEC61000-4-2 进行。除了金属零部件做接触放电试验外，其余只要求做空气放电试验。每个试验选定点应各进行 10 次正极性和 10 次负极性脉冲放电。每个连续单次放电的时间间隔为 1s。

（2）射频电磁场的辐射：按 IEC61000-4-3 进行。在 80 ～ 1000MHz 的频率范围内，本试验是连续进行的。

（3）电快速瞬变脉冲群：按 IEC61000-4-4 进行。电快速瞬变是分别在正极性和负极性下施加的，每一极性持续时间少于 1min。需采用容性耦合夹。

（4）射频场感应的传导骚扰：按 IEC61000-4-6 进行。浪涌（冲击）：按 IEC61000-4-5 进行。电压暂降和短时中断：按 IEC61000-4-11 进行。

2. 发射测试

（1）谐波闪烁：按 IEC61000-3-2/3/11/12 进行。

（2）传导射频骚扰：信号端口按 IEC/CISPR 22 进行；直流电源端口按 IEC/CISPR 16-2-1/2 进行；低压交流电源端口按 IEC/CISPR 16-1-2、IEC/CISPR 14-1 进行。

（3）辐射射频骚扰：按 IEC/CISPR 16-2-3 进行。

62.4 变频器

62.4.1 分类与组成

矿用变频器的类型一般包括通用变频调速装置、采煤机用变频调速装置、通风机用变频调速装置、提升机用变频器、刮板输送机用变频调速装置等。

62.4.2 试验端口

变频器类设备的试验端口包括：外壳端口、信号端口、交流电源输入端口、交流电源输出端口、直流电源端口（如有）等。在一些情况下，不同的端口可能被合并在一起。

62.4.3 试验方法

试验方法主要参照标准 GB 12668.3《调速电气传动系统 第 3 部分 电磁兼容性要求及其特定的试验方法》。

对于矿用变频器类设备的电磁兼容试验，只要符合正常应用，就应在频带产生最大发射的工作方式下进行测量。如表 62.4 所示。

表62.4 变频类设备的电磁兼容测试项目

项目	变频类设备的电磁兼容测试项目	
	抗扰度	发射
低频 $0 \leqslant f < 9\text{kHz}$	谐波和换相缺口 / 电压畸变	谐波和间谐波
	低压偏差（变动、变化、波动）、电压跌落和短时中断	电压波动
	电压不平衡和频率变化	共模谐波发射（低频共模电压）
高频 $9\text{kHz} \leqslant f$	静电放电，射频电磁场、调幅	电源接口骚扰电压
	浪涌	过程测量与控制端口
	快速瞬变	辐射骚扰（机壳端口）
	传导性射频共模	电源接口的发射

1. 发射试验期间的负载

由于辐射的能量是由电压突变引起的，因而试验应在电压突变具有最大高频分量的条件下进行，无须在其他条件下进行试验。

2. 负载试验

随着技术条件尤其是测试设备的进步，在必要的情况下，EUT 的工作状态需要在满载条件甚至过载条件下进行试验，以验证不同工况下的变频器 EMI 与 EMS 性能。煤科总院有限公司电磁兼容实验室设置的测试负载可为额定容量至 0 ～ 3000kVA 变频器进行真实加载（亦即电动机空 / 半 / 满 / 过载运行试验），加载同时在 10 米法暗室中进行 EUT 的发射或抗扰试验。试验原理如图 62.3 所示。

系统可为被试样品提供矿用常见的额定 AC 380-10000V、DC24-1500V 电压的连续可调电源。变频器带载试验的原则，应避免负载功率与变频器容量的不匹配，因此该院负载测试系统配置多个功率等级的大量陪试电机，能够模拟各型主风机、矿用提升机、皮带机、水泵、绞车、局部风机等负载特性，也能够模拟空载特性、噪声、堵转和振动等运行条件。此电磁兼容实验室为国内首创高压带真实负载测试系统，具有国际领先的技术水平。

同时，在抗扰度试验前后，为了验证变频器性能是否受到影响、是否存在不可逆的性能故障，也需要对抗扰度 EUT 进行试验前、后性能验证。变频器抗扰度带载试验原理如图 62.4 所示。

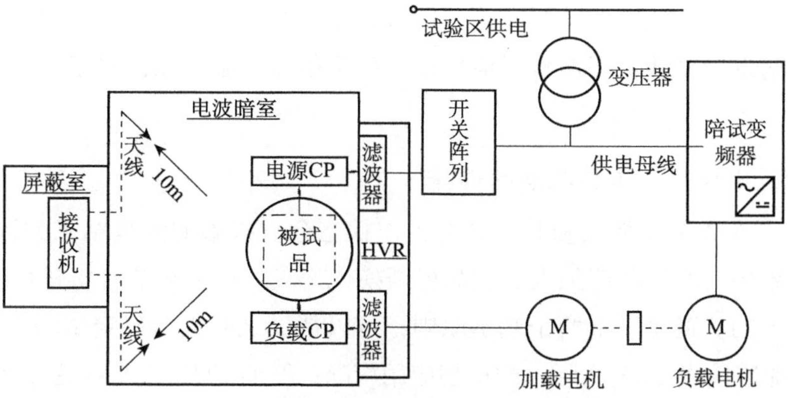

图62.3　变频器电磁兼容辐射带载测试原理图

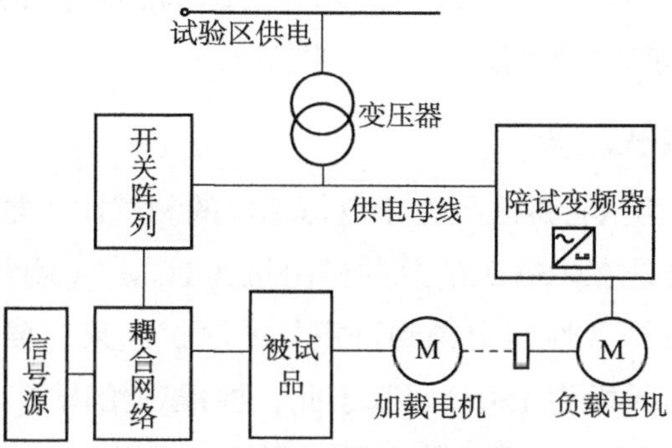

图62.4　系统供电示意图

62.5　信息技术设备的电磁兼容测试技术与装备

煤矿井下应用大量信息技术产品及模块，尤其是无线通信应用越来越广泛，这些模块一方面对外发射电磁波信号，另一方面又受到井下的电磁干扰影响。信息技术类设备（ITE）的电磁兼容测试方法主要参考 GB9254。

62.5.1　分类

首先按照干扰信号的耦合路径、干扰产生的机理及其对无线电业务产生的效应，标准按端口分别对 A 级和 B 级应用环境提出了限值要求。A 级限值一般应用于工业环境，B 级限值应用于公共场所、住宅等生活环境。

62.5.2　试验方法

1. 环境要求

在进行 EMI 测量（电压、电流和场强）时，为了能够将来自 EUT 的骚扰和其所在的电磁环境电平（EUT 关机时的背景噪声）区分开来，标准对电磁环境作出如下规定，对于电源端口和辐射发射试验，环境电平应比相应的限值至少低 6dB；对于电信端口，应至少低 10dB。

2.EUT 的最小配置和工作状态的选择

试验中 EUT 的配置 / 组成和其所处的工作状态会直接影响测量结果和符合性的判定。由于 ITE 种类繁多、产品功能强大、产品更新换代迅速，因此要想在标准中一一作出详细的规定是不现实的。遵照以下两个基本原则，可以帮助试验人员确定试验中 EUT 的最小 / 基本配置：①能够代表 EUT 实际中的典型应用情况；②使 EUT 的发射最大化。

实际上，在大多数情况下，很难一下就找到 EUT 最大发射时的工作状态。通常的做法是：在预测试中逐一改变那些可变参数 / 参量，经过比较后得以确定。在满足上述原则的同时，EUT 还应该处在其产生最大发射的工作状态下。

3. 电信端口的共模骚扰测量

通信设备的电磁兼容测试特殊之处在于电信端口的测试比较复杂。

电信端口的骚扰限值是在 150Ω 的总共模阻抗（TCM）（测量时从 EUT 向 AE）基础上规定的，因此为了进行符合性判定得到可重复的测试结果，要求实际测量中 EUT 和辅助设备（AE）的 TCM 也同样为 150Ω。基于此，标准中给出了 4 种测量方法。实际工作中，检测人员可以根据 EUT 电信端口的配置、测量用辅助设备 ISN，EUT 运行情况，用 AE 以及电信信号的工作状况等来进行取舍，也可以按照标准推荐的流程图来选择适用的测量方法。

4. 辐射骚扰测量方法

试验场地的特性将直接影响辐射测量结果。应尽可能地采取一些有效措施，确保试验场地的有效性和测量的可重复性。

对于通信设备来说，1GHz 以上的辐射骚扰测量方法参考基础标准 GB/T 6113.203。与 1GHz 以下的辐射骚扰测量方法相比，其主要差别是测量所使用的测量接收机、测量天线的类型和试验场地不同；标准测量距离由 10m 变为 3m，检波方式由准峰值检波变为平均值和峰值检波。测量频率范围不一定是给出限值的频段，而是依据 EUT 的内部最高工作频率来确定。

需要指出的是，1GHz 以上的试验场地是在模拟理想自由空间的全电波暗室（FAR）内进行的。符合测试要求的 FAR 应是一个按照 CISPR 16-1-4 规定的场地确认方法所得到的电压驻波比不得大于 2.0 的试验场地。

（本章主要执笔人：北京院辛中华，刘涛，苏珂嘉）

第十六篇 煤炭及生物质燃料检测技术

煤是一种固体可燃矿物，可以直接作为燃料，或制成型煤、水煤浆作为燃料。生物质可直接也可与煤混合成为燃料。随着近代科学技术的发展，煤也可以作为工业原料经焦化或气化、液化制成焦炭、煤化工产品或煤化工原料，并已得到广泛利用。由于成煤的原始物质和沉积环境的不同，煤的性质和成分也各不相同。为了科学合理地利用煤炭，对煤炭成分及特性的检测十分重要。

为了能为社会提供准确可靠和一致性良好的检测结果，煤炭质量的检测必须有标准可依。煤炭科学研究总院北京研究院（以下简称“北京院”）作为我国煤炭分析方法标准化技术归口单位和国际标准化组织固体矿物燃料技术委员会（ISO/TC 27）国内技术归口单位，对检测方法及相关仪器设备进行了大量的试验研究，在此基础上主持制定了一系列的国家标准和行业标准，同时将黏结指数、褐煤苯萃取物产率和腐植酸产率三项国家标准转化为国际标准，还研制成功了机械化采样系统、破碎缩分联合制样机、磨损指数测定仪、自动氧弹热量计、自动灰熔融性测定仪、库仑测硫仪、电量－重量法碳氢测定仪、快速灰分测定仪、氟氯测定仪、着火温度测定仪、自动苯萃取物测定仪等多种煤质分析仪器。自 1963 年主持制定了第一批共 18 项煤炭试验方法国家标准以来，截至 2016 年，北京院共主持和参与制定国际标准 17 项，国家标准 98 项，行业标准 47 项，计量检定规程 1 项。其中涉及煤、工业型煤、水煤浆的人工采制样方法，煤的机械化采制样方法和固体生物质燃料的制样方法等采制样方法标准；常规成分分析和物理特性分析、各种工艺性能分析、常量和微量成分分析等煤质参数检测方法标准；标准物质相关标准等。西安院主持制定了煤岩测试方法标准。规范了煤炭特性指标检测方法，为行业提供了切实可行、科学合理的溯源基准，有效促进了检测方法质量控制水平，为煤炭贸易、生产和科研的发展奠定了坚实的基础。

本篇详细介绍了煤炭、工业型煤、水煤浆、固体生物质燃料的样品采制技术和工业分析、发热量、元素分析、物化特性分析、工艺特性分析等检测技术，以及煤炭类标准物质的研制和应用等。

第 63 章 煤炭检测技术

煤是一种性质复杂的固体可燃矿物。煤炭质量与环保、节能、提高生产效率和开展贸易有着密切关系。确定煤质、提高煤质首先离不开准确、快速、先进的煤炭测试分析技术。北京院自 1954 年以来，对煤炭采样、制样和试验方法进行了深入的研究，其研究成果通过仪器设备和试验方法的标准化已在国内外得到广泛的推广和应用。

本章介绍了煤炭的样品采取、制备、工业分析、发热量、元素分析、物化性质分析、气化指标分析、焦化指标分析等检测技术及仪器设备。

63.1 煤样的采取和制备

煤样的采取和制备是指采取和制备出能代表煤炭平均性质的煤样的过程。本节介绍了煤炭采制样方法和机械化采制样设备等内容。

63.1.1 煤炭采制样方法

1. 采样方案的设计

采样方案的主要设计程序如下。

（1）确定被采样煤的基本信息：煤源、批量、标称最大粒度。

（2）决定采样地点：移动煤流或火车、汽车、煤堆、驳船等。

（3）指定采样精密度值。

（4）确定采样单元数和采样单元的子样数。

（5）确定总样和子样的最小质量。

（6）决定采样方法。

2. 采样精密度的指定

采样随机误差是客观存在的，煤炭采样精密度用来表征采样随机误差。只有指定合理的采样精密度值，才能确定采样时所需的子样数。

人工采样精密度的指定值列在表 63.1 中，机械化采样精密度的推荐值列在表 63.2 中。

表63.1　基本采样方案采样精密度的指定值

原煤、筛选煤		精煤	其他洗煤（包括中煤）
$A_d \leqslant 20\%$	$A_d > 20\%$		
$\pm\frac{1}{10}A_d$，但不小于1%（绝对值）	±2%（绝对值）	±1%（绝对值）	±1.5%（绝对值）

表63.2　机械化采样精密度的推荐值

煤炭品种	采样精密度值 A_d/%
精煤	0.8
其他煤	$\frac{1}{10}A_d$，但不大于1.6

3. 子样数目的确定

子样数目与煤量有关，通常将1000t煤作为一个基本采样单元。对于基本采样单元，人工采样应采取的最少子样数目列在表63.3中。

表63.3　基本采样单元最少子样数目（1000t）

煤种	灰分范围（A_d）/%	采样地点/个				
		煤流	火车	汽车	煤堆	船舶
原煤、筛选煤	＞20	60	60	60	60	60
	≤20	30	60	60	60	60
精煤	—	15	20	20	20	20
其他洗煤（包括中煤）	—	20	20	20	20	20

当采样单元煤量大于1000t时，按公式（63.1）计算子样数 n：

$$n = n_0 \cdot \sqrt{\frac{M}{1000}} \tag{63.1}$$

式中，n_0 为表63.3规定的子样数；M 为采样单元煤量，t。

当采样单元煤量小于1000t时，按公式（63.2）计算子样数 n，且不能少于表63.4中规定的数目。

$$n = n_0 \cdot \frac{M}{1000} \tag{63.2}$$

表63.4　采样单元中最少子样数

煤种	灰分范围（A_d）/%	采样地点/个				
		煤流	火车	汽车	煤堆	船舶
原煤、筛选煤	＞20	18	18	18	30	30
	≤20	10	18	18	30	30
精煤	—	10	10	10	10	10
其他洗煤（包括中煤）	—	10	10	10	10	10

4. 煤样质量的确定

1）总样质量

煤样的最小总样质量列在表 63.5 中。

表63.5　一般分析和共用煤样及全水分煤样的最小总样质量

标称最大粒度 /mm	一般分析和共用煤样的总样 /kg	全水分煤样的总样 /kg
150	2600	500
100	1025	190
80	565	105
50	170①	35
25	40	8
13	15	3
6	3.75	1.25
3	0.7	0.65
1	0.10	—

①标称最大粒度50mm的精煤，一般分析和共用煤样的最小总样质量为60kg。

2）子样质量

（1）绝对最小子样质量。人工采样绝对最小子样质量按公式（63.3）计算，但最少为 0.5kg。

$$m_a=0.06d \tag{63.3}$$

式中，m_a 为绝对最小子样质量，kg；d 为被采样煤的标称最大粒度，mm。

公式（63.4）表示的是机械化采样的绝对最小子样质量 m_a（kg），且不少于 0.1kg。

$$m_a=d^2\times10^{-3} \tag{63.4}$$

（2）平均最小子样质量。平均最小子样质量按公式（63.5）计算：

$$\overline{m}=\frac{m_g}{n} \tag{63.5}$$

式中，$\overline{m}$ 为平均最小子样质量，kg；m_g 为最小总样质量，kg。

取绝对最小子样质量和平均最小子样质量的较大值作为应采取子样质量的最小值。

5. 子样分布

子样分布与采样地点有关，不同采样地点子样分布如下。

1）煤流采样

（1）时间基采样。从煤流中按一定的时间间隔采取子样，子样质量与采样时的煤流量成正比，初级子样可直接合并或按定比缩分方法缩分后合并成总样或分样。时间间隔的最大值 Δt（min）按公式（63.6）计算：

$$\Delta t=\frac{60m_{sl}}{Gn} \tag{63.6}$$

式中，m_{sl} 为采样单元质量，t；G 为煤流最大流量，t/h；n 为总样的初级子样数目。

所采用的时间间隔应不大于Δt。

（2）质量基采样。从煤流中按一定的质量间隔采取子样，子样质量应固定。质量间隔

的最大值 Δm（t）按公式（63.7）计算：

$$\Delta m = \frac{m_{\mathrm{sl}}}{n} \tag{63.7}$$

所采用的质量间隔应不大于 Δm。

（3）分层随机采样。分层随机采样不是以相等的时间或质量间隔采取子样，而是在预先划分的时间或质量间隔内以随机方式采取子样。

2）火车煤采样

当要求的子样数等于和少于采样单元车厢数时，每一车厢应采取一个子样；当要求的子样数多于采样单元车厢数时，每一车厢应采的子样数等于要求的总子样数除以车厢数，如除后有余数，则剩余子样应用系统方法（如每隔若干车增采一个子样）或用随机方法选择分布于整个采样单元的车厢。

子样在车厢中的位置，依据“子样位置应逐个车厢不同，以使车厢各部分的煤都有相同的机会被采出”的原则，采用系统或随机的方法布置子样。

火车煤采样应首选在装 / 堆煤或卸煤过程中进行，如不具备在装煤或卸煤过程中采样的条件，也可对火车煤直接采样。

在能够保证运载工具中煤的品质均匀且无不同品质的煤分层装载时，也可从火车顶部采样。火车顶部煤进行人工采样的情况下，装车后应立即采样，在经过运输后采样时应挖坑至 0.4 ～ 0.5m 采样，取样前应将滚落到坑底的煤块和矸石清除干净。

3）汽车煤采样

载重 20t 以上的汽车，按火车采样方法选择车厢；载重 20t 以下的汽车，按下述方法选择车厢：当要求的子样数等于采样单元车厢数时，每一车厢采取 1 个子样；当要求的子样数多于采样单元车厢数时，每一车厢的子样数等于总子样数除以车厢数，如除后有余数，则余数子样应分布于整个采样单元。分布余数子样的车厢可用系统方法或随机方法选择；当要求的子样数少于车厢数时，应将整个采样单元均匀分成若干段，然后用系统采样或随机采样方法，从每一段采取 1 个或数个子样。

4）煤堆采样

将煤堆表面划分成若干区，再将区分成若干面积相等的小块，然后用系统采样法或随机采样法决定采样区和每区采样点（小块）的位置，从每一小块采取 1 个全深度、深部或顶部子样。

不要直接在静止高度超过 2m 的大煤堆上采样。在非新工作面情况下，采样时应先除去 0.2m 的表面层。另外，煤堆底部的采样区块应距地面 0.5m。

从静止大煤堆上，不能采取仲裁煤样。

6. 制样操作及制样程序

1）制样操作

煤样制备操作工序主要有：破碎、筛分、混合、缩分和干燥。所采取的煤样经过各种制样操作制备成化验项目所需的分析用试样。

缩分是制样误差的主要来源。缩分后总样的质量取决于煤样的标称最大粒度、煤样品质不均匀性、所要求的制样精密度。缩分后最小总样质量见表 63.5。

2）制样程序

为方便起见，在多数情况下采取共用煤样以制备出全水分试样和一般分析试验煤样。共用煤样的制备程序如图 63.1 所示。

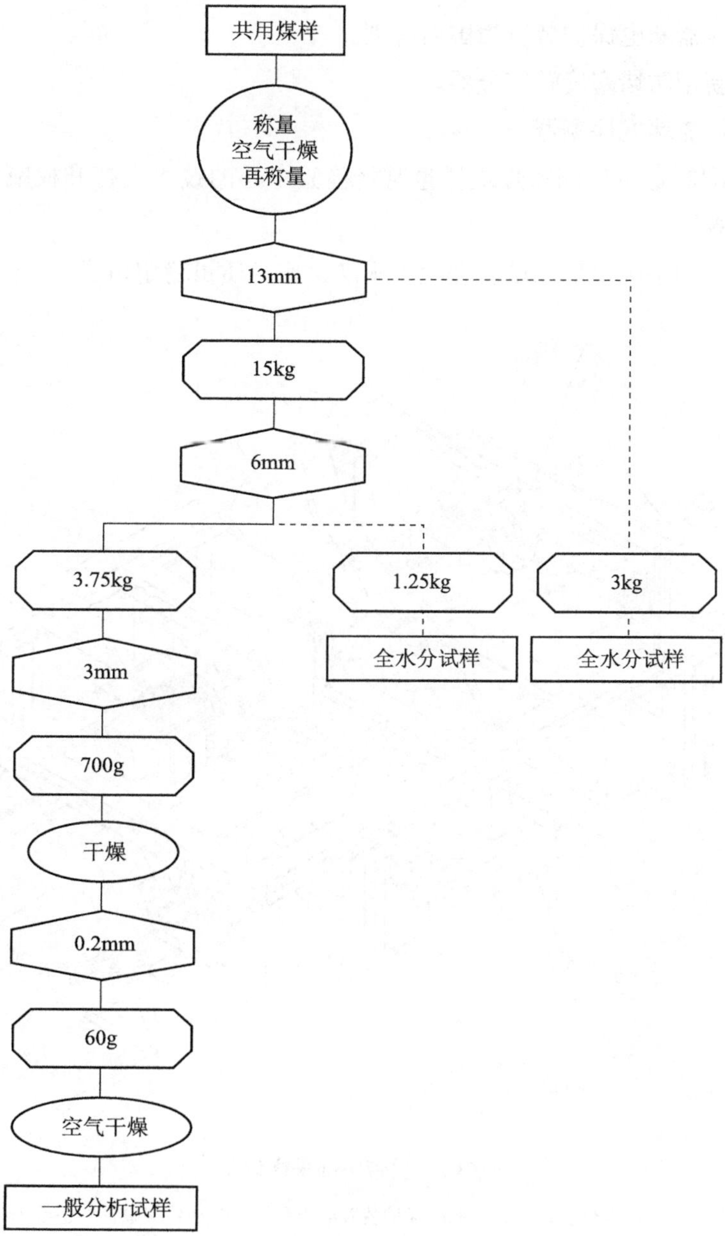

图63.1　共用煤样制样程序

63.1.2 机械化采制样设备

1. 皮带中部采制样设备

皮带中部采样设备是目前应用广泛的一种采样设备。北京院于 20 世纪 90 年代开展煤炭采制样设备的研发，形成了完整的皮带中部采样系列化产品，适用于带宽 2.2m、带速 6.3m/s 以下的所有输煤皮带，在大型港口的使用达 50 余套。北京院研制的皮带中部采样设备，其结构见图 63.2，具有如下特点。

（1）初级采样器断电保护装置为国内首创。

（2）开发了新型防堵塞旋转缩分器。

（3）开发了煤流堵塞探测器。

（4）得到标准制定单位国家煤炭质量监督检验中心的技术支持和权威指导，能保证样品的代表性、客观性。

（5）依托北京院国际水平的试验和检验水准，产品质量稳定可靠。

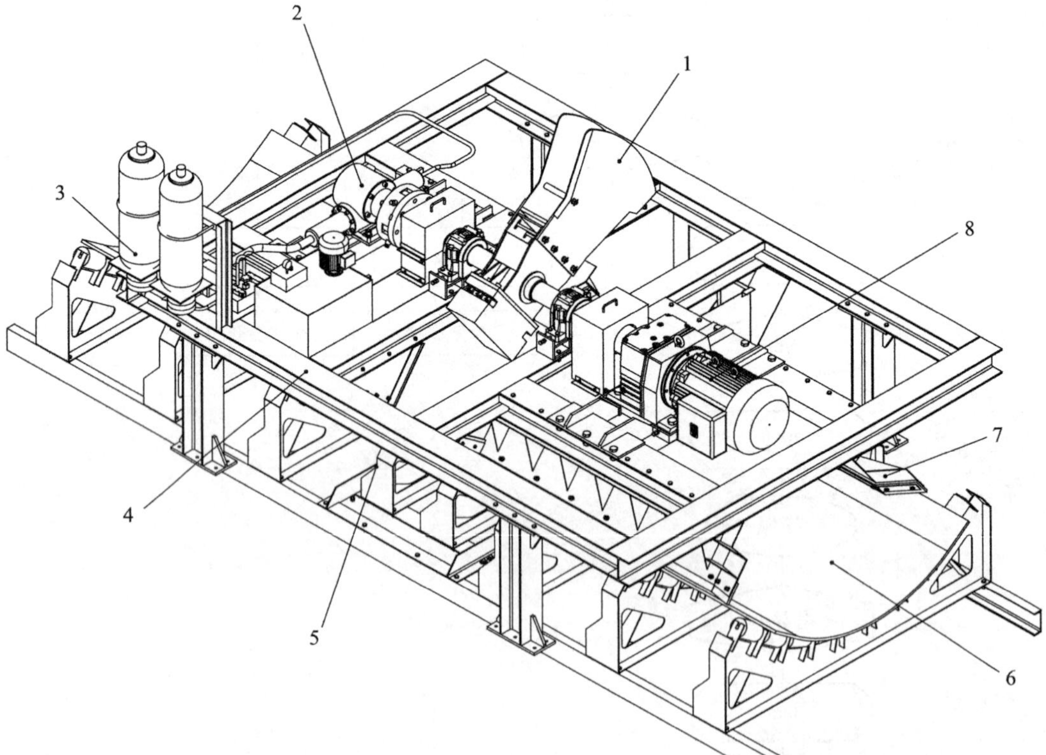

图63.2 皮带中部采样设备

1. 采样器；2. 断电保护装置；3. 断电保护装置液压系统；4. 平台支架；5. 整形托辊组；6. 输煤皮带；7. 挡煤裙板；8. 驱动电机

2. 皮带端部采样设备

皮带端部采样是一种代表性强的采样方式。

北京院研制的皮带端部采样设备，其结构见图 63.3，具有如下特点：

（1）通过采用横斗式初级采样器采样配套技术，做到全断面、等概率、无偏倚采样，满足样品代表性要求。

（2）通过合理配置采样参数，即合理减少原煤采样次数，增大采样间隔，解决初级子样重量大、缩分强度高的技术问题。

（3）由大功率矸石破碎机配备给料皮带机、料流缓存装置等综合技术方案解决大粒度原煤破碎的过载、堵塞技术难题。

（4）通过采用现代交流伺服控制技术，实现初级采样器的精确、定量取样功能。

（5）采用可视化监控及样品信息系统，通过无缝、分层、平台化网络系统实现对流程设备控制、可视化监控、样品数据库等功能的集中管控。

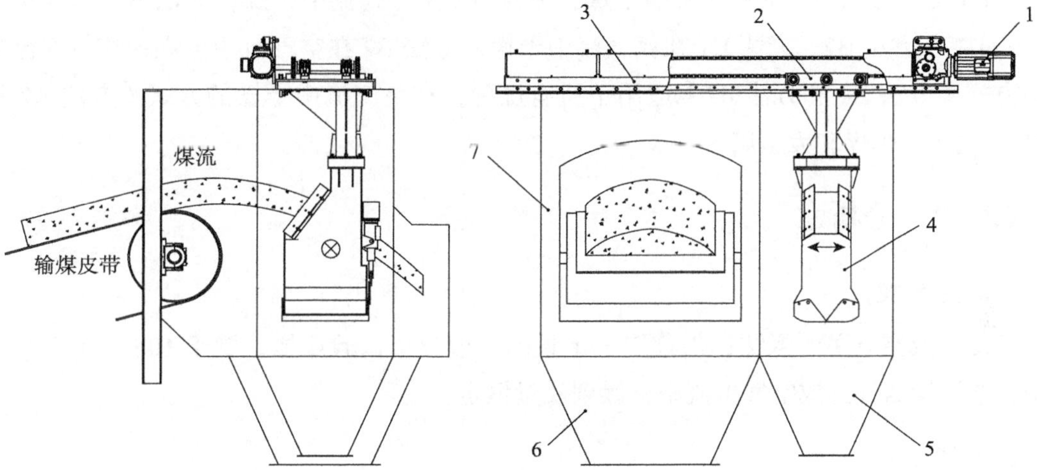

图63.3　皮带端部采样设备

1. 驱动电机；2. 动力滑台；3. 支撑导轨系统；4. 集料斗；5. 煤样落料管；6. 原煤落料管；7. 护罩

63.2　煤的工业分析

煤的工业分析包括煤的水分、灰分、挥发分和固定碳四项指标。通常煤的水分、灰分、挥发分是直接测定，固定碳采用差减法计算得出。煤的工业分析是了解煤质特性的主要指标，也是评价煤质的基本依据，根据工业分析的各项测定结果可初步判断煤的性质、种类和各种煤的加工利用效果及其工业用途。

63.2.1 全水分

1. 测定原理

一步法：称取一定量的小于 6mm（或小于 13mm）的试样，于 105 ～ 110℃下，在氮气（空气）流中干燥到质量恒定，根据煤样干燥后的质量损失计算出全水分。

两步法：称取一定量的小于 13mm 的试样，在温度不高于 40℃的环境下干燥到质量恒定，再将煤样破碎到小于 3mm，于 105 ～ 110℃下，在氮气（空气）流中干燥到质量恒定，根据煤样两步干燥后的质量损失计算出全水分。

2. 测试方法

煤的全水分测定可用方法 A（两步法）、方法 B（一步法）。方法 A（两步法）包括方法 A1 和方法 A2，第一步均为将一定量粒度小于 13mm 的煤样在温度不高于 40℃的环境下干燥到质量恒定，第二步视煤种不同于氮气流中干燥或空气流中干燥，干燥温度为 105 ～ 110℃，方法 A1 在氮气流中干燥，方法 A2 在空气流中干燥；方法 B（一步法）包括方法 B1 和方法 B2，方法 B1 在氮气流中干燥，方法 B2 在空气流中干燥；在氮气流中干燥的方式（方法 A1 和方法 B1）适用于所有煤种；在空气流中干燥的方式（方法 A2 和方法 B2）适用于烟煤和无烟煤。

63.2.2 分析水

1. 测定原理

通氮（或空气）干燥法：需称取一定量的一般分析试验煤样，置于 105 ～ 110 ℃干燥箱中，在干燥氮气（或空气）流中干燥到质量恒定。

2. 测试方法

煤的分析水测定方法有方法 A（通氮干燥法）、方法 B（空气干燥法）。方法 A（通氮干燥法）适用于所有煤种，方法 B（空气干燥法）适用于烟煤和无烟煤。在仲裁分析中需要水分进行校正或基的换算时，应用方法 A（通氮干燥法）测定一般分析试验煤样的水分。

63.2.3 灰分

1. 方法原理

称取一定量的一般分析试验煤样，放入马弗炉中，以一定的速度加热到（815±10）℃，灰化并灼烧到质量恒定。以残留物的质量占煤样质量的质量分数作为煤样的灰分。

2. 测试方法

煤中灰分的测定方法包括缓慢灰化法和快速灰化法，缓慢灰化法为仲裁法。缓慢灰化法中煤样在室温下送入马弗炉，在不少于 30min 的时间内升温至 500℃，停留 30min 后再继续升温至815℃，灼烧1h，之后进行检查性灼烧，每次20min，直至质量恒定。快速灰化法有两种，一种为马弗炉快速法，另一种为快速灰分测定仪法；它们都经过不同煤种大量样品的比对试验，证明与经典缓慢灰化法有较好的一致性，逐渐被列入国家标准GB/T 212中。

3. 快速灰分测定仪

1）结构

快速灰分测定仪结构见图63.4。

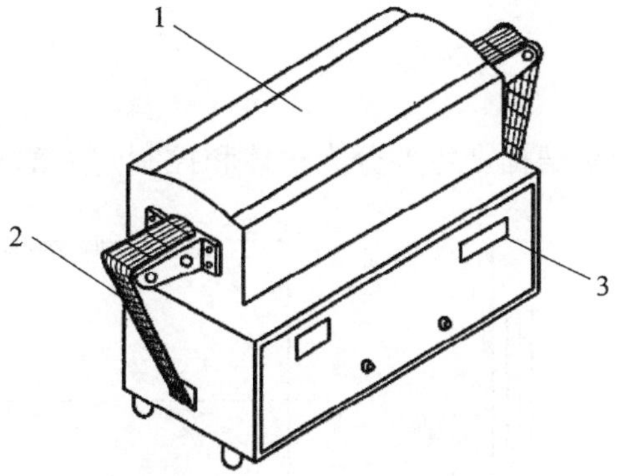

图63.4 快速灰分测定仪

1. 管式电炉；2. 传送带；3. 控制仪

2）特点

北京院研制的型号为KH-1型快速灰分测定仪于1988年12月在全国煤炭试验方法标准化技术委员会鉴定并通过。该设备主体是马蹄形管式链条炉，具有以下优点：①沿炉膛轴向形成理想的温度梯度，具有一定长度的高温带（815±10）℃和低温带500℃，为煤中不同矿物质提供相应的氧化和分解条件，可使灰化按照慢速灰化法的程序进行。②炉膛内有一回旋式传送带，煤样可在其带动下自动输入和输出，传送带速度连续可调。因此可根据煤的特性调节传送速度，确保煤样在灰化过程中不发生爆燃，以使灰化完全。③炉膛两端敞口，入口端略高于出口端（倾角5°）以保证有足够的空气自然流入炉内供煤完全燃烧。另外，空气和反应生成的气体流向和煤样的运动方向相反，煤样在低温下燃烧生成的硫氧化物一经生成即排出，不经过煤中碳酸盐分解的高温区，即硫氧化物不会与氧化钙接触，避免固硫现象。

63.2.4 挥发分

1. 测定原理

称取一定量的一般分析试验煤样，放在带盖的瓷坩埚中，在（900±10）℃下，隔绝空气加热7min。以减少的质量占煤样质量的质量分数，减去该煤样的水分含量，作为煤样的挥发分。

2. 测试方法

称取一般分析试验煤样（1±0.01）g，轻轻振动坩埚，使煤样摊平，盖上盖，放在坩埚架上。将马弗炉预先加热至920℃左右。打开炉门，迅速将放有坩埚的坩埚架送入恒温区，立即关上炉门并计时，准确加热7min。坩埚及坩埚架放入后，要求炉温在3min内恢复至（900±10）℃，此后保持在（900±10）℃，否则此次试验作废。加热时间包括温度恢复时间在内。

3. 智能马弗炉

1）结构

GW-300C智能马弗炉从结构上主要分为炉体和控制两大部分，见图63.5。

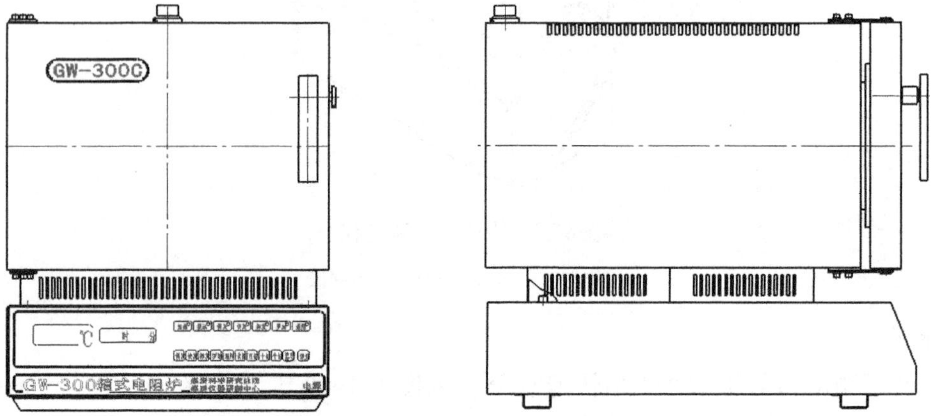

图63.5　GW-300C智能马弗炉示意图

2）特点

北京院于1988年研制成功第一代MFL-Ⅰ型一体化电控马弗炉；通过不断的升级改进，该设备性能日趋完善，目前型号为GW-300C。

与传统的马弗炉不同，该马弗炉配有微电脑控温仪，具有缓慢灰化法、快速灰化法、挥发分、黏结指数测定和自选时温等加热控制程序。操作人员可根据煤炭分析项目的不同按下相应的项目键，电脑将自动调出相应的程序，完成有关测定方法规定的加热过程。具有测温和控温精度高、自诊断能力强等特点，减轻了人员工作强度，提高了工作效率。

63.2.5　工业分析自动仪器法

该方法利用自动工业分析仪完成煤的水分、灰分和挥发分的测定及结果计算。主要包括高温炉、内置天平、试样承接和传送装置、温度测控和显示系统、炉膛气氛控制系统、结果显示和打印装置等。

63.2.6　固定碳

空气干燥基固定碳按公式 63.8 计算：

$$FC_{ad}=100-(M_{ad}+A_{ad}+V_{ad}) \quad (63.8)$$

式中，FC_{ad} 为空气干燥基固定碳含量，%；M_{ad} 为空气干燥基水分含量，%；A_{ad} 为空气干燥基煤的灰分产率，%；V_{ad} 为空气干燥基煤的挥发分产率，%。

63.3　煤的发热量

煤的发热量是指单位质量的煤完全燃烧时产生的热量，在公制中常用 MJ/kg 表示，在英制中则用 Btu/lb 表示。煤的发热量是评价煤质的重要指标，也是动力用煤的计价指标和进行热工计算的基础。主要应用于煤炭生产、加工利用和煤炭贸易的煤炭品质评定和管理，煤燃烧特性的评价，煤炭分类中的煤种判定及煤炭牌号核定，煤质研究中变质程度的推测等。

63.3.1　测试原理

煤的发热量是在一个密闭的容器（通称氧弹）中测定，在有过量氧气存在的条件下，点燃适量的煤样并使其完全燃烧，放出的热量用水吸收，按水温的升高来计算发热量，或者通过测量氧弹本身的温度变化来计算发热量。水温升高 1℃所需要吸收的热量用已知热值的基准量热物质预先标定。量热系统与外界的热交换通过在量热系统周围加一双壁水套，控制水套的温度对其进行消除或校正。

63.3.2　测试方法

发热量的测定由两个独立的试验组成，即在规定的条件下基准量热物质的燃烧试验（热容量标定）和试样的燃烧试验。为消除未受控制的热交换引起的系统误差，要求两种试验的条件尽量相近。

1. 热容量的标定

发热量测定的准确度的关键在于标定热容量所能达到的准确度，以及热容量标定条件与发热量测定条件的一致性。在充有氧气的弹筒中燃烧一定量已标定热值的苯甲酸，由点火后产生的总热量（包括苯甲酸的燃烧热、点火丝产生的热量、生成硝酸放出的热量）和内筒水温升高的度数，求出量热系统的温度每升高 1K 所需要的热量，单位为 J/K。

2. 发热量的测定

在燃烧皿中准确称取一般分析试验煤样 0.9 ～ 1.1 g。燃烧时易飞溅的煤样可先用已知热值和质量的擦镜纸包紧再进行测试。不易燃烧完全的试样（无烟煤、高灰低热值煤及焦炭等），必须在燃烧皿底部铺一层石棉垫。取一段已知热值的点火丝，两端分别接在两个电极柱上，把盛有试样的燃烧皿放在支架上，调节下垂的点火丝使其与试样接触。往氧弹内加 10mL 水，拧紧弹盖，缓缓向氧弹内充入氧气，直到压力达 2.8 ～ 3.0MPa。往内筒中加入足够的蒸馏水，保持每次用水量一致。把内筒放入外筒，氧弹放入内筒，开动搅拌器，记录各点温度。

63.3.3 仪器设备

1. 结构

热量计主要由氧弹、水筒（内筒）、水套（外筒）、搅拌器、量热温度计、控制器组成，结构如图 63.6 所示。附属备品包括燃烧皿、氧气瓶及压力表和导管、点火丝或点火棉线等。

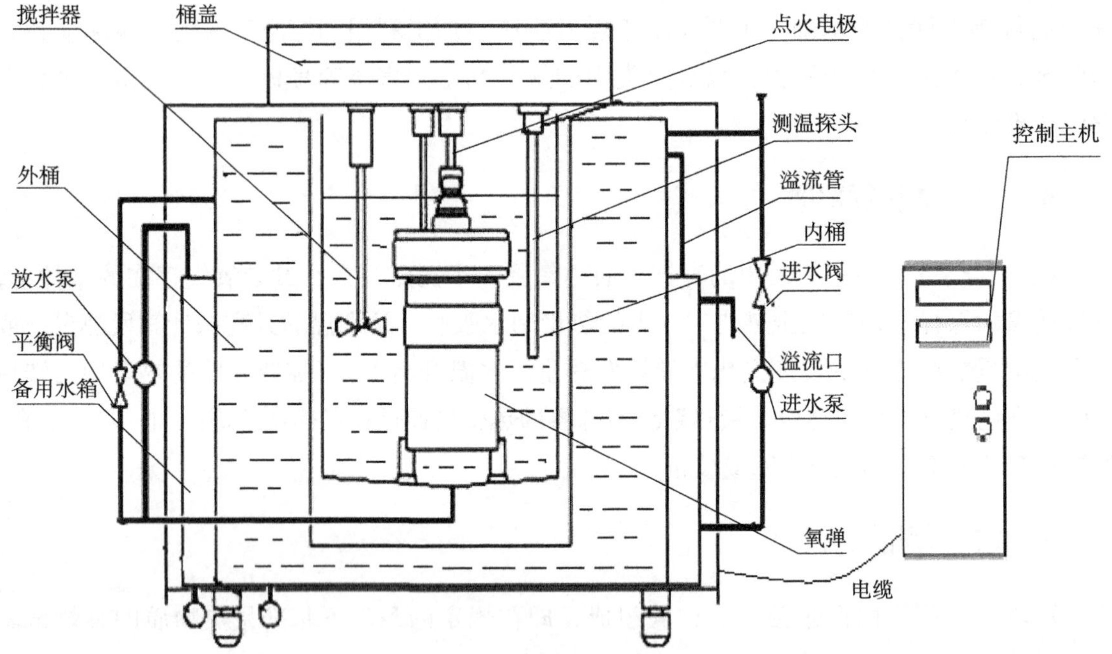

图63.6 氧弹热量计结构图

2. 特点

目前发热量的测试方法均采用氧弹量热法。根据控温方式的不同，目前通用的热量计有绝热式热量计和恒温式热量计两种。

绝热式热量计是以适当方式使外筒温度在试验过程中始终与内筒保持一致，也就是当试样点燃后，在内筒温度上升过程中，外筒温度也跟踪而上，使得在整个试验过程中内、外筒温度保持一致，从而消除了热交换。

恒温式热量计是以适当方式使外筒温度保持恒定不变，以便可以应用较简单的计算公式来校正热交换的影响。保持外筒恒温的方法有两种：一是采用大容量的外筒并加绝热层，少受室温变化的影响；二是自动控制。为了区分这两种类型的仪器，前者又称为静态式，后者称为自动恒温式。

德国推出的双干式自动量热仪，无内筒水和外筒水，氧弹为特制双层，内部嵌有温度传感器，根据点燃试样后氧弹本身温度的升高来计算试样的发热量。这种热量计原则上也属于恒温式，氧弹与环境（仪器外套）之间的热交换通过计算来校正，也能给出与上述两种通用型热量计相近的精确度和准确度。

63.4　煤的元素分析

煤的元素分析包括碳、氢、氧、氮和硫五个指标，煤中碳、氢、氮和硫可以通过试验测定。煤中氧通过差减法计算得到。碳、氢、氮和氧是煤有机组成中的主要元素，对煤的基础理论和应用研究都具有十分重要的作用。煤中全硫是评价煤质的重要指标之一。煤中硫在燃烧、炼焦或气化利用时都会带来很大的危害，特别是煤中硫燃烧后形成的硫氧化物是污染环境的主要来源之一。煤的元素分析方法主要包括经典法和仪器法。本节主要阐述了煤元素分析的测试原理、测试方法、仪器设备等。

63.4.1　经典法测定碳氢氮

经典法测定碳氢的方法主要是三节炉法，测定氮的方法包括半微量开氏法和半微量蒸汽法。

1. 测试原理

1）三节炉法测定碳和氢

煤样在氧气中燃烧，生成的水和二氧化碳分别用吸水剂和二氧化碳吸收剂吸收，由吸收剂的增量计算碳和氢的含量。

2）半微量开氏法测定氮

煤样加入混合催化剂和浓硫酸，加热分解，氮转化为硫酸氢铵。加入过量的氢氧化钠溶液，氨蒸出并吸收在硼酸溶液中。用硫酸标准溶液滴定，根据硫酸的用量，计算氮的含量。

3）半微量蒸汽法测定氮

煤样在催化剂（氧化铝）和疏松剂的条件下，于1050℃通入水蒸气，试样中的氮及其化合物全部还原成氨。生成的氨经过氢氧化钠溶液蒸馏，用硼酸溶液吸收后，由硫酸标准溶液滴定，根据硫酸标准溶液的消耗量来计算氮的含量。

2. 测试方法

1）三节炉法测定碳和氢

将第一节炉温控制在（850±10）℃，第二节炉温控制在（800±10）℃，第三节炉温控制在（600±10）℃，并使第一节炉紧靠第二节炉。在预先灼烧过的燃烧舟中称取一般分析煤样，接上已恒定并称重的吸收系统，并以 120mL/min 的流量通入氧气，打开橡皮塞，取出铜丝卷，迅速将燃烧舟放入燃烧管中，使其前端刚好在第一节炉炉口，再放入铜丝卷，塞上橡皮塞，保持氧气流量为 120mL/min。1min 后向净化系统移动第一节炉，使燃烧舟的一半进入炉子，2min 后，移动炉体使燃烧舟的全部进入炉体，再 2min 后使燃烧舟进入炉子中央。保温 18min 后，把第一节炉移回原位。2min 后，取下吸收系统，将磨口塞关闭，用绒布擦净，在天平旁放置 10min 后称重。

2）半微量开氏法测定氮

在薄纸上称取空气干燥煤样 0.2g 并包好。放入 50mL 开氏瓶中，加入 2 g 混合催化剂和 5mL 浓硫酸。将开氏瓶放入加热体并在瓶口插入一小漏斗，缓慢升温至 350℃，保持此温度直至溶液清澈透明，漂浮的黑色颗粒完全消失为止。冷却后的溶液用蒸馏水转移至 250mL 开氏瓶中，放在蒸馏装置上准备蒸馏。向 250mL 开氏瓶中加入 25mL 混合碱液，然后通入蒸汽进行蒸馏，用加入 1 ～ 2 滴混合指示剂的 20mL 硼酸溶液吸收至溶液总体积达到 80mL 为止。蒸馏结束后拆下开氏瓶停止供汽，用硫酸标准溶液滴定吸收液由绿色变成钢灰色。

3）半微量蒸汽法测定氮

水解炉升温，塞紧水解管入口端带进样杆的橡胶塞，调节氦气流量为 50mL/min。蒸馏瓶中加入 150mL 氢氧化钠溶液，接通冷凝水，套式加热器通电升温，温度控制在（125±5）℃。水解炉升至 500℃时通入水蒸汽，1050℃后空蒸 30min。称取空气干燥煤样 0.1g 并与 0.5g 氧化铝充分混合后转移至瓷舟中。吸收瓶中加入 20mL 硼酸溶液和 3 ～ 4 滴混合指示剂，接在冷凝管出口端。将瓷舟放入燃烧管内，塞紧带进样杆的橡皮塞，保持上述蒸汽和氦气条件下将瓷舟推至 450 ～ 500℃和 750 ～ 800℃区域分别停留 5min，最后推到 1050℃恒温区停留 25min。取下吸收瓶并冲洗，洗液收入吸收瓶中。用硫酸标准溶液滴定吸收液由绿色变成钢灰色。

3. 仪器设备

三节炉法碳氢测定仪见图 63.7。

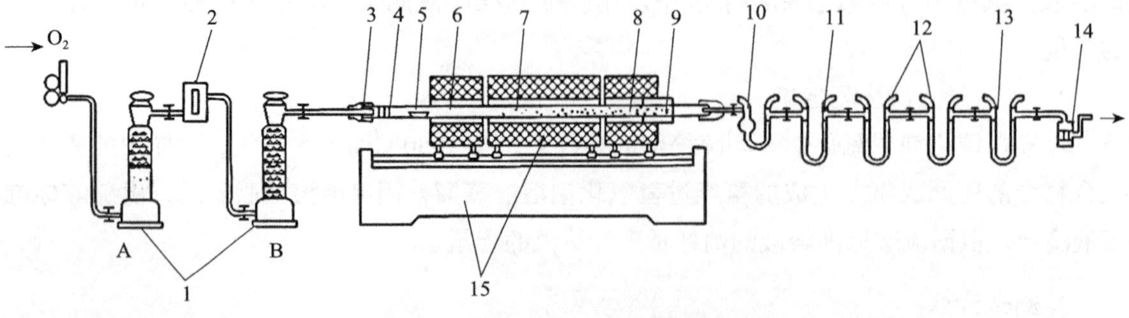

图63.7　三节炉法碳氢测定仪示意图

1. 气体干燥塔；2. 流量计；3. 橡皮塞；4. 铜丝卷；5. 燃烧舟；6. 燃烧管；7. 氧化铜；8. 铬酸铅；9. 银丝卷；10. 吸水U形管；11. 除氮U形管；12. 吸收二氧化碳U形管；13. 空U形管；14. 气泡计；15. 三节电炉及控温装置

63.4.2　仪器法测定碳氢氮

1. 测试原理

已知质量的煤样在高温和氧气流中充分燃烧，煤中的碳、氢和氮完全燃烧生成二氧化碳、水和氮气/氮氧化物混合物。由特定的处理系统滤除对测定有干扰的影响因素（如硫、氯等的燃烧产物），并将氮氧化物全部还原为氮气。煤中的碳、氢和氮的含量分别以二氧化碳、水蒸气和氮气的形式由特定的检测系统定量测定。

2. 测试方法

开启仪器并进行气密性检查，用已知碳、氢和氮含量有证标准物质进行曲线标定，然后称取不少于 70mg 的一般分析试验煤样，依照仪器预先设置的程序进行测定，仪器自动显示检测结果。

3. 仪器设备

碳氢氮元素分析仪包含燃烧系统、处理系统、检测系统和控制系统，见图 63.8。

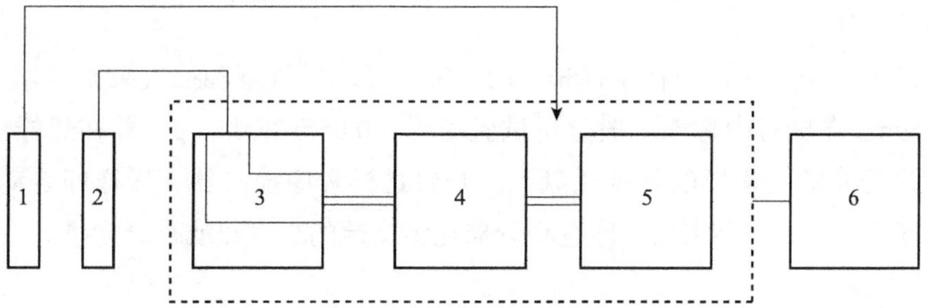

图63.8　全自动碳氢氮仪器示意图

1. 载气；2. 氧气；3. 燃烧系统；4. 处理系统；5. 检测系统；6. 控制系统

63.4.3　全硫

测定煤中全硫的方法有：艾士卡法、库仑滴定法和红外光谱法等。在仲裁分析时，应采用艾士卡法。

1. 测试原理

1）艾士卡法

煤样与艾士卡试剂混合灼烧，煤中硫生成硫酸盐，然后使硫酸根离子生成硫酸钡沉淀，根据硫酸钡的质量计算煤中全硫的含量。

2）库仑滴定法

煤样在催化剂作用下，于空气流中燃烧分解，煤中硫生成硫氧化物，其中二氧化硫被碘化钾溶液吸收，以电解碘化钾溶液所产生的碘进行滴定，根据电解所消耗的电量计算煤中全硫的含量。

3）红外光谱法

煤样在1300℃高温下，于氧气流中燃烧分解。气流中的颗粒和水蒸气分别被玻璃棉和高氯酸盐吸附滤除后通过红外检测池，其中的二氧化硫由红外检测系统测定。煤样中全硫的含量根据预先的标定由微型计算机计算。

2. 测试方法

1）艾士卡法

称量一般分析试验煤样（1.00±0.01）g和艾士卡试剂2g仔细混合均匀，混合物在通风良好的马弗炉中从室温逐渐加热到800～850℃，并在该温度下恒温1～2h灼烧完全。灼烧物冷却到室温，采用中速定性滤纸用倾泻法过滤样品，并用热水冲洗3次，调整溶液呈微酸性。将溶液加热到沸腾，在不断搅拌下缓慢滴加氯化钡溶液10mL，并在微沸状况下保持约2h，溶液最终体积约为200mL。将带有沉淀的滤纸转移到已知质量的瓷坩埚中，低温灰化滤纸后，在温度为800～850℃的马弗炉内灼烧20～40min，取出坩埚，在空气中稍加冷却后放入干燥器中冷却到室温后称重。

2）库仑滴定法

将管式高温炉升温并控制在（1150±10）℃，开动供气泵和抽气泵并将抽气流量调节到1000mL/min。在瓷舟中称取一般分析试验煤样（0.05±0.005）g，并在煤样上盖一薄层三氧化钨。将瓷舟放在送样的石英托盘上，开启送样程序控制器，煤样即自动送进炉内，库仑滴定随即开始。试验结束后，库仑积分器显示出硫的毫克数或百分含量。

3）红外光谱法

按照仪器使用说明书开启和调试仪器，在燃烧舟中称取0.3g左右的一般分析试验煤样，待燃烧管温度升至1300℃后，通入氧气，并调节氧气流量为3.0L/min，将装有煤样的燃烧舟推入燃烧管的恒温区，待燃烧完全后仪器显示和（或）打印出样品中硫的毫克数或质量分数，取出燃烧舟。

3. 仪器设备

1）库仑测硫仪

库仑测硫仪主要由管式高温炉、电解池和电磁搅拌器、送样程序控制器等组成，如图63.9所示。

2）红外测硫仪

红外测硫仪由管式高温炉、气体净化系统、红外检测系统构成，见图63.10。

63.4.4 氧

氧按公式（63.9）用差减法计算得到。

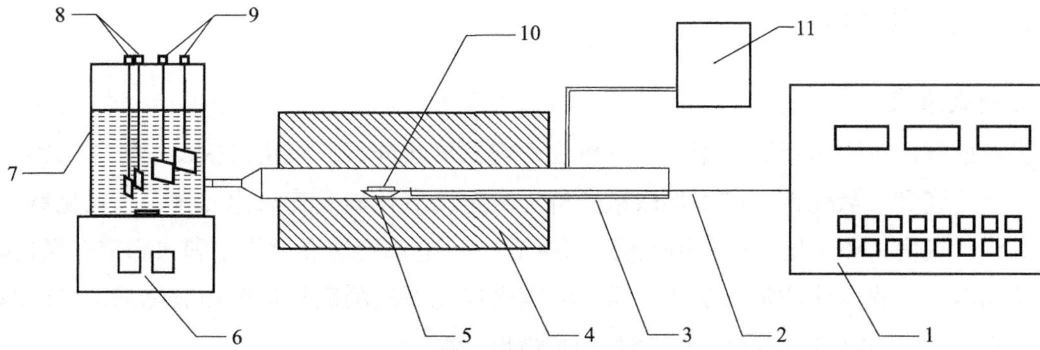

图63.9 库仑测硫仪示意图

1. 控制仪；2. 推棒；3. 异径燃烧管；4. 管式高温炉；5. 石英托盘；6. 电磁搅拌器；
7. 电解池；8. 指示电极；9. 电解电极；10. 燃烧舟；11. 空气供应及净化装置

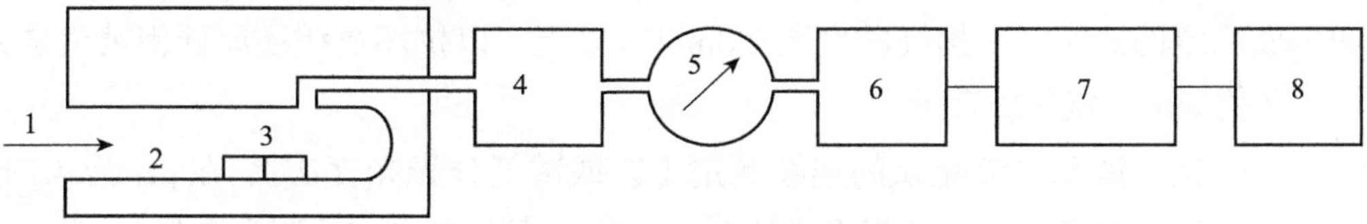

图63.10 红外测硫仪示意图

1. 氧气流；2. 管式高温炉燃烧管；3. 样品燃烧舟；4. 气体净化系统；
5. 流量调节系统；6. 红外检测系统；7. 微机控制处理系统；8. 打印机

$$O_{ad}=100-C_{ad}-H_{ad}-N_{ad}-S_{t,\ ad}-A_{ad}-M_{ad} \tag{63.9}$$

式中，O_{ad} 为空气干燥基差减氧含量，%；C_{ad} 为煤中空气干燥基碳含量，%；H_{ad} 为煤中空气干燥基氢含量，%；N_{ad} 为煤中空气干燥基氮含量，%；$S_{t,\ ad}$ 为煤中空气干燥基全硫含量，%；A_{ad} 为空气干燥基煤的灰分产率，%；M_{ad} 为空气干燥基水分含量，%。

63.5 煤的成分分析

煤的成分分析包括了煤灰成分分析和煤中微量元素分析。煤灰成分是指煤中矿物质经燃烧后生成的各种金属和非金属的氧化物与盐类。其中主要成分为二氧化硅、三氧化二铝、三氧化二铁、氧化钙、氧化镁、四氧化三锰、二氧化钛、五氧化二磷、三氧化硫、氧化钾和氧化钠等。煤灰成分可推断煤的矿物组成、初步判断煤灰熔融性温度的高低，以及对燃烧室的腐蚀程度。

煤中微量元素对煤炭的开采、加工、利用以及大气、土壤环境有着重要的影响。北京院 20 世纪 60 年代着手开展煤中微量元素试验方法的研究，现已形成氟、氯、砷、磷、镓、锗、硒、铀、钒、铬、镉、铅、铜、钴、镍、锌等近 20 项煤中微量元素的测定方法。

63.5.1 煤灰成分

1. 测试原理

煤灰成分的测定包括了应用常量分析法测定二氧化硅、三氧化二铁、三氧化二铝、氧化钙、氧化镁和二氧化钛；应用半微量分析法测定二氧化硅、三氧化二铁、二氧化钛、三氧化二铝、氧化钙和氧化镁；应用硫酸钡质量法、库仑滴定法和燃烧中和法测定三氧化硫；应用磷钼蓝分光光度法测定五氧化二磷；应用火焰光度法测定氧化钾和氧化钠；应用原子吸收分光光度法测定煤灰中钾、钠、铁、钙、镁、锰。

2. 测试方法

1）二氧化硅、三氧化二铁、三氧化二铝、氧化钙、氧化镁和二氧化钛的半微量分析法

（1）二氧化硅测定（硅钼蓝分光光度法）。在乙醇存在下，于盐酸溶液介质中，正硅酸与钼酸生成稳定的硅钼黄，提高酸度至 2.0mol/L 以上，以抗坏血酸还原硅钼黄为硅钼蓝，用分光光度法测定二氧化硅含量。

（2）三氧化二铁和二氧化钛的连续测定（钛铁试剂分光光度法）。在 pH 为 4.7 ～ 4.9 的条件下，三价铁离子与钛铁试剂生成紫色络合物，用分光光度法测定三氧化二铁，然后加入适量的抗坏血酸，使溶液的紫色消失，四价钛离子和钛铁试剂生成黄色络合物，用分光光度法测定二氧化钛。

（3）二氧化钛的单独测定（二安替比林甲烷分光光度法）。在 0.5 ～ 1.0mol/L 的酸度下，以抗坏血酸消除铁的干扰，四价钛离子与二安替比林甲烷生成黄色络合物，用分光光度法测定二氧化钛的含量。

（4）三氧化二铝测定（氟盐取代 EDTA 络合滴定法）。于弱酸性溶液中，加入过量 EDTA 溶液，使之与铁、铝、钛等离子络合，在 pH 为 5.9 的条件下，以二甲酚橙为指示剂，用锌盐回滴剩余的 EDTA 溶液，然后加入氟盐置换出与铝、钛络合的 EDTA，用乙酸锌标准溶液滴定，扣除钛的量，得到铝的量。

（5）氧化钙的测定（EGTA 络合滴定法）。在适当稀释的溶液中，以三乙醇胺掩蔽铁、铝、钛、锰等离子，在 pH 不小于 12.5 的条件下，以钙黄绿素 - 百里酚酞为指示剂，用 EGTA 标准溶液滴定。

（6）氧化镁的测定（EDTA 络合滴定法）。在适当稀释的溶液中，以三乙醇胺和酒石酸锑钾掩蔽铁、铝、钛和锰等，以 EGTA 掩蔽钙，在 pH 不小于 10 的溶液中，以酸性铬蓝 K-萘酚绿 B 为指示剂，用 EDTA 标准溶液滴定。

2）二氧化硅、三氧化二铁、三氧化二铝、氧化钙、氧化镁和二氧化钛的常量分析法

（1）二氧化硅的测定（动物胶凝聚质量法）。灰样加氢氧化钠熔融，沸水浸取，盐酸酸化，蒸发至干。于盐酸介质中用动物胶凝聚硅酸，沉淀过滤，灼烧，称重。

（2）三氧化二铁和三氧化二铝的连续测定（EDTA 容量法）。在 pH 为 1.8 ～ 2.0 的条件

下，以磺基水杨酸为指示剂，用 EDTA 标准溶液滴定。然后加入过量的 EDTA，使之与铝、钛等络合，在 pH 值为 5.9 的条件下，以二甲酚橙为指示剂，以锌盐回滴剩余的 EDTA，再加入氟盐置换出与铝、钛络合的 EDTA，然后再用乙酸锌标准溶液滴定。

（3）氧化钙的测定（EDTA 络合滴定法）。以三乙醇胺掩蔽铁、铝、钛、锰等离子，在 pH 值不小于 12.5 的条件下，以钙黄绿素－百里酚酞为指示剂，用 EDTA 标准溶液滴定。

（4）氧化镁的测定（EDTA 络合滴定、差减法）。以三乙醇胺、铜试剂掩蔽铁、铝、钛及微量的铅、锰等，在 pH 值不小于 10 的氨性溶液中，以酸性铬蓝 K－萘酚绿 B 为指示剂，用 EDTA 标准溶液滴定钙、镁含量。

（5）二氧化钛的测定（过氧化氢分光光度法）。硫酸介质中，以磷酸掩蔽铁离子、钛与过氧化氢形成黄色络合物，用分光光度法进行测定。

3）三氧化硫的测定

三氧化硫测定方法包括三种，即：硫酸钡质量法、燃烧中和法和库仑滴定法。

硫酸钡质量法：用盐酸浸取灰样中的硫，将溶液过滤，滤液用氢氧化铵中和并沉淀铁，过滤后的溶液中加氯化钡溶液，生成硫酸钡沉淀后用质量法测定。

燃烧中和法：灰样以活性炭粉为添加剂，于 1300℃的空气流中分解，用过氧化氢溶液吸收，以甲基红－溴甲酚绿为指示剂，用氢氧化钠溶液滴定。

库仑滴定法：灰样在 1150℃高温和催化剂作用下，于净化过的空气流中燃烧，煤灰中的硫酸盐分解为二氧化硫和少量的三氧化硫而逸出，被空气带到库仑定硫仪的电解池内于水化合生成亚硫酸和少量硫酸，仪器立即以自动电解碘化钾溶液生成的碘来氧化滴定亚硫酸，电解产生碘所消耗的电量经仪器转换为相应的硫含量（mg）或质量分数（%），根据显示值计算出灰样三氧化硫含量。

4）五氧化二磷测定（磷钼蓝分光光度法）

五氧化二磷的测定根据脱除二氧化硅使用的试剂不同有两种方法：用氢氟酸－高氯酸或氢氟酸－硫酸分解灰样，吸取部分溶液加入钼酸铵和抗坏血酸溶液，生成磷钼蓝，用分光光度法进行测定。

5）氧化钾和氧化钠测定（火焰光度法）

灰样用氢氟酸、高氯酸分解，制成稀硫酸溶液，用火焰光度法测定。

6）钾、钠、铁、钙、镁、锰的测定方法（原子吸收分光光度法）

灰样经氢氟酸、高氯酸分解，在盐酸介质中，加入释放剂镧或锶消除铝、钛等对钙、镁的干扰，用空气－乙炔火焰进行原子吸收测定。

63.5.2　煤中微量元素

1. 测试原理

煤中磷的测定应用磷钼蓝分光光度法，煤中砷的测定应用砷钼蓝分光光度法和氢化物发生－原子吸收法，煤中氯的测定应用高温燃烧水解－电位滴定法和艾氏剂熔样－硫氰酸钾滴定法，煤中氟的测定应用高温燃烧水解－氟离子选择电极（简称电极）法，煤中锗的测定应用蒸馏分离－苯芴酮分光光度法和萃取分离－苯芴酮比色法，煤中镓的测定应用碱/酸熔融－萃取分离－罗丹明 B 分光光度法，煤中硒的测定应用氢化物发生原子吸收法，煤中铬、镉、铅、铜、钴、镍、锌的测定应用原子吸收分光光度法，煤中钒的测定应用分光光度法，煤中铀的测定应用分光光度法。

2. 测试方法

1）煤中磷的测定

煤样灰化后用氢氟酸－硫酸分解，脱除二氧化硅，然后加入钼酸铵和抗坏血酸，生成磷钼蓝后，用分光光度计测定吸光度。

2）煤中砷的测定

（1）砷钼蓝分光光度法。煤样与艾氏剂混合灼烧后用盐酸溶解灼烧物，加入还原剂将五价砷还原成三价，加入锌粒，放出氢气，使砷形成氢化砷气体释出，然后被碘溶液吸收并氧化成砷酸，加入钼酸铵－硫酸肼溶液使之生成砷钼蓝，然后用分光光度计测定。

（2）氢化物发生－原子吸收法。煤样与艾氏剂混合灼烧后用盐酸溶解灼烧物，用碘化钾将五价砷还原成三价，再用硼氢化钠将三价砷还原为氢化砷，以氮气为载气将其导入石英管原子化器，用原子吸收法测定。

3）煤中氯的测定

（1）高温燃烧水解－电位滴定法。煤样在氧气和水蒸气混合气流中燃烧和水解，煤中氯全部转化为氯化物并定量地溶于水中。以银为指示电极，银－氯化银为参比电极，用硝酸银电位法直接滴定冷凝液中的氯离子浓度，根据硝酸银标准溶液用量计算煤样中的总氯含量。

（2）艾氏剂熔样－硫氰酸钾滴定法。煤样与艾士卡混合剂混合，放入马弗炉熔融，将氯转变为氯化物。用沸水浸取，在酸性介质中，加入过量的硝酸银溶液，以硫酸铁铵做指示剂，用硫氰酸钾滴定，以硝酸银溶液的实际消耗量计算煤中氯的含量。

4）煤中氟的测定

煤样在氧气和水蒸气混合气流中燃烧和水解，煤中氟全部转化为挥发性氟化物（SiF_4 及 HF）并定量地溶于水中。以氟电极为指示电极，饱和甘汞电极为参比电极，用标准加入法测定样品溶液中氟离子浓度，计算出煤样中氟含量。

5）煤中锗的测定

（1）蒸馏分离－苯芴酮分光光度法。将一般分析煤样灰化后用硝酸、磷酸、氢氟酸混合酸分解，然后在酸度为 6mol/L 盐酸溶液中进行蒸馏，使锗以四氯化锗的形态逸出，用水吸收并与干扰元素分离。在 1.2mol/L 盐酸溶液下用苯芴酮显色并用分光光度法测定。

（2）萃取分离－苯芴酮比色法。将一般分析煤样灰化后用硝酸、磷酸、氢氟酸混合酸分离后，在 9 ～ 10mol/L 盐酸溶液中用四氯化碳萃取分离锗。在微酸性的四氯化碳乙醇溶液中，锗与苯芴酮生成橘红色络合物，然后用分光光度法测定。

6）煤中镓的测定

煤样灰化后用碱熔融、盐酸酸化，蒸干使硅酸脱水，或用硫酸、盐酸、氢氟酸混合酸分解，制成酸度为 6mol/L 的盐酸溶液，加入三氯化钛溶液消除干扰元素的影响，加入罗丹明 B 溶液与氯镓酸形成有色络合物，用苯 - 乙醚萃取，然后用分光光度法测定煤中镓的含量。

7）煤中硒的测定

将煤样与艾氏剂混合，于 800℃下灼烧，用盐酸溶解，加热使六价硒还原为四价硒，再用硼氢化钠将四价硒还原为氢化硒，以氮气为载气将其导入石英管原子化器，以原子吸收法测定。

8）煤中铬、镉、铅的测定

煤样灰化后，用氢氟酸 - 高氯酸分解，在硝酸介质中加入硫酸钠消除镁等共存元素对铬的干扰，用原子吸收法（乙炔 - 空气火焰）进行测定。

9）煤中铜、钴、镍、锌的测定

煤样灰化后，用氢氟酸 - 高氯酸分解，用原子吸收法（乙炔 - 空气火焰）测定其中的铜、钴、镍、锌的含量。

10）煤中钒的测定

煤样灰化后用碱熔融、沸水浸取。浸取液中加掩蔽剂以消除干扰元素的影响。在磷酸介质中，五价钒与 2-（5- 溴 -2- 吡啶偶氮）-5- 二乙胺基苯酚（Br-PADAP）和过氧化氢形成有色的三元络合物，然后进行光度测量，求得钒含量。

11）煤中铀的测定

煤样灰化，然后用混合铵盐熔融，用含硝酸盐的稀硝酸浸取。使浸取液通过磷酸三丁酯 - 聚三氟氯乙烯色层柱分离干扰元素。用洗脱液解析柱上吸附的铀，在微碱性溶液（pH 值为 8）中，铀与 2-（5- 溴 - 吡啶偶氮）-5- 二乙胺基苯酚（Br-PADAP）显色剂形成有色的二元络合物，然后进行比色测定。

3. 仪器设备

北京院在承担制定煤中微量元素测定方法国家标准的同时，研制成功了煤中氟和煤中氯测定的高温燃烧装置、测量电位装置和电位滴定装置。

1）高温燃烧水解 - 氟离子选择电极法测煤中氟装置

高温燃烧水解 - 氟离子选择电极法用的仪器设备主要由高温燃烧水解装置和电位测量装置构成，分别如图 63.11 和 63.12 所示。

2）高温燃烧水解 - 电位滴定法测煤中氯装置

该装置主要由高温燃烧水解装置和电位滴定装置构成，见图 63.13 和 63.14。

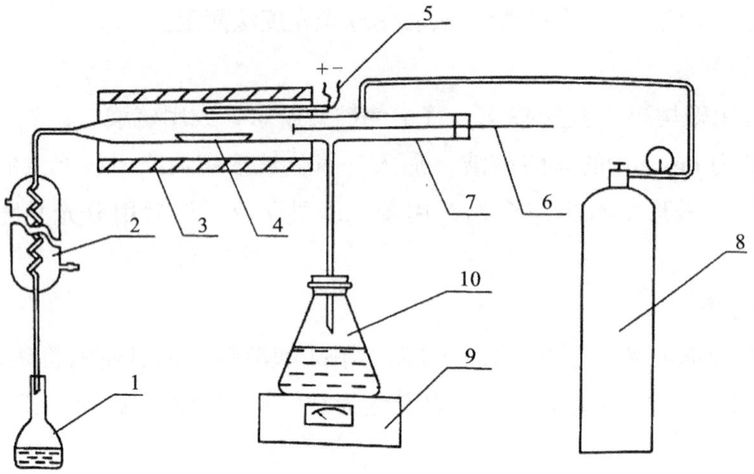

图63.11　高温燃烧水解装置（测氟）

1. 容量瓶；2. 冷凝管；3. 高温炉；4. 瓷舟；5. 铂铑-铂热电偶；
6. 进样推棒；7. 燃烧管；8. 氧气钢瓶；9. 调温电炉；10. 平底磨口烧瓶

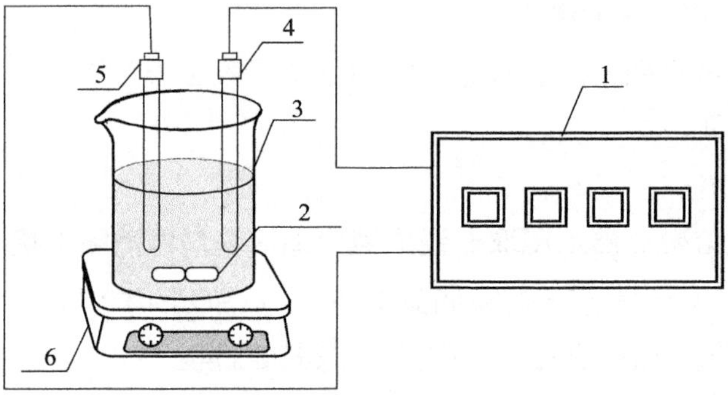

图63.12　电位测量装置示意图

1. 数字式离子计/毫伏计；2. 搅拌子；3. 烧杯；4. 饱和甘汞电极；5. 氟离子选择电极；6. 电磁搅拌器

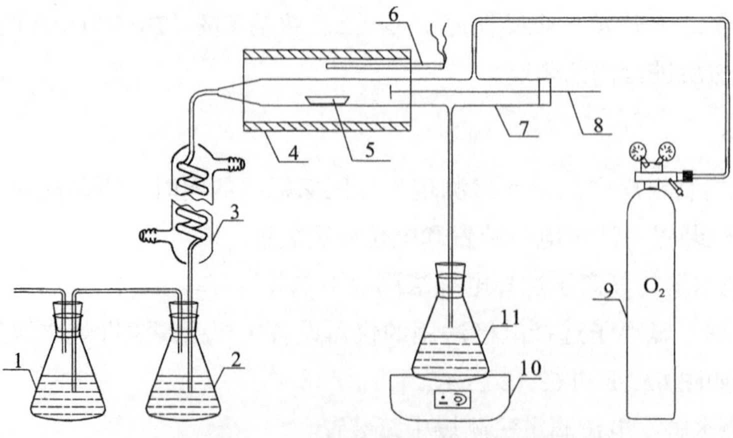

图63.13　高温燃烧水解装置（测氯）

1. 二号吸收瓶；2. 一号吸收瓶；3. 冷凝管；4. 高温炉；5. 瓷舟；6. 铂铑-铂热电偶；7. 燃烧管；8. 进样推棒；
9. 氧气瓶；10. 可调压圆盘炉；11. 平底烧瓶

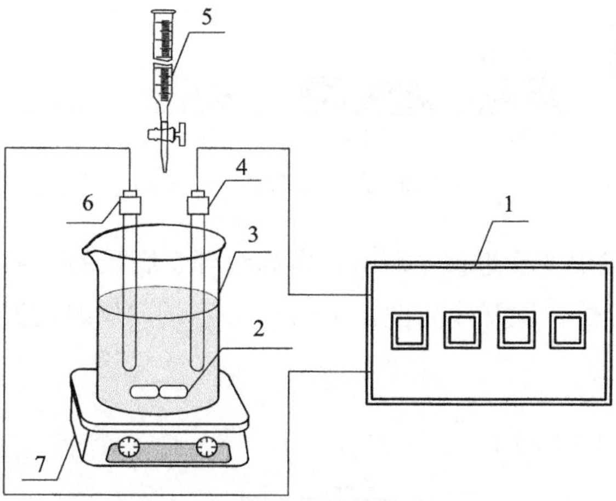

图63.14　电位滴定装置

1. 毫伏计；2. 搅拌子；3. 烧杯；4. 指示电极；5. 滴定管；6. 银-氯化银参比电极；7. 电磁搅拌器

63.6　煤的物理化学特性

煤的物理化学及力学性能包括煤灰熔融性、煤灰黏度、煤的可磨性、煤的磨损指数、煤的着火温度、煤的密度、煤的腐植酸产率、褐煤的苯萃取物产率等。煤炭加工利用的工艺不同，对煤炭有不同的工艺特性要求，在备煤工艺方面，要了解煤对机具的磨损性等；作为燃料，则要了解煤的着火温度、可磨性和灰熔融性等。

63.6.1　煤灰熔融性

煤灰熔融性是动力用煤和气化用煤的重要质量指标。煤灰的熔融温度可反映煤中矿物质在锅炉中的动态，据其预计锅炉中的结渣和沾污作用，指导锅炉设计和运行。

1. 测试原理

在一定的气体介质中，当煤灰加热到一定温度时就会开始局部熔化，随着温度的升高，熔化部分增加，到某一温度时全部熔化，这种逐渐熔化作用，使煤灰试样产生变形、软化、半球和流动的物理特性状态，通常以这四个状态对应的温度来表征煤灰的熔融性。

2. 测试方法

将煤灰制成一定尺寸的三角锥，在一定的气体介质中，以一定的升温速度加热，观察灰锥在受热过程中的形态变化，观察并记录变形温度、软化温度、半球温度和流动温度 4 个特征温度，见图 63.15。

变形温度 DT：灰锥尖端或棱开始变圆或弯曲时的温度。

软化温度 ST：灰锥弯曲至锥尖触及托板或灰锥变成球形时的温度。

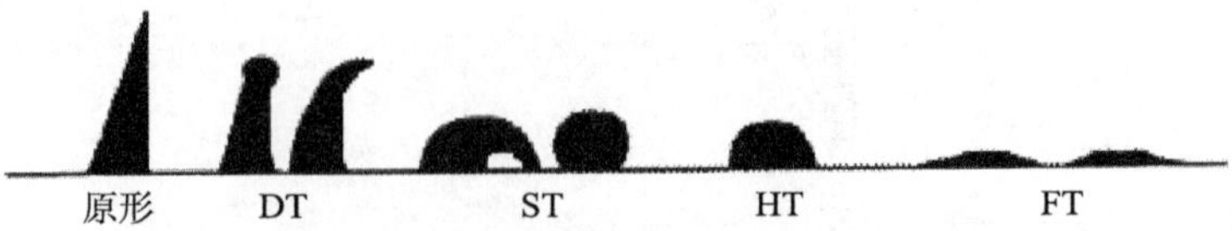

图63.15　灰锥熔融特征示意图

半球温度 HT：灰锥形变至近似半球形，即高约等于底长的一半时的温度。

流动温度 FT：灰锥熔化展开成高度在 1.5mm 以下的薄层时的温度。

3. 仪器设备

煤灰熔融性测定仪见图 63.16。

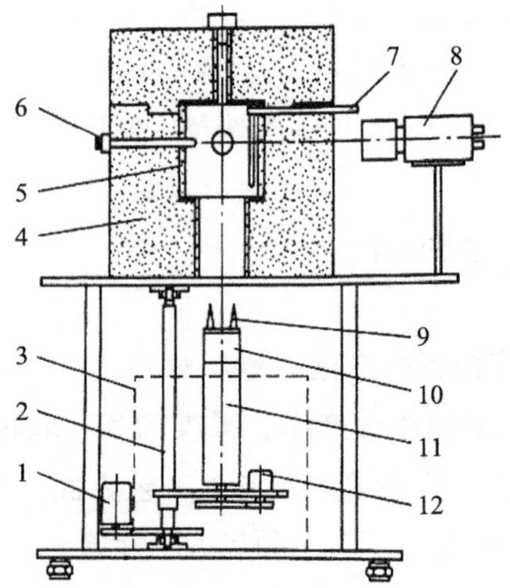

图63.16　煤灰熔融性测定仪主机内部结构示意图

1. 升降电机；2. 丝杆；3. 变压器；4. 高温炉；5. 刚玉件；6. 热电偶；7. 硅钼棒；8. 摄像头；9. 灰锥；10. 刚玉杯；11. 刚玉管；12. 同步电机

1）结构

煤灰熔融性测定仪主要由高温炉、铂铑－铂热电偶组成。

2）特点

煤灰熔融性测定仪可加热到 1500℃以上，有足够的恒温带，能按规定的程序加热，炉内气氛可控。

63.6.2　煤灰黏度

煤灰黏度特性可以定量地反映灰渣在熔化时的特性，可用于指导设计液态排渣锅炉和气化炉。

1. 测试原理

将煤灰制成适当尺寸的小球，逐个放入已在高温炉内加热到一定温度的坩埚中熔融，将钢丝扭矩式黏度计的测杆插入熔体中并使之以一定速度旋转。采用降温测定方法，从最高温度开始，每隔 20 ～ 50℃测定一个温度点的钢丝扭转角，直至黏度大于 50Pa·s（或 100Pa·s）。从黏度－扭转角曲线上查出各温度点的黏度，以温度为横坐标，黏度为纵坐标，绘制温度－黏度曲线。

2. 测试方法

将捆绑好的坩埚稳定地吊在炉膛恒温区中，其底部距热电偶 2 ～ 3mm。将测杆插入带水的坩埚中，开动黏度计，测定并记录零点读数。接通电源，设定好升温程序，当炉温升至 600℃时，打开氮气钢瓶开关，氮气流量为 500mL/min，往冷却水套中通入冷水。当炉温升至 1500℃或以上时，打开氢气钢瓶开关，并调节氮气和氢气的流量，使氢气在混合气体中占 20%，混合气体的总流量为 1000mL/min。然后将灰球逐个投入坩埚中熔融，直到熔体高度达到 25 ～ 30mm 为止。开动黏度计进行降温测定，根据黏度变化情况每隔 20 ～ 50℃测定一点。

3. 仪器设备

煤灰黏度测定仪主要包括两种：一种是由带动圆柱体做匀速转动的直流马达所消耗的电流来确定黏度；另一种是由悬挂圆柱体的弹性金属丝产生的扭转角来确定黏度，见图 63.17。

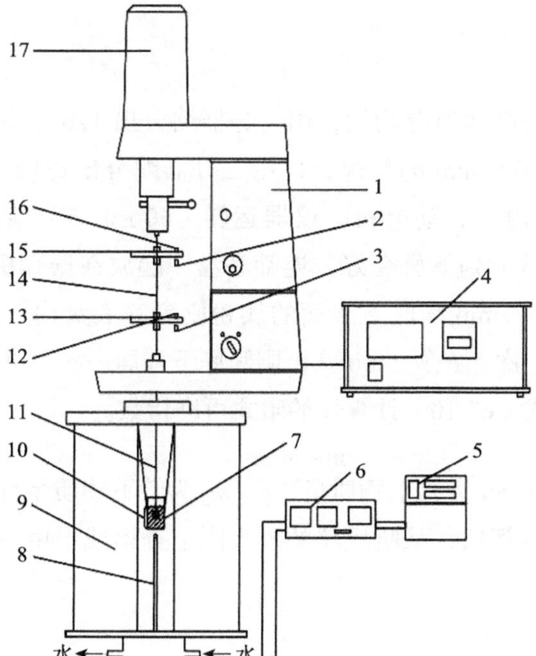

图63.17　钢丝扭矩式黏度计

1. 测量头；2，3. 光电管；4. 指示仪表；5，6. 温度控制器；7. 坩埚；
8. 热电偶；9. 高温炉；10. 坩埚内熔体高度；11. 测杆；12，16. 光源；13，15. 带光窗转盘；14. 钢丝；17. 电机

1）结构

钢丝扭矩式黏度计主要由供气系统、高温炉、测量系统和控制系统组成。

2）特点

钢丝扭矩式黏度计可测定牛顿流体和塑性流体的黏度；能在 600 ～ 1700℃范围内连续调节温度，并使任一指定温度长时间稳定在 ±2℃内；黏度测量范围为 1 ～ 100Pa · s；有足够长的恒温带；样品周围的气氛性质可控制。

63.6.3 煤的可磨性

煤的可磨性是动力用煤和高炉喷吹用煤的重要特性，表征燃煤制粉的难易程度。特别是在火力发电厂，煤的可磨性指数是煤粉制备工艺和设备的设计及预测磨煤机产量和电厂内部能源消耗时必不可少的证据。

1. 测试原理

一定粒度范围和质量的煤样，经哈氏可磨性测定仪研磨后，在规定的条件下筛分，称量筛上煤样的质量，由研磨前的煤样量减去筛上煤样质量得到筛下煤样的质量，从由煤的哈氏可磨性指数标准物质绘制的校准图上查得或者从一元线性回归方程中计算出煤的哈氏可磨性指数。

2. 测试方法

将 0.63 ～ 1.25mm 的煤样混合均匀，用二分器缩分出 120g，用 0.63mm 筛子在振筛机上筛 5min，以除去小于 0.63mm 的粉煤；再用二分器缩分出每份不少于 50g 的两份煤样。将煤样均匀倒入研磨碗内，启动电机，仪器运转（60±0.25）r 后自动停止。将保护筛、0.071mm 筛子和筛底盘从上到下叠套好，连筛底盘一起放在振筛机上振筛 10min。取下筛子，用短毛刷将粘在 0.071mm 筛底下表面的煤粉刷到筛底盘内，重新放到振筛机上振筛 5min，再刷筛底下表面一次，振筛 5min，再刷筛底下表面一次。准确称取 0.071mm 筛上和筛下的煤样质量，按公式（63.10）计算煤的哈式可磨指数。

$$m_3=m-m_1 \tag{63.10}$$

式中，m 为煤样质量，g；m_1 为筛上物质量，g；m_3 为筛下物质量计算值，g。

根据筛下物质量的计算值，从哈氏仪的校准图上查得或者由一元线性回归方程计算煤的哈氏可磨性指数。

3. 仪器设备

试验所用的哈氏可磨性指数测定仪见图 63.18。

1）结构

哈氏可磨性指数测定仪主要由主轴、研磨碗、研磨环和钢球组成。

2）特点

该电动机可通过减速装置和一堆齿轮减速后，带动主轴和研磨环以（20 ± 1）r/min 的速度旋转。

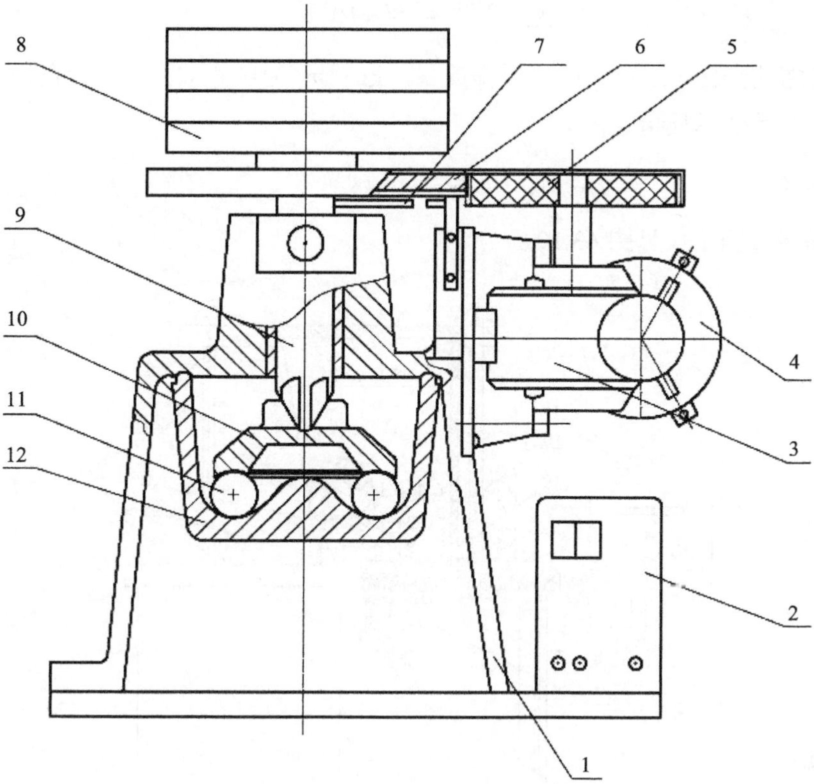

图63.18　哈氏可磨性指数测定仪

1. 机座；2. 转数控制器；3. 减速器；4. 电动机；5. 小齿轮；6. 大齿轮；7. 传感器；8. 重块；9. 主轴；10. 研磨环；11. 钢球；12. 研磨碗

63.6.4　煤的磨损指数

在煤的开采、破碎和输送过程中，都要遇到煤对设备的磨损问题。尤其在火电厂磨煤机设备中，煤是在承压状态下与金属相接触，磨煤机研磨件的磨损问题就显得尤为突出。磨损指数表示煤被破碎时对设备磨损的强弱程度，用来估计磨煤机研磨件的寿命。

1. 测试原理

将一定粒度和质量的煤样放入装有 4 个金属叶片的磨罐中，叶片以（1450 ± 30）r/min 的速度旋转（12000±20）r，然后根据 4 个叶片的质量损失来计算磨损指数。

2. 测试方法

用二分器从待测煤样中缩分并称取出（2±0.01）kg 煤样，将罐体套在凸台上，将煤样放入罐内并铺平。启动测定仪，旋转到（12000±20）r时自动停止。取出罐体，冷却，清除煤粉。卸下叶片，用细铜丝刷和酒精仔细清洗、擦干，放入干燥器内冷却至室温，称量叶片质量，按公式（63.11）计算煤的磨损指数。

$$\mathrm{AI}=\frac{(m_1-m_2)}{m}\times 10^3 \tag{63.11}$$

式中，AI为磨损指数，mg/kg；m为煤样质量，kg；m_1为试验前四个叶片的总质量，g；m_2为试验后四个叶片的总质量，g。

3. 仪器设备

煤的磨损指数测定仪见图63.19。

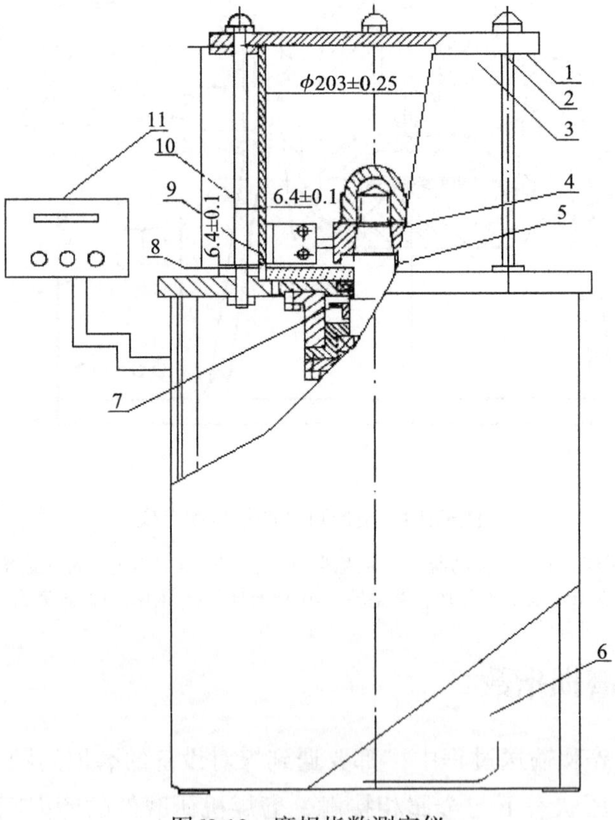

图63.19 磨损指数测定仪

1. 磨盖；2. 连杆；3. 磨罐；4. "十"字座；5. 传动轴；6. 马达；7. 甩煤板；8. 底托板；9. 磨罐底板；10. 叶片；11. 计数控制器

1）结构

煤的磨损指数测定仪主要由机座、磨罐组合件、传动装置、微电脑转数控制器等组成。

2）特点

该设备的微电脑转数控制器能显示叶片的转数，转数达到（12000±20）r时，自动停机；当测定仪暂停后再启动时，指示转数可以累加，直至（12000 ± 20）r 自动停机。

63.6.5　煤的着火温度

煤的着火温度，也称燃点，与煤的变质程度有很明显的关系。变质程度低的煤着火温度低，反之着火温度高。可通过着火温度，推测煤阶及氧化程度等。

1. 测试原理

将煤样与氧化剂按一定比例混合，装入煤样管，再放入着火温度测定装置，以一定的升温速度加热，到一定温度时煤样骤然燃烧，测定并记录该爆燃温度，即为煤的着火温度。

2. 测试方法

将处理过的煤样小心倒入试样管中，试样管与缓冲球连接，然后放入加热体中，将热电偶插入加热体中心孔内。接通加热炉电源，开始升温，并控制升温速度为 4.5 ～ 5.0℃ /min，待升温至 100℃时，每 5min 记录一次温度，到 250℃时旋转量水管三通，随时观测量水管水位，当其突然下降时，记录相应的温度。

3. 仪器设备

自动着火温度测定仪见图 63.20。

北京院自主研制的自动着火温度测定仪由加热装置和控制测量系统组成，能自动升温，自动判断着火温度，自动记录和打印测定结果。如图 63.20 所示。

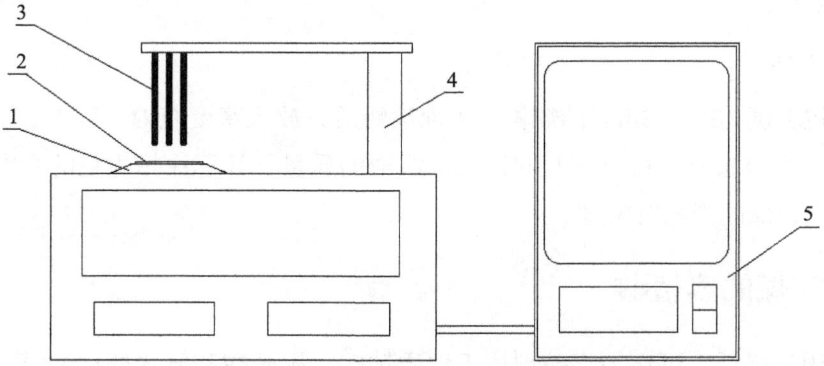

图63.20　煤的着火温度自动测定仪

1. 加热炉；2. 加热体；3. 热电偶；4. 升降杆；5. 自动测量系统

1）结构

自动着火温度测定仪由加热装置和控制测量系统组成。

2）特点

自动着火温度测定仪可在整个测定中自动升温，自动判断着火温度，并自动记录和打印测定结果。

63.6.6 煤的真相对密度

煤的真相对密度是表示煤分子空间结构的物理性质，是计算煤层平均质量的重要指标。在洗选煤或制备减灰试样时，也需要根据煤的真相对密度来确定减灰重液的相对密度。

1. 测试原理

煤的真相对密度是指一定温度下，煤（不包括煤的孔隙）的质量与同温度下同体积水的质量比。

2. 测试方法

以十二烷基硫酸钠溶液为浸润剂，使煤样在密度瓶中润湿沉降并排除吸附的气体，根据煤样排出的同体积水的质量计算出煤的真相对密度。

63.6.7 煤的视相对密度

煤的视相对密度用于煤矿及地勘部门计算煤的埋藏量。在储煤仓的设计及煤的运输、磨碎和燃烧等过程的计算中，也需要用到视相对密度。此外视相对密度还用来计算煤的气孔隙率，作为煤层气计量基准。

1. 测试原理

煤的视相对密度是指在20℃，煤的质量与同温度同体积（包括煤炭内外表面孔隙在内）的水的质量之比。

2. 测试方法

称取一定粒度 10 ～ 13mm 的煤样，表面涂蜡后，放入密度瓶内，以十二烷基硫酸钠溶液为浸润剂，测出涂蜡煤粒所排开同体积水溶液的质量，计算涂蜡煤粒的视密度，减去蜡的密度后，求出煤的视相对密度。

63.6.8 煤的腐植酸

腐植酸用途广泛，可作为煤碱剂用于地质钻探。用硝酸和氨水处理泥煤、褐煤和风化烟煤所得的硝基腐植酸铵和氨基腐植酸铵是高效的有机氮肥。

1. 测试原理

1）容量法

用焦磷酸钠碱液或氢氧化钠溶液从煤样中抽提腐植酸；再在强酸性溶液中，用重铬酸钾将腐植酸中的碳氧化成二氧化碳，根据重铬酸钾消耗量和腐植酸含碳比，计算腐植酸的产率。

2）残渣法

用焦磷酸钠碱液或氢氧化钠溶液从煤样中抽提腐植酸，从煤样中有机质减去抽提后的不溶物（残渣）中的有机质，求得总腐植酸或游离腐植酸产率。

2. 测试方法

1）容量法

称取一般分析试验煤样 0.2g 于 250mL 三角瓶中，加入焦磷酸钠碱抽提液 100mL，置于（100±1）℃的水浴中，加热抽提 2h 后，冷却到室温，将抽提液及残渣全部转入 200mL 容量瓶中。用中速定性滤纸干过滤，滤出的 50～100mL 滤液，供测定用。准确吸取滤液 5 mL 于 250mL 三角瓶中，用移液管准确加入 5mL、0.4mol/L 的重铬酸钾溶液和 15mL 的浓硫酸，于（100±1）℃水浴中加热氧化 30min，取下冷到室温。用蒸馏水稀释到 100mL 左右，冷却后加 3 滴邻啡罗琳指示剂，用 0.1mol/L 硫酸亚铁铵溶液滴至砖红色。

2）残渣法

抽提同“容量法”。冷却到室温的抽提液连同残渣全部转入 200mL 离心杯中，离心 20min。将残渣连同滤纸转入恒重的称量瓶中，放入鼓风干燥箱内，在 105～110℃下干燥 2h，取出后加盖，在空气中冷却 3min，再放入干燥器内冷却至室温后称重。将干燥恒重的残渣和滤纸移入恒重的坩埚中，置于马弗炉内，从室温升到高温缓慢灰化，在（815±20）℃下灼烧 1h。取出后在空气中冷却 5min，再放入干燥器冷却至室温（约 20min）后称重。按 GB/T 212 测定分析煤样的水分和灰分。

63.6.9 褐煤的苯萃取物产率

褐煤的苯萃取物俗称褐煤蜡或蒙旦蜡。褐煤蜡广泛用于精密机械铸造、电缆电线、油漆、涂料、复写纸、油墨和鞋油等生产。

1. 测试原理

将煤样置于萃取器中用苯萃取，煤样被苯萃取后，蒸馏去除苯，然后将溶剂蒸除并将萃取物干燥至质量恒定。根据萃取物的质量，计算出褐煤的苯萃取物产率。

2. 测试方法

称取混合均匀的一般分析煤样 2g，放入滤纸筒中，加 60～70mL 苯。将自动萃取仪各部分连接好，接通电源，按下程序开关，仪器即按以下预先设置的程序自动进行萃取－洗涤－蒸发。

3. 仪器设备

苯是一种有毒物质，若试验人员长期与之接触将有损身体健康。因此为解决该问题，北京院自主研发出苯萃取物产率测定的自动苯萃取仪，该仪器可按预先设置的程序自动进行萃取－洗涤－蒸发。自动苯萃取仪见图 63.21。

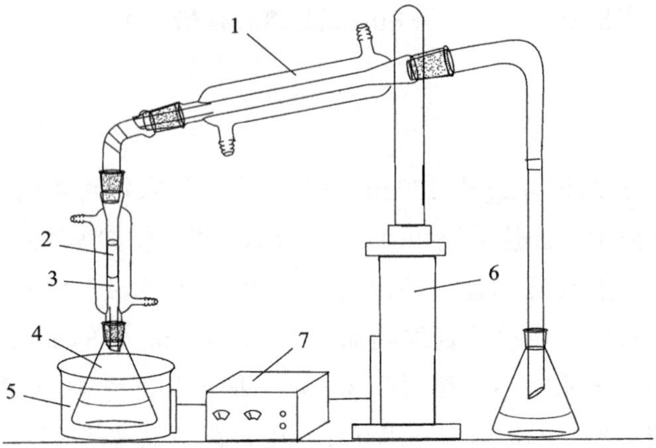

图63.21 自动苯萃取仪

1. 冷凝器；2. 滤纸筒；3. 萃取室；4. 锥形瓶；5. 水浴；6. 升降系统；7. 控制器

1）结构

自动苯萃取仪主要由连续萃取－洗涤－蒸发装置和控制器两部分组成。连续萃取－洗涤－蒸发装置主要包括锥形瓶、萃取室和冷凝器三部分。

2）特点

该仪器可按预先设置的程序自动进行萃取－洗涤－蒸发。

63.7 煤的气化指标

煤的气化指标是指煤作为气化原料时与气化性能有关的一些特定分析项目。不同的煤气化工艺对煤质的要求有所不同，就常压固定床气化炉而言，除了解煤的工业分析、元素分析、硫含量等一般指标外，还须了解煤的黏结性、抗碎强度、热稳定性、灰熔融性、化学反应性和结渣性等。

63.7.1 热稳定性

煤的热稳定性是煤块在高温作用下保持其原来粒度的性质，反映煤在高温燃烧或气化过程中对热的稳定程度。煤的热稳定性数据可指导用煤者选择合适的煤种或改变操作条件来尽量减少因热稳定性差而对气化过程的影响。

1. 测定原理

取 6 ～ 13mm 粒度的煤样，在（850±15）℃的马弗炉中隔绝空气加热 30min，取出冷却，称量，筛分，以粒度大于 6mm 的残焦质量占各级残焦质量之和的百分数作为稳定性指标 TS_{+6}；以 3 ～ 6mm 和小于 3mm 的残焦质量分别占各级残焦质量之和的百分数作为热稳定性辅助指标 $TS_{3\sim6}$、TS_{-3}。

2. 测试方法

用瓷坩埚或刚玉坩埚量取粒度为 6 ～ 13 mm 的煤样 500cm^3，试验温度为 850℃，煤样在此温度下隔绝空气加热 30min。煤样刚送入马弗炉时，炉温可能下降，要求 8min 炉温回升到（850±15）℃；残焦用规定振筛机筛分 10min，以大于 6mm 的残焦质量对各级残焦质量和的百分数作为热稳性指标。

63.7.2　煤对二氧化碳化学反应性

煤的化学反应性又称活性，是指一定温度下，煤与一定介质如二氧化碳、氧及水蒸气等化学反应的能力。将煤对二氧化碳还原为一氧化碳的能力称为煤对二氧化碳化学反应性，与气化、燃烧以及煤的特殊加工等都有密切的关系。反应性强的煤在气化和燃烧过程中反应速度快、效率高，因此该项指标直接反映了煤在炉中的反应情况、耗煤及煤气中的有效成分等。

1. 测定原理

先将煤干馏，除去挥发物，然后将其筛分并选取一定粒度的焦渣装入反应管中加热。加热到一定温度后，以一定的流量通入二氧化碳与试样反应。测定反应后气体中二氧化碳的含量，以被还原成一氧化碳的二氧化碳量占通入的二氧化碳量的百分数，即二氧化碳还原率 α（%），作为煤对二氧化碳化学反应性的指标。

2. 测试方法

制备粒度为 3 ～ 6mm 的煤样约 300g，取部分煤样于 900℃干馏；经过干馏的焦渣加入反应管后料层厚度为 100 mm；褐煤开始试验温度 750℃，烟煤和无烟煤开始试验温度 800℃，升温速度 20 ～ 25℃ /min，每升高 50℃，保温 5min，以 500mL/min 流速通入二氧化碳并取气样分析反应后气体中的二氧化碳浓度，被还原成一氧化碳的二氧化碳量占通入的二氧化碳量的百分数，即为二氧化碳还原率 α（%）。

63.7.3　结渣性

煤的结渣性是反映煤在气化或燃烧过程中，煤灰受热软化，熔融而结渣的性能的量度，它对评价煤的加工利用特性具有很重要的实际意义，对用煤单位和设计部门都是不可忽视的参考指标。

1. 测定原理

将 3 ～ 6mm 粒度的试样，装入特制的气化装置中，用同样粒度的木炭引燃，在规定鼓风强度下使其气化（燃烧），待试样燃尽后停止鼓风，冷却，称量和筛分，从大于 6mm 的渣块质量算出结渣率，表示煤的结渣性。

2. 测试方法

取粒度为 3 ～ 6mm 的煤样 400cm^3，在鼓风强度为 0.1 m/s、0.2 m/s、0.3 m/s 三种鼓风强度下分别进行试验，以大于 6mm 的渣块质量算出结渣率；通过绘出上限结渣率和下限结渣率两条曲线，将结渣性强度区域分为强结渣区、中等结渣区、弱结渣区。该试验方法模拟实际生产条件在动态下进行测定，实验用小型气化装置即结渣性测定仪模拟工业气化设备原理，试验结果能较准确地反映煤在气化（燃烧）过程中的结渣特性。

63.8 煤的焦化指标

焦化指标是测定煤塑性的指标，煤的塑性主要体现在煤在干馏过程中形成的胶质体的数量和性质上，胶质体的性质包括热稳定性、透气性、流动性等方面。胶质体的数量和性质对煤的黏结和成焦至关重要，炼焦用煤必须兼有黏结性和结焦性。黏结性着重反映煤在干馏过程中软化熔融形成胶质体并固化黏结的能力，测定黏结性时加热速度较快，一般只测到形成半焦为止。结焦性是烟煤在焦炉或模拟焦炉的炼焦条件下，形成具有一定块度和强度的焦炭的能力，测定结焦性时加热速度一般较慢。焦化指标的测定结果可用于选择合适的炼焦煤和制定合理的炼焦配煤方案。焦化指标包括胶质层指数、黏结指数、坩埚膨胀序数、奥阿膨胀度、格金低温干馏、吉氏流动度等试验项目。

63.8.1 胶质层指数

胶质层指数测定是模拟工业焦炉的炭化室反应而设计的，中国煤炭分类采用 Y 值作为烟煤分类中区分肥煤和非肥煤的主要指标。由于 Y 值表征煤的结焦性能，并有较好的可加性，所以对于指导配煤炼焦有着重要的作用。

1. 测试原理

煤样装入煤杯后，放在特制的电炉内以规定的升温速度进行单侧加热，煤样则相应形成半焦层、胶质层和未软化的煤样层三个层面。用探针测量出胶质体的最大厚度 Y，从试验的体积曲线测得最终收缩度 X，见图 63.22。

2. 测试方法

将（100±0.5）g 煤样装入煤杯中，煤杯放在特制的电炉内以 8℃ /min 的升温速度升至 250℃，开始记录体积曲线。在 250℃以后以 3℃ /min 速度升温。当胶质层层面下降几分钟后用探针开始测量，当体积曲线呈平滑下降型、微波型和山型时，均按照 5min 测量一次上部层面、10min 测量一次下部层面的方法测量。当体积曲线呈平滑斜降型时，以每 15min 不多于一次的频率测量上部和下部层面。当体积曲线呈波型、“之”字形时，在体积曲线上升的最高点测量上部层面，下降到的最低点测量上部层面和下部层面。当胶质层的最大值出现后，再测两到三个点便可停止测量。当温度到达 730℃时，试验结束。

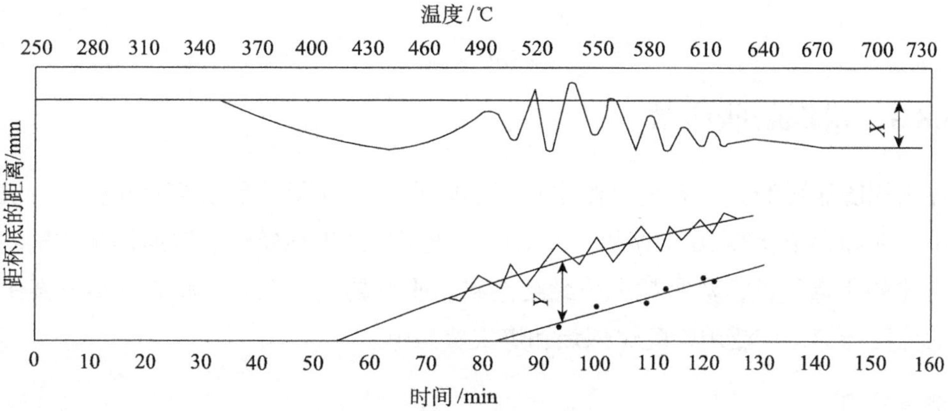

图63.22　胶质层指数加工示意图

63.8.2　黏结指数

烟煤黏结指数实质是煤样受热后，煤颗粒之间或煤粒与惰性组分颗粒间结合牢固程度的一种度量。根据黏结指数可以大致确定煤的主要用途，利用挥发分和黏结指数图可以了解煤在炼焦配煤中的作用，用以指导配煤炼焦。

1. 测试原理

以一定质量的试验煤样与专用无烟煤混合均匀，在规定的条件下加热成焦，所得焦块在一定规格的转鼓内进行强度检验，以焦块的耐磨强度，即抗破坏力的大小来表示试验煤样的黏结能力。

2. 测试方法

先称取 5 g 专用无烟煤放入坩埚，再称取 1g 试验煤样置于无烟煤上，均匀混合。加压块于坩埚中央，然后将其置于压力器下压 30s。将带盖的坩埚放在坩埚架中，放入预先升温至 850℃的马弗炉内的恒温区。从放入坩埚开始计时，焦化 15min，将坩埚从马弗炉中取出，放置冷却至室温。取出压块，称量焦块总质量，然后将其放入转鼓内，进行第一次转鼓试验。转鼓试验后取出焦块，用 1mm 的圆孔筛进行筛分，称量筛上物质量，再将其放入转鼓进行第二次转鼓试验，重复筛分、称量操作。每次转鼓试验 5min，转鼓转动 250r。

试验结果按公式（63.12）计算：

$$G_{\mathrm{R.I}}=10+\frac{30m_1+70m_2}{m} \tag{63.12}$$

式中，m 为焦化处理后焦块总质量，g；m_1 为第一次转鼓试验后，筛上部分的质量，g；m_2 为第二次转鼓试验后，筛上部分的质量，g。

当测得结果小于 18 时，需重做试验。此时，试验煤样和专用无烟煤的比例改为 3 ：3，其余试验步骤均与以上测定步骤相同。结果按公示（63.13）计算：

$$G_{R.I}=\frac{30m_1+70m_2}{5m} \tag{63.13}$$

63.8.3 坩埚膨胀序数

烟煤坩埚膨胀序数是一种通过测定烟煤的膨胀性来判断其黏结性的方法。坩埚膨胀序数分为 1 ～ 9 和大于 9 共 10 个序号，其大小取决于煤的熔融特性、胶质体生成期间析气情况和胶质体的不透气性，数字越大，黏结性和膨胀度越大，在国际硬煤分类方案中被选为黏结性的分类指标，广泛用于配煤炼焦和煤炭贸易中。

1. 测试原理

将 1g 煤样装在专用坩埚中，按规定的程序加热到（820±5）℃，所得焦块与一组带有序号的标准焦块侧形（图 63.23）比较，以最接近的焦型序号作为坩埚膨胀序数。

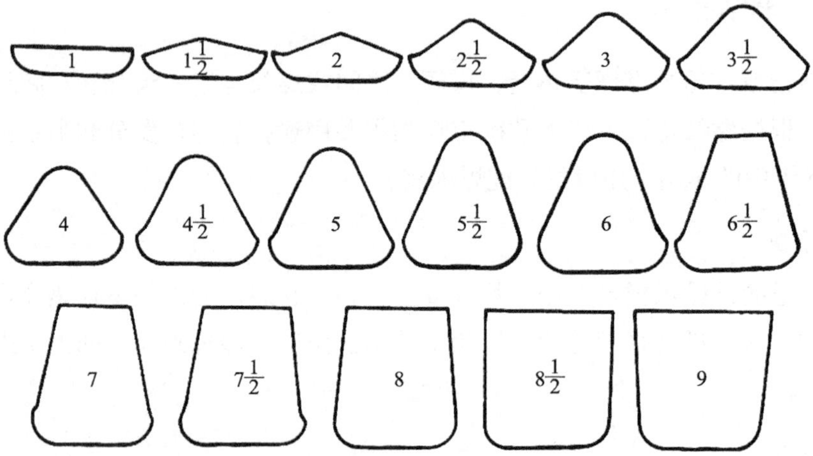

图63.23 标准焦块侧形图及其相应的坩埚膨胀序数

2. 测试方法

试验前需做空坩埚试验，通过调节电流大小控制上偶温度在 1.5min 内达到（800±10）℃，2.5min 内达到（820±5）℃。记录炉温和电流调整方法（或仪器自动记录），并做一次选定条件下的空坩埚试验加以确定。

电炉升温至预先设定的温度，称取（1±0.01）g 试样于坩埚中，晃平、颠实，放入炉内石英皿中心部位，立即盖上不带孔的坩埚盖，加热至挥发物逸尽，但不得少于 2.5min。焦渣冷却至室温后与标准焦块侧形图比较获得焦型。

3. 仪器设备

1）结构

测定需采用专用电加热炉，其基本结构见图 63.24。

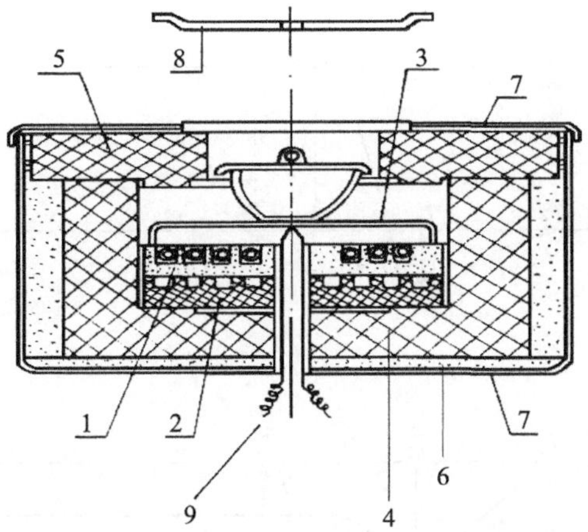

图63.24　坩埚膨胀序数专用电加热炉示意图

1，2，5. 耐火板；3. 石英皿；4. 耐火砖；6. 石棉板；7. 炉壳；8. 耐火盖；9. 热电偶

2）特点

加热炉采用的独特控温方式能有效地避免温度过冲而烧断电阻丝，采用的保温材料保温性能好，炉丝寿命长，更换方便。

63.8.4　奥阿膨胀度

膨胀度试验又称为奥阿膨胀计试验，此方法无需添加任何惰性物质，在区分中等以上黏结性煤，特别是强黏结性煤时，不仅能反映胶质体的量还能反映胶质体的质，为中国煤炭分类的辅助指标。

1. 测试原理

将试验煤样按规定方法制成一定规格的煤笔，放在膨胀管内，其上放置一根能在管内自由滑动的钢杆（膨胀杆）。将上述装置放在专用的电炉内，以规定的升温速度加热，记录膨胀杆的位移曲线。以位移曲线的最大距离占煤笔原始长度的百分数，表示煤样膨胀度（b）的大小。

2. 测试方法

称取试样 4g，用水润湿并混匀。将试样装入成型模，将成型模放在打击器下，依次使用长、中、短三种打击杆各打击 2 次（每次 4 下共 24 下）。脱出煤笔，将煤笔放在切样器槽中，将伸出煤笔槽的部分（即长度大于 60 mm 的部分）切去后装入膨胀管。将电炉预先升至一定温度，将膨胀管放入电炉孔内。以 3℃ /min 的速度升温，记录膨胀杆的位移曲线。结果分别如图 63.25 所示。

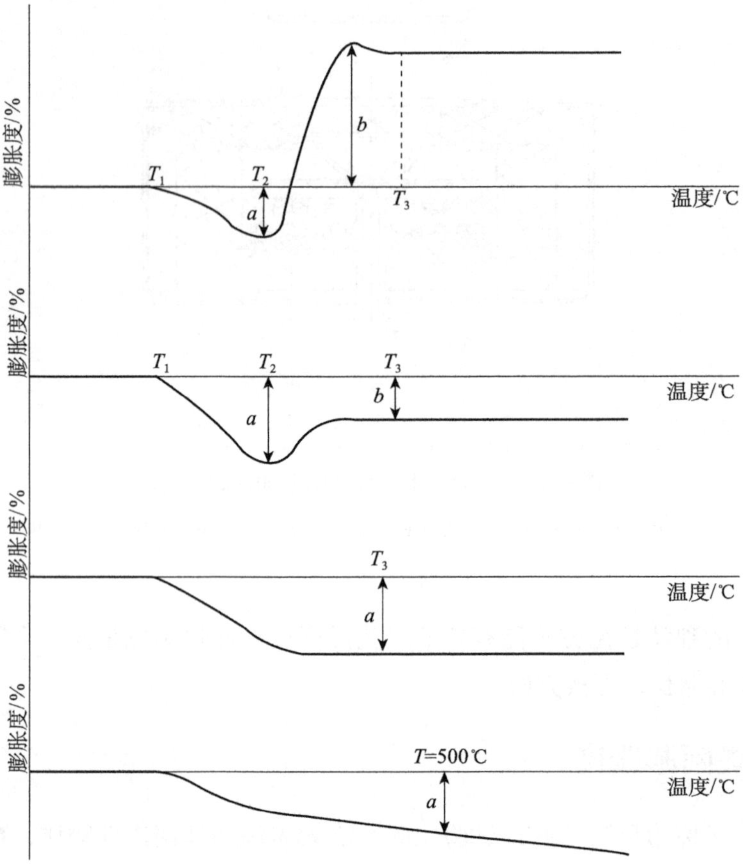

图63.25　奥阿膨胀计试验4种不同位移曲线

T_1. 软化温度；T_2. 开始膨胀温度；T_3. 固化温度；a. 最大收缩度；b. 最大膨胀度

3. 仪器设备

1）结构

由带有底座、顶盖的外壳与一金属炉芯构成，炉芯与外壳之间充填保温材料构成的专用电加热炉，其基本结构见图 63.26。

2）特点

电炉的使用功率不应小于 1.5 kW，且有专用的控温程序，以满足在 300 ～ 550℃范围内的升温速度不低于 3℃ /min 的要求，以达到所要求的温度场。

63.8.5　格金低温干馏

格金低温干馏是一个多指标的综合性试验，既有结焦性指标焦型的判定，又有干馏产物半焦产率、焦油产率和总水产率的测定。其中，焦油是用来提炼各种化工原料以及优质燃油的原料。

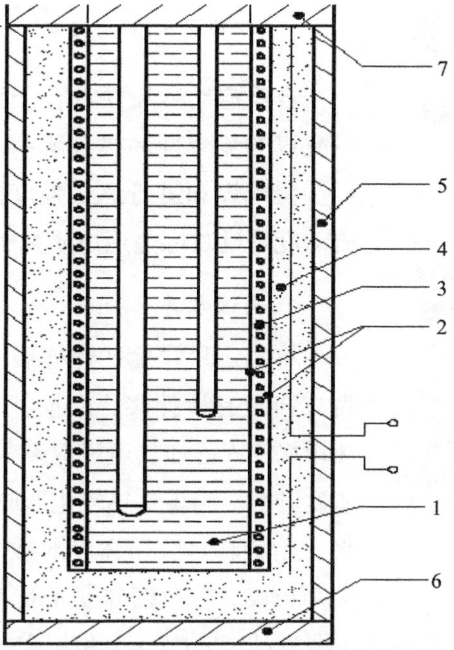

图63.26　奥阿膨胀计试验电炉示意图

1. 铝青铜块；2. 云母层；3. 电炉丝；4. 保温材料；5. 外壳；6. 电炉底座；7. 电炉顶盖

1. *测试原理*

煤在规定条件下，隔绝空气加热到600℃，在试验过程中收集热分解产物（焦油和水）同时得到半焦，计算产率，并参照一组标准焦型确定半焦焦型。

2. *测试方法*

将格金干馏炉加热至300℃，将装有试样的干馏管插入炉内。从300℃开始，以5℃/min的升温速度加热至600℃，并保温15min。产生的焦油、水蒸气和煤气经干馏管支管进入锥形瓶，焦油和水蒸气在锥形瓶中冷凝，煤气由导气管排出。

取下锥形瓶，盖紧橡皮塞，放置约5min后称量，此质量减去空瓶质量为干馏冷凝物的质量。干馏管放置冷却到室温后称量。将干馏管支管内外的焦油擦洗掉再次称量，此两次质量之差为干馏管及支管内粘附焦油的质量。去油后干馏管质量与试验前干馏管质量之差，即为半焦的总质量。

于含冷凝物的锥形瓶中加入50mL二甲苯或甲苯，接上水分测定管并与冷凝器相连。将装配好的锥形瓶放在砂浴上，进行蒸馏。蒸馏结束后，从水分测定管读取水的体积（mL），取室温下水的密度为1g/cm^3，计算出干馏总水分的质量。

将干馏管内焦炭与一组标准焦型（图63.27）比较定出型号。对强膨胀性煤，焦型以最终得到G型焦所需配入的最少电极炭克数（整数）标在G右下角来表示，如G_1、G_2……G_X。

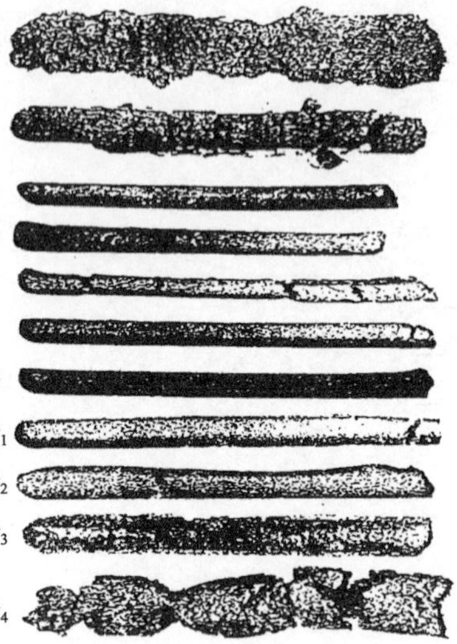

图63.27 格金焦型示意图

63.8.6 吉氏流动度

吉氏流动度反映煤在干馏时形成胶质体的黏度，是研究煤的流变性和热分解动力学的有效手段，可用以指导炼焦配煤和进行焦炭强度预测。在煤炭贸易中，吉氏流动度是反映炼焦用煤质量的一项重要指标。

1. 测试原理

将一定量粒度的煤样装入煤甑坩埚中，坩埚中央垂直方向装有搅拌桨，向搅拌桨轴施加恒定的力矩。将煤甑坩埚放入已加热至规定温度的金属浴内，以 3℃ /min 的速度升温。当煤受热软化形成胶质体后，阻力降低，搅拌桨开始旋转。胶质体相对数量越多，黏度越小，搅拌桨转动越快。转速以分度 /min 表示，每 360° 为 100 分度。仪器自动记录每分钟总的旋转分度（即流动度 dd/min）和相应的时间（min）、温度（℃）。

2. 测试方法

将力矩调节到（101.6±5.1）g · cm。将已插入搅拌桨的坩埚置入装样器，在坩埚中加入 5.0g 制备好的煤样，加上压块、放下落锤，将 1kg 的落锤从 115mm 高处自由落下 12 次，将煤样压实。从装样器中取出坩埚，拧上坩埚盖。将坩埚和搅拌桨旋入甑中，将甑旋入吉氏塑性仪头，降至坩埚底部进入温度为 300℃的熔融焊料浴中 75mm 深度处，将热电偶插入浴槽中。控制加热速度为（3.0±0.1）℃ /min。当转鼓转动或电子传感器读数达到 1.0dd/min 时，以 1min 间隔读取温度和转动度数，直到转鼓不再转动。试验结束后报出初始软化温度、最大流动度温度、最后流动温度、固化温度、塑性区间和最大流动度。

63.9 煤岩测试

煤岩学是以岩石学观点和方法来研究煤的物质成分、性质和工艺用途，并确定其成因及合理应用的科学。本节主要介绍由西安院研究制定的镜质体反射率、显微组分组和矿物测定方法、商品煤混煤类型的判别方法和煤岩分析样品的制备方法。

63.9.1 煤的镜质体反射率测定方法

煤的镜质体反射率是不受煤的岩石成分含量变化影响，能反映煤化程度的一个指标。镜质体反射率值随煤化变质程度的增加而增高，即同一显微组分，在不同的变质阶段，反射率值不同。本方法规定了在显微镜油浸物镜下测定煤的抛光面上镜质体最大反射率和随机反射率的方法。本方法适用于烟煤和无烟煤之单煤层煤或混配煤的反射率测定。

1. 测定原理

在显微镜油浸物镜下，对镜质体抛光面上的限定面积内垂直入射光的反射光（λ=546nm）用光电转换器测定其强度，与已知反射率的标准物质在相同条件下的反射光强度进行对比。由于单煤层煤中各镜质体颗粒之间光学性质有微小差异，故需从不同颗粒上取得足够数量的测值，以保证结果的代表性。

2. 测试方法

1）仪器标定

先选取两个与试样反射率相近的标准物质在显微镜下进行标定，使显示的读数与其标准值之差不大于标准值的2%，再进行试样的测定。

2）镜质体反射率测定

镜质体最大反射率测定：首先应确保显微镜上装有起偏器。在仪器校准之后，将样品整平，放入推动尺之中，滴上油浸液并准焦。从测定范围的一角开始测定，用推动尺微微移动样品，直至十字丝中心对准一个合适的镜质体测区，同时确保测区内不包含裂隙、抛光缺陷、矿物包体、黄铁矿、惰质体和其他显微组分碎屑，并远离显微组分的边界和不受突起影响；缓慢转动载物台 360°，记录旋转过程中出现的最高反射率读数。按设定的步长继续前进。到测线终点时，把样品按设定行距移向下一测线的起点。根据样品中镜质体的含量设定合理的点距和行距，以保证所有测点均匀布满全片。

镜质体随机反射率的测定：移开显微镜上的起偏器，以自然光入射，不旋转载物台。其余步骤与测定最大反射率相同。

混配煤测点数应达到 250 点以上。若 98%的测值变化范围大于 0.40%，则应按上述点行距测定第二个粉煤光片，测点数应达到 500 点以上。

63.9.2　煤的显微组分组和矿物的测定方法

煤的有机显微组分划分为镜质组、壳质组和惰质组。煤岩显微组分含量是反映煤层分层或某类煤岩煤质特征的重要参数，显微组分的定量统计分析可求出具有不同的化学和工艺性质的各种显微组分和矿物在煤中所占的比例，为研究煤层的成因、进行煤相分析和煤层对比、评价和预测煤质提供依据。

1. 测定原理

粉煤光片置于反射偏光显微镜下，在单偏光或不完全正交偏光下，以能准确识别显微组分和矿物为基础，用数点法统计各种显微组分组和矿物的体积百分数。

2. 测试方法

在整平后的粉煤光片抛光面上滴上油浸液，并置于反射偏光显微镜载物台上，从试样的一端开始，按 0.4 ～ 0.6mm 步长沿固定方向移动，并鉴定位于十字丝交点下的显微组分组或矿物，按不同组分类别进行统计点数，当遇胶结物、显微组分中的细胞空腔、空洞、裂隙以及无法辨认的微小颗粒时，作为无效点，不予统计。当一行统计结束时，以预定的行距沿固定方向移动一步，继续进行另一行的统计，直至测点布满全片为止。当十字丝落在不同成分的边界上时，应从右上象限开始，按顺时针的顺序选取首先充满象限角的显微组分或矿物为统计对象，应保证不少于 500 个有效测点均匀布满全片。

以各种显微组分组（镜质组、壳质组、惰质组）和矿物的统计点数占总有效点数的百分数为最终测定结果。

63.9.3 商品煤混煤类型的判别方法

方法规定了根据商品煤镜质体随机反射率分布图进行商品煤混煤类型的判别方法。

方法原理是从镜质体反射率间隔为 0.05% 的频率分布图中统计“凹口数”，根据镜质体反射率标准差和反射率频率分布图中的凹口数，按表 63.6 的规定对商品煤的混煤类型进行判别。

表63.6 商品煤镜质体反射率分布图的类型划分

编码	划分指标		类型
	反射率标准差（S）	凹口数 / 个	
0	$S\leqslant 0.10$	0	单一煤层煤
1	$0.10 < S < 0.20$	0	简单无凹口混煤
2	$S\geqslant 0.20$	0	复杂无凹口混煤
3	$S > 0.10$	1	具 1 个凹口的混煤
4	$S > 0.10$	2	具 2 个凹口的混煤
5	$S > 0.10$	> 2	具 2 个以上凹口的混煤

（本章主要执笔人：北京院杨妮，邢秀云，王丽华）

第 64 章 煤制品及生物质燃料检测技术

由各种煤加工成具有一定形状、尺寸和强度的型煤制品，以煤粉为原料、加水和添加剂经特殊工艺加工而成的水煤浆制品，以及作为固体燃料直接利用的生物质燃料，因其燃烧效率高、污染物排放低，近年来得到了广泛推广。

本章介绍了型煤、水煤浆、固体生物质燃料的样品采取、制备、工业分析、发热量、元素分析、物化性质分析等检测技术及仪器设备。

64.1 工业型煤

用作工业燃料、工业原料及其他工业用途的型煤称为工业型煤。工业型煤在利用过程中，除可改善我国块煤供不应求的状况外，还能提高燃煤效率，降低二氧化硫和二氧化碳的排放量，减少环境污染。工业型煤的特性测定主要包括机械强度、热稳定性、结渣性、相对密度和孔隙率。

64.1.1 工业型煤机械强度

机械强度包括冷压强度、浸水强度和浸水复干强度，以及落下强度。

1. 工业型煤冷压强度

1）测试原理

将一定数量的型煤逐个置于规定的试验机的施力面中心位置上，以规定的均匀位移速度单向施力，记录型煤开裂时试验机显示的数值，以各个型煤测定值的算术平均值作为冷压强度。

2）测试方法

称取试样的总质量，然后从中选出无裂纹、基本完整的试样，测定试样的完好率，同时计算每个基本完整的型煤块的平均质量；将选出的试样达到空气干燥状态后，平摊成长带形，再划分成 15 个面积相等的小条块；从每个小条块中取出 1 个型煤，共 15 个型煤作为一次测定用，如此再取出 15 个型煤作为重复性测定用；从 15 个型煤中随机取出 10 个型煤，逐一置于试验机的施力面中心位置，并使型煤短轴与施力面垂直，启动试验机，以

10～15mm/min的均匀位移速度施力。记录型煤开裂时所承受的力，即试验机示值第一次停顿时或达到第一峰值时的力，即为冷压强度。

2. 浸水强度和浸水复干强度

1）测试原理

（1）浸水强度。将一定数量的型煤在室温下的水中浸泡24h后取出，逐个置于规定的试验机的施力面中心位置上，以规定的均匀位移速度单向施力，记录型煤开裂时试验机显示施加的力，然后以各个型煤测定值的算术平均值作为浸水强度。

（2）浸水复干强度。将一定数量的型煤在室温下的水中浸泡24h后取出，在（105±5）℃温度下干燥后，冷却至室温，使其达到空气干燥状态；然后逐个置于规定的试验机的施力面中心位置上，以规定的均匀位移速度施力，记录型煤在开裂时试验机显示施加的力；以各个型煤测定值的算术平均值作为浸水复干强度。

2）测试方法

（1）浸水强度测定。如冷压强度试验，先测定试样的完好率和完整型煤块的平均质量，再抽取试样；将两份试样（每份15个型煤）分别进入室温的水中，浸泡24h后取出，并从一份试样中随机取出10个无裂纹、基本完整型煤，在湿态下逐个置于试验机的施力面中心位置，并使型煤短轴与施力面垂直，启动试验机，记录型煤开裂时所承受的力。

（2）浸水复干强度测定。如冷压强度试验，先测定试样的完好率和完整型煤块的平均质量，再抽取试样；将两份试样（每份15个型煤）分别浸入室温的水中，浸泡24h后取出，置于干燥箱中，在（105±5）℃下鼓风干燥6～8h，然后冷却至室温并使其达到空气干燥状态；并从每一份试样中随机取出10个无裂纹、基本完整型煤，逐个置于试验机的施力面中心位置，并使型煤短轴与施力面垂直，启动试验机，记录型煤开裂时所承受的力。

3. 落下强度

1）测试原理

将一定量的型煤样品，从2m高处自由落下到规定厚度的钢板上，然后将落下的型煤中大于13mm的型煤块再次落下，共落下三次，以第三次落下后大于13mm的型煤块质量占原型煤试样的质量百分数，表示型煤的落下强度。

2）测试方法

按照规定采取型煤样品并按要求用长带法缩分出6kg型煤样品，其中外形基本完整、无裂纹的不少于60个。从中取出两份具有代表性的样品各10块。称量，两份质量要尽量接近。取一份样品，在实验架2m的高度让试样逐个自由落到钢板上。筛出大于13mm的型煤块再进行第二次、第三次自由落下并筛分出13mm以上的型煤块并称量。

64.1.2　工业型煤热稳定性

1. 测试原理

将一定数量的型煤，在（850±15）℃的马弗炉中隔绝空气加热30min，取出冷却、称量、筛分，以粒度大于13mm的残焦质量之和的百分数作为稳定性指标BTS_{+13}；以粒度小于3mm的残焦质量之和的百分数作为热稳定性辅助指标BTS_{-3}。

2. 测试方法

从工业型煤样品中挑选出无裂纹、基本完整的型煤，从中随机挑选出两份各约500g的型煤（约10个），称量并使两份质量一致（±1g），每份分别装入5个坩埚，盖好坩埚盖并将坩埚放入坩埚架上。迅速将装有坩埚的架子送入已升温到900℃的马弗炉恒温区内，关好炉门，将炉温调到（850±15）℃，使型煤在此温度下加热30min。从马弗炉中取出坩埚，冷却到室温，称量每份残焦的总质量。将孔径13mm和3mm的筛子和筛低盘叠放在振筛机上，然后把称量后的一份残焦倒入13mm筛子内，盖好筛盖，并将其固定。开动振筛机，筛分10min。分别称量筛分后各级残焦的质量。

64.1.3　工业型煤视相对密度和真相对密度及孔隙率

1. 测试原理

1）视相对密度（ARD）

称取数块型煤，用石蜡将每块表面涂封好，再次称重；然后浸入水中，称量其在水中的质量，计算涂蜡型煤试样所排开的同体积水的质量，根据质量差、水和蜡的密度、型煤试样的质量计算出型煤视相对密度。

2）真相对密度（TRD）

以十二烷基硫酸钠溶液为浸润剂，使型煤样在密度瓶中润湿沉降并排除吸附的气体，根据煤样排除的同体积水的质量计算出型煤的真相对密度。

3）型煤孔隙率（P）

按公式（64.1）由型煤的视相对密度和真相对密度计算得出：

$$P=\frac{\mathrm{TRD}-\mathrm{ARD}}{\mathrm{TRD}}\times 100 \tag{64.1}$$

2. 测试方法

1）型煤视相对密度的测定

取原始粒度完好的型煤，去掉表面不牢固的煤粒，刷去煤粉，在低于50℃下干燥，使其达到空气干燥状态。将已达到空气干燥状态的型煤随机选取5块，称其质量。然后将试样放入网勺中，浸入预先加热至70～90℃的石蜡中，并上下小心翻动，直至不产生气泡为止。立即取出网匙，稍冷，将型煤试样撒在塑料布上，冷却至室温去掉粘在表面的蜡屑，称其质量。将丝网篓放入（20 ± 1）℃水中，称量其在水中悬浮的质量。将涂蜡后的试样放入丝网篓内，称量丝网篓和涂蜡后的型煤试样在水中悬浮的质量。

2）型煤真相对密度的测定

将型煤试样制备成分析煤样（小于 0.2mm），按 63.6.6 测定型煤的真相对密度。

64.1.4 工业型煤结渣性

1. 测试原理

将粒度为 3 ～ 6mm 的型煤试样，装入特制的气化装置中，用同样粒度的木炭引燃，在规定鼓风强度下使其气化（燃烧），待试样燃尽后停止鼓风，冷却，称量和筛分，从大于 6mm 的渣块质量和总灰渣质量算出结渣率，用于表示工业型煤的结渣性。

2. 测试方法

按规定制备粒度 3 ～ 6mm 空气干燥工业型煤试样 4kg 左右，将其充分混合，进行测定时第一次取约 $400cm^3$ 试样，并称量，其后测定用的试样质量与第一次相同；称取约 15g 木炭，放在带孔铁铲内在电炉上加热至灼红；将称量后的试样倒入气化套内，铺平，开动鼓风机，空气流量不超过 $2m^3/h$，把灼红的木炭倒入试样表面铺平，拧紧顶盖，仔细调节空气流量，使其达到规定值。记录料层最大阻力，从观测孔观察试样燃尽后，关闭鼓风机，记录反应时间，冷却后取出全部灰渣，称重。将灰渣转移到 6mm 筛子上，用振筛机振动 30s，然后取出粒度大于 6mm 的渣块称重。

64.2 水煤浆

水煤浆是以煤粉（小于 0.5mm）为原料，加水和添加剂（分散剂、稳定性等）经特殊工艺制备而成。水煤浆是一种新型煤基流体清洁燃料，它既保留了煤的燃烧特性，又具备了类似重油的液态燃烧特点，其燃烧效率高、污染物排放低，可代替重油在工业锅炉、电站锅炉及工业窑炉中使用。

水煤浆质量检验包括水煤浆浓度、水煤浆筛分试验、水煤浆表观黏度、水煤浆稳定性、水煤浆密度以及水煤浆 pH 等。

64.2.1 水煤浆浓度

1. 测试原理

1）干燥箱干燥法（仲裁法）

称取一定量的水煤浆试样，于 105 ～ 110℃下干燥至质量恒定，干燥后试样质量占原试样质量的百分比为水煤浆的浓度。

2）红外干燥法

称取一定量的试样置于红外水分测定仪内，试样中的水分在红外线的照射下迅速蒸发，干燥后的试样质量占原样质量的百分数为水煤浆的浓度。

2. 测试方法

1）干燥箱干燥法（仲裁法）

称取水煤浆试样（3.0±0.2）g，放入预先鼓风并已加热到 105 ～ 110℃的干燥箱中干燥 1h 后，冷却至室温，称重，已干燥后试样质量占原试样质量的百分比为水煤浆的浓度。

2）红外干燥法

称取水煤浆试样（3.0±0.2）g，放入红外水分测定仪内，按预先设定的程序进行干燥，已干燥后的试样质量占原样质量的百分数为水煤浆的浓度。

64.2.2 水煤浆筛分试验

1. 测试原理

称取一定量的水煤浆试样，放入规定孔径的试验筛内，先用湿筛分法进行筛分，烘干后置于振筛机内进行干筛分，计算水煤浆中大于或小于某一规定粒度的物料的含量。

2. 测试方法

称取 1000 ～ 1200g 水煤浆试样，分批倒入试验筛中，在清水盆中进行湿筛分，筛完后将试验筛放入搪瓷托盘中，再一起放入预先鼓风加热到 105 ~ 110℃的干燥箱中，干燥 1h，取出后趁热称量。

64.2.3 水煤浆表观黏度

水煤浆在 $100s^{-1}$ 剪切速率下的黏度为水煤浆表观黏度。

1. 测试原理

采用一带有同轴圆筒测量系统的旋转黏度计，在外筒内装入适量的水煤浆，内筒以一定的角速度旋转，通过测定旋转过程中圆筒所受的黏性力矩而得出相应剪切速率下的表观黏度。

2. 测试方法

将适量搅拌均匀的水煤浆试样加入测量容器中，于温度为（20±0.1）℃的恒温器中恒温 5min。启动旋转黏度计，调节剪切速率到 $100s^{-1}$，以 12s 间隔记读数，共 6 次。从黏度计标定曲线上查出每次读数相应的黏度值。

64.2.4 水煤浆稳定性

1. 测试原理

1）动态稳定性

一定量均匀的水煤浆试样置于容器中，在规定条件下振荡一定时间后，将容器垂直倒置8min，称量容器内的残留物质量，由此计算出水煤浆残留物占水煤浆试样的质量百分比，以此表示水煤浆的动态稳定性。

2）静态稳定性

一定量均匀的水煤浆试样置于容器中，在规定条件下静止7天后，将容器垂直倒置8min，称量容器内的残留物质量，由此计算出水煤浆残留物占水煤浆试样的质量百分比，以此表示水煤浆的静态稳定性。

2. 测试方法

1）动态稳定性

将装有水煤浆的塑料瓶拧紧盖后放到振荡机顶盘上，固定好后开机连续振荡6h，立即取下塑料瓶，打开盖，先倾斜使瓶内水煤浆自由流入一个预先干燥的清洁接收瓶中，30s后将试样垂直倒置于接收瓶上，8min后，将试样瓶翻正，立刻盖上试样瓶和接收瓶瓶盖，分别称量试样瓶和接收瓶的总质量，按公式（64.2）计算水煤浆动态稳定性。

$$SB_{dyn}=\frac{m_A}{m_s}\times 100 \tag{64.2}$$

式中，SB_{dyn}为水煤浆动态稳定性，%；m_A为水煤浆振荡后非流动性残留物的质量，g；m_s为水煤浆试样的总质量，g。

2）静态稳定性

充分搅拌水煤浆试样使之均匀，将搅拌均匀的水煤浆倒入已知质量的大试样瓶中至离瓶口3mm处，称量试样瓶总质量，计算水煤浆试样的总质量m_s。盖上瓶盖并拧紧，在室温下静置7天后，打开试样瓶盖，先倾斜将瓶内水煤浆倒入已知质量的干燥清洁的大接收瓶中，30s后将试样垂直倒置于接收瓶上（两瓶口对正），8min后，将试样瓶翻正，立刻盖上试样瓶和接收瓶瓶盖，按公式（64.3）计算水煤浆静态稳定性。

$$SB_{sta}=\frac{m_B}{m_s}\times 100 \tag{64.3}$$

式中，SB_{sta}为水煤浆静态稳定性，%；m_B为水煤浆静置7天后非流动性残留物的质量，g。

64.2.5 水煤浆密度

1. 测试原理

将一定量的水煤浆试样置于密度瓶中，在20℃时测定水煤浆的质量与其体积（即排出的水的体积）之比，求得水煤浆的密度。

2. 测试方法

在密度瓶中加入搅拌均匀的水煤浆试样至密度瓶体积的一半处，称量得水煤浆试样的质量。沿密度瓶内壁向瓶内注入新煮沸并冷却至室温的蒸馏水至低于瓶口约 1cm 处，然后置于（20±0.5）℃的恒温器中，恒温 0.5h。用吸管沿瓶颈滴加煮沸过的 20℃或室温蒸馏水至瓶口，盖上瓶盖，迅速擦干密度瓶，立即称量，得装有试样和水的密度瓶质量，按公式（64.4）计算水煤浆密度。

$$\rho_{20} = \frac{m_1}{m_0 + m_1 - m_2} \times 0.9982 \qquad (64.4)$$

式中，ρ_{20} 为在 20℃时水煤浆的密度，g/cm^3；m_1 为水煤浆试样质量，g；m_0 为密度瓶和水的质量，即密度瓶的空白值，g；m_2 为密度瓶、水煤浆试样及水的质量，g；0.9982 为水在 20℃时的密度，g/cm^3。

64.2.6 水煤浆pH

1. 测试原理

将 pH 计的玻璃电极和甘汞电极一起插入水煤浆中，根据两电极间产生的电位差，pH 计给出被测水煤浆的 pH。

2. 测试方法

将搅拌均匀的水煤浆试样倒入塑料瓶或 50mL 烧杯中，将洁净的电极插入试样中，稍做振荡后进行 pH 测定，取稳定后的读数为水煤浆的 pH，取到小数点后一位。同时记录测试温度。

64.3 固体生物质燃料

生物质能源作为固体燃料通过单独燃烧或与煤炭混烧，将其生物能转换为热能而被利用，可充分利用农业废弃物，减少对环境的压力。在动力燃烧发电利用工艺中，准确了解固体生物质燃料的各种特性指标，从而合理、高效利用固体生物质燃料是一项重要的基础工作。北京院自 2007 年起对固体生物质燃料的检验方法开展研究，至 2014 年将研究成果转化为包括制样方法、全水分、工业分析、发热量、元素分析、成分分析等共 10 项检验方法的国家标准。

64.3.1 样品制备

固体生物质燃料样品的制备对获取准确可靠的试验结果至关重要。需使用固体生物质燃料试验样品的专用制样设备，制备出的分析试样必须对原始样品有充分的代表性，且能满足各试验方法的需要。

1. 制备原则

原样品的组成和品质特性在样品制备的每一阶段都不会被改变，缩分前样品中的每一颗粒都应有同等的概率被包含在缩分后的样品中，在破碎和其他操作中需避免样品的损失。对于需检验水分的物料，须注意防止热量聚集和干燥。

2. 制备方法

样品在粗碎到小于 30mm 后缩分出全水分试样，余下的样品在确定的温度下进行一定时间的预干燥。干燥至可以顺利进行以后的制样即可。取出样品，冷却至室温。适当混匀样品，根据样品的形状特征，用条带缩分法、棋盘法、二分器法或堆锥四分法缩分出不少于表 64.1 规定量的样品。需要时，将缩分出的粗碎样品破碎到粒度小于 6mm，再用合适的缩分方法缩分出 100g 试样。将缩分出的 100g 试样粉碎到粒度小于 1mm 或更小。混匀所有样品，在实验室环境下放置一定时间，直到它达到与实验室的温度和湿度近似平衡。用二分器或棋盘法缩分出一般分析试样，样品质量不少于 50g。

表64.1　缩分各阶段应保留的最小试样量

标称最大粒度/mm	最小质量		
	初始容积密度（小于 200kg/m³）	初始容积密度（200 ～ 500kg/m³）	初始容积密度（大于 500kg/m³）
≥ 100	10000kg（10kg）	15000kg（15kg）	15000kg（15kg）
50	1000kg（1kg）	2000kg（2kg）	3000kg（3kg）
30	300 g	500 g	1000 g
10	150 g	250 g	500 g
5	50 g	100 g	200 g
≤ 2	20 g	50 g	100 g

3. 制样设备

1）结构

由北京院提出技术指标和设计方案，与长沙开元仪器有限公司合作研制成功了两种固体生物质燃料专用制样设备 5E—SC200 × 400 和 5E—SC200 × 100 秸秆粉碎机。两种制样破碎设备中，前一种为粗碎设备，利用剪切粉碎原理，把长的秸秆类物质切断粉碎后，变成一定规格尺寸的秆状物质，如图 64.1 所示；后一种为细碎设备，利用离心旋风剪切原理，把粗碎后的秸秆类物质进一步细碎，通过可换圈筛控制出料达到所需的分析试样粒度，如图 64.2 所示。

图64.1 5E—SC200×400秸秆粉碎机

图64.2 5E—SC200×100秸秆粉碎机

2）特点

设备有手工进料和自动压紧进料两种进料方式。破碎装置与进料装置采用齿轮传动，进料速度均匀；出料粒度大小可调。适用于粉碎玉米、小麦和高粱等作物秸秆，以及树枝等其他生物质燃料。能顺利将各种固体生物质燃料样品破碎到所需粒度，且基本不发热。

64.3.2 全水分

全水分测定分为仲裁法和简化法两种，其中仲裁法计算全水分含量时考虑了浮力校正。

1. 测定原理

1）方法A（仲裁法）

称取一定量的试样，于（105±2）℃的温度下，在空气流中干燥到质量恒定，趁热称量。根据样品干燥后的质量损失并经浮力校正后计算出全水分含量。

2）方法B（简化法）

称取一定量的试样，于（105±2）℃的温度下，在空气流中干燥到质量恒定，趁热称量。根据样品干燥后的质量损失计算出全水分含量。

2. 测定方法

1）方法A（仲裁法）

在预先干燥和已称量过的托盘内迅速称取粒度小于30mm的样品（300±10）g，平摊在托盘中。同时称量一同样的空白托盘。将盛有样品的托盘和空白托盘一起放入（105±2）℃的空气干燥箱中，在鼓风条件下干燥。首次干燥2.5h。取出样品，趁热称量。同时趁热称量空白托盘。进行检查性干燥，每次30min，直至连续两次干燥后的质量减少不超过0.5g或质量增加为止（达到质量恒定）。

2）方法B（简化法）

除不进行空白托盘试验外，其余步骤同方法A。

64.3.3 工业分析

工业分析方法包括水分、灰分和挥发分的测定方法，以及固定碳的计算方法。

1. 水分

水分测定方法包括方法A（通氮干燥法）和方法B（空气干燥法）两种。如样品在（105±2）℃易于氧化，或在仲裁分析中遇到有用一般分析试样水分进行校正以及基的换算时，应选方法A。

1）测定原理

（1）方法A（通氮干燥法）。称取一定量的一般分析试样，置于（105±2）℃干燥箱中，在干燥的氮气流中干燥到质量恒定。然后根据试样的质量损失计算出水分的质量分数。

（2）方法B（空气干燥法）。除置于空气流中干燥外，其余同方法A。

2）测定方法

（1）方法A（通氮干燥法）。除干燥箱的温度设为（105±2）℃、首次干燥时间设为2h外，其余测定步骤与63.2.2方法基本一致。

（2）方法B（空气干燥法）。除置于空气流中干燥外，其余同方法A。

2. 灰分

1）测定原理

称取一定量的试样，放入马弗炉中，以一定的速度加热到（550±10）℃，灰化并灼烧到质量恒定。以残留物的质量占试样质量的质量分数作为试样的灰分。

2）测定方法

除升温程序及最终灰化温度外，其余测定步骤与63.2.3方法基本一致。固体生物质燃料灰分测定的升温程序如下：在不少于50min的时间内，将炉温升高至250℃，保温1h；继续升温，用不少于60min的时间将炉温升高至550℃，在此温度下灼烧2h。

3. 挥发分

1）测定原理

称取一定量的试样，放在带盖的瓷坩埚中，在（900±10）℃下，隔绝空气加热7min。以减少的质量占试样质量的质量分数，减去该试样的水分含量作为试样的挥发分。

2）测定方法

除温度回升时间要求为4min外，其余测定步骤与63.2.4方法基本一致。

4. 固定碳

固定碳的计算与63.2.6计算方法一致。

64.3.4 全硫

全硫测定分为艾士卡法和库仑滴定法两种，其中艾士卡法为仲裁方法。

1. 测定原理

1）艾士卡法

将一般分析试样与艾士卡试剂混合灼烧，使试样中硫全部转化为可溶性硫酸盐，然后使硫酸根离子生成硫酸钡沉淀，根据硫酸钡的质量计算全硫的含量。

2）库仑滴定法

试样在催化剂作用下，于空气流中燃烧分解，试样中硫生成硫氧化物，其中二氧化硫被碘化钾溶液吸收，以电解碘化钾溶液所产生的碘进行滴定，根据电解所消耗的电量计算全硫的含量。

2. 测定方法

1）艾士卡法

艾士卡法测定固体生物质燃料中全硫的步骤与 63.4.3 方法一致。

2）库仑滴定法

除试样需用三氧化钨严密覆盖、试样预分解及高温分解的位置亦可分别设于 200℃、300 ℃(或仅 500℃) 和 1150℃处外，其余测定步骤及所用仪器设备与 63.4.3 方法基本一致。

64.3.5 发热量

1. 测定原理

固体生物质燃料的发热量在氧弹热量计中进行测定。一定量的试样在充有过量氧气的氧弹内燃烧，热量计的热容量通过在相近条件下燃烧一定量的基准量热物苯甲酸来确定，根据试样燃烧前后量热系统产生的温升，并对点火热等附加热进行校正后即可求得试样的弹筒发热量。

从弹筒发热量中扣除硝酸形成热和硫酸校正热（氧弹反应中形成的水合硫酸与气态二氧化硫的形成热之差）即得高位发热量。

恒容低位发热量和恒压低位发热量可以通过试样的高位发热量计算得出。

2. 测定方法

固体生物质燃料发热量测定的试验条件、仪器设备及测定步骤与 63.3.2 方法基本一致。测定中需要注意的是，由于固体生物质燃料的密度低，它们需用已知热值的擦镜纸包裹并压紧后再进行发热量测定，以防止试样在燃烧试验中爆燃而导致燃烧不完全（氧弹内有黑色碳迹）。有些固体生物质燃料试样，包纸后仍出现爆燃和燃烧不完全现象，可采取减少氧弹内的加水量为 1mL 或降低氧弹内充氧压力为 1.8 ～ 2.0MPa 的方法防止其爆燃。此时，仪器的热容量应采用相同“加水量”或相同“充氧压力”下的标定值。

64.3.6 碳和氢

碳和氢的测定采用三节炉法。

1. 测定原理

一定量的试样在氧气流中燃烧，生成的水和二氧化碳分别用吸水剂和二氧化碳吸收剂吸收，根据吸收剂质量的增量计算碳和氢的含量。硫和氯对碳测定的干扰用铬酸铅和银丝卷消除。氮对碳测定的干扰用粒状二氧化锰消除。

2. 测定方法

除试样的三段进样时间间隔均设为5min外，其余测定步骤及仪器设备与63.4.1方法基本一致。

64.3.7 氮

氮的测定采用半微量开氏法。

1. 测定原理

在试样中加入混合催化剂和浓硫酸，加热分解，使氮转化为硫酸氢铵，加入过量的氢氧化钠溶液，把氨蒸出并吸收在硼酸溶液中。用硫酸标准溶液滴定，根据硫酸的用量，计算氮的含量。

2. 测定方法

测定固体生物质燃料中氮的仪器设备及步骤与63.4.1方法基本一致。需要注意的是，消化过程中不需加铬酸酐或高锰酸钾；从室温到350℃升温时间应不少于60min；消化至溶液清澈时尽快结束消化过程。

64.3.8 灰熔融性

固体生物质燃料灰熔融性的测定在弱还原性气氛下进行。

1. 测定原理

将灰样制成一定尺寸的三角锥（简称灰锥），在一定的气体介质中，以一定的升温速度加热，观察灰锥在受热过程中的形态变化，观测并记录它的四个特征熔融温度：变形温度、软化温度、半球温度和流动温度。

2. 测定方法

除升温程序外，测定固体生物质燃料灰熔融性的仪器设备、步骤及特征温度判定与

63.6.1 方法基本一致。其升温程序为：当炉温低于 700℃时，升温速度为 15 ～ 20℃ /min；炉温超过 700℃，升温速度为 4 ～ 6℃ /min。如用通气法产生弱还原性气氛，则从 600℃开始通入氢气（或一氧化碳）和二氧化碳混合气体，通气速度以能避免空气渗入为准。

64.3.9 氯

1. 测定原理

试样在氧气和水蒸气混合气流中燃烧和水解，试样中氯全部转化为氯化物并定量地溶于水中。以银为指示电极，银 - 氯化银为参比电极，用标准硝酸银电位法直接滴定冷凝液中的氯离子，根据标准硝酸银滴定溶液用量计算氯含量。

2. 测定方法

除称样量外，测定固体生物质燃料中氯所用的仪器设备及试验步骤与 63.5.2 方法基本一致。

64.3.10 灰成分

固体生物质燃料灰成分测定方法包括二氧化硅、三氧化二铝、氧化铁、氧化钙、氧化镁、氧化钾、氧化钠、二氧化钛、五氧化二磷和三氧化硫共 10 项指标。

1. 测定原理

除采用硫酸钡质量法测定三氧化硫外，固体生物质燃料灰成分的测定原理与 63.5.1 基本一致，采用硅钼蓝分光光度法测定二氧化硅，二安替比林甲烷分光光度法测定二氧化钛，氟盐取代 EDTA 络合滴定法测定三氧化二铝，原子吸收法测定钾、钠、钙、铁、镁，磷钼蓝分光光度法测定五氧化二磷。

硫酸钡质量法测定三氧化硫的原理为：用盐酸浸取灰样中的硫，将溶液过滤，滤液用氢氧化铵中和并沉淀铁，过滤后的溶液中加氯化钡溶液，生成硫酸钡沉淀后用质量法测定。

2. 测定方法

除三氧化硫外，测定固体生物质燃料灰成分的仪器设备及步骤与 63.5.1 方法基本一致，因固体生物质燃料与煤的灰样中氧化物含量不同，需要注意测定时溶液的稀释倍数。

固体生物质燃料灰样中三氧化硫的测定步骤为：称取灰样 0.3g，置于 250mL 烧杯中，加入盐酸溶液 50mL，盖上表面皿，加热微沸 20min，取下趁热加入甲基橙指示剂 2 滴，滴加氨水中和至溶液刚变色，再过量 3 ～ 6 滴，待氢氧化铁沉淀后，用中速定性滤纸过滤于 300mL 烧杯中，用近沸的热水洗涤沉淀 10 ～ 12 次，向滤液中滴加盐酸溶液至溶液刚变色，再过量 2mL，往溶液中加水稀释至约 250mL。将溶液加热至微沸，在不断搅拌下滴加氯化钡溶液 10mL，在电热板微沸 5min，盖上表面皿，于 80 ～ 90℃下保温 2h，溶液最后体积保持在 200mL 左右。溶液用慢速定量滤纸过滤，用热水洗至无氯离子为止（用硝酸银溶液检验）。将沉淀连同滤纸移入已恒重的瓷坩埚中，先在低温下灰化滤纸，然后在 800 ～ 850℃的马弗炉中灼烧 40min，取出坩埚，稍冷，放入干燥器中，冷至室温后，称量，计算。

（本章主要执笔人：北京院隋艳，马克富，王秋湘）

第 65 章 煤炭类标准物质

标准物质是《中华人民共和国计量法》中规定依法管理的计量标准。标准物质是用作参照对象的具有规定特性、足够均匀和稳定的物质，其已被证实符合测量或标称特性检查的预期用途。标准物质分为有证标准物质和非有证标准物质，有证标准物质是附有由权威机构发布的文件，提供使用有效程序获得的具有不确定性和溯源性的一个或多个特性量值的参考物质。

标准物质具有测量标准的属性。标准物质，尤其是有证标准物质，广泛应用于校准、为其他材料赋值、测量方法 / 程序确认和测量质量控制。

北京院从 1983 年开始研制和生产煤炭类标准物质，是目前国内外最大的煤炭类标准物质生产基地。共生产九大类 42 个品种煤炭类国家一级有证标准物质，这些标准物质均已通过全国标准物质管理委员会的审查，被国家质量监督检验检疫总局批准为国家一级标准物质（GBW），取得了《制造计量器具许可证》。

西安院研制的显微镜光度计用反射率标准物质，1988 年由中国计量测试学会标准物质专业委员会组织鉴定，1989 年 6 月 1 日由国家技术监督局批准为国家二级有证标准物质 [GBW（E）130012 和 130013]，取得了《制造计量器具许可证》。

65.1 煤炭类标准物质的研制技术

煤炭类标准物质严格按照 JJG 1006—1994《一级标准物质技术规范》、JJF1342—2012《标准物质研制生产机构通用技术要求》、JJF1343—2012《标准物质定值的通用原则及统计学原理》等技术规范进行研制。北京院根据煤炭类样品的特点和多年的研制经验，于 2008 年制定了国家标准 GB/T 22279—2008《煤炭成分分析和物理特性测量标准物质研制导则》。

65.1.1 基体效应

煤炭类样品的基体效应都非常显著，煤种或基体组成，甚至含量水平不同，对测定结果都有显著影响。常用纯化学试剂、或用一种煤种或基体的标准物质标定好的仪器或方法，对一些煤样可以给出准确的结果，而对另一些煤样则不能给出准确的结果。所以煤炭类标准物质的基体与日常检测的样品的基体一致极为重要。为消除各类试验中基体效应的影响，北京院在选取煤炭类标准物质候选样时，除了考虑不同的量值范围外，还考虑了与日常检验样品的基体（如煤种或基体成分）尽量相似等因素。使研制的各系列标准物质涉及了较宽的煤炭和煤灰样品的基体特征和量值水平范围，很好地满足了客户的需求。

65.1.2 样品均匀性

煤是有机可燃物和无机矿物质的混合物，采取的煤样的均匀性很差。笔者通过不断的研究探索，总结出适用于不同种类的煤炭类标准物质的破碎、混合和缩分方法，以及均匀性检验时特征参数的选择等关键技术，使研制的标准物质有满足要求的良好均匀性。

65.1.3 样品稳定性监控

煤炭在自然环境条件下放置时，易受空气中氧气的作用发生氧化变质，从而使煤的某些特性发生明显变化，特性量值不稳定。不同煤种、不同类别的煤的稳定性常有很大的不同。笔者通过对多煤种多样品的预检验和稳定性考察，选取相对较稳定的样品为候选样，又通过试验选择适宜的包装技术，解决了特性量值不稳定的问题。

65.1.4 定值方法

通常，标准物质的定值可采用五种方法定值：

（1）在单个实验室中采用单一参考测量程序。

（2）在一个或多个有能力的实验室采用两种或两种以上可证明准确度的方法对非程序定义的被测量进行定值。

（3）采用有能力的实验室网络对由程序定义的被测量进行定值。

（4）由一个实验室采用单一测量程序，将一种标准物质 / 标准样品的值传递给另一种与之相似的候选标准物质 / 标准样品。

（5）基于标准物质 / 标准样品制备中所用组分的质量或体积进行定值。

根据多年积累的试验经验，研究了优化各定值试验方法和严格控制测试质量的措施，使研制的所有标准物质特性量值定值准确可靠，除显微镜光度计用反射率标准物质为国家二级标物外，其他均为国家一级标准物质，达到了最高计量学水平。

65.2 煤炭类标准物质的分类及应用

65.2.1 煤炭类标准物质分类

北京院和西安院目前研制生产和销售的标准物质共有十大类 44 个品种，见表 65.1。

表65.1　标准物质分类

序号	标准物质分类	标准物质品种 / 个	标准物质编号	特性量值范围
1	煤物理特性和化学成分分析	13	GBW11101 ～ 05 GBW11107 ～ 13 GBW11126	全硫（$S_{t,d}$）质量分数为 0.26%～ 4.50%，灰分（A_d）的质量分数为 8%～ 40%，挥发分（V_d）的质量分数为 5%～ 34%，热值（$Q_{gr,d}$）为 18 ～ 32MJ/kg，碳（C_d）的质量分数为 55%～ 80%，氢（H_d）的质量分数为 0.8%～ 4.8%，氮（N_d）的质量分数为 0.2%～ 1.6%，真相对密度为 1.2%～为 2.0%
2	煤中砷和磷成分分析	3	GBW11115 ～ GBW11117	砷（As）质量分数范围 15 ～ 51μg/g，磷（P_d）质量分数为 0.007%～ 0.092%
3	煤中氯成分分析	3	GBW11118 ～ GBW11120	氯（Cl_d）的质量分数量值范围为 0.010%～ 0.057%
4	煤中氟成分分析	3	GBW11121 ～ GBW11123	氟（F_d）的质量分数量值范围为 248 ～ 1496μg/g
5	烟煤黏结指数分析	4	GBW12020 ～ GBW12023	黏结指数（$G_{R.I}$）的量值范围 10 ～ 100
6	煤的哈氏可磨性	4	GBW12005 ～ GBW12008	哈氏可磨性指数（HGI）的量值范围 35 ～ 120
7	煤灰熔融性	2	GBW11124 GBW11125	弱还原气氛下软化温度（ST）的范围为 1100 ～ 1300℃
8	煤灰成分分析	6	GBW11127 ～ GBW11132	SiO_2 质量分数 31%～ 63%，Al_2O_3 质量分数 10%～ 34%，Fe_2O_3 质量分数 4.4%～ 17.5%，CaO 质量分数 1.5%～ 42.4%，SO_3 质量分数 0.3%～ 4.0%
9	烟煤胶质层指数（Y 值）分析	4	GBW12033 ～ GBW12036	胶质层最大厚度（Y 值）量值范围为 10 ～ 30mm
10	显微镜光度计用反射率标准物质	2	GBW（E）130012 GBW（E）130013	折射指数（λ=546nm）分别为 2.6627 和 2.4237，空气中反射率分别为 20.61% 和 17.29%

65.2.2　煤炭类标准物质应用

标准物质已广泛地应用于煤炭实验室中，对保证煤炭试验结果的准确性和可比性起到了很好的作用。但由于一些用户不能正确使用煤炭标准物质，致使“认定值（标准值）”在某种程度上被“歪曲”使用，影响了测量结果的准确性。另外，除了标定仪器和监控试验过程外，煤炭标准物质在其他如试验方法研究和试验方法确认等方面的应用还不为一些用户所知。为规范煤炭标准物质的正确使用，确保在煤炭检验领域建立一条准确可靠的量值溯源链，由此保证各实验室提供的煤炭检验结果准确可靠，并扩展煤炭标准物质的应用范围。

1. 煤炭类标准物质应用

（1）测量仪器的标定或校准。

（2）测量仪器的性能评价（或检定、鉴定）。

（3）试验方法的研究和确认。

（4）测试质量的监控。

煤炭类标准物质在（1）～（4）项的应用都需考虑选择合适类型和含量水平的标准物质，合理安排试验，利用恰当的数理统计手段分析试验结果，从而才可能获得正确的标准曲线，或对仪器的性能、试验方法的可靠性和测试质量是否已受控得出正确的判断和结论。

2. 煤炭标准物质应用中注意问题

（1）使用前应认真阅读标准物质证书，充分了解认定值及其不确定度的确切含义，充分了解标准物质的定值、均匀性检验、稳定性和有效期等相关信息。并严格按照证书中的说明使用标准物质。

（2）称取标准物质前应充分混匀样品，防止样品的粒度离析对测量结果的影响。

（3）标准物质应始终置于密闭的容器中，保存在阴凉干燥处。称完样品后应立即盖紧容器盖，避免发生标准物质的氧化和水分的变化。

（4）有效期。在使用煤炭类标准物质时需注意标准物质认定值的有效期，超过了有效期限应向生产单位索要新的定值认证证书，标准物质不能超有效期使用。

（本章主要执笔人：北京院杨华玉，孙刚，武增礼）

第十七篇　矿山安全计量技术

矿山安全计量是实现矿山安全计量器具单位统一、量值准确可靠而进行的科技、法制和管理活动，具有准确性、一致性、溯源性和法制性4个最重要的计量特征，是保障矿山安全生产的重要基础性工作，是全面贯彻实施《中华人民共和国计量法》、《中华人民共和国安全生产法》和《煤矿安全监察条例》，防范煤矿重特大事故发生的重要措施。计量法律、法规中明确规定，煤矿企业使用的瓦斯测定仪、瓦斯报警器、风速表和粉尘测量仪等计量器具为强制检定的工作计量器具。

为了逐步建立起矿山安全计量体系，1980年煤炭工业部标准计量处提出由煤科总院重庆研究所建立通风仪表部级检验站。根据要求，重庆所于1987年研制了全国唯一的实验断面1m×1m的大型矿用低速风洞；1984年从美国引进了TSI3450型振动孔单分散气溶胶发生器，以此核心设备建立了呼吸性粉尘采样效能检测系统，2001年获得科技部技术改造项目资助，对检测系统进行了升级改造，气溶胶粒径范围扩展到0.1～200μm；1987年研制了国内第一台粉尘仪表检测校验装置（粉尘风洞），试验断面1m×0.8m，结构为立式环形；1990年煤科总院重庆研究所借鉴前联邦德国同类产品，研制了测量范围0.5～100L/min的JFC-1型粉尘采样器检定装置；1985年从瑞士引进了一等的612C精密液体压力计，测量范围0～10000Pa；1995年购置了工作基准级的ZJ4-1型带平衡液柱的活塞式压力计，测量范围-0.1～0.4MPa；2010年获得安全支撑体系国家专业中心建设项目资助，引进美国GE生产的0.005级的7250xi全自动气体压力控制器和7050数字压力指示仪，测量范围分别为0～200kPa和0～40kPa。这些标准装置的配备，为矿山安全计量体系的建立提供了有力的基础支撑。

为了保证矿山安全计量检定的准确性、一致性、溯源性，国家矿山安全计量站自第一个行业技术法规JJG（煤炭）04—1988《催化燃烧原理甲烷测定器检定规程》开始，先后制定并实施了矿用风速表等12部煤炭行业计量检定规程；2000年至今，制定并实施了5

项计量器具型式评价大纲、3 项制造计量器具许可考核必备条件，并成功将光干涉式甲烷测定器等 7 项煤炭计量检定规程上升为国家计量检定规程。这些规程的制定实施，为矿山安全计量体系的建立提供了检定依据。

为了进一步加强全国矿用计量器具的溯源性和统一管理工作，1992 年经国家技术监督局批准，在煤科总院重庆分院建立了国家矿山安全计量站。该站是授权承担全国范围内涉及矿山作业安全的矿用计量器具检定、测试任务的法定计量检定机构，是国家技术监督局批准成立的 13 个国家专业计量站之一，建立了粉尘采样器检定装置、矿用风速测量仪表检定装置、光干涉式甲烷测定器检定装置和可燃气体检测报警器检定装置 4 个矿山行业最高计量标准，授权开展瓦斯计、粉尘计和风速计 3 大类矿用计量器具的量值传递工作。为了便于可燃气体检测报警器的量值传递，1998 年国家技术监督局授权煤科总院重庆分院，开展空气中甲烷气体标准物质、氮中氧气体标准物质、氮中一氧化碳气体标准物质、空气中一氧化碳气体标准物质 4 种国家二级标准物质的制造。

本篇详细介绍粉尘浓度、矿井风速、可燃气体浓度测量仪表的量值传递、计量检定方法及相关计量检定装备，同时，介绍矿用计量用气体标准物质的制备方法及设备。

第 66 章
粉尘浓度计量技术

粉尘浓度测量仪表的主要作用是准确测量采掘工作面等作业场所的粉尘浓度，正确评价作业场所的劳动卫生条件和防尘设备的除（降）尘效果，防止煤尘爆炸和造成矿工的尘肺病。粉尘浓度测量仪表是国家强制检定计量器具中的一种，主要包括粉尘采样器、矿用直读式粉尘浓度测量仪、粉尘浓度传感器。粉尘测量仪表工作计量标准装置必须按规定进行量值溯源。

本章主要阐述不同测量原理的粉尘浓度测量仪表、粉尘采样器检定装置的量值传递、计量检定方法及相关计量检定装备。

66.1 量值传递

为了开展矿山行业粉尘浓度的量值传递工作，国家矿山安全计量站建立了粉尘浓度测量仪行业最高计量标准，测量范围：流量 0 ～ 200L/min、总粉尘浓度 0 ～ 1000mg/m^3、呼吸性粉尘浓度 0 ～ 100mg/m^3；不确定度：流量 U=0.16%，k=2；粉尘浓度均匀性相对标准偏差：4.5%。传递路线：粉尘浓度测量仪行业最高计量标准→粉尘浓度测量仪工作计量标准→粉尘浓度测量仪，详见图 66.1。

66.2 粉尘浓度测量仪表及粉尘采样器检定装置的量值计量检定方法

66.2.1 粉尘采样器的量值计量检定方法

1. 采样流量误差

（1）采样流量大于或等于 5L/min 的粉尘采样器采用粉尘采样器检定装置（或钟罩式气体计量标准装置或标准流量表）进行检定；采样流量小于 5L/min 的选用粉尘采样器检定装置或皂沫流量检定装置进行检定。

（2）对采样流量固定的粉尘采样器只检定固定流量点，对采样流量可调的粉尘采样器检定采样流量范围内上、中、下均匀分布的 3 个流量点。

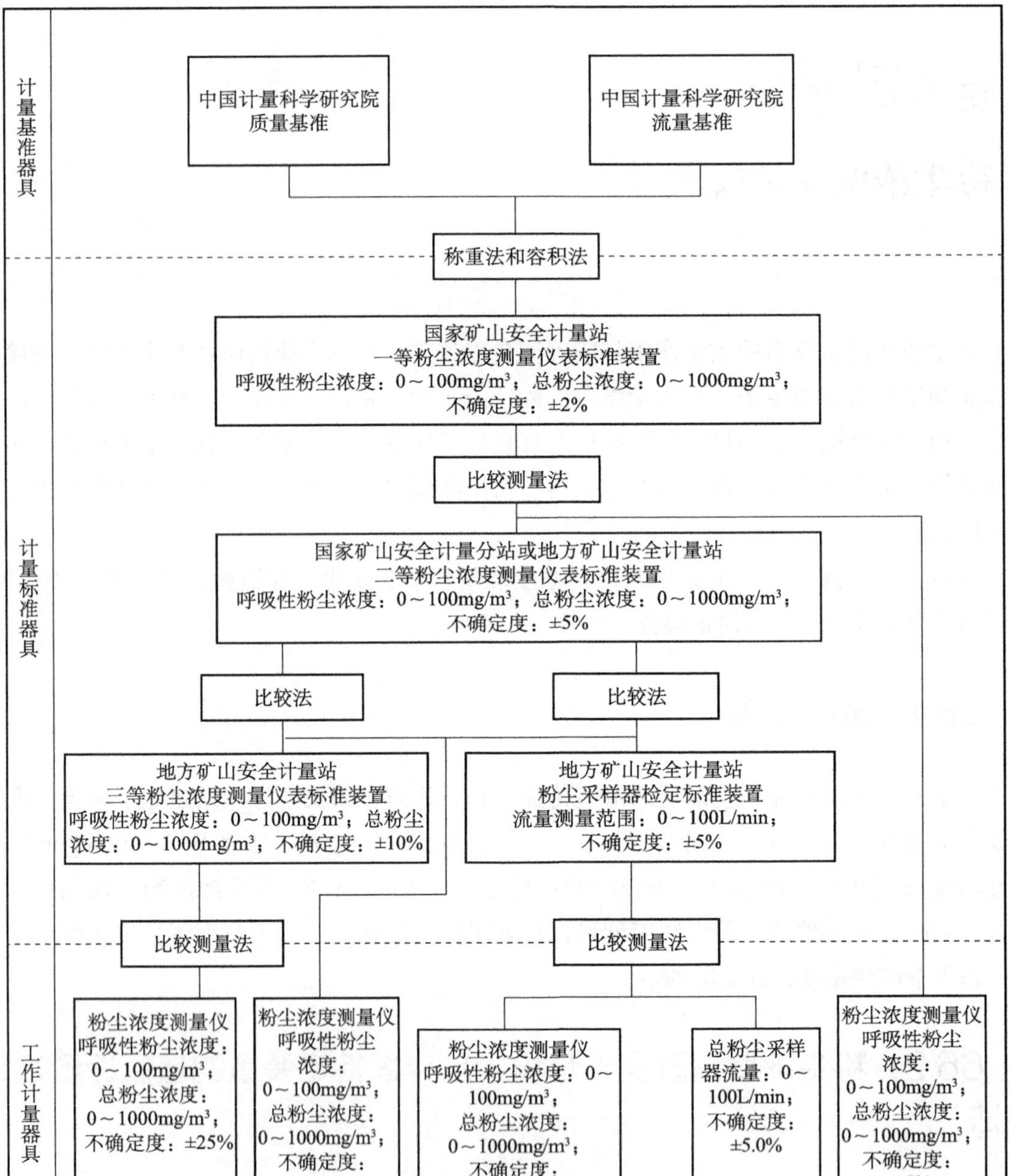

图66.1　粉尘浓度计量的量值传递框图

（3）被检粉尘采样器按其使用说明要求做好准备，包括充好电，装上滤膜。

（4）用粉尘采样器检定装置或钟罩、皂沫流量标准装置的检定方法：启动粉尘采样器，调节流量到待检定点，按图 66.2 或图 66.3 所示，将粉尘采样器的采样口接在粉尘采样器检定装置或钟罩、皂沫流量标准装置的测试口上，调节标准器排气流量大小，使之与采样器流量达到平衡，压力计显示为零。对粉尘采样器检定装置，读取其标准流量计的刻度值得到该点的采样流量；对钟罩或皂沫流量标准装置，气流达到平衡后读取所排出气体的体积、排气时间、温度和压力，按式（66.1）计算出该点的采样流量 q_V：

$$q_V = \frac{V}{t} \cdot \frac{P_S}{T_S} \cdot \sqrt{\frac{T_N T_m}{P_N P_m}} \tag{66.1}$$

式中，V 为钟罩式气体计量标准装置或皂沫流量检定装置气流平衡后排出气体的体积，L；t 为与排出气体体积对应的排气时间，min；P_S 为钟罩式气体计量标准装置或皂沫流量检定装置内气体的绝对压力，Pa；T_S 为钟罩式气体计量标准装置或皂沫流量检定装置内气体的热力学温度，K；P_N 为标准状态下大气压，P_N=101325Pa；T_N 为标准状态下气体温度，T_N=293.15K；P_m 为被检仪器前气体的绝对压力，Pa；T_m 为被检仪器前气体的热力学温度，K。

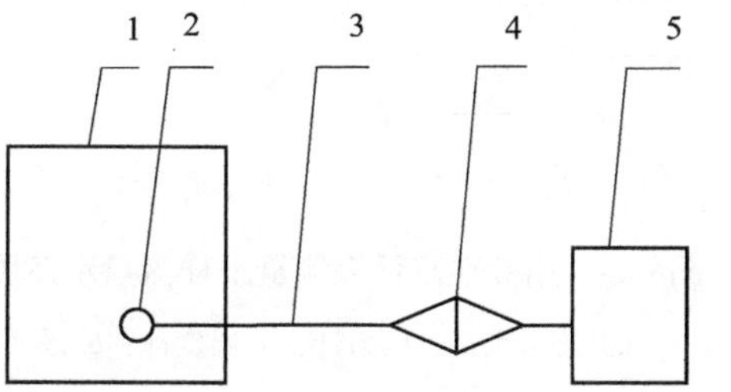

图66.2 用粉尘采样器检定装置测量采样流量示意图

1. 粉尘采样器检定装置；2. 检定装置测量口；3. 连接软管；4. 采样头；5. 被检粉尘采样器

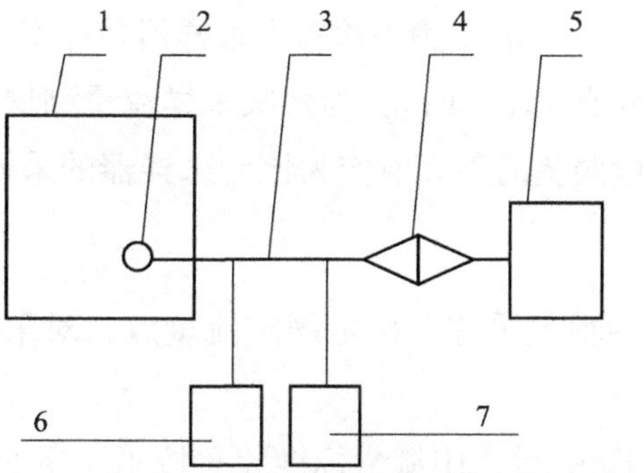

图66.3 用钟罩式气体计量标准装置或皂沫流量检定装置测量采样流量示意图

1. 钟罩式气体计量标准装置或皂沫流量检定装置；2. 检定装置测量口；3. 连接软管；
4. 采样头；5. 被检粉尘采样器；6. 温度计；7. 压力计

（5）使用标准表流量标准装置检定采样流量误差的方法：将标准流量表串接被检粉尘采样器的入口气路，并按图 66.4 所示接入压力计和温度计，分别测出标准流量计和被检流量计气体进口处的压力和温度，根据式（66.2）计算出被检流量计在刻度状态下的实际流量 q（L/min）：

$$q = \sqrt{\frac{P_S T_m}{P_m T_S}} q_{SN} \tag{66.2}$$

式中，q_{SN} 为标准流量计在刻度状态下的刻度流量，L/min；P_S、P_m 为分别为标准流量计和被检流量计气体进口处的绝对压力，Pa；T_S、T_m 为分别为标准流量计和被检流量计气体进口处的热力学温度，K。

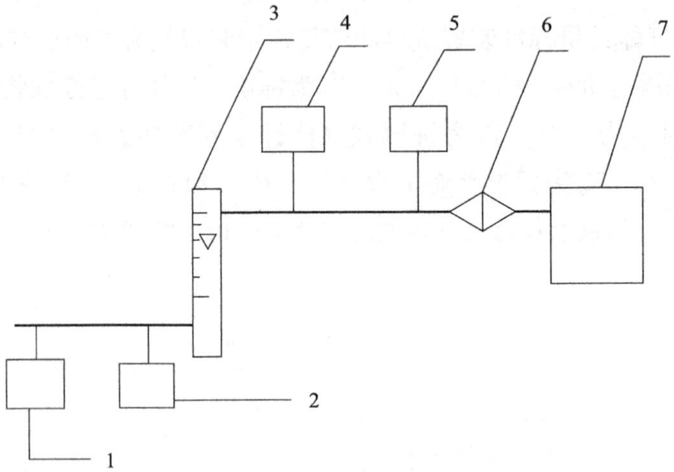

图66.4　用标准流量表测量采样流量示意图

1. 压力计；2. 温度计；3. 标准流量表；4. 压力计；5. 温度计；6. 采样头；7. 被检粉尘采样器

（6）每点检定两次，取其平均值，用式（66.3）计算检定点的采样流量误差：

$$\delta_{qv} = \frac{q_{v示} - \overline{q}_v}{q_{v\max}} \times 100 \tag{66.3}$$

式中，δ_{qv} 为采样流量误差，%；$q_{v\max}$ 为被检粉尘采样器采样流量范围的最大值，L/min；$q_{v示}$ 为被检粉尘采样器指示流量值，L/min；$\overline{q}_v$ 为两次采样流量测量值的平均值，L/min。

取各检定点中采样流量误差的最大值作为该台采样器的采样流量误差。

2. 采样流量稳定性

（1）对采样流量固定的粉尘采样器检定固定流量点，对采样流量可调的粉尘采样器检定上限流量点。

（2）启动粉尘采样器 1min 后，用流量标准装置按第 1 条的方法测量出被检点的采样流量 $q_{v初}$，并开始计时，在不调节采样流量的状态下，对短时粉尘采样器，工作到 30min 和 60min 时，再分别测量其采样流量，取与 $q_{v初}$的值相差较大的一个作为 $q_{v末}$；对连续粉尘采样器，工作到 1h 时和 8h 时，再分别测量其采样流量，取与 $q_{v初}$的值相差较大的一个作为 $q_{v末}$，再用式（66.4）计算采样流量稳定性：

$$\delta = \frac{q_{v初} - q_{v末}}{q_{v\max}} \times 100\% \tag{66.4}$$

式中，δ 为采样流量稳定性，%；$q_{v\max}$ 为被检粉尘采样器采样流量范围的最大值，L/min；$q_{v初}$为用流量标准装置测量出的被检点的初始采样流量，L/min；$q_{v末}$为用流量标准装置测量

出的与 q_v 值相差较大的结束时采样流量，L/min。

3. 采样体积误差

按图 66.2 或图 66.3 所示测出粉尘采样器上限流量点的采样流量 q_v 后，并在此流量下重新工作 5min（用粉尘采样器检定装置的计时器或秒表计时），用式（66.5）计算采样体积误差：

$$\delta_V = \frac{V - 5q_v}{5q_{vmax}} \times 100\% \tag{66.5}$$

式中，δ_V 为采样体积误差，%；V 为粉尘采样器显示的采样体积，L；q_v 为标准器测量的流量值，L/min；q_{Vmax} 为被检粉尘采样器采样流量范围的最大值，L/min。

66.2.2　矿用便携型直读式粉尘浓度测定仪的量值计量检定方法

1. 测量浓度范围及误差

如图 66.5 所示，粉尘浓度测量仪检定装置测试段风速应控制在（1.5±0.2）m/s，按粉尘浓度测量浓度范围，分为 5 个均布的测量点，用标准采样装置与粉尘浓度测量仪同时采样测量，每个点测量 3 次，取算术平均值，用式（66.6）计算测量误差：

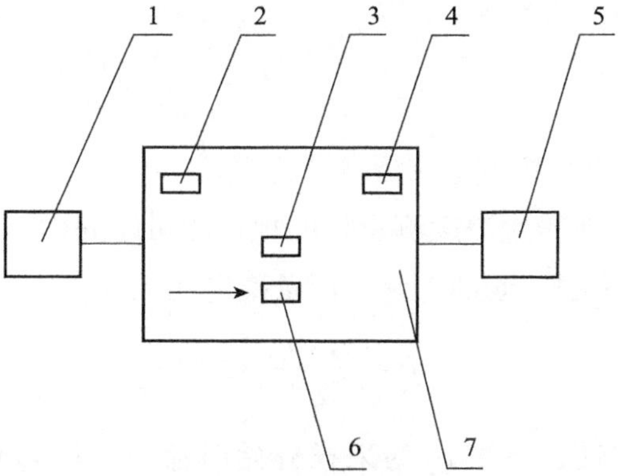

图66.5　检定系统

1. 给尘装置；2. 风速传感器；3. 标准采样装置；4. 粉尘浓度监控探头；5. 风机；6. 被检粉尘浓度；7. 粉尘浓度测量仪检定装置测试段

$$\delta = \frac{C_1 - C_2}{C_2} \times 100 \tag{66.6}$$

式中，δ 为测量误差，%；C_1 为粉尘浓度测量仪测量值，mg/m^3；C_2 为标准采样装置测量值，mg/m^3。

2. 采样流量误差

（1）用粉尘采样器检定装置或皂沫流量计检定。

（2）按图 66.6 所示，将粉尘浓度测量仪采样口连接在粉尘采样器检定装置或皂沫流量计上。

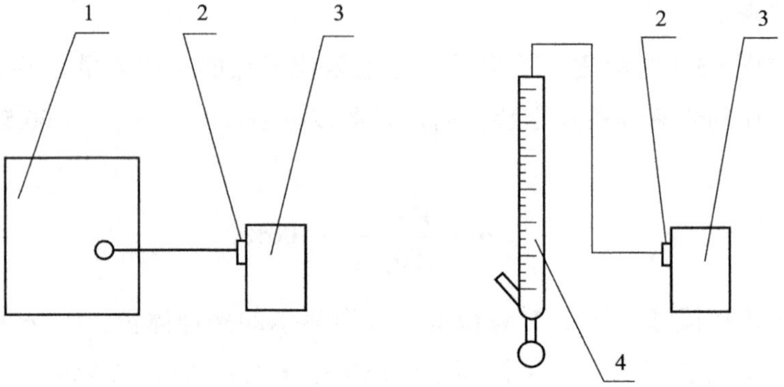

图66.6　检定系统图

1. 粉尘采样器检定装置；2. 采样头；3. 被检粉尘浓度测定仪；4. 皂沫流量计

（3）按粉尘浓度测量仪规定的采样流量检定2次，取其算术平均值，用式（66.7）计算采样流量误差：

$$\Delta = \frac{q_1 - q_2}{q_2} \times 100\% \qquad (66.7)$$

式中，Δ为采样流量误差，%；q_1为粉尘浓度测量仪采样流量，L/min；q_2为检定装置或皂沫流量计读值，L/min。

3. 采样流量稳定性

（1）用粉尘采样器检定装置或皂沫流量计检定。

（2）按图66.6所示，在粉尘浓度测量仪的规定测量时间内，测量开始采样时的流量q_3和采样结束时的流量q_4，用式（66.8）计算流量稳定性δ：

$$\delta = \frac{q_4 - q_3}{q_3} \times 100\% \qquad (66.8)$$

式中，δ为采样流量稳定性，%；q_3为采样开始时流量，L/min；q_4为采样结束时流量，L/min。

66.2.3　粉尘浓度测量仪的量值计量检定方法

1. 示值误差

（1）当粉尘仪测量范围上限大于10mg/m^{3}时，测量误差的检定可参照如图66.7所示的装置。选取粉尘仪检测浓度范围的20%、50%、80%左右的3个测量点，用标准采样装置与粉尘仪在相同条件下采样。每次均匀记录粉尘仪6个稳定的粉尘浓度显示值，取其算数平均值作为该次粉尘仪的显示浓度值ρ_1^1。每次用标准采样管的采样流量、采样时间、滤膜采样前后增加粉尘的质量（一般控制在1～5mg）等参数按式（66.9）计算的粉尘浓度作为标准粉尘浓度$\rho_0{}^1$。每个测量点重复以上操作 3 次，分别取 3 个$\rho_1{}^1$和$\rho_0{}^1$的算术平均值作为ρ_1和ρ_0，再用式（66.10）计算该点的示值误差。

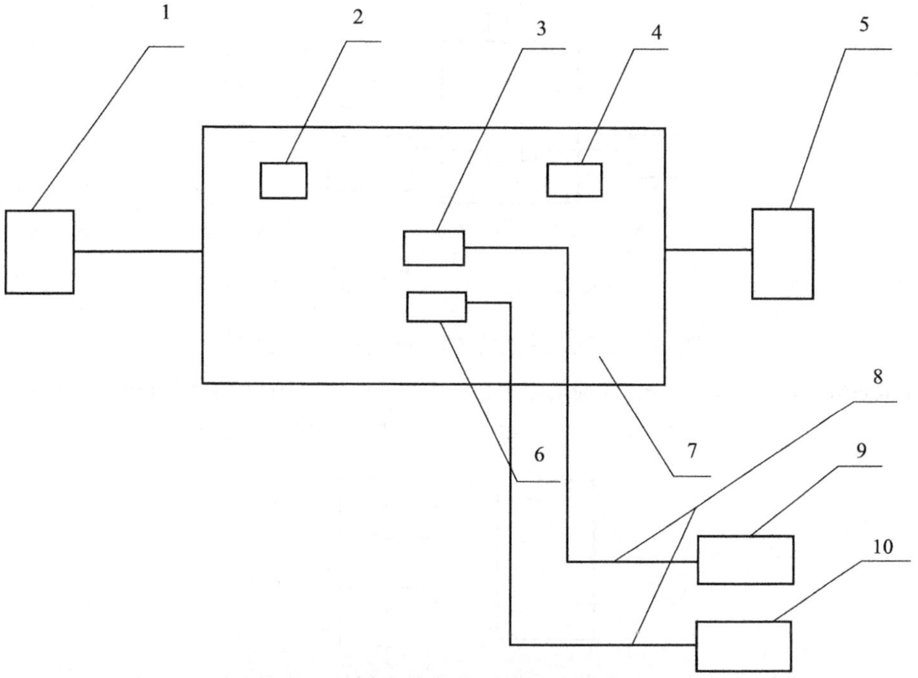

图66.7 用传输管的粉尘测量误差检定示意图

1. 给粉尘装置；2. 风速测量点；3. 薄壁标准采样管；4. 粉尘浓度监控探头；5. 风机；6. 被检粉尘仪用采样口；7. 粉尘浓度检定装置测试段；8. 传输管；9. 带滤膜的标准采样装置；10. 被检粉尘仪

$$\rho_0^1 = \frac{m_2 - m_1}{q_V \cdot t} \times 1000 \tag{66.9}$$

式中，ρ_0^1为标准粉尘质量浓度，mg/m^3；m_1为滤膜采集粉尘前的质量，mg；m_2为滤膜采集粉尘后的质量，mg；q_V为采样流量，L/min；t为采样时间，min。

$$\delta = \frac{\rho_1 - \rho_0}{\rho_0} \times 100 \tag{66.10}$$

式中，δ为示值误差，%；ρ_1为粉尘仪显示平均值，mg/m^3；ρ_0为标准采样装置测量平均值，mg/m^3。

取 3 个测量点中绝对值最大的示值误差作为该粉尘仪的示值误差。

（2）当粉尘仪测量范围上限小于或等于 10mg/m^3 时，示值误差的检定用参考粉尘仪进行参比的方法。使用低浓度粉尘发生装置和参考粉尘仪检定粉尘仪的系统如图 66.8 所示。使用标准粒子发生装置和参考粉尘仪检定粉尘仪的系统如图 66.9 所示。

用低浓度粉尘发生装置或标准粒子发生装置，分别产生 0.5mg/m^3、1mg/m^3、3mg/m^3、7mg/m^3 或被测浓度范围 20%、50%、80%左右的稳定粉尘浓度，用粉尘仪与参考粉尘仪同时采样测量；同时记录粉尘仪和参考粉尘仪的粉尘浓度显示值，每组至少间隔 2min，共

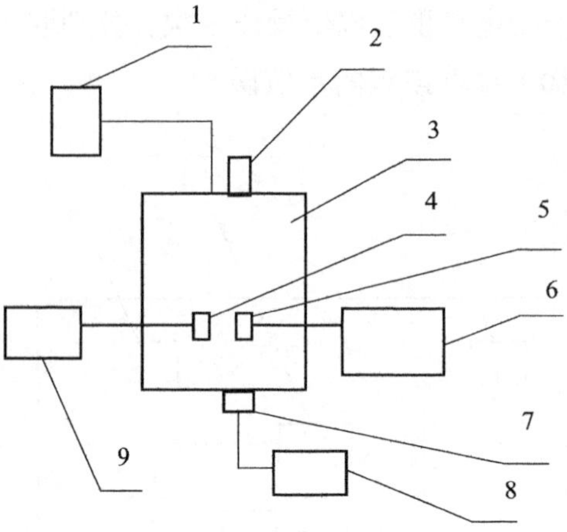

图66.8　用参考粉尘仪的示值误差检定示意图

1. 定量给粉尘装置；2. 进风孔；3. 粉尘箱测试段；4. 被检粉尘仪采样口；5. 参考粉尘仪采样口；6. 参考粉尘仪；7. 抽风口；8. 风机；9. 被检粉尘仪

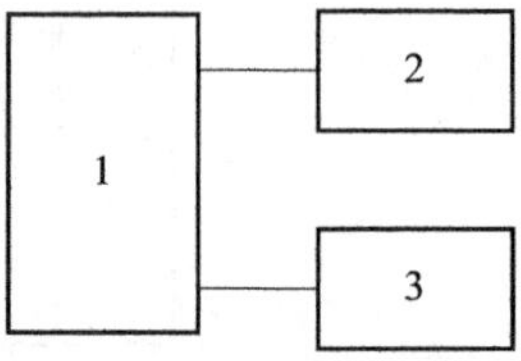

图66.9　用标准粒子发生装置及参考粉尘仪的示值误差检定示意图

1. 粒子发生器；2. 参考粉尘仪；3. 被检粉尘仪

记录6组，分别取其算数平均值作为该次检定粉尘仪的显示浓度值ρ_1^1（对于可以直接显示采样期间浓度平均值的粉尘仪直接读取其显示值，对于只能显示累计浓度值的被检粉尘仪，用累计浓度值除以所设置的采样时间得到该检测点的平均浓度值）、参考粉尘仪的显示浓度值ρ_0^1；每个测量点重复以上操作3次，分别取3个ρ_1^1和ρ_0^1的算术平均值作为ρ_1和ρ_0，再用式（66.11）计算该点的示值误差。

（3）对多量程粉尘仪的示值误差检定

对于多量程仪器（手动切换或自动切换），选取一个常用量程按（1）或（2）规定的方法检定其示值误差后，再对其他每个量程段各选定一个50%量程左右的浓度测量点，按（1）或（2）规定的方法检定其示值误差。

2. 示值重复性

在粉尘仪测量范围的50%附近，当粉尘发生装置内的粉尘浓度达到稳定状态时，读取粉尘仪的浓度显示值，稳定后，再进行一次测量，连续测量6次，用式（66.11）计算其示值误差重复性：

$$S=\frac{1}{\overline{\rho}}\sqrt{\frac{\sum_{i=1}^{6}\left(\rho_i-\overline{\rho}\right)^2}{5}}\times 100\% \tag{66.11}$$

式中，S 为示值重复性，%；ρ_i 为第 i 次的粉尘仪显示值，mg/m³；$\bar{\rho}$ 为 6 次重复性测量显示值的平均值，mg/m³。

66.2.4　粉尘采样器检定装置的量值计量检定方法

1. 装置流量计示值误差检定

（1）调整流量，使转子升到被检点。在检定过程中，转子的波动（在恒定流量位置的上下波动）允许值为 0.3%。

（2）流量计的每一个大格为一个检定点，每个点检两次，取算术平均值。对带导杆的流量计应做上、下行程的流量检定。

（3）容积法。流量计检定系统如图 66.10 所示。气体从钟罩式流量标准装置中排出，并经过被检流量计。测出排出气体的体积，排出时间，以及装置内和流量计进口处的气体压力、温度。用式（66.12）计算出流量计在刻度状态下的实际流量。

$$Q = 0.0538\frac{V}{t}\cdot\frac{P_s}{T_s}\cdot\sqrt{\frac{T_m}{P_m}} \quad (66.12)$$

式中，Q 为流量计在刻度状态下的实际流量，L/min；V 为流量标准装置内排出的气体体积，L/min；t 为排出时间，min；P_s、P_m 分别为标准状态下，流量标准装置内和被检流量计进口处的气体绝对压力，Pa；T_s、T_m 分别为标准状态下，流量标准装置内和被检流量计进口处的气体热力学温度，K。

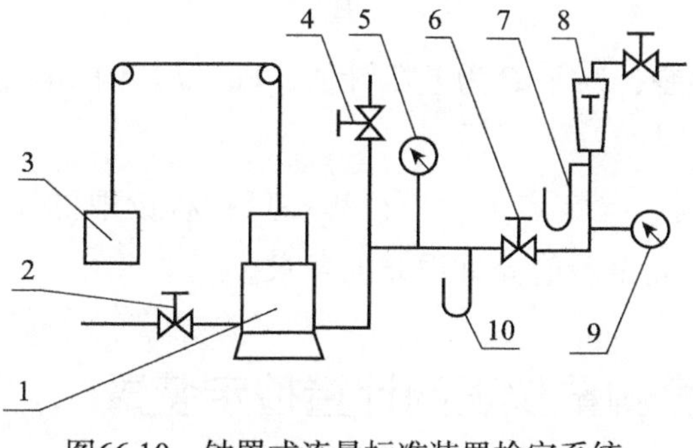

图66.10　钟罩式流量标准装置检定系统

1. 钟罩；2. 进气阀；3. 平衡锤；4. 排气阀；5. 温度计；6. 流量调节阀；7. 压力计；8. 流量计；9. 温度计；10. 压力计

（4）比较法

把被检流量计装在标准流量计的下游，分别测出标准流量计和被检流量计进口处的压力、温度。然后用式（66.13）计算出流量计在刻度状态下的实际流量。

$$Q = \sqrt{\frac{P_s T_m}{P_m T_s}} Q_{SN} \quad (66.13)$$

式中，Q 为流量计在刻度状态下的实际流量，L/min；P_s、P_m 分别为标准流量计和被检流量计处的绝对压力，Pa；T_s、T_m 分别为标准流量计和被检流量计处的热力学温度，K；Q_{SN} 为标准流量计在标准状态下的刻度流量，L/min。

（5）根据每个检定点的实际流量，绘制出被检流量计的实际流量曲线图。

2. 检定装置差压计示值误差检定

（1）按图 66.11 所示连接标准器和差压计。检定点在给定范围内应不少于 5 点，并均匀分布，正、反行程各进行一次。

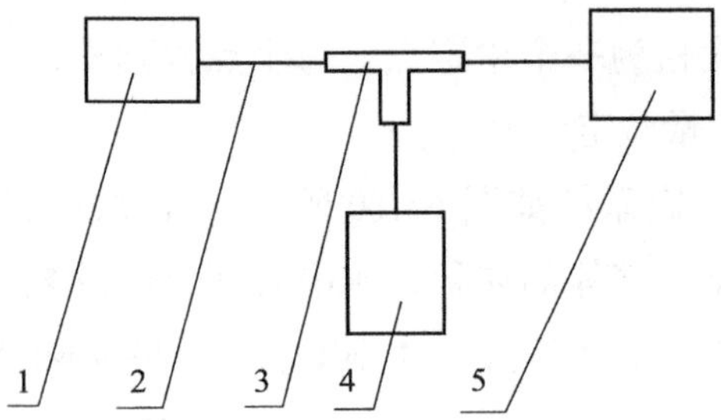

图66.11　差压计检定连接图

1. 标准器；2. 连接管；3. 三通；4. 被检差压测试仪；5. 压力发生器

（2）标准器和差压计校正零位后，用微压调压器调压，达到检定点后，读取标准器和被检差压计示值。每个检定点进行两次测试，取算术平均值后按式（66.14）计算差压测试仪示值误差：

$$\delta = \frac{P - P_0}{P_{Fs}} \times 100 \tag{66.14}$$

式中，δ 为差压计示值误差，%；P 为差压计值，Pa；P_0 为标准器读值，Pa；P_{Fs} 为给定测量范围的上限值，Pa。

（3）回程误差。在同一检定点上，正行程和反行程读取的压力值之差作为回程误差，每个检定点的回程误差应满足示值允许误差的要求。

66.3 粉尘浓度测量仪表的计量检定装置

粉尘浓度测量仪表的计量装备主要有粉尘采样器检定装置和粉尘浓度测量仪检定装置。

66.3.1 JFC型粉尘采样器检定装置

JFC 型粉尘采样器检定装置是国家矿山安全计量站在国外粉尘采样器检定装置的基础上，结合国内粉尘采样器的具体情况，于 1989 年研制的一种新型计量检定装置，完全满足粉尘采样器计量检定规程中对采样流量及误差、流量稳定性、流量计准确度、连续工作时间、负载能力（或抽气负压）、采样头气密性等主要技术性能的检定要求。

1. 原理与结构

1）原理

检定装置采用气流平衡原理对粉尘采样器的采样流量等项目进行检定。气流从进气口进入、经调速泵、冷却水箱、转换阀、流量调节阀、流量计、流量转换阀、再经稳流筒的测量出气口排出，排出气体的流量即为经过 L1（或 L2）的流量。当粉尘采样器启动调速泵,并将采样口与测量口相连接，调节流量调节阀，使出气和抽气达到动态平衡时，差压计显示为零，装置和采样器彼此不增加阻力，粉尘采样器的采样流量即等于经过 L1（或 L2）的气体流量。

2）总体结构

JFC 型粉尘采样器检定装置主要由采样泵、冷却水箱、转换阀、流量调节阀（A、B）流量计（L1、L2）、差压计、稳流箱体、真空表以及计时器等组成。如图 66.12 所示。

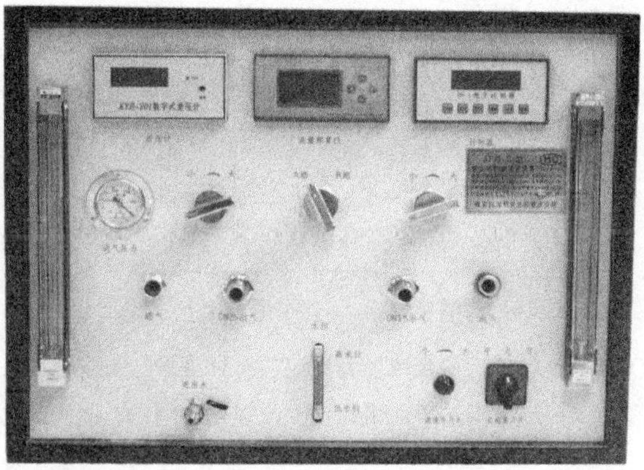

图66.12 JFC型粉尘采样器检定装置面板图

2. 主要技术性能

（1）流量范围及精度：A 路（小流量计 L1）为 0.5 ～ 15L/min，1.0 级；B 路（大流量计 L2）为 10 ～ 100L/min，1.0 级。

（2）抽气负压：大于 0.06MPa。

（3）压差测量范围：-2000 ～ 2000Pa，允许误差 ±1.0％；-20000 ～ -2000Pa 及 2000 ～ 20000Pa，允许误差 ±2.0％。

（4）真空表测量范围：0 ～ -0.1MPa，精度等级 2.5 级。

（5）计时测量范围：0.01s ～ 10h，允许误差 30min±0.5s。

（6）采样泵：标称流量 130L/min；允许最大负载 60kPa；电机功率 250W。

66.3.2 粉尘浓度测量仪检定装置

粉尘浓度测量仪检定装置是煤科总院重庆院于 1987 年研制的国内第一个粉尘仪表检测

校验装置（粉尘风洞），试验断面 1m×0.8m，结构设计为立式环形，可直路和环形两用。完全满足粉尘浓度测量仪表检定规程中对粉尘浓度测量误差等主要技术性能检定的要求。

1. 原理与结构

1）原理

装置在试验风道内产生一种定量粉尘浓度值，并在一定风速条件下运行，在工作段内形成一个粉尘浓度稳定、均匀的测试条件，用标准采样装置与被检定粉尘浓度测量仪表同时采样、测量，与被检定的粉尘浓度测量仪表测量显示值进行比对，得出被检粉尘测量仪表采样测量误差，工作原理如图 66.13 所示。

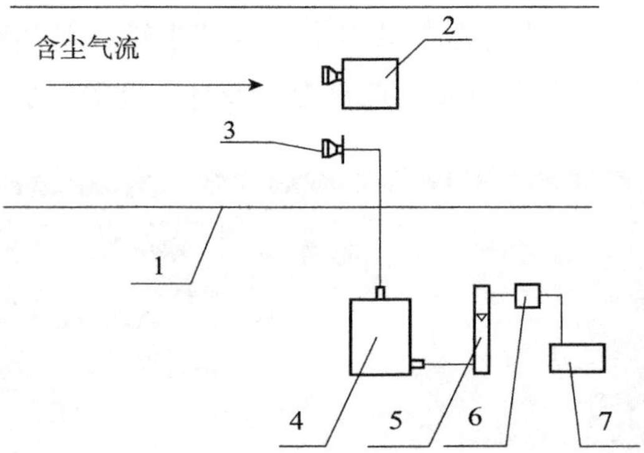

图66.13 工作原理图

1. 试验风道工作段；2. 被检粉尘浓度测量仪；3. 标准采样头（滤膜夹及滤膜）；4. 稳流筒；5. 玻璃转子流量计；6. 流量调节阀；7. 抽气真空泵

2）总体结构

检定装置由发尘装置、试验风道、除尘器以及精密电子天平几个主要部分组成。其结构如图 66.14 所示。

图66.14 粉尘浓度测量仪检定装置总体结构

2. 主要技术性能

（1）装置试验段截面为 1m × 0.8m，回流段截面为 0.7m × 0.8m。

（2）装置直线长度为 27m，环形长度为 66m。

（3）试验段粉尘浓度：呼吸性粉尘范围为 0 ～ 100mg/m^3；全尘范围为 0 ～ 1000mg/m^3。

（4）试验段风速：环形运行时范围为 0.8 ～ 8m/s；直路运行时范围为 0.8 ～ 4m/s。

（5）试验段粉尘浓度、风速流场均匀性相对标准偏差：不大于 5%。

（本章主要执笔人：重庆院付建涛，陈福民，曹利波）

第 67 章 矿井风速计量技术

矿井风速测量仪表的主要作用是准确测量井巷风速、风量的变化情况，保证井下作业人员的安全和改善劳动环境，防止井下瓦斯的积聚。

矿井风速测量仪表是国家强制检定计量器具中的一种，主要包括机械式风速表、机械电子式风速表、电子式风速表和风速传感器。矿井风速测量仪表工作计量标准装置必须按规定进行量值溯源。

本章主要阐述不同测量原理的矿井风速测量仪表、风速测量仪表检定装置的量值传递、计量检定方法及相关计量检定装备。

67.1 量值传递

为了开展矿井风速的量值传递工作，国家矿山安全计量站建立了风速测量仪表行业最高计量标准，测量范围：（0.10 ～ 40）m/s，准确度：一等。传递路线：风速测量仪表行业最高计量标准→风速测量仪表工作计量标准→风速测量仪表，详见图 67.1。

67.2 矿井风速测量仪表及矿用风速测量仪表检定装置的量值计量检定方法

67.2.1 矿用风速表的量值计量检定方法

1. 示值误差的检定方法

（1）启动风速测定，打开风表开关，启动风机，缓慢递增风速。当风表的风轮或风杯开始连续转动时测得的最低风速值。

（2）风表示值检定，在风表的测量范围内至少均布 6 个测点，采用递增法调节风速。检测每一个测点时，待风速稳定后，同时测取实际风速值和风表示值。每个测点风表示值连续测量两次，每次测量时间不少于 1min，相邻两次测量的风表示值：叶轮式风表相差应不大于最小分度值的 2 格，杯式风表相差应不大于最小分度值的 1/5。实际风速值在每个测点的测量时间内测量 3 次，均取平均值。

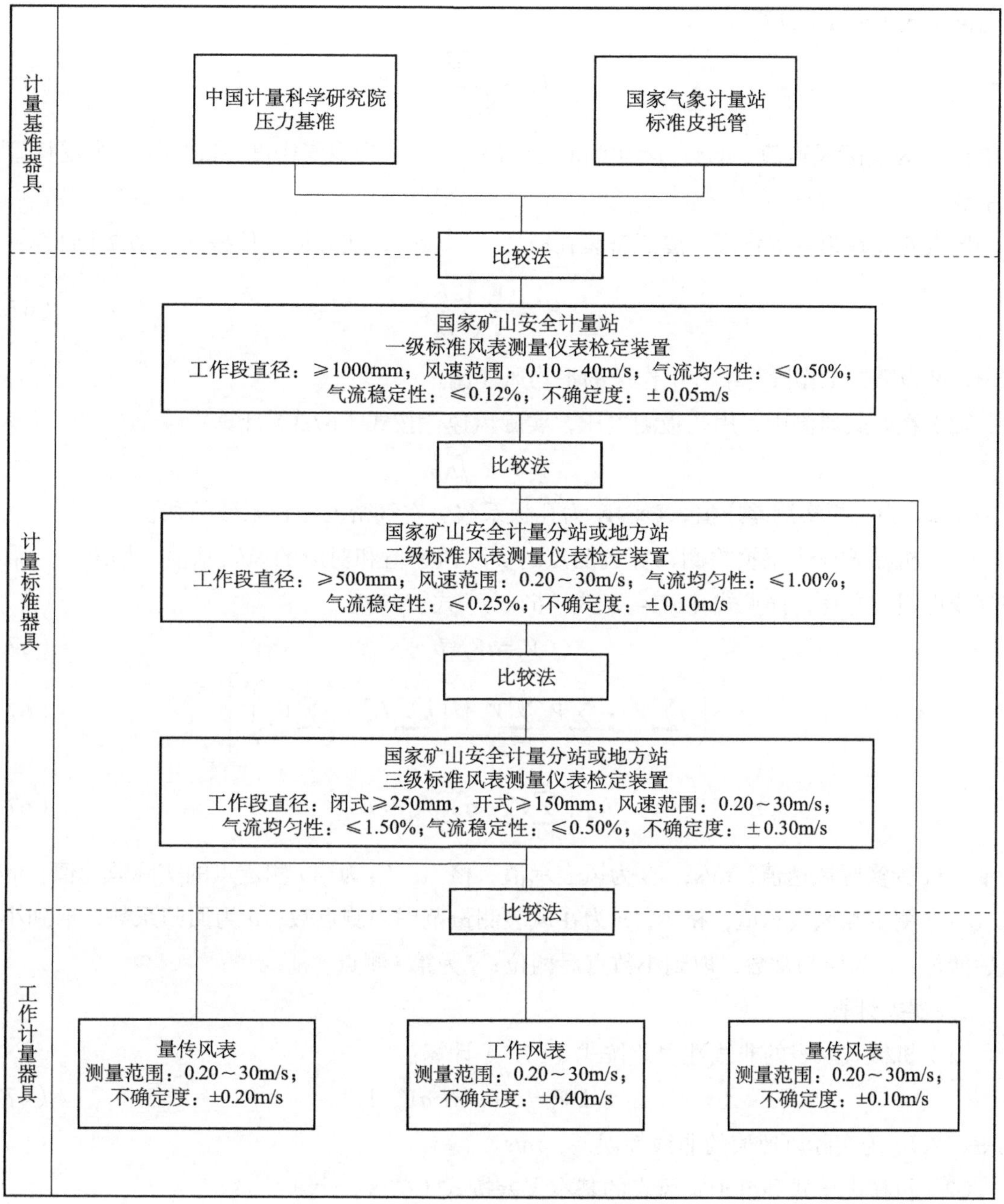

图67.1　矿井风速计量的量值传递框图

（3）每只风表检定结束，复读微差压计的零位，若与初始零位相差大于0.3Pa，检定结果无效，应重新检定。

2. 检定数据整理

1）实际风速的计算

（1）在闭口式风洞中，用皮托管测动压值。风表与皮托管安装在同一工作段时，实际风速值按式（67.1）计算：

$$V_S = \sqrt{\frac{2P}{\rho}}\xi \tag{67.1}$$

式中，V_S 为实际风速值，m/s；P 为实际动压值，Pa；ρ 为空气密度，kg/m³；ξ 为皮托管校准系数。

风表安装在第一工作段，皮托管装在第二工作段时，实际风速值按式（67.2）计算：

$$V_S = \frac{1}{N}\sqrt{\frac{2P}{\rho}}\xi \tag{67.2}$$

式中，N 为第二工作段与第一工作段的平均风速比。

（2）在开式风洞中，用孔板测差压，实际风速值按式（67.3）计算：

$$V_S = K\sqrt{\Delta p} \tag{67.3}$$

式中，Δp 为孔板实测差压值，Pa；K 为孔板系数、空气密度修正系数的乘积。

（3）机械式风表根据检测计算各测点的实际风速值和对应的风表示值，用最小二乘法解算线性回归方程，详见式（67.4）、式（67.5）、式（67.6）。

$$V_S=aV_Z+b \tag{67.4}$$

$$a=\left(n\sum_{i=1}^{n}V_{zi}-\sum_{i=1}^{n}V_{zi}\sum_{i=1}^{n}V_{si}\right)/\left[n\sum_{i=1}^{n}V_{zi}^{2}-\left(\sum_{i=1}^{n}V_{zi}\right)^{2}\right] \tag{67.5}$$

$$b=\left(\sum_{i=1}^{n}V_{si}-a\sum_{i=1}^{n}V_{zi}\right)/n \tag{67.6}$$

式中，V_S 为实际风速值，m/s；V_Z 为风表示值，格 /s；V_{si} 为第 i 测定点的实际风速值，m/s；V_{zi} 为第 i 测定点风表示值，格 /s；n 为在风表测量范围内测点数；a 为回归系数，取到小数点后两位；b 为回归常数，取到小数点后两位；i 为第 i 测点。

2）误差计算

（1）机械式风表的非线性误差按式（67.7）计算：

$$\Delta V_{si}=|V_{si}-b-aV_{zi}| \tag{67.7}$$

式中，ΔV_{si} 为实际风速值的非线性误差，m/s。

（2）机械电子式和电子式风表的基本误差按式（67.8）计算：

$$\Delta V_{si}=|V_{zi}-V_{si}| \tag{67.8}$$

式中，ΔV_{si} 为实际风速值的基本误差，m/s。

67.2.2 矿用风速测量仪表检定装置的量值计量检定方法

1. 风洞工作段风速范围的检定

（1）读取风洞实验室的大气压力和温度。

（2）在闭口直路式或闭口单回流式风洞距工作端入口 0.3 ～ 0.8 倍工作段直径处，距风洞内壁大于 1/8 工作段直径的风速均匀区，安装电子风速计或皮托管。分别测量最低和最高风速，每间隔 1min 测 1 次，连续测 3 次，取其算术平均值。

在开式风洞喷口后 0.5 倍喷口直径处的自由射流区中心，用电子风速计测量最低风速；在喷口后 1.0 倍喷口直径处的自由射流区中心，用皮托管测量最高风速。每间隔 1min 测 1 次，连续测 3 次，取其算术平均值。

（3）皮托管测量风速时，实际风速值按式（67.9）计算：

$$V_S=\sqrt{\frac{2P}{\rho}}\xi \tag{67.9}$$

式中，V_S 为实际风速值，m/s；P 为实际动压值，Pa；ρ 为空气密度，kg/m^3；ξ 为皮托管校准系数。

$$\rho=3.483\times10^{-3}P_0/(273.15+t) \tag{67.10}$$

式中，ρ 为空气密度，kg/m^3；P_0 为大气压力，Pa；t 为温度，℃。

2. 风洞工作段气流均匀性的检定

（1）工作段断面测点的布置。采用等面积圆环法布置测点。设圆半径或内切圆半径为 R，测点所在圆的半径 r_i。r_i 与 R 的比值见表 67.1。

表67.1 r_i与R的比值

r_i/R	等面积环数（A）				
	3	4	5	6	7
$\frac{r_1}{R}=\sqrt{\frac{1}{2A}}$	0.408	0.354	0.316	0.289	0.267
$\frac{r_2}{R}=\sqrt{\frac{3}{2A}}$	0.707	0.612	0.548	0.500	0.463
$\frac{r_3}{R}=\sqrt{\frac{5}{2A}}$	0.913	0.792	0.707	0.646	0.593
$\frac{r_4}{R}=\sqrt{\frac{7}{2A}}$		0.935	0.837	0.764	0.707
$\frac{r_5}{R}=\sqrt{\frac{9}{2A}}$			0.949	0.866	0.802
$\frac{r_6}{R}=\sqrt{\frac{11}{2A}}$				0.958	0.866
$\frac{r_7}{R}=\sqrt{\frac{13}{2A}}$					0.964

等面积圆环数与测点数按表 67.2 确定。

表67.2 等面积圆环数与测点数

工作段直径（D）/mm	等面积圆环数（A）	水平和铅垂方向直径数（B）	测点总数 $n=2AB+1$
300	3	2	13
400	4	2	17
600	5	2	21
800	6	2	25
1000	7	2	29

（2）测量风洞试验室的大气压力和温度。

（3）在工作段风速为 2.0m/s、5.0m/s、10.0m/s、20.0m/s 和 30.0m/s 的条件下，用皮托管进行测量，每个测点测 3 次，取平均风速为该测点的风速。

（4）气流均匀性 δ_v，按式（67.11）计算

$$\delta_v = \sqrt{\frac{\sum_{i=1}^{n}\left(\Delta\frac{v_i}{v}\right)^2}{n-1}}\times 100 \tag{67.11}$$

$$v = \frac{1}{n}\sum_{i=1}^{n} v_i \tag{67.12}$$

式中，δ_v 为气流均匀性，%；v 为工作段测试断面各测点平均风速；v_i 为第 i 测点风速，m/s；Δv_i 为第 i 测点风速与平均风速之差，m/s；n 为测点数。

3. 风洞工作段气流稳定性的测定

（1）测取风洞实验室的大气压力和温度。

（2）在工作段风速为 2.0m/s、5.0m/s、10.0m/s、20.0m/s 和 30.0m/s 的条件下，距风洞内壁大于 1/8 工作段直径处，用皮托管测量动压。在 3min 内测量每个测点动压 10 次，并计算每次测得的风速。

（3）气流稳定性 δ_s 按式（67.13）计算。

$$\delta_s = \sqrt{\frac{\sum_{i=1}^{n}\left(\Delta\frac{v_i}{v}\right)^2}{n-1}}\times 100 \tag{67.13}$$

$$v = \frac{1}{n}\sum_{i=1}^{n} v_i \tag{67.14}$$

式中，δ_s 为气流稳定性，%；v 为工作段测试断面各测点平均风速；v_i 为第 i 测点风速，m/s；Δv_i 为第 i 测点风速与平均风速之差，m/s；n 为测点数。

4. 闭口直径式和闭口单回流式风洞风速比的检定

（1）测取风洞试验室的大气压力和温度。

（2）在第一、第二工作段检定断面上，距风洞内壁大于 1/8 工作段直径的风速均匀区，安装仪器同时测量风速。在 2min 内测量每个测点的风速 6 次。

（3）风速测量按表 67.3 中的规定进行。

表67.3　风速测量

第一工作段风速范围 /（m/s）	测点风速 /（m/s）	测量仪器
0.2 ～ 5.0	0.5，2.0，4.0	风速计
＞ 5.0 ～ 15.0	6.0，9.0，14.0	皮托管
＞ 15.0 ～ 30.0	15.0，20.0，28.0	皮托管

（4）按式（67.15）和式（67.17）计算第二与第一工作段平均风速比 N 和风速比的最大相对偏差 δ_{n}

$$N=\frac{1}{n}\sum_{i=1}^{n}N_i \tag{67.15}$$

$$N_i=\frac{v_{2i}}{v_{1i}} \tag{67.16}$$

$$\delta_{\mathrm{n}}=\frac{\left|N_i-N\right|_{\max}}{N}\times 100 \tag{67.17}$$

式中，N 为第二、第一工作段的平均风速比；N_i 为第二、第一工作段对应风速比；v_{2i}、v_{1i} 为第二、第一工作段对应实际风速值，m/s；δ_{n} 为风速比的最大相对偏差，%。

67.3　粉尘浓度测量仪表的计量检定装置

矿井风速测量仪表的计量装备为矿用风速测量仪表检定装置，主要由矿用低速风洞、微压差计、皮托管等组成。

67.3.1　矿用低速风洞

矿用低速风洞是煤科总院重庆院于 1987 年研制的全国唯一的量程 0.10 ～ 40m/s、实验断面 1m × 1m 的大型矿用低速风洞，完成满足一等矿用风速测量仪表计量装置的要求。

1. 原理与结构

1）原理

装置在试验段内产生均匀、稳定的风速，使用标准皮托管和精密微压计与被检定风速测量仪表同时进行测量，计算出标准风速值与被测风速表的示值进行比对，得出被检风速测量仪表的测量误差，工作原理如图 67.2 所示。

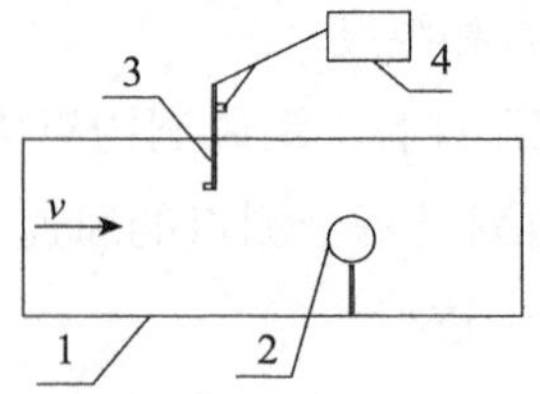

图67.2　工作原理图

1. 风洞工作段；2. 被测风速表；3. 标准皮托管；4. 精密微压计

2）总体结构

矿用低速风洞主要由集风口、稳定段（包括蜂窝器、阻尼网）、第一收缩段、第一工作段、第二收缩段、第二工作段、扩压段、动力段（风机）、自由扩压段、电动机等组成。其组成结构如图 67.3 所示，其实物如图 67.4 所示。

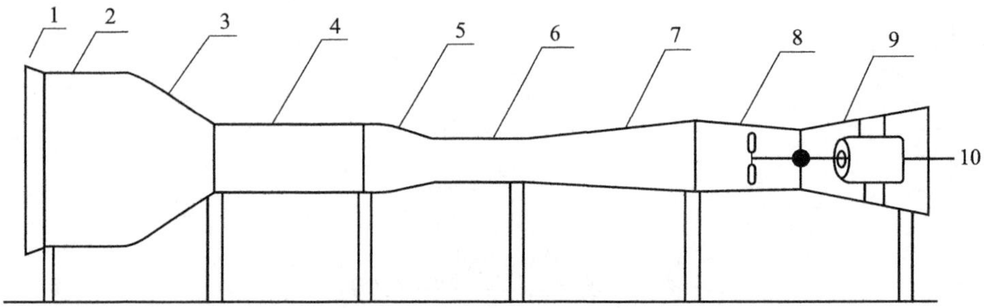

图67.3　闭口直路式风洞示意图

1. 集风口；2. 稳定段（包括蜂窝器、阻尼网）；3. 第一收缩段；4. 第一工作段；5. 第二收缩段；6. 第二工作段；7. 扩压段；8. 动力段（风机）；9. 自由扩压段；10. 电动机

图67.4　风洞实物图

2. 主要技术性能

（1）第一工作段直径：1000mm；第二工作段直径：700mm、300 mm、150 mm。

（2）风洞全长：19m。

（3）风速范围：0.1 ～ 40m/s。

（4）工作段气流均匀性、气流稳定性、气流均匀区域：不大于 0.50%、不大于 0.12%、不小于 85%。

67.3.2 微压差计

风速测量仪表检定装置配备一等 L4-Ⅱ补偿式微压差计和日本柴田 ISP-3-50 精密微压差计。

1. L4-Ⅱ补偿式微压差计

1）原理与结构

（1）原理。测压时将高压 P_1 接到盛水容器 2 的水面上，低压 P_2 接到盛水容器 1 的水面上，测容器 2 中水面下降，瞄准针尖露出水面，容器 1 中水面上升，此时若提高容器 1，使容器 2 中的水面再回到原来瞄准针尖的水平上，即用水柱高 h 来平衡两容器中水面所受的压差（P_1-P_2）。此水柱高 h 实际上就是容器 1 上提的高度。

（2）结构。补偿式微压计是由两个用胶皮管 3 互相连通的盛水容器 1 和 2 组成，盛水容器 2 的位置固定不动，在盛水容器 1 的中心处有螺母，测微螺杆 4 穿过这个螺母，其下端和仪器底座铰接，而上端和微调盘 5 固结。当缓慢旋转微调盘时，盛水容器 1 可沿测微螺杆上下移动，此时装在容器 1 上的指示标 10，也跟着在标尺 9 中间移动，并指示容器 1 的移动高度，盛水容器 2 底部有一瞄准尖 6，当该容器中水面恰与针尖 6 尖端接触时，则从光学观测装置的反射镜 7 可以观察出针尖与其倒影尖正对在水平面上。其结构原理如图 67.5 所示，实物图如 67.6 所示。

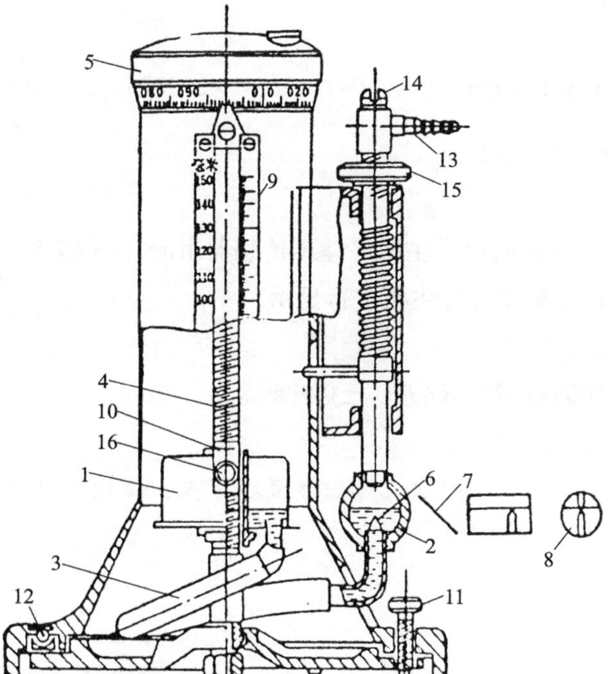

图67.5 补偿式微压计结构示意图

1. 盛水容器；2. 盛水容器；3. 胶皮管；4. 测微螺杆；5. 微调盘；6. 瞄准尖针；7. 反射镜；8. 针尖与其倒影尖对于水面；9. 标尺；10. 指示标；11. 调整螺钉；12. 水准泡；13. “+”压接头；14. 密封螺钉；15. 调节螺母；16. “-”压接头

图67.6　L4-Ⅱ补偿式微压差计和ISP-3-50精密微压差计实物图

2）主要技术性能

（1）测量范围：0 ～ 2500Pa。

（2）最小分度值：0.1Pa。

（3）基本误差：0 ～ 1500Pa：±0.4 Pa；1500 ～ 2500Pa：±0.5Pa。

2. ISP-3-50 精密微压差计

1）原理与结构

ISP-3-50 精密微差压计由显示主机、差压传感器组成（图 67.5）。测量时，压力作用于压力传感器，输出电信号至压差计主机进行显示。

2）主要技术性能

测量范围：0 ～ 500Pa；基本误差：±0.5Pa。

（本章主要执笔人：重庆院付建涛，曹利波，吴华建）

第 68 章 可燃气体浓度计量技术

可燃气体测量仪表的主要作用是准确测量采掘工作面等作业场所的气体浓度变化，以便超限时能及时做出适当的技术处理，防止甲烷和有毒有害气体浓度超限，以免造成瓦斯爆炸和作业人员中毒等煤矿事故。可燃气体测量仪表是国家强制检定计量器具中的一种，主要包括甲烷测定器、一氧化碳测定器、氧气测定器。

本章主要阐述光干涉式甲烷测定器、催化燃烧式甲烷测定器、矿用电化学一氧化碳测定器、矿用电化学氧气测定器、两种（水柱、数字）光干涉式甲烷测定器检定仪的量值传递、计量检定方法及相关计量检定装备。

68.1 量值传递

68.1.1 光干涉式甲烷测定器的量值传递

为了开展光干涉式甲烷测定器的量值传递工作，国家矿山安全计量站建立了光干涉式甲烷测定器的行业最高计量标准，测量范围：−0.1 ～ 0.4MPa；准确度：0.005 级。传递路线：中国计量科学研究院的压力计量基准→国家矿山安全计量站的行业最高计量标准→国家矿山安全计量分站或地方计量站的计量标准→工作计量器具，详见图 68.1。

68.1.2 催化燃烧式甲烷测定器、矿用电化学一氧化碳测定器、矿用电化学氧气测定器的量值传递

为了开展催化燃烧式甲烷测定器、矿用电化学一氧化碳测定器、矿用电化学氧气测定器的量值传递工作，国家矿山安全计量站建立了 2 级空气中甲烷、氮气中一氧化碳、空气或氮气中氧气体标准物质。传递路线：中国计量科学研究院的质量计量基准→国家标准物质研究中心的 1 级气体标准物质→国家矿山安全计量站的 2 级气体标准物质→工作计量器具，详见图 68.2。

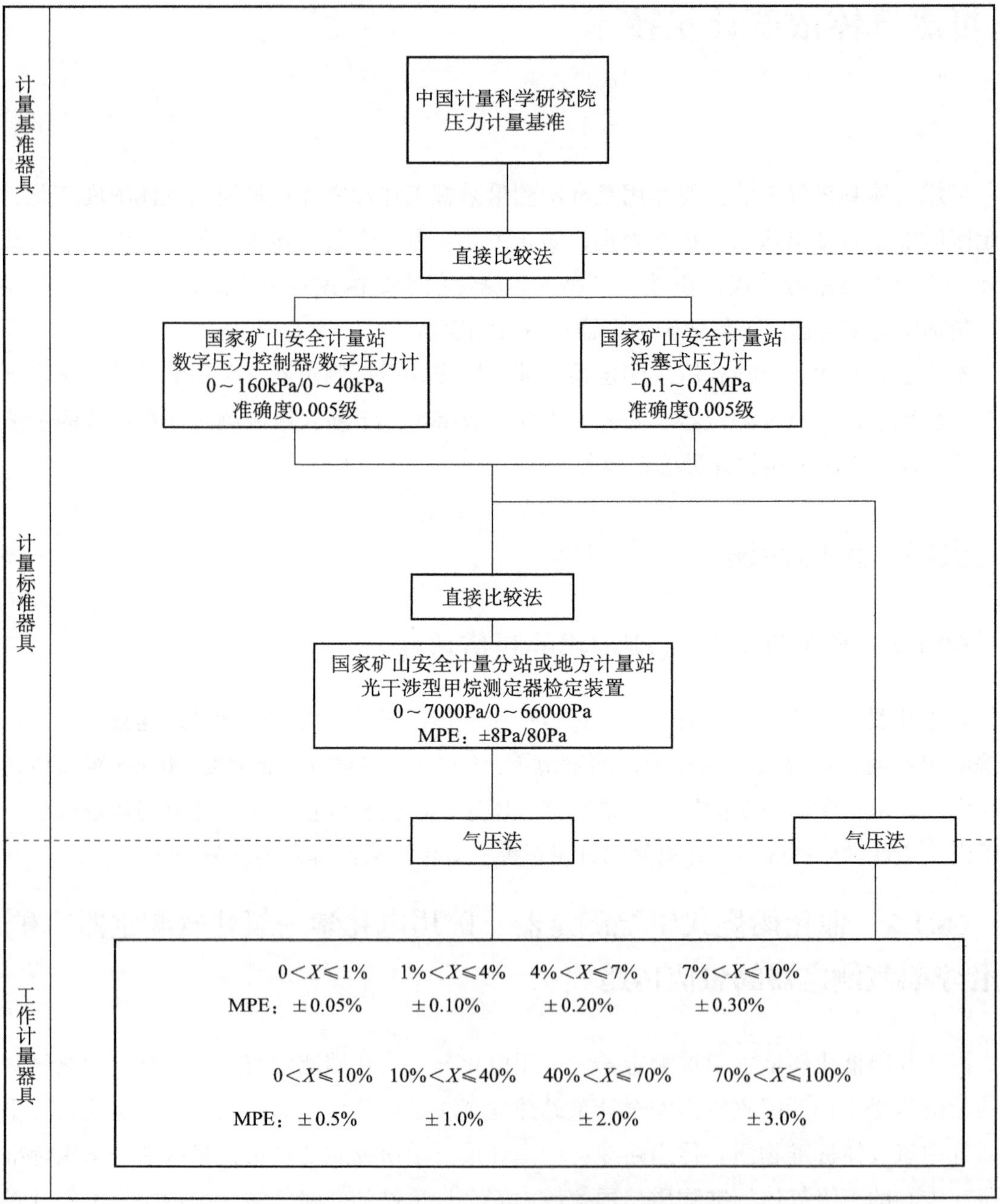

图68.1 光干涉式甲烷测定器量值传递框图

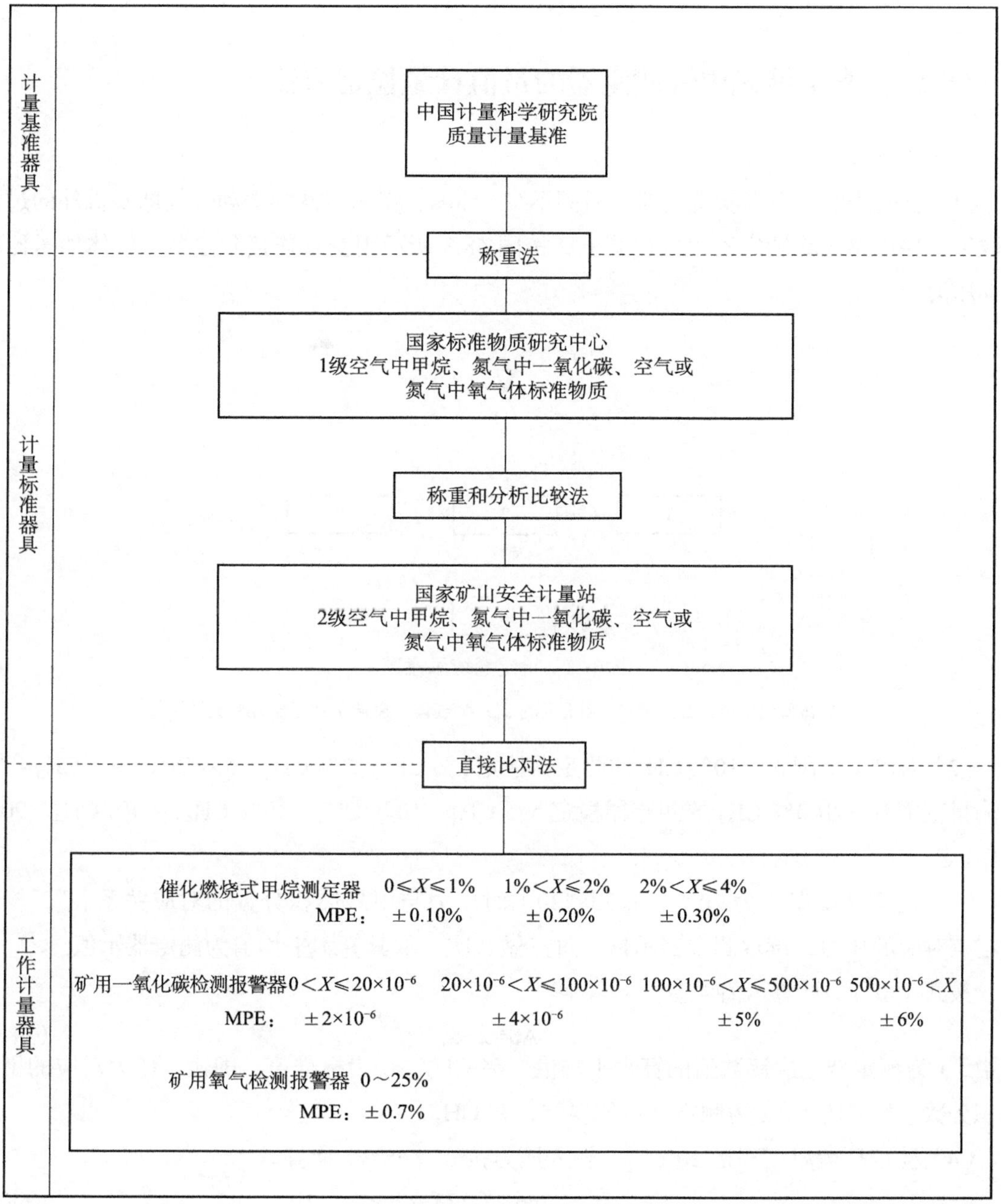

图68.2 催化燃烧式甲烷测定器、矿用电化学一氧化碳测定器、矿用电化学氧气测定器的量值传递框图

68.2 可燃气体浓度测量仪表及水柱、数字光干涉式甲烷测定器检定仪的量值计量检定方法

68.2.1 光干涉式甲烷测定器的量值计量检定方法

1. 示值误差

（1）首先用清洁空气吹洗气路，时间不少于30s。将测定器的手动吸气球及机外的过滤器取下，并用堵头将测定器出气口堵上，按图68.3所示用胶管连接测定器、气体加压器和标准压力计。

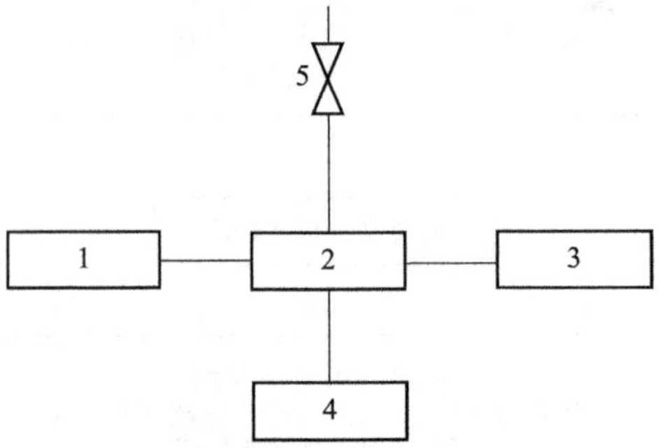

图68.3 检定系统示意图

1. 被检测定器；2. 三通；3. 计量标准器；4. 气体（微调）加压器；5. 放气阀

（2）对测量范围0～10% CH_4的测定器检定1% CH_4、3% CH_4、6% CH_4、9% CH_4 4点，对测量范围0～100% CH_4的测定器检定5% CH_4、10% CH_4、30% CH_4、60% CH_4、90% CH_4 5点。

（3）检定环境温度为20℃，查阅“20℃时压力与甲烷体积分数的对应关系表”，输入检定点对应的压力，读取测定器示值，每点做3次，取其算术平均值为测定器示值。

按式（68.1）计算示值误差。

$$\Delta x=\bar{x}-x_0 \tag{68.1}$$

式中，$\bar{x}$为测定器三次读数值的算术平均值，% CH_4；x_0为标准值，即输入压力对应的甲烷体积分数，% CH_4；Δx为测定器示值误差，% CH_4。

（4）检定环境温度不是20℃时，输入压力按式（68.2）换算。

$$p=1.7665\,(273+t)\,x \tag{68.2}$$

式中，p为在环境温度时，对应测定器甲烷体积分数点的压力值，Pa；t为环境温度，℃；x为对应压力的甲烷体积分数，% CH_4。

2. 重复性检定

（1）检定点的选择：对测量范围为0～10% CH_4的测定器，取3% CH_4为检定点，对

测量范围 0 ～ 100% CH_4 测定器则取 30% CH_4 为检定点。

（2）检定次数：重复 6 次。

（3）检定步骤：按式 68.2 计算检定点对应压力值，按图 68.1 所示连接测定器、气体加压器和计量标准器。对测定器甲烷气室施加计算的压力，稳定后第 1 次读取测定器示值。然后将压力降至零，再对测定器甲烷气室施加同一个压力值，稳定后第 2 次读取测定器示值。重复以上步骤，共做 6 次。

（4）按式（68.3）计算的标准差为测定器的重复性。

$$S=\sqrt{\frac{\sum_{i=1}^{6}\left(x_i-\bar{x}\right)^2}{5}} \tag{68.3}$$

式中，S 为单次测量实验标准差；x_i 为第 i 次测量值；$\bar{x}$ 为 6 次测量值的算术平均值。

68.2.2 催化燃烧式甲烷测定器的量值计量检定方法

1. 示值误差

1）便携式仪器

按仪器说明书要求的流量，分别通入约为 0.5% CH_4、1.5% CH_4、3.0% CH_4 的气体标准物质，读取仪器稳定示值。每点做 3 次，取其算术平均值为仪器各点示值。按式（68.4）计算示值误差，其结果应符合规程要求。

$$\Delta x=\bar{x}-x_0 \tag{68.4}$$

式中，$\bar{x}$ 为 3 次示值的平均值；x_0 为通入的甲烷标准值。

2）固定式仪器

给仪器外接负载电阻，按仪器说明书要求的流量，分别通入约为 0.5% CH_4、1.5% CH_4、3.0% CH_4 的气体标准物质，读取仪器显示的甲烷浓度值；同时，在仪器输出端和电源负极端读取相应甲烷浓度输出的电信号值。每浓度点做 3 次。并按式（68.5）将电信号值换算成甲烷浓度值，取其算术平均值为各点浓度示值。示值与标准值之差应符合规程要求。

$$G=\left(\frac{G_{\mathrm{m}}-G_0}{P_{\mathrm{m}}-P_0}\right)\left(P_i-P_0\right) \tag{68.5}$$

式中，G 为检测输出信号对应的甲烷浓度，% CH_4；G_{m} 为输出电信号上限对应的甲烷浓度值，% CH_4（根据被检型号说明书给出固定值）；G_0 为输出电信号下限对应的甲烷浓度值，% CH_4（根据被检型号说明书给出固定值）；P_i 为检测的输出电信号，Hz 或 mA；P_{m} 为输出电信号范围上限标称值，Hz 或 mA（根据被检型号说明书给出固定值）；P_0 为输出电信号范围下限标称值，Hz 或 mA（根据被检型号说明书给出固定值）。

3）使用中仪器的检验

按照使用说明书要求的流量和校准仪器的方法校准仪器后，通入约为 1.5% CH_4 气体标准物质，读取稳定示值。连续做 3 次，取 3 次算术平均值为仪器示值，按式（68. 4）计算示值误差。其结果应符合规程要求。

2. 漂移

（1）对便携式仪器充电后，连续工作 8h，每 2h 分别通入清洁空气和约为 3.0% CH_4 的气体标准物质，记录各次测量的零点及 3.0% CH_4 点的示值，共做 5 次。

仪器的零点漂移用 5 次的零点测量值之间的最大偏差表示。仪器每次的示值测量值按式（68.6）计算：

$$X_i=S_i-Z_i \tag{68.6}$$

式中，X_i 为第 i 次通入的约为气体标准物质的测量值；Z_i 为第 i 次的零值；S_i 为第 i 次通入的约为气体标准物质的显示值。取 5 次 X 测量值之间的最大偏差为量程漂移。

（2）固定式仪器在正常工作条件下，连续工作 24h，前 8h，每隔 2h 分别通入清洁空气和约为 3.0% CH_4 的气体标准物质，记录各次测量的零点及 3.0% CH_4 点的示值。24h 后再测量仪器的零点及通入约为 3.0% CH_4 气体标准物质，记录仪器示值。零点测量值间的最大偏差为仪器的零点漂移。3.0%点的示值测量值仍按式（68.6）计算。示值测量值之间的最大偏差为仪器的量程漂移。

3. 负载特性

将固定式仪器输出端串接 500Ω 电阻，读取仪器在外接负载电阻为 500Ω 时的输出电信号值，每点做 3 次，取其算术平均值为仪器各点输出电信号值。并按式（68.5）换算成甲烷浓度值，换算的各测量点甲烷浓度值与仪器外接负载电阻为 0Ω 时的甲烷浓度值之差应符合规程要求。

68.2.3 矿用电化学一氧化碳测定器的量值计量检定方法

1. 示值误差

1）便携式检测报警器

按检测报警器说明书要求的流量，分别通入浓度值约为 20μmol/mol、量程 35%、量程 50%、量程 85%的一氧化碳气体标准物质，读取仪器稳定示值。每点测量 3 次，取其算术平均值为仪器各点示值。按式（68.7）和式（68.8）计算示值误差：

$$\Delta x=\bar{x}-x_0 \tag{68.7}$$

$$\delta=\frac{\bar{x}-x_0}{x_0}\times 100\% \tag{68.8}$$

式中，Δx 为示值误差（用测量平均值的绝对误差表示），μmol/mol；δ 为示值误差（用测量平均值的相对误差表示），%；$\bar{x}$ 为 3 次示值的平均值，μmol/mol；x_0 为通入的气体标准物质的浓度值，μmol/mol。

2）固定式检测报警器

用直流稳压电源按检测报警器说明书规定的电压为其供电，在测定器信号输出端接上对应的信号测试设备（如万用表测量电流、电压信号、频率计或示波器测量频率信号），然后分别通入浓度约为20μmol/mol、量程35%、量程50%、量程85%的一氧化碳标准气体，读取检测报警器的稳定示值。按式（68.7）或式（68.8）计算检测报警器的示值误差。

同时，在信号输出端和电源负极端测量并读取相应浓度输出的电信号值。每浓度点测量3次。并按式（68.9）将电信号值换算成一氧化碳浓度值，取其算术平均值为各点浓度值。

$$G=\left(\frac{G_{\mathrm{m}}-G_0}{P_{\mathrm{m}}-P_0}\right)\times\left(P_{\mathrm{i}}-P_0\right) \tag{68.9}$$

式中，G为检测输出信号P_{i}对应的一氧化碳浓度，μmol/mol；G_{m}为输出电信号上限对应的一氧化碳浓度值，μmol/mol（根据被检型号说明书给出固定值）；G_0为输出电信号下限对应的一氧化碳浓度值，μmol/mol（根据被检型号说明书给出固定值）；P_{i}为检测的输出电信号，Hz、mA、V等；P_{m}为输出电信号范围上限标称值，Hz、mA、V等（根据被检型号说明书给出固定值）；P_0为输出电信号范围下限标称值，Hz、mA、V等（根据被检型号说明书给出固定值）。

按式（68.8）或式（68.9）计算检测报警器的输出信号值（换算成一氧化碳浓度）的示值误差。

2. 重复性

通入浓度约为量程85%的气体标准物质，待读数稳定后，记录检测报警器显示值A_i，在相同条件下，重复上述测量6次，重复性以单次测量的相对标准偏差来表示。按式（68.10）计算仪器的重复性S_{r}：

$$S_{\mathrm{r}}=\frac{1}{\overline{A}}\sqrt{\frac{\sum_{i=1}^{n}\left(A_i-\overline{A}\right)^2}{n-1}}\times 100\% \tag{68.10}$$

式中，S_{r}为单次测量的相对标准偏差；A_i为仪器读数值；$\overline{A}$为仪器读数值的算术平均值；n为测量次数，n=6。

3. 漂移

通入零点气至检测报警器稳定后，记录其显示值A_{Z0}，然后通入浓度约为量程85%的气体标准物质，稳定后，记录读数A_{S0}，撤去气体标准物质。便携式的检测报警器连续运行1h，每间隔15min重复上述步骤1次；固定式的测定器连续运行4h，每间隔1h重复上述步骤1次，同时记录检测报警器显示值$A_{\mathrm{Z}i}$及$A_{\mathrm{S}i}$（i=1，2，3，4），按式（68.11）计算零点漂移，取绝对值最大的$\Delta_{\mathrm{Z}i}$作为检测报警器的零点漂移值Δ_{Z}。

$$\Delta_{Zi}=A_{Zi}-A_{Z0} \tag{68.11}$$

按式（68.12）计算量程漂移，取绝对值最大的 Δ_{Si} 作为仪器的量程漂移值 Δ_S。

$$\Delta\ =\frac{(A_{Si}-A_{Zi})-(A_{S0}-A_{Z0})}{A_{S0}\quad A_{Z0}}\times100\% \tag{68.12}$$

68.2.4 矿用电化学氧气测定器的量值计量检定方法

1. 示值误差

按仪器说明书要求的流量，分别通入摩尔分数约为5.0%、10.0%、21.0%的氮中氧气体标准物质，待读数稳定后，记录仪器的示值。每点测量3次，取其算术平均值为仪器各点的示值。按式（68.13）计算各点的示值误差。

$$\Delta x=\bar{x}-x_0 \tag{68.13}$$

式中，Δx 为示值误差，%；$\bar{x}$ 为3次示值的算术平均值，%；x_0 为通入以摩尔分数表示浓度值的气体标准物质，%。

取绝对值最大的 Δx 作为仪器的示值误差。

2. 重复性

通入摩尔分数约为17.0%的氮中氧气体标准物质，待读数稳定后，记录仪器显示值 x_i，在相同条件下，重复上述测量6次，重复性以单次测量的相对标准偏差来表示。按式（68.14）计算仪器的重复性 S_r：

$$S_r=\frac{1}{\bar{x}}\sqrt{\frac{\sum_{i=1}^{n}(x_i-\bar{x})^2}{n-1}}\times100\% \tag{68.14}$$

式中，S_r 为单次测量的相对标准偏差，%；x_i 为仪器第 i 次的示值，%；$\bar{x}$ 为仪器示值的算术平均值，%；n 为测量次数。

3. 漂移

通入零点气体至仪器示值稳定后，记录示值为 x_{Z0}，然后通入摩尔分数约为17.0%的氮中氧气体标准物质，待示值稳定后，记录仪器示值读数 x_{S0}，撤去气体标准物质。便携式的仪器连续运行1h，每间隔15 min重复上述步骤一次；固定式的测定器连续运行4h，每间隔1h重复上述步骤1次，分别记录仪器显示值 x_{Zi} 及 x_{Si}（i=1，2，3，4），分别计算仪器的零点漂移 Δ_{Zi} 和量程漂移 Δ_{Si}。取绝对值最大的 Δ_{Zi} 作为仪器的零点漂移，取绝对值最大的 Δ_{Si} 作为仪器的量程漂移。

$$\Delta_{Zi}=A_{Zi}-A_{Z0} \tag{68.15}$$

式中，Δ_{Zi} 为仪器第 i 次的零点漂移，%；x_{Zi} 为仪器第 i 次的零点示值，%；x_{Z0} 为仪器首次的零点示值，%。

$$\Delta_{Si}=(x_{Si}-x_{Zi})-(x_{S0}-x_{Z0}) \tag{68.16}$$

式中，Δ_{Si} 为仪器第 i 次的量程漂移，%；x_{Si} 为仪器第 i 次的量程示值，%；x_{Zi} 为仪器首次的量程示值，%。

4. 信号传输误差

对固定式仪器，用直流稳压电源按仪器说明书规定的电压为其供电，在仪器信号输出端接入 2km 长度的单芯截面面积为 1.5mm^2 的铜芯电缆（或其模拟电缆），在电缆末端接上对应的信号测试设备，然后分别通入摩尔分数约为 5.0%、10.0%、21.0%的氮中氧气体标准物质，待读数稳定后，记录仪器的示值 x_i。同时测量并读取对应浓度输出的电信号值 P_i，每点重复测量 3 次，计算出各点的显示值平均值和输出信号值平均值，按式（68.17）将输出信号值平均值换算成氧气浓度值。

$$\bar{G}=\left(\frac{G_{\mathrm{m}}-G_0}{P_{\mathrm{m}}-P_0}\right)\times(\bar{P}-P_0) \tag{68.17}$$

式中，$\bar{G}$ 为输出信号平均值 $\bar{P}$ 对应的氧气浓度值，%；G_{m} 为输出电信号上限对应的氧气浓度值，%；G_0 为输出电信号下限对应的氧气浓度值，%；$\bar{P}$ 为检测的输出电信号平均值，Hz、mA、V 等；P_{m} 为输出电信号上限标称值，Hz、mA、V 等；P_0 为输出电信号下限标称值，Hz、mA、V 等。

再按式（68.18）计算仪器的信号传输误差。

$$\Delta_x=\left(\frac{\bar{G}-\bar{P}}{\bar{x}}\right)\times100\% \tag{68.18}$$

式中，Δ_x 为各点的信号传输误差，%；$\bar{G}$ 为各点输出信号平均值；$\bar{P}$ 为对应的氧气摩尔分数，%；$\bar{x}$ 为 3 次摩尔分数显示值的平均值，%。

取绝对值最大的 Δ_x 作为仪器的信号传输误差。

68.2.5 水柱光干涉式甲烷测定器检定仪的量值计量检定方法

1. 零位误差检定

1）零位对准误差

调整检定仪的水平和零位液面后，加压使工作介质在管内移动，然后去掉压力，进行零位对准读数，反复进行 3 次，取其偏离零位的最大读数。

2）零位回复误差

示值检定后，使检定仪与大气相通，检查零位示值与初始示值之差，应符合规程要求。

2. 示值检定

检定仪的示值检定，采用与标准器比较的方法进行。检定仪的检定点应不少于 5 个，并要均匀分布在全量程上。检定时，按压力大小依次逐点进行，按升压、降压各进行 2 次示值读数。

检定仪示值的修正及实际压力值计算：

（1）标尺以水柱高度刻度的仪器，按式（68.19）计算实际压力值。

$$p=\rho gh\ (1+k)\ \times 10^{-3} \tag{68.19}$$

式中，p 为检定仪指示的实际压力值，Pa；ρ 为检定温度下蒸馏水的密度值，kg/m^3；g 为检定地区的重力加速度，m/s^2；h 为水柱高度，mm；k 为玻璃管内截面与容器内截面面积的比值。

（2）标尺以压力刻度的检定仪，按式（68.20）计算实际压力值。

$$p=(\rho g/\rho_0 g_0)\ p_0 \tag{68.20}$$

式中，p 为检定仪指示的实际压力值，Pa；p_0 为检定仪示值读数，Pa；ρ 为检定温度下蒸馏水的密度值，kg/m^3；g 为检定地区的重力加速度，m/s^2；ρ_0 为蒸馏水在 20℃时的密度值，$998.2kg/m^3$；g_0 为重力加速度，$9.80665m/s^2$。

（3）各检定点实际压力值与标准仪器实际压力值之差，应符合规程要求。

68.2.6 数字光干涉式甲烷测定器检定仪的量值计量检定方法

1. 示值误差检定

检定仪的示值误差可按以体积分数表示的示值进行检定或以检定压力示值的方式进行检定。

（1）当检定仪以体积分数表示的示值误差进行检定时，首先应通过检定仪的手动或自动调整机构将检定仪的压力值和温度示值调整到最佳值（压力示值的调整，比照标准压力值为压力测量上限；温度示值的调整，比照标准温度值可在冰点或温度测量上限）。再参照规程附录的方式，计算出在检定环境温度下的甲烷浓度与压力的对照表，然后进行检定。

（2）当检定仪以检定压力值的方式进行示值误差检定时，示值误差检定前也应比照标准值（在测量上限），通过检定仪的手动或自动调整机构将检定仪的压力示值调整到最佳值，然后再进行示值误差检定。

（3）示值误差计算。检定仪示值误差按式（68.21）和式（68.22）计算。

$$\Delta X=X_r-X_s \tag{68.21}$$

式中，ΔX 为检定仪以体积分数表示的示值误差，% CH_4；X_r 为检定仪的各检定点正、反行程示值，% CH_4；X_s 为标准器上以体积分数表示的示值，% CH_4。

$$\Delta p=p_r-p_s \tag{68.22}$$

式中，Δp 为检定仪的各检定点示值误差，kPa；p_r 为检定仪的各检定点正、反行程示值，kPa；p_s 为标准器各检定点的标准值，kPa。

2. 回程误差检定

回程误差利用示值误差检定时所得到的数据进行计算，即取同一检定点正、反行程示值之差的绝对值作为检定仪的回程误差。

68.3 可燃气体浓度测量仪表的计量检定装备

可燃气体浓度测量仪表的计量检定装备主要使用各类气体标准物质和标准压力计。下面主要介绍光干涉式甲烷测定器的几种常用标准压力计。

68.3.1 612C精密液体压力计

612C 精密液体压力计是国家矿山安全计量站 1985 年从瑞士引进的，适用于测量范围 0 ～ 10%的光干涉式甲烷测定器的检定，完全满足光干涉式甲烷测定器计量检定规程中对示值误差、测量重复性、气密性等主要技术性能的检定要求。

1. 原理与结构

1）原理

612C 精密液体压力计是基于流体静力平衡原理，以精密测量液柱高度和液体密度的方法来计量压力值大小的。利用双标尺结构原理，较好地解决了高精度水柱压力计测量管加工误差和管壁粘水对左右测量管中标尺示值造成正负相反而互相抵消的问题，从而保证了一等水柱压力计的准确度。

2）总体结构

612C 精密液体压力计主要由基架、不锈钢测量管、随动标尺、光学放大读数系统、水温监测显示系统、电路系统等六大部分组成，见图 68.4。

图68.4 612C精密液体压力计

2. 主要技术性能

量程为 0 ～ 1000Pa；准确度为 0.02%；分辨率为 0.2Pa。

68.3.2 ZJ4-1活塞式压力计

ZJ4-1活塞式压力计是国家矿山安全计量站1995年购置的工作基准级计量标准设备，适用于测量范围0～100%的光干涉式甲烷测定器以及测量范围0～0.4MPa光干涉式甲烷测定器检定仪的检定，完全满足光干涉式甲烷测定器计量检定规程中对示值误差、测量重复性、气密性等主要技术性能的检定要求以及光干涉式甲烷测定器检定仪计量检定规程中示值误差、回程误差、零位漂移、密封性、零位漂移、密封性等主要技术性能的检定要求。

1. 原理与结构

1）原理

活塞式压力计自带有平衡液柱，它是根据贮存在容器和连通管中液柱所产生的压力与活塞起始平衡零点所产生的压力相平衡的原理制成的，因而计量压力时可从零开始，既可测正压，也可测负压。

2）总体结构

仪器的活塞系统、容器、阀门、电机等零部件牢固地安装在有水平调节螺钉的坚实钢板上，电机开关"通"时可使活塞由电机带动旋转，必要时可断开电机开关，使活塞自由转动；有一套活塞工作位置指示器（光电传感器），能精密指示活塞的工作位置。指示器的指针在零位时，标识活塞处于工作位置，指针指向负值，表示活塞低于工作位置，指向正值，表示高于工作位置。在测试时按指针的不同位置或加减砝码使指针指零，或进行示值修正。仪器有汞柱液位指示器（传感器），用以指示液位变化，绿灯亮，表示正常；红灯亮，表示不正常。活塞系统装有温度计，能显示活塞系统实际温度值；有一只保温罩，能使仪器的温度处于稳定状态；另有压力微调器和四个阀门（油杯阀、压力微调器阀、容器切断阀、放液阀）；在油杯中还安置一个充液用的堵头，操作十分方便。如图68.5所示。

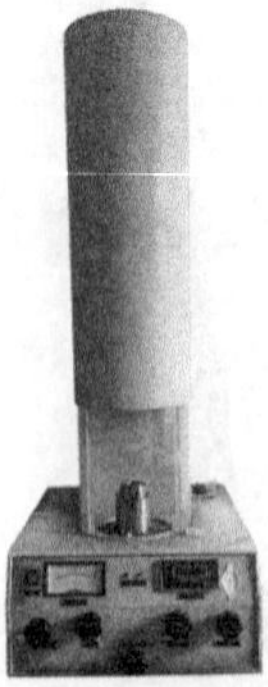

图68.5 ZJ4-1活塞式压力计

2. 主要技术性能

测量范围为-0.1～0.4MPa；准确度为环境温度（20±5）℃，波动范围不超过±0.5℃

时，最大允许误差为 ±（0.005% × 测量压力 +1Pa）。

68.3.3　7250xi全自动气体压力控制器

7250xi 全自动气体压力控制器是国家矿山安全计量站 2010 年引进的工作基准级计量标准设备，适用于测量范围 0 ～ 100% 的光干涉式甲烷测定器以及测量范围 0 ～ 160kPa 光干涉式甲烷测定器检定仪的检定，完全满足光干涉式甲烷测定器计量检定规程中对示值误差、测量重复性、气密性等主要技术性能的检定要求以及光干涉式甲烷测定器检定仪计量检定规程中示值误差、回程误差、零位漂移、密封性、零位漂移、密封性等主要技术性能的检定要求。

1. 原理与结构

1）原理

7250xi 全自动气体压力控制器使用力平衡式熔融石英波端管传感器技术来进行压力的精确测量。压力控制器可以工作于测量或控制模式。在控制模式下，压力控制器同时测量和控制压力。控制模式主要用于校准和测试压力表、压力传感器、压力开关和生产压力仪器。在测试模式下，压力控制器主要是测量压力。在一些典型的应用场合，测量模式主要用于一些研究实验室，风洞测试，电厂测试，同时可以用于监测气压，真空系统及微压仪器。

2）总体结构

7250xi 全自动气体压力控制器主要由电源电路、电气模块（后面板、微处理器板、数字控制板、IEEE-488 接口、前面板）、气动模块、传感器模块、软件等构成，见图 68.6。

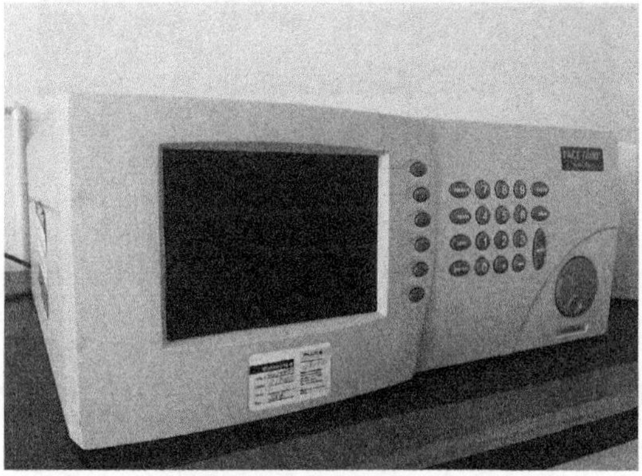

图68.6　7250xi全自动气体压力控制器

2. 主要技术性能

（1）压力范围：0 ～ 160kPa。

（2）精度：5% ～ 100% FS：±0.005% Rdg；小于 5% FS：以 5% 量程为满量程的 ±0.005% FS。

68.3.4 7050数字压力指示仪

7050数字压力指示仪是国家矿山安全计量站2010年引进的工作基准级计量标准设备。适用于测量范围0～10%的光干涉式甲烷测定器以及测量范围0～40kPa光干涉式甲烷测定器检定仪的检定，完全满足光干涉式甲烷测定器计量检定规程中对示值误差、测量重复性、气密性等主要技术性能的检定要求以及光干涉式甲烷测定器检定仪计量检定规程中示值误差、回程误差、零位漂移、密封性、零位漂移、密封性等主要技术性能的检定要求。

1. 原理与结构

1）原理

与7250xi全自动气体压力控制器工作原理相同，用7050数字压力指示仪力平衡式熔融石英波端管传感器技术来进行压力的精确测量。

2）总体结构

7050数字压力指示仪主要由电源电路、电气模块（后面板、微处理器板、数字控制板、IEEE-488接口、前面板）、气动模块、传感器模块、软件等构成，见图68.7。

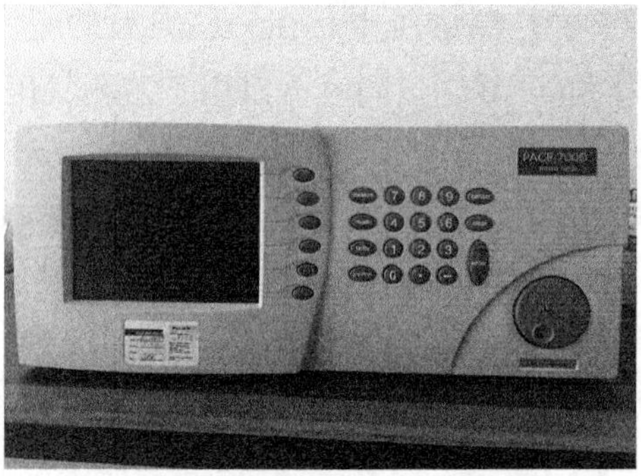

图68.7 7050数字压力指示仪

2. 主要技术性能

压力范围：0～40kPa；精度：±0.003% FS。

68.3.5 JZG-Ⅱ型光干涉式甲烷测定器检定仪

1. 原理与结构

1）原理

检定仪采用压力及温度传感器对压力及温度值进行测量，然后由数据采集模块对传感器的模拟信号进行数据采集，将模拟信号转换为数字信号，微处理器将数字信号进行处理后送显示模块将处理后的压力及温度值进行显示。通过调节压力调节器可以改变施加给光干涉式甲烷测定器的压力大小，从显示屏上可直接读出标准压力值。

2）总体结构

JZG-Ⅱ型光干涉式甲烷测定器检定仪主要由压力调节器、电源电路、压力传感器、温度传感器、数据采集模块、微处理器、显示模块等构成，见图 68.8。

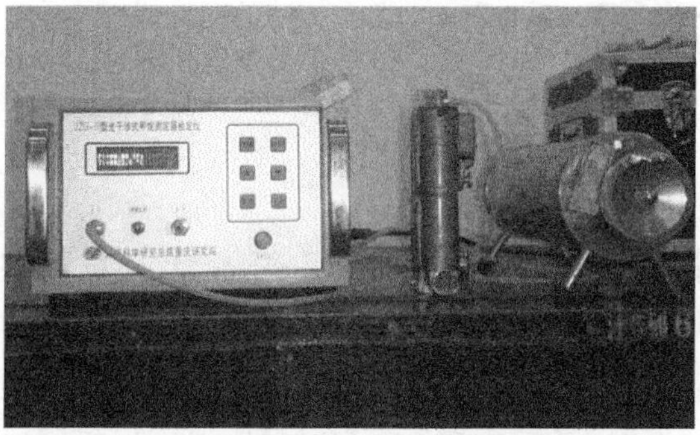

图68.8 JZG-Ⅱ型光干涉式甲烷测定器检定仪

2. 主要技术性能

（1）测量范围：-7500 ～ 7500Pa、-75000 ～ 75000Pa。

（2）气密性：7000Pa 压力下，保持 3min 时水柱无下降。

（3）工作环境：温度 15.0 ～ 35.0℃、相对湿度小于 95%、大气压力 86 ～ 106kPa。

（4）供电电压：（220±22）VAC、50Hz。

（5）最大允许误差：±8 Pa、±80Pa。

（本章主要执笔人：重庆院曹利波，孔令刚，朱平）

第 69 章 矿山计量气体标准物质

矿山计量气体标准物质是指校准各类矿用气体检测仪时使用的气体标准物质，是一种有证标准物质，主要作用是进行量值传递，确保矿用气体检测仪测量的准确性，最大限度地保障矿山作业人员和设备的安全。主要有：空气中甲烷气体标准物质、空气中一氧化碳气体标准物质、氮中甲烷气体标准物质、氮中氧气体标准物质、氮中二氧化碳气体标准物质、空气中硫化氢气体标准物质等。气体标准物质的制备方法主要有分压法、称量法、质量流量比法、静态容积法、渗透管法。

本章主要阐述分压法、称量法的气体标准物质的制备与设备。

69.1 气体标准物质的制备方法

69.1.1 分压法配气

1. 配气原理

用分压法配制标准混合气体，主要依据理想气体的道尔顿定律。在给定的容积下，混合气体的总压等于混合气体中各组分分压之和。设 P_a、P_b、和 P_c 为组分 a、b 和 c 的分压，则总压 $P=P_a+P_b+P_c$。

组分 a、b、c 等和稀释气依次充入一假定为恒定且密封的钢瓶中，该钢瓶应预先处理、清洗和抽空，必要时先在 80℃下烘 2h 以上，每次导入一组分后，需静止 1 ～ 2min，待瓶壁温度与室温相近时，测量钢瓶内压力，混合气体的含量以压力比表示。各组分的压力与总压之比，即为各组分的含量。

用分压法配制气体标准物质，在不考虑压缩系数的情况下，其原理主要是依据理想气体的道尔顿分压定律：

$$P_1=PX_1 \tag{69.1}$$

式中，P_1 为各组分分压，MPa；P 为总压，MPa；X_1 为组分含量，mol/mol。

2. 计算方法

本节以配置空气中甲烷气体标准物质为例，配置方法是分压法，组分含量为空气中

甲烷 3×10^{-2}mol/mol。充气总压力 10MPa，空气为 N_2 和 O_2 合成空气，其中 O_2 含量为 20.5×10^{-2}mol/mol，其余为氮气，计算出各组分的充填所需的压力值。压力计算公式如下：

$$X_{1CH_4}=\frac{P_1}{P}=\frac{3}{10}=0.3\text{MPa}$$

$$X_{2O_2}=\frac{P_2}{P}=\frac{20.5}{10}=2.05\text{MPa}$$

$$X_{3N_2}=\frac{P_3}{P}=\frac{76.5}{10}=7.65\text{MPa}$$

将上述组分按压力大小逐一充入钢瓶，将清洗烘干后的钢瓶充入 0.3MPa 的纯甲烷，纯度为 99.99×10^{-2}mol/mol。注意：为了避免纯氧气和纯甲烷的混合形成易爆炸的气体，先充入高纯氮气，纯度 99.999×10^{-2}mol/mol，充入高纯氮气 7.65MPa，最后充入 2.05MPa 的高纯氧气。

最后定值。现在一般采用高精度分析方法，如气象色谱法分析定值。为了使瓶内气体均匀，一般应平躺放置 8h 以上，或用摇匀装置摇匀 2h 以上。再以国家一级标准气体作为基准，采用气象色谱仪分析定值。

3. 配制过程中影响准确度的因素

用分压法配气，影响准确度的因素有：原料气的纯度；压力表精度；钢瓶气瓶阀门或气嘴漏气；充气时压力未达到稳定和平衡即充入下一组分；充压太快，温升太高；分析仪器的精度及使用方法不当。以上因素均会造成配置的气体准确度不高，配制时应注意。

4. 不确定度

用分压法制备标准气体，其不确定度与制备的组分含量有关，表 69.1 列出分压法制备的标准气体组分含量与定值不确定度的关系。

表69.1　组分含量与不确定度的关系

项目	组分含量		
	（100 ～ 1000）$\times10^{-6}$mol/mol	（0.1 ～ 5）$\times10^{-2}$mol/mol	（5 ～ 50）$\times10^{-2}$mol/mol
不确定度 /%	10	5	2

69.1.2　称量法配气

本节以空气中甲烷气体标准物质为例，以称量方法配制组分含量空气中甲烷 0.5×10^{-2}mol/mol、3.0×10^{-2}mol/mol。

1. 配气前准备

1）气瓶选择

按照《压力容器安全监察规程》和《气瓶安全监察规程》的要求选取在使用期限内的

具有合格证的气瓶。本例的标准气体气瓶选用 4L 铝合金气瓶。

2）气瓶预处理

气瓶加热干燥后抽真空，气瓶加热温度设置为 80℃，烘烤时间为 3h，抽真空值为 −0.1MPa，烘烤完毕后，用微量水分分析仪测定气瓶内部水分含量，水分含量需达到要求值，见表 69.2。

表69.2　气瓶加热干燥并抽真空后水分含量

序号	瓶号	真空度（表压）/MPa	水分含量 /10^{-6}mol/mol
1	392979	−0.1	315
2	432369	−0.1	398

3）气瓶清洗

气瓶在加热、干燥、抽真空完毕后，进行两次负压冲洗，向已加热、干燥、抽真空的气瓶中冲入高纯氮气至仪器压力表归零，然后抽真空至 −0.1MPa，再重复 1 次。

2. 原料气成分要求

在配制标准气体的过程中，需采用高纯度的原料气。如氧气纯度不小于 99.995%，氮纯度不小于 99.999%，甲烷纯度不小于 99.999%。

3. 空气中甲烷标准物质的称量计算公式

气瓶在充入一定量已知浓度气体前后，分别用电子秤称量容器，所充入组分的质量由两次称量读数之差来确定，依次充入不同的气体，从而获得混合气体。混合气中某组分的物质的量浓度按下式计算。

$$X_i = \frac{\dfrac{m_i}{M_i}}{\dfrac{m_i}{M_i} + \sum \dfrac{m_j}{M_j}} \times 100 \tag{69.2}$$

式中，X_i 为组分 i 的物质的量浓度，mol/mol；m_i 为组分 i 的质量，g；M_i 为组分 i 的摩尔质量，g/mol；m_j 为组分 j 的质量，g；M_j 为组分 j 的摩尔质量，g/mol。

4. 混合气中甲烷称量计算

配制 0.5% 的空气中甲烷，充入纯甲烷的质量 m_1=1.337g，充入高纯氧的质量 m_2=113.477g，充入高纯氮的质量 m_3=362.989g，M_{CH_4}、M_{O_2}、M_{N_2} 分别为 16g/mol、32g/mol、28.01g/mol。N_2 和 O_2 混合为合成空气。按照式（69.2）计算，则空气中甲烷浓度为：

$$X_i = \frac{\dfrac{m_1}{M_{CH_4}}}{\dfrac{m_1}{M_{CH_4}} + \dfrac{m_2}{M_{O_2}} + \dfrac{m_3}{M_{N_2}}} \times 100\% = 0.503 \times 10^{-2}\ \text{mol/mol}$$

配制 3% 的空气中甲烷，充入纯甲烷的质量 m_1=7.71g, 充入高纯氧的质量 m_2=108.643g, 充入高纯氮的质量 m_3=340.097g，M_{CH_4}、M_{O_2}、M_{N_2} 分别为 16g/mol，32g/mol，28.01g/mol。则空气中甲烷浓度为

$$X_i = \frac{\dfrac{m_1}{M_{CH_4}}}{\dfrac{m_1}{M_{CH_4}} + \dfrac{m_2}{M_{O_2}} + \dfrac{m_3}{M_{N_2}}} \times 100\% = 3.01 \times 10^{-2}\,\text{mol/mol}$$

5. 定值

用称量法制备的空气中甲烷标准物质，应采用绝对法——质量法定值，按式（69.2）可以计算出空气中甲烷的含量，最后定值结果见表 69.3。

表69.3　空气中甲烷标准物质的定值结果

序号	瓶号	称量值 /10^{-2}mol/mol
1	392979	0.503
2	432369	3.01

6. 气体标准物质的均匀性

通过上述称量得出配制的 2 瓶空气中甲烷浓度值为 0.503％，3.01％，分别进行滚动试验，用红外分析仪分析结果见表 69.4。

表69.4　均匀性试验结果（10^{-2}mol/mol）

瓶号	标准气体	混合时间					
		30min	60min	90min	120min	150min	180min
392979	空气中甲烷	0.515	0.512	0.513	0.509	0.508	0.508
432369	空气中甲烷	3.08	3.06	3.07	3.06	3.04	3.04

从表中可以看出，经过 2h 滚动试验后，空气中甲烷标准气体浓度值趋于稳定。

7. 压力泄放试验

压力泄放试验结果见表 69.5。

通过对以上两瓶空气中甲烷标准物质进行压力泄放试验结果可以看出，空气中甲烷标准物质的浓度值均匀不变，且最低使用压力为 0.5MPa，其相对标准偏差：瓶号 392979 为 0.15％，瓶号 432369 为 0.32％。

表69.5　空气中甲烷压力泄放试验结果

压力值 /MPa	瓶号 392979/10^{-2}mol/mol	瓶号 432369/10^{-2}mol/mol
9	0.509	3.04
5	0.508	3.04
1	0.508	3.02
0.5	0.507	3.03
相对标准偏差	0.15	0.32

8. 气体标准物质的稳定性

气体标准物质盛装容器在铝合金钢瓶内，其有效组分含量随时间的变化，其浓度值是否稳定，直接关系到产品的使用年限。用红外分析仪对瓶号 432369 称量浓度为 3.03％的气体标准物质进行为期一年的稳定性考察，其考察结果见表 69.6。

表69.6　空气中甲烷标准物质稳定性考察结果

时间	瓶号 432369/10^{-2}mol/mol
2015.1.20	3.04
2015.4.20	3.05
2015.7.20	3.04
2015.10.20	3.02
2015.12.20	3.03

从表 69.6 可以看出，空气中甲烷标准物质在一年的时间内有效组分浓度未发生显著变化，其稳定性试验相对标准偏差为 0.34％。

69.2　气体标准物质制备设备

69.2.1　分压法气体标准物质制备设备

1. 预处理设备

预处理设备主要由真空泵、温度控制系统、抽气系统、压力表、气瓶连接件组成。气瓶预处理装置用于气瓶的清洗（图 69.1），加热及抽真空。加热的温度在一定范围内可任意设置，钢瓶一般加热到 80℃，时间为 2 ～ 4h，真空度为 10Pa。主要技术性能：真空度为 -0.1MPa，0.4 级；温度为 0 ～ 200℃，±2℃。

图69.1 QXZ-1气瓶清洗装置

2. 配气装置

配气装置（图 69.2）主要由真空泵、真空计、压力表、气路系统、气瓶连接件组成。气路系统由高压、中压、和低压真空系统三部分组成。使组分气体和稀释气体的充灌彼此独立，避免相互玷污。主要技术性能：1.6 级的 0 ～ 16MPa 压力表，0.4 级的 -0.1 ～ 1.5MPa 压力表；0.4 级的 0 ～ 2.5MPa 压力表。

图69.2 PQZ-1配气装置

3. 红外气体分析仪

红外线气体分析仪（图 69.3）是根据 NDIR 原理设计制作的新型红外线气体分析器。用于连续分析 CO、CO_2、SO_2、CH_4、NH_3 等多种气体在混合物中的含量。主要技术性能：测量范围，CO_2 为 0 ～ 20×10^{-6}mol/mol、CO 为 0 ～ 30×10^{-6}mol/mol、SO_2 为 0 ～ 500×10^{-6}mol/mol、CH_4 为 0 ～ 100×10^{-6}mol/mol；线性误差为 ±1% SF；响应时间（T_{90}）为不超过 25s；环境温度误差影响为 ±1% SF、干扰误差影响为 ±1% SF。

图69.3　红外线气体分析仪

69.2.2　称量法气体标准物质制备设备

组分气体的称量设备是制备标准气体的关键，需采用大载荷（20kg）小感量（10mg）的高精密天平（图 69.4）称量充入气瓶的原料气体。

图69.4　PDD-20精密电磁天平

（本章主要执笔人：重庆院王欢，吴东林，雷文龙）

第十八篇　矿用产品安全标志认证

我国煤矿基本为地下开采，地质条件复杂，瓦斯、水、火、粉尘、矿压等致灾因素严重威胁煤矿安全生产，煤矿井下是一种高危的特殊工作环境。对进入煤矿的矿用产品实施强制性的安全准入认证管理是世界各国通行做法，以保证煤矿安全生产。如美国的MSHA认证体系、欧盟的ATEX认证体系、IECEx的认证体系等。对于煤矿井下使用的各类产品，基于它们的技术标准和检测、检验技术，经检测、检验合格，确保产品符合安全生产要求，取得相关认证证书才能下井使用。

我国煤矿矿用产品安全标志管理制度于1990年正式实施。1992年，安全标志管理制度写入《煤矿安全规程》。2002年，安全标志管理制度写入《安全生产法》。2005年，安全标志管理制度拓展到金属非金属矿山，并于2006年写入《金属非金属矿山安全规程》。

我国安全标志认证工作经过20多年的发展，认证体系不断完善，认证技术不断创新、技术规范逐步健全，审核发放和监督管理工作实现了程序化、规范化、制度化、信息化，安全标志已成为矿山企业选择使用具有安全保障的设备的基本依据、安全生产监管监察的“抓手”、矿山设计选型和安全评估的前提条件和贯彻执行国家安全生产法规标准的重要手段。目前，纳入安全标志认证的煤矿矿用产品包括防爆电气、采掘机械、提升运输设备、通风防尘设备、监测监控系统及装备等十二大类；金属非金属矿山矿用产品包括高低压电气设备、提升运输设备、通风排水设备等八大类。

随着国家体制机制改革不断推进、互联网与各领域广泛融合、科学技术快速发展、认证认可双多边合作，这对安全标志提出了新的要求。安全标志认证工作必须不断适应国际化、互联网＋、智能制造的发展趋势，进一步提高各项工作的科学性，积极运用先进的管理方式及技术手段，开拓创新、扎实工作，不断开创安全标志认证工作新局面。

本篇详细介绍矿用产品安全标志认证工作基础、关键技术、技术规范体系及矿用产品全生命周期管控技术。

第 70 章 矿用产品安全标志认证工作基础

安全标志认证工作是一项政策性、技术性、规范性很强的工作，要求具有较好的技术、资源、标准作为基础保障，才能做好认证工作。安全标志认证基础包括认证体系、认证程序、技术资源及管控 3 个方面。

70.1 矿用产品安全标志认证体系

安全标志认证体系主要由工作体系、技术支撑体系、法规标准体系构成。

70.1.1 安全标志工作体系

安全标志工作体系主要由国家安全生产监督管理总局、国家煤矿安全监察局、省级安全生产监督管理局和煤矿安全监察机构、安全标志认证机构、安全标志检测检验机构以及矿山企业、矿用产品生产企业等组成。

国家安全生产监督管理总局负责综合监督管理矿用产品安全标志工作，组织拟定相关法规和规范性文件，发布执行安全标志管理产品的目录。省级安全生产监督管理局和煤矿安全监察机构负责对矿山企业执行安全标志情况依法实施监督监察。

安标国家矿用产品安全标志中心（以下简称安标国家中心）根据国家安全生产监督管理总局授权，具体负责按照有关矿山安全生产的法律、法规及标准的要求制定工作规则，依法依规开展矿用产品安全标志的审核发放与监督管理工作。

70.1.2 安全标志技术支撑体系

安全标志技术支撑体系主要由安全标志检测检验机构、技术审查员队伍和评审员队伍、矿山安全生产专家组和专家库、标准化技术委员会、矿山安全相关科研院所和高等院校、具有技术优势的矿用产品生产企业、具有技术优势的矿山企业等构成。

国家安全生产检测检验机构主要为实行安全标志管理产品的性能、质量进行检测检验提供支撑，目前，承担安全标志检测检验的机构共 22 家，分布在抚顺、上海、重庆、北京、太原等地区，具备了全系列矿用产品的检测检验能力。

技术审查员队伍主要承担矿用产品技术评估工作，由约 350 人组成，具备防爆电气、仪器仪表、机电、材料等的审查与评估能力。

评审员队伍主要承担对矿用产品生产企业的工厂评审工作，覆盖了防爆电气、矿山机械、非金属制品、化工、爆破等专业。目前安全标志注册评审员共 865 人，评审员规模及专业分布基本能满足实际评审工作的需要。

矿山安全生产专家组和专家库成员来自于标准化技术委员会、矿山安全相关科研院所和高等院校、具有优势技术的矿用产品生产企业、具有优势技术的矿山企业等，为安全标志认证方案、实施规则等的研究制定提供专家支持。

70.1.3 安全标志法规标准规范体系

安全标志认证制度的基础是法律法规，依据是标准规范，同时还应执行根据国家法规标准和有关规定制定的产品认证实施规则等技术规范，这是安全标志认证工作程序化、制度化的保障。安全标志法规标准规范体系如图 70.1 所示。

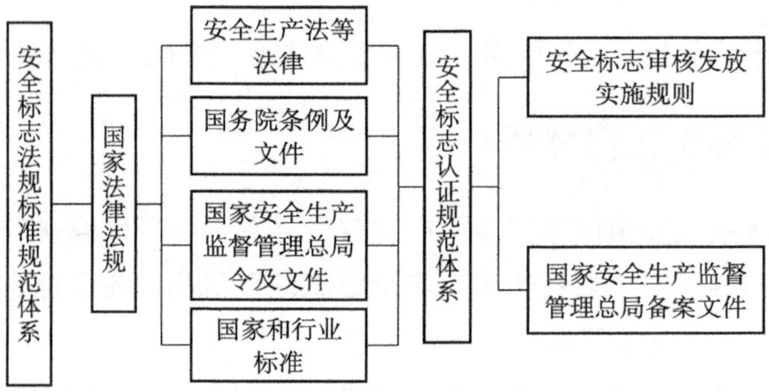

图70.1 安全标志法规标准规范体系

国家法律法规主要包括《安全生产法》、《安全生产许可证条例》、《煤矿安全监察条例》、《煤矿安全规程》、《金属非金属矿山安全规程》等。标准规范主要包括国家标准（GB）、煤炭行业标准（MT）、安全生产行业标准（AQ）等。安全标志认证规范体系主要包括经国家安全生产监督管理总局备案的 9 个安全标志管理文件，130 余个安全标志认证实施规则。

70.2 矿用产品安全标志认证程序

办理安全标志必须依照矿用产品安全标志认证程序进行，安全标志认证程序是提高服务质量，准确、高效地完成申请人提出申办安全标志要求的基本保障。

70.2.1 基本类型

矿用产品安全标志认证基本程序分为 5 种：首次申办程序、变更程序、延续程序、扩展程序、批次申办程序。

（1）首次申办程序。指的是申请企业首次申请办理产品安全标志时应执行的程序，需提交的申请材料及申办流程最为全面，要求申请企业提交所有必要的信息，包括拟申请安全标志的产品、所依据的标准、申请企业的基本情况、申请范围相关的基本信息等。

（2）变更程序。指的是安全标志有效期内的产品，其安全标志持证企业的工商注册信息、生产条件或获证产品发生变化，需要变更安全标志时，应执行的程序，主要分为主体资格变更申请和产品变更申请。主体资格变更指持证企业工商注册信息、生产条件等发生变化；产品变更指产品的结构、配置、经审查备案的产品技术文件等发生变化。主体资格变更需提交变更情况的相关材料，产品变更需提交变更说明和变更后的相关技术文件。在变更程序的主要环节，重点审查、评审、检验其变更相关的内容。

（3）延续程序。指的是取得安全标志的产品，其安全标志有效期届满，企业需要延续使用安全标志且技术文件未发生变化的，应执行的程序。技术文件未发生变化指产品结构或审查备案的标准、图纸、产品主要零（元）部件及重要原材料明细表未发生变化。

（4）扩展程序。指的是持证企业在已取得或申请安全标志产品基础上，通过局部变更扩展产品规格、型号范围时执行的程序。

（5）批次申办程序。指的是申请人仅对生产的某一批产品申请安全标志时，履行批次申办程序。

70.2.2 基本环节

矿用产品安全标志认证的基本环节包括申请与受理、技术评估、产品检验、工厂评审、综合评定与证书发放、持证后监督等。对申请安全标志的产品，将根据产品的审核发放实施规则、产品的历史信息等，选取确定具体的审核发放模式，审核发放通常采用基本环节中的一个或几个环节的组合进行。

1. 申请与受理

生产纳入矿用产品安全标志管理目录产品的生产企业应向安全标志认证机构提出安全标志申请，申请企业应依据相关审核发放实施规则，提供安全标志认证所需的必要信息，由认证机构进行评审并作出是否受理的决定。

2. 技术评估

通过对申请产品技术文件的审查，评估产品在技术上是否符合国家标准、行业标准和矿山安全有关规定，重点评估产品的安全性能。

3. 产品检验

通过对样品检测，验证产品是否符合国家标准、行业标准及矿山安全有关规定，满足安全标志发放条件。

4. 工厂评审

通过对矿用产品安全标志申请企业或持证企业进行生产过程和生产管理的检查、考核，评价申请企业或持证企业是否具备生产安全标志管理产品能力、满足安全标志发放条件。

5. 综合评定与证书发放

综合评定需符合审核发放方案的合理性，审核发放程序的完整性，技术评估、产品检验、工厂评审复核结论的有效性，申请企业信息及产品信息的完整性与一致性。并根据综合评定结论作出是否办理安全标志证书和授权使用安全标志标识的决定。

6. 持证后监督

监督管理是检查督促持证人遵守矿用产品安全标志管理有关规定，按安全标志审查备案的技术文件和安全标志审核发放的要求组织生产，保证产品持续稳定地符合国家标准、行业标准及矿用安全生产的有关规定。持证后监督一般通过工厂监督检查、产品监督检验实施，分日常监督和专项监督。

70.3 矿用产品安全标志认证技术资源及管控

安全标志认证技术资源是开展矿用产品认证工作的基础，建立健全安全标志认证技术资源管理体系，对加强认证资源管控尤为重要。安全标志认证的技术资源主要包括技术评估资源、工厂评审资源、检测检验资源、信息化资源等。

70.3.1 技术评估资源及管控

技术评估是对申请产品文件的规范化、合法化的过程。通过评估，明晰产品的依据标准，适用环境、组成结构、技术参数等，为安全标志的后续工作提供基础。由于需对技术文件作出是否符合国家标准、行业标准的判定，所以要求技术审查员具有较高的个人素质与专业能力水平，并严格对其进行日常管理和考核。

技术审查员主要来源于安标国家中心和安全标志检测检验机构以及部分有着专业技术优势的乙级国家安全生产检测检验机构，通过推荐、初选、培训、注册、公告等选拔程序产生。《安全标志技术评估与审查员管理规定》是对技术审查员管控的主要依据，明确了其工作职责，还建立了技术审查员动态管理、评估考核淘汰机制、继续教育、备案管理等机制，加强对技术审查员的管控。

70.3.2 工厂评审资源及管控

工厂评审是安全标志认证的重要环节，直接关系到产品认证的有效性。根据工厂生产产品的类型及评审员的专业组成评审组，实行专家评审。评审员是指经安全标志认证机构系统培训、考核及遴选，具有一定专业技术和质量管理水平的人员，承担对矿用产品生产企业的工厂评审工作。评审员的政治素养、技术水平、工作态度、责任心等直接决定安全标志工厂评审的质量，为此，评审员的选拔及管理具有十分重要意义。

评审员主要来源于安全标志检测检验机构、科研机构、认证机构、高等院校、有关标准化技术委员会、产品生产企业及矿山企业等，通过申请、推荐、初选、培训、考核、注册、转正等选拔程序产生。还建立了评审员注册管理、分级管理、监督制约、交流、探讨等机制，加强对评审员的管控。

70.3.3　检测检验资源及管控

安全标志检验是对申请安全标志的矿用产品进行检测，验证产品是否符合国家标准、行业标准及矿山安全有关规定，满足安全标志认证要求的关键环节。实施产品检测检验活动的机构必须严格按照国家有关规定、标准和安全标志管理的要求开展检测检验工作。

目前，从事安全标志检验的检测检验机构均取得国家安全生产检测检验甲级资质，有着近千人的专业技术和检验人员队伍，具备了矿山机械、防爆电气、通信、监测监控，非金属制品等产品的检验能力。希望获得安全标志检测检验任务的机构可通过自愿申请、形式审查、与安标国家中心签约后，可在相应范围内承担安全标志检测检验工作。对签约检验机构进行管控，督促相关机构遵守国家法律法规和矿用产品安全标志管理的有关规定。目前，主要采取日常监督、定期考核、综合评估和专项监督检查四种方式进行管控，确保检测检验结果客观、真实、有效，按时完成检测检验任务。

70.3.4　信息化资源

信息化是促进安全标志管理公开公正、严谨高效的重要手段。安标国家中心 2000 年建立了安全标志信息化系统；2004 年建立了具备独立域名的安全标志信息网；2006 年建成安全标志信息化平台，全面实现安全标志远程申办；并于 2008 年、2010 年、2011 年进行了数次重大改进。

1. 安全标志信息化平台

安全标志信息化平台的服务对象主要包括六类：申办企业、检测检验机构、技术和评审专家、矿山安全监管监察部门、信息化平台管理人员和网站浏览者。平台对除网站浏览者之外的目标对象实行会员制管理，会员通过账号密码登录到自己的会员专区方可进行相关的管理工作。其结构关系如图 70.2 所示。

安全标志信息化平台由网上申办平台、信息发布平台、任务管理平台、办公自动化平台等组成。主要服务于安全标志网上申办和电子化审批发放工作。基本结构如图 70.3 所示。

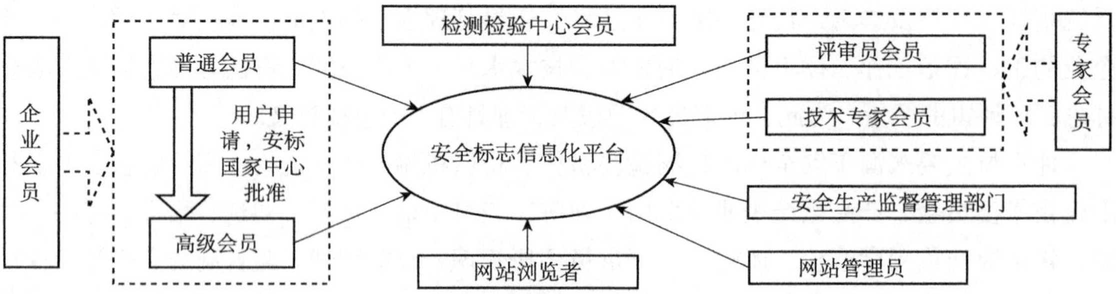

图70.2　安全标志信息化平台结构关系

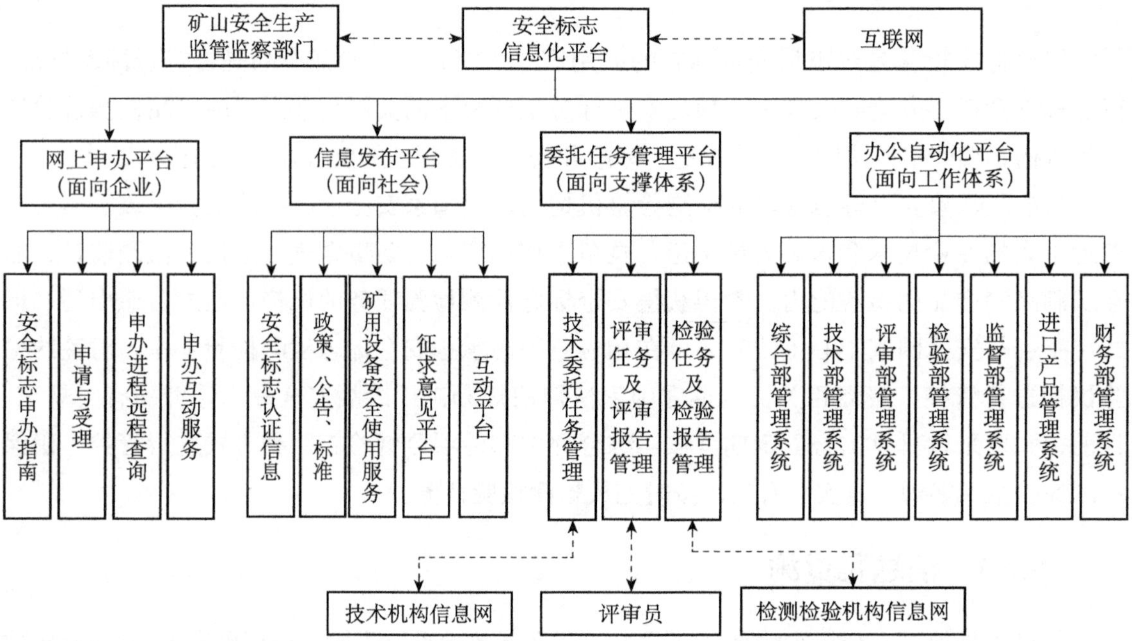

图70.3　安全标志信息化平台基本结构图

2. 硬件

安全标志信息化平台主要由数据中心和容灾中心构成，部署了多台高性能的服务器，组成的虚拟化云计算平台，总运算能力达到了 320×2.0GHz，总内存容量 2560G。部署了高端磁盘阵列柜作为核心存储设备，总存储容量为 66T。数据中心云计算平台可支撑 40 个以上不同功能业务平台的稳定运行和对外服务。

安全标志信息化平台的数据主要存储于数据中心内，数据中心对外网络链路为 100M 独立光纤，16 个独立 IP 地址。部署了多台核心交换机和接入交换机，实现内部网络骨干传输速度达到 10G/s。数据中心安全防护为等保三级，实现了外网、办公区、服务器区的区域隔离，具备文件级的容灾备份和防病毒功能。部署了专业的 ISP 链路负载均衡设备，实现数据中心资源访问的链路访问负载均衡。从物理链路方面充分考虑了保证网络的冗余性，实现数据中心链路到达核心交换机的双路双设备上行链路，从根本上保证了网络设备的安全性和可靠性。

容灾中心负责保障综合管理系统运行的核心资源数据和电子文件，避免资源被破坏或丢失对整个系统的运行带来严重的影响。数据中心和容灾中心以专用光纤连接，实时进行数据同步更新。

（本章主要执笔人：安标国家矿用产品安全标志中心
石亮，林俊，王磊，王秋敏，沃磊）

第71章 矿用产品安全标志认证技术

安全标志认证涉及的技术主要包括合格评定技术、抽样判断技术、标准评估技术、现场见证技术、信息化技术以及认证风险评估与防范技术等。

71.1 合格评定技术

合格评定技术是保证安全标志认证过程中的“产品技术评估、抽样后的形式检验、对工厂质量管理体系的检查、获准认证后的监督检验和监督工厂检查”等四个方面得到有效实施的方法和技术手段。

71.1.1 合格评定基本模式

结合我国矿用产品特点，安全标志合格评定的基本模式主要分为7种。

（1）技术评估+送样检验+工厂评审，适用于新产品或常规产品的首次、周期认证。

（2）技术评估+工厂评审+抽样检验，适用于新产品或常规产品的延续、周期认证。

（3）技术评估+送样检验，适用于新产品批次认证。

（4）技术评估+工厂评审，适用于常规产品首次、延续或变更认证。

（5）技术评估+抽样检验，适用于新产品批次审核发放，常规产品延续、变更认证。

（6）技术评估+100%样品检验，适用于新产品或常规产品批次认证。

（7）工厂评审，适用于常规产品生产条件变更认证。

71.1.2 合格评定的实施

在合格评定活动过程中，有一系列规范性的技术文件共同组成了合格评定的技术体系。这些规范性文件分为“基础类”、“对合格评定机构的要求”、“对合格评定人员认证机构的要求”。其中，适合产品认证活动的规范性文件包括GB/T 27001—2011《合格评定公正性原则和要求》、GB/T 27065—2015《合格评定产品、过程和服务认证机构要求》等基础类标准6个，产品认证机构要求标准1个，具体产品认证工具类标准9个。这些技术标准工具给出了合格评定活动有效实施的必要技术要求，主要包括规则性文件、活动实施过程、评定结果共三个方面。

71.1.3　主要技术方法

安全标志合格评定的主要技术方法有“合格评定内容的选择技术”“技术评估”“试验验证”“工厂核查”“综合评定”等。具体的合格评定活动过程中，通过对产品合格评定活动的全过程的规范性要求，以及一定的技术方法，保证合格评定各环节的准确性和合理性，从而确保安全标志合格评定活动的顺利开展。

1. 合格评定内容的选择技术

合格评定内容的选择技术是指针对申请产品的具体生产情况，选择适合申请产品的合格评定内容。合格评定内容为“技术评估”、“试验验证”、“工厂核查”和“综合评定”的一个或几个的组合，考虑到以下 4 个方面后确定。

（1）提交申请的主体是首次申请、延续申请、变更申请还是扩展申请。

（2）申请产品是否已有同类或类似产品通过合格评定。

（3）申请产品同类产品是否已实施周期的监督检查。

（4）申请主体的信用等级等。

2. 技术评估技术

技术评估是指直接或间接用以判断是否符合技术性法规或标准之相关程序。通过对申请产品的技术文件资料，包括产品技术说明、图纸、使用说明书等，评估与审核发放实施规则所规定的安全性能指标的吻合程度。

3. 试验验证技术

通过抽取一部分样品进行试验的概率验证，验证产品是否符合审核发放实施规则所规定的安全性能指标和要求。

4. 工厂核查技术

通过对申请人（持证人）整个产品生产过程和生产管理的检查、考核，对重要生产要素的信息进行取证，并依据工厂评审规范或准则的要求和标准，综合判定申请人（持证人）的产品生产和质量保障能力，验证工厂是否具备持续稳定保证产品满足安全标志审核发放要求的能力。

71.2　标准评估技术

标准是安全标志认证的基础和主要技术依据。安全标志认证工作中，需依据煤矿、金属非金属矿山的环境特点、安全技术要求，对标准进行充分评估，以确保认证的有效性和科学性。

71.2.1 标准选择

安全标志认证工作适用的标准主要包括国家标准（GB）、煤炭行业标准（MT）、安全生产行业标准（AQ）、机械行业标准（JB）和其他标准。目前，涉及的标准有2600余项，其中以煤炭行业标准为主，约占74%，其次为国家标准、安全生产行业标准，分别占14%和8%，机械行业标准和其他标准所占比例约为4%。这些标准中，根据产品标准规定内容和适用范围的不同，可分为基础标准、管理标准、方法标准和产品标准4个层次；按照标准强制效力的有无，可分为强制性标准和推荐性标准。

1. 基本原则

在选择安全标志认证所依据的标准时，需遵循以下基本原则。

（1）优先选择产品适用环境符合矿山实际，环境参数包括温度、湿度、空气压力及爆炸危险类型等的标准。

（2）优先选择标准规范性引用文件中包含该类产品基础安全标准的标准，如GB3836、GB25286等。

（3）标准规定的产品性能应满足《煤矿安全规程》、《金属非金属矿山安全规程》及关于设备安全使用的安全生产行业标准或相关法律法规的规定。

（4）在满足强制性标准的条件下，优先选择安全技术要求严酷的标准、新发布的标准。

（5）标准中规定的不适合矿山特点且不涉及安全性能的条款，可不予考虑。

2. 主要技术方法

矿用产品种类繁多，涉及电气、机械、化工、兵器、消防等领域的技术，不同技术对应的产品标准出发点和侧重点不同，且存在标准交叉，在选择安全标志认证所依据的标准时，主要采用重要技术指标分析、逐项比对分析、必要时的对比试验、综合分析等方法和技术，以确定最优化的技术要求组合或产品标准。

1）技术指标分析

安全标志认证属于产品的安全认证，而现行标准中的许多技术要求不涉及产品的安全性能，需对产品标准中所列技术指标进行分析、比对。

（1）分析产品的技术指标是否涉及安全性能。

（2）分析产品技术指标的可验证性、可操作性。

（3）对不属于矿山行业的标准，分析其技术指标是否符合矿山工况要求。

2）逐项比对分析

同一产品同时涉及多个标准的，要对不同标准要求进行逐项比对，按照标准选择基本原则要求，选取一个或多个标准组合作为安全标志认证依据标准，对标准中规定的某些涉及安全性能的条款无法执行、不同标准要求不一致或相关专家存有异议的，与相关标准化技术委员会沟通，在得到明确解释后执行。

3）对比试验

对应标准某一技术要求存在多种试验方法的，原则上应选用通用的试验方法。对于某些经典的试验方法或特别新的、快速的试验方法，除非标准中注明必须使用，否则不必强求选用。试验方法的选用应有现实性，使现有的检验能力能完成。必要时选择同一样品进行比对试验，确定最适合矿山实际工况的试验方法。

4）综合分析

综合标准分析结果，同时结合政府部门发布的各类规程、规范、规定等作出的具体规定，确定安全标志认证依据产品标准或技术要求组合。

3. 基本要求

对于认证用产品标准的要求，国际标准化组织和我国有关法规都有明确规定。对于安全标志认证用产品标准的要求，概括起来有四个方面。

1）完整性

产品标准必须完整，其内容至少包括适用范围、技术要求、试验方法、检验规则和判定原则五个方面。

2）协调性

产品标准与其他有关标准、政府主管部门发布的技术规范、规定要协调一致，不可彼此矛盾。如技术指标规定要尽量与同类型标准协调一致，试验方法标准尽量与通用的试验方法相协调一致。

3）先进性

标准必须具有一定的先进水平，通过认证能够促进技术进步，促进生产的改进和贸易的增长，同时考虑与国际认证接轨，一般优选等同、等效采用国际标准或主要指标达到或相当于国际标准的标准。

4）时效性

标准必须是现行、有效的标准，不能使用已经替代或作废的标准。随着标准的修订、演变，安全标志认证工作要实时跟踪，对标准出现实质性的、较大的变动，应当重新进行确认。

71.2.2 标准换版评估

标准换版时，需根据产品的重要程度、标准的性质和变化内容、换版的要求等具体情况，确定安全标志管理方案，修订产品认证实施规则，以确保标准换版安全标志管理的科学、规范，相关标准得到有效的贯彻执行。

1. 新旧标准的比对与评估

及时跟踪安全标志认证依据标准的制定、修订情况、换版信息，在主要依据标准换版时，对新旧标准的差异情况进行比对与评估。

（1）如标准变更内容涉及安全性能，且按原标准生产的产品存在安全隐患，或国家安全监管机构认为按原标准生产的安全设备（系统）不能满足安全生产要求，有文件规定必须进行强制性换版，安全标志管理应进行强制性换版工作。

（2）经评估发现新标准存有影响安全性能的问题，应及时向标准归口部门请示，同时报国家安全生产监督管理总局。

（3）属下列情况的，可不实施强制性换版工作，但应在规定换版期内完成换版工作：①标准为推荐性标准，且未被有关标准、规范引用变为强制；②标准变更内容为非强制性条款或不涉及安全性能；③虽然换版后标准为强制性标准且变更内容涉及安全性能，但属于提高、调整或增加安全性能要求，按原标准生产的产品不存在安全隐患。

2. 新版标准的实施

自新标准实施之日起，新申请安全标志或申请延换证的产品应执行新标准，对新版标准发布前已受理的产品和已取得安全标志的，按以下要求实施。

1）经评估不需实施强制性换版的产品

（1）新标准正式实施前受理安全标志申办的产品，可继续执行原标准。若申请单位自愿执行新标准，应补充进行差异性技术评估和必要时的差异性检验，按新标准发放安全标志。

（2）新标准实施之前已取得安全标志的产品，可在安全标志有效期内继续执行原标准。如生产单位自愿进行产品换版，可通过技术差异性审查或必要时的差异性检验，换发安全标志，安全标志有效期不变。

2）经评估需实施强制性换版的产品

（1）新标准实施时正在进行安全标志申办工作的产品，应执行新标准。充分利用已有成果，补充差异性技术评估、必要时的工厂评审或检验。

（2）新标准实施之前已取得安全标志的产品，应在规定的换版期内完成换版工作。换版期结束未能完成换版的产品，注销安全标志。

3）有关标准或国家有关文件规定了产品换版期的执行其规定。其他情况下，安标国家中心组织包括生产单位、检测检验、标准主要起草人在内的专家进行研究，并与有关标准化技术委员会进行沟通后确定，一般为 1 ～ 2 年。

71.3 抽样判断技术

抽样判断技术是抽样人员根据其经验判断，有目的地从特定审查对象总体中抽取部分个体组成样本，并以样本的结果来推断总体特征的一种技术。抽样判断的目的和意义在于科学的挑选总体的部分作为总体的代表，以便通过对局部的研究，取得能说明总体的足够可靠的材料，准确地推断总体的情况，从而认识总体的特征和规律性。抽样判断技术在矿用产品认证的过程中应用非常广泛，包括产品检验、工厂评审、监督评审及监督检验，尤其在产品检验中，抽样判断技术作为关键的一个环节是产品检验中最核心的技术。

71.3.1　抽样判断应遵循的原则

1. 准确性高

通过随机抽选，保证被抽中的样本在总体中的合理、均匀分布，调查出现倾向性偏差的可能性极小。

2. 代表性强

以抽选出的全部样本作为一个“代表团”来代表总体，使调查样本具有充分的代表性。

3. 误差小

样本数量根据要调查的总体各个单元之间的差异程度和总体允许的误差大小两方面来确定，保证总体调查误差小。

4. 结果准确

抽样前，根据调查样本数量和总体中各单位之间的差异程度进行计算，将样本误差控制在可接受的范围之内。

71.3.2　安全标志抽样判断方法

抽样判断方法主要有简单随机抽样、系统抽样、分层抽样、整群抽样等概率抽样方法和方便抽样、定额抽样、滚雪球抽样、空间抽样等非概率抽样方法。通过对现有抽样判断方法的适用性和符合性分析，研究确定符合安全标志检测检验的抽样判断方法，对开展矿用产品合格评定工作具有重要意义。

矿用产品种类繁多，产品外观、包装、运输方式等多种多样，根据矿用产品安全标志管理要求和自身特点，采用不同的抽样判断方法，实施一次抽样，以提高抽样判断的准确性，减小抽样误差。

1. 个体无差异产品

对个体无差异产品可采用简单随机抽样方法，能够从抽到的样品中推断出产品总体情况。矿用产品中的电气设备、矿用泵、矿灯、钻井机具、提升运输设备、动力机车、通风设备、支护设备、风筒、涂覆布等可列为个体无差异产品，采用简单随机抽样方法。

2. 已分群产品

对于已分群产品采用整群抽样方法，能够从抽到的样品中推断出产品总体情况。矿用产品中的炸药和雷管通常采用药卷包装和包装盒的形式，电缆、管材、输送带通常以捆为单位分开，可列为已分群产品，采用整群抽样方法。

3. 大型装备

对于设备体积、质量较大，生产总量较少，生产成本较高，个体差异较小，以及单个定制的产品，通常采用方便抽样方法。矿用产品中的液压支架，大型风机水泵等大型装备，可列为大型装备，通常只做一台样品供检测检验。

4. 分规格产品

对于具有多种规格、各类规格检验要求不同的系列产品，采用分层抽样方法，能够从抽到的样品中推断出产品总体情况。矿用产品中的紧凑链、圆环链等可列为分规格产品，采用分层抽样。

71.4 现场见证原则与技术方法

现场见证是指具有一定专业资质的人员通过现场检查与考核见证对象的文件资料、人员、设备、环境等，获取有效信息和证据，以判定见证对象的专业能力、技术水平及质量保证体系运行状况的活动。现场见证技术是安全标志认证工厂评审环节中的最关键技术，由评审员通过对安全标志申请人（持证人）进行现场见证，评价申请人（持证人）是否具备生产安全标志管理产品能力、满足安全标志发放条件。

71.4.1 现场见证原则

1. 针对性原则

现场见证应核查和考核涉及产品质量及安全性能的生产要素，包括直接相关生产要素、间接相关生产要素。

2. 全过程原则

现场见证内容必须覆盖产品生产的全过程，包括库房管理、生产加工过程管理、检测检验管理等。

3. 突出重点原则

主要体现在对主要技术人员、生产设备的加工能力和精度、出厂检验能力、产品一致性等关键生产要素和环节进行重点核查和取证。

4. 专业性原则

见证人员必须具备一定的专业技术能力，掌握相关产品的安全技术要求，熟悉相关产品的生产工艺、检验、储存等技术和管理要求；现场见证时，应从专业技术角度严格核查并获取相关信息和证据。

5. 客观性原则

严格按照工作流程、实事求是、客观全面取证，透过表面现象发现实质问题，以现场实际核查获取的信息和证据为评价依据。

6. 公正性原则

坚持原则、实事求是、客观取证、廉洁自律，不弄虚作假，不受评审对象、外部机构和人员的干扰，独立作出公正的结论。

7. 时效性原则

在规定工作时限内完成现场见证工作，且仅对规定工作时限内完成现场见证的项目和内容进行取证，其相关信息和证据才能作为依据。

71.4.2 现场见证内容和要求

现场见证的内容应包括涉及产品质量及安全性能的全部生产要素，可概括为关键场所、关键活动、关键人员等方面，见证人员需逐一实施见证。

1. 关键场所

关键场所一般包括主要零（元）部件或原材料库房、生产加工车间、组装车间、检验车间（室）、档案室（资料室）、成品库房。对关键场所进行现场见证的内容主要包括：是否具备相应的生产场所及管理制度，关键场所的使用是否符合法律法规等要求。

2. 关键活动

关键活动一般包括主要零（元）部件（或原材料）及成品的库房管理、关键工序控制、生产加工质量控制、检验质量控制、档案（资料）管理、内部质量管理。对关键活动进行现场见证的内容主要包括：是否具备相应的设备、设施及管理制度，关键活动的实施是否符合有关的工作规程。

3. 关键人员

关键人员一般包括企业主要负责人、技术负责人、质量负责人、主要技术人员、关键生产工序人员、检验人员、库房管理人员、档案（资料）管理人员。对关键人员进行现场见证的内容主要包括：是否具备相应的技术能力，实施的关键活动是否规范、正确，对关键活动的记录是否规范、正确。

71.4.3 现场见证技术方法

开展现场见证工作之前，应制订科学、合理的现场见证方案；现场见证时，除了采用本章已详细说明的合格评定技术、抽样判断技术，现场见证特有的技术方法外，还包括以下 4 个方面。

1. 见证方案制订技术

制订见证方案时，应综合考虑见证产品种类和数量、见证对象的组织机构与规模、生产模式、生产场所和人员情况等。根据工厂评审工作方案要求及见证人员情况，制订完整的现场见证方案。现场见证方案主要包括现场见证的人员分工、日程安排、抽样与核查方案、见证对象的配合要求等。

2. 重点发散技术

重点发散技术是围绕重点评审项目或内容，适当扩大见证范围的见证方法。首先根据工厂评审的性质和目的，确认工厂评审需见证的重点项目或内容，再围绕重点项目和内容进一步延展见证内容，收集有关生产要素和生产环节的信息和证据，即以点带面地开展现场见证，最终从整体上评价见证对象的产品生产和质量保证能力。采用重点发散技术，见证人员可有效地发现和确认导致重点项目或内容存在问题的全部相关要素，以及相关要素之间或要素本身存在的问题，全面见证存在的问题，获取充分可靠的信息和证据。

3. 问题溯源技术

问题溯源技术是针对某一特定问题进行原因追查、分析并追溯产生问题本质原因的见证方法。与重点发散审核技术有相似之处，以某一特定问题为见证重点，围绕该重点进一步延展审核见证内容，收集与问题存在关联的全部要素的信息和证据，最终发现并确认问题的本质及其产生原因。采用问题溯源技术，可从多方面、多角度入手，有效追溯和核查特定问题的本质及其产生原因，全面、准确判定问题的责任方和见证对象存在管理缺陷或漏洞。

4. 核查取证技术

核查取证技术方法主要包括现场检查、产品实物核查、现场检测、人员活动观察、人员询问、查阅质量管理记录及资料等。

1）现场检查

指在见证对象有关人员的带领下亲自对产品生产和质量管理相关的场所、设备、设施进行实地核查，获取相关信息和证据。一般在对生产场所、生产环境、生产设备、检验设备、库房管理、不合格品控制等进行核查取证时采用该技术方法。

2）产品实物核查

指随机抽取一定数量的产品样品并进行现场核查，获取相关产品结构、参数、主要零（元）、部件信息，直观地发现产品结构、参数、主要零（元）、部件信息是否符合有关标准和图纸的要求，是否与审核备案的技术文件一致，间接反映见证对象的产品生产和质量管控情况。一般在对产品一致性、生产过程控制等进行核查取证时采用该技术方法。

3）现场检测

指在见证人员的见证下，见证对象专职检验人员对产品样品进行出厂检验或过程检验，见证人员对检验过程的规范性、检验结果正确性及产品技术参数与备案技术文件的一致性进行核查。一般在对产品一致性、检验和测试控制、检验人员能力等进行核查取证时采用该技术方法。

4）人员活动观察

指对见证对象的主要人员的生产活动进行观察，以判定有关人员是否具备专业技术能力；保证产品安全性能和质量。一般在对人员能力、生产过程控制、检验和测试控制等进行核查取证时采用该技术方法。

5）人员询问

指对见证对象的主要人员就产品生产、工艺、检验及技术标准等进行“面对面”的口头考核，以判定有关人员是否具备专业技术能力、是否满足产品生产需要。一般在对人员能力、生产过程控制、检验和测试控制、库房管理等进行核查取证时采用该技术方法。

6）查阅质量管理记录及资料

指对见证对象近期及以往的质量管理记录和资料进行查阅和审核，以判定见证对象质量管理记录及资料是否规范、质量管理体系是否正常运行，并了解见证对象产品生产实际状况。一般在对管理体系、技术文件管理、供方管理、生产过程控制、检验和测试控制、库房管理、质量信息反馈与服务、不合格品控制及纠正与预防等进行核查取证时采用该技术方法。

71.5 信息化技术

信息化技术主要运用于安全标志审核发放平台建设，主要服务于安全标志的网上申办和电子化审批发放工作。安全标志审核发放平台主要采用远程申办及审批、网上任务管控、业务审核发放等技术，涉及电子文件网络传输、网络电子签批、电子印章加密和管理、数据和电子文件共享和管理、人员权限管理等相关技术。同时，为了保证信息和数据安全，建立了数据安全中心。

71.5.1 远程申办及审批技术

通过运用网上申报、实时在线审批、信息定向推送等技术，实现安全标志申请远程申报和在线审批，极大地提高了工作效率，节约了认证成本。

1. 网上申报

主要利用浏览器技术，结合浏览器的多种 Script 语言（VBScript、JavaScript 等）和 ActiveX 技术，建立了基于 B/S 模式的网上申办平台，平台以静态网页为基础，通过动态网页技术与数据库连接技术达到后台与用户交互，完成用户查询，提交等动作。网页会根据用户的要求和选择而动态改变和响应，将浏览器作为客户端界面。申办企业直接通过互联网进行产品登记和各项技术文件的上传。网上申报的推行，为实现申办档案的数字化奠定了基础。

2. 在线审批

基于B/S模式建立了受理管理系统，并与在用的基于C/S模式的安全标志审核方系统高效连接，实现了网上申请的在线审批。针对不同的申请业务，分别建立审批模板，并增设了初审收费、征求省局意见、预审管理、历史查询、数据统计等功能模块，为安全标志申请受理业务的开展创造了条件。

3. 信息定向推送

利用push数据交互方式，通过服务器直接发送数据给客户端，申办企业被动接受消息，实现了安全标志申办信息的定向、精准、点对面推送。建立了企业会员区及联系人短信两种信息推送方式，通过数据库同步的方式将审批的节点信息实时同步到网站数据库中，申办企业可在线查询申办进度、接收各项通知、查收各审查环节的结果反馈。同时，对重要通知和结果反馈信息，还建立了短信推送渠道。

71.5.2 网上任务管控技术

安全标志任务管控主要内容包括：任务数据的采集、数据分析、任务编制、任务下发、检测检验机构及评审员获取任务数据、任务实施、节点反馈和出具报告、报告审批，涉及安标国家中心、检测检验机构、评审员、申办企业以及安全生产监管监察部门等。基于这些特点和要求，任务管控平台采用B/S结构，服务器端使用Windows+Asp.net+SQL Server模式。技术评估、产品检验和工厂评审任务实施及其他相关人员可以直接在客户端使用浏览器，通过HTTP协议访问服务器上的相关服务。同时，系统由服务器系统管理员统一管理，易于跨平台布置及在局域网与广域网之间协调，能够保证系统的安全性，容易进行跨平台布置，容易在局域网与广域网之间进行协调，尤其适宜分布式信息系统的建设。

71.5.3 业务审核发放管控技术

安全标志审核发放管控系统开发中采用C/S（Client/Server）结构，服务器端使用Windows + SQL Server模式，客户端使用Windows+vb.net模式。充分利用两端硬件环境的优势，将任务合理分配到Client端和Server端来实现，充分发挥客户端PC的处理能力，很多工作可以在客户端处理后再提交给服务器。

安全标志审核发放管控系统充分利用数据库本身的安全控制机制，在应用层采用用户身份识别，实行访问权限控制等措施，防止非法用户的入侵和对数据的越权操作。系统对用户的访问权限可以控制到每一个模块组件及其包含的所有功能。系统权限控制管理采用功能权限与数据权限结合，并加入用户角色管理。

71.5.4 信息安全技术

为了保证信息和数据安全，在系统平台中采用以下策略，并建立了容灾中心负责保障综合管理系统运行的核心资源数据和电子文件。

（1）在服务器端部署网关防火墙 /VPN，实施访问控制策略。

（2）在应用服务层部署 WEB 应用防火墙，实施深度防御。

（3）设置网络行为管理系统，提高网络免疫能力。

（4）建立企业级网络杀毒软件系统，实现网络整体防毒。

（5）完善安全策略和管理制度，提高整体管理水平。

71.6 认证风险评估与防范技术

全面、充分地认识认证活动中的风险，合理准确地评价风险程度，对于认证机构有针对性地防范风险，降低风险发生的频率和风险等级，减少风险发生后的损失具有重要意义。

71.6.1 安全标志认证风险

安全标志认证机构主要面临认证政策、人员能力、认证技术和实施环节等多种风险，加强对认证风险的管理，是认证机构持续健康发展的前提。

71.6.2 认证机构风险控制原则与基本程序

1. 认证风险控制基本原则

认证机构有效控制风险的基本原则主要包括风险回避、风险控制、风险自留、风险转移四个方面。

2. 认证风险控制基本流程

对于产品认证的可控风险，认证机构通常采用“认证风险识别—认证风险评估—认证风险防范—认证风险监控”的技术方法，对认证风险进行有效管理。

71.6.3 安全标志认证风险识别技术

安全标志认证机构面临的认证风险有以下 6 个方面。

1. 认证政策方面

安全标志认证存在认证制度变化、产品范围改变、质量控制体系欠缺、认证过程控制不当等认证政策方面的风险因素。

2. 人员能力方面

在安全标志实施过程中可能存在部分人员专业能力不足、管理经验水平欠缺、人力资源不足等风险。

3. 认证技术方面

可能存在对产品标准、规范理解不深，使得认证过程控制或实施规则制定等，存在不严谨、不科学的认证风险。主要包括认证实施规则制定有缺项、认证模式设置不科学、认证单位划分不当、抽样检验方案确定不当、主要受控零（元）部件及重要原材料控制缺乏科学性、工厂评审规范不科学、矿用新产品认证规则制定不充分等的风险因素。

4. 认证实施方面

可能存在人员操作不规范、执行力不强，随意改变或放弃一些自认为不必要的审查和程序等问题，因此，可能存在认证过程信息收集不充分、审核不完整等风险因素。主要风险因素有：未按认证实施规则制定具体认证方案、未按技术评估规则对申报矿用产品的技术文件实施评估，未按抽样、检测检验要求对其产品进行抽样和检验，工厂评审不充分、综合评价不充分等。

5. 检测检验机构管理方面

可能存在检测检验机构管理不到位，未能按委托要求实施检测检验工作，对标准理解有误，少检或漏检规定的项目，违规操作、出具虚假报告等的风险因素。

6. 企业持续控制能力方面

认证机构通常对获证产品实施周期管理，周期一般为 3 ～ 5 年。期间，由于取得安全标志的企业未能对获证产品的原材料采购、生产过程控制、出厂检验及人员持续改进能力进行有效控制，可能存在未按规定进行技术文件变更、安全性能不符合标准要求、随意变更主要受控零（元）、部件及重要原材料，及现有体制下生产企业诚信出现问题等的风险因素。

71.6.4 安全标志认证风险评估技术

安全标志认证风险评估采用风险值法来进行风险评价。风险评价的表达式为：风险值 R= 风险可能性 $P\times$ 风险影响程度 F。其中：风险可能性 P 表示风险发生可能性的大小，是一种主观判断；风险影响程度 F 表示一旦风险发生可能造成影响的大小。风险可能性大小及风险影响程度如表 71.1 所示。

判定步骤为：确定风险发生的可能性，以大、中、小表示；确定风险影响程度，以高、中、低来表示；根据风险发生可能性和风险影响大小的组成矩阵确定风险级别。通常将安全标志认证风险级别分 5 级，即为特高风险、高风险、中等风险、一般风险和低风险。评估结果如表 71.2 所示。

表71.1 风险可能性大小及风险影响程度

风险发生可能性	说 明	风险影响	说 明
大	完全可以预料	高	严重影响认证结果及有效性
中	可能，但不经常	中	影响不大
小	可能性小	低	没什么影响

表71.2 风险评估结果

序号	风险因素		风险级别
1	认证政策方面	认证制度设计	特高
		认证质量控制体系欠缺	特高
		认证过程控制不当	高
		认证产品范围扩大	高
2	人员能力方面	专业知识不足	中
		管理能力不高	中
		人员配置不足	一般
3	认证技术方面	认证实施规则制定科学性	高
		认证模式设置	高
		认证单元划分合理性	中
		抽样检验方案确定科学性	高
		主要零（元）、部件及重要原材料管理科学性	中
		工厂评审规范制定	高
		矿用新产品认证方案	中
4	认证实施规范性方面	认证实施规则实施规范性	高
		技术文件评估充分性	中
		产品抽样和检验的规范性	中
		工厂评审工作的充分性	中
		综合评定完整性	高
5	检测检验机构管理方面	检测检验机构管理的有效性	低
		检测检验工作的规范性	中
		违规操作，出具虚假报告	中
6	获证企业持续控制能力方面	产品标准变更	高
		受控零（元）、部件及重要原材料	高
		安全性能控制能力	高
		生产企业诚信	高

71.6.5 安全标志认证风险防范技术

1. 应对认证政策方面的风险因素

认证制度是认证机构持续、稳定、健康发展的重要依据，安全标志认证机构根据国家体制、机制的变化，变被动为主动，及时调整自身发展战略。积极关注国家有关认证认可制度的相关要求，持续符合国家对认证机构的相关要求。应严格按质量管理体系运行，进一步细化程序和节点，加强内部审核，提高服务质量，赢得客户的信任，持续为矿山提供安全可靠性高的产品。根据矿山安全生产实际需求，动态调整产品认证目录范围，从追求认证产品数量向认证质量转变。

2. 应对人员能力方面的风险因素

（1）完善培训机制，加强专业知识和管理能力的培训。

（2）建立健全工作责任体系，对目标任务进行层层分解。

（3）定期对相关人员的专业能力进行分析和评价。

（4）加强技术人员法律意识、廉洁自律和职业道德的培训。

（5）建立技术专家队伍，并具有代表性。

（6）构建内部技术研讨和沟通交流平台，统一认识。

3. 应对认证技术方面的风险因素

（1）有效跟踪国家政策、法规变化，积极参与矿用产品标准、规范的制定和修订，及时对认证实施规则进行完善与修订。

（2）根据产品特点和产品生产规模、工艺及控制能力等，合理设计产品认证模式及划分认证单元。

（3）科学应用抽样技术，抽样检验方案客观、公正，检查与复核，做到定性准确，标准应用恰当。

（4）主要零（元）、部件及重要原材料控制方面。

（5）建立评审工作信息交流平台，加强评审员间的沟通，提高评审员工作的管控和协调能力。

（6）积极跟踪技术发展动态，确保矿用新产品认证实施规则科学合理，并及时跟踪产品在煤矿井下应用情况，完善新产品实施规则。

4. 应对认证实施规范性方面的危险因素

（1）完善相关制度，细化各环节节点，持续改进认证实施流程。

（2）编制完善具体产品认证作业指导文件。

（3）建立健全可追溯机制，提高人员专业技术水平。

（4）提高认证人员责任意识和风险意识。

5. 应对检测检验机构管理方面的风险因素

（1）完善对分包检测检验机构的管理制度。

（2）做好对检测检验机构的分包评审，掌握检测检验机构的技术检验能力。

（3）加强对检测检验检验机构的监督检查。

（4）定期与检测检验机构进行交流与沟通。

6. 应对持续控制能力方面的风险因素

（1）加大对获证企业、产品的监督检查频次。

（2）积极宣传安全标志管理制度相关要求。

（3）建立矿用产品生产单位信用评价体系。

（4）建立与产品生产单位沟通与交流的平台，形成良性互动机制。

71.6.6 安全标志认证风险有效监控及应急处置技术

安全标志认证机构时刻监视认证风险的发展和变化情况，建立风险防范预警机制，利用计算机网络信息化技术，采集认证实施中各环节信息，通过对信息的分析评估，监控风险应对措施的有效性，对认证风险进行动态监视，适时对某些风险的消失而带来新的风险进行识别、评估、防范，形成风险控制管理的有效闭环系统，最大限度地预防和控制风险的发生。

此外，做好风险出现时的应急处置工作，即一旦风险发生，尽快与相关管理部门沟通联系，取得一定程度的理解；同时，对出现的问题迅速分析原因，采取措施，尽可能减少损失和消除影响；在第一时间与获证单位沟通，说明情况及机构的态度和措施，避免产生不良的连锁反应；向审核人员及时和充分的说明情况，稳定审核人员队伍；如业务受到影响或受到处罚，要有应急预案，及时解决已受理的合同的审核问题；必要时召开新闻发布会，通过媒体消除影响，风险控制在认证机构接受的范围内。

71.7 国际互认技术

随着经济全球化的进程不断加快，各国间采矿设备的贸易往来更加频繁，为提高贸易的便利度和畅通性，各国正积极加强检测检验认证合作。在合作和互认过程中，由于各国经济发展水平、贸易便利度、认证体系等方面不同，需对互认关键问题进行研究，通过标准评估技术、差异性处理技术及风险管控技术等，确定国际合作认证的模式、认证合作方式。

71.7.1 矿用产品安全认证国际化趋势

为了推动认证的国际化、减少技术壁垒，有关国际组织和采矿发达国家都在探讨安全认证的国际互认相关机制与技术，形成了诸多成果并运用，如IECEx体系、ATEX体系、CU-TR体系等均已实现一定程度的国际互认。同时，在国家合作框架内，许多认证机构正积极探索开展认证结果的互认，如英国CML认证机构已与美国工厂联研会（FM Global）、美国安全检定实验室（UL）等认证机构或组织达成双边互认合作协议；俄罗斯NANO CCVE认证机构与德国PTB、TUV、LCIE，挪威NEMKO，英国Baseefa等认证机构达成双边互认合作。

安标国家中心围绕国家“一带一路”战略，已分别与德国Dekar Exam、英国CML、俄罗斯NANIO CCVE认证机构签订双边合作协议，确定了检验、评审等方面的双边合作模式以及人员共享机制。

71.7.2 国际互认的关键问题分析

由于各国的经济水平和社会发展存在不同程度的差异，认证程序和技术标准等也各不相同。在国际互认开展过程中存在诸多技术问题，如标准的差异、检验的差异等，可能影响国际互认工作的推进。

1. 认证范围的差异

执行安全标志的煤矿用产品包括防爆电气类产品、机械类产品、非金属制品等12大类；国外认证体系，如IECEx体系，主要重点管理电气与非电气防爆产品，ATEX和IECEx体系对机械产品、机械部分或性能（包括机电产品整机）无相关认证要求。

2. 标准的差异

我国矿用产品的防爆性能GB3836系列标准等效或修改采用IEC60079系列标准，并结合了我国自身特点做了相应的补充。依据GB3836系列标准安全标志认证考核的主要内容包括矿用产品的防爆性能、安全保护、安全防护及使用安全性能；国外认证体系，如IECEx认证主要考核产品的防爆性能，ATEX认证主要考核产品的防爆指令（强制）、机械安全（强制或推荐）、EMC（推荐）、功能安全（推荐）。

3. 评审的差异

主要包括评审依据不同、评审频次不同、评审员要求不同及评审判定规则不同，如IECEx体系和ATEX体系评审审核依据是《爆炸性环境—第34部分：设备制造商质量体系应用》，对制造厂质量体系要求提出具体要求，其内容是在ISO 9001基础上对制造厂在防爆电气产品的设计、制造、检验等专业方面提出一些补充规定；采用12个月或18个月的监督来维持证书的有效性；工厂评审员均要求有ISO9001的评审资格，评审组一般由1位评审人员组成，评审时间视本次申请产品数量及复杂程序确定，一般为1天；评审员按ISO19011：2011《管理体系审核指南》中规定的方法评审，评审结果有重大缺陷、一般缺陷和观察项，根据缺陷的程度，得出结论。而安全标志的工厂评审以《工厂评审管理细则》、《工厂评审规范》、《工厂评审准则》、《评审员管理规则》为依据；根据生产单位信誉等级及产品重要性确定产品监督检查频次，实施监督评审和（或）监督检验；评审员不仅要熟悉 ISO9001 的知识，更要注重专业知识的掌握能力，评审组一般由两位评审人员组成，且至少有一位评审员熟悉本次评审产品，评审时间一般为两天；评审员根据各生产要素对产品安全性能的影响程度，实行量化评定，分为否决项、考核项、观察项。否决项的评审结论分为合格、不合格，考核项目和观察项目的评审结论分为符合、基本符合。

4. 管理方式的差异化

主要包括管理体系不同和证书管理方式不同，如 ATEX 和 IECEx 体系下的每个认证机构产品受理的范围有差异，所以申请人可以选择适合自己的认证机构，相应的检测检验任务也由受理认证的认证机构完成。在证书的时限有效性上，IECEx 的 CoC 证书没有有效期，终身有效；ATEX 产品设计证书没有有效期，终身有效，质量体系证书的有效期为 3 年；安全标志证书的有效期为 5 年，证书期满后需申请延续，重新做形式检验。在证书的内容上，IECEx 证书内容两部分内容，即认证证书与认证明细表。主要包括产品形式试验证书、产品使用场所等；安全标志证书由证书正本和证书附件组成。主要包括安全标志编号、有效期、持证人等。

71.7.3　国际互认的关键技术

1. 标准评估技术

国际互认过程中在选择执行标准和执行标准条款时，针对不同国家对应的不同产品，在分析、确定产品类型基础上，通过对比分析与评价我国与其他国家产品的标准规范，结合产品使用国家的使用环境及安全要求等的特点，找出我国与相关国家产品标准的关键异同点及对安全性的影响，形成标准差异表。

2. 差异化处理技术

在标准差异性处理方面，根据国家、产品的自身特点，采用产品标准分别执行、协商处理、精简等处理技术方法；在认证体系、合格评定程序差异性处理方面，可以根据相应国家认证体系的程序、机制，采用统一程序、取长补短、求同存异等处理技术方法；在检测检验技术方法差异性方面，根据实验室及产品自身特点，采用国际互认的检验方法、能力验证与比对等处理技术方法。

3. 风险管控技术

国际互认涉及了不同的国家和地区。不同国家和地区的政治、经济、外交存在很多不确定因素，以及在国际互认中涉及的不同国别认证的法律依据、差异性、企业、认证机构、检测机构、监督方式等产生的不确定因素，使得国际互认面临多方面的风险。

1）风险识别

根据不同国家矿用产品认证技术的差异化程度及其对安全性的影响，国际互认风险主要包括以下 5 个方面。

（1）认证体系的差异性。包括标准、检测检验技术方法、工厂评审、证书管理等方面，在对不同认证体系的理解或执行上的偏差，都将造成极大风险。

（2）认证机构。认证机构的合法性、能力水平以及相关认证人员在一定程度上决定了认证质量的优劣，从而给国际互认带来了巨大的认证风险及法律风险。

（3）检测检验机构。检测检验机构的能力和资质是保证安全性能验证符合相关要求的基础，同样是国际互认风险的重要来源。

（4）生产企业。矿用产品生产企业是申请认证的主体，在不同国家的法律体系、诚信体系下，生产企业的法律责任、经济责任都有不同程度的差异。

（5）其他风险。不同国家、地区的政治等存在很多不确定因素，如脱欧后的英国的认证机构能否继续成为欧盟的认证机构尚难料定。

2）风险管控

通过对国际互认的合作认证的风险分析识别，确定风险的防控措施，从而减少风险对合作认证的有效性的影响。风险的防控措施主要归纳为以下 6 个方面。

（1）建立信息管理平台，共享关键技术、互认合作机构认证规则、认证依据、相关国家的法律法规和制度。通过信息平台，统一管理认证机构、检测机构的认证人员信息，检测机构的信息管理、认证材料和进度的管理等。

（2）规范国际合作认证的程序，按照规定的程序开展工作，并制定易于操作的作业指导书。

（3）不定期地对合作认证检查机构进行评审和监督检测。

（4）参与国际标准组织，和先进的制造企业联合，在国际标准的修订方面，体现中国的话语权。

（5）定期组织国际合作认证机构召开技术交流会，不断完善双边合作的程序、认证材料和检测报告的规范性。

（6）对认证企业建立分级管理机制。

（本章主要执笔人：安标国家矿用产品安全标志中心
陈杰，戎明彦，冯喜旺，王淑博，宋占松）

第 72 章 矿用产品安全标志认证技术规范体系

本章介绍安全标志认证主要涉及的技术规范体系，主要包括产品审核发放实施规则，以及各主要申办环节按照实施规则要求制定的技术规范。

72.1　安全标志认证技术规范体系

矿用产品安全标志认证技术规范体系如图 72.1 所示。

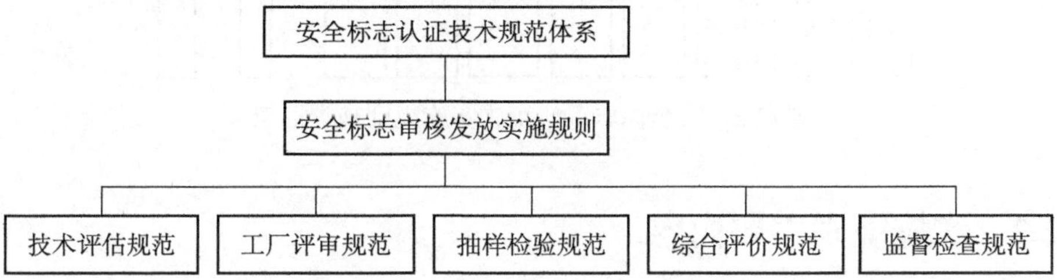

图72.1　安全标志认证技术规范体系

安全标志审核发放实施规则是安全标志审核发放的重要依据，明确了审核发放主要依据标准、申办流程、产品技术评估、检验、工厂评审、监督管理等要求。

技术评估规范是有效实施安全标志技术评估的基础和保证，主要包括标准审查规范，图纸审查规范，主要零（元）、部件审查规范，使用说明书审查规范等。

工厂评审规范是规范工厂评审工作的重要的文件，主要包括工厂评审准则、计划管理规则、评审员管理规则、监督评审规范等。

抽送样检验规范是规范产品抽送样检验的文件，包括产品抽送样规范和检验规范两部分。

综合评价是对完成实施规则规定各程序环节后的申办产品进行最终评定的规范性文件，重点是对各环节执行实施规则的一致性进行评定。

监督检查规范是规范安全标志持证后监督的重要规范性要求，主要包括监督检查对象、监督检查频次、监督检查内容的确定，监督检查的实施与过程管控，监督检查结果的处理。

除上述规范外，安全标志审核发放过程中，可以作为参考依据技术性规范的还有各种技术研讨会形成的会议纪要、产品鉴定文件、新产品工业性试验报告等。

72.2 审核发放实施规则

安全标志审核发放实施规则规定了审核发放各环节工作的规则及要求，是安全标志工作体系内的各方均应遵守的基本准则。

72.2.1 基本框架

安全标志审核发放实施规则基本框架如图 72.2 所示。

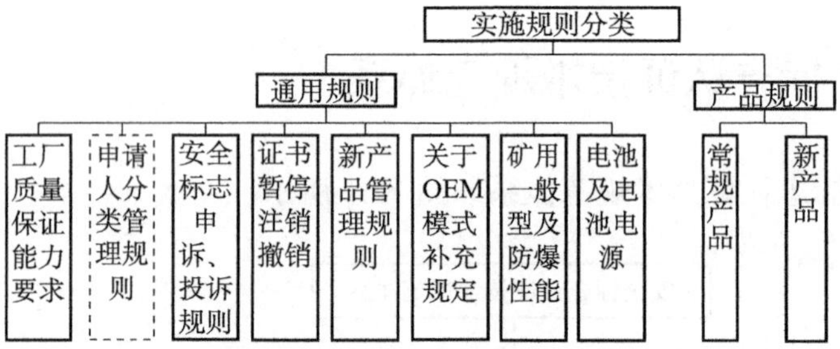

图72.2　安全标志审核发放实施规则基本框架

72.2.2 实施规则主要内容

1. 通用规则

通用实施规则共 8 项，其中通用管理要求 6 项，通用技术要求 2 项。

1）工厂质量保证能力要求

主要分为对产品质量保证能力和产品一致性考核两个方面，是安全标志工厂评审的依据之一。

2）申请人（持证人）的分类管理

通过对安全标志申请人（持证人）的质量保证能力、诚信守法状况、产品质量安全状况等进行综合评价，对生产单位分类，对不同类别在审核发放模式、获证后监督频次、方式等方面实施差异化管理。

3）申诉、投诉实施规则

适用于对安全标志审核发放及监督管理的申诉、投诉；对安全标志持证人及其产品的投诉的处理。告知社会对安全标志审核发放体系的申诉、投诉渠道及方式，对持证人及其产品投诉的处理原则与方法。

4）证书注销、暂停、撤销实施规则

该规则规范和明确了安全标志证书给予注销、暂停、撤销处理的条件，及整改与恢复要求等。

5）对 OEM 模式的补充规定

规范以 OEM 方式生产的安全标志管理，强化过程管控。明确对 OEM 方式申请人、生产厂的要求，同时从申请、产品检验、工厂评审、证书发放、持证要求与监督检查等环节针对 OEM 模式特殊性予以明确。

6）矿用新产品安全标志管理规则

对尚未在矿山井下应用，按现行国家标准、行业标准和矿山安全有关规定无法对其安全性能全面考核，且涉及矿山安全生产的矿用新设备、新材料的安全标志管理要求进行规范，结合新产品的技术特点、可参照标准、安全性能考核范围、使用中安全隐患等将新产品安全标志分为工业性试验和新产品两种类型，明确申办流程及产品工业性试验和使用要求。

7）防爆及矿用一般型产品通用要求

对安全标志产品所涉及的各类防爆形式进行汇总，按防爆形式统一产品技术文件、产品检验、工厂评审的要求，并与 ATEX、IECEx 体系要求一致。

8）电池及电池电源

对各种类型、不同容量的电池及电池电源进行统一要求，与各产品实施规则配套使用。

2. 产品规则

针对各类产品安全标志审核发放工作予以规范并明确的具体要求，与通用实施规则配合使用。规则主要内容包括适用范围、基本模式、主要依据标准、首次申办、延续申办、变更申办、扩展申办、批次申办、持证后的监督等。

72.3　技术评估规范

技术评估规范是规范产品技术评估工作的规范性文件，是有效实施技术评估工作的依据。技术评估主要针对申请安全标志产品技术文件，包括产品标准、图纸、使用说明书、主要零（元）、部件及重要原材料明细表等。

72.3.1　技术评估规范

技术评估规范主要包括四方面的内容，技术评估规范分类如图 72.3 所示。已形成了包括防爆电气、采掘、支护、通风、运输、非金属制品及安全仪器仪表及监测监控系统等十二大类、253 项准则，涵盖 400 余种产品。

72.3.2　产品技术说明审查规范

产品技术说明审查规范主要依据产品相关国家标准、行业标准和矿山安全有关规定，及相应产品的安全标志审核发放实施规则等制定，审查以产品的安全性能为重点。产品

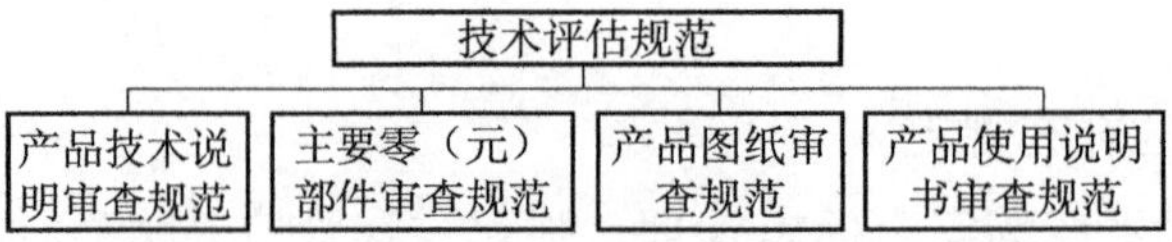

图72.3　技术评估规范

技术说明审查规范主要明确了对产品名称和型号、主要用途和使用范围、执行标准、工作（环境）条件、技术参数和要求、试验方法等实施审查的具体要求，并对产品技术说明中选用的标准正确性、规范性及适用性进行审查。

72.3.3　产品图纸审查规范

产品图纸是矿用产品符合标准规定的具体体现和基础。对于防爆电气产品主要包括总装图、电气原理图、电路图、PCB 版图、及与防爆相关的零部件图等；机械类产品主要包括产品总图、与安全性能相关的零部件等图纸。产品图纸审查内容主要包括：是否符合 GB4457 ～ 4460《机械制图》的规定，是否有设计、审核、批准人签字，产品名称、型号、技术参数等是否符合产品标准，防爆电气产品应满足 GB3836 的规定。

72.3.4　主要零（元）、部件审查规范

对产品的主要零（元）、部件进行审查，重点是零（元）、部件是否属于国家明令淘汰或禁止使用的产品，类型划分是否明确，技术参数是否匹配。

根据各类产品的安全性能特点，将影响产品主要性能和功能的主要零（元）、部件及系统、装置类产品的组件划分为安全关联部件（A 类）、安全标志配套件（B 类）、安全标志关键部件（C 类），实施分类管理。主要零（元）、部件的技术评估规范明确了主要零（元）、部件的名称和型号、生产单位、类型等基本信息，纳入安全标志管理的零（元）、部件应列出安全标志编号，未纳入安全标志管理目录、但纳入国家其他强制性认证管理的零（元）、部件列出相应的认证证书编号等要求。

72.3.5　产品使用说明书审查规范

明确对使用说明书在审查过程中的注意要点，主要包括：严格按照 GB9969《工业产品使用说明书 总则》的规定进行编写、产品所执行标准的编号、明确产品的适用环境、主要技术参数与产品标准的一致性、详细的安全使用须知、详细的维修须知，包括对维修可能引起的安全性能变化的限制要求、详细的主要部件选配须知、必要的安全警示性语句等。

72.4　工厂评审技术规范

72.4.1　工厂评审技术规范体系

工厂评审包括评审的组织、实施、审查、管理，每一个环节都需要相应的规范加以支撑和保障。工厂评审规范体系架构如图 72.4 所示。

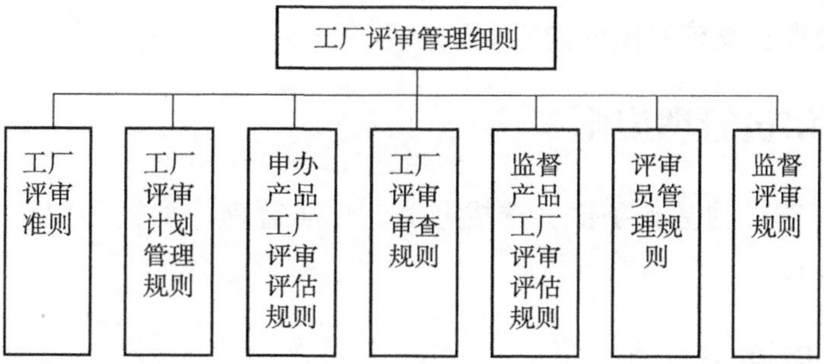

图72.4　安全标志工厂评审规范体系

72.4.2　工厂评审准则

工厂评审准则是实施工厂评审的依据。由工厂质量保证能力要求、矿用产品通用规则（防爆及矿用一般型产品）、产品评审专用要求组成。

工厂质量保证能力要求是从生产合法性、质量管理体系、管理职责、人员、文件管理和记录、采购与外协、生产控制、检验控制、不合格品的控制、变更及一致性控制、库房管理、铭牌与标识共 12 个方面提出的要求，确保生产企业生产的产品持续稳定地符合安全标志审核发放要求。

矿用防爆及矿用一般型产品通用规则中，工厂评审的内容主要是结合防爆标准要求及产品生产特点，明确生产企业人员、防爆图纸、相关生产设备、工艺装备及工位器具的具体要求；对某些关键工艺过程提出特殊要求（如浇封过程）；罗列防爆相关检验项目。

产品评审专用要求与工厂质量保证能力要求、防爆及矿用一般型产品通用规则配套使用，是对每个产品的具体评审要求，主要包括产品参考标准、关键零部件生产能力、一致性核查要求、生产设备、检验项目及设备等。

72.4.3　工厂评审计划管理规则

工厂评审计划管理规则依据工厂评审管理规则制定，是工厂评审计划制订、实施、管理等方面的规范性文件，明确了评审计划的制订步骤、时间节点、相关方职责、评审计划安排的基本原则、变更管理要求等内容。

72.4.4 申办产品工厂评审评估规则

它主要包括申办产品工厂评审评估的定义、评估时间、评估参考因素、评估具体操作步骤、工厂评审类型、免工厂评审条件、评审方案确定原则、申办产品数据流转的内容。

72.4.5 工厂评审报告审查规则

它主要包括职责、审查人员要求、审查内容、工厂评审报告要求及处理、工厂评审整改确认书要求及处理、复核时限的内容。

72.4.6 评审员管理规则

它主要包括评审员的基本条件、选拔办法、注册管理、委托聘用、监督管理、计分管理、退出机制等内容。

72.4.7 监督评审规范

《监督产品工厂评审评估规则》是专门针对监督评审制定的规则，分别对监督评审安排的对象、安排的基本原则、不同产品不同企业的监督频次要求和不同的方案内容等进行了明确。

72.5 抽送样检验规范

72.5.1 产品抽送样检验规范

产品抽送样检验规范主要由抽送样规范和产品检验规范组成。经过 20 余年的发展，已形成了包括防爆电气、采掘、支护、通风、运输、非金属制品安全仪器仪表及监测监控系统等十二大类、452 种产品的抽送样规范和 448 种产品的检验规范。产品抽送样检验规范分类如图 72.5 所示。

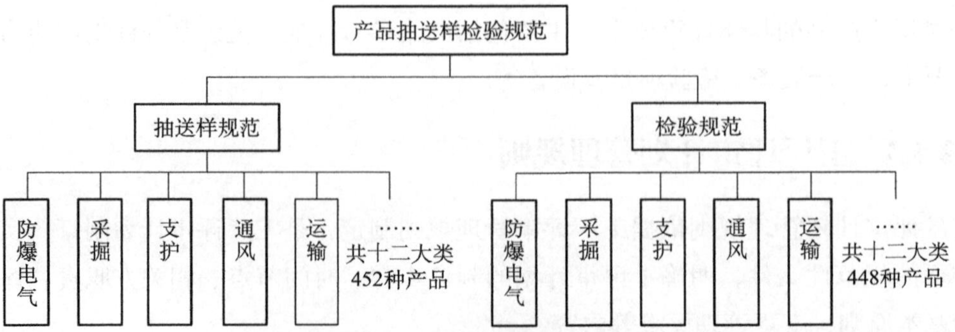

图72.5 产品抽送样检验规范分类

72.5.2 产品抽送样规范

它主要由抽样基数、抽送样数量、抽送样方式和分段原则等构成。

（1）抽样基数。是样本来源的数目，即在抽样检查时，供选样的最小产品数量，以确保按规定抽样方法实施抽样判定的要求。

（2）抽送样数量。满足检验要求的、实际抽送样品的个数（含备份样）。

（3）抽送样方式。主要根据产品申办类型确定，首次申请安全标志时采用送样方式；延续安全标志及产品实施监督时，采用抽样方式。

（4）分段原则。主要根据产品特点、生产方式等确定，采用分段划分的原则，先确定大样，然后在其大样中抽取检验样品，对整批产品作出合格与否的判定。主要针对皮带、管材、电缆等产品。

72.5.3 产品检验规范

产品检验规范是开展矿用产品安全标志检验工作的依据，涉及矿用产品首次申办、延续以及证件保持所涉及的产品检验活动。主要由依据标准、技术要求方法、申办检验项目、延续检验项目、出厂检验项目、监督检验项目等组成。

（1）依据标准。通过标准评估技术确定的安全标志审核发放依据。

（2）申办检验项目。主要用于首次申办安全标志产品的检验，原则上为标准规定的形式检验项目。考虑到安全标志管理更加注重产品的安全性能，通常是在标准规定的全部项目基础上，减少对产品安全性能影响小的考核要求，如产品使用寿命、无故障时间等项目，这些要求均由获证单位保证。

（3）技术要求及方法。产品标准规范规定的具体要求和试验方法，通常结合申办产品技术说明进行具体参数的考核。

（4）出厂检验项目。生产单位应具备标准规定的出厂检验能力，确保产品生产企业持续为矿山提供满足标准要求的合格产品。

（5）延续检验项目。主要用于产品延续安全标志时开展的检验项目，通常与申办检验项目一致，对涉及产品结构、材质未发生变化的部分项目，延续申办时不再考核，如安全仪器仪表产品涉及振动、冲击试验等的要求。

（6）监督检验项目。实施监督检验时所涉及的检验项目，主要包括与安全紧密相关的防爆性能、安全保护和安全防护性能等要求。

72.6 综合评价规范

综合评价是在完成技术评估复核、产品检验复核、工厂评审复核基础上对申办产品进行的最终评定。通过综合评价确保认证活动符合相关审核发放规则的要求，并依据评价结论作出认证的批准决定。

72.6.1 编制综合评价规范的基本原则

1. 全面性原则

综合评价是认证决定前的最终、全面的评定，因此综合评定规范应涵盖产品评估、方案策划、技术评估、抽样检验、工厂评审等认证活动的全部过程，以及过程中涉及各认证活动相关的产品评估人员、方案策划人员、技术审查人员、评审员和各认证要素复核人员各相关要素，确保认证各过程和人员符合审核发放规则的要求。

2. 系统性原则

综合评价既是对认证全过程的规范性的评价，又是对产品评估、方案策划、技术评估、抽样检验、工厂评审等相互独立的认证环节信息一致性的评定，通过综合评价保证认证信息的一致性。

72.6.2 综合评价的内容

根据综合评价工作的目的和原则，综合评价的工作内容包括以下几个方面。

1. 评价认证方案的合理性

审核发放实施规则的选择是否正确、认证各环节的设置是否合理，设置依据是否充分、审核发放费用是否准确、认证各环节时限设置是否合理，各环节执行是否按方案设置实施。

2. 确认认证程序的完整性

审查认证程序是否与认证方案要求一致，各有关环节是否按审核发放实施规则的要求予以审查。

3. 确认审核和复核结论的有效性

审核发放方案所涉及的各工作环节，如技术评估、产品检验、工厂评审审核和复核结论的有效性包括：审核结论和复核结论是否完整，审查工作人员和复核人员是否为具有相应资格、是否为相应授权人员，审查工作人员和复核人员是否按“回避”原则设置等。

4. 判定申请人信息及产品信息的完整性、一致性

申请单位信息是否完整、准确，是否满足证书信息的需要；产品信息是否满足审核发放实施规则的要求；申请产品在各审查环节确认信息是否一致；申请产品关键零（元）、部件属纳入安全标志管理范畴的，是否取得安全标志且标志有效。

5. 判定审核发放过程中所提问题的落实情况

认证方案所涉及环节存在问题是否已经整改落实。

6. 其他

申请人对认证合同的履行情况，如认证费用是否缴纳；持证周期内监督检查结论是否存在不合格的情况等。

通过综合评价工作结论，最终决定是否批准发放所申请产品的安全标志。

（本章主要执笔人：安标国家矿用产品安全标志中心常琳，李梅香，吴钰晶，张素艳，孟积渐）

第 73 章

矿用产品全生命周期安全信息管控技术

构建矿用产品全生命周期溯源管理系统，为实现对矿用产品智能化识别、定位、追踪、监控和管理的全过程管控奠定技术基础。本章针对溯源技术、信息采集及数据接口技术、核查验证技术三项主要技术，结合全生命周期溯源管理系统的架构与功能设计，详细介绍全生命周期安全信息管控技术。

73.1 矿用设备全生命周期溯源技术

矿用产品全生命周期溯源管理系统（以下简称溯源系统）以电子标签为主线，从安全标志准入、设备生产、采购、安装、维护、安全监察、报废等全生命周期节点信息进行采集、综合集成、节点管控，构建了全生命周期信息技术架构。溯源系统建设分别通过业务架构、硬件架构、数据架构、软件架构、软件功能设计 5 个维度实现。

73.1.1 业务架构

（1）用户群。包括安全标志认证体系内成员、承担安全生产综合管理的机构、社会公众等。

（2）业务流。通过业务流技术对矿用设备全生命周期所涉及的各工作环节进行梳理、优化、重组，明确系统各相关方的关系、顺序、分工和关键的控制点等。业务流如图 73.1 所示。

73.1.2 溯源系统的架构

硬件架构主要包括网络接入设备、业务服务器集群、存储磁盘阵列柜、安全防护系统、UPS 等电气辅助系统以及运行在用户端的向 RFID 电子标签中写入和读取数据的各类终端设备。

数据架构是从整体上分析系统的数据资源，包括以下 3 个方面。

1. 数据分类

数据划分为结构化数据和非结构化数据。结构化数据指存储在数据库中可以用二维表

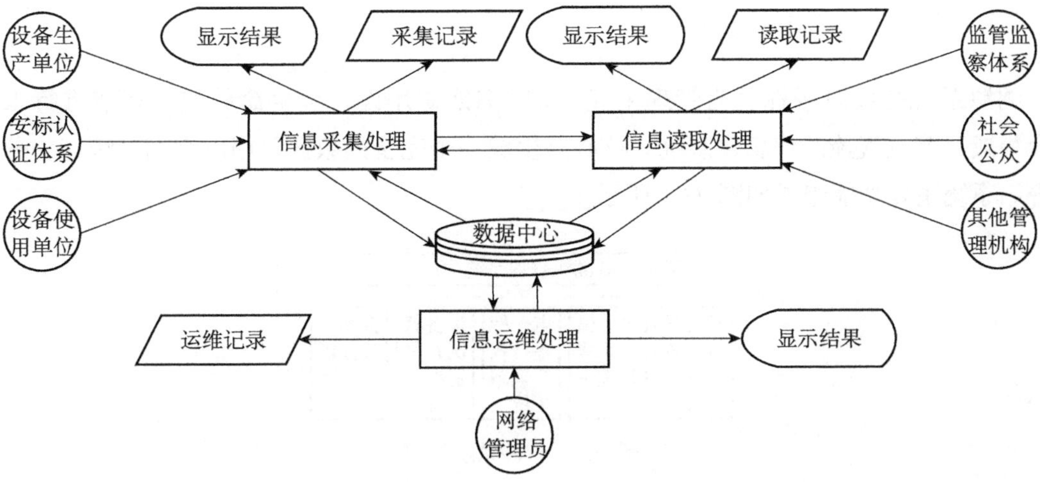

图73.1　业务流

结构来逻辑表达实现的数据，如文本、数字等；非结构化数据指不适合存储在数据库中的数据，如图像、声音、视频等信息。

2. 数据部署策略

从地域分布角度看，数据部署的模式分为分布式存储和集中式存储。非结构化数据采用分布存储方式，由分支机构负责管理与维护。建立数据索引库，对分布式存储的数据进行关联管理，并通过系统动态管理来实现数据的交换和共享。结构化数据采用数据集中存储的方式，通过在数据中心部署完整的核心数据库，各分支机构根据业务划分部署对应专业的数据库，利用网络动态同步，既实现了数据灾备的功能，也方便数据的快速调取和处理。

3. 数据库设计

数据库设计和建设时，需确保数据可靠和一致性、数据容灾、方便扩充、高度可用、方便维护等因素，减少冗余数据，提高数据库效率、完整性和可扩展性。

软件架构采用表示层、业务层、数据层的三层开发方式，通过把软件系统划分开来，将问题分层解决，易于控制、延展和分配资源。其中，表示层直接跟用户交互，主要以客户端的形式负责数据采集和结果输出等工作，是用户与系统交互的人机界面的组件集合。业务层介于数据层与表示层之间，起到了数据交换中承上启下的作用，接收应用层对数据层的操作，用于有效性验证、数据添加、修改和查询，用户的权限的合法性判断等工作。数据层主要负责访问数据库系统、二进制文件、文本文档或是XML文档，对数据表的查询、添加、修改和删除等操作，以数据库为核心通过数据访问接口技术与表示层进行交互。

73.1.3 软件功能设计

溯源系统是以电子标签为管理主线，紧密围绕矿用设备全生命周期各环节进行采集、综合集成、节点管控的信息化系统。核心是生成一个完备的数据集用以查询、统计、分析、预警。系统主要功能组成如图 73.2 所示。

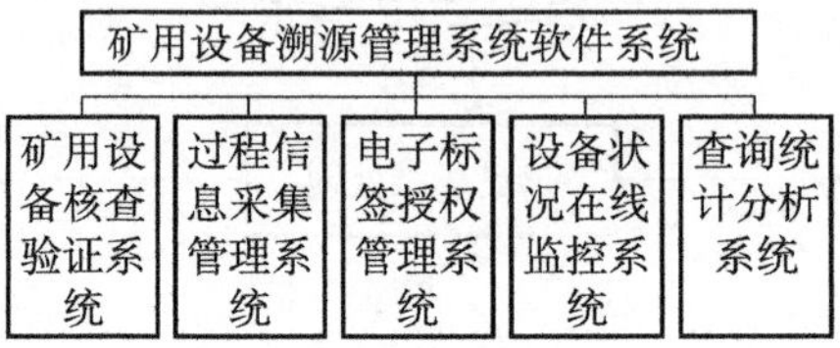

图73.2 软件系统组成

（1）电子标签授权管理系统。是电子标签赋予“生命”的起点，主要面向设备生产企业和电子标签审核发放机构。

（2）过程信息采集管理系统。是设备全生命周期信息生成的重要系统，主要面向设备生产企业和使用设备的矿用企业。

（3）矿用设备核查验证系统。是整套采集数据的核心应用系统，主要面向各级安全监管监察单位以及使用设备的矿用企业的安监部门。

（4）设备状况在线监控系统。是整套采集数据的应用的升华，主要面向电子标签审核发放机构以及其他承担安全综合管理的机构。

（5）查询统计分析系统。是采集数据的综合应用系统，面向所有的用户群。

73.2 信息采集及数据接口技术

根据数据的来源和采集方式的不同，采用主动采集技术、数据接口技术和动态监测技术三种模式来采集系统所需要的数据。

73.2.1 主动采集技术

数据的主动采集是指利用溯源系统接收来自客户端软件（Web、App）的数据，主要包括产品安全标志准入、生产制造、使用维护、检测检验、监管监察等静态数据。通过数据同步系统，将采集到的数据自动同步到系统的云端数据库中。

73.2.2 数据接口技术

1. 采集数据接口

对于已部署信息化系统的相关方，如生产企业、矿山企业等，利用数据接口技术在数据层以数据接口推送的方式进行信息采集。将设备数据采集方式分为云端转发、主动推送数据包共享、前置机数据库镜像共享三种方式来实现。

1）云端转发共享

采用 HTTP 服务接口请求 / 应答的服务方式获取相关方信息化系统中的数据。溯源系统基于设备电子 ID 编号，采用 JSON 数据协议发送数据包，发送 HTTP 请求到相关方信息化系统平台云端，通过双方确认的数据接口协议对接来获取设备相关的实时静态和动态数据。

2）推送共享数据包

在溯源系统的数据中心部署信息交互服务器集群，在互联网开放数据对接端口，承接全国相关企业信息化系统推送来的数据，并自动执行接收、解压、解密、整理、存储等工作。由相关企业的信息化系统中部署的信息发布设备通过 SNMP 管理协议、FTP 传输协议实现远程设备运行情况参数及配置数据封装、传输、采集，利用 SNNP 协议创建数据包，定时发送加密压缩数据包到数据中心 FTP 共享服务器，再由云端系统软件对数据包进行解析、存储。

3）前端机数据库共享

对于矿山的重要矿用设备，可在矿山企业部署前端机的方式进行信息采集，与溯源系统数据中心以 VPN 网络相连接，矿山企业将系统的相关数据同步发布在前端机的镜像数据库中，通过对前端机镜像数据库定位数据记录，以直接读取、分类、传输、存储的方式实现相关信息的自动采集。

2. 发布数据接口

溯源系统从数据层部署与国家安全生产监督管理总局信息化系统的数据接口，实现重点设备安全相关信息的数据推送服务，并可个性化定制数据传输内容。

73.2.3　设备远程监测技术

设备远程监测主要包括设备实时运行参数监测和设备视频监测，在监测的同时实现数据自动同步采集。利用矿山现有的安全生产网、办公网、生产安全监控系统等网络及数据资源，构建全国矿用装备物联网远程动态监测信息采集平台，对重要矿用设备运行过程重要参数、故障数据、视频监控等信息的采集和存储。

设备远程监测从技术架构上来看，分为感知层、网络层和应用层。感知层由各种传感器构成。主要功能是识别物体，采集信息；网络层由各种私有网络、互联网、有线和无线通信网、网络管理系统和云计算平台等组成。负责传递和处理感知层获取的信息；应用层是物联网和用户的接口，与矿用产品生产企业、煤矿用户、监管监察机构等需求相结合、实现物联网的智能应用。

73.3 矿用设备核查验证技术

以 RFID 电子标签技术为基础，通过物联网实现矿用产品的在线、现场核查验证。通过在线核查技术实现远程查阅矿用产品的动态信息、运行参数等；在矿用产品使用现场，利用手持终端设备关联检索进行现场核查和溯源，与故障分析预警平台进行交互，对异常情况警示和查阅处理措施。

73.3.1 RFID电子标签技术

RFID 电子标签是一个至关重要的信息采集抓手。在井下复杂环境下使用的 RFID 电子标签需具备电气防爆、无线发射功率小、抗干扰能力强、对电压波动适应能力强、防护性能好、设备体积小等特点。要考虑以下 4 个方面。

（1）电子标签的频率。考虑电子标签读取的效率、距离、准确性各方面因素，采用国内产品通常使用的超高频（860 ～ 960 MHz）。

（2）电子标签编码格式。采用 EPC 作为电子标签唯一标识的编码格式，由授权管控系统动态为每一个电子标签生成具有分类含义的全球唯一编号。

（3）RFID 数据加密技术。RFID 通信过程中的数据加密涵盖了加密算法、认证授权模式、通信过程中加密算法的覆盖过程。

（4）电子标签封装及施加方式。根据矿用产品的种类、外观、安装地点的不同，对标签类型、封装和施加方式进行分类，主要分为金属外壳、非金属外壳、电缆、系统类等。

73.3.2 在线核查验证技术

通过物联网系统为安全监管监察和物证溯源提供专用的在线核查验证平台，可远程查阅矿用产品的动态信息、运行参数等，还可以对矿用产品的基础信息、组成情况和全生命周期信息进行查询，并通过系统的智能分析比对技术来辅助相关人员进行筛查和判断，有效地提高工作效率和分析准确性。

（1）电子标签管控溯源技术。由系统动态生成电子标签唯一编号，通过专用设备以加密方式写入电子标签，并自动与安全标志证书信息进行关联。矿用产品生产企业在产品生产环节将电子标签与生产的设备相关联，通过加密方式将产品的生产环节的信息，自动采集到物联网中心数据库。根据电子标签可以快速查阅安全标志证书基本情况、停撤情况、检查情况、历史信息等，还可实现设备的信息查询、节点跟踪、历史追溯等。

（2）远程核查验证技术。通过系统身份验证进入远程核查验证平台，以设备的电子标签身份认证技术为基础，通过系统的远程界面可查看产品组成信息、运行动态信息实时参数、安全防护和故障报警信息等。还可以查阅设备的安全标志证书信息，监管监察信息，设备生产销售信息，煤矿用户采购、安装、使用、维护维修、报废等各个节点信息，以及设备所在矿井的基本情况。

（3）预警分析技术。在物联网云端数据系统和设备运行大数据的支撑下，通过系统内置的数学分析模型应用，实现设备证书过期预警、安全保护预警、故障预警、维护维修信息预警、假冒产品预警、系统非法侵入预警、芯片剩余量预警等，预警信息由系统自动以短信或通知的形式发送给事先关联的授权用户。

（4）统计分析技术。利用大数据分析技术和统计分析报表系统，通过在线图表组件形式将各类统计信息向授权用户在线推送和展示。

（5）GIS 系统。基于全国地图统计图例展示矿用设备使用单位的分布情况，直观展示目前矿用设备生产、储存、安装情况，以及相关的安全事故地理分布等信息。

73.3.3　现场核查验证技术

通过物联网系统“云＋端”的模式，为在煤矿设备使用现场的监管监察人员提供核查验证的技术手段。

（1）现场核查验证手持终端设备。具有 RFID 射频通信、移动通信、GPS 定位以及与网站云端信息交互等功能。

（2）矿用装备物联网监管系统 APP。具备读取标签信息功能，实现矿用产品安全标志信息的核查功能；具备与矿用产品物联网监管系统数据信息同步功能；支持离线状态下，可以按生产单位、使用单位等筛选条件下载离线数据包。利用本机数据库进行信息添加、检索，在网络环境中上传装备安装、维修、监察、报废、检测等生命周期信息；产品生命周期信息上传时，自动上传地理位置信息。

（3）现场核查验证应用技术。监管监察人员对设备进行检查，GPS 定位记录监察位置，监察人员用手持终端扫描设备电子标签，验证设备真伪，查看主要受控零（元）、部件是否与安全标志备案一致，查看设备是否存在安全隐患（数据库与安全标志证书挂钩的相关信息），监察完成后在手持终端填写监察报告。

利用手持式电子标签读取器，通过物联网技术将安全标志信息与产品全生命周期信息在线读取查询和溯源分析，实现产品安全监察的现场判断。同时，在物联网数据中心建立各子系统的接口协议和规范，为子系统提供接口程序、授权加密和数据同步机制。

（本章主要执笔人：安标国家矿用产品安全标志中心韩冰，许亮，甘波平，王伟，张勇）

Major Reference 主要参考文献

陈壁光，等. 1987. 低压电器试验基础. 北京：水利电力出版社 .

陈俊达，马少鹏，刘善军，等 . 2005. 应用数字散斑相关方法实验研究雁列断层变形破坏过程 . 地球物理学报，48（6）：1350-1356.

戴绍诚，李世文，李芬 . 1998. 高产高效综合机械化采煤技术与装备 . 北京：煤炭工业出版社 .

俄罗斯东方矿山研究中心 . 1999. 试验研究 . 煤矿安全，1999. 12.

付淑玲 . 2006. IEC 火花试验装置检验局限性的探讨 . 煤矿安全，37（2）:34-36.

付淑玲，安里千，李真西 . 2012. 论本质安全型电气设备防爆联检 . 煤矿安全，43（6）：99-101.

郭孝先，张立刚 . 1999. 液压凿岩机性能与试验方法的系统性研究 . 凿岩机械气动工具，（4）：42-47.

韩立亭 . 2015. 煤炭试验方法标准及其说明 .（4 版）. 北京 : 中国标准出版社 .

胡青松，张申，吴立新，等 . 2016. 矿井动目标定位：挑战、现状与趋势 . 煤炭学报，41（5）：1059-1068.

黄日恒 . 1996. 悬臂式掘进机 . 徐州：中国矿业大学出版社 .

加尔顿 . 2014. 抽样调查方法简介 . 武玲蔚译 . 上海：格致出版社 .

蒋卫良，韩东劲 . 2008. 我国煤矿带式输送机现状与发展趋势 . 煤矿机电，（1）：1-6.

金美兰，赵健南 . 2003. 标准气体及其应用 . 北京：化学工业出版社 .

李炳文，王晓东，等. 2007. 矿山机械. 徐州：中国矿业大学出版社：1-12.

李英华 . 2009. 煤质分析应用指南 .（2 版）. 北京 : 中国标准出版社 .

廖志强，陈东春，刘水文 . 2012. 煤矿井下电磁干扰源及抗干扰技术研究. 工矿自动化，（7）：25-28.

刘姗姗，于维雨，王继勇，等. 2013. 煤矿难燃液压液管理现状及管理措施 . 煤矿机械，10：34-36.

柳玉磊 . 2008. 本安型产品火花试验装置及其自动配气系统的介绍 . 电气防爆，（1）：33-35.

陆俭国，张乃宽，李奎 . 2007. 低压电器的试验与检测 . 北京：中国电力出版社 .

马善清，王儒军 . 1999. 关于氢氧化钙性能检验方法的分析 . 煤矿安全，（10）：33-34.

煤炭科学研究总院太原分院 . 1986. 国外掘进机 . 北京：煤炭工业出版社 .

潘涛，孙继平，等 . 2007. 矿用变频器电磁兼容性分析 . 煤矿机电，（3）：13-15.

邱太洪，王俊波，李国伟，等 . 2015. 高频脉冲电流法在 XLPE 电缆终端带电测试中的应用高压电工 . 51（5）：99-102.

沈坚敏，凌新亮，戴国定. 2000. 消防过滤式自救呼吸器的研究 . 消防科学与技术，（4）：38-39.

孙继平，王福增. 2009. 煤矿井下电磁干扰对通信和监控系统的影响分析. 工矿自动化，（2）：23-27.

孙山泽 . 2014. 抽样调查 . 北京：北京大学出版社 .

陶驰东 . 1993. 采掘机械 . 北京：煤炭工业出版社 .

王国法． 1992. 液压支架技术． 北京：煤炭工业出版社.

王国法． 2010. 高端液压支架及先进制造技术． 北京：煤炭工业出版社.

王海福 , 冯顺山 . 2004. 防爆学原理 . 北京：北京理工大学出版社：26-32.

王红霞 . 2015. 产品质量检验抽样方法研究 . 科学风，(22)：78.

王启广 . 2006. 采掘设备使用维护与故障诊断 . 徐州：中国矿业大学出版社 .

王锐，秦建峰 . 2012. 矿用烟雾传感器检测装置设计和配置 . 煤，21（10）：37-38.

王献新 . 2008. 国内认证机构面临的认证风险及有效控制 . 中国认证认可，3：13-16.

王玉超． 2012. 煤矿井下用难燃液压传动介质综述 . 新材料产业，11：53-56.

夏文刚 . 2013. 矿用隔离开关分断试验用操作装置 . 煤矿安全，44（12）：114-116.

夏文刚 . 2013. 组态控制在动热稳定试验装置中的应用 . 电工电气，(8)：34-36.

夏文刚 . 2014. 矿用直流开关通断试验系统 . 煤矿安全，45（7）：86-88.

邢福康，刘玉堂，等． 2009. 煤矿支护手册． 北京：煤炭工业出版社：22-45.

徐建平 . 2008. “防爆安全技术” 讲座（第 1 讲 防爆基础概要）. 自动化仪表，29（3）：68-70.

徐建平 . 2008. “防爆安全技术” 讲座（第 4 讲 防爆电气设备的选型）. 自动化仪表，29（6）：76.

徐建平 . 2011. 基于设备保护级别的防爆标志新方法 . 自动化仪表，32（5）：1-2.

徐建平，都明生，黄咏委 . 2001. 仪表本安防爆技术 . 北京 . 机械工业出版社：11-12.

闫振东 . 新型机械化采掘装备及工艺创新与实践 . 北京：煤炭工业出版社 .

杨金和，陈文敏，段云龙 . 2004 煤炭化验手册 . 北京 : 煤炭工业出版社 .

姚银贵，师红麟． 2011. 抗变频干扰技术在煤矿安全监控系统中的应用． 煤矿安全，(7)：83-85.

于超龙，刘琴 . 2008. 本安三元配气装置介绍 . 电气防爆，(3)：40-43.

于洋 . 2008. 基于质量流量的智能气体配比仪的开发与研究 . 沈阳：沈阳理工大学 .

张殿印，王纯 . 2005. 除尘器手册 . 北京：化学工业出版社 .

张东壮 . 2011. 认证机构的风险管理 . 中国水泥，2：81-83.

张惠忠 . 2007. 矿用风机的使用现状和发展趋势（续）. 矿业快报，462：15-18.

张景行 . 1995. DSF 系列低噪声对旋轴流式局部通风机的特点及应用 . 煤炭工程师，4：37-40.

张立 . 2006. 爆破器材性能与爆炸效应测试 . 合肥：中国科学技术大学出版社 .

张良． 2003. 液压支架电液控制系统的应用现状及发展趋势． 北京：煤炭科学技术，(2)：55-58.

张卫国，吴红． 1990. 锚杆支护实用手册． 北京：煤炭工业出版社：1-17.

张显力 . 2008. 防爆电气概论 . 北京：机械工业出版社 .

张岩，潘雅楠，李者 , 等 . 2014. 利用辅助控制方法对软启动电源进行火花试验 . 电气防爆，(1)：41-43.

张勇 . 2005. 正压氧气呼吸器安全性能的分析与探讨 . 煤矿安全，36（2）：38-39.

赵立，聂雅玲，马善清 . 2009. 人类用呼吸保护装备 . 徐州：中国矿业大学出版社 .

赵玉文，李云海 . 2004. 带式输送机的现状与发展趋势 . 煤矿机械,（4）：1-3.

中煤科工集团上海研究院 . 2012. 煤矿电气防爆技术技术基础 . 徐州：中国矿业大学出版社 .

庄仪兴 . 1996. 国外全断面掘进机的发展现状 . 煤矿机电，（1）：37-38.

邹哲强 . 2010. 煤矿安全监控系统可靠性指标的测定方法 . 工矿自动化，169（4）：1-4.